顾金才院士

顾金才院士简介

顾金才　防护工程与岩土工程专家。1939年2月生于河北省卢龙县。1960年入哈尔滨军事工程学院学习,1965年毕业于西安工程兵工程学院,2001年当选为中国工程院院士,2003年被选为第十届全国人大代表。曾任原总参军训和兵种部首批学科(技术)带头人,中国岩石力学与工程学会副理事长,中国土木工程学会防护工程分会常务理事。现任军事科学院国防工程研究院研究员、博士生导师,兼任多所高校名誉教授和兼职教授、博导。

顾金才院士长期从事防护工程与岩土工程加固技术理论研究与试验研究工作,在地质力学模型试验理论、技术及试验装置研发,喷锚支护与预应力锚索加固技术,深部岩体力学问题研究等领域取得了丰硕成果,做出了重要贡献:在国内率先提出并实现了坑道模型"平面应变"试验条件和"先加载,后开洞"的试验方法,为我国地下工程模型试验从平面应力阶段发展到平面应变阶段起了推动和促进作用。创建了我军第一个地质力学模型试验室,解决了多项复杂的地质力学模型试验技术问题,主持研发了多套性能优良的地质力学模型试验装置,为国防工程及国家大型工程技术问题的研究提供了重要研究手段。对喷锚支护和预应力锚索加固机理与设计计算方法做了深入系统的研究,为在国防工程中大力推广喷锚支护和预应力锚索加固技术做出了突出贡献。主持完成多项国防工程与大型民用工程重大课题研究,为工程设计和现场施工提供了重要依据。在深部岩体力学问题研究领域取得了创新性成果,对深部巷道围岩分区破裂化现象和高地应力地区隧洞施工中的岩爆灾害的发生机理进行了模型试验研究,提出了新观点,在深部岩体力学研究领域产生了重要影响。科研成果获国家科技进步一等奖1项、二等奖1项、三等奖3项,军队科技进步一等奖3项、二等奖4项,电力工业部科技进步二等奖1项,水利水电规划总院科技进步一等奖1项,获国家专利10余项。1989年被评为河南省优秀科技工作者,1998年获原总参"人梯奖",防护工程"杰出成就奖"。1992年被评为国家有突出贡献中青年专家,并享受国务院政府特殊津贴。

1959年在河北昌黎
汇文中学学习

1960年进入哈尔滨军事工程学院学习

1961年哈尔滨军事工程学院学习期间与部分同学合影(三排左二)

1962年在西安工程兵工程学院学习

1965年在河北卢龙老家留影

1966年与夫人在沈阳北陵留影

1968年与岳母在沈阳留影

1973年秋与母亲在洛阳留影

2002年春节全家福

1997年与夫人回山海关探亲留影

2003年与老同学石广生在
河北昌黎汇文中学留影

2019年与夫人留影

2020年春节全家福

工作照片

1969年在烟台试验现场

1971年烟台喷锚支护现场试验(与)部分同志合影(左一)

2001年在黄河小浪底工程施工现场

2001年当选中国工程院院士

2003年指导传感器标定(左三)

2003年当选第十届全国人大代表

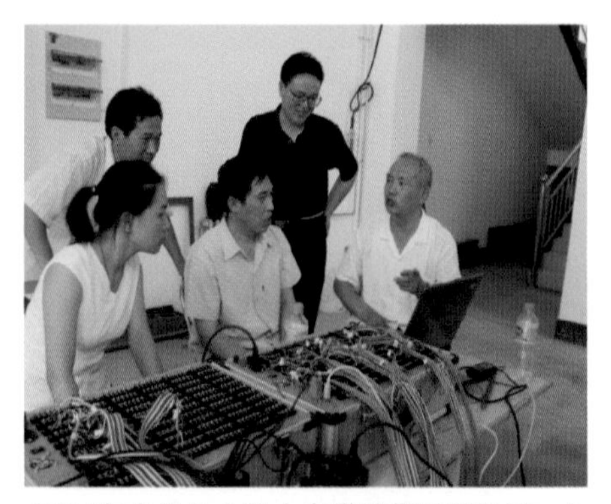

2005年在华北水利水电学院指导试验(右一)

2005年指导项目组科研人员

2009年在桂林参加原总参军训和兵种部专家组活动(右二)

2010年参加某现场化爆试验

2011年研究光纤光栅测试仪器在试验中的应用

2011年与到访的杜祥琬院士交流

2017年指导室内模型试验

2018年指导某野外现场试验

2019年山东济南参加国际工程科技发展战略高端论坛(左二)

部分研究成果

主持研制的PYD-50三向加载地质力学模型
试验装置1985年获得国家科技进步一等奖

主持研制的拉-压真三轴仪
1992年获国家科技进步三等奖

2003年在模型展室介绍模型试验成果

主持研制的岩土工程多功能模拟试验装置
2004年获军队科技进步二等奖

2013年介绍主持研制的深部巷道围岩
破裂机理与支护技术模拟试验装置

2016年主持研制的深部煤岩工程多功能模拟试验系统

岩土工程地质力学模型试验理论与实践丛书

顾金才院士科研论文选集

顾金才　等著

武汉理工大学出版社
·武　汉·

内 容 提 要

顾金才院士长期从事防护工程、地下工程、岩土工程及岩体加固技术理论与试验研究。本书选编了顾院士从事科研工作40多年来发表的部分有代表性的科研学术论文，大致包括了他在防护工程与岩土工程地质力学模型试验理论和技术、喷锚支护化爆试验、预应力锚索加固作用机理及设计计算方法、大型水电工程地下洞室群稳定性分析、锚固洞室抗爆性能与围岩加固技术、深部岩体工程热点问题、大型岩土工程模型试验装置和相关试验技术等方面所做的研究，基本反映了顾院士在上述领域进行理论和技术创新的研究思想、研究方法及所取得的重要成果，也从一个侧面反映了我国防护工程和岩土工程学科在岩体加固理论、技术及试验方面的先进研究成果。

本书可作为防护工程、土木工程与防灾减灾、岩土工程等专业的本科生、研究生、教学和科研人员、工程技术人员的教学科研参考用书。

图书在版编目(CIP)数据

顾金才院士科研论文选集/顾金才等著. —武汉 :武汉理工大学出版社，2021.4
ISBN 978-7-5629-6176-5

Ⅰ. ①顾… Ⅱ. ①顾… Ⅲ. ①防护工程-文集 ②岩土工程-文集 Ⅳ. ①TU761.1-53 ②TU4-53

中国版本图书馆 CIP 数据核字(2020)第 070814 号

项目负责人:陈军东　　**责任编辑**:陈　硕　黄　鑫
责 任 校 对:夏冬琴　　**版式设计**:冯　睿
出 版 发 行:武汉理工大学出版社
武汉市洪山区珞狮路 122 号　邮编:430070
http://www.wutp.com.cn　理工图书网
E-mail:chenjd@whut.edu.cn
经　销　者:各地新华书店
印　刷　者:武汉中远印务有限公司
开　　　本:880×1230　1/16
印　　　张:30.25
插　　　页:4
字　　　数:887 千字
版　　　次:2021 年 4 月第 1 版
印　　　次:2021 年 4 月第 1 次印刷
定　　　价:158.00 元(精装本)

凡购本书，如有缺页、倒页、脱页等印装质量问题，请向出版社发行部调换。
本社购书热线电话:(027)87515798　87165708

《岩土工程地质力学模型试验理论与实践丛书》

总　　序

随着我国经济建设的飞速发展，岩土工程的建设规模和数量都已越来越大，越来越多，如：南水北调西线问题、进藏高速铁路问题、多条拟建的海底隧道问题，以及长大铁路、公路隧道和长达数百公里的滇中引水水工隧洞问题，等等，不一而足。这些工程建设不可避免地会遇到各种复杂的地质、水文条件和各种设计、施工技术难题，急需采用岩土工程地质力学模型试验技术来应对。因为，地质力学模型试验技术是解决复杂岩土工程问题最强有力的工具之一，工程条件越复杂，就越能体现出采用地质力学模型试验技术的优越性。《岩土工程地质力学模型试验理论与实践丛书》，适逢其时，现在付梓出版，对广大业界将有极大助益而值得期待。

这套丛书共有四册，即：《喷锚支护模型试验研究》、《岩土工程预应力锚索加固机理及设计计算方法研究》、《地下工程围岩加固技术与抗爆性能研究》以及《顾金才院士科研论文选集》。丛书内容真实反映了顾金才院士及其研究团队从事岩土工程地质力学模型试验工作40余年的主要成就和贡献。从丛书的名称上可以看出，其研究内容主要是针对喷锚支护和预应力锚索对洞室的加固机理和设计计算方法开展的，包括动、静载两种条件下的情况。虽然研究成果的部分内容在国内一些刊物上已发表过，但未像本丛书中这样，对多项试验的方法、步骤和结果，进行了全面、系统、完整的详细阐述，成果十分难能可贵。

书中有许多内容，出于各种原因在此之前还从未发表，如：对岩土介质内某一点的剪应变直接测量技术、模型内洞壁围岩裂缝显示技术，等等。书中有些成果虽然论述时间较早，但今天看来仍然具有重要工程应用价值，如：现场实测预应力锚索内锚固段注浆体与孔壁之间以及注浆体与钢绞线之间的剪应变分布规律、锚索预应力在岩体内不同部位的分布规律，以及锚杆类型、锚杆长度、锚杆间距对锚固洞室抗爆能力的影响规律，等等，现在看来仍然新鲜实用。

这套丛书之所以具有重要参考价值，是因为顾金才院士及其研究团队在岩土工程地质力学模型试验研究领域具有深厚造诣，在国内处于领先地位。书内介绍的不少成功经验都值得业界参考、学习和借鉴，如：早在20世纪70年代末，该团队就在国内率先提出并实现了坑道（隧道）模型平面应变试验条件和“先加载、后开洞”的试验方法，为把模型试验从平面应力条件发展到符合隧道实际情况的平面应变条件起了推动和促进作用，对提高我国模型试验技术水平作出了重要贡献。

在40余年的岩土工程地质力学模型试验工作中，该团队成员始终以解决实际工程问题为指引，自主研发了多套地质力学模型试验装置，如：PYD-50三向加载地质力学模型试验装置，岩土工程多功能模拟试验装置，拉-压真三轴仪，等等。开发了多项复杂地层的地质力学模拟试验技术，如：层理、节理、断层的模拟技术，喷锚支护与预应力锚索施工工艺模拟技术，复杂洞室洞群的模型制作、开挖、支护与加载技术，等等。在有关相似材料模拟技术方面，对材料相似性模拟、荷载相似性模拟以及几何尺寸相似性模拟等的理论与方法，也都有自己独特的见解。

该团队在测试技术方面也有多项创新，如：岩土介质内某一点的剪应变测试技术，剪应变计在锚索孔内的粘贴、安装、固定和绝缘技术，洞壁围岩断裂缝显示技术，洞室洞群的洞壁绝对位移测试技术，等等。

该团队多年来始终以实际工程需要为指引开展多项试验研究工作。曾为国内多个大型水电工程开展了地质力学试验研究，如：为白山水电站、小浪底水利枢纽工程、二滩水电站、龙滩水电站、大朝山水电站等大型地下厂房和李家峡水电站高陡边坡开展了相应的地质力学模型试验工作，为工程设计提供了重要的试验依据。应着重指出的是：小浪底水利枢纽工程地下厂房锚索加固参数主要依据该团队提供的试验数据确定，工程实践证明试验结果是正确和可靠的，满足了工程精度的要求。

此外，该团队还利用地质力学模型试验技术，对岩土工程中多个热点问题开展了试验研究工作，如：深部洞室围岩分区破裂化问题、洞室岩爆机理问题、冲击地压问题、煤与瓦斯突出问题，等等。取得的不少成果，在国内学术界产生了一定影响。

顾院士团队在喷锚支护与预应力锚索加固机理和设计计算方法研究方面都取得了多项创新性成果，如：在喷锚支护机理的研究方面，提出了喷锚支护对洞室的加固作用主要是混凝土喷层封闭了岩体表面和一定深度的缝隙，填平了岩面凹凸不平之处，有效地阻止个别岩块的脱落，把表层与深部岩体粘结成一体，防止了拱部岩体发生连锁式破坏；而锚杆族则对洞壁节理围岩起到加固作用，从内部增加了围岩的整体性和施锚区刚度，并提高了施锚区的抗剪强度，形成施锚区承载圈使之可承受上部岩体的地层变形压力，减小了裸岩自由变形；锚杆与喷网层联合作用，使洞壁围岩得到了很好的加固。在对预应力锚索加固机理的研究中则指出，预应力锚索加固岩体的基本原理是利用深层岩体的强度来加固表层岩体，通过设置在深层岩体内的内锚固段，把锚索预应力通过张拉段的反弹作用，转变为施加于岩体表层的外加预施压力，使表层岩体得到有效加固，其刚度和锚索区强度均有进一步的加强。因为锚索体是由多股钢绞线组成的，张拉吨位很高，可以达到几十吨、几百吨，甚至上千吨，所以预应力锚索的加固作用将更为强大。

目前对预应力锚索的加固设计一般是按锚索预应力与外部荷载（如边坡下滑力、拱部岩体压力等）的平衡关系，来确定锚索参数。本丛书提出了用弹性支撑点理论来确定锚索参数的方法，从某些方面看似更合理。所谓弹性支撑点理论，即认为每根锚索都可以视为对岩体的一个弹性支撑点；因弹性支撑点减小了洞壁围岩脱空部分的尺寸，从而减小了岩体内力，以此发挥了锚索的加固作用。

此外，该团队在对锚固洞室抗爆能力的研究中还发现，在对地层的直接冲击爆炸作用下，锚杆的作用不是在洞壁围岩内形成组合梁或组合拱，而是增加洞壁围岩的抗拉和抗剪能力，与洞壁围岩一起形成了联合抗爆锚固体，以共同承受并抵抗爆炸波压力。试验还表明，锚杆间距对锚固洞室抗爆能力会起到控制作用。这些表观现象已被现场试验所证实，并从理论上做出了解释，对锚固洞室的抗爆动力加固设计具有重要参考价值。

对于上述诸多成果，都在这套丛书中做了详尽而全面的介绍。本人认为，本丛书的出版将为提高我国岩土工程加固技术领域的研究水平、促进我国地质力学模型试验技术的发展及解决岩土工程建设中的众多复杂技术问题，发挥重要作用。

本丛书可供从事岩体工程科研、设计工作者参考，也可为在校有关专业的大学生、研究生学习、试验和研究提供很好的参考借鉴。

本人深信，本丛书的问世将会在岩土工程和岩土力学界产生深远影响，对该子学科的技术进步和发展产生积极的推动作用。笔者有意写述了以上一点文字，作郑重推荐。是为序。

中国科学院院士　孙钧

2019 年 7 月 12 日于同济园

作序者简介：

孙钧先生，前国际岩石力学学会(ISRM)副主席暨中国国家小组主席，中国岩石力学与工程学会前理事长(现名誉理事长)，中国科学院(技术科学学部)资深院士，同济大学一级荣誉教授。

目　　录

均质材料中几种洞室的破坏形态(小比例模型试验结果) …… 1
对层状介质中洞室模型破坏形态的有限元分析 …… 14
层状围岩中洞室模型破坏形状及分析 …… 21
地下洞室开挖面空间效应对洞壁位移的影响模型试验研究 …… 26
在静荷载作用下的均质岩体中砂浆锚杆支护洞室受力特点及破坏形态模型试验研究 …… 33
摩擦锚杆与砂浆锚杆支护效果模拟试验 …… 38
黄河小浪底水利枢纽压力隧洞支护方案模型试验研究 …… 44
二滩水电站地下厂房洞室群围岩稳定性研究 …… 53
单根预应力锚杆加固范围研究 …… 59
预应力锚索的室内模拟试验 …… 65
锚杆支护洞室受力反应与破坏形态比例模型试验研究 …… 70
岩体结构面对地下洞群围岩稳定性的影响 …… 77
Nonlinear Finite Element Analysis of a Group of Underground Openings Considering the Effects of Intercalations and Faults of Rock Mass …… 84
拉-压真三轴仪的研制及其应用 …… 93
预应力锚索对均质岩体的加固效应模拟试验研究 …… 101
黄河小浪底导流洞1号施工支洞口部预应力锚索加固 …… 109
预应力锚索锚固洞室洞壁位移特征试验研究 …… 117
预应力锚索内锚固段受力状态现场试验研究 …… 125
锚固洞室受力反应特征物理模型试验研究 …… 130
预应力锚索对李家峡水电站岩质高边坡加固效应模型试验研究 …… 137
锚索预应力在岩体内引起的应变状态模型试验研究 …… 144
地质力学模型试验技术在人防工程研究中的应用 …… 151
In-situ Tensioning Test Research on the Design of Rock Bolts Support for Large Size Excavations …… 158
软岩加固中锚索张拉吨位随时间变化规律的模型试验研究 …… 166
预应力锚索的长度与预应力值对其加固效果的影响 …… 173
基坑支护中预应力对锚杆支护效果影响的对比试验 …… 179
岩土工程多功能模拟试验装置的研制及应用 …… 186
岩体加固技术研究之展望 …… 194

预应力锚索加固机理与设计计算方法研究 …… 197
地质力学模型试验技术及其工程应用 …… 206
小浪底工程地下发电厂房洞群围岩稳定及加固方案模型试验研究 …… 215
全长黏结式锚索对软岩洞室的加固效应研究 …… 222
洞室预应力锚索加固效果研究 …… 229
岩土工程抗爆结构模型试验装置研制及应用 …… 236
深部开挖洞室围岩分层断裂破坏机制模型试验研究 …… 242
深部开挖洞周围岩分区破裂化机理分析与试验验证 …… 248
外部连接全长黏结式锚杆和弹力式锚杆抗爆加固效果模型试验研究 …… 251
拱顶端部加密锚杆支护洞室抗爆加固效果模型试验研究 …… 261
动载下洞室加固锚杆受力的实验研究 …… 269
锚杆对围岩的加固效果和动载响应的数值分析 …… 274
层状岩体加固中锚固体周围岩层塌落深度的近似计算方法 …… 280
端部消波和加密锚杆支护洞室抗爆能力模型试验研究 …… 285
抗爆洞室预应力锚索受力特征试验 …… 295
爆炸模型实验装置消波措施及应用 …… 302
压力分散型锚索剪应变分布实验研究 …… 310
平面装药条件下洞室受力特征试验研究 …… 315
锚固洞室抗爆能力试验研究 …… 324
锚固洞室模型与原型抗爆试验结果对比 …… 338
不同锚杆参数锚固洞室抗爆性能对比研究 …… 350
喷锚支护洞室抗爆现场试验洞顶位移研究 …… 358
拉力型和压力型自由式锚索现场拉拔试验研究 …… 364
锚杆垫板形式对洞室抗爆效果的影响试验研究 …… 373
锚杆长度和间距对洞室抗爆性能影响研究 …… 380
拱脚局部加长锚杆锚固洞室抗爆模型试验研究 …… 391
爆炸平面波作用下大跨度洞室稳定性模型试验研究 …… 398
用交叉锚索加固表层岩体洞室的抗爆能力研究 …… 408
爆炸条件下预应力锚索锚固洞室变形及破坏特征模型试验研究 …… 415
高地应力环境洞室内部突然卸载时围岩受力性能模型试验研究 …… 424
抛掷型岩爆机制与模拟试验技术 …… 432
在顶爆作用下锚杆轴力分布规律研究 …… 442
深部高地应力条件下直墙拱形洞室受力破坏规律研究 …… 448
Experimental Study on the Effect of Bolt Length and Plate Type on the Anti-explosion Impact Performance of Rock Bolts …… 457

均质材料中几种洞室的破坏形态（小比例模型试验结果）

顾金才等*

1 概述

研究洞室的破坏形态对于了解洞室的受力特点和确定洞室的加固方案具有重要意义。我们从1973年开始进行这方面的模型试验研究工作，到目前为止，已进行了四种不同类型洞室的模型试验。这四种洞室是圆形洞室、高墙拱顶洞室、矮墙拱顶洞室和高跨比（H/L）近似为1的直墙拱顶洞室。各洞室断面尺寸如图1所示。

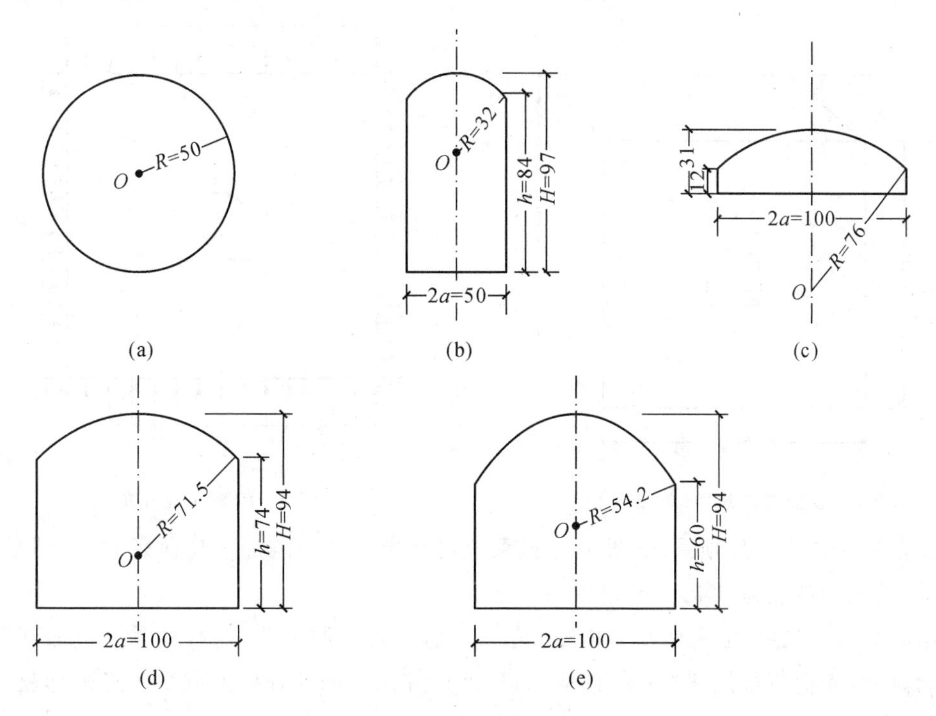

图1 试验洞室断面尺寸（单位：mm）

(a)圆形洞室；(b)高墙拱顶洞室；(c)矮墙拱顶洞室；(d)、(e) $H/L\approx1$ 的直墙拱顶洞室

试验是在平面应变条件下，按“先开洞”与“后开洞”两种方法进行的。“先开洞”试验是指先在模型块体内把洞室开挖好，然后进行加载的试验；“后开洞”试验是指先对模型块体加载，等模型块体内产生一个预定的初始应力后再进行开洞的试验。试验洞室侧压系数见表1。

---

* 参加试验工作的还有宋茂信、汪克修、屠金凤、陈春琳、孙文、何良海、孙百贤等同志。高墙拱顶洞室部分，原水电部东北勘察设计院田裕甲同志也参加了工作。

刊于《防护工程》1979年第2期。

表 1　试验洞室侧压系数

序号	洞室类型	侧压系数
Ⅰ	圆形洞室	1/4
Ⅱ	高墙拱顶洞室	1/3,1,1.5
Ⅲ	矮墙拱顶洞室	1/3,1,1.5
Ⅳ	$H/L\approx 1$ 的直墙拱顶洞室	1/4

注:H—洞室高度;L—洞室跨度。

模型材料采用石膏、砂的混合物,配比按质量计为:

$$石膏：砂：水=1：9：1.1$$

外加少量硼砂,作为石膏的缓凝剂。

材料单轴抗压强度 $q_u=(20\sim25)\text{kg/cm}^2$,抗拉强度 $\delta_t=(3\sim4)\text{kg/cm}^2$;弹性模量 $E=(5.0\sim5.5)\times10^4\text{kg/cm}^2$,泊松比 $\nu\approx0.17$,内摩擦角 $\varphi=33°$,黏结力 $c=4\text{kg/cm}^2$。材料单轴应力-应变曲线及三轴试验结果见《坑道模型对比试验报告》和《白山电站地下厂房脆性材料模型试验报告》。

模型块体尺寸如图 2 所示,模型荷载分布如图 3 所示。

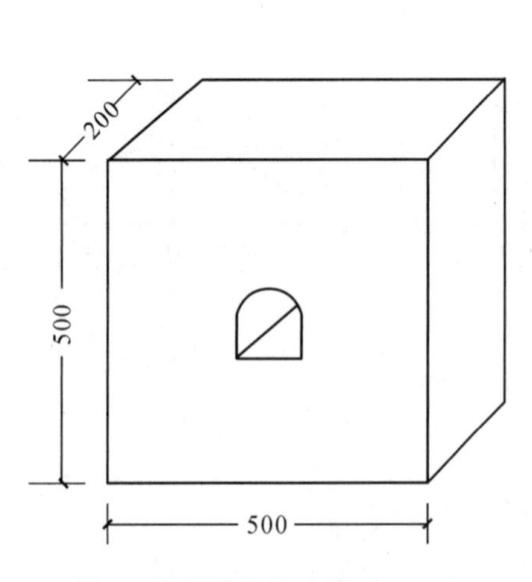

图 2　模型块体尺寸(单位:mm)

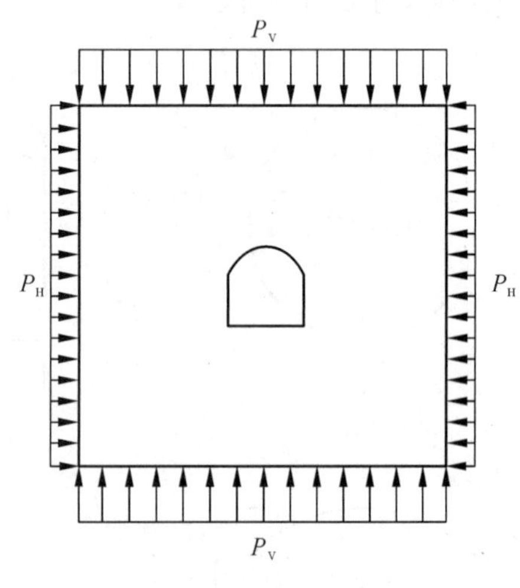

图 3　模型荷载分布

加载设备采用油压千斤顶系统(图 4)。该系统可在模型四边均加主动荷载,并能满足不同侧压系数的要求,最大加载能力 80kg/cm^2 左右。

荷载由小到大分级施加,每级荷载增量见表 2。对于先开洞试验,荷载从零一直加到洞室破坏;对于后开洞试验,先把荷载加到某一初始应力值,然后开洞。洞开好后如洞室已经破坏就不再加载,如洞室尚未破坏就继续加载,直到洞室发生破坏为止。

表 2　每级荷载增量 ΔP　　单位:kg/cm^2

$N=P_H/P_V$	ΔP_V	ΔP_H
1/4	4	1
1/3	3	1
1	3	3
1.5	2	3

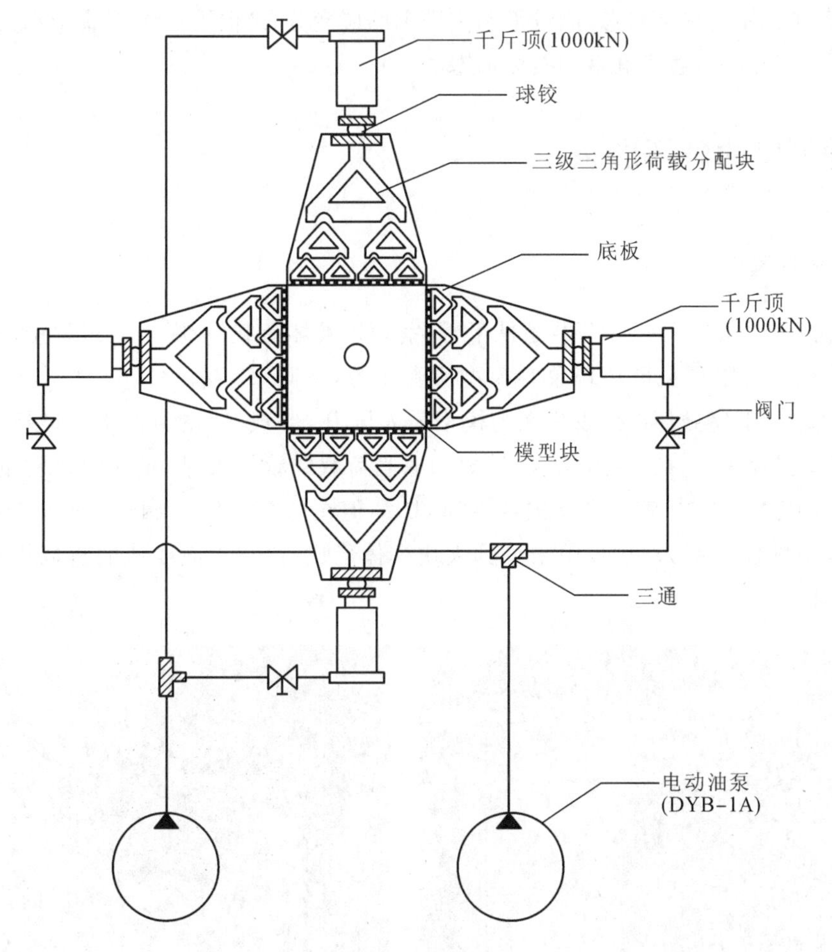

图4　加载系统

模型平面变形的控制是通过安装在模型表面的四台50t千斤顶(图5)实现的。具体做法是:当模型块体在荷载P_V、P_H作用下沿洞室轴向产生平面变形时,分别调节四台50t千斤顶的压力,使其基本解除。这种调节工作要每加一级荷载调节一次,直到试验结束。

图5　控制模型平面变形的四台50t千斤顶

在后开洞试验中,圆形洞室采用手摇钻机开洞;直墙拱顶洞室采用“预留回填扩挖法”开洞,即在制作模型时先把洞室预留好,硬化后,再用相同配比材料将洞室填实。开洞时先在洞室中心钻一个ϕ25mm的漏渣孔,然后由孔壁向外逐步扩挖,直到露出预留洞壁为止。

试验中观察了洞室的破坏状态，测量了洞室周围的应变分布，但因后者不属于本文讨论内容，这里不作介绍，下面只谈一谈各类洞室的破坏形态。

2　几种洞室的破坏形态

2.1　圆形洞室

圆形洞室在侧压系数 $N=1/4$ 荷载条件下，洞室初始破坏荷载(指在加载过程中洞室出现掉砂、“爆皮”、裂缝等任一肉眼可见破坏现象时模型所受压力，下同)$P_V/q_u=1.6\sim1.8$，$P_H/q_u=0.40\sim0.45$(先开洞试验)。洞室破坏部位发生在与模型最大压力 P_V 成 90°的方向上。破坏时首先在洞壁上出现挤压裂缝，进而表层材料发生脱落[图 6(a)]；当荷载继续加大时，脱落的材料也不断增多，最后，洞室在与 P_V 成 90°方向上产生严重破坏[图 6(b)]，但在与 P_V 成 0°和 180°方向上洞室仍然完好。值得注意的是，在圆形洞室破坏过程中未见到大块楔体形成，这与后面要谈的直墙拱顶洞室的破坏形态有显著不同。

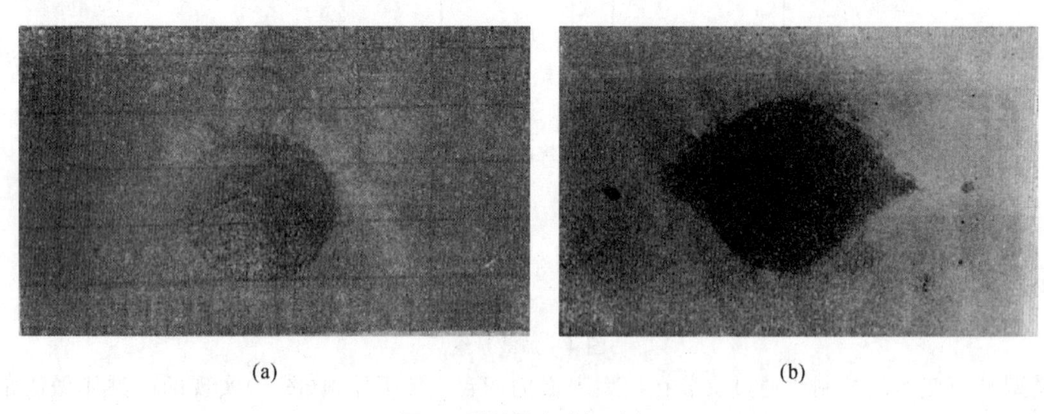

(a)　(b)

图 6　圆形洞室破坏形态

(a)初始破坏；(b)严重破坏

试验后发现，在洞室破坏部位除一部分材料发生脱落外还有一部分材料已呈疏松状态，将其除掉后可以看到，在最大试验荷载条件下洞室破坏范围和破坏深度如图 7 所示。由图中看到，当模型荷载 $P_V/q_u=2.0$，$P_H/q_u=0.5$ 时，洞室最大破坏深度约为洞室半跨的 1/2，破坏范围夹角 $\alpha=95°\sim100°$。

2.2　高墙拱顶洞室

这类洞室模型一共做了六块，三块按先开洞法试验，三块按后开洞法试验。侧压系数分别为 1/3、1 和 1.5。试验表明，侧压系数对洞室破坏形态影响较大，而开洞方法则影响较小。因此，下面将按侧压系数的不同对洞室破坏形态分别加以介绍，并比较其稳定性。

1. $N=1/3$

$N=1/3$ 时高墙拱顶洞室初始破坏荷载按先开洞法试验 $P_V/q_u=2.1$，$P_H/q_u=0.7$，按后开洞法试验 $P_V/q_u=2.50$，$P_H/q_u=0.80$，后者比前者高 20%左右。洞室破坏部位在边墙，拱部和底板基本完好。破坏时首先在墙顶和墙脚附近沿洞室轴向出现剪切裂缝，继而形成大块楔体。荷载继续加大，墙面朝洞内倾斜，楔体与洞壁脱离，如图 8 所示。

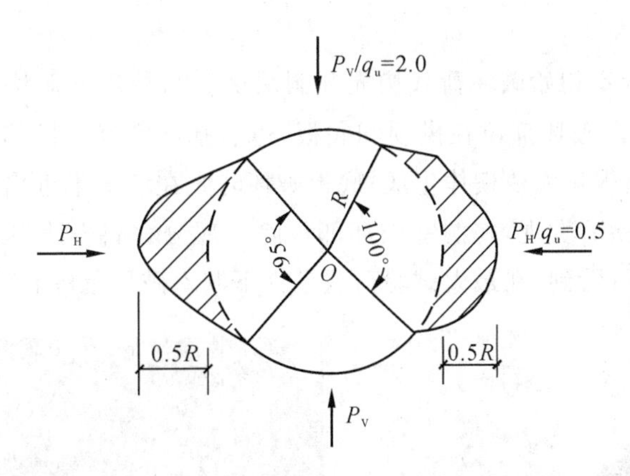

图7　圆形洞室破坏范围和破坏深度

(先开洞试验, $P_V/q_u=2.0$, $P_H/q_u=0.5$)

图8　$N=1/3$ 时高墙拱顶洞室破坏形态

(a)先开洞试验, $P_V/q_u=2.50$, $P_H/q_u=0.83$; (b)后开洞试验, $P_V/q_u=2.88$, $P_H/q_u=0.96$

试验后发现,在洞室破坏部位,除已脱落的材料外还有部分材料已呈疏松状态,将其除掉后,可以看到,在最大试验荷载条件下洞室破坏范围和破坏深度如图9所示。

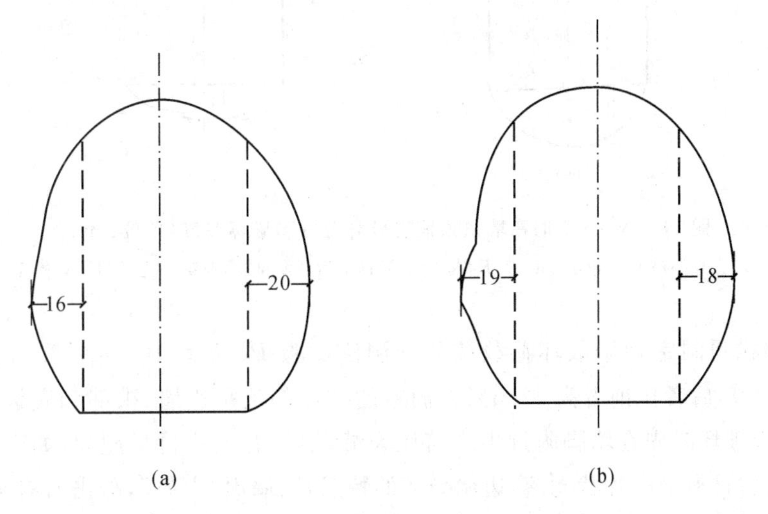

图9　$N=1/3$ 时高墙拱顶洞室破坏范围和破坏深度(单位:mm)

(a)先开洞试验, $P_V/q_u=2.50$, $P_H/q_u=0.83$; (b)后开洞试验, $P_V/q_u=2.88$, $P_H/q_u=0.96$

2. N=1.5

N=1.5时高墙拱顶洞室初始破坏荷载按先开洞法试验与按后开洞法试验相等，二者均为$P_V/q_u=1.4$，$P_H/q_u=2.1$。洞室破坏部位在拱顶和底板，边墙基本完好。拱部破坏时先有砂粒脱落，然后表层材料产生“爆皮”，但未见大块楔体生成；底板破坏时先在墙脚附近出现挤压裂缝，然后材料大块翘起，如图10所示。试验后发现，在洞室破坏部位除一部分材料发生脱落外，还有一部分材料也呈疏松状态。将其除掉后可看到，在最大试验荷载条件下洞室破坏范围和破坏深度如图11所示。

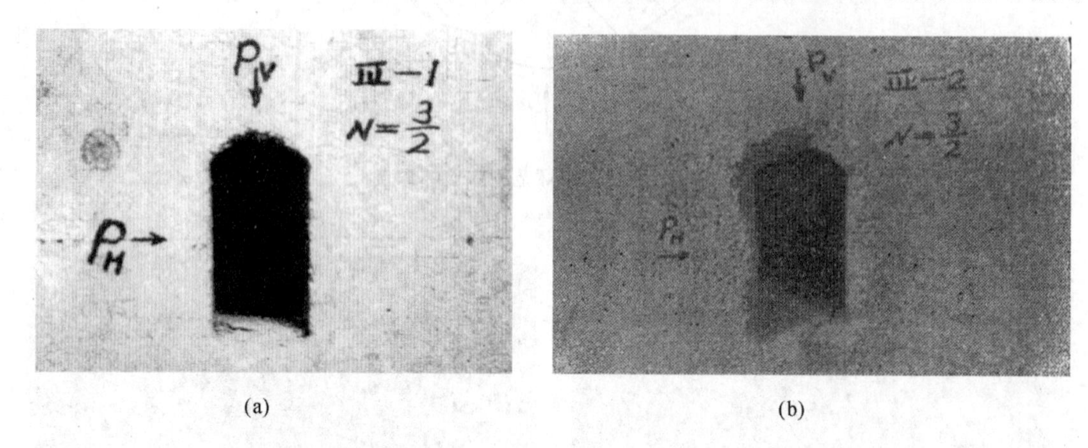

图10 N=1.5**时高墙拱顶洞室破坏形态**

(a)先开洞试验，$P_V/q_u=1.67$，$P_H/q_u=2.50$；(b)后开洞试验，荷载与先开洞试验相等

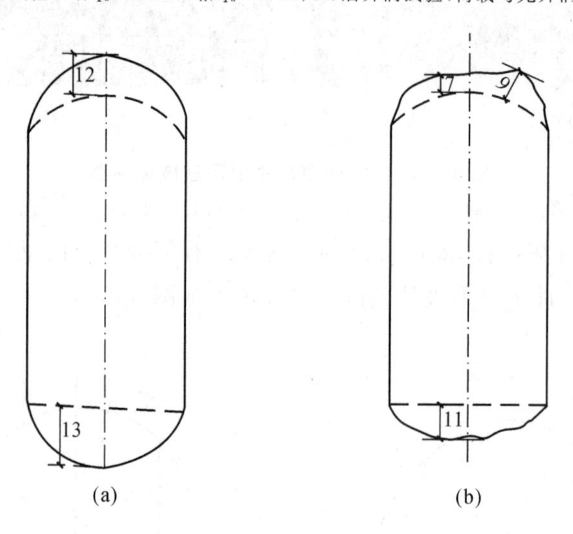

图11 N=1.5**时高墙拱顶洞室破坏范围和破坏深度(单位：mm)**

(a)先开洞试验，$P_V/q_u=1.67$，$P_H/q_u=2.50$；(b)后开洞试验，荷载与先开洞试验相等

3. N=1

N=1时高墙拱顶洞室初始破坏荷载按先开洞法试验$P_V/q_u=P_H/q_u=2.4$，按后开洞法试验$P_V/q_u=P_H/q_u=2.7$，后者比前者高12.5%。洞室的破坏部位是边墙、拱部和底板。拱部和底板破坏程度较重。底板破坏时先在墙脚附近出现挤压裂缝，继而有大块材料翘起，如图12所示；拱部破坏时先掉砂粒，然后材料呈鳞片状剥落，边墙破坏的特点是：墙面“内鼓”，敲击时有空声，但在外观上看不见裂缝、“爆皮”等现象。

试验后发现，洞室周围除一部分材料发生脱落外还有一部分材料已呈疏松状态，将其除掉后可以看到，在最大试验荷载条件下洞室破坏范围和破坏深度如图13所示。由图中看到，洞周各部位破坏深度大致相同,表现出 $N=1$ 时静水压力作用特点。

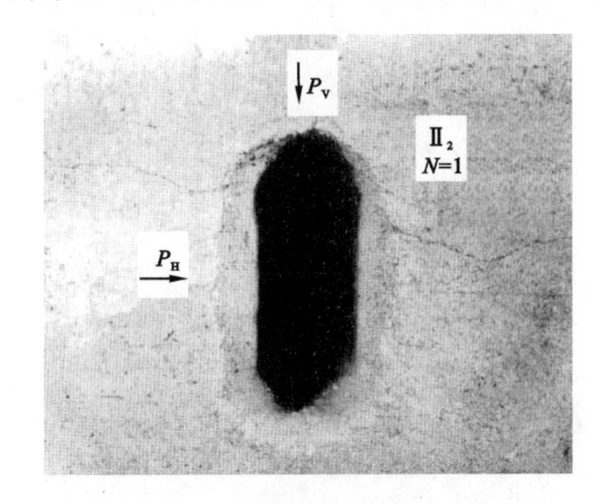

图 12　$N=1$ 时高墙拱顶洞室破坏形态

(后开洞试验,$P_V/q_u=P_H/q_u=3.12$)

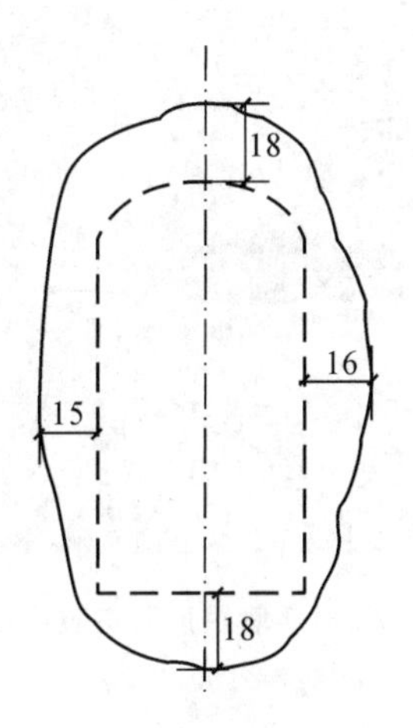

图 13　$N=1$ 时高墙拱顶洞室破坏范围和破坏深度(单位:mm)

(后开洞试验,$P_V/q_u=P_H/q_u=3.12$)

4.三种侧压系数下洞室稳定性的比较

由上述可知,侧压系数不同,洞室的初始破坏荷载不等,而初始破坏荷载的高低直接标志着洞室稳定性的高低。从表 3 中看到,$N=1$ 时洞室初始破坏荷载最高,$N=1/3$ 和 $N=1.5$ 时洞室初始破坏荷载较低,说明即使在高墙拱顶洞室条件下,也是 $N=1$ 时洞室的稳定性最高,$N>1$ 或 $N<1$ 时洞室的稳定性都较低。由最大破坏深度也可大体反映上述情形。

表 3　高墙拱顶洞室初始破坏荷载及最大破坏深度

$N=P_H/P_V$	试验方法	初始破坏荷载		最大试验荷载		最大破坏深度(d/a)		
		P_V/q_u	P_H/q_u	P_V/q_u	P_H/q_u	拱部	边墙	底板
1/3	先开洞	2.1	0.7	2.50	0.83	未坏	0.72	未坏
	后开洞	2.5	0.8	2.88	0.96	未坏	0.78	未坏
1	先开洞	2.4	2.4	2.50	2.50	模型损坏		
	后开洞	2.7	2.7	3.12	3.12	0.72	0.66	0.72
1.5	先开洞	1.4	2.1	1.67	2.50	0.48	未坏	0.72
	后开洞	1.4	2.1	1.67	2.50	0.32	未坏	0.44

注:d—洞室破坏深度;a—洞室半跨。

2.3　矮墙拱顶洞室

这类洞室模型一共做了三块,都是按先开洞法试验的(因为这类洞室高度太矮,开洞不便,故未做后开洞试验)。侧压系数分别为 1/3、1 和 1.5。各种侧压系数下洞室破坏形态及洞室稳定性如下:

1. $N=1/3$

$N=1/3$ 时矮墙拱顶洞室初始破坏荷载 $P_V/q_u=1.62$,$P_H/q_u=0.54$,破坏部位在边墙(拱脚处也有少量破坏),洞室拱部和底板基本完好。边墙破坏时没有形成大块楔体,材料呈片状剥落,如图 14 所示。试验后发现,破坏部位除已脱落的材料外,还有一部分材料已呈疏松状态,将其除掉后可以看到,在最大试验荷载条件下洞室破坏范围和破坏深度大致如图 15 所示。

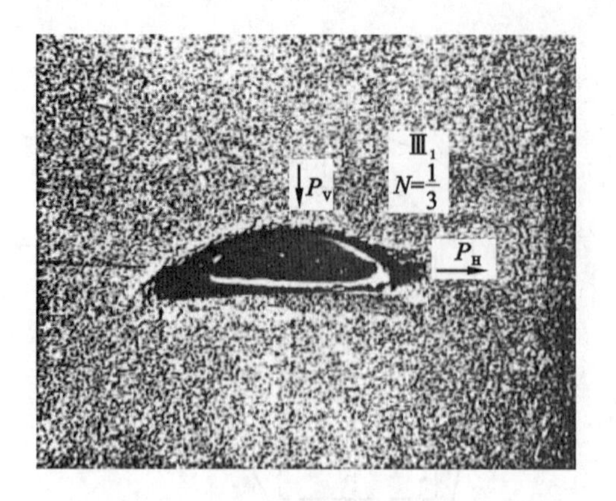

图 14　$N=1/3$ 时矮墙拱顶洞室破坏形态

（先开洞试验，$P_V/q_u=2.00$，$P_H/q_u=0.67$）

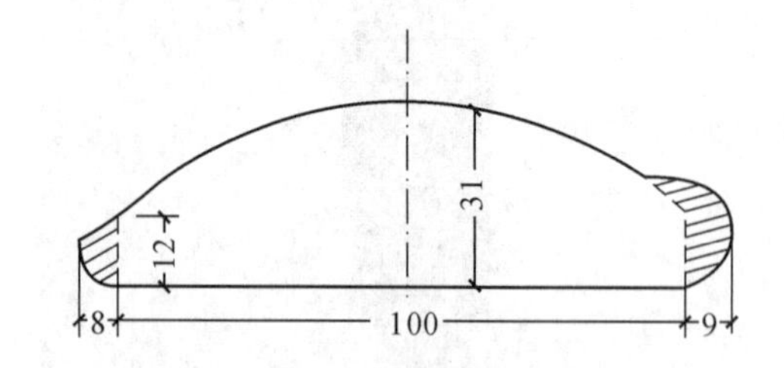

图 15　$N=1/3$ 时矮墙拱顶洞室破坏范围和破坏深度（单位：mm）

2. $N=1.5$

$N=1.5$ 时矮墙拱顶洞室初始破坏荷载 $P_V/q_u=1.92$，$P_H/q_u=2.88$，最大荷载比 $N=1/3$ 时高 44%。洞室破坏部位在拱部和底板，边墙基本完好。底板的破坏先是在墙脚附近出现剪切裂缝[图 16(a)]，随后底板发生隆起[图 16(b)]。拱部破坏时只产生裂纹，未见大块楔体。试验后发现，洞室破坏部位除一部分材料发生脱落外，还有一部分材料已呈疏松状态。将其除掉后可看到在最大试验荷载条件下洞室破坏范围和破坏深度如图 17 所示。

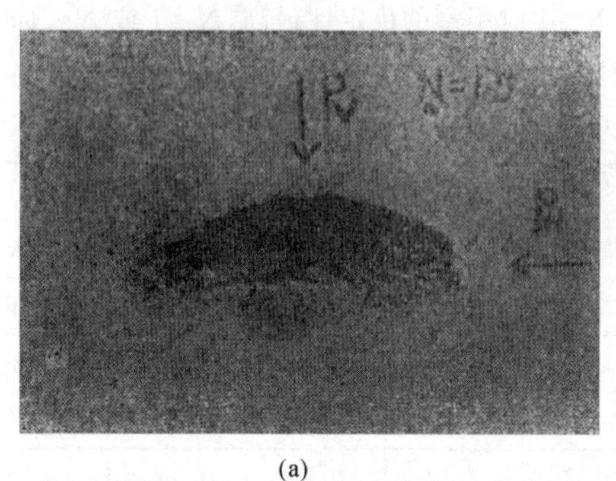

(a)

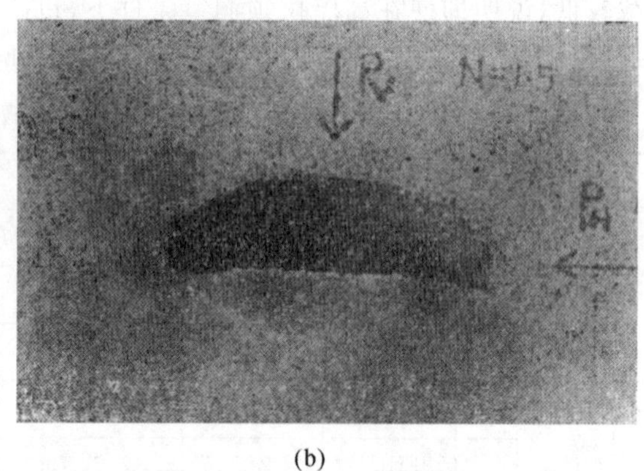

(b)

图 16　$N=1.5$ 时矮墙拱顶洞室破坏形态

（先开洞试验，$P_V/q_u=2.25$，$P_H/q_u=3.38$）

(a)底板裂缝；(b)底板隆起

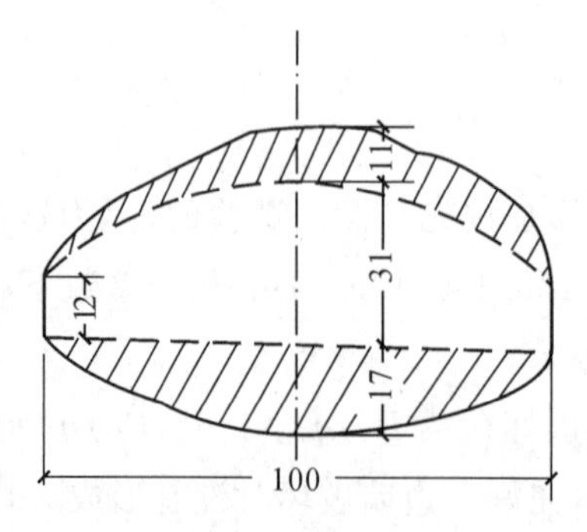

图 17　$N=1.5$ 时矮墙拱顶洞室破坏范围和破坏深度（单位：mm）

由图 17 中看到，底板比拱部破坏深度更大一些，显然这是由于底板平直之故。

3. $N=1$

$N=1$ 时矮墙拱顶洞室初始破坏荷载 $P_V/q_u=P_H/q_u=2.00$，与 $N=1/3$ 时相同，洞室破坏部位在边墙和拱脚至1/4拱处，拱顶和底板基本完好。边墙的破坏形式也是表层材料逐层剥落，未形成大块楔体，如图18所示。试验后发现，在洞室破坏部位，除已脱落的材料外，还有一部分材料已呈疏松状态。将其除掉后可以看到在最大试验荷载条件下洞室破坏范围和破坏深度如图19所示。由图中看到，右拱脚破坏较重，这是不正常的，可能是材料不够均匀或荷载不够对称造成的。

图18　$N=1$ 时矮墙拱顶洞室破坏形态

(先开洞试验，$P_V/q_u=P_H/q_u=2.38$)

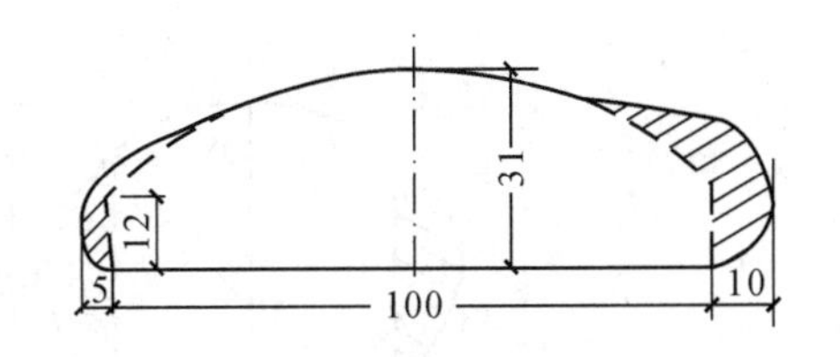

图19　$N=1$ 时矮墙拱顶洞室破坏范围和破坏深度(单位：mm)

(先开洞试验，$P_V/q_u=P_H/q_u=2.38$)

4. 三种侧压系数下洞室稳定性的比较

由前面介绍可知，侧压系数不同，洞室的初始破坏荷载不等，洞室的最大破坏深度也不相同(表4)。三种侧压系数中 $N=1.5$ 时洞室的初始破坏荷载最大，$N=1/3$ 时洞室的初始破坏荷载最小，说明矮墙拱顶洞室在侧压系数大于1($N=1.5$)时洞室的稳定性较高，N 等于1或小于1时洞室的稳定性较低。

表4　矮墙拱顶洞室初始破坏荷载及最大破坏深度

$N=P_H/P_V$	初始破坏荷载		最大试验荷载		最大破坏深度(d/a)		
	P_V/q_u	P_H/q_u	P_V/q_u	P_H/q_u	拱部	边墙	底板
1/3	1.62	0.54	2.00	0.67	未坏	0.16～0.18	未坏
1	2.00	2.00	2.38	2.38	—	0.10～0.20	—
1.5	1.92	2.88	2.25	3.38	0.22	未坏	0.34

注：$N=1/3$ 时拱脚也发生少量破坏，$N=1$ 时拱脚至1/4拱处也发生了破坏，表中未列入。

2.4　高跨比 $H/L\approx1$ 的直墙拱顶洞室

这类洞室模型一共做了两组试块，每组两块模型，一块按先开洞法试验，一块按后开洞法试验。侧压系数均为1/4。洞室破坏特点如下：

(1)破坏部位均在边墙，拱部和底板完好。边墙破坏时先在墙顶和墙脚附近出现剪切裂缝，继而形成大块楔体。荷载继续加大，墙面朝洞内倾斜(图20)，楔体与洞壁脱离。

试验后发现，楔体背后部分材料已被压酥，将其除掉后，可以看到在最大试验荷载条件下各洞室破坏范围和破坏深度如图21所示。从洞室破坏图中可以看出，破坏后的洞室断面均呈马蹄形。

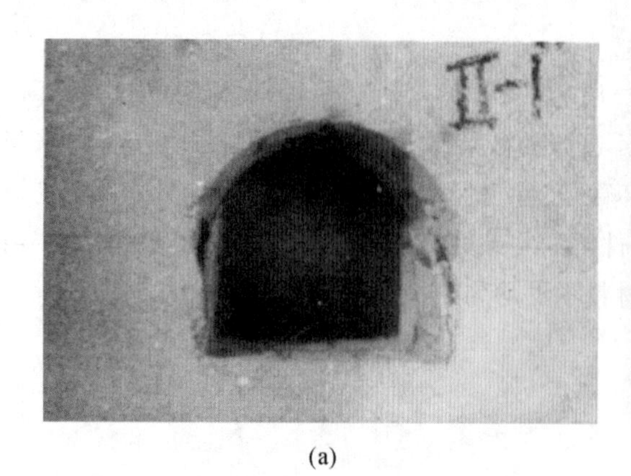

(a)

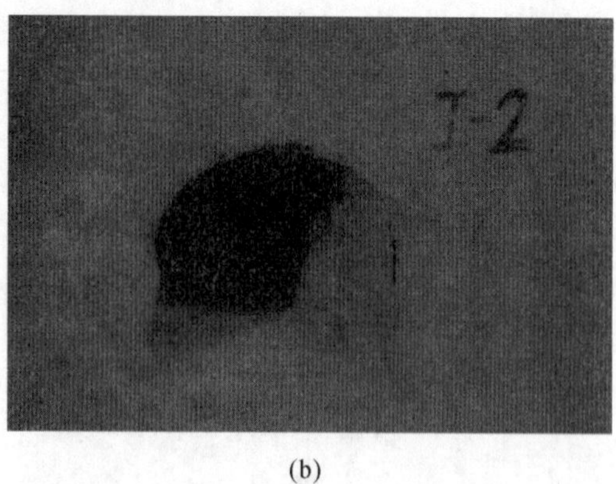

(b)

图 20　$H/L\approx1$ 的直墙拱顶洞室破坏形态

(a)先开洞试验，$P_V/q_u=1.44$，$P_H/q_u=0.36$；(b)后开洞试验，$P_V/q_u=1.92$，$P_H/q_u=0.48$

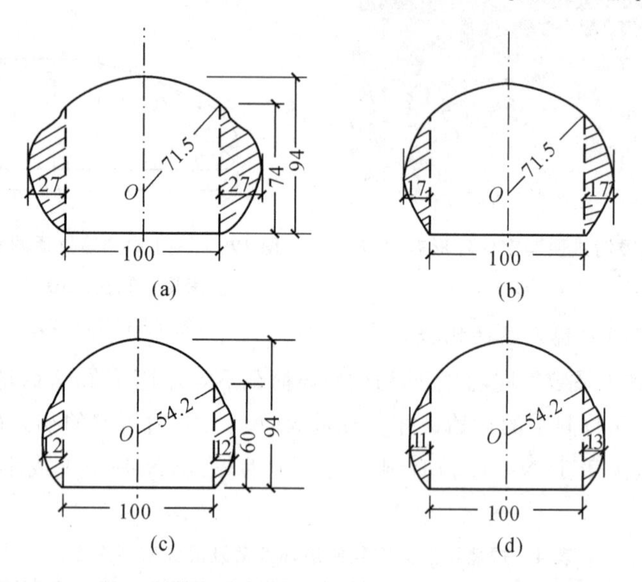

图 21　$H/L\approx1$ 的直墙拱顶洞室破坏范围和破坏深度(单位：mm)

(a)Ⅳ-1 模型，先开洞试验，$P_V/q_u=1.92$，$P_H/q_u=0.48$；

(b)Ⅳ-1 模型，后开洞试验，$P_V/q_u=1.92$，$P_H/q_u=0.48$；

(c)Ⅳ-2 模型，先开洞试验，$P_V/q_u=1.44$，$P_H/q_u=0.36$；

(d)Ⅳ-2 模型，后开洞试验，$P_V/q_u=1.76$，$P_H/q_u=0.44$

(2)从洞室初始破坏荷载和在最大试验荷载条件下洞室破坏深度(表 5)看，矢跨比较大的Ⅳ-2 模型比矢跨比较小的Ⅳ-1 模型初始破坏荷载高，洞室稳定性较好，说明洞室断面特征对洞室稳定性也有较大影响，在实际工程中应予以注意。

表 5　$H/L\approx1$ 的直墙拱顶洞室初始破坏荷载及最大破坏深度

模型号	试验方法	初始破坏荷载		最大试验荷载		最大破坏深度(d/a)
		P_V/q_u	P_H/q_u	P_V/q_u	P_H/q_u	边墙
Ⅳ-1	先开洞	0.96	0.24	1.92	0.48	0.54
	后开洞			1.92	0.48	0.34
Ⅳ-2	先开洞	1.12	0.28	1.44	0.36	0.24
	后开洞	1.60	0.40	1.76	0.44	0.22～0.26

3 几点看法

从上述几种洞室破坏形态中得出以下几点看法:

1. 侧压系数与洞室破坏部位的关系

对于一般的直墙拱顶洞室来说,侧压系数小于1,破坏部位在边墙;侧压系数大于1,破坏部位在拱部和底板。例如 $N=1/3$、$1/4$ 时,高墙拱顶洞室和高跨比近似为1的直墙拱顶洞室破坏部位都在边墙;$N=1.5$ 时,高墙拱顶洞室破坏部位在拱部和底板。侧压系数等于1时,一般的直墙拱顶洞室洞周都要发生破坏(如试验中的高墙拱顶洞室),而对于非常扁平的洞室只有边墙和拱脚至1/4拱处发生破坏,其余部位完好(如矮墙拱顶洞室)。

2. 洞室形状对洞室破坏部位的影响

从试验中看到,洞室形状对洞室破坏部位也有重大影响,突出的例子是,高墙拱顶洞室和矮墙拱顶洞室在侧压系数 $N=1$ 时的破坏情况,二者有显著的不同。前者洞室周围都发生了破坏,后者只在边墙和拱脚至1/4拱处发生了破坏,其余部位完好。其次从 $N=1/3$ 时二者的破坏情况来看,高墙拱顶洞室破坏部位只在边墙,矮墙拱顶洞室破坏部位除了边墙之外拱脚附近也发生了破坏,可见洞室形状对洞室破坏部位也有重大影响。

3. 侧压系数、洞室形状对洞室稳定性的影响

这可从以下两方面来看:①对于同一种洞室来说,侧压系数不同,洞室的初始破坏荷载不等。例如,矮墙拱顶洞室在 $N=1.5$ 时初始破坏荷载 $P_V/q_u=1.92$、$P_H/q_u=2.88$;在 $N=1/3$ 时初始破坏荷载 $P_V/q_u=1.62$、$P_H/q_u=0.54$,如以最大压力为准,前者约为后者的1.8倍。②在同一侧压系数下,洞室形状不同,洞室的初始破坏荷载也不相等。例如,$N=1.5$ 时,高墙拱顶洞室初始破坏荷载 $P_V/q_u=1.4$、$P_H/q_u=2.1$;而在同一侧压系数下矮墙拱顶洞室初始破坏荷载 $P_V/q_u=1.92$、$P_H/q_u=2.88$,后者比前者高37%左右。可见洞室形状、侧压系数对洞室稳定性都有较大影响。但是,究竟哪种洞室形状更为合理要视侧压系数大小而定,不是固定不变的。

4. 破坏楔体的生成条件

从试验结果来看,洞室破坏楔体的生成必须具备两个条件:①洞壁附近要有较大的环向压应力;②洞壁要有较大的平直表面。例如,在侧压系数小于1时($N=1/4,1/3$),破坏楔体发生在边墙;在侧压系数大于1时($N=1.5$),破坏楔体发生在洞室底板。从洞周应力分布状态理论可知,上述产生破坏楔体的部位都是洞周环向压应力较大的部位。其次,从试验中看到,圆形洞室和直墙拱顶洞室的拱部破坏时没有出现破坏楔体,矮墙拱顶洞室边墙破坏时也没有出现破坏楔体,可见破坏楔体的生成除了需要有较大的环向压应力以外还需要有一个较大的平直表面。

5. 洞室破坏机理及两种主要破坏形式

试验表明,洞室的破坏部位总是发生在洞周环向压应变较大的部位。例如,高墙拱顶洞室 $N=1/3$ 时洞室破坏部位在边墙,$N=1.5$ 时洞室破坏部位在拱部和底板,从图22、图23中可以看到,上述部位都是洞周环向压应变较大的部位,而洞周环向压应变较大的部位环向压应力也较大。由此推断,洞室的破坏是由较大的环向压应力引起的,因而呈剪切型。

洞室破坏时通常有两种主要形式:一是形成大块破坏楔体,二是材料发生逐层剥落。形成大块楔体的部位是在洞室边墙、底板等具有较大平直表面处;产生逐层剥落的部位是在洞室拱部或矮墙处。在洞室破坏部位除已脱落的材料外还有一部分材料呈疏松状态,将其除掉后可以看到洞室破坏

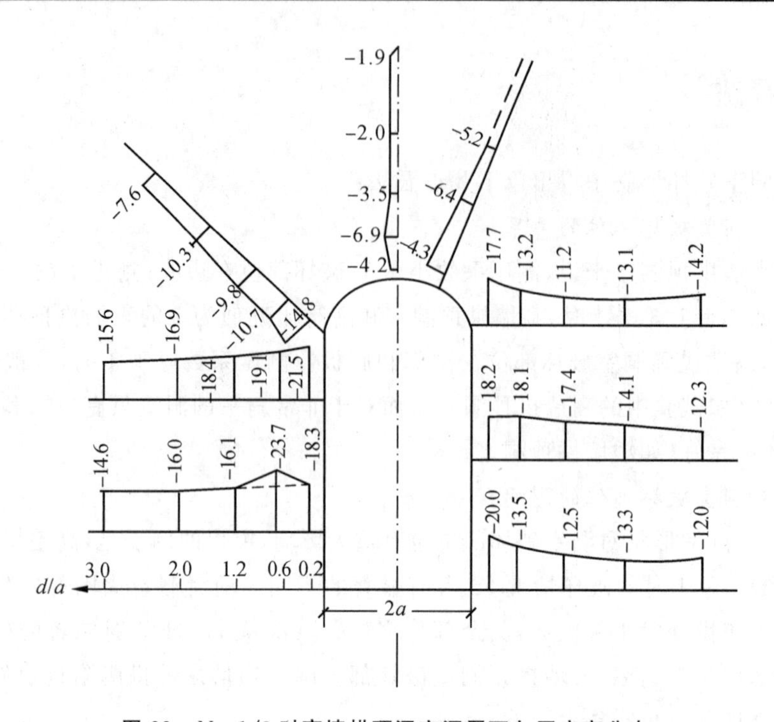

图 22　$N=1/3$ 时高墙拱顶洞室洞周环向压应变分布

[后开洞试验结果，$P_V/q_u=1.5$，$P_H/q_u=0.5$，受压为(－)，$\varepsilon_\theta\times10^{-4}$]

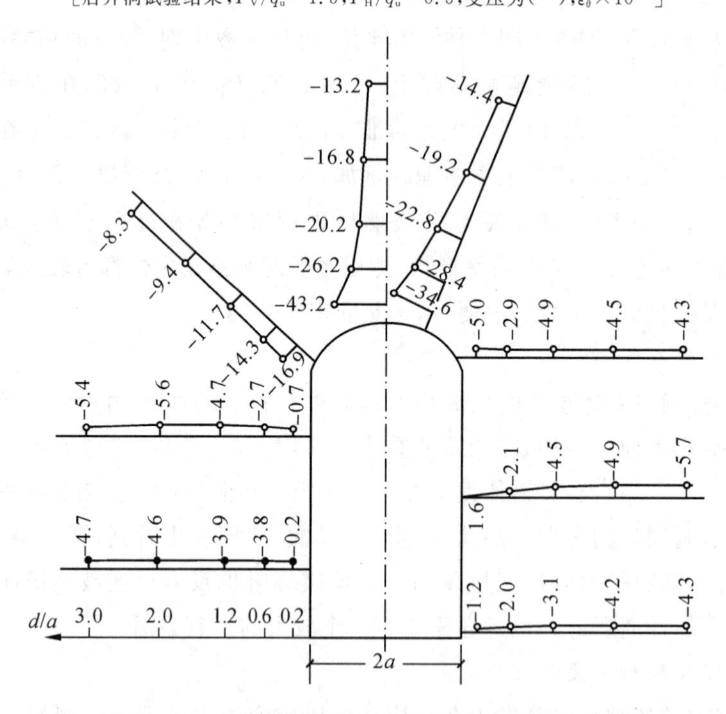

图 23　$N=1.5$ 时高墙拱顶洞室洞周环向压应变分布

[先开洞试验结果，$P_V/q_u=0.92$，$P_H/q_u=1.50$，受压为(－)，$\varepsilon_\theta\times10^{-4}$]

范围和破坏深度比材料发生脱落的范围大得多。

洞室破坏楔体的形状大致呈三角形，但三角形的顶点不是在楔体高度的正中，高墙拱顶洞室在正中偏下[图 24(a)]，$H/L\approx1$ 的直墙拱顶洞室在正中偏上[图 24(b)]。楔体剪切面与墙面最大夹角范围为 25°～34°，平均值接近 $45°-\varphi/2$。几块楔体的具体形状尺寸示于图 25 中。

了解楔体块的形状尺寸对于选择锚杆长度具有参考价值。初步认为，锚杆的有效长度应超过破

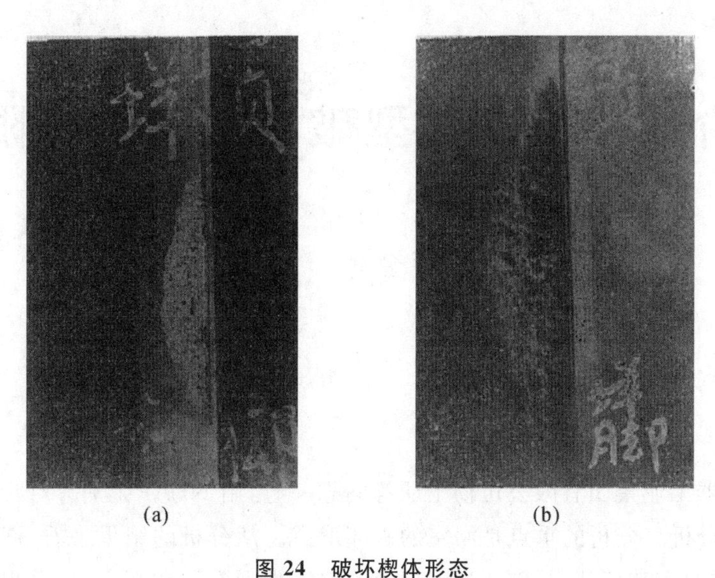

(a) (b)

图 24　破坏楔体形态

(a)高墙拱顶洞室;(b)$H/L\approx1$ 的直墙拱顶洞室

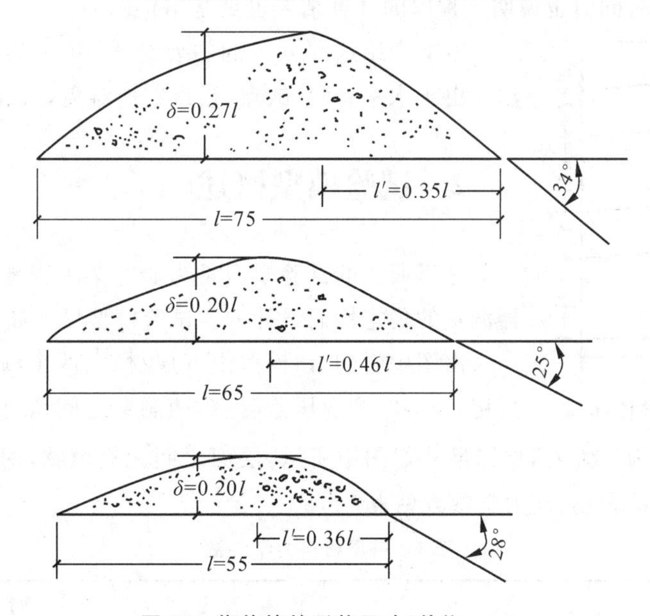

图 25　楔体块的形状尺寸(**单位**:mm)

坏楔体厚度,否则锚杆就不能阻止楔体的形成或限制楔体的滑移。

最后需要指出,上述几种洞室破坏形态以及所谈几点看法都是就本试验条件而言的,对于那些与本试验条件相差较远的洞室有些破坏现象可能会有偏差,这是在考虑本试验结果时应当注意的。其次文中所给洞室破坏范围和破坏深度图都是试验后从模型表面上描下来的,难免会有较大误差,给出的数字只能作为参考。

对层状介质中洞室模型破坏形态的有限元分析

顾金才

1 前言

我们和中国兵器工业集团有限公司杨士朋等同志一起，用 NFAP 程序* 对我们所做的地下洞室模型[1]作了非线性分析。分析的重点是洞室的破坏形态。从分析的结果来看，许多方面与试验结果基本一致，特别是在洞室破坏部位、破坏过程以及洞壁断裂形态等方面，其一致程度更好。这说明我们的试验结果基本可靠，同时也说明该程序的计算结果也是基本正确的。

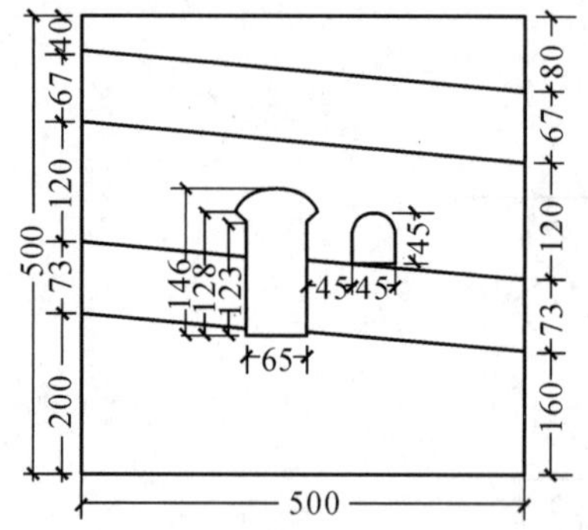

图 1　试验模型尺寸(单位：mm)

本文介绍这次分析的主要结果，并对某些问题提出了初步看法。由于水平有限，缺点、错误在所难免，欢迎批评指正。

2 试验模型概述

这里所谈的试验模型是为研究某工程地下电站主厂房及变压器洞室的稳定性而设计的。试验模型尺寸如图 1 所示。

由图中看到，该模型由五层材料、两个洞室组成。大洞室为主厂房，小洞室为变压器洞室，两洞室之间留有一道岩柱。五层材料的情况是：层面倾角均为 5°左右，层厚尺寸如图中所示，层面之间无充填物，两层材料自然接触。各层材料均为石膏、砂的混合物，其力学参数见表 1。

表 1　各层材料力学参数

层号	一	二	三	四	五
f'_σ/(kg/cm²)	29.78	14.60	27.17	18.58	27.17
f'_t/(kg/cm²)	1.98	1.07	2.34	1.18	2.34
E/(kg/cm²)	4.40×10^4	1.66×10^4	6.20×10^4	3.33×10^4	6.20×10^4
ν	0.24	0.20	0.21	0.18	0.21
φ/°	35.5	30.0	36.0	35.0	36.0
c/(kg/cm²)	5.8	3.0	4.6	3.2	4.6

表中 f'_σ、f'_t、E、ν、φ、c 分别为模型材料的单轴抗压强度、抗拉强度、弹性模量、泊松比、内摩擦角和黏结力。

---

* NFAP 程序是美籍华人张之勇教授和他的同事们编写的，是由张相麟总工程师引进的。

刊于《防护工程》1983 年第 3 期。

试验中模型荷载周边均匀分布，侧压系数 $N=P_H/P_V=0.4$，其中 P_V 为垂直荷载，P_H 为水平荷载。

有限元计算中所取计算简图与网格划分如图 2 所示。全部单元均采用四节点四边形单元。节点总数 212，单元总数 173。高斯求积阶数 2×2。计算中材料全部按非线性考虑。所采用的材料模型为混凝土模型[2]。层面未做特殊考虑，假定两层之间变形协调。

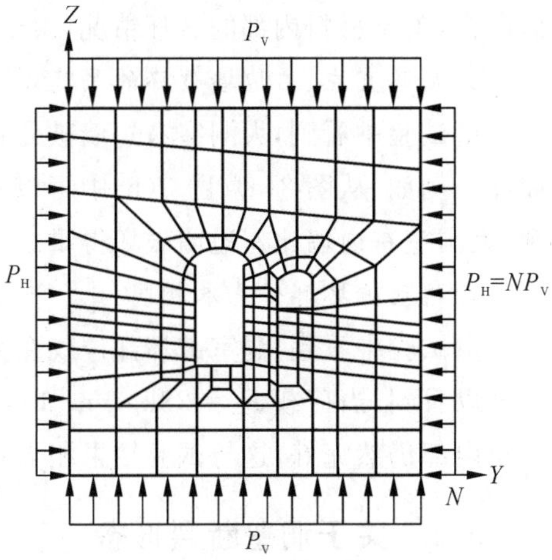

图 2 计算简图与网格划分

3 计算结果及分析

3.1 关于洞室破坏过程

由计算给出的洞室破坏过程如图 3 所示。将其与试验结果加以对照，可以看出二者具有以下几点一致性：

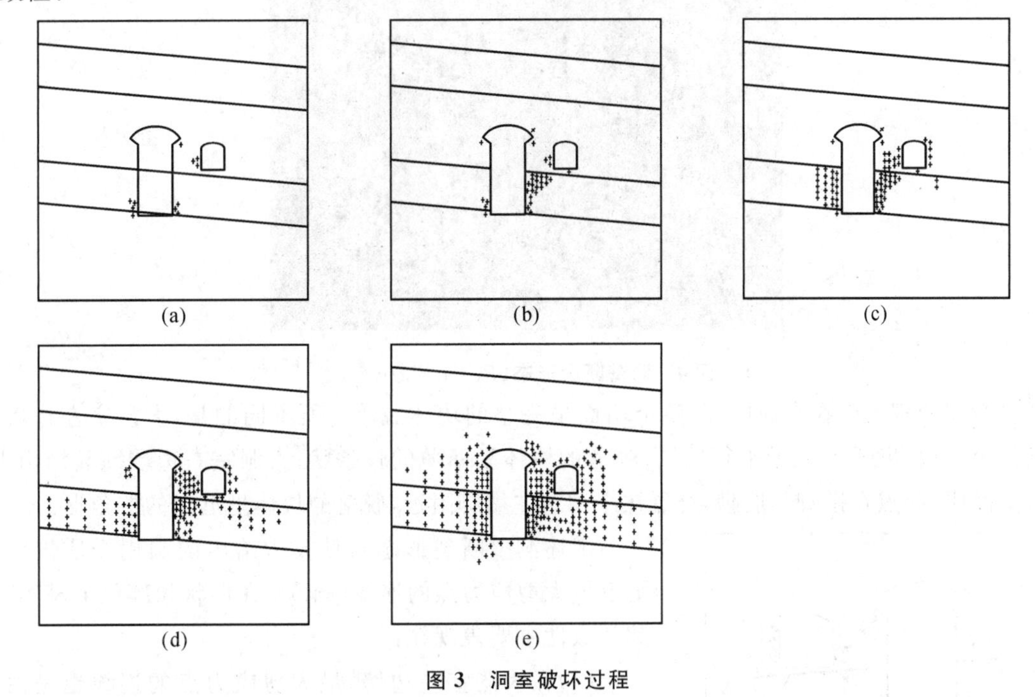

图 3 洞室破坏过程

(a) $P_V=12\text{kg/cm}^2$；(b) $P_V=14\text{kg/cm}^2$；(c) $P_V=16\text{kg/cm}^2$；(d) $P_V=20\text{kg/cm}^2$；(e) $P_V=28\text{kg/cm}^2$

1. 洞室初始破坏部位基本相同

试验中肉眼所见洞室初始破坏部位是大洞室的右拱脚及小洞室的左墙脚，与图 3(a) 中给出的计算结果基本一致。所不同的仅是计算中大洞室左、右墙脚破坏得也较早，但在试验中未看到，它们的破坏稍迟后一些。

2. 洞室表面几个部位的破坏顺序基本相同

试验中肉眼所见洞室表面几个部位的破坏顺序是：首先是大洞室的右拱脚及小洞室的左墙脚处发生破坏；紧接着是大洞室左、右墙脚及左拱脚处发生破坏；最后是小洞室右边墙处发生破坏。上述洞室破坏顺序与图 3(a)、图 3(b)、图 3(c) 给出的计算结果基本相同。所不同的仅仅是大洞室左、右墙脚在试验中破坏得晚些，计算中破坏得早些。但是应该指出，上述洞室破坏顺序仅仅是就洞壁表面而言，关于材料内部的破坏情况，由于试验中无法观察到，所以也就无法作对比。

3. 大洞室左、右边墙破坏的早晚以及破坏的轻重程度基本相同

由试验中看到，大洞室右边墙破坏得早、破坏得重，左边墙破坏得晚、破坏得轻。计算结果也是如此。例如，从图 3(a)、图 3(b)中可以看到，大洞室右边墙比左边墙破坏得早，从图 3(d)中可以看到，大洞室右边墙比左边墙破坏得重。

4. 洞室破坏部位基本相同

由试验中看到，洞室破坏部位仅在大、小洞室的两侧边墙，洞室拱部和底板基本完好。从图 3(e)中可以看到，当荷载 $P_V=28\text{kg/cm}^2$ 时，计算中洞室两侧边墙全部进入破坏状态，而洞室拱部和底板介质内部仍然完好，这与试验结果相当一致。

3.2 关于洞壁断裂形态

由试验中看到，洞室破坏时两侧边墙均发生了断裂，其断裂形态如图 4 所示。它的特点是：

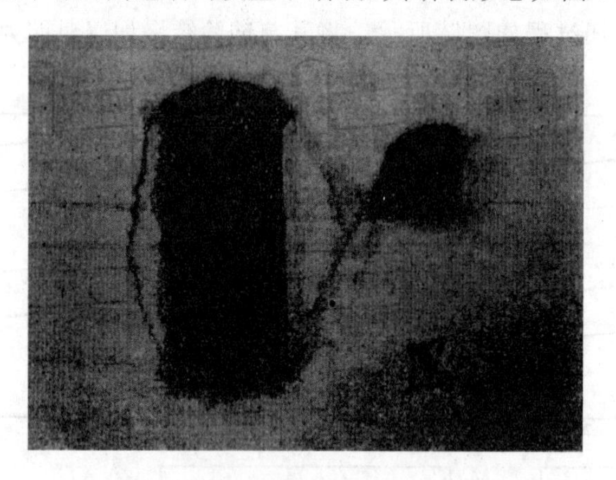

图 4 洞壁断裂形态($P_V=48\text{kg/cm}^2$)

洞壁断裂缝都发生在介质内部，整个墙面呈完整的块体脱落。所不同的是，大洞室左边墙断裂缝由拱脚至墙脚，几乎与洞壁平行发展，脱落的块体呈薄薄的长条状；大洞室右边墙断裂缝由上、下两条相交而成，起点在拱脚与墙脚，交点在小洞室左墙脚附近，脱落的块体呈近似的三角形。

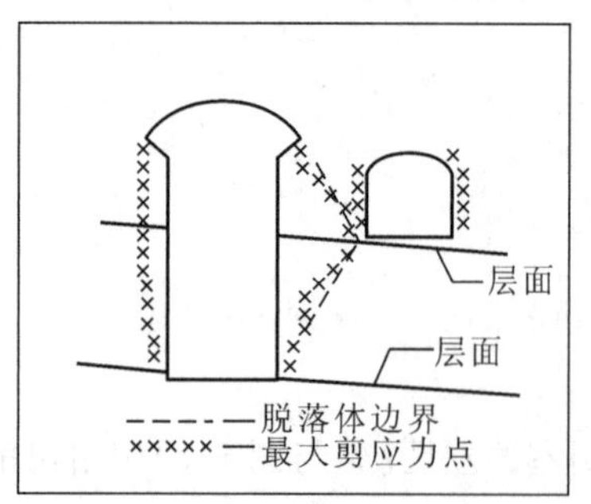

图 5 洞周介质内同一水平上最大剪应力点连线($P_V=12\text{kg/cm}^2$)

上述洞壁断裂形态与计算中给出的洞周介质内同一水平上最大剪应力点的连线(图 5)，在形状和部位上基本一致。其一致性主要表现在：

(1)在大洞室左边墙，最大剪应力点的连线也是由拱脚至墙脚，几乎与洞壁平行发展，这与大洞室左边墙的断裂缝形状、部位基本一致。

(2)在大洞室右边墙，最大剪应力点的连线也是由上、下两条相交而成，起点在拱脚和墙脚，交点在小洞室左墙脚附近，这与大洞室右边墙断裂缝形状、部位基本一致。

由上述两侧边墙的断裂缝与计算中洞周介质内同一水平上的最大剪应力点的连线，在形状、部位上的一致性，可以推断出，两侧边墙的脱落块体，在其形状和大小上也应与被最大剪应力点的连线所分割的洞壁材料相一致。

这里说明一点，图 5 中之所以取 $P_V=12\text{kg/cm}^2$ 是出于下述的考虑：在研究洞室破坏机理时，最好是取洞室出现初始破坏时的荷载作为分析的基础。如果荷载取得太小，材料可能还在弹性范围之

内，与洞室发生破坏时的应力状态可能有较大区别；如果荷载取得太大，洞室某一部位已经发生破坏，这时的洞室受力状态已经不是原来所研究的洞室受力状态，而是破坏后的洞室的受力状态，所以也不太合适。鉴于上述考虑，我们才在本次计算中取洞室的初始破坏荷载 $P_V=12\text{kg/cm}^2$，作为分析洞室受力状态的基础。

3.3 关于洞周材料的疏松范围

由试验中看到，在洞室破坏部位除有大块材料发生脱落外，还有部分材料呈疏松状态，其疏松范围大致如图 6 所示。

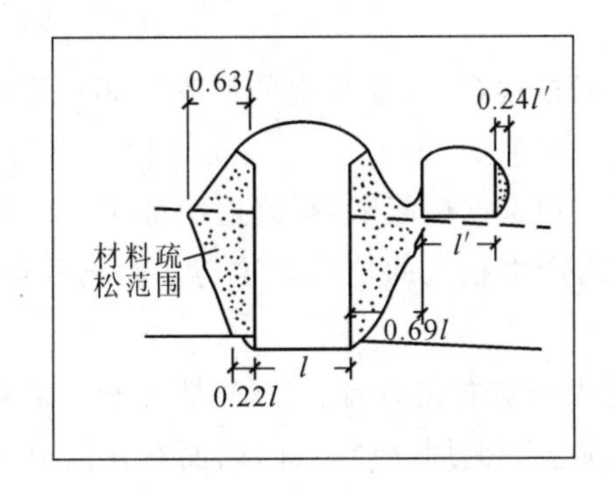

图 6 洞周材料疏松范围($P_V=48\text{kg/cm}^2$)

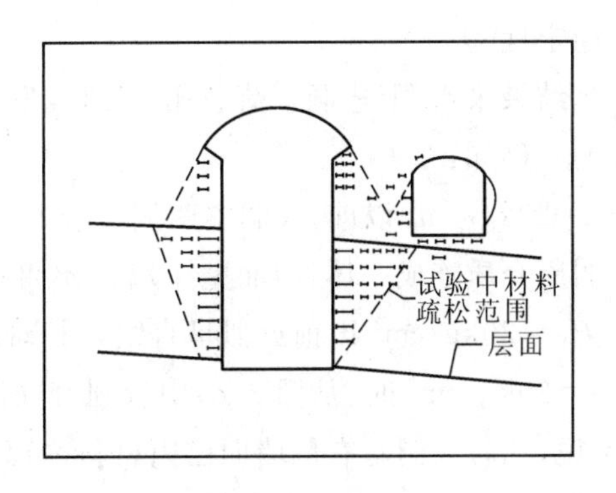

图 7 洞周介质内水平拉应力区($P_V=16\text{kg/cm}^2$)

在计算数据中哪种参数与洞周材料的疏松范围相对应呢？经过分析发现，它与计算中洞周介质内水平拉应力区(图 7)在大小范围上基本一致。它们之所以大体上具有一致性，是因为它们产生的前提条件大体相同，即双方都是由洞周材料产生的较大的水平拉伸变形造成的。因为在本试验条件下，垂直压力较大，水平压力较小，材料在较大的垂直压应力作用下，必然产生较大的水平变形，而这种变形又只能朝洞内膨胀(因为模型边上有压力荷载)。当材料膨胀到一定程度时，就要发生疏松，同时也要产生水平拉伸应力。这就造成二者在大小范围上大体一致的情况。

可能有人要问，图 7 是在 $P_V=16\text{kg/cm}^2$ 荷载条件下给出的结果，当荷载加大时，洞周介质内水平拉应力区会不会扩大？从我们给出的 $P_V=12\text{kg/cm}^2$ 与 $P_V=20\text{kg/cm}^2$ 两种荷载条件下的洞周水平拉应力区(图 8、图 9)来看，在中等荷载条件下，洞周水平拉应力区似乎变化不大。因为荷载 P_V 从 12kg/cm^2 增加到 20kg/cm^2 时，荷载增加近一倍，但从图 8、图 9 来看，洞周水平拉应力区变化不大。

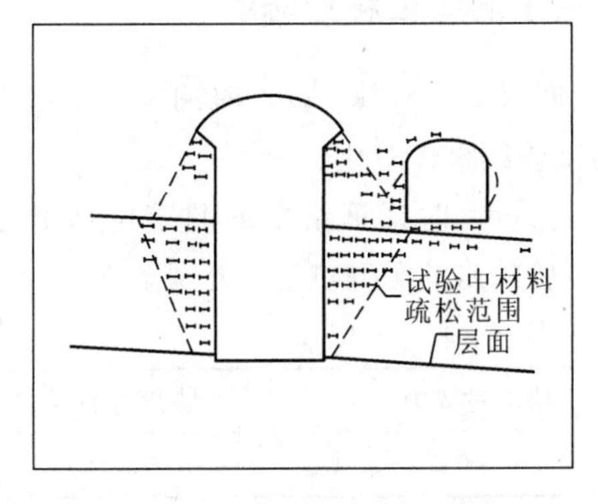

图 8 $P_V=12\text{kg/cm}^2$ 时洞周介质内水平拉应力区

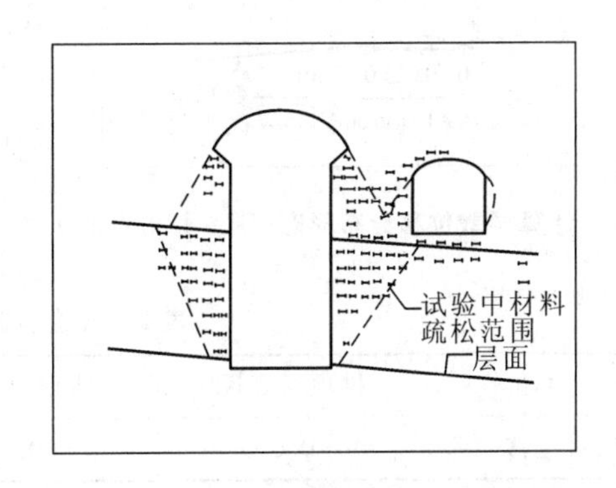

图 9 $P_V=20\text{kg/cm}^2$ 时洞周介质内水平拉应力区

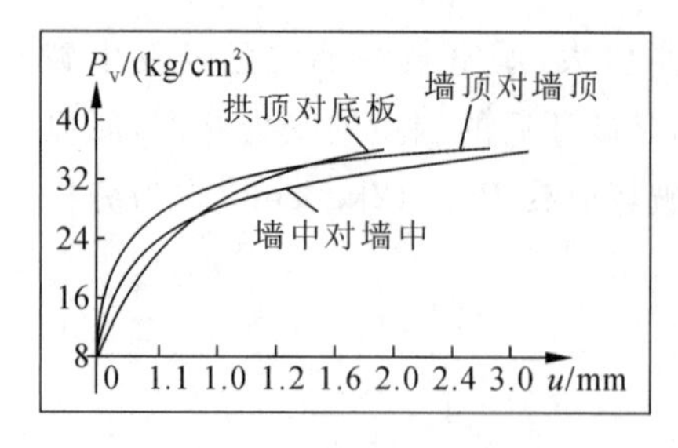

图 10　洞壁荷载-位移曲线

3.4　关于洞壁失稳荷载

试验中肉眼所观察到的洞壁产生初始破坏时的荷载是 $P_V=32\text{kg/cm}^2$，当时是大洞室右拱脚及小洞室左墙脚处发生破坏。而从实测洞壁荷载-位移曲线(图 10)上看，早在 $P_V=20\text{kg/cm}^2$ 时洞壁荷载-位移曲线便已发生明显弯曲，到 $P_V=28\text{kg/cm}^2$ 时，洞壁荷载-位移曲线为近似水平状态。因而，从实测数据上看，洞壁失稳荷载应为 $P_V=24\text{kg/cm}^2$ 左右。因为此时荷载增加不大，位移增加却很大，可以认为洞壁已经失去稳定性。

从计算结果来看，上述洞壁荷载-位移曲线发展变化的过程，与计算给出的洞室破坏过程(图 3)是相对应的。例如：

在 $P_V=20\text{kg/cm}^2$ 以前，大洞室两侧边墙上、下破坏区均未连接起来，每侧边墙都由一部分完好的材料与洞周介质连成一体，因而整个墙面不可能朝洞内产生较大的位移。这与实测洞壁荷载-位移曲线在 $P_V=20\text{kg/cm}^2$ 以前近似呈直线是相对应的。

当 $P_V=20\text{kg/cm}^2$ 时，从图 3(d)中看到，此时恰好是大洞室右侧边墙上、下破坏区连接起来的时刻，也就是说，此时大洞室右侧墙面已因材料内部破坏而完全与洞周介质分开，因而在几何学上构成了朝洞内移动的条件。这样，只要外面施加很小的压力，它就可以产生较大的位移。这与实测洞壁荷载-位移曲线在 $P_V=20\text{kg/cm}^2$ 以后开始发生弯曲是相对应的。

当 $P_V=28\text{kg/cm}^2$ 时，从图 3(e)中看到，此时大洞室两侧边墙上、下破坏区都分别连接起来，因而都构成了朝洞内整体移动的几何条件。在这种情况下，只要外面施加很小的压力，两侧洞壁都要产生较大的位移，因而实测洞壁相对位移就很大，这与 $P_V=28\text{kg/cm}^2$ 时实测洞壁荷载-位移曲线几乎呈水平状态是相对应的。

综上所述，由计算确定的洞壁失稳荷载也应取 $P_V=24\text{kg/cm}^2$ 左右。因为取 $P_V=28\text{kg/cm}^2$ 作为洞壁失稳荷载，由于两侧边墙都发生了破坏，显然偏于危险；取 $P_V=20\text{kg/cm}^2$ 作为洞壁失稳荷载，此时只有一侧洞壁上、下破坏区连成一体，另一侧洞壁尚未连接起来，洞室还有一定的承载能力，因而有点偏于保守。故取 $P_V=24\text{kg/cm}^2$ 作为洞壁失稳荷载，无论从实测结果还是计算结果来看都比较合适。

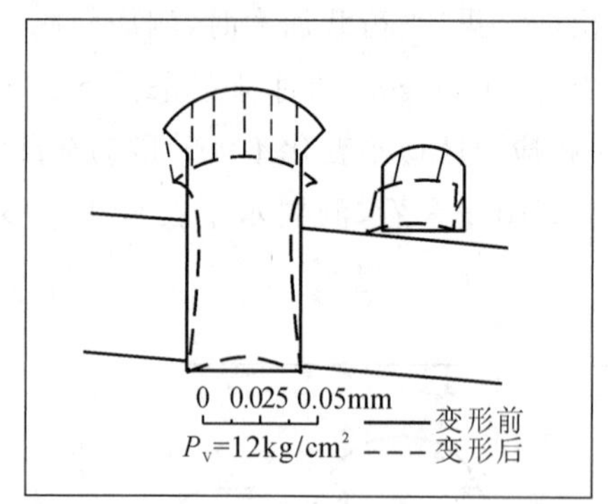

图 11　计算洞壁位移分布形态($P_V=12\text{kg/cm}^2$)

3.5　关于洞壁位移形态

下面，我们取 $P_V=12\text{kg/cm}^2$ 时的洞壁位移形态将计算结果与试验结果作对比。

$P_V=12\text{kg/cm}^2$ 时计算给出的洞壁位移形态如图 11 所示，由试验给出的洞壁位移形态见表 2。

表 2　试验洞壁相对位移(单位：mm)

相对部位	拱顶对底板	墙顶对墙顶	墙中对墙中	墙脚对墙脚
相对位移	−0.010	−0.010	−0.047	−0.040

将计算结果与试验结果相对照，可以看出它们具有以下几点一致性：

(1)计算中拱顶、边墙和底板都朝洞内位移，这与试验洞壁相对位移都为负值相一致；

(2)计算中拱顶位移较大,边墙、底板位移较小,这与试验拱顶对底板相对位移较大,边墙对边墙相对位移较小相一致;

(3)单从边墙部位位移分布形态来看,计算结果与试验结果也基本一致,二者的特点都是,墙中的位移较大,墙顶和墙脚位移较小。略有不同的是试验中墙脚位移也较大,接近于墙中位移的数值,而计算中不是这种情况,墙脚位移要比墙中位移小得多。

应该指出,上述计算位移与试验位移只是在分布形态上基本一致,在数值上并不相等。一般地说,实测位移值较大,计算位移值较小。

试验洞壁位移与计算洞壁位移在数值上不相等的原因可能有两个:一是计算中未考虑层面之间存在孔隙,受力后将产生较大的压缩量;二是计算是按“先开洞后加载”方法进行的,而试验是按“先加载后开洞”的方法进行的,即试验中在开洞前先对模型块加载,当荷载加到 $P_V=8\text{kg/cm}^2$ 时进行人工开洞,洞开好后又继续加载,直到洞室发生严重破坏时为止。试验洞壁位移是在开洞后才进行测量的,因而二者在数值上不相等。

这里强调一下,试验与计算虽然在加载与开洞顺序上不同,但就洞室破坏形态来说还是可以进行对比的。这是因为:

(1)试验中开洞荷载较低,洞室破坏荷载较高,洞室的破坏是在开洞后又继续加载的过程中发生的,洞室破坏时的受力条件,与其说接近“后开洞”的情况,倒不如说更接近“先开洞”的情况。

(2)我们以往的试验[3]已经证明,开洞与加载的顺序不同,只影响洞室破坏荷载的大小,不影响洞室破坏形态。影响洞室破坏形态的只有材料性能、断面形状和侧压系数。

因而我们把按“先开洞”法的计算结果与按“后开洞”法的试验结果作了对比,并且从前面的对比中已经看到,它们在许多方面都具有相当的一致性。

4 结束语

前面我们从几方面介绍了计算结果与试验结果的对比情况。从所介绍的各种对比情况中可以看到,计算结果与试验结果在许多方面都具有相当的一致性,这说明计算结果与试验结果都是基本正确的,从而也说明了 NFAP 程序可以用来对地下洞室模型作非线性分析。但是,不能由此得出一个错误的结论,即认为可用有限元计算代替模型试验,本文的叙述已经表明,我们之所以得出 NFAP 程序可以用于对地下洞室模型作非线性分析的结论,正是由于我们的模型试验结果证明了它的正确性,这一点,起码对我们来说是如此。当然用 NFAP 程序计算实际工程问题,不会像计算我们的模型试验这样简单,因为岩体本身相当复杂,难以从数学上作精确的描述,计算中必须作大量的简化,因而得出的结果也只能是一种近似的情况。

此外,从我们这次计算中也已经看到,计算结果也有与试验结果不一致的地方。这方面除了前面已经谈到的洞壁位移数值之外,在计算给出的应变数值上也有与试验结果不一致的地方。个别点上甚至符号都相反。此外,还有试验中洞室宏观破坏荷载比较高,计算破坏荷载比较低等情况。

计算结果与试验结果不完全相同也是可以理解的,因为计算条件不可能精确地反映模型实际,无论是边界条件还是材料性能都只能是一种近似情况,因而也只能得出近似的结果。

当然,试验也不能代替计算。例如试验中介质内部的破坏过程就难以看到,而计算中却可以清楚地给出。另外计算也便于考虑单一因素的影响,而试验却难以做到,因为模型材料的各种参数之间互相关联,一个参数改变,其他的也跟着变,等等。

关于试验与计算之间的关系，现在国内外已有多人对此提出了正确的看法[4-5]。

总的来看，我们这次计算结果与模型试验结果相对比是令人满意的。它为我们今后进一步开展这项工作打下了一个良好的基础。

参考文献

[1] 黄河水利委员会水利科学研究所.黄河小浪底水库工程电站地下厂房模型试验研究报告.1981.

[2] ConStitutive Relations For Concrete.Journal of the Englneerlng Mechanlcs,Divlsion.1975.

[3] 顾金才.直墙拱顶洞室模型试验报告.1978.

[4] 水电部地质力学模型试验技术考察组.地质力学模型试验技术考察报告.1982.

[5] 长江水利水电科学研究院，华北水利水电学院，译.在地质力学中模型研究的重要性//国际岩石力学学会地质力学模型国际讨论会论文集.1982.

层状围岩中洞室模型破坏形状及分析

顾金才　苏锦昌

1　前言

在实际工程中层状围岩是大量存在的。因此研究层状围岩的受力特点及破坏形态具有重要的工程实践意义。层状围岩的受力状态比较复杂，单纯从理论上进行分析研究往往难以判明层状围岩的受力特点及破坏形态，而采用模型试验方法，相对来说却比较简单、直观，给人的印象也比较深刻。为此，我们进行了这方面的试验研究，这里，仅就其中的洞室破坏形态部分作一简单介绍，详细内容请见参考文献[2]。

2　试验模型

试验模型尺寸如图1所示，整个模型由三层材料组成，第一层为石膏、砂，主要显示脆性；第二层为石膏、砂、石蜡，主要显示塑性；第三层为石膏、砂、橡胶粉，主要显示弹性。三层材料倾角均为30°，各层之间接触面上摩擦角为27°(一、二层之间)和25°(二、三层之间)。

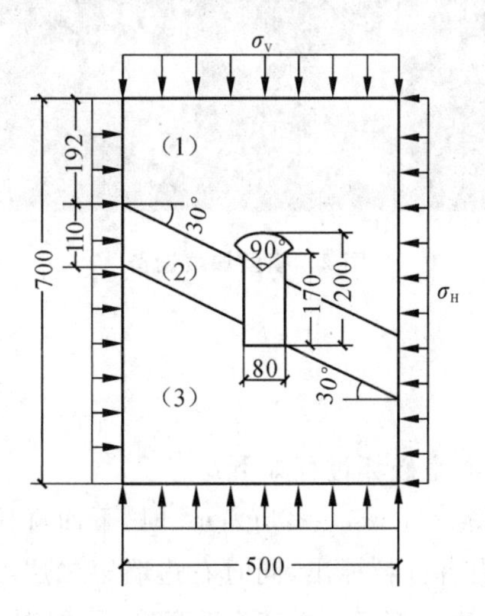

图1　试验模型尺寸(单位:mm)

三层材料力学参数见表1。

刊于《防护工程》1986年第2期。

表 1 三层材料力学参数

层号	σ_c/(kg/cm^2)	σ_t/(kg/cm^2)	E/(kg/cm^2)	ν	φ/(°)	c/(kg/cm^2)	$\varepsilon_{max}/\mu\varepsilon$
1	24.9	3.2	6.16×10^4	0.19	41	5.5	−916
2	22.5	4.4	4.48×10^4	0.22	35	6.4	−1400
3	24.4	3.5	5.12×10^4	0.20	36	5.6	−1200

表中符号意义如下：

σ_c—抗压强度；σ_t—抗拉强度；E—弹性模量；ν—泊松比；φ—内摩擦角；c—黏结力；ε_{max}—单轴极限压应变。

3 加载设备与试验方法

加载设备采用 PYD-50 平面应变地质力学模型试验装置，该装置(图 2)可对 50cm×70cm×20cm 的模型块体施加均匀、稳定的边界荷载，并能控制模型的平面变形，以保证平面应变试验条件。试验中侧压系数 $N=0.5$，荷载分级施加，每级荷载增量 $\Delta\sigma_V=4$kg/cm^2，$\Delta\sigma_H=2$kg/cm^2(其中 σ_V、σ_H 为模型边界上垂直荷载和水平荷载)。荷载从零开始施加，先把荷载加到 $\sigma_V=20$kg/cm^2，$\sigma_H=10$kg/cm^2，在模型块体内造成初始应力场。然后进行人工开洞，洞开好后，因未见洞室破坏又继续加载，直到 $\sigma_V=68$kg/cm^2，$\sigma_H=34$kg/cm^2 时洞室产生严重破坏为止。

图 2 模型加载设备

4 洞室破坏过程

试验中肉眼所观察到的宏观洞室破坏过程如下：

开洞后，当荷载加到 $\sigma_V=44$kg/cm^2，$\sigma_H=22$kg/cm^2 时(下面将只给出 σ_V 的数值，因为 σ_H 值可由侧压系数推得)左拱脚下面层面内有砂粒掉出，同时右边墙第二层材料朝洞内有明显变形。当荷载加到 $\sigma_V=52$kg/cm^2 时，洞室两侧边墙都朝洞内产生明显变形，但右边墙变形较大，左边墙变形较小，这与后面给出的右边墙裂缝生成较早，左边墙裂缝生成较晚是相对应的。当荷载加到 $\sigma_V=62$kg/cm^{2}时，洞室底板局部材料挤压成缝，可见两侧边墙朝洞内位移已经很大，但洞壁尚未失稳破坏。当荷载加到 $\sigma_V=68$kg/cm^2 时，洞室两侧拱脚、墙脚几乎同时出现破裂缝，且墙面迅速朝洞内位移，此时如不将模型荷载减小，洞室就要继续产生严重破坏，为了保持完整的洞室破坏形态，将模型荷载由$\sigma_V=68$kg/cm^{2}降低到 $\sigma_V=64$kg/cm^2，然后逐级卸载，上述加载过程造成的洞室最终破坏形态如图 3 所示。

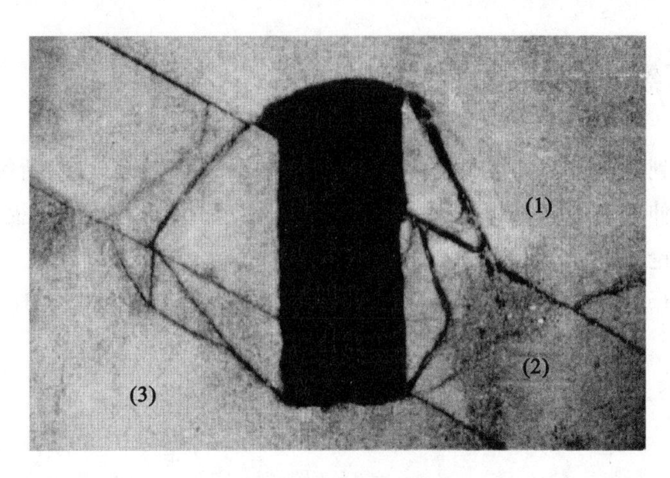

图 3 洞室破坏形态

5 洞室破坏特点

根据图 3 所示情况和在试验中所观察到的洞室破坏现象，对层状围岩中洞室的破坏特点归纳如下：

(1)洞室破坏时洞壁脱落的材料块大，破坏部位深(这里指破裂面至洞壁的距离)。

例如，洞室左侧第二层材料中整个岩层作为一个块体脱落，其块体尺寸已超过洞室跨度(图 3)。这是在均质材料中所未曾见到的破坏现象。

(2)洞室破坏过程发展迅速，模型承载能力迅速降低。

从试验中看到，洞壁产生裂缝和洞壁材料发生脱落是在同一级荷载下发生的，前后只间隔 1～2min，且破坏后模型承载能力迅速降低。不仅不能继续加载，而且连维持荷载不变都做不到，这也是在均质材料模型试验中所未曾见到的。均质材料模型破坏特点是，破坏过程是渐进的，是逐步发生、发展的，洞室破坏后还可以继续加一定荷载，只是破坏范围随着荷载的增加而增大。荷载停止，破坏过程的宏观发展也就停止(这里是指一般试验条件下，即荷载不太大，材料流变特性不明显等)。

关于层状围岩中洞室破坏过程发展迅速，模型承载能力迅速降低的原因，我们认为这是由于层面的存在使洞室破坏时脱落的块体大，破坏部位深，从而使破坏后的洞室尺寸大大增加，断面形状发生很大变化。

(3)洞室两侧破坏特点不完全相同。

例如，上斜岩层(洞室左侧)比下斜岩层(洞室右侧)脱落的块体大，破坏的范围广(图 3)。上斜岩层内主要有两条裂缝，二者相交于(2)、(3)层面处，下斜岩层内共有四条裂缝，两两相交于第二层材料内。上斜岩层脱落下来的块体比较完整，内部几乎看不出有什么损伤，下斜岩层脱落下来的块体内部有破裂缝，块体内部有损伤。

洞室两侧破坏特点不同是由二者受力状态不同造成的，上斜岩层在洞壁附近既有朝洞内滑动的趋势又有朝洞外滑动的可能，因而材料内受拉、剪应力作用，材料发生拉、剪破坏。下斜岩层由于层面剪切应力促使第二层材料朝围岩介质内位移，所以它没有向外滑动的趋势，因而材料内主要受压、剪应力作用，材料发生压、剪破坏。正是由于两种破坏机理不同，所以洞室两侧的破坏特点也不相同，这一点正好反映了倾斜岩层中倾角对洞室破坏的影响。

6　对洞周断裂形态的论证分析

从前面图 3 中看到，洞室破坏时洞周介质内产生了若干条断裂缝，这些断裂缝是怎样产生的，它们的生成顺序及其延伸方向如何是我们所关心的。为此，我们用陈宗基教授提出的岩石扩容概念[1]对洞周裂缝作了分析论证。

大家知道，任一单元体所受的任一应力张量都可以分解为偏应力张量和球应力张量之和，即：

$$\sigma_{ij}=S_{ij}+\sigma_{ii}$$

其中，σ_{ij} 为应力张量；S_{ij} 为偏应力张量；σ_{ii} 为球应力张量。

$$S_{ij}=2G(r)d_{ij}$$

$$\sigma_{ii}=3K(E)\varepsilon_{ii}$$

其中，d_{ij} 为偏应变张量；ε_{ii} 为球应变张量；$G(r)$ 为剪切模量；$K(E)$ 为体积模量。

在一般情况下 $K(E)$ 为常数。

由岩石扩容概念可知，岩石在发生宏观破坏之前内部先要产生微裂隙。微裂隙的产生将引起材料体积的膨胀，即所谓“扩容”。因球应力张量在岩石力学问题中一般是受压的，不会产生扩容，只有偏应力张量才能产生扩容，所以要把材料内某点的体积应变与该点的偏应力张量画成关系曲线的话，那么当偏应力张量达到某一数值时曲线上就要产生一个倒转点，如图 4 所示。这个倒转点就是体积应变随偏应力张量的增加由缩小到增大的转折点，也是材料内部出现微裂隙的开始点。如果能找出这些点并把它们标在图上，我们利用这些点所对应的荷载值，就可大致地看出各裂缝的生成顺序及其延伸方向。我们根据上述思想，对各裂缝部位的应变测点绘制了荷载-体积应变关系图，从图中找出体积应变产生扩容或发生突变时模型所对应的荷载。然后再把这些荷载值标在相应裂缝的相应部位上，如图 5 所示。根据各裂缝相应部位上的荷载值大小，就可大致地确定出各裂缝的生成顺序及其延伸方向(如图中箭头所示)。

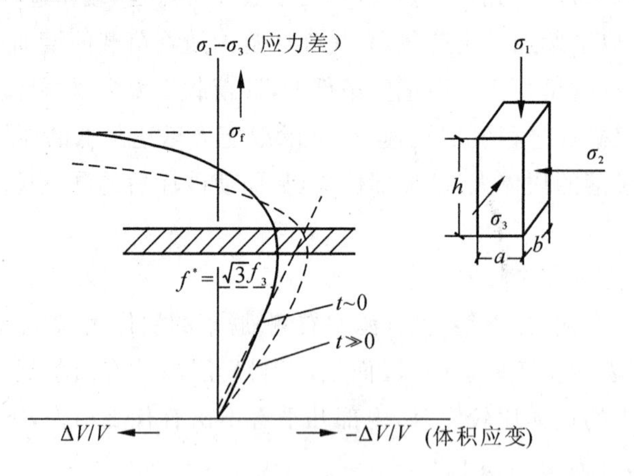

图 4　岩石扩容示意图(摘自参考文献[1])

从图 5 中看到，洞室右侧洞壁附近的裂缝生成得最早，$\sigma_V=28\text{kg/cm}^2$ 时，(1)、(2)层交界处就产生了微裂隙，$\sigma_V=44\text{kg/cm}^2$ 时墙脚处也产生了微裂隙。但此时裂隙尚未贯通，到 $\sigma_V=52\text{kg/cm}^2$ 时，才在介质内形成了一条上、下贯通的裂缝。第一条裂缝形成之后，紧接着是拱脚下方一个三角地带形成一个裂缝，该裂缝在 $\sigma_V=60\text{kg/m}^2$ 时由第一层材料向内延伸到第二层材料中。在上述两条裂缝之间的是第二层材料内的第二条裂缝，该裂缝是 $\sigma_V=68\text{kg/cm}^2$ 时上、下贯通的。由此可见，洞室右

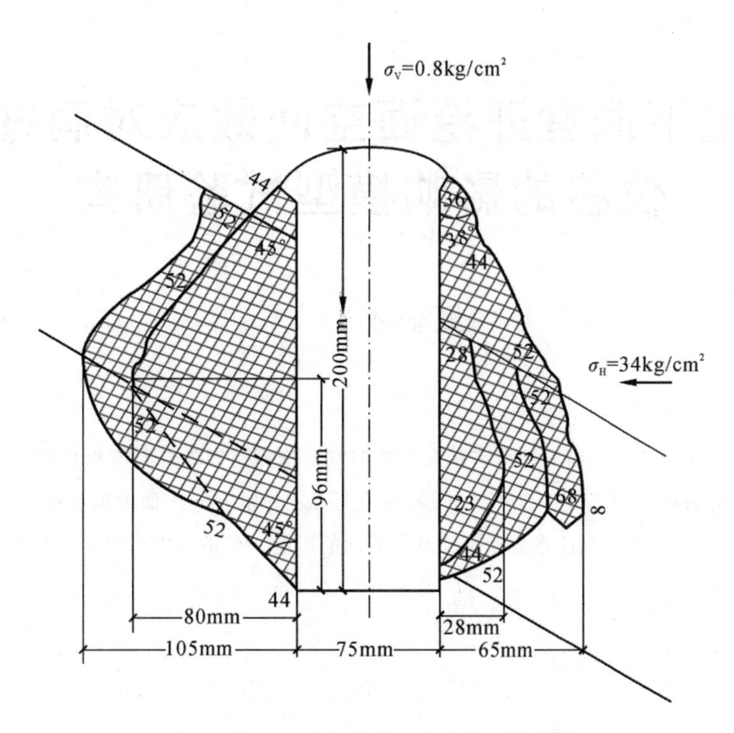

图5 围岩破裂缝及所对应的模型荷载值

侧各裂缝不是同时形成的，彼此有先后顺序之分。但洞室左侧的裂缝却几乎是在同一级荷载下，即$\sigma_V=52kg/cm^2$时形成的，这与前面所谈洞室宏观破坏过程发展迅速是一致的。另外，前面所谈洞室右侧边墙首先内鼓与这里的洞室右侧裂缝首先形成也是一致的。

7 结束语

从前面所谈内容可知，层状围岩的破坏有其独特的征象，概括起来有以下几点：

(1)洞室破坏时脱落块体尺寸大，破坏部位深；

(2)洞室破坏过程发展迅速，破坏开始后洞室承载能力迅速降低；

(3)洞室两侧上、下斜岩层破坏特点不同：上斜岩层脱落块体大，破坏范围大，下斜岩层脱落块体小，破坏范围小；

(4)上斜岩层的破坏是拉、剪型的，下斜岩层的破坏是压、剪型的；

(5)层状围岩破坏后洞室形状和断面尺寸变化很大，这是层状围岩洞室破坏时承载能力迅速降低的重要原因。

最后需要指出本次试验尽管得到了令人满意的结果，但它毕竟只研究了一种情况，而层状围岩本身是千姿百态、多种多样的，对于一项具体工程来说还必须针对工程特点作具体的研究。

参考文献

[1] 陈宗基. 地下巷道长期稳定性的力学问题. 岩石力学与工程学报，1982，1(1)：1-10.

[2] 顾金才，苏锦昌. 层状围岩受力特点及破坏形态模型试验研究. “复杂岩石上的建筑物”学术讨论会资料，1985.

地下洞室开挖面空间效应对洞壁位移的影响模型试验研究

顾金才*

内容提要:本文主要介绍几种喷锚支护洞室和无支护洞室开挖面空间效应对洞壁位移的影响模型试验研究成果。文中概述了所采用的模型试验条件,给出了有支护洞室与无支护洞室开挖面附近洞壁位移的一般规律和特点,指出了采用不同的支护措施对开挖面附近洞壁位移具有不同的影响。对试验中出现的一些现象也作了简单的分析论证。

1 前言

在隧道掘进过程中开挖面附近的围岩由于受到开挖面处岩体的空间支撑作用,其应力和变形都不能立即释放,而要随着开挖面的不断向前推进逐步达到最终值,这种现象就叫作开挖面空间效应。

研究开挖面空间效应的目的在于确定合理的喷锚支护设置时间。因为按照新奥法观点,洞室开挖以后不应立即进行支护,要让洞壁产生一些自由变形,使其卸荷,但又不能产生过大的自由变形,否则就会对衬砌或支护产生松散压力。这就要求人们很好地掌握洞壁变形的规律,如果能够利用开挖面的空间效应,使洞壁产生一定变形,又不产生过大变形,适时地进行喷锚支护,就可达到使洞室既安全又经济的目的。

开挖面附近的围岩处于三维受力状态,用解析法对开挖面空间效应进行计算显然是比较复杂的。即使采用有限元法进行计算,要精确地考虑各种支护效果也是比较困难的。而采用模型试验的方法进行研究,相对来说比较简单,因此,我们进行了这次试验。

试验是在控制模型的平面变形条件下进行的。试验洞室轴向长度 Z 与洞室直径 D 之比 $Z/D=2$。按研究洞室空间效应的要求,最好使 $Z/D>2$,但因现有加载设备的限制不允许更长。不过,即使取了 $Z/D=2$ 对试验结果的影响也不大,正如在参考文献[3]中给出的,在线弹性情况下,$Z=D$ 处的位移仅为总位移的 2%左右。当材料进入塑性范围后,这个数值可能大一些,但在此条件下得出的基本规律还是应该相同的。

这次试验一共做了九块模型,研究了毛洞和喷锚支护(主要是锚杆支护)开挖面附近洞壁位移 U 与至开挖面距离 Z 之间的变化关系,给出了有支护洞室与无支护洞室开挖面附近洞壁位移的一般规律和特点,指出了不同支护条件下上述洞壁位移特点和规律方面所存在的区别。对试验中出现的某些现象作了简单的分析论证。

---

* 参加试验工作的还有屠金凤、明治清、高德山、羊之鹰等。

刊于《防护工程》1986 年第 4 期。

2 试验条件概述

1. 试验假设与相似考虑

试验中主要有如下几点假设：

(1)隧道埋深较大，围岩自重与地应力相比可忽略不计。试验只研究在给定初始地应力场中开挖洞室时的开挖面空间效应。

(2)假定岩体为均匀连续介质，不考虑结构面及层理节理的影响。

(3)假定地应力主方向分别为铅垂和水平方向，铅垂方向上的地应力用 σ_V^0 表示，水平方向上的地应力用 σ_H^0 表示，二者之比即侧压系数，取 $N=\sigma_H^0/\sigma_V^0=\frac{1}{4}$。

(4)试验中不考虑材料随时间变形的影响。

根据上述假设和现有加载设备能力，试验中取应力比尺 $K_\sigma=1/10$，几何比尺 $K_L=1/50$，无量纲量比尺均为 1。

2. 模型尺寸与材料

模型块体尺寸为 50cm×50cm×20cm，洞室为圆形，直径 $D=10$cm，模型块体尺寸及边界荷载如图 1 所示。

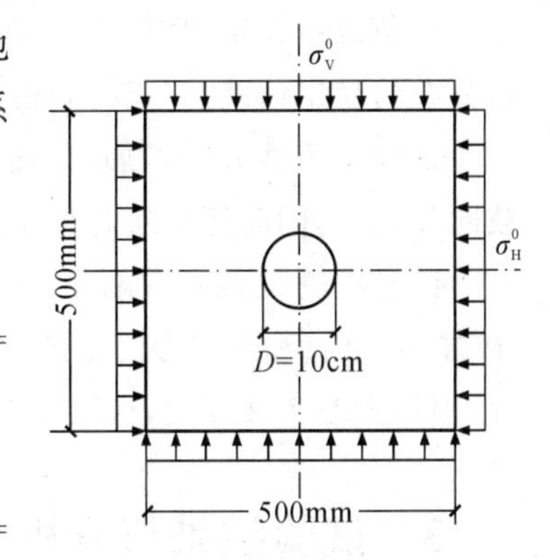

图 1 模型块体尺寸与边界荷载

模型材料为石膏、砂、碳酸钙的混合物，其力学参数见表 1。

表 1 模型材料力学参数

参数	σ_c/MPa	σ_t/MPa	E/MPa	ν	c/MPa	φ/(°)
数值	1.45	0.18	3.8×10^3	0.2	0.25	28

表中 σ_c、σ_t、E、ν、c、φ 分别为模型材料单轴抗压强度、抗拉强度、弹性模量、泊松比、黏结力和内摩擦角。

模型中的锚杆呈径向布置，其长度和间距视模型而异，见表 2。

表 2 试验模型编号及主要特点

模型编号	A25	A35	A45	B35	B45	C45	B′35	D00	D′00
支护类型	锚杆	锚杆	锚杆	锚杆	锚杆	锚杆	锚杆	无支护	无支护
σ_V^0/MPa	2.0	1.6	2.0	2.0	2.0	2.0	2.0	2.0	1.6
$a\times b$/(mm×mm)	15×15	15×15	15×15	20×20	20×20	26×26	20×20	—	—
L/mm	25	35	45	35	45	45	35	—	—

注：表中 σ_V^0 为开洞荷载；$a\times b$ 为锚杆间距；L 为锚杆长度。

锚杆材料为纯铝丝，直径 $\phi=0.5$mm。该材料力学参数如下：

抗拉强度 $\sigma_t^b=130$MPa，弹性模量 $E^b=2.58\times10^4$MPa。

被模拟的锚杆类型为普通砂浆锚杆。锚杆孔注浆材料为 1∶0.75 的石膏浆。

喷层材料为胶砂，喷层厚度 1mm 左右，该材料抗压强度 $\sigma_c^s=5$MPa，弹性模量 $E^s=2.42\times10^3$MPa。

试验中锚杆喷层的设置是在加载途中进行的。具体做法是先对带有洞室的模型块体加载至

$P_V=1.2\text{MPa}$，$P_H=0.3\text{MPa}$，然后安装锚杆，设置喷层。锚杆设置好后再把洞室回填起来。之后继续加载至 $P_V=\sigma_V^0$，$P_H=\sigma_H^0$。然后保持荷载不变，进行人工开洞。洞室分六次开挖，每次开挖进尺分别为 $\frac{2}{5}D$、$\frac{2}{5}D$、$\frac{1}{5}D$、$\frac{1}{5}D$、$\frac{2}{5}D$、$\frac{2}{5}D$。每开挖一次进行一次位移读数。

对于喷层锚杆的设置，之所以采取上述方法，是考虑到实际工程中洞室开挖后，喷层锚杆设置前，洞壁要产生一个初始位移 U_0 的影响，以及考虑喷层锚杆在洞室开挖后洞壁产生收敛变形时所提供的约束作用。此方案的缺点是，在第二次加载时已设置好的喷层锚杆要受力的作用。

3. 加载设备与测试内容

加载设备采用 PYD-50 三向加载地质力学模型试验装置，该装置可在模型块体四个侧面施加均匀分布的稳定荷载，并能控制模型的平面变形。

试验时荷载分级施加，每级荷载增量是 $\Delta P_V=0.4\text{MPa}$，$\Delta P_H=0.1\text{MPa}$。两个水平方向上的荷载同步施加，同时还要随时控制模型的平面变形。

试验中测试内容有两项：一是洞周介质内应变场分布规律，二是拱顶和拱脚间（即 $\theta=0°$ 和 $\theta=90°$ 方向）垂直和水平方向上的相对位移。位移测试采用千分表连杆系统，应变测试采用电阻丝应变片，因后者与本文无关，这里不作详细介绍。

3 试验结果与分析

这次试验所研究的地下洞室开挖面空间效应主要是通过对开挖面附近洞壁位移的分布规律和特点给出的，为此我们绘制了各块模型的洞壁位移与至开挖面距离之间的关系曲线，即 U-Z 曲线，U 表示洞壁位移，Z 表示至开挖面的距离，$Z>0$ 表示已开挖部分，$Z<0$ 表示未开挖部分。

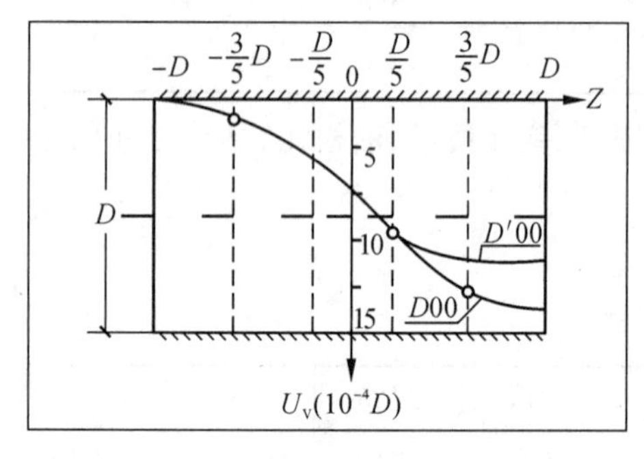

图 2　无支护洞室 U_V-Z 曲线

1. 无支护洞室开挖面附近洞壁位移分布规律和特点

图 2 是两块无支护洞室模型（$D00$ 和 $D'00$）开挖面附近洞壁位移 U_V 的分布规律和特点。从图中看到尽管两块模型荷载不同，$D00$ 模型开洞荷载 $\sigma_V^0=2.0\text{MPa}$，$D'00$ 模型开洞荷载 $\sigma_V^0=1.6\text{MPa}$，但洞壁位移的分布规律和特点却基本相同，U_V 与 Z 的关系大体呈指数关系，在"0"断面之前曲线下凹，指数函数为 $U_V^{前}=A\mathrm{e}^{-B(Z/D)}$ 的形式，在"0"断面之后曲线上凹，指数函数为 $U_V^{后}=C-F\mathrm{e}^{-G(Z/D)}$ 的形式。式中 A、B、C、F、G 均为常数，可由试验确定。例如，对于 $D'00$ 模型来说，代入各式常数数值之后，上述二式变为：

$$U_V^{前}=3.514\mathrm{e}^{-3.078(Z/D)}$$

$$U_V^{后}=119-41.68\mathrm{e}^{-2.212(Z/D)}$$

其中，位移单位均为 $10^{-5}D$。

关于图中 $Z>0$ 部分，之所以 $D00$ 模型的位移大于 $D'00$ 模型的位移，显然是因为二者的开洞荷载前者较后者大。

上述无支护洞室开挖面附近洞壁位移的分布规律和特点是地下洞室开挖面空间效应的一种典型情况，后面所谈的各种支护洞室开挖面附近洞壁位移的分布特征都与上述情况基本相同，只是数值大小有些区别。

2. 锚杆支护与无支护洞室开挖面附近洞壁位移分布比较

现以开洞荷载不同的两组锚杆支护与无支护洞室试验结果为例，说明锚杆支护与无支护洞室在开挖面附近洞壁位移分布上的异同。

第一组是 $A25$ 与 $D00$ 模型，开洞荷载 $\sigma_V^0=2.0\text{MPa}$，第二组是 $A35$ 与 $D'00$ 模型，开洞荷载 $\sigma_V^0=1.6\text{MPa}$。两组试验结果如图 3 和图 4 所示。

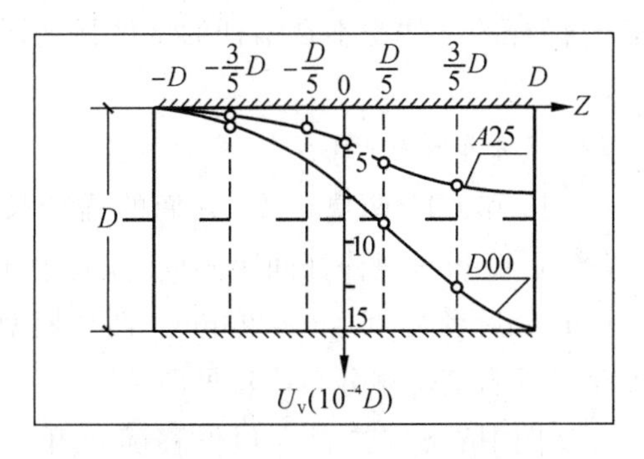

图 3　锚杆支护与无支护洞室 U_V-Z 曲线比较(第一组)

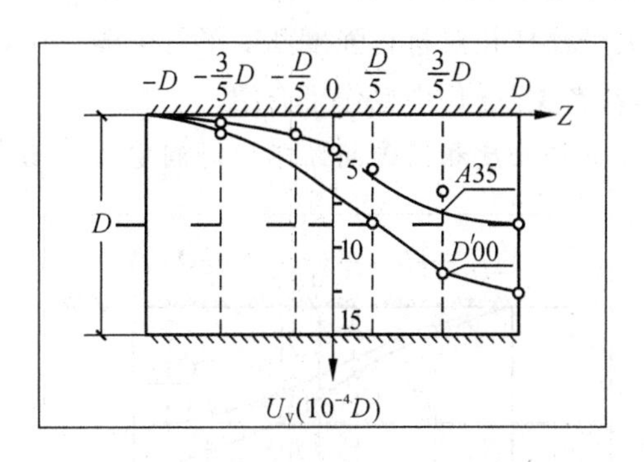

图 4　锚杆支护与无支护洞室 U_V-Z 曲线比较(第二组)

从上面图中看到，尽管两组试验开洞荷载不同，但它们所表明的锚杆支护与无支护洞室之间在开挖面附近洞壁位移分布上的区别和特点是一致的：一是锚杆支护洞室的位移比无支护洞室的小；二是洞壁位移随 Z 的变化规律基本相同。这说明喷锚支护只改变了洞壁位移的数值，没有改变洞壁位移的基本形态。

3. 锚杆间距相同但长度不等时开挖面附近洞壁位移分布比较

$A25$ 和 $A45$，$B35$ 和 $B45$ 分别是锚杆间距相同(前者是 15mm×15mm，后者是 20mm×20mm)但锚杆长度不等的两组试验模型，它们的位移分布曲线如图 5 和图 6 所示。

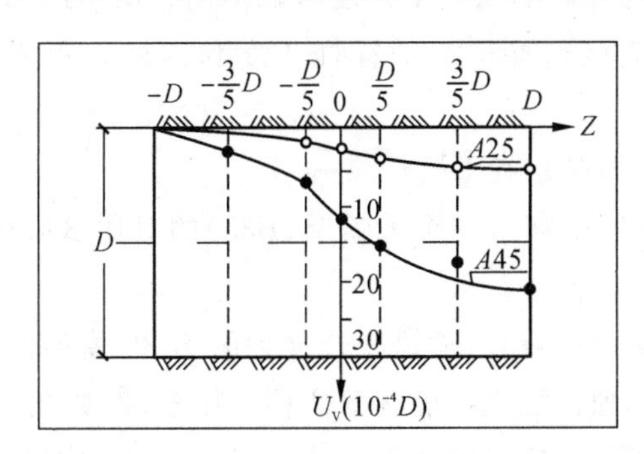

图 5　锚杆间距相同，但长度不等时 U_V-Z 曲线比较(第一组)

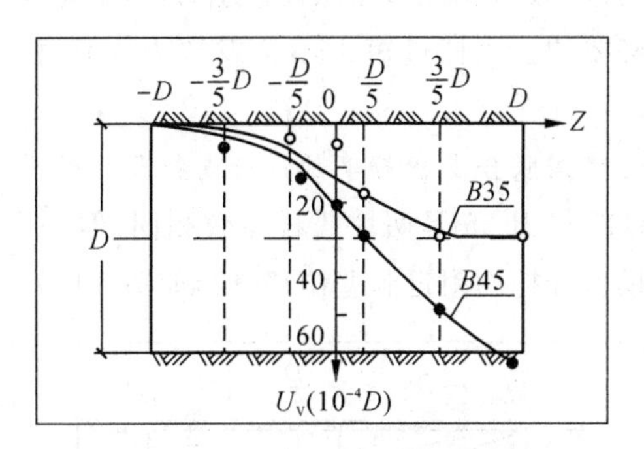

图 6　锚杆间距相同，但长度不等时 U_V-Z 曲线比较(第二组)

从图中可以看到，两组试验都表明：一是短锚杆支护比长锚杆支护洞壁位移数值小；二是二者洞壁位移随 Z 的变化规律都与无支护洞室的情况(图 2)基本相同。这再一次说明锚杆支护只改变了洞壁位移的大小，没有改变洞壁位移的基本形态。

这里需要说明一下，为什么试验中长锚杆比短锚杆支护洞壁位移还大呢？首先肯定一点，它不是偶然的，因为两块模型都是这样。其次，从含有锚杆与不含锚杆的材料性能对比试验中发现，当试件围压较小、轴压也较小时，含有锚杆试件的轴应变值比不含锚杆试件的还大。只有围压较大、轴压也较大时，含有锚杆试件的轴应变值才比不含锚杆试件的小。我们认为，这是由于锚杆孔内注浆不够饱满或注浆材料硬化后体积收缩留有一定空隙造成的。在压力小时，空隙未被压实，锚杆孔对材料起了削弱作用，这种削弱作用一方面是由于锚杆孔减小了材料的受力面积，另一方面是由于锚杆孔周边的应力集中，致使材料抵抗变形的能力减弱，当压力较大时，空隙被压实，锚杆孔的削弱作用减弱，锚杆本身的加固作用增强，致使材料抵抗变形的能力提高。

显然，上述锚杆孔对洞壁材料的削弱作用，当锚杆越长、间距越密时就越厉害，这就是上面所谈的长锚杆比短锚杆洞壁位移还大的原因。

关于锚杆孔对材料强度和变形有削弱作用，以及含有锚杆的试件比不含锚杆的试件强度还低的现象，参考文献[1]中也作了介绍。

4. 锚杆长度相同但间距不同时洞室开挖面附近洞壁位移分布比较

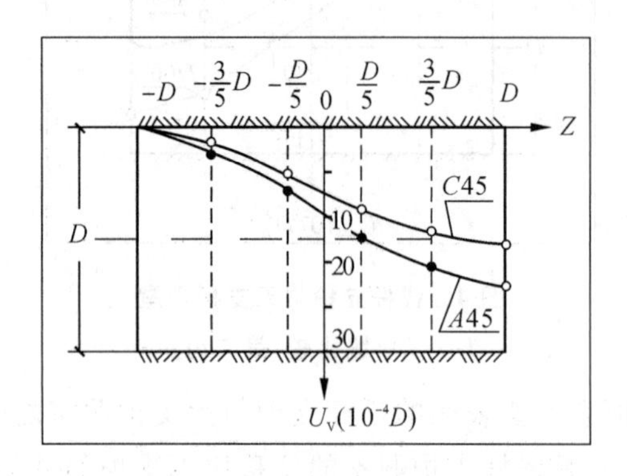

图 7　锚杆长度相同但间距不同时 U_V-Z 曲线比较

$A45$ 和 $C45$ 两块模型，它们的锚杆长度相同，均为 45mm，但锚杆间距不同，前者为 15mm×15mm，后者为 26mm×26mm。两块模型的开挖面附近洞壁位移分布比较见图 7。

从图中看到，二者拱顶位移随至开挖面距离变化的规律基本相同，只是数值大小不等，间距较大的 $C45$ 模型比间距较小的 $A45$ 模型洞壁位移还小，造成这种现象的原因也是锚杆孔越密，锚杆孔内的空隙所占比例越大，因而对材料的削弱作用也就越强。

这里需要说明一下，虽然试验表明，锚杆越长、间距越密，洞壁位移越大，但不能得出锚杆越短、间距越疏，洞室稳定性越好的结论。因为从洞室破坏特点上看，密而长的锚杆，虽然破坏荷载没有多大提高，但破坏过程是缓慢的、渐变的，属于柔性破坏，而短且密的锚杆虽然洞室破坏荷载确有提高，但它的破坏过程却是突然的、急速的，属于脆性破坏[2]。因此，从安全角度考虑使用长而密的锚杆还是有必要的。锚杆过短也不会发挥太大作用，因此应该选择适当的锚杆长度和锚杆间距来加固洞室。

5. 喷锚联合支护与单独锚杆支护开挖面附近洞壁位移分布比较

$B35$ 与 $B'35$ 是两块锚杆参数相同，但一个有喷层（$B'35$），一个无喷层（$B35$）的对比试验模型。两块模型开挖面附近洞壁位移分布如图 8 所示。

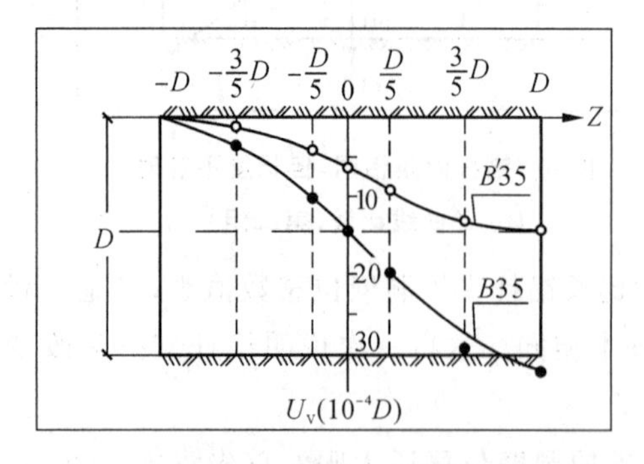

图 8　喷锚联合支护与单独锚杆支护 U_V-Z 曲线比较

从图中看到，喷锚联合支护的 $B'35$ 模型洞壁位移比单独锚杆支护的洞壁位移小得多，例如在 $Z=D$ 处前者仅为后者的 45%左右。这说明喷层对洞壁位移起了很强的限制作用。

但从二者的位移至随开挖面距离分布变化的规律来看，它们是基本相同的，都和前面所介绍的无支护洞室的情况（图 2）差不多。

6. 有支护与无支护洞室开挖面附近拱脚水平分布特点

前面所谈的都是拱顶垂直位移与至开挖面距离之间的关系。下面我们给出开挖面附近拱脚水平位移与至开挖面距离之间的关系，如图 9 和图 10 所示。

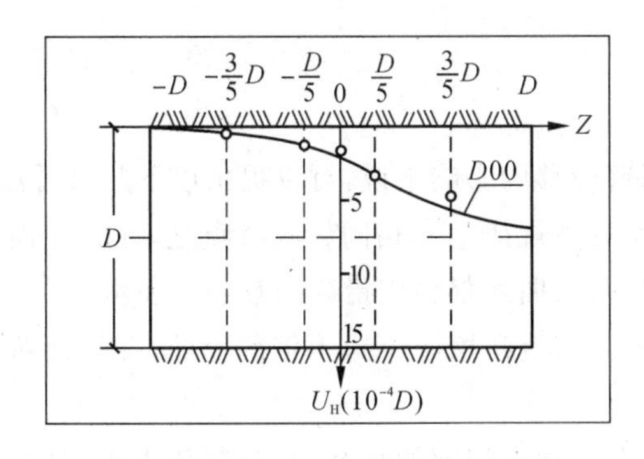

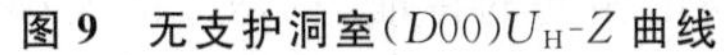
图 9　无支护洞室($D00$)U_H-Z 曲线

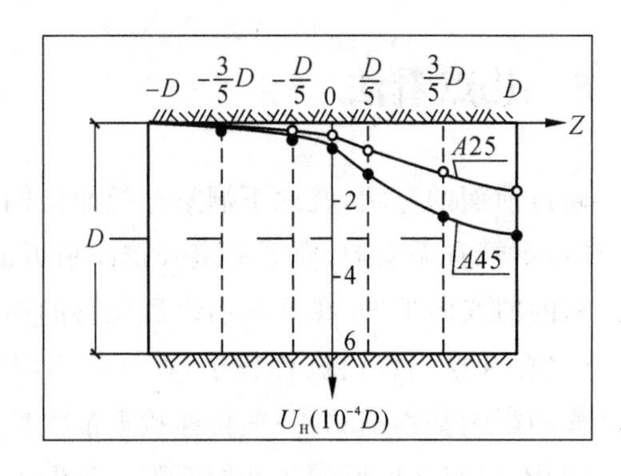

图 10　有支护洞室($A25$、$A45$)U_H-Z 曲线

从图中看到,不管是有支护还是无支护,开挖面附近拱脚水平位移随至开挖面距离分布的特点与拱顶垂直位移随至开挖面距离分布的特点基本相同。例如,它在"0"断面之前也是向下凹,在"0"断面之后也是向上凹,并且大体上也是指数函数形式。所不同的仅是数值大小不等,位移方向不同。拱顶垂直位移是朝洞内的,拱脚水平位移是朝洞外的(到荷载较大时转向洞内)。这种位移方向上的区别是由侧压系数决定的,不是由开挖面空间效应产生的。

前面我们分别介绍了有支护与无支护洞室开挖面附近洞壁位移分布的规律和特点,也指出了它们相互间的区别。从上述介绍中我们看到,不管是有支护还是无支护,开挖面附近洞壁位移分布的特点和规律是基本相同的,所不同的仅仅是具体数值大小不等。这说明喷锚支护对洞壁位移可以起一定的限制作用,但它没有改变洞室的基本形态。

4　试验结果与有限元计算结果的比较

由于开挖面附近的岩体属于三维受力状态,因此用解析法计算开挖面的空间效应不管是应力还是位移都是相当复杂的。目前的计算方法多数都是采用数值解法。参考文献[4]中介绍了一个线弹性有限元计算结果,如图 11 所示。将其与前面图 2 相比(二者均为无支护洞室),可以看出,曲线的分布规律和主要特点基本相同,这说明我们的试验结果是可靠的。

对于有支护条件下的开挖面附近洞壁位移分布曲线理论计算结果尚未见到,因而也无法作比较。不过我们可以推论,既然无支护条件下的试验结果已被证明是可靠的,有支护条件下的试验结果同样也是可以信赖的。

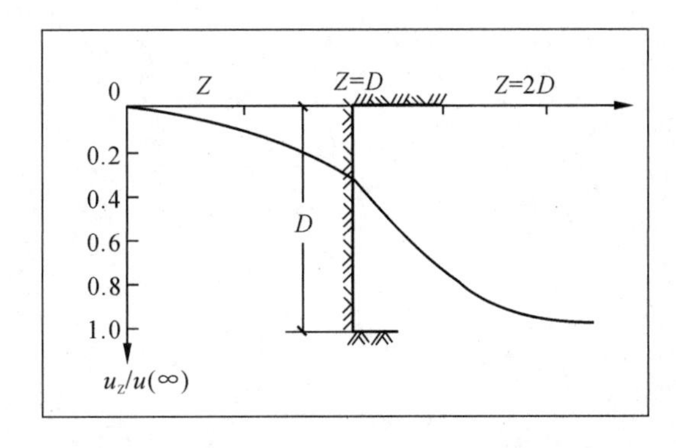

图 11　开挖面附近洞壁位移分布有限元计算结果(摘自参考文献[4])

5　几点看法

通过前面的介绍，就地下洞室开挖面空间效应对洞壁位移的影响来说，可以提出以下几点看法：

(1)不管有无支护，地下洞室开挖面附近的洞壁位移分布规律基本相同。其特点是，在开挖面以前位移的曲线向下凹，在开挖面以后位移的曲线向上凹，两段曲线都可用指数函数加以表示。

(2)在开挖面以前位移较小，在开挖面以后位移较大，在距开挖面大约1倍洞径处，开挖面对洞壁位移的影响基本消除，洞壁位移接近最大值。

(3)不同的支护形式在开挖面附近洞壁位移的分布上表现出相同的特征，只是数值大小不同，说明喷锚支护只能影响洞壁位移的数值，不能改变洞壁位移的基本形态。

(4)适当的锚杆支护可以使洞壁位移减小，如试验中的 $A25$、$B35$ 模型就是如此。但在锚杆较密又较长的情况下也可使洞壁的位移加大，这主要是由于此时锚杆孔对材料的削弱作用较为严重。

(5)试验中有长锚杆比短锚杆位移还大的现象，也有密锚杆比疏锚杆位移还大的现象，这都说明在某种条件下，锚杆孔的削弱作用可能占主导地位，应该引起注意。

(6)试验表明开挖面空间效应对拱脚水平位移的影响规律与对拱顶垂直位移的影响规律相同。

(7)试验中无支护洞室的 U_V-Z 曲线分布规律与有限元计算结果基本一致，说明我们的试验结果基本可靠。

(8)试验表明，地下洞室开挖面空间效应对洞壁位移的影响在 $Z=\pm D$ 处基本消除。因此实际工程中喷锚支护的设置时间最迟不应迟于洞室一倍直径处的开挖时间。

参考文献

[1]　HEUZE F E, GOODMAN R E. Numerical and Physical Modeling of Reinforcement Systems in Jointed Rook. 1973.

[2]　田良灿，连志升，译.第四届国际岩石力学会议论文选集.北京：冶金工业出版社，1985.

[3]　于学馥，郑颖人，刘怀恒，等.地下工程围岩稳定分析.北京：煤炭工业出版社，1983.

[4]　水利电力部西北勘测设计院.地下建筑物译文集.水利电力部水电工程，地下建筑物情报网，1984.

在静荷载作用下的均质岩体中砂浆锚杆支护洞室受力特点及破坏形态模型试验研究

——喷锚支护作用机理研究内容之一

顾金才　苏锦昌*

内容提要：本文主要介绍受静载作用的均质岩体中砂浆锚杆支护洞室受力特点及破坏形态模型试验研究结果，文中概述了所采用的试验条件，给出了模型洞室周围应变分布曲线和洞壁荷载-位移曲线，给出了洞壁收敛位移和洞室破坏形态。试验表明，砂浆锚杆支护在改善围岩受力状态、减小洞壁收敛位移、提高洞室的整体变形刚度等方面起了重要作用。本文可供从事喷锚支护工程设计和理论研究工作者参考。

1　前言

喷锚支护已在实际工作中获得了广泛应用，并已积累了相当丰富的实践经验。但到目前为止，人们对喷锚支护的作用机理认识得还不够深透，有关的设计计算理论也不十分完善，这在一定程度上影响了喷锚支护的大力推广和合理使用。为此，我们进行了喷锚支护模型试验研究。

研究喷锚支护的作用机理，绝不是一两次试验就可以解决的问题。它不仅需要配合其他研究手段，如现场试验、理论分析等，就试验本身来说，也需要进行一系列的多组试验。这里要介绍的是整个试验计划中的第一步，即研究均质岩体中砂浆锚杆支护洞室受力特点及破坏形态。试验条件虽然简单，但从试验结果中却获得了不少新的认识，这对于喷锚支护作用机理的研究来说，具有重要的参考价值。

本文将着重介绍这次试验研究结果，有关理论分析部分作为专门问题另行探讨。

2　试验条件概述

本次试验几何比尺 $K_L = L_M/L_P = 1/50$，应力比尺 $K_\sigma = \sigma_M/\sigma_P = 1/20$，这里 M 表示模型，P 表示原型。其他无量纲量比例系数均为 1。试验中假设岩体为均匀连续介质，并且不考虑时间和自重作用，只研究在给定初始地应力条件下的砂浆锚杆支护的受力特点及破坏形态。

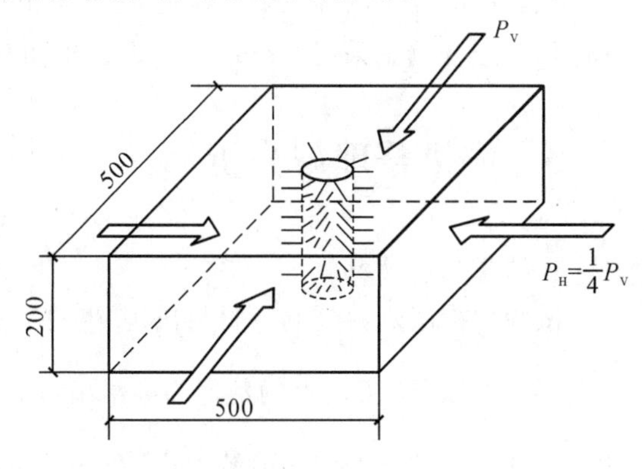

图 1　模型几何尺寸（单位：mm）

* 参加本项试验工作的还有宋茂信、羊之鹰、屠金凤、明治清等人。
本文收录于《第一届全国岩石力学数值及模型试验讨论会论文集》。

模型尺寸为50cm×50cm×20cm，洞室为圆形，直径 $d=10$cm，如图1所示。模型材料为石膏、砂，其配比(按质量计)为：石膏：砂：水：四硼酸钠=1：9.5：1.05：0.003。

模型材料力学性能见表1(表中 σ_c、σ_t、E、ν、c、φ 分别为模型材料单轴抗压强度、抗拉强度、弹性模量、泊松比、黏结力和内摩擦角)。

表1 模型材料力学性能

σ_c/MPa	σ_t/MPa	E/MPa	ν	c/MPa	φ/(°)
1.961	0.196	5.296×10^3	0.17	0.44	41

图2 模型加载设备

模型中模拟锚杆的材料为纯铝丝，直径 $\phi=0.70$mm，抗拉强度 $\sigma_t^b=89.96$MPa，弹性模量 $E^b=1.33\times10^4$MPa。杆长30mm，沿洞周呈径向布置，间距：轴向×环向=20mm×16mm。锚杆头部带有铍青铜垫板，尺寸为4mm×4mm×0.5mm，锚杆注浆材料为1：0.75的石膏浆。

模型的加载设备采用PYD-50三向加载地质力学模型试验装置，如图2所示。该装置可对模型块体四个侧面均施加主动荷载，并能控制模型的平面变形。试验是在平面应变条件下进行的，侧压系数 $N=1/4$。具体做法是：

先对带有洞室的模型块体加载至 $P_V=1.961$MPa，$P_H=0.490$MPa。然后安插锚杆(锚杆孔是在制作模型时预留好的)。锚杆安装后停留12h，让注浆材料充分硬化，然后再用石蜡、砂把洞室填实，待石蜡、砂冷却后具有一定强度时再把模型荷载由 $P_V=1.961$MPa、$P_H=0.490$MPa 加到 $P_V=3.923$MPa、$P_H=0.981$MPa。后者的数值即为被模拟的初始地应力值。然后保持该值基本不变进行人工开洞，洞开好后再进行超载试验。

试验中之所以采取上述步骤是出于下述考虑：先对带有洞室的模型块体加一部分荷载，是想让洞壁先产生一个初始位移 u_0，该值相当于实际工程中洞室开挖后、锚杆安装前那段时间内洞壁产生的位移。洞室回填后再把荷载加到初始地应力值，然后开洞。目的是想研究锚杆在开洞后围岩收敛变形时所起的作用。当然上述做法不是很完善，因为第二次加载时锚杆已受到力的作用，并且锚杆孔事先留好也对围岩有一定削弱作用，今后将继续改进。

试验中的测试内容主要是洞周 $\theta=0°$ 和 $\theta=90°$(即拱顶和拱脚)方向上的环向和径向应变以及洞壁位移。应变测试采用2mm×10mm的电阻丝应变片，位移测试采用千分表连杆系统。

3 成果整理与分析

1.洞室破坏荷载

试验中肉眼观察到洞壁材料出现“爆皮”、裂缝等任一破坏现象时模型所受压力即为洞室破坏荷载。下面将以 P_V 方向上的数值为准给出，P_H 方向上的数值可按 $P_H=\frac{1}{4}P_V$ 计算出来。按上述规定砂浆锚杆支护洞室的破坏荷载为 $P_V^{破}/\sigma_c=2.6$，无支护洞室的破坏荷载为 $P_V^{破}/\sigma_c=2.0$，前者为后者的1.3倍。可见砂浆锚杆提高了洞室的承载能力。

2.洞室破坏形态

下面给出的洞室破坏形态(图3、图4)，是指在最大试验荷载条件下产生的。最大试验荷载：砂

浆锚杆支护洞室为 $P_{\mathrm{V}}^{最大}/\sigma_{\mathrm{c}}=3.8$，无支护洞室为 $P_{\mathrm{V}}^{最大}/\sigma_{\mathrm{c}}=3.0$。

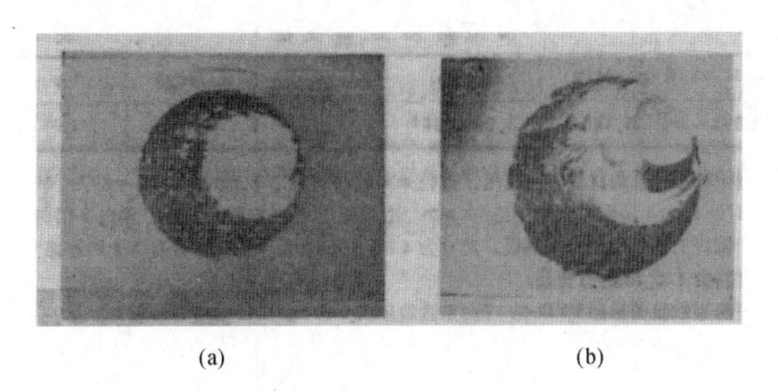

(a) (b)

图 3 洞室表面破坏形态

(a)砂浆锚杆支护洞室；(b)无支护洞室

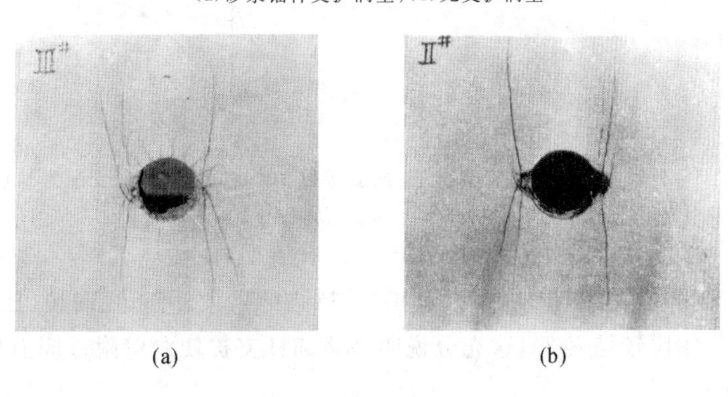

(a) (b)

图 4 洞周介质内部破坏形态

(a)砂浆锚杆支护洞室；(b)无支护洞室

砂浆锚杆支护洞室的破坏形态，从洞室表面看[图 3(a)]，洞壁脱落的材料块度小、深度浅、不连续。材料脱落的范围仅限于锚杆与锚杆之间的空隙，杆体附近的材料虽也发生松动，但多数都被锚杆拉住，没有发生脱落。而无支护的洞室破坏时，洞壁脱落的材料相对来说块度大、裂缝深[图 3(b)]。

锚杆本身的破坏现象是：被破坏的锚杆多数杆体外露，少数锚杆被拉断或被拔出，个别锚杆螺母和垫板发生脱落，但从整体上看，遭到破坏的锚杆是少数，大部分锚杆都是完好的。这种情况说明，在洞周锚杆的布置上，不应采取等强度方式，而应该根据洞室各部位受力的大小，有的地方加强，有的地方减弱。

从洞周介质内部断裂形态(图 4)看，有支护与无支护的洞室基本相同，二者都是在拱脚部位产生两组近似正交的滑移裂缝，把洞壁材料切割成小的块体。砂浆锚杆支护洞室，由于锚杆的携拉作用，小的块体尚未脱落，而无支护的洞室因无锚杆的携拉，小的块体已经脱落。二者除了在拱脚部位形成多条滑移裂缝之外，每侧还有一至两条较大的断裂缝由拱脚向介质内部延伸，一直延伸到模型边缘附近，我们认为这些大断裂缝是在开洞后又继续加载时产生的。实际工程中由于洞室开挖后不再加载，所以一般情况下不会产生较大的断裂缝。如果初始地应力很高，开洞后有可能产生较大的断裂缝，那时断裂缝的方向也应与模型中的有所区别，因为前者是在开洞后释放应力的过程中产生的，而后者是在开洞后又加载的情况下出现的，二者的受力变形过程不相同。

3. 洞周应变分布

为了研究砂浆锚杆支护洞室的受力特点，我们绘制了洞室周围 $\theta=0°$ 和 $\theta=90°$ 方向上的环向和径向应变分布，并与无支护洞室情况作了比较，如图 5 所示。

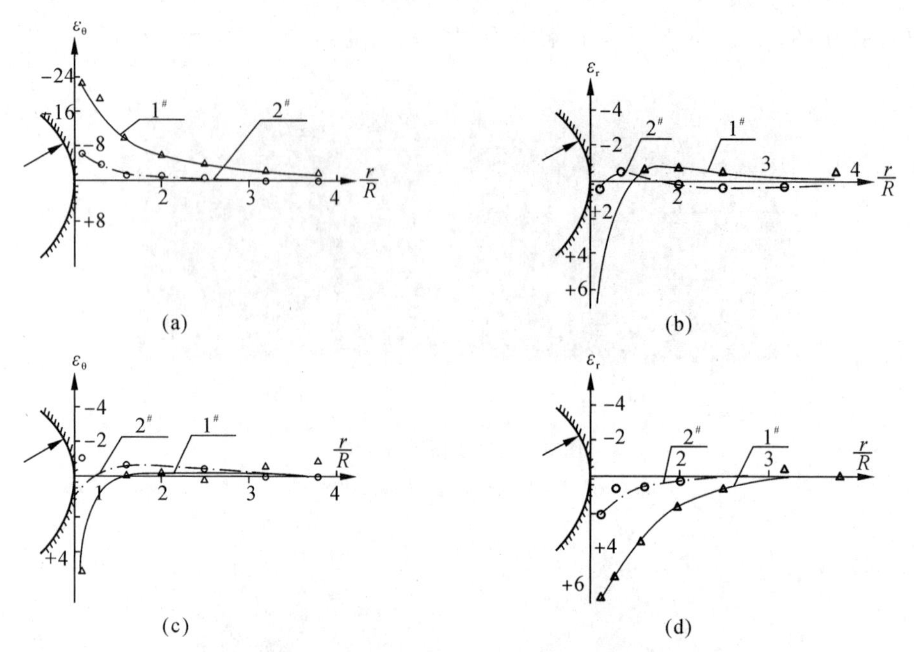

图 5　开洞后洞周次生应变分布(应变单位 $10^2\mu\varepsilon$,受拉为+,受压为－)

(a)$\theta=90°$方向;(b)$\theta=90°$方向;(c)$\theta=0°$方向;(d)$\theta=0°$方向

1#—无支护洞室;2#—砂浆锚杆支护洞室

从图 5 中看到,有砂浆锚杆支护的洞室,其拱顶、拱脚的最大环向、径向拉、压应变值都远远小于无支护洞室的情况(具体比较见表 2),这充分说明砂浆锚杆支护使洞壁附近应力集中现象减弱,大大改善了围岩的受力状态。

表 2　砂浆锚杆支护与无支护洞室洞周最大拉、压应变值比较

比较部位	$\varepsilon_\theta^{1\#}/\varepsilon_\theta^{2\#}$	$\varepsilon_r^{1\#}/\varepsilon_r^{2\#}$
拱脚处	3.4(受压)	12.5(受拉)
拱顶处	7.3(受拉)	3.1(受拉)

注:1#代表无支护洞室,2#代表砂浆锚杆支护洞室。

4. 洞壁收敛位移

开洞后砂浆锚杆支护洞室与无支护洞室洞壁收敛位移见表 3。由表中看到,砂浆锚杆支护洞室洞壁收敛位移小,仅为无支护洞室的 27%～28%。这说明砂浆锚杆有力地限制了开洞后洞壁产生的收敛变形。

表 3　开洞后洞壁收敛位移(u/d)

位移方向	无支护洞室	砂浆锚杆支护洞室
拱顶竖向	0.292×10^{-2}	0.080×10^{-2}
拱脚水平	-0.109×10^{-2}	-0.031×10^{-2}

注:负位移表示朝洞外位移。

5. 洞壁荷载-位移曲线

为了研究砂浆锚杆支护对洞室刚度和柔性产生的影响,我们绘制了超载试验过程中洞壁荷载-位移曲线,如图 6 所示。由图中看到:

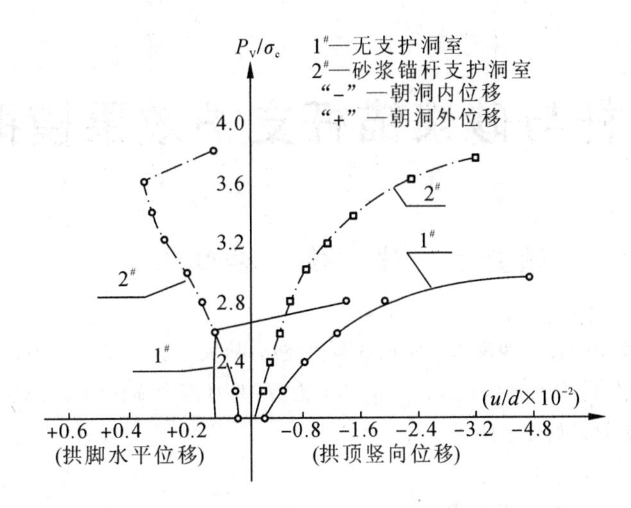

图 6　洞壁荷载-位移曲线

(1)砂浆锚杆支护洞室的拱顶竖向荷载-位移曲线位于无支护洞室的上方,且直线段也比较高,说明砂浆锚杆支护洞室变形刚度大,在同样荷载作用下产生的位移小。

(2)从拱脚水平方向荷载-位移曲线看,砂浆锚杆支护洞室的位移曲线折点高(位移曲线出现折点意味着洞壁材料已经破坏),且折点所对应的洞壁位移值也大,说明砂浆锚杆支护允许洞壁产生较大的位移,使它在较大的位移下才发生破坏。无支护洞室位移允许值较小,在洞壁位移不大的情况下便发生破坏。

4　结论

综上所述,砂浆锚杆支护的作用主要有以下几点:

(1)减弱了洞壁附近的应力集中现象,改善了围岩的受力状态,提高了洞室的承载能力。

(2)约束了开洞后洞壁的自由变形,减小了洞壁的收敛位移。

(3)提高了洞室的整体变形刚度,使其在同样荷载作用下洞壁产生的位移较小。

(4)增加了洞室的变形能力,使洞室在破坏之前可以产生较大的位移。

(5)砂浆锚杆支护洞室不会改变洞室的破坏部位和破坏基本形态,但可使洞室表面脱落的材料块度小、深度浅,且脱落的范围仅限于锚杆与锚杆之间。

(6)从介质内部破坏形态看,砂浆锚杆支护洞室与无支护洞室基本相同,二者都是在拱脚部位产生两组近似正交的滑移裂缝,把材料分割成大小不一的块体。每侧还有一至两条较大的断裂缝由拱脚向介质内部延伸。二者所不同的是无支护洞室材料脱落的范围大、部位深,裂缝延伸的长度较短。

上述结论尽管只出自一次试验结果,但使得我们对喷锚杆支护作用机理的认识又加深了一步。

摩擦锚杆与砂浆锚杆支护效果模拟试验

顾金才　沈　俊　廖心北

内容提要：本文介绍了摩擦锚杆与砂浆锚杆模拟试验研究结果，文中介绍了试验条件、锚杆在围岩中的受力状态、围岩中的应变分布、洞壁荷载-位移曲线以及洞室破坏形态等，并对两种锚杆的支护效果作了分析对比。试验表明，摩擦锚杆比砂浆锚杆支护效果更好一些。

1　概述

摩擦锚杆与砂浆锚杆是工程中常用的两种锚杆，它们的构造特点如图1所示。摩擦锚杆是依靠管壁与围岩之间的压紧力和摩擦力工作的，砂浆锚杆则是依靠杆体与砂浆和砂浆与孔壁之间的黏结力工作的。

两种锚杆在构造特点和作用原理上的不同，必然引起其支护效果上的不同，而探讨这种差异对于更合理、更有效地设计和应用这两种锚杆都具有重要指导意义。为此，我们进行了这次模拟试验。

试验模型共有四块，各块模型编号及其主要特点见表1。

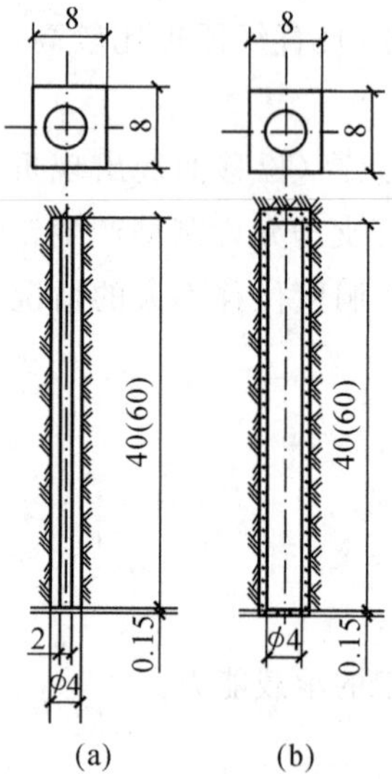

图1　两种锚杆构造特点

(a)摩擦锚杆；(b)砂浆锚杆

表1　摩擦锚杆与砂浆锚杆支护效果模拟试验模型

编号	试验模型	锚杆尺寸/mm	间距/mm	P_V^0/σ_c	P_V^f/σ_c	P_V^T/σ_c
A	毛洞	—	—	0.64	1.76	3.36
B	砂浆	$\phi4\times60$	26×26	0.64	1.60	3.89
C	长摩	$\phi4\times60$	26×26	0.64	1.76	3.20
D	短摩	$\phi4\times40$	26×26	0.64	1.76	4.00

表中 σ_c 为材料单轴抗压强度，P_V^0 为开洞荷载，P_V^f 为宏观破坏荷载，P_V^T 为最大试验荷载。试验中的锚杆是用紫铜皮(厚0.15mm)卷制而成的。

试验模型尺寸为50cm×50cm×20cm(图2)，洞室为圆形，直径 $D=10$cm，模型边界荷载均匀分布，侧压系数 $N=P_H/P_V=1/4$。

试验是在平面应变条件下按"先加载，后开洞"法进行的，加载装置采用PYD-50平面应变地质力学模型试验装置(图3)。模型材料为石膏、砂，其力学性能见表2。

表2　模型材料力学性能

σ_c/MPa	σ_t/MPa	E/MPa	ν	c/MPa	φ/(°)
2.5	0.3	4.5×10^3	0.12	0.4	40

刊于《防护工程》1988年第2期。

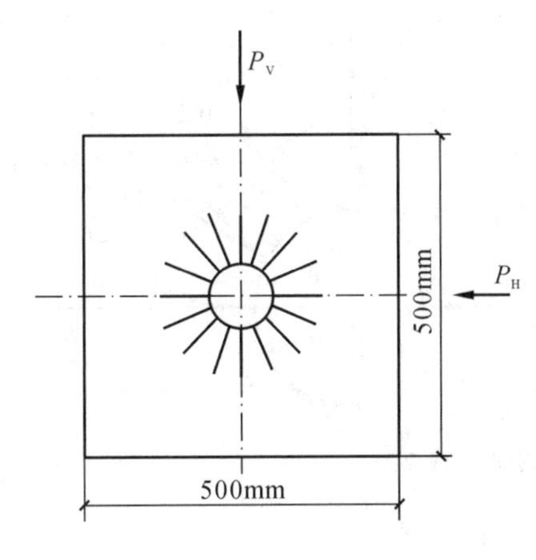

图 2 试验模型尺寸

图 3 PYD-50 模型试验装置

表中 σ_c、σ_t、E、ν、c、φ 分别为材料的单轴抗压强度、抗拉强度、弹性模量、泊松比、黏结力和内摩擦角。

锚杆模拟材料(即紫铜带)的屈服极限 $\sigma_T^b=206\text{MPa}$,弹性模量 $E_c^b=1.1\times10^6\text{MPa}$,泊松比 $\nu=0.32$,延伸率 $\delta=4.5\%$,锚固力 $P=30\sim35\text{N}$。

2 试验结果与分析

2.1 两种锚杆在围岩中的受力状态

试验中测量了围岩中锚杆的轴向应变。从测试结果来看(图 4、图 5),两种锚杆在围岩中主要是受拉,只有拱脚至 1/4 拱处的个别锚杆局部受压。但两种锚杆的拉应变值不等,摩擦锚杆的较小,砂浆锚杆的较大。从洞周各锚杆受力状态来看,砂浆锚杆沿洞周受力相对均匀,而摩擦锚杆则不然,位于拱部的受力较小,拱脚附近的受力较大。

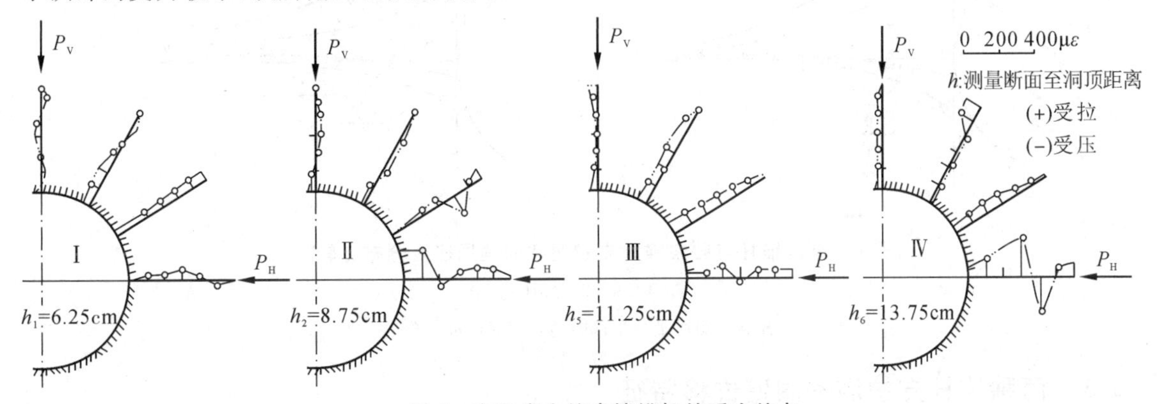

图 4 在围岩中的摩擦锚杆的受力特点

[$\Delta P_V=(2.8\sim3.2)\text{MPa}$]

上述受力状态说明摩擦锚杆在围岩中受力较小,砂浆锚杆受力较大,因为变形的大小是与受力情况相对应的。这一结果也是与加固后的围岩变形对比情况相对应的,见后述。

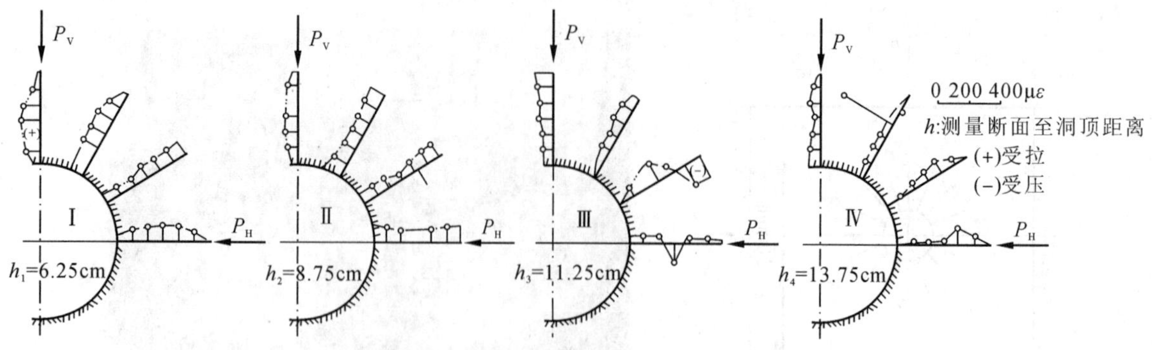

图 5　在围岩中的砂浆锚杆的受力特点

[$\Delta P_V=(2.8\sim3.2)\text{MPa}$]

2.2　两种锚杆支护洞室围岩中应变分布特点

从图 6 中可以看到，无论是在开洞还是在超载过程中，摩擦锚杆支护洞室围岩拱脚部位($\theta=90°$)各点应变数值都比砂浆锚杆支护洞室相应部位的小，这说明摩擦锚杆对围岩变形的约束作用更大。但从两种锚杆支护洞室的洞周应变分布特点和变化规律来看，它们却是基本相同的，二者都是环向应变受压，径向应变受拉(离洞壁远处受压)，并且最大拉、压应变值都发生在洞壁附近。

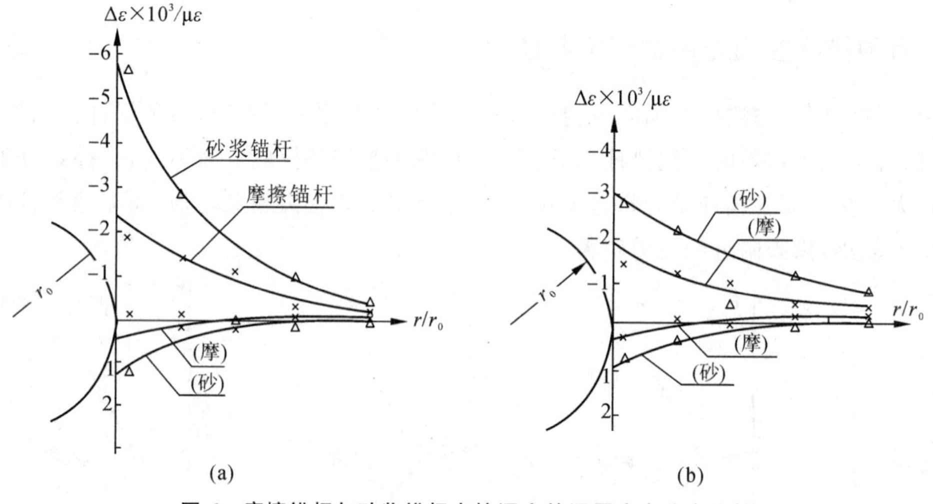

图 6　摩擦锚杆与砂浆锚杆支护洞室的洞周应变分布比较

[$P_V=(1.6\sim2.4)\text{MPa}$]

(a)开洞应变增量分布；(b)超载应变增量分布

2.3　两种锚杆支护洞室洞壁位移特征

1. 基本特征

图 7 是实测得到的两种锚杆支护洞室洞壁荷载-位移曲线，从该曲线上可以看出：两种锚杆支护的洞室洞壁荷载-位移曲线的变化规律基本相同，开始都朝洞外位移，荷载增大时又都朝洞内位移。但从荷载-位移曲线的斜率来看，二者有所不同。摩擦锚杆支护的开始就较高，到了后期仍然较高(几乎保持为常数)，而砂浆锚杆支护的开始就较低，到了后期又进一步降低，几乎与毛洞的相同；但在中间一段[$P_V=(2.5\sim4.5)\text{MPa}$]，两条曲线的斜率近乎相等，并且持续了很长的一段过程，明显地表现出锚杆延迟了洞壁朝洞内位移的时间。从洞壁位移曲线发生、转折所对应的模型荷载数值看，

二者大体相同，均在 P_V＝(4.5～5)MPa 之间，而毛洞的则较低，仅为 P_V＝(3.5～4)MPa 左右。

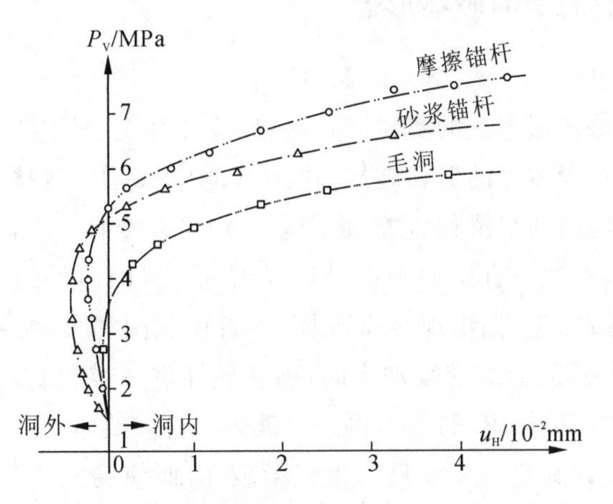

图 7　摩擦锚杆与砂浆锚杆支护洞室洞壁荷载-位移曲线对比

2. 对位移特征的分析

产生上述差别的原因就在于两种锚杆的结构特点和工作原理的不同。摩擦锚杆可对围岩施加主动的环向压力和径向约束，因而即使在小压力情况下，它的支护作用也较大。又因为摩擦锚杆对围岩所施加的环向压力和径向约束不仅不随围岩变形的增大而减小，反而还会有所增大，所以在高压力下，甚至洞室已经出现破坏时，其支护效果仍然很好。而砂浆锚杆支护则不同，它不能对围岩施加主动的环向压力和径向约束，而只是依靠围岩的变形才起支护作用的。所以，在压力较小、围岩变形也较小时，它对围岩的反作用力也很小。另一方面，在压力较小时，锚杆孔内注浆时留下的空隙未被压实，锚杆不能充分发挥作用，且锚杆孔还会对材料起一定的削弱作用[3]，所以，在开始阶段，即小压力下砂浆锚杆支护效果较差。在压力较高时，砂浆锚杆支护的荷载-位移曲线斜率也低，这是由于这时孔壁或注浆材料已发生破坏，使杆体与围岩的联系大大降低，因而锚杆的支护作用便削弱了。由此可知，对于锚杆的注浆材料一定要慎重选择，使其既不至于过早破坏，又不产生太多的空隙。

砂浆锚杆的支护效果在中间一个阶段与摩擦锚杆的基本相当，是由于压力较大时砂浆锚杆孔内的空隙已被压实，而砂浆或孔壁材料尚未破坏，因而锚杆可以充分发挥作用。

试验中我们还对长、短摩擦锚杆的支护效果作了对比，如图 8 所示。从试验结果来看，短锚杆比长锚杆支护效果更好一些，表现为短锚杆支护的洞室洞壁失稳荷载高(我们把洞壁位移由向外变为向内时模型所对应的荷载定为洞壁失稳荷载)，P_V^l＝(4～4.5)MPa 左右，长锚杆支护洞室洞壁失稳荷载则较低，P_V^l＝(3.5～4)MPa 左右。但当洞壁已朝洞内位移时，长、短摩擦锚杆支护洞室的洞壁荷载-位移曲线的斜率基本相同，二者都比毛洞的高，且几乎都保持为常数。锚杆长度超过一定范围其洞室破坏荷载反而降低的现象在砂浆锚杆支护对比试验中也曾见到过，值得进一步探讨。

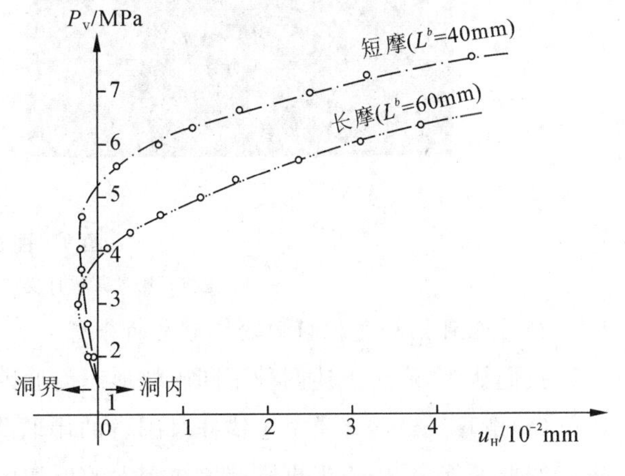

图 8　长、短摩擦锚杆支护洞室洞壁荷载-位移曲线对比

2.4　两种锚杆支护洞室的破坏形态

1. 两种锚杆支护洞室在破坏形态上的区别

两种锚杆支护洞室在破坏形态上的明显区别是：砂浆锚杆支护洞室呈滑移线形破坏[图 9(b)]，摩擦锚杆支护的洞室则呈锚固体外的剪切破坏[图 9(c)、图 9(d)]。滑移线形破坏的特征是：在洞室两侧拱脚部位产生近似共轭的两组滑移裂缝，将围岩分割成破碎的块体，每边有 1～2 条较大的断裂缝由拱脚向介质深部延伸，有的一直延伸到模型边界附近。锚固体外的剪切破坏的特征是：在洞室破坏的初期，洞室表面(拱脚部位)先出现轻微破坏，随着荷载的加大，洞室表面的破坏现象停止，洞室两侧锚固体外出现剪切破坏；荷载继续加大时，剪切破坏进一步发展，并形成剪切破碎带；当荷载更大时，由于剪切破碎带的保护作用，洞室不再发生破坏。这种破坏形态给我们一个重要启示，即在某些条件下，我们可以做到让洞室不坏或只产生轻微破坏，而使洞室两侧的深部围岩产生破坏。如能做到这一点，便找到了提高洞室稳定性的一条新途径。

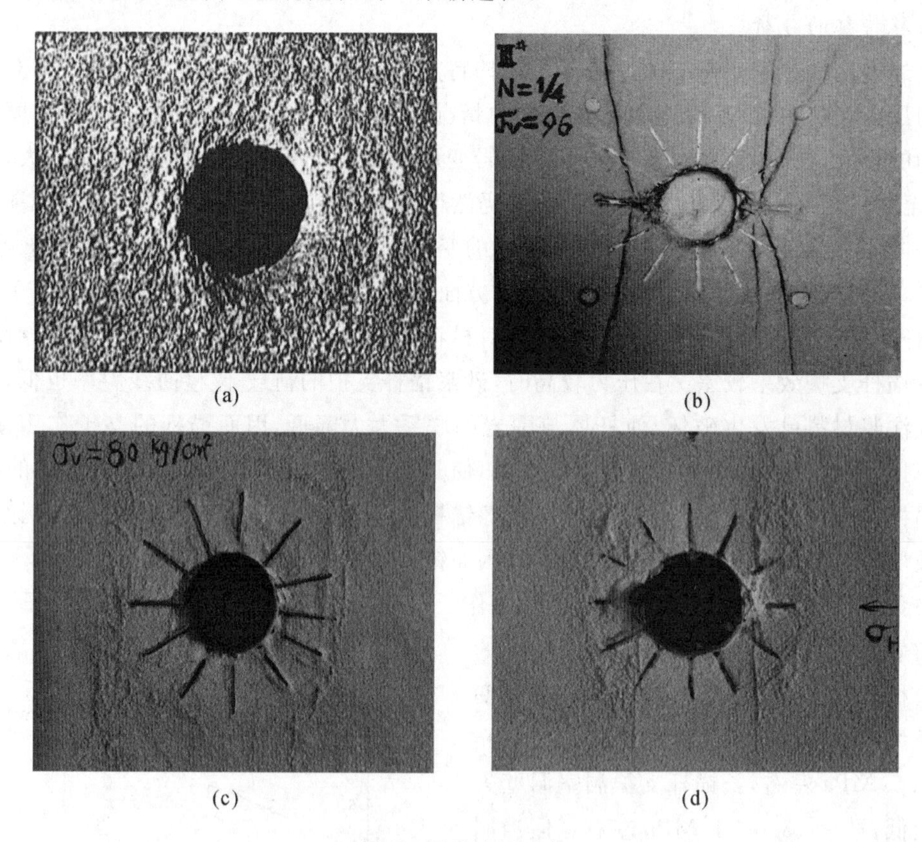

图 9　围岩破坏形态

(a)毛洞；(b)砂浆锚杆支护；(c)长摩支护；(d)短摩支护

2. 对两种锚杆支护洞室破坏形态的分析

我们认为，产生上述两种不同破坏形态的原因在于：

(1)滑移线形破坏是由于锚杆对围岩的串联作用既提高了围岩的破坏强度，又增加了围岩忍受较大变形的能力，因而当拱脚部位在较大的剪切应力作用下产生滑移裂缝时，材料也不会发生脱落，而只是强度降低，变形量加大，呈现出应力-应变全过程曲线的后期强度效应，使滑移线裂缝得以充分发展，最终形成两组近似共轭的滑移裂缝。毛洞是没有这种效应的，所以不能形成较大的滑移裂缝。关于在洞室两侧拱脚部位产生 1～2 条较大的剪切裂缝的原因，我们认为这是模型中洞室的存在使模型块体中间部位和洞室两侧部位变形刚度不同所致,中间部位由于洞室的存在变形刚度小,两侧部位的变形刚度则较大,这样就在中间与两侧之间产生剪切效应,最终导致产生较大的剪切裂缝。

(2)锚固体外的剪切破坏是由于摩擦锚杆既对围岩提供主动的环向压力和径向约束,又允许围岩产生较大的环向变形造成的。当荷载较大时,洞室两侧产生高度的环向应力集中,围岩介质由于受到较高的环向应力作用,必然产生较大的环向压缩变形,并由此引起较大的径向拉伸变形。由于摩擦锚杆可对材料提供双向约束,所以锚固体内的材料越压越紧,而与其相邻的围岩却不能承受较高的环向应力和较大的压缩变形,因而在二者之间的边界附近便产生剪切效应,最后导致锚固体外的材料发生剪切破坏。而这种破坏一旦发生,就可对洞室起一定保护作用,即高应力从洞室两侧的锚固体外绕过,不再传向洞室。

3 结论

通过前面的分析介绍,我们可以得出如下几点结论:

(1)与砂浆锚杆相比,摩擦锚杆的支护效果更好一些,主要表现为锚杆本身受力较小,围岩中应变数值也较小,可对围岩提供环向压力和径向约束,锚固力不随围岩变形而减小等。但摩擦锚杆也有缺点:一是要求施工质量高(主要是锚杆孔的尺寸一定要准确);二是时间长了金属有锈蚀,对锚固力可能有影响;三是锚固力有一定限制,不同于砂浆锚杆可通过改变注浆材料和杆体形状获得更高的锚固力。所以,实际工程中究竟采用哪种锚杆要作综合分析后才能选定。

(2)砂浆锚杆支护的注浆质量对支护效果有较大影响,应选择强度与围岩相匹配且变形与围岩相协调的材料。同时注浆要饱满,避免注浆孔内留有空隙。

(3)两种锚杆支护洞室破坏形态不同,砂浆锚杆支护产生滑移线形破坏,摩擦锚杆支护产生锚固体外的剪切破坏。后者的破坏形态表明,在某种条件下,人们可以采取某种措施让洞室不坏或只产生轻微破坏,而使洞室之外的深部围岩发生破坏。这是提高洞室稳定性的一条新途径。

参考文献

[1] HOEK E,BROUN E T. 岩石地下工程. 连志升,田良灿,王维德,等译. 北京:冶金工业出版社,1986.
[2] 顾金才. 喷锚支护模型试验研究报告,1984.
[3] 顾金才,苏锦昌,王林,等. 岩石-锚杆复合材料力学性能模拟试验,1987.

黄河小浪底水利枢纽压力隧洞支护方案模型试验研究

顾金才　廖心北*

内容提要：本文采用平面应变模型试验方法，研究黄河小浪底压力隧洞的支护方案，包括径向或交叉锚杆和喷混凝土、喷锚与刚性或柔性混凝土复合衬砌等几种情形。试验研究结果表明，喷锚支护能提高隧洞的变形刚度和破坏荷载，在内水压力作用下围岩的破坏属于脆性断裂，其破坏部位与初始应力状态有关；软岩中的高内水压力隧洞采用喷锚与柔性混凝土复合衬砌较为合理。本文为进一步改进软岩中压力隧洞的设计和计算，提供了一定的试验依据。

1　引言

近三十年来，随着水利资源的开发，水工隧洞的支护理论有了很大的发展和改进，由以研究衬砌为主的支护理论，发展为以研究围岩和衬砌联合工作为主的支护理论，甚至以研究围岩为主的支护理论。水工隧洞中越来越多地采用喷锚支护，如渔子溪、回龙山、镜泊湖等水电站的水工隧洞采用喷锚作永久支护[1]，以及在坚硬节理岩体中应用喷锚作初期支护[5]，在高压力水工隧洞中常采用预应力混凝土衬砌，如白山电站引水隧洞[2]，或钢板、混凝土复合衬砌[7]。但是，由于水工隧洞的复杂性，有些问题尚待进一步认识，特别是软岩中的高内水压力隧洞。本文采用平面应变条件下的模型试验方法，对黄河小浪底水利枢纽工程的导流、泄洪压力隧洞的支护方案进行了比较系统的研究，对软岩中的高内水压力隧洞的支护方法进行了探讨。

2　工程概况和岩体力学性质

黄河小浪底水利枢纽工程位于黄河中下游，是我国拟在近期修建的一座大型水电工程。工程开发目标是防洪、减淤、发电、灌溉和防凌。计划坝高 152m，总库容 $1.27\times10^{10}\,m^3$，水电站装机容量 $1.8\times10^6\,kW$，年发电量约 $(4.5\sim5.5)\times10^9\,kW\cdot h$。

水利枢纽工程位于豫西断块地质构造单元，地质构造特征主要以褶皱和断裂切割为主。导流、泄洪洞布置在大坝左岸山体内，山顶高出水面 150m 左右，山体主要由三叠系层状砂岩组成，厚度超过 200m，山顶覆盖黄土，岩层总体倾向下游(东向)，倾角 6°～10°，节理裂隙发育，层厚与节理间距之比约 0.5～1.0，岩体初始应力主要是自重应力。

导流、泄洪洞共有六条，平行布置。其平面布置、纵剖面和横剖面分别如图 1、图 2、图 3 所示。压力隧洞长度为 1500m，内径为 11.5m，设计水头高度为 150m，流速为 30m/s，隧洞轴线与岩层走向

---

* 参加试验的还有周立端、黄文云、沈俊等。

本文收录于《岩石力学在工程中的应用——第二次全国岩石力学与工程学术会议论文集》。

近似于垂直，隧洞纵向坡度为 0.0036。

岩体的力学参数由现场试验和室内试验综合确定，其参数归纳在表 1 中。

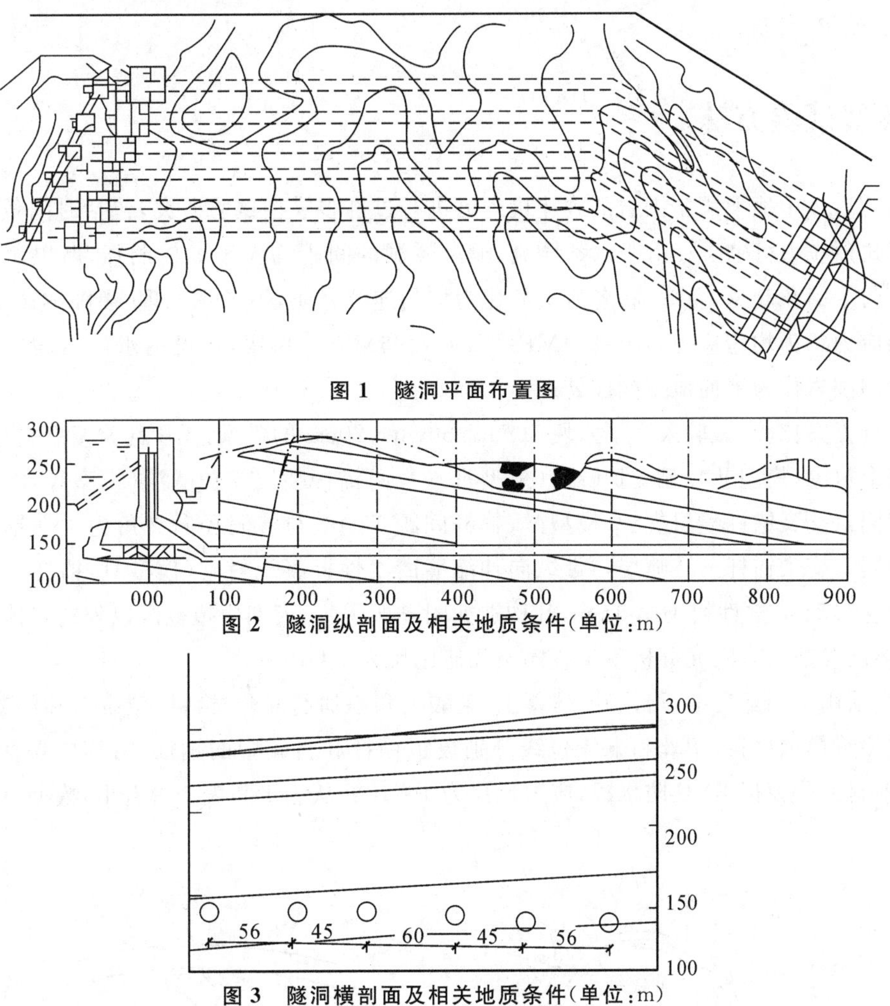

图 1　隧洞平面布置图

图 2　隧洞纵剖面及相关地质条件(单位:m)

图 3　隧洞横剖面及相关地质条件(单位:m)

表 1　岩体力学参数

岩层	σ_c	σ_t	$\tan\varphi/c$	E_n/E_τ	ν
单位	MPa	MPa	1/MPa	GPa	
T_1^{3-1}	70	2.0	0.35/0	7/105	0.25
T_1^{3-2}	50	1.5	0.65/0	5/75	0.25
T_1^4	80	2.0	0.75/0	7/105	0.25

3　压力隧洞初步设计方案

压力隧洞的初步设计方案采用喷锚支护作为初期支护，双层混凝土衬砌作为二次支护，如图 4 所示，双层衬砌的外层为素混凝土衬砌，厚 20cm；内层为钢筋混凝土衬砌，厚 70cm，两层衬砌之间进行注浆。注浆方案有两种：一是压力注浆；二是无压注浆。压力注浆方案，锚杆直径 ϕ30mm，长 500cm，间距 150cm，

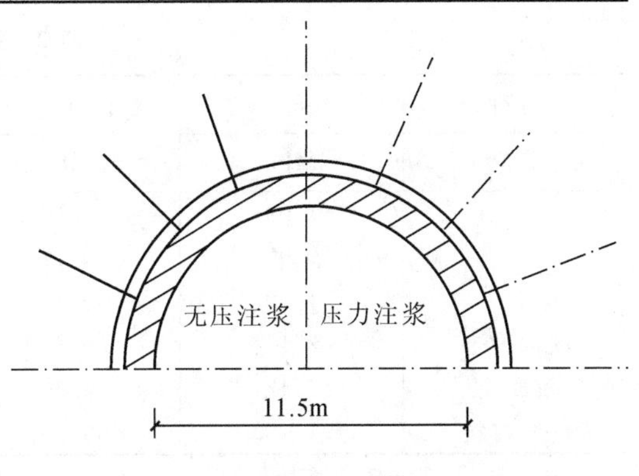

图 4　隧洞初步设计横断面

喷层厚 15cm，内层衬砌配筋率为 0.7%；无压注浆方案，锚杆直径 ϕ25mm，长 350cm，间距 150cm，喷层厚 15cm，内层衬砌配筋率为 1.5%。为了防止衬砌开裂后发生渗漏，在内层衬砌的外表面设置了一层厚 4mm 的 PVC 板。

4 模型试验方法

对于均质岩体中地下洞室围岩的破坏机理已进行过许多模型试验研究，包括时间效应和喷锚支护[4-5]，灌浆式预应力衬砌[3]。由于六条导流、泄洪隧洞的间距均大于 3 倍洞径，所以试验只研究单洞的情形。为了简化起见，首先，将各岩层简化为均匀连续介质，不考虑节理、裂隙的影响。其次，假设岩体初始应力场为均匀应力，$\sigma_V=2.4$MPa，$\sigma_H=0.96$MPa。再次，假设内水压力均匀作用于隧洞内表面。隧洞围岩作为平面应变问题处理。

为了进行方案比较，试验采用了六块 50cm×50cm×20cm 的模型：无压注浆复合衬砌（模型Ⅰ）、压力注浆复合衬砌（模型Ⅱ）、无支护隧洞（模型Ⅲ）、径向锚杆喷层支护隧洞（模型Ⅳ，喷锚支护参数与模型Ⅰ相同）、交叉锚杆喷层支护（模型Ⅴ，锚杆间距 15cm，与隧洞径向夹角为 45°，锚杆加固范围与模型Ⅳ相同）、交叉锚杆——喷层与带纵向伸缩缝的柔性混凝土衬砌（模型Ⅵ，锚杆与径向夹角为 30°，锚杆间距 1.5cm，柔性衬砌厚 3mm，其构造如图 5 所示）。模型模拟范围以外的岩体用弹性边界垫层模拟，垫层参数由有限元分析确定。模型几何比尺为 1∶100。

试验中，采用不同配比的石膏、砂、硅藻土、碳酸钙和添加剂混合材料模拟岩石和混凝土衬砌，石膏和水组成注浆模拟材料，铝丝和铜漆包线分别模拟锚杆和衬砌中的钢筋，岩体的层面用两层 28g 白纸模拟，塑料薄膜模拟 PVC 防水板，应力比尺为 1∶10。从表 1 和表 2 中看出，模型材料基本满足试验要求。

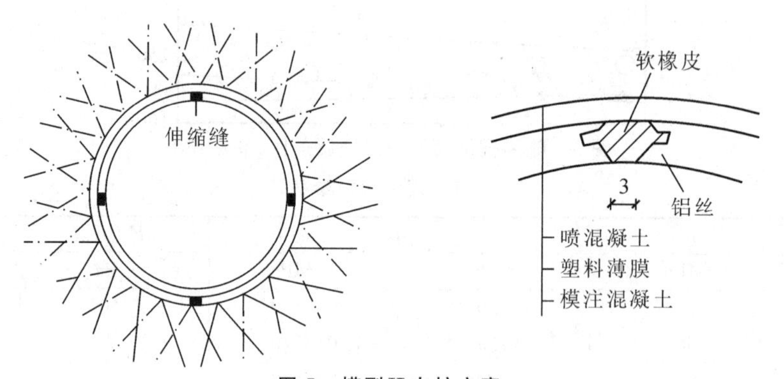

图 5 模型Ⅵ支护方案

表 2 模拟材料力学参数

材料	σ_c	σ_t	φ/c	E	ν
单位	MPa	MPa	(°)/MPa	GPa	
T_1^{3-1}	1.09	0.12	42/0.25	0.78	0.22
T_1^{3-2}	0.92	0.11	39/0.20	0.66	0.23
T_1^4	1.09	0.12	42/0.25	0.78	0.22
喷混凝土	2.19	0.24		1.70	0.17
混凝土	2.42	0.26		2.20	0.18
注浆材料	1.5～2.0	0.20		0.50～0.70	

模型试验在 PYD-50 地质力学模型试验装置（图 6）上进行，内水压力加载和压力注浆示意图如

图 7 所示。20cm 厚的模型由两片 10cm 厚的模型片黏合而成，电阻片贴在黏合面上。当模型边界上施加地应力后，在保持平面应变条件下开挖隧洞，然后安装支护结构，进行压力注浆（模型Ⅰ、Ⅱ），待注浆材料硬化后，进行内水压力加载试验，直至模型破坏。

图 6 PYD-50 地质力学模型试验装置

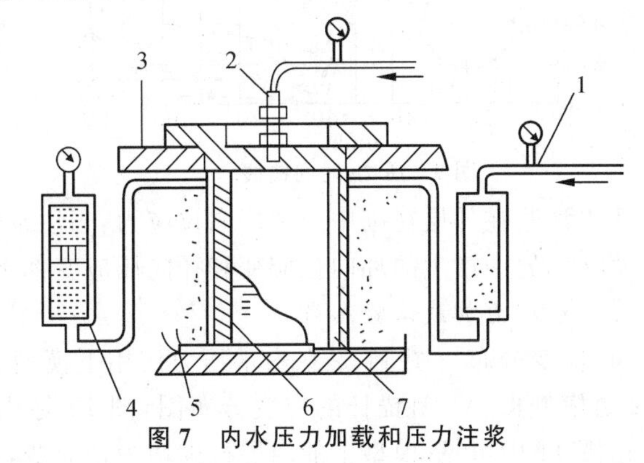

图 7 内水压力加载和压力注浆

1—压力注浆；2—内压加载；3—三向加载装置 PYD-50；4—注浆压力测量装置；5—试验模型；6—注浆层；7—混凝土衬砌

5 模型试验结果

1. 洞周围岩的二次应力状态

模型在初始地应力作用下开洞后，洞周围岩应变分布（模型Ⅲ）如图 8 所示。由图中可见，隧洞拱脚的环向压应力对围岩承受内水压力有利，而拱顶的环向拉应力和水平层面的存在则产生不利影响。

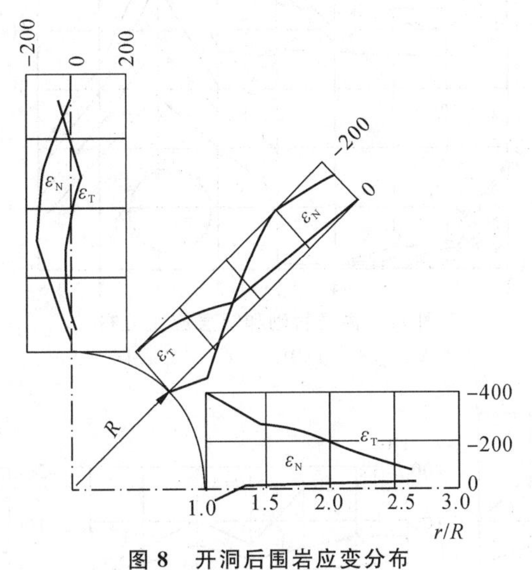

图 8 开洞后围岩应变分布

2. 压力注浆试验结果

模型Ⅱ是压力注浆模型，注浆管口压力为 0.2MPa。图 9 是浆液固结过程中作用在外层混凝土衬砌内表面的压力随时间变化曲线图，图 10 是内层衬砌内表面的环向应变分布图。由图中可见，在浆液固结过程中，注浆管口压力保持不变时（45min 内），衬砌周围的压力和环向应变分布比较均匀；管口压力消除后衬砌周围压力下降，随着浆液继续固结，压力又有所上升。浆液固结后，衬砌周围的压力和内层衬砌的环向预压应力分布是不均匀的。

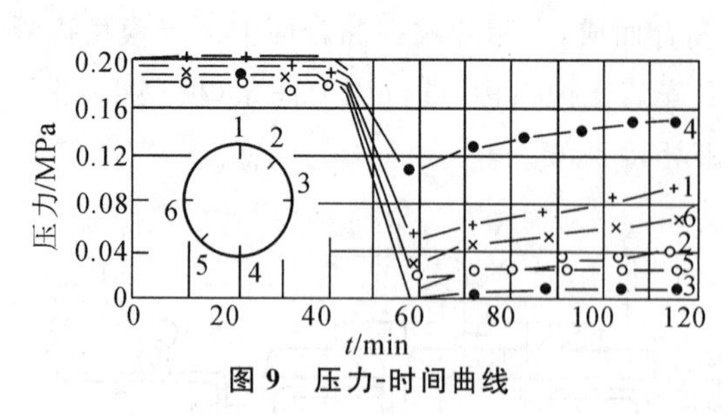
图 9　压力-时间曲线

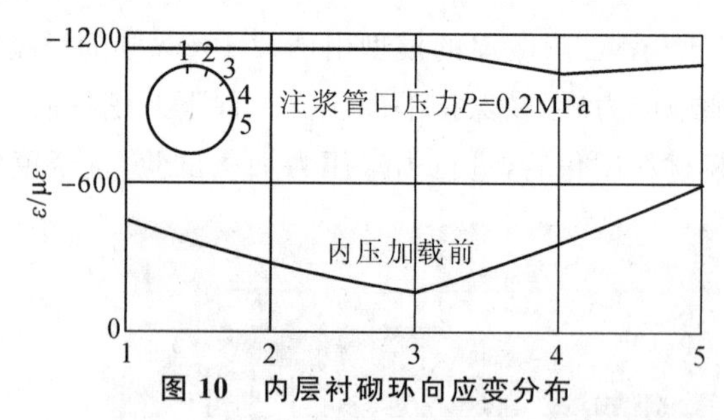
图 10　内层衬砌环向应变分布

压力注浆在外层衬砌中产生环向拉应力，当注浆管口压力为 0.2MPa 时，外层衬砌拱顶开裂，压力注浆在围岩中产生的环向拉应变和径向压应变都不大。

3. 内水压力加载试验结果

(1)应变分布　图 11 是在内水压力作用下模型Ⅰ、Ⅱ的内层衬砌和模型Ⅳ喷层的应变分布图，图 12 是模型Ⅳ、Ⅴ、Ⅵ锚杆的应变分布图，图 13 是拱顶和拱脚附近围岩应变与内水压力的关系曲线。由图 11 中可见，模型Ⅰ的内层衬砌均为拉应变，最大拉应变在拱顶；模型Ⅱ在 P_i<0.1MPa 时，内层衬砌环向应变均为压应变，随着内水压力 P_i 的增加出现拉应变，最大拉应变在拱腰。产生这种现象的原因是，内水压力的作用使内层衬砌中产生环向拉应变，模型Ⅰ的内层衬砌无预压应力，模型Ⅱ具有分布不均匀的预压应力，模型Ⅳ喷层拱顶拉应变较大，其他部位较小；模型Ⅴ、Ⅵ喷层应变分布与模型Ⅳ类似；模型Ⅵ是带纵向伸缩缝的柔性衬砌，其混凝土拉应变比较小，这主要是由于其伸缩缝变形很大。比较模型Ⅰ、Ⅱ、Ⅳ可见，模型Ⅳ内层衬砌的拉应变比模型Ⅰ、Ⅱ内层衬砌的拉应变小，模型Ⅰ的内层衬砌的拉应变普遍较大。

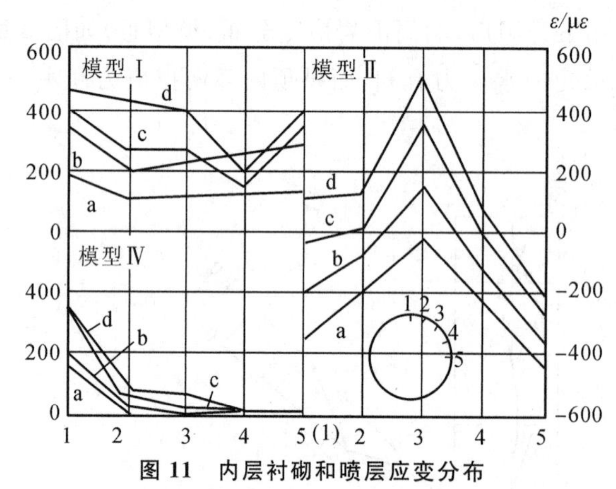
图 11　内层衬砌和喷层应变分布

a—0.05MPa；b—0.1MPa；c—0.15MPa；d—0.2MPa

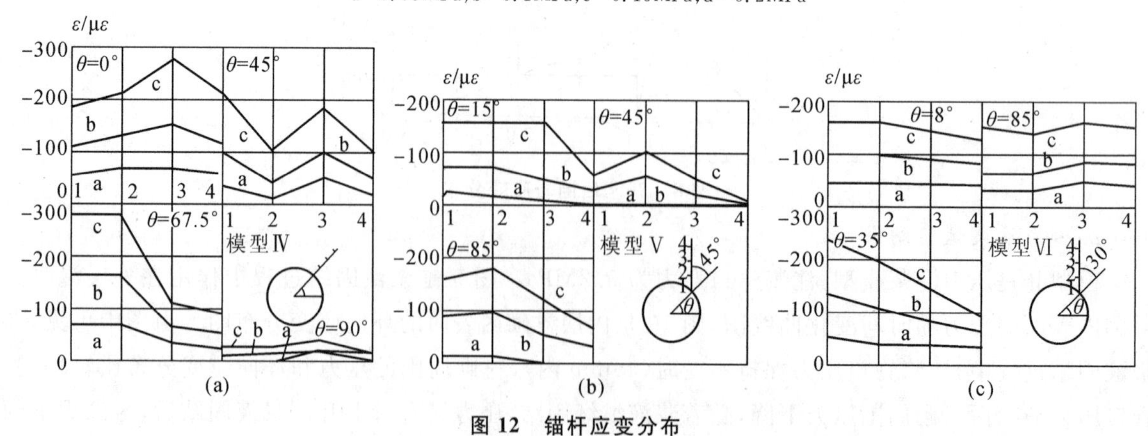
图 12　锚杆应变分布

(a)0.2MPa；(b)0.4MPa；(c)0.6MPa

由图 12 可见，锚杆承受压应力，模型Ⅳ拱顶锚杆压应变很小，而模型Ⅴ、Ⅵ拱顶锚杆应变相对较大，拱顶的径向锚杆作用不大。

由图 13 可见，内水压力的作用在围岩中产生环向拉应变和径向压应变，在内水压力 $P_i <$ 0.3MPa时，模型Ⅰ的应变很小，模型Ⅱ、Ⅳ、Ⅴ、Ⅵ的围岩比模型Ⅰ承担了更多的内水压力，采用交叉锚杆的隧洞变形刚度相对径向锚杆模型小。图 13 中曲线的拐点对应着围岩的开裂。

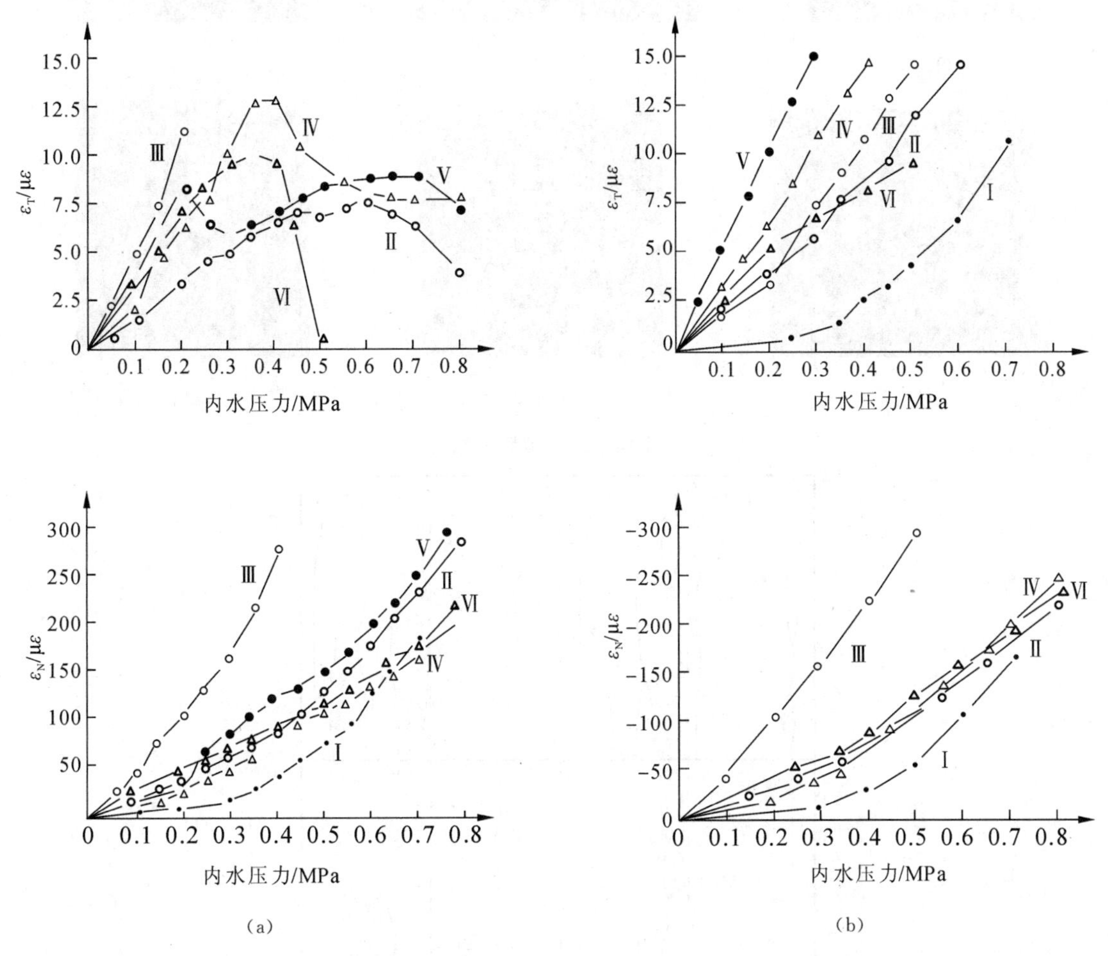

图 13　拱顶和拱脚附近围岩应变与内水压力关系曲线

(a)拱顶；(b)拱脚

(2)破坏形式　图 14 是模型破坏的照片，图 15 是模型Ⅰ、Ⅱ内层衬砌和模型Ⅳ喷层裂纹的素描图。由图 14 可见，各模型的破坏形态相似，均在拱顶或底板中点产生一条径向裂缝，破坏属脆性断裂。由此可见，喷锚支护和复合衬砌均不能改变围岩的破坏形式，围岩破坏的部位主要是由围岩二次应力状态确定的，有限元计算结果也说明了这一点。由图 15 可见，模型Ⅰ内层衬砌的裂缝最多，模型Ⅳ喷层仅在拱顶和底板产生裂缝(模型Ⅴ、Ⅵ喷层裂缝与模型Ⅳ类似)，模型Ⅵ的内层柔性混凝土衬砌未出现裂缝。由此可见，压力注浆能减少衬砌的裂缝，柔性混凝土衬砌不产生裂缝对防止内水外渗非常有利，喷层裂缝部位与围岩开裂部位重合，喷锚支护现场试验也证明了这一点[1]。

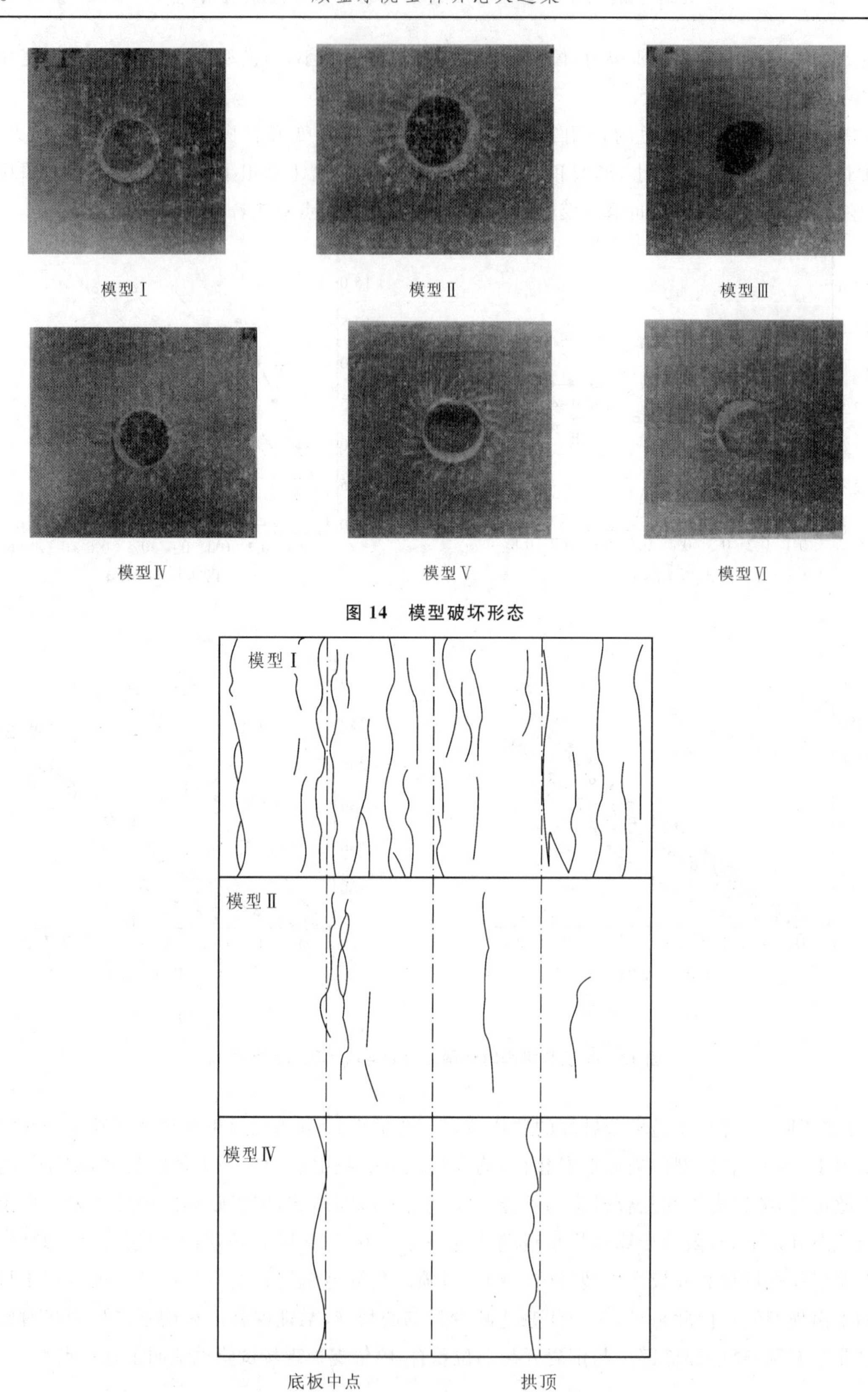

图 14　模型破坏形态

图 15　内层衬砌和喷层裂纹展示图

(3)承担内水压力的能力　图 16 是隧洞拱顶裂缝发展深度与内水压力的关系曲线图。从图中看出，模型Ⅲ洞壁开裂荷载较低，但开裂后还具有相当大的承载能力。模型Ⅰ、Ⅱ、Ⅲ、Ⅳ、Ⅴ、Ⅵ的开裂荷载如表3所示，由表中可见，喷锚支护与复合衬砌能提高围岩的开裂荷载，喷层与洞壁围岩开裂荷载相同，压力注浆能提高衬砌开裂荷载。

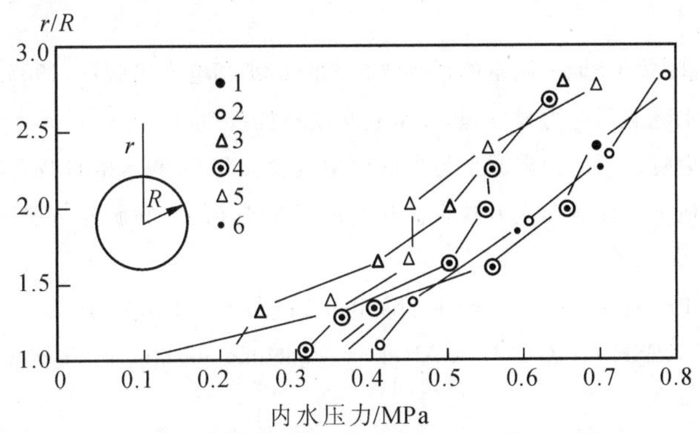

图16　裂缝发展深度与内水压力关系曲线

1—模型Ⅰ；2—模型Ⅱ；3—模型Ⅲ；4—模型Ⅳ；5—模型Ⅴ；6—模型Ⅵ

表3　开裂荷载(单位：MPa)

模型号	Ⅰ	Ⅱ	Ⅲ	Ⅳ	Ⅴ	Ⅵ
围岩	0.35	0.4	0.1	0.35	0.2	0.3
喷混凝土	0.35	0.4		0.35	0.2	0.3
内层衬砌	0.125	0.2				

6　讨论与结论

本文采用专门研制的装置，应用模型试验方法，研究了在初始地应力场和内水压力作用下压力隧洞喷锚支护和复合衬砌的支护效果。在模型试验中，虽然作了一些简化，但试验结果仍可作为压力隧洞设计的参考。模型试验得到如下结果：

(1)压力隧洞围岩的破坏属脆性断裂，破坏部位取决于围岩的二次应力状态，这与有限元计算分析结果一致。

(2)喷锚支护能提高隧洞的变形刚度和承载能力，但不能改变围岩的破坏性质，喷层表面裂纹少，喷层开裂部位、开裂荷载与围岩相同。锚杆合理布置方案是拱顶附近采用交叉布置，其他部位径向布置。

(3)压力注浆复合衬砌具有较高的承载能力，其开裂荷载较高，破坏时内层衬砌的裂纹比无压注浆复合衬砌少得多，内层衬砌的钢筋能延缓围岩裂纹的发展。

(4)带纵向伸缩缝的柔性混凝土衬砌无裂纹出现，这对防止渗漏极为有利。但对纵向伸缩缝布置的位置和伸缩缝的构造需作进一步的研究。

综上所述，喷锚支护具有较高的承载能力，因此，从充分发挥围岩的承载力方面考虑，采用双层混凝土复合衬砌是不经济的，从水工隧洞要求抗冲刷、抗渗漏或减小水头损失及提高承载能力方面考虑，采用喷锚支护和单层混凝土压力注浆复合衬砌更为经济合理。喷锚支护和柔性混凝土衬砌方案为软岩中高内水压力隧洞的支护提出了一条新途径，但需对其水工性能作进一步研究。此外，本工程由于受节理、裂隙切割的影响，岩体变形模量较低，如果对岩体进行灌浆处理，提高岩体变形模量，则喷锚支护和复合衬砌的承载能力还能提高。

参考文献

[1] 水电部东北勘测设计院喷锚组.地下洞室的锚喷支护.北京:水利电力出版社,1985.

[2] 王永年.白山水电站引水隧洞预应力衬砌施工.水利水电科技资料,1985.

[3] 王永年.白山水电站压力隧洞预应力混凝土衬砌的模型试验研究.水利水电科技资料,1983.

[4] 朱敬民,顾金才,王林.地下工程非预应力砂浆锚杆支护变形破坏的实验研究与理论分析.中国土木工程学会第二届年会论文集,1986.

[5] ZHU KESHAN,LI X. Pressure tests in rock chambers. Prco. 5th ICRM,1983.

[6] ZHU JINGMIN,ZHU KESHAN,GU JINCAI,et al. Modelling design of Caiyon tunnel in Chongqing. Prco. 6th ICRM,1987.

[7] KUJUNDZIE B,NIKOLIE Z. Load sharing by rock mass,concrete and steel lining in pressure tunnels and shafts. Rock Mechanics:caverns and Pressure Shafts,ICRM Sympesium,AACHEN,1982.

二滩水电站地下厂房洞室群围岩稳定性研究

沈　俊　顾金才

内容提要：本文介绍二滩水电站地下厂房洞室群平面应变地质力学模型试验成果。文中简介了相似设计和模拟技术，给出了随洞群开挖过程围岩应变场的变化规律、洞周特征点位移过程线、围岩破坏过程及模型超载系数，分析了喷锚支护对围岩的加固效果。对无支护模型进行的非线性有限元分析表明，试验结果与计算结果在多方面有着良好的一致性。

1　引言

二滩水电站位于四川雅砻江下游，是我国西南地区近期开发的重点能源项目。设计拱坝高240m，引水发电系统布置在左岸坝肩地下，总装机容量为 3×10^6 kW。厂区岩石主要是中粒正长岩，构造破坏弱，但实测地应力很高，最大主应力约为 30MPa。

地下厂房规模很大，除了三个主要大洞室（主厂房、主变压器室和尾水调压室）外，还有六条母线廊道和六条尾水管等与它们垂直相连（图 1）。在高地应力区建造这样大的地下洞室群，必将使围岩处于很复杂的应力状态，其稳定性也将受到严峻的考验。为此，对这一课题已进行了多种方法的数值分析[1-3]，但在这些计算分析中，有的只研究了洞群的一部分，有的对横向交叉洞室的影响仅作了近似考虑，而相似材料模型试验能较为真实地模拟洞群的开挖过程，包括横向交叉洞室的开挖。

受水电部成都勘测设计院的委托，我们承担了上述课题的模型试验研究工作，较好地解决了地下洞室群的模拟技术问题，根据试验结果对洞室群布置方案和喷锚支护加固效果进行了论证[4]。限于篇幅，本文着重介绍三洞室方案的试验结果。

2　试验概况

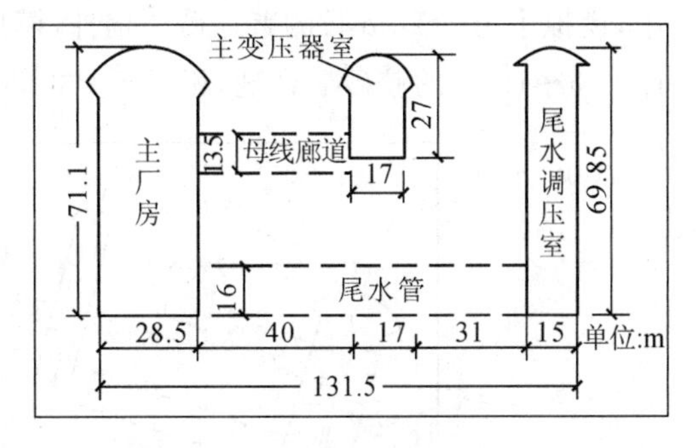

图 1　三洞室方案

1. 对工程的简化

（1）假定岩体为均匀连续介质，少量节理裂隙的影响在确定岩体力学参数时加以综合考虑。

（2）试验中只研究洞群在设计地应力下的受力变形特性和破坏形态，不考虑围岩自重的影响。

（3）垂直厂房纵轴线切取典型机组段，简化为平面应变问题研究。

（4）横向交叉洞室按截面积等效原则简化为圆形洞室。

（5）采用较不利的开挖方案，依次为主厂房（上、中、下三步）、主变压器室（上、下两步）、尾水调压室（上、中、下三步）、母线廊道（一步）和尾水管（一步），共计十步。

本文收录于《岩土力学数值方法的工程应用——第二届全国岩石力学数值计算与模型实验学术研讨会论文集》。

(6)进行模型喷锚支护方案设计时，将预应力锚杆简化为普通砂浆锚杆，其直径和间距按单位面积含钢面积相似原则设计。

2. 相似条件与模型设计

在不考虑围岩自重和时间效应的前提下，模型设计必须满足下列相似条件：

$$\left.\begin{aligned} &K_L=K_u=\text{常数} \\ &K_\varepsilon=K_\nu=K_\varphi=1 \\ &K_p=K_\sigma=K_E=K_{Rc}=K_{R_1}=K_c=\text{常数} \end{aligned}\right\} \tag{1}$$

其中，K_L、K_u 分别为几何比尺和位移比尺，K_ε、K_ν、K_φ 分别为应变、泊松比及内摩擦角比尺，$K_p \sim K_c$ 依次为地应力荷载、应力、弹性模量、单轴抗压强度、抗拉强度及内聚力的比尺。所有比尺均为实体值与模型值的比值，如：$K_L=L_H/L_m$（H 代表实体，m 代表模型）。

根据试验装置的要求和尽可能克服边界效应影响的原则，确定模型块体尺寸为 50cm×50cm×20cm，几何比尺 $K_L=350$，应力比尺 $K_\sigma=16.7$。

研制的岩体相似材料配比为标准砂∶郑州黄砂∶上海石膏∶可赛银∶水＝8∶4∶1∶0.4∶1，采用夯实成型工艺制作模型。相似材料力学参数见表 1，表中一并列出了换算到实体的力学参数和岩体的实际参数，可见所配制的相似材料较好地满足了相似条件。

表 1　相似材料力学参数

项目	单轴抗压强度/MPa	抗拉强度/MPa	弹性模量/MPa	泊松比	内聚力/MPa	内摩擦角/(°)
模型值(m)	1.8	0.18	2500	0.15	0.29	46
实体值(H)	30	3	41700	0.15	4.84	46
原始值(H_0)	30	2.1	30000	0.15	4.4	50

由厂区实测地应力值推算出主厂房横截面上的等效地应力为 $\sigma_1=25.6$MPa，$\sigma_2=18.7$MPa，σ_1 与主厂房垂直轴线间夹角为 15.7°。由 $K_p=16.7$ 求得模型开洞荷载为 $p_1=1.535$MPa，$p_2=1.122$MPa，侧压系数 $N=p_2/p_1=0.73$。

本文介绍两块模型，Ⅰ#模型为无支护模型(图 2)，Ⅱ#模型为喷锚支护模型(图 3)。在Ⅱ#模型中，模拟了 10～20m 长的普通砂浆锚杆，模拟锚杆材料为 ϕ0.5mm 的半硬化纯铝丝，喷层模拟材料为厚 0.6～1mm 的胶砂混合剂，相当于 C30 混凝土。

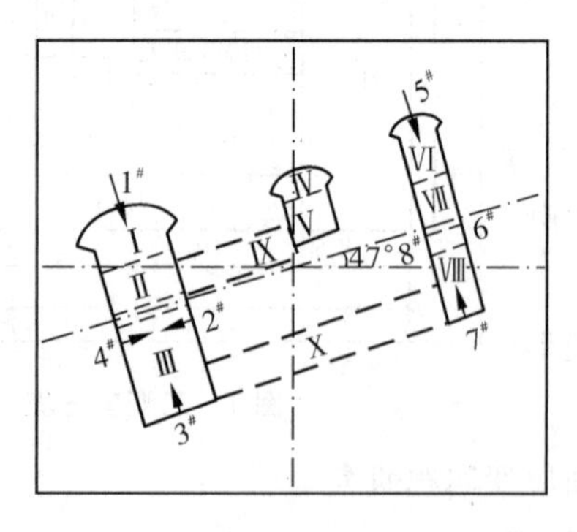

图 2　Ⅰ#模型简况

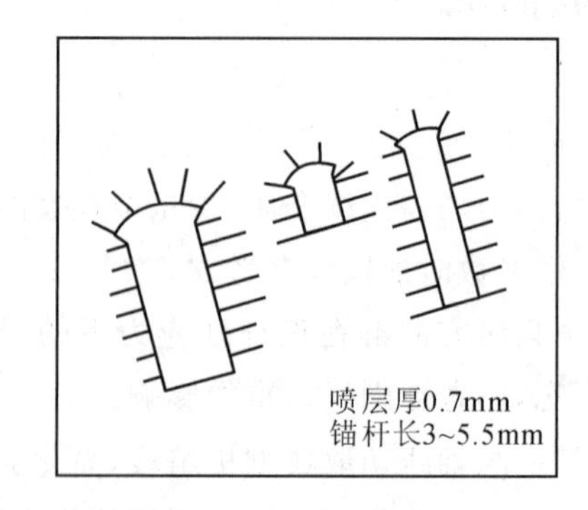

图 3　Ⅱ#模型简况

3. 试验方法

试验在 PYD-50Ⅰ型三向加载地质力学模型试验装置(图 4)上进行。模型卧置，四个侧面靠柔性垫层传递主动荷载，使模型边界变形均匀，实现均匀地应力条件。纵控荷载单元控制模型的纵向应变基本为零，实现平面应变条件。

图 4 试验装置

在模型厚度的中间断面上埋设了 63 个应变花，可测得围岩主应变向量。此外，还采用滑轮导向系统测量了主厂房和尾水调压室关键部位的法向绝对位移，共八个测点（参见图 2）。

按侧压系数 $N=0.73$ 逐级施加三向荷载并保持平面应变条件，加到开洞荷载后，保持外荷载不变进行洞群分部开挖，Ⅱ[#]模型则边开挖边支护，每挖完一步，便打锚杆孔、注浆、安装锚杆和设置喷层。最后采用自制的小型掘进机开挖两个横向交叉洞室。然后按 $N=0.73$ 进行超载试验，直到模型破坏为止。

3 围岩稳定分析

本文中规定应变和应力均以受拉为正，受压为负。

1. 围岩应变场变化规律

各块模型开洞前的初应变场重复性很好，几乎所有测点的最大主应变方向均与最大地应力荷载方向接近重合，且均匀性良好，ε_1、ε_2 分别为 $-170\mu\varepsilon$ 和 $-380\mu\varepsilon$ 左右，同弹性理论解很接近，可见试验装置提供了比较均匀的初应变场。

图 5 为Ⅰ[#]模型开挖完三大洞室后的应变场，在各洞室角点处应力集中严重，洞室与洞室之间的影响已相互重叠，特别是尾水调压室的开挖对主厂房和主变压器室的扰动均较大。洞群间横向基本上均为拉应变，最大值达 $+800\mu\varepsilon$。

Ⅱ[#]模型洞群开挖完后的应变场如图 6 所示，开挖母线廊道对主变压器室影响较大，其上游边墙中部的拉应变高达 $+1074\mu\varepsilon$，而开挖尾水管对三大洞室的扰动均很大，尤其对主厂房的影响更为突出，其上游（即左侧）边墙两个方向上的压应变都急剧增加，如 41[#] 测点的 ε_1 从 $+278\mu\varepsilon$ 变为 $-1523\mu\varepsilon$，ε_2 从 $-371\mu\varepsilon$ 变为 $-2594\mu\varepsilon$，这样大的应变值已使这里的材料处于微破坏状态。

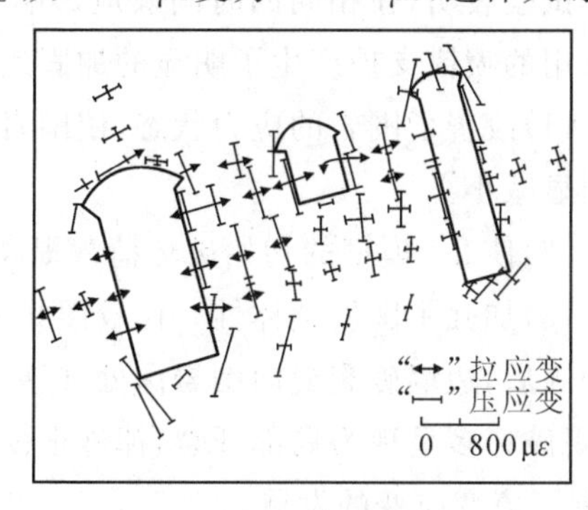

图 5 Ⅰ[#]模型开挖完三大洞室后的应变场

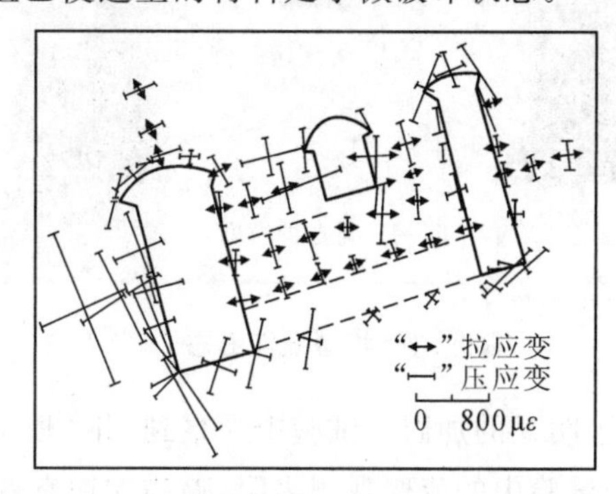

图 6 Ⅰ[#]模型洞群开挖完后的应变场

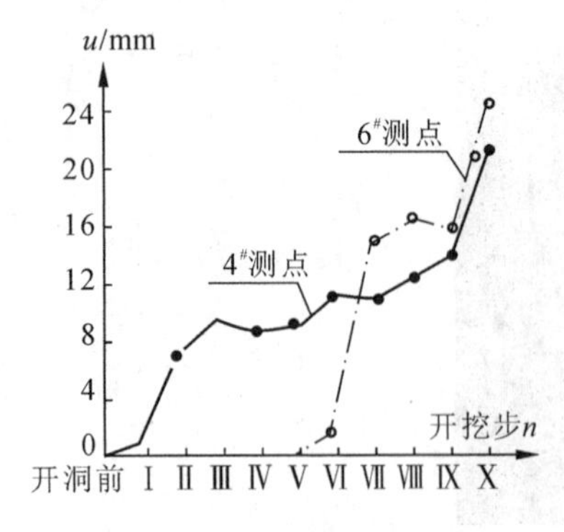

图 7　特征点位移过程线

需要说明的是，由于应变测点布置在尾水管中心轴线所在的模型厚度方向对称面上，因此图 6 中反映不出环绕尾水管和母线廊道周边发生的应力集中情况。

2. 洞壁特征点位移形态

表 2 列出了各特征点的最大开洞位移。各测点位移均朝向洞内，最大位移为 2.45cm，发生在尾水调压室下游边墙中部的 6# 测点处，主厂房上游边墙中部的 4# 测点位移也较大，图 7 为这两个测点位移值随洞群逐步开挖的变化过程。可见，开挖尾水管产生的位移增量很可观，已分别与开挖这两个测点所在洞室造成的位移增量相接近，说明最后开挖尾水管对围岩稳定很不利。

表 2　各特征点的最大开洞位移

测点号	1#	2#	3#	4#	5#	6#	7#	8#
位移/mm	22.0	19.3	18.4	21.0	18.8	24.5	20.1	15.8

3. 围岩破坏过程与破坏形态

当荷载加到 $p_1=2.8$MPa 时，Ⅰ# 模型开始出现宏观破坏，这时的荷载称为初始破坏荷载，同时在主厂房与尾水管接头处发生掉砂和开裂。p_1 增加到 3.4MPa 时，围岩破坏迅速发展，三大洞室边墙形成破坏楔体并向洞内挤出。这时的荷载即为最大试验荷载。

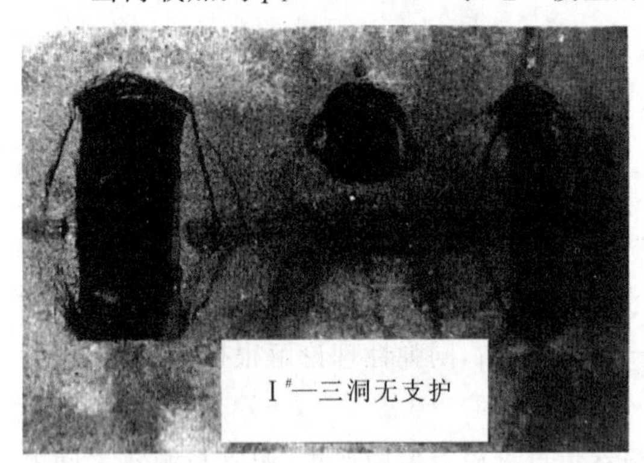

图 8　Ⅰ# 模型破坏形态

模型的初始破坏荷载与开洞荷载的比值叫作模型超载系数，即：

$$K_{超}=p_{1f}/p_1^0 \tag{2}$$

可求得 Ⅰ# 模型超载系数为 $K_{超}=1.82$。

Ⅰ# 模型的破坏形态如图 8 所示，破坏区集中在三大洞室边墙附近，在主变压器室与尾水调压室之间出现贯通裂缝。

图 9　Ⅱ# 模型破坏形态

4　喷锚支护加固效果

试验表明，在相同的时间效应影响下，Ⅱ# 模型中采用的喷锚支护产生了明显的加固效果。

(1)改善了围岩的应力状态，使围岩中的拉应变值明显减小。

(2)使 Ⅱ# 模型的初始破坏荷载提高了 16.7%。

(3)加强了围岩整体性。比较图 9 和图 8 可见，经加固后，边墙破裂缝向围岩深处推移，表明浅层围岩得到了明显的加固。试验中观察到，Ⅱ# 模型的宏观破坏多呈现为局部开裂，掉砂很少。

(4)试验中的流变观测表明，喷锚支护有效地抑制了流变应变的发展。

5 非线性有限元分析

为验证试验结果的可靠性，对Ⅰ#模型进行了非线性有限元计算，计算条件与试验条件相同，但只计算到三大洞室开挖完为止(即开挖到第Ⅷ步)。

1. 计算应变值与试验测量值对比

计算初应变场的不均匀度几乎为零，实测初应变场的不均匀度要大一些，两者数值很接近。图 10 给出了一个代表性的测点随开挖进程应变过程线的计算值与实测值的对比，可见两者在规律上很一致，在数值上也比较接近，相比而言，计算值对开挖进程更敏感一些。

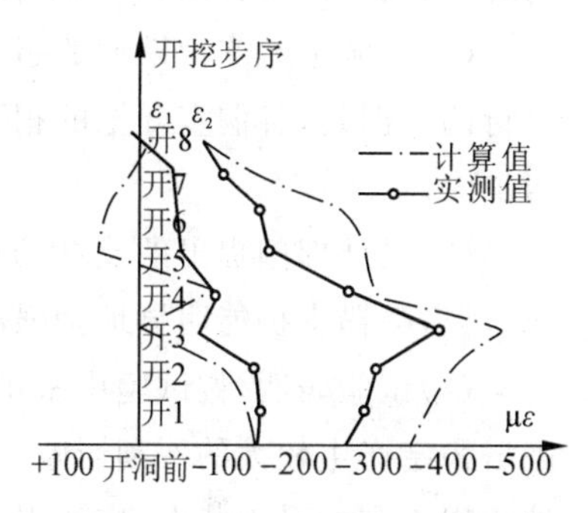

图 10 63# 测点应变过程线对比

2. 计算应力场分析

图 11 为开挖完三大洞室后的计算应力场向量图，与图 6 相比，在绝大多数点处实测应变主向与计算应力主向很接近，应力集中的部位也一致，在岩柱部位，水平方向上出现了一些拉应变，这些拉应变对应着的拉应力，是由材料的横向变形效应引起的，计算应变场的这些部位也出现水平向的拉应变。

由图 11 可见，三大洞室的角点处都产生较大的压应力集中，σ_2 最高的应力集中系数在 3.0 以上，但这些部位的 σ_1 也较高，根据莫尔强度理论，它们并不首先发生破坏。最不利的应力状态在各洞室边墙尤其是岩柱部位，这里的 σ_1 降低到开洞前的 1/3～1/5，甚至变为拉应力，而 τ_{max} 却增加了 3～5倍。因此，工程加固的重点应该是各洞室边墙，特别是洞室与洞室之间的岩柱。

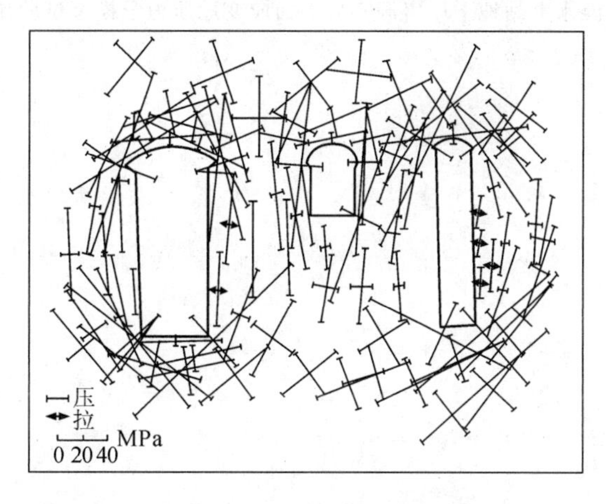

图 11 三大洞室开挖完成后的计算应力场

3. 洞周位移

有限元分析得到的洞室周边位移与模型实测结果方向基本一致，实测值偏小一些，计算的最大位移为 6.1cm，发生在主厂房上游边墙中部(对应 4# 测点)。计算结果表明，尾水调压室的开挖使主变压器室以至主厂房的周边位移明显增加，这说明各洞室的间距偏小，需适当加大，同时也说明有必要对开挖步序作进一步优化研究。

6　结论

(1)本次试验共做了八块模型,试验结果的重复性良好,同时,有限元分析与模型试验结果基本吻合,因此,所采用的试验技术合理,试验成果可靠。

(2)三洞室无支护模型的超载系数为1.82,围岩经支护后稳定性又有增强,因此,三洞室方案是可行的。但是,各洞室开挖的相互影响很显著,模型超载系数也不够高,说明洞室间距偏小,建议适当加大。

(3)设计部门提出的支护方案是有效的,按此方案进行近似模拟,Ⅱ# 模型的超载系数提高了16.7%,喷锚支护能明显地增强洞群围岩的稳定性。

(4)试验表明,按试验中采用的开挖方案,尾水调压室的开挖尤其是横向交叉洞室的开挖,将对围岩稳定产生较大的不利影响。在出现较高应力集中的区域里再开挖母线廊道和尾水管,会使岩柱处于很不利的受力状态,应该引起高度重视。建议对开挖步序作进一步研究。

参考文献

[1]　周早生,等.二滩水电站地下厂房洞室群弹塑性应力变形及稳定性分析.防护工程,1988.

[2]　水电部成勘院水工二处.二滩水电站岩体力学参数与地下厂房有限元分析,1984.

[3]　王靖涛,黄明昌,肖春喜.二滩水电站地下厂房三维边界元分析及稳定性评价.岩土工程学报,1986,8(2):54-62.

[4]　总参工程兵科研三所.二滩水电站地下厂房洞室群平面应变地质力学模型试验研究报告,1985.

单根预应力锚杆加固范围研究

顾金才　沈　俊

内容提要：本文采用相似材料模型试验和非线性有限元分析方法，研究了均质岩体中单根预应力锚杆的加固范围。给出了锚杆周围介质内的应力、应变分布规律及锚固范围，并对锚杆长度和预应力值对锚固范围的影响进行了分析。试验结果和有限元计算结果在基本规律上有着很好的一致性。

1　引言

预应力锚固技术近年来在各类工程建设中得到了日益广泛的应用[1-2]，并积累了不少施工经验。但其设计计算方法还很不完善，大多数预锚工程的设计仍采用工程类比法，这对于大型重点工程特别是国防工程的建设是很不适应的。造成这一结果的根本原因在于人们对预应力锚固机理的认识不够透彻，尤其表现为对一些基础理论问题研究不够。例如，预应力锚固区的应力场分布规律如何，怎样选择锚杆长度和间距才能在岩体中形成均匀压缩带，影响锚固范围的主要因素有哪些，这些都是迫切需要解决的基础理论问题。

这方面的研究工作已有所开展[3-6]。参考文献[3]中将预应力锚杆加固的岩体简化为半无限弹性介质中受一对集中力作用的轴对称问题，推导出锚固区的应力分布，即明德林-布辛涅斯克解。参考文献[4] 中用这组公式进行计算，得到了锚固区应力场的初步规律。参考文献[5]介绍了预应力锚杆的光弹性试验结果，分析了压缩区范围与锚杆长度和间距的关系。这些研究均以弹性理论为基础，有很大的局限性。应该说现场试验更为真实可靠，但众多不确定因素使人们很难得到规律性的认识。相比而言，用相似材料模型试验方法研究预应力锚固机理更为合适，它能较为真实地模拟现场实际情况，能系统地控制和研究诸因素的影响，且具有直观和经济之特点。另一方面，也应看到，由于预应力锚固的模拟技术难度很大，这方面的研究成果很少。

影响预应力锚杆加固效果的因素很多，主要有：预应力吨位，岩体结构及力学参数，锚杆的几何参数(包括长度、间距、直径、方位等)，锚杆的结构形式，施工质量及地下水等。我们于 1989 年开始了这方面的模型试验研究工作，已经较好地解决了预应力锚杆的模拟技术问题，并做了应用试验，得到了单根预应力锚杆周围介质内的应变分布的基本规律。本文以此为基础，采用模型试验和非线性有限元计算相结合的方法，研究不同锚杆长度时杆体周围应力、应变分布规律，并由此得到锚固范围，进而分析了锚杆长度和预应力大小对锚固范围的影响。

2　试验方法

本试验模拟半无限弹塑性均质岩体中单根预应力锚杆的作用，不计岩体自重。取几何比尺 K_L

刊于《防护工程》1991 年第 1 期。

=100,应力比尺 $K_{\sigma}=10$,则张力比尺 $K_{p}=100000$。模拟岩体的相似材料为石膏和陶土加水浇铸,其力学参数见表1。

表1 岩体相似材料力学参数

项目	单轴抗压强度/MPa	抗拉强度/MPa	E/MPa	ν	c/MPa	φ/(°)
参数	1.3	0.23	1300	0.22	0.52	14

用ϕ2.2mm钢丝模拟锚杆,下端长1cm的内锚固段用914胶与介质粘接,另一端焊一螺钉,靠拧紧螺母实现预应力的施加和锁定,预应力值的控制则通过自行研制的测力环实现。模拟锚杆的结构形式如图1所示,有关这方面相似设计的细节参见参考文献[6]。本次试验中锚杆长度有三种,分别为8cm、12cm和16cm,锚杆均垂直于试件表面,自由张拉段不注浆。图2为试件简况,在纵向对称面上布置了138个应变测点。逐级施加预应力,由自动测试系统读取应变值。

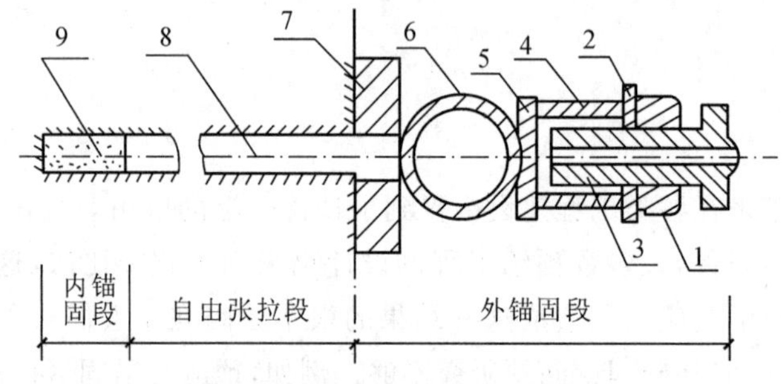

图1 模拟预应力锚杆结构形式

1—螺母;2,5,7—垫片;3—螺钉;4—钢管;6—测力环;8—锚杆杆体;9—914胶

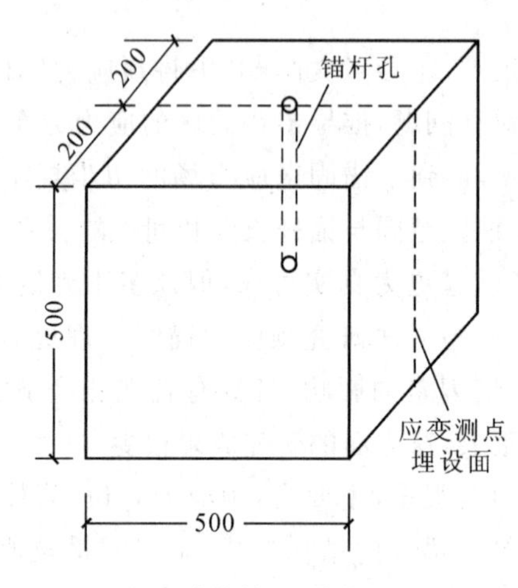

图2 试件简况(单位:mm)

3 主要研究成果

有限元计算按试验条件进行,为弹塑性轴对称问题。采用著名的ADINA程序,材料力学模型为Druker-Prager带帽盖模型。

1. 锚杆周围应变分布规律

图3至图5分别为三种长度锚杆周围介质中纵向应变ε_Z沿水平(r向)和竖向(Z向)方向的分布规律,图中右侧为ε_Z在不同埋深Z处沿r向的分布曲线,左侧则为距锚杆中心1cm处ε_Z沿Z向的分布曲线。图中均以受拉为负,受压为正。可见三种锚杆长度下的应变分布规律基本相同,但也有一

些差异。Z不变时，ε_Z随r增加呈指数规律迅速衰减；r不变时，ε_Z沿Z方向呈葫芦状分布，即锚头和锚根处较大，中间部位较小，且在锚根下部一定范围内产生拉应变。

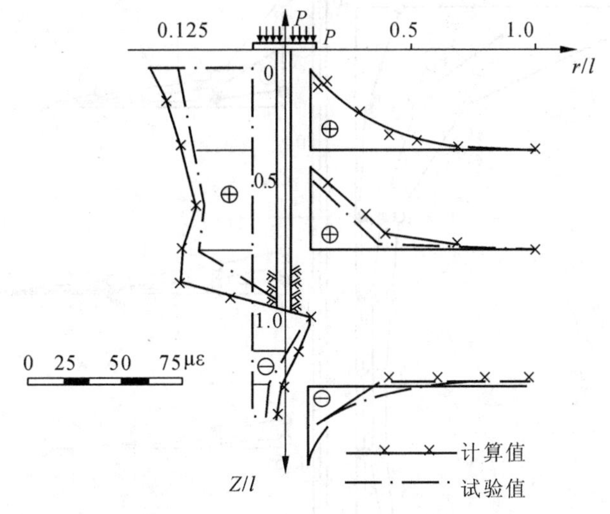

图 3 $l=80mm、P=200N$ 时的 ε_Z

比较图 3 至图 5 可见，随锚杆长度加长，ε_Z沿Z向的不均匀度加大，另一方面，由图 5 可见，随预应力值加大，ε_Z沿r向和Z向的不均匀性也都趋于加重。试验中还发现，在同级预应力作用下，锚杆越长，锚根下部的受拉区和拉应变值越小。这是因为随着锚固区加厚，外边界的影响减弱了。

在图 3 和图 4 中还绘出了有限元计算的纵向应变分布曲线，可见试验结果和计算结果基本规律很一致，数值也较为接近。

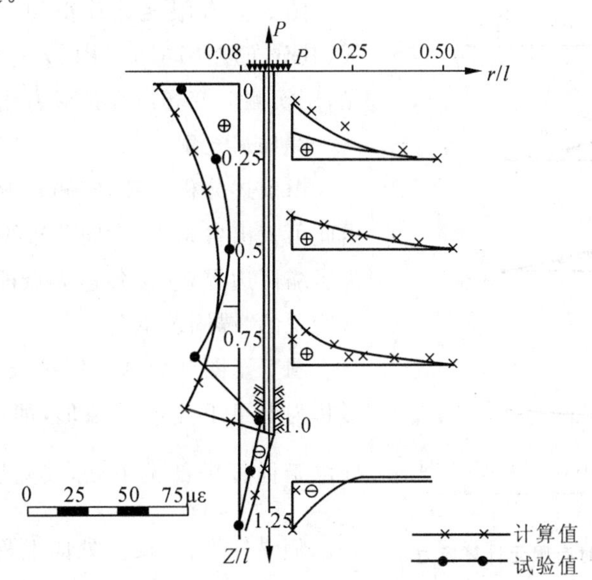

图 4 $l=120mm、P=160N$ 时的 ε_Z

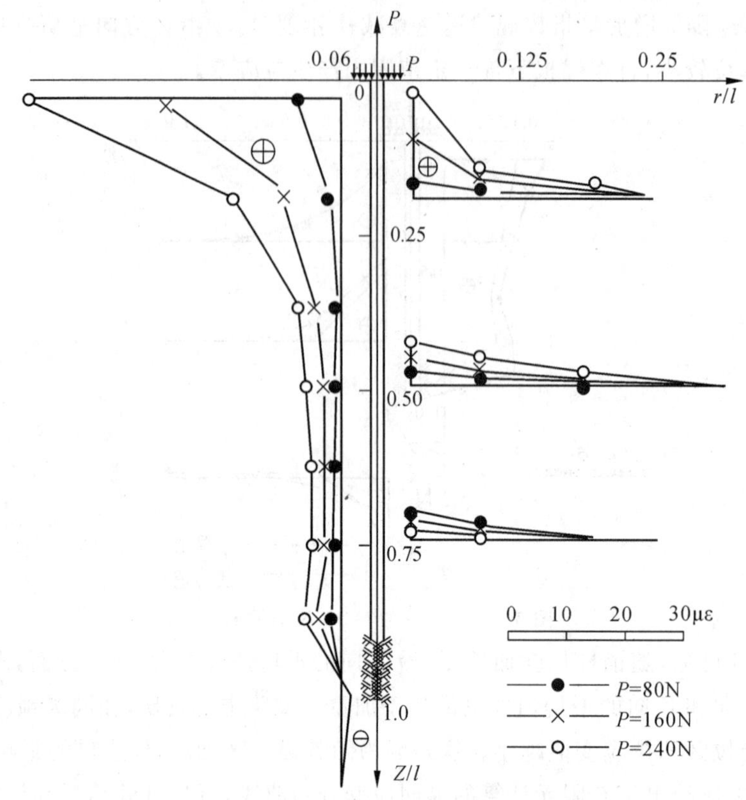

图 5　$l=160\text{mm}$、不同预应力时的实测 ε_Z

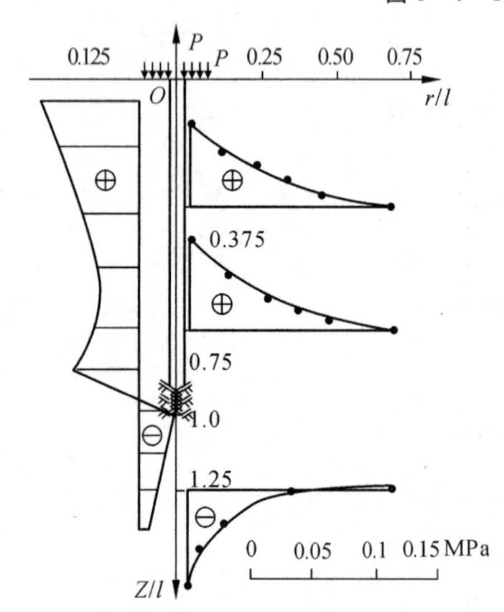

图 6　$l=80\text{mm}$、$P=200\text{N}$ 时有限元计算应力 σ_Z

图 6 为有限元计算得到的纵向应力 σ_Z 的分布曲线，其分布规律同图 3 中 ε_Z 的分布规律极为相似。可见，用实测应变场研究预应力锚固机理是合理的。

2. 锚固范围

由前述分析可知，实测 ε_Z 随 r 增大呈指数级衰减，由此可找出各条纵、横向分布线上 ε_Z 基本为零的点，即为压缩区边界，连接各边界点即可定出压缩区，即为通常所说的“锚固范围”。

图 7 至图 9 分别为三种长度锚杆的锚固范围。其形状为上窄下宽的鸭梨形，即锚固角上小下大。最宽处位于锚杆中部偏下处，其宽度约为锚杆长度的 $\frac{2}{5}\sim\frac{13}{20}$。随锚杆加长，最宽处向上移，而其宽度与长度的比值减小。

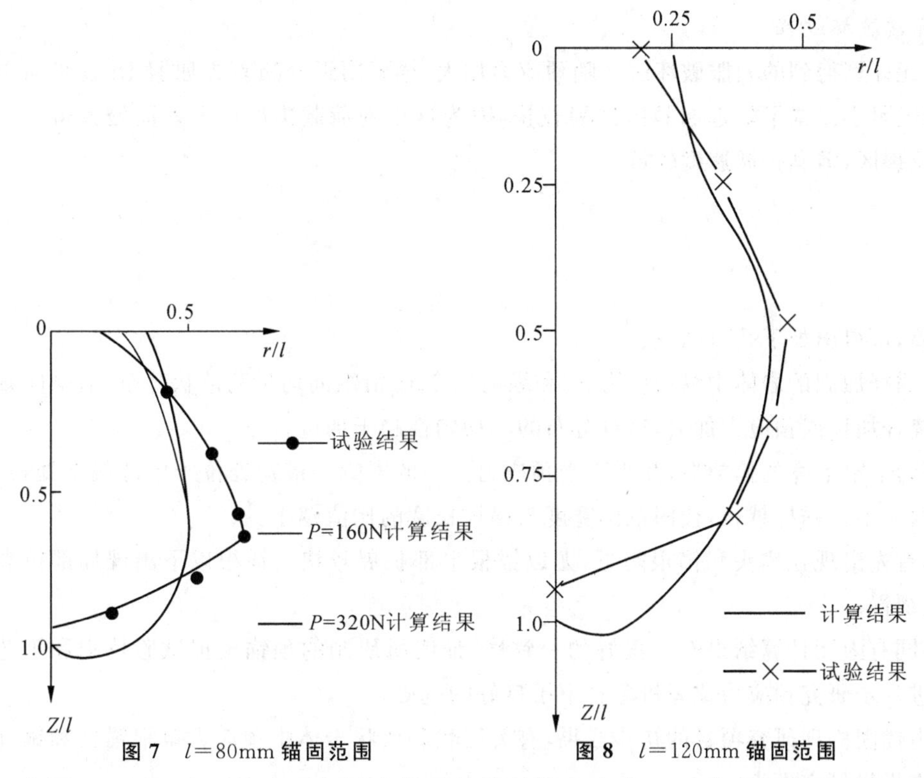

图 7　$l=80$mm 锚固范围　　图 8　$l=120$mm 锚固范围

在图 7 至图 9 中还绘出了根据有限元计算的纵向应力 σ_Z 确定的压应力区，它与实测应变压缩区基本一致，主要差异在锚根附近，这是由于计算中对内锚固段作了适当简化所致。由图 7 还可发现，介质进入屈服后(图 10)，锚固范围略有扩展，但变化不大，试验结果也表明了这一点。

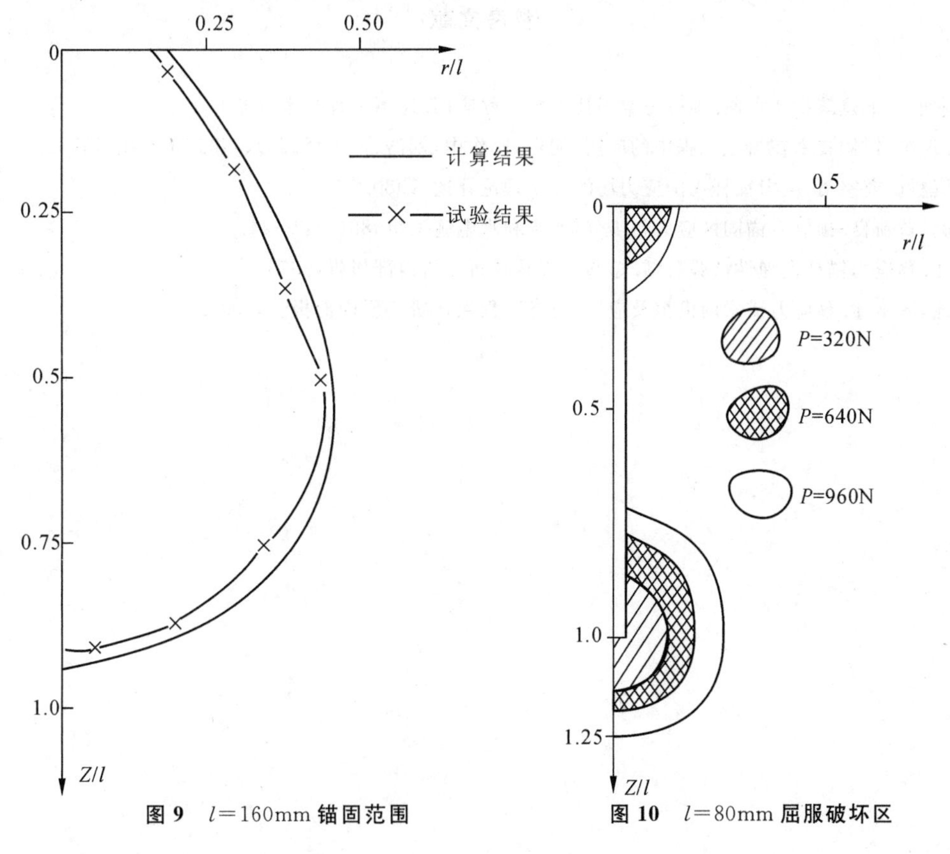

图 9　$l=160$mm 锚固范围　　图 10　$l=80$mm 屈服破坏区

3. 锚固区内介质破坏过程

图 10 为有限元计算得到的屈服破坏区。随预应力加大,锚根附近介质首先屈服,并逐步向中间扩展,锚头下屈服区很小。锚根附近屈服区发展较快,因为这里的荷载集度比上表面处大得多。在锚根以下出现了拉裂区,但其扩展速度较慢。

4 结论

通过本次试验,可得出如下几点结论:

(1)经预应力锚杆加固的岩体中纵向应力 σ_Z 和纵向应变 ε_Z 沿纵向均呈葫芦状分布,沿横向则呈指数级衰减。随锚杆加长或预应力加大,这种分布的不均匀性趋于加重。

(2)锚固范围为上窄下宽的鸭梨形,几乎不受预应力大小的影响。最宽处位于中部偏下处,其宽度约为锚杆长度的一半。锚杆越长,锚固范围宽度与锚杆长度的比值越小。

(3)屈服破坏首先出现在锚头和锚根附近,尤以锚根上部扩展较快。锚根以下出现局部拉裂破坏区,但扩展速度缓慢。

(4)试验结果同有限元计算结果有着很好的一致性,证明所研制的预锚模拟试验技术和工艺是合理、可靠的,为进一步研究预应力锚固机理打下了良好的基础。

本文是预应力锚固机理研究项目的初步成果,有关层状和块状岩体中预应力单根锚杆和锚杆群加固机理的研究成果将另文发表。

致谢:计算工作得到郑诠平同志热心帮助,笔者在此深表感谢!

参考文献

[1] 水利水电地下建筑物情报网.预应力锚固技术与工程应用.地下工程技术,1986.

[2] T. H. 汉纳.锚固技术在岩土工程中的应用.胡定,邱作中,刘浩吾,等译.北京:建筑工业出版社,1987.

[3] 情报资料研究室.预应力锚杆周围应力场的一个理论评述.1980.

[4] 葛友庭,黄新良.预应力锚固区应力初步分析.水利水电施工,1988(3):16-24.

[5] 顾金才.预应力锚杆光弹性试验总结.总参工程兵科研三所内部报告,1976.

[6] 廖心北,顾金才.预应力锚索的模拟及应用.总参工程兵科研三所内部报告,1990.

预应力锚索的室内模拟试验

廖心北　顾金才

内容提要：本文根据预应力锚索的构造与施工特点，比较好地研究解决了预应力锚索模拟试验技术及相应的测试技术问题，应用此模拟技术，初步研究了单根预应力锚杆在均匀介质中的作用范围。本文为预应力锚固机理模拟试验研究打下了良好基础。

1　引言

近些年来，预应力锚索被大量用于加固大跨度地下洞室、矿山井巷、岩土边坡和建筑物基础，取得了显著成效[1-2]。预应力锚索技术有了显著发展[1-5]。但是，有关预应力锚固机理的研究进展不大，有关设计计算方法也不完善，在很多情况下，预应力锚索的设计主要还是采用工程类比法或凭经验进行，这在一定程度上限制了预应力锚固技术的合理应用。因此，研究不同岩体条件下的预应力锚固作用机理，改进和完善其设计计算方法，对于正确设计锚索参数，提高锚固效果具有重要意义。

研究锚固机理的方法基本上可以分为四种：理论分析、数值计算、现场试验与模型试验。理论分析法只能适用于最简单的情况，很难考虑岩体的非线性、各向异性以及岩体与锚索群的相互作用问题。有限元等数值计算方法虽然极大地扩充了可计算范围，但也存在着如何建立能较好地反映工程实际的岩体和锚索的力学模型与数学模型的问题。现场试验虽然是最符合工程实际的，但其结果是现场各种因素的综合反映，许多因素又是难以确定的，因而也就难以建立各种参数之间的相互关系。模型试验尽管也存在着满足相似关系的一些困难，但它能较好地模拟锚索与岩体的基本受力特征，能掌握和控制各种参数的变化，便于建立各种参数之间的数值关系，且费用少、时间短，因而被越来越广泛地用于岩体工程研究中。

本文根据预应力锚索的构造与施工特点，比较好地研究解决了预应力锚索模拟试验技术及相应的测试技术问题，并应用此模拟技术，初步研究了单根预应力锚杆在均匀介质中的作用范围。

2　预应力锚索的一般结构

预应力锚索一般是由内锚头、锚索体、外锚头三部分组成。内锚头，又称锚根，是锚索锚固在岩体内提供预应力的根基。按其结构形式分为机械式和胶结式两大类。锚索体是连接内、外锚头的构件，通过对锚索体的张拉来提供预应力。锚索体可以由高强钢丝束、钢绞线或钢筋组成。外锚头，是锚索在孔口外露的一端，是锚索借以提供张拉力和锁定的部位。其种类有锚塞式、螺纹式、钢筋混凝土圆柱体锚墩式、墩头锚式和钢构架式。图 1 为预应力自由锚索的结构示意图[5]。

刊于《防护工程》1991 年第 2 期。

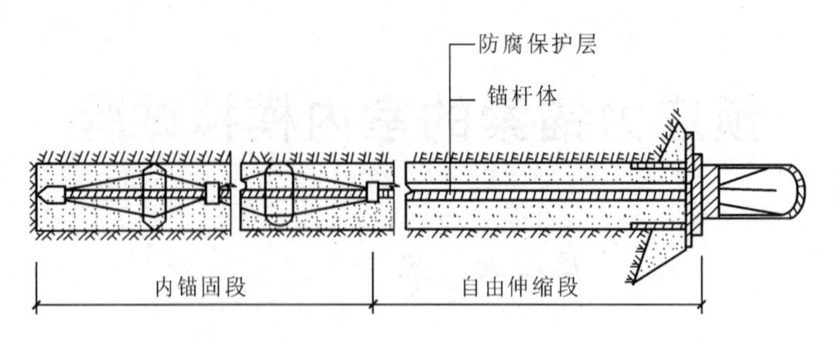

图 1 预应力自由锚索结构示意图

3 预应力锚索的模拟

根据预应力锚索的构造与受力特点，预应力锚索的模拟主要考虑锚索的结构尺寸、材料力学性能、预应力大小与锚固形式。当然，必须考虑的还有岩体结构与力学性能的模拟，对此，人们已作了大量研究[6]，在此不予赘述。

我们研制的模拟预应力锚杆如图 2 所示，它包括内锚固、锚杆体、外锚固和测力环，下面分别加以说明。

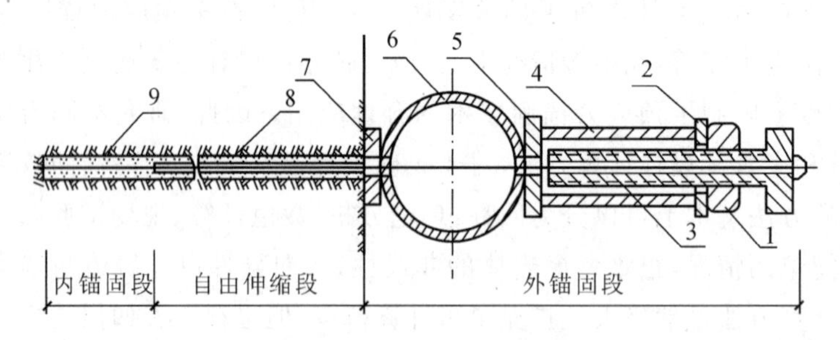

图 2 模拟预应力锚杆结构图

1—螺母；2,5,7—垫片；3—螺钉；4—钢管；6—测力环；8—塑料薄膜；9—锚杆体

1. 锚索体

预应力锚索的杆体常常由数根乃至数十根高强钢丝或钢绞线组成，试验中用一根金属丝来模拟锚索杆体。

对于锚索体的变形相似问题，可按截面变形刚度相似确定锚索直径，这对研究锚索群锚固岩体的效果是非常重要的。对于锚索体的强度问题，由于锚索体应力的不均匀性，工程中常常采用设计强度为其标准强度的 11/20～13/20[4]，工程设计中实际上不允许整个锚索体发生断裂。因此，模拟锚索的强度可按研究重点的不同来选择。

2. 内锚固

预应力锚索内锚固有机械式和胶结式两种，本文研究胶结式内锚固的模拟。

内锚固的模拟主要考虑内锚固段的长度、胶结材料的力学性能、黏结力大小。胶结材料可用不同配比的石膏浆来模拟[6]。锚杆孔内全孔注浆，内锚固段的长度采用杆体控制，自由段部分用塑料薄膜包裹来控制。塑料薄膜同时也模拟锚索的防腐保护层。

3. 外锚固

外锚固的模拟主要考虑两个问题：一是预应力的施加，二是预应力的保持，即锚杆的锁定。

模拟外锚头采用螺纹式。锚杆体穿过长 2cm、外径 ϕ4mm 的螺钉中的 ϕ2mm 钻孔，锚固在螺钉上，如图 2 所示。预应力的施加与锁定采用旋转螺母来实现。螺母下垫一内径 ϕ5mm、外径 ϕ7mm 的钢管，以满足锚杆的张拉力与传力需要。钢管两端的垫片厚 1.5mm。根据需要，可在介质表面设置垫墩。

4. 测力环

预应力大小的测量采用测力环。测力环为45[#]钢管,内径12mm,外径15mm,宽5mm。测力环上的四个应变片采用全桥连接(图3),以提高其灵敏度。

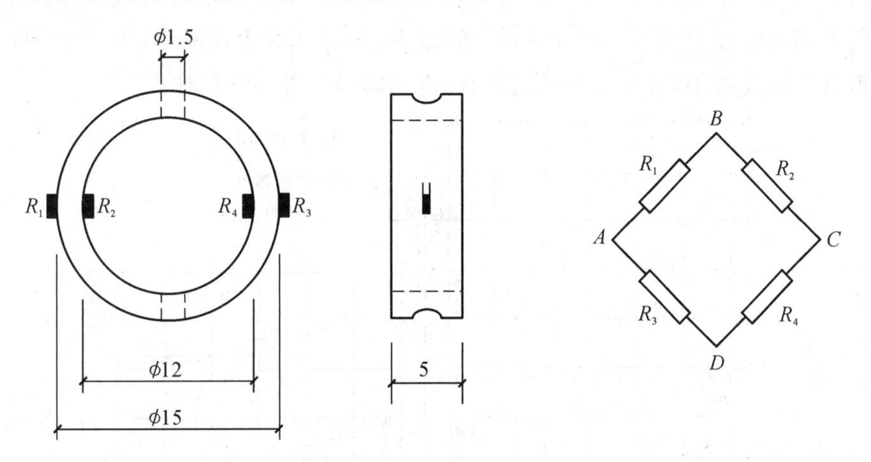

图3 测力环结构尺寸与应变片布置

测力环的标定采用砝码直接加载,静态应变仪读数。在标定前预加载150N,预压24h,以消除弹性材料蠕变所引起的零点漂移。此测力环的线性很好,加载、卸载曲线几乎完全重合。测力环最大量程为150N。

5. 模拟预应力锚杆的安装

(1)锚杆的制备:按锚杆杆体设计长度与安装外锚具所需长度之和截取锚杆体。在锚杆自由段长度内裹上塑料薄膜。同时准备好外锚具。

(2)钻锚杆孔:制备好模型后,采用特制的钻具钻孔,也可在刚初凝后的模型上预插锚杆孔。在注浆前,必须检查锚杆孔是否符合设计要求。

(3)锚杆的安装:将配制好的浆液用注射器和软管注入锚杆孔。软管伸入孔底,边注边往外拔,直到锚杆孔注满。然后插入准备好的锚杆,待浆液固化后,安装外锚具和测力环。

(4)预应力的施加:采用特制扳手旋转外锚具的螺母,根据测力环的读数确定张拉力的大小,直到达到设计的张拉力。

4 初步应用试验

为了检验前述的试验技术,为研究预应力锚杆作用范围打下基础,我们进行了单根预应力锚杆在均匀介质中作用范围的初步试验研究。

为了简化起见,本试验研究锚杆垂直于介质表面的情况,属于轴对称问题。

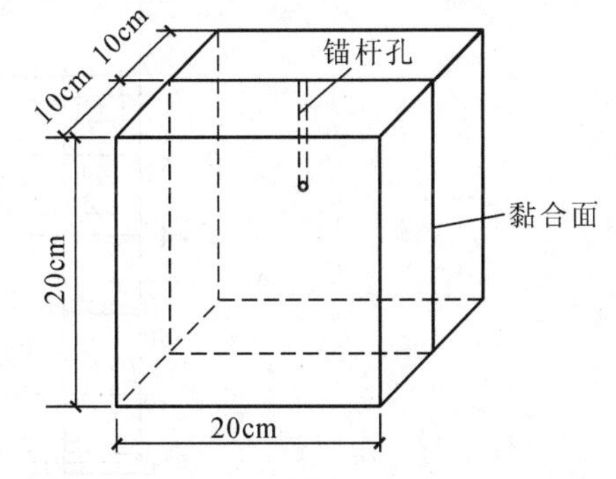

图4 试件尺寸

1. 试验方法

试验采用石膏、硅藻土混合材料模拟均匀连续介质,其配比为石膏:硅藻土:水=0.5:0.3:1.0,力学参数为:弹性模量E=1.06MPa,泊松比ν=0.2,单轴抗压强度R_c=1.86MPa。

试件尺寸为20cm×20cm×20cm,由两片20cm×20cm×10cm的试块黏合而成(图4)。电阻片贴在黏合面上。试件黏合之前,在两片的黏合面上预留锚杆孔,孔直径ϕ3.0mm,孔深分别为8.0cm和6.0cm。锚杆体材料为ϕ1.3mm铜漆包线,内锚固段长2.0cm,自由段长分别为6.0cm和4.0cm。

锚杆的制作与安装如前所述。预应力由小至大，逐级施加，每级 20N 左右。

2.试验结果

图 5 及图 6 所示为介质内 Z 向应变的分布。从图中可以看出：预应力锚固区的压应变值在外锚头与内锚固段上部附近较大；在 r 方向，随着 r 的增大，压应变值迅速减小；沿 Z 方向，随着 Z 增大，锚杆中间段附近压应变减小，应变分布呈葫芦状，内锚固段下部出现拉应变。

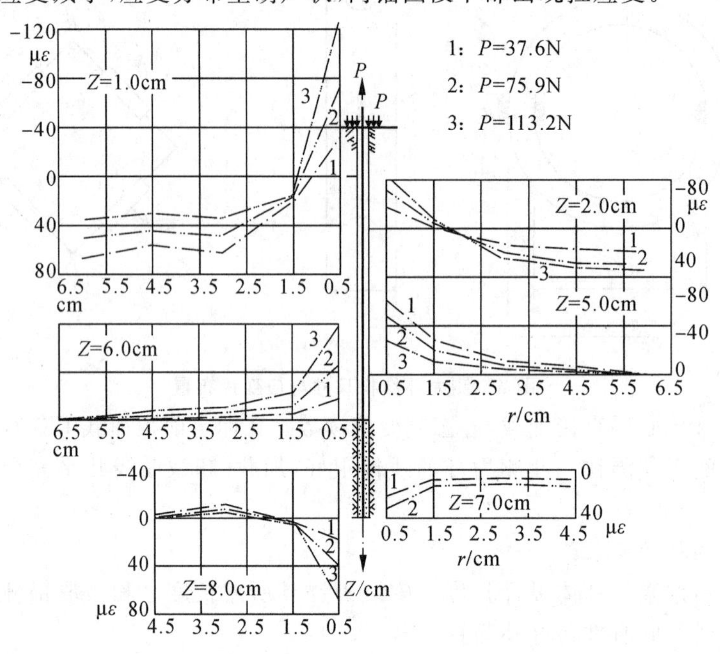

(a)

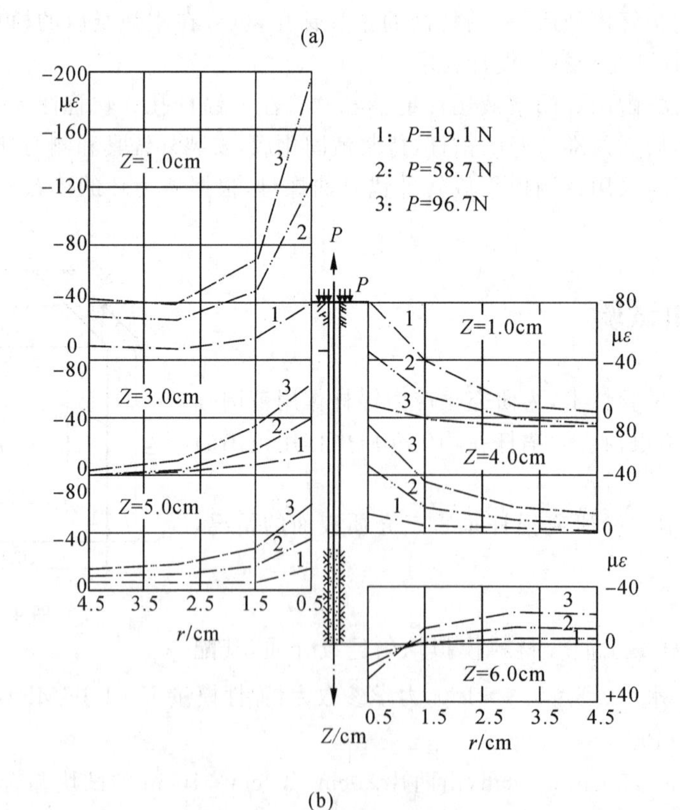

(b)

图 5　应变 ε_Z 沿 r 方向的分布

(a) $L=8.0$cm；(b) $L=6.0$cm

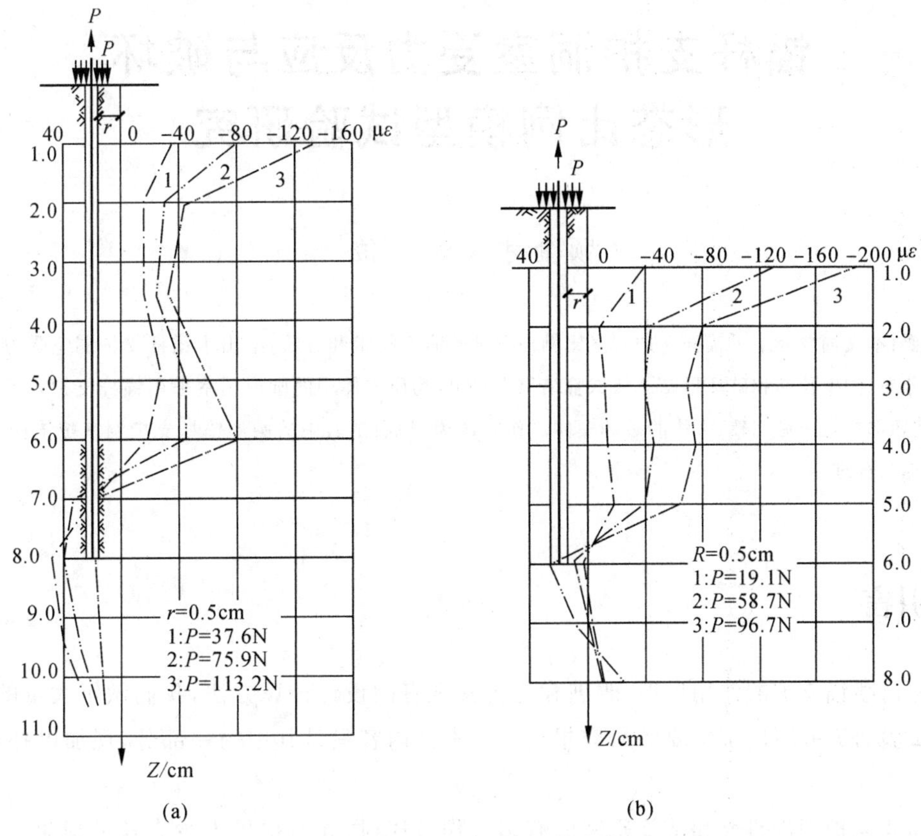

图 6　应变 ε_Z 沿 Z 方向的分布

(a)L=8.0cm;(b)L=6.0cm

对于长 6.0cm 的锚杆,除内锚头附近外,介质中几乎不出现沿 Z 方向的拉应变,但对长 8.0cm 的锚杆,在介质表面附近,Z=1.0cm 和 Z=2.0cm 处,r 方向很大范围内出现了拉应变,其量值还不太小(图 5)。为何出现这种情况,尚待研究。模型尺寸相对锚杆长度偏小,可能是一个因素。但锚索加固的岩体,由于受结构面的切割,岩体内部也可能由于预应力的作用出现大范围的拉应变区,这是很值得重视的,因为岩体可能破坏。

试验表明,锚杆长度对应变分布具有较大影响。

参考文献

[1]　水利水电地下建筑物情报网.预应力锚固技术.地下工程技术,1986.

[2]　T. H. 汉纳.锚固技术在岩土工程中的应用.胡定,邱作中,刘浩吾,等译.北京:中国建筑工业出版社,1986.

[3]　葛友庭,黄新良.预应力锚固区应力初步分析.水利水电施工,1988(3):16-24.

[4]　顾金才.86 型二次注浆预应力锚索系列研究总报告.1987.

[5]　顾金才,煤炭部鹤壁矿务局.预应力自由锚索的试验研究.1987.

[6]　顾金才.喷锚支护模型试验研究报告.1988.

锚杆支护洞室受力反应与破坏形态比例模型试验研究

顾金才　沈　俊

内容提要：本文简要介绍了锚杆支护洞室比例模型试验研究技术和方法，给出了锚杆支护洞室受力后在围岩中产生的应变分布、洞壁位移和破坏形态。从试验结果中看出，均质岩体中的圆形洞室采用锚杆支护未见"组合拱"效应，在洞室破坏部位也未见完整、大块的破坏楔体。作者认为，均质围岩中的圆形锚杆支护洞室按锚杆-围岩复合材料进行设计更为合理。

1　引言

为了探讨喷锚支护的作用机理，改进和完善其现有的设计计算方法，我们做了大量的喷锚支护比例模型试验研究并写出了重要的研究报告[1]。本文内容只是其中的一部分，现加以补充扩展，作公开发表。

有关喷锚支护理论研究和试验研究已有多人作过探讨，并取得了不少有益的成果[2-7]。但到目前为止，在喷锚支护理论与设计计算方法中仍有许多问题尚待解决，有些问题虽有一些解决办法但对其尚没有达成统一认识，例如，关于锚杆的合理间距和合理长度问题就没有得到彻底解决；从本次试验与美国 W. O. Hiller 等人的试验中看到同样的现象，即较短的锚杆支护对洞壁围岩的加固效果似乎更好，原因尚不清楚；有些概念，如"组合梁""组合拱"似乎已被广泛接受，但试验表明，某些条件下它们并不成立，等等。总之，因为喷锚支护是一种新型支护形式，也因为岩体本身的复杂性，有关喷锚支护理论及其设计计算方法还不够成熟，还应做更多的理论分析和试验研究，以求获得较好的解决，本文就属于这方面的内容之一，现提出来供参考。

2　试验方法技术概述

2.1　试验条件假设

被模拟的洞室设为一条深埋圆形隧道，其轴线长度远大于断面尺寸，试验中取其中一段作为平面应变问题研究。被模拟的岩体设为均匀介质，选用的锚杆为普通砂浆非预应力锚杆。荷载条件不考虑围岩自重的影响，只研究在给定地应力作用下的洞室受力变形状态及锚杆间距、长度对洞室受力变形的影响。

试验模型做了多块，现取其中的四块进行介绍。这四块模型是 $D00$、$A25$、$A45$、$C45$，$D00$ 为毛洞

本文收录于《水电与矿业工程中的岩石力学问题——中国北方岩石力学与工程应用学术会议文集》。

模型,其余三块为锚杆支护模型。A、C 表示锚杆间距,其中 A 表示锚杆间距为 15mm×15mm,C 表示锚杆间距为 26mm×26mm,因洞室半径 $r_0=50$mm,将上述两种锚杆间距化成洞室半径的倍数,它们分别是 $0.3r_0$ 和 $0.5r_0$。A、C 后面的数值为锚杆长度,单位是 mm。试验中应力比尺按 $K_\sigma=10$ 考虑,几何比尺按 $K_L=50$ 考虑。

2.2 模型材料及力学参数

试验选用的模型材料为石膏、砂混合物,其配比为石膏∶砂∶可赛银∶水∶柠檬酸=0.3∶5∶0.7∶0.1∶0.002,材料力学参数:$\sigma_c=1.45$MPa,$\sigma_t=0.175$MPa,$E=3.38\times10^3$MPa,$\nu=0.187$,$c=0.3$MPa,$\varphi=36.5°$。其中,σ_c、σ_t、E、ν、c、φ 分别为材料的单轴抗压强度、抗拉强度、弹性模量、泊松比、黏结力和内摩擦角。材料的单轴应力-应变曲线如图 1 所示,莫尔强度包络线如图 2 所示。

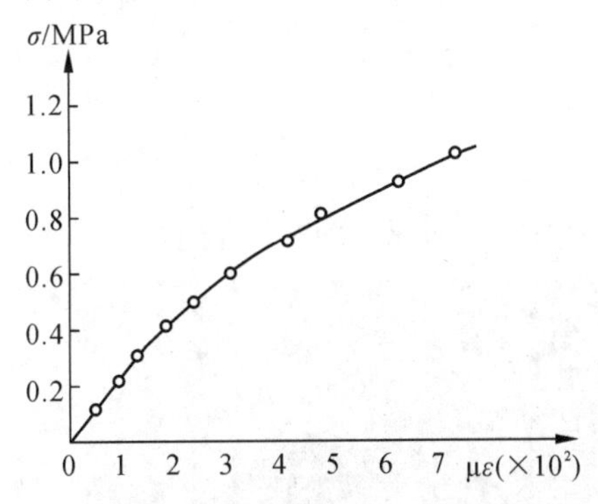

图 1 石膏-砂材料应力-应变曲线

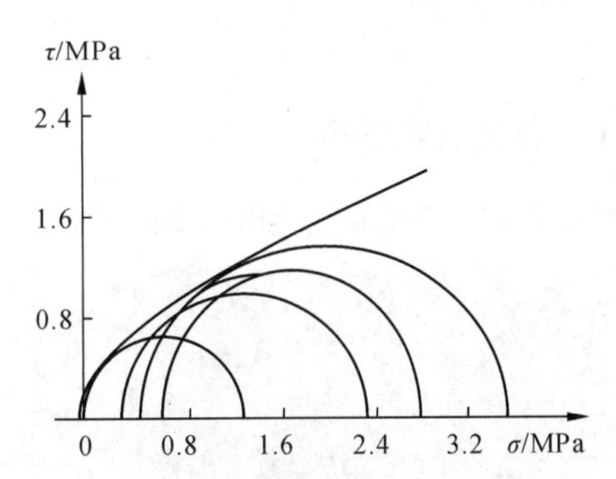

图 2 石膏-砂材料莫尔强度包络线

锚杆模拟材料采用半硬化的纯铝丝,直径 $\phi=0.75$mm,屈服强度 $\sigma_s^b=95$MPa,弹性模量 $E^b=1.47\times10^4$MPa,泊松比 $\nu^b=0.33$,延伸率 $\delta^b=0.18$。

锚杆注浆材料采用石膏∶水=1∶10 的浆液。

2.3 模型尺寸与加载方法

模型尺寸为 500mm×500mm×200mm,洞室为圆形,半径 $r_0=50$mm,位于模型块体平面中心,锚杆沿洞壁等间距径向布置,加载设备采用 PYD-50,荷载分布形式如图 3 所示,侧压系数 $N=1/4$。荷载分级施加,每级荷载增量 $\Delta P_V=0.4$MPa,$\Delta P_H=0.1$MPa,在施加两个方向上的平面荷载的同时还要施加纵向力,以保持模型块体的平面应变条件。具体的试验方法步骤如下:

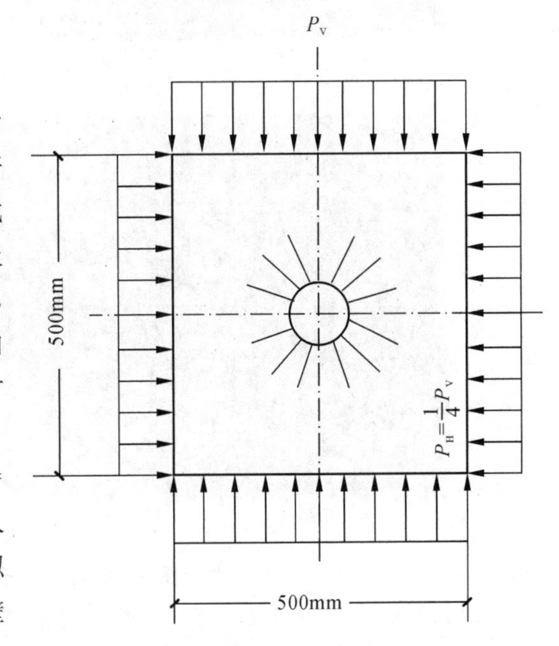

图 3 模型内锚杆布置及荷载分布形式

(1) 先对无洞模型块体施加部分荷载($P_V=1.2$MPa,$P_H=0.3$MPa),并保持该荷载值不变进行人工开洞,使洞壁产生一定的初始位移,该位移值模拟实际工程中洞室开挖后、锚杆安装前那段时间内洞壁要产生的初始位移。

(2) 在洞壁产生了初始位移后再在洞壁上钻孔、注浆、安装锚杆,然后再用与模型介质相同配比的材料把洞室回填起来。等回填材料达到预期强度后再对模型进行第二次加载，使模型块体内产生给定的地应力 $P_V=2.0$MPa，$P_H=0.5$MPa。然后保持上述荷载不变进行人工开洞，同时监测围岩中的应变和洞壁位移。

(3)进行超载试验以观察洞室的破坏形态。

之所以采用上述较为复杂的试验方法，是为了能使模型试验结果更好地反映锚杆支护的实际受力情况。由于实际工程中洞室是在具有初始应力的岩体中开挖构筑的，锚杆是在洞室开挖后安装设置的，因此锚杆的受力完全是由洞室围岩的自由变形引起的，锚杆的作用主要是限制、调节围岩的自由变形。模型试验要想较好地反映工程实际，对上述主要环节必须进行模拟，本试验就是按此思路设计的。

3 成果分析

3.1 洞室破坏形态

试验中得到的毛洞和几种锚杆支护洞室的破坏形态如图 4 所示，由图中看到：

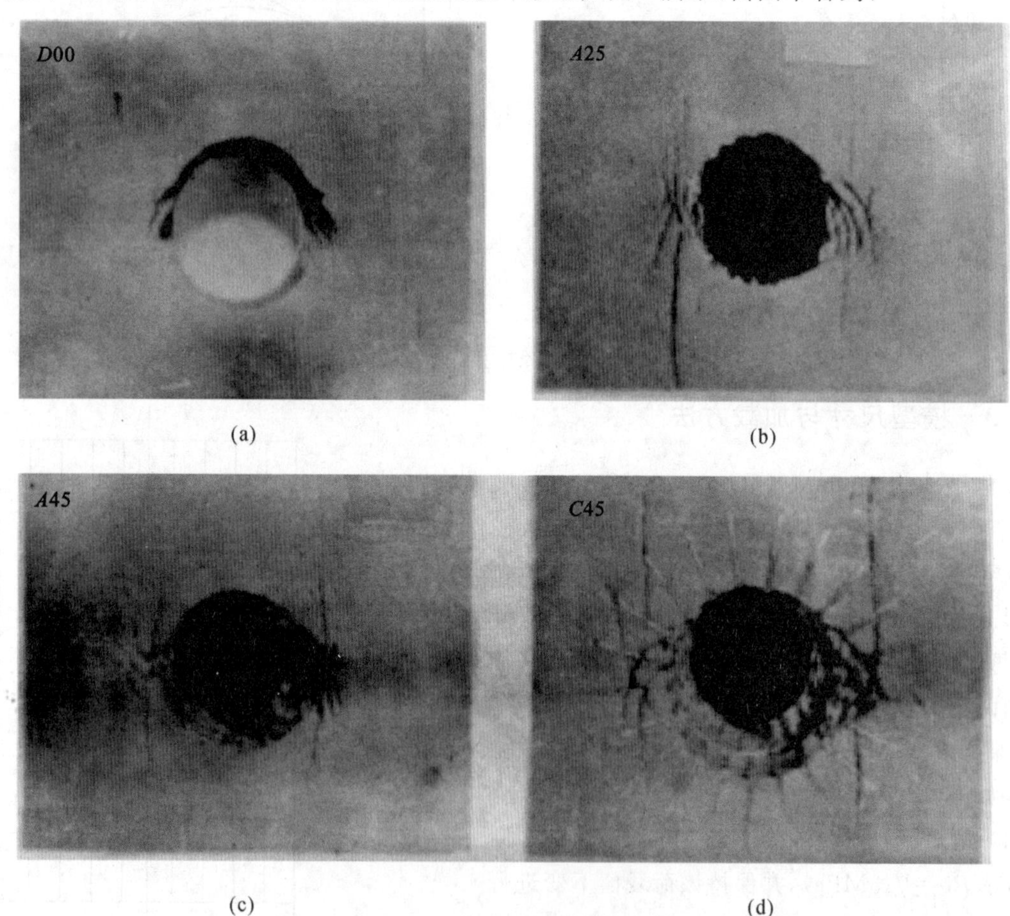

(a) (b) (c) (d)

图 4 毛洞与锚杆支护洞室破坏形态比较

(1)在 $N=1/4$ 的荷载条件下，毛洞与锚杆支护洞室破坏部位相同，都发生在洞室拱脚部位，即 $\theta=90°$方向，拱顶、底板部位基本完好。这说明洞室的破坏主要是由较大的环向压应力引起的，属于压剪破坏。

(2)毛洞与锚杆支护洞室破坏形态不同。锚杆支护洞室的破坏是在洞室拱脚部位产生两组明显的滑移线(确切地说应该叫滑移面),彼此近似正交,把洞壁材料分割破碎,但由于锚杆的串联作用,破碎材料未发生脱落,与锚杆一起形成一个碎裂联合体,该碎裂联合体强度虽然大大降低,但仍具有一定的支承作用,这就使围岩中的裂缝得以充分发育。而毛洞由于没有锚杆的串联作用,在较高的压剪应力作用下,洞壁材料不断地产生破坏,产生脱落,同时形成新的洞室断面,因而在破坏部位看不见大的剪切裂缝生成。

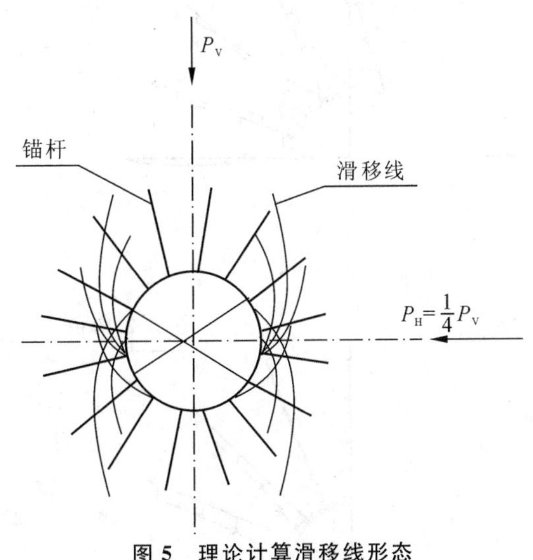

图 5 理论计算滑移线形态

锚杆支护洞室围岩的滑移线形态,可由莫尔-库仑强度理论推导出来[2],由理论计算给出的图示如图 5 所示。将其与试验结果加以对照,可以看出,二者在洞壁附近一致性很好,但在远离洞室的部位存在明显差别,这主要是由于计算是按静水应力考虑的,而试验是按侧压系数 $N=1/4$ 进行的,二者荷载条件不同。

(3)从锚杆支护洞室破坏形态上看,在本试验条件下,锚杆支护未形成“组合拱”效应,在破坏部位也未形成大块、完整的破坏楔体,这和某些喷锚支护计算理论所做的假设是不一致的[8-9]。从试验结果来看,把锚杆支护看成是围岩-锚杆复合材料组成的圆洞进行计算可能更为合理。

3.2 围岩应变分布

由试验给出的毛洞与几种锚杆支护洞室围岩中应变分布如图 6 所示,该图中的应变为开洞后自由变形产生的所谓次生应变。由图中看到:

(1)各种锚杆支护洞室与毛洞在洞周应变分布的总特点上基本相同,只在局部和具体数值上有差异。这说明锚杆支护虽然可以改善围岩的受力状态(如拉力、压应变数值减小),但却不能改变围岩的基本受力特征(如最大拉、压应变值分布部位以及各点应变值随深度衰减变化规律等均相同)。锚杆支护不能改变围岩的基本受力特征的原因,是因为锚杆(这里是指非预应力情况)不能对围岩主动施力,并让其在所施的力的作用方向上发生主动位移,它只能在围岩变形的过程中发挥支承和约束作用,因而锚杆支护洞室将首先像毛洞一样变形,只是在变形的过程中受到锚杆的约束和限制作用后,才在应变数值上发生某些变化,在某些局部也可能发生规律性变化[如在长锚杆支护下洞室拱部环向应变变为拉应变,如图 6(e)、(g)所示]。

(2)锚杆参数对支护效果具有明显的影响。从应变随深度分布规律和绝对数值上看,长锚杆支护对深部围岩加固效果比较明显[图 6(e)、(f)],短锚杆支护则对洞壁附近围岩加固效果比较明显[图 6(c)、(d)]。但仅从洞壁附近围岩应变数值来看,短锚杆支护效果比长锚杆支护效果还好[图 6

(c)、(d)、(e)、(f)]。产生这种现象的原因尚不清楚,但看来并非偶然,因为参考文献[7]中用大比尺模型做的试验结果具有相同的结论。因此,这种现象值得进一步研究。

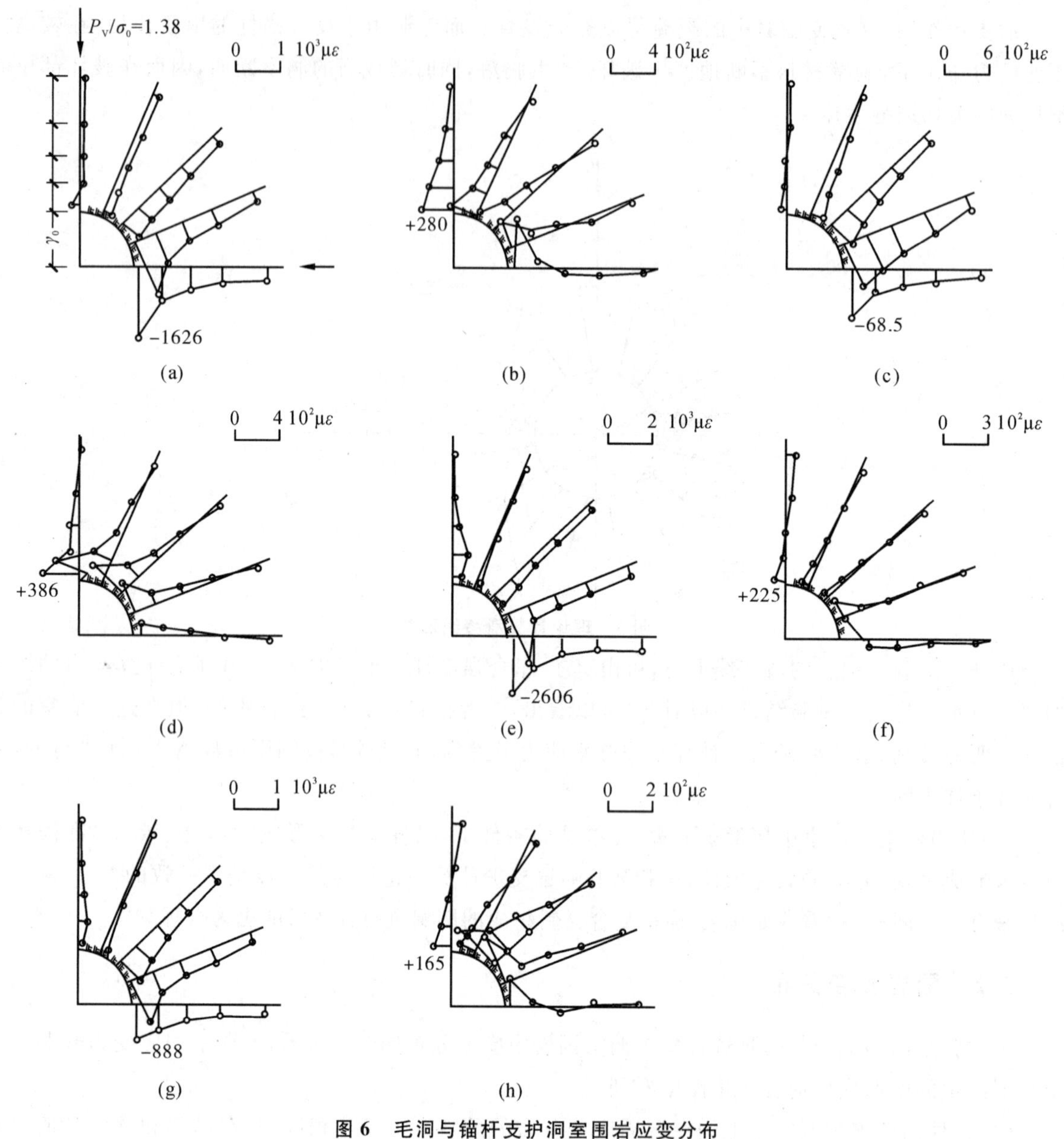

图6　毛洞与锚杆支护洞室围岩应变分布

(ε_0—环向应变,ε_1—径向应变)

(a)$D00$,ε_0;(b)$D00$,ε_1;(c)$A25$,ε_0;(d)$A25$,ε_1;(e)$A45$,ε_0;(f)$A45$,ε_1;(g)$C45$,ε_0;(h)$C45$,ε_1

锚杆间距对支护效果的影响可以从图6(f)、(h)对比中看出,两块模型锚杆长度相同($L=45$mm),但间距不同,$A45$模型的间距为15mm×15mm,$C45$模型的间距为26mm×26mm,从对深部围岩的加固效果来看,$C45$模型就没有$A45$模型好。

综上所述,要取得较好的加固效果,对锚杆支护参数必须慎重选择,锚杆太长、太短均不合适,锚杆太疏、太密也不合适,就本试验的两种长度和两种间距来看,锚杆长度$L=0.5r_0$,锚杆间距$a=0.3r_0$,支护效果较好。

(3)从洞周应变分布状态上仍然看不出锚杆支护受力后产生了"组合拱"效应,其应变分布特点与均质围岩中的圆洞基本相同。这再一次说明在均质围岩中的圆形锚杆支护洞室按锚杆-围岩复合材料构成的圆洞计算是合理的。

3.3 洞壁位移

由试验中给出的拱顶-底板及两拱脚间相对位移 u_V 和 u_H 与模型荷载之间的关系曲线如图 7 所示。由图中看到：

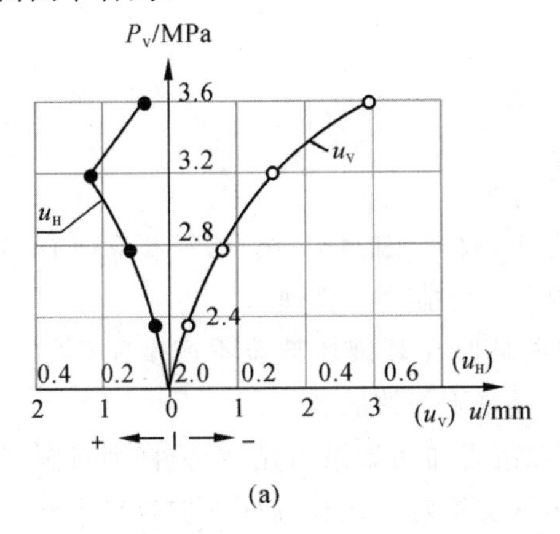

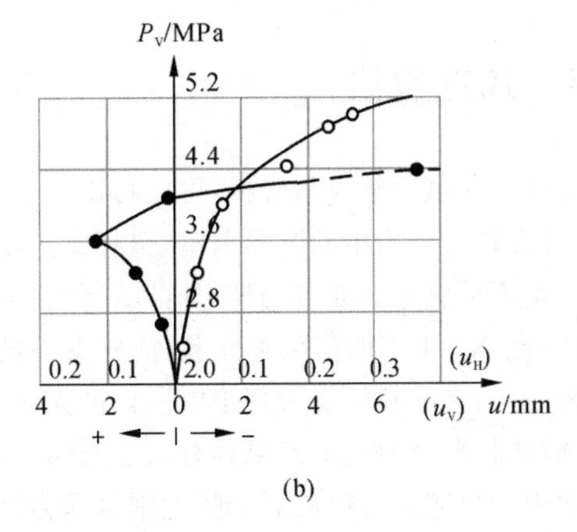

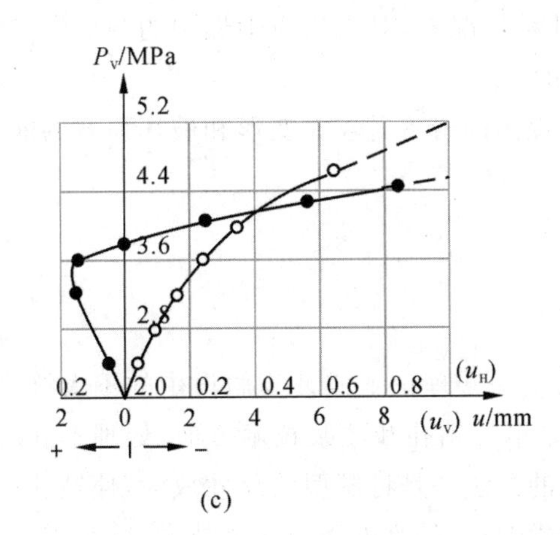

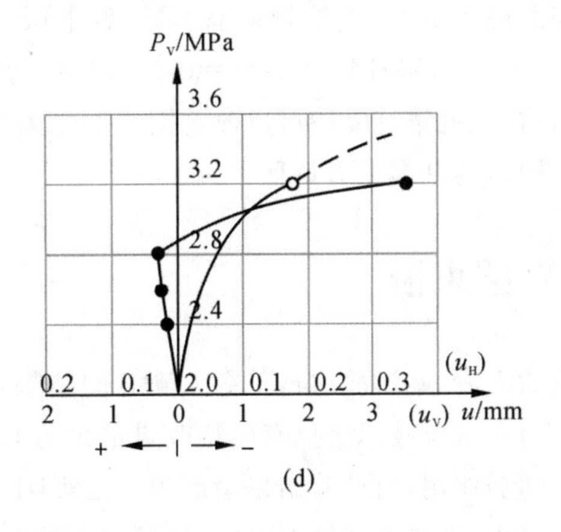

图 7 毛洞与锚杆支护洞室洞壁荷载-位移曲线比较

(a)*D*00;(b)*A*25;(c)*A*45;(d)*C*45

(1)三种锚杆支护洞室与毛洞在洞壁荷载-位移曲线 P_V-u_V 和 P_V-u_H 变化规律上大致相同。二者 P_V-u_V 曲线都是向右凹,表示拱顶-底板方向收敛变形速率逐渐加大。二者的 P_V-u_H 曲线开始都向左弯曲,以后又发生向右的转折,这表明洞室拱脚部位随荷载的增加开始朝洞外变形,这与 $N=1/4$的圆洞位移弹性理论是一致的。但当向外位移达到一定数值时,便开始朝向洞内位移,这种现象表明,洞壁已有部分材料与周围介质脱离并开始朝洞内运动,或者说被挤出,这预示了洞室的破坏。根据这一观点,四块模型的破坏荷载是:毛洞 *D*00 模型是 $P_V=3.6$MPa;*A*25 模型是 $P_V=3.6$MPa;*A*45 模型是 $P_V=3.6$MPa;*C*45 模型是 $P_V=2.8$MPa,低于毛洞模型,原因可能是该模型在钻孔注浆过程中受到了伤害。

(2)三种锚杆支护洞室与毛洞比较时,荷载-位移曲线上的差别也很明显,主要表现为以下几点:

a. 洞室可以忍受的最大位移数值不同。一般地说,锚杆支护洞室比毛洞大,长锚杆支护比短锚杆支护大[图 7(a)、(b)、(c)],这说明锚杆支护提高了围岩忍受较大变形的能力。

b. P_V-u_H 曲线发生转折时转折的速率不同。毛洞、短锚杆支护以及间距较大的长锚杆支护(即

$D00$、$A25$、$C45$)模型 P_V-u_H 曲线转折时都是突然而急速的，而又长又密的锚杆支护的 $A45$ 模型 P_V-u_H 曲线转折时是渐变的、缓慢的。这表明长密锚杆支护洞室呈现柔性破坏特征，而短锚杆支护或间距较大的锚杆支护洞室与毛洞一样呈现出脆性破坏特征。长密锚杆支护洞室呈现出柔性破坏特征是由于表层材料发生破坏时，仍有一部分杆体与深部完好围岩黏结在一起，对表层外移材料可以提供一定的约束力；而短锚杆或间距较大的锚杆，都无法提供足够的约束力，致使洞室产生脆性破坏。

4　几点看法

综合上述试验结果与分析，可以得出以下几点看法：

(1)在均质围岩中的圆形洞室，锚杆支护不产生“组合拱”效应，因而按“组合拱”概念进行锚杆支护设计是不适宜的。如按锚杆-围岩复合材料构成的圆洞设计可能更为合理。

(2)在 $N=1/4$ 的荷载条件下，锚杆支护的圆形洞室破坏时在其破坏部位不产生完整的大块破坏楔体，这与某些喷锚支护理论中所做的大块破坏楔体假设是不一致的。

(3)锚杆参数对支护效果具有明显影响，长锚杆对深部围岩加固效果明显，短锚杆则对洞壁附近围岩加固效果明显。仅从洞壁附近围岩受力状态看，短锚杆支护效果比长锚杆支护效果更好。但当锚杆间距较大时，其支护效果都不好，就本试验的几种情况看，对于均质围岩中的圆形洞室，取锚杆长度 $L=0.5r_0$，锚杆间距 $a=b=0.3r_0$，是较为合适的。

(4)合理的锚杆支护可以改善围岩的受力状态，提高围岩承受较大变形和破坏荷载的能力，但不能改善围岩的基本受力特征。

5　结束语

总的来看，本试验取得了令人满意的结果，澄清了一些理论上或计算假设中的不太符合实际的概念。但在试验技术上仍有亟待改进的地方，主要是锚杆钻孔和注浆技术方面，处理不好就对模型介质起削弱作用，对试验结果会产生一定影响，改进的办法一是将模型的尺寸放大，使钻孔面积所占的比值较小；二是改变模型材料，使其强度不受水的影响；三是改进钻孔注浆技术，减小震动，缩短时间。相信经过这些改进，定会取得真实的试验结果。

参考文献

[1]　总参工程兵科研三所.喷锚支护模型试验报告.1988.

[2]　朱敬民，顾金才，王林.地下工程非预应力砂浆锚杆支护变形破坏的实验研究和理论分析.中国土木工程学会第三届年会论文集，1986.

[3]　郑颖人，刘怀恒，顾金才.均质地层中锚喷支护理论与设计.岩土工程学报，1981，3(1)：57-69.

[4]　朱维申，刘全声，王平.全长黏结式锚杆在软岩中最佳参数确定的模拟试验研究.结构模型破坏试验研讨会，1988.

[5]　张玉军.锚杆研究的新进展.中国土木工程学会隧道与地下工程论文集，1988.

[6]　王明恕.锚喷支护理论研究论文集.沈阳：东北工学院出版社，1987.

[7]　MILLER W O. Large-scale model studies of a rockbolted tunnel. Proceedings of the 29th U. S.

[8]　STILLBORG B. Professional users Handbook for rock bolting.

[9]　H. V. RABCEWIZE.用新奥地利法修建隧道时支护系统尺寸的设计原则.锚杆——喷混凝土支护专辑，1974.

岩体结构面对地下洞群围岩稳定性的影响

顾金才　明治清　沈　俊　郑全平

内容提要：本文介绍岩体结构面对地下洞群围岩稳定性的影响模拟试验研究结果，文中给出了基本的试验方法和模拟洞群的实际破坏状态，分析了影响洞群围岩稳定性的结构面特征，并将试验结果与有限元计算结果作了对比。

1　前言

有关岩体结构面对岩体稳定性的影响已有多篇专著作了论述[1-4]，这里不打算对此问题作全面介绍。我们要谈的是这次为大朝山水电站地下洞群进行的模拟试验中所看到的岩体结构面对地下洞群围岩稳定性的影响，从中给出对围岩稳定性的影响起决定作用的岩体结构面的特征，从而也就给出了地下洞群需要重点加固的部位。这对工程设计和工程建设来说具有重要的指导意义。

工程中大多数岩体都是被各种结构面分割而成的不连续体，十分完整的岩体是极少的。因此，地下洞室的稳定性在很大程度上取决于周围岩块的稳定性，而岩块的稳定性又取决于所处部位及周围结构面的特征。试验表明，并不是所有的结构面对洞群的围岩稳定性都有较大影响，只有那些平行于洞壁并靠近洞壁或与洞壁一起构成三角形或悬垂体的结构面方对洞群的围岩稳定性有着决定性影响。本文将根据试验结果对上述问题作详细论述，有不妥之处欢迎读者批评指正。

2　试验情况概述

2.1　工程地质条件

大朝山水电站是澜沧江上梯级开发水利规划中紧接漫湾水电站之后的又一个大型水电站，坝高120m，总装机容量 1.26×10^{6}kW。地下式厂房的主厂房宽 26.2m，高 61.2m；主变压器室宽 16m，高27m；尾水调压室宽 17m，高 80.5m。三大洞室平行布置。此外还有母线洞、尾水管等多条横洞与三大洞室相连，大小洞室纵横交错形成了一个规模巨大的地下洞群。为了研究洞群围岩的稳定性，我们受原水利部、能源部北京勘测设计研究院的委托，对上述洞群进行了地质力学模型试验研究。由于洞群附近地层条件复杂，在以玄武岩和杏仁状玄武岩为主的岩体中，节理裂隙发育，又有多条断层和凝灰岩夹层通过，所以岩体结构面对洞群的稳定性起了控制作用。

刊于《防护工程》1993 年第 2 期。

2.2 试验模型和加载方法

1. 试验模型

根据现场工程地质条件，简化后获得的试验模型如图1所示。整个模型块体尺寸为65.4cm×65.4cm×20cm。模型块体内有三大洞室，Ⅰ#洞室为主厂房，Ⅱ#洞室为尾水调压室，Ⅲ#洞室为主变压器室；有一条大断层(F_{217})和三条已在断层处发生错动的凝灰岩夹层，它们分别与洞壁斜交成14°和65°的夹角。

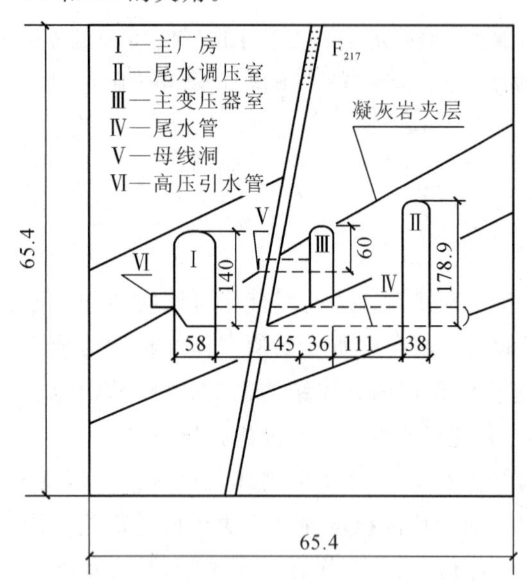

图1　试验模型构造尺寸

在主厂房与主变压器室之间有母线洞相连，在主厂房与尾水调压室之间有尾水管相连，它们也分别与F_{217}断层和三条凝灰岩夹层相交，在洞壁附近构成了多个三角体。

模拟岩体和断层、夹层的材料如下：

岩体模拟材料采用石膏、砂、可赛银，其配比是石膏：砂：可赛银：水=1：20：2：2.4，其力学参数见表1。

模拟F_{217}断层的材料是黄土和蛭石，配比为黄土：蛭石=3：0.4（黄土中含有一定水分），其力学参数见表1。

模拟夹层的材料采用两层28g的白纸，中间夹一层凡士林，其力学参数$c=0.005\text{MPa}$，$\varphi=24°$。

模型的制作是采用逐步夯实法进行的。

表1　岩体模拟材料及断层模拟材料力学特性

模拟材料	R_c/MPa	R_t/MPa	E/MPa	ν	c/MPa	φ/(°)
岩　体	1.75	0.17	1800.0	0.21	0.24	48
断　层	0.3	0.02	75.0	0.27	0.02	29

注：表中R_c、R_t、E、ν、c和φ分别为材料的抗压强度、抗拉强度、弹性模量、泊松比、黏结力和内摩擦角。

2. 加载方法

试验中模拟的地应力荷载见表2。表中N为侧压系数，σ_H为水平向荷载，σ_V为铅垂向荷载，σ_V^0、σ_H^0为开洞时的铅垂向和水平向荷载。试验时模型平放，四个侧面均加主动荷载。荷载由零逐渐加大到初始地应力值，然后保持该值不变进行洞室开挖，开挖步序如图2所示。洞室开挖后进行超载试验，直至洞室产生一定程度的破坏为止。

整个试验都是在保持模型的平面应变条件下进行的。加载设备采用我部研制的PYD-50试验装置，该装置能较好地保证模型的平面应变条件，并能满足不同侧压系数的要求，试验过程中荷载稳定。该设备曾获1985年度国家科技进步一等奖[5]。

表2　地应力荷载（单位：MPa）

$N=\sigma_H/\sigma_V$	σ_V^0	σ_H^0
1/3	0.8	0.267
0.8	0.8	0.64

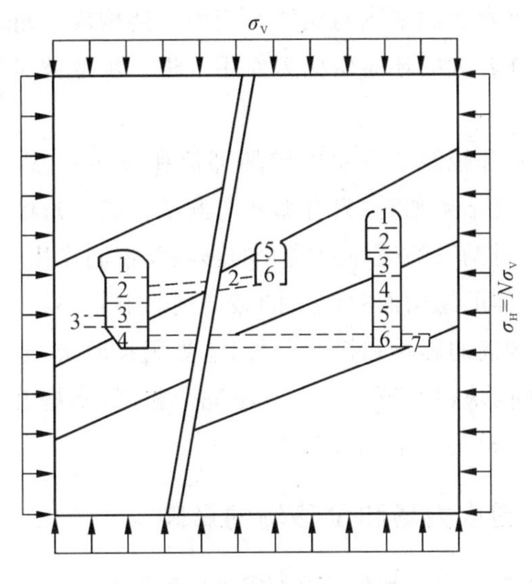

图 2 模型边界荷载与开挖步序

3 对试验结果的分析

3.1 洞室破坏部位与结构面的关系

从试验结果中可以看到，洞室的破坏部位(图 3，其中 σ_V^M 表示试验过程中所施加的最大铅垂向荷载)大多在结构面与洞壁构成的三角体区域。如 $N=1/3$ 时模型中主厂房右侧边墙中部、主变压器室左侧边墙下部和 $N=0.8$ 时模型中尾水调压室的左侧边墙下部等都属于三角体区域破坏。这些区域之所以容易产生破坏，是因为三角体两面临空一面属于夹层面，其稳定性处于极为不利的境地。

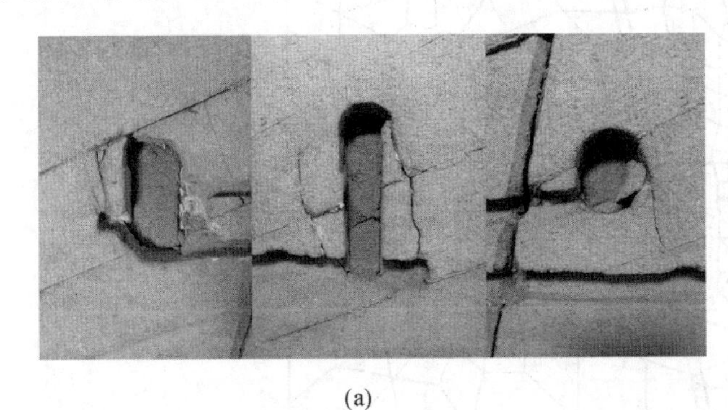
(a)

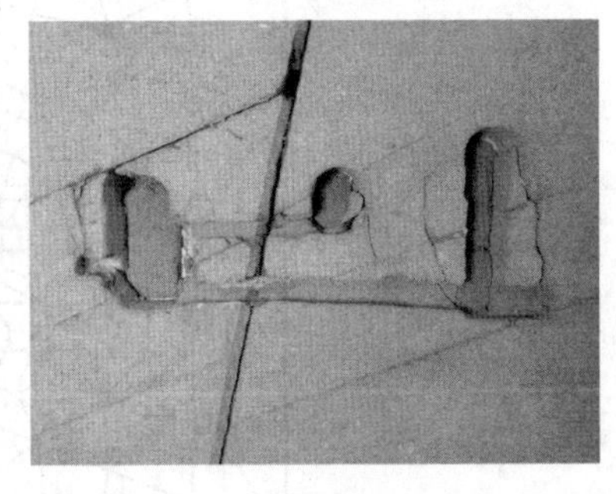
(b)

图 3 试验洞室及周围破坏形态

(a) $N=1/3, \sigma_V^M=1.6$MPa; (b) $N=0.8, \sigma_V^M=2.2$MPa

从图 3(a)中还可看到，主厂房左侧边墙上部也发生了破坏，其破坏形式是夹层与高压引水管之间的岩体内产生了两条剪切型裂缝。我们把这样的结构面(夹层)与交叉洞壁构成的部位称为悬垂体部位。这种部位也容易产生破坏，因为它的下部缺乏有力的支撑。

图 3(a)中主厂房左侧拱部岩体也发生了脱落，这是因为那部分岩体一侧靠近洞壁，另一侧是夹层面，所以容易发生脱落破坏。

另外，从图 3 中还可看到，两块模型中尾水调压室的破坏几乎与均质岩体一样，都是产生了大块剪切楔体，那里的夹层面似乎对洞室的破坏没有产生影响。这说明并不是所有的结构面对洞室的破坏都起控制作用，那些近似于垂直于洞壁或与洞壁斜交但不能构成三角体的结构面对洞室的稳定性影响则较小，因为这些结构面在较大的环向压应力作用下进一步地被压紧，提高了其抗剪强度，不易产生相对滑移。

综上所述，岩体结构面影响和控制了洞室的破坏部位和破坏形态，但并不是所有的结构面都起同样的影响和控制作用。从试验结果来看，只有那些与洞壁构成三角体或悬垂体的结构面以及与洞壁平行且靠近洞壁的结构面才对洞室的破坏起较大的影响和控制作用，对于那些与洞壁垂直或与洞壁斜交但却不能构成大块三角体的结构面对洞室的破坏则影响较小。

当然，洞室的破坏除受结构面的影响和控制以外，还受洞室形状、地应力特征及岩体介质参数等多种因素的影响。本次试验中两块模型破坏形态并不完全相同，就是由于两块模型的地应力特征不完全相同，一个侧压系数 $N=1/3$，另一个 $N=0.8$。

3.2　结构面对洞室周围应力场和位移场的影响

为了研究结构面对洞室周围应力场和位移场的影响，我们对上述两块模型作了非线性有限元分析。分析程序采用我部自行编制的 RSEAP 程序[6]。计算中采用的材料力学模型为弹塑性 Druker-Prager 模型。计算简图和网络划分如图 4 所示。图中四个边界各自承受垂直于该边界的均布压力 σ_H 或 σ_V，且各自在中点受一简支约束，使边界只能各自沿垂直于边界的方向移动。由计算给出的洞周应力场和位移场如图 5、图 6 所示。

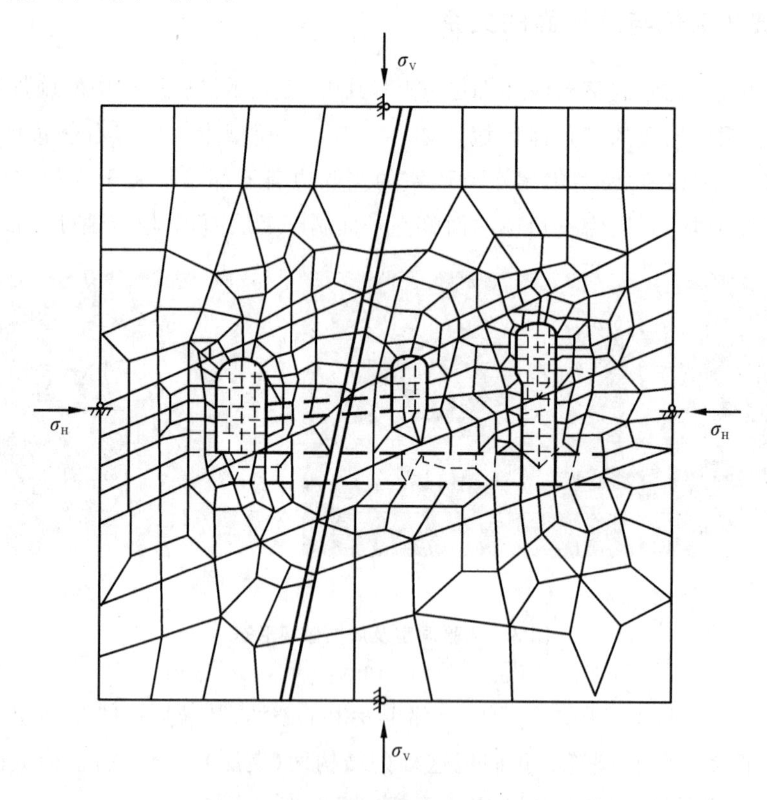

图 4　有限元计算简图和网络划分

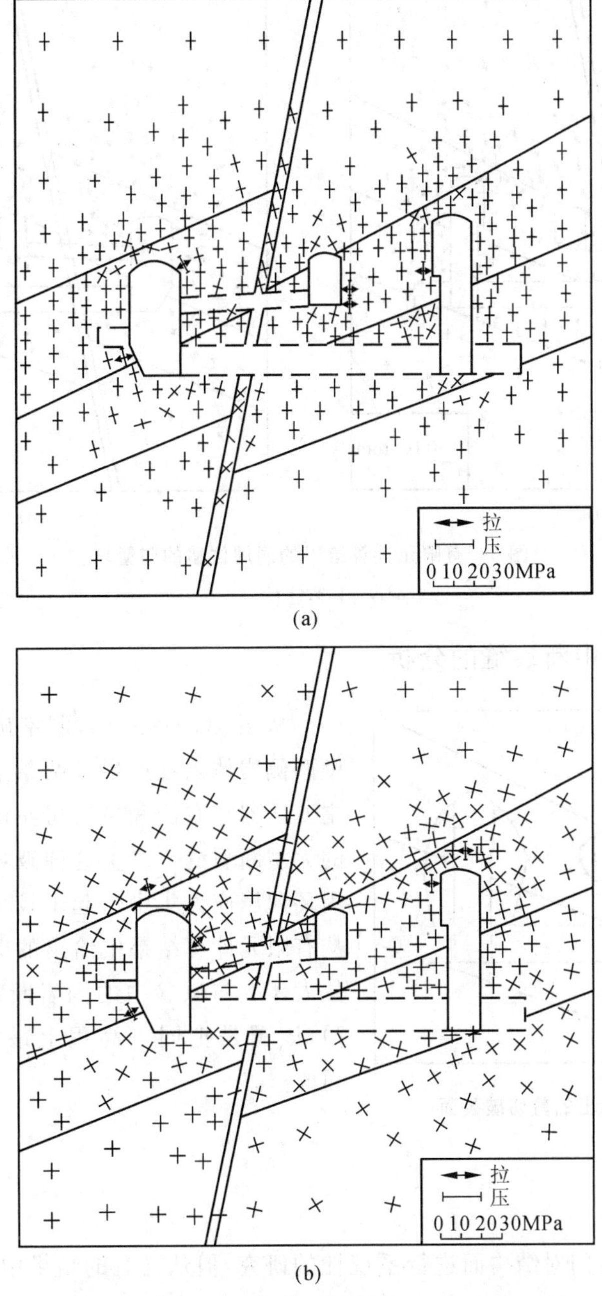

图5 有限元计算给出的洞周应力主向量场

(a)$N=1/3$;(b)$N=0.8$

由图5中可以看到,结构面对洞周应力场的影响主要表现在:(1)在结构面与洞壁构成的三角体部位出现了拉应力区;(2)在离洞壁较远处改变了应力的主方向,使之向一侧发生偏转。当然,应力场除受结构面的影响外,更主要的还是受洞室空间的影响,在洞室周围产生了应力环流现象。

结构面对位移场的影响表现在:(1)改变了位移向量的方向,使之向顺层面方向发生偏斜,如图6(a)所示;(2)使洞壁附近位移分区,每个区域内位移的方向和大小基本相同。这种现象的产生是由于岩体内的断层和夹层本身把岩体分成了几个大的区域所致,在每个区域的边界上抗剪能力都较低,因而使洞周围岩呈现“块体运动”。

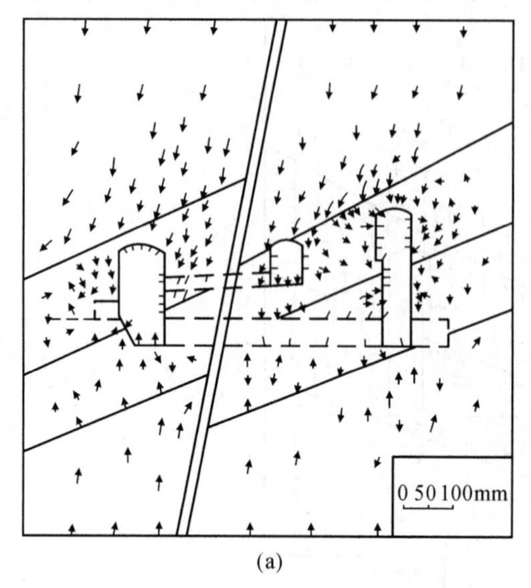

(a)

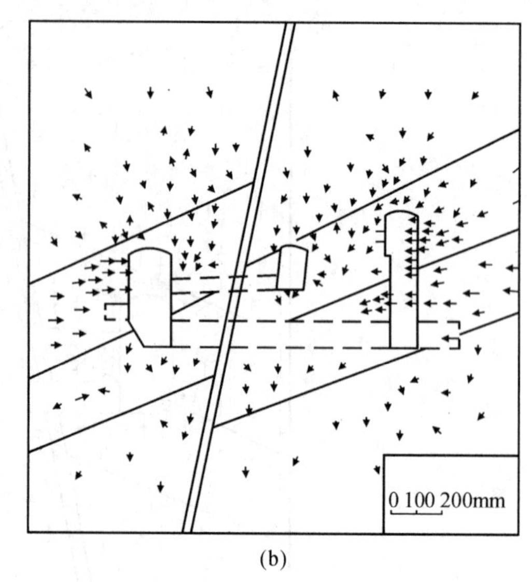

(b)

图 6　有限元计算给出的洞周位移的向量场

(a)$N=1/3$;(b)$N=0.8$

3.3　对洞周围岩中断裂缝的分析

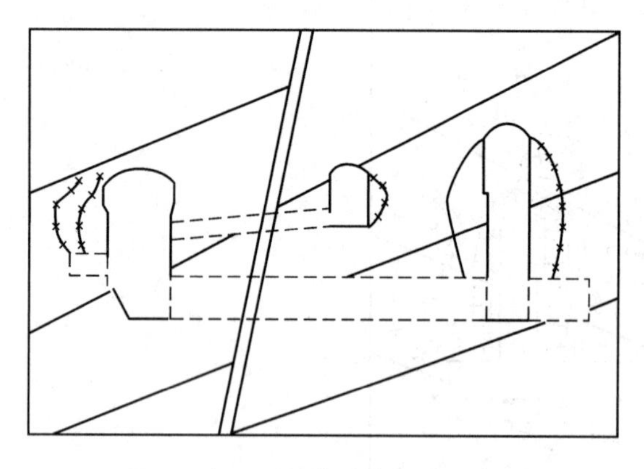

图 7　有限元计算给出的剪切破裂面

从图 3(a)中看到，洞室破坏时在尾水调压室洞壁两侧岩体内各产生了两条上、下相交的断裂缝，在主变压器室右侧和主厂房左侧岩体内也产生了明显的大型断裂缝。产生这种破坏现象的原因是由于洞周环向压应力集中引起了较大的剪应力。此点可以从有限元计算结果中给出的剪切破裂面的形状和部位大体上与试验中的围岩断裂缝相一致中看出(图 7)，该图是把同一高程上最大剪应力点连接成线而成[4]。

4　结束语

本次试验尽管不是专门对结构面进行系统性的研究，但从已有的结果中也可以清楚地看到，岩体结构面对洞室围岩的稳定性起着决定性的作用，并且可以具体地看出，下述三种结构面对洞室围岩的稳定性影响最大：

(1)与洞壁可以构成三角体的结构面；

(2)与交叉洞壁可以构成悬垂体的结构面；

(3)与洞壁平行并且靠近洞壁的结构面。

那些与洞壁正交或与洞壁斜交但不能构成大块三角体的结构面对洞室围岩的稳定性影响不大。

上述认识对于判断哪些部位是洞室的最危险部位，如何确定合理的洞室加固方案具有重要的指导意义。

当然，影响洞室围岩稳定性的因素除了岩体结构面以外还有地应力特征、洞室的形状和尺寸以及施工工艺等，在确定洞室加固方案时也必须一并考虑。

参考文献

[1] 孙广忠.岩体结构力学.北京:科学出版社,1988.

[2] 孙玉科,牟会宠,姚宝魁.边坡岩体稳定性分析.北京:科学出版社,1988.

[3] B. H. G. 希雷迪,E. T. 布朗.地下采矿岩石力学.冯树仁,佘诗刚,朱祚铎,等译.北京:煤炭工业出版社,1968.

[4] 郑全平,顾金才,沈俊,等.考虑夹层和断层影响的地下洞群非线性有限元分析.ACM-IRME'93 国际会议论文集,西安,待出.

[5] 顾金才.PYD-50 三向加载地质力学模型试验装置的研制与应用.1984.

[6] 周早生,刘金荣,郑全平.RSEAP 程序使用手册.总参工程兵科研三所研究报告,1990.

Nonlinear Finite Element Analysis of a Group of Underground Openings Considering the Effects of Intercalations and Faults of Rock Mass

Gu Jincai Zheng Quanping Sheng Jun Ming Zhiqing

Abstract: In this paper, the deformation characterisitic and failure mode of a model of the underground openings of Dachaoshan Hydropower Station during excavation, construction and over-loading are analyzed by means of nonlinear finite element. The model consists of three large caverns and four transverse tunnels, which are interested by six joints and a large fault. The results indicate that the fault and joints have significant influence on stability of the openings. The idea and method of "computed shear failure surface" presented in this paper could used to predict the shape and position of the real shear failure surface around underground openings. This paper affords a useful reference for the design and research of underground works of hydroelectric and other engineering.

1 Introduction

1.1 Overview of the engineering project

Dachaoshan Hydropower Station will be constructed on the Lancang River in Lincang, Yunnan Province. The dam is 120 meters high, the power station with a capacity of one million and two hundred sixty thousand kW will be constructed underground on the right bank. The geological conditions are bad. The rookmass consists mainly of basalt and almond basalt, with grown-up joints and cracks. There are several faults and tuff intercalations crossing the rock mass. The stability of the surrounding rock of the openings becomes a major problem of concern of the designers because openings are many, interconnected and large scale. Therefore, the Design Institute entrusted us to carry on tests of geomechanical models and numerical analysis of the cavern group, the results of finite element analysis are presented here.

1.2 Dimensions of the test model

The geomechanical model of Dachaoshan Hydropower Station, neglecting details of the prototype, is shown in Fig. 1. The size of the model block is 65.4cm × 65.4cm × 20cm. There are three large openings, modelling the power house, three transformer chamber and tailrace regulation chamber respectively, and four transverse tunnels, two of which connecting the power house and the

---

本文收录于《计算机方法在岩石力学中的应用——国际研讨会论文集(第 2 卷)》。

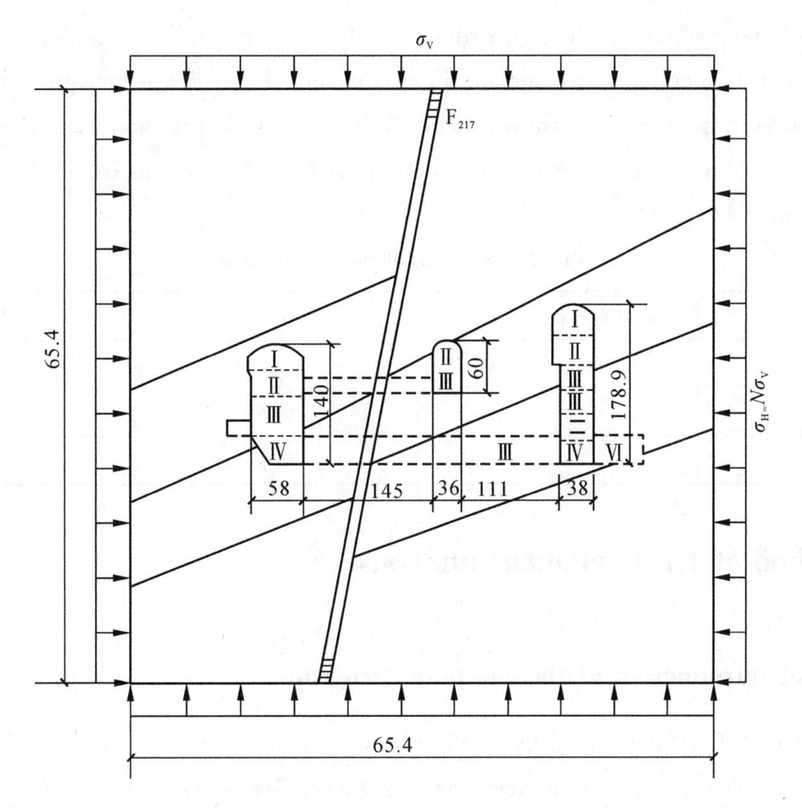

Fig. 1 Dimensions of the opening and boundary conditions of the model, with letters in Roman numerals indicating excavating stages

transformer chamber, while the other two connecting the power house and the tailrace regulation chamber, all these model tunnels are situated at the position of upper and lower three centimetres of mid-thickness of the test block. The block is cut by one fault and six tuff intercalations, they are distributed as shown in Fig. 1. The mechanical parameters of the materials of different parts of the model are listed in Tab. 1, in which R_c is the compressive strength, R_t is the tensile strength, E is the elastic module, ν is the Poisson's ratio, c is the cohesion, and φ is the angle of internal friction.

Tab. 1 The mechanical parameters of the material of the model

Materials \ Parameters	R_c/MPa	R_t/MPa	E/MPa	ν	c/MPa	φ/(°)
rock	1.75	0.17	1800.0	0.21	0.24	48
fault	0.3	0.02	75.0	0.27	0.02	29
tuff intercalation	—	0.0	70.0	0.24	0.01	24

1.3 Loading method of the model

During the test the model block is laid horizontal. The driving loads are exerted on the four sides of the block and plane strain condition is maintained by a cover plate with four hydraulic jacks on the block surface. The model is loaded step by step until the simulated crustal stress is reached and further the load is kept unchanged. The openings are excavated under the loading. The excavation proceeds in seven stages as indicated by Roman numerals shown in Fig. 1. An over loading test is undertaken finally in order to observe the failure mode of the openings. Displacements of the opening walls and strain in the model block are measured during the test. Displacement measuring points are shown in Fig. 1. Test loads of the models are listed in Tab. 2, in which σ_V^0 is the load during excavation of the openings, while σ_V^M is the maximum load attained in the model experiment.

Tab. 2　Test loads of the models(MPa)

model No.	$N=\sigma_H/\sigma_V$	σ_V^0	σ_V^M
Ⅰ	1/3	0.8	1.2
Ⅱ	0.8	0.8	2.2
Ⅲ	1.2	0.8	1.65

2　Method of finite element analysis

2.1　Brief introduction of the computer program

The program RSEAP developed by Prof. Zhou Zaosheng specially for the analysis of rook and soll engineering is used in this paper. According to the requirements of geotechnical problems, cap, low tensile strength, elastoplastic layered material etc., totalling more than ten material models are afforded by the program, at the same time various types of elements are provided, such as isoparametric, joint, thin liner, bar and boundary element, together with elements with birth any death functions. This program can be used to analyze plane and axisymmetric static-dynamic problems with small and large deformations. Many applications of the program show that results of computation agree fairly well with engineering analyses, and that the program can simulate excavation and construct in processes of underground works with a relatively high accuracy.

2.2　Schematic representation of computation and finite element mesh

The schematic representation of computation and finite element mesh are shown in Fig. 2, where the dotted lines signify elements to be excavated. The stages of excavation are the same as indicated by Roman numerals in Fig. 1. The excavation of the four transverse tunnels is simulated by reduction of deformation parameters or the model material according to the principle of equivalent deformation rigidity. All the elements are plane-strain four node isoparametric ones. There are 422 elements in all in which 63 two-dimensional isoparametric joint elements are used to simulate tuff intercalations. The total number of nodes is 512.

2.3　Mechanical model of materials

The mechanical model of materials adopted in the computation is the Drucker-Prager model. The yield criterion of materials is

$$\alpha I_1+\sqrt{J_2+a^2K^2}-K=0 \tag{1}$$

where: I_1 is the first invariant of stress, J_2 is second invariant of the stress deviator ; α and K are yield parameters. Under plane strain conditions these parameters may be expressed as following functions of cohesion c and angle of internal friction φ of rock,

$$\alpha=\frac{\sin\varphi}{\sqrt{3(3+\sin^2\varphi)}} \tag{2}$$

$$K=\frac{3c\cos\varphi}{\sqrt{3(3+\sin^2\varphi)}} \tag{3}$$

and a is a small parameter representing the ratio of tensile to shear yield stress, and is taken to be equal to 0.01 in this paper as shown in Fig. 3(a).

It is well known that the Drucker-Prager model is suitable for geotechnical materials. Computation results agree fairly well with engineering reality when pressure is low or the first stress invariant is small. However, for large values of the latter, results of computation deviate somewhat significantly from real conditions, see Ref. [1—6] and Fig. 3(b).

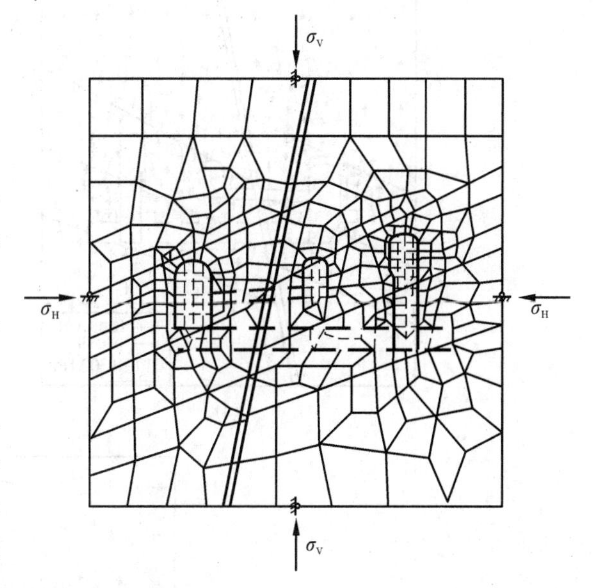

Fig. 2 Schematic representation of computation and finite element mesh

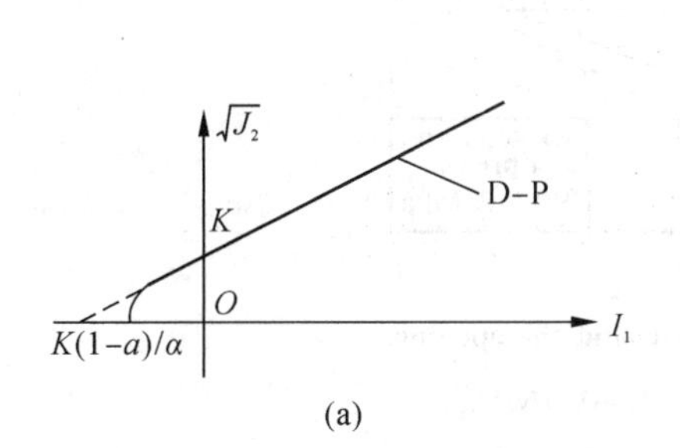

(a)

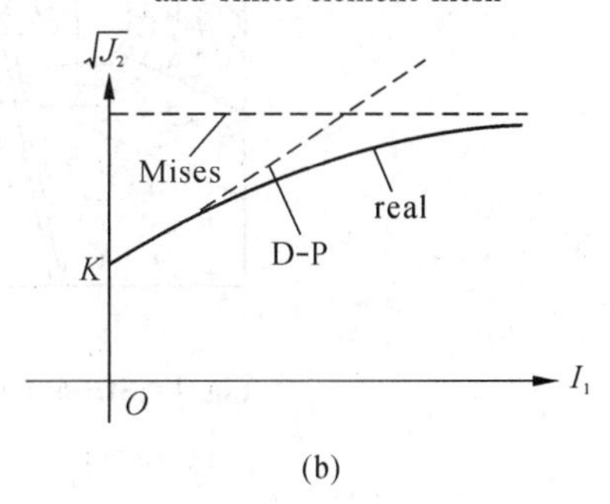

(b)

Fig. 3 Mechanical model of geotechnical materials

(a) Yield criterion of D-P model; (b) Region of application of D-P model

3 Analysis of computation results

The fields of stress and displacement around openings for three values of lateral pressure coefficient N, and plastic regions when $N=1/3$ are obtained by computation. In order to make a comparison between results of computation and experiment, the time duration curves of displacement for two typical points are given. Analyzing these restults, the following conclusion may be drawed.

1. The phenomenon of circulation of stress occurs around the openings for three values of lateral pressure coefficient N, that is, the lines of traces of major principal stress are ringlike around the. openings, see Fig. 4. The shape of the ringlike lines changes slightly with the coefficient of lateral pressure. When $N=1/3$, they are ellipses with the long axis in the direction from the crown

to the bottom of the opening. When $N=0.8$ and 1.2, the shape is nearly circular, as shown in the figure.

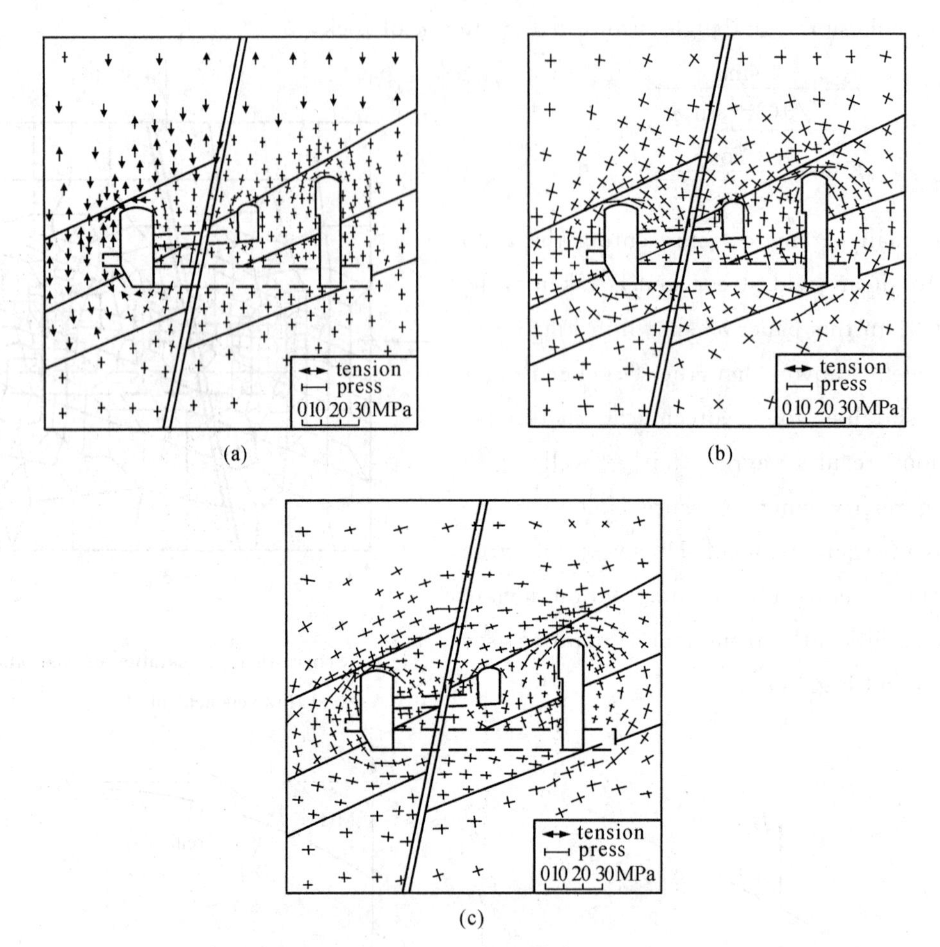

Fig. 4 Stress fields around the openings

(a) $N=1/3$; (b) $N=0.8$; (c) $N=1.2$

Tab. 3 Stress concentration factor around openings

N	power house		transformer chamber		tailrace regulation chamber	
	position	K	position	K	position	K
1/3	crown top	2.67	right root of arch	2.47	left foot of arch	2.47
0.8	crown top	4.14	right foot or arch	2.19	left foot of bottom	4.90
1.2	crown top	5.36	right foot or arch	2.23	left corner of bottom	7.00

Note: In the above table $K=\sigma_1/\sigma_V$, where a σ_1 is major principal stress. σ_V is vertical load on the boundary of the model.

With different coefficient of lateral pressure the density of the ringlike lines of stress and their position are different, namely the position and the degree of stress concentration change, values of the latter are listed in Tab. 3.

From Tab. 3 it is seen that severe concentration of circumference stress appears at top of the crown and at bottom when $N=1.2$, which cotforms with the positions of failure in the model tested, see Fig. 5(c). When $N=1/3$, the region of stress concentration occurs on the crown top for power house, at the arch foot for transformer chamber and tailrace regulation chamber, which is also consistent with test results. In model tests failure does not occur on arches of the openings, while serious failure occurs on side-walls of the opening, see Fig. 5(a). The explanation of the failure will be proposed later.

2. Fault and tuff intercalations have significant influence on the stability of openings, as follows.

(1) Fault F217 changes the general direction of the stress field in rock mass (see Fig. 4(a)), and makes it nearly parallel to the inclined direction of the fault. However, around the openings the in fluence of the openings is larger than that of the fault, thus the general direction of the stress field again becomes ringlike around the openings.

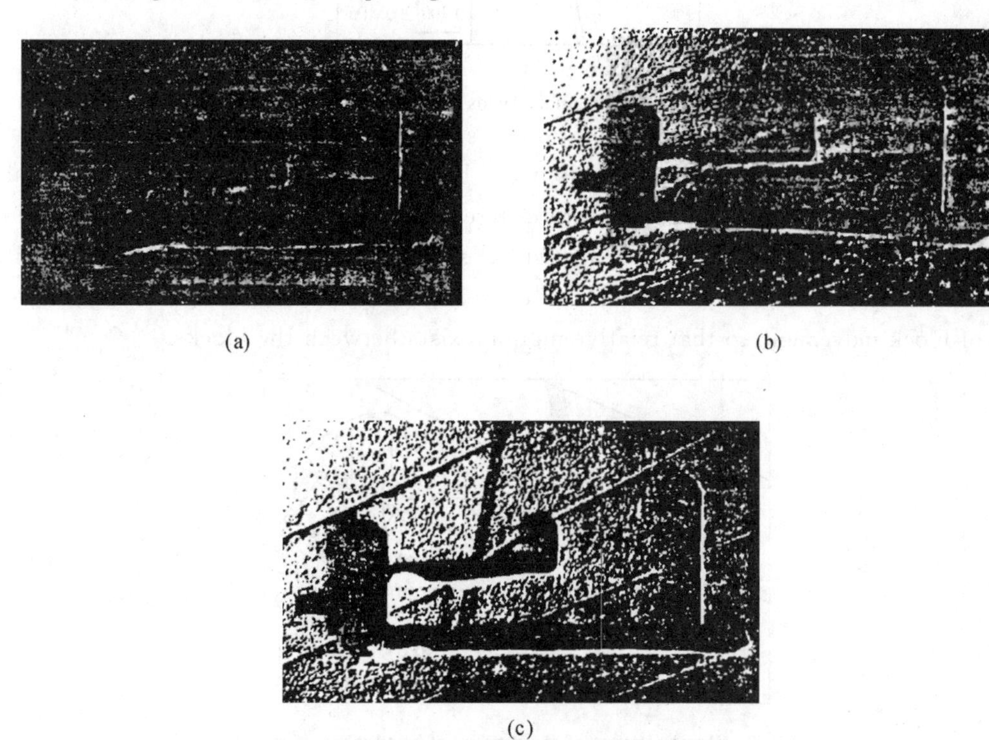

(a) (b)

(c)

Fig. 5 Mode of failure of the openings

(a) $N=1/3$; (b) $N=0.8$; (c) $N=1.2$

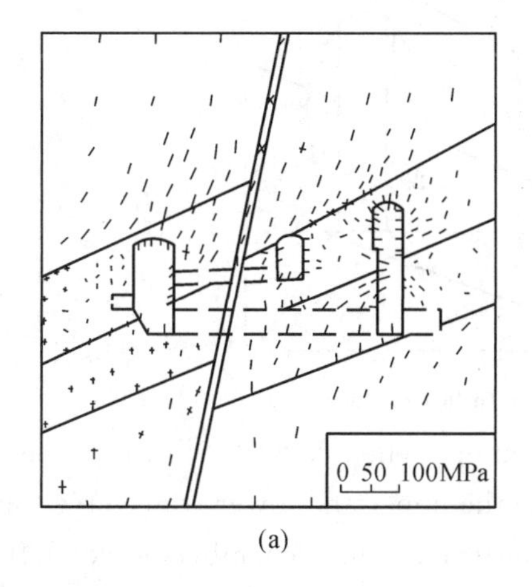

(a)

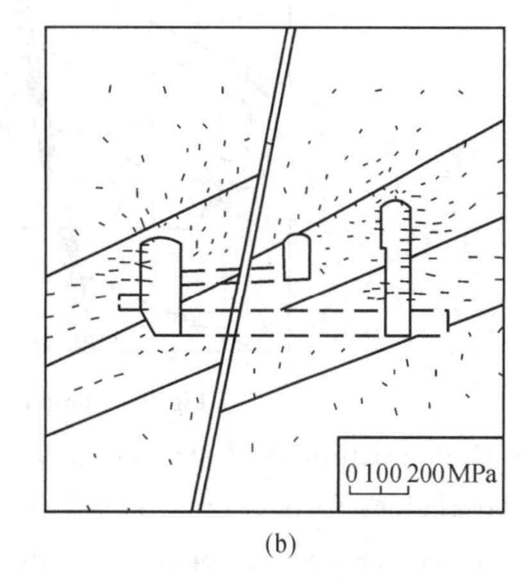

(b)

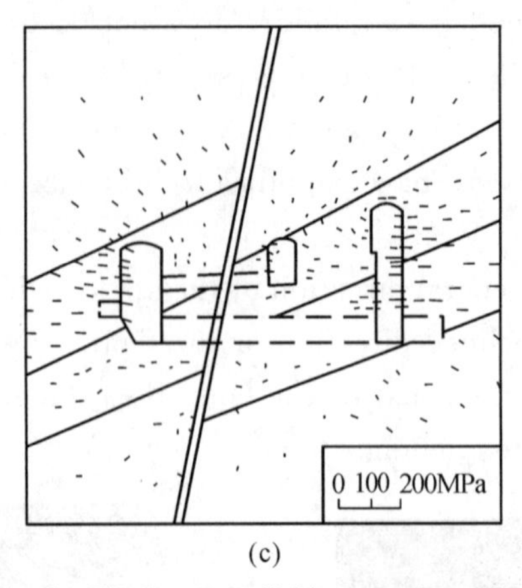

(c)

Fig. 6 Displacement fields around openings

(a)$N=1/3$;(b)$N=0.8$;(c)$N=1.2$

(2)From the mode of displacement fields it can be seen that(see Fig. 6)the six intercalations divide the rock mass around the openings into different regions of deformation. The direction and value of displacements in every region are almost the same, but differences are obvious for different regions. It seems that due to the presence of fault and intercalations rock masses cut by them have a tendency of block movement, so that relative motion exists between the blocks.

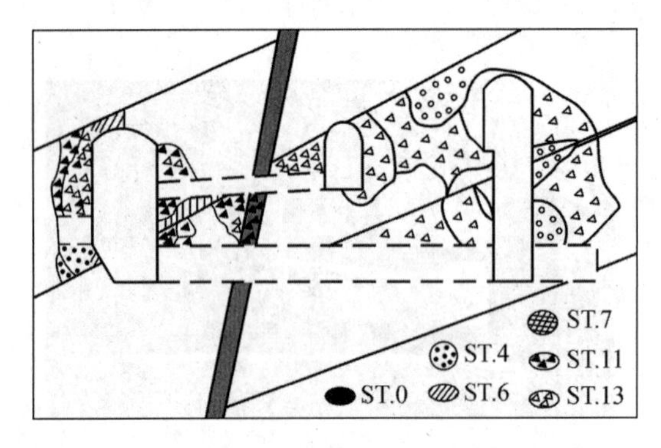

Fig. 7 Developement of the regions of yield when $N=1/3$

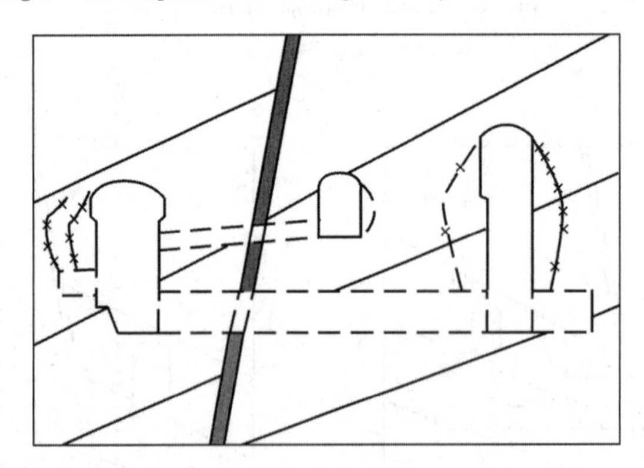

Fig. 8 Computed shear failure surface

(3)From the distribution of stresses around openings when $N=1/3$ it can be seen that, in the three triangular regions formed by intercalations and the upper and lower transverse tunnels (lower right side of the power house, upper left side of the transformer chamber, lower left side of the tailrace regulation chamber) tensile stresses exist. These regions are also regions first become yielded in the experiment, see Fig. 7. It shows that the presence of structural surfaces has a significant influence on the stability of openings, hence these regions must be specially reinforced in engineering construction.

3. Plastic regions around openings from computation are practically the same as failure regions from model tests, see Fig. 5(a) and Fig. 7.

4. Cracks that occur in the side walls of openings from model tests when $N=1/3$ conform with the failure surfaces given by finite element computation.

It is well known that, the plastic region by computation is not equivalent to real failure region. Experiments show that, the failure of the surrounding rock around openings does not signify that the rock material becomes loose in large areas but one or more cracks present themselves, large blocks are separated from the rock mass. Such cracks, however, do not exhibit themselves in finite element computation. In order to analyze this problem, we first locate position of maximum shear stress under failure loading on different horizontals on both sides of each openings, as found from computation. Through these position, a "curve of extreme shear stresses" is obtained, as shown in Fig. 8. It happens that the shape and position of such curves coincide fairly well with the cracks formed about walls of openings in model tests(see Fig. 5(a)). Therefore, we call curves through extreme values or shear stress "computed shear failure surfaces", which may be used to predict the position and shape of shear cracks in rock mass around openings.

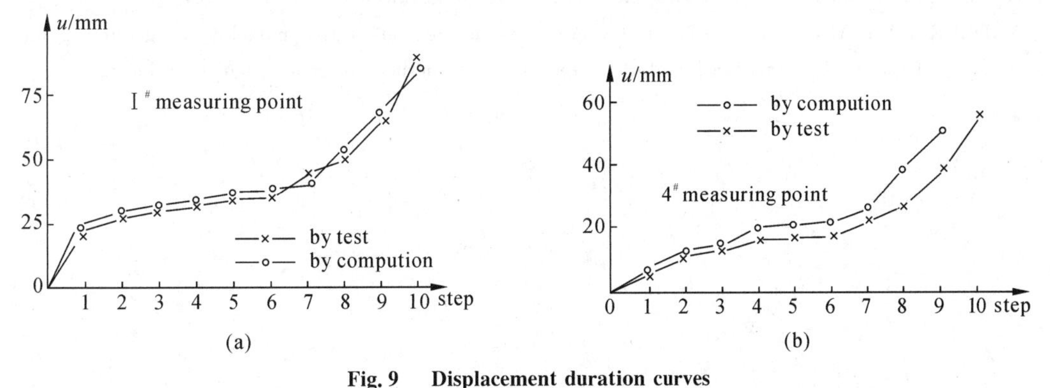

Fig. 9 Displacement duration curves

(a)Crown of the power house; (b)Bottom of the power house

5. The displacement duration curves of typical points of openings from computation and model test conform very well with each other.

The duration curves of the displacement of typical, points on the circumference of the openings from computation model test are shown in Fig. 9. It can be seen that they agree very well not only in the way of change of the curves but also in their respective values. This suggests that the method of computation adopted, is correct and test results are reliable.

4 Conclusions

From the above analyse it may be concluded that :

(1)After excavation, ringlike stress circulation appears around openings, the share and density of ringlike stress flow lines change with the value of lateral pressure coeffllicient.

(2) The regions of maximum stress concentration, tensile stress and plastic yield confirm basically with regions of failure, these locations should be reinforced in practice.

(3)The presence of intercalations and faults makes the rock mass surrounding openings move mainly as blocks. Shear between blocks is possible to make openings unstable. It is suggested that openings must be reinforced with prestress anchors as soon as excavated in order to eliminate the sliding between rock layers and relative block motion.

(4) The idea and method of computed shear failure surface presented in this paper could be used to predict the position and shape of real shear cracks around underground openings.

(5) The good agreement of the displacement duration curves of points on the openings from computation and model test gives evidence that the computation method is correct and that the results of model tests are reliable.

Reference

[1] DIMAGGIO F, SANDLER I. Material model for granular soils. J. of Eng. Mech. Div., ASCE, 1971: 935-950.

[2] SANDLER I, DIMAGGIO F. Material models for rock. Consulting Eng., 1970.

[3] NELSON I, BARNON M L, SANDLER I. Mathematical models for geological materials for wave-propagation studies. Shock Waves and the Mechanical Properties of Solids, Syacuse University Press, 1971.

[4] ISENBERG J. Part two-mechanical properties of earth materials. Defense Nuclear Agency, 1972.

[5] STURE S, DESAI C S, JANARDHNAM R. Development of a constitutive law for an artificial soil. Proceedings of the third international conference on numerical methods in geomechanics/aachen/2-6, 1979.

[6] SANDLER I S, BARON M L. Recent developments in the constitutive modeling of geological materials. Proceeding of the third international conference on numerical methods in geomechanics/aachen/2-6, 1979.

拉-压真三轴仪的研制及其应用

明治清　沈　俊　顾金才

内容提要：本文详细叙述了拉-压真三轴仪的研制目的、结构、性能及其特点，并简要介绍了调试结果和初步应用成果。

1　引言

坑道围岩的受力状态是比较复杂的，除了洞室表面之外，各点均处于三维应力状态。因此，仅采用单轴拉、压试验设备研究围岩的力学性质是远远不够的。目前广泛采用的常规三轴仪或真三轴仪给出的试验结果，虽然考虑了三个主应力的作用，但仅限于三向受压的情况，当主应力中出现受拉的情况时则无法进行试验。而在实际工程中，围岩中某些部位出现拉应力是客观存在的（如当侧压系数 $N<1$ 时，拱顶环向一般就受拉）。由于岩体属于低抗拉材料，拉应力产生的危险往往比压应力更大。因此，研究岩体在拉-压复合应力作用下的本构关系，不仅具有很大的学术价值，而且具有重要的工程意义。

从现有资料看，目前国内外能够做拉-压复合应力材性试验的设备还不多。见到的大体可分为两种，一种是在常规三轴仪上利用造型试件来实现[1]，另一种是在圆筒三轴仪上采用空心圆轴试件进行拉-压复合应力试验[2-4]。前者的试验条件仅局限于 $\sigma_2=\sigma_3$ 的情况，后者的试验在试件截面上则有梯度应力的影响（即沿试件径向的应力分布不均匀），真正能够实现三个不同的拉-压复合应力的材性试验设备尚未见到。为此，我们根据科研工作的需要及多年来材性试验的经验，研制成功了这台拉-压真三轴仪，本文将对该设备的性能、特点及初步应用成果作一简要介绍。

2　主要技术指标

（1）功能：对软岩和岩体相似材料能进行拉-压复合应力试验及常规力学性能试验。

（2）试件尺寸

a. 复合应力试验时为 10cm×10cm×10cm 或 14cm×14cm×14cm。

b. 常规力学性能试验时为 ϕ5cm×5cm 或 ϕ5cm×10cm 或 10cm×10cm×10cm 或 14cm×14cm×14cm。

（3）最大加载能力

a. 三向受压：各面最大荷载 192kN。

刊于《防护工程》1994 年第 3 期。

b. 两向受压、一向受拉：受压面最大荷载为 192kN，受拉面最大荷载为 19.6kN。

(4)加载方式：三向荷载独立控制，可单向拉、压，亦可一向受拉、两向受压或三向均受压。

(5)荷载偏差：<±5%。

(6)荷载对称性偏差：<5%。

3 主要结构特点

本设备主要由主机结构、液压控制系统和试件成型模具三大部分组成。其中主机结构主要由荷载支承结构、荷载传力结构、减摩结构、拉伸试验结构等构成。主机外貌如图 1 所示。

图 1 拉-压真三轴仪主机

1. *荷载支承结构*

水平方向的两组荷载支承结构分别由一对荷载支承梁和四根拉杆组成，它们互相独立，彼此正交。纵向荷载支承结构由上荷载支承梁和四根拉杆与底板构成，并与水平方向的荷载支承结构正交。三向加载互不影响，自成平衡系统。

为保证设备安全工作和加载位置的准确，设计中主要承载部件的安全系数取为 2。

2. *荷载传力结构*

由一台油缸产生的集中荷载，经过传力柱传给柔性传力袋，再由柔性传力袋传给 64 个均布的承载块，使荷载变为均布状态。当试件表面不平或变形不均匀时，柔性传力袋就靠其内部介质的流动性来补充荷载，使各承载块始终与试件表面紧贴，从而保证试件表面的荷载仍然是均匀一致的。

柔性传力袋的袋子用 0.5mm 厚的橡胶板黏结而成，内部介质为医用凡士林与细砂的混合物，这是经过大量对比试验确定的材料，使用效果很好。

3. *减摩结构*

为减小加载压头对试件表面变形的约束和减小摩擦效应，在柔性传力袋的前面又设置了减摩结构(图 2)，它是由 64 个板状承载块、钢球和凹状承载块组成的，钢球位于凹状承载块的凹处中间，四周用 703 硅橡胶黏结固定。当试件受力变形时，凹状承载块随之移动，同时压缩 703 硅橡胶，钢球则在板状承载块上滚动，从而起到减摩作用。卸载后，则靠 703 硅橡胶的弹性使承载块和钢球恢复原位。

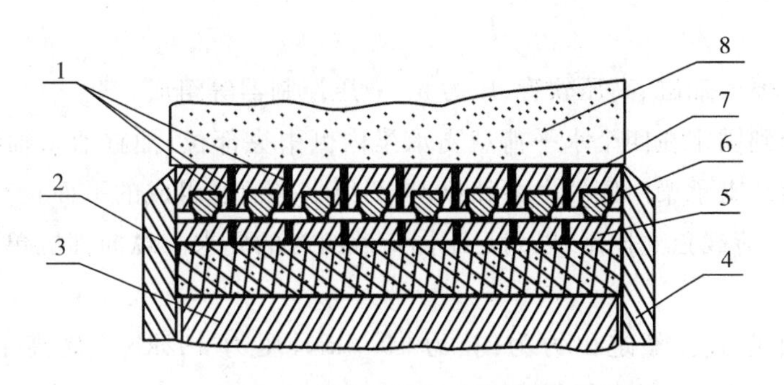

图2 传力结构和减摩结构

1—柔软橡胶;2—柔性传力袋;3—传力柱;4—承载块框架;
5—板状承载块;6—钢球;7—凹状承载块;8—试件

4. 拉伸试验结构

拉伸结构形式如图3所示。在拉力爪与油缸之间,设置了双球铰连杆。施加拉力时,通过液压装置使可拉方向的两只油缸的活塞退回,油缸调整螺杆通过连杆带动拉力爪使试件受拉。连杆的两端与相关件形成铰接,能自动调整安装试件时在轴线方向产生的微量误差,防止试件承受弯矩和剪力,保证试件在该方向处于纯拉伸状态。

由于试件中部的长度是宽度和高度的三倍,而进行复合应力试验时,受压的只是中间的三分之一,因此,试件中部受到的拉力是均匀的,实测结果也证明了这一点。

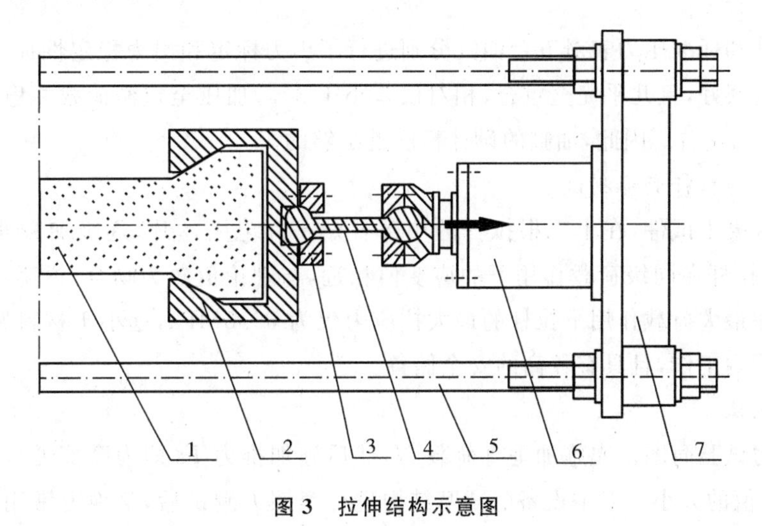

图3 拉伸结构示意图

1—试件;2—拉力爪;3—连杆压盖;4—连杆;5—拉杆;6—油缸;7—荷载支承梁

5. 支承底板

主机结构的所有部件均安装在一个整体的底板上,底板的下面有五个可以调整设备水平度的支承螺杆。调整支承板用螺杆固定在底板上,其上有四条平行的导轨槽,槽中安放滚珠,滑动支承架的下滑板上也有四条导轨槽与调整支承板的四槽配合,使滑动支承架可沿轴线前后移动,但不能左右移动。同样,滑动支承架的上滑板上也设有放置滚珠的导轨槽,滑板放置其上,在滑板上面则安设荷载传力结构、减摩结构及拉伸结构。当调整传力结构或安装试件时,滑动支承架可以根据需要带动荷载支承结构前后移动;当设备施加荷载时,拉伸结构或传力结构则在滑板上随滑板移动。

这种支承方式还具有自调功能。当某一方向某一端的传力结构首先与试件接触时(一般是两端同时接触),滑动支承结构就会通过拉杆带动另一端的传力结构尽快与试件接触,防止将试件推向一边造成偏心受力,有效地减小了荷载损失,大大改善了荷载对称性。

6.液压控制系统

液压控制系统主要由油缸、高压软管、压力表、液压控制器等组成。

四个水平油缸分别固定在四个水平荷载支承梁内侧中央部位,油缸活塞轴线与试件中线重合。纵向油缸安装在上荷载支承梁内侧的中央部位,与两组水平油缸组成的平面正交。两组水平油缸分别并联在一条油路上,荷载独立控制,以满足不同荷载组合的要求。纵向油缸单独使用一条油路,可以独立控制荷载。

加载油缸为双作用式。额定出力为:拉力 19.6kN,压力 192kN。最高工作压力为:拉伸时 6.54MPa,压缩时 31.4MPa。最大行程为 36mm。

7.常规力学性能试验的结构设计

为了增加该设备的功能,使之成为一机多用的材性试验设备,我们又设计了单剪、双剪、劈裂以及单轴抗压等加载结构。这些加载结构是在将原有设备的结构形式略加改进后移植到本设备上来的,主要是利用了设备的纵向和不可拉方向的功能。使用时,只要去掉纵向上支承板,装上所需要的多用支承杆和相应的加载构件,即可进行不同类型的常规力学性能试验。

4 主要调试结果

1.单个油缸的标定

用标准测力计和标准压力表对五台油缸分别进行了出力标定和出力稳定性标定。结果表明,五条率定曲线线性度很好,且几乎完全重合,相对误差小于 3%,加压至定额荷载并稳压 30min 后的压力损失率仅为 0.9%左右。因此,油缸的设计精度是足够的。

2.额定荷载下的拉杆变形测试

放入高强度混凝土试件,在十二根拉杆的中部各贴一片电阻丝片,逐级加载并实测拉杆应变。实测数据表明,各拉杆在同级荷载作用下的应变值相近,与理论值较为吻合,说明各拉杆位置准确,受力均匀。由于在最大荷载作用下拉杆的最大拉应力仅为 69.3MPa,远小于材料屈服强度,因此拉杆始终在弹性范围内工作,且具有较高的安全储备。

3.减摩效果测试

图 4 为摩擦力试验简图。先施加垂直荷载 N,然后施加推力 F(即为摩擦力),当百分表指针开始转动时,记录 F 值的大小。对本设备的减摩结构进行摩擦力测试后,又换上常用的双层聚四氟乙烯,进行摩擦力测试,以便对比两者的减摩效果,实测结果见表 1。摩擦系数则为:

$$f=\frac{N}{2F} \tag{1}$$

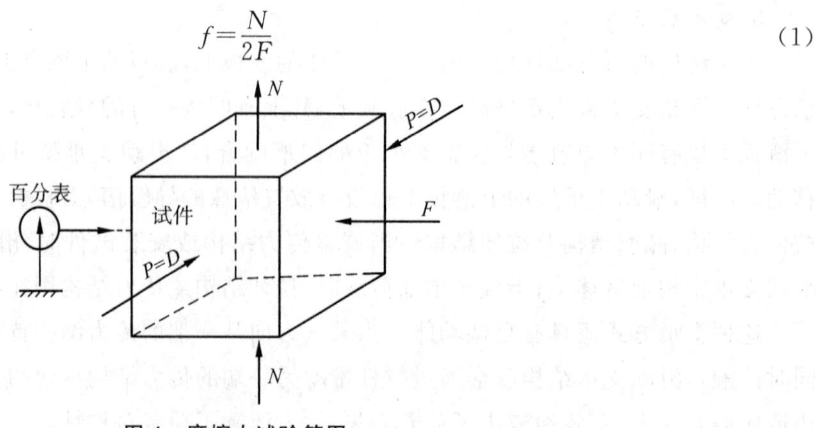

图 4 摩擦力试验简图

表 1 摩擦力实测结果

减摩方式 / 摩擦力 F / 荷载 N		减摩块滚动减摩				聚四氟乙烯减摩			
		1	2	3	平均值	1	2	3	平均值
压力表读数/MPa	3.92	0.06	0.06	0.07	0.06	0.78	0.76	0.78	0.77
	7.85	0.13	0.14	0.13	0.13	1.51	1.57	1.57	1.55
	11.77	0.18	0.18	0.17	0.18	2.28	2.33	2.35	2.32
	15.69	0.22	0.22	0.22	0.22	3.00	3.02	3.02	3.01

由此可得:采用减摩块滚动减摩,摩擦系数仅为 0.008,采用聚四氟乙烯减摩,摩擦系数则为 0.098,可见本设备采用的滚动减摩结构效果很好。

4. 拉伸性能测试

为检验本设备的拉伸性能,制作了混凝土试件,在其上表面中部 10cm 范围内均匀布置了 5 片应变片,将试件就位后,逐级加载进行单轴拉伸试验,并逐级测量上述五个测点的拉伸变形。实测数据显示,试件中部 10cm 范围内所受拉力基本均匀一致,试件确实处于拉伸状态。

5 应用成果简介

1. 应力反演试验

试验目的是由实测模型块体内某点的应变反演出该点的应力。在我们的模型试验中只测量了介质内任一点的应变值及其过程,未直接测得应力。由于当材料超过弹性范围之后,其应力-应变关系与加载路径有关,要想由应变推算出应力,必须遵循原来的应变历史,通过拉-压真三轴试验进行反演。

表 2 给出了某平面应变模型试验中某测点的应力反演试验结果。可见,拉-压真三轴仪为相似材料模型的三维应力分析创造了可行的条件。

表 2 由实测应变反演应力

$\varepsilon_1/\mu\varepsilon$	29	65	78	106	114	97	54	11	−322
$\varepsilon_3/\mu\varepsilon$	41	81	95	254	366	521	709	854	1022
σ_1/MPa	0.164	0.230	0.303	0.513	0.676	0.793	0.910	0.910	−0.886
σ_3/MPa	0.300	0.650	0.701	1.550	2.050	2.450	2.900	3.250	3.800

2. 岩体相似材料单轴拉伸试验

图 5 和图 6 分别为同一组相似材料的单轴拉伸和单轴压缩试验的 σ-ε 曲线。对比可见,这种材料单轴拉伸的 σ-ε 曲线的线性段更明显,其弹性模量与单轴压缩时相差不大,但泊松比偏低。

此外,试验表明,材料的直接拉伸强度比劈裂抗拉强度高 10%左右。显然,用直接拉伸试验所得的抗拉强度更精确,但劈裂试验要比直接拉伸试验方便和经济得多。因此,用少量的直接拉伸试验寻求岩体的直接拉伸强度与劈裂抗拉强度之间的关系,然后对简便的劈裂试验所得结果进行修正,便可得到更精确的抗拉强度,这项工作是很有意义的,有待进一步开展。

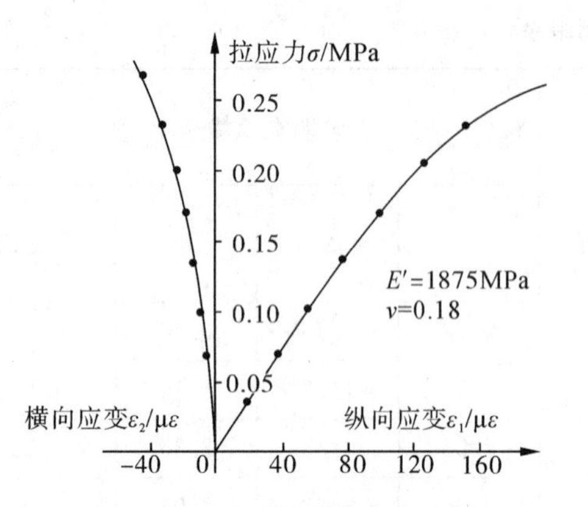

图 5　某组材料单轴拉伸 σ-ε 关系

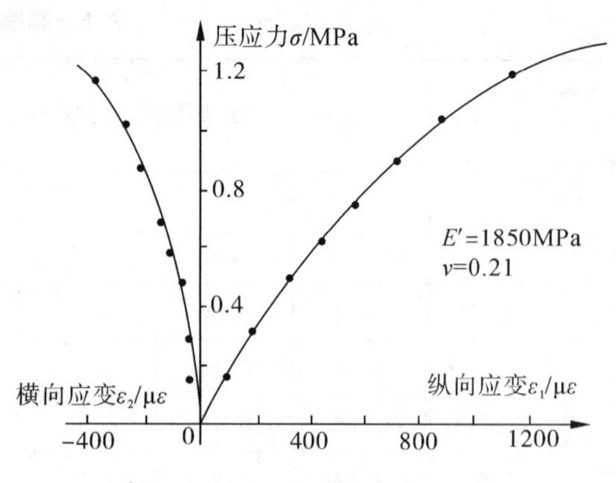

图 6　某组材料单轴压缩 σ-ε 关系

3. 岩体相似材料的拉-压真三轴试验

该项试验研究了拉-压复合应力作用下岩体相似材料的强度特征，以及三向不等压时中间主应力对强度的影响。结果列入表 3 中。

表 3　岩体相似材料拉-压真三轴试验结果（单位：MPa）

受力方式 主应力	单压	单拉	一拉 一压	一拉 二压	双向受压					三向不等压			
σ_1	3.12	0	2.30	1.00	4.30	4.72	4.78	4.32	4.14	9.96	14.30	16.60	18.60
σ_2	0	0	0	0.81	0.40	0.80	1.60	2.45	3.06	2.84	2.00	2.80	3.40
σ_3	0	−0.45	−0.31	−0.29	0	0	0	0	0	0.80	1.25	1.25	1.25

试验结果表明，材料的抗拉强度随另两个方向的压缩而有所降低。同时，随着中间主应力 σ_2 的加大，材料强度一般有比较明显的提高。因此，岩体相似材料的强度准则中应该考虑 σ_2 的影响。

目前，岩体工程中常用的强度理论是莫尔-库仑理论，它只考虑最大主剪应力 τ_{13} 及其相应面上正应力 σ_{13} 的作用，没有考虑 σ_2 的影响，故也可称其为单剪理论。事实上，另两个主剪应力 τ_{12}、τ_{23} 及其相应作用面上的正应力 σ_{12}、σ_{23} 对岩体强度有明显影响。由于 τ_{13} 恒等于 τ_{12} 与 τ_{23} 之和，因此，只需考虑两个主剪应力的共同作用。基于上述考虑，可提出双剪应力破坏准则[5]，即当三个主剪应力中两个较大的主剪应力之和达到某一数值时，材料便发生破坏：

$$\tau_{13}+\tau_{12}=C \text{ 或 } \tau_{13}+\tau_{23}=C \tag{2}$$

在剪应力基础上，再考虑相应作用面上正应力对剪切破坏的影响，即得广义双剪应力准则：

$$\tau_{双}=f(\sigma_{双}) \tag{3}$$

若以线性关系表达上式，并令 $k=R_c/R_t$，可得：

$$\left.\begin{aligned}\sigma_1-\frac{k}{2}(\sigma_2+\sigma_3)=R_c\left(\sigma_2\leqslant\frac{\sigma_1+k\sigma_3}{1+k}\right)\\ \frac{1}{2}(\sigma_1+\sigma_2)-k\sigma_3=R_c\left(\sigma_2>\frac{\sigma_1+k\sigma_3}{1+k}\right)\end{aligned}\right\} \tag{4}$$

式中，R_c 和 R_t 分别为岩体的单轴抗压强度和抗拉强度。

对于常规三轴试验（$\sigma_1=\sigma_2>\sigma_3$ 或 $\sigma_1>\sigma_2=\sigma_3$），广义双剪应力准则[式(4)]则变为：

$$\sigma_1=k\sigma_3+R_c \tag{5}$$

可见，莫尔-库仑准则是广义双剪应力准则的特例。

广义双剪应力准则在二维应力空间（$\sigma_3=0$）中的平面极限迹线如图 7 所示。将表 3 中所列的双轴和单轴试验结果与广义双剪应力准则平面迹线对比，结果如图 8 所示，可见二者吻合较好。广义双剪应力准则较好地反映了 σ_2 对破坏的影响，物理意义更为明确，比莫尔-库仑准则更符合岩石类脆性材料的强度特性，值得进一步研究。新研制的拉-压真三轴仪恰恰为此提供了很好的研究条件。

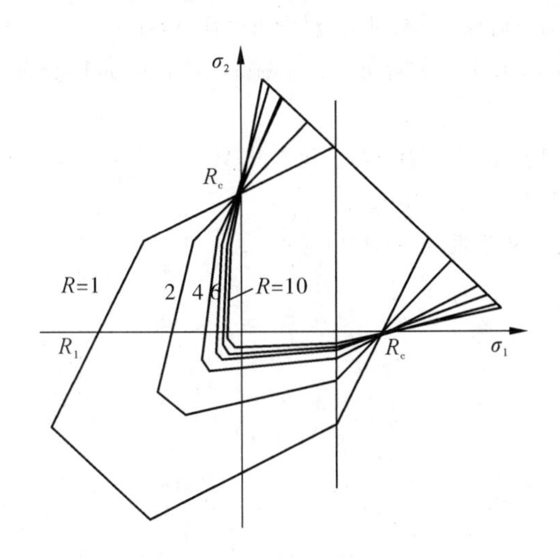

图 7　广义双剪应力准则的平面极限迹线

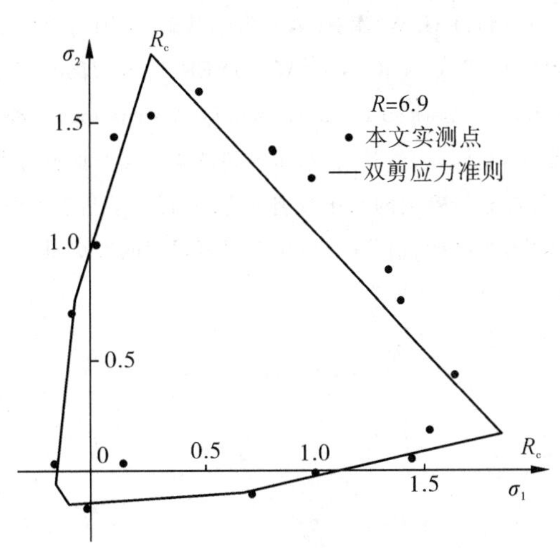

图 8　本试验结果与广义双剪应力准则平面迹线对比

6　结语

以上介绍了拉-压真三轴仪的设计、调试和应用结果，可归纳为几点结论：

(1)该设备整体和各部构件工作良好，主要技术指标和技术性能达到了技术要求。

(2)主体结构设计合理，轻便灵活，调整方便，具有足够的强度、刚度和良好的稳定性。

(3)拉伸试验结构采用双球铰连杆结构，有效地克服了受拉试件的弯曲和扭转效应，提高了试验精度。

(4)加载压头刚柔结合，横向同步效应和减摩效果均很突出。

(5)三向荷载独立控制，可满足各种不同应力比值试验的要求。

(6)液压控制系统安全可靠，操作方便，荷载精度较高。

(7)除能进行拉-压复合应力试验外，还可进行多种常规力学性能试验，具有一机多用的特点。

拉-压真三轴仪于 1990 年 10 月通过原工程兵部组织的鉴定。鉴定意见认为：该设备为国内首创，总体上达到国内最先进科学技术水平，某些方面达到国际水平，它的研制成功为研究软岩和岩体相似材料在拉-压复合应力作用下的变形、强度和破坏特征，提供了性能优良的试验设备。拉-压真三轴仪先后获得 1992 年军队科技进步二等奖和 1993 年国家科技进步三等奖。

今后拟实现该设备加载与控制系统的自动化，以进一步提高试验精度。

参加该设备研制工作的还有周立端、田志敏等同志。在研制过程中得到西南交通大学郑鸿泰教授的悉心指导，在此深表谢意！

参考文献

[1] J.C.耶格，N.G.W.库克.岩石力学基础.中国科学院工程力学研究所，译.北京：科学出版社，1981.

[2] EWY R T，COOK N G W，MYER L R. Hollow cylinder tests for studying fracture around underground openings. American Rock Mechanics Association，1988.

[3] 陶振宇，莫海鸿，吴景浓.水压致裂试验中岩石的破坏特性及判据.岩石力学与工程学报，1986，5(1)：41-50.

[4] 颜玉定.岩石室内的水压致裂研究.岩石力学与工程学报，1988，7(2)：115-124.

[5] 王振山，李跃明，俞茂鋐.应用于岩石强度的双剪准则.岩土工程学报，1990，12(4)：68-72.

预应力锚索对均质岩体的加固效应模拟试验研究

顾金才　郑全平　沈　俊　明治清

内容提要：本文采用相似材料模型试验方法研究了单根预应力锚索对均质岩体的加固效应，给出了在三种不同长度的锚索作用下岩体中的受力变形规律，分析了锚索长度、预应力数值等对加固效应的影响，并与有限元计算结果作了对比。

1　前言

预应力锚索加固技术自20世纪初问世以来，在世界范围内应用得越来越广，发挥的作用也越来越大，尤其在大型岩土工程中，几乎成了不可缺少的技术。自引进以来这一技术在我国也得到了迅速发展，特别是在水电工程中用量越来越大[1-3]。随着工程实践的不断丰富，锚索施工工艺和技术水平也不断提高。但应当看到，目前对锚索加固机理的认识还不够深入，还没有一套比较完善合理的设计计算方法，目前广泛采用的还是工程类比法或半理论半经验的方法[1-4]。这种状况在一定程度上影响了锚索加固技术的合理使用，引起了工程界的普遍关注。

为探讨上述问题，我们开展了预应力锚索加固机理与设计计算方法研究课题，该课题拟通过模型试验和理论分析相结合的方法进行研究。本文即为这一课题的系列试验研究内容之一。

2　试验概况

试验模拟的对象是中等偏软的均质岩体中单根预应力锚索的加固效应。模型尺寸为1.0m×1.0m×1.0m，锚索在模型中的布置如图1所示。设计应力比尺 $K_\sigma=10$，几何比尺 $K_L=30$，力的比尺 $K_p=9000$。

模拟锚索为自由锚索。锚索模拟材料采用 $\phi 6$ 锰钢，长度有三种，即30cm、50cm和70cm，相当于实际工程的9m、15m和21m，三根模拟锚索的内锚固段长度均为6cm(相当于现场的1.8m)。内锚头采用带有内螺纹的金属构件，用黏结材料预先埋设在介质中，其构造如图2所示，锚索体与内锚头之间采用螺纹连接。

外锚固是靠新研制的小型空心油缸张拉(其最大出力20.0kN)，螺纹螺母系统锁定。预应力数值由液压控制系统显示。

根据相似准则研制的岩体模拟材料，其配比及力学参数分别列入表1、表2中。

试验中测量了锚索周围一定范围内介质的变形状态。测试元件为应变计。测量断面布置在通过锚索轴线的模型中间截面上(图1)。测试仪器采用日本产7V08数据采集仪，进行巡回检测。试

刊于《华北水利水电学院学报》1994年第3期。

验时锚索预应力分级施加。每加一级荷载，进行一次读数。

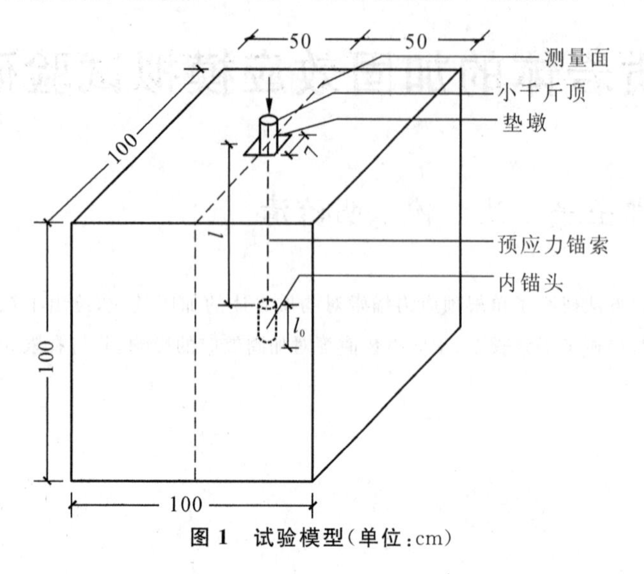

图1 试验模型(单位:cm)

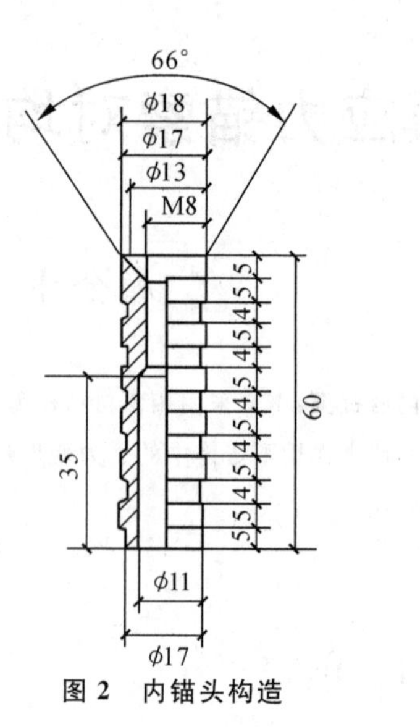

图2 内锚头构造

表1 岩体模拟材料配比

材料	水泥(425#)	砂	珍珠岩	水	氯化钙
配比(质量比)	0.58	4.68	0.23	1.0	0.007

表2 岩体模拟材料力学参数

弹性模量 E/GPa	泊松比 ν	单轴抗压强度 σ/MPa	内聚力 c/MPa	内摩擦角 φ/(°)
1.392	0.17	1.98	0.489	36

3 试验结果与分析

3.1 岩体轴向应变 ε_Z 沿锚索轴线随深度的分布特征

图3为三种长度的锚索在4级预应力作用下，沿锚索轴线岩体轴向应变 ε_Z(+为应变受压，−为应变受拉)随深度的分布形态，由图中可以看到：

(1)在垫墩下面 ε_Z 有较大的压应变集中，集中范围约为垫墩半径的3倍。

(2)在内锚头上部也产生了较大的压应变集中，集中范围约为内锚固段长度的2～3倍。

(3)在内锚固段内及其下部有较大的拉应变区，其最大值已接近内锚固段上部的最大压应变值。受拉区范围(由内锚固段中心算起)约为内锚固段长度的2倍。

(4)锚索长度和预应力吨位不影响 ε_Z 沿锚索轴线的分布特征，仅对应变数值大小有影响。一般地说，锚索预应力越大，各点位拉、压应变值也越大。

(5)内锚固段附近的拉、压应变值随锚索长度的增加而减少，其原因是锚索预应力沿孔壁有摩擦损失，摩擦力减少了内锚头受到的张拉力。

(6)锚索长度对垫墩下的应变分布特征及数值大小影响不大。

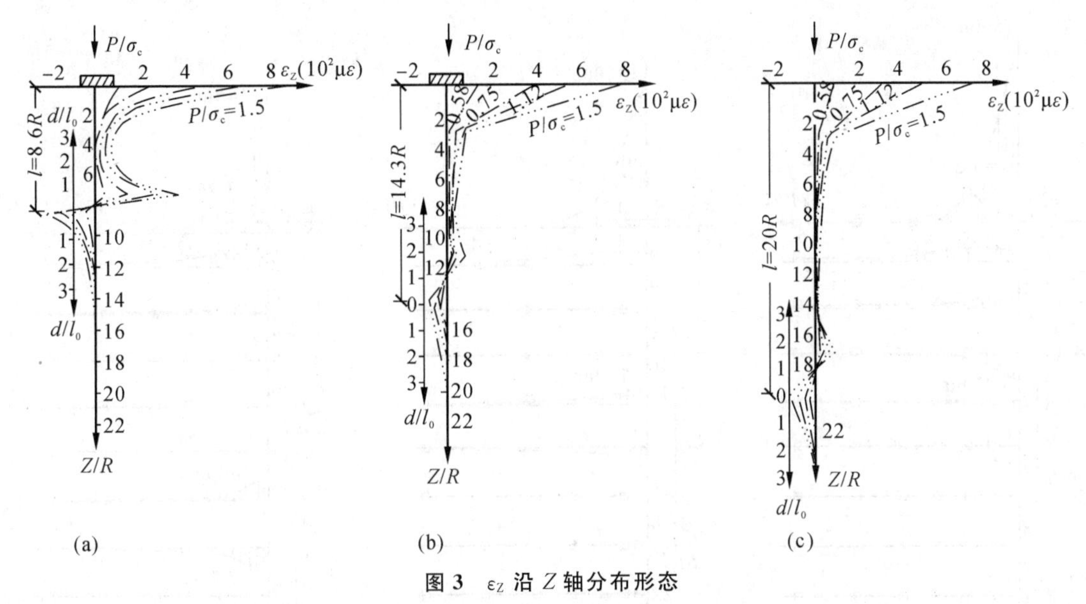

图 3 ε_Z 沿 Z 轴分布形态

(a)$l=8.6R$;(b)$l=14.3R$;(c)$l=20R$

由上述应变分布特征可以看出锚索预应力在岩体内部的分布是很不均匀的,在垫墩下面和内锚固段上部产生较大的压应力集中现象,在内锚固段内及其下部有较大的拉应变,因此要提高预应力锚索的加固效果,应使被加固面尽量地靠近压应力集中区,并要尽可能地防止内锚固段下部产生连续的受拉区,以免使岩体产生拉裂破坏。

3.2 在锚固区内不同深度上岩体轴向应变和径向应变沿水平方向的分布特征

图 4 和图 5 分别为锚固区内岩体中轴向应变 ε_Z 和径向应变 ε_r 在不同深度上沿水平方向的分布特征。由图 4 可以看出:

在锚固区内岩体轴向应变主要受压,最大压应变发生在锚索垫墩下,其他部位压应变数值都较小。在内锚固段中部,轴向应变受拉,但数值较小。在锚索周围 ε_Z 的最大受压范围发生在 $Z=2R$ 处,其有效范围约为锚索垫墩半径的 2～3 倍,其次是在岩体表面,有效受压范围约为锚索垫墩半径的 2 倍。

从图 5 可以看到,在锚固区内岩体径向应变在垫墩下受拉且数值较大,在岩体表面 R～$3R$ 处受压,但数值较小。在锚固段中部径向应变也受压,受压区范围约为 $2R$。其余部位径向应变数值都很小,工程意义不大。

从图 4、图 5 中可以看到,锚索长度对锚固区内不同深度上沿水平方向的轴向应变和径向应变分布特征没有多大影响。

由上述应变分布特征可见,垫墩尺寸是个重要参数,要使预应力在岩体表面较大范围内发挥作用,垫墩尺寸应足够大。从锚固区内岩体受压范围看,在工程设计中锚索水平间距采用 2～3 倍垫墩半径是合理的。

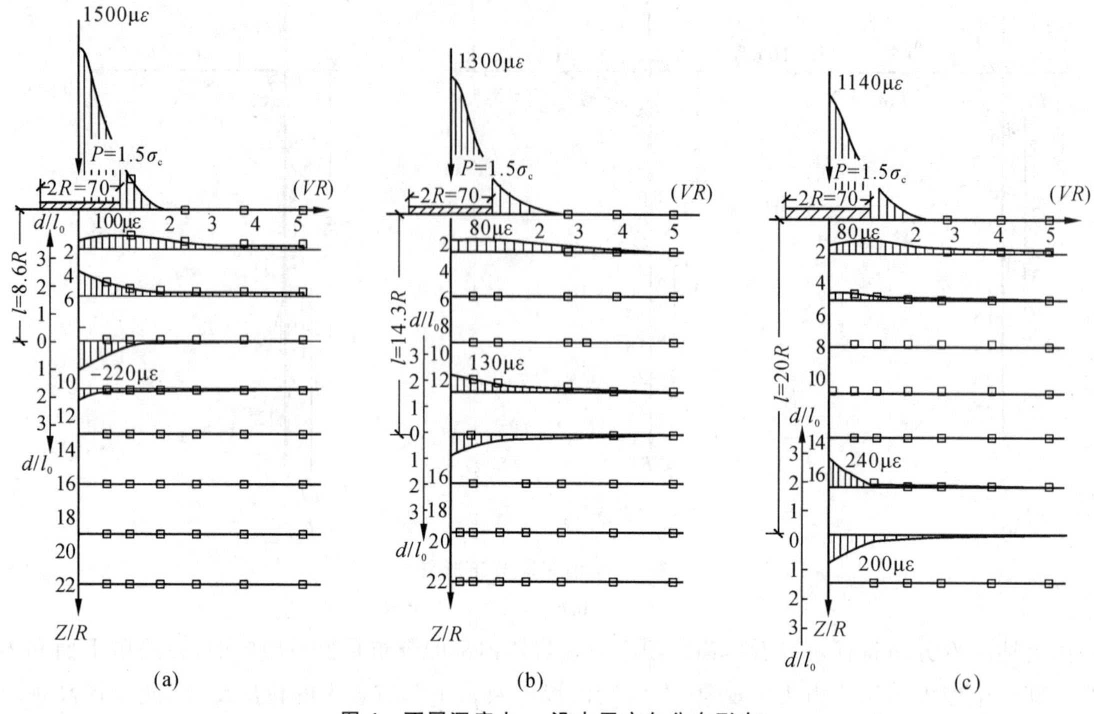

图 4　不同深度上 ε_Z 沿水平方向分布形态

(a) $l=8.6R$; (b) $l=14.3R$; (c) $l=20R$

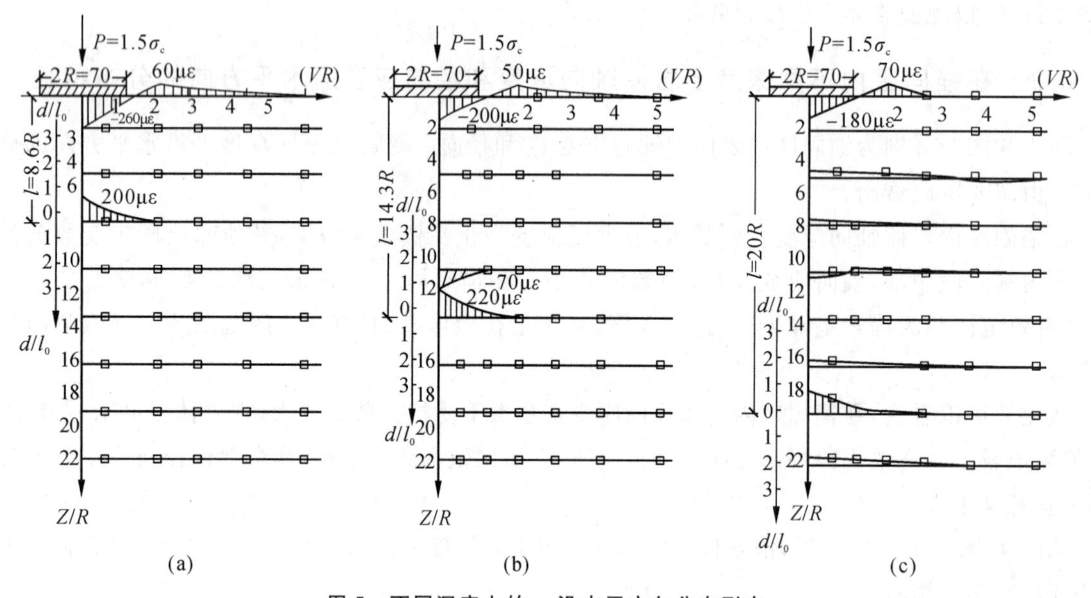

图 5　不同深度上的 ε_r 沿水平方向分布形态

(a) $l=8.6R$; (b) $l=14.3R$; (c) $l=20R$

3.3　ε_Z 等值线特征

三种长度的锚索在加固区内的 ε_Z 等值线如图 6 所示。从图中可以看出，锚索预应力在岩体内产生两个应力集中区，它们分别以锚索垫墩和内锚头为中心。这两个应力集中区随着锚索长度的不同可以重叠、搭接和相离，如图 7 所示。

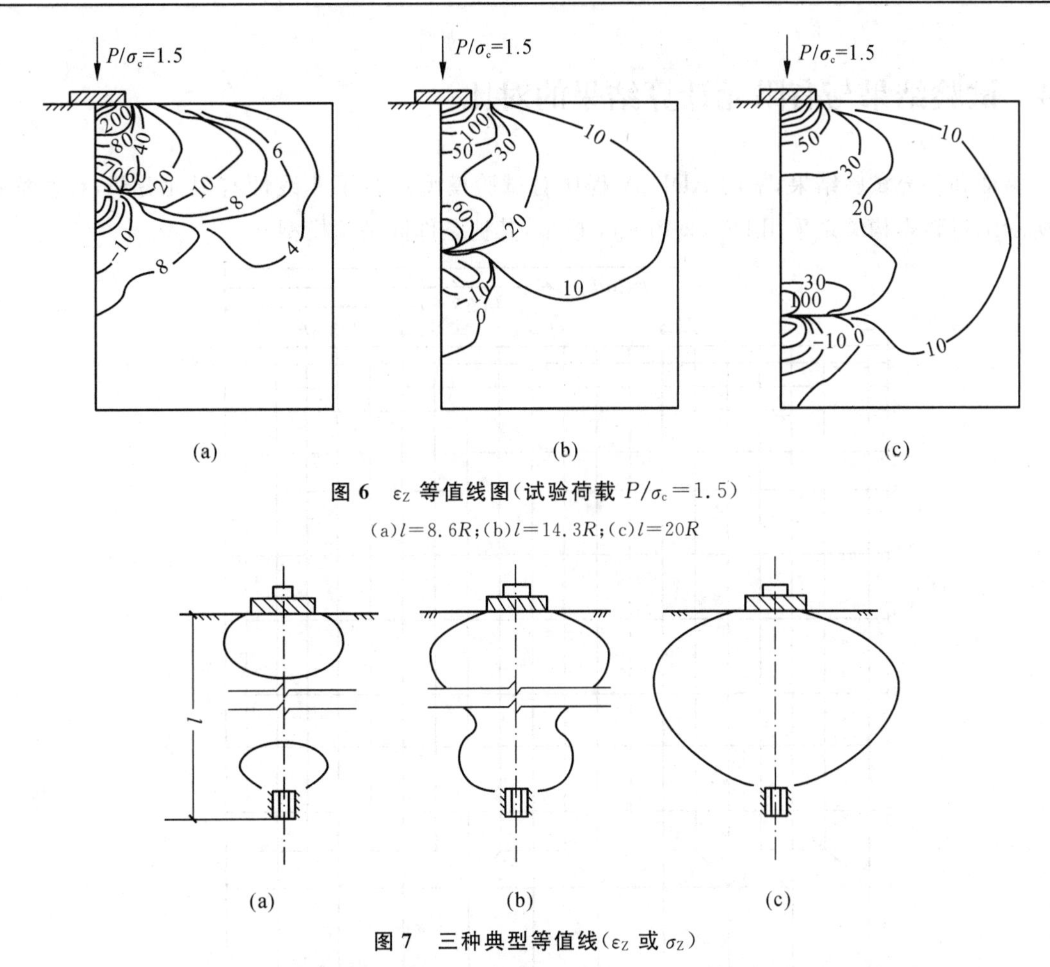

图 6　ε_Z 等值线图(试验荷载 $P/\sigma_c=1.5$)

(a)$l=8.6R$;(b)$l=14.3R$;(c)$l=20R$

(a)　(b)　(c)

图 7　三种典型等值线(ε_Z 或 σ_Z)

(a)较短的锚索;(b)中等长度的锚索;(c)较长的锚索

一般而言,实际工程中锚索长度与垫墩半径的比值大多数都超过 20,所以图 7(c)的形态具有普遍性。

根据上述情况,锚索预应力在岩体内的分布可以看成是由锚索垫墩和内锚头两者在岩体内引起的预应力叠加结果(图 8)。作为一种近似处理方法,当锚索较长($l>20R$),被加固面又靠近内锚固段或靠近锚索垫墩时,计算中可以只考虑锚索垫墩或内锚头的单独作用,忽略另一个的影响,这样做误差不会很大。

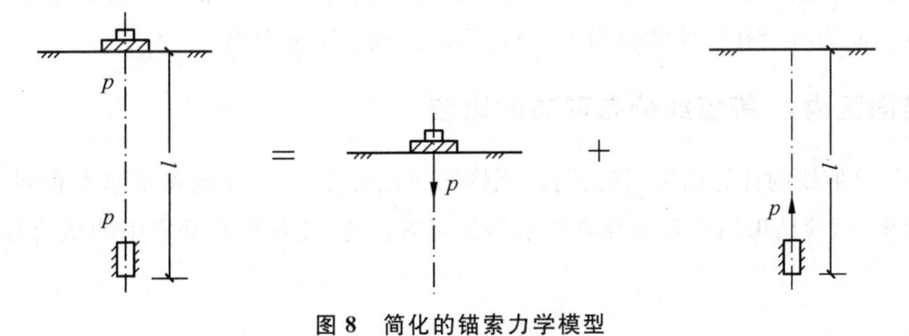

图 8　简化的锚索力学模型

关于上、下两个应力集中区中 σ_Z 的计算,建议外锚头产生的 σ_Z 利用布辛奈斯克解求得[5],内锚头产生的 σ_Z 可用明德林解积分求得[6]。笔者将以上两解制成了表格,可以很方便地查得,限于篇幅,这里不再赘述。

4 试验结果与有限元计算结果的对比

为验证和补充试验结果，采用 ADINA 程序对试验模型进行了非线性有限元分析，计算简图如图 9 所示。材料本构关系采用 Druck-Prager 模型，其他条件同试验模型。

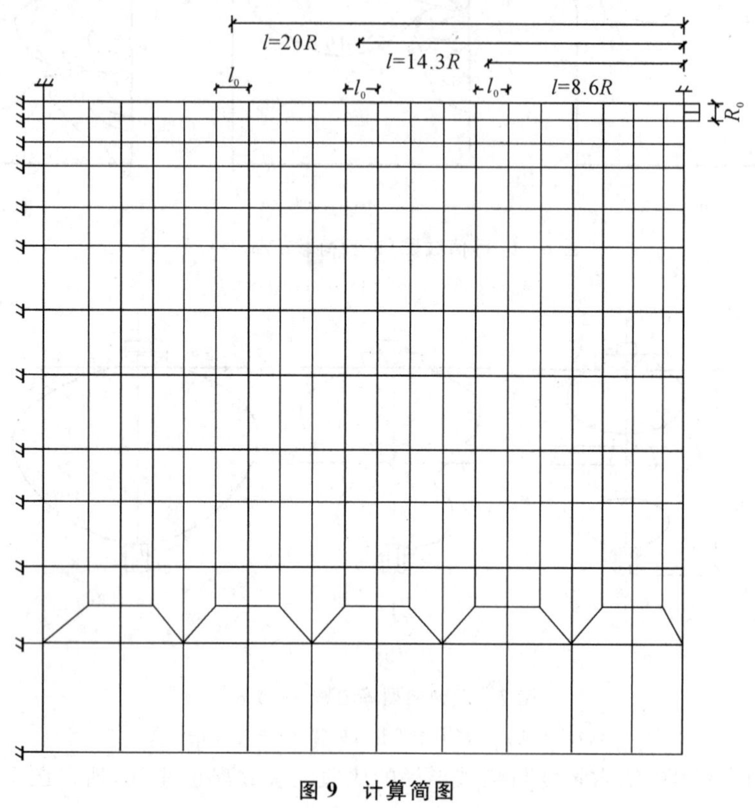

图 9 计算简图

4.1 沿锚索轴线岩体轴向应变 ε_Z 的分布形态对比

图 10 是由计算给出的 ε_Z 沿锚索轴线的分布形态，它与图 3 相比可以看出，二者 ε_Z 沿锚索轴线的分布形态基本相同，所不同的是内锚头附近拉、压应变值计算结果偏大，试验结果偏小，且试验中内锚头附近的拉、压应变值随锚索长度的增加而减小，计算中无此现象。产生上述差别的主要原因是试验中锚索预应力有沿孔壁的摩擦损失，而计算却忽视了这种影响。

4.2 锚固区内 ε_Z 等值线分布形态的比较

图 11 是 ε_Z 等值线的计算结果，将其与前面图 6 对比可见，二者主要特征基本相同。从上述两点对比中可以看出，试验结果与有限元计算结果是相当吻合的，说明我们所采用的试验技术是正确的、可靠的。

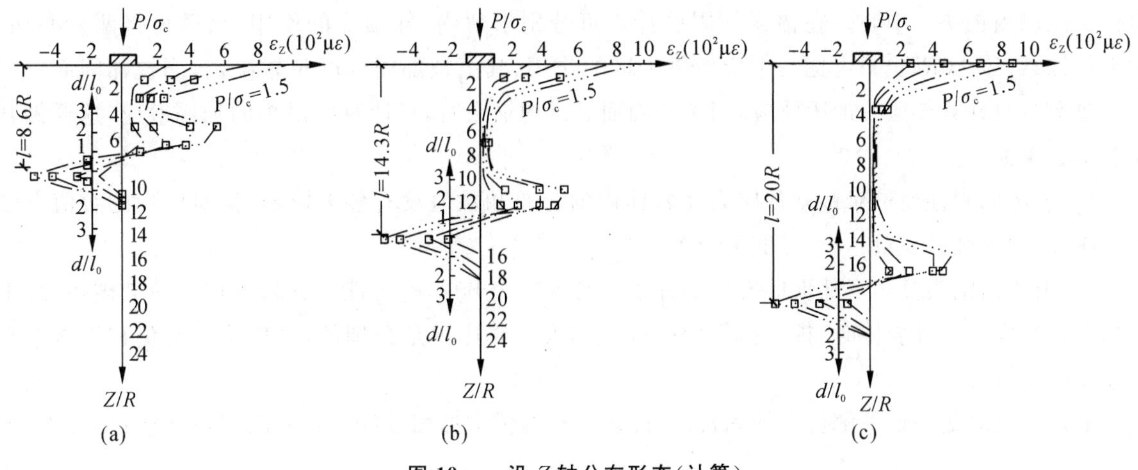

(a) (b) (c)

图 10　ε_Z 沿 Z 轴分布形态(计算)

(a)$l=8.6R$;(b)$l=14.3R$;(c)$l=20R$

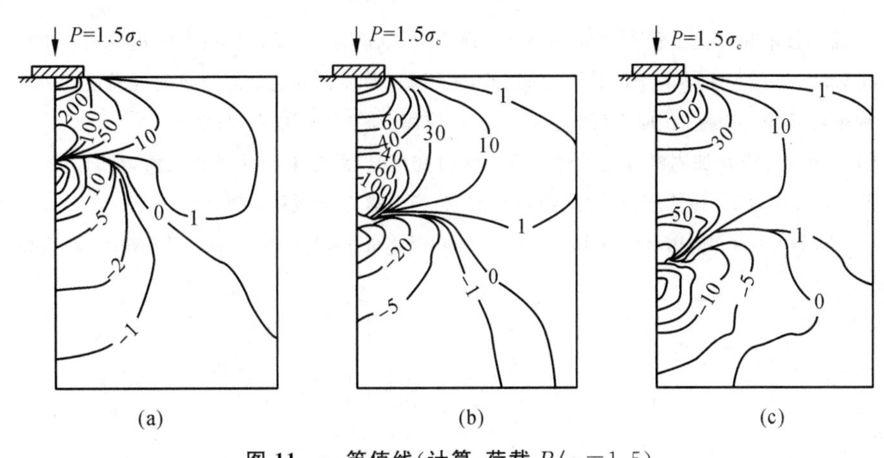

(a) (b) (c)

图 11　ε_Z 等值线(计算,荷载 $P/\sigma_c=1.5$)

(a)$l=8.6R$;(b)$l=14.3R$;(c)$l=20R$

5　结语

通过本次试验及相应的有限元分析,对于单根锚索对均质岩体的加固效应,提出以下几点初步看法:

(1)试验结果与有限元计算结果在多方面表现了良好的一致性,证明试验方法是正确的,试验技术是可靠的。

(2)锚索预应力在岩体内的分布是不均匀的,在垫墩下和内锚头上部附近产生较大的压应力集中现象,在锚索中间部位压应力数值较小,在内锚头及其下部一定范围内有较大的受拉区。

(3)锚索预应力在垫墩下面产生的压应力集中范围约为垫墩半径的 3 倍,在内锚头上部产生的压应力集中范围约为内锚固长度的 2～3 倍,在岩体表面水平方向锚索预应力的影响范围约为垫墩半径的 2～3 倍。

(4)锚索长度和预应力吨位对岩体内的预应力分布特征及应力集中范围没有多大影响,它们只影响应力、应变的数值大小。

(5)锚索预应力在岩体内产生上、下两个应力集中区,上部的应力集中区以垫墩为中心,下部应力集中区以内锚头为中心。在锚索加固设计中可分别求解内、外锚头的作用，然后再将两者叠加。对于长锚索($l>20R$)也只考虑一个应力集中区的作用，其由被加固面的位置决定，当被加固面靠近锚索垫墩时只计算垫墩的加固效应，当被加固面靠近内锚头时，只计算内锚头的加固效应，这样做其误差不会很大。

(6)岩体的弹性模量对锚索预应力在岩体内的分布和数值没有多大影响，但对应变的数值有较大影响，表现为弹性模量越小，应变值越大。

(7)由于内锚头及其下部附近岩体中有较大的拉应变出现，有可能引起岩体产生拉裂破坏，故工程中遇到软岩或破碎岩体时，扩大锚根处孔径或加大注浆压力是合理的，并应尽量避免在岩体中产生连续的受拉区。

上述几点对更好地理解锚索加固机理，确定合理的锚索加固设计计算方法都是有益的。

参考文献

[1] T. H. 汉纳. 锚固技术在岩土工程中的应用. 胡定，邱作中，刘浩吾，等译，北京：中国建筑工业出版社，1986.

[2] L. Hobst，J. Zaicj. 岩层与土体的锚固技术. 陈宗严，王绍基，译. 北京：冶金部建筑研究总院，1982.

[3] 水利水电地下建筑物情报网. 预应力锚固技术与工程应用. 地下工程技术，1986.

[4] 张新乐，沈俊. 预应力锚索加固机理与设计计算方法研究概况. 总参工程兵科研三所，1991.

[5] S. 铁摩辛柯，J. N. 古地尔. 弹性理论. 徐芝纶，译. 北京：高等教育出版社，1990.

[6] MINDLIN R D. Force at a point in the interior of a semi-infinite solid. Proc. 1st Midwestern Conf. Solid Mech.，1953：56-59.

黄河小浪底导流洞
1号施工支洞口部预应力锚索加固

顾金才 刘建武 张 勇 沈 俊 张新乐*

内容提要:1号施工支洞口部在扩挖过程中出现严重开裂,采用15根1000kN级和10根800kN级锚索分别对拱部及仰坡进行了加固,效果良好。本文简单介绍了工程概况、设计原则、参数选择以及施工工艺和加固效果。

1 概述

黄河小浪底水利枢纽工程是国家"八五"重点工程。导流洞施工支洞是其前期工程,它是导流洞整个施工过程中施工人员、机械设备、材料进出的唯一通道。

原1号施工支洞进口处约20m长的洞室面积为3m×4m,接着是15m×9m的试验大洞室,根据工程建设的需要,进口处的20m洞室应扩挖至9.4m×7.3m。当完成口部约11m长的洞室扩挖时,在洞口仰坡上、洞室拱部上方岩体中出现多条裂缝,其宽度一般为4~6mm,最宽的达10mm,裂缝方向近似水平,基本上沿岩体层面发展,最远的一条裂缝距拱顶约8.6m。

上述破损围岩如不及时治理,不仅有可能引起洞室较大的塌方,而且还会危及拱顶上方仰坡坡脚的稳定。为此,原施工单位及时采取了喷锚网支护予以加固。然而,1号支洞头部的围岩已发生较大范围的严重破损,这时进行喷锚支护已无法限制坡脚向外变形,不能维持坡脚的稳定。考虑到1号支洞的使用期长达5年,在这种条件下,最合理且最有效的加固措施便是预应力锚索。

受小浪底工程建设管理局和黄河水利委员会勘测规划设计研究院的委托,我部承担了该项工程设计和施工任务。1992年2月初完成设计,2月中旬进场,4月初完成施工任务。

2 工程地质条件

1号支洞围岩属于Ⅲ类,口部及仰坡由于风化、开挖、爆破等因素的影响,围岩指标实际上低于Ⅲ类。

1号支洞地质纵断面如图1所示。岩层倾角10°~12°,层厚0.5~1.0m。岩层被两组近乎垂直的节理切割,第一组节理走向NW270°~290°,倾向SW,倾角80°~85°;第二组节理走向NW325°~350°,倾向SW,倾角约80°,节理密度平均为0.5~1.0条/m。仰坡上方的T_1^{3-2}岩层是钙泥质粉砂岩,口部洞室所处的T_1^{3-1}岩层则以钙硅质砂岩为主,夹有少量层状钙泥质粉砂岩或粉砂质泥岩。可见,口部围岩为不连续块体,岩质较差。

---

* 参加本文研究工作的还有曹长林、陈春琳、明治清等。

本文收录于《中国锚固与注浆工程实录选》。

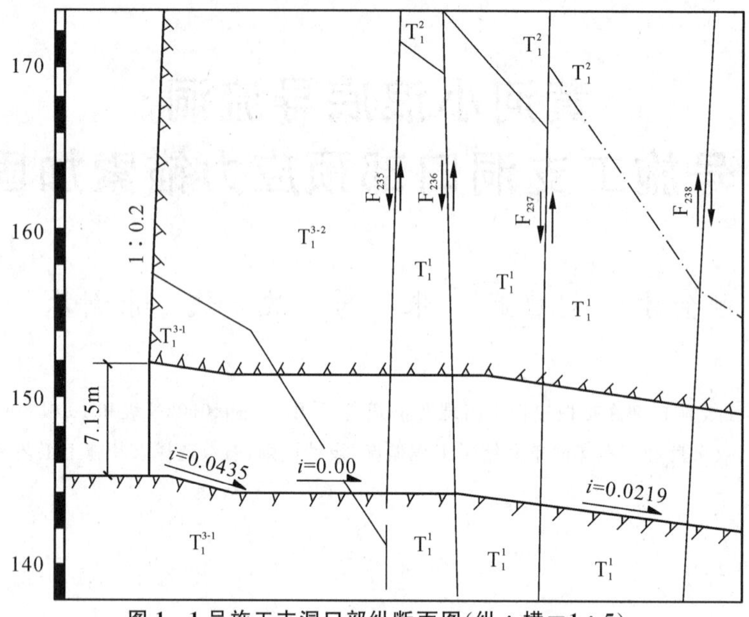

图1　1号施工支洞口部纵断面图(纵：横=1：5)

3　加固原则与参数选择

1. 加固原则

根据现场情况,确定1号支洞口部的加固原则为:以洞内加固为主,仰坡加固为辅。在确保加固质量的前提下,尽量缩短工期,减少对支洞掘进作业的影响。由此原则确定加固内容和范围如下:

(1)对已扩挖的11m段进行拱部加固,使已松动的拱部上方岩体得以稳定。

(2)在仰坡上对洞室上方及拱脚一定范围内的坡面进行加固,防止坡脚产生较大水平位移而引起仰坡失稳。

2. 锚索布置方案及参数选择

(1)洞内锚索。洞内锚索沿轴向布置三排,每排5根,共15根,沿拱圈径向布置。为使每根锚索穿过较多的岩层同时又确保内锚固的安全可靠,各排锚索均向洞内倾斜,与洞轴线成67°夹角。第一排锚索距洞口2m,各排的轴向间距为3.5m。同一排中各根锚索的环向间距约为3m。各排间轴向间距较大是为了使最后一排锚索尽量靠近扩挖作业面,第一排距洞口较近则是为了使口部破坏最严重的岩层得到最有效的加固。

锚索长度是依据岩体破损深度加内锚固段长度再加一定安全余量确定的。鉴于口部岩体质量较差,内锚固段长度取5m。这样确定洞口第一排锚索长20m,第二排长18m,第三排长20m。三排锚索长度有所区别主要是为了避免内锚固段附近的岩体出现连通的拉裂区。

锚索结构形式为自由锚索,这是为了缩短工期和有利于调节锚索体内局部应力集中而选定的。

锚索承载力根据最大可能的岩体坍落重量确定。根据1号支洞口部断面尺寸(9.4m×7.3m)和岩体条件,参考现有的围岩破坏深度的计算方法,如普氏理论、太沙基理论以及我部以往所做的现场试验和室内模拟试验成果,认为该洞室最大可能的坍落高度为4～5m(在仰坡上观察到的破损范围较大是受仰坡临空面影响之故)。若按围岩坍落高度为4m、容重为25.5kN/m^3、每根锚索负担面积为10.5m^{2}考虑,每根锚索所需承载力约1078kN,再计及此前已采取喷锚网加固措施,确定每根锚索的承载力为1000kN。为此,选用5根7ϕ5钢绞线作为锚索体,其极限承载力为1050kN。

锚索预应力定为 600kN。按规定其不能大于锚索体极限承载力的 65%。若预应力太大，不仅会使内锚固段附近岩体承受过大的拉应力，还会引起洞脸上部岩体因径向压缩而产生较大的水平变形，对坡脚稳定不利。

图 2、图 3 分别为洞内锚索横向和纵向布置图。

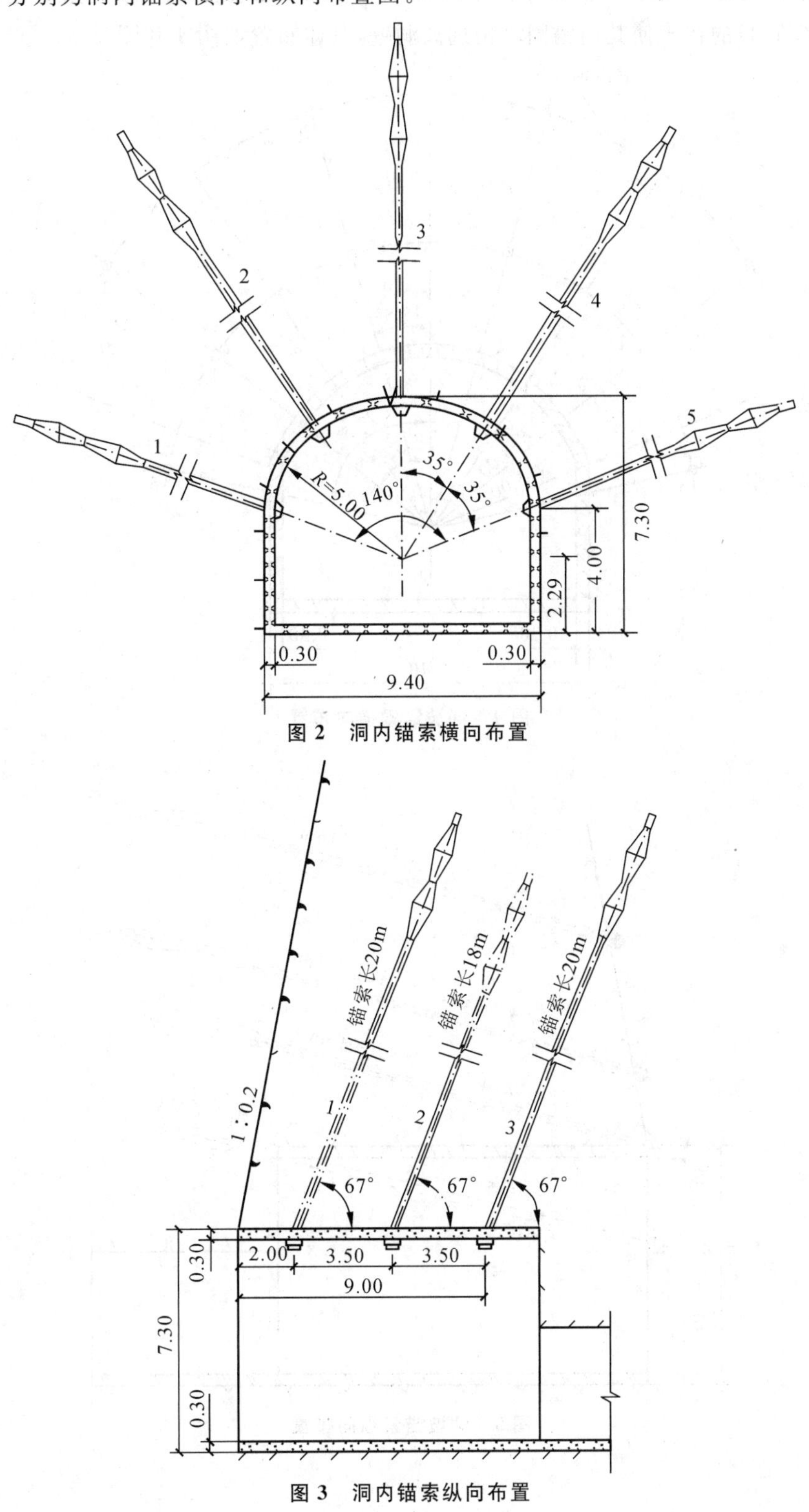

图 2　洞内锚索横向布置

图 3　洞内锚索纵向布置

(2)仰坡上环绕洞室拱部的锚索。在仰坡上环绕洞室拱部设置锚索是为了限制洞脸附近仰坡的水平位移,进一步加强头部围岩的承载能力,弥补由于洞室开挖对上部坡脚支撑力的削弱。

仰坡上锚索的布置方案是环绕洞室拱部布置两排,第一排距洞室边缘 3m,第二排距洞室边缘 7m,第一排 6 根,第二排 4 根。所有锚索向上仰角 15°,而 5 号锚索还要向洞周倾斜,与过轴线的铅垂面成 5°～10°夹角,目的在于使其内锚固段稍远离洞壁,具体布置如图 4 和图 5 所示。

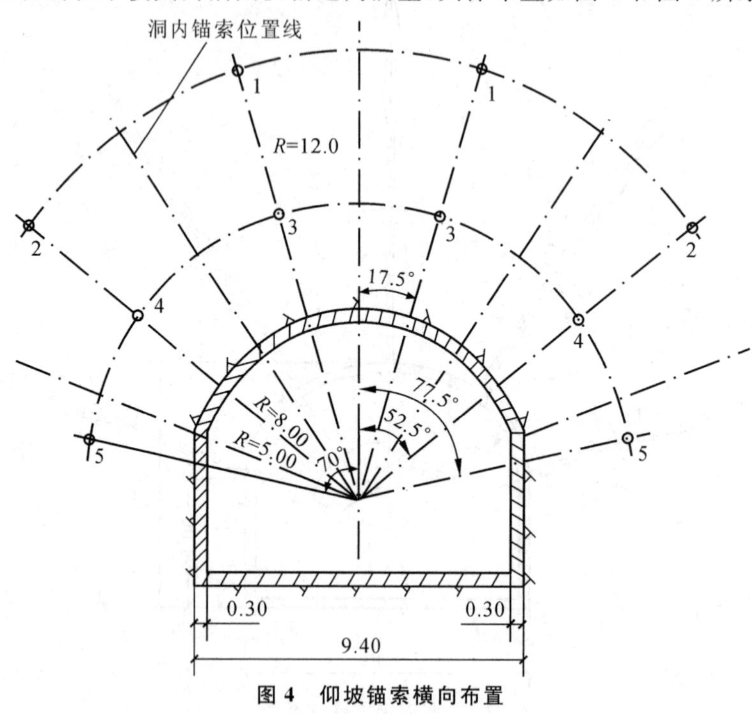

图 4　仰坡锚索横向布置

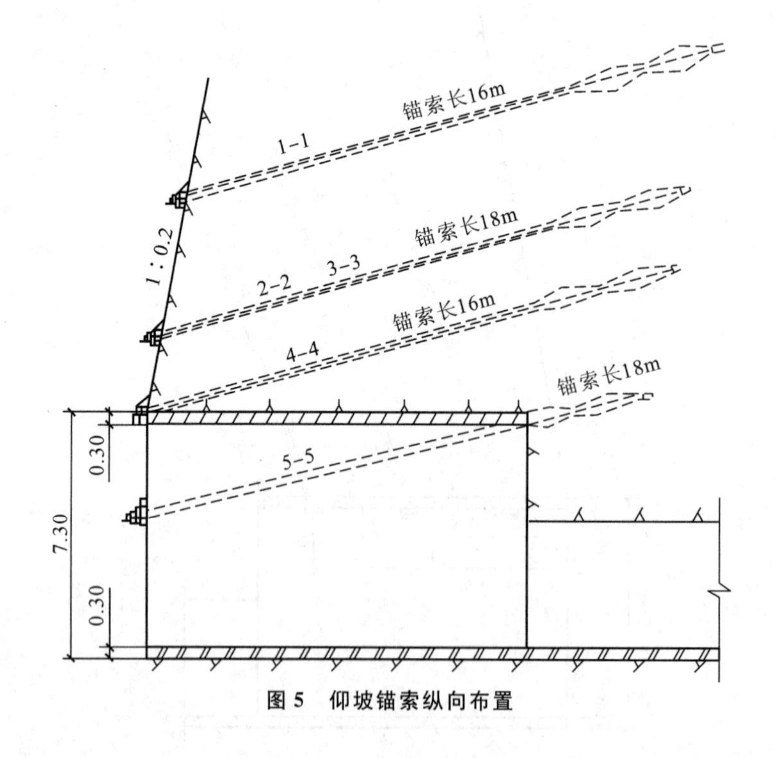

图 5　仰坡锚索纵向布置

锚索的长度取16m和18m两种，锚索也呈交错布置，目的同样是为了避免在深部岩体中形成较大的受拉区。长度的确定原则同前。

每根锚索承载力按784kN考虑，取4根7ϕ5钢绞线即可。施加预应力392kN，目的有三个：把已松动的坡脚表层岩体适当压实；把岩体内两组近似垂直的节理在一定程度上压紧；部分抵消洞内锚索施加预应力时引起的侧向膨胀。这样就能够及时、有效地限制仰坡的水平位移，大大改善其稳定性。

锚索结构形式也为自由锚索。

4 施工工艺及保质措施

(1)钻孔。根据锚索的承载力级别，确定均采用ϕ110mm的锚索孔。钻孔机具为QZJ-100B型潜孔钻机。为了确保锚索能按设计长度推送到位，实际钻孔深度一般大于设计孔深(15～30cm)。锚索孔位和角度严格按照设计要求控制，部分锚索孔位根据现场情况做了适当调整，其实际孔位与设计孔位之误差均控制在±20cm，方位角采用罗盘仪控制，其实际方位角与设计方位角之误差小于±5°。

(2)锚索长度。锚索长度是锚索设计的一个重要指标。为了锚索张拉和推送的需要，锚索施工长度均按“设计长度+(0.6～0.8)m”截取。自由段长度则为“锚索设计长度－内锚索段长度”。25根锚索的长度均达到设计要求。

(3)锚索材料。该工程锚索体材料为天津某钢丝厂生产的预应力钢绞线，该材料的主要技术参数见表1。

表1 钢绞线主要技术参数

钢绞线直径/mm	15
直径偏差/mm	+0.40～－0.20
横截面面积/mm²	139.98
强度级别/(N/mm²)	1568
整根破断荷载/kN	220
屈服荷载/kN	187
伸长率/%	3.5

在制作锚索的过程中应仔细检查，杜绝使用表面有损伤的钢绞线。

(4)锚索自由段隔离处理。锚索自由段隔离处理是锚索制作的关键工序之一，其质量好坏直接影响到锚索的受力性能和加固效果。锚索进行隔离处理后，要求锚索在工作状态下的应力和应变可在自由段长度范围内自由调节，而且要能保护锚索体不被地下水和有害气体腐蚀。本工程的隔离层采用“防锈剂+黄油+聚氯乙烯波纹套管”的处理方法，并在自由段与内锚固段的结合部做了密封处理，确保砂浆不流入隔离层。从实际张拉过程可以看到，锚索体张拉到预定张拉力后在很短的时间(0.5～1min)内油压表即可稳定。这表明隔离层与锚索体间的摩擦力很小，预应力自外向内传递并达到受力平衡的时间很短，上述处理方法是可靠的。

(5)锚索组装。该工程锚索的制作均采用了制式加工件，从而大大减少了组装锚索的工作量，且制成的锚索外观整齐、美观。锚索组装时，要求各股钢绞线顺直、不得相互交叉。为保证锚索体在孔中居中以使其周围均有一定厚度的砂浆保护层，使用了对中支架，并根据锚索组合刚度确定其与对中支架的距离为1.4～1.6m。为了提高单位长度内锚固段的承载力，按常规方法将内锚固段制成连续枣核状。

排气管选用$\phi 8\times 1.5$mm的厚壁聚氯乙烯管。为了减小注浆压力，每根锚索采用两根排气管，均沿两根钢绞线之间的槽沟全长布设，以防推送时排气管受压而堵塞。排气管长度取"锚索长度+1.0m"。

(6)锚索推送。为了便于锚索的推送和保证注浆体与孔壁的黏结强度，要求在推送前认真清孔，将孔口残留的碎石、泥土、岩粉清理干净。锚索在推送时要求孔口部居中推入，防止损坏隔离层。在推送过程中，要不断检查排气管是否畅通，如排气管堵塞，应将锚索拔出排除故障后再推送，以锚索就位后排气管畅通为准。

(7)锚索注浆。该工程选用425号普通硅酸盐水泥和三乙醇胺早强剂及中细河砂作为基本注浆材料。对注浆体试件所做的力学试验表明，砂浆的强度大于20MPa。

为了保证注浆体在锚索孔内全长注浆的连续与饱满，该工程采用了全长一次注浆施工工艺，对于部分小倾角锚索采用了全方位注浆工艺。注浆压力一般为0.4～0.6MPa，最大者为1.0～1.5MPa。由于岩体破碎，所以注浆量较大，实际注浆量与理论注浆量之比一般为1.9～2.4，最大的达3.3。

(8)张拉。该工程施加预应力采用标定的油路系统控制，量测锚索用压力传感器控制。从张拉可以看出油压表和传感器显示的结果基本一致。为了确保预应力吨位，对锚索进行了超张拉，超张拉值为8.3%～15%。张拉所用千斤顶型号为QYC-230型。

(9)不均匀性的控制。多股钢绞线组合成的锚索在张拉时都存在着各股钢绞线受力不均匀的问题，我们将每一股钢绞线应力与各钢绞线平均应力之比($T_i/\overline{T}$)称为不均匀系数。通过试验我们得出如下结论：一次张拉钢绞线的股数越多，其不均匀系数越大；锚索的不均匀系数随张拉力的增加有所减小；锚索的不均匀系数只与钢绞线的股数有关，而与锚具类型无关。

为了尽量减小不均匀性，我们采取了"单根、对称、循环"的张拉工艺，效果良好。

(10)外锚固段的保护。外锚固段位于空气中，在长期工作中可能会由于空气和水的影响导致外锚具的锈蚀和锚索性能降低。为此，采取了如下保护措施：

在外露金属件表面涂刷防锈剂；

在锚具与垫板之间的空隙中灌注黄油；

在外锚具上制作砂浆防护帽。

5 加固效果评价

通过试验研究和现场观测，锚索对洞室的加固可达到如下效果：

(1)锚索的预应力可以为围岩提供一个侧向压应力，能改善围岩的受力状态，提高围岩的强度，并与锚索相互作用来共同承受围岩压力。根据锚索的作用范围，1号施工支洞加固后拱部围岩可形成一个连续的压缩区，如图6所示。

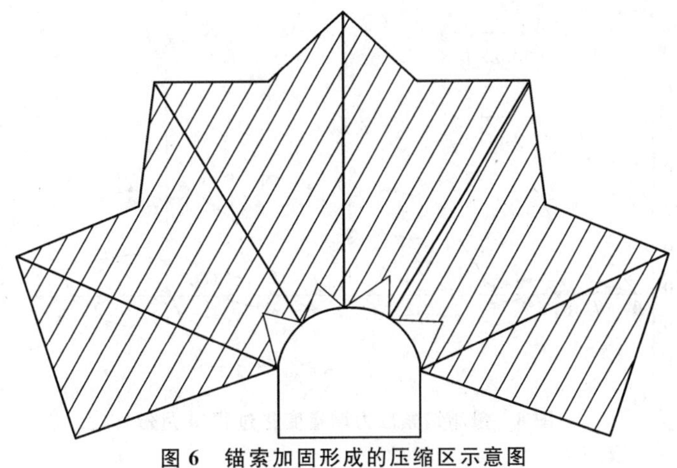

图6　锚索加固形成的压缩区示意图

(2)由于锚索预应力的作用,锚索可将一定范围内的破碎围岩压密,使之成为更为完整的岩体。我们曾用超声波测量某地下洞室围岩采用锚索加固前后的声波曲线(图7),从图中可明显看出,加固后的声波曲线较加固前有明显的改善,特别是洞壁附近3m左右的围岩的声波速度大为增加,且消除了声波突变现象。说明经锚索加固后,原破碎围岩的密实度有所增加。

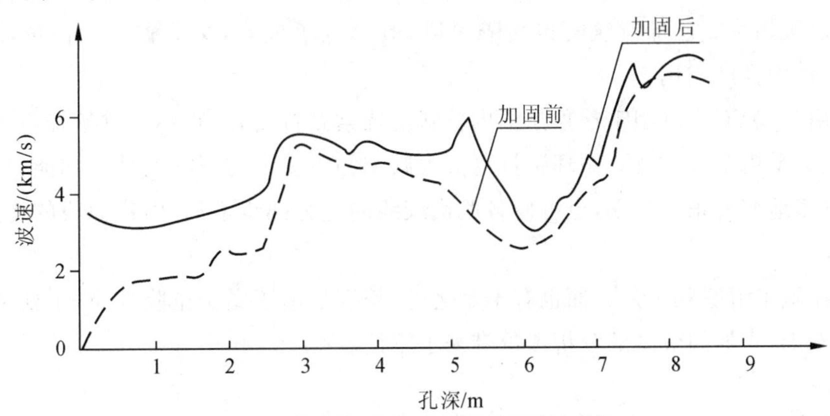

图7　锚索加固前后实测围岩波速对比

(3)由注浆统计可以看出,锚索的实际注浆量是理论注浆量的2～3倍,说明锚索注浆时有相当一部分砂浆被压入裂隙和充填破碎区,这也可以起到增加围岩的整体性、提高岩体强度的作用。

为了评价本工程锚索的加固效果,在洞室内的拱脚或拱顶处共设置了5个压力传感器,用以观测锚索在工作状态下的应力变化情况。实测结果如图8所示。

从图8可以看出,拱部锚索应力增量普遍比拱脚大,说明拱部岩体变形较大。同样位于拱部,靠近洞口的2-3号锚索的应力比里面的3-3号锚索(相距3.5m)应力增加更多,说明洞室由内到外的变形分布逐渐增大。随着洞室变形的增加,锚索对洞室变形的约束力也相应增加,5根量测锚索的应力逐步趋于稳定状态。

锚索施工期间,洞室掘进在交叉作业,其间洞内放炮两次,第一次引起了较大的应力增量(1-5号除外),而相隔5d后的第二次放炮则对锚索应力影响甚小,说明口部围岩已基本稳定。对仰坡上裂缝的现场观测也表明了这一点,仰坡上锚索钻孔期间(此时洞内锚索尚未施工)观测到裂缝在明显加宽,有的裂缝5d内增宽7～10mm,到洞内锚索施加预应力后,裂缝逐步稳定,基本不再有新的发展。

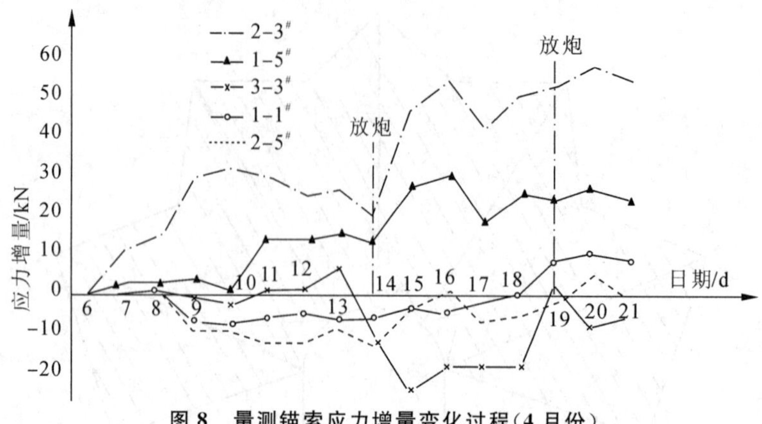

图 8　量测锚索应力增量变化过程(4 月份)

6　结语

对 1 号支洞口部破损岩体采用预应力锚索进行加固是必要的,"洞内加固为主,仰坡加固为辅"的设计原则是正确的,所选择的锚索参数较为合理,加固效果良好。

施工中首次采用聚氯乙烯波纹管包裹隔离段,既降低了成本,又节省了工作量,隔离效果也很好,可在其他工程中推广应用。

本工程采用的 QYC-230 型千斤顶是国内较新的锚索张拉设备,它不仅重量轻,且张拉工序大为简化,方便施工。采用单根、对称、循环张拉可大大减小锚索受力的不均匀性。如能采用多个千斤顶同时张拉,可更多地缩短张拉工期,也可使各股钢绞线的受力同步增加,内锚固段的受力条件将更为有利。

本次施工在施工组织和工艺方面也有不足之处,特别是由于属于抢险性质,工期又很紧,监测方面的工作做得不细,给加固效果的分析评价带来了不便。

预应力锚索锚固洞室洞壁位移特征试验研究

顾金才　明治清　沈　俊　郑全平　陈安敏

内容提要：本文根据模型试验结果，对锚固洞室与非锚固洞室洞壁位移特征作了分析比较，给出了全长黏结式锚索与自由式锚索对洞室加固效果的区别，指出了外锚头带弹性元件对保证锚索后期加固效果的重要作用。

1　前言

目前，预应力锚索在加固大型洞室工程中获得了广泛应用，并取得了巨大成功，但到目前为止仍有不少问题尚待弄清。例如：预应力锚索与非预应力锚索、全长黏结式锚索与自由式锚索对洞室的加固效果究竟有什么不同；锚索预应力的大小对加固效果有何影响，等等。这些问题直接影响到锚索的合理应用和正确推广，因而受到工程界的普遍重视。

为了探讨上述问题，开展了预应力锚索对洞室加固效果的地质力学模型试验，系统地研究了自由式锚索与全长黏结式锚索对洞室的不同加固效果，以及锚索预应力的大小对加固效果的影响等。通过试验给出了不同加固方案下洞室的宏观破坏现象、洞壁位移特征、洞周应变场分布形态以及锚索预应力随洞室开挖产生的变化。限于篇幅，这里只介绍不同锚固方案下洞壁的位移特征，其他内容将另文发表。

2　试验概况

这次试验共做五块模型，各模型特点见表1。试验中应力比尺 $K_\sigma=10$，几何比尺 $K_L=80$，张力比尺 $K_T=K_\sigma^2K_L^2=6.4\times10^4$。

表1　试验模型及特点

模型编号	Ⅰ	Ⅱ	Ⅲ	Ⅳ	Ⅴ
锚固方式	毛洞	无弹性元件 自由式锚索	带弹性元件 自由式锚索	带弹性元件 自由式锚索	带弹性元件 全长黏结式锚索
锚索长度/cm		10	10	10	10
内锚固段长/cm		3	3	3	
锚索预应力值/N		拧紧垫板螺母	15	30	30

模型尺寸如图1所示。模型介质材料为石膏砂，其配比（按质量计）为：石膏∶砂∶可赛银∶水

本文收录于《岩石力学理论与工程实践》。

=1∶10∶1∶1.46。另外还在水中掺加相当于1‰石膏质量的柠檬酸作为缓凝剂。按上述配比制得的模型介质材料力学参数见表2。

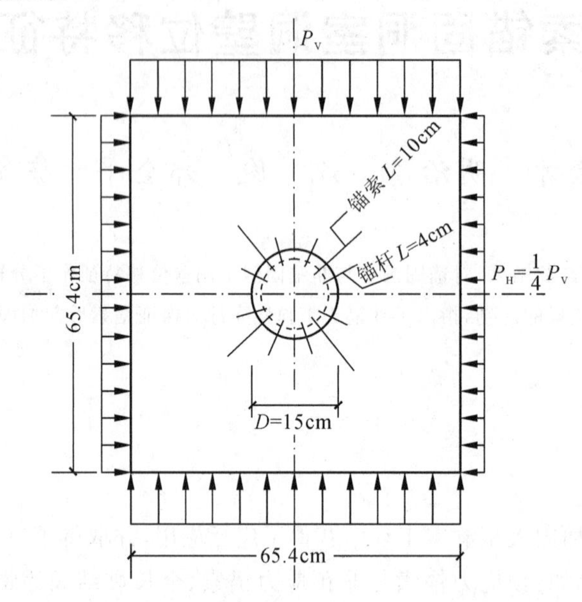

图1　试验模型(厚度 δ=20cm)

注:锚索在模型中的布置呈梅花形,间距5cm×5cm。在两根锚索之间还布置一根小锚杆。

表2　模型介质材料力学参数

σ_c/MPa	σ_t/MPa	E/MPa	ν	c/MPa	φ/(°)
1.7	0.17	2.0×10^3	0.10	0.35	42

模型制作采用钢模夯实法成型,即将每块模型分层上料,分层夯实,然后刮平表面,以此来保障模型介质材料的均匀密实度。

锚索模型材料采用 ϕ2mm 的铝丝(锚杆模型材料采用 ϕ0.8mm 的铜漆包线),注浆材料采用配比为石膏∶水∶柠檬酸=1∶0.8∶0.0006的混合物模拟。

自由式锚索的自由段是通过在自由段长度范围内的杆体上缠裹一层塑料薄膜将杆体与浆液隔开形成的。另外为了增加自由式锚索的锚固力,又把其内锚固段部位的杆体对称交错地砸成扁平体,如图2所示。

为了施加和监测锚索的预应力,在Ⅲ～Ⅴ模型的外锚头上施加了一个应力环,其结构尺寸见图3。每个应力环也相当于锚索外锚头的一个弹性元件。

锚索和锚杆的安装是采用预埋法完成的。具体做法如下:在制作模型时用金属内模预留洞室,在介质材料初凝之前,通过内模上的锚索和锚杆孔分别用 ϕ3mm 和 ϕ2mm 的金属丝,按锚索、锚杆长度插入洞室周围介质内,然后再将其拔出,这样就在介质内预留好了锚索、锚杆孔。然后拆除内模,烘干模型。在安装锚索、锚杆时先将石膏浆注入孔内,再迅急插入锚索、锚杆,并保持其静止不动,直到石膏浆发生初凝为止。当所有锚索、锚杆安插完毕后再用与模型介质相同配比的材料把洞室回填起来,并再次烘干模型。

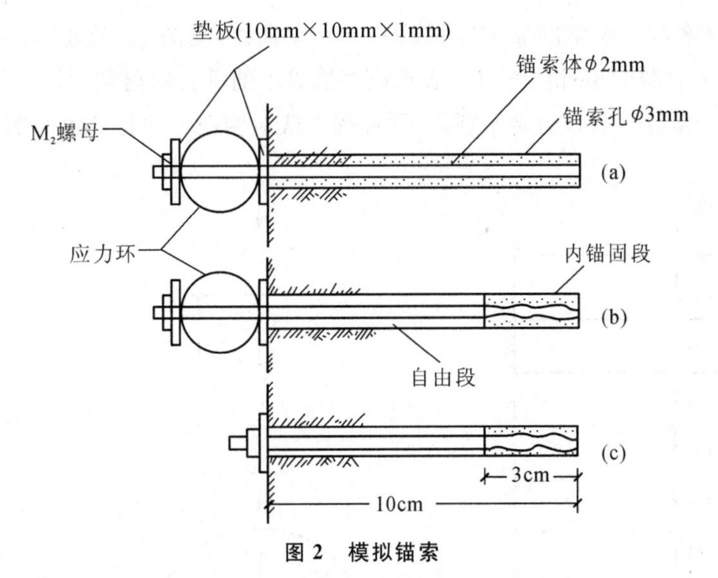

图2 模拟锚索

(a)带应力环全长黏结式锚索;(b)带应力环自由式锚索;(c)不带应力环自由式锚索

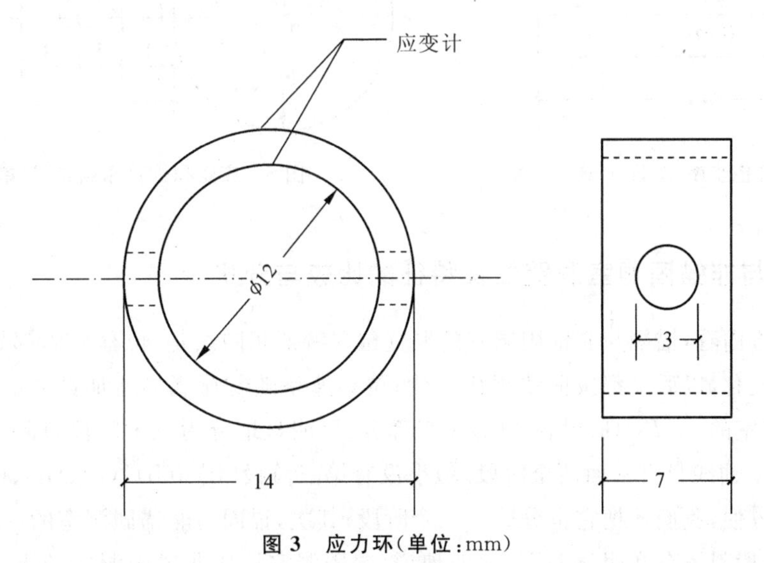

图3 应力环(**单位**:mm)

锚索预应力的施加是在洞室开挖过程中进行的,洞室分步开挖,见图4,每开挖一步便把露出的一排锚索施加上预应力。然后再开挖下一步,以此类推,直至全部完成为止。

试验中测量了$\theta=0°$和$\theta=90°$两个方向上的洞壁位移及洞周介质内的应变,测点布置见图5,并用应力环测量了锚索预应力的变化。

模型加载采用PYD-50改进型试验装置。该装置能较好地保持模型块体的平面应变试验条件,并能满足不同侧压系数的要求。本次试验,采用平面应变试验条件。侧压系数$N=P_H/P_V=1/4$(图1)。开洞荷载(模拟初始地应力)$P_V^0=1.2$MPa,$P_H^0=0.3$MPa。洞室开挖后进行了超载试验,直到洞室产生严重破坏为止。

3 试验结果

洞壁位移是反映洞室性态的综合参数,历来受到工程界的普遍重视。通过对洞壁位移特征的介绍与分析,力图说明锚固洞室与非锚固洞室在受力性态上的区别以及不同锚固方式对锚固效果的影响。为此我们绘制了各模型洞室的 u_V-P_V 曲线和 u_H-P_V 曲线，见图 6。这里 u_V、u_H 分别表示洞室在 $\theta=0°$及 $\theta=90°$方向上的洞壁相对位移，P_V 表示模型边界上的垂直向荷载。图 6 清楚地表明，锚固与非锚固洞室在洞壁位移特征上有明显区别，不同锚固方式对洞壁位移特征也有明显影响。

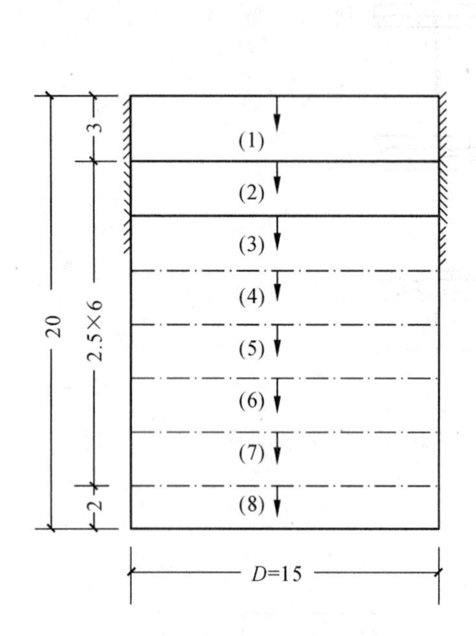

图 4　洞室开挖步序(单位:cm)

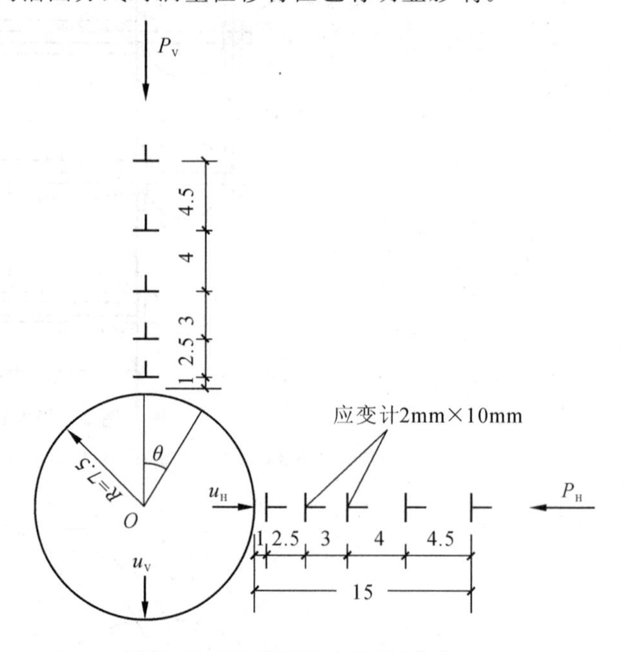

图 5　应变和位移测点布置(单位:cm)

3.1　锚固与非锚固洞室洞壁位移特征的比较与分析

(1)从 $\theta=0°$方向看，锚固与非锚固洞室的洞壁位移特征相同点是:位移方向都始终朝向洞内;开始都按直线规律变化，以后又都按曲线规律变化;位移速率随着荷载的增加都明显加大。二者的不同点是:非锚固洞室的 u_V-P_V 曲线[图 6(a)左半部分]可明显地分为三个阶段，即 OA、AB、BC，而各锚固洞室的 u_V-P_V 曲线只有前面两个阶段，似乎没有第三阶段[图 6(b)、(c)、(d)、(e)左半部分]，只是为了比较上的方便，我们才把它也分成了三个阶段;其次，锚固与非锚固洞室的 u_V-P_V 曲线形状虽然大体相同，但各段斜率存在明显差别，一般地说，锚固洞室均比非锚固洞室的大，如 OA 段平均大 32%，AB 段平均大 160%，BC 段平均大 210%，可见越到洞室变形的后期，二者的差别越大，这表明锚索加固提高了洞室的整体变形刚度，尤其是在洞室变形的后期阶段更为明显。

(2)从 $\theta=90°$方向看，锚固与非锚固洞室的洞壁位移特征相同点是:开始都朝洞外位移，并且也是先按直线规律变化，后按曲线规律变化，位移速率随荷载的增加逐渐加大(图 6 右半部分)。二者的不同点是:非锚固洞室的 u_H-P_V 曲线，到了荷载较大时($P_V/\sigma_c=1.5$ 左右)发生突然性的转折[图 6(a)右半部分]，位移方向由向洞外转向洞内，这表明洞壁部分材料已与周围介质分开，并呈整体式地朝洞内移出，我们认为这种现象表明洞壁已经失稳，并把此时所对应的模型荷载称作洞室破坏荷载 $P_V^{破}$，把此时所对应的洞壁位移(指拱脚方向相对位移)称作洞壁极限位移 $u_H^{极}$。各锚固洞室的 u_H-P_V 曲线均无上述反转现象，只是到了荷载较大时产生向上翘的趋势[图 6(b)、(c)、(d)、(e)右半部分]。这表明锚固洞室的破坏不是突然的，而是渐进的，此点对工程处理具有重要意义。

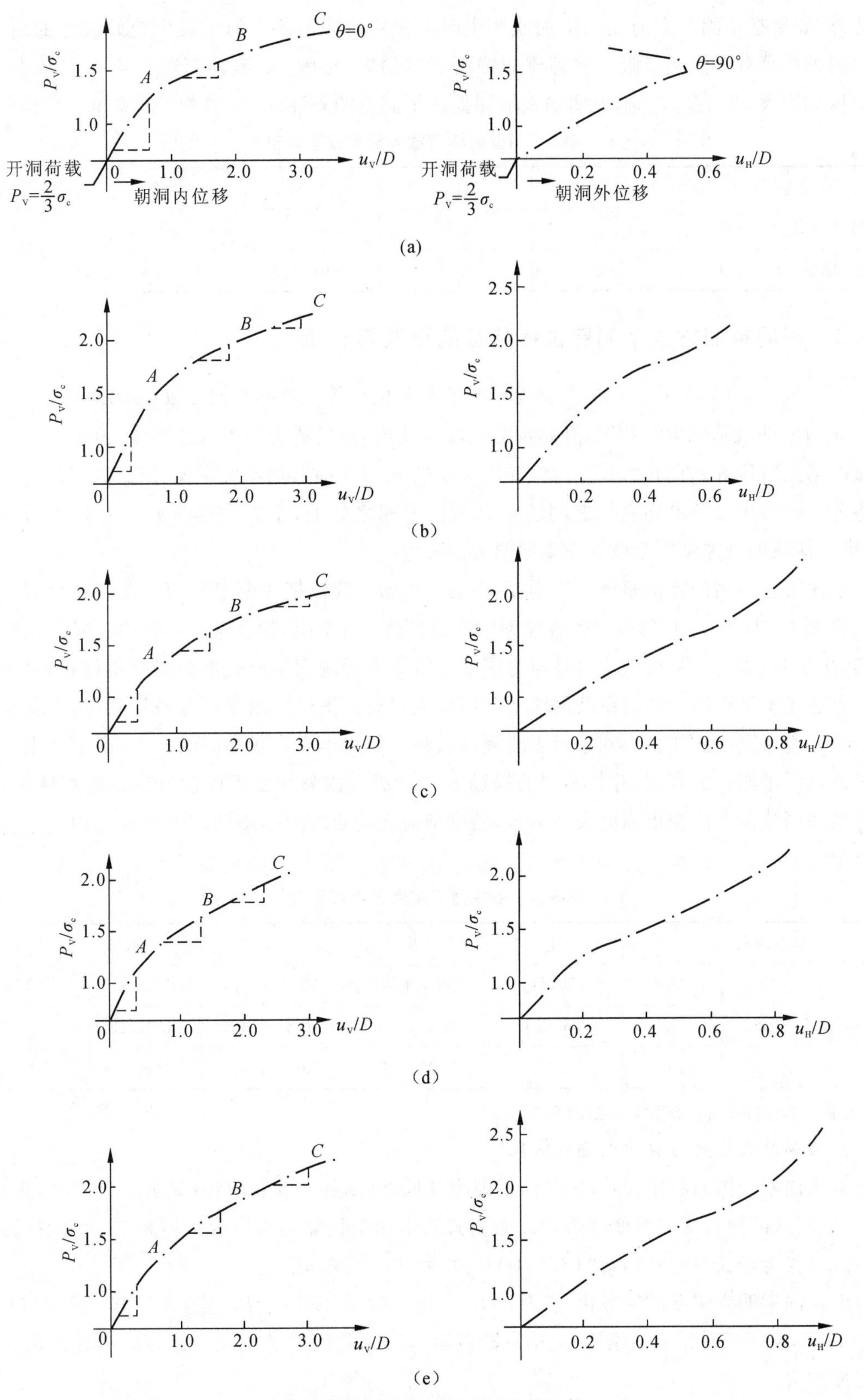

图6 各模型洞室洞壁位移特征比较

(a)模型Ⅰ(毛洞);(b)模型Ⅱ(自由式锚索无弹性元件、拧紧垫板螺母);(c)模型Ⅲ(自由式锚索带弹性元件,$T/F_s=0.09\sigma_c$);(d)模型Ⅳ(自由式锚索带弹性元件,$T/F_s=0.18\sigma_c$);(e)模型Ⅴ(全长黏结式锚索带弹性元件,$T/F_s=0.18\sigma_c$)

此外，如果把锚固洞室的 u_H-P_V 曲线产生向上翘的趋势也视为洞室发生初始破坏的话，那么它所对应的破坏荷载和洞壁极限位移都比非锚固洞室的大，见表 3。破坏荷载平均大 36%左右，洞壁极限位移平均大 33%左右。这说明锚索加固提高了洞室的破坏荷载，增大了洞室承受变形的能力。

表 3　洞壁破坏荷载与极限位移比较

模型编号	Ⅰ	Ⅱ	Ⅲ	Ⅳ	Ⅴ
破坏荷载 P_V/σ_c	1.5	2.0	2.0	2.0	2.2
极限位移 $u_H/D/\times10^{-2}$	0.58	0.65	0.80	0.8	0.9

3.2　不同锚固方式下洞壁位移特征的比较与分析

从图 6(b)、(c)、(d)、(e)看到，各锚固洞室的洞壁位移特征有其相同之处，如在 $\theta=0°$ 方向各锚固洞室的 u_V-P_V 曲线形状大体相同，开始都有一段直线段，然后成为向下弯的曲线，整个 u_V-P_V 曲线没有明显的第三阶段等。在 $\theta=90°$ 方向各锚固洞室的 u_H-P_V 曲线均不发生反转现象，只是产生向上翘的趋势等。但仔细分析可知它们之间还是有明显不同之处的，主要表现在洞室的初始刚度大小不等、随模型荷载的增加刚度衰减速率不同两方面。

为了比较各模型洞室的整体变形刚度，即 $\Delta P_V/\Delta u_V$，我们把各模型 u_V-P_V 曲线三个阶段的刚度值绘制成表 4。从表 4 中可以看到，各模型洞室的整体变形刚度都是逐渐降低的。降低最快的是Ⅰ模型，其次是Ⅱ、Ⅲ、Ⅳ、Ⅴ模型。这是因为洞室的整体变形刚度主要是由洞周介质材料提供的，锚索加固只是起了辅助作用。随着荷载的增加洞周介质材料逐渐进入屈服甚至破坏状态，这就决定了各洞室的整体变形刚度必然由大到小呈逐渐衰减趋势。但对于有锚索加固的洞室，由于锚索的加固作用明显地延缓了刚度的衰减，并且不同的锚固方式对洞室的整体变形刚度衰减延缓程度不同，从而造成各锚固洞室的整体变形刚度大小不等，随模型荷载的衰减速率不同。下面就三种锚固方式分别进行介绍。

表 4　各模型洞室变形刚度比较

模型编号		Ⅰ	Ⅱ	Ⅲ	Ⅳ	Ⅴ
各段刚度/(N/cm)	*OA*	1104(1)	1776(1.61)	1296(1.17)	1584(1.43)	1173(1.06)
	AB	360(1)	408(1.13)	432(1.20)	480(1.33)	925(2.57)
	BC	144(1)	160(1.10)	267(1.85)	384(2.64)	386(2.68)

注：表中(　)内数字是相应变形段毛洞刚度的倍数。

1. 全长黏结式锚索与自由式锚索对比

自由式锚索加固的洞室初始刚度大，后期刚度低，刚度随荷载衰减快(见表 4 中的Ⅱ、Ⅲ、Ⅳ与Ⅴ模型)。如洞室的初始变形刚度(*OA* 段)，自由式锚索比全长黏结式锚索平均高 32%左右，后期刚度(指平均值)仅为全长黏结式锚索的 48%(*AB* 段)和 70%(*BC* 段)。

自由式锚索洞室刚度的衰减快，表现在第二、第三阶段(*AB* 段、*BC* 段)仅为第一阶段(*OA* 段)的 28%和 17%，而全长黏结式锚索第二、第三阶段则为第一阶段的 79%和 33%，显然后者比前者刚度衰减要慢得多。

产生上述差别的原因是：自由式锚索主要是通过外锚头对岩体表面施加的预应力发挥加固作用，它的预应力又是一下子全部加载在岩体上，并立即发挥加固作用的；而全长黏结式锚索主要是通过杆体与周围介质黏结在一起，靠黏结力(剪切力)和摩擦阻力发挥加固作用的，显然它需要通过岩体变形才能发挥更大的加固作用,并且是变形越大,发挥的加固作用越大。上述加固作用机理的不同造成了它们加固的洞室初始刚度大小的不等和刚度随模型荷载(亦即是随洞室的变形)衰减快慢程度的不同。

2. 自由式锚索彼此之间对比

(1)预应力大小的对比。从表4中看到预应力较大的(Ⅳ模型)比预应力较小的(Ⅲ模型)洞室的初始变形刚度大,后期变形刚度也较大,但从表3中看到二者的洞室破坏荷载和洞壁极限位移却基本相同。这表明,就自由式锚索来说,其预应力的大小只影响洞室的变形刚度,而对洞室的破坏荷载和极限位移影响不大。原因是当洞室发生破坏时,洞室要产生较大的变形,从而使自由式锚索的新生应力比初始的预应力要大得多(此点已被试验结果所证明),因而两种锚索预应力原有的差别已不足以引起洞室在破坏荷载和洞壁极限位移上的显著不同。

(2)带弹性元件与不带弹性元件的对比。不带弹性元件的(Ⅱ模型)洞室初始刚度大,但刚度随洞室变形衰减快;带弹性元件的(Ⅲ、Ⅳ模型)洞室初始刚度小,但刚度随洞室变形衰减慢(表4)。这说明外锚头带弹性元件对维持锚索的后期加固效果具有重要作用。

3.3 开挖过程中锚固与非锚固洞室洞壁位移特征的比较与分析

实际工程中,除了防护工程有修好后再承受荷载作用的情况外,一般是没有超载阶段的。更多、更普遍的情况是洞室开挖之后,由于围岩应力重新调整而产生洞室变形。这种变形在有锚索和无锚索加固的洞室之间的区别更能体现出实际工程中锚索的加固作用。表5是各模型洞室在整个开挖过程中洞壁产生的最大位移值,即开洞位移。

表5 各模型开洞位移 u/D 单位:$\times 10^{-2}$

模型编号	Ⅰ	Ⅱ	Ⅲ	Ⅳ	Ⅴ
$\theta=0°$方向	2.00	1.47	1.33	0.70	1.33
$\theta=90°$方向	−1.33	−0.70	−0.85	−0.33	−0.91

注:表中正值表示向洞内方向位移,负值表示向洞外方向位移。

从表5中可以看出,不加任何支护的毛洞(Ⅰ模型)两个方向上的洞壁位移都比锚索加固的各个洞室大。拱顶方向平均大65%左右,拱脚方向平均大200%左右。

不同的锚索加固方案相比,Ⅱ、Ⅲ、Ⅳ模型基本相同,Ⅳ模型位移值却较小,从数值上看前者是后者的2倍左右。这说明自由式锚索初始预应力值对开挖过程中的洞壁位移有较大的影响,预应力较大时可使开挖洞壁位移大大减小。对于全长黏结式锚索来说,由于预应力值受杆体黏结力的影响,仅作用于洞室表面附近,对洞壁的开挖位移影响不大(仅限于模型试验中的情况,如果实际工程中是先加预应力后灌浆的话,将另当别论)。由此再一次看出锚固与非锚固洞室以及不同锚固方式下洞壁位移特征即使在开挖过程中也有一定区别。

4 结论与建议

通过对锚固与非锚固以及不同锚固方式下洞壁位移特征的比较与分析,可以得出以下几点结论:

(1)锚索对洞室的加固效果体现在:提高了洞室的变形刚度和破坏荷载(在本试验条件下均提高30%以上);减小了洞室的开洞位移和超载位移;增加了洞室承受较大变形的能力;使洞室不产生突

然性的失稳，而呈渐进性的破坏。

(2)锚索对洞室变形刚度的提高，越到后期越显著，早期提高30%左右，后期可以提高150%～200%。

(3)从洞室变形看，自由式锚索对洞室变形早期加固效果好，全长黏结式锚索后期加固效果好。

(4)锚索预应力(仅对自由式锚索而言)，对洞室变形刚度，特别是洞室的初期变形刚度影响较大，而对洞室的破坏荷载和洞壁极限位移影响不大。

(5)试验表明，带有弹性元件的锚索可减小洞室变形刚度的衰减速度，使锚索在洞室变形后期仍能维持一定的加固效果。

根据试验结果，对锚索加固设计提出如下建议：①采用自由式锚索加固时，外锚头最好要设置弹性元件，以保证岩体发生疏松破坏时，锚索仍能发挥作用。②对于承受较大压力或爆炸荷载作用的地下工程来说，建议采用先张拉后灌浆的全长黏结式锚索，因其锚固效果受洞室变形影响小，后期强度较高(外锚头最好也要设置弹性元件)。③锚索预应力不能不加，但也不要加得太大，我们认为锚索直径要按其最大承载能力设计，而锚索预应力要按其压紧程度要求设计。

参考文献

[1] 程良奎.预应力锚杆背拉护坡结构应用的若干问题//中国岩土锚固工程协会.岩土锚固工程技术.北京：人民交通出版社，1996.

预应力锚索内锚固段受力状态现场试验研究

顾金才　沈　俊　陈安敏　明治清

内容提要:本文主要介绍了预应力锚索内锚固段现场试验研究成果,重点分析并给出了内锚固段中注浆体与孔壁和注浆体与钢绞线间剪应力分布规律,并根据试验结果提出了内锚固段有效周长和有效受力范围的概念。

1　前言

目前,在内锚固段设计中采用的是剪应力沿内锚固段长度均匀分布的假设,其计算公式为:$T_f=\pi DL\tau_{ult}$,式中 T_f 是锚索张力,D 为钻孔直径,L 为内锚固段长度,τ_{ult}是注浆体与孔壁之间的极限剪应力。这种假设和工程实际相差甚远,我们的试验表明:在内锚固段中剪应力既不是均匀分布的,又不是沿全长都受力的,而是在内锚固段口部附近有高度的剪应力集中,其峰值剪应力可达平均剪应力的 4～8 倍(指注浆体与孔壁之间的)和 8～10 倍(指注浆体与钢绞线之间的)。由此可见,按平均剪应力计算,可能产生的严重后果是:从承载能力角度考虑可能是可行的,但不能保证内锚固段口部不发生破坏,这已为我们的现场试验结果所证实。

2　试验概况

试验岩石类型为石灰岩,岩体中基本不含断层和泥化夹层等软弱层面,其力学指标在中等以上(指试验段部分)。试验锚索一共有 3 根,均为自由式锚索,设计张力为 1000kN。结构形式如图 1 所示。锚索编号及主要特征见表 1。

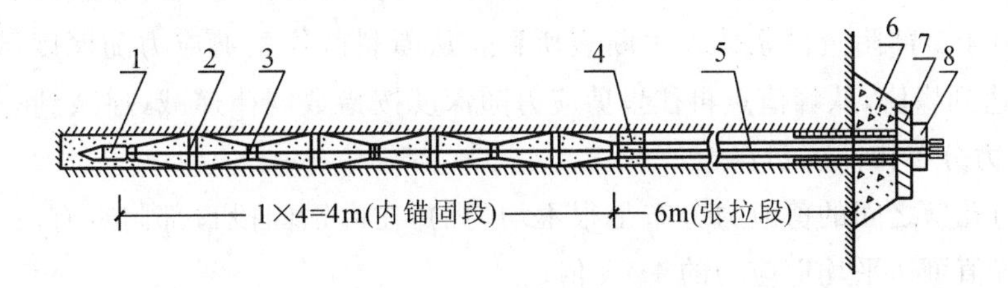

图 1　试验锚索结构形式

1—导向帽;2—隔离架子;3—束线环;4—止浆环;5—钢绞线;6—混凝土垫墩;7—钢垫板;8—锚具

两种注浆材料配比(按质量计),水泥砂浆为水泥∶膨胀剂∶砂子∶水∶三乙醇胺＝0.9∶0.1∶1∶0.6∶0.5‰;纯水泥浆为水泥∶膨胀剂∶水∶三乙醇胺＝0.9∶0.1∶0.5∶0.5‰。它们的主要力学指标见表 2。

刊于《岩石力学与工程学报》1998 年增刊。

表1 试验锚索编号及主要特征

锚索编号	钢绞线规格根数	注浆材料	钻孔角度/(°)	钻孔直径/cm	内锚固段形式	内锚固段长 L_0/cm	自由段长 L_1/cm	设计张力/kN
Ⅰ#	6×7ϕ5	水泥砂浆	0	16	枣核形	400	600	1000
Ⅱ#	6×7ϕ5	纯水泥浆	−15	16	枣核形	400	600	1000
Ⅲ#	6×7ϕ5	纯水泥浆	−15	16	枣核形	400	600	1000

表2 注浆材料主要力学指标

注浆材料	$E/10^4$MPa	ν	$G/10^4$MPa	σ_c/MPa
水泥砂浆	2.63	0.19	1.11	20
纯水泥浆	3.81	0.24	1.54	16

试验锚索均由6根7ϕ5的钢绞线组成，强度等级270K，抗拉强度1860N/mm^2，弹性模量$E=1.96\times10^5$MPa。

张拉步骤是先用小千斤顶进行3次单根循环张拉，每次荷载增量$\Delta P=120$kN(6×20kN)，然后用大千斤顶进行整体张拉，整体张拉的第一级荷载$P=400$kN，以后每级荷载增量为$\Delta P=50$kN。最大张拉吨位Ⅰ#锚索为1000kN，Ⅱ#锚索为1250kN，Ⅲ#锚索为1200kN。试验所用张拉千斤顶是由我部自行研制生产的YQD210/50和YQQ1600-120型千斤顶。锚具为柳州预应力锚具厂生产的QM15-6型锚具。

3 试验成果与分析

3.1 注浆体与孔壁之间的剪应力分布状态

通过实测的注浆体与孔壁之间的剪应变γ_g，按公式$\tau_g=G\gamma_g$换算成剪应力τ_g，然后画出τ_g沿内锚固段长度的分布状态，如图2所示。图中三条曲线分别对应$P=400$kN、$P=600$kN和$P=800$kN三级荷载情况。从图中看到，注浆体与孔壁之间的剪应力分布特征是：在内锚固段口部附近剪应力基本为零，这是由于口部附近注浆体发生断裂所致。从断裂区往里剪应力随深度迅速增加，在距口部50cm左右处达到峰值，从峰值点再往里剪应力随深度按指数规律递减，递减到一定程度后，τ_g变为零。上述剪应力分布特征表明：

(1)注浆体与孔壁之间的剪应力分布是很不均匀的，在内锚固段口部附近有高度的剪应力集中现象，其剪应力峰值可达平均剪应力的4～8倍。

(2)在整个内锚固段长度上并非处处都有剪应力，剪应力的分布范围仅仅是内锚固段前面的有限区域，一般情况下只有前面两三个枣核段受力(但注浆材料不同时，受力范围也不同)。我们把内锚固段中实际受力区域称作“有效受力范围”或“有效受力长度”。

(3)剪应力峰值大小及分布范围与注浆材料、注浆质量和锚索张力大小有关。在同样锚索张力作用下，水泥砂浆材料剪应力分布范围小，峰值低，见图2(a)；而纯水泥浆材料剪应力分布范围广，峰值高，见图2(b)。剪应力峰值和分布范围是随着锚索张力的增大而增大的，但峰值点的位置和断裂长度几乎不变。

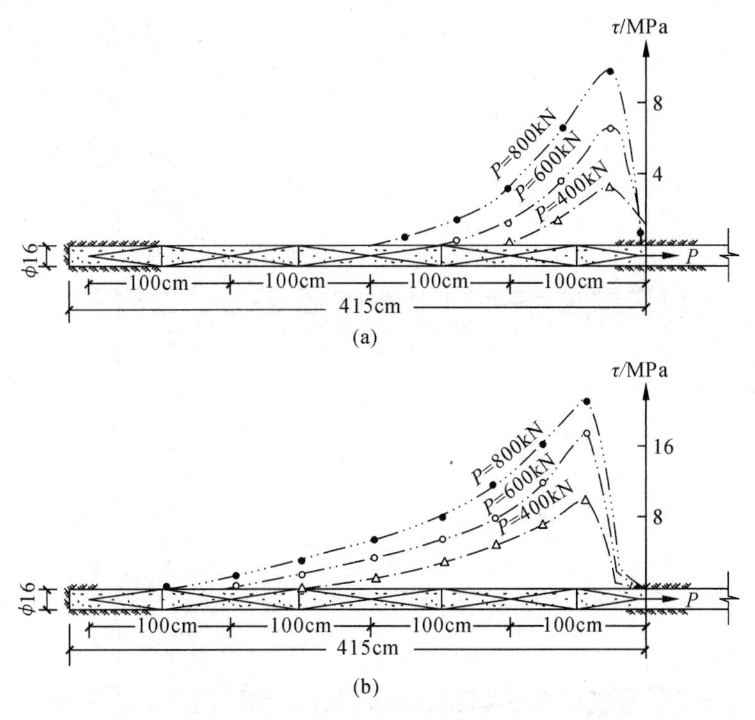

图 2 注浆体与孔壁之间的剪应力沿内锚固段长度的分布状态

(a)水泥砂浆注体(Ⅰ#锚索);(b)纯水泥浆注体(Ⅱ#锚索)

(4)通过分析计算发现,无论是水泥砂浆注体还是纯水泥浆注体,注浆材料与孔壁之间都没有达到100%的黏结效果,真正起抗剪作用的周长只占总周长的一小部分,我们把它叫作"有效周长"。试验证明"有效周长"是随锚索张力的增加而减小的,减小到一定数值后便成为一个常数。两种材料的有效周长系数不同,在同样的锚索张力作用下,水泥砂浆注体的有效周长系数大,而纯水泥浆注体的有效周长系数小。这就是图2中Ⅰ#锚索(水泥砂浆注体)剪应力峰值低、分布范围小,而Ⅱ#锚索(纯水泥浆注体)剪应力峰值高、分布范围大的原因。

3.2 注浆体与钢绞线之间的剪应力分布状态

在试验中也实测了注浆体与钢绞线之间的剪应变分布状态,通过换算求得的剪应力分布状态如图3所示。

从图3中看到,注浆体与钢绞线之间的剪应力分布特点是:剪应力在内锚固段口部附近集中更严重,剪应力峰值为平均剪应力的8~10倍,同时它的峰值点就在内锚固段的口部上,没有向内移。剪应力随深度的衰减更快,分布范围也更小,这说明两种注浆材料与钢绞线的黏结都比与孔壁的黏结效果好。由此可以看出,内锚固段的最大承载力主要是由注浆体与孔壁之间的黏结强度控制的。

尽管注浆体与钢绞线的黏结程度较好,但在分析中同样发现注浆体与钢绞线之间也没有达到100%的黏结效果,它也存在一个有效周长的问题,其有效周长系数与锚索张力的关系和注浆体、孔壁间的有效周长系数与锚索张力的关系相同。在计算注浆体与钢绞线之间的承载力时同样也应考虑有效周长和有效受力范围问题。

根据上述实测的内锚固段中注浆体与孔壁和注浆体与钢绞线之间的剪应力分布规律,结合室内模拟试验成果,我们提出了一种考虑内锚固段中剪应力实际分布状态的加固设计计算方法。该法将另文发表。

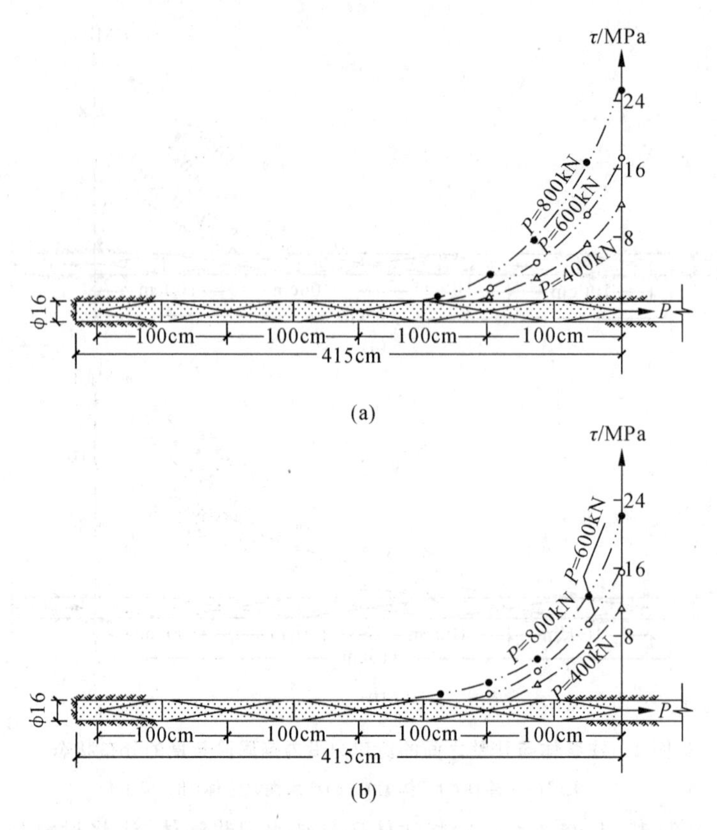

图 3　注浆体与钢绞线之间的剪应力沿内锚固段长度的分布状态

(a)水泥砂浆注体;(b)纯水泥浆注体

3.3　与其他试验结果和理论分析结果的比较

目前,在国内外资料中尚未见到有人明确给出预应力锚索内锚固段中注浆体与孔壁和注浆体与钢绞线之间的剪应变或剪应力分布的现场实测结果,所见到的仅有土层中锚索注浆体与孔壁和注浆体与钢绞线之间的黏结应变工程测试结果和黏结应力数值分析结果[1-2],本文与参考文献[1]、[2]给出的两项结果在分布规律上基本一致,但与参考文献[3]、[4]理论计算给出的结果在数值上相差较大,计算结果偏小。例如,参考文献[3]中的算例 2040kN 的锚索计算剪应力分布长度只有 119..35cm,而我们现场实测的 800kN 锚索剪应力分布长度已达 150cm(注浆体与钢绞线之间)和 250cm(注浆体与孔壁之间)。

4　结束语

本次试验虽然测得了注浆体与孔壁和注浆体与钢绞线之间的剪应力分布状态,为探讨新的内锚固段设计计算方法奠定了基础,但试验条件仅是水平钻孔的一种情况,在其他角度下剪应力的分布状态虽然在规律上可能不会有较大的变化,但其有效周长系数以及分布曲线的具体形式可能有所变化,因此建议有条件的话再做些不同钻孔角度的补充试验。

参考文献

[1] 程良奎,胡建林.土层锚杆的几个力学问题//中国岩土锚固与工程协会.岩土锚固工程技术.北京:人民交通出版社,1996.

[2] 李宁.群锚加固机理的数值仿真分析//电力部西北勘测设计研究院报告——预应力锚索群锚加固机理研究.1995,114-115.

[3] 周承芳,朴龙泽,李正国.重力坝锚索的锚根合理设计长度分析//中国岩土锚固与工程协会.岩土锚固工程技术.北京:人民交通出版社,1996.

[4] 胡钧涛,申继红.预应力岩锚加大胶结式内锚头单孔张拉吨位的有效途径及其受力机理研究//程良奎,刘启琛.岩土锚固工程技术的应用与发展.北京:万国学术出版社,1996.

锚固洞室受力反应特征物理模型试验研究

顾金才　沈　俊　陈安敏　明治清

内容提要：通过物理模型试验得到了用预应力锚索加固的洞室的受力反应特征，其中包括洞室宏观破坏特征、洞周围岩断裂形态、洞壁位移特征和洞周介质内应变分布特征等，论证了预应力锚索对洞室的加固效应及其加固作用机理。

1　前言

尽管预应力锚索已在大型洞室工程中获得了广泛应用并取得了巨大成功[1-2]，但到目前为止，有关预应力锚固洞室在受力反应特征上尚有不少问题未弄清楚，这既影响对洞室锚固机理的正确分析，也影响对其合理的加固设计。为此，我们进行了锚固洞室与非锚固洞室的物理模型对比试验，旨在探讨二者受力反应特征上的区别，从试验结果来看，这种区别还是很显著的。下面分别进行介绍。

2　试验概况

这次试验一共做了 5 块模型，各试验模型及其主要特征见表 1。表中 $\sigma_P^0=P_0/B^2$，P_0 为锚索设计张力(N)，B 为锚索垫墩尺寸($B=0.64\text{cm}^2$)，σ_c 为模型介质材料单轴抗压强度($\sigma_c=1.7\text{MPa}$)。

表 1　试验模型及其主要特征

模型编号	锚索类型	外锚头有无应力环	初始 σ_P^0
Ⅰ#		毛洞	
Ⅱ#	自由式锚索	无	0
Ⅲ#	自由式锚索	有	$0.14\sigma_c$
Ⅳ#	自由式锚索	有	$0.28\sigma_c$
Ⅴ#	全长黏结式锚索	有	$0.14\sigma_c$

注：Ⅱ# 锚索的 σ_P^0 严格地讲不为 0，因为安装锚索时通过拧紧螺母已施加了一定的张力。

试验模型如图 1 所示。模型尺寸为 65.4cm×65.4cm×20cm，洞室为圆形，直径 $D=15\text{cm}$，模拟锚索呈等间距布置，每一层共布置 8 根，在两根锚索之间还布置一根小的砂浆锚杆。模拟锚杆和锚索的结构形式如图 2、图 3 所示。

试验中应力比尺 $K_\sigma=10$，几何比尺 $K_L=100$，张力比尺 $K_P=K_\sigma K_L^2=10^5$。岩体模拟材料为石膏、砂，锚索模拟材料为 ϕ2mm 的铝丝，锚杆模拟材料为 ϕ0.8mm 的铜漆包线，砂浆模拟材料为石膏。各种模拟材料力学参数见表 2。取初始地应力：垂直方向 $\sigma_V^0=1.2\text{MPa}=0.71\sigma_c$，水平方向 $\sigma_H^0=0.3\text{MPa}=0.18\sigma_c$。

本文收录于《岩石力学与工程学报》1999 年增刊。

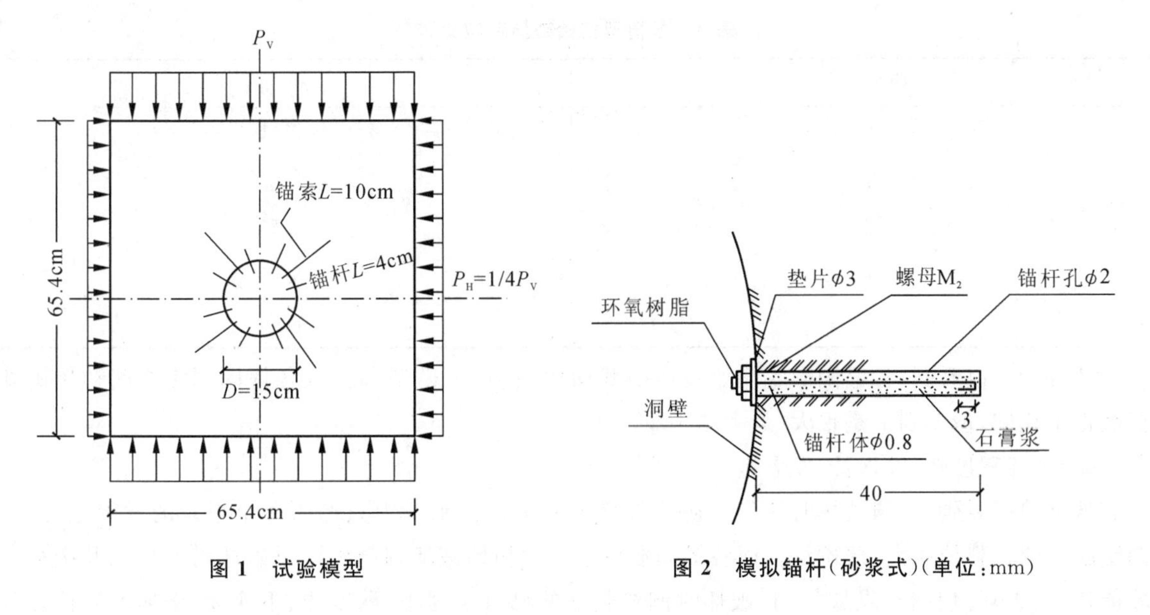

图 1 试验模型

图 2 模拟锚杆(砂浆式)(单位:mm)

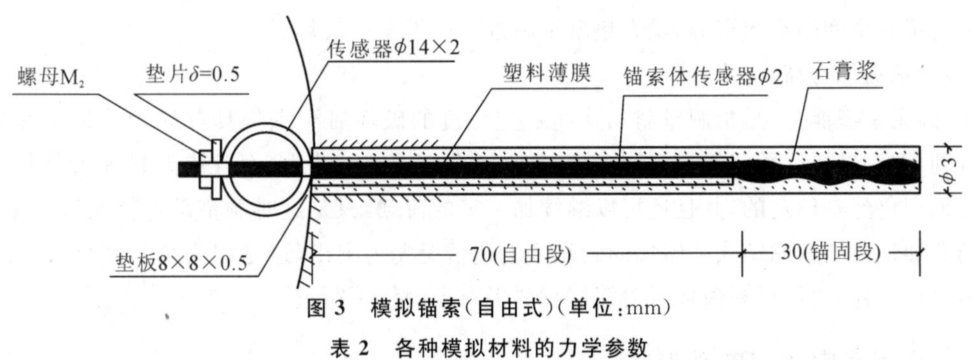

图 3 模拟锚索(自由式)(单位:mm)

表 2 各种模拟材料的力学参数

模拟材料	抗压 R_c/MPa	抗拉 R_t/MPa	弹性模量 E/MPa	泊松比 ν	黏结力 c/MPa	摩擦角 φ/(°)
岩体	1.7	0.17	2.0×10^3	0.10	0.35	42
锚索	—	210	6.9×10^4	0.36	—	—
锚杆	—	—	1.1×10^5	0.30	—	—
砂浆	1.5	0.2	5×10^3	0.27	—	—

试验中测试内容有洞壁位移和壁后应变。加载设备采用 PYD-50 改进型试验装置,该设备曾获 1985 年国家科技进步一等奖。试验是在平面应变条件下完成的。整个洞室分八步开挖,并采取了边开挖、边锚固的施工方案。

3 试验结果

3.1 锚固洞室宏观破坏特征

从试验结果看,锚固洞室宏观破坏特征有 3 点:

(1)初始破坏荷载高

这里“初始破坏荷载”是指在试验过程中肉眼观察到的洞壁材料发生裂纹、裂缝、掉砂、掉块等任一现象时,模型所受垂直方向上的最大压力,并记为 σ_V^f。各模型初始破坏荷载见表 3。

表 3　各模型初始破坏荷载比较

模型编号	σ_V^f/σ_c
Ⅰ#	1.41
Ⅱ#	1.53
Ⅲ#	1.53
Ⅳ#	1.65
Ⅴ#	1.65

从表 3 可以看到，各锚固洞室初始破坏荷载均比毛洞（Ⅰ模型）高，且各锚固洞室之间初始破坏荷载也不相同，但差别不是很大（最大约 10%）。

(2)破坏程度轻、过程长、发展慢

从试验中看到，毛洞破坏时从产生初始裂缝到完全失去承载力只经历一个很短的发展过程，且洞壁脱落的材料块度大、部位深。而各锚固洞室从产生初始破坏到产生严重破坏需要再加几级荷载才能达到，破坏过程长、发展慢，且破坏时洞壁脱落的材料块度小、深度浅、不连续，破坏区域往往仅限于锚索与锚索之间的空当部分，锚索垫墩下附近一般不发生破坏。

(3)残余承载能力高

这里"残余承载能力"是指洞壁材料产生一定程度的破坏后洞室仍具有的承受荷载的能力。从试验中看到，毛洞破坏后承载能力急剧下降，几乎完全失去了承载力；而各锚固洞室在产生一定程度的破坏后模型仍然是稳定的，并且还可以继续加一定的荷载，只是这时洞室破坏范围进一步加大，破坏速度稍有加快。全长黏结式锚索加固的洞室上述情况尤为突出，这是因为全长黏结式锚索与洞周深部材料黏成一体，浅层材料破坏后对深层材料仍有加固作用所致。

3.2　锚固洞室围岩断裂形态

在本试验条件下各锚固洞室围岩断裂形态主要特征基本相同，见图 4(a)，均在 $\theta=90°$ 方向，即两侧拱脚部位各产生一条较大的剪切裂缝，该裂缝的延伸方向基本与模型主压力方向平行。裂缝可以穿过模拟锚索继续发展，说明锚索未能阻止裂缝的形成。这可能与介质材料和模拟锚索材料之间的强度比和延伸率均有较大差异有关。上述裂缝的形成是由于洞室部位存在自由空间导致洞室拱脚部位左右两侧介质质点间产生较大的变位差，从而形成剪切裂缝。这种破坏情况在岩体中可能不多见，因为岩体本身存在着节理裂缝等软弱结构面，它们成为破坏形式的主要控制因素。但在土中洞室或均质软岩中的洞室其破坏形式将会与本试验结果基本一致。

在同样条件下的毛洞围岩断裂形态如图 4(b)所示，它与锚固洞室相比最大区别是裂缝数量多、长度短、宽度小，这是由于毛洞破坏过程较短，裂缝未得到充分发展所致。

3.3　锚固洞室洞壁位移特征

从试验结果中看，锚固洞室与非锚固洞室在洞壁位移特征上的差别主要表现在：

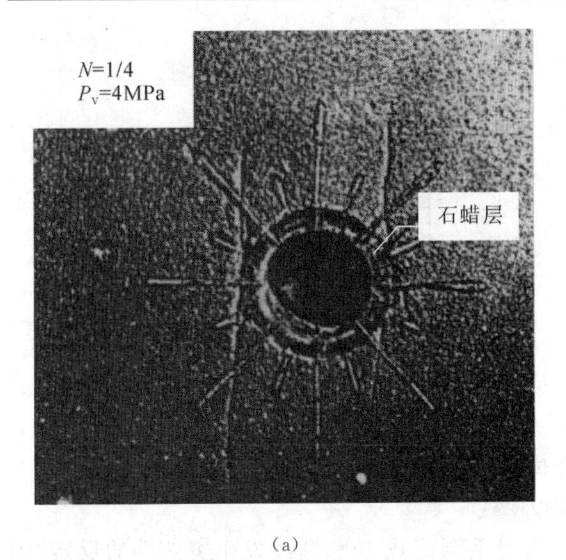

(a)

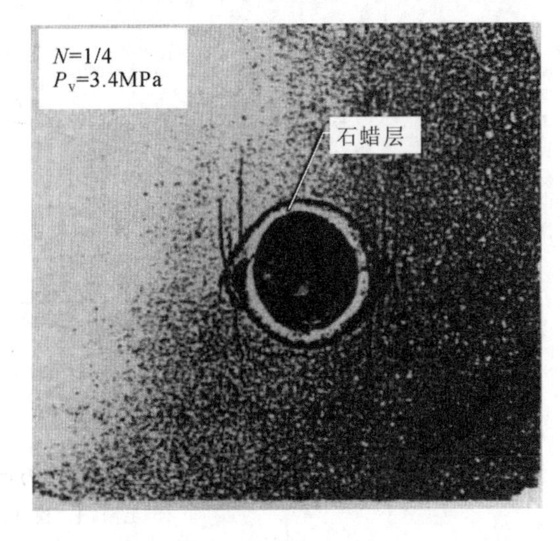

(b)

图 4 锚固洞室围岩断裂形态

(a)Ⅱ#模型;(b)Ⅰ#模型

(1)锚固洞室开洞位移小

这里“开洞位移”是指在洞室开挖过程中洞壁产生的位移,如表 4 所示。

表 4 各模型开洞位移 单位:$\times 10^{-2}$

模型编号	$u_V^{开}/D$	$u_H^{开}/D$
Ⅰ#	2.00	−1.33
Ⅱ#	1.47	−0.70
Ⅲ#	1.33	−0.85
Ⅳ#	0.70	−0.33
Ⅴ#	1.33	−0.91

表中 $u_V^{开}$、$u_H^{开}$ 分别表示洞室拱顶-底板方向垂直相对位移和两拱脚方向水平相对位移,+表示朝洞内位移,−表示朝洞外位移。

从表 4 看到,各锚固洞室开洞位移平均值均比毛洞的小,拱顶方向小 40%左右,拱脚方向小 48%左右。

(2)锚固洞室的荷载-位移曲线与毛洞的有明显差别

①从拱顶方向荷载-位移曲线看,毛洞的有明显的 A、B 两个转折点[图 5(a)],而锚固洞室的荷载-位移曲线却是连续光滑的。此外,从切线刚度 P_V/u_V 来看,二者也存在明显差别。各锚固洞室的荷载-位移曲线切线刚度大,毛洞的小,具体比较见表 5。

表 5 各模型洞室的荷载-位移曲线切线刚度比较 单位:N/cm

阶段	模型编号				
	Ⅰ#	Ⅱ#	Ⅲ#	Ⅳ#	Ⅴ#
OA	1104(1)	1776(1.61)	1296(1.17)	1584(1.43)	1173(1.06)
AB	260(1)	408(1.13)	432(1.20)	480(1.33)	925(2.57)
BC	144(1)	160(1.10)	267(1.85)	284(1.97)	386(2.68)

注:表中( )内数字是相应变形段毛洞刚度的倍数。

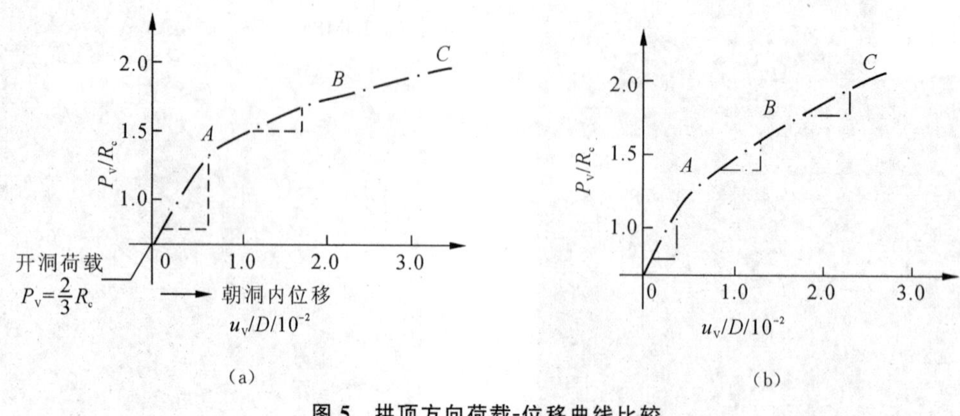

图 5　拱顶方向荷载-位移曲线比较

(a)毛洞(Ⅰ#模型);(b)锚固洞室(Ⅳ#模型)

②从拱脚方向荷载-位移曲线看,在荷载加到某一级时毛洞荷载-位移曲线发生突然性的反转[图6(a)],表明洞室拱脚部位有大块材料已与母体脱离,并朝洞内移动,预示了洞室已失去承载能力。而各锚固洞室的拱脚荷载-位移曲线没有发生反转,只是到了荷载较大时曲线产生上翘,这说明锚固洞室洞壁围岩受到了锚索的牵拉作用,没有产生朝洞内的整体式破坏。这是锚固洞室在受力反应特征上的特殊之处。

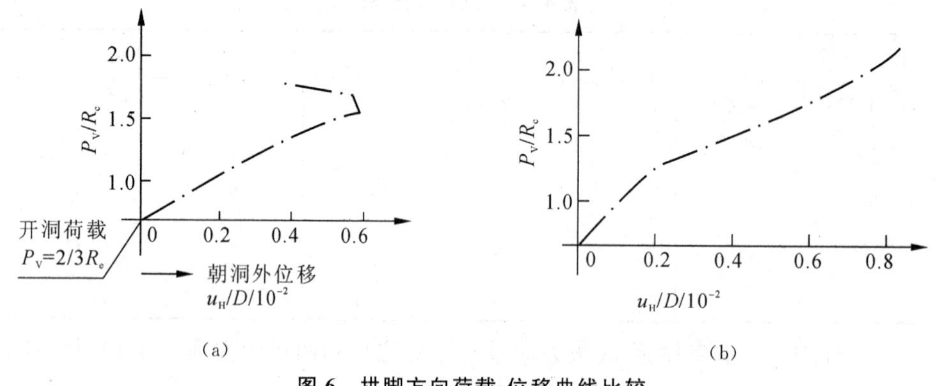

图 6　拱脚方向荷载-位移曲线比较

(a)毛洞(Ⅰ#模型);(b)锚固洞室(Ⅳ#模型)

3.4　锚固洞室洞周应变分布特征

锚固洞室在开挖过程中引起的洞周应变分布特征与毛洞相比具有明显区别:

(1)从$\theta=0°$方向看(图7),毛洞的开洞应变只在洞壁附近较大($R=2.0R_0$以内,R是由洞室中心算起的径向距离,R_0是洞室的半径),离洞室较远处逐渐减小至零。而锚固洞室的开洞应变,不仅在洞壁附近较大,离洞室较远处也较大,且在那里双向受压。这是锚固洞室在应变分布上的最大特征之一。这种现象的产生主要是由于在开挖过程中洞壁的变形通过锚索传给了深部岩体所致。

(2)从$\theta=90°$方向看(图8),毛洞拱顶环向、径向应变全受拉,且在洞壁附近较大,离洞室较远处迅速减小。而各锚固洞室离洞室较远处拱顶环向、径向应变全受压,但在洞壁附近自由式锚索可使拱顶环向拉应变大大减小,全长黏结式锚索可使拱顶径向拉应变大大减小,这是锚固洞室在洞周应变分布上的又一特征。上述现象的产生是因为自由式锚索初始预应力具有横向挤压效应,全长黏结式锚索可沿杆体全长提供黏结阻力所致。

上面从4个方面介绍了锚固洞室的受力反应特征,这些特征表明了预应力锚索对洞室产生的宏观和微观上的加固效应。

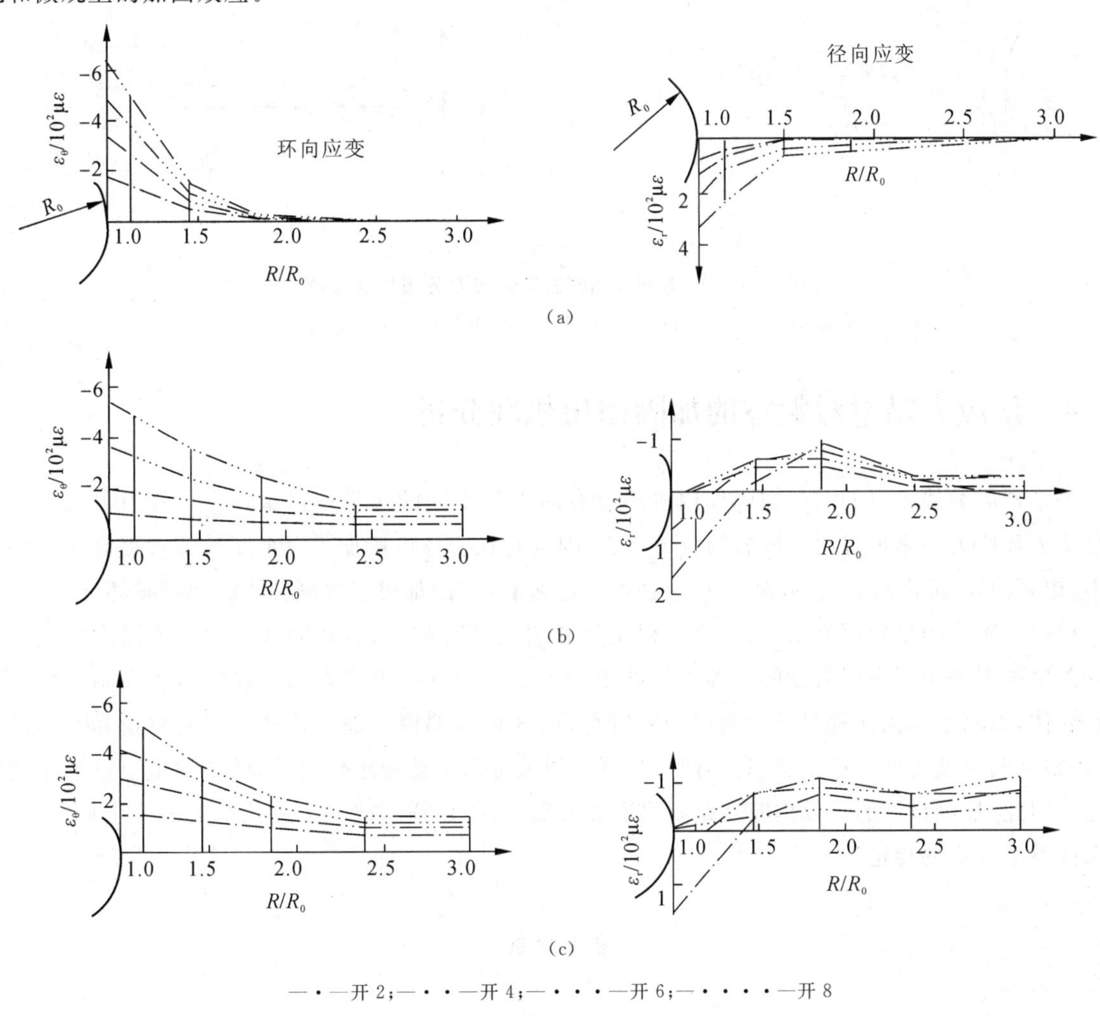

—·—开2;—··—开4;—···—开6;—····—开8

图7　$\theta=0°$方向锚固洞室开洞应变分布特征比较

(a) Ⅰ[#]毛洞;(b) Ⅲ[#]自由式锚索($\sigma_P^0=0.14\sigma_c$);(c) Ⅴ[#]全长黏结式锚索($\sigma_P^0=0.14\sigma_c$)

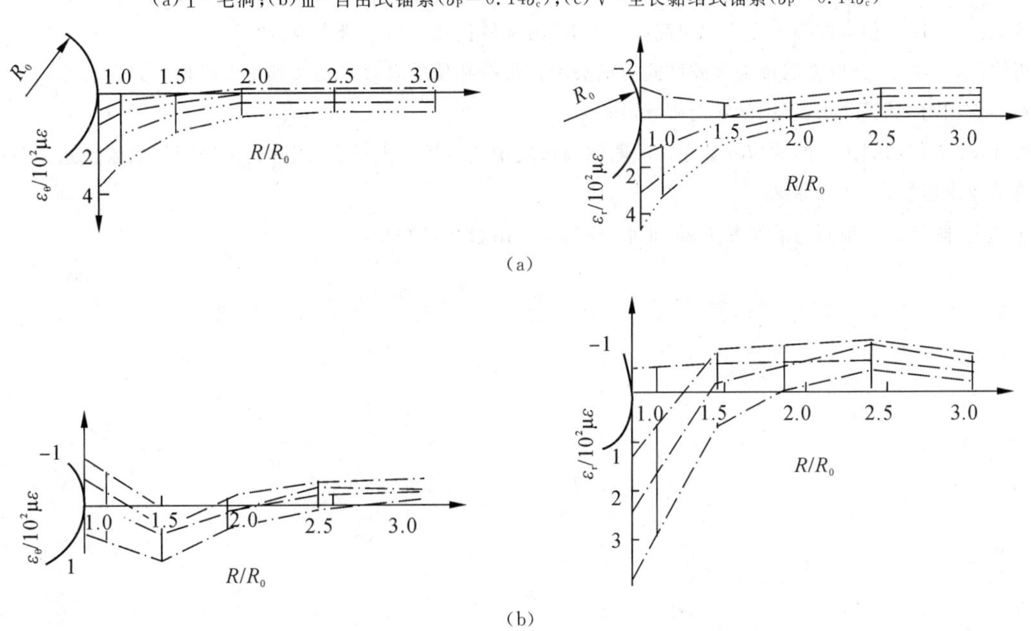

(b)

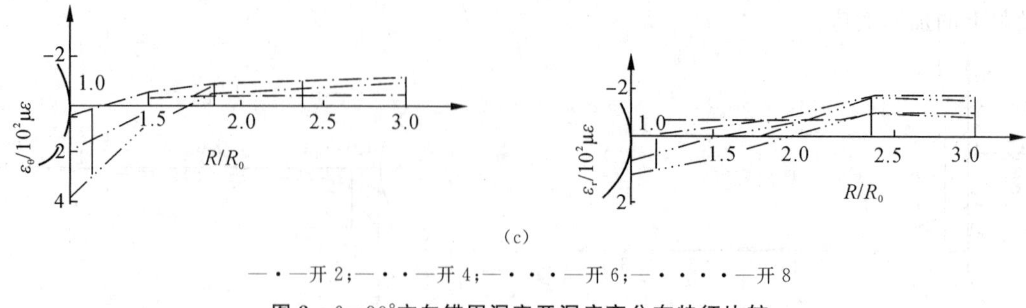

(c)

—·—开 2；—··—开 4；—···—开 6；—·····—开 8

图 8　$\theta=90°$方向锚固洞室开洞应变分布特征比较

(a) Ⅰ# 毛洞；(b) Ⅲ# 自由式锚索($\sigma_P^0=0.14\sigma_c$)；(c) Ⅴ# 全长黏结式锚索($\sigma_P^0=0.14\sigma_c$)

4　预应力锚索对洞室的加固作用机理分析

关于预应力锚索对洞室的加固作用机理已有多人从不同的角度作过论述[3-6]，其中占主导地位的是认为预应力锚索可以改善围岩的应力状态(因为它在岩体内增加了一个 σ_s)，或者提高围岩的黏结力(也是由 σ_s 转化而来)。从莫尔-库仑强度理论来看，它们都可以提高围岩的剪切破坏强度。

根据本次模拟试验研究结果，结合工程实际和前人已有的认识，我们认为预应力锚索是利用岩体的深层强度来加固表层岩体的一种工程技术措施。每根预应力锚索都可在围岩表面附近形成一个锚固体，而每个锚固体都可成为洞壁的稳定部位，这种局部稳定部位达到一定的数量和合理的布局时，整个洞室就可处于稳定状态。有时，当洞室的关键部位被稳定住之后，整个洞室也就处于稳定状态。因此，加固设计的重要内容就是要找准关键部位，并用锚索把一个或几个关键部位加固住，便可保证整个洞室的稳定。

参考文献

[1]　T. H. 汉纳. 锚固技术在岩土工程中的应用. 胡定，邱作中，刘浩吾，等译. 北京：建筑工业出版社，1987.

[2]　L. Hobat，J. Zaicj. 岩层与土体的锚固技术. 陈宗严，王绍基，译. 北京：冶金部建筑研究总院，1986.

[3]　黄福德. 预应力锚索群锚加固机理研究(“八·五”国家科技攻关项目研究报告). 1995.

[4]　胡钧涛，申继红. 预应力岩锚加大胶结式内锚头单孔张拉吨位的有效途径及其受力机理研究//岩土锚固工程技术的应用与发展. 北京：万国学术出版社，1996.

[5]　朱维申. 锚杆加固围岩的效应及其在三峡船闸高边坡中的应用//熊厚金. 国际岩土锚固与灌浆新进展. 北京：建筑工业出版社，1996：209-217.

[6]　熊厚金. 国际岩土锚固与灌浆新进展. 北京：建筑工业出版社，1996.

预应力锚索对李家峡水电站岩质高边坡加固效应模型试验研究

顾金才　沈　俊　陈安敏　明治清

内容提要：介绍预应力锚索对李家峡水电站岩质高边坡加固效应模型试验研究成果。分析了预应力锚索对边坡的加固效应，给出了锚固边坡的位移特征及边坡锚索的受力特点和破坏类型，分析了锚固边坡的安全度。

1　前言

本项试验是受原电力部西北勘测设计研究院的委托，为完成李家峡水电站岩质高边坡群锚加固机理研究课题进行的；同时也是我部预应力锚索加固机理与设计计算方法课题研究的重要试验内容。参加该项试验工作的有顾金才、沈俊、明治清、王励自、盛宏光等人。本文介绍的只是该项成果的部分内容，详细情况参见文献[1]、[2]。

2　工程背景与试验内容

试验是以我国大型水电工程李家峡水电站左岸岩质高边坡群锚加固方案为工程背景的。该边坡设计高度75m。坡面上有3条马道和1个双滑面楔体。试验的核心内容是研究预应力锚索对双滑面楔体的加固效应，该楔体是由F_1断层和T_1裂隙在坡面上交叉通过形成的。加固所采用的预应力锚索吨位有1000kN和3000kN两种，其长度分别为30m和35m。边坡上锚索布置见图1，试验模

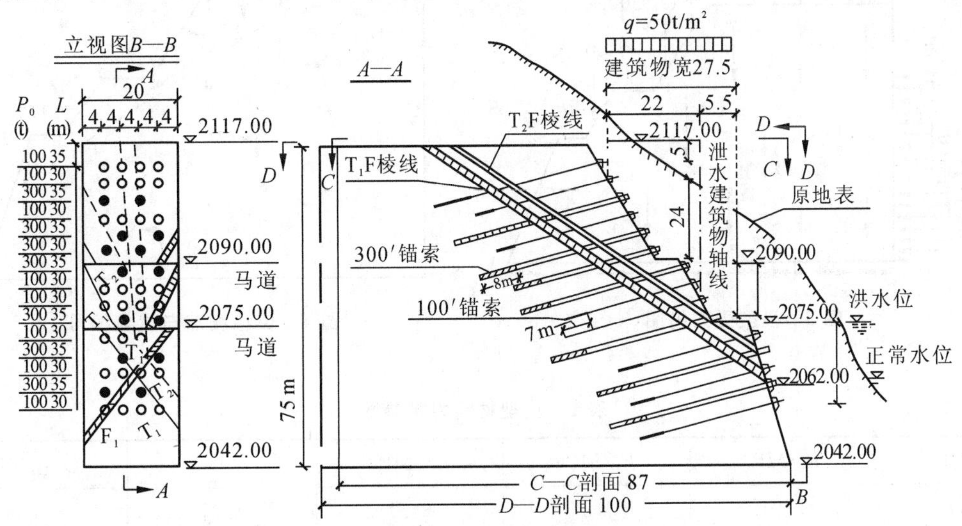

图1　边坡设计方案

本文收录于《新世纪岩石力学与工程的开拓和发展——中国岩石力学与工程学会第六次学术大会论文集》。

型见图 2。共做了两块模型，Ⅰ# 模型为非加固模型，Ⅱ# 模型为加固模型。试验中相似比尺 $K_L=50$，$K_\sigma=60$，$K_\gamma=1.2$，$K_P=K_\sigma K_L^2=1.5\times10^5$，其中 K_L、K_σ、K_γ、K_P 分别为几何比尺、应力比尺、容重比尺和集中力比尺。

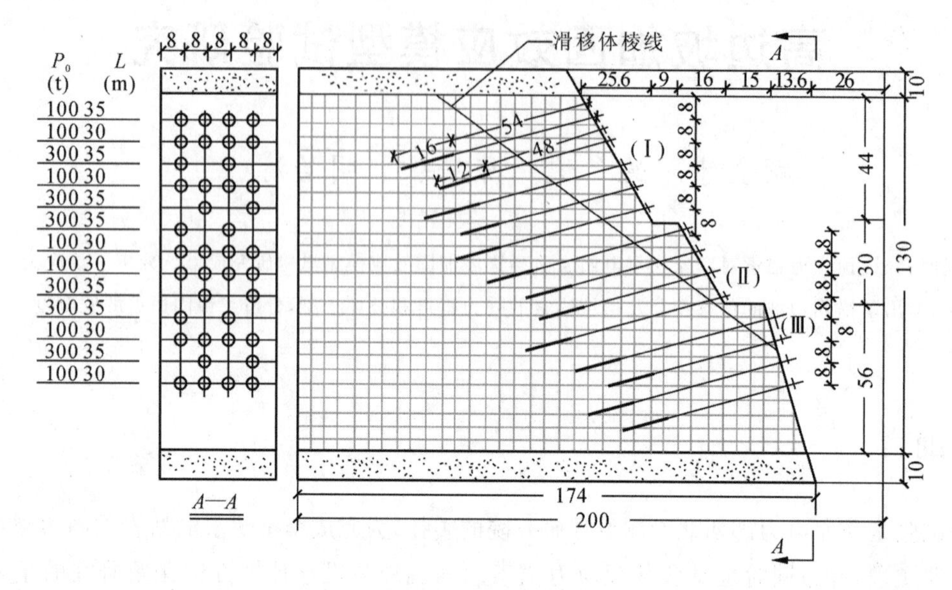

图 2 边坡试验模型

试验中所考虑的主要因素有：岩体自重、坡面荷载、坡面倾角、开挖和锚固顺序等，模型受力简图见图 3。模型尺寸为 200cm×150cm×40cm，试验中近似地保持模型的平面应变条件。

模型材料采用重晶石粉小块砌体来模拟岩层（其力学参数见表 1，表中 R_c、R_t、E_s、E_0、f、c 分别为材料的抗压强度、抗拉强度、弹性模量、变形模量、摩擦系数和黏结力），用干重晶石粉和薄纸来模拟断层和裂缝；锚索模拟材料分两种：量测锚索用 ϕ2mm 的环氧树脂杆模拟，其他锚索采用 ϕ0.25mm 和 ϕ0.45mm 的铜漆包线模拟。模拟锚索的施工工艺基本上与现场一致。试验中测量了边坡的相对位移和绝对位移、锚索张力、锚索轴向应变和岩体内应变。位移测点布置见图 4。

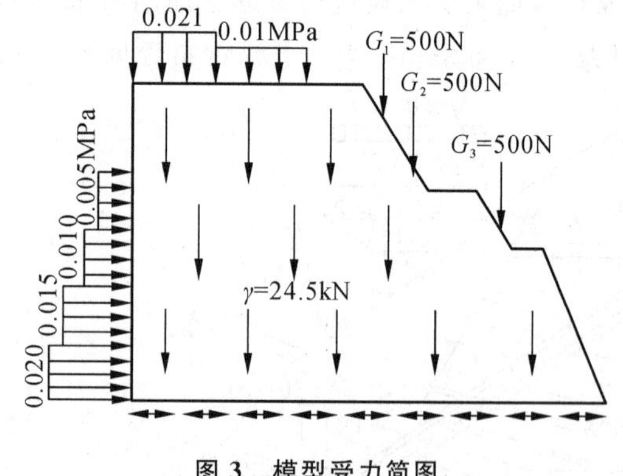

图 3 模型受力简图

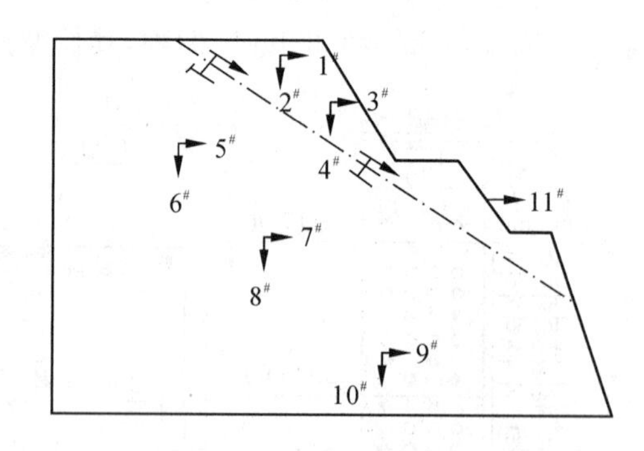

图 4 位移测点布置与编号

表 1 模型材料力学参数

R_c/MPa	R_t/MPa	E_s/MPa	E_0/MPa	f	c/MPa
0.78	0.11	164	64.2	1.07	0.023

试验设备是我部自行研制的岩土工程多功能模拟试验装置，该装置具有双向旋转功能，可方便地对模型块体施加初始地应力和增加坡面倾角。试验步骤是：先按设计要求由上至下分 3 步开挖，3

步锚固，然后，旋转模型增加坡角。Ⅰ#模型在旋转1°后便发生了破坏；Ⅱ#模型旋转了20°以后边坡仍然是稳定的，又从坡顶直接对楔体施加下滑力，直到 $P_{下}=1217.4\text{N}$ 时楔体失稳为止。

3 研究成果

3.1 预应力锚索对边坡的加固效应分析

3.1.1 从边坡的破坏过程看

未锚固边坡开挖与配载后（这里的配载是指在坡面上施加的3个建筑物荷载），虽然楔体位移已经加大，整个边坡仍然是稳定的。当坡面绕坡角旋转了1°之后，楔体便迅速下滑，表明边坡已经失稳。而锚固边坡开挖与配载后又绕坡角旋转了20°楔体仍然是稳定的。为使其下滑，在坡顶直接对楔体施加下滑力，直到 $P_{下}=314\text{N}$（约为楔体重的31%）之后再加下滑力时，楔体的下滑速率才明显加大，但位移加大的速率仍小于非锚固模型的。该模型最大下滑力加到 $P_{下}=1217.4\text{N}$ 才停止试验，但从安全角度考虑，该边坡失稳荷载定为 $P_{下}=314\text{N}$。由上述可见，锚固边坡的稳定性获得了明显提高。

3.1.2 从边坡的位移看

锚固边坡在开挖过程中位移数值小，且楔体上、下位移同步性也好，见表2（表中位移已经换算成原型值）。如Ⅰ级边坡开挖后，锚固边坡的楔体位移与非锚固边坡的比，绝对位移平均值水平向小50%，垂直向小27%；相对位移平均值小42%。锚固边坡楔体上、下相对位移基本相同（上部为3mm，下部为4mm），而非锚固边坡楔体相对位移上、下相差较大，上部为15.9mm，下部为4.15mm，后者仅为前者的26%，这说明锚固边坡上、下位移同步性能好。

表2 第三级边坡开挖后各测点位移对比 单位：cm

模型编号	位移测点号												
	1	2	3	4	5	6	7	8	9	10	11	（Ⅰ）	（Ⅱ）
Ⅰ#	7.5	5.0	3.3	3.5	1.3	0.3	4.5	1.3	10.3	7.0	1.6	15.9	4.2
Ⅱ#	2.0	4.5	1.5	2.0	0.4	0.5	0.3	0.4	0.4	0.0	1.3	3.0	4.0

3.1.3 从边坡的合成位移过程线上看

非锚固边坡从开Ⅰ到施加配重 G_1 之前，位移曲线是平稳的（图5、图6），从加 G_2 开始，楔体上的 $u_{1\text{-}2}$ 和 $u_{3\text{-}4}$ 两点位移曲线就明显上翘，表明楔体位移加快。当旋转了1°后，上述两条楔体位移曲线斜率迅速提高，表明楔体已出现失稳。此时基岩上的两点位移 $u_{7\text{-}8}$ 和 $u_{9\text{-}10}$ 也发生了突变，表明整个边坡已失去稳定性。而锚固边坡合成位移在旋转之前基本呈直线状态，旋转后开始加大，但加大后仍然是连续光滑的，没有产生突变，说明楔体是稳定的。直到从顶部施加的下滑力 $P_{下}=314\text{N}$ 之后再加下滑力时，楔体上的两点位移曲线才明显上翘，表明楔体位移速率加大，出现失稳迹象，此时基岩上的3条位移曲线仍然是平稳的。从位移绝对值上看，锚固边坡失稳前楔体最大位移为45mm和65mm；非锚固边坡失稳前楔体最大位移为10～20mm，前者为后者的4～5倍，可见锚固边坡允许楔体产生更大的位移。

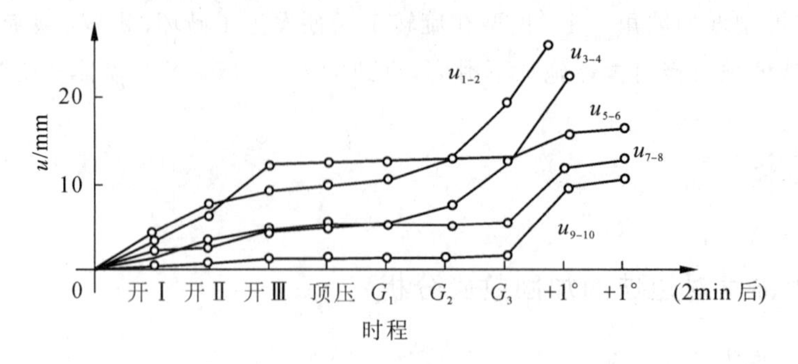

图 5　Ⅰ# 模型合成位移过程线

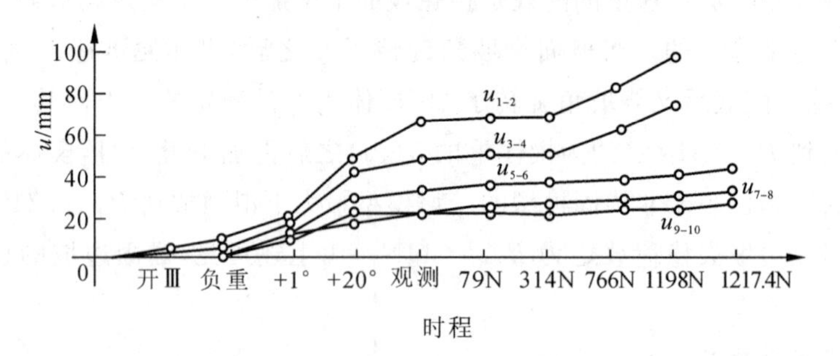

图 6　Ⅱ# 模型合成位移过程线

3.1.4　从位移主矢量图上看

锚固与非锚固边坡在旋转之前楔体位移主矢量方向都平行于滑移面交线，旋转后楔体位移主矢量方向都发生了一定的向外偏转(图 7、图 8)，表明楔体与滑移面之间有开裂倾向，这将会降低滑移面的摩擦力，这也说明非锚固边坡旋转 1°后为什么会产生突然性的失稳，这不仅是因为下滑力的增大，而且还与楔体和滑移面之间产生开裂倾向从而使摩擦力减小有关。而锚固边坡由于有锚索体的牵拉作用，楔体与滑移面的开裂对边坡的影响小得多。

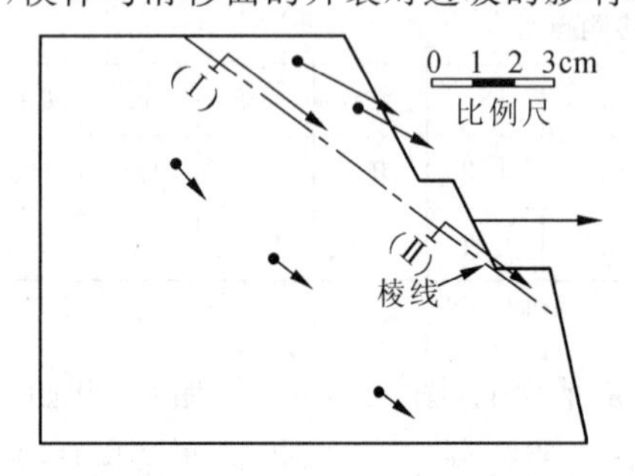

图 7　Ⅰ# 模型旋转 1°后的位移主矢量

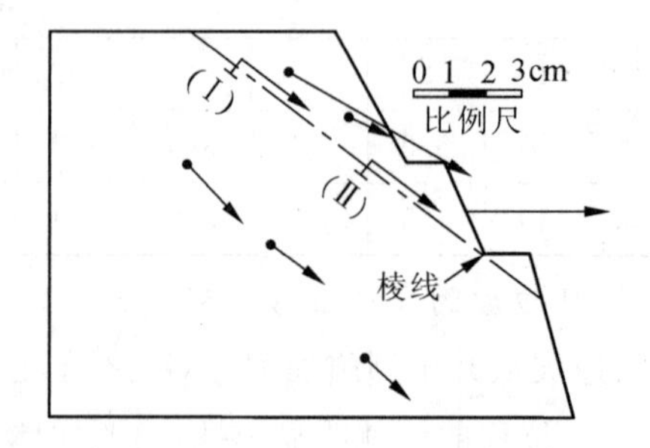

图 8　Ⅱ# 模型旋转 20°后的位移主矢量

3.2　锚固边坡上锚索的受力特点与破坏特征

3.2.1　锚索的张力变化特征

如图 9 所示，锚索的张力变化特征是：

(1)在滑移体上的锚索锁定后，初始张力值都普遍有所降低，降低最多的可达 40%，平均降低 15%～20%，3～4d 之后基本趋于稳定。

(2)在旋转过程中，楔体上锚索的张力都有明显增加(基岩上的基本不变)，但增加的幅度各点不同，一般来说上部的增加较大，下部的增加较小。

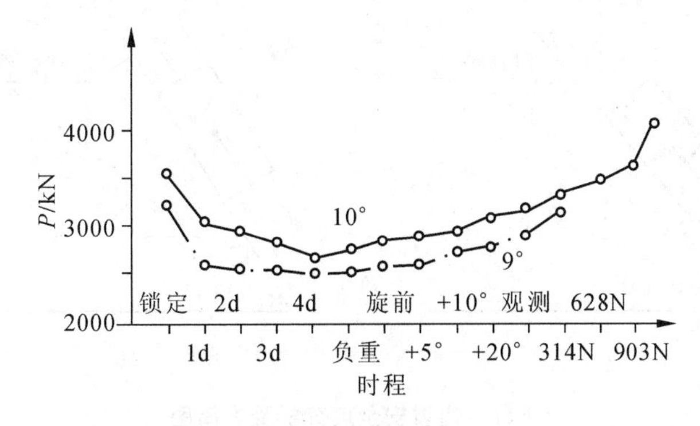

图 9　锚索张力时程曲线

(3)在加下滑力时,一级坡面上的锚索张力多数都有增加,其他部位的锚索张力变化不大,直到下滑力加得较大时,下部锚索张力才有明显增加。这说明在加下滑力时,边坡上的锚索受力是不均匀、不同步的。一般地说,上部的锚索先受力,且数值较大,下部的锚索后受力,且数值较小。

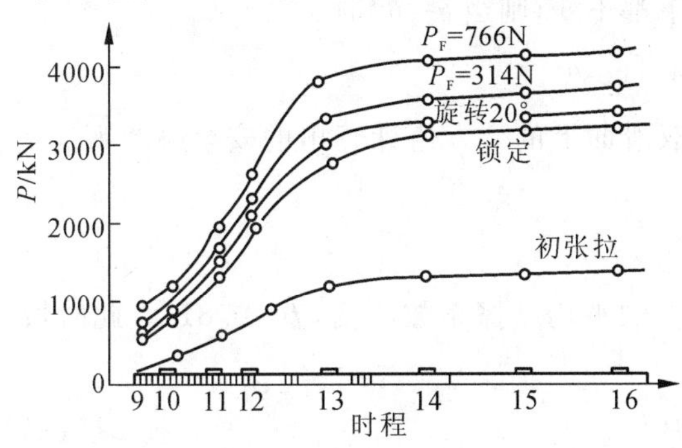

图 10　10# 锚索自由段和内锚固段轴力分布

3.2.2　锚索自由段和内锚固段的受力特征

如图 10 所示,从图中看到边坡上的锚索自由段基本上是均匀受拉的,内锚固段是不均匀受拉的,外大内小,此特征与以往的试验结果相同[3]。

3.2.3　锚索的破坏特点和破坏类型

边坡上的锚索破坏特点是:

(1)失效不是同时的。Ⅰ级边坡上的锚索先失效,Ⅱ、Ⅲ级边坡上的后失效,基岩上的始终未见失效。

(2)锚索的失效一般是成批发生的,而不是一根一根地破坏,这表明锚索的破坏会产生链式反应。

(3)即使在同一级边坡上锚索的失效也不是同时发生的,也有先后顺序,这与边坡上各点的受力不可能完全均匀一致是相符合的。

边坡上锚索的破坏类型主要有 3 种:

(1)外锚头失效。一般是在螺纹处被拉断,共有 7 根,占试验中锚索破坏总数(39 根)的 22.6%。

(2)自由段锚索体被拉断。共 19 根,占破坏总数的 61.3%。

(3)内锚固段失效。共 5 根,占破坏总数的 16.1%。

破坏比例最高的是自由段被拉断,其次是外锚头失效。内锚固段失效的比例较小,这与工程实际大体相符。

3.3　对边坡的安全度分析

3.3.1　对非锚固边坡的安全度分析

假定非锚固边坡在 $\Delta\theta=1^\circ$ 时楔体失稳,则此时边坡的受力分析如图 11 所示。

$$F_{滑}=W\sin(\theta_0+\Delta\theta) \tag{1}$$

$$F_{抗}=W\cos(\theta_0+\Delta\theta) \tag{2}$$

其中,W=楔体自重+建筑物荷载=2528N;$\theta=\theta_0+\Delta\theta=39.15^\circ$。

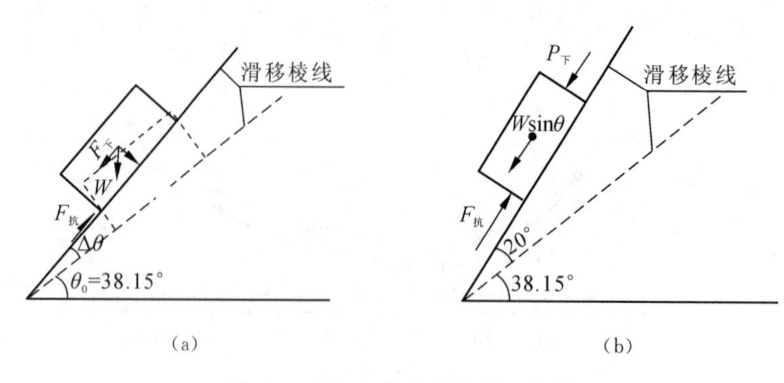

图 11　边坡安全度分析受力简图

(a) Ⅰ#模型;(b) Ⅱ#模型

由式(1)、式(2)可求出

$$\overline{f}=\tan(\theta_0+\Delta\theta)=0.814$$

其中,$\overline{f}$为双滑面楔平均摩擦系数,认为该值在任何角度下都不变,则当 $\theta=\theta_0$ 时

$$F_{滑}^{\theta_0}=W\sin\theta_0,F_{抗}^{\theta_0}=W\overline{f}\cos\theta_0$$

则边坡的安全系数 $K_{\mathrm{I}}=F_{抗}^{\theta_0}/F_{滑}^{\theta_0}=1.04$,它与按给定的双滑面上的 c、φ 值计算出的安全系数 $K_{\mathrm{I}}^{1}=1.02$ 相当接近。

3.3.2　*对锚固边坡的安全度分析*

假定锚固边坡的失稳荷载是 $P_{下}=314\mathrm{N}$,且双滑面上的平均摩擦系数不变,$\overline{f}=0.814$。此时坡角=58.15°,而

$$F_{滑}^{\theta}=W\sin\theta+P_{下} \tag{3}$$

$$F_{抗}^{\theta}=W\overline{f}\cos\theta+F_{锚} \tag{4}$$

假定 $F_{锚}$ 在 $\theta=\theta_0$ 和 $\theta=\theta_0+\Delta\theta$ 时不变,则由 $\theta=\theta_0+\Delta\theta$ 时,$F_{滑}^{\theta}=F_{抗}^{\theta}$,可求得

$$F_{锚}=W\sin\theta+P_{下}-W\overline{f}\cos\theta \tag{5}$$

当边坡在旋转之前 $\theta=\theta_0$ 时:

$$F_{滑}^{\theta_0}=W\sin\theta_0,F_{抗}^{\theta_0}=W\overline{f}\cos\theta_0+F_{锚} \tag{6}$$

则锚固边坡的安全系数

$$K_{\mathrm{II}}=F_{抗}^{\theta_0}/F_{滑}^{\theta_0} \tag{7}$$

将 $W=2528\mathrm{N}$,$P_{下}=314\mathrm{N}$,$\theta=58.15°$,$\overline{f}=0.814$ 各值代入式(5),求得 $F_{锚}=1375.5\mathrm{N}$;再把 $F_{锚}$ 代入式(6),求得

$$F_{抗}^{\theta_0}=2993.7\mathrm{N},F_{滑}^{\theta_0}=1561.6\mathrm{N}$$

将结果最后代入式(7),得 $K_{\mathrm{II}}=1.92$。此值比按给定的双滑面上的 c、φ 值计算得到的安全系数($K_{\mathrm{II}}^{1}=1.61$)高 20%左右,可见锚固边坡比非锚固边坡的安全系数提高了很多。

4　结论

(1)预应力锚索对边坡具有较强的加固效应,主要表现在提高了失稳荷载,延缓了破坏过程,增大了允许变形值,提高了边坡的安全度。

(2)边坡上锚索受力有大小、先后之分,一般地说当边坡由上至下分步开挖时,上部的锚索先受力,且数值大,下部的锚索后受力,且数值小。

(3)边坡上的锚索张力是变化的,锁定后一般要减小15%～20%,以后又随着坡角的提高和下滑力的增大而增大。

(4)边坡上锚索破坏类型主要有3种,即外锚头失效、自由段拉断和内锚固段失效。在本试验中各种失效比例分别占22.6%、61.3%和16.1%。

(5)边坡上锚索的破坏是成批发生的,不是一根一根地破坏,锚索的破坏具有链式反应现象。

参考文献

[1] 总参工程兵科研三所.预应力锚索加固机理与设计计算方法研究报告,1998

[2] 总参工程兵科研三所.预应力锚索对边坡加固效应模拟试验研究,1998.

[3] 总参工程兵科研三所.预应力锚索对含倾斜断层岩体加固效应模拟试验研究,1998.

锚索预应力在岩体内引起的应变状态模型试验研究

顾金才　沈　俊　陈安敏　明治清

内容提要：介绍锚索预应力在岩体内引起的应变状态模型试验研究成果，其中包括由锚索预应力引起的岩体轴向应变沿锚索轴线分布状态，岩体表面及断层面上岩体法向应变分布状态，岩体内部不同深度上岩体轴向应变沿水平方向分布状态等。上述成果对正确分析预锚加固作用机理和进行合理锚固工程设计具有重要指导意义。

1　引言

预应力锚索加固技术虽然已在大型的岩土工程问题中获得了广泛应用并已积累了丰富的实践经验[1-5]，但在预锚加固理论研究方面还落后于工程实践。目前还没有一种比较成熟和完善的预锚加固设计计算方法，对许多大型的锚固工程设计，主要还是靠工程类比法或半经验半理论的方法进行。这种状态不改变，有可能给锚固工程设计造成浪费或产生潜在的危险。我部为了提高预锚加固技术理论水平，改进和完善预锚加固设计计算方法，开展了"预应力锚索加固机理与设计计算方法"课题研究，经过长达 8 年的时间，取得了一批重要科研成果。这里要谈的锚索预应力在岩体内引起的应变状态仅是该课题研究成果之一。其他成果可参见参考文献[6]和"预应力锚索加固机理与设计计算方法"项目研究报告。

2　试验概况

试验内容包括 3 种长度、3 种角度的锚索，对 3 种典型岩体，即均质岩体、含有水平断层及倾斜断层的岩体产生的加固效应。三种试验模型见图 1，模型中锚索参数见表 1。

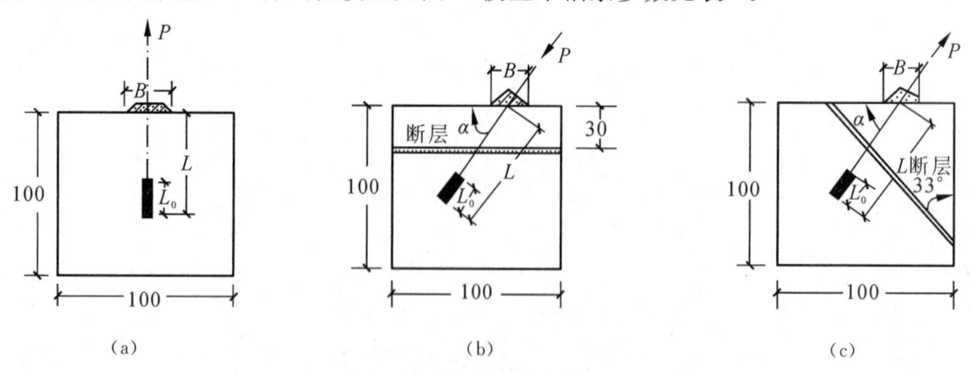

图 1　试验模型

(a)均质岩体模型；(b)含水平断层岩体模型；(c)含倾斜断层岩体模型

刊于《岩石力学与工程学报》2000 年增刊。

表 1　试验模型锚索参数

模型	T/(°)	L/cm	L_0/cm	B/cm
均质岩体模型	90	30	6	7
	70	50	6	7
	50	70	6	7
水平断层岩体模型	90	34 49 64	6	5
	70	36 51 66	6	5
	50	43 58 73	6	5
倾斜断层岩体模型	90	70	16	5.4
	70	70	16	5.4
	50	70	16	5.4

注：表中 T、L、L_0 和 B 分别是锚索安装角度、锚索长度、内锚固段长度和垫墩底面边长。

3 种模型介质材料均为水泥、砂、珍珠岩、氯化钙和水的混合物，其配比（以质量计）是水泥：砂：珍珠岩：氯化钙：水＝0.58：4.68：(0.18～0.23)：0.007：1.0。3 种模型因珍珠岩的掺量不同、模型制作时间和季节不同，所以在力学参数上也有一定差别，见表 2。

表 2　模型介质材料力学参数

试验模型	R_c/MPa	R_t/MPa	E/GPa	ν	c/MPa	φ/(°)
均质	1.98	—	1.392	0.17	0.489	36
水平断层	2.30	—	1.25	0.29	0.69	30.3
倾斜断层	2.70	0.50	2.00	0.23	0.30	39

模型内断层厚度 1cm，水平断层内充填材料为黄土：蛭石：水＝4.4：1.4：1.0 的混合物，其力学参数 c＝0.1MPa，φ＝25°；倾斜断层内充填材料为黄土：珍珠岩：水＝4.4：0.2：1.0 的混合物，其力学参数 c＝0.06MPa，φ＝22.5°。

模拟锚索材料采用 ϕ6.5mm 的铝棒或锰钢，其张拉段为自由式，内锚固段为黏结式。锚索垫墩材料采用石膏或金属垫块。因为试验中所关心的不是锚索本身的受力状态而是由锚索预应力引起的岩体内部应变状态，所以对锚索的整体模拟适当降低了相似要求，对锚索长度、角度和预应力吨位大小的模拟却严格按相似要求确定。

模型制作均采用钢模夯实法。工艺过程是先把配料搅拌均匀，然后分层上料，分层夯实。为了在模型介质内部布置测点，一块模型一般要分成两半制作。待在其中的一半内表面上布置好应变测点后再把两半模型黏合起来，形成一个整体。含有断层的模型的制作是在模型框架内部的断层部位放好几层铝板，其总体厚度要等于断层厚度。在铝板两边同时装料夯实，两边夯实后，模型外模不拆，将铝板抽出。然后再用搅拌均匀的回填材料把断层部位回填起来。将制作好的模型养护 28d 后便可加载试验。模拟锚索的安装是在制作模型时，先在两半模型中的一半内表面上把锚索孔钻好，同时也把内锚固段埋好。这样，当把两半模型黏合起来后锚索孔和内锚固段就已经设置好。张拉前把锚索体插入钻孔中，其端头通过丝扣与内锚固段相连，在锚索外端设置好垫墩后，即可对试验锚索进行张拉、锁定工作。

锚索的张拉是用一台小型张拉千斤顶实施的，其最大出力为 20kN，能较好地满足使用要求。试验测试内容主要是锚索张力及其周围介质内应变分布，其中也包括断层面上、下盘岩体法向应变分布。

3 研究成果

3.1 由锚索预应力引起的岩体轴向应变沿锚索轴线的分布状态

三种岩体在 $T=90°$ 时由锚索预应力引起的岩体轴向应变沿锚索轴线的分布状态见图 2（$T=70°$、$50°$ 的试验结果略）。

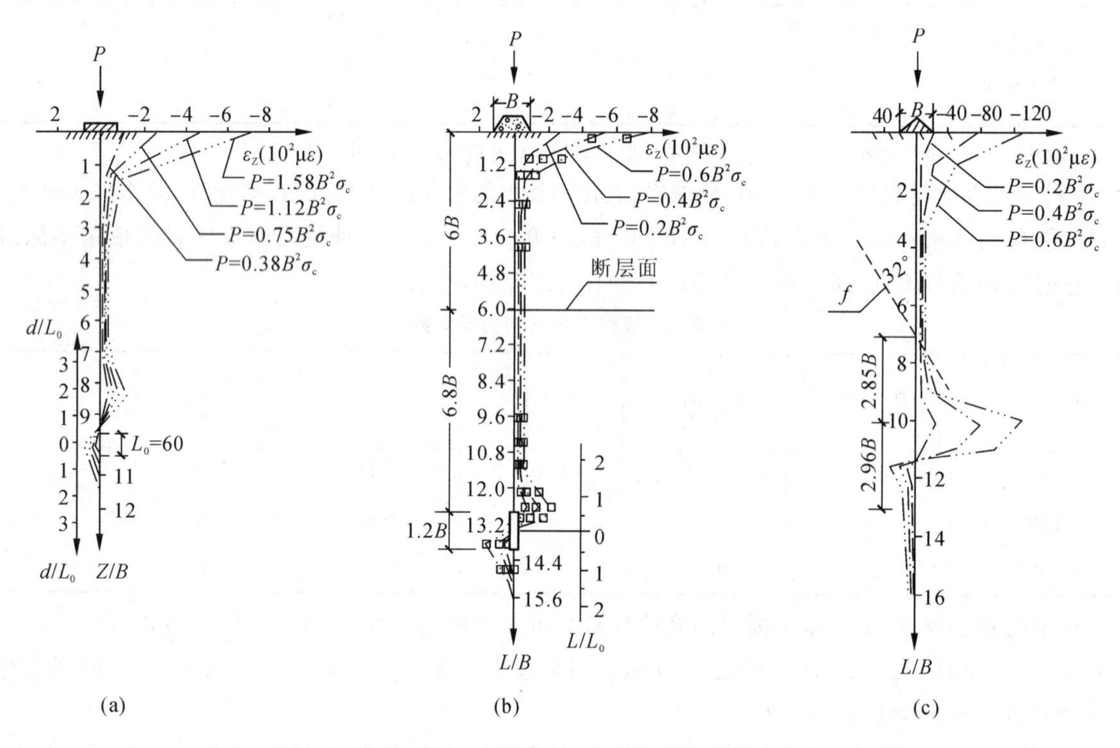

图 2 $T=90°$ **时由锚索预应力引起的岩体轴向应变沿锚索轴线分布状态**

(a)均质岩体($L=10.43B$)；(b)含水平断层岩体($L=14B$)；(c)含倾斜断层岩体

从岩体轴向应变分布图中可以看到：

(1)锚索预应力在岩体内形成两个应力集中区：一个在锚索垫墩下方，为压应力集中区；另一个在内锚固段处，为拉、压复合应力集中区（上部为压应力集中区，下部为拉应力集中区）。在垫墩下方的压应力集中区，应力集中范围约为 $3B$（B 为垫墩底面边长），在内锚固段处的拉、压复合应力集中区应力集中范围上、下部均为 $(1.5\sim2.0)L_0$（L_0 为内锚固段长度）。

(2)锚索长度、角度、吨位及岩体内断层面的存在与否对上述两个应力集中区的形成及形态几乎没有影响，但它们将对两个应力集中区的数值及相对距离有明显影响。例如，锚索长度将影响上述两个应力集中区的相对距离，锚索角度将影响垫墩下的应变数值，但对内锚固段处的应变值无明显影响。锚索吨位对上述两个应力集中区的应变数值都有影响。岩体内断层面只有在倾斜状态时才对与锚索轴线相交处的岩体轴向应变值有一定影响，处于水平状态时几乎无影响。

3.2 由锚索预应力引起的岩体表面法向应变分布状态

试验表明，由锚索预应力引起的岩体表面法向应变分布状态受垫墩刚度和锚索角度的双重影响。当 $T=90°$，垫墩刚度较大时，岩体表面法向应变在垫墩下呈马鞍形中心对称分布；当垫墩刚度较小时，垫墩下岩体法向应变呈鼓肚形中心对称分布。当 $T<90°$时，垫墩下面岩体法向应变峰值发生偏斜，见图3，当垫墩刚度较大时，应变峰值背向锚索轴线方向偏斜；当垫墩刚度较小时，应变峰值朝向锚索轴线方向偏斜。垫墩附近岩体表面法向应变分布范围，在不同试验条件下均为(1～1.5)B左右(指地表距垫墩底面中心的距离)，由此可以看出锚索预应力在岩体表面的有效影响范围约为(1～1.5)B。此数值为确定锚索的合理间距提供了依据。

3.3 由锚索预应力引起的岩体表面法向应变随深度的衰减状态

如图3所示，由锚索预应力引起的岩体表面法向应变随深度的衰减很快，距岩体表面2.8B深度处仅为岩体表面的5%左右(其他两种角度的试验结果与上述情况基本相同)，从工程角度看就可以忽略不计了。这表明岩体内(深度大于2.8B)断层面上的正压力受岩体表面压力的影响较小。

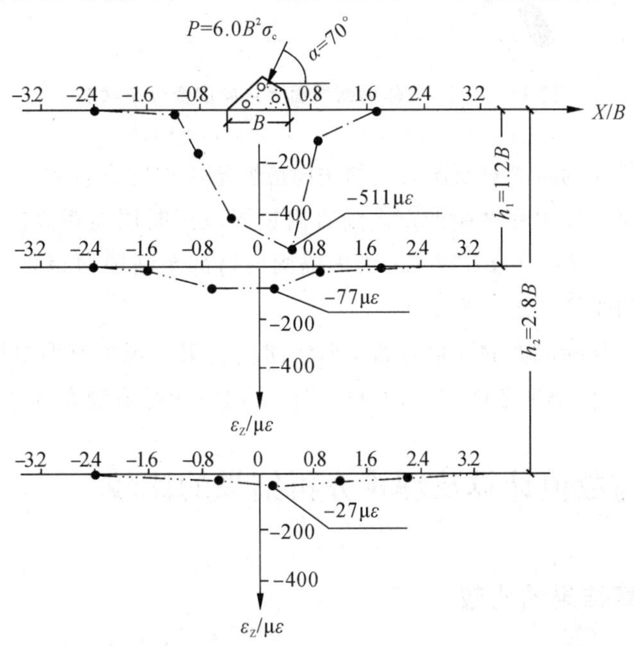

图3 $T=70°$，垫墩刚度较小时岩体表面法向应变分布及随深度的衰减状态

3.4 由锚索预应力引起的岩体内断层面上的法向应变分布状态

$T=70°$时由锚索预应力引起的岩体内断层面上的法向应变分布状态如图4所示。从图中可以看到：

(1)岩体内断层面上的法向应变也有集中现象。应变集中区均发生在正对内锚固段处，而在垫墩正下方处却未见产生明显的应变集中现象，这说明在上述条件下岩体内断层面上的正压力主要来自与它靠近的内锚固段的作用，岩体表面压力对它的影响较小。

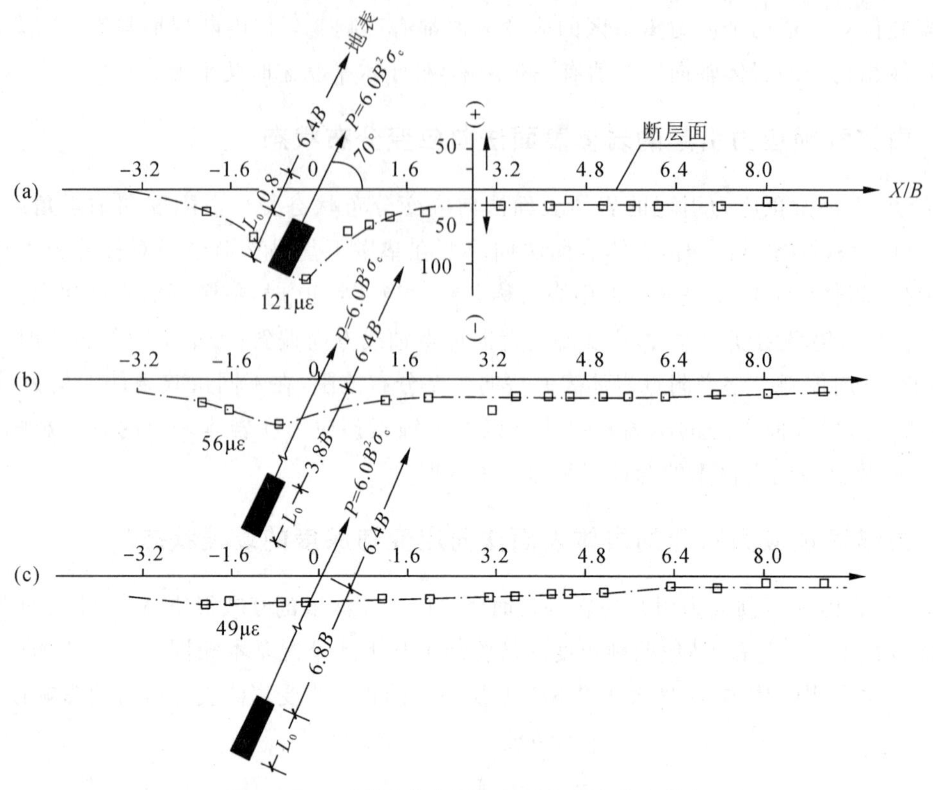

图 4　$T=70°$岩体内断层面上法向应变分布状态

(a)$L_1=0.8B$;(b)$L_1=3.8B$;(c)$L_1=6.8B$

(2)内锚固段至断层面的距离对断层面上的法向应变集中程度有较大影响。内锚固段距断层面越近,断层面上的法向应变集中程度越严重。随着内锚固段至断层面距离的增加,断层面上的法向应变集中现象逐渐消失,当$L_1=6.8B$时(L_1为内锚固段口部至断层面距离),断层面上的正压力已经很小,且基本处于均匀受压状态。

试验表明,锚索轴线与断层面的夹角对断层面法向应变集中现象有明显影响,主要表现在T较小时,法向应变峰值减小,但集中范围增大;T较大时,法向应变峰值较大,但集中范围减小。

4　试验结果与数值计算及理论分析结果的比较

4.1　与数值计算结果的比较

对均质岩体和含有断层的岩体模型进行了数值计算。计算结果如图 5 所示。将其与前面图 2 对比可知,二者在规律性上具有良好的一致性,但在内锚固段处的最大拉、压应变数值上有明显差别,数值计算结果较大,试验结果偏小,其原因是计算中没有考虑锚索张力沿孔壁的摩擦损失。对含有断层岩体的模型计算结果也与试验结果作了对比,二者在基本规律上也有着良好的一致性,但在数值上也有一些差别。为节省篇幅,这里就不给出图形对比了。

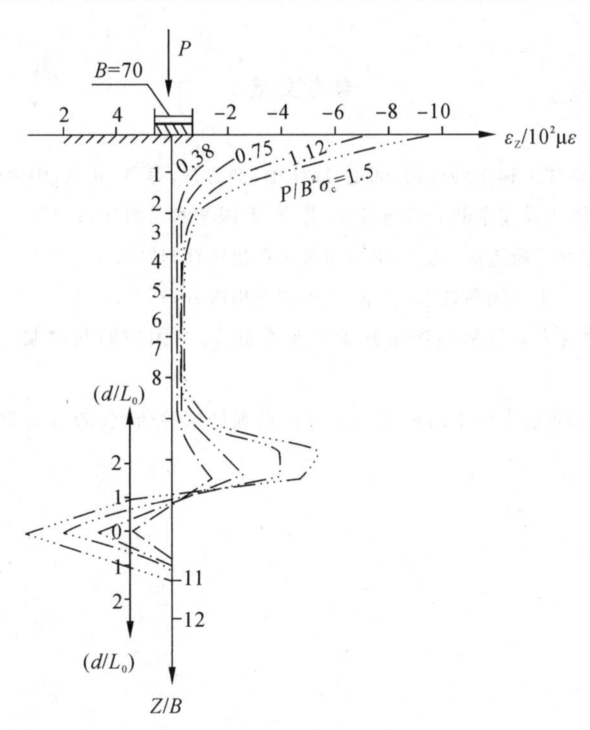

图 5 由有限元计算得到的岩体轴向应变沿锚索轴线方向分布状态($L=10.43B$)

4.2 与理论分析结果的比较

对锚索加固效应的理论分析是针对均质岩体在弹性条件下进行的。应用弹性半无限体问题的明德林解,把锚索的作用简化成两个集中力或分布力,一个作用在岩体表面,另一个作用在介质内部,求得了锚索轴线与岩体表面斜交情况下的岩体内各点的应力、应变和位移解析表达式,并编制了计算程序,给出了计算结果,由计算给出的岩体轴向应变沿锚索轴线方向的分布规律与试验结果基本一致,说明试验结果是可靠的。

5 结论

从上述成果中可以得出如下几点结论:

(1)锚索预应力在岩体内形成两个应力集中区:一个在垫墩下方,一个在内锚固段处。这两个应力集中区的形成和形态与锚索的长度、角度、吨位及岩体内断层的存在与否无关,它们只影响两个应力集中区的数值和相对距离。

(2)锚索预应力在岩体内随深度衰减很快,在距岩体表面 3 倍垫墩底面尺寸处就可衰减 90%以上。

(3)较深层的岩体内断层面上的法向压应力主要来自与其靠近的内锚固段的作用,岩体表面压力对其影响较小。

(4)锚索预应力在岩体表面的影响范围约为 $B\sim1.5B$(B 为锚索垫墩底面边长)。此数据为确定锚索的合理间距提供了依据。

(5)试验结果与数值计算和理论分析结果在基本规律上具有良好的一致性,但彼此间也存在一定差别,这些差别主要是由于数值计算和理论分析中考虑的因素不全所致。

参考文献

[1] T. H. 汉纳. 锚固技术在岩体工程中的应用. 胡定,邱作中,刘浩吾,等译. 北京:中国建筑工业出版社,1987.

[2] 程良奎,刘启琛. 岩土锚固工程技术的应用与发展. 北京:万国学术出版社,1996.

[3] 熊厚金. 国际岩土锚固与灌浆新进展. 北京:中国建筑工业出版社,1996.

[4] 中国岩土锚固工程协会. 岩土锚固新技术. 北京:人民交通出版社,1998.

[5] 中国岩石力学与工程学会岩石锚固与注浆技术专业委员会. 中国锚固与注浆工程实录选. 北京:科学出版社,1995.

[6] 顾金才,明治清,沈俊,等. 预应力锚索内锚固段受力特点现场试验研究. 岩石力学与工程学报,1998,17(增):788-792.

地质力学模型试验技术在人防工程研究中的应用

顾金才

内容提要:本文简要论述了人防工程研究的特点及其在现代战争中所面临的新挑战,着重介绍地质力学模型试验技术的特点、研究现状(包括试验技术和新研制的试验设备)及其在实际工程中的应用情况,并对地质力学模型试验技术在人防工程中的应用前景进行了探讨。

1 前言

1.1 现代战争对人防工程提出了新的挑战

现代战争的重要特点之一,是在战争中大量采用各种先进的精确制导武器,对各种政治目标、军事目标、经济目标和重要的工业基础设施进行强度空前的打击。现代战争没有前方、后方之分,一般是立体式全方位进行,不论在什么地方,只要是重要部位都可能遭到打击。

现代战争的特点对人防工程建设提出了新的挑战,即人防工程遭受打击的力度和概率空前加大,要防范的目标和任务空前增多。人防工程不仅要保护广大人民群众在高强度打击下生命财产不受或少受损害,还要保护整个国家在战时的主要政治目标、军事目标、经济目标的安全,维持国家的正常运转和基本经济实力。由此看出,人防工程在现代战争中具有重大作用。

正因如此,现在世界各国都对人防工程的研究和建设非常重视。如美国从1951年到1958年之间对各种人防掩蔽工事作了大量核爆条件下的现场试验[1]。从20世纪60年代开始,美国以及加拿大、瑞士、瑞典、德国、挪威等国家,又针对常规武器作了大量的高爆炸药的现场实验和模拟试验。最大的一次高爆炸药实验是1963年6月美国在新墨西哥州进行的,用了4800t硝酸盐与燃料油混合炸药,实验对象包含一个可容纳100人的地下混凝土箱式掩蔽部。在目前的实验研究中,人们既研究外爆炸效应,也研究内爆炸效应,以及其他生存环境等项目。可以看出,世界各国对人防工程的建设与研究都非常重视。

我国的周边环境比较复杂,为了打赢一场高技术条件下的局部战争,搞好人防工程建设十分重要。因此,必须针对现代战争特点,加强人防工程的理论研究和试验研究,尽可能地在人防工程建设中采用新结构、新材料、新工艺,以大幅度地提高人防工程的抗力等级。

1.2 人防工程研究特点

大部分人防工程都是在岩体或土壤中修建的。从总体上说,人防工程研究仍属于岩土工程范

刊于《人防科研》2002年第4期。

畴。值得注意的是,凡属于岩土工程研究问题的都不能仅仅依靠理论分析或数值计算的方法,因为岩土体本身结构十分复杂,加之它与结构的相互作用,使问题更为复杂化。所以对岩土工程问题的研究,一般都采用现场实验或模型试验的方法,再配以理论分析或数值计算。

现场实验无疑是最重要的研究手段,它不用作任何假设和转换,直接给出具有相对较高真实性和可靠性的实验结果。在条件允许的情况下应尽量采用现场实验的办法。但是,现场实验费钱、费力、费时,不允许做现场实验时,可以采用模型试验的方法。模型试验虽然不如现场实验给出的结果直接,但相对来说省钱、省力、省时间,可以直接通过试验中的测量和观察给出结果,还可以控制试验条件,进行多次重复试验。其最大优点是,对某些难以进行现场实验的人防工程,如深埋几十米的人防工事、山体内的大跨度工事等,都可以进行模型试验。

模型试验可以作爆炸试验。如日本人曾用离心机对一个充满沙介质的圆柱形模型(高 35cm,直径 47cm,圆柱中心放置一个用铝合金制成的中空柱状结构)进行爆炸试验[2]。几何比尺分别为 1/40、1/60 和 1/100,药量为 0.36kg,得到的结果令人满意。此外,也有人用配制高密度模型材料的办法,在试验台上对埋设的圆形结构进行爆炸模拟试验,模拟材料是用碎煤加铅粒制成的,其质量密度可达 1850kg/m^3,接近被模拟的河砂质量密度 1610kg/m^3,最后得到的试验结果也比较令人满意[3]。

对人防工程除了按爆炸方式进行模型试验以外,还可以按静力方式进行模型试验。目前人防工程设计大部分是采用等效静载法。显然按设计中所采用的静力荷载对模型施加压力,以此来验证设计计算结果的正确与否是比较合适的。静力模型试验可以给出在等效静载作用下工程结构的应力状态、变形特征、安全系数及破坏形态等,对工程设计具有重要指导意义。

地质力学模型试验技术是目前研究岩土工程问题的重要静力试验手段,它已在国内外岩土工程问题研究中获得了广泛应用,并取得了显著成效。

2　地质力学模型试验技术的功能特点

地质力学模型试验是把工程结构与周围岩土体作为一个统一体考虑,这是它与传统的结构模型试验的最大区别。在传统结构模型试验中是把结构周围岩土体的作用当成荷载,而在地质力学模型试验中却很看重地质构造对建筑物的影响。这种影响(相互作用)一般是比较复杂的,难以进行精确的理论分析,而在地质力学模型试验中却能加以考虑,不用人工干预,其优越性在地质条件较为复杂时表现得尤为突出。

地质力学模型试验技术的另一功能特点是,它能较好地模拟工程的施工工艺,以及荷载的作用方式及时间效应等。还能研究工程的受力全过程,从弹性到塑性,直到破坏。因此,用这种试验不仅可以研究工程的正常受力状态,还可以研究工程的极限荷载及破坏形态。同时,与数值计算结果相比,它所给出的结果形象直观,能给人以更深刻的印象。正是由于地质力学模型试验技术具有上述重要特点,其被国内外岩土工程界广泛重视。

地质力学模型试验技术的弱点是它要求相对比较复杂的试验技术和试验设备,相似条件一般地说也难以全部满足,因此所给出的结果只能是对工程实际的一种近似。

3　地质力学模型试验设备和试验技术

总参工程兵科研三所开展地质力学模型试验研究工作已有三十余年的历史,不仅积累了丰富的实践经验，而且还研制了一系列的模型加载设备及材性试验设备，解决了多项复杂的模拟试验技术问题。下面对其有关试验设备和试验技术作简单介绍。

3.1 地质力学模型试验加载设备

该所研制了多台地质力学模型试验加载设备和材性试验设备。加载设备主要有：

(1)PYD-50 平面应变三向加载地质力学模型试验装置

如图 1 所示，它是由上下盖板、三角形分配块和三套互相垂直正交的拉杆系统组成。模型尺寸为 50cm×50cm×20cm 或 50cm×70cm×20cm。试验时模型平放在上下盖板之间。在模型两边分别施加垂直和水平地应力。加载方式采用油压千斤顶系统，千斤顶的集中力通过三级分配块均匀地作用到模型表面上，最大加载能力为 1000kN。模型的平面应变条件是通过对上下盖板施加纵控应力实现的。试验时荷载分级施加，每级荷载(油压)增量约为 0.1～0.4MPa。每加一级荷载调整一次纵控应力，以保持模型的平面应变条件，同时进行一次读数。当荷载加到被模拟的初始地应力荷载时保持其值不变，进行各种洞室的开挖与支护作业。然后进行超载试验，以确定工程的安全系数并观察其破坏形态。试验数据记录采用自动巡回检测仪。

图 1 PYD-50 平面应变三向加载地质力学模型试验装置

该所利用上述装置为岩土工程作了大量地质力学模型试验，均取得了较好的效果，为工程设计提供了重要依据。由于该装置具有性能优良、结构合理、使用方便、用途广泛等优点，于 1985 年获国家科技进步一等奖。

(2)岩土工程多功能模拟试验装置

这是该所最新研制成功的另一台大型试验设备，如图 2 所示。具有一机多用功能，可用它进行地下洞室、洞群、边坡和基坑的地质力学模型试验，也可以用它进行锚固体模拟试件的抗剪强度试验和钢筋混凝土构件的抗弯、抗剪强度试验。该装置具有双向旋转功能，可围绕模型平面旋转 360°，围绕模型立面旋转 35°，为制作复杂地层的模型、模拟岩土体的自重应力以及研究边坡坡角的影响等提供了方便。该装置允许的最大模型尺寸为 160cm×140cm×40cm。试验时可控制模型的准平面应变条件。模型边界可加均布荷载，也可加阶梯形

图 2 岩土工程多功能模拟试验装置

荷载，并能满足不同侧压系数的要求。最大加载能力在垂直和水平方向均为 2.5MPa。由于在加载系统中采用了国内首次研制成功的均布压力加载器，使模型块体内应力、应变场均匀范围大大增加，不均匀范围仅限于距模型边界 10cm 以内，为较好地模拟地下工程的受力环境提供了条件。该装置于 2000 年 11 月通过了部级鉴定，专家认为该装置整体性能达到了国际先进水平。

图 3 拉-压真三轴仪

(3)拉-压真三轴仪

这是研究复杂应力状态下模型材料本构关系的试验装置。该装置(图 3)能对模型材料试件进行单轴拉、压强度试验，双轴拉、压强度试验，三向受压强度试验以及两向受压、一向受拉强度试验。该装置在实际科研工作中已获得了广泛应用。由于该装置采用了刚柔相兼的加载技术，较好地解决了试件的端面约束效应难题，结构紧凑，性能优良，用途广泛，于 1992 年获国家科技进步三等奖。

3.2 地质力学模型试验技术

地质力学模型试验技术是比较复杂的，因为要模拟复杂的地层条件、洞室的开挖与支护过程、不同的地应力条件等。目前总参工程兵科研三所的科研人员已经掌握了复杂地层的模拟技术、复杂模型的制作技术、模型边界柔性加载与横向变形同步技术，在复杂地应力条件下对洞室、洞群的开挖技术和锚索、锚杆等的安装、张拉、锁定技术等。在测试技术方面，模型介质内应变场分布测试技术，洞壁位移分布测试技术，锚杆孔内注浆体与孔壁和注浆体与杆体之间的剪应变测试技术，基本上可较好地满足目前各种复杂地质力学模型试验的要求。图 4、图 5 是该所制作的边坡锚固模型和地下洞群模型。图 6、图 7 是洞周应变分布曲线和实测模型内洞壁位移曲线。

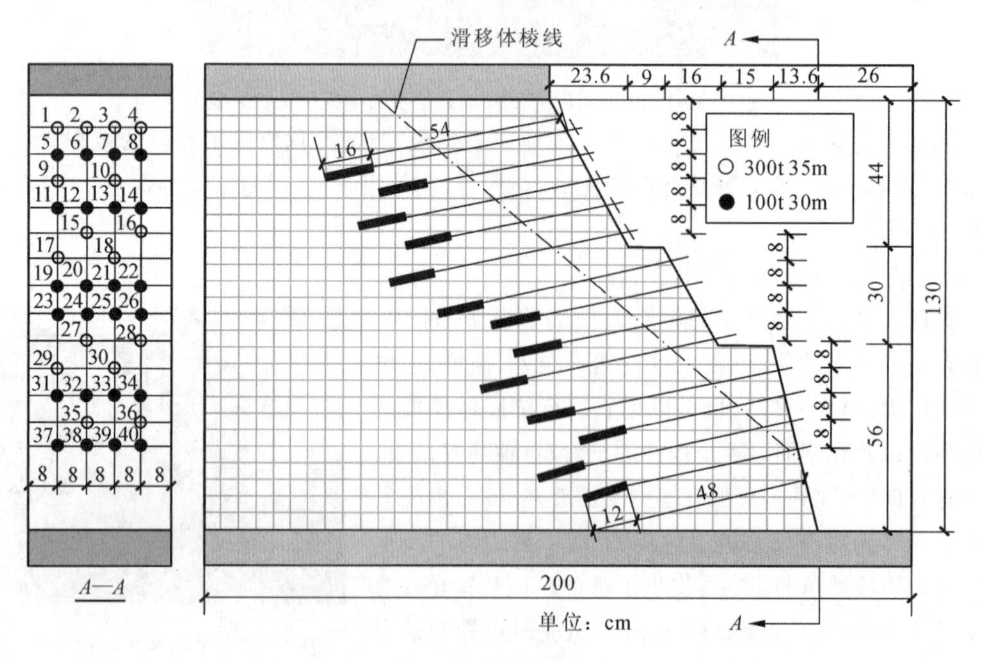

图 4 边坡锚固模型

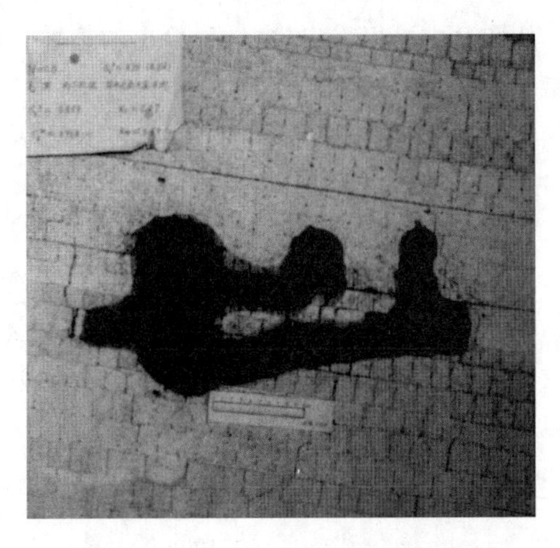

图 5　小浪底地下厂房复杂洞群模型

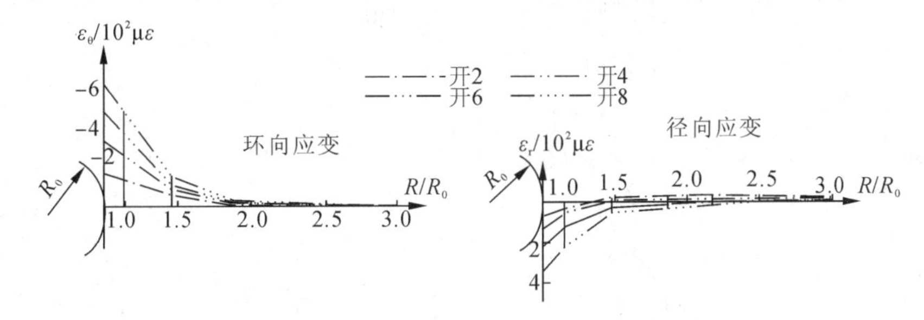

图 6　实测模型洞室(毛洞)洞周应变分布曲线

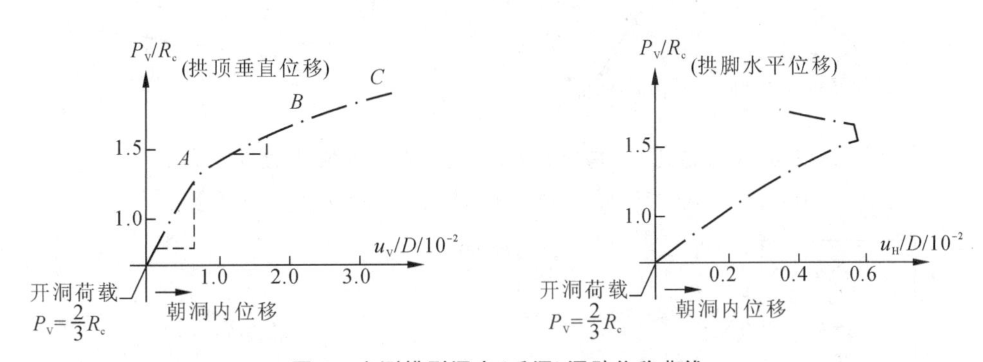

图 7　实测模型洞室(毛洞)洞壁位移曲线

4　地质力学模型试验技术在实际工程中的应用

地质力学模型试验设备和试验技术，已为多个大型的工程研究项目作了多次地质力学模型试验。例如，某地下飞机库岩体稳定性模型试验；某地下洞库锚固效果模型试验；某高抗力坑道工事模型试验；白山水电站地下厂房地质力学模型试验；龙滩水电站地下厂房地质力学模型试验；二滩水电站地下厂房地质力学模型试验；大朝山水电站地下厂房地质力学模型试验；小浪底水利枢纽工程地下厂房地质力学模型试验；李家峡水电站岩质边坡群锚加固效应地质力学模型试验等。上述各项试验均取得了较好的成果，为工程设计和科学研究提供了重要依据。图 8 是小浪底水利枢纽工程地下厂房地质力学模型试验给出的洞周围应变-开挖、加载过程线。图 9 是李家峡水电站岩质边坡群锚加固效应地质力学模型试验给出的边坡合成位移时程线。从图 8 中可以看出，模型试验结果与数值计算结果具有良好的一致性。从图 9 中可以看出，由试验给出的边坡失稳位移特征是滑移体上的位移曲线急剧上抬。特别应该指出的是，小浪底与二滩两者地下厂房地质力学模型试验给出的结果，与厂房建成后现场实测结果相比，在规律性上基本一致。这说明只要采用较高水平的试验设备与试验技术，模型试验结果是可以较好地反映工程实际的。

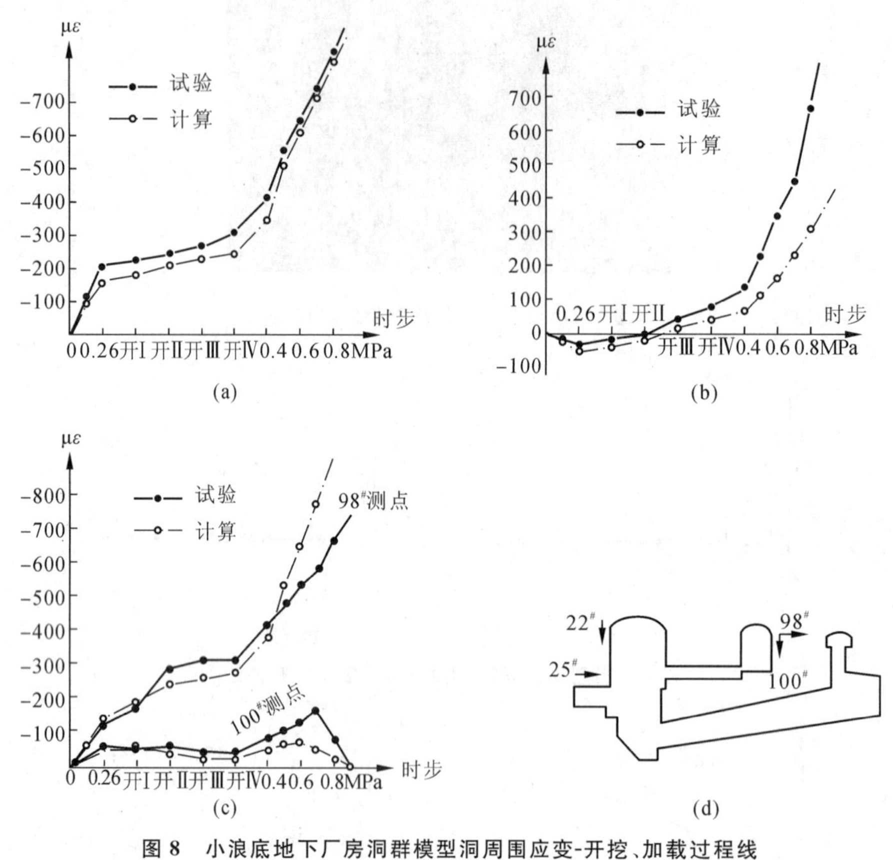

图 8　小浪底地下厂房洞群模型洞周围应变-开挖、加载过程线

(a)22# 测点；(b)25# 测点；(c)98# 测点、100# 测点；(d)测点位置示意图

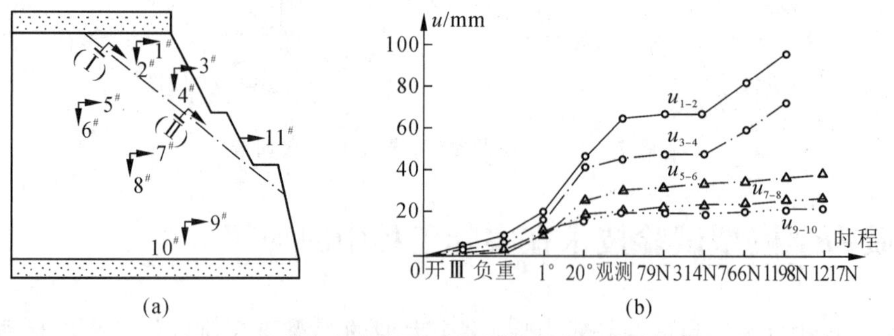

图 9　李家峡边坡模型开挖、加载合成位移时程线

(a)边坡模型内位移测点布置；(b)各测点合成位移时程线

5　地质力学模型试验技术在人防工程研究中的应用前景

人防工程在现代战争中具有突出的重要性，加强人防工程研究是作好战争准备工作的重要内容。目前的研究手段广泛采用现场实验方法，也有人采用缩小比例尺的模型试验方法；模型试验有采用爆炸方式的，也有采用静力方式的。鉴于目前人防工程设计仍然广泛采用等效静载法，采用静

力模型试验法应该是合适的；地质力学模型试验技术是研究岩土工程问题的重要手段，其设备和技术我国已基本掌握。在人防工程研究中应该广泛采用地质力学模型试验技术，用以研究人防工程中支护与介质的相互作用、工程的极限承载能力及其安全系数与破坏形态等。地质力学模型试验技术在人防工程研究中具有广阔的应用前景。

参考文献

[1] 潘人俊，张凯，高明亮．世纪之交的国外民防和民防工程．北京：总参工程兵国防工程研究设计所，2001.
[2] 总参工程兵科研三所情报资料研究室．新型常规武器弹药对地下目标破坏效应与工程防护技术研究译文集．洛阳：总参工程兵科研三所，1996.
[3] JOACHIM C E，BORBOLLA G S R D L. Brick model tests of shallow underground magazines. Department of the Army Waterways Experiment Station Corps of Engineers，1992.
[4] 李晓军，张殿臣，李清献，等．常规武器破坏效应与工程防护技术．洛阳：总参工程兵科研三所，2001.

In-situ Tensioning Test Research on the Design of Rock Bolts Support for Large Size Excavations

Gu Jincai　Chen Anmin　Wu Xiangyun　Dong Hongxiao

Abstract: This paper mainly introduces the research achievements of the in-situ tensioning test on the design of rock bolts support for a large size excavation, including the new tensioning test method, the in-site test results and the peak shear stress design and calculation method for rock bolts support according to the test results.

1　Introduction

In-situ rock bolts tensioning tests are usually required for the design of rock bolts support for large size excavations, because the accurate in-situ parameters which are necessary for rock bolts support design can only be acquired by in-situ tests. This in-situ test is just carried on for the designing of the rock bolts support for the powerhouse of Yixing Pumped Storage Power Plant in Jiangsu Province. The power plant lies in Tongguan Mountain, southwestern suburban district of Yixing city. The powerhouse with a dimension of 163.5m × 22m × 50.2m(length × width × height) is deeply buried about 330m under the ground surface. The rock mass are mainly composed of detritus malmstone sandwiched in argillaceous siltstone with medium to thick layer thickness in the middle parts of Maoshan group. The surrounding rock masses are poor in intact and the joints and cracks are well developed. There is water dropping or leaking from the tunnel wall and the surround rock mass classified as Ⅲ-Ⅳ type. The support scheme is preliminarily selected with rock bolts in combination with prestressed rock cables. The length of the cables is about 25m and that of the bolts 6-8m (Full-grouted type bolts). In order to ensure that the design of the project is technically and economically viable, the in-situ tensioning tests on bolts have been carried out.

2　The Reasonable Method for In-situ Rock Bolts Tensioning Test

The conventional method for in-situ bolts tensioning test is applying a tension on the external end of bolts by a jack and the distribution of shear stress and axial stress under the tension is shown in Fig. 1. This pattern of applied force and the distribution of stress are much different from that of the practice. In engineering practice, there is no concentrated force exerted on the external end of bolts, the tension in the bolt body results from the distending deformation of the rock mass near the

本文收录于《采矿科学与安全技术会议录》。

tunnel wall. The characteristics of the shear stress distribution on the bolt body are as follows: on the external part of the bolts which are near the tunnel wall, the direction of the shear stress which is caused by the distending deformation of rock mass is outwards to the excavation. On another part of the bolt body which is far away from the tunnel wall, the direction of the shear stress which is caused by the binding force of deep rock mass is inwards to the inner rock mass. On the interface of the above two parts of bolts, the shear stress on the bolts is zero. This is called "the neutral point theory for rock bolts support". The distribution of the shear stress on the full length of bolts is shown in Fig. 2.

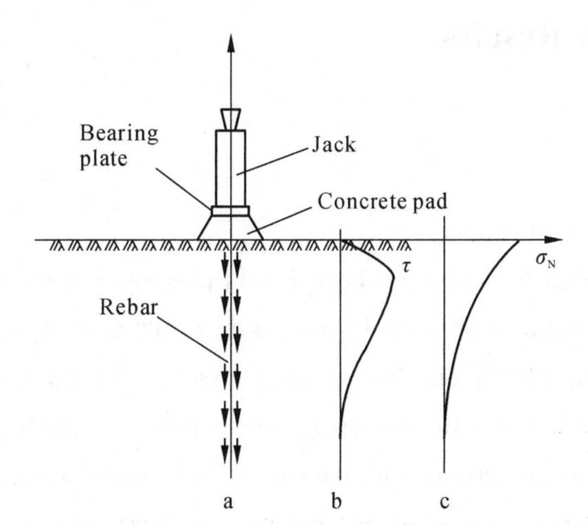

Fig. 1 Conventional method for tensioning test and force diagram of rock bolts

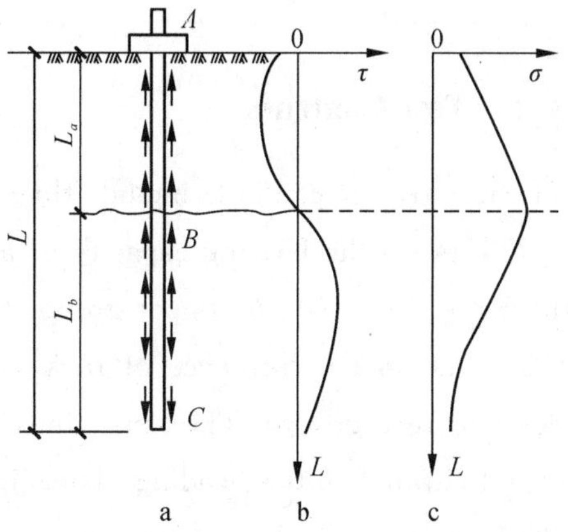

Fig. 2 Force diagram of rock bolts in practice

In order to ensure that the in-situ test results can reveal the in-situ state of stress on bolts accurately, the conventional method for in-situ tensioning test must be improved. The new method for in-situ tensioning test is presented according to our analysis in the practice stress of rock bolts supporting excavations. The guiding ideology of the method is as follows :

The force length of bolts can be regarded as two parts: one part is near the tunnel wall and is influenced by the distending deformation of rock mass, and this part is called the "stressing part" (L_a in Fig. 2). Another part is far away from the tunnel wall and subjected to the binding force from the deep rock mass, and it is called the "anchored part" (L_b in Fig. 2). It is assumed that the bearing capacity of rock bolts comes from the inner anchored part and has nothing to do with the stressing part. So the aim of the in-situ tests is to determine the bearing capacity of rock bolts with different length and the specific test plan is shown in Fig. 3.

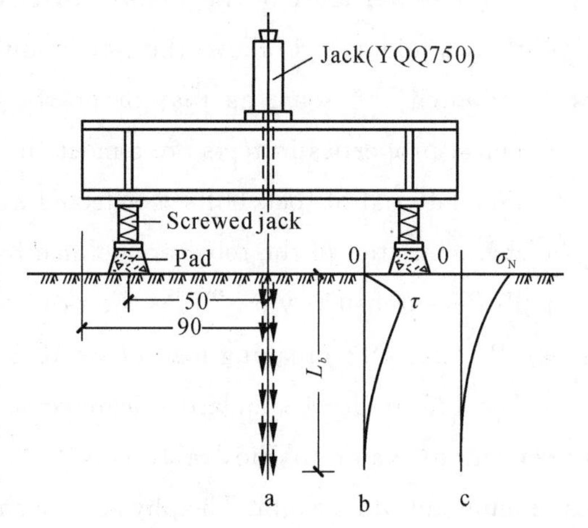

Fig. 3 Reasonable method for in-situ tensioning test

In the tests, due to the difficulty to make rock mass to distend in in-situ situations, the distending force from rock mass is substituted by tensioning force from the jacks and thus it has no much influence on studying the bearing capacity of the anchored part on bolts. In order to form the same boundary conditions on external end on bolts as that of the neutral point on bolts (it is similar to free boundary condition), the reaction force of the jack is transferred to the rock surface over 50cm distance from the external end of bolts by a steel beam. Based on the test method mentioned above, the stress of rock bolts is almost consistent with the stress of anchored length on rock bolts in practical engineering. Consequently the test results can represent the practice of engineering according to this method.

3 Test Contents and Major Test Results

3.1 Test Contents

The in-situ test contents include three items as follows:

(1) Tests on the bearing capacity of anchored part of rock bolt. It includes seven test groups and there are three rock bolts per group. The length of these bolts ranges from 32cm to 224cm.

(2) Tests on the influence of rock bedding planes on the bearing capacity of rock bolts. It includes two test groups. The axial lines of rock bolts in one group are vertical to the bedding planes and parallel to the bedding planes in the other group. The length of these bolts is 6m.

(3) Tests on the cohesive strength on the bolt/grout interface and on the grout/borehole wall interface. The tests on the cohesive strength on the bolt/grout interface have been performed with two groups and there are 3 bolts per group with bolt length of 30cm. The axial lines of rock bolts in the first group are vertical to the bedding planes and parallel to the bedding planes in the second group.

The tests on the cohesive strength on the grout/borehole wall interface have been performed with one group, 3 bolts with the length of 32cm. The axial line of bolts intersects the bedding planes at random.

In order to ensure that the geological condition of the test site is approximately identical with that of the powerhouse of the Yixing Power Plant, the test site is selected in the geological prospect hole that is about 50m above the powerhouse. Besides, the types of bolts and grouting materials were adopted the same as that in practical engineering to ensure that these material and its mechanical properties in tests are almost the same as that in practice.

The material of rock bolts is selected as a rebar of grade Ⅱ with dimension 28mm diameter. The characteristics of the rebar are defined by the yielding strength $\sigma_s = 370$MPa, breaking stress $\sigma_b = 370$MPa, extensibility $\delta = 27\%$, the ratio of breaking stress to yield strength 1.43%. The yield load ($P_s = 228$kN), breaking load ($P_b = 325$kN) have also been calculated.

The 425 grade of standard silicate cement is selected as the grouting material. The proportion of cement to water to Flowcable is 1 : 0.35 : 3% (in weight). The Flowcable is used as an expending and fluid agent. The physical mechanical characters of the grouting material are shown in Tab. 1.

The rock bolts were tensioned about 15 days after the grout was filled in the borehole.

Tab. 1 The physical mechanical characters of the grouting material

T_{start}/h	T_{end}/h	δ^{14}/%	R_c^{14}/MPa	R_c^{28}/MPa	R_t^{14}/MPa	R_t^{28}/MPa	E/MPa	ν	c/MPa	φ/(°)
6.8	10	0.55	41.66	46.21	2.10	2.31	1.52×10^4	0.3	6.36	38.46

3.2 Major Test Results

3.2.1 The Characteristics of Axial Strain Distributing Along the Anchored Part

The curves of axial strain distribution along the anchored part are given out in the test. A typical case is shown in Fig. 4 and some characteristics can be seen from it.

(1) While the bolts are relatively short, the axial strain distributes along the full length of bolts; While the bolts are relatively long, the axial strain only distribute on the partial length of bolts near the head and there is no strain on the end of bolts. For example, while the bolts are tensioned with force of $P=0.87P_s$ (P_s is the yield load of 228kN), the valid loading length of bolts is only about 24d (expressed with L_e).

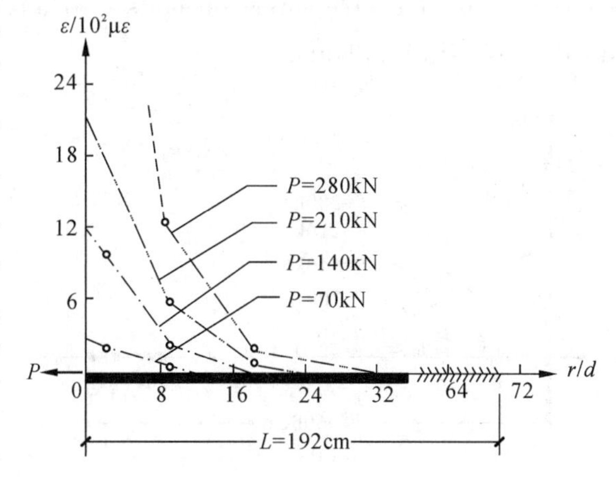

Fig. 4 Curves of the axial strain distributing along the anchored segment

(2) The numerical value of axial strains is very big near the head of bolts, then declines quickly with the depth of bolts. As the bolts are relatively long, the axial strains decline with an exponential function and as the bolts are rather short, the axial strains decline with a linear function. However, the axial strain on the end of bolts is always zero no matter the bolts is long or short. This accords with the axial stress in the end of bolts where the axial stress is zero.

(3) Along with the tensioning force increasing, the axial stress on the bolts increases quickly while the loading depth on bolts increases slowly, shown in Fig. 4. When the tension P with 70kN adds to 210kN, the axial strains on the head of bolts increase from 350$\mu\varepsilon$ to 2150$\mu\varepsilon$ or so and are multiplied more than five times. However, the loading depth of bolts increases from 12d to 24d and is only multiplied two times. This is because that the axial strains on bolts generally increase with tensile loading in direct proportion while the loading depth on bolts increases slowly. The loading depth can increases a little only after the peak shear stress in bolts has developed and reached the shear strength of bolts and then the tensioning force has also increased. Thus, the loading depth in bolts develops slowly.

(4) The axial strain values on the head of bolts in different test groups are not the same values under the same level of load. The reason is that the rock mass constraint conditions surrounding the bolts are not completely the same as each other. But those absolute figures of axial strains are almost equal to each other.

3.2.2 The Influence of the Dip Angle of Rock Bedding Planes on the Stress of Rock Bolts

The test results indicate that the axial strain distributions on the bolts are almost the same in regularity no matter the axial lines of bolts are vertical or parallel to the bedding planes. But they are different in numerical values, shown in Fig. 5. Comparing the two cases above, the axial strains in bolts are relatively big in numerical values and deep in stress depth when the axial lines of bolts are vertical to the bedding planes. The reason for this is that the bond among the bedding planes is too weak to offer enough constrain force on bolts when the bolts is tensioned and its axial lines are vertical to bedding planes; but when bolts are tensioned and its axial lines are parallel to bedding planes, the whole bolts lie in the same rock stratum and the rock mass have a good integrity, thus the rock constrain force acting on bolts is relatively big and leads to a small tensile strain and a small stress depth in bolts.

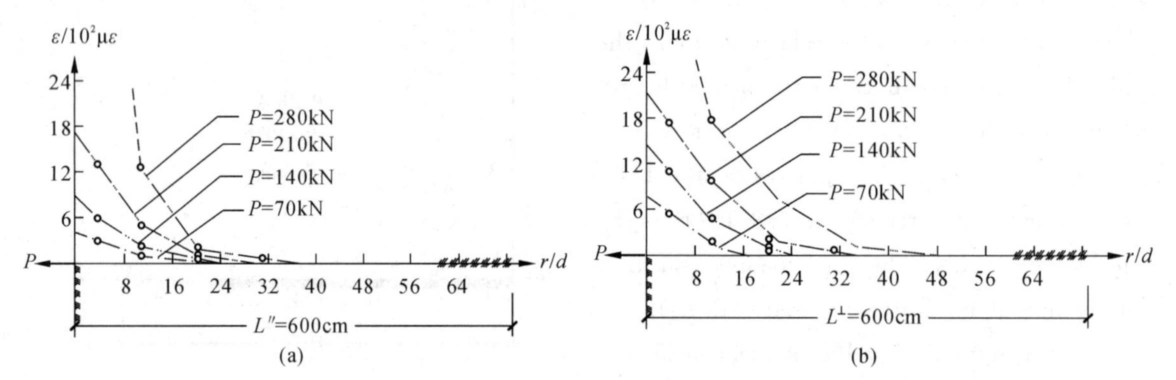

Fig. 5 The influence of the bedding planes on the stress state of rock bolts

(a) The axial lines of bolts are vertical to the bedding planes; (b) The axial lines of bolts are parallel to the bedding planes

3.2.3 The Distribution Characteristics of the Displacements on Bolts Head and Adjacent Rock Mass Surface

It is no regularity that the displacements of every measure point on the rock surface vary with the tensioning force on rock bolts. The reason is that the adjacent rock mass is made of a great variety of rock blocks which have different kinds of shapes and situations. As far as the same tensioning load on bolts is concerned, the distribution of the displacements on rock surface appears in regularity, as shown in Fig. 6. The distribution characteristics of above displacement are very big in numeric value near the bolts head and it declines rapidly with the distance from the bolts head. The scope of influence by distance is about 50cm.

The relationship between the displacement and the tension on bolts are measured in in-situ test and shown in Fig. 7. Before yield of the material of bolts takes place, the displacements on bolts head are basically in direct proportion to the tensioning load and the absolute value of the displacements ranges from 0.7mm to 0.8mm and the maximum displacement is 0.9mm.

There is little influence on the engineering for these small displacements.

3.2.4 Test Results for the Bond

It is given out in Tab. 2 that the bonds on the interface of the grout and the rebar and the average value are 7.78MPa which is calculated according to the test results of L_{32}^1 group and L_{22}^2 group. The bond value of L_{32}^3 group is very big because its bolt length is longer than the design length of bolts (of which is 32cm).

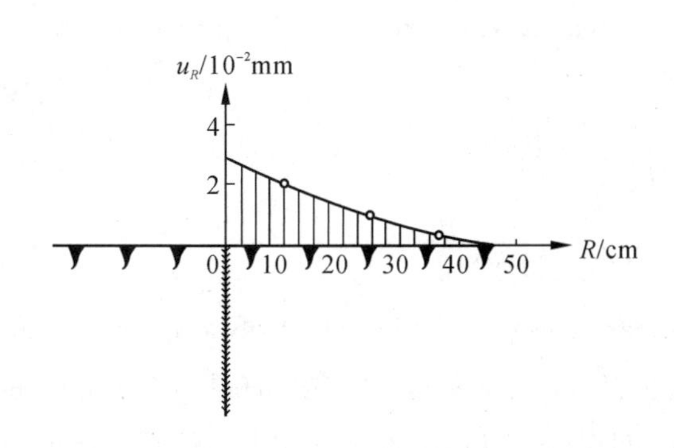

Fig. 6 **Characteristics of the displacement on rock surface** (L_{193}^{3}, P=240kN)

Fig. 7 **Relationships between the displacement and the tension on bolts in in-situ test**

Tab. 2 **Bonds on the interface of the grout and the rebar of bolts**

Number of rock bolts	L_{32}^{1}	L_{32}^{2}	L_{32}^{3}
Pull-out force/kN	219.6	290.4	218.4
Surface area of rebar/10^{-4} m^2	281.49	387.04	281.49
Average bond/MPa	7.80	7.50	7.76

The test results of bonds on the interface of the grout and boreholes wall are presented out in Tab. 3 and its average value is 3.26MPa. Because the rebar of bolts are not pulled out from the grout in the test, the bond values given in Tab. 3 are the test results under the maximum tensioning load rather than the average bond values. Thus the safety factor of rock bolts is conservative while the bearing capacity of bolts is calculated according to the maximum bond of 3.26MPa.

Tab. 3 **Bonds on the interface of the grout and boreholes wall**

Number of the bolts	$L_{30}^{\perp 1}$	$L_{30}^{\perp 2}$	$L_{30}^{\perp 3}$	$L_{30}^{//1}$	$L_{30}^{//2}$	$L_{30}^{//3}$
Maximum pull-out force P/kN	298.2	234.5	298.9	292.8	219.6	317.2
Average bond τ/MPa	3.52	2.76	3.52	3.45	2.59	3.74

4 The Design Method According to the Peak Shear Stress

The regressive equations of the axial stress distribution and shear stress distribution on rebar of bolts have been derived from the results of axial strain on anchored part on bolts and the relationship between the ultimate shear stress and the tensioning load on bolts is derived from the regressive equations of shear stress distribution on rebar of bolts. Based on the results above, the methods for calculating the bearing capacity and peak shear stress of rock bolts have been put forward and the concrete formulas are given as follows:

The formulas for calculating the shear stress and peak shear stress on the interface of the grout and rebar of bolts are:

$$\tau_a(x)=\frac{1.1P_0}{\pi d^2}K_P\left(\frac{x}{d}\right)^{0.1}e^{-K_P\left(\frac{x}{d}\right)^{1.1}} \tag{1}$$

$$\tau_0^a = \frac{1.1P_0}{\pi d^2} K_P^{\frac{10}{11}} (11e)^{-\frac{1}{11}} = 0.2571 \frac{P}{d^2} K_P^{0.905} \tag{2}$$

The formulas for calculating the shear stress and peak shear stress on the interfaces of the grout and boreholes wall are :

$$\tau_g(x) = \frac{1.1P_0}{\pi d D} K_P \left(\frac{x}{d}\right)^{0.1} e^{-K_P \left(\frac{x}{d}\right)^{1.1}} \tag{3}$$

$$\tau_0^g = \frac{1.1P_0}{\pi d D} K_P^{\frac{10}{11}} (11e)^{-\frac{1}{11}} = 0.2571 \frac{P_0}{dD} K_P^{0.909} \tag{4}$$

here, $\tau_a(x)$ and τ_0^a are the shear stress and the peak shear stress on the interface of bolts and grout, MPa; $\tau_g(x)$ and τ_0^g are the shear stress and the peak shear stress on the interface of grout and borehole wall, MPa; P_0 is the tensioning load on bolts, N; d and D are respectively the diameters of the rebar and borehole, m.

Generally, the bearing capacity of bolts is calculated by the area which is obtained from integrating the distribution curve of shear stress on rebar of bolts or borehole wall multiplying the circumference of the rebar or borehole. But it is discovered in the tests that the distribution length of shear stress on rebar is quite limited and even if the tension load has approached the breaking load, the distribution length of shear stress is no more than $50d$ and its absolute value is just about 150cm (here refer to the rock mass of grade Ⅲ～Ⅳ, for soft rock, the distribution length of shear stress may increase). This type of bolts length can be satisfied for most of rock bolts support engineering. It is as much as to say as long as the anchored length of bolts exceeds $50d$, the distribution of shear stress on rebar of bolts is a complete curve. So the tensioning force acting on bolts head which is obtained from the curve area is the same as the tensioning force which is corresponding to the peak shear stress in the same curve. Thus, we can calculate the bearing capacity of rock bolts according to the relationships between the peak shear stress and the tensioning force on bolts head as formula (2) and (4), rather than integrate the curves. Not only can this method mentioned above make it simple to calculate the bearing capacity, but also grasp the key to the question. The reason for this is as follows: in order to determine the bearing capacity of bolts, it must be ensured that the tensioning force is separately less than the bearing capacity for shear on the surface area of bolts and on the borehole wall. At the same time, the peak shear stress τ_0^a and τ_0^g must be also less than the shear strength τ_0^a and τ_0^g correspondingly and this plays the leading role in the complete course of calculation.

According to the method mentioned above, we have calculated the related parameters in the in-situ test and the calculated results are acceptable, shown in Tab. 4. Some calculated results are well fitted with the test results. For an example, if $P_0 = 200\text{kN}$, the calculated result of τ_0^a is 7.57MPa; while the tensioning force P_0 is 219kN in the test, the test result of τ_0^a is 7.78MPa. The values of the two τ_0^a are quite approximate.

Tab. 4　Calculated results of peak shear stress under the test condition

P_0/kN	40	120	200
τ_0^a/MPa	2.42	5.12	7.57
τ_0^g/MPa	0.75	1.59	2.36

5　Conclusion

(1)A new method for in-situ tensioning test on rock bolts support is put forward according to the analyses of practice stress characteristics of rock bolts in supporting excavations and it has been proved in practice that the method is advanced, reasonable and viable;

(2)The majority data obtained from the in-situ test are shown in well regularity and this lays a sound foundation for analyzing the stress of bolts and establishing a reasonable method for the design of rock bolts support;

(3)Compared with the conventional method, the peak shear stress method presented in this paper for calculating the bearing capacity of rock bolts even more accords with the actual situation and it can be spread and used in the design for rock bolts support engineering.

References

[1]　WANG M S, et al. The mechanical models and its applications of full-grouted rock volts. Northeast Institute of Technology, 1982.

[2]　GAO J M, et al. Photoelasticity test in "the neutral point theory" of full-grouted rock bolts. Jiaozuo Institute of Technology (the Research report), 1986.

[3]　SUN X Y. Grouted rock bolts used in underground engineering in soft surrounding rock or on highly stressed regions. International Symposium on Rock Bolting in Theory and Application in Mining and Underground Construction(Session 1), 1983.

软岩加固中锚索张拉吨位随时间变化规律的模型试验研究

陈安敏　顾金才　沈　俊　明治清

内容提要：根据模型试验研究结果，给出了模拟软岩材料的蠕变方程，探讨了锚索张拉吨位随时间的变化特征，分析了张拉吨位损失后的稳定值与初始张力之间的关系。在此基础上，提出了锚索张拉吨位随时间而损失的估算方法。

1　引言

随着预应力锚索加固技术的不断发展，目前该技术已广泛应用在水利水电、矿山、铁路、城建以及人民防空工程中[1-3]。大量的实践证明，岩土工程中的锚索预应力存在时间效应问题。特别是在对软弱岩体加固中，此效应更为显著。即使在硬岩环境中，由于岩体的流变性质和节理、裂隙、软弱夹层等的被挤压密实过程以及锚索材料本身的时间效应，也必须对加固效果与时间过程相结合作统一分析。工程中锚索预应力随时间的变化有两种可能：一种是减少，另一种是增加。当锚索安装后，没有其他外力的干扰（这里主要是指边坡的下滑力和洞室的变形力），只是在锚索预应力的作用下，由材料的流变性质引起的锚索预应力一般是减小的，即通常所说的应力松弛现象。当由其他外力（如边坡的下滑力和洞室的变形力）引起的岩体变形占主导地位时，锚索预应力有可能是增加的。本文研究的是岩体变形仅与锚索张拉力有关的锚索与岩体统一体的时间效应问题。

2　试验概况

2.1　简化与假设

（1）假定岩体为均匀连续介质，其结构面的影响通过降低岩体强度和变形模量处理；

（2）岩体流变性质只考虑锚索张力的作用，不考虑岩体自重和其他环境应力的影响；

（3）对预应力锚索的模拟只考虑其力学效应上的相似，忽略其结构细节对受力的影响。

2.2　相似考虑

本试验模拟的工程对象是软岩，锚索类型选择工程上常用的自由式锚索，内锚固段采用水泥浆黏结式。

相似比尺确定：由岩体材料和模型介质材料的变形模量之比决定应力比尺 $K_\sigma=50$，由工程中的

刊于《岩石力学与工程学报》2002年第2期。

锚索几何尺寸与模型中的模拟锚索几何尺寸(主要是内锚固段长度)之比决定几何比尺 $K_L=20$。张力比尺 $K_P=K_L^2K_\sigma=2\times10^4$,时间比尺 $K_t=\sqrt{K_L}\approx4.5$,黏滞系数比尺 $K_\beta=K_\sigma K_t=225$,无量纲常数比尺 $K_\varepsilon=K_\varphi=K_V=1$。

2.3 模型设计与材料选择

(1)模型尺寸及恒温恒湿条件的控制

经过多方面考虑,确定模型尺寸为 80cm×80cm×80cm,模拟锚索长度为 60cm,其中内锚固段长为 25cm,自由段长为 35cm,外锚头留有 14cm。模型的结构尺寸如图 1 所示,锚索的结构尺寸如图 2 所示。整个模型放在一壁厚为 3cm 的木制模型箱内。在装料之前,先对黄黏砂土进行粉碎、过筛、拌合,然后分层上料、夯实,每层厚度约为 8cm,整个模型分 10 层完成。模型夯实后立即用塑料薄膜袋密封起来,以保持其水分不致散失。之后,在布置锚索的部位用 ϕ8mm 的钢杆垂直插入介质内形成一个锚索孔。将锚索体轻轻送入孔底,并通过其中心孔向内锚固段部位注浆。注浆质量通过注射器压力和注浆量来控制。模型制好后应及时送入烘房,以保证模型的环境温度在 25℃左右。

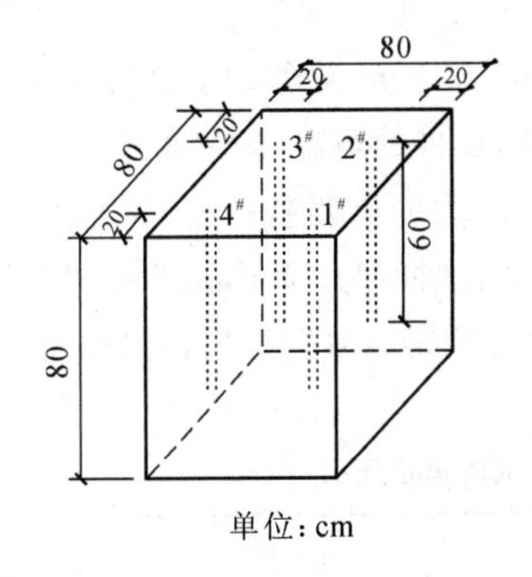

图 1 模型结构尺寸

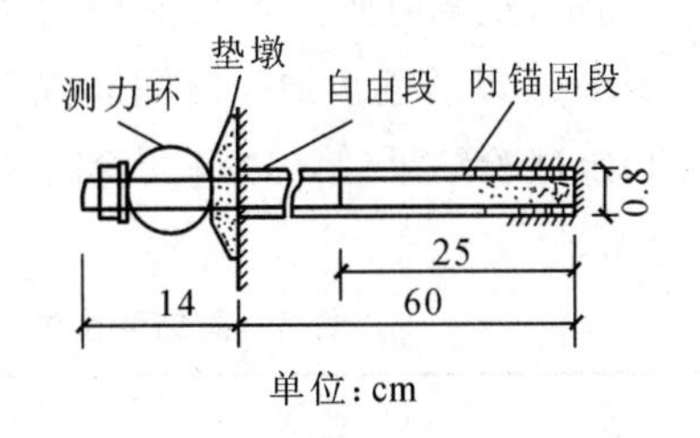

图 2 锚索结构尺寸

(2)模型材料及材性试验

模型介质材料采用黄黏砂土,通过试验测得其有关的物理力学参数见表 1。表中 W 为含水量,γ 为容重,R_c、R_t、E_0、c、φ 分别为材料的单轴抗压强度、抗拉强度、变形模量、黏聚力和内摩擦角。

表 1 黄黏砂土材料物理力学参数

W/%	γ/(kN·m³)	R_c/MPa	R_t/MPa	E_0/MPa	c/kPa	φ/(°)
16.5	20	0.15	0.04	2066	11	19

锚索模拟材料用 ϕ6mm×2mm 的铜管,其抗拉能力为 1080N,弹性模量 $E=1.32\times10^5$MPa。在铜管下端 25cm 范围内,间隔 2cm 互相交错垂直地钻两排 ϕ3mm 的渗浆孔,以便注浆时水泥浆从铜管内流渗到管外介质中,使管壁与周围介质黏结一体。在铜管的上端套上 10cm 长的 M6 丝扣,以便安装施加预应力的螺母。

内锚固段注浆材料为 425# 水泥浆,配比为(按质量计)水泥∶水∶速凝剂=1∶0.64∶0.2。锚索垫墩用水泥浆材料制作,其底面尺寸为 3cm×3cm。

(3)锚索的张拉和锁定

锚索的张拉是通过拧紧锚索外端的螺母实现的。张拉吨位由标定好的测力环来控制,模拟锚索初始张力如表 2 所示。初始张拉之后,须保持螺母位置不动,从而锁定锚索。紧接着开始对锚索预应力进行监测。

表 2　模拟锚索初始张力

模拟锚索编号	初始张力	
	相对值 $P/(B^2R_c)$	绝对值/N
1	0.2	29
2	0.4	54
3	0.6	83
4	0.8	108

(4)对锚索预应力的监测

对锚索预应力的监测是用应变仪进行的。监测的时间间隔开始较小，以后逐步延长，大体上按锚索锁定后 0,0.5h,1h,2h,4h,…进行，一共监测了 650h。

3　模型介质材料的流变性质

为了探讨黄黏砂土介质材料的流变性质，作者用 $\phi 5\times 10$cm 黄黏砂土试件做了 4 组蠕变试验。各组试件恒定压力见表 3。加压方式采用砝码恒压系统，试件的恒温、恒湿条件与试验模型相同。试件的变形用千分表测量，观测时间间隔与前面对锚索预应力的监测基本相同，开始大体上为加载后 0,0.5h,1h,1.5h,2h,…，以后逐步加长时间间隔，试验最长时间为 450h，试验结果见图 3。图 3 中只给出第(2)、(3)、(4)组试验结果，第(1)组试验因仪器故障测得的数据很少。根据图 3，对模型材料的流变性质作如下分析。

表 3　黄黏砂土试件蠕变试验恒定压力

组号	(1)	(2)	(3)	(4)
压力 σ/MPa	0.015	0.031	0.044	0.056

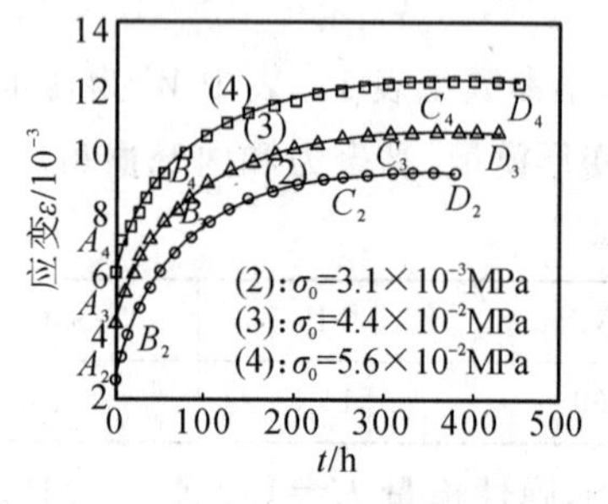

图 3　模型介质材料单轴压缩蠕变试验曲线

3.1　蠕变曲线特征

从图 3 看到，3 组试件(每组 3 个，取其平均值)在不同的恒定应力 σ_0 作用下都产生了蠕变，其共同特征是：在 σ_0 作用下都产生一个瞬时应变 ε_0(图 3 中 $0A_i$ 段，$i=2,3,4$)，然后进入初始蠕变阶段(即 A_iB_i 段)，在初始蠕变阶段，虽然蠕变速率是随着时间递减的，但从绝对值上看蠕变速率较大。在 A_iB_i 段之后蠕变过程进入一个相对平稳阶段，即 B_iC_i 段。在 B_iC_i 段的蠕变速率基本上不变，保持一个常数。之后，随着时间的延长，蠕变速率明显减缓，并逐渐趋近于零，最后进入稳定蠕变段，即 C_iD_i 段，在 C_iD_i 段应变值趋于一恒定值，不再随时间发生变化。

从图 3 还可以看出 3 组蠕变曲线特征上的差别：各组试验 σ_0 值大小不同，则所加固的软岩介质的初始蠕变过程(A_iB_i 段)长短也不相同，并且进入稳定蠕变段(C_iD_i 段)的时间先后也不一样。σ_0 较小的初始蠕变过程较短，且先进入稳定蠕变段；σ_0 较大的初始蠕变过程较长，且后进入稳定蠕变段。表现在图中就是 B_i 点和 C_i 点所对应的时刻随着 σ_0 的增大而后移。3 段试验曲线的 t_S 分别为 20h、40h 和 60h，t_C 分别为 250h、280h 和 350h。

此外，3 组曲线瞬时应变 ε_0 值的大小不等。σ_0 小的 ε_0 也小，σ_0 大的 ε_0 也大。

3.2 蠕变方程的建立

图 3 中的蠕变曲线可以用 K-H 串联黏弹性模型来描述，见图 4。该模型的蠕变性质方程为[4]

$$\varepsilon(t)=\frac{\sigma_0}{E_1}+\frac{\sigma_0}{E_2}(1-e^{-\frac{E_2}{\beta}t}) \tag{1}$$

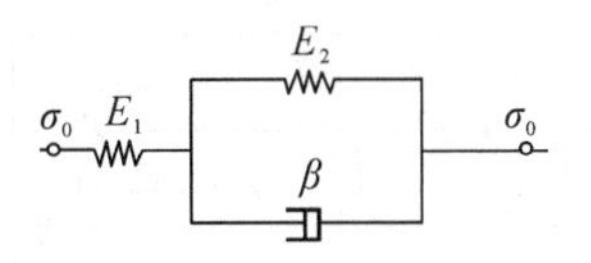

图 4 K-H 串联黏弹性模型

如设 $\frac{\sigma_0}{E_1}=a$，$\frac{\sigma_0}{E_2}=b$，$\frac{E_2}{\beta}=c$，则上述方程为

$$\varepsilon(t)=a+b(1-e^{-ct}) \tag{2}$$

式(2)中，a、b、c 可根据蠕变性质曲线求出。

以图 3 第(3)条曲线为例，求出相似材料软岩介质的蠕变性质关系曲线方程：

$$\varepsilon(t)=\sigma_0[106.81+129.55(1-e^{-0.0127t})]\times10^{-3} \tag{3}$$

由式(3)计算出的结果与试验结果基本吻合，见图 5。

4 锚索预应力随时间的变化特征分析

实测 4 根模拟锚索张拉吨位随着时间的变化特征如图 6 所示。为了得到垫墩下的压应力随时间的变化规律，按式(4)对图 6 中试验实测数据进行转化，可得垫墩下压应力 σ_P 与时间 t 之间的关系曲线，如图 7 所示。

$$\sigma_P=P/F \tag{4}$$

其中，P 为锚索张拉预应力吨位(N)；F 为锚索垫墩底面积(m^2)。

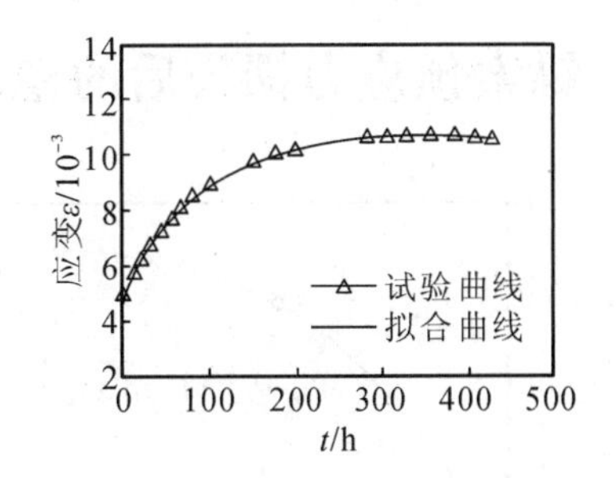

图 5 模型介质材料蠕变试验曲线与拟合曲线对比

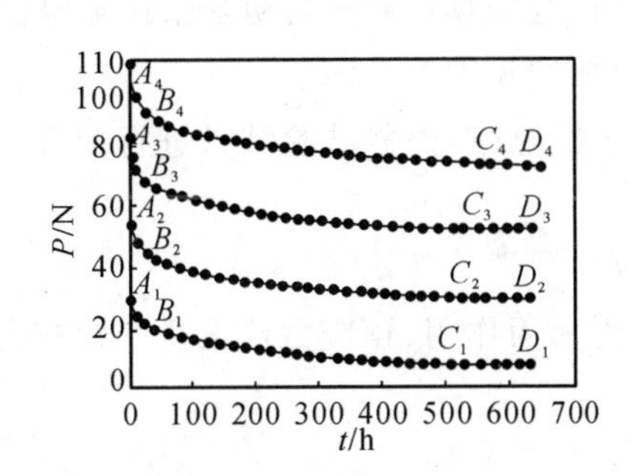

图 6 实测 4 根模拟锚索张拉吨位随时间的变化过程曲线

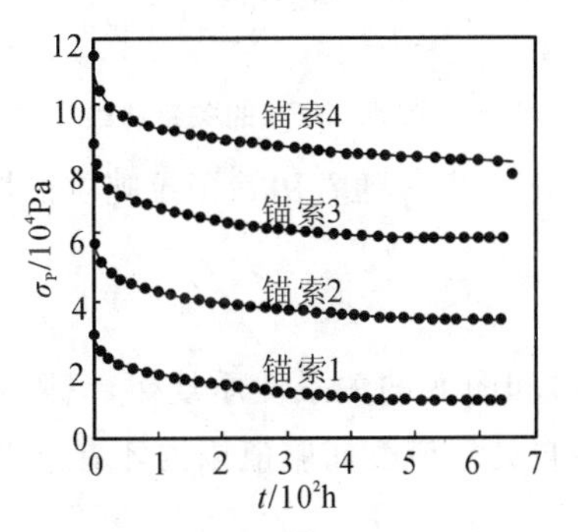

图 7 锚索垫墩下压应力随时间的变化曲线

将图 7 试验数据用指数关系进行拟合，可得到如下拟合算式：

$$\sigma_P=\begin{cases}\sigma_P^0-Kt_s & (t\leqslant t_B)\\ Ae^{-B(t-t_s)}+C & (t>t_B)\end{cases} \tag{5}$$

其中，$\sigma_P^0=P_0/F$，$\sigma_P=P/F$，P_0 为锚索初始张拉力随时间变化值(N)；t_B 为锚索张拉力下降较快段经历的时间，即 AB 段经历的时间(h)；K、A、B、C 为曲线拟合常数。其数值见表 4。

表 4 各锚索在垫墩下压应力随时间变化的算式系数

锚索编号	σ_P^0/kPa	$K/10^3$	$A/10^3$	B	$C/10^3$	t_B/h
1	32.00	0.73	14.69	0.005	11.03	10
2	60.00	0.78	18.36	0.005	34.56	10
3	92.22	1.10	18.66	0.007	60.00	10
4	120.00	1.20	19.90	0.006	83.33	15

从表 4 可以看到：

(1)锚索垫墩下初始压应力迅速损失所经历的时间 t_B 为 10～15h。

(2)锚索垫墩下初始压应力的损失速率(即 K 值)随着初始张拉力的增加而增大。

(3)不同的初始张拉力所对应的拟合常数 B 值接近，为 0.005～0.007，而 A、C 值各有其趋势，二者随着垫墩下压应力 σ_P^0 的增大而有较大幅度增大。

上述锚索垫墩下的压应力 σ_P 随时间的变化特征是锚索与岩体随时间相互作用的综合反映，是变应力场、变应变场所引起的介质压缩流变、剪切流变和锚索应力松弛的结果。具体来说，是由垫墩对岩体施压所形成的变压应力场、锚索内锚固段对岩体拉拔引起介质内的变剪应力场作用，使锚索本身产生应力松弛的反映。

5 锚索预应力损失后的稳定值与初始张拉力的关系

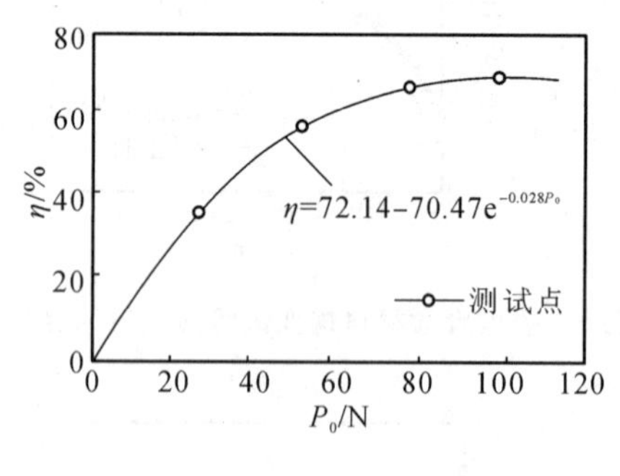

图 8 η-P_0 的关系曲线

根据图 6 得到的锚索变形达到施加之力稳定的 C_iD_i 段显示的值，也就是余下的预应力吨位，应该是稳定的吨位值，这将是稳定作用于加固岩体上的产生效果的稳定预应力值。设 $\eta=P_S/P_0\times100\%$，即 η 表示预应力稳定吨位值 P_S 占初始张拉吨位值 P_0 的百分率，根据试验数据得到 η 与初始张拉吨位值 P_0 的关系曲线见图 8。

从图 8 可见，η 随着初始张拉吨位的增加呈指数增长规律，根据试验结果进行拟合，可得到如下关系式：

$$\eta=72.14-70.47e^{-0.028P_0} \tag{6}$$

式(6)和图 8 的关系性质规律，只限于加固岩体受加固作用、预应力锚索受张拉应力作用，且二者本体各自处于流变屈服值以内才有意义。

6 锚索张拉吨位随时间损失的估算方法

6.1 锚索预应力与初始张力和岩体强度之间的关系

对图 7 中实测数据进行如下换算：令 $m=\sigma_P/R_c$，$t'=t/t_s$（R_c 为模拟软岩介质单轴抗压强度，t_s 为模拟软岩试件在不同轴压下的蠕变稳定时间，见表 5），从而得到模拟锚索垫墩下压应力 σ_P 与模拟岩体单轴抗压强度 R_c 之比值随时间变化的关系曲线，如图 9 所示。

表 5 蠕变试验模型材料变形稳定的时间

σ_P^0/R_c	0.20	0.40	0.60	0.80
t_s/h	250	250	280	350

对图 9 曲线用指数关系进行拟合，可得到如下通式：

$$\sigma_P/R_c=\begin{cases}\sigma_P^0/R_c-K(t_B/t_s) & (t\leqslant t_B)\\ Ae^{-B(t/t_s-t_B/t_s)}+C & (t>t_B)\end{cases} \tag{7}$$

其中，$\sigma_P^0=P_0/F$，$\sigma_P=P/F$[P_0 和 P 分别为锚索的初始张力和初始张力随时间的变化值(N)；F 为锚索垫墩底面积，$F=9\times10^{-4}$ m^2]；t_B 为锚索垫墩下压应力迅速降低段所经历的时间，即 A_iB_i 段经历的时间；K、A、B、C 为试验曲线关系常数。其值见表 6。

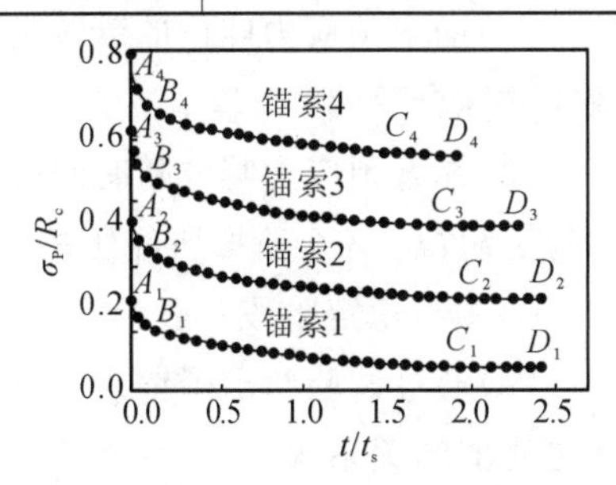

图 9 σ_P/R_c-t/t_s 关系曲线

表 6 各锚索预应力随时间变化的算式系数

锚索编号	σ_P^0/R_c	K	A	B	C	t_B/t_s
1	0.21	1.10	0.11	1.32	0.07	0.04
2	0.40	1.16	0.11	1.37	0.22	0.04
3	0.60	1.38	0.11	1.71	0.44	0.04
4	0.80	2.21	0.11	2.36	0.56	0.04

在实际工程中，若有岩体的蠕变性质曲线便可得到其 t_s 值。再由锚索所加的初始预应力值 P_0 和垫墩底面积 F 及岩体的单轴抗压强度 R_c，根据式(7)和表 6 便可计算出锚索预应力随时间的大致变化情况。

6.2 锚索预应力的损失率与初始张力和岩体强度之间的关系

将 4 根锚索垫墩下压应力损失值除以其初始值，即得它的损失率 ξ($\xi=\Delta\sigma_P/\sigma_P^0\times100\%$)。$\xi$ 与初始预应力和岩体强度的比值 σ_P^0/R_c 之间的关系曲线，见图 10。其拟合关系式如下：

$$\xi=95.97e^{-4.88\sigma_P^0/R_c}+29.05 \tag{8}$$

根据式(8)或图 10，只要知道锚索初始预应力值、岩体单轴抗压强度和垫墩底面积，即可求出锚索预应力的损失率，这样便可大致估算出不同的锚索预应力吨位在锚索变形稳定后的损失情况。

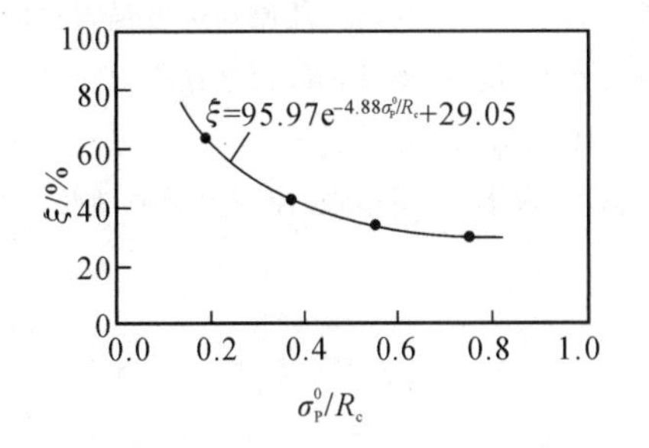

图 10 锚索预应力损失率与初始预应力和岩体强度之比值的关系曲线

7 结论与建议

7.1 结论

(1)通过材性试验给出了模拟软岩的单轴压缩蠕变曲线，并运用 K-H 串联黏弹性模型来描述其蠕变性质，给出了介质的压缩蠕变方程，拟合较好。

(2)预应力锚索对软岩加固的时间效应是比较明显的。在初始阶段10～25h内,锚索预应力吨位有一个迅速下降段,其降幅大约占初始吨位的14%～21%。因而,工程中对锚索进行补张拉是十分必要的。

(3)锚索预应力吨位的衰减是岩体介质压缩蠕变、剪切蠕变和锚索体自身应力松弛引起的时间效应的综合反映。

(4)锚索预应力吨位随时间的变化大致可分为3个阶段,即预应力迅速降低阶段、缓慢降低阶段和稳定阶段。3个阶段所经历的时间长短是不一样的,迅速降低阶段为10～25h,缓慢降低阶段为400～500h,稳定阶段一般为500～600h。

(5)通过试验给出了锚索预应力随时间的变化规律、锚索预应力的损失与初始预应力和岩体强度之比值的关系等。

(6)通过试验初步探索了锚索预应力随时间损失的估算方法,以供工程参考。

7.2 建议

(1)实际工程中用预应力锚索加固软岩时必须考虑锚索预应力的时间效应。有必要进行软岩的蠕变性质试验,以便确定其蠕变方程及相关参数。

(2)建议按锚索预应力的最大损失量进行超张拉,以保持锚索的稳定预应力大于或等于设计所需要的预应力。

参考文献

[1] 顾金才,明治清,沈俊,等.预应力锚索内锚固段受力特点现场试验研究.岩石力学与工程学报,1998,17(增):788-792.

[2] 高大水,曾勇.三峡永久船闸高边坡锚索预应力状态监测分析.岩石力学与工程学报,2001,20(5):653-656.

[3] 顾金才,沈俊.陈安敏,等.锚索预应力在岩体内引起的应变状态模型试验研究.岩石力学与工程学报,2000,19(增):917-921.

[4] 周德培,朱本珍,毛坚强.流变力学原理及其在岩土工程中的应用.成都:西南交通大学出版社,1995.

预应力锚索的长度与预应力值对其加固效果的影响

陈安敏　顾金才　沈　俊　曹金刚

内容提要:根据模型试验结果,重点分析了块状岩体中锚索长度及预应力值大小对其加固效果的影响,并给出了影响范围及特征,为进一步分析预锚加固作用机理和探讨预锚加固设计方法提供了基础性依据。

1　前言

自然界中的岩体大多数是不完整的,往往被大量的层理、节理甚至断层等不连续面切割成大小不一的碎裂块体,即“块状岩体”,它是工程上常见的一种岩体。因此,开展预应力锚索对块状岩体的加固效应研究更具有工程上的普遍意义[1-4]。本文通过模型试验探讨了预应力锚索对块状岩体的加固效果及其主要影响因素,重点分析了锚索长度及预应力值大小对其加固效果的影响,为进一步分析预锚加固机理和探讨设计方法提供依据。

2　试验概况

试验中不计岩体材料变形的时间效应,同时也不考虑锚索结构细部构造的影响,如锚固段的细部构造、钢绞线成股扭转等因素的影响。

试验所需主要设备有模型箱、旋转支架、起吊装置以及加载测量工具等。模型箱是一个上面开口的长方体箱子,内部净尺寸与模型大小相同,长100cm,高70cm,上底宽60cm,下底宽70cm。旋转支架用来支撑模型和箱体的重量,并且能使箱体旋转任意角度,操作简便、安全,满足试验要求。

岩体模拟材料主要采用人工碎石(石灰岩),最大粒径 D 分别是2cm、4cm、10cm。试验材料分2种:一种是纯粹碎石,称之为无黏结力材料;另一种是碎石加少量黄土并洒上一定水分使碎石间有一定的黏结力,称其为弱黏结力材料。有弱黏结力的碎石材料抗压强度 $R_c=0.117\text{MPa}$,抗拉强度 $R_t=0.015\text{MPa}$,黏聚力为0.021MPa,内摩擦角为53°。

试验锚索用 ϕ6mm 的钢筋,锚固段用摩阻片,即在锚固段部位间隔5cm放置3个5cm×5cm、厚度为3mm的钢板,通过钢板与周围介质的相互作用为模拟锚索提供拉拔阻力。锚索锚固段长15cm,自由段长不等,总长为20～70cm,外设垫墩和测力环,通过测力环来施加和监测锚索预应力。垫墩材料为1∶0.65(石膏∶水)的石膏,垫墩底部(正方形)边长分别为4cm、5cm、10cm、15cm,厚度为2～2.5cm。

相似考虑主要关心岩体块度尺寸和锚索间距、垫墩尺寸之间的几何相似关系及锚索预应力值与

刊于《岩石力学与工程学报》2002年第6期。

实际工程中常用锚索预应力值的比值关系，而锚索本身的几何尺寸及材料的力学参数未作相似模拟，只要求它能对岩体提供足够的预应力。确定几何比尺为 $K_L=25, K_\sigma=10, K_P=6250$。试验中的锚索间距多为 20cm，施加的锚索预应力多数为 200N，用以模拟实际工程中质量 125 t、间距 5 m 的锚索。试验一共作了 40 块模型，这里给出部分模型试验条件(表 1)。试验方法及模型制作工艺省略。

表 1　块状岩体锚固效应试验模型

模型序号	块体粒径 D/cm	有无黏结力	锚索排数	单排根数	锚索间距 d/cm	锚索长度 L/cm	锚索安装倾角 α/(°)	预应力大小 P/N	锚索类型	垫墩尺寸 B/cm×cm	垫墩材料
10#	2	有	3	4	20	50	90	*	自由	4×4	石膏
12#	2	有	3	4	20	20～50	90	200	自由	4×4	石膏
13#	2	有	3	4	20	20～50	90	200	自由	4×4	石膏
14#	2	有	3	4	20	20～50	90	200	自由	4×4	石膏
18#	2	有	1	1	50	50	90	250	自由	15×15	石膏
19#	2	有	1	1	50	70	90	260	自由	5×5	石膏
20#	2	有	1	1	50	70	90	120	自由	5×5	石膏
21#	2	有	1	1	50	70	90	345	自由	10×10	石膏
22#	2	有	1	1	50	70	90	340	自由	15×15	石膏
23#	2	有	1	1	50	70	90	75	自由	5×5	石膏
24#	2	有	1	1	50	70	90	230	自由	10×10	石膏
25#	2	有	1	1	50	70	90	90	自由	10×10	石膏
26#	2	有	1	1	50	70	90	435	自由	15×15	石膏

注：① * 表示该参数为待观测的参数；②模型尺寸为 100cm×70cm×30cm。

3　试验成果与分析

3.1　预应力锚索对块状岩体的加固效果概述

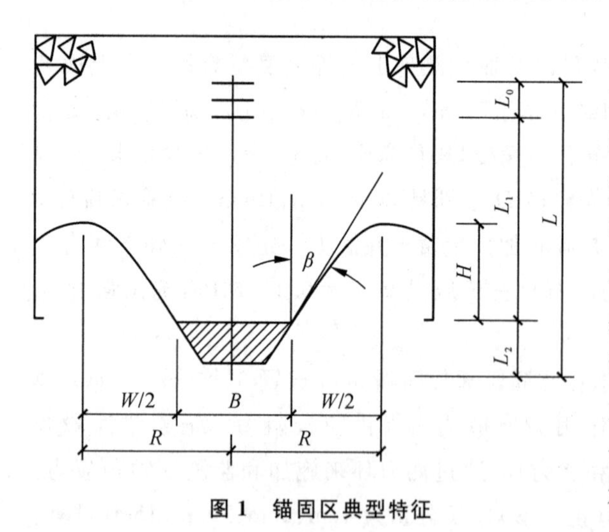

图 1　锚固区典型特征

大量的模型试验结果表明：在块状岩体内设置一定数量的锚索后，岩体不会产生整体塌落，塌落部位只在锚索与锚索之间的空隙部分或者在离锚索体较远的部位，而在锚索周围形成一个倒“喇叭口”形的锚固区。在锚固区内的岩石均不发生塌落，锚索在岩体表面起支撑点的作用，锚固区的典型特征如图 1 所示。图中 β 为倒锥角；W 为塌落拱跨度(亦即锚索净间距)；H 为塌落拱高度；R 为锚固区半径；而 L、L_0、L_1 和 L_2 分别为锚索的总长、锚固段长、自由段长和锚头长。试验表明，在本试验条件下 $\beta=24°\sim47°$，$R=(0.6\sim2.4)B$，$H\approx W$。锚索的加固效果与垫墩尺寸、锚索间距、锚索长度、预应力大小及岩体块度等多种因素有关。本文仅介绍预应力大小及锚索长度对锚索加固效果的影响。

3.2 预应力大小对锚固效果的影响

为研究预应力大小对加固效果的影响，做了 2 类试验：(1)在同一块模型上对长度相等、间距相同的不同锚索施加不等的预应力，观察其加固效果的异同；(2)在 9 块模型上进行，按垫墩尺寸不同分为 3 组，每 3 块模型为 1 组，每 1 组中除锚索预应力不同外，其他条件都相同。每块模型在正中心仅设一根锚索，观察其加固效果。下面分别对这 2 类试验进行描述和分析。

(1)在长度相等、间距相同的同一类介质中安装的锚索，当锚索预应力不同时（5# ～8# 锚索 P_0 依次为：171N、220N、84N 和 40N），形成的塌落拱高度不同。锚索预应力较小的塌落拱高度较大，如图 2 所示。如果取塌落拱两边的锚索预应力平均值作为锚索预应力 P_0，则塌落拱相对高度与锚索预应力值之间的对应关系为：$P_0=62\text{N}$、152N、196N；$H/W=0.83$、0.42、0.46。二者的无量纲关系见图 3。

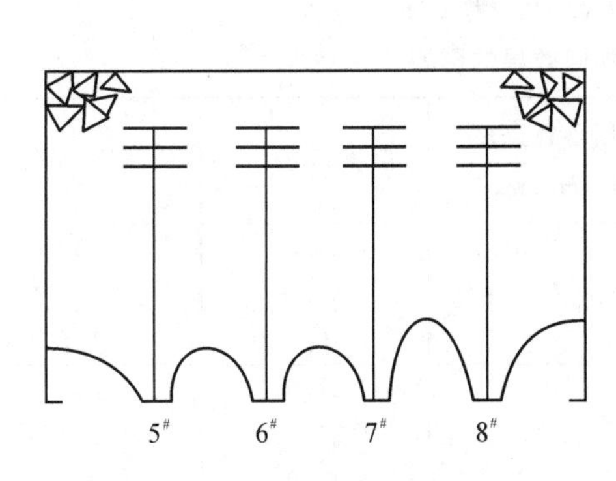

图 2　10# 模型岩体塌落状态

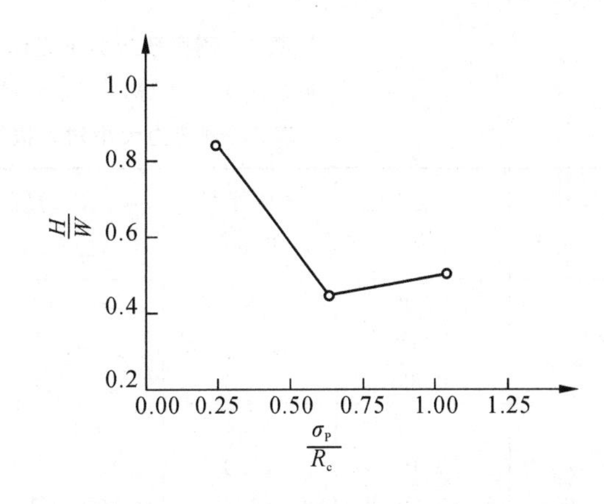

图 3　锚索预应力与岩体塌落拱相对高度关系曲线

从图中看到，在试验条件下似乎有一个最优预应力，其数值 σ_P/R_c 在 0.67 左右（$\sigma_P=P_0/F$，$F=4\times4\text{cm}^2$，$R_c=0.117\text{MPa}$）。在该预应力作用下，岩体相对塌落高度最小，H/W 在 0.42 左右。当 $\sigma_P/R_c=0.30$ 时，塌落高度达到 $0.8W$，再小就可能全部塌落。这是由于预应力 P 值太小，锚固区内岩体因压力太小会发生松散，将使锚索失去加固作用，即在此情况下不能形成锚固区。当 $\sigma_P/R_c>0.67$之后，岩体塌落高度不仅不会减少反而还有所增大，这种现象的产生有可能是由于预应力太大，使锚固区内的岩体产生较大的水平位移，当该位移达到一定值时会使锚固区侧面岩石脱落，导致塌落拱高度增加，整个锚固区体积变小，锚索加固效果变差。上述最优预应力现象在第 2 类试验中也可看到。

锚固区倒锥角 β 也随预应力的增加而增大：$P_0=40\text{N}$、84N、171N、220N；$\beta=29°$、30.5°、35°、38°。这里的预应力是每根锚索实际受到的作用力；β 值是锚固区左、右两边倒锥角的平均值。无量纲预应力 σ_P/R_c 与 β 的关系曲线如图 4 所示。从图中可以看到 β 值随预应力的增加略有增加，但增加速率不大，说明锚固区范围随预应力的增大而有所增加。

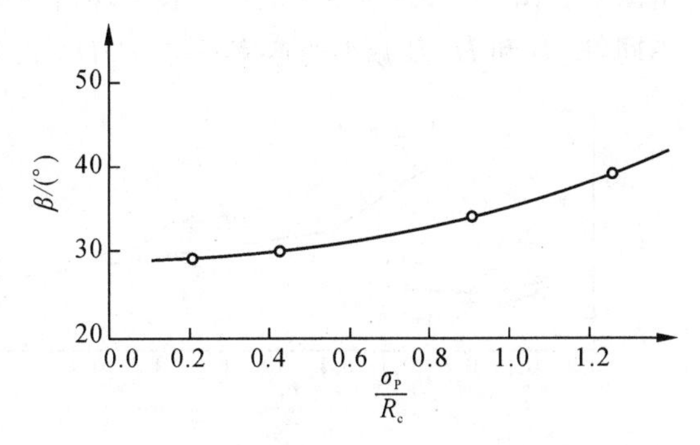

图 4　β 与无量纲预应力的关系曲线

(2)第 2 类试验中第 1 组模型的岩体塌落状态如图 5 所示，第 2 和第 3 组模型岩体的塌落状态与第 1

组类似，不再给出。从图 5 中看到各模型均在锚索周围形成了锚固区，而在锚固区外基本上是一个水平的塌落面。如果把图中锚固区锥面与水平塌落面的交点所对应的高度看作塌落体高度 H，把交点所对应的水平距离看作锚固区底面半径 R，则可从 3 组模型破坏图中定出各自的塌落数值，具体见表 2。

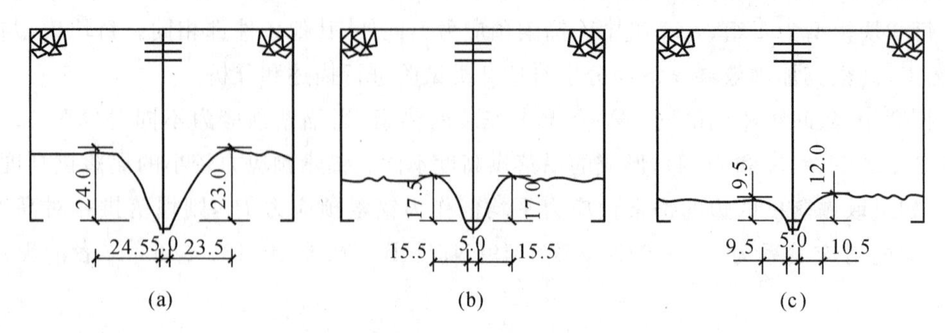

图 5　不同预应力下岩体塌落状态(单位：cm)

(a)23# 模型，$P_0=75$N；(b)20# 模型，$P_0=120$N；(c)19# 模型，$P_0=260$N

表 2　预应力大小对单根锚索加固效果的影响

垫墩尺寸 B/cm×cm	$\frac{\sigma_P}{R_c}$	锚固半径 R/cm	塌落拱跨度 W/cm	塌落体高度 H/cm	倒锥角 β/(°)	模型序号
5×5	0.26	26.5	24.0×2	23.5	24.5	23#
	0.41	18.0	15.5×2	17.3	33.0	20#
	0.89	12.5	10.0×2	11.0	43.5	19#
10×10	0.08	20.8	15.8×2	20.5	27.0	25#
	0.19	17.0	12.0×2	20.3	31.0	24#
	0.29	18.5	13.5×2	17.4	40.0	21#
15×15	0.09	28.0	20.5×2	25.0	25.0	18#
	0.13	21.8	14.3×2	23.0	30.0	22#
	0.16	23.5	16.0×2	19.7	42.0	26#

从表 2 中看到，无论是哪一种垫墩尺寸，锚固区的底面半径和塌落体的高度都是随着预应力的增加逐渐减小，而倒锥角却逐渐增大。这说明随着预应力的增加，锚索周围岩体的塌落深度和半径都随之减少。这是因为预应力的增加使锚索周围的岩体受到了更大的加固和支撑作用，从而使锚固区周围的岩层脱落深度减小，也造成锚固区的底面半径和塌落体高度减小。

为了使试验成果便于在工程中应用，将上述关系用无量纲形式表示在坐标图上，见图 6 至图 8。由图 6 和图 7 可见：锚固区底面半径和塌落体高度随预应力的增加而减小；并且还可看出，垫墩尺寸不同，R/B 和 H/B 减小的速率不等，$B/D=2.5$ 时两者减小得快，$B/D=5$ 和 7.5 时两者减小得慢。

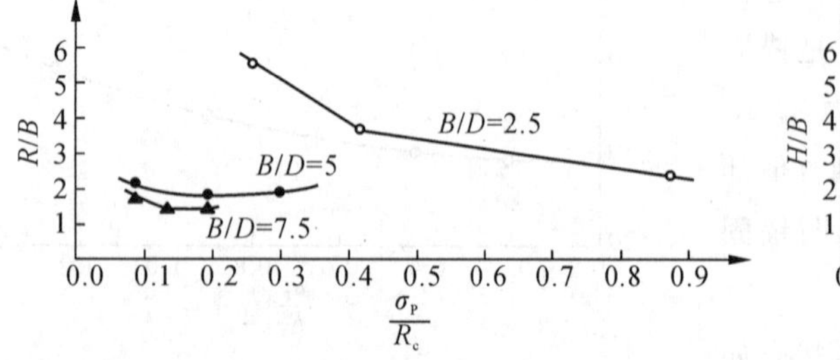

图 6　锚固区底面半径与预应力的关系曲线

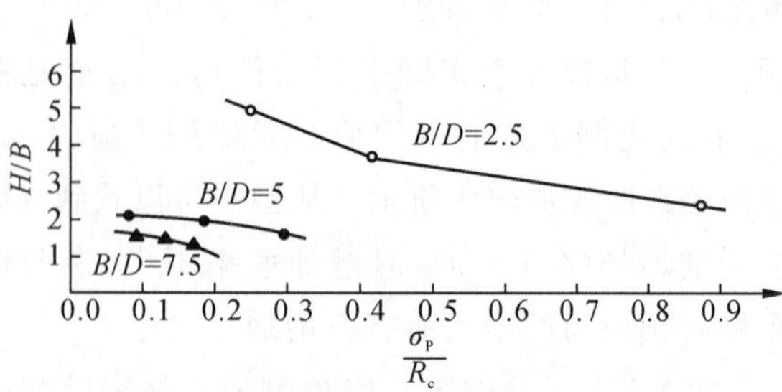

图 7　塌落体高度与预应力的关系曲线

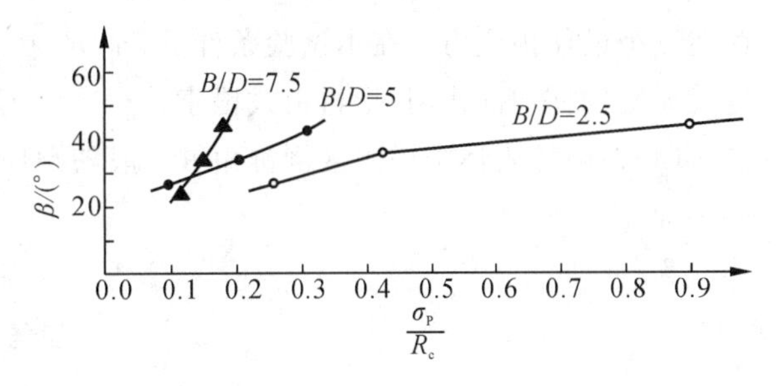

图8 锚固区倒锥角与预应力的关系曲线

从图8中可见，β角虽然随预应力的增加而增大，但增加的幅度不大，β一般为30°～40°。

3.3 锚索长度对加固效果的影响

为探讨锚索长度对加固效果的影响，设计完成了12#、13#、14# 3块相同模型的试验，其典型塌落形态如图9所示。从图中可以清楚地看到锚索太短时起不到加固作用，岩体将完全脱落，如图中5#、6#锚索；甚至可能连锚索体都跟着脱落下来，如图中5#锚索。只有锚索达到一定长度后，在外锚头处才能形成锚固区，通过锚固区对整个岩体提供支撑作用，如本试验中的7#、8#锚索。从试验结果看，锚索要发挥对破碎岩体的加固作用，其长度最小要等于2倍间距，即$L \geqslant 2d$；当$L < 2d$时，外锚头处不能形成锚固区；当$L = d$时，锚索有可能与岩体一起全部脱落。当然，锚索太长也没必要。从试验结果来看，以锚索长度$L = (2 \sim 3)d$为好。

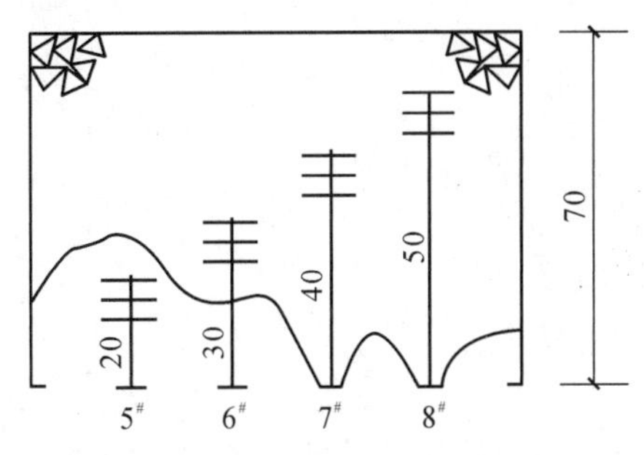

图9 锚索长度对加固效果的影响(单位:cm)

短锚索之所以不能起到很好的加固作用，是由于锚固段所处位置的岩体不稳定所致。具体可分为以下3种情况：

(1)当锚固段处于岩体塌落范围内时，整个锚索没有固定点，必然要同岩体一起塌落，如图9中的5#锚索。

(2)当锚固段所在位置虽然超过了塌落区，但距塌落拱很近时，在下部岩体重力的作用下，锚固段将产生很大的拉力。由于锚固段下面岩体较薄，尽管可以支撑住锚固段不发生塌落，但也要产生向下的较大变形，而使下部岩体得不到足够的压力，不能形成锚固区，从而发生松散破坏，如图9中的6#锚索。

(3)当锚固段处于岩体内部较深的位置时，在下部岩体重力的作用下，锚固段也不可能产生较大的向下位移，从而使下部岩体可以得到足够的压力形成锚固区，锚索即可通过锚固区对上部岩层起支撑作用，如图9中7#、8#锚索。

4 结论

(1)适当地布置预应力锚索，可对破碎岩体产生显著的加固效果。具体表现在经加固的岩体不产生大范围的塌落，塌落区只限于锚索与锚索之间的空隙部分，塌落深度也是有限的，一般均小于锚索间距。在锚索周围形成一个倒“喇叭口”形的锚固区，预应力锚索不仅要承担锚固区的自身重量，还要承担通过锚固区传来的岩体变形压力。

(2)锚索长度对锚固效果的影响表现在：$L \leqslant d$时，锚索与岩体一起塌落；$L = 1.5d$时，锚索不塌落，但也不能形成锚固区，锚索不起加固作用；$L \geqslant 2d$时，锚索可以发挥加固作用，下部可以形成锚固区。合适的锚索长度为$L = (2 \sim 3)d$。

(3)预应力大小对锚固效应的影响表现为：在一般情况下，岩体塌落高度随预应力的增加而减小。但当预应力达到一定数值后再增加预应力，岩体塌落高度不仅不减小，反而还要缓慢地增大，即存在一个最佳预应力。在本试验条件下，σ_P/R_c 在 0.67 左右。如果预应力太小，不能压紧岩体，锚索也就无法发挥加固作用(指自由式锚索)。

(4)在破碎岩体中锚固区倒锥角 β 一般随预应力的增加而增大，但增加的幅度不大，β 一般均为 30°～40°。

参考文献

[1] 顾金才，明治清，沈俊，等. 预应力锚索内锚固段受力特点现场试验研究. 岩石力学与工程学报，1998，17(增)：788-792.

[2] 高大水，曾勇. 三峡永久船闸高边坡锚索预应力状态监测分析. 岩石力学与工程学报，2001，20(5)：653-656.

[3] 孙广忠. 岩体结构力学. 北京：科学出版社，1988.

[4] 顾金才，沈俊，陈安敏. 预应力锚索加固机理与设计计算方法. 洛阳：总参工程兵科研三所，1998.

基坑支护中预应力对锚杆支护效果影响的对比试验

张胜民　顾金才　国胜兵　葛　涛　王明洋

内容提要：预应力锚杆支护在实际工程中应用很广，但缺乏相应的理论及试验研究。给出了预应力自由式锚杆及全长黏结式锚杆在不同墙面上受力的不同的预应力值大小对支护效果影响的对比试验。试验表明，两者初始破坏荷载相同，但整体失稳荷载存在差异。

1　前言

随着国民经济的快速发展，城市基本建设规模不断扩大，深基坑工程项目愈来愈多。过去传统的基坑支护方式，一直采用硬性支撑的方法（护坡桩和内支撑等），工程事故率较高。自20世纪90年代初将锚喷网技术引用到城市深基坑支护以来，已在全国各地推广使用。该支护方式具有施工简便、安全和经济等优点，已成为一种较成熟的支护结构形式。但是，目前国内还缺乏对其进行深入和系统的研究，设计方法还很粗糙，试验或测试资料更为有限。特别是在城市基坑施工中，往往基坑周边都是重要建筑物，对基坑的水平位移及周围的地基沉降都有严格的要求。通常的做法是对锚杆施加预应力来控制基坑的变形，施加多少合适，并没有一个成熟的公式，针对这种情况开展了这方面的模型试验研究。

2　试验情况介绍

预应力试验共两块模型，各模型试验编号及主要特点见表1，模型尺寸如图1所示。

为了使试验工作简单又具有一定的代表性，选取基坑尺寸深16m，长和宽足够大，能保证在边长中部可产生平面应变条件。土体单轴强度0.2～0.3MPa，容量$V=1.8g/cm^3$左右，无地下水和流沙等不利因素。基坑表面距离基坑边缘2m处有均匀分布的建筑物荷载$q_0=1.8MPa$，荷载分布宽度6m，长度为沿整个基坑的边长。

表1　基坑模型试验编号及主要特点

模型编号	主要特点
M_1	左右两端均用喷层与自由式锚杆联合加固 $F_0/(\sigma_c A)=3.6$
M_2	右侧直墙用喷层与全长黏结式锚杆联合加固 $F_0/(\sigma_c A)=3.6$ 左侧直墙用喷层与全长黏结式锚杆联合加固 $F_0/(\sigma_c A)=1.8$

刊于《解放军理工大学学报（自然科学版）》2002年第5期。

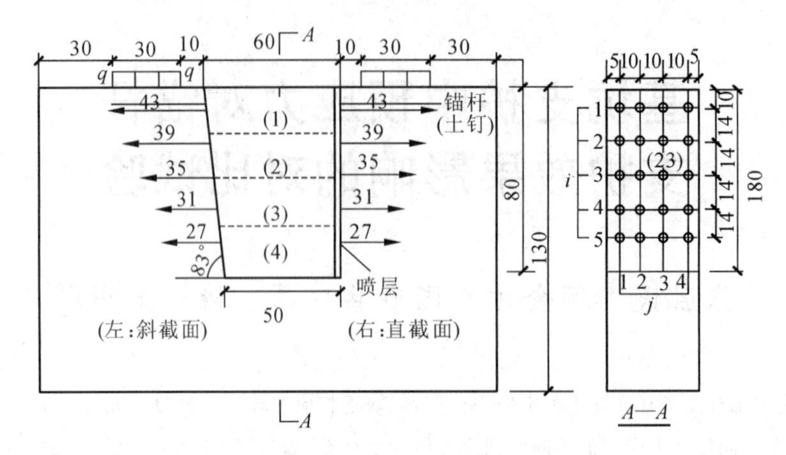

图1 基坑模型平面图

表1中,F_0为锚杆初始张力,σ_c为介质材料单轴抗压强度(25kPa),A为垫墩底面积($9\times10^{-4}\mathrm{m}^2$)。

基坑分4步开挖,每步开挖深度4m。喷层锚杆分步设置,喷层厚度5~7cm。锚杆由上到下呈梯次布置,锚杆长度分别为8.6m、7.8m、7m、6.2m和5.4m。间距横向为2m,纵向为2.4m。预应力$T=313.6\mathrm{kN}$,内锚固段长度均为2m。

2.1 简化假设

试验中不考虑时间效应,截取基坑边长中段8m宽度作为研究对象,并假设该段满足平面变形条件;建筑荷载以千斤顶压力代替。

2.2 相似比

在上述假设的前提下,根据现有加载设备条件(最大模型尺寸只能取200cm×150cm×40cm)和选取的工程对象,经过分析和比较,最后确定试验中相似比分别是:几何比$K_L=20$,应力比$K_\sigma=10$,张力比$K_T=K_\sigma\cdot K_L^2=4\times10^3$,容量比$K_V=K_\sigma/K_L=1/2$。

2.3 模型设计

根据上述相似比和所选择的工程对象,再考虑到安装操作上的方便,最后确定模型设计参数。

(1)模型块体尺寸为200cm×130cm×40cm,基坑尺寸深80cm,宽:上部60cm,下部50cm;基坑坡角:左侧83°,右侧90°(图1)。分4步开挖,每步挖深20cm,如图1中虚线所示。建筑物荷载分布:距基坑边缘10cm,长30cm,宽40cm。

(2)喷层锚杆的布置,如图1所示。即喷层厚度$W=0.2\sim0.3\mathrm{cm}$。锚杆长度第一排至第五排分别为43cm、39cm、35cm、31cm、27cm。水平间距10cm,竖向间距14cm。

(3)模型材料及力学参数:①模型介质材料为重晶石粉:铁砂=1:0.61(质量比)的混合物,含水量为干料重的1%。材料容量可达$3.6\mathrm{g/cm^3}$以上,黏聚强度$c=4.5\mathrm{kPa}$,弹性模量$E=8\times10^2\mathrm{MPa}$,单轴抗拉强度$\sigma_t=3.5\mathrm{kPa}$。②喷层材料为水泥:水:速凝剂=1:0.64:0.2的混合物。③锚杆注浆材料同喷层材料。④锚杆模拟材料用$\phi6\mathrm{mm}\times2\mathrm{mm}$的铜管,外锚头部位套上M6的丝扣,长度4cm。

2.4 测试内容

因为模型介质材料太软,不能进行内部应变测量,所以这次试验测试内容只有下列两项。

(1)位移测量:包括基坑、地表及基坑介质内一定深度上的垂直和水平位移。

(2)锚杆张力测量:测力环布置在外锚头部位,所以本文中给出的黏结式锚杆受力图均指锚杆外端安装的应力环上的受力情况,它不能代表全长黏结式锚杆的全部受力情况,因为它没有考虑沿杆全长分布的摩擦阻力和黏结力情况。而对自由式锚杆来说,本文给出的受力图就是整个锚杆体受力情况。由实测应变值通过事先标定好的 N-ϵ 曲线可以得到锚杆预应力的变化。

3 试验结果与分析

3.1 在开挖过程中锚杆预应力的变化特征

M_1 模型的直墙面和斜墙面均采用自由式锚杆加固;M_2 模型直墙面采用全长黏结式锚杆加固,预应力值均为 $F_0/(\sigma_c A)=3.6$。斜墙面采用自由式锚杆加固,但预应力值 $F_0/(\sigma_c A)=1.8$。这样 M_1 模型本身两个墙面比较,研究自由式锚杆对直墙面和斜墙面产生的不同加固效果;M_1 与 M_2 模型直墙面相互比较,研究自由式锚杆与全长黏结式锚杆的不同加固效果,斜墙面相互比较,研究自由式锚杆预应力大小对加固效果的影响。这两块模型的锚杆预应力在开挖过程中的变化特征见图 2~图 4。图中括号内数值表示开挖步序,横坐标值表示锚杆预应力 $F/(\sigma_c A)$,其中()°所对应的预应力值为锚杆初始预应力值。

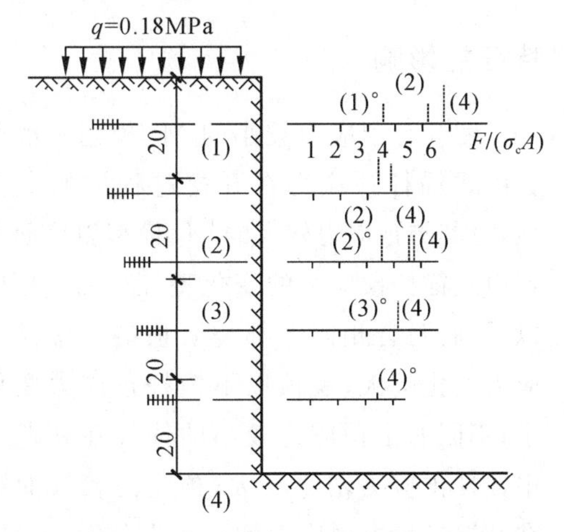

图 2 M_1 模型在开挖过程中直墙面上的自由式锚杆 $[F_0/(\sigma_c A)=3.6]$ 预应力变化特征

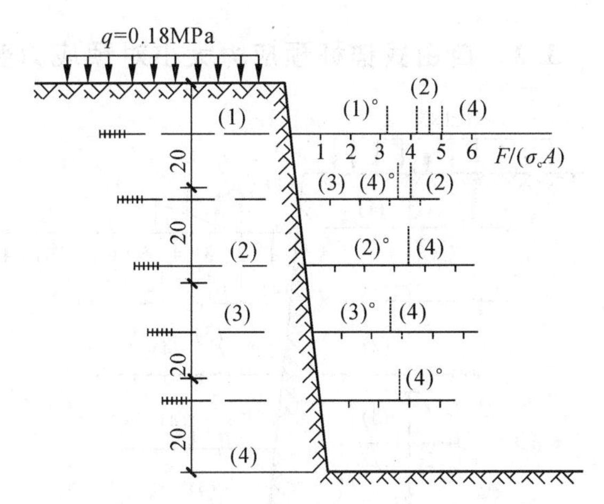

图 3 M_1 模型在开挖过程中斜墙面上的自由式锚杆 $[F_0/(\sigma_c A)=3.6]$ 预应力变化特征

(1)直墙面与斜墙面自由式锚杆预应力变化特征比较。如图 2 所示,在开挖过程中直墙面墙顶和墙中锚杆预应力增加较大,墙的上部和下部锚杆预应力增加较小。例如,墙顶锚杆预应力从 3.8 增加到 5.8,增加了 53%;墙中锚杆预应力从 3.4 增加到 4.9,增加了 44%;而墙的上部锚杆预应力只增加了 14%,在墙的下部锚杆预应力几乎没有增加。

如图 3 所示,斜墙面上的锚杆预应力只有墙壁顶锚杆预应力增加较大,从原来的 3.7 增加到 5.1,增加了 38%,其余部位的锚杆预应力几乎没变化,第二排锚杆预应力不仅没有增加反而有所减少。

上述斜墙面与直墙面的锚杆预应力变化上的差别,显然是由于从墙面受力反应不同所致。直墙面具有挡土墙背后土体的受力特征,斜墙面具有边坡的受力特征。这两种墙面锚杆受力的共同特征是墙顶第一排锚杆受力较大,其余各排锚杆受力较小。这两种墙面开挖后水平位移分布特征(墙的中上部较大,墙脚较小)是基本一致的。

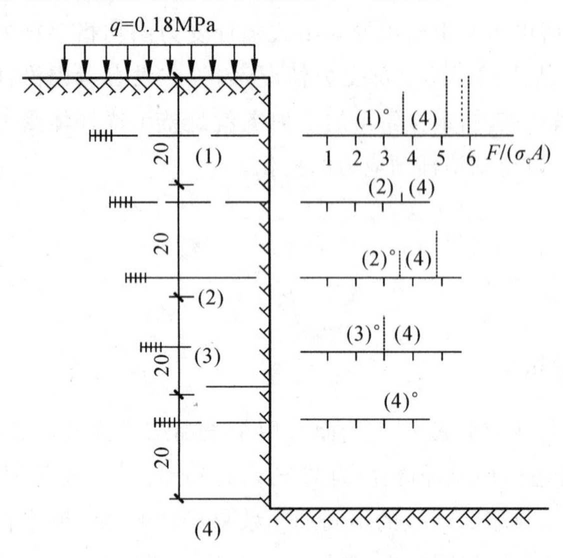

图 4　M_2 模型在开挖过程中直墙面上的自由式锚杆 $[F_0/(\sigma_c A)=3.6]$预应力变化特征

(2)自由式锚杆与全长黏结式锚杆预应力变化特征比较。从图 4 中可以看到,在整个开挖过程中,各排全长黏结式锚杆预应力均未发生明显变化,这与相同条件下的自由式锚杆相比(图 2)具有非常明显的区别。全长黏结式锚杆预应力之所以未产生变化,是因为沿杆体全长分布的黏结力和摩阻力具有一定的阻止介质变形能力,只要这种阻力较大就可使锚杆外端不受力。而自由式锚杆只要介质变形就要传到锚杆外端,不管其变形大小都要引起锚杆预应力的变化。

全长黏结式锚杆在开挖过程中预应力虽然没变化,但墙面仍然有不同位移,并且也是墙的中上部较大,两头较小(图 4)。我们认为这主要是因为锚杆“管辖”范围是有限的。它对锚杆附近介质有作用,对离锚杆体较远的大范围内的介质限制作用就小,因而那些远离锚杆体的介质仍然可以产生较大的变位变形。

3.2　自由式锚杆预应力大小对预应力变化特征的影响

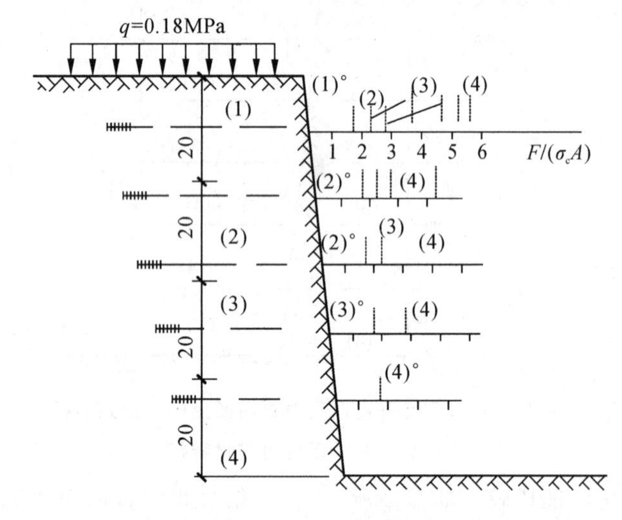

图 5　M_2 模型在开挖过程斜墙面上的自由式锚杆 $[F_0/(\sigma_c A)=1.8]$预应力变化特征

图 5 是预应力较小的 M_2 模型斜墙面上自由式锚杆预应力在开挖过程中的变化特征,将其与预应力较大的 M_1 模型斜墙面上的自由式锚杆预应力的变化特征(图 3)相比可以看到:两者相同点都是墙顶第一排锚杆预应力变化较大,墙顶以下锚杆预应力变化较小;不同的是预应力较小的锚杆在开挖过程中锚杆预应力增量较大;预应力较大的锚杆在开挖过程中预应力增量较少。例如:M_1 模型在开挖过程中斜墙面上的锚杆只有墙顶第一排预应力从 3.7 增加到 5.1,增加了 38%,其余各排基本上无变化。而 M_2 模型斜墙面上的锚杆各排预应力几乎都有明显增加,见表 2。

表 2　M_1 和 M_2 模型斜墙面上的自由式锚杆预应力增加百分率比较　　单位:%

锚索排数	1	2	3	4	5
大预应力的 M_1 模型 $\Delta F/F_0$	38	−10	0	0	0
小预应力的 M_2 模型 $\Delta F/F_0$	55	48	41	15	0

小预应力的自由式锚杆在开挖过程中锚杆预应力增加是由于初始预应力小时对基坑的变形限制小,反过来也就是基坑变形大,所以锚杆预应力也就增大,锚杆预应力增大不一定是坏事,只要锚杆承载能力好,让介质有一定的变形,就有利于发挥土体的自身稳定能力。当然这种变形应该是有

限度的，不能产生松散破坏，否则就会带来不利影响。

3.3 在超载过程中锚杆预应力的变化特征

图6～图9是M_1与M_2模型锚杆预应力在超载过程中产生的变化。图中表示锚杆张力大小的水平坐标轴上方括号内数字表示荷载级，每级所对应的荷载值见表3。

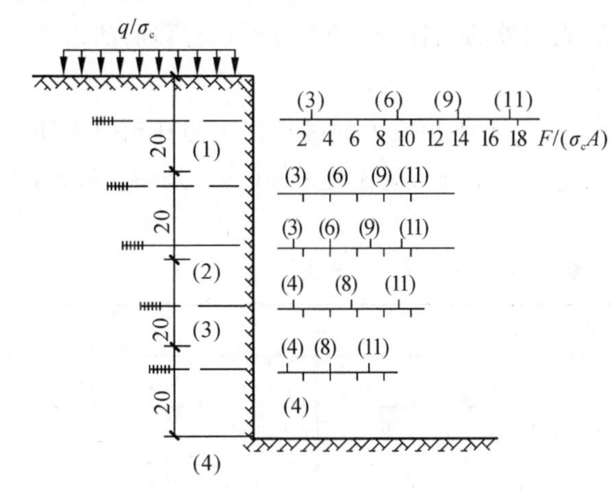

图6 M_1模型在超载过程中直墙面上的自由式锚杆$[F_0/(\sigma_c A)=3.6]$预应力增量变化特征

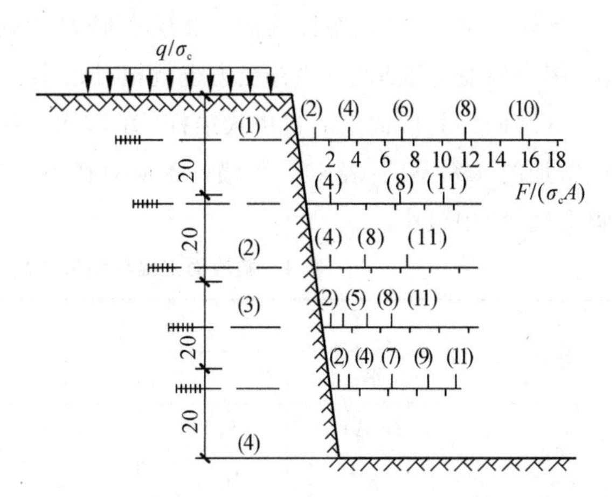

图7 M_1模型在超载过程中斜墙面上的自由式锚杆$[F_0/(\sigma_c A)=3.6]$预应力增量变化特征

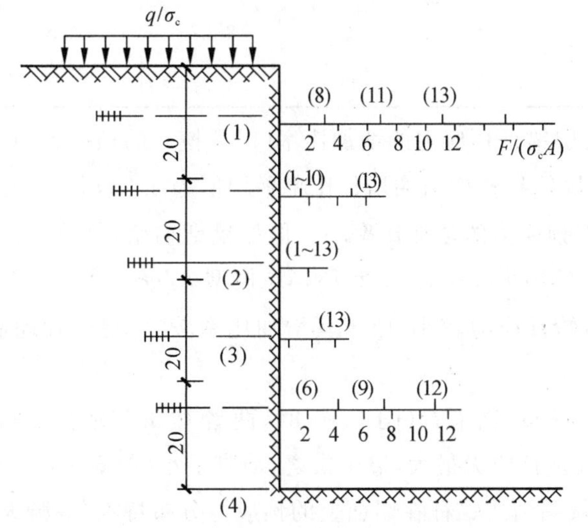

图8 M_2模型在超载过程中直墙面上的自由式锚杆$[F_0/(\sigma_c A)=3.6]$预应力增量变化特征

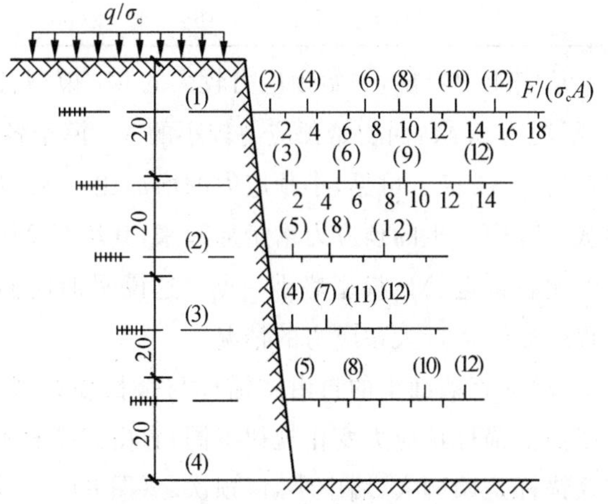

图9 M_2模型在超载过程中斜墙面上的自由式锚杆$[F_0/(\sigma_c A)=3.6]$预应力增量变化特征

表3 超载试验中荷载级所对应的荷载值

荷载级	n						
	1	2	3	4	5	6	7
荷载值$[q/\sigma_c]$	8.0	8.8	9.6	10.4	11.2	12.0	12.8
荷载级	n						
	8	9	10	11	12	13	
荷载值$[q/\sigma_c]$	13.6	14.4	15.2	16.0	16.8	17.6	

从图 6～图 9 中看到，在超载过程中锚杆预应力的变化具有下述特征。

(1)相同初始预应力条件下，直墙面上的锚杆是墙顶预应力增加最大，墙中次之，墙脚最小(图6)。斜墙面上的锚杆预应力，墙顶增加最大，墙脚次之，墙中最小(图 7)。产生上述差别的原因是两种墙面在超载过程中受力变形特点不同。直墙面在超载过程中有向基坑内“倾倒”的趋势，造成锚杆预应力有上大、下小的分布状态。斜墙面在超载过程中有朝基坑内产生“滑移”的趋势，在滑移面的上、下露口部位(如没锚杆的话)，介质变形大，因而造成该处的锚杆受力较大；不在滑移面的露口部位，因介质受力变形小，锚杆受力也就相对较小。

(2)同为斜墙面上的自由式锚杆(图 7、图 9)，大预应力与小预应力的区别在于锚杆预应力随荷载增加的比率不同(表 4)。但锚杆预应力在整个斜面上的大小分布规律是一样的，都是墙顶最大，墙脚次之，墙中最小。

表 4　斜墙面上锚杆预应力增加比率[以 $F_0/(\sigma_c A)=3.6$ 为例]

模型	锚索排数						
	比率	1	2	3	4	5	平均值
M_1 模型	$F/(\sigma_c A)$	5.11	3.29	3.64	2.93	3.07	3.73
	$\Delta F/(\sigma_c A)$	16.44	9.33	6.44	4.22	8.58	9.00
	$\Delta F/F$	3.22	2.84	1.77	1.44	2.80	2.41
M_2 模型	$F/(\sigma_c A)$	2.76	2.76	2.58	2.09	1.69	2.37
	$\Delta F/(\sigma_c A)$	14.22	12.00	6.44	6.13	8.22	9.40
	$\Delta F/F$	5.16	4.35	2.50	2.94	4.87	3.96

从表 4 中看出，初始预应力较大的 M_1 模型各层锚杆预应力的增加比率(以开挖后的预应力为基准)平均为 2.41，而初始预应力较小的 M_2 模型各层锚杆预应力的增加比率平均值为 3.96，后者约为前者的 1.64 倍。可见，小预应力的增加比率大，大预应力的增加比率小。但如果把初始预应力与在超载过程中产生的预应力增量加起来，其增量 M_1 模型 $F/(\sigma_c A)=12.73$，M_2 模型 $F/(\sigma_c A)=11.77$，两者比较接近，M_2 模型略小一点。这说明即使初始预应力较小，由于其增加比率较大，也会在超载过程中逐渐接近大预应力的情况。

(3)就直墙面上的自由式锚杆与全长黏结式锚杆对比来看(图 6、图 8)，两者有 3 点显著不同：①墙面上锚杆预应力变化规律不同：自由式锚杆墙顶预应力最大，墙中次之，墙脚最小(图 6)；全长黏结式锚杆是墙脚大，墙中小，墙顶次之(图 8)。全长黏结式锚杆在墙面上的预应力分布特点“墙脚大，墙中小，墙顶次之”的原因与全长黏结式锚杆对介质内部有较强的加固效果有关——沿杆体全长分布的黏结力大大减弱了直墙面的“倾倒”趋势，使它具有了斜墙面的某些受力特点，即上、下破坏面露口部位锚杆受力大，中间部位的受力小。至于墙顶锚杆受力小于墙脚锚杆的原因，我们认为是由于墙顶锚杆大部分杆体直接在建筑物荷载作用之下，杆体受到的横向挤压力较大，因而杆体为介质材料提供的摩阻力也较大，介质外鼓变形引起的锚杆张力部分已被沿杆体分布的摩阻力抵消了，传到锚杆垫墩上的力只剩下较小的一部分。而在墙脚处的锚杆受到的横向挤压力较小，为介质提供的摩阻力也就较小。再加上那里的滑移面(指无锚杆时的)距坑壁表面很近，滑移面与杆体相交点距坑壁表面就更近。因而由滑移面外侧杆体提供的摩阻力就很小，那里的介质产生的强大外鼓力主要就靠锚杆垫墩承受了，因而锚杆(主要是外端)受到的力就很大，甚至高于墙顶。②在同样荷载条件下，仅从锚杆外端受力大小看，自由式锚杆预应力增加得多，全长黏结式锚杆预应力增加得少(但墙脚处除外,那里是全长黏结式锚杆受力大,自由式锚杆受力小)。在超载过程中,自由式锚杆预应力增加较大是因为介质的变形力全部传到了锚杆垫墩上,而全长黏结式锚杆的变形力和摩阻力抵消掉一部分,抵消不了的传到了垫墩上。③自由式锚杆从超载开始各层锚杆预应力就逐渐增加(图 6),而全长黏结式锚杆一般是加到几级荷载之后,锚杆预应力才有显著的增加,特别是在墙中部位的三排锚杆,甚至在荷载加到十几级以后锚杆预应力才有显著增加(图 8)。产生上述差别的原因是自由式锚杆介质一变形,锚杆就受力;而全长黏结式锚杆是介质变形时介质内部杆体先受力,当杆体外黏结力承受不住时,外锚头部分才受力,因而它有一个滞后的受力过程。

4 结论

全长黏结式锚杆与自由式锚杆初期加固效果基本相同,但后期加固效果前者更好。具体表现如下:

(1)两者初始破坏荷载相同,整体失稳荷载全长黏结式锚杆的比自由式锚杆的高 17%左右。

(2)初期破坏速度和破坏程度两者差别不大,但到后期全长黏结式锚杆破坏速度明显减慢,破坏程度减轻,直到墙面产生多条裂缝后,荷载仍然是比较稳定的。

(3)全长黏结式锚杆加固的基坑初始变形刚度与自由式锚杆的差不多,但后期刚度明显较高。

(4)在开挖过程中全长黏结式锚杆初始预应力无变化,在超载过程中受同样的荷载全长黏结式锚杆预应力增加的总量小。例如在 $q/\sigma_c=16.0$ 时,整个墙面锚杆预应力增加的总吨位比自由式锚杆少 47%左右。此外,在超载过程中整个墙面各排锚杆受力大小分布上也与自由式锚杆不同,全长黏结式锚杆是墙面小,墙顶、墙脚大,而自由式锚杆是墙顶大,墙中小,墙脚更小。

(5)锚杆预应力大小(这里指自由式锚杆)对基坑加固效果初期有点影响,对后期影响不大,M_1 模型锚杆预应力是 M_2 模型的两倍,M_1 模型初始破坏荷载约高 7%,开挖水平位移小 11%,垂直位移小 35%。但在超载过程中,两者的整体失稳荷载却相等,均为 $q/\sigma_c=15.2$。

参考文献

[1] 顾金才.预应力锚索对基坑加固效应模拟试验研究报告.洛阳:总参工程兵科研三所,1998.
[2] 张明聚.支护工作性能研究.北京:清华大学,2000.
[3] 王铁宏.深基坑支护结构与桩基工程新技术.北京:建筑工业出版社,1997.

岩土工程多功能模拟试验装置的研制及应用

陈安敏　顾金才　沈　俊　明治清　张向阳

内容提要：岩土工程多功能模拟试验装置由主机与配套装置组成，具有一机多用的特点。利用它可对洞室、洞群、边坡和基坑进行平面地质力学模型试验；对预应力锚索加固的岩体模拟试件进行抗剪强度试验；对混凝土或钢筋混凝土梁进行抗弯强度试验。它具有双向旋转功能，可使模型平面旋转 360°，立面旋转 35°。由于采用了首次研制成功的活塞式均布压力加载器加载，可在模型块体内产生大范围的均匀应变场，可对模型边界施加均布荷载和阶梯形荷载，并能满足不同侧压系数的要求。在剪切试验中可给出 τ-u 全过程曲线等。6 次工程试验结果表明，该装置具有良好的力学性能，可满足大型岩土工程试验研究的需要。

1　引言

1.1　研究现状与研制意义

地质力学模型试验技术是研究大型岩土工程问题的重要手段，在国内外已得到广泛应用，并在工程科研、设计及论证中发挥了重要作用。国际上如美国、俄罗斯、德国、意大利、日本、挪威等国家都先后开展了地质力学模型的试验研究工作，针对大型矿井顶板围岩稳定、大坝坝体与坝基的岩体稳定、大型洞室围岩稳定与支护等工程问题，进行了卓有成效的研究工作，并研制了相应的试验设备[1-8]；国内如中国科学院地质与地球物理研究所、武汉岩土力学研究所、清华大学、武汉大学、长江科学院、中铁西南科学研究院有限公司、西南交通大学等单位都先后开展了这方面的研究工作，研制了规模不等的配套模型试验设备[9-14]；笔者所在的总参工程兵三所从 1970 年初开始地质力学模型试验研究工作，研制了多台性能优良的模型加载设备和材料性质试验设备，其中，PYD-50 三向加载地质力学模型试验装置和拉-压真三轴仪分别获国家科技进步奖一等奖和三等奖。

从总体上看，国内外地质力学模型试验设备的种类和样式是比较多的。从模型放置方式看，分为卧式、立式两类；从模型加载方式看，主要是采用千斤顶加载，少数用液压囊加载；从提供反力方式看，有金属框架式和基坑式；从模型受力维数看，大部分都是二维的；从控制模型的平面应变条件看，严格达到的不多，大多采用准平面应变条件；从模型内所产生应变场均匀程度和均匀范围看，一般都比较小。然而，随着岩土工程的规模越来越大，出现的工程问题更加复杂，需要研究的内容也越来越多，对岩土工程建设的科研设计水平和计算精度的要求越来越高，现有试验设备在功能、加载方式、模型内所形成的应变场范围和均匀程度等方面已不能很好地满足工程实践的需要，因此，迫切需要研制一种性能优良、技术先进的岩土工程试验设备，以满足人民防空工程和大型民用岩土工程研究的需要。

刊于《岩石力学与工程学报》2004 年第 3 期。

本装置与同类设备相比，在以下几方面具有创新性：

(1)该装置具有一机多用功能。可对洞室、洞群、边坡和基坑进行地质力学模型试验；对锚固体模拟试件和钢筋混凝土构件等进行抗剪、抗弯强度试验。

(2)该装置采用了首次研制成功的活塞式均布压力加载器，较好地解决了以往模型试验采用千斤顶加载压力均匀性偏差较大，采用柔性囊加载行程偏小、强度偏低的技术难题。本项技术已获得国家专利。

(3)该装置有效地解决了地质力学模型试验中要求应变场均匀范围大、均匀程度高的技术难题，能较好地模拟地下工程的受力环境。

1.2 研制思路

总体思路：为在一台设备上实现一机多用功能，设计中采用主机与配套装置相结合的方案，即在主机上可进行洞室、洞群、边坡和基坑等4类典型工程的地质力学模型试验，利用主机与相应的配套装置结合，可进行岩石锚固体模拟试件抗剪强度试验和钢筋混凝土构件的抗弯试验。设备研制要求：工作原理先进，结构构造简单，并尽量采用先进技术，把笔者多年从事模型试验工作的经验在该试验设备的研制中体现出来。

2 主要技术指标

(1)主体装置具有双向旋转功能，可以平面旋转360°，立面旋转35°；

(2)在主机上可进行洞室、洞群、边坡和基坑等4类典型工程的地质力学模型试验，可按平面应力与准平面应变2种条件进行试验；利用主体装置与抗剪试验装置相配套，可对岩石锚固体模拟试件进行抗剪强度试验；利用主体装置与抗弯试验装置相配套，可对混凝土及钢筋混凝土构件进行抗弯试验；

(3)地下洞室等4类典型工程试验模型尺寸为1.6m×1.3m×0.4m；剪切试件尺寸为0.4m×0.4m；梁试件长度不大于1.6m，截面宽度0.4m左右；

(4)模型边界可加均布荷载，也可加阶梯形荷载，设备的最大加载能力在平面应力条件下为1.5MPa，在准平面应变条件下为2.0MPa；剪切试验中最大剪切力为1000kN；梁的抗弯试验最大加载能力为500～700kN。

3 试验装置的结构方案设计

3.1 主机

主机结构方案见图1。它由承载框架、加载单元、纵控梁、竖向支撑、旋转机构、斜拉杆、减摩措施等部分组成。下面介绍各部件的构造与功能。

(1)承载框架。由25#工字钢和4块20mm厚的钢板焊接而成，净空尺寸为200cm×150cm×40cm，可允许的模型尺寸为160cm×130cm×40cm。框架四角通过8根ϕ45的螺杆和2块20mm厚的钢板连接。框架上边及两侧各设置多个加载单元(上面4个，两侧各3个)，可对模型块体施加均布荷载或阶梯形荷载。加载单元采用活塞式均布压力加载器，油压由WY300-Ⅵ型稳压器提供和控制。

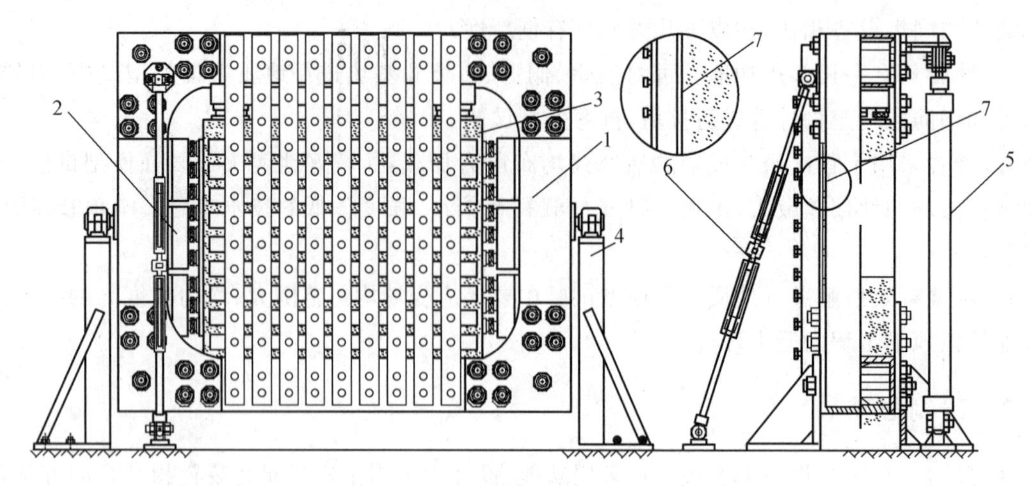

图 1　主体装置结构

1—承载框架;2—加载单元;3—纵控梁;4—竖向支撑;5—旋转机构;6—斜拉杆;7—减摩措施

图 2　均布压力加载器结构

(2)加载单元。本装置所采用的加载单元是笔者首次研制成功的活塞式均布压力加载器,其结构见图 2。其特点是结构合理,原理先进,性能优良。活塞行程大,荷载集度高,对模型表面不均匀变形的适应能力强,可在模型块体内产生大范围的均匀应变场。不需要力的传递和分配装置,占据空间小。试验中可对每个加载单元单独提供油压,也可以把几个加载单元串在一起供给同样的油压。通常把承载框架顶部的 4 个加载单元串在一个油路上,左右两侧的 6 个加载单元对应位置上的两两串在一个油路上,这样顶部便可对模型施加均布荷载,模型两侧既可以施加均布荷载,也可以施加阶梯形荷载。使用效果证明,本加载器的研制成功有效地解决了长期以来用千斤顶加载压力均匀性偏差较大,用柔性囊加载行程偏小、荷载强度偏低的加载技术难题。

(3)纵控梁。由 2 块槽钢和 2 块钢板焊接而成,长 200cm,高 11cm。通过螺杆把上、下两端固定到加载框架的前后两个面上,每面共有 9 根,按等间距设置。在梁上沿其长度方向按等间距设置 11 个 M16 的螺丝钉,螺钉的下面压紧钢垫板(50cm×10cm×1cm),钢垫板下面是聚四氟乙烯垫层。通过测力扳手给螺钉施加设定的初始紧固力,并且在试验过程中使各螺钉的外端基本处于同一平面内,来近似地实现模型的准平面应变条件。当进行洞室、洞群、边坡和基坑等模型试验时,被开挖部分的纵控梁可以临时拆掉,局部解除纵向控制。

(4)竖向支撑。由型钢焊接成的支承架和承重为 100kN 的滚子轴承组成,其作用是把加载框架支撑起来,以便于模型的平面旋转。支撑点设在两侧框架的中间,从而减小了模型平面旋转时的转动力矩。

(5)旋转机构。为了简化旋转机构,模型平面旋转是用设在框架上方的导链实现的,导链固定在试验室房顶大梁上。旋转时框架的上、下两边均用导链控制,防止框架在旋转过程中失控。

模型立面旋转是通过设在框架一端的 2 个杆式千斤顶实现的。当油缸活塞伸出时,加载框架可在立面内绕另一端下角支承螺杆转动,最大转角 $\theta=35°$。为了防止转动过程中模型平面发生偏斜,要求 2 台千斤顶油缸出力基本一致,同时在支承螺杆两侧还安装了侧限钢垫板。

(6)斜拉杆。如图 1 所示,在模型前后 2 个面上各设 2 根,其长度可通过丝扣调节。其作用是保持装置加载试验时的稳定性。

(7)减摩措施。在模型表面凡与加载装置相接触的部位都设置了2层聚四氟乙烯薄层,以此来减少模型表面的摩擦损失。根据试验结果,2层聚四氟乙烯之间的摩擦系数约为5%。

3.2 剪切试验配套装置

剪切试验配套装置见图3。利用主机与它配合可进行岩石锚固体模拟试件抗剪试验,得到较理想的τ-u曲线。

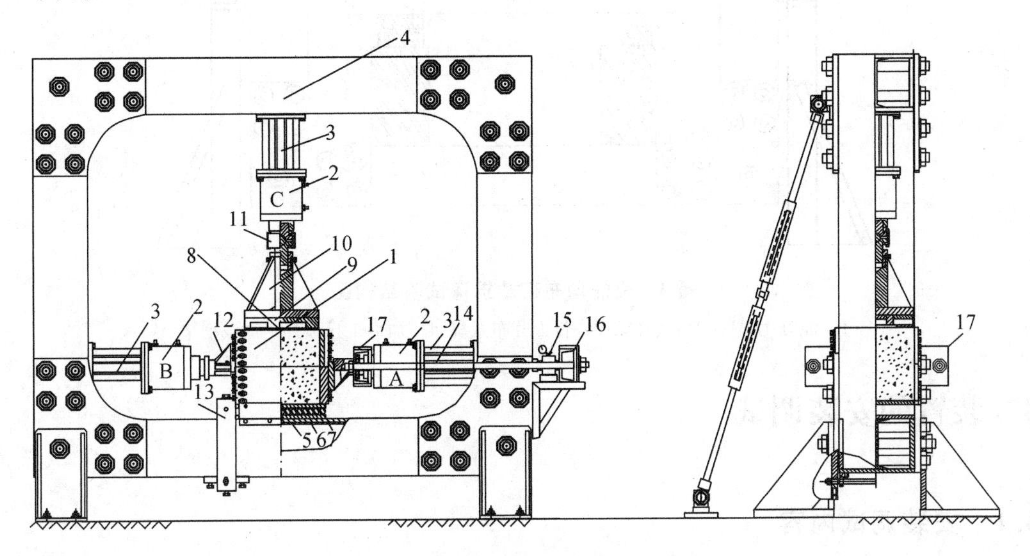

图3 剪切试验配套装置结构图

1—剪切盒;2—千斤顶A、B、C;3—支座;4—框架;5—垫板;6—滚柱;7—托板;8—盖板;9—垫块;10—压板;11—吊卡;12—传力装置;13—限转装置;14—控制位移拉杆;15—测力计;16—底梁;17—钢梁

试验时将模型放在剪切盒内,剪切盒分上下两半,中间留有10mm的空隙,剪切试件尺寸为40cm×40cm×40cm。剪切盒内壁与试件表面之间设有2层聚四氟乙烯垫层,以减少法向力的摩擦损失。剪切力是由水平放置的千斤顶A、B提供,A为主动施力,B为被动施力,最大出力为1000kN。千斤顶的反力通过支座传到框架上,其合力通过传力装置作用到剪切面上。为了克服剪切试验中的转动效应,在剪切盒一侧设置了限转装置。此外,在剪切盒下部设置了滚轴,以克服剪切盒下部移动时底面摩擦力的影响。

剪切面上的法向应力由千斤顶C施加。该千斤顶压力通过压板、垫块和盖板传到试件表面上。为保持在试验过程中试件的法向压力不变,法向千斤顶油压由砝码控制。

3.3 抗弯试验配套装置

利用主机与抗弯试验配套装置配合,可进行梁的跨中集中力抗弯试验、纯弯曲试验和均布荷载抗弯试验。这里仅介绍均布荷载抗弯试验装置,其结构如图4所示。它是通过荷载分配系统把一个千斤顶的集中力均布到梁的表面上。该系统千斤顶最大允许出力为700kN。梁的长度不大于160cm,截面宽度40cm左右,高度由梁的强度大小来确定。

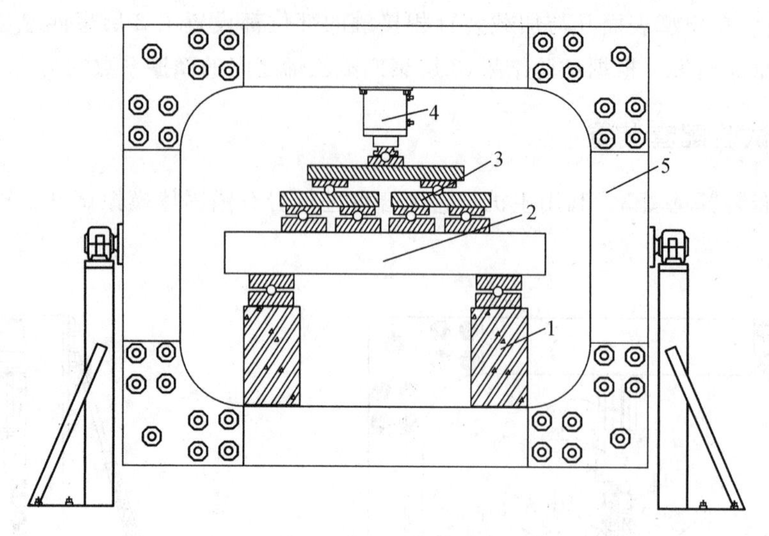

图 4 梁的均布荷载抗弯试验结构图

1—混凝土垫墩；2—试验梁；3—传力分布系统；4—加力千斤顶；5—加载框架

4 装置的安装调试

4.1 安装调试内容

安装调试主要针对主体装置进行。调试内容有：加载器的出力与油压的关系、在 2 种平面条件下主体装置框架的受力变形状态、在不同边界荷载条件下模型块体内应变分布状态等。装置的其他功能，如双向旋转功能，抗剪、抗弯试验功能等均已在实际应用中得到了证实，未再作调试。限于篇幅，这里只介绍在平面应力条件下模型块体内应变分布状态调试结果。

4.2 调试结果

为了检验加载装置的力学性能，采用石膏模型做了平面应力条件下的加载试验，调试方案见图 5。

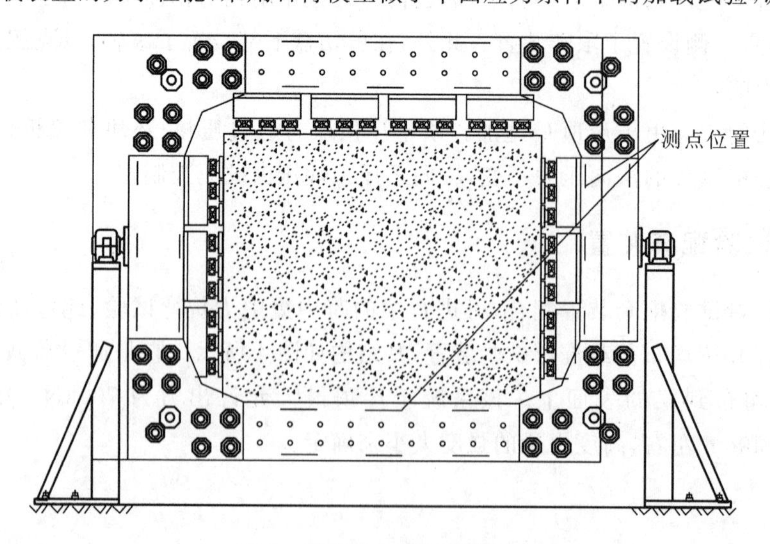

图 5 平面应力条件调试方案

试验模型尺寸为 160cm×130cm×40cm。整个模型由 8 个分块组成,每个分块尺寸为 80cm×65cm×20cm,分块之间由环氧胶黏合。模型材料配比为石膏:水:柠檬酸=1:0.7:0.05%。材料物理力学参数见表 1,表中 R_c、R_t、E、ν、c、φ 分别为材料的单轴抗压强度、抗拉强度、弹性模量、泊松比、黏聚力和内摩擦角。调试中分别采用手动油泵和 WY300-Ⅵ型液压稳压器加载。荷载分级施加,每级荷载稳压 5min 后读数。

表 1　调试模型材料物理力学参数

R_c/MPa	R_t/MPa	c/MPa	φ/(°)	E/GPa	ν
4.7	0.49	1.8	15	3.75	0.13

平面应力条件下的加载试验共做了 4 组,侧压系数 N 分别为 1、0.4、0,侧向压力为阶梯形分布。图 6 给出了侧压系数 $N=0.4$ 的调试结果,从图中可以看到:在模型块体内垂直应变和水平应变分布大范围内都处于均匀状态,只是在边界上很小范围(10cm 左右)呈现出不均匀分布状态。水平应变和垂直应变平均值之比 $\varepsilon_H/\varepsilon_V=107/362=1/3.5$,这与 $N=0.4$ 时,按弹性理论计算的结果是一致的。垂直应变最大偏差为 5%,水平应变最大偏差为 6%,可见应变场的均匀性良好。

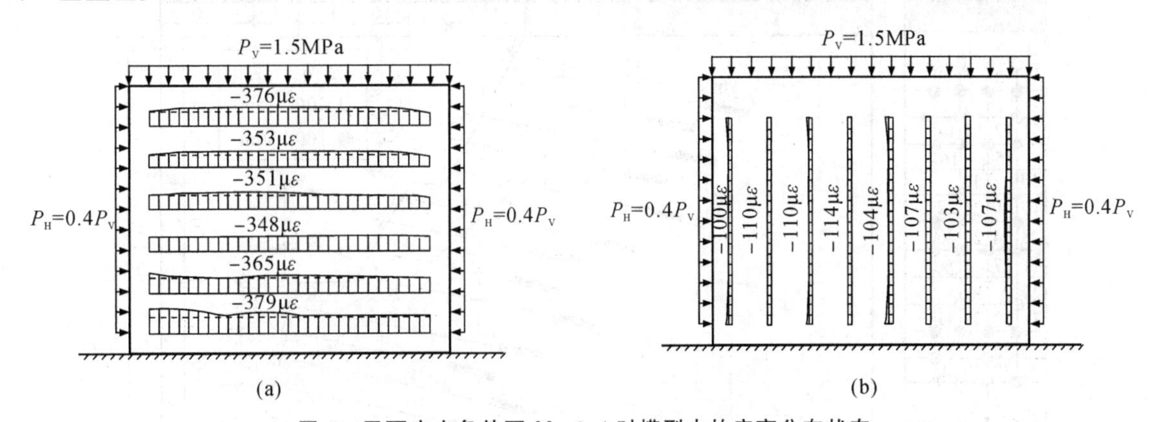

图 6　平面应力条件下 $N=0.4$ 时模型内的应变分布状态

(a)不同水平面上垂直应变分布状态(平均 $-362\mu\varepsilon$);(b)不同竖直面上水平应变的分布状态(平均 $-107\mu\varepsilon$)

对该装置的安装调试结果表明:在各种正常工况下,主体框架受力均在弹性范围内,其安全系数约为 1.75;各加载器出力与油压之间均呈直线关系,满足加载误差要求;在 2 种平面条件下,模型块体内均能产生大范围的均匀应变场,能较好地满足地质力学模型试验所需要的应变场均匀范围大、均匀程度高的要求。

5　工程应用实例

利用本装置已为多个国防、人防工程研究项目和国家大型水电工程项目进行了模型试验研究,如李家峡水电站岩质高边坡群锚加固效应模型试验研究、锚固基坑模型试验研究、锚索对岩体剪切面抗剪能力增强效果模型试验研究、软岩中后勤洞库预应力锚索加固效应模型试验研究、箱型混凝土墙板构件抗弯性能试验研究等,均取得了令人满意的成果。下面着重介绍李家峡水电站岩质高边坡群锚加固效应模型试验研究情况[15]。

李家峡水电站是我国近期修建的大型水电站之一。边坡设计高度 75m,坡面上分 3 个坡段、2 条马道。边坡内有一个双滑面楔体,设计中采用 1000kN 和 3000kN 的 2 种锚索对其加固。笔者受中国电建集团西北勘测设计研究院有限公司的委托,对群锚加固效应进行了地质力学模型试验研究。

试验模型有2块，一块为有锚索加固的模型，另一块为无锚索加固的模型。模型尺寸及锚索布置情况见图7。该模型是由1400多个小块体组合而成，小块体是以重晶石粉为主要材料制作的。块体与块体之间用橡胶粉充填。这样做的目的是为了满足模型材料应具有高容量、低强度、低弹性模量的相似要求。试验是在准平面应变条件下进行的，较好地模拟了边坡的开挖与锚固过程。试验中较好地利用了主体装置的双向旋转功能，为模型施加了自重应力，并研究了坡角变化对边坡体稳定性的影响。通过试验取得了如下研究成果：

(1)给出了2种边坡模型的合成位移时程曲线；

(2)给出了锚索张力的变化特征；

(3)给出了锚索体内的轴力分布特征；

(4)对锚索的受力特点和破坏特征进行了分析；

(5)给出了锚固边坡的安全度及锚索的综合加固效应分析；

(6)为锚固边坡的设计提出了重要建议。

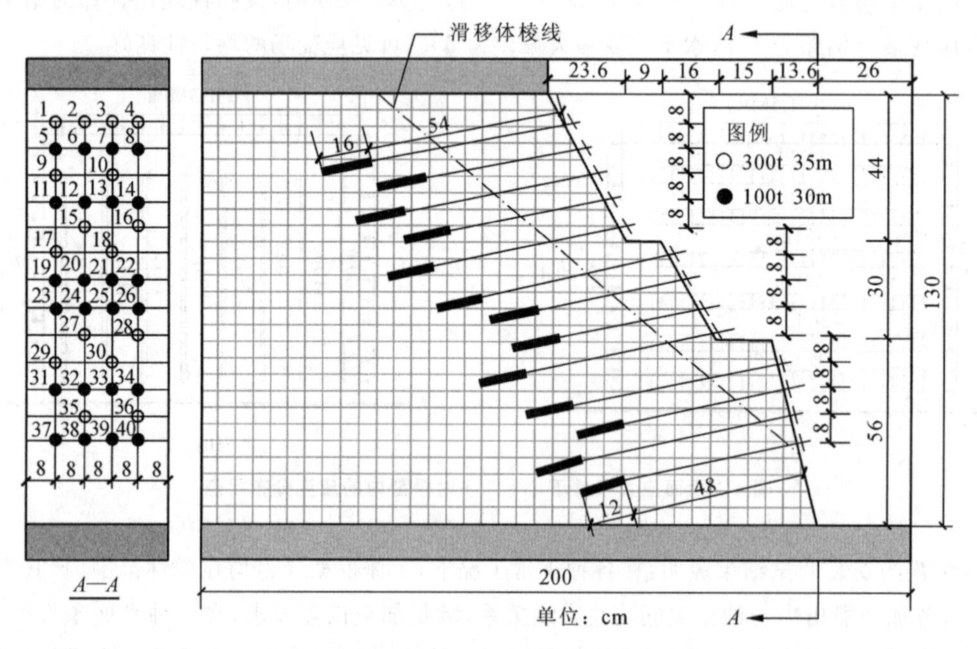

图7　李家峡水电站岩质高边坡试验模型

除了上述工程应用之外，目前本装置已被国内部分高等院校所引进，用于岩土工程和地质边坡灾害等方面的科研和教学工作中。

6　结束语

本文介绍了岩土工程多功能模拟试验装置的研制意义、结构方案、调试结果和工程应用情况等，由于篇幅所限，未能对该装置的调试结果和工程应用情况作更为详细的介绍。另外，为配合本装置的开发，还研制了多项配套模拟试验技术，如复杂边坡模型的制作技术，模型介质及模拟锚索(杆)中的变形测试技术等[16-19]，为提高试验成果质量、更好地发挥该装置的作用提供了技术保障。本装置已通过部级鉴定："整体上达到了国际先进水平。"可以预期，该装置在军事工程、矿山、冶金、水电、隧道等领域将具有广阔的应用前景。

参加本装置设计和研制工作的主要有明治清、顾金才、沈俊、陈安敏、王励自、盛宏光、张向阳、张勇。

参考文献

[1] HEUER R E, HENDRON A J. Geomechanical model study of the behavior of underground openings in rock subjected to static loads(report 2)—tests on unlined openings in intact rock. AD Report, 1971.

[2] HENDRON A J, PAUL ENGELING, AIYER A K, et al. Geomechanical model study of the behavior of underground openings in rock subjected to static loads(report 3)—tests on lined openings in jointed and intact rock. AD Report, 1972.

[3] ROSSI P P. 地下大型洞室的二维地质力学模型. 国际岩石力学学会(ISRM)—地质力学模型国际讨论会论文集译文. 武汉:长江科学研究院, 1982.

[4] NICK B, HARALA H. 浅层特大跨度洞室的变形节理模型和有限元分析. 国际岩石力学学会(ISRM)—地质力学模型国际讨论会论文集. 武汉:长江科学研究院, 1982.

[5] MULLER L. 在地质力学中模型研究的重要性. 国际岩石力学学会(ISRM)—地质力学模型国际讨论会论文集. 武汉:长江科学研究院, 1982.

[6] 井原恕. 有关巷道断面收敛基础研究之三—锚杆支护维护巷道的效果. 井巷地压情报资料. 北京:煤炭工业部矿山压力科技情报中心站井巷地压分站, 1982.

[7] 足立纪尚, 中岛伸一郎, 岸田潔. 重力ダム模型実験装置の開发と基础岩盤内荷重伝達構機に関する研究. 土木学会论文集, 2000, 666(Ⅲ-53): 245-259.

[8] ALFARO, MAROLO C, WONG R C K. Laboratory studies on fracturing of low-permeability soils. Canadian Geotechnical Journal, 2001, 38(2): 303-315.

[9] 杨淑清, 曾亚武. 锚喷支护的效果及其破坏机制的研究. 中国岩石力学与工程学会岩石力学数值计算及模型试验专业委员会. 第一届全国岩石力学数值计算及模型试验讨论会论文集. 成都:西南交通大学出版社, 1987.

[10] 陈进. 清江隔河岩重力拱坝三维静力模型试验研究. 长江科学院院刊, 1990(2): 33-39.

[11] 任伟中, 朱维申, 张玉军, 等. 开挖条件下节理围岩特性及其锚固效果模型试验研究. 试验力学, 1997, 12(4): 514-519.

[12] 肖洪天, 杨若琼, 周维垣. 三峡船闸花岗岩亚临界裂纹扩展试验研究. 岩石力学与工程学报, 1999, 18(4): 447-450.

[13] 曾亚武, 赵震英. 地下洞室模型试验研究. 岩石力学与工程学报, 2001, 20(增): 1745-1749.

[14] 蒋树屏, 黄伦海, 宋从军. 利用相似模拟方法研究公路隧道施工力学形态. 岩石力学与工程学报, 2002, 21(5): 662-666.

[15] 顾金才, 沈俊, 陈安敏, 等. 预应力锚索对李家峡水电站岩质高边坡加固效应模型试验研究. 见:中国岩石力学与工程学会. 中国岩石力学与工程学会第六次学术大会论文集—新世纪岩石力学与工程的开拓和发展. 北京:中国科学技术出版社, 2000, 566-570.

[16] 顾金才, 沈俊, 陈安敏, 等. 锚固洞室受力反应特征物理模型试验研究. 岩石力学与工程学报, 1999, 18(增): 1113-1117.

[17] 顾金才, 沈俊, 陈安敏, 等. 锚索预应力在岩体内引起的应变状态模型试验研究. 岩石力学与工程学报, 2000, 19(增): 917-921.

[18] 陈安敏, 顾金才, 沈俊, 等. 软岩加固中锚索张拉吨位随时间变化规律的模型试验研究. 岩石力学与工程学报, 2002, 21(2): 251-256.

[19] 陈安敏, 顾金才, 沈俊, 等. 预应力锚索的长度与预应力值对其加固效果的影响. 岩石力学与工程学报, 2002, 21(6): 848-852.

岩体加固技术研究之展望

顾金才　陈安敏

内容提要：简要介绍了岩体加固技术研究的工程意义及发展概况，在此基础上，着重提出并讨论了岩体加固技术今后的几个重要发展方向。

1　岩体加固技术研究的工程意义

众所周知，岩体是一种经受过变形、遭受过破坏的地质体，在其内部存在着大量的节理、层理、裂隙、断层等不连续面，在力学上表现为不均匀、不连续、各向异性。由于经受过复杂的地质构造运动，岩体内普遍存在着未受工程扰动的天然应力场，又称之为初始应力场（图1），它是引起采矿、水利水电、铁道、军事和其他各种地下或露天岩土开挖工程变形和破坏的根本作用力。在一般情况下，岩体处于自我平衡状态，当受到工程扰动，如开挖、爆破等影响时，岩体的初始应力平衡状态将被破坏，并产生局部应力集中（图2），引起岩体的变形和位移，通常会造成岩体工程，如洞室、边坡等的失稳破坏，其后果可能给工程造成巨大的经济损失。因此，开展岩体加固技术研究具有十分重要的工程意义。

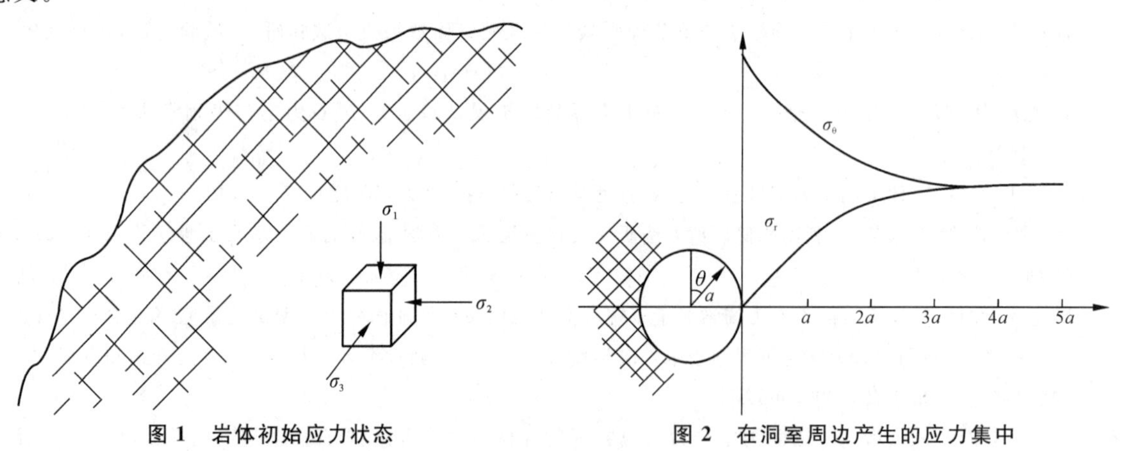

图1　岩体初始应力状态　　　图2　在洞室周边产生的应力集中

2　岩体加固技术研究发展概况

国际著名岩石力学专家J.C.耶格教授曾在其专著《岩石力学基础》前言中指出："人类以岩石作为结构材料远比其他简单材料更早。"事实上，早在几十万年前，北京猿人已利用周口店天然溶洞作为栖身之处[1]，只不过这些早期的洞室要么是天然形成的溶洞，要么是人工开挖的规模很小的洞室。

刊于《隧道建设》2004年第1期。

随着人类活动范围扩大和科学技术的进步，岩体工程规模越来越大，随之产生的工程问题也越来越复杂，相应的岩体支护和加固技术也得到发展，先后出现了木支撑、砖石衬砌、混凝土衬砌、钢筋混凝土衬砌等，这些技术措施的共同特征是均采用了岩体支撑概念，即用上述措施把要脱落的岩石顶住或托住，不让它发生脱落，以保证洞室的使用安全。上述采用了岩体支撑概念的技术措施对岩体的作用是被动的、消极的，即当岩体破坏时它才起作用，若岩体不发生破坏，便不起作用。

随着岩体工程，特别是地下岩体工程规模和数量的不断扩大，岩体工程设计理论和施工方法都得到了进一步的发展，人类对岩体工程的认识也从被动地支撑岩体发展到主动地加固岩体，即从岩体支撑概念发展到岩体加固概念。所谓的岩体加固概念，就是不等岩体破坏就主动地对岩体采取措施，进行加固，不让它发生危及工程安全的失稳破坏。喷锚支护技术和预应力锚索技术便是采用岩体加固概念发展起来的岩体加固新技术。

相对而言，喷锚支护技术较预应力锚索技术发展得早，技术更加成熟，已在国内外岩土工程领域获得了广泛应用。预应力锚索技术是在普通锚杆的基础上发展起来的，它能够充分发挥高强钢丝、钢绞线等材料良好抗拉性能，利用深层岩体的强度来加固表层岩体，具有先进性、经济性、可靠性等优点，近几十年来发展迅速，应用广泛。但它还有不少技术理论问题需要研究解决，例如尚没有一套完善合理的设计计算方法，一些大型工程设计仍是依靠工程类比法或半经验半理论的方法；对预锚加固机理的认识也不够深刻，目前还没有一种统一的、公认的说法等。针对上述存在的问题，我部进行了长达八年的深入系统研究，取得了丰硕的研究成果，在大量的室内试验、现场试验、理论分析和数值计算工作的基础上，对预应力锚索加固机理提出了弹性支撑点理论，对预锚加固设计计算方法提出了 NSDM 法等，这在一定程度上提高了我国预锚加固的理论和设计水平。

3 对岩体加固技术研究方向的展望

根据我们对岩体加固技术发展历史和现状的分析研究，我们认为岩体加固技术研究今后应朝以下几个方面努力。

3.1 岩体加固计算的合理力学模型研究

由于数值计算方法具有快捷、省时、省力的特点，因而对于多数大型岩土工程问题而言，除了进行理论分析、模型试验、现场试验之外，通常还要进行数值计算，以弥补模型试验和现场试验的不足。现阶段数值计算方法有多种，如有限差分法、加权残值法、有限元法、边界元法、流形元法等，其中有限元法为工程上最常用的方法。在岩体工程加固的有限元数值计算中，岩体的材料力学模型通常采用 Drucker-Prager 模型；岩体内的层理、泥化夹层、裂隙等，一般采用线性等向强化弹塑性模型。应该说采用上述模型来描述岩体介质，在现阶段是比较普遍的，也是较为合理的，但其计算结果却往往不能反映出岩体加固的效果，尤其是不能反映出预应力锚索对岩体的加固效果。大量的工程实践已经证明预应力锚索对控制洞室围岩的变形破坏具有很强的作用，而数值计算结果一般却反映不出锚索应有的作用。究其原因，不是数值计算结果不正确，而是现阶段数值计算中所采用的岩体加固计算模型不能真实反映出锚索与围岩的相互作用关系。因此，开展岩体加固计算的合理力学模型研究具有十分重要的工程意义和理论价值。

3.2 岩体深层注浆技术研究

众所周知，完整岩石本身就是一种强度较高的建筑材料。岩体之所以容易产生破坏是由于它内部存在多种裂隙，把完整的岩体分割成不完整的岩体。如果我们通过深层注浆把洞室周围和边坡表层较大范围内的岩体裂隙充填起来，使之成为一个厚达几米甚至几十米的完整岩体(图3)，则洞室、边坡等岩体工程的稳定性就可大大提高，因此有必要对岩体内深层注浆技术作进一步的研究。

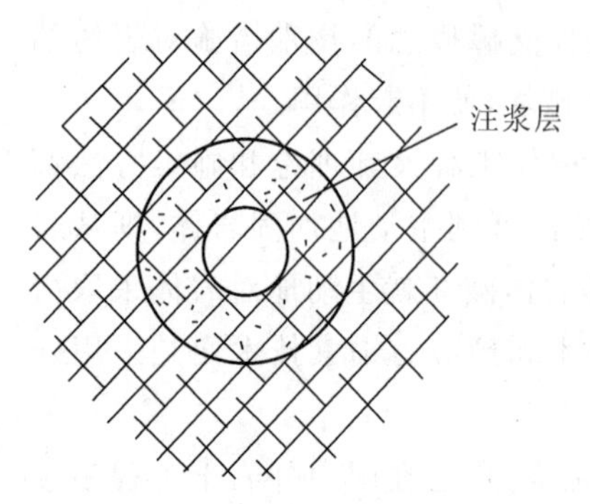

图3　地下洞室深层注浆示意图

3.3　新型锚固与注浆材料的研究

目前的锚杆、锚索材料多是用钢材制作的，既笨重，又存在长期腐蚀性问题；现有的注浆材料多是用纯水泥浆或水泥砂浆，收缩性大，流动性也较差。因而要提高岩体加固质量就需要研究性能更好、重量更轻、强度更高的锚索、锚杆材料和流动性更好、黏结强度更高的注浆材料。

3.4　岩体受力变形监测技术研究

前面已谈到岩体是一种极为复杂的介质，再加上它与锚索的相互作用等，如果仅仅采用理论分析或数值计算方法来了解岩体内的实际受力变形状态，几乎是不可能的。这里的主要难点不是方法，而是介质本身结构、性质无法搞清楚。即使下大力气把某一段搞清楚了，另一段可能又有新的变化。因此，岩体介质的复杂性决定了要掌握岩体工程的实际受力变形状态，最好的办法就是直接量测，直接测出岩体内和洞壁上的受力变形状态。这种办法不仅直接、可靠，而且它不需要了解岩体的结构构造，因为在测试结果中已自然地包含了岩体结构构造的影响。现在的问题是我们如何利用高科技手段使现场测试技术实现自动化、智能化、可视化，甚至坐在办公室内就可随时监测岩体工程重点部位的受力变形状态。因此，利用高科技手段实现监测技术的现代化、智能化来解决岩体工程的受力变形状态问题，从而为岩体加固设计提供及时可靠的数据，应是岩体加固领域最有前途、最值得重视的研究方向。

参考文献

[1]　孙钧，侯学渊. 地下结构. 北京：科学出版社，1987.

[2]　梁炯鋆. 岩土工程技术与概念发展. 北京：中国矿业大学出版社，1998.

[3]　顾金才，沈俊，陈安敏，等. 锚索预应力在岩体内引起的应变状态模型试验研究. 岩石力学与工程学报，2000，19(增)：917-921.

预应力锚索加固机理与设计计算方法研究

顾金才　沈　俊　陈安敏　明治清

内容提要：本文介绍了预应力锚索加固技术的新近研究成果，内容包括锚索内锚固段剪应力分布规律，预应力锚索对均质岩体、层状岩体、块状岩体和含断层岩体的加固效应，锚索预应力在岩体内产生的应变分布状态，预应力锚索对洞室、洞群、边坡和基坑四种典型工程的整体加固效应，预应力锚索加固软岩的时间效应，预应力锚索对洞室和边坡的加固作用机理以及单根锚索承载能力设计计算方法（NSDM 法）和洞室整体加固设计计算方法（CDM 法）等。

1　引言

预应力锚索加固技术已在国内外岩土工程中获得广泛应用，并取得了巨大成功。有关对预应力锚索的研究，无论从理论上还是从施工工艺上，也都取得了显著成效[1-8]。国内有许多这方面的专家，如总参工程兵科研三所的刘玉堂、冶金部建筑研究总院的程良奎、柳州市建筑机械总厂的田裕甲等，对我国锚固技术的发展和应用做出了重要贡献。长期以来，由于岩土介质性质较为复杂，工程界对预应力锚索的加固作用机理尚未形成统一的认识，在锚固工程设计方法上，大多仍采用工程类比法。有鉴于此，我部专门设题对预应力锚索加固机理与设计计算方法进行了长达八年的深入系统研究，本文介绍了该课题的部分研究成果。

2　锚索预应力在岩体内引起的应变分布状态[9]

其中包括由锚索预应力引起的沿锚索轴线岩体轴向应变分布状态；锚索周围介质内不同深度上沿水平方向轴向和径向应变分布状态；岩体表面法向和径向应变分布状态；内锚固段周围岩体轴向和法向应变分布状态；岩体断层面上法向应变分布状态；岩体应变随深度的衰减规律，等等。图 1 给出了由锚索预应力引起的岩体轴向应变沿锚索轴线分布状态。

从上述成果中可以获得三点重要认识：

（1）锚索预应力在岩体内形成两个应力集中区：一个在垫墩下方，另一个在内锚固段附近。在垫墩下方的为压应力集中区，应力集中范围沿锚索轴线约为 $3B$（B 为锚索垫墩底面尺寸，下同）；在内锚固段附近上方为压应力集中区，下方为拉应力集中区，以内锚固段中心为界，上、下拉、压应力集中区范围均为 $1.5B$ 左右。

（2）由锚索施加给岩体表面的压力随深度衰减很快，在距垫墩 $3B$ 深度处可衰减 90％左右。这是由于压力在传递过程中产生的扩散效应所致。由此可知，在一般情况下，由岩体表面的锚索预应力传到断层面上的正压力数值是很小的。

本文收录于《第八次全国岩石力学与工程学术大会论文集》。

(3)岩体断层面上的正压力主要来自内锚固段的作用。试验表明，当内锚固段距断层面较近时($d_0<0.8B$ 时，d_0 为内锚固段近端至断层面的距离)，可在断层面上产生压应力集中，集中范围约为(2～3)B。当内锚固段距断层面较远时($d_0\geqslant 6.8B$ 时)，由内锚固段在断层面上引起的法向压应力呈均匀分布状态，分布范围一侧约为 $8B$，但这时法向压力的绝对数值较小，以应变表示只有20～30$\mu\varepsilon$。

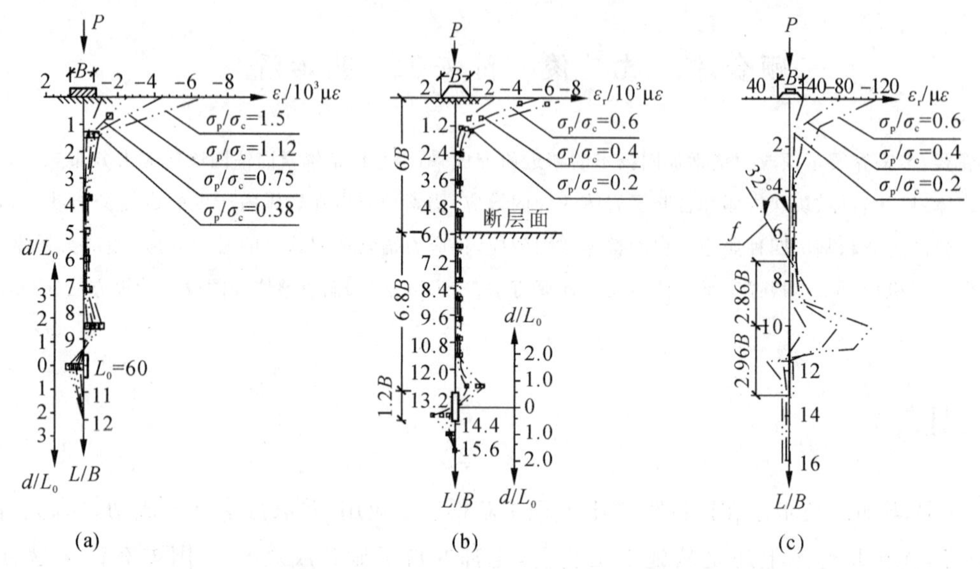

图 1 由锚索预应力引起的岩体轴向应变沿锚索轴线分布状态(安装角 $\alpha=90°$)

(a)均质岩体；(b)含水平断层岩体；(c)含倾斜断层岩体

3 锚索内锚固段剪应力分布规律[10]

在室内和现场直接测得的锚索内锚固段注浆体与孔壁和注浆体与钢绞线之间的剪应力(由实测剪应变换算而得)分布规律如图 2 所示，并对其进行了指数回归，得出了回归公式。

从图 2 中锚索剪应力的分布规律看到：

(1)在内锚固段中剪应力的分布是不均匀的，在内锚固段附近将产生高度的剪应力集中，其峰值剪应力可达平均剪应力的 4～8 倍(注浆体与孔壁之间)和 8～10 倍(注浆体与钢绞线之间)。

(2)在一般情况下，内锚固段中剪应力的分布范围只在内锚固段近端附近有限长度上，而不是沿全长分布。

(3)注浆体与钢绞线之间的剪应力分布峰值点在内锚固段近端处，而注浆体与孔壁之间的剪应力分布峰值点在近端里侧(2～3)D 处(D 为钻孔直径，下同)。

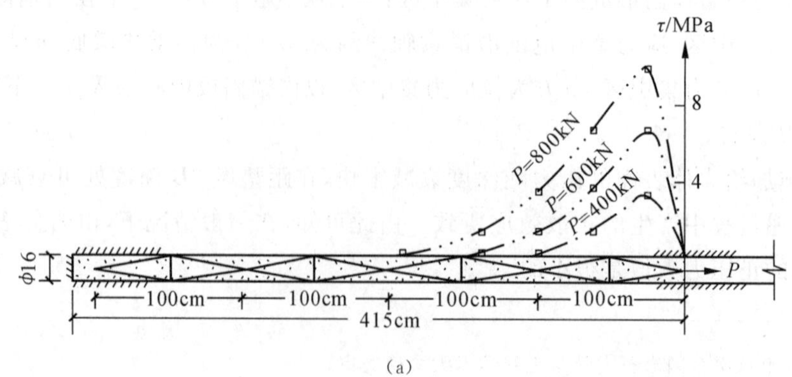

(a)

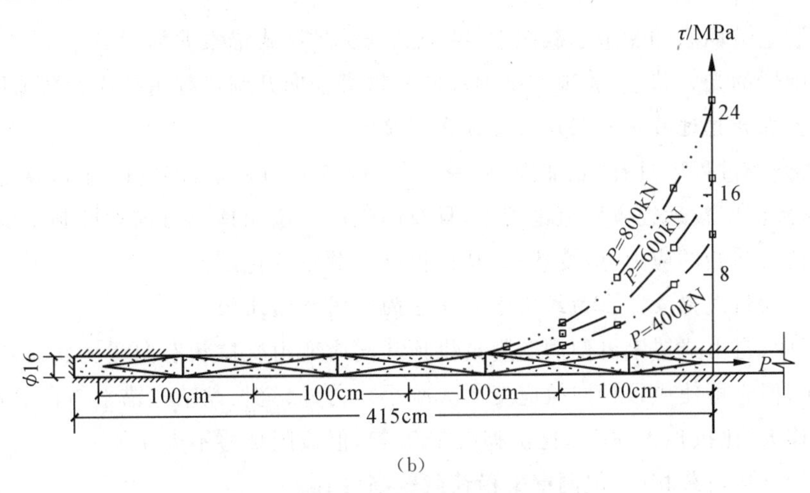

(b)

图 2 锚索内锚固段剪应力分布规律

(a)注浆体与孔壁之间的剪应力沿内锚固段长度的分布状态；(b)注浆体与钢绞线之间的剪应力沿内锚固段长度的分布状态

另外，无论注浆体与孔壁还是注浆体与钢绞线之间，其有效抗剪面积都未达到理论上的百分之百，笔者用有效周长系数 η_g、η_A 对上述情况加以考虑。

$$\eta_g = C'/(\pi D) \tag{1}$$

$$\eta_A = C'/(n\pi d) \tag{2}$$

式中，η_g、η_A 分别为注浆体与孔壁和注浆体与钢绞线之间的有效周长系数；C' 为有效周长；d 为钢绞线公称直径；n 为钢绞线数。

4 预应力锚索加固洞室、洞群、边坡和基坑产生的整体加固效应

4.1 对锚固洞室受力变形特征的认识[11]

其中包括洞周应变分布特征、洞壁位移特征、洞室破坏特征、锚索预应力变化特征、锚索预应力大小及锚索类型对洞室受力变形特征的影响等。

4.1.1 预应力锚索对洞室的加固效应

(1)提高了洞室的破坏荷载，初始破坏荷载平均提高 13%，洞壁失稳荷载平均提高 36%。

(2)减小了洞壁开挖位移，拱顶平均减小 40%，拱脚平均减小 48%。

(3)提高了洞室整体变形刚度，增加了洞室承受较大变形的能力，延缓了洞室破坏过程，减轻了洞室破坏程度。图 3 为某地下厂房模型加载后的破坏形态。

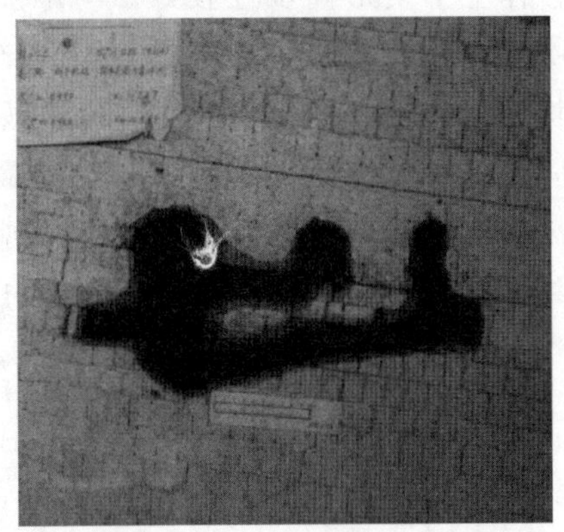

图 3 某地下厂房模型加载后的破坏形态

(4)提高了洞室破坏后的剩余承载能力,特别是全长黏结式锚索尤为明显。

(5)改善了围岩的受力状态,表现在拱顶环向和拱脚径向开洞过程中拉应变数值明显减小。

4.1.2　洞室在开挖过程中的洞周应变分布特征

锚固洞室在开挖过程中具有"先加固,后受力"的应变分布特征,即它的开洞应变不仅洞壁附近拉、压数值较大,离洞壁较远处应变值也较大,且双向受压。说明预应力锚索抑制了洞壁围岩的自由变形,有利于维持其初始的应力、应变状态,从而提高了洞室的稳定性。

4.1.3　全长黏结式锚索与自由式锚索对洞室的加固作用比较

在开挖过程中,自由式锚索可使洞壁附近拱顶环向应变由受拉状态向受压状态转变。全长黏结式锚索无此效应,但它可使拱顶径向拉应变大大减小。另外,全长黏结式锚索与自由式锚索相比:

(1)开洞位移大(比拱顶大 90%,比拱脚大 180%),但极限位移不大。

(2)洞室初始破坏荷载相同,但洞壁失稳荷载较高(约高 10%)。

(3)洞室初始整体变形刚度较低(约低 26%),但后期变形刚度较高(约高 36%)。

(4)洞室残余承载能力较强,即洞室破坏后仍可继续加载,但洞室破坏范围也将继续加大。由上述可知,自由式锚索对洞室受力变形的初期阶段加固效果好,而全长黏结式锚索对其后期阶段加固效果好。

4.2　对锚固洞群的受力变形特征的认识

预应力锚索对洞群的加固效果表现在:

(1)提高了洞群的初始破坏荷载,比毛洞高 24%,比普通喷锚支护高 8%。

(2)增大了洞群的极限承载力,减小了洞室围岩松弛深度,延缓洞群的破坏过程,减小了开挖位移,以主厂房拱顶垂直位移为例,比毛洞减小 49%,比普通喷锚支护减小 21%。

(3)洞群的综合安全度高,安全系数 K_s=2.56,比毛洞高 24%,比普通喷锚高 8%。

4.3　对锚固边坡受力变形特征的认识[12]

4.3.1　预应力锚索对边坡的加固效应

(1)增大了安全度,提高了稳定性。未加固边坡开挖、配重之后,只绕坡脚旋转 1°,坡面上的楔体便发生失稳,其安全系数 K_s=1.04;锚固边坡开挖、配重之后,绕坡脚旋转 20°后边坡仍然是稳定的,又从坡顶直接加下滑力(其数值相当于楔体+配重之和的 12%),边坡才出现失稳现象,其安全系数 K_s=2.0 左右。锚索预应力时程曲线如图 4 所示。

(2)边坡开挖位移减小,滑移体上下变形同步性较好。与不加固边坡相比,水平开挖位移小 50%,垂直开挖位移小 27%。不加固边坡滑移体下部与基岩的相对位移仅为上部的 26%,而锚固边坡的上、下部与基岩的相对位移均为3~4mm,可见其变形同步性较好。

(3)在内锚固段与外锚头之间基岩中的应变场发生明显变化,最大主应变矢量方向由铅垂方向变为近似沿锚索轴线方向,反映出边坡内的部分基岩受到了锚索压应力的作用。

(4)边坡的楔体下滑过程减缓,且呈现出时断时续的特点,这与边坡上的锚索成批式的破坏相对应。

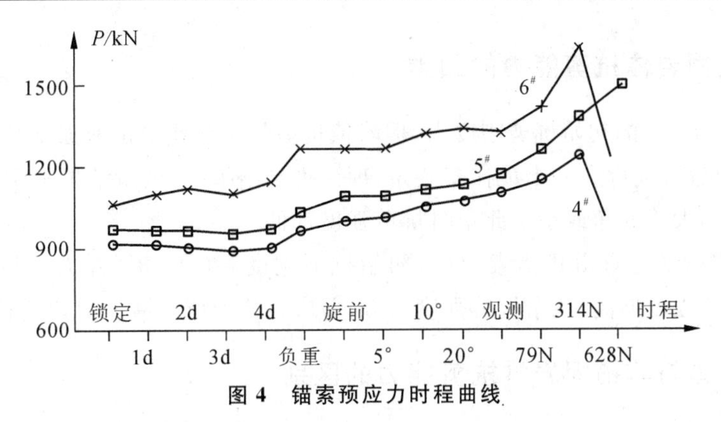

图 4 锚索预应力时程曲线

4.3.2 边坡上的锚索受力特点与破坏类型

(1)边坡上各部位的锚索受力大小及先后顺序不同。一般情况是:边坡上部的锚索受力早,数值大;边坡下部的锚索受力晚,数值小。

(2)锚索的受力过程是:锚索张拉锁定后预应力普遍有所降低,平均降低 15%～20%(与洞室开挖过程中锚索预应力降低 15%～22%非常相近),3～4d 后趋于稳定。

(3)锚索的破坏具有间断性、突然性,且是成批发生的。锚索的这种成批分阶段破坏,造成锚固边坡的下滑也呈现出间断性。

(4)锚索本身的受力特点是:自由段基本均匀受拉;内锚固段近端受拉力大,远端受拉力小。在自由段与内锚固段之间存在一个拉应变由大到小的过渡段。整个锚索内的拉应力值是随着锚索张力的增加而增大的。

(5)边坡上锚索的破坏类型有三种:一是外锚头失效,占破坏总数的 22.6%;二是自由段被拉断,占 61.3%;三是内锚固段失效,占 16.1%。

4.4 对锚固基坑受力变形特征的认识

其中包括预应力锚索对基坑的加固效应;锚固基坑中锚索预应力的变化特征;锚索预应力大小及锚索类型对锚固基坑受力变形特征的影响;基坑坑壁坡角对其稳定性的影响等,可参见文献[13]。

5 预应力锚索对软岩加固的时间效应[14-15]

通过试验研究给出了模拟材料的蠕变曲线及锚索预应力随时间的衰减变化规律。锚索预应力随时间衰减的变化规律是:锚索张拉锁定后,锚索预应力开始有一个迅速下降阶段,然后进入缓慢下降阶段,最后进入恒定阶段。锚索预应力的损失率与锚索初始预应力呈负指数关系,即初始预应力越大,损失率越小,初始预应力越小,损失率越大,这已为本项目洞室和基坑的锚固试验结果所证实。

6 锚固岩体试件的抗剪性能

对锚固岩体试件的抗剪性能的模拟试验研究给出了预应力锚索对岩体剪切面抗剪能力的增强效果,研究内容包括:锚固岩体试件与非锚固岩体试件的抗剪能力的区别;影响锚固岩体抗剪能力的重要因素;在锚固岩体试件抗剪过程中锚索预应力的变化特征以及锚索最佳安装角,等等。

6.1 影响锚固岩体抗剪能力的因素

(1)初始预应力 P_0 大的初始抗剪刚度大,但峰值抗剪强度和残余抗剪强度几乎不变。

(2)试验表明进锚方向存在一个最佳安装角,理论推导结果(与试验结果一致)是 $\alpha_{opt}=30°+\varphi$(φ 为材料的内摩擦角),大于此角或小于此角时抗剪强度都低。

(3)全长黏结式锚索与自由式锚索相比,初始抗剪刚度高(高 50%左右),试件法向位移小(小 40%左右),峰值抗剪强度略高,残余抗剪强度略低,剪应力峰值所对应的剪切位移较小。

6.2 锚固岩体与非锚固岩体抗剪能力的区别

(1)峰值抗剪强度和残余抗剪强度提高,峰值抗剪强度平均高 23%,残余抗剪强度平均高 21%。

(2)剪切变形刚度增大,对完整试件平均高 60%~110%。锚固岩体与非锚固岩体试件的 τ-u_t 曲线比较如图 5 所示。

(3)峰值抗剪强度所对应的剪切位移较小,完整试件的平均小 48%,有结构面试件的平均小 36%。

(4)锚固体 c 值增大,φ 值基本不变。完整试件的 c 值提高了 23.5%,有结构面的试件 c 值从零增加到 0.10MPa。

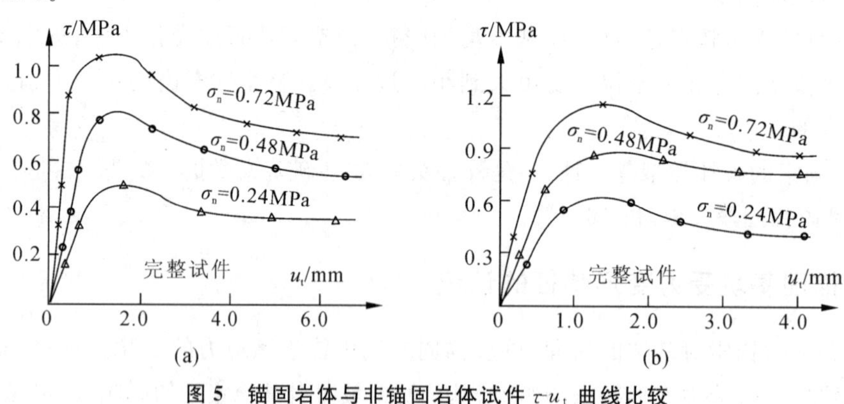

图 5 锚固岩体与非锚固岩体试件 τ-u_t 曲线比较

(a)非锚固岩体试件;(b)锚固岩体试件

6.3 在剪切过程中锚索预应力的变化特征

(1)对于自由式锚索,在完整试件中其预应力的变化分三个阶段,即水平发展阶段、迅速增加阶段和缓慢增加阶段。在有结构面的试件中只有后两个阶段,没有第一个阶段。

(2)对于全长黏结式锚索,在完整试件与有结构面的试件中锚索预应力均无变化,但这并不等于说全长黏结式锚索受力没增加,而是锚索在剪切面上受到的力未传到锚索外端来,所以在外端测力环上未显示出锚索预应力的变化。由此看来,全长黏结式锚索里面的变形传不到外面来,外面的变形也传不到里面去,两头都可能产生应力集中现象。

7 数值计算与理论分析成果

7.1 数值计算成果

用周早生等研制的 RSEAP 有限元程序,对部分试验内容作了数值计算,目的是与试验结果作对比，并补充试验中未考虑的一些因素。计算内容主要是在均质岩体、断层岩体及内锚固段中由锚索预应力引起的应力应变状态。由计算给出的主要结果是：

(1)沿锚索孔壁岩体轴向应力应变分布规律；

(2)在断层面上岩体法向应力应变分布规律；

(3)在断层面上岩体切向应力分布规律；

(4)在锚索周围岩体内主应力主应变等值线分布状态；

(5)垫墩附近岩体表面法向应力应变分布规律，法向应力应变等值线分布图，主应力等值线分布图，主应力矢量图，内锚固段中锚索体与注浆体内的应力应变分布状态等。

7.2 理论分析成果

对复杂的岩体作锚固效应理论分析，不进行简化是不可能的，笔者把岩体简化成半空间弹性体，把锚索简化成一对集中力。采用 R. D. Mindlin 问题的解对均质岩体中三种进锚方向($\alpha=90^\circ$、70°和50°)锚索的锚固效应进行了理论计算，给出了均质岩体中沿孔壁岩体轴向应力应变分布规律和岩体断层面上法向应力分布规律。

计算结果与试验结果在规律上具有较好的一致性。

8 对预应力锚索加固机理的分析

本项目站在支护系统历史发展角度，从预应力锚索的结构特点、工程效应和力学行为等多方面分析了预应力锚索的加固作用机理。总的看法是：预应力锚索是利用深层岩体的强度来加固表层岩体，但不同的锚索结构形式对岩体的加固机制不同，不同的工程对象对预应力锚索的加固要求也不相同，因此对预应力锚索加固机理必须作具体分析。

8.1 预应力锚索对洞室的加固作用机理

(1)预应力锚索本身对洞壁的作用相当于在洞室表面设置的一个主动弹性支撑点，该支撑点既可限制围岩的塌落变形，又可减小洞室表面的悬空尺寸，从而也就减小了洞壁围岩的塌落高度。当这些支撑点的数目、位置、强度和时间设置适当时，就可完全避免洞室发生整体式的破坏。

(2)因洞室边开挖、边锚固，预应力锚索可及时有效地抑制围岩的自由变形，维持其原岩的初始状态(因其具有“先加固，后受力”的特征)。同时，因围岩应力分步释放，分步控制，也使之不能形成较大的破坏合力。

(3)在岩体表面施加的锚索初始预应力有下列作用：控制围岩的初始变形不致过大，压紧岩面使表层岩体不致发生松散塌落；张紧锚索，使岩体一旦变形，锚索便可立即发挥加固作用；在锚索体内产生一个初始预应力，增加锚索体后期变形比能；改善围岩应力状态(主要是可局部减小围岩内的拉应力值)。

8.2 预应力锚索对边坡的加固作用机理

(1)预应力锚索对边坡的加固作用主要是防止滑移体的下滑，对全长黏结式锚索来说，这种阻止下滑的作用主要来自滑移面上的锚索与滑移体的相互作用结果。每根锚索都可视为滑移体与基岩之间的一个约束点，该约束点既可阻止滑移体的下滑，又可阻止滑移体与基岩的分离。当这些约束点的数目、位置和强度布置适当时，就可使边坡获得稳定。

对自由式锚索来说，每根锚索都可以看成是在滑移体外面设置的一个支撑点，每个支撑点都可对滑移体提供一个上提力和正压力，上提力主要是阻止滑移体的下滑，正压力主要是阻止滑移体的分离。当这些支撑点的数目、强度和位置适当时，就可以防止滑移体的下滑。

此外，锚索体本身还有销钉作用，也可增加防止滑移体下滑的效果。

(2)边坡施工一般是采用边开挖、边锚固的方案，因而边坡的下滑力也是分步释放、分步控制，故不能形成破坏合力。

(3)锚索初始预应力在边坡中的作用与在洞室中的作用基本相同。

9 提出了实用性较强的预锚加固设计计算方法

9.1 单根锚索承载能力设计计算方法——NSDM法

单根锚索承载能力设计计算方法主要是指枣核形内锚固段的设计计算方法。其特点是：

(1)它是以现场试验和室内试验实测结果为基础提出来的，不是单纯的理论推导结果。

(2)该方法充分考虑了枣核形内锚固段中的剪应力不均匀分布状态，并以此来确定内锚固段的承载力及其有效长度。故我们把它简称为NSDM法(Nonuniform Shear-Stress Distribution Method)。

(3)可按注浆体与孔壁和注浆体与钢绞线之间两种剪应力分布条件分别进行计算，取其安全系数较大者。

(4)在两种剪应力计算中均考虑了有效抗剪面积的影响因素，即有效周长问题。

(5)计算中剪应力均按峰值强度考虑，不采用平均值，并考虑了注浆体的可能破坏长度。

(6)可按内锚固段的最大承载力与设计承载力之比来确定其安全系数。

9.2 预应力锚索加固洞室整体设计计算方法——CDM法

整体加固设计指的是对整个洞室断面进行的锚固设计，包括锚索的整体布置、参数选择等。

CDM法的核心内容是把预应力锚索看作一个主动的弹性支撑点，用它来控制洞壁的位移，使之不超过允许值。计算的思路是把洞壁上每一个需要设置锚索的地方都用一个弹性支座代替。在开挖过程中允许该支座产生位移，但最大值不允许超过该点极限位移值。当支座位移达到极限位移值时，将该支座固定，因而在后面的位移变形中该支座必将继续产生新的反力，设开完洞支座的总反力为P，P即锚索的总承载力，由它来决定锚索的横截面面积。设支座在允许位移$[u]$的过程中，产生的支座反力为P_1，那么P与P_1之差即为初始预应力P_0。

因为洞室断面上存在多根锚索，而各锚索之间受力又相互影响，因此这里有优化设计问题。如果整个洞室断面各点位移都不大于极限位移，又使$\sum_{i=1}^{n} P_i$为最小(n为整个断面上的锚索根数)，即为最优设计。

锚索间距a的确定，一是根据我们的试验结果，取$a=3B$左右；二是根据工程惯例，一般取$a=4\sim6\text{m}$。

锚索长度的确定，原则上要求内锚固段要设在稳定岩层内(这里稳定岩层的概念是指在锚索张力作用下不产生剪切破坏的意思)，自由段长度须满足在 P 的作用下索体的变形 $\varepsilon<[\varepsilon]$ 的要求。

按上述思路对小浪底水电站地下主厂房进行了设计计算。该工程洞室跨度 26.2m，高度 58m。计算的结果是：拱部布置 6 根锚索，拱顶锚索总承载力 $P=1760\text{kN}$，初始预应力 $P_0=210\text{kN}$；跨中锚索总承载力 $P=1710\text{kN}$，$P_0=200\text{kN}$；拱脚锚索总承载力 $P=1240\text{kN}$，$P_0=150\text{kN}$。与设计院给出的设计方案相比，数值较为接近。当然，工程设计方案中不只是用锚索，还有锚杆和喷射混凝土等辅助措施。

10 结束语

预应力锚索加固技术正处于方兴未艾的阶段，目前尚未出现比它更强的新加固技术。随着科学技术的迅猛发展和工程实践的不断丰富，预应力锚索加固技术必将获得更大的发展。在今后的一段时间，预锚加固技术将在理论研究、设计方法、施工工艺和机具等方面继续获得更大的进展。现有的锚索体材料必将被轻质、高强、耐腐蚀的材料所代替，锚索的结构形式也必将被新的更合理的结构形式所代替。现在的锚索张拉、锁定工具及施工工艺也必将被更安全、更可靠的工具和工艺所代替。

参考文献

[1] T. H. 汉纳. 锚固技术在岩体工程中的应用. 胡定，邱作中，刘浩吾，等译. 北京：中国建筑工业出版社，1987.
[2] 中国岩石力学与工程学会岩石锚固与注浆技术专业委员会. 中国锚固与注浆工程实录选. 北京：科学出版社，1995.
[3] 程良奎，刘启琛. 岩土锚固工程技术的应用与发展. 北京：万国学术出版社，1996.
[4] 熊厚金. 国际岩土锚固与灌浆新进展. 北京：中国建筑工业出版社，1996.
[5] 中国岩土锚固工程协会. 岩土锚固新技术. 北京：人民交通出版社，1998.
[6] 程良奎，范景伦，韩军，等. 岩土锚固. 北京：中国建筑工业出版社，2003.
[7] 曾宪明，王振宇，徐孝华，等. 国际岩土工程新技术新材料新方法. 北京：中国建筑工业出版社，2003.
[8] 中国建筑学会工程勘察分会. 全国岩土与工程学术大会论文集. 北京：人民交通出版社，2003.
[9] 顾金才，沈俊，陈安敏，等. 锚索预应力在岩体内引起的应变状态模型试验研究. 岩石力学与工程学报，2000，19(增)：917-921.
[10] 顾金才，明治清，沈俊，等. 预应力锚索内锚固段受力特点现场试验研究. 岩石力学与工程学报，1998，17(增)：788-792.
[11] 顾金才，明治清，沈俊，等. 预应力锚索锚固洞室洞壁位移特征试验//刘汉东，路新景，霍润科. 岩石力学理论与工程实践. 郑州：黄河水利出版社，1997：60-67.
[12] 顾金才，沈俊，陈安敏，等. 预应力锚索对李家峡水电站岩质高边坡加固效应模型试验研究//中国岩石力学与工程学会. 新世纪岩石力学与工程的开拓和发展. 北京：中国科学技术出版社，2000：566-570.
[13] 张向阳，顾金才，沈俊，等. 锚固基坑模型试验研究. 岩土工程学报，2003，25(5)：642-646.
[14] 陈安敏，顾金才，沈俊，等. 预应力锚索的长度与预应力值对其加固效果的影响. 岩石力学与工程学报，2002，21(6)：848-852.
[15] 陈安敏，顾金才，沈俊，等. 软岩加固中锚索张拉吨位随时间变化规律的模型试验研究. 岩石力学与工程学报，2002，21(2)：251-256.

地质力学模型试验技术及其工程应用

顾金才　沈　俊　陈安敏

1　国内外概况

地质力学模型试验技术是解决岩体工程问题的重要手段，因为这种试验技术能把工程结构与周围岩体作为统一体考虑，它能较好地反映岩体特征，如层理、节理、断层等地质因素对岩体工程稳定性的影响，并且不必建立复杂岩体的本构关系，可直接通过测试给出结果，这就省去了数学、力学上的麻烦。因此，这项技术倍受各国岩土工程界的关注。在20世纪70－80年代，世界各先进国家如意大利、美国、瑞典、瑞士、苏联、日本等，都曾广泛地开展这项工作[1-19]，其中最为著名的是意大利的贝加莫结构与模型试验研究所(ISMES)，以E. Fumagalli为首的一批专家、教授用地质力学模型研究了多个大坝、边坡和洞室的稳定性，并给出了很有意义的成果，如对伊泰普水坝的模型试验研究给出了左岸垫脚支墩的滑动和破坏过程，与实际滑移的情形基本一致；对中国台湾的大成水利枢纽双曲坝试验给出的开裂位移数值与现场观测也基本一致。除了在成果应用方面表现比较突出之外，其在地质力学模型试验理论的建立以及对地质力学模型试验技术问题的解决方面也作出了重要贡献。1979年地质力学模型国际讨论会就是在贝加莫结构与模型试验研究所召开的，有10个国家参加了这次会议，在会上共发表19篇论文，分别对地质力学模型试验的理论、技术及在大坝、边坡、洞室等工程领域的应用作了介绍。这次大会开过之后，没有再举行过类似的国际会议。

美国在这方面做出的主要贡献是以R. E. Heuer和A. J. Hendron等人为首，对地下洞室在静力条件下的围岩稳定性进行了内容广泛的地质力学模型试验。他们的工作首次系统地阐述了地质力学模型试验的理论、相似条件的建立方法以及相关的模拟试验技术，并对均质岩体、块状岩体和节理岩体中的洞室稳定性作了地质力学模型试验，给出了相应的结果[20-21]。前南斯拉夫利用地质力学模型试验研究了地下隧道的稳定性[3]。瑞士利用地质力学模型研究了层状岩体中隧洞的变形破坏问题[4]。日本利用地质力学模型研究了锚杆对洞室的加固效应[22]。其他像前苏联、英国、法国、挪威、奥地利、葡萄牙、西班牙等都曾开展过地质力学模型试验工作。

但从试验技术上看，国外多数试验都是采用千斤顶或小千斤顶群加载，少数采用了千斤顶加分配块系统加载方法[20]。对模型平面变形的控制多数都没有提出严格要求，只有美国R. E. Heuer等人实现了较为理想的平面应变条件[20]。多数也没有严格地模拟施工工艺，而是忽略其影响，或者做很近似的模拟。另外，模型块体内均匀应变场的范围所占比值也较小，均匀程度相对较差[20]。

我国在20世纪70年代以前，大部分岩土工程模型试验都是采用平面应力条件，并按“先开洞，后加载”的方法进行，即在模型受力之前就把洞室预先开好。这种方法显然与工程实际中洞室的受力与开挖顺序不同，因而给出的结果必然与工程实际有比较大的偏差。20世纪70年代以后，我国的

本文收录于《中国岩石力学与工程的世纪成就》，该书由河海大学出版社于2004年出版。

地质力学模型试验逐渐地采用了平面应变试验条件和“先加载，后开洞”的试验方法，开展这项工作的单位也比较多，如清华大学1982年曾用地质力学模型研究了黄河小浪底工程层状岩体中地下厂房围岩稳定性；长江科学院岩基研究所以三峡工程为背景作了大量的地质力学模型试验，分别研究了闸门附近高边坡的稳定性和中隔墩的稳定性等，并且这项工作一直持续到现在，该所是我国少数几个一直在开展地质力学模型试验研究工作的单位之一。除了三峡工程之外，该所研究人员还为我国几个大型的水电工程，如清江隔河岩水电站重力拱坝进行了地质力学模型试验，并取得了较好的成果。早期开展这项工作的还有中铁西南科学研究院，他们曾利用地质力学模型研究了锚杆对软弱围岩中的洞室加固效果[23]；华北水利水电大学魏群等人曾利用地质力学模型研究了边坡的稳定性，并研究了用散斑法测量模型块体位移的技术[24]；武汉大学曾利用地质力学模型研究了鲁布革水电站地下厂房的围岩稳定性问题[25-26]；其他像同济大学、解放军后勤工程学院、西安理工大学、中科院武汉岩土力学研究所、煤炭科学研究院、水利水电科学研究院等单位都先后开展过地质力学模型试验工作，用以解决岩土工程中的技术问题，并且都取得了较好的成果。

从试验技术水平方面看，我国模型试验的加载方法多数都是用油压千斤顶系统通过分配块或分配梁传递荷载，也有的是采用小千斤顶群方式加载或液压囊加载；对模型平面应变条件的控制一般都不严格，有的是采用侧限梁和侧限钢板相结合的方式，有的是用对穿螺杆方式。但是人们已普遍认识到地质力学模型试验采用平面应变条件和“先加载，后开洞”的方法的重要性，只是在实现上还不够理想而已。

国内外在地质力学模型加载技术上，除了采用模型边界加载方法模拟地应力外，还有采用底面摩擦试验装置给模型施加模拟自重，其原理是利用模型底面与皮带机等物产生的摩擦力来代替岩石的重力，演示隧洞在重力场作用下的变形破坏状态[4,27]。另外，还有利用离心机进行静力结构模型试验的[28]，这里不再赘述。

进入20世纪90年代后，国际上数值计算技术的迅速发展，使得地质力学模型试验技术在解决岩体工程问题中受到一定的冷落，不少单位渐渐放弃了这项技术，而转向研究数值计算。数值计算相对于地质力学模型试验来说省工、省时，且在考虑不同参数的影响时比较方便，不需要像地质力学模型试验那样，改变一次参数就要重做一次模型试验。在20世纪90年代后期，我国地质力学模型试验技术的发展也受到了新兴的数值计算方法的影响，原来开展过这项工作的单位很多都停止了，只有少数单位仍然在坚持。

尽管地质力学模型试验技术受到了数值计算技术的冲击，但是，对于一些复杂的岩土工程问题而言，目前仍需进行地质力学模型试验。最近几年来，这项技术似乎有加快发展的势头。国际上如日本的足立纪尚、中岛伸一郎等利用重力坝模型试验装置研究了基岩内弱层荷载的传递机理及破坏特性[29]；中川光雄和蒋宇静在讨论不连续岩体裂缝扩张的个别要素法的进展和岩体运动解析方法的适用性时，利用底面摩擦试验装置进行了地下洞室室内模型试验[27]。加拿大的R. W. I. Brachman，I. D. Moore和R. K. Rowe在其自行研制的试验设备上进行了深埋小直径管道结构响应试验[30]，该模型块体尺寸为2.0m×2.0m×1.6m（长×宽×高），是目前地质力学模型试验中尺寸较大的模型之一；Marolo C. Alfaro和Ron C. K. Wong通过室内模型试验研究了低渗透率土壤的压裂问题[31]，等等。国内也有多家单位仍然在从事地质力学模型试验研究工作，如清华大学的肖洪天、杨若琼、周维垣利用自行研制的加载装置研究了三峡船闸花岗岩亚临界裂纹扩展问题[32]；武汉大学土建学院的曾亚武、赵震英等人通过模型试验研究了地下洞室围岩应力分布规律、围岩破坏机理以及围岩支护效果等[33]；中科院武汉岩土力学研究所的任伟中、朱维申、张玉军等对节理围岩的特性及其锚固效果进行了模型试验研究[34]，刘建、冯夏庭、张杰等对三峡工程左岸厂房坝段进行了深层抗滑稳定性物理模拟试验[35]；长江科学院岩基研究所的任重阳、胡建敏等对水布垭水电站地下厂房进行了室内岩石力学试验研究[36]，陈进、黄薇等针对清江隔河岩水电站、三峡水利枢纽工程等进行了大量的地质力学模型试验研究[37-38]；重庆交通科研设计院蒋树屏、黄伦海等利用相似模拟方法研究了公路隧道施工力学形态[39]；重庆大学的刘洪洲、鲜学福等通过模型试验研究了三车道公路隧道动态开挖过程[40]；总参工程兵科研三所的顾金才、沈俊、陈安敏等通过室内物理模型试验对预应力锚索加固机理及设计计算方法进行了深入、系统的研究，取得了丰硕的研究成果[41-46]，等等。综上所述，国内外岩土工程界当前仍然在应用和发展地质力学模型试验技术，并把它视作解决岩土工程复杂问题的一种有效手段。地质力学模型试验技术不会因为数值计算技术的发展而停滞不前，它将随着科技的进步和工程的需要而不断地向前发展，仍将在科学与工程技术研究的各个领域发挥不可替代的重要作用。

2　我部所取得的主要成就

2.1　国内率先提出“先加载，后开洞”的坑道模型试验方法

我部早在20世纪70年代初期就提出了坑道模型试验应采用平面应变条件和“先加载，后开洞”的试验方法，促进了我国地质力学模型试验技术从平面应力阶段向平面应变阶段的跨越，提高了我国岩体力学模型试验研究水平。在此之前，我国的坑道模型试验大多采用平面应力条件并按“先开洞，后加载”的试验方法进行，这与工程实际有较大的差距，因而试验成果不能很好地反映工程实际。当时国际上也只有美国在一篇报道中强调了平面应变条件的重要性。因此，我部关于地质力学模型试验的方法和认识在当时已达到了国际先进水平。

2.2　研究成功了先进的模型平面应变条件控制技术

对模型平面应变条件的控制是整个模型试验技术中的重要内容，因为它直接影响到模型试验测试结果与宏观破坏形态的可靠性。从弹性理论知道，在平面应变条件下，应变与荷载的关系为：

$$\varepsilon_y=\frac{1-\nu^2}{E}(\sigma_y-\frac{\nu}{1-\nu}\sigma_x) \tag{1}$$

在平面应力条件下应变与荷载的关系为：

$$\varepsilon_y=\frac{1}{E}(\sigma_y-\nu\sigma_x) \tag{2}$$

其中，ε_y 为垂向应变；E、ν 分别为材料的弹性模量和泊松比。

由式(1)、式(2)可知，如果在模型试验中是以应变测试为主的话，在相同荷载作用下两种平面条件下所测得的二者的数值是不相等的。从模型破坏形态上看，在两种平面条件下二者也不相同，以圆形洞室为例，在平面应力条件下模型块产生整体剪切破坏，见图1；在平面应变条件下破坏发生在模型内圆形洞室周边，见图2。从破坏荷载大小上看，一般在平面应变条件下模型破坏荷载较平面应力条件下高170%左右。从上述可见坑道模型试验控制平面应变条件的重要性。

要实现模型的平面应变条件，其困难在于：

(1)在同样垂直应力和水平应力条件下，洞周介质内所产生的纵向应力(即沿坑道轴线方向的应力)各点都不相同，因而要使整个坑道模型均处于平面应变条件下(即 $\varepsilon_z\approx0$)，各点所需要提供的纵向应力大小是不相等的。

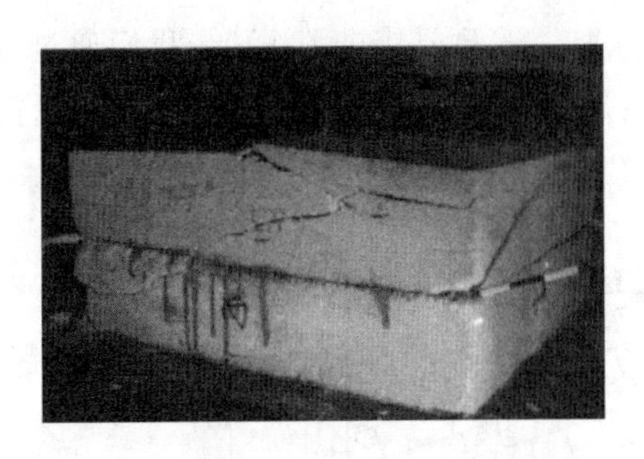

图 1　平面应力条件下模型的破坏形态

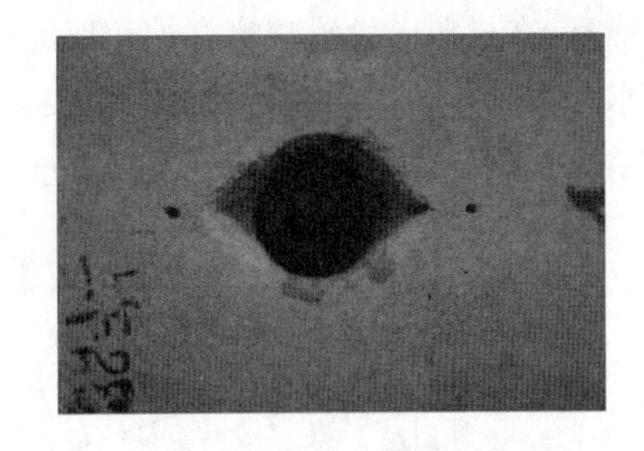

图 2　平面应变条件下模型的破坏形态

(2)在整个模型受力过程中各点纵向应力是变化的，即当 σ_V、σ_H 逐渐增大时，σ_z 也逐渐增大，因此试验要求在模型上施加的纵向应力大小也要不断调整。

我们通过多次摸索试验，最后采用分块连板技术较好地解决了这一难题，能使模型在各级荷载下的纵向应变基本为零，相对误差小于±5%。

2.3　创新了模型边界柔性加载和横向变形同步技术

试验模型块体实际上是从整个岩体域中取出的一个小隔离体，应要求该小隔离体不仅内部结构要有代表性，而且边界条件也应该尽量相同，其中最重要的一点就是模型边界荷载要均匀一致(模拟给定的地应力场)。此外，模型边界上横向变形要同步，既不能产生横向约束，也不能产生横向促进。为此，要求模型边界加载尽量采用柔性技术，以克服模型边界变形的不均匀性对荷载均匀性的影响。同时，还要设法实现模型边界横向变形的同步。我们通过采用自行研制的均布压力加载器(已获得国家专利)和用同种材料设置垫层的办法较好地解决了上述技术问题。

2.4　较好地解决了复杂地层的模拟和喷锚支护与预应力锚索的模拟技术问题

岩体是一种复杂的介质，其内部含有大量层理、节理、裂隙和断层，不仅构造复杂，而且压、拉强度比值较大，最大可达十几甚至二十几，普通相似材料很难满足这种压、拉强度比值要求。我们用块状组合体材料较好地解决了这项技术难题。其思路是用块体本身强度来控制组合体的抗压强度，用块与块之间的特殊材料来控制组合体的抗拉强度，这样就可按不同压、拉强度比值的要求制作模型相似材料。

在实际工程中，锚杆、喷层以及预应力锚索都是在洞室或边坡的分步开挖过程中分步设置的。我们在模型中也较好地实现了上述施工过程，即对洞室、洞群或边坡可分多次开挖，多次锚固，并且开挖与锚固的施工工艺主要特征与现场施工基本一致，使试验结果能较好地反映施工工艺对岩体稳定性的影响。

2.5　研究实现了复杂模型的制作技术

在我们的试验中遇到的最复杂的模型是为黄河小浪底水利枢纽工程地下厂房进行的地质力学模型。该模型(图 3)是由五层不等厚的岩体 T_1^{3-1}、T_1^{3-2}、T_1^4、T_1^{5-1}、T_1^{5-2} 组成，岩层层面与水平面成 8°左右的夹角，每个岩层里又由大小不等的节理块组成，主厂房拱顶深部设有一道泥化夹层。试验中要求模拟各层岩体及其所含各组节理，不仅要模拟层面的接触条件(包括几何尺寸及充填材料的性质)，还要模拟各组节理的接触条件。模型内有三大纵向洞室(主厂房、主变压器室和尾闸室)和两条横向洞室(尾水洞和母线洞)，试验中要求各大洞室分步开挖，分步锚固，并在洞周上设置锚杆、喷层和预应力锚索，在横洞内设置喷锚支护和现浇混凝土衬砌。试验要求非常复杂，我们通过艰苦努力，使各项要求均得到了较好的满足。另一个复杂模型就是为李家峡水电站岩质高边坡进行的群锚加固效应地质力学试验模型，该试验模型见图 4。

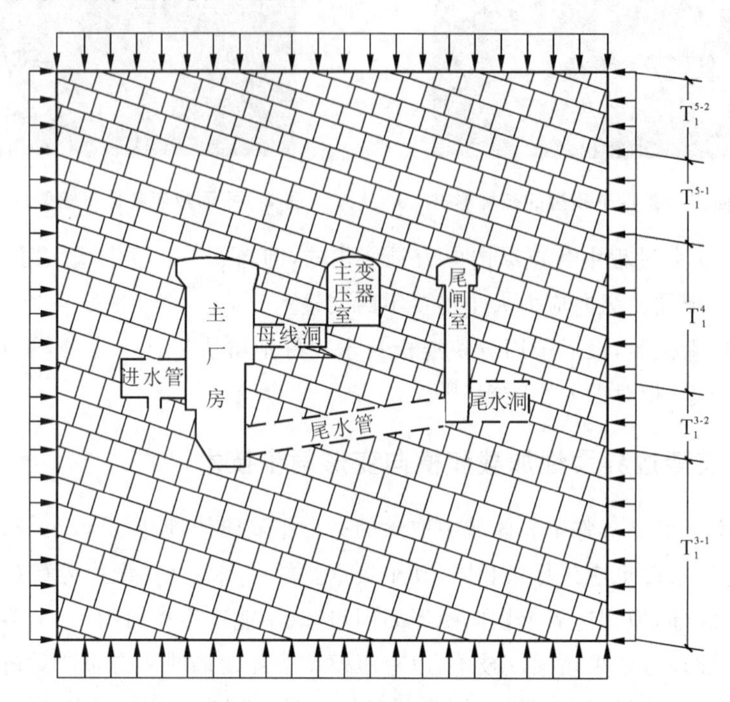

图 3 小浪底地下厂房块体模型

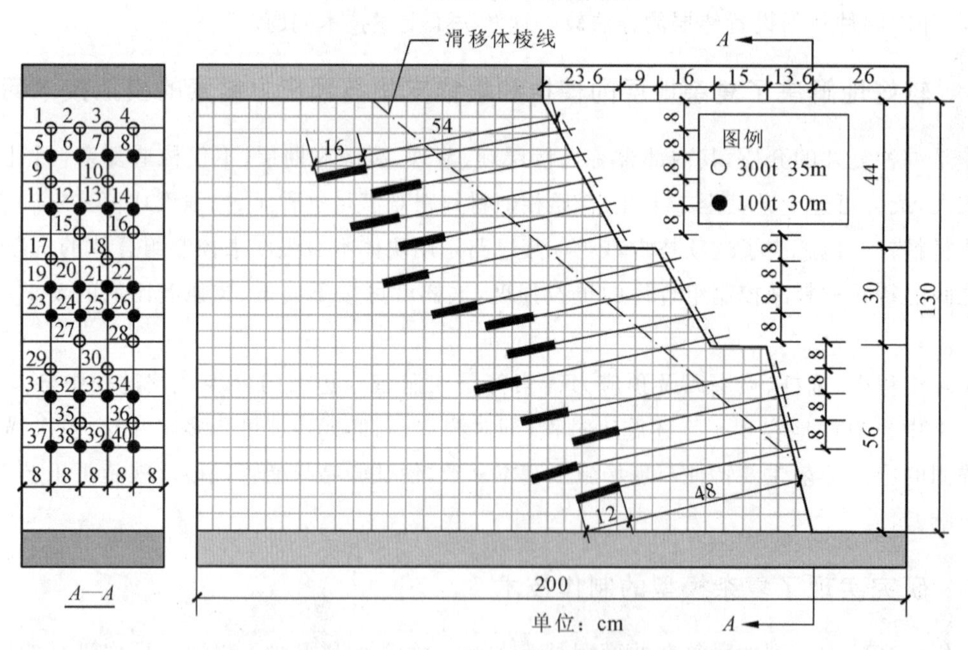

图 4 李家峡水电站岩质高边坡试验模型

2.6 研制了一系列性能优良的模型加载设备和材性试验设备

经过多年的努力攻关，我们研制了一系列性能优良的模型加载设备和材性试验设备，其中 PYD-50 三向加载平面应变地质力学模型试验装置（图 5）获 1985 年国家科技进步一等奖。该装置可对

50cm×50cm×20cm 的模型块体进行三向正交对称加载，可较好地控制模型的平面应变条件，可满足不同侧压系数的要求，最大加载能力 $P_V = P_H = 980\text{kN}$（P_V、P_H 分别为垂直荷载和水平荷载），荷载偏差小于±5%。在这台设备的基础上，我们还研制了 PYD-100 型加载装置，该装置可对 100cm×100cm×25cm 的模型块体加载。

图 5　PYD-50 三向加载平面应变地质力学模型试验装置

此外，我们还研制了一台岩土工程多功能模拟试验装置（图 6），利用该装置可对洞室、洞群、边坡和基坑等工程类型进行地质力学模型试验。最大模型尺寸为 160cm×160cm×40cm。在这台装置上采用了我们首次研制成功的均布压力加载器（图 7），使模型块体内均匀受力范围大大提高，使模型边界上的不均匀受力范围仅为 10～15cm，在国内外相关资料中尚未见有此均匀效果的加载技术报道。

图 6　岩土工程多功能模拟试验装置

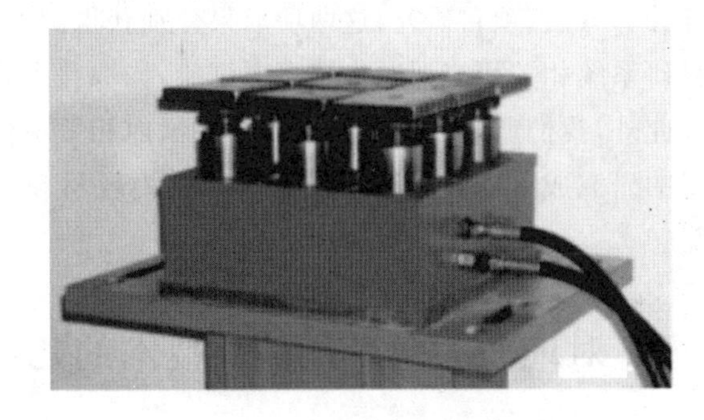

图 7　均布压力加载器

为了对模型材料进行常规力学性能试验和进行复杂应力条件下的本构关系研究，我们研制了常规三轴仪、圆筒三轴仪和拉-压真三轴仪等三套模型材料力学性能试验设备，其中拉-压真三轴仪获 1992 年国家科技进步三等奖，见图 8。上述设备较好地满足了我部地质力学模型试验的要求，并在国内相关单位获得了推广应用。

图 8　拉-压真三轴仪

图 9　黄河小浪底水利枢纽地下厂房模型加载后的破坏形态

2.7 工程应用

利用我们研制的试验设备和所掌握的试验技术完成了多个国家重大工程项目中的相关课题的研究工作，其中有白山水电站、二滩水电站、龙滩水电站、大朝山水电站、黄河小浪底水利枢纽工程等有关地下厂房洞室、洞群围岩稳定和支护效果的地质力学模型试验；为李家峡水电站岩质高边坡进行了群锚加固效应地质力学模型试验。图 9 为黄河小浪底水利枢纽地下厂房模型在加载试验后的破坏形态。上述试验成果为工程设计提供了重要依据，并为开挖后的实际观测结果所证实，由试验给出的结果基本上反映了客观实际。如为二滩水电站所进行的模型试验成果，设计部门认为“由试验提供的洞室破坏区形态、应力水平、洞周特征点位移变化规律以及有支护与无支护对上述特性的影响等，支护洞室开挖后的情况总体符合较好，较之一些数值分析结果更接近工程实际，试验报告的结论意见对二滩地下厂房设计具有指导意义”。这是二滩水电站设计总工程师写的意见。另外，我们为黄河小浪底水利枢纽工程地下洞室群所作的地质力学模型试验的成果，也得到设计院的领导和总工程师的好评，他们认为“模型试验结果表明，洞室群围岩稳定性是比较好的，能够开挖成洞。目前小浪底地下厂房已开挖支护成功。模型试验结果接近工程实际”。

除了上述工程应用外，还利用我们的试验设备和试验技术为国家多项重要研究课题进行了地质力学模型试验研究，其中最重要的研究课题有“喷锚支护模型试验研究”和“预应力锚索加固机理与设计计算方法”项目研究，这两项成果分别获得国家科技进步三等奖和二等奖。另外，还为多个大学和科研系统相关研究课题作了多次试验，均取得了较好的科研成果。

此外，我们所研制的试验设备已在国内相关单位推广使用，有些试验技术也被一些单位采纳，所取得的研究成果和数据被多个大学的相关教材和专著所引用[47-49]，产生了很好的社会效益和经济效益。

3 对地质力学模型试验技术的几点展望

地质力学模型试验技术还要发展，这是由岩体工程的复杂性和人们对工程设计水平越来越高的要求所决定的。数值计算虽然功能越来越强，但在短期内是不可能代替地质力学模型试验的，这是因为岩体的特性和岩体的结构在短期内是难以作精确描述的。

地质力学模型试验技术的发展方向显然是让它越来越接近工程实际。实际工程中岩体的结构和受力都是三维的，因此模型试验也应朝三维方向发展，这里的难度不是试验本身而是三维应力或应变不好测量。此外，实际工程条件是复杂的，影响岩体稳定性的因素也较多，除了初始地应力以外，还有层面遇水软化问题和施工影响问题等，如果是水库边坡，还有蓄水放水影响问题。上述各项影响因素，在复杂的地质力学模型试验中均应该妥善考虑，为此就应当加强各项模拟技术的研究。

为了提高试验成果质量，还应该加强监测技术的研究，尽可能地利用高科技手段实现模型监测技术的现代化、智能化、可视化。总之，工程实际的需要和科技水平的提高，为地质力学模型试验技术的发展创造了前提。

参考文献

[1] K. W. John, R. Rautenstrauch. 用地质力学模型研究粗糙节理方位角离散的影响. 国际岩石力学学会(ISRM)—地质力学模型国际讨论会论文集, 1979.

[2] N. Barton, H. Hansteen. 浅层特大跨度洞室的变形节理模型和有限元分析. 国际岩石力学学会(ISRM)—地质力学模型国际讨论会论文集, 1979.

[3] Z. Langof. 不连续介质中隧洞的模型试验和量测方法. 国际岩石力学学会(ISRM)—地质力学模型国际讨论会论文集, 1979.

[4] P. Egger. 底面摩擦法的新发展. 国际岩石力学学会(ISRM)—地质力学模型国际讨论会论文集, 1979.

[5] G. Sauer, M. Fornano. 中等深度隧洞钻进的模拟技术和模型材料. 国际岩石力学学会(ISRM)—地质力学模型国际讨论会论文集, 1979.

[6] P. P. Rossi. 地下大型洞室的二维地质力学模型. 国际岩石力学学会(ISRM)—地质力学模型国际讨论会论文集, 1979.

[7] A. Gallico. 关于拱坝位移的模型与原型比较. 国际岩石力学学会(ISRM)—地质力学模型国际讨论会论文集, 1979.

[8] A. F. Silveira. 高密度低强度的地质力学模型材料. 国际岩石力学学会(ISRM)—地质力学模型国际讨论会论文集, 1979.

[9] E. Fumagalli. 大坝基础的地质力学模型. 国际岩石力学学会(ISRM)—地质力学模型国际讨论会论文集, 1979.

[10] A. Alvarez Martinez. 力学模型与数学模型的比较. 国际岩石力学学会(ISRM)—地质力学模型国际讨论会论文集, 1979.

[11] W. Schober, B. Lachinger. 有内部防渗墙的坝承载性能的模型试验研究. 国际岩石力学学会(ISRM)—地质力学模型国际讨论会论文集, 1979.

[12] P. P. Rossi. 堆石坝问题的研究:物理模型和粒状材料的试验. 国际岩石力学学会(ISRM)—地质力学模型国际讨论会论文集, 1979.

[13] L. Muller. 在地质力学中模型研究的重要性. 国际岩石力学学会(ISRM)—地质力学模型国际讨论会论文集, 1979.

[14] W. Wittke. 节理岩石中结构设计的模型准则. 国际岩石力学学会(ISRM)—地质力学模型国际讨论会论文集, 1979.

[15] P. Habib. 地质力学模型中岩石蠕变特性的描述. 国际岩石力学学会(ISRM)—地质力学模型国际讨论会论文集, 1979.

[16] E. Fumagalli. 地质力学模型的模型材料. 国际岩石力学学会(ISRM)—地质力学模型国际讨论会论文集, 1979.

[17] I. Statham. 一个简单的岩崩动力模型—理论原理、室内模型和野外试验. 国际岩石力学学会(ISRM)—地质力学模型国际讨论会论文集, 1979.

[18] E. Nonveiller. 滑坡动力学的模型研究. 国际岩石力学学会(ISRM)—地质力学模型国际讨论会论文集, 1979.

[19] G. F. Camponuovo. S. Martino 山的(岩崩)模型(试验). 国际岩石力学学会(ISRM)—地质力学模型国际讨论会论文集, 1979.

[20] R. E. Heuer, A. J. Hendron. Geomechanical model study of the behavior of underground openings in rock subjected to static loads(Report2)—Tests on unlined openings in intact rock. 1971.

[21] A. J. Hendron. Geomechanical model study of the behavior of underground openings in rock subjected to static

loads(Report3)—Tests on lined openings in jointed and intact rock. 1972.

[22] 井原恕. 有关巷道断面收敛基础研究之三—锚杆支护维护巷道的效果. 井巷地压情报资料. 煤炭工业部矿山压力科技情报中心站井巷地压分站，1982.

[23] 喷锚支护专题组. 锚杆—喷混凝土支护的作用原理和设计原则. 铁道部科学研究院西南分院，1978.

[24] 魏群. 散体单元法的基本原理、数值方法及程序. 北京：科学出版社，1991.

[25] 杨淑清，曾亚武. 锚喷支护的效果及其破坏机制的研究//中国岩石力学与工程学会岩石力学数值计算及模型试验专业委员会. 第一届全国岩石力学数值计算及模型试验讨论会论文集. 成都：西南交通大学出版社，1987.

[26] 赵震英，叶勇. 地下洞群围岩稳定性模型的试验研究//中国岩石力学与工程学会岩石力学数值计算及模型试验专业委员会. 第一届全国岩石力学数值计算及模型试验讨论会论文集. 成都：西南交通大学出版社，1987.

[27] 中川光雄，蒋宇静. 亀裂発生・進展を考慮した拡張個別要素法の岩盤挙動解析への適用性につしヽて. 土木学会论文集，No. 666/Ⅲ-53，101-110，2000.

[28] 陈进. 用离心机作结构模型试验的若干问题探讨. 长江科学院院刊，1991，8(3)59-65.

[29] 足立纪尚，中岛伸一郎等. 重力ダム模型実験装置の開发と基础岩盤内荷重伝達構機に関する研究. 土木学会论文集，No. 666/III-53，245-259，2000.

[30] R. W. I. Brachman，I. D. Moore，R. K. Rowe. The performance of a laboratory facility for evaluating the structural response of small-diameter buried pipes. Canadian Geotechnical Journal，2001，38(2)：260-275.

[31] Marolo C. Alfaro，Ron C. K. Wong. Laboratory studies on fracturing of low－permeability soils. Canadian Geotechnical Journal，2001，38(2)：303-315.

[32] 肖洪天，杨若琼，周维垣. 三峡船闸花岗岩亚临界裂纹扩展试验研究. 岩石力学与工程学报，2001，18(4)：447-450.

[33] 曾亚武，赵震英. 地下洞室模型试验研究. 岩石力学与工程学报，2001，20(增)：1745-1749.

[34] 任伟中，朱维申，张玉军，等. 开挖条件下节理围岩特性及其锚固效果模型试验研究. 实验力学，1997，12(4)：514-519.

[35] 刘建，冯夏庭，张杰，等. 三峡工程左岸厂房坝段深层抗滑稳定的物理模拟. 岩石力学与工程学报，2002，21(7)：993-998.

[36] 任重阳，胡建敏，孙役. 水布垭水利枢纽地下厂房室内岩石力学试验研究. 岩石力学与工程学报，2001，20(增)：1793-1796.

[37] 陈进. 清江隔河岩重力拱坝三维静力模型试验研究. 长江科学院院刊，1990(2)：33-39.

[38] 陈进，黄薇. 三峡水电站蜗壳充水加压模型试验研究. 水力发电学报，2001，18(8)：23-25.

[39] 蒋树屏，黄伦海，宋从军. 利用相似模拟方法研究公路隧道施工力学形态. 岩石力学与工程学报，2002，21(5)：662-666.

[40] 刘洪洲，蒋树屏，鲜学福. 三车道公路隧道动态开挖过程的模拟研究. 岩石力学与工程学报，1999，18(增)：865-869.

[41] 顾金才，明治清，沈俊，等. 预应力锚索内锚固段受力特点现场试验研究. 岩石力学与工程学报，1998，17(增)：788-792.

[42] 顾金才，沈俊，陈安敏，等. 锚固洞室受力反应特征物理模型试验研究. 岩石力学与工程学报，1999，18(增)：1113-1117.

[43] 顾金才，沈俊，陈安敏，等. 锚索预应力在岩体内引起的应变状态模型试验研究. 岩石力学与工程学报，2000，19(增)：917-921.

[44] 顾金才，沈俊，陈安敏，等. 预应力锚索对李家峡水电站岩质高边坡加固效应模型试验研究//中国岩石力学与

工程学会.第六次全国岩石力学与工程学术大会论文集—新世纪岩石力学与工程的开拓和发展.北京:中国科学技术出版社,2000.

[45] 陈安敏,顾金才,沈俊,等.软岩加固中锚索张拉吨位随时间变化规律的模型试验研究.岩石力学与工程学报,2002,21(2):251-256.

[46] 陈安敏,顾金才,沈俊,等.预应力锚索的长度与预应力值对其加固效果的影响.岩石力学与工程学报,2002,21(6):848-852.

[47] 谷兆祺,彭守掘,陈敏中.水电站地下洞室工程.北京:清华大学水利系水文及水电站教研组.1983.

[48] 于学馥,郑颖人,刘怀恒,等.地下工程围岩稳定分析.北京:煤炭工业出版社,1983.

[49] 李世煇,等.隧道支护设计新论——典型类比分析法应用和理论.北京:科学出版社,1999.

小浪底工程地下发电厂房洞群围岩稳定及加固方案模型试验研究

沈　俊　顾金才　李永池　明治清

内容提要：鉴于小浪底工程地下厂房洞室群规模宏大，地质条件较差，拟采用的预应力锚索加固方案的设计又缺乏成熟的设计计算方法，采用平面应变地质力学模型试验装置对设计方案进行了块体介质模型试验研究。试验工艺复杂，技术难度大，一块模型由1500多块砌体组成，反映了工程岩体结构特征。试验分别研究两种地应力、两种开挖方案及三种支护方案的洞群受力变形特征、围岩破坏形态及安全度，给出了围岩位移、破坏过程及松弛范围等，为工程加固设计提出了重要建议。

1　概述

1.1　试验内容

受黄河勘测规划设计有限公司的委托，我们为黄河小浪底水利枢纽工程地下厂房洞室群进行了块状地质力学模型试验。进行这项试验的目的是论证可供选择的加固方案，确定合理的支护参数，为工程设计提供依据。试验内容见表1，从表1中看到，试验内容包含两种地应力、两种开挖方案、两种加固措施（一种是采用预应力锚索与张拉锚杆加固，下文简称预锚加固；另一种是采用喷锚支护），研究的重点是预应力锚索及张拉锚杆加固方案，其他两类模型，即毛洞和喷锚模型都是作对比用的。

表1　试验模型概况

模型编号	竖向地应力 P_V^0/MPa	水平地应力 P_H^0/MPa	开挖方案	加固方案
Ⅰ	3.470(0.217)	2.776(0.174)	方案1	毛洞（模拟两个机组）
Ⅱ	4.164(0.260)	3.331(0.208)	方案2	毛洞（模拟两个机组）
Ⅲ	4.164(0.260)	3.331(0.208)	方案2	喷锚（两个机组，横洞不加固）
Ⅳ	4.164(0.260)	3.331(0.208)	方案2	预应力锚索及张拉锚杆加固（两个机组，横洞也加固）
Ⅴ	4.164(0.260)	3.331(0.208)	方案2	喷锚（一个机组，横洞也加固）
Ⅵ	4.164(0.260)	3.331(0.208)	方案1	毛洞（模拟两个机组）

注：表中括弧内数值为模型上的模拟地应力值（按 $K_\sigma=16$ 换算）。

刊于《防护工程》2005年第4期。

1.2　工程地质概况

黄河小浪底水利枢纽工程位于河南洛阳以北 40km 处，是我国近期完成开发的大型水电工程项目之一。拦河坝高 152m，总库容 $1.27\times10^{10}m^3$，总装机容量 1.8×10^6kW。电站地下厂房位于左岸"T"形山梁交汇处的腹部，主厂房高 58m，宽 26.2m。在其下游依次布置主变压器室（高 17.8m，宽 15.2m）、尾闸室（高 42.15m，宽 10.6m）。在主厂房与主变压器室之间有六条母线洞（高 6.1～9.1m，宽 8.2m），在主厂房与尾闸室之间有六条尾水管洞（高 11.5～14.8m，宽 12.6m），再加上主厂房上游的六条引水隧洞和尾闸室下游的三条尾水洞，共有 30 余个洞室。所以，在地下厂房区大小洞室纵横交错，形成了规模宏大的地下洞室群。

厂区地质条件复杂，岩体破碎（见图 1），从上到下依次分布 T_1^{5-3}、T_1^{5-2}、T_1^{5-1}、T_1^4、T_1^{3-2}、T_1^{3-1} 和 T_1^{1+2} 等七层岩体，在 T_1^4 岩层内还有两条泥化夹层穿过洞室群。岩石种类主要为钙质硅质胶结砂岩、粉砂岩和泥质胶结的粉细砂岩。岩层呈单斜状，走向 NE8°，倾向 ES，倾角 9.5°。主要节理走向 NE20°，倾向 NW，倾角 84°，发育良好，另外还有三组层内节理均较发育，倾角也很陡（75°～84°）。各层岩体被层理、节理切割，形成砖墙式块体结构，块体尺寸一般为 0.5～1.0m，个别较大。厂区地应力以自重应力为主，委托方提出两组地应力值供试验研究（见表 1），侧压系数均为 0.8。

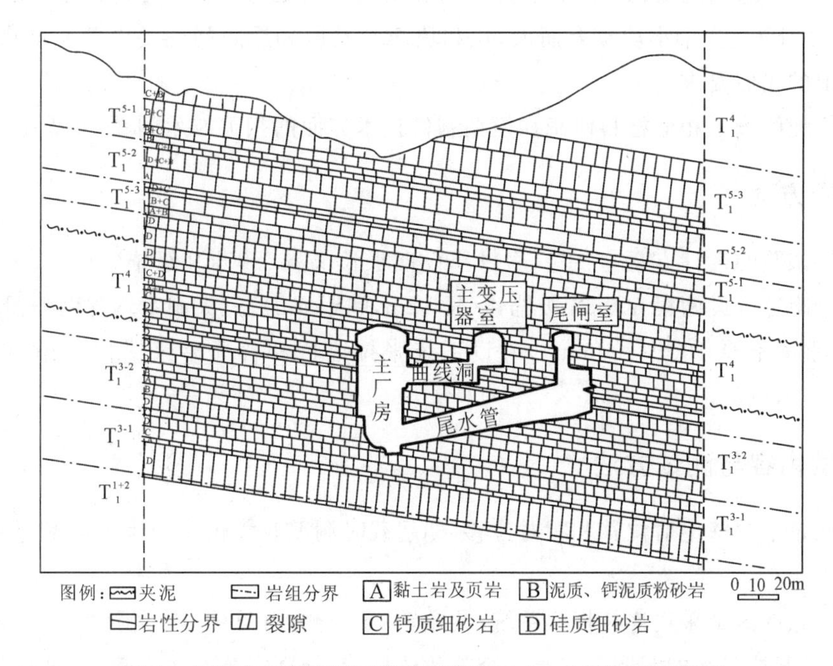

图 1　小浪底水利枢纽工程地下厂房区 A—A 剖面地质模型

1.3　试验简化假设

(1)模拟范围从洞群中心算起，上下左右各 114m，前后 70m。

(2)模型边界按委托方给定的地应力施加，不考虑洞壁附近岩体的自重作用，远处的岩体自重已计入边界荷载中。

(3)模型按平面应变条件处理，忽略尾水管等横向洞室对平面应变条件的影响。

(4)尾水管、母线洞等的模拟：$V^{\#}$ 模型在模型厚度内按实际形状尺寸缩小并简化成有支护的一条水平横洞；其他模型按截面等效原则，在模型厚度内简化成圆形、不支护的上、下两条水平横洞。

(5)按截面变形刚度等效原则确定模拟锚索（杆）截面尺寸，锚杆的模拟将数根合并为一根模拟，而锚索则是一根一根分开模拟，锚索及锚杆长度均按几何相似要求确定。

(6)不考虑岩体的流变特性。在试验过程中各模型时间历程尽可能一致，以便比较及消除时间效应。

1.4　相似考虑

本试验中，最重要的相似考虑就是要满足厂区岩体块状结构特点的要求，其次就是满足边界条件，这里主要指洞群不能离边界太近，以免对洞室的受力变形产生边界效应。再次是边界上材料横向变形要协调，因为模型是块体介质，压缩变形很大，采用普通边界条件难以满足横向变形协调要求，必须采取特殊措施。当然，还必须满足模型材料物理力学参数的相似要求。

根据现有的加载设备条件，模型最大尺寸只能取 65.4cm×65.4cm×20cm，模型边界荷载集度最大为 8MPa，结合工程现场情况，经过分析比较，确定几何比尺 $K_L=350$，应力比尺 $K_\sigma=16$，锚固力比尺 $K_P=K_\sigma K_L^2=1.96\times10^6$。

1.5　模型设计

试验所采用的模型构造是根据现场岩体特征和委托方给定的洞室尺寸确定的，模型构造相当复杂，一块模型要由 1500 多个小块砌合而成，块和块之间及层和层之间还要设置充填物，并要满足力学参数和厚度上的相似要求。

本试验很好地解决了相似材料研制和模型制作技术方面的相关技术问题，并满足了相似要求。

1.6　加固方案

委托方提供试验的设计方案为：主厂房拱部设四根长 24m、800kN 级锚索(@7.5m×6m)，厂房两侧边墙吊车梁附近各设两根 500kN 级锚索(长 12m，间距 6m)；三大洞室均挂网喷混凝土(网 $\phi6/8$ @200～250，喷混凝土厚 100～200mm)，并设系统张拉锚杆和普通砂浆锚杆($\phi25$ 或 $\phi32$，$L=4\sim10$m，一般@3m×3m)。

1.7　测试内容与测试方法

本次试验测量了洞壁绝对位移和相对位移(即超载时洞壁收敛位移)、围岩开裂过程及锚索预应力的变化规律等。

洞壁绝对位移的测试采用连杆框架系统，共布置 15 个测点(见图 2)。洞室相对位移的测试是于洞室超载前，在已开挖出来的洞壁上安装 5 个收敛位移计，分别安装在主厂房、主变压器室垂直和水平方向以及尾闸室的垂直方向。

围岩断裂过程的测试采用裂纹片，共布置 48 个测点，分别埋在三大洞室的周边。

锚索预应力的测试采用自行研制的微型测力环，该环体积小，灵敏度较高。

测试仪器：位移和锚索张力采用 SD-510A 型自动巡回检测仪，围岩开裂过程的监测采用黄河水利科学研究院研制的智能裂纹测试仪。

1.8　试验设备及试验步骤

试验在总参工程兵科研三所研制的 PYD-50 改进型三向加载地质力学模型试验装置上进行。

(1)模型就位。为减小模型荷载的摩擦损失，在模型上、下表面和四边与加载压板相接触的部位

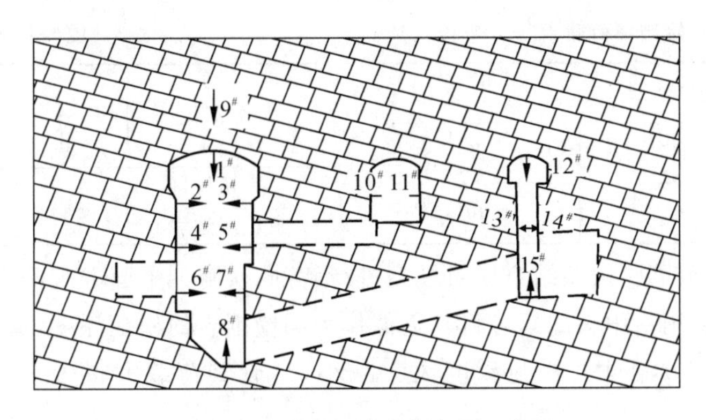

图 2 洞壁绝对位移测点布置示意图

均垫有两层聚四氟乙烯薄层；同时，为保证加载块和模型边界密切接触，在其间还设置了柔性垫层。针对块体介质模型变形较大的特点，为使模型边界与介质内部横向变形协调，沿模型六个面均切割多条垂直表面的缝隙，缝宽 1～2mm，间距 3cm，缝深 2cm 左右，这些缝可以允许介质产生较大的横向变形，同时又不影响法向应力的传递。试验结果表明，这是保证该项试验取得良好结果的关键技术之一。

(2)调试仪器。将各测量元件连接到测试仪器上进行调试，一切正常方可加载试验。

(3)按设计地应力荷载及侧压系数逐级加载，达到开洞荷载后，分步开挖及支护。

(4)完成全部开挖、支护后，保持侧压系数，实施超载试验，尽量接近最大承载能力。

(5)卸载与解剖模型。卸载后将模型吊出，并在洞室内灌注石蜡，然后将模型沿 1/4 厚度截面进行解剖，以观察围岩内断裂形态和松弛范围。

2 试验结果与分析

2.1 洞群破坏特征

(1)试验表明，各模型洞群的破坏均发生在超载阶段，在开挖过程中均未见洞群破坏，三块模型洞群的宏观破坏过程基本相同，如初始破坏部位都发生在主厂房下游边墙与尾水管交接处，随着荷载加大，各模型三大洞室边墙与水平横洞（指母线洞、尾水管、引水洞及尾水洞，下同）交接处均产生不同程度的破坏，边墙明显内鼓。但从破坏程度上看，毛洞最为严重，表现为脱落的材料块度大、数量多、发展快，呈现出脆性破坏特征。相比之下预锚加固的洞群则破坏程度较轻，表现为脱落的材料数量少、块度小、发展慢，呈现出柔性破坏特征。

(2)洞群初始破坏荷载与极限承载能力。三块模型洞群初始破坏荷载如表 2 所示。从表 2 中看到，毛洞的初始破坏荷载最低，喷锚支护的比毛洞高 14%，预锚加固的比毛洞高 24%，这表明预锚加固提高了洞群的初始破坏荷载。

关于洞群的极限承载能力，从最大试验荷载来看，毛洞为 0.960MPa，已接近极限承载能力（因为荷载已出现不稳现象），而喷锚支护与预锚加固模型均为 1.274MPa，且尚未达到极限承载能力，二者之比为 1.33，可见预锚加固可提高洞群的极限承载能力。

表 2　洞群初始破坏荷载 $P_V^{破}$　　单位：MPa

试验模型		
Ⅱ	Ⅲ	Ⅳ
0.539	0.617	0.666

表 3　围岩松弛深度 δ　　单位：m

观测部位	试验模型		
	Ⅱ	Ⅲ	Ⅳ
主厂房拱部	3.15	3.05	1.05
主厂房边墙	5.60	3.33	1.75

(3)洞壁围岩松弛范围。试验结束后对模型进行解剖，从解剖平面上观测石蜡的渗透深度(石蜡是在模型解剖前浇注到洞室中去的)，可将其近似作为洞壁围岩的松弛深度，见表3(已换算成原型)。可见预锚加固模型(Ⅳ#)洞群的松弛深度大大减小(尽管其荷载大得多)，主厂房拱部为毛洞的33%，边墙为毛洞的31%。

(4)围岩断裂部位与顺序

①断裂部位主要在主厂房两侧边墙及与水平横洞交接处。毛洞(Ⅱ#模型)在尾闸室两侧边墙及底板处有四处发生断裂，在主变压器室下游墙脚处也有一点发生断裂；预锚加固模型仅在尾闸室下游拱脚和上游墙脚处发生断裂。

②从发生断裂的测点数看，三块模型差别不大，毛洞为12点，其他两块模型均为11点。但从主厂房断裂点数看，毛洞最少，只有7点，而另外两块模型则较多，均为9点。Ⅲ#、Ⅳ#模型主厂房围岩内断裂点数多，并不意味着它们的承载能力低，而是因为所受的荷载较大。相反，断裂点数多却并不失稳，正说明洞室承受变形的能力较大。

③从各点断裂顺序上看，最早的部位是主厂房与尾水管的交接处，这与宏观破坏现象是完全一致的。

④从发生断裂时相对应的荷载看，喷锚和预锚加固模型均比毛洞模型的高，平均高200～300kPa，而预锚模型又比喷锚模型的高100kPa左右。

(5)围岩断裂形态。从围岩断裂形态对比看，各模型的特征基本相同：

①严重破坏部位都是主厂房下部岩体和母线洞与尾水管之间的岩体。

②破坏特征是块体之间开裂或块体被压裂、压碎，围岩中裂缝短而少，破坏深度浅，这与均质材料的破坏特征是有很大区别的，后者产生一条或多条连续光滑的剪切裂缝，并在洞壁上形成大块的剪切楔体。

2.2　洞壁位移特征

洞群在开挖过程中产生的各点开洞绝对位移如表4所示(已换算至原型，测点位置见图2)。从表4中看到，毛洞模型开洞位移最大，喷锚支护模型次之，预锚加固模型的最小。以拱顶下沉(1#测点)为例，喷锚支护模型的开洞位移为毛洞的64%，预锚加固模型的开洞位移为毛洞的51%。可见，预锚加固有效地减小了洞群的开洞位移，同时也应看到，由于主厂房上半部为预锚加固，下半部为喷锚加固，故其下半部测点位移比喷锚模型的更大一些。

表 4 实测开洞位移 单位：mm

模型号	测点号														
	1	2	3	4	5	6	7	8	9	10	11	12	13	14	15
Ⅰ	33.2	28.4	26.8	19.1	17.4	21.6	16.5	27.3	—	8.1	6.7	18.6	14.2	13.8	15.1
Ⅱ	45.7	31.4	43.9	23.8	31.6	26.2	29.6	35.8	4.3	16.6	21.3	34.4	27.2	—	17.5
Ⅲ	29.3	24.5	15.8	13.7	19.7	14.5	26.8	20.4	12.1	—	6.8	17.3	9.6	—	—
Ⅳ	23.1	16.8	9.2	20.8	25.0	14.3	21.7	—	10.6	13.7	7.6	13.5	8.2	9.4	7.4
Ⅴ	29.7	—	—	11.0	14.4	9.5	16.8	—	—	9.2	5.9	12.8	11.8	7.3	3.2
Ⅵ	53.9	25.8	27.4	27.8	36.7	21.9	35.7	47.9	7.8	14.2	—	—	—	21.5	—

表 5 是主厂房两侧边墙在超载过程中产生的相对位移测试结果，其基本特征与绝对位移相近。

表 5 主厂房两侧边墙间相对位移测试结果 单位：mm

模型号	P_V/MPa								
	0.4	0.5	0.6	0.7	0.8	0.9	1.0	1.1	1.2
Ⅱ	24.0	51.2	87.2	128.3	195.9	316.0	—	—	—
Ⅲ	17.5	39.2	62.4	90.4	140.4	242.1	405.4	546.6	758.3
Ⅳ	16.3	27.1	51.6	80.3	114.2	206.5	334.8	508.7	640.1
Ⅴ	16.7	21.4	40.2	62.8	102.7	184.2	315.8	502.2	663.7

2.3 在超载过程中锚索预应力的变化特征

在开挖过程中锚索预应力变化不大。在围岩产生初始破坏时锚索预应力均有所增加，拱部平均增加 7%，边墙增加较大，平均为 51%，边墙增加最大的部位是下游边墙靠近拱脚处。从锚索预应力随超载全过程变化特征来看，变化速率逐渐增大，在 $P_V=1.0\sim1.1$MPa 以前增加速率较小，在其以后两根锚索预应力增加速率都加大，说明越到洞室变形后期锚索预应力增加越快。

2.4 对洞群围岩安全度的综合分析

预锚加固提高了洞群围岩的安全度，主要表现在以下几个方面：①提高了洞群的破坏荷载。将洞群的初始破坏荷载 $P_V^{破}$ 与初始地应力 P_V^0 之比称作安全度 K_s，三块模型(Ⅱ#、Ⅲ#、Ⅳ#)的安全度分别为 $K_s=2.07$、2.37 和 2.56，显然Ⅳ#最高，比毛洞高 24%，比喷锚支护高 8%；②开洞位移和超载位移小(前面已有叙述)，预锚加固的洞群开洞位移仅为毛洞的 51%，为喷锚支护的 79%；③围岩松弛范围小，以主厂房拱部为例，预锚加固的仅为毛洞的 33%，为普通喷锚支护的 35%；④从洞群的宏观破坏现象上看，预锚加固的洞群围岩破坏程度轻，破坏过程发展慢，极限承载能力高(比毛洞高 32%以上)。

综合起来看，预锚加固使洞群围岩安全度获得了较大的提高。但需要指出，上面给出的洞群围岩安全度仅是三块模型相对比较而言，对实际工程来说，还应考虑到试验中没有考虑到的一些影响因素，如洞周围岩自重在工程中就是影响围岩稳定的重要因素，另外洞群受力实际是一个空间问题，这里是按平面问题处理，未能给出母线洞与尾水管等横洞围岩中拱脚或边墙上的应力、应变状态，而它们将是横洞中受力最大的部位等。

3 结论与建议

3.1 结论

(1)试验表明,洞群的布置方案基本合理,在给定的地应力荷载作用下,能够开挖成洞,并有一定的安全储备,其围岩稳定安全度 K_s 分别为 2.18(第一开挖方案)和 2.07(第二开挖方案)。

(2)洞群围岩的危险部位是(对这些部位均应进行重点加固):①主厂房位于 T_1^{3-2} 岩层中的两侧边墙,尤其是尾水管和引水隧洞交叉口处;②尾闸室下部与尾水管和尾水洞交叉口处;③主变压器室两边墙;④主厂房拱部和尾闸室拱部,这里试验中虽未发生破坏,但有限元计算结果表明,在自重作用下,两拱部出现较大的受拉区。

(3)两个加固方案的效果均比较明显,其围岩稳定安全度分别比相应的毛洞提高 14%和 24%,洞壁位移、拉应力区及围岩破坏程度均有不同程度的改善。

(4)预应力锚索的加固作用突出,主要表现在以下三个方面:①洞壁位移平均减小 16%;②围岩稳定安全度提高 8%,达到 2.56;③围岩松弛范围显著缩小。

因此,主厂房的拱部和边墙采用预应力锚索加固是合理的。

3.2 建议

(1)对围岩的危险部位应重点加固。危险程度不同,加固参数也应有所区别。

(2)锚索(锚杆)的布设方向应根据所处部位结构面的组合特征作进一步优化。

(3)在给定的岩体条件下,建议主厂房拱部锚索参数为:长 25m,间排距 4~6m,预应力 1200~1500kN。

(4)在尾水管开挖过程中,宜采用压力灌浆、喷混凝土加张拉锚杆及钢筋混凝土联合加固,重点加固拱部围岩,相邻尾水管之间宜用对穿锚索(长 18m,间距 4m,预应力 500kN)加固岩柱,以确保尾水管本身及主厂房的安全稳定。

(5)建议对洞室群开挖方案进行原型的块体介质非线性数值分析,作进一步优化设计。

本试验结果为小浪底地下厂房洞群加固设计和施工提供了重要依据。目前,地下厂房洞群开挖及加固已经竣工,并交付使用数年,实践证明所采用的加固方案是安全、合理且较经济的。

参考文献

[1] 李之光.相似与模拟(理论及应用).北京:国防工业出版社,1982.

[2] 杨法玉.小浪底水利枢纽地下厂房支护设计报告.郑州:黄河水利委员会勘测规划设计研究院,1994.

全长黏结式锚索对软岩洞室的加固效应研究

张向阳　顾金才　沈　俊　陈安敏

内容提要:采用为研究软岩洞室中自由式预应力锚索加固效应而进行的物理模型试验中的相关参数,假设注浆体与岩石孔壁之间的摩阻力与其之间的相对位移存在比例关系,考虑该摩阻力最大值与岩体力学性质,运用岩体与锚索单元网格自由剖分的方法,通过数值计算,对全长黏结式锚索在软岩洞室中的加固效应进行了研究,得到了洞壁开挖位移曲线以及锚柱表面摩阻力、锚柱轴力的分布曲线。研究结果表明,锚固洞室开挖位移大大减少;位于岩体活动区及稳定区的锚柱体上的摩阻力变化幅度不同;锚柱最大轴力点的位置是变化的等。

1　前言

锚索加固作为一种最有效的加固手段之一,在岩土工程领域得到了广泛应用。为适应不同岩土工程地质条件,充分发挥锚索的加固效果,产生了众多的锚索结构形式,其中自由式锚索和全长黏结式锚索是两种最普遍的结构形式。随着国家建设的快速发展,遇到的需进行加固处理的岩土工程问题也越来越多,软岩洞室的加固稳定也是急需解决的问题之一。本文应用数值计算的方法,采用为研究自由式锚索对软岩洞室加固效应而进行的物理模型试验中的模型材料参数,对全长黏结式锚索在软岩洞室中的加固效应进行了研究。

2　锚索计算模型

假设:(1)在模型试验中洞室的每一步施工均在同样的时间内完成,在计算过程中岩体采用莫尔-库仑材料模型,开洞引起的围岩变形是通过没开洞前岩体变形与开洞后的变形叠加获得的,两个计算过程的时间步一样,尽可能使模型试验保持一致。由于模型材料的塑性指数小于17,根据相关理论[1],模型试验及计算未严格考虑锚索及岩体的蠕变。

(2)取锚索注浆体与岩孔之间的极限黏结应力$\sigma_{\max}=c+\sigma\tan\varphi$,其中$c$为岩体黏聚力;$\sigma$为岩孔周围围岩应力;$\varphi$为岩体内摩擦角。由于模拟对象为均质岩体,不考虑锚根效应[2]。

(3)锚索索体与注浆体、注浆体与岩孔孔壁之间的胶结面上存在着切向相对位移,该切向相对位移引起了注浆体与锚索索体之间、注浆体与孔壁之间平行于锚索轴线方向上的摩阻力(或剪应力)[3-4]。随着切向相对位移的增大,由切向剪应力引起的锚索破坏可能发生在锚索与注浆体之间、注浆体与孔壁之间的胶结面上。尽管预应力锚索的工作效能与锚索材料和注浆体的黏合程度有很大关系,但是,由众多岩体锚索的现场拉拔试验和工程事故原因分析可知,在保证注浆质量的情况下岩石中锚索的破坏主要发生在注浆体与岩石的胶结面上,因此注浆体与岩石胶结面上的应力分布更

刊于《岩土力学》2006年第2期。

为重要，为方便推导和简化分析，将锚索与注浆体等效为一种介质，即锚柱进行分析[5]。取长度为 dx 的一段锚柱作为研究对象，如图 1 所示。

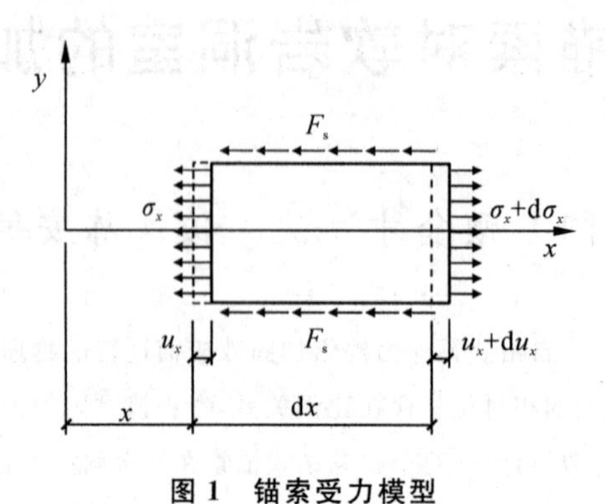

图 1　锚索受力模型

x 方向的平衡方程为

$$\sigma_x A + F_s dx = (\sigma_x + d\sigma_x) A$$

即

$$A \frac{d\sigma_x}{dx} = F_s \tag{1}$$

又因

$$\sigma_x = E\varepsilon = E \frac{du_x}{dx} \tag{2}$$

则

$$AE \frac{d^2 u_x}{dx^2} = F_s \tag{3}$$

又知

$$F_s = k(u_r - u_x) \tag{4}$$

将式(4)代入式(3)中，可得：

$$AE \frac{d^2 u_x}{dx^2} + k(u_x - u_r) = 0 \tag{5}$$

其中，F_s 为岩体作用在锚柱外表面的摩阻力；A 为锚柱的横截面面积；u_x 为锚柱轴向位移；u_r 为岩体沿锚索轴向方向的位移；E 为锚柱的弹性模量，$E=\frac{E_b A_b + E_g A_g}{A_b + A_g}$，$E_b$ 为锚索索体弹性模量，A_b 为锚索索体横截面面积，E_g 为注浆体弹性模量，A_g 为注浆体横截面面积；k 为锚索与岩体间的剪切刚度，$k=\frac{EE_r}{E+E_r}$，E_r 为岩体的弹性模量。

运用微分方程的弱解形式或虚功原理，可得到求解式(3)的整体结构支配方程：

$$\boldsymbol{K\delta} = \boldsymbol{R} \tag{6}$$

其中，$\boldsymbol{K}$ 为整体刚度矩阵；$\boldsymbol{\delta}$ 为整体位移矩阵；$\boldsymbol{R}$ 为整体荷载矩阵。通过数值计算可以求出锚柱上的摩阻力，根据摩阻力与剪应力的关系式：

$$\tau = F_s / 2\pi r \tag{7}$$

求出锚柱上剪应力。式中，r 为锚柱的半径，等于锚索孔的半径。

3 计算参数

为了检验自由式锚索对软岩洞室的加固效应，笔者曾采用物理模型试验的方法对其进行了研究。本文数值计算中的材料力学参数均取自该物理模型试验中的材料力学参数，计算模型也与物理模型大小保持一致：模型长 1.86m，宽 1.244m，厚 0.4m；模拟洞室跨度为 0.4m，高 0.28m；模拟的水平地应力 σ_H = 0.05MPa，竖直地应力 σ_V = 0.2MPa，如图 2 所示。在实际工程中，由于锚索间距较大，为避免锚索间岩体有可能得不到有效加固，在锚索间布置锚杆，为与实际保持一致，在模拟锚索间也布置锚杆。

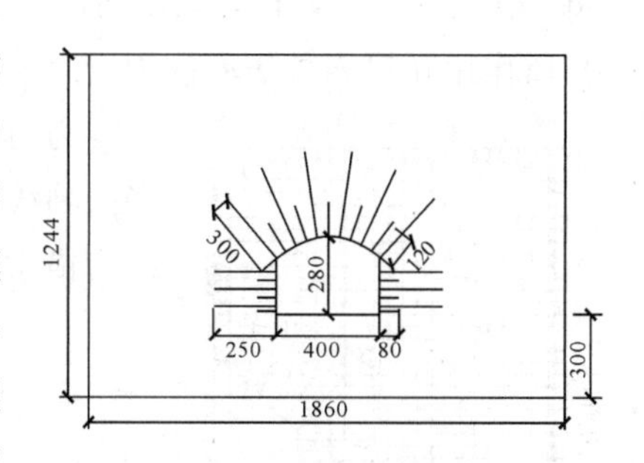

图 2 计算模型尺寸(单位:mm)

3.1 岩体材料参数

物理模型试验时，几何相似系数(原型比模型，下同)K_L=50，应力相似系数 K_σ=50，密度相似系数 K_ρ=1.0。经过试验，模拟材料及相对应的原岩的材料力学参数见表 1[6-7]，计算也取该参数。

表 1 模拟材料及其原型材料力学参数

力学参数	重度/(kN/m³)	抗压强度 R_c/MPa	抗拉强度 R_t/MPa	弹性模量 E/MPa	泊松比 ν	黏聚力 c/MPa	内摩擦角 φ/(°)
原岩	27.63	14.75	1.375	1425	0.21	3.15	37.5
模拟材料	27.63	0.295	0.0275	28.5	0.21	0.063	37.5

3.2 锚杆、锚索计算参数

由于几何比例系数较大，锚索的直径和纵、横间距不能够被模拟，锚索的长度可以模拟。为保证锚索的加固效果能够被正确模拟，锚索的直径和纵、横间距之间的关系需按刚度等效的原则进行确定。众多试验证明，采用刚度等效原则选择锚索直径及布置锚索是合理的，得出的试验结果也是可信的。根据该原则，在沿垂直于洞室轴线方向的 4 个横截面上布置锚索，在每一个横截面的洞室拱部共布置 6 根锚索，计算参数：长度 L=0.3m，弹性模量 $E=3.6\times10^3$GPa，纵向间距 d=0.1m，锚索直径 R=2.5mm，锚索孔孔径为 5mm，锚索间锚杆长 12cm。洞室侧墙布置 6 根锚索，计算参数：长度 L=0.25m，$E=3.6\times10^3$GPa，d=0.1m，R=2.5mm，锚索孔孔径为 5mm，锚索间锚杆长 8cm。

3.3 注浆材料

注浆材料为水∶石膏=1∶0.8(质量比)的混合物。

3.4 锚柱计算参数

根据上述参数，可得到等效锚柱计算参数：锚柱弹性模量 $E=\dfrac{E_bA_b+E_gA_g}{A_b+A_g}=5.1\times10^9$MPa；锚柱截面面积 $A=3.14\times\left(\dfrac{5}{2}\right)^2=1.96\times10^{-5}\text{m}^2$；锚柱与介质材料之间的剪切刚度 $k=\dfrac{EE_r}{E+E_r}=2.83\times$

10^7MPa；锚柱与介质材料之间的极限黏结应力 $\sigma_{max}=0.2$MPa，则锚柱与周围介质材料之间的黏结强度 $s=\sigma_{max}\pi D=0.2\times3.14\times5=3.140$kN/m。锚柱的破坏准则：当锚柱与介质材料的黏结应力 $F_1=s\mathrm{d}x$ 小于由于二者相对运动而产生的力 $F=F_s\mathrm{d}x=k(u_x-u_r)\mathrm{d}x$ 时，说明锚柱已达到破坏状态，周围介质作用在锚索外表面的力 $F_s=s\mathrm{d}x$，当 $F_1=s\mathrm{d}x>F=k(u_x-u_r)\mathrm{d}x$ 时，$F=k(u_x-u_r)\mathrm{d}x$。

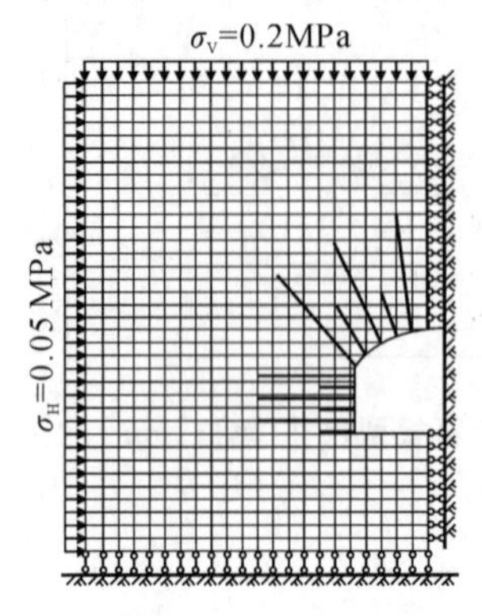

图 3　剖分网格

为简化计算，锚杆的计算参数与锚索的计算参数相同。由于对称，沿竖向轴线取 1/2 模型进行计算，模型的剖分网格如图 3 所示。图中长黑粗线为锚索，短黑粗线为锚杆。

4　计算结果

本计算模拟洞室一次开挖完成的情形。

4.1　洞室开挖水平位移及竖向位移

不加固洞室和加固洞室洞壁的水平位移对比结果如图 4 所示，不加固洞室和加固洞室洞壁的竖向位移比较结果如图 5 所示。

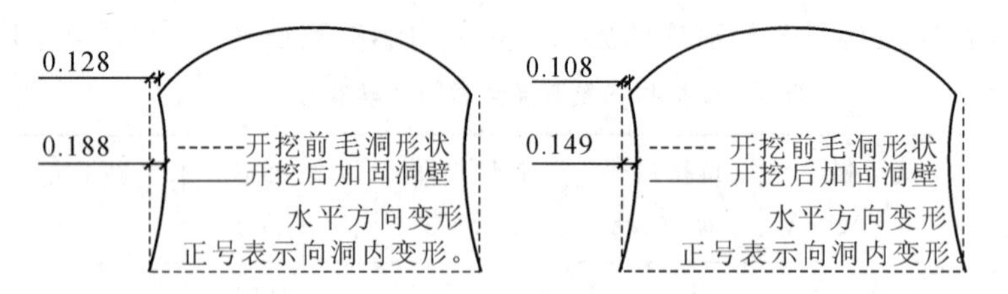

图 4　洞壁水平位移(单位：mm)

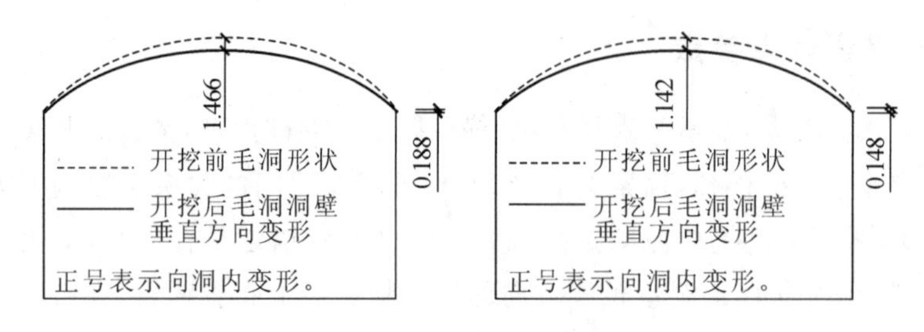

图 5　洞壁竖向位移(单位：mm)

从图 4 可以看出：(1)水平方向上不加固洞室和加固洞室的侧墙均朝洞室内变形；(2)加固洞室的拱脚及侧墙部位的水平位移均小于不加固对应位置处的水平位移，其中拱脚最大水平位移减少了 16%，侧墙最大水平位移减少了 21%；(3)不加固洞室侧墙与拱脚最大水平位移相差 32%，加固洞室侧墙与拱脚最大水平位移相差 28%。从图 5 可以看出：(1)加固洞室洞壁的竖直位移明显小于不加固洞室洞壁的竖直位移；(2)加固洞室的拱脚及侧墙部位的竖向位移均小于不加固洞室对应位置处的竖向位移，其中拱脚最大竖向位移减少了 21%，拱顶最大竖向位移减少了 22%；(3)加固洞室拱顶与拱脚最大竖向位移相差 87%。

造成上述现象的主要原因是，洞室围岩经锚索加固后，不但锚索周围岩体的材料参数，如弹性模量、内摩擦角及黏聚力等得到了提高，使该部位的岩体抵抗变形的能力增强，而且，由于洞室开挖后形成了临空面，在临空面附近的岩体稳定性较弱，由于锚索的约束作用，稳定性较弱的岩体与深部稳定性较好的岩体通过锚索连接在一起工作，增强了岩体结构的整体作用。经过多根锚索形成系统效应，使围岩的整体性得到了显著提高，围岩的稳定性亦大大提高，其中拱顶竖向位移的大小及减少量远大于其他部位的位移大小及减少量，这主要是由于洞室围岩的初始竖向地应力是初始水平地应力的 4 倍，造成拱顶的竖向位移量较大，锚索在此部位的加固效果好于其他部位的加固效果，引起拱顶部位竖向位移的减少量大于其他部位的位移减少量。

4.2 锚柱表面摩阻力的分布及大小

锚索与模型材料间相互作用如图 6 所示。由于对称，图中左半部分表示摩阻力的方向，右半部分表示摩阻力的大小。

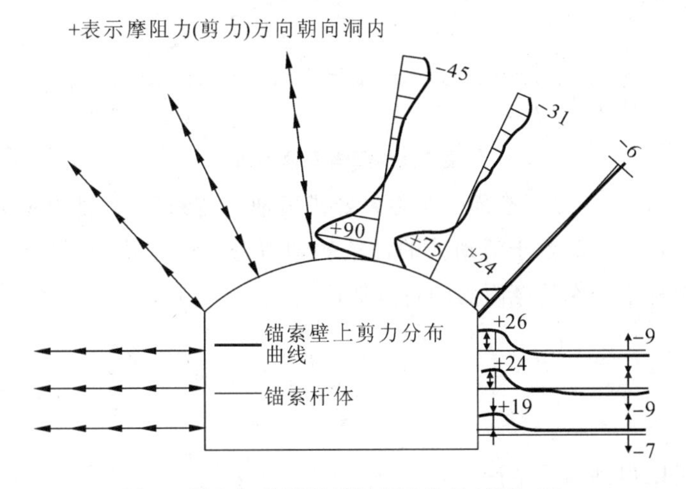

图 6 锚索与模型材料间相互作用(单位:N)

由图 6 可以看出:(1)锚柱所受到的摩阻力方向相反。临近洞壁自由面岩体内的锚柱上的摩阻力方向朝向洞内，深部岩体内的锚柱上的摩阻力方向朝向洞外。造成该现象的原因是:洞室开挖后，洞壁附近围岩失去原来支撑，变形剧烈，属于活动区，岩体在锚柱上施加的摩阻力朝向洞内并趋向于把锚柱从岩体中拔出，形成岩体拉锚柱的现象;深部围岩变形较为平缓，属于相对稳定区或抵抗区，摩阻力朝向洞外并阻止将锚柱拉出，形成锚柱拉岩体的现象。(2)锚柱所受到的摩阻力变化幅度不同。在活动区，摩阻力变化幅度较大，距杆端不远处产生摩阻力应力集中现象;在稳定区，摩阻力变化幅度较小。这更反映出活动区围岩变形剧烈且不均匀，稳定区变形平缓且较均匀。根据有关试验，当锚索长度较长时，锚索尾部的摩阻力应为零，本次试验产生稳定区锚索全长分布摩阻力，而且拱顶锚索甚至产生尾部摩阻力变大的现象的原因是锚索长度不够长，尾部还没有深入到真正的围岩稳定区，这并不影响摩阻力分布的规律性。(3)活动区和自由区内锚柱上的摩阻力总和为零。这说明不施加预应力的全长黏结式锚索在围岩体内是一自身平衡体，由于活动区锚柱上应力集中，活动区锚柱长度小于稳定区锚柱长度，在相同的注浆质量下，活动区的锚柱更容易发生破坏。这表明，在施工过程中，处于活动区的锚索孔必须注浆饱满，充分发挥岩-锚之间的摩阻力，起到最佳加固效果;同时如果不能保证稳定区锚索孔的注浆饱满，须增加稳定区锚索的长度，保证锚索的自身平衡，否则，锚索将被拔出，导致加固失败。(4)拱部锚索受力大于侧墙部位锚索的受力，这是与拱部竖向位移减少量大于其他部位位移减少量相对应的。实际设计、施工中，应提高拱部锚索的设计参数。

由于锚杆应变同锚索应变相比数值较小，所受轴力小，锚杆的加固效果不明显，在该加固系统中起关键作用的应是锚索，在此不对锚杆的受力做分析。

4.3　锚柱轴力的大小及分布

由 $A\frac{d\sigma_x}{dx}=F_s$ 积分得：

$$A\sigma_x=\int_0^x F_s dx，即\ N_x=\int_0^x F_s dx \tag{8}$$

锚索的轴力等于锚索端部到该点索体长度上摩阻力的积分。以拱顶锚索为例，可得到如图7所示的锚索轴力图，箭头表示锚柱表面的摩阻力方向。

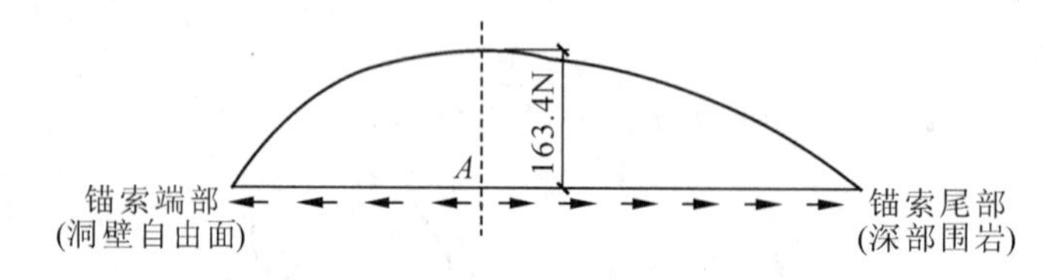

图7　拱顶锚索轴力图

由图7可以看出：(1)在距锚索端部一定距离处锚索轴力达到最大，轴力最大点与锚柱上摩阻力方向发生相反的点相对应。(2)处于活动区的锚柱的轴力分布较不均匀，处于稳定区的锚柱的轴力分布较均匀，这是由锚柱上分布的摩阻力的特点造成的。

5　结论

通过数值计算，可以得到如下结论：

(1)洞室围岩采用锚索加固后，一方面高压注浆可以提高岩体的材料参数，如弹性模量、内摩擦角及黏聚力等；另一方面刚度较大的锚索杆体可以将稳定性较弱的岩体与深部稳定性较好的岩体连结在一起工作，增强了岩体结构的整体作用，这些加固效应显著提高了软岩的整体性，较大幅度地减少了洞室的开挖位移，大大提高了围岩的稳定性；锚索在拱顶部位的加固效果较好，因此拱顶的开挖位移减少效果较明显。(2)在围岩和锚索相对变形不同的两个区域，锚柱体上摩阻力不仅方向不同，大小及变化幅度也不同。位于洞壁附近围岩活动区锚柱体上的摩阻力方向朝向洞内，摩阻力变化幅度较大，距杆端不远处产生摩阻力应力集中现象；位于洞壁深部稳定区锚柱体上的摩阻力方向朝向洞外，摩阻力变化幅度较小且较均匀。(3)不施加预应力的锚索在围岩体内是一自身平衡体。尽管活动区锚柱长度小于稳定区锚柱长度，但活动区和自由区内锚柱体上的摩阻力总和为零。(4)锚柱体内轴力最大点与锚柱上摩阻力方向发生反向的点相对应，处于活动区的锚柱的轴力分布不均匀，处于稳定区的锚柱的轴力分布较均匀。(5)活动区和稳定区内的锚索孔必须注浆饱满，以充分发挥注浆体与岩体之间的摩阻效应，起到最佳加固效果；拱部锚索受力大于侧墙部位锚索受力，为保证整个锚索系统协调工作，在实际设计、施工中应提高拱部锚索的设计参数。

参考文献

[1]　朱宝龙，杨明，胡厚田，等. 类土质边坡锚固特性的试验研究. 岩土力学，2004，25(12)：1925-1926.

[2]　张发明，陈祖煜，刘宁. 岩体与锚固体间黏结强度的确定. 岩土力学，2001，22(4)：471-472.

[3]　卓家寿，章青. 不连续介质力学问题的界面元法. 北京：科学出版社，2000.

[4] 雷晓燕.三维锚杆单元理论及其应用.工程力学,1996,13(2):50-60.
[5] 杨松林.锚杆抗拔机理及其在节理岩体中的加固作用.武汉:武汉大学,2001.
[6] 顾金才,沈俊,陈安敏.预应力锚索锚固机理与设计计算方法研究报告.洛阳:总参工程兵科研三所,1998.
[7] 张向阳.软岩洞室中预应力锚索加固效应和机理的模型试验研究.重庆:后勤工程学院,1999.
[8] 佘诗刚.土钉墙设计施工与监测手册.北京:中国科学技术出版社,2000.

洞室预应力锚索加固效果研究

张向阳　顾金才　沈　俊　陈安敏

内容提要：运用模型试验方法，对处于软弱岩体中的大跨度、高边墙洞室中的预应力锚索的锚固效果进行了研究。试验结果表明，经预应力锚索锚固，洞室围岩的开挖位移显著减少，围岩抵抗变形的能力得到提高，侧墙部位锚索的锚固效果较好。

1　前言

由于地下工程的建设规模越来越大，而且所遇到的地质条件越来越恶劣，迫切需要应用新技术、新手段对围岩进行加固。自从1934年预应力锚索加固技术在岩土工程中首次获得成功应用以来，至今已有多年的历史。为了探讨预应力锚索在高应力、大变形、大跨度地下洞室中的加固效果和机理，利用"岩土工程多功能模拟试验装置"，进行了预应力锚索对大跨度、高边墙洞室加固效应模拟试验研究。

2　试验设计

2.1　相似准则及相似材料选取

2.1.1　本试验的假设条件[1]

(1)不考虑水对材料的软化作用。

(2)不模拟岩体中软弱结构面，岩体为均匀介质。

(3)地应力场为垂直应力和水平应力，侧压系数 $N=1/4$。

(4)不考虑时间效应。但在试验中，相同的试验步骤应保持相同的时间间隔。

相似材料模型试验的理论依据是相似理论，模型与原型的相似关系是根据相似理论建立的。通过量纲分析法和 π 定理确定下列相似判据[1-2]：

黏聚力相似系数：$K_c=\dfrac{C_p}{C_m}=K_\sigma=50$；

弹性模量相似系数：$K_g=\dfrac{E_p}{E_m}=K_c=50$；

几何相似系数：$K_L=50$；

自重相似系数：$K_\gamma=\dfrac{\gamma_p}{\gamma_m}=\dfrac{K_c}{K_L}=1$；

内摩擦角相似系数：$K_\varphi=1$；

刊于《地下空间与工程学报》2006年第2期。

泊松比相似系数：$K_{\nu}=1$；

面积相似系数：$K_A=K_L \cdot K_L=2500$；

锚索弹性系数相似系数：$K_k=\dfrac{K_g \cdot K_A}{K_L}=2500$。

上面各式中的符号 K 表示原型参数与模型参数的比值，下标 p 表示该参数是原型参数，下标 m 表示该参数是模型参数。

2.1.2　模拟材料

从以上各值可以看出，相似准则给模型材料的选取提出的要求很高，上述要求很难全被满足，一般只能做到近似满足。

(1)岩体模拟材料[1,3,4]

选取黄黏土和重晶石粉及水作为岩体相似模拟材料，其配比为：黄黏土：重晶石粉＝1：4，水：(黄黏土＋重晶石粉)＝3.6：100(质量比)。经过测定和换算，岩体模拟材料力学参数和相对应的模拟对象力学参数如表1所示。

表1　模型及原型材料力学参数

材料类型	参　数						
	E/MPa	R_c/MPa	R_t/MPa	c/MPa	φ/(°)	ν	ρ/(kg/m³)
模型	28.5	0.295	0.0275	0.063	37.5	0.21	2763
原型	1425	14.75	1.375	3.15	37.5	0.21	2763

由上表可知，模拟的原型岩体基本上在铁路隧道围岩分类中属于部分Ⅳ类及Ⅲ类以下岩体，且基本满足表2所示的软弱岩体的主要力学参数的要求。

表2　软弱岩体的主要力学参数

项目	岩石试件				
参数	R_c	R_t	φ	E	ν
指标	≤30MPa	＜0.6MPa	≤50°	＜2000MPa	＞0.3

(2)锚索模拟材料

选用一个相对刚性的直径为2.5mm的焊条芯和一个弹性元件——直径为3cm、厚为0.3mm的铜环来模拟锚索。铜环通过其上的圆孔和焊条芯端部的螺帽与焊条芯连接在一起。铜环上四个应变片组成全桥测量电路。模拟锚索的内力变化及洞壁相应位移均由铜环上输出的应变值换算而得。经过标定，铜环的弹性系数 k 在0.8～0.88N/mm之间，满足要求。预应力锚索之间的锚杆均用 ϕ1mm的镍丝模拟。锚索及锚杆均用石膏浆锚固，锚索采用自由式锚索，锚杆采用全长黏结式锚杆。锚索结构形式如图1所示。

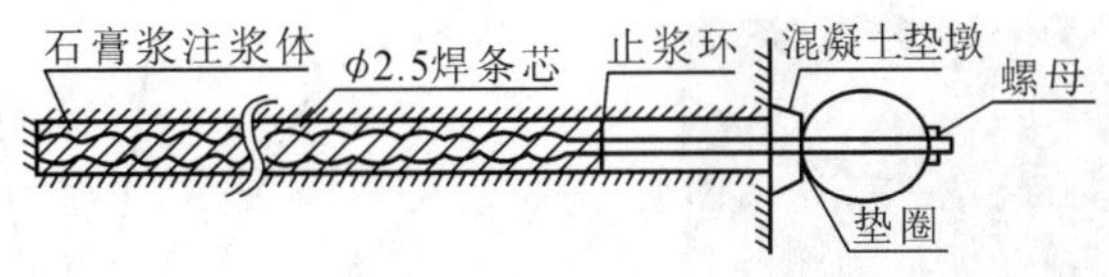

图1　锚索结构形式

2.2　试验步骤

共做三块模型，Ⅰ#模型为毛洞，不对围岩进行任何加固；Ⅱ#模型采用预应力锚索加固，模拟的预应力吨位是500kN；Ⅲ#模型采用预应力锚索加固，模拟的预应力吨位是1000kN。其中Ⅱ#、Ⅲ#模型锚索除施加的预应力大小不一样外，其余锚固参数均相同。焊条芯和镍丝采用预埋式。待洞室开挖到一定距离，把铜环装上并施加预应力，预应力的施加通过旋紧焊条芯端部的螺帽来实现，预应力的大小由铜环上输出的应变值来控制。图 2 为Ⅱ$^{\#}$、Ⅲ$^{\#}$模型锚索、锚杆平面布置图，在模型 40cm 的厚度方向上，共布置四排锚索，间距为 10cm，在锚索之间均布置锚杆。

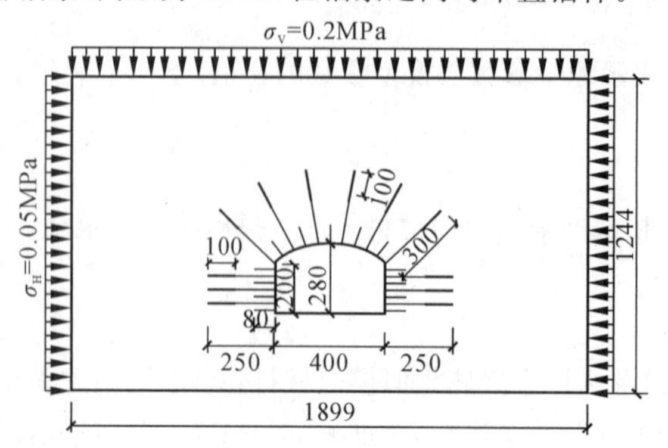

图 2　Ⅱ$^{\#}$、Ⅲ$^{\#}$模型锚索、锚杆平面布置图

2.3　测量内容

测出了距洞壁一定距离处岩体在开挖过程中测点的绝对位移、预应力锚索内力随开挖过程的变化。位移测量采用位移引出刚杆和百分表测出，锚索内力的变化由铜环上应变片输出的应变值反映。图 3 是Ⅰ$^{\#}$、Ⅱ$^{\#}$、Ⅲ$^{\#}$模型位移测点布置照片及布置简图，图 4 是模型锚索内力测量照片及监测简图。

由于洞室分四次开挖，每一排锚索的铜环只能待相应的开挖步骤完成后安装上，为了更形象、典型地说明问题，选择第一步开挖后即时安装上的第一排锚索为锚索内力变化的测量对象。锚索上的铜环编号从左侧墙底部开始，顺时针编号。考虑到对称性，在洞轴线右侧的锚索的编号没有表示出来。

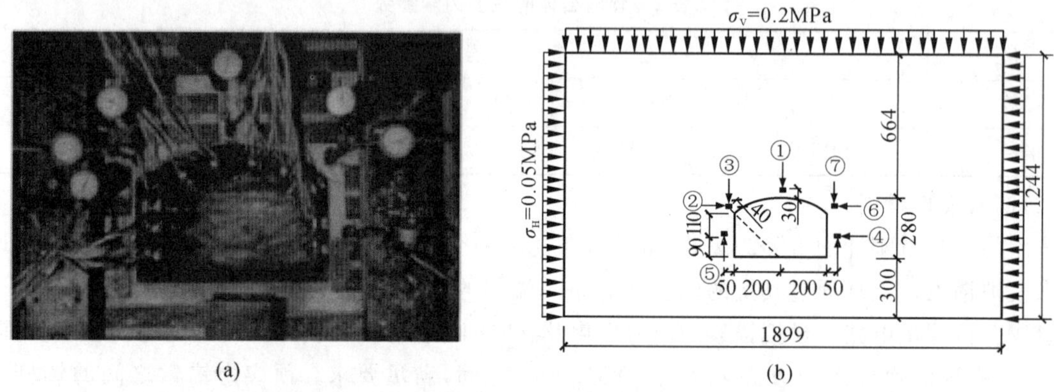

图 3　Ⅰ$^{\#}$、Ⅱ$^{\#}$、Ⅲ$^{\#}$模型位移测点布置照片及布置简图

(a)布置照片；(b)布置简图

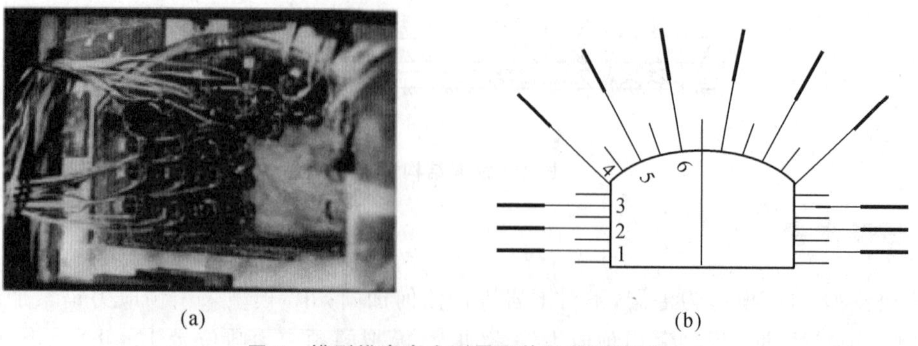

图 4　模型锚索内力测量照片及监测简图

(a)测量照片；(b)监测简图

3 试验结果

3.1 开挖过程中洞室围岩位移特性

模型夯实成型后，安装上位移引出刚杆，将整个装置竖立起来，用自动控压装置对模型施加模拟地应力：$\sigma_V=0.2\text{MPa}$，$\sigma_H=0.05\text{MPa}$。稳压24h后，即可进行开挖。整个模型厚40cm，洞室的开挖分四步完成，一步开挖10cm，全断面开挖。表3至表5是Ⅰ#、Ⅱ#、Ⅲ#模型测点位移随开挖的增量值。

表3 Ⅰ#模型测点位移随开挖增量值 单位：mm

步骤	测点编号						
	①	②	③	④	⑤	⑥	⑦
一	0.473	0.050	0.122	0.099	0.027	0.045	0.124
二	0.572	0.150	0.251	0.190	0.182	0.135	0.252
三	0.341	0.055	0.236	0.100	0.150	0.060	0.242
四	0.247	0.062	0.156	0.079	0.032	0.055	0.148

图5至图7是Ⅰ#、Ⅱ#、Ⅲ#模型测点位移随开挖过程的曲线图。图中，L为开挖进尺(mm)；u为洞室测点位移(mm)；h为侧墙高度(mm)；T为模型厚度(mm)。

表4 Ⅱ#模型测点位移随开挖增量值 单位：mm

步骤	测点编号						
	①	②	③	④	⑤	⑥	⑦
一	0.305	0.030	0.112	0.010	0.019	0.023	0.121
二	0.346	0.045	0.145	0.017	0.116	0.041	0.148
三	0.170	0.014	0.118	0.010	0.099	0.012	0.111
四	0.110	0.011	0.095	0.010	0.020	0.010	0.087

表5 Ⅲ#模型测点位移随开挖增量值 单位：mm

步骤	测点编号						
	①	②	③	④	⑤	⑥	⑦
一	0.230	0.015	0.099	0.005	0.010	0.013	0.090
二	0.293	0.031	0.123	0.005	0.106	0.028	0.1115
三	0.138	0.005	0.100	0.001	0.0032	0.005	0.095
四	0.087	0.007	0.034	0	0.010	0.004	0.022

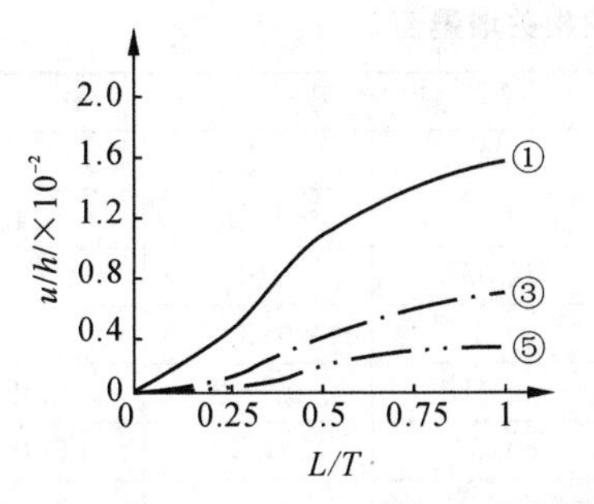

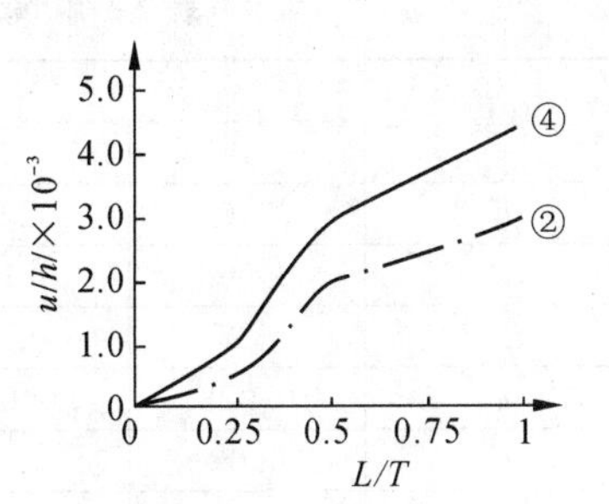

图5 Ⅰ#模型测点位移曲线图

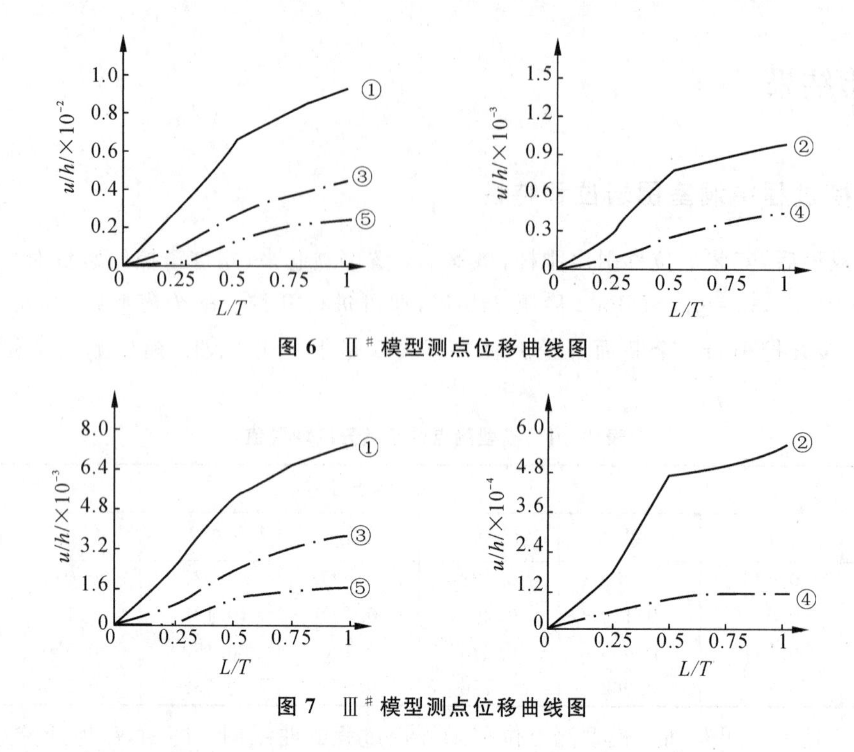

图 6　Ⅱ# 模型测点位移曲线图

图 7　Ⅲ# 模型测点位移曲线图

3.2　开挖过程中锚索内力变化特性

施加在Ⅱ# 模型锚索上的预应力为 4N，Ⅲ# 模型上的为 8N。由于洞室分四步开挖，每一排锚索的铜环只能待相应的步骤完成之后安装上，为了更形象、典型地说明问题，选择开挖第一步后即时安装上的第一排锚索为研究对象。表 6 和表 7 分别是Ⅱ#、Ⅲ# 模型锚索相关增量值。表中，F 为锚索内力增加值(N)；u 为垫墩处岩体的位移值(mm)。

表 6　Ⅱ# 模型锚索相关增量值

开挖步骤	参数	铜环编号					
		1	2	3	4	5	6
二	F	0.65	1.02	0.57	0.45	1.45	1.22
	u	0.074	0.124	0.071	0.056	0.173	0.14
三	F	0.7	1.0	0.63	0.37	0.46	0.29
	u	0.08	0.122	0.079	0.046	0.055	0.034
四	F	0.33	0.48	0.25	0.17	0.07	0.0
	u	0.038	0.058	0.031	0.021	0.008	0.0

表 7　Ⅲ# 模型锚索相关增量值

开挖步骤	参数	铜环编号					
		1	2	3	4	5	6
二	F	0.6	0.98	0.3	0.28	0.45	0.37
	u	0.068	0.119	0.038	0.035	0.054	0.043
三	F	0.25	0.34	0.14	0.34	0.24	0.08
	u	0.028	0.041	0.018	0.042	0.029	0.009
四	F	0.03	0.05	0.01	0.0	0.01	0.0
	u	0.003	0.006	0.001	0.0	0.001	0.0

4 试验结果分析

从以上试验结果可以看出：

(1)对于水平位移和竖直位移,后两步开挖引起的位移增量大致是一致的,但同前两步的开挖影响相比,水平位移的变化幅度要明显大于竖直位移的变化幅度。这说明水平位移的空间效应段长度要小于竖直位移的空间效应段长度。

(2)加预应力锚索后,洞壁围岩的稳定性得到明显的改善。对于①号测点位移增量来说,Ⅱ#比Ⅰ#减少30%左右,Ⅲ#比Ⅰ#减少40%左右;对于③号测点位移增量来说,Ⅱ#比Ⅰ#减少20%左右,Ⅲ#比Ⅰ#减少35%左右;对于②号和④号测点来说,Ⅱ#比Ⅰ#减少50%～90%,Ⅲ#比Ⅰ#减少60%～95%。可见,锚索的加固作用对洞室的不同部位效果是不一样的,对侧墙的加固效果要强于对拱部的加固效果;不论对哪种位移,空间效应段长度都要减少,但减少的幅度不一样。

(3)对于未加锚索的Ⅰ#模型,开挖引起的水平位移是④号大于②号,对于施加锚索的Ⅱ#、Ⅲ#模型,开挖引起的水平位移是②号大于④号,这证明,预应力锚索对侧墙中部的加固作用要明显好于对拱脚部位的加固作用。

对比表6和表7可以看出,锚索施加预应力大的,在开挖过程中锚索内力增加不如预应力小的锚索内力增加得多,这说明预应力加大,可以明显地提高围岩的整体性和稳定性[5],提高其变形模量,使围岩变形受到有效控制,使开挖对其影响更加减小,空间效应段长度更加减小。

将表6和表7中的②号测点的水平位移值与图3中相应模型中④号测点的水平位移相比,发现两者相差许多倍,由铜环测出的洞壁水平位移值明显大于由位移引出刚杆测出的位移,这有两方面的原因：

(1)④号测点处的位移引出刚杆距洞室侧墙有5cm的距离,在这段距离上,水平位移要递减。这不是主要原因,因为在这么短的距离上,按照弹性理论和有限元计算,不会递减这么多的位移值。

(2)由于有预应力锚索和锚杆的加固,洞室围岩一方面受力条件得到改善,另一方面围岩参数得到提高,使得因洞室开挖而造成的影响深度明显变浅和空间效应段长度明显缩短。这是主要原因。

5 结论

(1)洞室经预应力锚索加固后,其围岩受力条件得到改善,围岩变形受到约束,围岩的稳定性得到提高。

(2)预应力锚索对洞室的不同部位加固效果是不一样的,具体地说,对侧墙的加固效果强于对拱部的加固效果。这样的代价是侧墙锚索的内力增加值要大,因此,对洞室的不同部位,要采取不同的预锚参数。

(3)不论是洞室围岩位移还是预应力锚索内力,都受开挖的影响。具体到本模型试验,影响最大的是第二步开挖,这是由于位移引出刚杆的锚固长度的2/3位于第二步开挖的范围之内及选择第一排锚索为研究对象的缘故。这就是所谓的开挖空间效应。随着施加在锚索上的预应力的加大,空间效应段的长度要变短,影响深度变浅。

本次模型试验证实,对处于软弱岩体中的大跨度、高边墙洞室,用预应力锚索加固可以明显地减少因洞室开挖引起的洞室围岩位移,可以减短空间效应段的长度;在锚索长度相差不大的情况下,侧墙部位锚索的加固效果大于拱部锚索的加固效果，证明在这类地下洞室中可以采用预应力锚索锚固技术。

参考文献

[1] 顾金才，沈俊，陈安敏.预应力锚索加固机理与设计计算方法研究报告.洛阳：总参工程兵科研三所，1998.

[2] 左东启，王世夏，刘大恺，等.模型试验的理论和方法.北京：水利电力出版社，1984.

[3] 林韵梅.实验岩石力学-模拟研究.北京：煤炭工业出版社，1984.

[4] 周生国，黄伦海，蒋树屏，等.黄土连拱隧道施工方法模型试验研究.地下空间与工程学报，2005，1(2)：188-191.

[5] 徐前卫，尤春安，朱合华.预应力锚索的三维数值模拟及其锚固机理分析.地下空间与工程学报，2005，1(2)：214-218.

岩土工程抗爆结构模型试验装置研制及应用

沈　俊　顾金才　陈安敏　徐景茂　明治清　张向阳

内容提要:根据地下工程科研需要,专门研制了岩土工程抗爆结构模型试验装置。该装置由抗爆箱体、基坑、拉杆连接系统、油缸推拉系统及消波措施等5部分组成。利用该装置可进行常规武器对地下工程的侵彻爆炸破坏效应或核武器对深埋工程产生的直接地冲击破坏效应等室内模型试验。文中给出了该装置的功能指标、模型试验理论和试验技术及其初步应用情况。

1　引言

在现代战争条件下,精确制导武器对地下工程的打击破坏力度越来越大。核武器触地爆或小型核武器钻地爆对国家战略工程的安全也已构成严重威胁[1,5,6]。研究常规武器或核武器对地下工程产生的直接地冲击破坏效应,已成为当前国防工程科研工作中的重要内容之一。岩土工程抗爆结构模型试验装置就是为此目的而研制的。该装置已初步研制成功,目前已投入使用,并取得了部分成果。

2　装置组成与功能指标

2.1　装置组成

该装置由抗爆箱体、基坑、拉杆连接系统、油缸推拉系统及消波措施等5部分组成,见图1。4个箱体分别由与其相连的伸缩式油缸推拉系统提供推拉力,可以沿轨道前后移动。当进行模型试验时,在油缸推动下将4个箱体合拢在一起,并用20根ϕ50mm高强钢拉杆将相邻箱体拉紧,形成一个抗爆箱体。在箱体内完成模型浇筑、模拟洞室开挖、传感器安装等作业,进行爆炸试验。当试验完毕需要拆除模型时,将4个箱体移开,便可进行拆除作业。

基坑尺寸为长×宽×深=1.5m×1.5m×0.5m。其四壁及底板均是用实心砖砌成,外抹20mm厚水泥砂浆护面。

拉杆连接系统:由20根钢拉杆及20个钢连接件组成,钢拉杆均从箱体内部对穿,靠拧紧两端螺母拉紧箱体。

油缸推拉系统:由4台伸缩式油缸组成,它们分别与4个抗爆箱体背面铰接,在油缸的推拉下,箱体底部滚轮可沿轨道前后滑行,带动箱体移动至合适位置。

抗爆箱体尺寸:各箱体侧面均呈直角梯形。上底宽0.4m,下底宽0.8m,长×高=1.5m×1.5m。

箱体构造:为高强钢纤维混凝土结构。内部为角钢、槽钢等型钢焊接而成的框架,四周及底板用

刊于《地下空间与工程学报》2007年第6期。

(a)

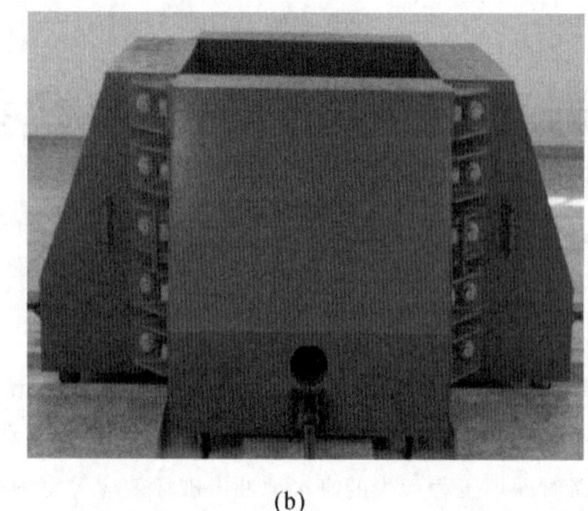
(b)

图1　抗爆结构模型试验装置

(a)箱壁拉开;(b)箱壁对合组成箱体

10mm厚的钢板焊接成箱体,内部用C80钢纤维混凝土填充,目的是使箱体具有足够的强度、刚度、重量,以满足模型抗爆试验要求。在一个方向两侧的抗爆箱体下部各设有一ϕ200mm的出线孔,以方便测量导线的引出。

消波措施:为了减小爆炸反射波对试验结果的影响,特在4个抗爆箱内壁和基坑底部设置了一定厚度的铝合金消波板。其原理是:通过边界上产生的压缩波和拉伸波在边界附近的相互抵消,达到消波目的。消波板构造是:在铝合金板上均匀钻孔,使钻孔面积与剩余面积相等。经过试验证明,达到了较好的消波效果。

2.2　装置的功能指标

(1)在该装置上可用以模拟常规武器对地下工程的侵彻爆炸破坏效应及核武器触地爆或钻地爆对深埋工程产生的直接地冲击破坏效应。该装置可用于人防工事内爆炸或外爆炸模拟试验,也可用于模拟洞室开挖及支护作业全过程。

(2)模型尺寸:长×宽×高=1.5m×1.5m×2.0m。模型高度可根据需要进行适当调整。

(3)装药方式及装药量:集中装药30～300gTNT;平面装药不小于400g/m^{2}TNT。

(4)洞室形状及尺寸:圆形洞室或直墙拱顶形洞室,直径或跨度不小于60cm,覆盖层厚度不小于120cm。

3　相似理论及模型试验技术

3.1　模型相似理论

目前防护结构抗爆试验主要采用两种方法:一种是用原型材料缩小比尺在现场进行试验,另一种是用模型材料在室内进行试验。在现场试验的难点除了费时、费力之外主要是岩体特征无法按几何比尺缩小,同时重力效应的影响也无法充分考虑。在室内用模型材料进行抗爆试验的理论基础是Froude比例法。这里对Froude比例法作简要介绍。

在Froude比例法中,基本变量是长度L、密度ρ和加速度a,并且取加速度比尺$K_a=1$。因为在Froude比例法中$K_a=1$,故不需要在离心机上进行模型试验,即可考虑重力效应,这给试验工作带来

很大便利。在Froude相似准则中，进行模型试验需要满足的重要比尺因数关系是

$$K_\sigma = K_\rho \cdot K_L \tag{1}$$

式中，K_σ，K_ρ 和 K_L 分别为应力比尺、密度比尺和长度比尺。

由于 σ、ρ 都是材料本身的性质，因而几何比尺 K_L 不能任意选取，应由模型材料和原型介质性质来决定。

需要注意的是，由Froude相似理论可知，在同一个试验中要同时满足冲量和应力比尺的要求是不可能的。一般地，如果系统的最大反应发生较早，则峰值应力应完全满足相似比尺关系；如果系统的最大反应在超压已经充分衰减之后出现，则冲量应完全满足相似比尺关系[2-3]。

另外，模型和原型的相似条件，在大多数情况下只能近似地被满足，因而由模型试验给出的结果也只能是对原型的近似反映。

3.2 模型试验技术

模型试验技术包括模型成型制作技术，复杂条件下的岩体介质模拟技术，洞室开挖、支护或加固模拟技术，爆炸相似模拟技术，模型边界消波技术，爆炸条件下的应力、加速度、位移、应变测量技术等[4]，这里不作详细介绍，只给出一些实例效果。图2为地下洞室锚杆施工及测量传感器安装后的情景。

图2 地下洞室锚杆施工及测量传感器安装后照片

3.3 模型试验步骤

(1)制作模型，埋设传感器

第一步，夯筑模型。首先根据设计的模型介质混合配比拌料；然后采用分层上料夯实的方法夯筑模型。在下一层上料前，应先对交界面进行打毛处理，尽可能避免分层现象发生。压力与加速度传感器的埋设应与模型夯筑同步进行。

第二步，开挖洞室。模型夯筑完成后，用铁锹和手电钻在开洞位置大面积开挖，然后用小铲和砂布局部修整。

第三步，洞室支护作业。利用事先准备的锚杆定位模具进行锚杆(索)钻孔作业，然后注浆、插入锚杆、安装垫板、锁定锚杆。

第四步，在洞室内布置加速度计、位移计。

(2)接线连接仪器，并设置好测量参数。

(3)起爆炸药，测试有关参量。

(4)测量数据处理，模型解剖及宏观描述。

4 试验装置的应用情况

4.1 锚固洞室抗常规武器加固效果试验

为了研究坑道在常规武器作用下的抗爆效果，我们进行了不同加固形式的抗爆效果对比试验。图3为模型洞室洞周应力测点布置，图4给出了洞室拱顶部位3个测点的应力波形，可见装置边界

条件较为稳定、可靠，测试技术满足试验要求。

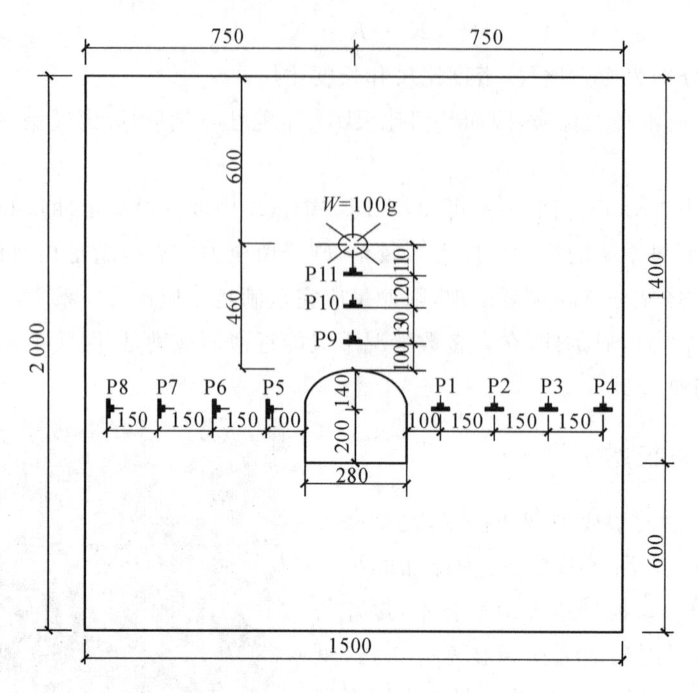

图 3　模型洞室洞周应力测点布置

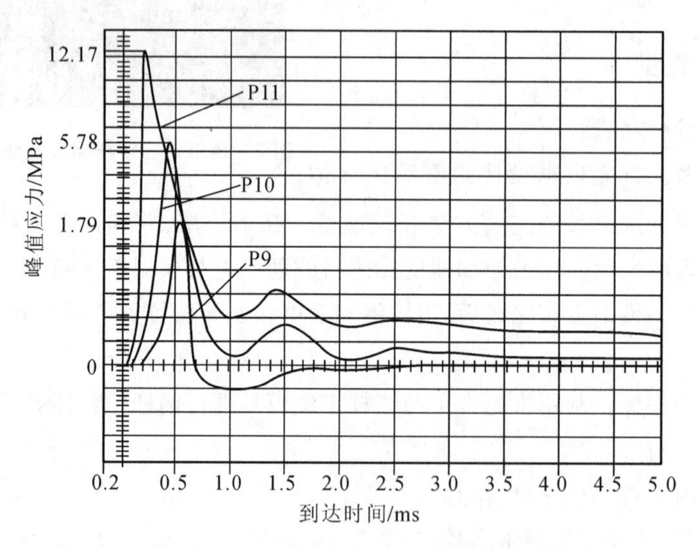

图 4　拱顶部位 3 个测点应力波形

4.2　核武器触地爆条件下洞室稳定性对比试验

在本装置上进行了核武器触地爆条件下钢筋混凝土衬砌洞室与毛洞稳定性对比试验。图 5 为模拟核武器触地爆条件下洞周峰值应力分布情况。

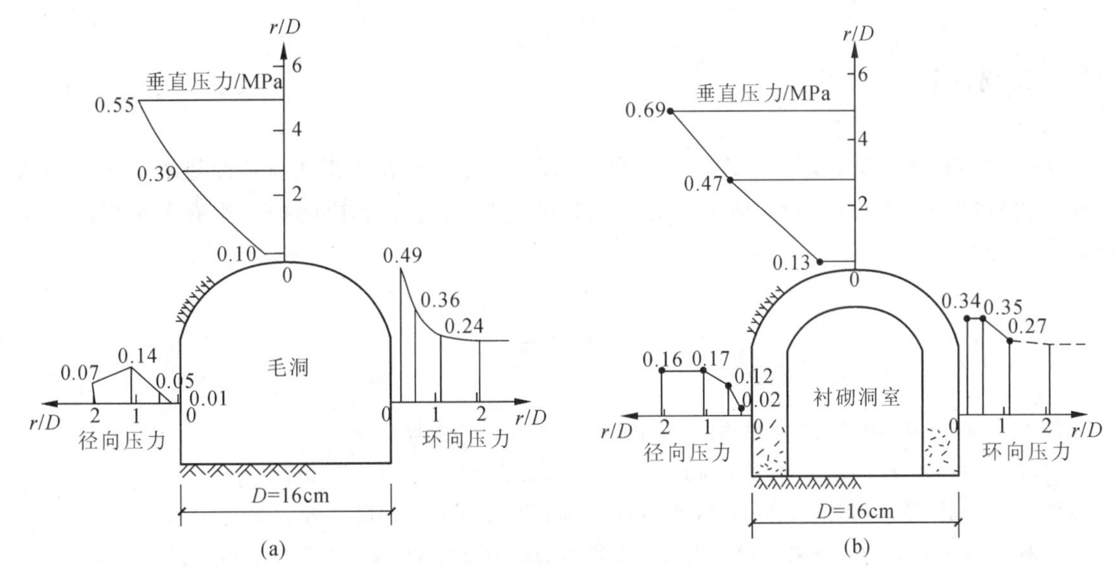

图 5　模拟核武器触地爆条件下两种洞室洞周峰值应力分布

(a)毛洞;(b)衬砌洞室

4.3　锚固洞室抗爆性能对比模型试验研究

为了比较不同的加固形式的洞室抗爆能力,我们进行了自由式锚索和全长注浆式锚索加固效果对比试验。图 6 为模拟自由式锚索和全长注浆式锚索结构示意图。图 7 为全长注浆式锚索加固洞室与无支护洞室(毛洞)的抗爆能力对比试验情况,可见锚索加固效果很显著。

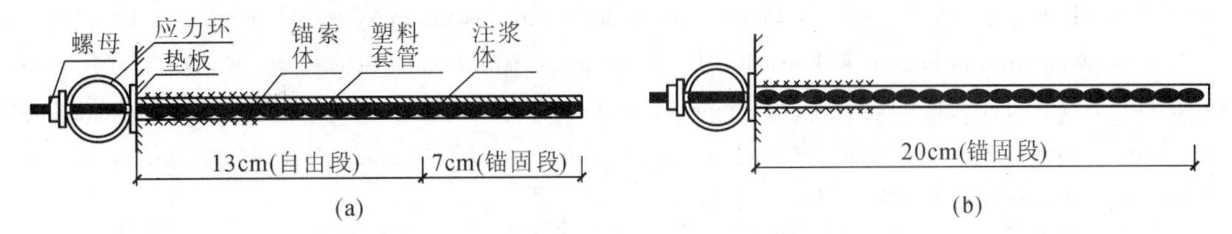

图 6　模拟锚索结构示意图

(a)模拟自由式锚索;(b)模拟全长注浆式锚索

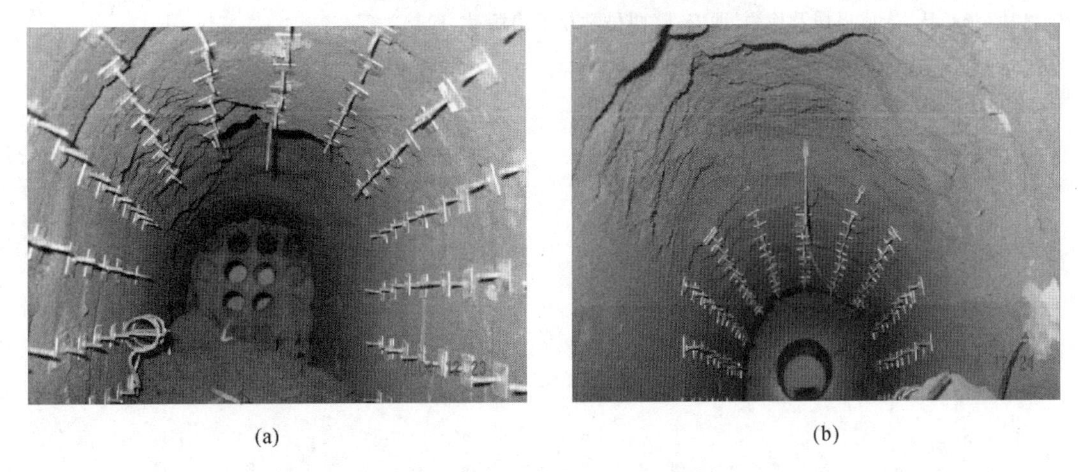

图 7　全长注浆式锚索加固洞室与毛洞的抗爆能力对比试验情况

(a)锚索加固段洞室破坏形态;(b)毛洞段洞室破坏形态

5 结束语

对于抗爆结构模型试验研究工作，无论是试验装置还是试验技术都还有待改进和完善。但从目前已经取得的部分成果看，随着这项工作的继续开展，它一定会为解决防护工程有关抗爆结构研究问题发挥重要作用。

参考文献

[1] 王年桥，卞长炀，章燕镇，等. 防护结构试验基础. 南京：工程兵工程学院，1982.

[2] 李宁，程国栋，徐学祖，等. 冻土力学的研究进展与思考. 力学进展，2001，31(1)：95-102.

[3] 杨更社，张全胜，蒲毅彬. 冻结温度对岩石细观损伤扩展特性影响研究初探. 岩土力学，2004，25(9)：1409-1412.

[4] 齐吉琳，张建明，朱元林. 冻融作用对土结构性影响的土力学意义. 岩石力学与工程学报，2003，22(增2)：2690-2694.

[5] 赵永红，梁海华，熊春阳. 用数字图像处理相关技术进行岩石损伤的变形分析. 岩石力学与工程学报，2002，21(1)：73-76.

[6] 范留明，李宁，丁卫华. 数字图像伪彩色增强方法在岩土CT图像分析中的应用. 岩石力学与工程学报，2004，23(13)：2257-2261.

[7] KWANA K H，MORA C F，CHAN H C. Particle shape analysis of coarse aggregate using digital image processing. Cement and Concrete Research，1999，29(9)：1403-1410.

[8] RED T R，HARRISON J P. A semi-automated methodology for discontinuity trace detection in digital images of rock mass exposures. International Journal of Rock Mechanics and Mining Sciences，2000，37(7)：1073-1089.

[9] TANG C A，LIU H，LEE P K K，et al. Numerical studies of the influence of micro structure on rock failure in uniaxial compression-part I effect of the erogeneity. International Journal of Rock Mechanics and Mining Sciences，2000，37(4)：555-569.

[10] 岳中琦，陈沙，郑宏，等. 岩土工程材料的数字图像有限元分析. 岩石力学与工程学报，2004，23(6)：889-897.

[11] 杨枝灵，王开. Visual C＋＋数字图像获取、处理及实践应用. 北京：人民邮电出版社，2003.

[12] 杨更社，张长庆. 岩体损伤及检测. 西安：陕西科学技术出版社，1998.

[13] 张正荣. 传热学. 北京：人民教育出版社，1982.

深部开挖洞室围岩分层断裂破坏机制模型试验研究

顾金才　顾雷雨　陈安敏　徐景茂　陈　伟

内容提要：根据对深部岩体的地应力特征的分析和对洞室围岩受力变形特点的分析，提出深部开挖洞室围岩分层断裂破坏机制：由于深部开挖工程中岩体地应力数值较大，且最大地应力方向可能与洞室轴线平行，从而使洞室围岩在较大的轴向压应力作用下产生较大的朝洞内的膨胀变形，并在围岩内产生较大的径向拉应变。该拉应变的分布特征是在洞壁处较小，在介质内较大，当洞壁介质内的拉应变值达到其极限值时，那里的围岩便发生断裂，这种断裂可以产生一层或多层，取决于轴向压应力数值的大小。上述认识采用洞室模型试验结果作了验证。研究结果不仅对民用深部开挖工程具有重大指导意义，对国防工程中的某些方面，如导弹发射井等也有重要启示作用。

1　引言

目前深部岩体开挖力学问题已引起岩土工程界的广泛重视，这是因为当前煤炭、石油、国防以及核废料储存等部门已遇到了深部岩体开挖的工程技术问题。在深部开挖中岩体所处力学环境具有“三高”特点，即高温、高压、高渗透，这是容易理解的。而令人费解的是，由俄罗斯学者发现的在深部开挖中，洞室围岩会产生呈间隔分布的“环带状碎裂”(zonal disintegration)现象[1-4]（国内专家称之为“分区破裂化现象”[5-7]或“区域性断裂现象”[8]）。

在通常情况下，洞室的破坏一般都是在洞壁处产生大块楔体，或在洞壁附近产生不同形式的破碎区、塑性区等，这已为以往的洞室模型试验和现场试验所证实，见图 1、图 2，用现有的岩石力学理论也可以进行解释。为什么在深部开挖中洞室围岩会产生呈间隔分布的环带状碎裂现象，引起了众多学者[1-21]的关注，并从不同角度对其进行了分析探讨。最先提出这一问题的是俄罗斯学者 E. I. Shemyakin 等[1-4]，他们通过现场量测发现，在深部矿井开采面附近围岩中存在呈间隔分布的环带状碎裂现象，并进行了试验验证和理论分析工作，给出了实际应用和计算产生环带状碎裂现象的条件公式。我国也有多位学者对深部开挖问题作了研究。钱七虎[5-7]研究了深部岩体工程响应的特征，并且界定了“深部”岩体的范围。何满潮等[9]总结分析了深部开采与浅部开采岩体工程力学特性的主要区别。李英杰等[10-11]对现场观测和相似材料模拟试验中的岩石环带状碎裂的时间效应进行了总结，对深部巷道围岩的弹塑性应力场进行了分析，求出了支撑压力区的应力分布状态，重新确定了岩石环带状碎裂现象发生的条件。唐鑫等[12]从岩石蠕变角度分析了深部巷道围岩区域化交替破碎现象的演化过程，依据“岩石失稳是与应变密切相关的”这一认识，认为破碎圈的出现是岩石的蠕变使应变发展到极限值后裂纹交汇贯通而形成的。

综上所述，各学者对深部开挖洞室围岩发生呈间隔分布的环带状碎裂原因的认识尚不够统一，还有必要进行深入研究。笔者对上述问题也很感兴趣，在深入分析深部岩体的地应力特征和洞室围

刊于《岩石力学与工程学报》2008 年第 3 期。

岩的受力变形特点的基础上提出:深部开挖洞室围岩发生呈间隔分布的环带状碎裂现象有可能是在较大的轴向压力作用下产生的,并用模型试验作了验证。由于试验给出的围岩破坏特征是"分层断裂"而不是"碎裂",所以本文所提出的"洞室围岩分层断裂机制"是否就是俄罗斯学者提出的深部开挖中洞室围岩呈间隔分布的环带状碎裂现象的机制尚不作结论,还需继续进行深入研究。

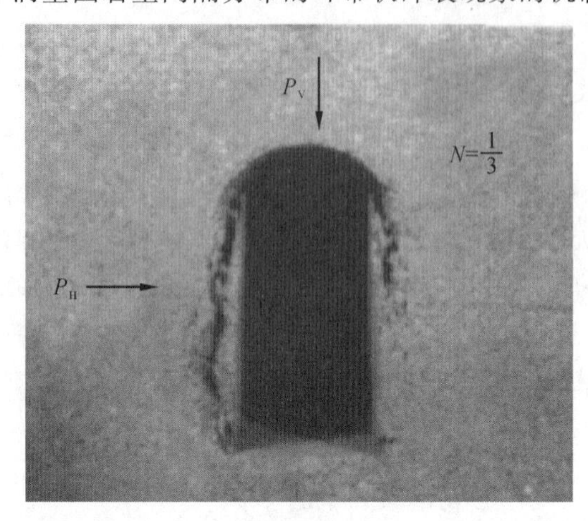

图 1　静载作用下浅埋毛洞破坏形态

N—侧压系数;P_V—垂直荷载集度;P_H—水平荷载集度

图 2　爆炸荷载作用下浅埋毛洞破坏形态

2　对洞室围岩分层断裂机制的理论分析

以往大量试验和现有的岩石力学理论都表明,只要围岩中洞室最大荷载方向与洞室轴线垂直,洞室的破坏就会发生在洞壁附近,或者形成大块楔体,或者产生压屈型破坏[22](图 1)。因为在这种荷载条件下,洞室边墙将产生高度的环向压应力集中,根据莫尔-库仑强度理论,边墙部位必然形成压剪型或压屈型破坏。现场爆炸试验结果也证实了上述看法[23](图 2)。因此,要研究深部开挖洞室围岩为何产生所谓"分区破坏现象",不从改变荷载作用方向考虑,而仍然采用洞室最大荷载方向与洞室轴线垂直的条件,仅用不同的理论方法去分析可能是行不通的。

笔者认为,当地应力荷载水平方向较大,且最大荷载方向与洞室轴线平行时,洞室围岩就有可能产生环带状分层断裂现象。这是因为在较大的轴向压应力作用下,洞周材料将产生横向膨胀。膨胀后的材料只能朝洞内发展,因为洞壁为自由面,洞壁背后材料对洞壁的径向膨胀提供约束。

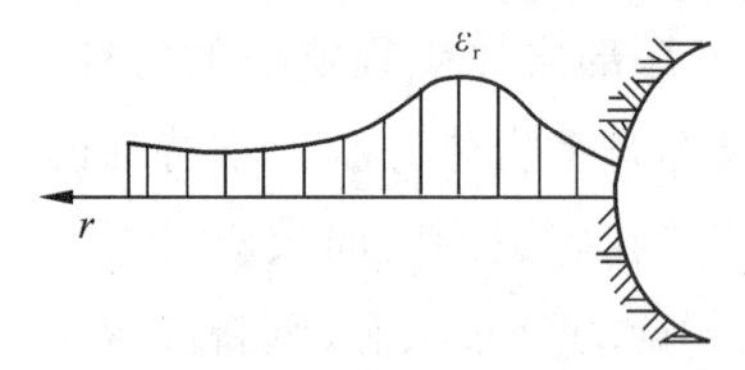

图 3　深部洞室洞周径向应变分布示意图

洞壁附近材料向洞内的膨胀变形将在洞壁介质内产生径向拉应变。该拉应变在洞壁上较小,在介质内一定深度上较大,在离洞室较远处基本处于均匀受拉状态,见图 3。随着洞室轴向压应力数值的增加,洞周介质内的径向拉应变也会增大。当洞室轴向压应力增加到某一数值时,洞周介质内的最大径向拉应变将会达到材料的拉应变极限,从而造成那里的材料发生拉伸断裂。因为轴向压应力沿洞周的分布大体上是均匀的,所以这种断裂沿洞周一定长度上应该是连续的,即它不是一个点的断裂,而是一条环带状连续缝。

洞周材料发生了第一次环状断裂后,相当于在原来的介质内又形成了一个新的更大的洞室。该洞室在较大的轴向压应力作用下又会产生新的断裂。这种断裂一直进行到洞周介质内由轴向压应力产生的最大径向拉应变值小于材料的极限拉应变时为止。上述力学过程进行的结果就可能是在洞周介质内产生一层或多层环带状断裂缝。

3 洞室围岩分层断裂机制模型试验研究

3.1 试验概况

为了验证上述观点，笔者进行了下述模型试验。试验模型采用圆柱体，见图4。圆柱体直径 $\phi=600\text{mm}$，高 $h=300\text{mm}$。圆柱体的中心为模拟洞室。模拟洞室有两种：圆形洞室和直墙拱顶洞室。圆形洞室直径分别为 $d_1=110\text{mm}$ 和 $d_2=160\text{mm}$；直墙拱顶洞室跨度 $B=100\text{mm}$，高度 $H=200\text{mm}$。各洞室中心均与圆柱体中心重合。洞室轴线长度与圆柱体高度相同，均为300mm。圆柱体的上部作用有均匀分布的轴向压力 σ_z。周围用5mm厚的钢壁圆筒提供侧向约束。模型材料采用水泥砂浆，其配比为 $m_{水泥}:m_{砂}:m_{水}:m_{速凝剂}=1:14:1.5:0.025$。材料7d的单轴抗压强度 $R_c=0.76\text{MPa}$，抗拉强度 $R_t=0.076\text{MPa}$。

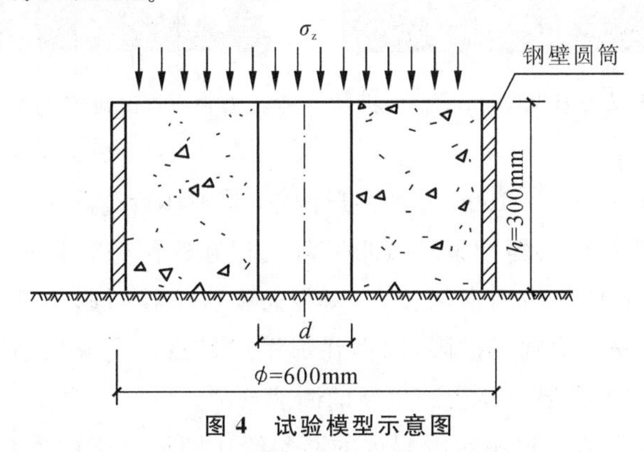

图4 试验模型示意图

模型制作采用分层上料、分层夯实的办法成型。自然养护7d后，进行加载试验。试验是在500t材料试验机上进行的，加载速率为100kN/min左右。试验结束后，在1/3高度处对各模型洞室作了横向解剖，以观察洞室围岩的破坏形态。各模型洞室的破坏形态见图5～图7。

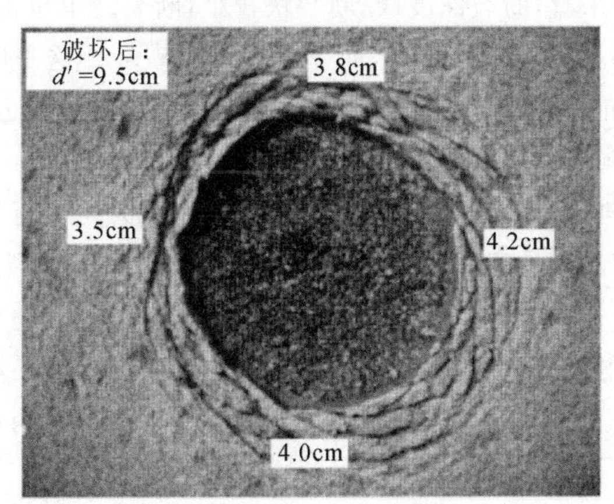

图5 圆形洞室破坏形态（$d_1=110\text{mm}$，$\sigma_z/R_c=7.47$）

3.2 试验结果分析

(1)从图5中可看到，$d_1=110\text{mm}$ 的圆形洞室在较大的轴向压应力作用下，$\sigma_z/R_c=7.47$，洞壁附近产生了多条滑移线形破坏。其原因是该洞室半径 r 较小，由洞壁产生的径向位移 u 引起洞周材料产生了较大的环向压应变 ε_θ，此点由弹性理论公式 $\varepsilon_\theta = u/r$ 可以看出。由于环向压应变较大，结果就使洞壁材料产生了滑移线形破坏。鉴于此，又增大洞径到 $d_2 = 160\text{mm}$，重做试验，结果如图 6 所示。

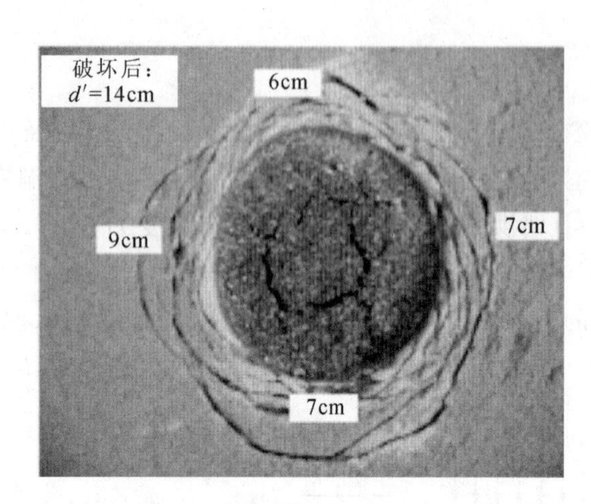

图 6　圆形洞室破坏形态（$d_2 = 160\text{mm}, \sigma_z/R_c = 6.83$）

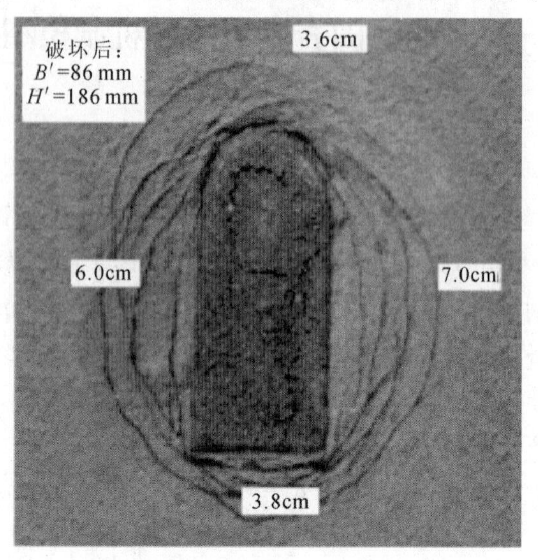

图 7　直墙拱顶洞室破坏形态（$B = 100\text{mm}$, $H = 200\text{mm}, \sigma_z/R_c = 7.29$）

（2）从图 6 中可看到，对于 $d_2 = 160\text{mm}$ 的圆形洞室，其破坏特征在洞壁附近与 $d_1 = 110\text{mm}$ 的圆形洞室情况基本一样，仍为两组共轭的滑移线形破坏。但在距洞壁较远处，该洞室出现了较为完整的圆弧形断裂缝。说明那里的材料因半径较大，由径向膨胀位移引起的环向挤压应变较小，而在介质内产生的径向拉应变值先期达到了极限，因而在那里材料出现了分层断裂现象。可以想见，如果轴向压力再加大，在介质内更深部位还会产生新的断裂缝。

（3）从图 7 中可看到，直墙拱顶洞室围岩内的断裂缝比圆形洞室的发育更充分、更完整，断裂块也更大。直墙拱顶洞室的断裂缝主要出现在边墙部位。左、右墙处可以清晰地看出断裂为 4 层。左墙虽不如右墙完整，但断裂缝和断裂层数也清晰可见。这说明较大的直墙面更容易产生分层断裂破坏。从拱顶和底板断裂特点来看，断裂深度浅，断裂块较小，断裂缝也呈滑移线形。这说明洞壁曲面半径小，或平面宽度窄时，都不产生分层断裂，而呈滑移线形破坏。这是因为洞壁曲面半径小，所受到的环向挤压力就大；在同样水平位移条件下，若洞壁平面宽度窄，洞壁也会产生较大的环向挤压应力，因而在上述两种条件下洞壁不产生分层断裂，而呈滑移线形破坏。

上述情况说明，洞壁材料要产生分层断裂现象，不仅要有较大的平行于洞室轴线的压应力作用，而且洞室还要有较大的直墙面或具有较大曲率半径的曲墙面。

从图 5 至图 7 中还看到：

（1）两种圆形洞室洞壁附近材料断裂块的大小与两洞室直径成正比，保持几何比例关系。但离洞室较远处大直径洞室产生了破坏，小直径洞室未产生破坏，这说明离洞室较远处，两洞室的破坏不满足几何比例关系。

（2）圆形洞室围岩发生分层断裂后仍为圆形洞室，直墙拱顶洞室围岩发生分层断裂后，也趋于圆形洞室。

（3）同一洞室不同部位材料断裂块的大小和厚薄尽管不等，但断裂层数却几乎相同。如直墙拱顶洞室，拱顶和边墙断裂厚度大小不等，但断裂层数基本上均为 4 层。

（4）从上面给出的所有洞壁围岩破坏特征看，均属于分层断裂形态，未见层面碎裂现象。这可能与试验采用的是均质材料，而实际岩体是非均质材料有关。

4 深部开挖洞室围岩发生分层断裂的可能性分析

由前面的分析可知，洞壁围岩要发生分层断裂必须满足两个条件：一是要有较大的平行于洞室轴线的水平地应力，二是洞壁要有较大的直墙面，或较大的曲率半径。

深部岩体地应力数值较大，且最大地应力方向一般是沿水平方向发展的[7]。

深部岩体水平地应力较大，是因为岩体厚度较大时，由地层构造运动形成的水平地应力得不到充分释放，而由地层构造运动形成的地应力往往又比由岩体自重形成的地应力数值较大。而在浅层，由于存在深沟峡谷，由地壳构造运动产生的水平地应力会得到部分释放，而由岩体自重产生的地应力却能得到保存，所以浅层垂直地应力较大。上述事实已为许多工程实践[24-26]所证实。

由于深部岩体地应力数值较大，且最大地应力方向往往又是沿水平方向，而洞室轴线一般也是沿水平方向的，因而有可能出现较大的水平地应力与洞室轴线平行的情况。当较大的水平地应力与洞室轴线平行时，洞室围岩便可能发生本文所提到的分层断裂现象。由此看出，深部开挖中洞室围岩发生分层断裂现象是有一定条件的，不是一种普遍现象。

5 结论与建议

5.1 结论

(1)洞室在较大的轴向压力作用下，当洞壁具有较大的直墙面，或具有较大的曲率半径时，洞壁围岩是可以产生分层断裂现象的。这种现象的产生是由较大的轴向压力引起洞壁材料的侧向膨胀造成的。

(2)在深部开挖中，由于地应力数值较大，且最大地应力往往又沿水平方向发展，因而洞室围岩有可能在较大的轴向压应力作用下产生分层断裂现象。

(3)圆形洞室围岩发生分层断裂的特点是：在洞壁附近，断裂缝呈滑移线形；在离洞壁较远处，断裂缝呈圆弧形。

(4)直墙拱顶洞室围岩发生分层断裂的特点是：在边墙部位呈分层断裂现象，在拱顶和底板部位呈滑移线形断裂。

(5)圆形洞室围岩发生分层断裂后仍为圆形洞室；直墙拱顶洞室围岩发生分层断裂后也趋于圆形洞室。

5.2 建议

(1)对洞室围岩分层断裂现象要继续进行深入研究，探讨在不同地应力特征、不同洞形、不同地质条件、不同开挖顺序下洞壁围岩的分层断裂特征。

(2)针对洞室围岩分层断裂特征进行合理支护方案和支护技术研究。

(3)除了在民用工程深部开挖中需要研究洞室围岩分层断裂现象外，导弹发射井等也有可能在核武器触地爆或钻地爆条件下，产生很高的轴向压力，从而引起洞壁围岩产生分层断裂现象。因此，在国防工程中也有必要及早开展相关研究。

参考文献

[1] SHEMYAKIN E I,FISENKO G L,KURLENYA M V,et al. Zonal disintegration of rocks around underground workings,part Ⅰ:data of in-situ observations. Journal of Mining Science,1986,22(3):157-168.

[2] SHEMYAKIN E I,FISENKO G L,KURLENYA M V,et al. Zonal disintegration of rocks around underground workings,part Ⅱ:rock fracture simulated in equivalent materials. Journal of Mining Science,1986,22(4):223-232.

[3] SHEMYAKIN E I,FISENKO G L,KURLENYA M V,et al. Zonal disintegration of rocks around underground workings,part Ⅲ:theoretical concepts. Journal of Mining Science,1987,23(1):1-6.

[4] SHEMYAKIN E I,KURLENYA M V,OPARIN V N,et al. Zonal disintegration of rocks around underground workings,part Ⅳ:practical applications. Journal of Mining Science,1989,25(4):297-302.

[5] 钱七虎.深部岩体工程响应的特征科学现象及“深部”的界定.华东理工学院学报,2004,27(1):1-5.

[6] 钱七虎.非线性岩石力学的新进展——深部岩体力学的若干问题//中国岩石力学与工程学会.第八次全国岩石力学与工程学术大会论文集. 北京:科学出版社,2004:10-17.

[7] 钱七虎.深部地下空间开发中的关键科学问题//钱七虎.钱七虎院士论文选集.北京:科学出版社,2007.

[8] 贺永年,韩立军,邵鹏,等.深部巷道稳定的若干岩石力学问题.中国矿业大学学报,2006,35(3):288-295.

[9] 何满潮,谢和平,彭苏萍,等.深部开采岩体力学研究.岩石力学与工程学报,2005,24(16):2803-2813.

[10] 李英杰,潘一山,章梦涛.深部岩体分区碎裂化进程的时间效应研究.中国地质灾害与防治学报,2006,17(4):119-122.

[11] 李英杰,潘一山,李忠华.岩体产生分区碎裂化现象机制分析.岩土工程学报,2006,28(9):1124-1128.

[12] 唐鑫,潘一山,章梦涛.深部巷道区域化交替破碎现象的机制分析.地质灾害与环境保护,2006,17(4):80-84.

[13] 谢和平.深部高应力下的资源开采——现状、基础科学问题与展望//科学前沿与未来(第六集).北京:中国环境科学出版社,2002:179-191.

[14] 王明洋,戚承志,钱七虎.深部岩体块系介质变形与运动特性研究.岩石力学与工程学报,2005,24(16):2825-2830.

[15] 王明洋,周泽平,钱七虎.深部岩体的构造和变形与破坏问题.岩石力学与工程学报,2006,25(3):448-455.

[16] 王明洋,宋华,郑大亮,等.深部巷道围岩的分区破裂机制及“深部”界定探讨.岩石力学与工程学报,2006,25(9):1771-1776.

[17] 陈士林,钱七虎,王明洋.深部坑道围岩的变形与承载能力问题.岩石力学与工程学报,2005,24(13):2203-2211.

[18] 周小平,钱七虎.深埋巷道分区破裂化机制.岩石力学与工程学报,2007,26(5):877-885.

[19] 潘一山,章梦涛.深埋软岩巷道底鼓机制及控制的模拟试验研究.矿山压力与顶板管理,1992,9(2):9-13.

[20] 冯夏庭,王泳嘉.深部开采诱发的岩爆及其防治策略的研究进展.中国矿业,1998,7(5):42-45.

[21] 古德生.金属矿床深部开采中的科学问题//科学前沿与未来(第六集).北京:中国环境科学出版社,2002:192-201.

[22] 顾金才,沈俊.喷锚支护模型试验研究报告.洛阳:总参工程兵科研三所,1988.

[23] 曹国庆.烟台喷锚混凝土抗力试验总结报告.洛阳:总参工程兵科研三所,1970.

[24] 周宏伟,谢和平,左建平.深部高地应力下岩石力学行为研究进展.力学进展,2005,35(1):91-99.

[25] 朱焕春,陶振宇.地应力研究新进展.武汉水利电力大学学报,1994,27(5):542-547.

[26] 蒲文龙,张宏伟,郭守泉.深部地应力实测与巷道稳定性研究.矿山压力与顶板管理,2005,22(1):49-51.

深部开挖洞周围岩分区破裂化机理分析与试验验证

顾金才

关于深部开挖分区破裂化问题，向大家汇报一下我的观点和看法。

深部开挖岩体力学问题中最不好理解的是有关洞室围岩分区破裂化问题。分区破裂化就是洞室围岩产生一圈一圈的破坏。怎么会产生这种破坏呢？对于这个问题，一开始百思不得其解，经过一段时间思考后，我认为在一定条件下还是有可能的，并按自己的想法做了一个试验，证明我的想法基本符合实际。下面我分两个方面进行介绍。

1 对分区破裂化现象的基本观点和看法

首先，同意钱七虎院士的观点，在深部开挖中洞周围岩是可以产生分区破裂化的，但是我认为不是在任何情况下深部开挖都可以产生分区破裂化，它必须在满足一定条件下才能发生。这些条件主要是深部地层的特殊环境。

深部地层的特殊环境主要有四点：一是地应力数值较大；二是水平地应力较大，因为在深部岩体中构造地应力占主导地位，而构造地应力一般是水平方向较大；三是在深部岩体内部，由于地壳的长期构造运动积蓄了大量的变形能；四是岩体本身力学特征是抗压强度高，抗拉强度低。上述四个特征决定了深部开挖中洞周围岩有可能产生分区破裂化现象。

我认为在下述两种条件下，深部开挖洞周围岩将有可能产生分区破裂化现象：

第一，洞室围岩受较大的轴向压力作用。因为洞室在较大的轴向压力作用下，洞周材料将产生侧向膨胀，引起洞壁产生较大的径向位移；同时，在洞壁背后的材料内也将产生较大的径向拉应变。当洞周材料内的径向拉应变值超过材料的抗拉极限时材料便发生断裂。如果洞室的轴向压应力很大，洞壁背后材料发生一次断裂之后还要发生第二次、第三次断裂。

深部开挖中洞室轴向压应力有可能很大。这除了上面谈的深部岩体本身水平地应力较大外，还与洞室开挖后洞室轴向应力有集中效应有关。

第二，深部岩体内储存的大量变形能获得突然释放。因为当岩体内储存的大量变形能获得突然释放时，将在洞壁围岩内产生卸载波。卸载波由洞壁向介质内传播，在传播的过程中在介质内产生拉应力。当由卸载波在介质内产生的拉应力超过介质内某点材料的抗拉极限时，那里的材料便被拉断。同样，如果卸载波强度很高，在介质内产生第一次拉断后，还会产生第二次、第三次拉断。这是静力问题引起的动力效应。如果洞室采用全断面爆破开挖法施工，围岩能量获得突然释放是可能的。若能量不是突然释放，而是一点一点地被释放掉，在围岩中储存的能量即使很高，也不会产生分区破裂化现象。

鉴于上述认识，我认为深部开挖围岩产生分区破裂化现象是有条件的，不是在任何情况下都会

本文收录于《新观点新学说学术沙龙文集 21：深部岩石工程围岩分区破裂化效应》。

产生的，它不是一种普适现象。

我国岩土工程界对深部开挖围岩分区破裂化现象非常关注，有多位学者从不同角度开展了相关研究，并取得了很多成果。我认为，在对这一问题的研究方法、途径上，应从深部岩体的特殊环境上多考虑，而不应把深部岩体中的洞室受力状态看成与通常的洞室受力状态一样，只是压应力数值较大；不是采用现有的理论进行分析计算，而是通过建立新的理论把深部开挖中的分区破裂化现象计算出来，这恐怕是不合适的。因为经典理论，如莫尔-库仑理论等，经过了长期的工程应用，并被实践证明是正确的，是不能轻易被否定的。

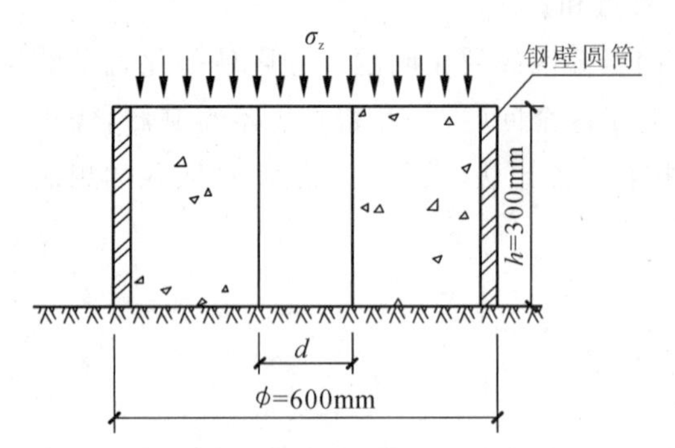

图 1 分区破裂化现象模型试验方案

2 对分区破裂化现象的试验验证

关于洞室在最大轴向压应力作用下将产生分区破裂化现象，我们做了一组试验，证明了我的观点是基本正确的。试验方法是采用一个圆柱体试件，试件的顶面受轴向压力作用，其周围有钢环约束，钢环壁厚 5mm，如图 1 所示。

圆柱体材料为水泥砂浆，其抗压强度 0.76MPa，抗拉强度 0.076MPa，近似模拟某种岩体。

圆柱体试件直径 ϕ=60mm，高度 H=30mm。模拟洞室布置在圆柱体的中心，共有两种形式，一是圆形洞室，二是直墙拱顶洞室。圆形洞室分两种，直径分别为 d_1=110mm 和 d_2=160mm；直墙拱顶洞室跨度 B=100mm，高度 H=200mm。

试验是按“先开洞，后加载”的方法进行的，即先把洞室挖好后再加载。这样做与实际工程中洞室开挖与受力顺序是不同的。若按实际工程，应该采用“先加载，后开洞”的方法进行试验。但后者试验方法比前者复杂，故本次试验采用的是前者方法。根据我们的经验，在通常情况下，上述两种试验方法给出的洞室破坏部位、破坏形态是基本相同的。但在高应力条件下，按“先加载，后开洞”的方法试验，模型是否会产生一圈一圈的破坏，目前尚无把握。我们拟在今后立项专门开展这方面的试验研究，按“先加载，后开洞”的方法模拟实际工程中的受力情况，研究不同地应力方向、不同地应力水平情况下的洞室破坏情况，探讨在不同条件下洞室围岩产生分区破裂化现象的可能性。

本次试验结果见图 2、图 3、图 4。

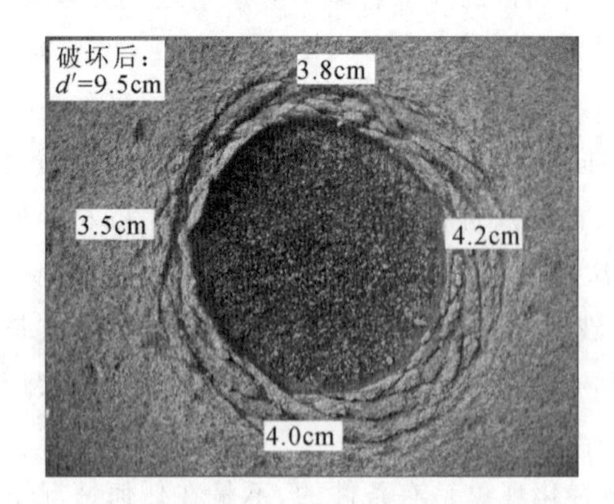

图 2 圆形洞室破坏形态（d_1=110mm，σ_z/R_c=7.47）

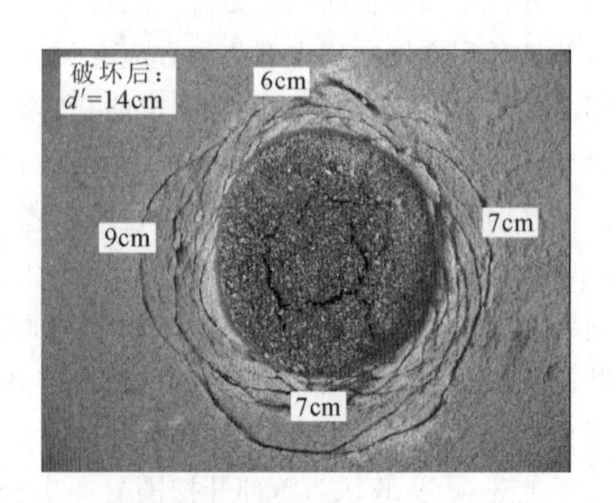

图 3 圆形洞室破坏形态（d_2=160mm，σ_z/R_c=6.83）

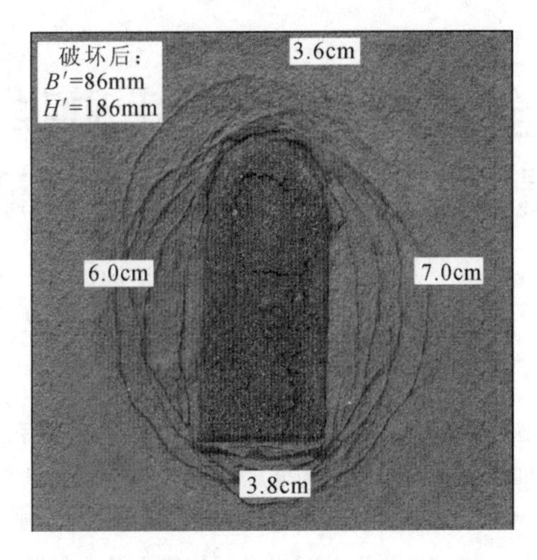

图 4 直墙拱顶洞室破坏形态（$B=100\text{mm}$，$H=200\text{mm}$，$\sigma_z/R_c=7.29$）

需要说明的是，圆形洞室做了两个。第一个做完之后发现洞周围岩只产生了环向挤压破坏（见图 2），没有产生明显的分区破裂化现象。分析原因可能是洞室直径（110mm）太小，洞壁的较大径向位移 u 引起了较大的环向挤压应变 ε_θ，因为 $\varepsilon_\theta=u/R$（R 为洞室半径）。试验结果符合塑性力学中的滑移线理论。认识到此点之后，我们把洞室半径加大到 160mm，重新进行试验，结果见图 3。从图 3 中看到，在洞壁附近仍然是滑移线形破坏，离洞室较远处出现了拉裂形破坏（洞室中的回填材料弹性很大，不起支撑作用，仅是为了固定破坏形态）。

图 4 为直墙拱顶洞室试验结果。从图 4 中看到，该洞室产生的分层破坏是很明显的，特别是边墙部位看得最清楚，的确是一层一层地破坏。这证明了我们的观点，即在较大的轴向压力作用下洞周围岩有可能产生分区破坏，或称“分层破坏”。我认为称“分层破坏”可能更合理一些。因为从试验中看到，围岩是一层一层地破坏。该现象在李宁教授的一篇文章里介绍的几个大型水电工程中也能看到，即在几个大型地下厂房的母线洞里看到多条环向裂缝。该环向裂缝就是平行于主厂房洞壁的断裂缝，这与我们试验中洞室边墙的断裂缝是一样的。

由图 4 也可以看到，直墙拱顶洞室断裂后趋于圆形洞室的形状。

关于在岩体内存储大量变形能，变形能获得突然释放，在洞壁围岩内引起卸载波，由于卸载波的传播可能引起洞壁围岩内产生分区破裂化现象的试验，目前还未做。因为这个试验较为复杂，需要研制一种特殊装置才能进行，目前还不具备这个条件，在将来可以通过试验加以验证。有关这种试验的基本方案已有一个初步想法，即采用一种可以产生较大弹性变形能的材料，对其施加相当大的压力，使它产生较大的弹性变形能。然后把这个能量突然释放，观察是否在围岩内产生一圈一圈的破坏现象。

我今天就谈这些，有些仅仅是一些想法，是否正确还有待验证。所介绍的试验也是初步的，离工程实践还有一定距离。另外，由我们的试验给出的洞周围岩断裂形态是否就是俄罗斯学者提出的深部开挖洞室围岩分区破裂化现象，也还值得进一步研究。

外部连接全长黏结式锚杆和弹力式锚杆抗爆加固效果模型试验研究

王光勇　顾金才　陈安敏　徐景茂　张向阳

内容提要：利用实验室抗爆模型试验装置，研究在平面装药爆炸应力波的作用下，外部连接全长黏结式锚杆和弹力式锚杆对洞室围岩的不同加固效果。通过分析自由场爆压时程曲线，发现该试验仪器测试效果较好，并分析和比较2种锚杆加固所造成的洞室围岩拱顶位移、洞壁应变和拱顶、底板及侧墙加速度的差别。试验结果表明：经过外部连接全长黏结式锚杆加固的洞室比弹力式锚杆加固的洞室拱顶位移峰值减少明显；在平面波的作用下，3个洞室洞壁各个位置都是产生压应变，最大应变出现在拱脚处；拱顶是振动最激烈的地方，在变形不大时加固洞室底板加速度增加较大，必要时应该采取减振措施；对比2个加固洞室的最大应变峰值和加速度，发现外部连接全长黏结式锚杆相对较小，说明对洞室围岩的加固宜采用外部连接全长黏结式锚杆。

1　引言

作为一种施工便利、经济优越的巷道加固技术，锚杆加固技术已倍受世界岩土工程界的重视，如今已被广泛应用于煤矿、金属矿山、水利、隧道以及国防等岩土工程中[1]。虽然锚杆加固技术已在大型岩土工程中获得广泛应用并已经积累了丰富的经验[2]，但这些研究都是针对锚杆加固岩体处于静态载荷作用下的加固效果和机制，而在动载荷作用下，虽然国内外学者[3-12]对锚杆支护动态作了一定的研究，但是研究锚杆对围岩的加固效果的文献相对较少，尤其利用模型试验来研究爆炸荷载作用下的锚杆加固效果的文献更少。

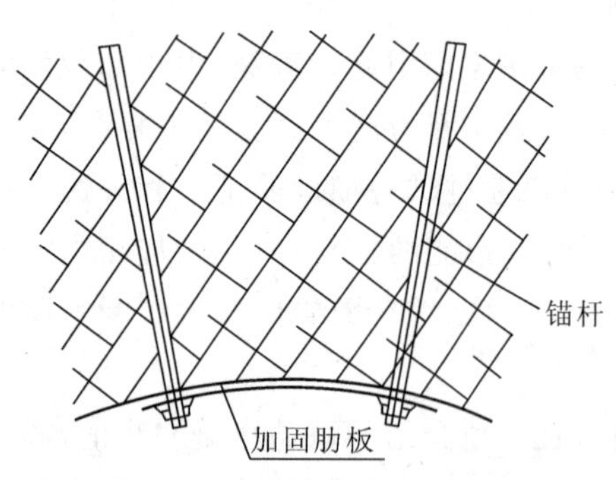

图1　外部连接锚杆加固围岩示意图

外部连接全长黏结式锚杆和弹力式锚杆加固方案是在常见的全长黏结式和弹力式锚杆基础上，在相邻两根锚杆外端设置加固肋板，围岩表面呈现出网格状加固形式，可使锚杆之间围岩都受到加固作用，从而能有效控制表层围岩脱落破坏，如图1所示。本文是通过采用小药量模型试验方法，研究在平面装药爆炸应力波作用下外部连接全长黏结式锚杆和弹力式锚杆加固所造成的洞室围岩拱顶位移、洞壁应变和拱顶、底板及侧墙加速度，并与毛洞做比较，得出2种锚杆的加固效果，为实际应用提供参考。

刊于《岩石力学与工程学报》2008年第8期。

2 试验概况

2.1 试验装置

试验装置是采用总参工程兵科研三所岩土与结构工程重点实验室自行研制的抗爆模型试验装置，该加载装置由可以移动的侧限装置组成，具有便于模型的成型、装拆简单、造价低廉及容易操作的特点。岩土工程抗爆结构模型试验装置如图 2 所示。为满足爆炸模型试验所需的固定和无反射边界条件(模拟现场试验时的无穷边界)，设计了 4 个可以前、后移动的刚性侧限装置，每一个侧限装置横截面呈直角梯形，并在每个装置的迎爆面上设置了含孔率达 50%的铝制消波板，以消除爆炸波在侧面的反射效果。

(a)

(b)

图 2 岩土工程抗爆结构模型试验装置

(a)就位前模型侧限装置；(b)就位状态下的模型装置

2.2 试验模型及材料选取

本试验所要模拟的是直墙拱顶形洞室，其埋深为 20m，跨度 3～5m，洞室围岩按Ⅲ类岩体性质考虑，其中Ⅲ类围岩及模型材料的物理力学参数与杨自友等[13]的参数一样，见表 1。

表 1 Ⅲ类围岩和模型材料物理力学参数

介质	密度 ρ/(kg/m³)	黏聚力 c/MPa	内摩擦角 φ/(°)	变形模量 E_m/GPa	泊松比 ν	抗压强度 R_c/MPa	抗拉强度 R_t/MPa
Ⅲ类围岩	2450～2650	0.70～1.50	39～50	6.00～20.00	0.25～0.30	15.0～30.0	0.83～1.40
模型材料	1600～1800	0.06～0.12	39～50	0.48～1.60	0.25～0.30	1.5～2.0	0.07～0.11

本试验所建模型尺寸为 2.4m×1.5m×2.3m(长×宽×高)。将同一模型沿洞室轴线划分成 3 个试验段，分别是外部连接全长黏结式锚杆洞室、毛洞和外部连接弹力式锚杆洞室，简称洞室 M_1、M_0 和 M_2。图 3 为试验段布置图，每段长 48cm，每个试验段布置一种加固形式，各加固形式之间均由一宽 1cm，深 5cm 的槽隔开，以保证各加固形式的边界条件相同。根据 Froude 重力相似准则，经量纲分析确定的相似比尺为：密度比尺 $C_\rho=0.67$，应力比尺 $C_\sigma=0.06$，几何比尺 $C_L=0.09$。由相似比尺确定模型洞室 M_0～M_2 跨度均为 60cm，其模型试验材料为砂、水泥、水和速凝剂，相应的配合比

为 $m_{砂}:m_{水泥}:m_{水}:m_{速凝剂}=15:1:1.6:0.0166$。

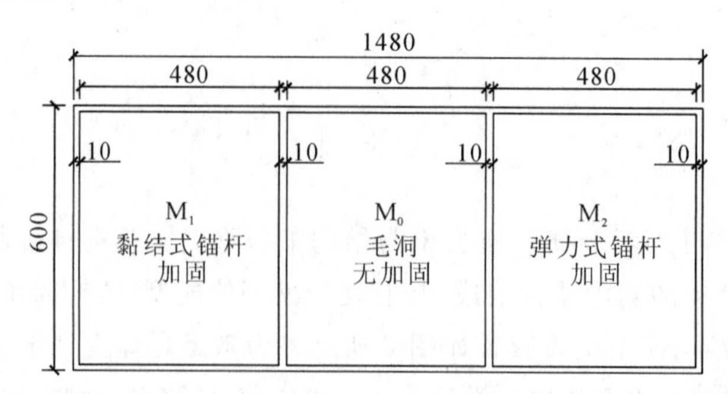

图 3 试验段布置图(单位:mm)

加固围岩的锚杆用直径为 ϕ2.1mm 的铝棒来模拟,间距均为 6.7cm,其结构见图 4。垫板用厚度为 2～3mm 铝板制成,尺寸为 12mm×12mm(长×宽),螺母选用标准件。外部连接弹力式锚杆是自由式锚杆,锚固段长 70mm,为了吸收能量和起到缓冲作用,在锚头垫板与螺母之间加一根弹簧丝和一块 M4 垫片,锚头弹簧丝直径为 ϕ1mm,其簧圈外径为 ϕ6.8mm,自然长度为 17mm,圈数为 9,弹性系数 $k\approx7.26$N/mm,最大位移为 8mm,最大压缩荷载为 60N。

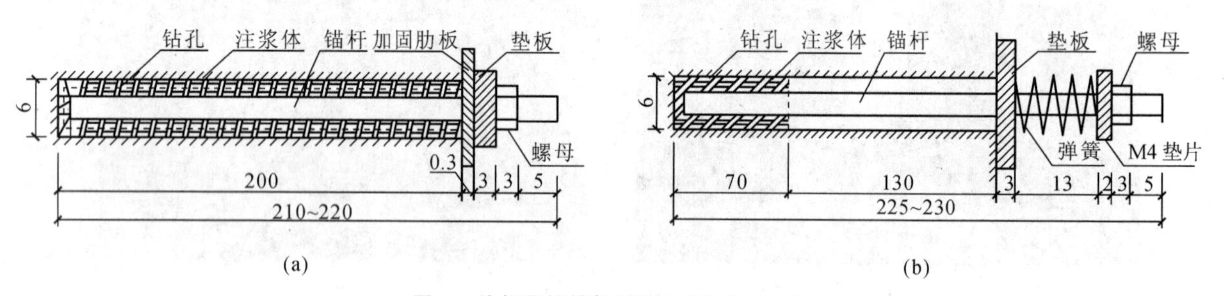

图 4 外部连接锚杆结构图(单位:mm)

(a)黏结式锚杆结构图;(b)弹力式锚杆结构图

2.3 产生平面波的爆炸方式

为了更好地比较 2 种锚杆的加固效果,需要使同一个模型上不同的试验段作用相同爆炸荷载,而在模型介质内产生平面波。试验时在模型表面沿洞室轴线方向等间距埋上多根导爆索(装药量 154g/m^2),如图 5 所示,采用 2 个电雷管从外围同时引爆,导爆索上面覆盖 30cm 的砂土。爆炸时单根导爆索产生的爆炸波相互叠加,可在洞室部位介质内产生较均匀的压应力波;两端垂直于洞轴线的导爆索产生的爆炸波可弥补边界叠加的不足,使爆炸波更接近于平面应力波。

3 试验结果的分析和比较

在动载作用下评价洞室加固效果好坏的标准比较多,其中拱顶位移、洞室应变和拱顶、底板及侧墙加速度是 3 个主要的衡量标准。本次试验形成平面波的导爆索埋深分别为 20cm、35cm、42cm、52cm 和 57cm(不含覆盖的砂土),为了叙述方便,分别称之为第 1～5 炮。第 1 炮导爆索的布置位置见图 6。

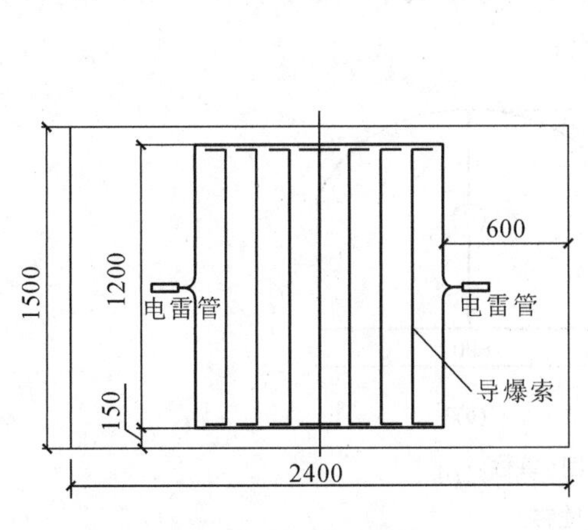

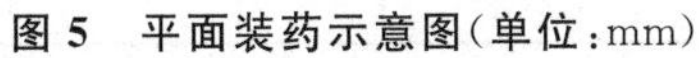

图 5 平面装药示意图(单位:mm)

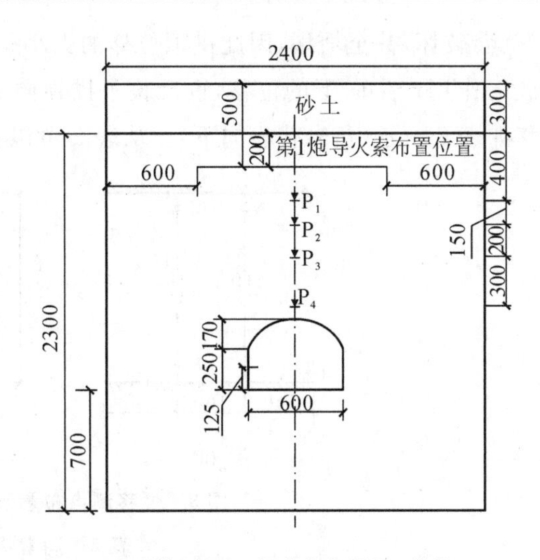

图 6 试验模型及压力测点布置图(单位:mm)

3.1 洞室拱顶测点自由场应力的分析

为了得到应力波波形图和检验试验仪器测试效果,在试验模型开挖洞室之前,先测自由场爆压分布规律,从图 6 可知,在模型中间洞室拱顶正上方布置了 4 个测点,分别为 P_1～P_4。为了分析和比较实测波形的宏观变化特征,将 P_1～P_4 四个波形基线重合,重合后的情况见图 7。

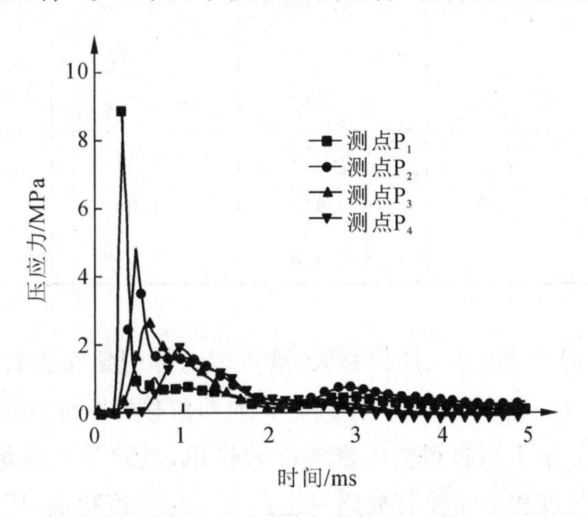

图 7 压应力时程曲线

由图 7 可知,在爆炸应力波作用下,4 个测点都是受压,波形的峰值压力明显不同,靠近爆区的最大(测点 P_1),离爆区远的最小(测点 P_4),规律性很好。4 个波形起跳时间不同,随着距爆区距离越大起跳越晚,距爆区较近的测点 P_1 先起跳,最远的测点 P_4 起跳最晚,虽然 4 个测点相隔较近,但激波到达时间之差却能清楚地区分开来,说明仪器测试精度很高。在波形上升阶段,4 个波形均为一条斜向直线,此阶段波形没有受到干扰,并且随着距爆区距离增大,直线变得越来越平缓;在波形下降阶段,4 条波形的曲线有反射波的干扰,并且下降时间比上升时间长。由此可见,试验测试数据的规律性与国内外有代表性试验的结果一致,说明试验仪器测试效果好。

3.2 洞室拱顶位移的分析和比较

洞室在上方平面波的作用下,往往是拱顶最脆弱,产生竖向位移最大,一旦位移超过其允许位移，洞室就会破坏，甚至坍塌，因此拱顶位移的大小是锚杆加固效果的直接反映之一。洞室拱顶受爆炸应力波的作用产生向下的位移，也反映了拱顶向下运动的程度大小。图 8 为位移测点布置，所测拱顶位移如表 2 所示(负号代表向下)。从表 2 可以看出：

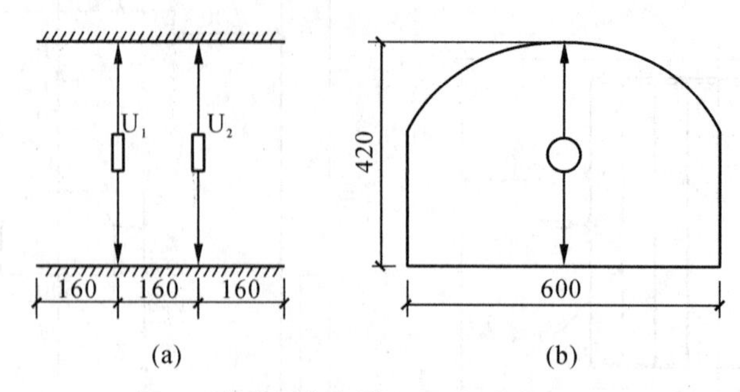

图 8　位移测点布置示意图(单位：mm)

表 2　洞室拱顶位移

洞室编号	位移测点编号	拱顶位移/mm				
		第 1 炮	第 2 炮	第 3 炮	第 4 炮	第 5 炮
M_0	U_1	−1.627	−0.857	−1.086	−2.720	−3.625
	U_2	−1.237	−0.836	−0.966	−2.379	−3.057
	$\overline{U}$	−1.432	−0.846	−1.026	−2.550	−3.341
M_1	U_1	−1.078	−0.619	−0.768	−1.802	−2.595
	U_2	—	—	—	—	—
	$\overline{U}$	−1.078	−0.619	−0.768	−1.802	−2.595
M_2	U_1	−1.556	−0.956	−1.127	−2.610	−3.632
	U_2	−1.356	−0.941	−1.071	−2.320	−3.428
	$\overline{U}$	−1.456	−0.949	−1.099	−2.465	−3.530

注：$\overline{U}$表示平均值。

(1)测点 U_1 的位移普遍比测点 U_2 的位移大，这可能与导爆索布置有关。第 1 炮所测位移比第 2、3 炮的位移要大，但比第 4、5 炮的位移小，并且后 4 炮的位移随距爆区距离减少变化越来越大。这可能是由于在平面波作用下第 1 炮起到整体密实围岩作用，虽然第 2、3 炮距爆区距离比第 1 炮小，但当进行第 2、3 炮时围岩强度相对于没有放炮时已经有一定程度提高，同时在第 1 炮作用后锚杆的锚固力越来越大，因此有可能出现第 2、3 炮的位移反而变小；而第 4、5 炮的位移随距爆区距离减少增加明显的原因，除了拱顶离爆区更近，还有此时围岩经过前 3 炮已经发生一定程度的破坏，并且一炮比一炮严重，在相同炸药量作用下，造成位移随距爆区距离减少变化越来越大。

(2)由于洞室 M_1 的测点 U_2 位移数据没有测到，无法进行比较。从同一炮的 U_1 的数据来看，M_1 产生的位移最小，相对于洞室 M_0 位移减少 30%左右，最小也能减少 28%，加固的效果明显；洞室 M_2 的位移比洞室 M_0 的位移几乎没有减少，除了第 1、4 炮的位移稍有减少，其他三炮略有增大，但整体相差不大；从洞室 M_2 平均值看，除了第 4 炮，其他四炮的洞室 M_2 都比洞室 M_0 的相应的值大，并没有起到加固的效果。综上所述，从减少位移看，洞室 M_1 的效果比洞室 M_2 显著。

由于平面应力波是以一定的波速传播，与静态不同，它是动态的，每一位置都要经历较大的应力峰值作用，因此锚杆范围内的围岩每个位置都要承受较大的应力，使锚杆范围内的围岩每个位置都向洞室临空面移动，从而导致锚杆的锚固段每个位置都产生相应黏结力，起到锚固作用。根据有关应力传递概念的研究结果[14]，加固部分的应力加强，虽然全长黏结式锚杆加固后导致压力峰值增加，但其由整根锚杆来承担，然后把所产生的黏结力集中由锚头部位来承担，只要锚头不发生破坏，所产生的位移会减小，起到明显加固效果。弹力式锚杆是部分锚固，所形成的锚固力有限，围岩一旦锚固，使得加固部分的应力加强，同时在锚头加一根弹簧丝，虽然起到吸收能量作用，防止锚杆被拉断和锚头松弛，但当锚杆没有破坏时，其反而起到缓冲作用，产生一定的附加位移，增加了围岩位移量。

因此，由于全长黏结式锚杆的锚固长度是弹力式锚杆的 3 倍，所以在动载作用下，全长黏结式锚杆锚固效果更显著；同时弹力式锚杆在锚头加一根弹簧丝，起到缓冲作用，引起一定附加变形，从而减少位移的效果不如全长黏结式锚杆佳。

3.3 洞壁测点应变的分析和比较

为了测量出洞室表面的变形情况，在两洞室洞壁各布置了 6 个应变测点（$\varepsilon_1 \sim \varepsilon_6$），分别位于拱顶、拱腰、拱脚和侧墙部分，如图 9 所示（ε_6 图中未显示）。图 10～图 12 所示为洞室 $M_0 \sim M_2$ 对应的 5 炮所测得的应变峰值分布形态（负值表示压应变）。

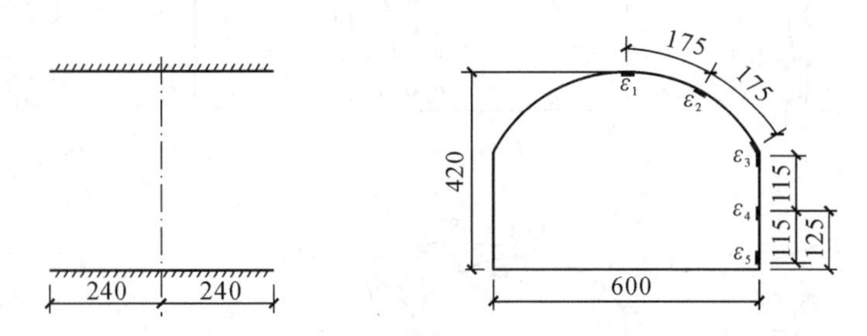

图 9　洞壁应变测点布置图（单位：mm）

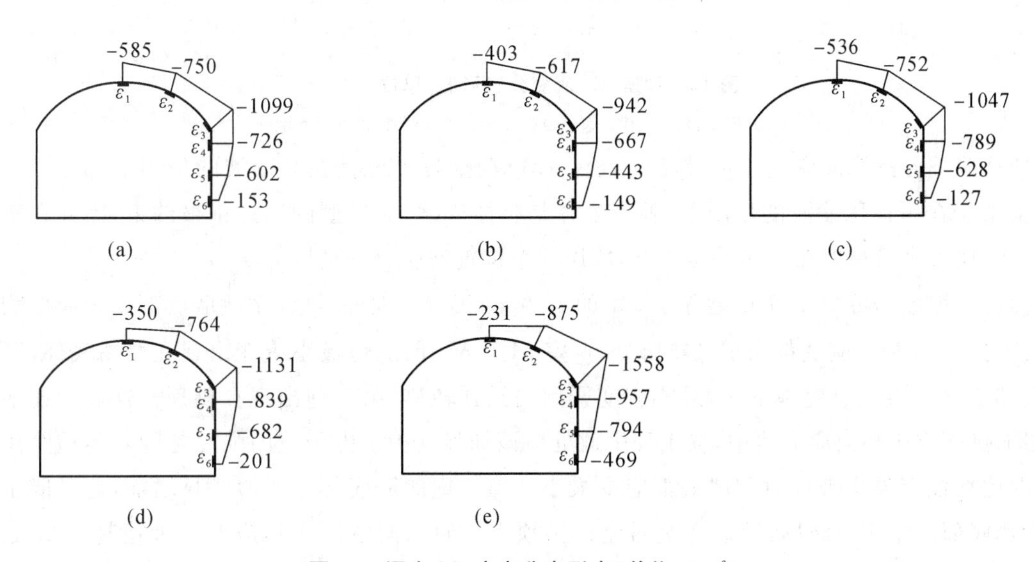

图 10　洞室 M_0 应变分布形态（单位：10^{-6}）

(a)第 1 炮；(b)第 2 炮；(c)第 3 炮；(d)第 4 炮；(e)第 5 炮

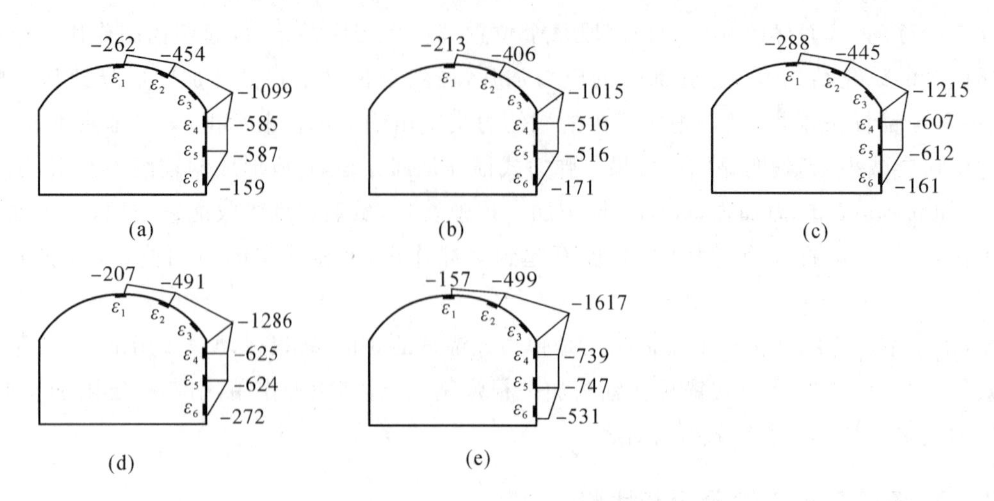

图 11　洞室 M_1 应变分布形态(单位:10^{-6})

(a)第 1 炮;(b)第 2 炮;(c)第 3 炮;(d)第 4 炮;(e)第 5 炮

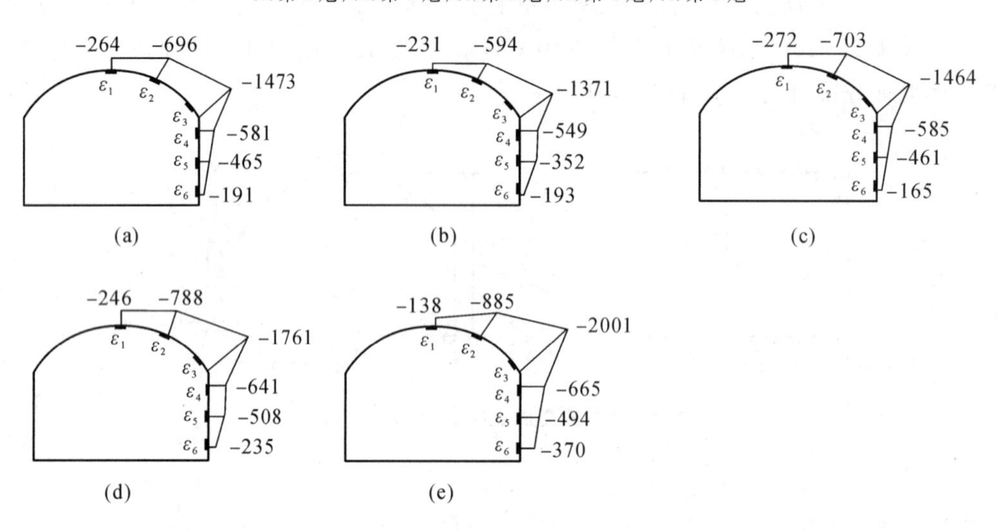

图 12　洞室 M_2 应变分布形态(单位:10^{-6})

(a)第 1 炮;(b)第 2 炮;(c)第 3 炮;(d)第 4 炮;(e)第 5 炮

(1)从洞壁各点峰值应变分布看,洞室 M_0～M_2 洞壁各个位置在平面波的作用下都是产生压应变,这是由于在平面压缩波的作用下,整个岩体是整体压缩,而模型的四边都被约束,因此在平面波的压缩下,使整个模型处在三向受压状态,所以 6 个位置的应变都是压应变。

(2)由 5 炮数据可知,3 个模型除了 M_1 的 ε_4 和 ε_5 相差不大外,拱顶至侧墙底部 6 个应变均是先增加后减少;5 炮最大应变都出现在拱脚处;洞室 M_0～M_2 前三炮最小应变出现在侧墙底部,第 4 炮侧墙底部应变与拱顶应变差不多,最小应变开始向拱顶转移,第 5 炮出现在拱顶。这表明在平面波的作用下拱脚产生环向应力集中,在工程中此处应该加强支护。由于波的强度是随着传播距离逐渐衰减,因此在没有发生破坏时侧墙底部应变最小。第 5 炮侧墙底部应变值明显增加,这可能是由于洞室侧墙底部发生压剪破坏,导致应变明显比拱顶大。同一洞室后 4 炮应变最大值越来越大,第 1 炮普遍比第 2 炮应变最大值大,与第 3 炮差不多,从而也说明第 1 炮主要是起密实围岩作用。

(3)对比洞室 M_0～M_2 三个模型,可以看出经过加固的洞室除了拱脚处和侧墙底部的应变没有减少,其他部位都有所减少。在拱脚处洞室 M_1 的应变值与洞室 M_0 的差不多,略有增加;而洞室 M_2 的应变值明显比洞室 M_0 要大,这可能是由于弹力式锚杆只是部分锚固,其本身的锚固作用有限,另外自由段锚杆的横截面方向没有约束，在平面压缩波的作用下所产生的环向应变比全长黏结式锚杆大。所以，从以上分析可知洞室 M_1 比洞室 M_2 的效果好。

3.4 洞室拱顶、底板及侧墙加速度的分析和比较

洞壁加速度是反映洞室动态响应的重要参数之一，在一定的范围内破坏模式和破坏程度常与加速度峰值相对应，其大小直接关系到人员和仪器设备的安全。加速度测点布置如图 13 所示。测点 a_1～a_4 分别布置在拱顶、底板、左侧墙和右侧墙 4 个位置，其中左侧墙是测水平加速度，右侧墙是测垂直加速度；除了洞室 M_2 的前 2 炮底板由于仪器的损坏和第 5 炮洞室已经发生严重破坏没有测到数据外，其他的加速度峰值数据如表 3 所示。

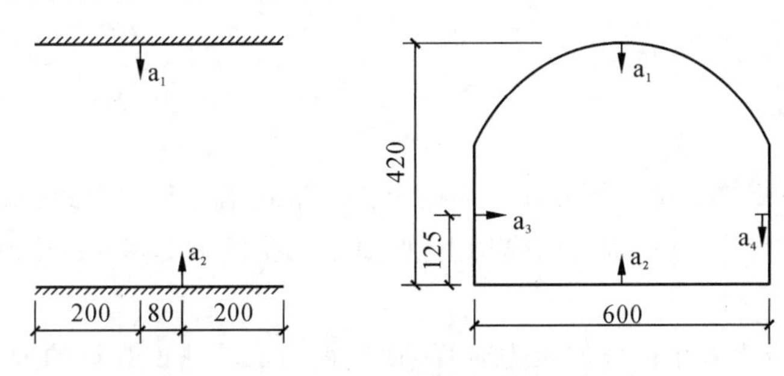

图 13 加速度测点布置图（单位：mm）

表 3 洞室拱顶、底板及侧墙加速度峰值

单位：m/s²

洞室	测点	第 1 炮	第 2 炮	第 3 炮	第 4 炮	第 5 炮
M_0	a_1	220.401	83.680	84.047	327.646	—
	a_2	57.099	34.424	38.758	72.969	—
	a_3	51.774	21.241	26.200	285.760	—
	a_4	61.410	48.005	30.243	187.430	—
M_1	a_1	224.582	68.269	80.751	312.871	—
	a_2	117.342	64.057	95.949	58.198	—
	a_3	62.989	17.929	20.005	104.646	—
	a_4	69.032	26.520	35.126	186.419	—
M_2	a_1	170.871	76.173	86.915	343.420	—
	a_2	—	—	50.690	121.250	—
	a_3	84.886	41.367	37.858	215.535	—
	a_4	66.239	29.908	38.056	121.843	—

注：第 5 炮由于洞室发生严重破坏，没有测到数据。

从表 3 可以看出：

（1）除了洞室 M_1 第 3 炮数据反常外，其他拱顶加速度比底板加速度大，尤其第 4 炮两处加速度相差明显，其中洞室 M_1 的拱顶加速度是底板的 5 倍多，这是由于拱顶距爆区最近，受到的动载最大，因此所产生的加速度最大，而底板距爆区较远，并且由于洞室的衍射，所以加速度比拱顶的明显小。

（2）拱顶加速度是 4 个测量数据中最大的，拱顶是振动最激烈的地方，在工程中应该重视。除了第 1 炮洞室 M_1 的拱顶加速度相对于洞室 M_0 几乎没有变化，比洞室 M_2 小外，后 3 炮都是洞室 M_1 的最小，而洞室 M_2 后 2 炮相对于洞室 M_0 有一定程度增大，这说明洞室 M_1 方案可以降低拱顶加速度，比洞室 M_2 的效果好。

（3）底板加速度前 3 炮洞室 M_1 比洞室 M_0 增加 100%左右，但第 4 炮洞室 M_1 最小，约为洞室 M_2 的 50%；洞室 M_2 测得第 3 炮和第 4 炮的底板加速度都比洞室 M_0 大。这说明在变形不大时，洞

室 M_1 锚固段没有充分起作用，反而增加底板加速度；随着变形的增加，锚杆加固效果越来越好，能起到降低底板加速度作用，但由于洞室 M_2 锚固段比较少，锚固力有限，没有降低底板加速度。因此，由于重要洞室，如指挥中心、洞库工程和物资洞库等内部有重要的电子设备，同时底板也是武器装备安放和人员活动的部位，耐振值都很小，所以加固以后的洞室底板加速度是控制的重点。若加速度超过了允许加速度值，势必导致仪器损坏和人员伤害，必要时应该采取减振措施。

(4)由于侧墙是某些设备的悬挂处，其垂直加速度和水平加速度也不容忽视。前 3 炮相对拱顶加速度比较小，但第 4 炮有明显的增加。洞室 M_1 除了第 1 炮与洞室 M_0 差不多外，其他 3 炮都有一定的减少，尤其是第 4 炮水平加速度约为洞室 M_0 的 1/3，约为洞室 M_2 的 50%。从整体来看，M_1 降低侧墙加速度的效果普遍比洞室 M_2 好。

4　结论

本文主要是通过抗爆模型试验研究外部连接全长黏结式锚杆和弹力式锚杆抗爆加固效果，把 3 个试验段放在同一个模型中，在平面波的作用下，使每个试验段承受相同的爆炸荷载，进行加固效果比较，得出以下结论：

(1)通过分析自由场爆炸平面波的压力时程曲线，得出试验测试数据的规律性与国内外有代表性试验的结果一致，表明试验仪器测试效果好。

(2)由于全长黏结式锚杆的锚固长度是弹力式锚杆的 3 倍，同时弹力式锚杆在锚头加一根弹簧丝，引起一定附加变形，所以外部连接全长黏结式锚杆的拱顶位移峰值相对于毛洞明显减少，加固效果比较好，而外部连接弹力式锚杆相对于毛洞没有起到加固的效果。因此，外部连接全长黏结式锚杆比外部连接弹力式锚杆对位移的加固效果更佳。

(3)在平面波的作用下，3 个试验段在洞壁各个位置都是产生压应变。同一炮的拱顶至侧墙底部 6 个应变先增加后减少，每一炮最大应变出现在拱脚处；最小应变随着动载的增加由侧墙底部逐渐向拱顶转移。经过加固的洞室除了拱脚处和侧墙底部，其他部位都有所减少；在拱脚处外部连接全长黏结式锚杆的应变峰值明显比外部连接弹力式锚杆小。所以外部连接全长黏结式锚杆比外部连接弹力式锚杆减少最大应变的效果好。

(4)拱顶加速度是 4 个测量数据中最大的，拱顶是振动最激烈的地方。除了第 1 炮外部连接全长黏结式锚杆的拱顶加速度相对于毛洞几乎没有变化，比外部连接弹力式锚杆小外，后 3 炮都是外部连接全长黏结式锚杆的最小。底板加速度前 3 炮外部连接全长黏结式锚杆比毛洞增加，但第 4 炮外部连接全长黏结式锚杆最小，外部连接弹力式锚杆所测第 3 炮和第 4 炮都比毛洞大，必要时应该采取减振措施。从降低侧墙加速度来看，外部连接全长黏结式锚杆普遍比外部连接弹力式锚杆效果好。综上所述，外部连接全长黏结式锚杆比外部连接弹力式锚杆降低加速度效果好。

参考文献

[1]　漆泰岳. 锚杆与围岩相互作用的数值模拟. 徐州：中国矿业大学出版社，2002.

[2]　顾金才，沈俊，陈安敏，等. 锚索预应力在岩体内引起的应变状态模型试验研究. 岩石力学与工程学报，2000，19(增 1)：917-921.

[3]　杨苏杭，梁斌，顾金才，等. 锚固洞室抗爆模型试验锚索预应力变化特性研究. 岩石力学与工程学报，2006，25(增 2)：3749-3756.

[4] GISLE S, ARNE M. The influence of blasting on grouted rockbolts. Tunnelling and Underground Space Technology,1998,13(1):65-70.

[5] TANNANT D D,BRUMMER R K,YI X. Rockbolt behaviour under dynamic loading:field tests and modeling. International Journal of Rock Mechanics and Mining Sciences and Geomechanics Abstracts, 1995, 32(6): 537-550.

[6] ORTLEPP W D,STACEY T R. Performance of tunnel support under large deformation static and dynamic loading. Tunnelling and Underground Space Technology,1998,13(1):15-21.

[7] ANDERS A. Laboratory testing of a new type of energy absorbing rock bolt. Tunnelling and Underground Space Technology,2005,20(4):291-300.

[8] ANDERS A. Dynamic testing of steel for a new type of energy absorbing rock bolt. Journal of Constructional Steel Research,2006,62(5):501-512.

[9] ZHANG C S,ZOU D H,MADENGA V. Numerical simulation of wave propagation in grouted rock bolts and the effects of mesh density and wave frequency. International Journal of Rock Mechanics and Mining Sciences,2006, 43(4):634-639.

[10] 薛亚东,张世平,康天合.回采巷道锚杆动载响应的数值分析.岩石力学与工程学报,2003,22(11):1903-1906.

[11] 荣耀,许锡宾,赵明阶,等.锚杆对应力波传播影响的有限元分析.地下空间与工程学报,2006,2(1):115-119.

[12] 易长平,卢文波.爆破振动对砂浆锚杆的影响研究.岩土力学,2006,27(8):1312-1316.

[13] 杨自友,顾金才,陈安敏,等.爆炸波作用下锚杆间距对围岩加固效果影响的模型试验研究.岩石力学与工程学报,2008,27(4):757-764.

[14] 吴祥云,赵玉祥,任辉启.提高岩体中地下工程承受动载能力的技术途径.岩石力学与工程学报,2003,22(2): 261-265.

拱顶端部加密锚杆支护洞室抗爆加固效果模型试验研究

王光勇　顾金才　陈安敏　徐景茂　张向阳

内容提要：采用抗爆模型试验方法，研究了在集中装药爆炸应力波作用下拱顶端部加密锚杆支护洞室抗爆效果。通过分析压力时程曲线，证明测试数据规律性合理，数据可靠。分析和比较了拱顶端部加密锚杆支护洞室与不加密锚杆支护洞室所造成的洞室围岩拱顶位移、洞壁应变、拱顶和底板加速度以及洞室围岩的宏观破坏形态，得出拱顶端部加密锚杆支护洞室抗爆加固效果不佳。

1　引言

随着高新技术在现代战争中的广泛应用，常规武器侵彻越来越深，威力越来越大，精度越来越高，更为重要的是电子技术越来越成熟，许多坑道工程面临更加精确的命中打击威胁[1]，为了确保坑道工程的安全，必须针对新型高威力、高精度常规武器的出现尽快提高其防护能力。提高坑道工程防护能力的技术措施有多种，其中最重要的措施之一就是大力提高坑道围岩的抗力，而锚杆加固技术是一种广泛应用于坑道工程中行之有效、经济优越的支护技术。因此，开展如何提高锚固洞室抗爆效果技术措施研究，对提高坑道工程防护能力有十分重要的现实意义。

目前，许多国内外学者已经对在静态下锚杆对围岩的加固机理、锚杆自身的力学性能进行了比较系统的研究，取得了大量的成果，并广泛应用于岩土工程中[2-3]；然而对于动荷载作用，虽然国内外学者对锚杆支护动态作了一定的研究[4-11]，但是在爆炸动荷载作用下利用模型试验来研究锚杆加固形式的文献比较少。

当前，锚杆支护普遍采用的是扇形布置，拱顶深部单位含筋率少，表层含筋率大，然而在爆炸应力波作用下，拱顶深部承受的压力比表层大，因此，本试验加固形式是在拱部利用短锚杆配合长锚杆进一步加强较深岩体，从而保护表层岩体。本文是通过采用小药量模型试验方法，研究在集中装药爆炸应力波作用下拱顶端部加密锚杆支护洞室所造成的洞室围岩压力、拱顶位移、洞壁应变、拱顶和底板加速度以及洞室围岩的宏观破坏形态，并与不加密锚杆支护洞室作比较，得出其抗爆加固效果，为实际应用提供参考。

2　试验概况

2.1　试验装置

试验装置是采用总参工程兵科研三所岩土与结构工程重点实验室自行研制的岩土工程抗爆结

刊于《岩土工程学报》2009 年第 3 期。

构模型试验装置，该加载装置由可以移动的侧限装置组成，具有便于模型的成型、装拆简单、造价低廉、容易操作的特点，如图1所示。为满足爆炸模型试验所需的固定和无反射边界条件(模拟现场试验时的无穷边界)，设计了4个可以前、后移动的刚性侧限装置，每一个侧限装置横截面呈直角梯形，并在每个装置的迎爆面上设置了含孔率达50%的铝制消波板，以消除爆炸波在侧面的反射效果。

(a)

(b)

图1　岩土工程抗爆结构模型试验装置

(a)就位前模型侧限装置；(b)就位状态下的模型位置

2.2　试验方法

本次试验采用起爆预埋在模型介质内一定深度的两个试验段中间处，放置100g TNT集中装药模拟地下爆炸破坏效应。每组模型共进行4次爆炸，埋深分别距离模型顶部50cm、70cm、85cm和85cm，为了叙述方便，分别称之为第一炮、第二炮、第三炮、第四炮。第1次爆炸为正常试验，后3次爆炸为超载试验，挖除模型内破坏材料，回填相同材料待凝结硬化后再重新爆炸，直到使模型达到足够的破坏程度。

2.3　试验模型及材料选取

本试验所要模拟的是直墙拱顶形洞室，埋深为20m，跨度3～5m，洞室围岩按Ⅲ类岩体性质考虑，其中Ⅲ类围岩及模型材料的物理力学参数见表1。

表1　Ⅲ类围岩和模型材料物理力学参数

介质	密度 $\rho/(kg/m^3)$	黏聚力 c/MPa	内摩擦角 $\varphi/(°)$	变形模量 E_m/GPa	泊松比 ν	抗压强度 R_c/MPa	抗拉强度 R_t/MPa
Ⅲ类围岩	2450～2650	0.70～1.50	39～50	6～20	0.25～0.30	15～30	0.83～1.40
模型材料	1600～1800	0.06～0.12	39～50	0.48～1.60	0.25～0.30	1.5～2.0	0.07～0.11

根据模拟工程的岩体条件、洞室尺寸及抗爆结构模型试验装置特点，按照Froude比例法，确定密度、应力、几何的相似比尺为：$K_\rho=0.67$，$K_\sigma=0.06$，$K_L=0.09$。试验所建模型尺寸为2.4m×1.5m×2.3m(长×宽×高)，沿洞室轴线划分成两个试验段(图2)，每个试验段长750mm，西边是拱顶端部加密锚杆支护洞室，东边是不加密锚杆支护洞室，分别称之为洞室M_1、M_2，两洞室加固长度为400mm，如图3所示；加固段中间由一宽5mm、深30mm的槽隔开，以保证各加固形式的边界条件相同；两端部分为毛洞，是为了减小加固段边界的影响，便于加固效果的比较。洞室M_1、M_2跨度均为60cm，加固围岩的锚杆用直径为1.84mm的铝棒来模拟，长锚杆取$L=24$cm，短锚杆取$L_0=$

12cm,长短锚杆间距、排距均为4cm,锚杆布置见图3。模型试验材料为砂、水泥、水、速凝剂,其配合比为 $m_{砂}:m_{水泥}:m_{水}:m_{速凝剂}=15:1:1.6:0.0166$。

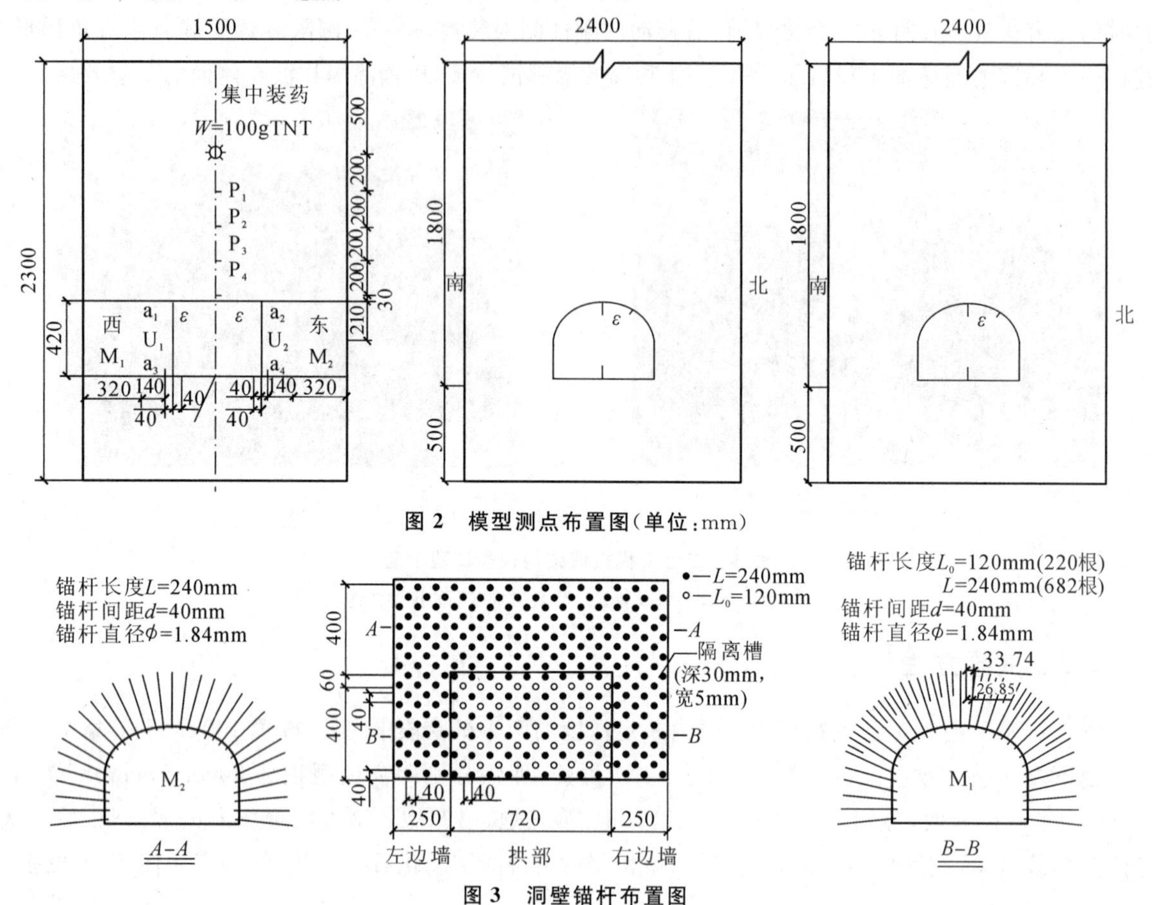

图2 模型测点布置图(单位:mm)

图3 洞壁锚杆布置图

3 试验结果的分析与比较

3.1 洞室拱顶测点应力的分析

爆压是造成洞室破坏的重要因素之一,从图2可知,在模型中间洞室拱顶正上方布置了4个测点,分别为 P_1、P_2、P_3 和 P_4,因爆心位置的下移,后三炮挖去 P_1 测点,第一炮 P_4 和第四炮 P_2 由于仪器出问题,没有测到数据。为了分析比较实测波形的宏观变化特征,将第一炮的 P_1、P_2 和 P_3 三个波形基线重合,重合后的情况见图4。

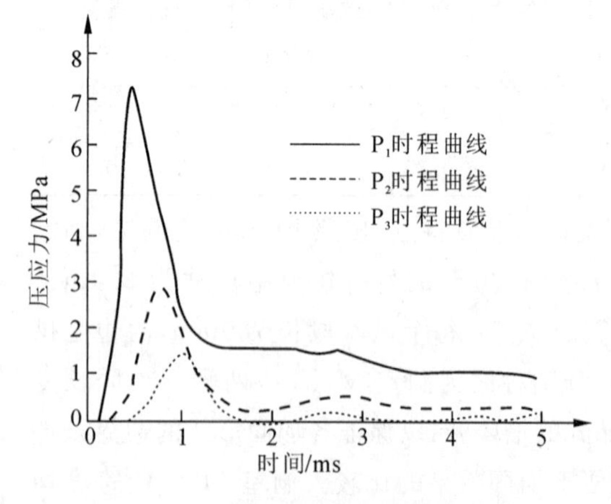

图4 第一炮压应力时程曲线图

从图4可知,3个波形的压应力峰值明显不同,靠近爆心的最大(P_1 点),离爆心远的最小(P_3 点),规律性很好。3个波形起跳时间不同,随着离爆心的距离越大起跳越晚,距爆心较近的 P_1 点先起跳,较远的 P_3 点后起跳,P_2 点居中,虽然3个测点相隔较近,仅20cm,但激波到达时间之差却能清楚地区分开来,说明仪器测试精度很高。在波形上升阶段,3个波形均为一条斜向直线,此阶段波形没有受到干扰,并且随着离爆心的距离增大,直线变得越来越平缓;在波形下降阶段,3条波形的曲线有反射波的干扰,并且下降时间比上升时间长。从以上波形分析可以说明试验仪器测试精度很高,测试数据规律性合理,数据可靠。

3.2 洞室拱顶位移的分析与比较

在爆炸动荷载作用下,离爆心最近的洞室部位受到的冲击破坏最厉害,产生的变形比较大,该处位移成为控制洞室支护破坏特征的主要因素之一,因此,在洞室轴线上方爆炸,其拱顶位移是控制洞室位移的重点部位。

由于 U_1 和 U_2 的位移数据受其他波的干扰较大,所测数据不理想。但从加速度时程曲线图5可知,拱顶加速度时程曲线比较光滑,加速度是先快速上升到正向峰值点,然后一直下降到负向峰值点,再回到零点附近稍做振动达到平衡静止下来,该曲线与过去所测的曲线相似,比较合理。因此,通过对加速度进行两次积分得到位移峰值应该比较可靠,其峰值数据见表2。由表2可知,随着炮数的增加,产生的位移越来越大,但最大没有超过1.1cm,到最后将要破坏时,M_1 和 M_2 的位移分别为1.051cm和0.974cm。从同一炮来看,M_1 的位移都比 M_2 的位移峰值大,这说明拱顶端部加密锚杆支护并没有起到加强拱顶上方的抗爆加固效果。造成这种现象的原因,笔者认为根据文献[12]波的反射和透射原理,当波从"软"进入"硬"时,反射波和入射波是同号,即相当于在硬层上起到反射加载作用,透射波从应力幅值上大于入射波。对拱顶端部加密锚杆支护洞室,相当于在锚杆拱顶端部形成一层密度比 M_2 更大的"硬层",即波阻抗更大,使得 M_1 比 M_2 承受的反射荷载更强,并且透射应力幅值更大,因此,虽然拱顶端部加密锚杆支护形式对上部起到一定的加固作用,但由于拱部短锚杆的加密而导致其上部应力波荷载增加,同时透射波的峰值增加,并且由于加密部位只是拱顶上方,而没有在侧墙也加密形成一层类似整体衬砌层,因此,其拱部加密并不能起到更好的加固效果。

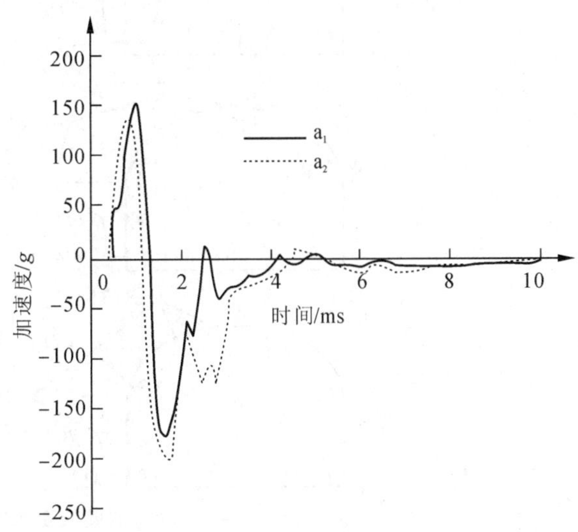

图5 第一炮加速度时程曲线图

表2 洞室拱顶加速度积分所得的拱顶位移峰值 单位:cm

洞室	拱顶位移峰值			
	第一炮	第二炮	第三炮	第四炮
M_1	0.432	0.810	1.092	1.051
M_2	0.428	0.667	0.876	0.974

3.3 洞壁测点应变的分析与比较

波在传播的过程中遇到洞室会发生波的散射和衍射,从而在洞室周围产生应力集中,由于环向应力的大小与洞室的破坏有直接的影响,而且环向应力的大小可以通过环向应变来体现,所以环向应变是洞室破坏的一个重要因素。图6是应变峰值分布形态,从上到下分别为第一炮、第二炮、第三炮、第四炮。

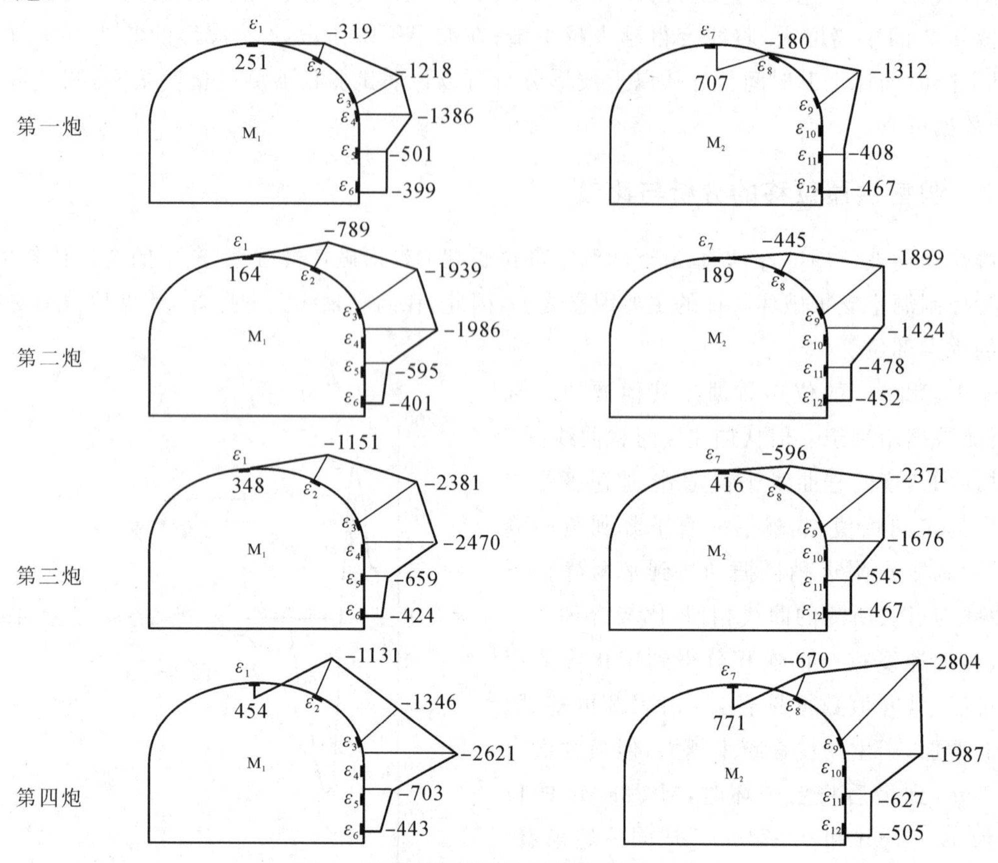

图 6　洞壁应变峰值分布形态(单位:$\mu\varepsilon$)

从图 6 可以看出:拱顶都受拉,产生拉应变,而其他洞壁测点位置受压,形成压应变,由于岩石抗拉能力远弱于抗压能力,所以拱顶是重要部位,为不产生过大的拉应变,建议可以采用文献[11]中拱顶锚杆交错布置。由于集中装药爆炸产生球形应力波,在球形波的作用下随着离爆心的距离越大,承受压应力波强度越小,因此,在同一个平面上,爆心正下方拱顶所受的压应力最大,两旁较小,由于锚杆在径向加固效果比侧向大得多,从而使中心向两旁挤,导致拱顶劈裂,产生拉应变。第一炮所产生的拱顶应变都比第二炮大,这可能是由于第一炮主要起到压密围岩的作用,所以后面放的炮产生的应变有可能不如第一炮。

从同一炮来看,从上到下压应变先增加,后逐渐降低,在拱脚压应变最大,所以拱脚是应力集中的地方,也是加固的重点,在实际工程中应该重视。

对比 M_1 和 M_2 数据可以发现:M_2 的拱顶拉应变普遍比 M_1 要大,这表明在上部加短锚杆能够减少拱顶环向拉应变。从图 6 中的应变峰值可知,最大应变峰值绝对值出现在拱脚部位,在拱脚部位除了第四炮已经发生破坏外,其他三炮 M_1 都比 M_2 的拱脚应变峰值大,从数据可以说明在没有发生严重破坏时,最大应变峰值绝对值 M_2 比 M_1 小。

3.4　洞室拱顶和底板加速度的分析与比较

洞壁加速度是反映洞室动态响应的重要参数之一,在一定的范围内破坏模式和破坏程度常与加速度峰值相对应。由于拱顶是某些设备的悬挂处,又是振动强烈的部位,而底板加速度的大小直接关系到人员和仪器设备的安全,所以拱顶和底板是测量的重要位置,其加速度峰值如表 3 所示。

表 3 洞室拱顶和底板加速度峰值 单位：g

洞室	测点	位置	加速度峰值			
			第一炮	第二炮	第三炮	第四炮
M_1	a_1	拱顶	156.19	490.61	925.16	1318.50
	a_3	底板	26.12	72.51	115.18	129.73
M_2	a_2	拱顶	138.31	505.56	784.16	1065.00
	a_4	底板	31.71	50.45	38.59	42.94

拱顶的加速度都比底板加速度大得多，并随着放炮的先后顺序拱顶与底板加速度比值越来越大，最后一炮 M_1 拱顶和底板加速度比值为 10.16，而 M_2 达到 24.8。拱顶是振动强烈的部位，在此悬挂东西时应该注意其振动的影响，虽然底板加速度相对拱顶很小，但底板往往是人员工作生活和一些精密仪器设备放置的地方，如重要洞库等结构内都有重要的电子设备存放和人员活动，其耐振值都很小，抗爆设计和施工时应充分考虑振动对它们的影响。

通过对比 M_1 和 M_2 的拱顶加速度数据，除了第二炮两加固方案差不多之外，M_2 的拱顶加速度峰值都比 M_1 的小；从底板加速度来看，除了第一炮 M_1 和 M_2 的加速度峰值差不多，其他的三炮 M_2 都比 M_1 小，并且随着炮数的增加，M_2 拱顶和底板加速度相对 M_1 越来越小。总之，从加固产生的加速度来看，M_2 明显比 M_1 小。

3.5 洞室围岩的宏观破坏形态分析与比较

在宏观方面洞室加固效果的好坏体现在洞室的破坏形态上。在前三炮中，炸药的爆炸未能造成两洞室有明显的破坏，第四炮后，洞壁表面有裂纹产生，图 7 是第四炮后模型解剖后的照片。为了能更好比较 M_1 和 M_2 的破坏效果，两张图片分别取 M_1 和 M_2 从洞口到洞室中心第十排长锚杆解剖后的照片。

(a)

(b)

图 7 洞室破坏形态

(a) M_1 洞室破坏形态；(b) M_2 洞室破坏形态

通过对两洞室的解剖图看，两种方案锚杆加固效果较明显，两洞室均未发生大的坍塌和崩落，只是在拱顶产生了局部拉伸破坏。从破坏的程度看，M_1 的拱顶出现比较严重的拉伸破坏，而 M_2 只出现轻微拉伸痕迹；对比破坏范围可知，M_1 破坏范围中包括 7 根锚杆，M_2 破坏范围中有 5 根锚杆。因此从破坏形态来看，M_1 的破坏程度比 M_2 严重，说明 M_2 的加固效果比 M_1 好。

4 结论

(1)爆炸应力波的压应力时程曲线是先上升到峰值,再下降到零点附近达到平衡,随着离爆心的距离增大,上升直线变得越来越平缓,波峰越来越小,波的起跳时间越来越晚,规律性好。

(2)由于位移时程曲线测得不理想,所以通过对加速度进行两次积分得到位移峰值。随着炮数的增加,产生的位移越来越大;同一炮拱顶端部加密锚杆支护洞室的峰值位移都比不加密锚杆支护洞室的峰值位移大。

(3)在集中装药爆炸作用下,拱顶受拉,而其他测点位置受压,最大应变峰值绝对值在拱脚处,建议拱顶锚杆采用交错布置。同一炮从上到下压应变先增加,后逐渐降低,在拱脚压应变最大。在没有发生严重破坏时,不加密锚杆支护洞室的最大应变峰值绝对值比拱顶端部加密锚杆支护洞室小。

(4)拱顶的加速度都比底板加速度大得多,并随着放炮的先后顺序拱顶与底板加速度比值越来越大。通过对比两种支护方案的数据可知,不加密锚杆支护洞室的拱顶和底板加速度峰值普遍比拱顶端部加密锚杆支护洞室的小。

(5)通过两洞室解剖图看,两种方案锚杆加固效果较明显,两洞室均未发生大的坍塌和崩落,只是在拱顶产生了局部拉伸破坏。从破坏程度和范围来看,拱顶端部加密锚杆支护洞室的破坏程度比不加密锚杆支护洞室明显。

综上所述,通过分析压力时程曲线,证明本次试验测试数据规律性合理,数据可靠。分析和比较两个试验段的拱顶位移、洞壁应变、拱顶和底板加速度以及洞室围岩的宏观破坏分布形态,得出拱顶端部加密锚杆支护洞室抗爆加固效果不佳。

参考文献

[1] 周布奎,唐德高,陈向欣,等.刚玉块石砼抗侵彻特性试验研究.实验力学,2004,19(1):79-83.

[2] 方从严,卓家寿.锚杆加固机制的试验研究现状.河海大学学报(自然科学版),2005,33(6):696-700.

[3] 顾金才,沈俊,陈安敏,等.锚索预应力在岩体内引起的应变状态模型试验研究.岩石力学与工程学报,2000,19(增1):917-921.

[4] STJERN G,MYRVANG A. The influence of blasting on grouted rock bolts. Tunneling and Underground Space Technology,1998,13(1):65-70.

[5] TANNANT D D,BRUMMER R K,YI X. Rockbolt behaviour under dynamic loading: field tests and modeling. Int. J. Rock Mech. Min. Sci. & Geomech. Abstr. ,1995,32(6):537-550.

[6] ORTLEPP W D,STACEY T R. Performance of tunnel support under large deformation static and dynamic loading. Tunnelling and Underground Space Technology,1998,13(1):15-21.

[7] ANSELL A. Laboratory testing of a new type of energy absorbing rock bolt. Tunnelling and Underground Space Technology,2005,20(4):291-300.

[8] ANSELL A. Dynamic testing of steel for a new type of energy absorbing rock bolt. Journal of Constructional Steel Research,2006,62(5):501-512.

[9] ZHANG C S,ZOU D H,MADENGA V. Numerical simulation of wave propagation in grouted rock bolts and the effects of mesh density and wave frequency. International Journal of Rock Mechanics & Mining Sciences,2006(43):634-639.

[10] 薛亚东,张世平,康天合.回采巷道锚杆动载响应的数值分析.岩石力学与工程学报,2003,22(11):1903-1906.

[11] 杨苏杭,梁斌,顾金才,等.锚固洞室抗爆模型试验锚索预应力变化特性研究.岩石力学与工程学报,2006,25(2):3749-3756.

[12] 王礼立.应力波基础.北京:国防工业出版社,2005.

动载下洞室加固锚杆受力的实验研究

余永强　顾金才　杨小林　王新生

内容提要：为研究爆破动载对加固洞室锚杆的影响，运用地质力学模型实验的方法分析了地下洞室加固时的全长黏结式锚杆和自由式锚杆的受力特性。结果表明：在爆炸动载作用下，2种锚杆都产生一定的变形；分析锚杆对围岩的作用力可知，2种锚杆都对洞室变形有明显的抑制作用，约束了围岩的变形；初期，自由式锚杆比全长黏结式锚杆对洞室的加固效果好，在洞室破坏后，全长黏结式锚杆比自由式锚杆加固效果好。

1　引言

在爆破动载条件下，洞室的围岩破坏效应非常复杂[1]，目前采用的洞室大部分为毛洞、衬砌洞室或现浇混凝土洞室，研究锚杆加固洞室的较少[2-4]。利用纯理论分析方法，研究在爆炸应力波作用下锚杆加固洞室的解析解较困难[5-7]。实验研究能较好地模拟岩土介质的复杂性，可较为真实地反映锚杆加固洞室的抗爆性能[8-10]。本文介绍通过地质力学模型实验的方法，分析动载下地下洞室加固时全长黏结式锚杆和自由式锚杆的受力特性。

2　相似关系

本次模型实验不针对某一具体工程进行，而按一般工程条件考虑，为了使模拟更具工程实用性，岩体条件按Ⅲ类均质围岩考虑。取Ⅲ类岩体参数作为原岩物理力学参数（GB 50218—1994）。模拟的原型是直墙拱顶形洞室，埋深为20m，跨度6m，加固锚杆使用ϕ25mm的螺纹钢筋。Ⅲ类围岩及模型材料的物理力学参数见表1。

表1　Ⅲ类围岩及模型材料物理力学参数

介质	密度 $\rho/(kg/m^3)$	黏聚力 c/MPa	内摩擦角 $\varphi/(°)$	变形模量 E_m/GPa	泊松比 ν	抗压强度 R_c/MPa	抗拉强度 R_t/MPa
Ⅲ类围岩	2450～2650	0.7～1.5	39～50	6～20	0.25～0.3	15～30	0.83～1.4
模型材料	1600～1800	0.06～0.12	39～50	0.48～1.6	0.25～0.3	1.5～2.0	0.07～0.11

实验研究主要考虑材料性质、几何相似和爆炸力相似条件。模型材料与原型材料中具有密度、应力量纲的物理量应分别构成密度比尺K_ρ、应力比尺K_σ。实验中K_ρ、K_σ主要由模型介质与原型介质的密度、强度比值决定。按照Froude相似准则，进行模型实验需要满足的重要比尺因数是$K_\sigma=K_\rho \cdot K_L$，由于$\sigma$、$\rho$都是材料本身的性质，因而几何比尺$K_L$不能任意选取，应由模型材料和原型介质

刊于《兵工学报》2009年增刊。

性质来决定，最后确定 $K_\sigma=0.06$，$K_\rho=0.67$，$K_L=0.09$。

工程上使用的锚杆为 ϕ25mm 螺纹钢筋，模型上采用弹性模量较小的纯铝棒制作模拟锚杆。按几何比尺要求锚杆直径 $\phi_m=\phi_p K_L=25\times0.09=1.45$mm，取锚杆直径为 1.5mm。模型实验时，模拟加固锚杆长度 $L=\dfrac{D}{3}=20$cm。由于实验主要考虑爆炸应力波在洞室围岩中的传播规律，因此研究锚杆受力特性的锚杆长度应大于此加固锚杆长度；考虑到模拟锚杆放入时注浆的困难，因此确定锚杆长度为 40cm。

3 模型实验及测试结果分析

3.1 实验模型及加载方式

实验在"岩土工程抗爆结构模型实验装置"上完成，模型尺寸为 240cm×150cm×230cm(长×宽×高)，洞室形状为直墙拱顶形。在模型上，沿洞室轴线划分成 3 个实验段，分别为 M_0、M_1 和 M_2，每段长 48cm，每个实验段均由一宽 1cm，深 5cm 的槽隔开，见图 1。

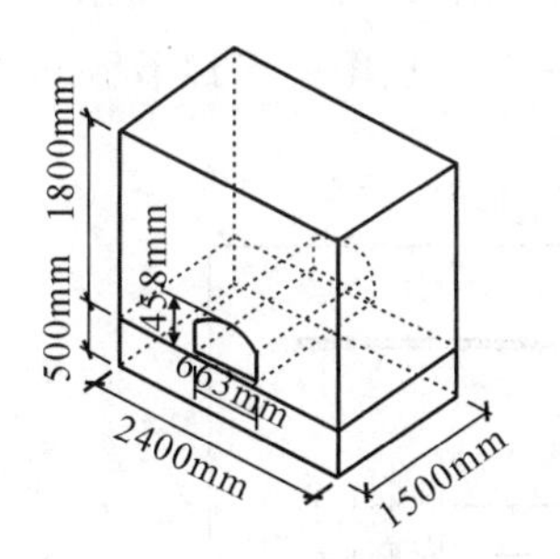

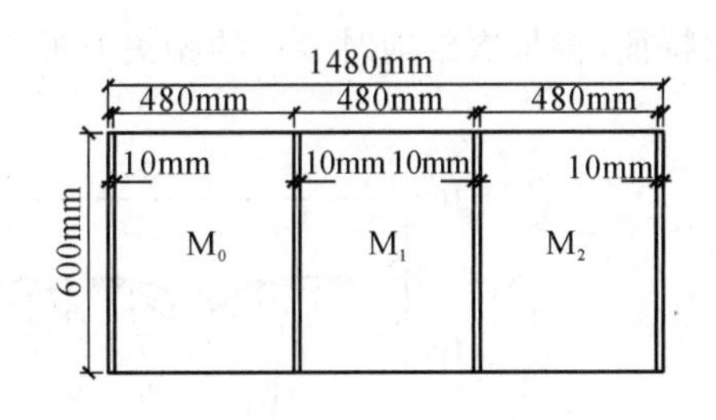

图 1　实验模型和洞室分段布置图

(a) 实验模型；(b)洞室分段布置图

在 M_0、M_1 实验段上的洞室顶部均垂直表面布置 1 根 40cm 长锚杆，贴上应变片进行锚杆受力特性测试。其中 M_0 实验段为全长黏结式注浆锚杆，M_1 实验段为自由式锚杆，在 M_2 实验段边墙上对称地分别布置一根全长黏结式和自由式锚杆。在每根锚杆上布置约 10 个应变片，测量出在不同爆炸条件下锚杆各点的应变状态。锚杆应变片布置如图 2 所示。

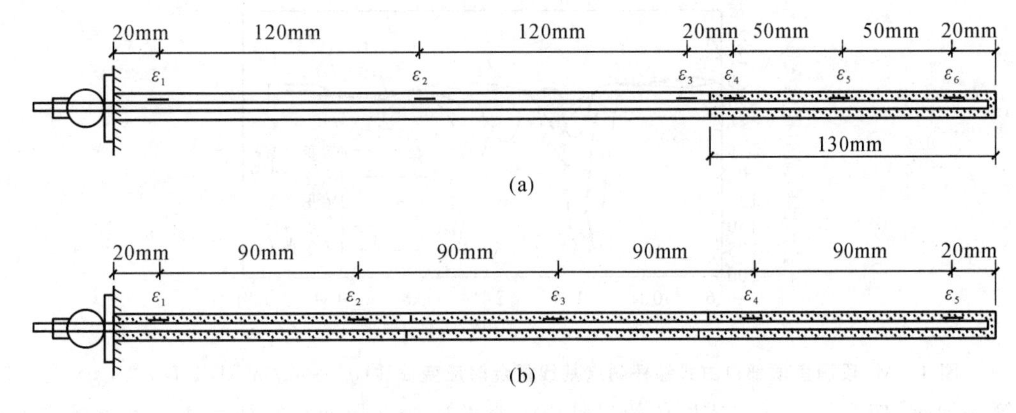

图 2　锚杆应变片布置图

(a)自由式锚杆；(b)全长黏结式锚杆

3.2 爆炸动载加载方式

实验要求在一块模型上完成 2 种或 3 种洞室加固效应的比较，那么模型上除了加固措施这一条件不同外，其他条件如模型介质、洞室形状、几何尺寸、爆心距离、装药量等都应保持一致。为实现各模型装药量条件相同，本实验采用导爆索平面装药方法。实验时在模型表面沿洞室轴线方向等间距地埋上多根导爆索，采用 2 个电雷管从外围同时引爆，导爆索上面覆盖 10～50cm 的砂土。爆炸时单根导爆索产生的爆炸应力波互相叠加，可在洞室部位介质内产生较均匀的压应力波；两端垂直于洞轴线的导爆索产生的爆炸波可弥补边界叠加的不足，使爆炸波更接近于平面应力波。导爆索间距越小，这种叠加效果越好。经反复实验，间距为 15cm 时，叠加效果已经比较理想，可以在模型介质内产生比较均匀的应力波。

3.3 测试结果分析

3.3.1　洞室顶部加固的自由式锚杆应变

在装药覆土层厚度均为 $f_t=30$cm 情况下，在模型 M_1 段洞室进行了不同装药量和洞室拱顶至爆心不同距离(H)时的洞室顶部自由式锚杆应变测试，测试结果如图 3、图 4 所示。为了分析比较各应变波形的变化特征，将每次放炮时测得的相关波形放在一起。从图中可以看到各点应变波形的变化特征：

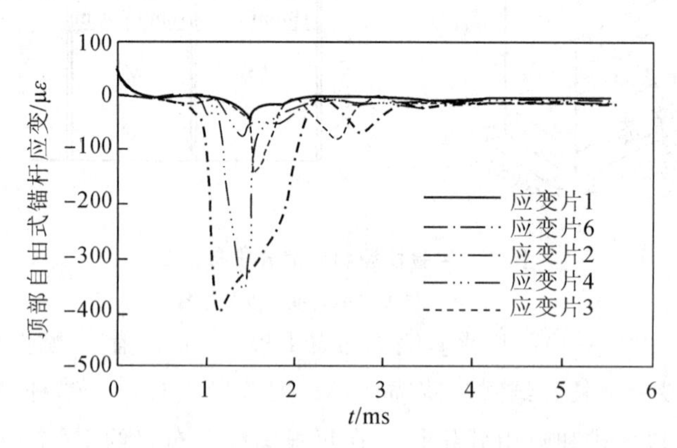

图 3　M_1 段洞室顶部自由式锚杆测点基线重合时应变曲线($q_e=28$g/m^2 RDX，$H=20$cm)

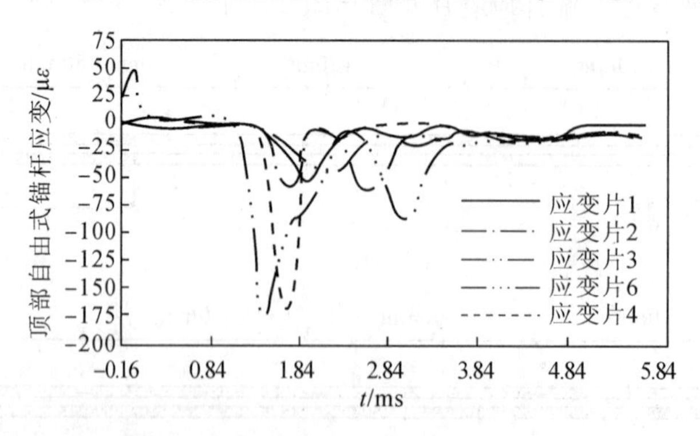

图 4　M_1 段洞室顶部自由式锚杆测点基线重合时应变曲线($q_e=84$g/m^2 RDX，$H=20$cm)

在第一炮时，应变片 6 在内锚固段的最外端。它的应变波形变化特征是，在 $t=0$ms 左右时，产生一个数值较小、时间较短的压缩应变波形，应变峰值为 61$\mu\varepsilon$。从作用时间上看，此应变波只能是由爆炸波的直接冲击引起的。因为在此时间内，无论从洞壁还是从模型表面反射回来的波均未到达。

在第1个直接冲击应变波之后，有一段相对平稳时间，这是由于直接冲击应变波过后，其他反射波尚未到达。当 $t=0.88$ms 时开始产生一个较大的拉伸应变波，峰值为 $336\mu\varepsilon$，峰值所对应的时间是1.4ms；到1.88ms时峰值下降到 $26\mu\varepsilon$。从该应变波的到达时间0.88ms看，它早于锚杆自由段上的应变片3应变波到达时间0.52ms，说明它不是由锚杆自由段上的拉应变传过来的，也就是说，它不是由洞壁的反射拉伸变形引起的，而可能是由爆炸压缩波传到模型洞室表面，在模型表面产生的反射拉伸波引起的。在 $t=2.12$ms 之后，又出现了第2个拉伸应变波，其峰值为 $68\mu\varepsilon$，峰值所对应的时间是2.68ms。从锚杆自由段上的应变片3应变波到达时间1.4ms，峰值所对应的时间是1.56ms来看，应变片6的第2个拉伸应变波应是由锚杆上的爆炸应力波在洞壁表面产生的反射拉伸波引起的。因为它的峰值时间(2.68ms)是在自由段应变峰值时间(1.56ms)之后。在4.56ms之后，应变基本为零。因为应变片6是在内锚固段的最外端，洞壁变形对它的影响应该较小。应变片4的应变波形变化特征与应变片6的基本相同，只是初始的直接冲击应变波数值更小。因为它在应变片6之后，冲击力受到内锚固段周围注浆体的削弱。从爆炸后残余的拉应变值来看，应变片4较大，这也与应变片4离洞壁较近是一致的。应变3的应变波形，其变化特征与前面所谈的应变片6和4号测点的不同，它只有一个较大的拉应变波形，并且到达时间较晚，是在1.4ms时才起跳的，初始应变为 $28\mu\varepsilon$。在1.56ms时达到峰值 $138\mu\varepsilon$，然后峰值开始缓慢下降，到 $13\mu\varepsilon$ 时基本保持该值不再变化。由于该测点是在自由段上，所以它的受力状态容易判断：在洞室变形的过程中它应该主要是受拉的。由此可以判断在整个测试中负应变是代表受拉的。从它的起跳时间1.4ms，晚于应变片6和4号测点第1个波峰起跳时间0.88ms，可以判断前面2点的第1个拉应变波峰不是来自锚杆表面反射拉伸波的作用，而是由模型表面反射拉伸波引起的。应变片1和2均有与应变片3相似的规律。从上述分析中可以看出，加固拱顶的自由式锚杆在爆炸荷载的作用下，内锚固段部位将受到3种力的作用：爆炸压力的直接冲击作用，锚固介质表面反射拉伸波的作用，洞室表面反射拉伸波的作用。锚杆内锚固段的注浆体对上述3种力的作用沿锚杆的传递都起阻碍和限制作用，应力波在锚杆体中的传播与在围岩体中的传播是根本不同的。锚杆自由段主要是受洞壁反射拉伸波的作用。

3.3.2 洞室顶部全长黏结式锚杆应变测试

在模型 M_0 段洞室进行了不同平面装药量和洞室拱顶至爆心不同距离情况下(装药覆土层厚度均为 $f_t=30$cm)洞室顶部全长黏结式锚杆应变测试，测试结果如图5、图6所示。应变波形的变化特征与前面介绍的自由式锚杆内锚固段上的应变波形的变化特征完全相同。它也是首先产生1个爆炸直接冲击应变波形，经过1个短暂的稳定阶段，接着产生1个较大的拉应变波形，从作用时间上看它也是由模型表面反射拉伸波引起的。因此，对于拱顶全长黏结式锚杆，在爆炸荷载的作用下锚杆

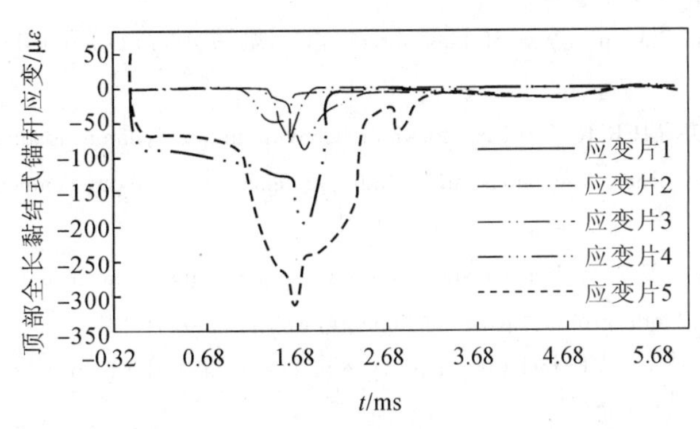

图5 M_0 **段顶部全长黏结式锚杆基线重合时应变曲线**($q_e=28\text{g/m}^2$ RDX, $H=20$cm)

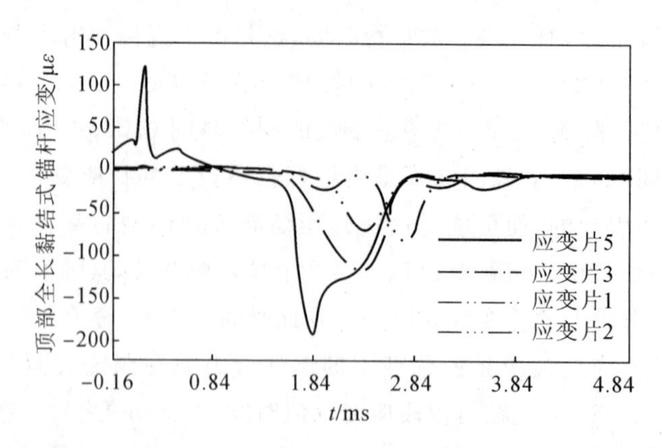

图 6　M_0 段顶部全长黏结式锚杆基线对齐时应变曲线($q_e=84g/m^2$ RDX,$H=20cm$)

将受到 3 种力的作用:爆炸压力的直接冲击作用,介质表面反射拉伸波的作用,洞室表面反射拉伸波的作用。

4　结论

实验研究表明,在爆炸动载作用下,2 种锚杆都产生一定的变形,根据锚杆对围岩的作用力分析,这 2 种锚杆都对洞室变形有明显的抑制,约束了围岩的变形。同时,研究结果也表明,2 种锚杆对洞室都有明显的加固效果。初期,自由式锚杆比全长黏结式锚杆对洞室的加固效果好;在洞室破坏后,全长黏结式锚杆比自由式锚杆加固效果好,围岩变形小。

参考文献

[1]　PAO Y H. Elastic waves in solids. Journal of Applied Mechanics,1983,50(4):1152-1164.

[2]　唐德高,毕佳,孙乃光. 常规武器爆炸作用下地震动的试验研究. 爆炸与冲击,1997,17(3):207-213.

[3]　孙杰,朱立新,王飞. 爆炸荷载作用下潜埋结构内振动实验研究与计算. 爆破,2003,20(4):7-10.

[4]　凌贤长,胡庆立,欧进萍. 土-结爆炸冲击相互作用模爆试验相似设计方法. 岩土力学,2004,25(8):1249-1253.

[5]　曾宪明,杜云鹤,李世民. 土钉支护抗动载原型与模型对比试验研究. 岩石力学与工程学报,2003,22(11):1892-1897.

[6]　陈剑杰,孙钧,林俊德. 深埋岩石硐室受爆炸应力波作用的破坏效应. 辽宁工程技术大学学报(自然科学版),2001,20(8):402-404.

[7]　GISLE S, ARNE M. The influence of blasting on grouted rockbolts. Tunnelling and Underground Space Technology,1998,13(1):65-70.

[8]　TANNANT D D,BRUMMER R K,YI X. Rockbolt behavior under dynamic loading field tests and modeling. International Journal of Rock Mechanics and Mining Sciences and Geomechanics Abstracts, 1995, 32(6):537-550.

[9]　ORTLEPP W D,STACEY T R. Performance of tunnel support under large deformation,static and dynamic loading. Tunnelling and Underground Space Technology,1998,13(1):15-21.

[10]　ANDERS A. Dynamic testing of steel for a new type of energy absorbing rock bolt. Journal of Constructional Steel Research,2006,62(5):501-512.

锚杆对围岩的加固效果和动载响应的数值分析

杨自友　顾金才　杨本水　陈安敏　徐景茂

内容提要：利用数值分析软件LS-DYNA3D程序，针对锚杆对围岩的加固效果和动态力学性能进行了显示动力分析，比较了洞室围岩是否用锚杆加固时，爆炸波引起的岩体中垂直应力、拱顶位移以及锚杆本身轴向应变的变化特点。结果发现：同毛洞相比较，加固洞室围岩应力较大，拱顶位移较小；通过分析锚杆轴向应变时程曲线，发现不同安装角的锚杆其轴向应变对动载的响应不同，拱部锚杆先受压后受拉，直墙部锚杆全受拉，两部位锚杆均产生轴向拉应变；将模拟的锚杆应变时程曲线同模型试验的相应曲线进行了比较，两者一致性较好，其结果为动载作用下坑道围岩锚杆加固的布置方法提供了参考。

1　引言

锚杆加固作为一种廉价、便捷的主动加固方式，已广泛应用于地下工程。许多学者通过室内相似模型试验、现场拉拔试验，针对锚杆对围岩的加固机制、锚杆自身的静态力学性能进行了大量的研究，已基本弄清楚了锚杆的静态力学性能，但在受爆炸、地震、岩爆等动载荷作用下，有关锚杆对围岩的效果及其自身的动态力学性能的研究相对较少。Tannant等[1]认为，爆破荷载引起锚杆横向的和纵向的振动，使得锚杆与岩体间产生了松动，冲击荷载传不到锚杆中，锚杆不会屈服破坏。Gisle等[2]通过模型试验指出，在距离锚杆3～4m处爆破时，锚杆对围岩的加固性能不受爆破振动的影响。参考文献[3]应用波函数展开法，研究了爆破振动对砂浆锚杆的影响。通过试验研究锚杆自身的动态力学性能周期长、成本高，不可能大量进行。目前要从理论分析的角度给出应力波与锚杆相互作用的完全解析解还是相当困难的，而现代数值计算科学以及高性能计算机的发展，提供了研究锚杆在动载作用下的动态力学性能的手段。Zhang等[4]利用数值计算，模拟了灌浆锚杆中波的传播，并考虑了网格密度和波频率对模拟结果的影响。薛亚东等[5]应用FLAC二维程序，通过对计算模型施加振动波载荷，研究锚杆的动态力学性能。荣耀等[6]通过对现场爆破载荷的计算，以对模型输入爆破载荷的方式进行了数值分析，指出锚杆对应力波传播有明显的衰减作用。凌贤长[7]等采用量纲分析方法，并考虑爆炸地冲击波-结构动力相互作用等因素的相似性，求解了土-结爆炸冲击相互作用模爆试验的模型设计的相似关系。曾宪明等[8]用相似模型试验和现场试验研究了在集中装药隔离顶爆下土钉支护黄土洞室临界抗力及其结果。陈剑杰等[9]利用小比例化爆模拟试验以及岩石脆性破坏模型的三维动力有限元数值模拟的方法，对深埋岩石洞室在爆炸应力波作用下的破坏效应进行了研究。刘慧[10]基于数值模拟和动光弹试验，对马蹄形隧道在邻近爆破作用下的动态响应特点进行了分析，提出了隧道迎爆一侧的动应力集中因子的近似确定方法。

本文应用数值分析软件LS-DYNA3D程序，对所建的取自室内地质力学模型试验尺寸的模型在

刊于《岩土力学》2009年第9期。

集中装药爆炸条件下，由爆炸产生的应力波与全长黏结式锚杆的相互作用过程进行数值模拟，研究了该类型锚杆对围岩的加固效果及其自身的动载响应特性。

2　数值模拟内容

2.1　计算模型的建立

计算模型取自总参工程兵科研三所岩土与结构工程重点实验室的地质力学试验模型的一部分，见图1，取宽×高×厚＝75cm×230cm×3cm，即取沿洞室平面的水平方向75cm，竖直方向230cm。为了计算简便，洞室轴向仅取了3cm，作近似二维的数值分析。洞室未加固时为毛洞，加固洞室的锚杆取金属铝的材料参数（表1），长度为18cm，间距3cm。

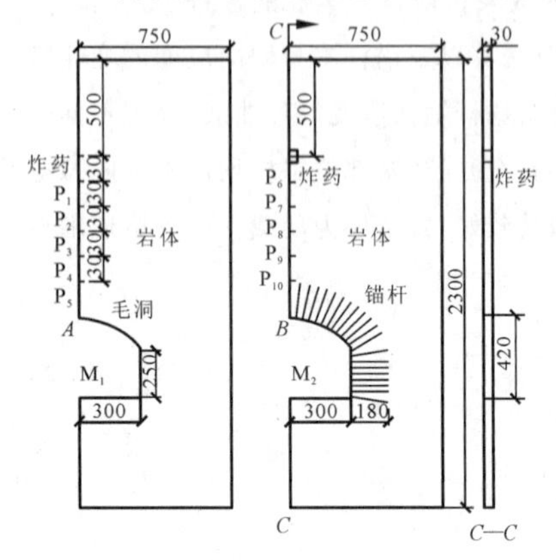

图1　模型尺寸示意图（单位：mm）

岩体介质选用 SOIL-CONTRETE 材料，密度取$1.7\mathrm{g/cm^3}$，TNT炸药单元取总质量的1/4，即25g，采用JWL状态方程：

$$P=A\left(1-\frac{\omega}{R_1 V}\right)\mathrm{e}^{-R_1 V}+B\left(1-\frac{\omega}{R_2 V}\right)\mathrm{e}^{-R_2 V}+\frac{\omega E}{V} \tag{1}$$

式(1)以及表1中，P、E、V分别为爆轰产物的压力、内能和比容（单位体积）；A、B、R_1、R_2、ω为JWL方程必须输入的常数；ρ_1、ρ_2、ρ_3分别为炸药、模型介质及锚杆材料密度；P_{CJ}为炸药爆轰压力；D_{H}为爆速；E_0为爆轰初始内能；G、K分别为模型材料剪切模量、体积模量；E、ν分别为锚杆材料弹性模量、泊松比。

表1　TNT炸药、JWL方程、模型及锚杆材料参数

ρ_1/(g/cm³)	P_{CJ}/GPa	D_{H}/(m/s)	A/GPa	B/GPa	R_1	R_2	ω	E_0/GPa	ρ_2/(g/cm³)	G/GPa	K/GPa	ρ_3/(g/cm³)	E/GPa	ν
1.63	27	6930	371	7.43	4.15	0.95	0.3	7	1.7	0.856	0.958	2.72	76	0.34

2.2　计算过程及边界条件

炸药、岩体材料选用六面体实体单元模拟，加固锚杆单元用梁单元代替，为了方便计算，建立了单排锚杆来加固洞室。计算模型中炸药、岩体和锚杆采取共用节点法划分网格。为了模拟出半无限体中的应力波的传播规律，模型右边界、下边界设置为透射边界，左边界设置为水平位移为0的边界，上表面设置为自由边界。忽略岩体自重对应力波传播造成的影响，模拟集中装药爆炸条件，研究应力波在岩体传播过程中洞室拱顶的应力和位移的变化规律及锚杆轴向应变随安装角的变化情况。

3　模拟结果分析

3.1　拱顶垂直峰值应力的比较

集中装药爆炸时，在岩体中产生球面应力波，共计算了10ms，因3ms后应力波强度已衰减到0。图2所示分别为连接炸药与毛洞M_1、加固洞室M_2拱顶之间5个等距离单元（图1）的应力变化时程曲线，P_1～P_{10}单元中垂直峰值应力大小见表2。

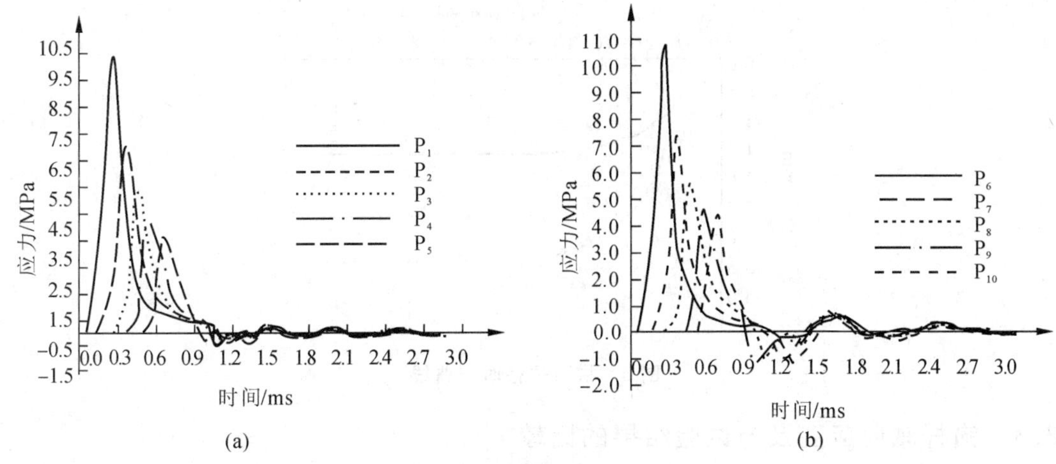

图 2 单元垂直应力变化时程曲线

(a)$P_1 \sim P_5$ 曲线；(b)$P_6 \sim P_{10}$ 曲线

表 2 单元垂直峰值应力

洞室	测点	应力/MPa	洞室	测点	应力/MPa
	P_1	10.37		P_6	11.14
	P_2	7.12		P_7	7.49
M_1	P_3	5.44	M_2	P_8	5.73
	P_4	4.41		P_9	4.65
	P_5	3.67		P_{10}	4.39

由图 2 可看出，各单元应力变化时程曲线由上升段和下降段组成，上升段时间和下降段时间共同组成了对围岩的正压时间。各时程曲线在形态上相似，趋势上相同。随着爆炸应力波向拱顶的传播，应力波强度发生了衰减，这种衰减具体表现为远离爆心处岩体中单元应力会逐渐减小，离拱顶较近的单元应力较小，较远的应力较大，岩体中应力的衰减是与岩体颗粒间的结合程度有关的，结合越密，衰减越慢。由表 2 可知，同洞室 M_1 的拱顶 5 单元峰值应力相比，洞室 M_2 拱顶上方 5 单元应力较大，即锚杆加固洞室围岩应力比毛洞的围岩应力大。洞室 M_2 用锚杆加固后，使得岩体颗粒间的结合更加紧密，限制了加固区域及其周围围岩的自由变形，造成了岩体单元应力波强度衰减的速度慢，增大了岩体颗粒间的约束力。可见锚杆的加固能限制围岩的变形，但同时也增大了围岩中的应力，只要围岩中应力不超过加固以后岩体所能承受的抗压强度和抗拉强度，岩体就不会产生破坏。

3.2 拱顶位移的比较

图 3 所示曲线分别为洞室 M_1、M_2 拱顶点 A、B 的位移时程曲线。在计算时间内，图中拱顶位移是不可恢复的。

由拱顶位移时程曲线可知，在爆炸初始阶段，即从炸药起爆到约 0.6ms 时，爆炸应力波还未传播到拱顶，在这阶段拱顶位移为 0。A 点位移到 0.6ms 后迅速增大，在 8.0ms 后不再增大，维持为 3.51mm，而 B 点的位移从 0.6ms 到约 7ms 时也在增大，以后趋于稳定值 1.59mm。毛洞拱顶 A 点的位移小于加固洞室拱顶 B 点的位移，即毛洞 M_1 的拱顶位移增大的时间比加固洞室 M_2 的时间长，毛洞 M_1 的拱顶位移也比加固洞室 M_2 的拱顶位移大，这说明了洞室 M_2 经锚杆加固后，限制了围岩的进一步变形，进而限制了拱顶位移的增加。

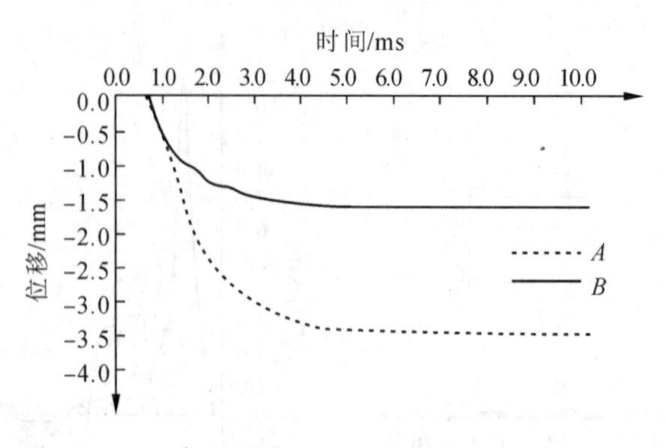

图 3　拱顶位移时程曲线

3.3　锚杆轴向应变及与试验结果的比较

3.3.1　锚杆轴向应变

为了研究随安装角的不同，锚杆中轴向应变的变化情况，分别选取了拱顶、拱腰、拱脚和水平锚杆中的中间单元 1～6(见图 4)，研究这些单元中的轴向应变，这些锚杆单元轴向应变时程曲线如图 5 所示。

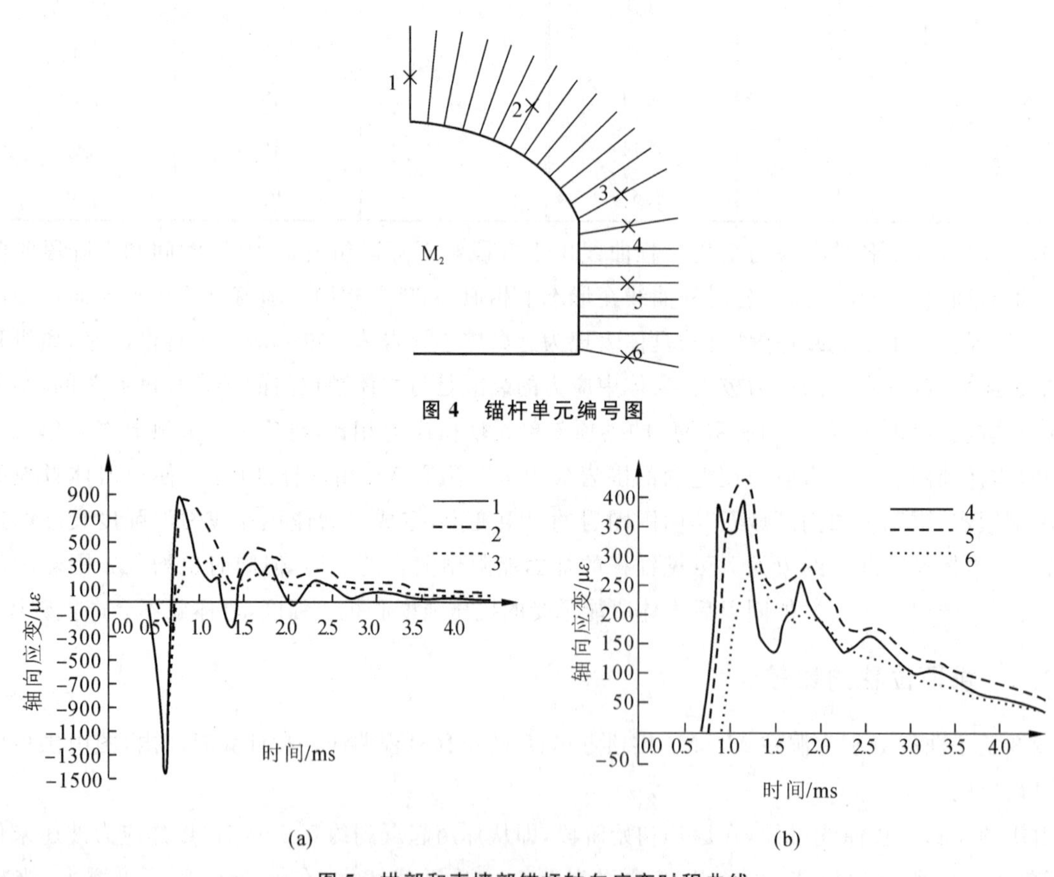

图 4　锚杆单元编号图

(a)　(b)

图 5　拱部和直墙部锚杆轴向应变时程曲线

(a)拱部；(b)直墙部

图 5 中的单元轴向应变时程曲线，正值表示锚杆受拉应力作用，产生了瞬时拉应变，负值表示锚杆受压应力作用，产生了瞬时压应变。若以锚杆与垂直方向的夹角作为安装角，则与图 5 中 6 条曲线相对应的 6 根锚杆的安装角分别为 0°、30°、60°、近 90°、90°和大于 90°，即安装角在增大，这将影响

爆炸波向锚杆传播的方向。在计算时间内，拱部 1、2 单元先受压后受拉，而且大部分时间受拉应力作用，3 单元则全受拉应力作用。拱顶锚杆先受压后受拉是因爆炸应力波传播至拱顶的过程中，锚杆被约束而受压应力作用，当应力波被拱顶反射后，将产生反射拉伸波，使得锚杆产生了瞬时的拉应变，因此，拱部锚杆轴向应变是爆炸入射应力波和拱顶反射应力波与锚杆相互作用的结果。直墙部锚杆 4、5、6 单元与沿直墙衍射的应力波作用，锚杆中产生了拉应变。对于用金属材料制成的锚杆来说，其抗拉强度比岩土介质的抗拉强度大，如同钢筋混凝土中钢筋的作用一样，相当于提高了被其加固的围岩的抗拉强度，从而使锚杆对围岩的加固能力得以发挥。

从单元中应变的具体峰值来看，拱部锚杆中的应变值大于直墙部锚杆中单元的应变，因本文模拟的是炸药在拱顶正上方爆炸，应力波在岩体中发生衰减，因而造成了离拱顶较远处，锚杆单元中的应变较小。

3.3.2 模型试验概况

模型试验模拟的是直墙拱顶形洞室，埋深 20m，跨度 3～5m，岩体加固锚杆使用 ϕ18mm 的螺纹钢筋，洞室围岩按Ⅲ类岩体性质考虑，其中Ⅲ类围岩及模型材料的物理力学参数见表 3。

表 3 Ⅲ类围岩及模型材料物理力学参数

介质	密度 $\rho/(\mathrm{kg/m^3})$	黏聚力 c/MPa	内摩擦角 $\varphi/(°)$	变形模量 E_m/GPa	泊松比 ν	抗压强度 R_c/MPa	抗拉强度 R_t/MPa
Ⅲ类围岩	2450～2650	0.7～1.5	39～50	6～20	0.25～0.3	15～30	0.83～1.4
模型材料	1600～1800	0.06～0.12	39～50	0.48～1.6	0.25～0.3	1.5～2.0	0.07～0.11

根据量纲分析理论，按照 Froude 比例法，要求 $K_\sigma=K_\rho K_L$，确定密度、应力、几何相似比尺为：$K_\rho=0.67$，$K_\sigma=0.06$，$K_L=0.09$。试验所建模型尺寸为宽×高×厚＝1.5m×2.3m×2.4m，即试验模型宽为图 1 模型宽的 2 倍，高尺寸一样。厚度方向分为 2 个试验段，每个试验段 1.2m，分别为毛洞和加固洞室，加固洞室的加固长度为 600mm。模型试验采用集中装药形式，装药量 100gTNT，加固锚杆用直径为 2.1mm 的铝棒代替，长度为 18cm，间距 3cm，模型试验材料的配比为砂：水泥：水：速凝剂＝15：1：1.6：0.0166(质量比)。

3.3.3 锚杆轴向应变模拟与试验结果比较

因传感器故障以及锚杆轴向应变测量的难度较大，模型试验中仅测得 2 个测点的锚杆轴向应变时程曲线，如图 6 所示。

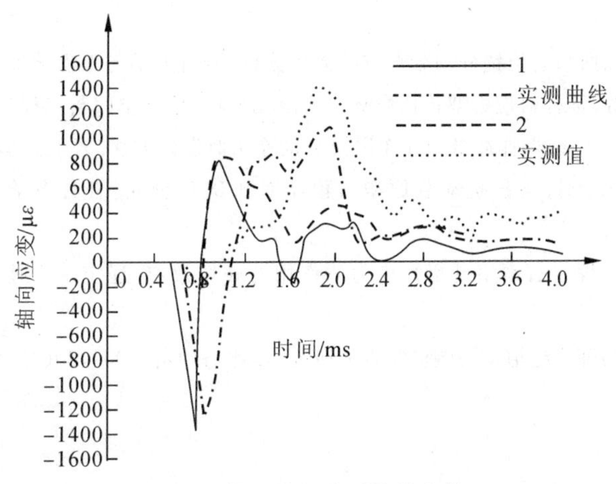

图 6 模拟线与实测线的比较

图6显示了图4中1、2单元轴向应变时程曲线同试验所得相应曲线的对比结果。由图可知，拱顶锚杆的轴向应变时程曲线由两部分组成，即压、拉应变时程曲线。从峰值上看，压、拉应变的峰值两者相差不多；从形态上看，模拟曲线与实测曲线较为一致，都经历了先压后拉阶段；在锚杆产生瞬时应变的时间上，实测曲线大于模拟曲线，尤其是拉应变的产生时间，而且实测曲线的残余应变较模拟曲线的大，这可能是与锚杆周围围岩的密实程度有关，数值模拟中把围岩看成一个整体，而试验中，模型是用水泥砂浆制成，类似岩土介质，里面难免有空隙和孔洞，造成围岩比较疏松，因应力波在疏松介质的空隙和孔洞中会产生来回的反射和衍射，使其与疏松围岩的作用时间较长，与密实围岩的作用时间较短。试验中，锚杆周围围岩较为疏松，故锚杆中产生瞬时应变的时间较长。

4 结论

(1)锚杆对岩体的加固效果是明显的，限制了加固洞室拱顶的位移，使得其位移比毛洞拱顶处的位移小。锚杆对围岩的加固，使被加固区域及其上方的围岩应力比毛洞中的围岩应力大。

(2)对锚杆单元的轴向应变的分析可知，在计算时间内，不同安装角处的锚杆单元对动载的响应不同，洞室拱部锚杆先受压后受拉，直墙部锚杆全受拉，产生拉应变，使得锚杆对围岩的加固作用得到了充分发挥。通过与实测锚杆轴向应变时程曲线的比较可知，两者在形态和趋势上较为一致，说明数值分析的结果较为可信。

参考文献

[1] TANNANT D D,BRUMMER R K,YI X. Rockbolt behaviour under dynamic loading field tests and modeling. International Journal of Rock Mechanics and Mining Sciences and Geomechanics Abstracts,1995,32(6):537-550.

[2] GISLE S,ARNE M. The influence of blasting on grouted rockbolts. Tunneling and Underground Space Technology,1998,13(1):65-70.

[3] 易长平,卢文波.爆破振动对砂浆锚杆的影响研究.岩土力学,2006,27(8):1312-1316.

[4] ZHANG C S,ZOU D H,MADENGA V. Numerical simulation of wave propagation in grouted rock bolts and the effects of mesh density and wave frequency. International Journal of Rock Mechanics & Mining Sciences,2006,43(4):634-639.

[5] 薛亚东,张世平,康天合.回采巷道锚杆动载响应的数值分析.岩石力学与工程学报,2003,22(11):1903-1906.

[6] 荣耀,许锡宾,赵明阶,等.锚杆对应力波传播影响的有限元分析.地下空间与工程学报,2006,2(1):115-119.

[7] 凌贤长,胡庆立,欧进萍.土-结爆炸冲击相互作用模爆试验相似设计方法.岩土力学,2004,25(8):1249-1253.

[8] 曾宪明,杜云鹤,李世民.土钉支护抗动载原型与模型对比试验研究.岩石力学与工程学报,2003,22(11):1892-1897.

[9] 陈剑杰,孙钧,林俊德.深埋岩石硐室受爆炸应力波作用的破坏效应.辽宁工程技术大学学报(自然科学版),2001,20(4):402-404.

[10] 刘慧.近距侧爆情况下马蹄形隧道动态响应特点的研究.爆炸与冲击,2000,20(2):175-181.

层状岩体加固中锚固体周围岩层塌落深度的近似计算方法

陈安敏　顾金才　沈　俊　明治清

内容提要：本文在预应力锚索对层状岩体的加固效果模型试验研究的基础上，提出了相邻锚索间岩体锚索塌落深度计算模型，给出了锚固体周围岩层塌落深度的近似计算方法，并用这种方法对多块室内锚索加固层状岩体模型试验的塌落深度作了分析计算，也用该方法对实际工程进行了估算。计算结果表明，本方法简单、实用，结果可靠，可供锚固工程设计参考。

1　前言

预应力锚索加固技术已广泛应用于各种岩石(土)工程中，对其机理和设计计算方法的研究也越来越深入。层状岩体是工程上常见的一种岩体，为了探讨预应力锚索对层状岩体的加固效果，笔者根据模型试验的相似原理，通过室内模拟试验，对层状岩体的锚固效应问题进行了专题试验研究。试验结果证明，预应力锚索对层状岩体的加固效果，受到锚索预应力大小、垫墩尺寸、进锚方向以及岩体性质、岩层厚度等因素的影响。从宏观破坏现象上可以看到，层状岩体中锚索周围的岩体破坏形态与破碎岩体有很大差异，即所形成的倒圆台形锚固体的侧面呈台阶状，相邻锚索之间的岩体塌落呈平顶；而破碎岩体破坏后形成的倒圆台体侧面为逐渐过渡，无台阶状，其相邻锚索之间形成较圆滑的拱顶，而不是平顶。

此外，还发现当锚索的进锚方向为90°时，所形成的锚固体的倒锥角约45°。在锚索间距不太大的情况下，如果层状岩体强度足够大，每层岩体类似平板结构，能自成平衡体系，则无需用锚索加固。如果锚索间距较大，在两根锚索之间的部分岩体，超出了锚索加固所形成的锚固体范围，将发生塌落破坏，对这部分岩体必须采取辅助加固措施，如在两根锚索之间再打上一定数量的锚杆，确保围岩不发生塌落破坏。因此，从理论上预估这种岩层塌落深度，无论从工程安全角度考虑，还是从合理的工程设计角度考虑，都具有重要的参考意义。为此，笔者在模拟试验成果的基础上，提出了预估岩层塌落深度的近似计算方法，并用这种方法对多块模型和实际工程的塌落深度进行了分析计算，结果的一致性较好。

2　计算条件和简化假设

(1)假定层状岩体岩层水平，进锚方向与岩层面垂直，即$\alpha=90°$。

(2)锚索足够长，内锚固段处于稳定岩体内。

本文收录于《地基基础工程与锚固注浆技术：2009年地基基础工程与锚固注浆技术研讨会论文集》。

(3)锚索张力足以压紧层面,使锚固体内的各层岩体不至于发生塌落破坏。

(4)锚固体的倒锥角 $\beta=45°$。

(5)不考虑其他外载作用,只研究层状岩体在自重作用下的塌落情况。

3　计算模型

实际工程中锚索对周围岩体的作用是空间力学问题,所以建立锚索周围岩体塌落深度的计算模型时必须按空间问题考虑。为此我们选择在空间上彼此相邻的四根锚索作为分析对象,这四根锚索在平面上的布置如图 1(a)所示。

设锚索间距均为 l,垫墩尺寸均为 B,锚索长度、角度、预应力吨位等均相同,因而由这四根锚索形成的锚固体形状尺寸也都相同,见图 1(b)。

在上述设定条件下,岩层可能塌落的范围从剖面图[图 1(b)]上看,就是 Δgfj 内的区域。从空间上看,它的顶部为 $IJKL$ 曲边四边形,它的底部为四条弧线$\overset{\frown}{ab}$、$\overset{\frown}{cd}$、$\overset{\frown}{ef}$和$\overset{\frown}{gh}$以及四条直线段$\overline{bc}$、$\overline{de}$、$\overline{fg}$和$\overline{ha}$组成的规则而又复杂的多边形,它的高度从图 1(b)中看应是$(l-B)/2$。

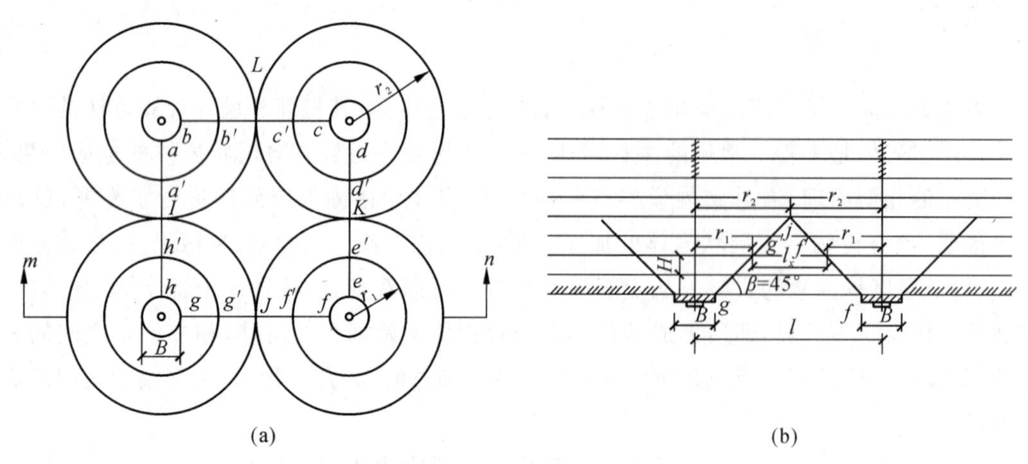

图 1　锚索加固层状岩体塌落深度计算模型

(a)计算模型顶视图;(b)计算模型剖面图($m-n$)

在有可能发生塌落的范围内,第 i 层岩体能否塌落取决于第 i 层岩体本身的抗剪能力 Q_r 与其自身的重量 W_1 及其以上各层岩体对第 i 层岩体产生的变形压力 W_2 之间的对比关系。

如果
$$Q_r \geqslant W_1 + W_2 \tag{1}$$
则第 i 层岩体是稳定的。

如果
$$Q_r < W_1 + W_2 \tag{2}$$
则第 i 层岩体就要发生塌落。

根据上述条件,可以建立估算岩层塌落深度的理论计算公式。

4　计算公式的建立

假设在塌落区内第 i 层岩体是稳定的,它在剖面图上的长度为 l_x,即图 1(b)中$\overline{g'f'}$的长度。它在空间的平面形态是由四条弧线$\overset{\frown}{a'b'}$、$\overset{\frown}{c'd'}$、$\overset{\frown}{e'f'}$、$\overset{\frown}{g'h'}$和四条直线段$\overline{b'c'}$、$\overline{d'e'}$、$\overline{f'g'}$、$\overline{h'a'}$组成的复杂图

形。该图形的平面面积可用边长为 l 的正方形面积减去四个弧段所对的四个1/4半径为 r_1 的圆的面积求得，即

$$S_i=l^2-4\times\frac{1}{4}\pi r_1^2 \tag{3}$$

由图1(b)可知 $r_1=\frac{1}{2}(l-l_x)$，则

$$S_i=l^2-\frac{\pi}{4}(l-l_x)^2 \tag{4}$$

第 i 层岩体的抗剪能力 Q_r 是由上述四个弧段提供的，四个直线段因左右或上下岩体不产生相对变位，故也不提供抗剪能力，所以

$$Q_r=2\pi r_1 h\tau \tag{5}$$

其中，h 为第 i 层岩体厚度；τ 为第 i 层岩体抗剪强度。

将 $r_1=\frac{1}{2}(l-l_x)$ 代入式(5)后得：

$$Q_r=\pi(l-l_x)h\tau \tag{6}$$

假设第 i 层岩体的剪切面是垂直平面(实际是斜面)，即剪切面厚度等于岩层厚度 h，并认为剪切面上法向应力为零，故岩层的抗剪强度 $\tau=c$(c 为岩体材料的黏结力)。从工程角度看，这些假设均偏于安全，应该是允许的。

第 i 层岩体的自重 W_1 为：

$$W_1=S_ih\gamma=\left[l^2-\frac{\pi}{4}(l-l_x)^2\right]h\gamma \tag{7}$$

其中，γ 为岩体容重。

第 i 层以上塌落区内岩体的总重量 W_2 可看成是平面面积为 l^2、高度为 $\frac{1}{2}l_x$ 的四方体的重量与4个1/4圆台体的重量之差，即

$$W_2=\left[l^2\left(\frac{1}{2}l_x\right)-\frac{1}{3}\pi\left(\frac{1}{2}l_x\right)(r_1^2+r_2^2+r_1r_2)\right]\gamma \tag{8}$$

其中，r_1 和 r_2 分别为该圆台体的上下底半径，见图1(b)。

又 $r_1=\frac{1}{2}(l-l_x)$，$r_2=\frac{1}{2}l$，代入上式化简可得：

$$W_2=\left[-\frac{\pi}{24}l_x^3+\frac{\pi}{8}ll_x^2+\left(\frac{1}{2}-\frac{\pi}{8}\right)l^2l_x\right]\gamma \tag{9}$$

分析可知，当 $Q_r\geqslant W_1+W_2$ 时，岩体就是稳定的。将式(6)、式(7)和式(9)代入式(1)，经化简整理得：

$$\begin{aligned}&-0.1308\gamma l_x^3+(0.3925l\gamma-0.785h\gamma)l_x^2+(0.1075l^2\gamma+1.57hl\gamma\\&+3.14h\tau)l_x+(0.215l^2h\gamma-3.14hl\tau)\leqslant 0\end{aligned} \tag{10}$$

设

$$\left.\begin{aligned}&a=-0.1308\gamma\\&b=0.3925l\gamma-0.785h\gamma\\&c=0.1075l^2\gamma+1.57hl\gamma+3.14h\tau\\&d=0.215l^2h\gamma-3.14hl\tau\end{aligned}\right\} \tag{11}$$

上述方程可以写成：

$$al_x^3+bl_x^2+cl_x+d\leqslant 0 \tag{12}$$

这是一个关于 l_x 的一元三次方程，它的解有现成的公式可以计算。求出 l_x 后，则岩层塌落深度 H 可用下式求出：

$$H=\frac{1}{2}(l-l_x-B) \tag{13}$$

其中，B 为锚索垫墩尺寸；其他符号意义见图 1。

5 算例

5.1 对模型试验结果进行验证

模型试验中的有关参数为：$\gamma=35\times10^3\text{N/m}^3$，$\tau=40\times10^3\text{N/m}^2$，$h=0.03\text{m}$，$l=0.32\text{m}$，$B=0.05\text{m}$。

(1)利用式(11)求一元三次方程的系数：

$$a=-4587, b=3572, c=5802, d=-1183$$

(2)按式(12)写出一元三次方程式为：

$$-4587l_x^3+3572l_x^2+5802l_x-1183\leqslant 0$$

(3)设 $l_x=y-\frac{b}{3a}$，上边方程化为：$y^3+py+q=0$

其中
$$p=\frac{3ac-b^2}{3a^2}, q=\frac{2b^3-9abc+27a^2d}{27a^3}$$

代入各系数值后得：$l_x=y+0.26$，$p=-1.4698$，$q=-0.1066$，$y^3-1.4698y-0.1066=0$。

(4)解关于 y 的一元三次方程，得三个实根：

$$y_1=-0.0729, y_2=1.2471, y_3=-1.174$$

(5)回代求 l_x：

将 y_1、y_2、y_3 代入 $l_x=y+0.26$ 中可分别求出：

$$l_{x1}=1.507(\text{舍去}), l_{x2}=-0.914(\text{舍去}), l_{x3}=0.187(\text{允许})$$

故取 $l_x=0.187\text{m}$。

(6)由式(13)求塌落深度：

$$H=\frac{1}{2}(l-l_x-B)=\frac{1}{2}(0.32-0.187-0.05)=0.042\text{m}$$

(7)与试验结果的比较。模型试验中 8 号、9 号模型的塌落深度为 $H=0.05\sim0.06\text{m}$，接近计算中塌落深度的 $H=0.042\text{m}$，试验中量得的平均 $l_x=0.191\text{m}$，与计算结果 $l_x=0.187\text{m}$ 接近。

上述模型试验结果与计算结果接近，说明笔者提出的近似计算方法原理正确，基本上能够反映工程实际。

5.2 对实际工程的近似计算

某实际工程为层状岩体，$h=0.5\text{m}$，$\gamma=26\times10^3\text{N/m}^3$，$l=5\text{m}$，假如 c 分别取 80kPa、200kPa、500kPa、1000kPa。

计算方法步骤同 5.1 节，计算结果见表 1。

表1　实际工程岩层塌落深度近似计算结果

黏结力 c/kPa	80	200	500	1000	塌落深度 H/m	1.71	1.19	0.69	0.40
l_x/m	1.58	2.63	3.63	4.20	塌落岩层数 n	4	3	2	1

从表1中看到，在同样的锚索间距条件下，随着黏结力的增加，塌落的深度或塌落层数逐渐减小，c=80kPa的塌落四层，c=1000kPa的只塌落一层。笔者认为，上述计算结果在实际工程中是可能发生的。

6　结语

本文在模拟试验成果的基础上，提出了预估岩层塌落深度的近似计算方法，并用这种方法对多块模型的塌落深度进行分析计算，二者的一致性较好，同时也用这种方法对实际工程进行了估算。本文计算方法简单、实用，结果可靠，可用于实际锚固工程中，估算相邻锚索间岩体可能塌落的高度，为设计辅助加固措施，如确定合理的锚杆长度参数等提供参考依据。需要说明的是，计算中没有考虑锚索预应力大小的影响，但在计算条件中已要求锚索预应力必须足以把锚固体内的岩层压紧。关于锚索预应力大小的影响和最小锚固力的计算方法，限于篇幅，这里不再讨论。

端部消波和加密锚杆支护洞室抗爆能力模型试验研究

王光勇　顾金才　陈安敏　徐景茂　张向阳

内容提要：利用抗爆模型试验装置，研究在集中装药爆炸应力波的作用下，端部消波和加密锚杆支护洞室的抗爆能力；分析和比较3个洞室的拱顶垂直压应力、顶底板相对位移、洞壁应变、顶底板加速度及洞室围岩宏观破坏分布形态的差别。试验结果表明：在爆炸应力波的作用下，当洞室没有发生严重破坏时，端部消波和加密锚杆支护洞室顶底板相对位移和拱脚处最大应变都有减小；拱顶加速度整体上都有不同程度的降低；3个洞室都在拱脚处两侧产生断裂缝，但端部消波和加密锚杆支护洞室在拱顶方向断裂缝明显减少，其拱顶破坏程度得到减轻。说明端部消波和加密锚杆支护洞室能够提高锚固洞室抗爆能力。

1　引言

在现代战争中，随着科学技术的发展，常规钻地武器的精度越来越高，钻地越来越深，更为重要的是电子技术越来越成熟，许多防护工程面临被直接命中打击的威胁[1]。为确保重要战备洞库的安全，必须针对新型高威力、高精度常规武器的出现尽快提高防护工程的防护能力[2-3]。提高防护工程防护能力的技术措施有多种，其中最重要的措施之一就是大力提高洞室围岩的抗爆能力。

目前国内外对洞室围岩主要采取注浆、喷锚和预应力锚索等技术手段进行加固。大量的工程实践表明，在静载条件下，上述各项技术措施都是行之有效的[4-5]。但从所做的大量洞室核爆、化爆试验结果来看，上述各种技术措施虽然对洞室围岩的抗爆能力都有一定程度的提高，但提高的幅度不大，在所作试验的条件下洞室围岩[5-14]都发生不同程度的破坏。这说明常规锚杆支护技术提高锚固洞室的抗爆能力有限，还不能满足抗精确制导武器打击的要求，为此急需研究超常规更为有效锚杆布置形式，以便进一步提高锚固洞室抗爆能力，从而为打赢一场高技术条件下的局部战争做好准备。

王光勇等[15]认为，拱部锚杆端部加密支护洞室的抗爆能力反而不好，分析认为可能是由于加密部位只是拱顶上方，而没有在侧墙也加密形成一层类似整体衬砌层。因此，拱顶端部加密锚杆支护洞室并不能起到更好的加固效果，所以本试验设计了端部加密锚杆支护洞室模型。同时，由于空气能起到很好的消波作用，因此设计在锚杆端部钻孔的端部消波锚杆支护洞室模型。本文是利用总参工程兵科研三所岩土与结构工程重点实验室的岩土工程抗爆结构模型试验装置，研究在集中装药爆炸荷载作用下端部消波和加密锚杆支护洞室所造成的洞室围岩压力、顶底板相对位移、洞壁应变和顶底板加速度，并与普通长密锚杆支护洞室作比较，得出其抗爆能力，为实际应用提供参考。

刊于《岩石力学与工程学报》2010年第1期。

2　试验概况

2.1　试验装置

该加载装置由可以移动的侧限装置组成，具有便于模型的成型与装拆简单、造价低廉、容易操作的特点，岩土工程抗爆结构模型试验装置如图1所示。为满足爆炸模型试验所需的固定和无反射边界条件(模拟现场试验时的无穷边界)，设计了4个可以前、后移动的刚性侧限装置，每一个侧限装置横截面呈直角梯形，并在每个装置的迎爆面上设置了含孔率达50%的铝制消波板，以消除爆炸波在侧面的反射效果。

(a)

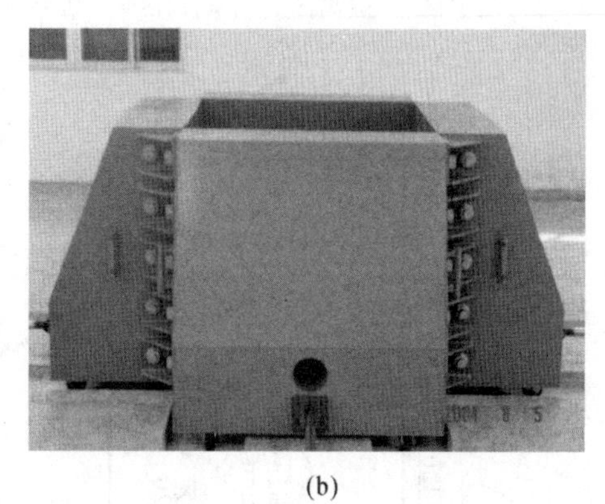

(b)

图1　岩土工程抗爆结构模型试验装置

(a)就位前模型侧限装置；(b)就位状态下的模型侧限装置

2.2　试验模型及材料选取

试验中的相似条件是按药量的立方根比尺和Froude比尺作综合考虑确定的。其中，Ⅲ类围岩参数、模型材料的物理力学参数及选取与王光勇等[15]所设定参数一样。

试验所建模型尺寸为2.4m×1.5m×2.3m(长×宽×高)，沿洞室轴线划分成3个试验段(见图2)，每个试验段800mm，左边是端部加密锚杆支护洞室，右边是端部消波锚杆支护洞室，中间是普通长密锚杆支护洞室。3个洞室加固长度均为400mm，每个试验段两端部分分别有200mm毛洞，用以减小加固段边界的影响，便于加固效果的比较。洞室M_3、M_4跨度均为60cm，加固围岩的锚杆用直径为ϕ1.84mm的铝棒来模拟，长锚杆长度取$L_1=18$cm，短锚杆长度取$L_0=6$cm，长短锚杆间距、排距均为4cm。模型试验材料砂、水泥、水以及速凝剂，其配比为$m_{砂}:m_{水泥}:m_{水}:m_{速凝剂}=15:1:1.6:0.0166$。

2.3　测点布置

在试验模型中共布置了9个压力传感器，其中每个试验区爆心正下方布置3个，依次为$P_1\sim P_9$，用以测量竖直方向的爆炸压力，压力传感器受力面垂直于该竖直线并朝向爆心。在各试验区洞室拱顶和底板布置2个加速度传感器，共6个，依次为$a_1\sim a_6$。每个试验区各布置1个位移传感器，用以测量拱顶和底板的相对位移，依次为$U_1\sim U_3$。在每个加固洞室洞壁布置5个洞壁应变测点，共计15个，依次为$\varepsilon^1\sim\varepsilon^{15}$，其测点布置见图2。

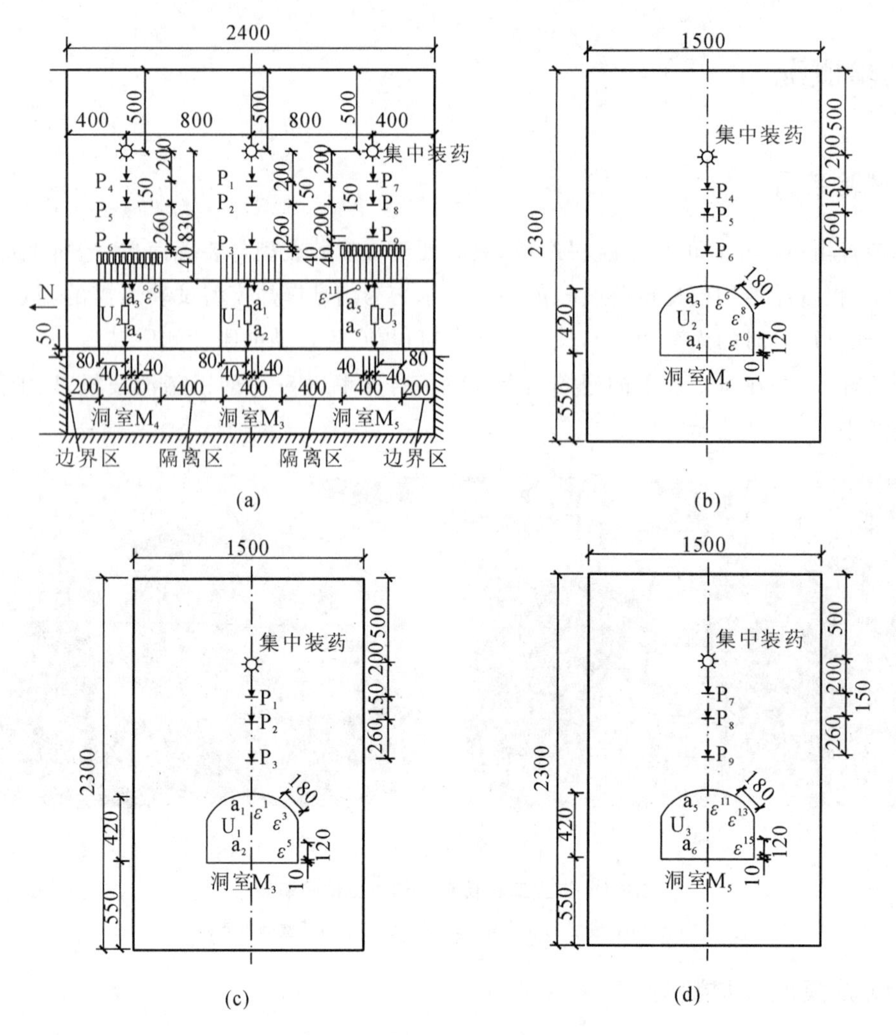

图 2　模型测点布置图(单位:mm)

2.4　试验步骤

试验准备分 5 级爆炸荷载进行,最后进行了 4 级(洞室 M_4 除外)爆炸试验,而且每次保证比例埋深($h/W^{1/3}$)为 17.1cm/$g^{1/3}$,每次装药量分别如表 1 所示,试验药量由低向高依次进行。在每一级爆炸试验中,若发现测试系统出现异常,则必须排除故障后再起爆该级药量的 TNT 进行检验,确定正常后方可进行下一级药量的爆炸试验。

表 1　模型试验药量及埋深

放炮顺序	装药量 W/g	埋深 h/cm	爆距 H/cm	比例埋深($h/W^{1/3}$)/(cm/$g^{1/3}$)	比例距离($H/W^{1/3}$)/(cm/$g^{1/3}$)
第一炮	25.0	50.0	83.0	17.1	28.4
第二炮	39.4	58.2	74.8	17.1	22.0
第三炮	64.9	68.7	64.3	17.1	16.0
第四炮	118.2	83.9	49.1	17.1	10.0
第五炮	190.9	98.5	34.5	17.1	6.0

3 试验结果的分析和比较

不同加固方案的洞室经锚杆加固后，在爆炸荷载的作用下，洞室围岩中垂直压应力、洞壁表面应变、顶底板加速度、顶底板相对位移和洞室围岩宏观破坏形态不同，反映了锚杆对围岩不同的加固效果和洞室不同的抗爆能力，从中可以比较不同锚杆加固方式的相同点和不同点。

3.1 洞室拱顶测点自由场应力的分析

爆压是造成洞室破坏的重要因素之一。从测点布置可知，在洞室 M_3～M_5 模型拱顶正上方各布置测点 P_1～P_9。图 3 为第一炮拱顶垂直压应力时程曲线。由于设置的测试范围过小，从而导致第一炮洞室 M_3 的 P_1 和 P_2 的波峰被消去，而洞室 M_5 的 P_9 由于仪器的损坏没有测到数据。从图 3 可以看到，波形曲线与以前试验所测曲线相似，规律性较好。

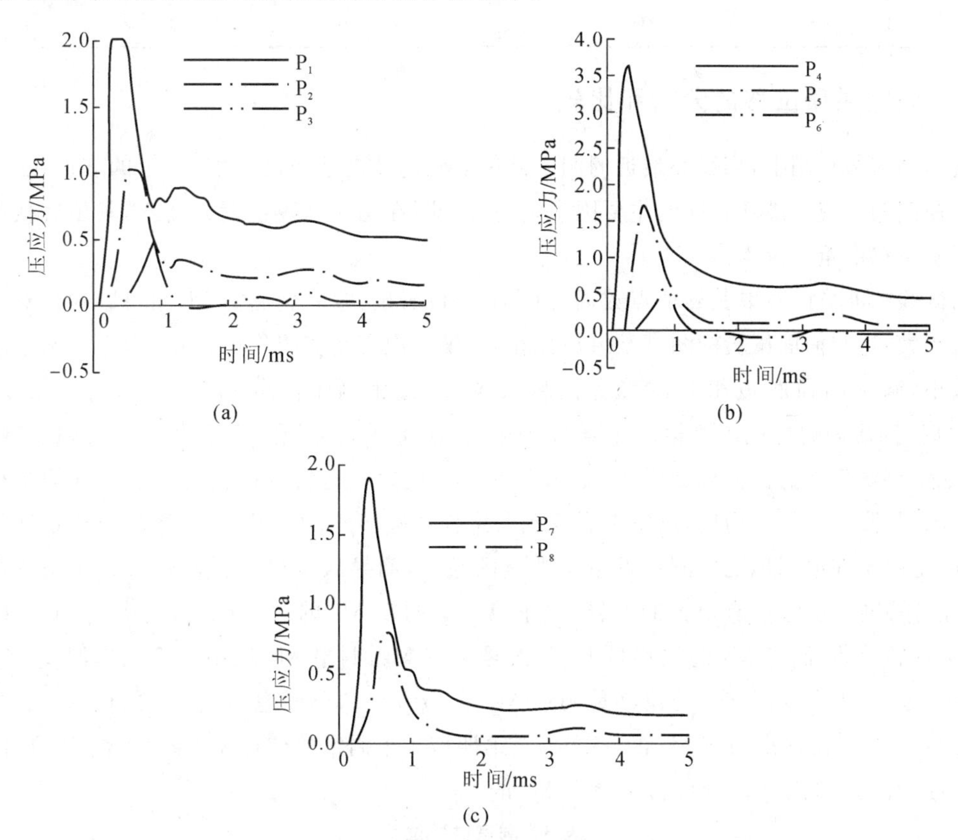

图 3 第一炮拱顶垂直压应力时程曲线

(a)洞室 M_3；(b)洞室 M_4；(c)洞室 M_5

根据试验所测压应力波形曲线，本文取其峰值(见表 2)，并修正第一炮的 P_1 和 P_2 波形曲线，得修正后的压应力峰值。从表 2 可以看出：每个洞室随着比例距离的增加而衰减；对比 3 个洞室的相同位置的峰值压力，洞室 M_4 的压力最大，其次是洞室 M_3，洞室 M_5 最小。洞室 M_4 的 P_4、P_5 和 P_6 分别比洞室 M_3 的 P_1、P_2 和 P_3 大 13.24%、12.67%和 12.89%。洞室 M_5 的 P_7 和 P_8 比洞室 M_3 的 P_1 和 P_2 分别小 30.55%、42.26%。其原因可能是洞室 M_4 在洞室 M_3 的基础上在外围增加了一排短锚杆，从而提高了岩体的变形刚度和密实程度，即增加了围岩的波阻抗导致围岩压力相对增加；而洞室由于 M_5 在锚杆端部留了长度为 6cm 空孔，起到削弱岩体的作用，即围岩的波阻抗相对洞室 M_3 减小，从而导致洞室 M_5 的压应力比洞室 M_3 要小。

表 2　拱顶的压应力峰值

洞室编号	测点编号	比例距离 $(R/W^{1/3})/(cm/g^{1/3})$	第一炮的压应力峰值/MPa	修正后的压应力峰值/MPa
M_3	P_1	6.84	2.00	2.75
	P_2	11.97	1.01	1.42
	P_3	20.86	0.45	
M_4	P_4	6.84	3.64	
	P_5	11.97	1.80	
	P_6	20.86	0.58	
M_5	P_7	6.84	1.91	
	P_8	11.97	0.82	
	P_9	20.86	—	

3.2　洞室拱顶位移的分析和比较

在爆炸动荷载作用下，离爆心最近的洞室部位受到的冲击破坏最厉害，产生的变形比较大，该处位移成为控制洞室支护破坏特征的主要因素之一，因此，在洞室轴线正上方爆炸，其顶底板相对位移是影响洞室位移的重点因素。

根据试验的波形曲线取其峰值点数据，由表 3 可以看出：第一炮洞室 M_4 和 M_5 的相对位移比第二炮的值要大，这与前面试验的测试结果规律相似，第一炮有密实的作用；后三炮 2 个洞室随着比例距离的减小，洞室的顶底板相对位移变化越来越大，当比例距离分别为 $22cm/g^{1/3}$、$16cm/g^{1/3}$ 和 $10cm/g^{1/3}$ 时，前后两炮比例距离相差都是 $6cm/g^{1/3}$。洞室 M_3、M_4 和 M_5 的第三、四炮位移峰值差与第二、三炮位移峰值差的比值分别为 3.3、16.3 和 6.7，最后一炮的位移相对于前一炮的位移相差如此之大的原因，除了每放一炮后，洞室围岩受到一定损伤破坏外，根据最后一炮的位移量和相似比尺估算，可能是由于在第四炮之后洞室发生了严重的破坏，而导致位移变化比较大。在比例距离相同时，3 个洞室的拱顶位移也有很大的差异，除了第一炮洞室 M_5 的位移最大，其次是 M_4，M_3 最小之外，后三炮从整体看，洞室 M_3 的位移最大，其次是洞室 M_5，洞室 M_4 最小。第二炮洞室 M_4 的位移是洞室 M_3 的 40.3%，洞室 M_5 的位移是洞室 M_3 的 67.9%。第三炮洞室 M_4 的位移是洞室 M_3 的 23.7%，洞室 M_5 的位移是洞室 M_3 的 55.6%。第四炮 3 个洞室的位移相差不大，洞室 M_4 的位移是洞室 M_3 的 74.9%，洞室 M_5 的位移是洞室 M_3 的 85.3%。

表 3　洞室拱顶位移

放炮顺序	洞室编号	测点编号	实测拱顶位移/mm	拟合拱顶位移/mm
第一炮	M_3	U_1	0.0969	0.0563
	M_4	U_2	0.1327	0.0825
	M_5	U_3	0.4804	0.0981
第二炮	M_3	U_1	0.2827	
	M_4	U_2	0.0923	
	M_5	U_3	0.1557	

续表 3

放炮顺序	洞室编号	测点编号	实测拱顶位移/mm	拟合拱顶位移/mm
第三炮	M_3	U_1	1.0537	
	M_4	U_2	0.2502	
	M_5	U_3	0.5436	
第四炮	M_3	U_1	3.7629	
	M_4	U_2	2.8198	
	M_5	U_3	3.2116	

从上述分析可以得出，洞室 M_4 和 M_5 相对洞室 M_3 加固效果显著，但洞室 M_5 的加固效果没有洞室 M_4 明显，而第四炮的 3 个洞室的位移大小相差不大，这可能是因为此时洞室都已经发生严重破坏。以上说明洞室 M_4 和 M_5 相对洞室 M_3 起到更好的加固效果，并且洞室 M_4 的加固效果最好。

由于第一炮的结果与实际情况不一致，有密实作用，所以根据后三炮的数据拟合出比例距离与位移关系公式，通过拟合公式可以得出第一炮的实际情况位移(见表 3)，拟合得出的数据与试验所测的数据规律性相似，都是洞室 M_3 最小，其次是洞室 M_4，洞室 M_5 最大；并且拟合数据普遍比实测数据小，其中洞室 M_5 相差 4 倍，这也再一次说明第一炮有密实的作用，由于第一炮的威力比较小，所以有可能洞室 M_4 所加密的部分产生的附加压力起主要作用，而此时的锚固起次要作用，同时由于洞室 M_5 在锚杆端部有消波空孔，空孔的压缩变形作用比消波作用更明显，所以导致在爆炸威力比较小时洞室 M_5 相对位移最大，其次是洞室 M_4，洞室 M_3 最小。虽然洞室 M_3 的加固效果最好，但 3 个洞室的位移都不影响洞室的稳定性。

3.3 洞壁测点应变的分析和比较

爆炸应力波遇到洞室时，在洞室周围会发生波的散射和衍射，从而使洞壁表面产生应力集中，洞壁表面的应力集中分布情况能够为支护提供很好的参考。

根据所测的波形图，取洞壁应变峰值(见表 4)，其中洞室 M_3 的第一、三炮和四炮拱顶应变曲线没有测到，洞室 M_3 的第三炮的 4 个数据是通过其他 3 个数据拟合公式推算出来的，将表 4 的数据绘成应变峰值分布形态，如图 4 所示。由图 4 可知：在集中装药作用下的应变峰值分布形态与前面试验结果相似，最大应变都是在拱脚处，对比 3 个洞室各炮的拱脚处最大应变可以看出，第一炮由于加密的效果导致洞室 M_5 最大，其次是洞室 M_4，洞室 M_3 最小，但是在洞室没有发生严重破坏时，洞室 M_3 的拱脚应变最大，其次是洞室 M_4，洞室 M_5 最小，而在洞室发生严重破坏时，如第四炮，洞室 M_5 的拱脚应变最大，其次是洞室 M_3，洞室 M_4 最小。

表 4 洞壁应变峰值

洞室编号	测点编号	应变峰值/$\mu\varepsilon$				
		第一炮	第二炮	第三炮		第四炮
				实测值	拟合值	
M_3	ε^1	—	165.621	—	—	—
	ε^2	−19.348	−213.077		−439.924	−710.765
	ε^3	−276.463	−357.061		−624.285	−1495.540
	ε^4	−107.637	−145.815		−344.156	−1343.100
	ε^5	−79.622	−145.174		−143.703	−157.168

续表 4

洞室编号	测点编号	应变峰值/$\mu\varepsilon$				
		第一炮	第二炮	第三炮		第四炮
				实测值	拟合值	
M_4	ε^6	93.731	42.695	60.578		338.350
	ε^7	−67.750	−78.383	−346.650		−887.206
	ε^8	−375.402	−298.670	−625.391		−1481.800
	ε^9	−229.583	−213.626	−286.793		−348.058
	ε^{10}	−174.929	−108.218	−123.414		−501.648
M_5	ε^{11}	172.213	126.162	120.668		160.372
	ε^{12}	−138.949	−95.491	−173.892		−528.573
	ε^{13}	−402.716	−232.273	−596.094		−2402.080
	ε^{14}	−171.786	−123.964	−209.812		−330.663
	ε^{15}	−161.227	−127.443	−119.936		−88.1971

综上所述，通过分析 3 个洞室的最大应变峰值分布形态可以看出，在洞室没有发生严重破坏时，洞室 M_5 和 M_4 拱脚处的抗爆能力比洞室 M_3 好，并且洞室 M_5 最好，这说明洞室 M_4 和 M_5 两种锚杆分布形式能够更好地起到加固拱脚作用，提高拱脚处的抗爆能力。

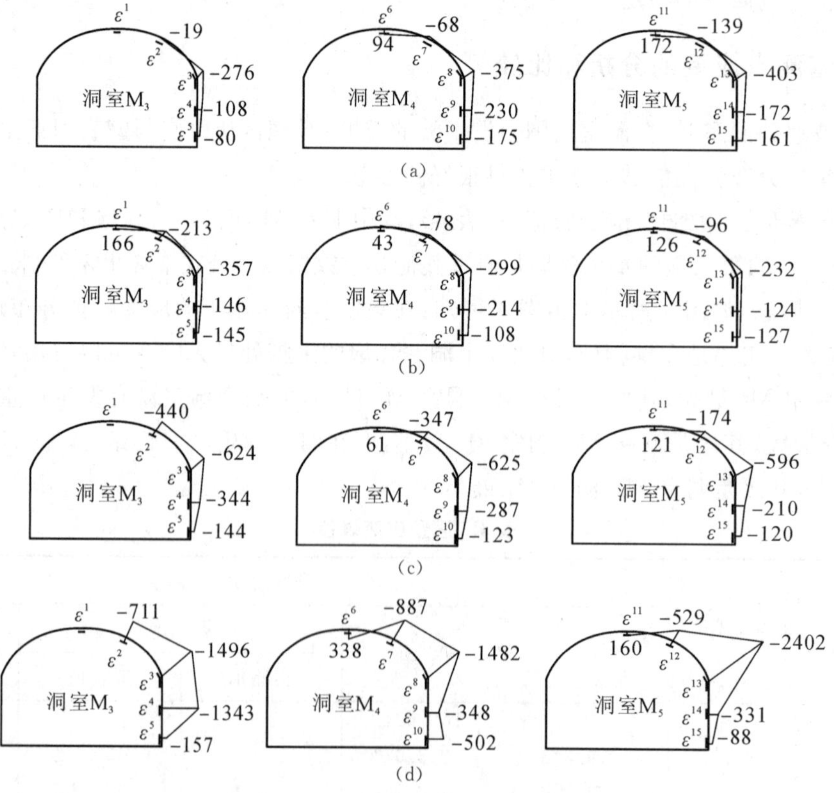

图 4　洞室 M_3～M_5 应变峰值分布形态（单位：10^{-6}）

(a)第一炮；(b)第二炮；(c)第三炮；(d)第四炮

3.4 洞室顶底板加速度的分析和比较

由于洞室的顶板经常要悬挂东西，并且洞室受常规武器打击时，拱顶也是振动最激烈的地方；而底板是人活动和物品放置的场所，因此拱顶和底板的加速度是试验关心的重要数据。

洞室 M_3 底板加速度由于测试仪器受到损坏没有测到数据，根据波形曲线可以得顶底板的加速度峰值，如表 5 所示（比例距离数值同表 4）。从表 5 可以发现：随着比例距离的减小，拱顶的加速度峰值越来越大，并且增加得越来越快；根据第一炮的拱顶加速度数据分析，第一炮的拱顶加速度洞室 M_3 比 M_4 和 M_5 大得多，分别为 M_4 和 M_5 的 2.20 倍和 2.35 倍，由此可以说明洞室 M_4 和 M_5 两种支护形式是可以降低拱顶加速度的。但随着比例距离的减小，洞室 M_3～M_5 的拱顶加速度的差距变小，第二炮 3 个洞室拱顶加速度峰值差不多，到了第四炮洞室 M_4 比洞室 M_3 大 21%，洞室 M_5 比洞室 M_3 小 29%，这说明当比例距离比较大时，洞室 M_4 和 M_5 两种支护形式比洞室 M_3 降低拱顶加速度优势明显。随着比例距离的减小，这种优势减小，甚至洞室 M_4 有可能比洞室 M_3 更大，总体上洞室 M_5 还能起到降低拱顶加速度的作用。对比洞室 M_4 和 M_5 两种支护形式，整体上洞室 M_5 降低拱顶加速度效果更好。

总之，洞室 M_5 由于有消波作用，所以拱顶加速度明显比洞室 M_3 和 M_4 小，降低加速度的效果比较好。当洞室 M_4 的锚固效果好时，由于其有加硬锚固部分，有可能提高拱顶加速度。

表 5 洞室拱顶和底板加速度

洞室编号	测点编号	位置	加速度/g			
			第一炮	第二炮	第三炮	第四炮
M_3	a_1	拱顶	204.07	207.60	(590.00)	1339.25
	a_2	底板	—	—	—	—
M_4	a_3	拱顶	92.97	195.80	508.00	1614.74
	a_4	底板	12.17	15.83	24.19	44.07
M_3	a_5	拱顶	86.92	210.57	399.42	1144.24
	a_6	底板	14.13	29.30	40.13	35.34

注：括号内数据是通过拟合得出的数据。

3.5 洞室破坏程度的分析和比较

洞室的抗爆能力宏观表现主要体现在宏观破坏形态上，在前 3 炮中，炸药的爆炸未能造成两洞室有明显的破坏，第四炮后，洞壁表面有裂纹产生，图 5 为 3 个洞室破坏形态。对比洞室 M_3～M_5 可以看出，除了由于洞室 M_4 第四炮后再做了破坏试验使右边的裂纹贯穿锚杆之外，洞室 M_3 的拱部产生的裂纹明显比洞室 M_4 和 M_5 多，其拱顶破坏程度比洞室 M_4 和 M_5 更严重。综上所述，从 3 个模块的解剖图分析可知洞室 M_3 破坏最严重，因此洞室 M_4 和 M_5 可以提高锚固洞室的抗爆能力。

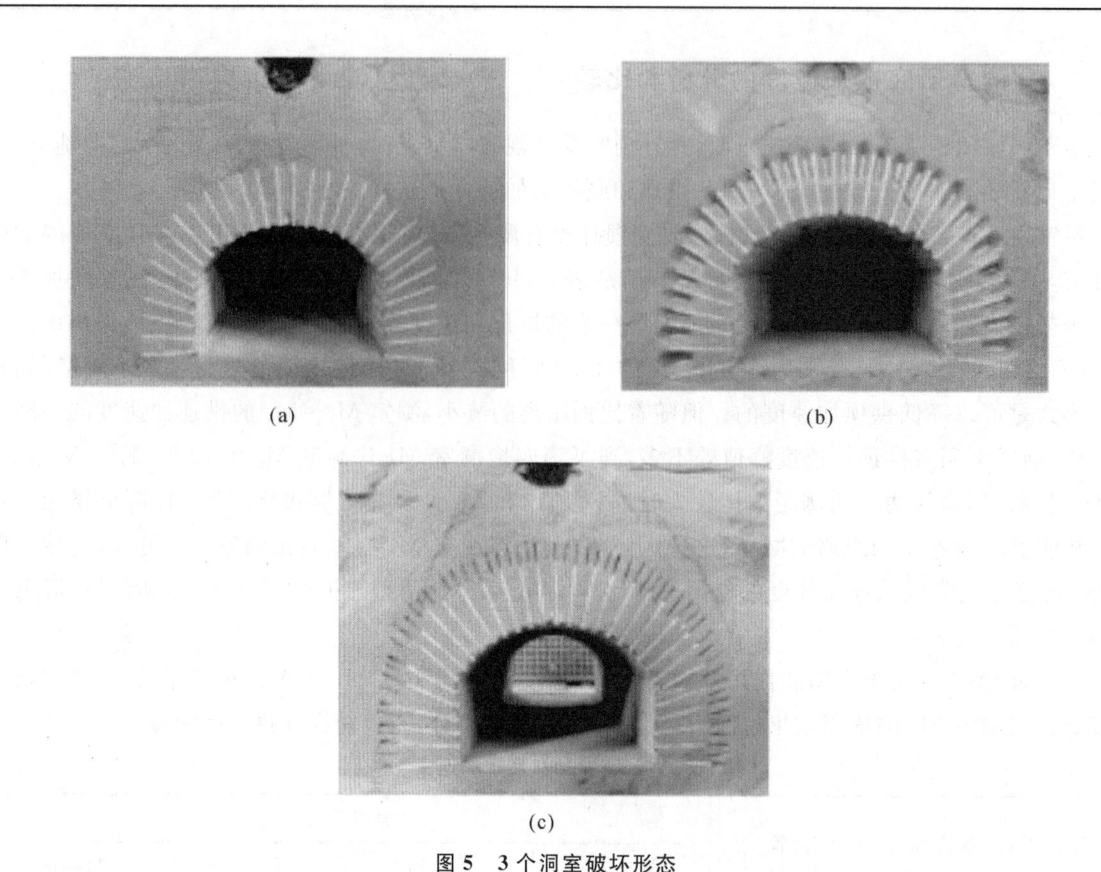

图 5　3 个洞室破坏形态

(a)第四炮后洞室 M_3；(b)第五炮后洞室 M_4；(c)第四炮后洞室 M_5

4　结论

本文主要是通过抗爆模型试验研究端部消波和加密锚杆支护洞室的抗爆能力，得出以下结论：

(1)每个洞室拱顶压应力随着比例距离的增加而衰减，规律性比较好，对比 3 个洞室的相同位置的峰值压力，洞室 M_4 的压力最大，其次是洞室 M_3，洞室 M_5 最小。

(2)第一炮洞室 M_4 和 M_5 的相对位移比第二炮的值要大，这与前面试验的测试结果规律相似，第一炮有密实的作用；后三炮 3 个洞室随着比例距离的减小，洞室的顶底板相对位移越来越大，在洞室没有发生严重破坏时，洞室 M_4 的位移最小，其次是洞室 M_5，洞室 M_3 最大。

(3)在集中装药作用下的应变峰值分布形态与前面试验结果相似，最大应变都是在拱脚处，对比 3 个洞室各炮的拱脚处最大应变可以看出，第一炮由于加密的效果导致洞室 M_5 最大，其次是洞室 M_4，洞室 M_3 最小。在洞室没有发生严重破坏时，洞室 M_3 的应变最大，其次是洞室 M_4，洞室 M_5 最小；但是在洞室发生严重破坏时，如第四炮，洞室 M_5 产生最大应变，其次是洞室 M_3，洞室 M_4 最小。

(4)洞室 M_5 由于有消波作用，所以拱顶加速度明显比洞室 M_3 和 M_4 小，降低加速度的效果比较好。当洞室 M_4 的锚固效果好时，由于其有加硬锚固部分，有可能提高拱顶加速度。

(5)洞室经过爆炸后，3 种方案锚杆加固效果较明显，两洞室均未发生大的坍塌和崩落，只是在拱周围产生一些断裂缝，呈“八”字形排列，但洞室 M_3 的拱部产生的裂纹明显比洞室 M_4 和 M_5 多，其拱顶破坏程度比洞室 M_4 和 M_5 更严重。

总而言之，通过分析洞室 M_4 和 M_5 围岩中压应力、顶底板相对位移、洞壁表面应变、顶底板加速度和洞室围岩宏观破坏形态，并与洞室 M_3 作比较可知，洞室 M_4 和 M_5 两种超常规锚固模型能够提高洞室的抗爆能力。

参考文献

[1] 周布奎，唐德高，陈向欣，等. 刚玉块石混凝土抗侵彻特性试验研究. 实验力学，2004，19(1)：79-83.

[2] 李晓军，张殿臣，李清现，等. 常规武器破坏效应与工程防护技术. 洛阳：总参工程兵科研三所，2001.

[3] U. S. Naval Facilities Engineering Command. TM5-1300 Structures to resist the effects of accidental explosions [S]. Alexandria，VA：NAVFAC P-397，1991.

[4] 程良奎. 岩土锚固研究新进展. 岩石力学与工程学报，2005，24(21)：3803-3811.

[5] 方从严，卓家寿. 锚杆加固机制的试验研究现状. 河海大学学报(自然科学版)，2005，33(6)：696-700.

[6] 杨苏杭，梁斌，顾金才，等. 锚固洞室抗爆模型试验锚索预应力变化特性研究. 岩石力学与工程学报，2006，25(增2)：3749-3756.

[7] ORTLEPP W D，STACEY T R. Performance of tunnel support under large deformation static and dynamic loading. Tunnelling and Underground Space Technology，1998，13(1)：15-21.

[8] 曾宪明，杜云鹤，李世民. 土钉支护抗动载原型与模型对比试验研究. 岩石力学与工程学报，2003，22(11)：1892-1897.

[9] 薛亚东，张世平，康天合. 回采巷道锚杆动载响应的数值分析. 岩石力学与工程学报，2003，22(11)：1903-1906.

[10] 鞠杨，夏昌敬，谢和平，等. 爆炸荷载作用下煤岩巷道底板破坏的数值分析. 岩石力学与工程学报，2004，23(21)：3664-3668.

[11] 陈剑杰，孙钧，林俊德，等. 强爆炸应力波作用下岩石地下洞室的破坏现象学. 解放军理工大学学报，2007，8(6)：582-588.

[12] 赵以贤，王良国. 爆炸载荷作用下地下拱形结构动态分析. 爆炸与冲击，1995，15(3)：201-211.

[13] 吴亮，卢文波，章克凌，等. 侵彻爆炸荷载作用下坑道衬砌破坏机制及影响因素分析. 岩石力学与工程学报，2005，24(增1)：4900-4904.

[14] 王青海，沈军辉，卫宏. 爆炸冲击波对地下巷道破坏效应分析. 中国地质灾害与防治学报，2000，11(3)：67-70.

[15] 王光勇，顾金才，陈安敏，等. 拱顶端部加密锚杆支护洞室抗爆加固效果模型试验研究. 岩土工程学报，2009，31(3)：378-383.

抗爆洞室预应力锚索受力特征试验

张亮亮　顾金才　夏元友

内容提要：探索预应力自由式锚索抗爆加固效应及机理对提出预应力锚索抗爆洞室加固设计方法有着重要的意义。通过室内模型试验和数值模拟，研究了在集中装药爆炸波作用下预应力自由式锚索加固直墙圆拱式洞室围岩介质内应力波宏观变化特征和应力峰值衰减规律，分析了预应力锚索的索端张力变化特征和锚固段轴应变变化波形，结果表明设计参数合理的预应力自由式锚索可以实现较好的抗爆加固效果。采用显式动力分析程序得出的计算结果与试验数据的吻合性较好，进一步证实了模型参数和建模的有效性和正确性。

1　前言

目前，国内外对洞室围岩主要采取的是注浆、喷锚和预应力锚索等加固技术措施。大量的工程实践已经表明在静载条件下，上述措施都是行之有效的，但普通喷锚支护等加固措施对洞室围岩抗爆能力的提高是有限的，且不能满足现代高技术条件下抗精确制导武器打击的要求[1]。因此，根据抗精确制导武器打击的要求开展防护工程围岩加固技术研究，特别是抗爆洞室中预应力锚索在爆炸波作用下受力特征方面的研究，具有重要的现实意义和战略意义[2]。国内外学者在研究洞室群锚下的锚固洞室工程效应方面，大都采用野外爆破试验，较少利用室内地质力学模型试验的方法研究[3]。而现有理论解析法只适用于解决介质为均匀线弹性材料、入射波为稳态波、边界条件较简单的情形，由于现实中广泛采用各种加固技术措施造成此类问题复杂化，已开展的很多试验研究还都停留在定性分析水平[4]。研究表明，洞室破坏主要是因洞室表层岩体产生过大的变形而导致岩体发生松脱塌落，锚索的作用就是限制洞室拱部岩体的过大变形，从而避免了岩体的松脱塌落，对自由式锚索来说主要是靠从岩体表面提供的径向压力或支撑力实现的[5]。因此，爆炸冲击波作用下洞室围岩动力响应、应力波传播特性，以及爆炸过程中预应力锚索与锚固段注浆体、岩体相互作用等仍然是洞室抗爆加固技术的研究热点[6]。

本文采用地质力学模型试验和数值模拟的方法，根据常规武器在岩石中爆炸作用特点，研究了预应力自由式锚索加固的直墙拱顶洞室围岩中爆炸波形宏观变化特征和应力峰值衰减规律，分析了在埋置炸药的爆炸压力作用下预应力自由式锚索的索端张力变化特征和锚固段轴应变变化波形，为分析和完善预应力锚索抗爆洞室加固机理和设计计算方法奠定了一定基础。

2　模型试验

试验中重力相似比尺 $K_g=1.0$，则应力相似比尺 $K_\sigma=K_\rho\cdot K_g\cdot K_L=0.075$。若洞室围岩按Ⅲ类岩

刊于《振动与冲击》2010 年第 5 期。

体性质考虑，经过材料试验，选取配比为砂∶水泥∶水∶速凝剂＝13∶1∶1.4∶0.0166(质量比)的材料对Ⅲ类围岩进行模拟。耦合系数比尺 $K_f=2.0$，密度相似比尺 $K_\rho=0.75$，弹性波速相似比尺 $K_C=0.365$，衰减系数为常数，取为3，因此比例距离相似系数为：$K_{\bar{R}}=[(K_\sigma/K_f)\cdot K_\rho\cdot K_C]^{(-1/n)}=1.7625$。对于装药量为500kg的炸弹，根据公式 $(W^{1/3})_m=K_{W^{1/3}}(W^{1/3})_p=0.4502$kg 得，需用药量为 $W=91.2$g，取为100g，该炸弹为块状的TNT。锚索截面一般是按抗拉变形刚度(EA)相似确定，即 $(EA)_p/(EA)_m=K_p$，$(EA)_p$ 和 $(EA)_m$ 分别表示原型锚索和模拟锚索截面抗拉变形刚度，K_p 为集中力比尺。采用直径 ϕ3.4mm、长20cm的塑料焊条模拟锚索，长3cm的M3丝扣模拟外锚头，并用交叉压扁锚索尾段模拟枣核状内锚固段，锚索孔直径为8mm。全长黏结式锚索是通过二次注浆将全长扎成枣核状杆体与围岩黏结。采用石膏浆注浆，其配比(以质量计)为石膏∶水∶柠檬酸＝1∶0.8∶0.003。

模型试验是在总参工程兵科研三所研制的“岩土工程抗爆结构模型试验装置”上完成的[7]。该装置由侧限装置、移动装置组成，同时在迎爆面边界上设置了含孔率达50%的木制消波板，如图1所示。围岩模型尺寸为：长×宽×高＝1500mm×1500mm×2000mm(含下部消波坑)。整个围岩模型采用夯实法成型。每部分夯筑完成后，自然养护3d后开挖洞室。用自制风钻的钻头通过立方体限位块和定位孔，在洞壁上钻出达到设计角度和位置的锚索孔。全长黏结式锚索注浆是用医用注射器和薄塑料管完成的。通过钢环的环向应变来控制施加预应力大小，当预应力达到设计值200N后，旋紧锚索底部螺母，模型尺寸见图2。

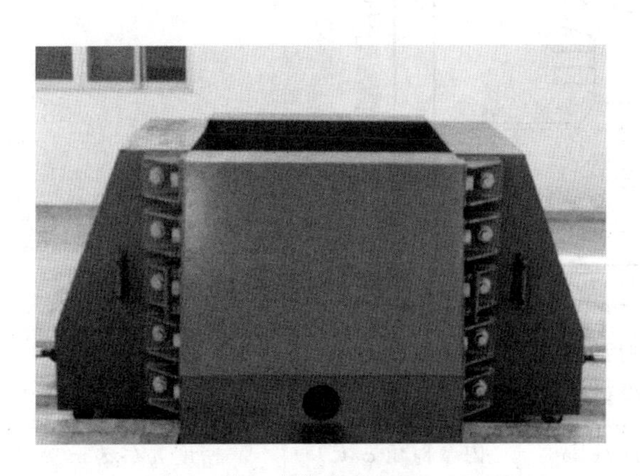

图1 模型装置图

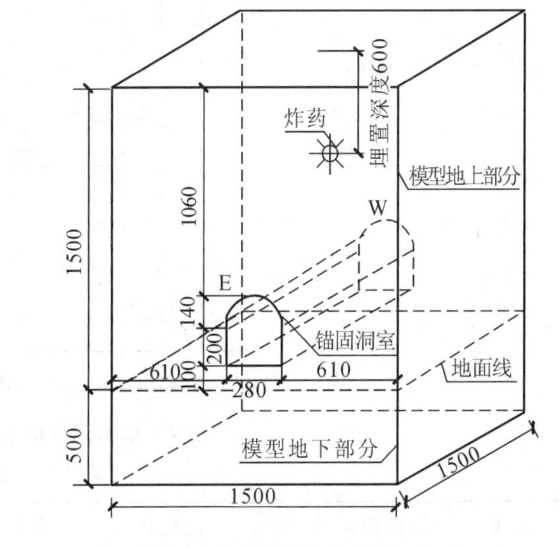

图2 试验模型尺寸(单位：mm)

测量内容有洞周各测点的应力、洞壁应变、洞室顶底板加速度、洞室拱顶位移、锚索体轴应变和锚索(外端)张力。测量系统由前置部分的传感器和信号放大器、数据记录器及其控制系统等组成[8]。测量系统方框图如图3所示。

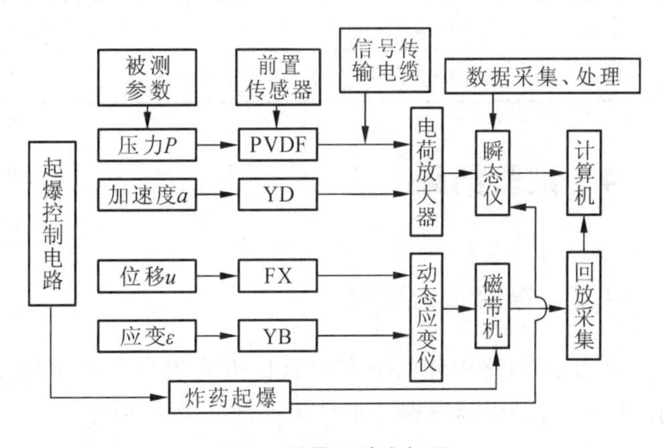

图3 测量系统方框图

3　数值模型及分析方法

锚固洞室爆轰作用计算模型采用直角坐标系，平面 xOy 为水平面，z 轴为铅垂方向，其中，东西向为 y 方向，坐标原点设在爆炸腔中心处，如图 4 所示。为简化模拟地下爆炸效应，使用模型试验后实测得到的半径为 0.1m 球形面作为爆炸腔，并在爆炸腔法线方向施加与时间相关的等效均布压力荷载作为爆炸波源。在动力分析中，若不考虑重力影响，就可以不进行模型材料的初始平衡。为避免边界处波的反射对求解域的影响，在模型的左右两侧面和底面施加无反射边界条件，并在除自由面以外的表面施加法向位移约束条件。为简化计算，自由式锚索结构单元模型在删除锚索端头原来锚索体和区域之间自动建立的连接之后，通过设置锚索外锚头和其附近介质为刚性铰接，使其不会产生相对位移，通过定义锚索自由段预拉力属性来收缩压紧岩面，从而实现垫墩作用[9]。模型计算参数见表 1。

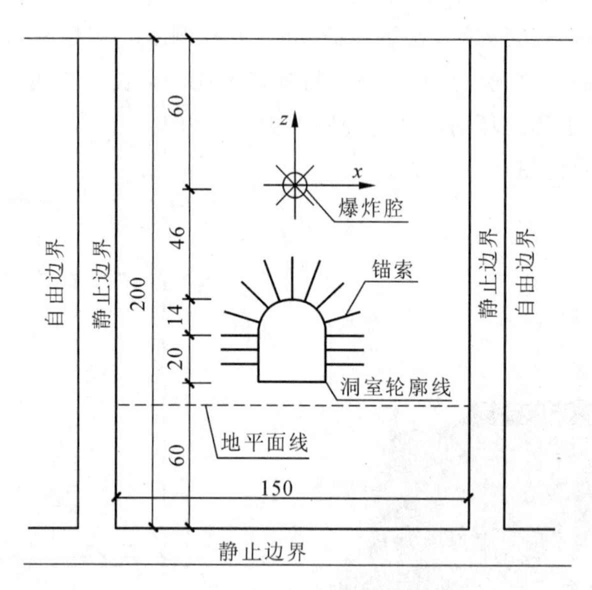

图 4　锚固洞室爆轰作用计算模型(单位:dm)

表 1　数值模型计算参数

模型	弹性模量 E_0/kPa	泊松比 ν	黏聚力 c/kPa	内摩擦角 φ/(°)	密度 ρ/(kg/m^3)
岩体	2.00×10^5	0.57	1.80×10^3	48	1800
砂浆体	7.20×10^5	0.17	7.60×10^5	31	2550
锚索	8.10×10^6	0.28	—	—	1100

4　试验结果

4.1　锚索张力变化

取抗爆洞室中炸药下方 4 条自由式预应力锚索的锚固端点进行张力分析，测点布置如图 5 所示，其中 N_1、N_4 两测点分析结果如图 6、图 7 所示。文中重点对数值模拟结果进行文字说明。

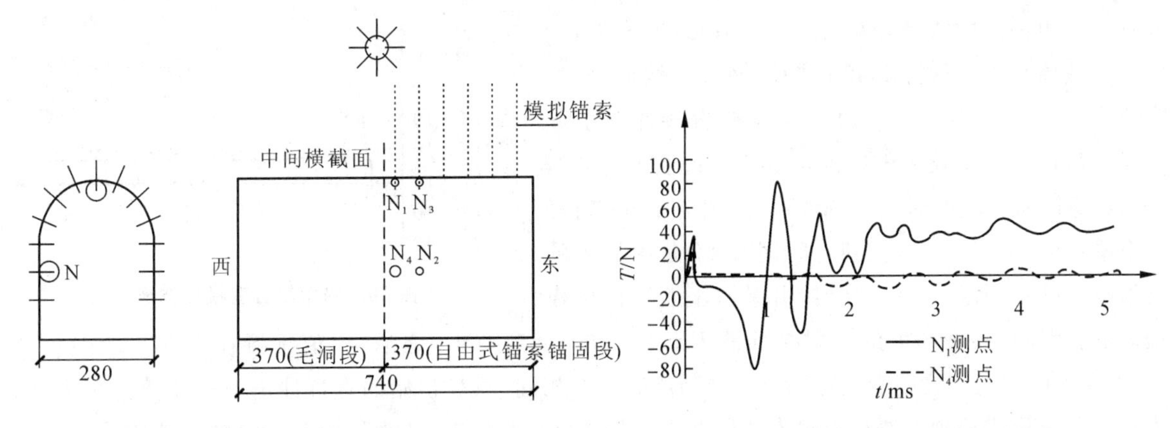

图 5　锚索张力测点布置图(单位:mm)

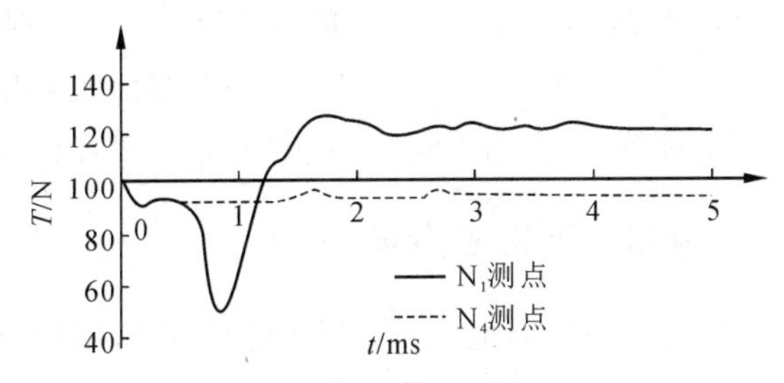

图 6　锚索外端张力模型试验曲线

从图 6 和图 7 中看出模拟锚索端点单元的轴力数值解始终为正(受拉),N_1 测点(拱顶部位)在爆炸荷载作用下的锚固点张力变化曲线就像具有阻尼振荡的波形一样,经过几次振荡后,振幅逐渐到达一个恒定值,具体变化过程是:锚索张力起始随即减小,到0.164ms时减小到 90.64N;以后又开始增加,到0.262ms时,增加到 93.36N;到 0.524ms 之后又开始减小,到 0.835ms 时减小到 48.97N;随之近乎平滑上升至 125.6N,到达时间为 1.74ms;到2.42ms后张力值基本停留在 121N 附近,同时可以看出,在爆炸荷载作用下,拱顶锚索的预应力迅速增加,因洞室变形引起锚索预应力增量大于初始预应力。N_4 测点(侧墙部位)的锚索外端张力在 $t=0.524$ms 之前与 N_1 测点的波形变化趋势相似,随时间没有发生显著变化,这是因为炸药在拱顶上方介质内爆炸,对边墙横向变形影响较小。对比图 6 模型试验结果可以看出两者在数值上仍有较大差别,这与试验设备(采用机械式记录设备)反应较为迟缓有关,而且试验时张力测量可以看作端点加速度相关的波形。

图 7　锚索外端张力模型模拟曲线

4.2　锚索锚固段应变(以拉为正)

取炸药正下方洞室拱部位的自由式预应力锚索进行锚索体锚固端的受力分析,测点 1~3 布置如图 8 所示,其应变波形如图 9、图 10 所示。

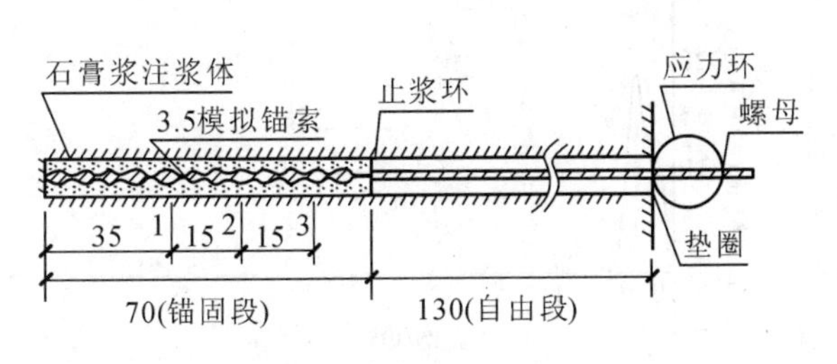

图 8　自由式锚索应变测点布置图(单位:mm)

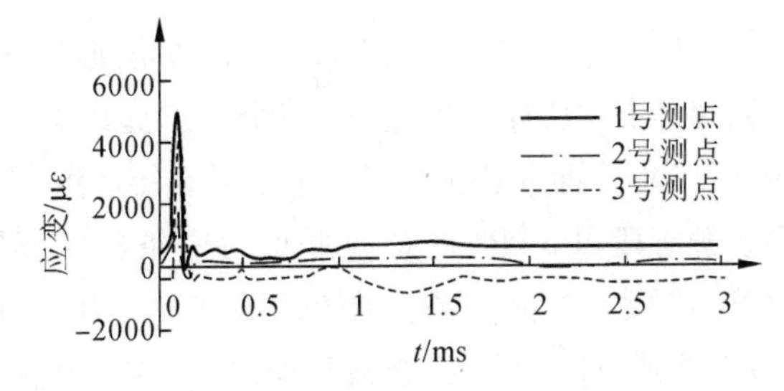

图 9　锚索轴应变实测波形

从图 9 中看到 1 号、2 号和 3 号测点应变波形变化特征基本相同,对比数值解和实测解可以看出,虽峰值较大,但两者应力波变化趋势大体一致,说明数值模拟是基本正确的。从图 10 中看到 1

号测点在内锚固段的最外端，在 $t=0.18$ms 左右时，产生一个数值较小、持时 0.38ms 的压缩应变波形，应变峰值为 $-1.61\times10^{5}\mu\varepsilon$，是由爆炸波的直接冲击引起的。随后产生一个较大的拉伸应变波，峰值为 $2.30\times10^{6}\mu\varepsilon$，峰值所对应的时间是 0.67ms。到 0.87ms 时峰值下降到 $8.05\times10^{5}\mu\varepsilon$，从到达时间看，不是由洞壁的反射拉伸变形引起的，有可能是由爆炸压缩波传到模型表面，在模型表面产生的反射拉伸波引起的。在 $t=1.10$ms 之后，峰值维持在 $9.57\times10^{5}\mu\varepsilon$。2 号、3 号测点的应变波形变化特征与 1 号测点的基本相同，只是初始的直接冲击应变波数值更大，因为自由段预应力施加对锚固段锚索体内冲击力传播有较大影响，压力峰值并不是随着注浆体远离爆心而减小。从爆炸后残余的拉应变值来看，2 号点较大，这也与 2 号测点离洞壁较近是一致的。另外，3 号测点在第一个应变峰值下降到 $762\mu\varepsilon$ 时维持一段时间保持该值不变，但到 1.5ms 时突然又产生一个较大的压应变波形，并由此延缓了洞壁反射拉伸波的起跳时间，这种特殊现象可能与该点所处位置（在内锚固段的最外端靠近止浆环处）有关，因为这种环境受力比较复杂。

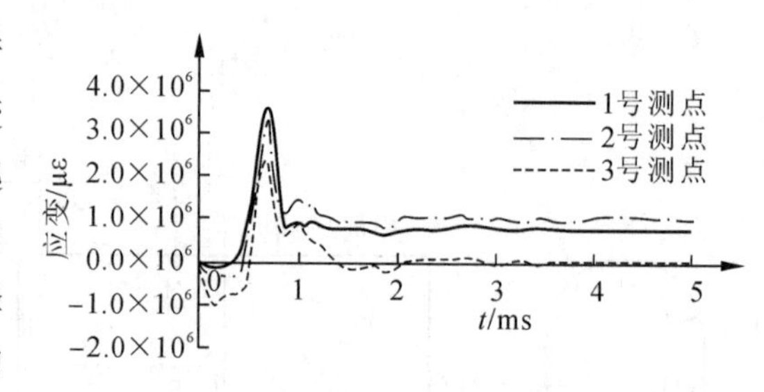

图 10 锚索轴应变模拟波形

4.3 围岩应力场

对洞室围岩应力场进行了测试，洞室围岩应力测点布置见图 11。取拱顶上方介质内编号为 P_3、P_9、P_{10} 和 P_{11} 分析，介质内环向应力实测波形及模拟波形分别如图 12、图 13 所示。

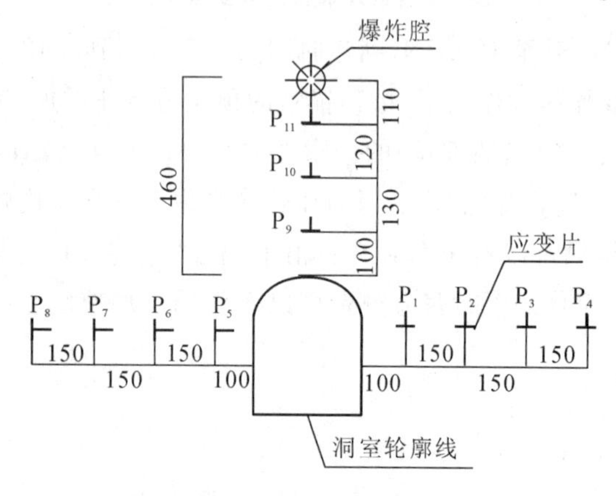

图 11 压力测点布置图（单位：mm）

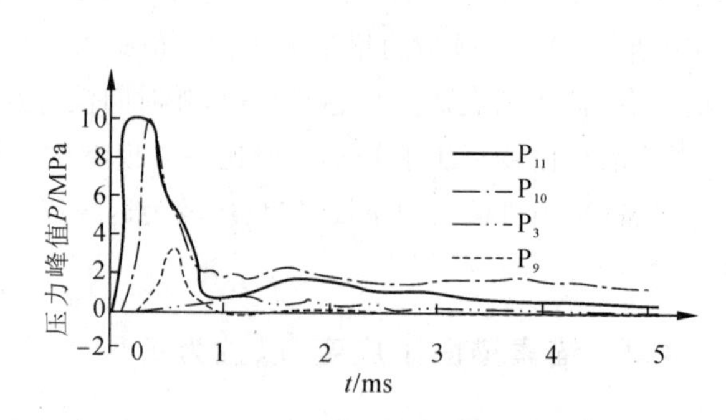

图 12 介质内环向应力实测波形

从图 12 及图 13 中可以看到：三个波形压力峰值明显不同，且规律性较好；三个波形起跳时间不同，距爆心较近点起跳时间早于距爆心较远点；在波形上升阶段，P_{10}、P_{11} 两个波形均为一条斜向直线，但 P_9 波形在上升后不久产生了拐点，压力有所降低；在波形下降阶段，三条波形曲线下降斜率绝对值随着测点至洞壁的距离由远到近的变化速度放慢；三个波形曲线下降到零点时均出现了明显的波谷，P_9 的波谷还进入了受拉状态。根据实测值和数值解两种情况下 P_3、P_9、P_{10} 和 P_{11} 测点的应力波到达时间和各测点至爆心的距离，如爆心至 P_{10} 历时：0.11ms（实测值），0.45ms（数值解），距离 23cm，可

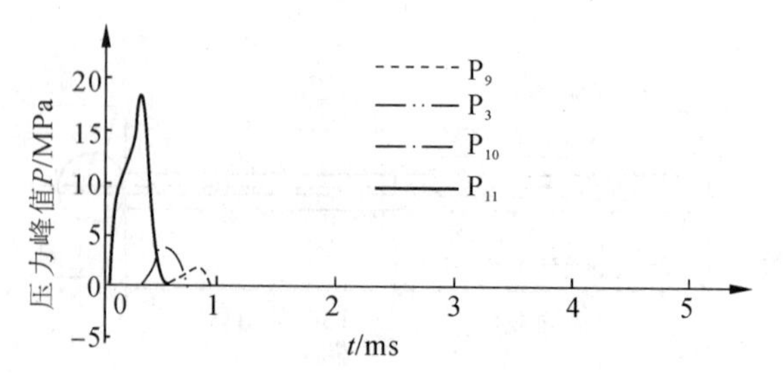

图 13 介质内环向应力模拟波形

以计算出爆炸波在模型介质中传播速度为：$\bar{c}=2270\text{m/s}$（试验值），$\bar{c}'=480\text{m/s}$（数值解）。根据应力波峰值 P_0 计算公式[10]：

$$P_0=f\cdot(\rho C)\cdot 160\cdot\left[\frac{\overline{R}}{W^{1/3}}\right]^{-n} \tag{1}$$

其中，P_0 为应力峰值；ρ 为介质密度；W 为装药量；C 为应力波波速；n 为衰减系数，实测结果为 3.0392，数值结果为 1.1969；f 为耦合系数，实测结果为 2.7656×10^{-9}，数值结果为 1.1084×10^{-8}；$\overline{R}$ 为比例距离（$\overline{R}=R/W^{1/3}$，R 为所求点至爆心实际距离）。可以看出以上两者系数差别并不大，拱顶介质中应力峰值是随深度的增加逐渐衰减的。

5 结论

从试验数据和数值结果可以得到以下结论：

(1)自由式锚索的结构特点决定了在锚索长度范围内，任何部位的岩体变形都会使锚索张力发生变化。爆炸应力波引起的洞室深浅部位变形幅度差，导致了拱顶锚索首先受到了压力作用，当应力波传播至洞室临空面处，反射拉伸波使表层岩体受到破坏作用，锚索发挥抵抗围岩变形作用受拉，锚索预应力随之增加。因此预应力锚索受力是与爆炸产生压缩波及反射拉伸波有关，并与锚索与岩体之间相互约束条件也有关。

(2)爆炸应力波在锚索体中的传播与在岩体中的传播是根本不同的：锚索内锚固段周围的注浆体对爆炸压力的直接冲击作用，介质表面反射拉伸波的作用，洞室表面反射拉伸波的作用等沿锚索的传递都会被阻碍和限制。在爆炸荷载作用下，拱顶部位锚索的预应力增量较大，边墙部位的则相对较小。爆炸应力波形起跳时间随距爆心的距离增大而增大，且峰值大小排列有序，波形曲线上升阶段连续光滑，下降阶段均出现了抖动，在波形下降到最低值后，波形曲线还有些起伏，这表明波在模型介质内产生了多次反射效应。

(3)运用显式动力差分法求解抗爆洞室自由式预应力锚索轴线上的应变波形特征与锚索外端张力变化，波形变化趋势与实测数据吻合性较好，且压力峰值衰减规律公式有着较好吻合性，说明了模拟爆炸应力波在抗爆洞室中传播过程及锚索受力机制分析是可信的。由于在爆炸过程中锚索预应力增量较大，因此，采用自由式锚索作为主要的抗爆加固措施，应选用具有较高承载力的锚具，并合理选择与设计锚索预应力值。

参考文献

[1] 顾金才，陈安敏．岩体加固技术研究之展望．隧道建设，2004，24(2)：1-5.

[2] 邓国强，周早生，郑全平．钻地弹爆炸聚集效应研究现状及展望．解放军理工大学学报(自然科学版)，2002，3(3)，45-49.

[3] ZHANG C S，ZOU D H，MADENGA V. Numerical simulation of wave propagation in grouted rock bolts and the effects of mesh density and wave frequency. International Journal of Rock Mechanics &Mining Sciences，2006(43)：634-639.

[4] TANNANT D D，BRUMMER R K，YI X. Rockbolt behaviour under dynamic loading field tests and modeling . Int. J. Rock Mech. Min. Sci. &Geomech Abstr，1995，32(6)：537-550.

[5] STJERN G，MYRVANG A. The influence of blasting on grouted rock bolts . Tunneling and Underground Space

Technology,1998,13(1):65-70.

[6] 凌贤长,胡庆立,欧进萍,等.土-结爆炸冲击相互作用模爆试验相似设计方法.岩土力学,2004,25(8):1249-1253.

[7] 杨苏杭,梁斌,顾金才,等.锚固洞室抗爆模型试验锚索预应力变化特性研究.岩石力学与工程学报,2006,25(2):3749-3756.

[8] 张向阳,孟卯生,顾雷雨.解决爆炸和测量系统触发同步的一种方法.计量与测试技术,2005,5:34-35.

[9] Itasca Consulting Group Inc. FLAC3D(Version 2.0)users manual. Minnesota,USA:Itasca Consulting Group Inc.,1997.

[10] 周听清.爆炸动力学及其应用.北京:中国科学技术出版社,2001.

爆炸模型实验装置消波措施及应用

沈　俊　顾金才　张向阳

内容提要：利用弹性压缩波在边界上的反射特性，在模型体外边界上设置消波格栅，消波实验结果表明，消波效果良好。应用爆炸模型实验装置，对布置在模型体内的洞室进行了爆炸模型实验，并用数值计算的方法对相关实验中消波板的消波效果进行了验证，结果表明，在边界上设置的消波格栅大大减少了边界反射波对洞室破坏的影响，证明该种消波措施是有效和合理的。

1　前言

合理开发地下空间不仅有助于缓和现代城市发展中的各种矛盾，改善生活环境，还为人类开拓了新的生活领域。由于地理构成、社会发展、经济发达程度的不同，各地区发展地下建筑的出发点和所需解决的矛盾不尽相同，但随着战略形势的发展，地下工程也要考虑可能受到的恐怖爆炸袭击造成的破坏作用；另外，随着爆破开挖施工的地下工程数量逐渐增加，如何避免既有地下工程因二次爆破而受到破坏也是当前施工中急需解决的关键问题之一。目前，各国在地下工程的爆炸破坏机理研究领域采用的研究手段主要是实验研究。其中小比尺模型爆炸实验是目前该领域的主要研究手段之一[1-7]。

由于爆炸波在模型介质中传播时，遇到不同材料界面时即发生反射，反射波和入射波在模型体内相互作用会造成极为复杂的现象，这将严重影响模型的实验结果。因此，在进行爆炸模型实验时，模型边界的消波处理是一个关键技术。该问题目前主要有两个解决方向：一个是将模型做得很大，另一个是在模型边界上设置软回填材料，如砂、泡沫塑料等[8]。

弹性压缩波在固定边界上产生反射压缩波，在自由边界上产生反射拉伸波，如果一个模型体边界上既有固定边界，又有自由边界，则不同边界的反射波在模型体一定位置处有可能相互作用，降低反射波的强度甚至抵消。本文通过消波实验的方法证明根据该理论而采用的消波措施的有效性，并用数值计算的方法验证了其有效性。

2　模型装置消波措施

2.1　消波原理

球形装药在深埋位置爆炸时，在爆炸腔附近存在一个球面，球面之外介质的变形是弹性的，设这个球面的球腔等效半径为 R_0，球面上爆炸压力为 $p_{(t)}$，在球对称压力 $p_{(t)}$ 作用下，将在介质中产生球

刊于《防护工程》2010 年第 6 期。本文曾在中国土木工程学会防护工程分会第十二次学术年会上交流。

对称的无旋波。在距爆源较远的距离为 R 处点的位移是衰减正弦振动[9]：

$$u=-\frac{1}{R\cdot C_{\mathrm{p}}}\left[f(\tau)+\frac{C_{\mathrm{p}}}{R}\cdot f(\tau)\right]$$
$$=\frac{p^{0}\cdot R_{0}}{2\sqrt{\mu\cdot(\lambda+\mu)}}\cdot\frac{R_{0}}{R}\cdot \mathrm{e}^{-\sqrt{\frac{\mu}{\lambda+\mu}}\cdot\omega\tau}\cdot\sin\omega\tau \tag{1}$$

其中，p^0 为 $p_{(t)}$ 的峰值压力。

设模型装置既可以为模型体提供固定边界条件，如 P_2 点，又可以提供自由边界条件，如 P_1 点（见图 1）。

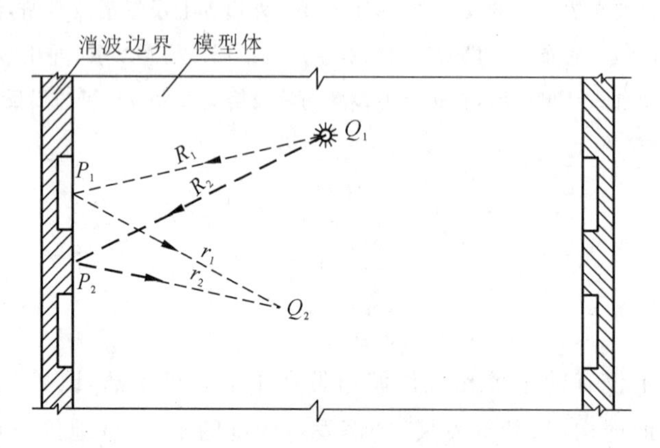

图 1　消波边界示意

当爆点 Q_1 产生的爆炸波传播至 P_1 点，并由 P_1 点引起 Q_2 点的振动方程为：

$$y_1(t)=A_1(t)\cdot\cos\left[\bar{\omega}\left(t-\frac{r_1}{C}\right)-\varphi_1-\frac{\pi}{2}\right]$$
$$=A_1(t)\cdot\cos\left(\bar{\omega}t-\frac{2\pi r_1}{\lambda}-\varphi_1-\frac{\pi}{2}\right) \tag{2}$$

爆点 Q_1 产生的爆炸波传播至 P_2 点，并由 P_2 点引起 Q_2 点的振动方程为：

$$y_2(t)=A_2(t)\cdot\cos\left[\bar{\omega}\left(t-\frac{r_2}{C}\right)-\varphi_2-\frac{\pi}{2}\right]$$
$$=A_2(t)\cdot\cos\left(\bar{\omega}t-\frac{2\pi r_2}{\lambda}-\varphi_2-\frac{\pi}{2}\right) \tag{3}$$

其中，C 为波速。

因此，Q_2 点的合振动方程为：

$$y(t)=A\cos(\bar{\omega}t+\varphi) \tag{4}$$

其中，$A=\sqrt{A_1(t)^2+A_2(t)^2+2A_1(t)A_2(t)\cos\varphi}$；

$$\varphi=\left(-\varphi_1-\frac{\pi}{2}\right)-\left(-\varphi_2-\frac{\pi}{2}\right)-2\pi\,\frac{r_1-r_2}{\lambda}=\varphi_2-\varphi_1-2\pi\,\frac{r_2-r_1}{\lambda}。$$

从式(4)可以看出，Q_2 点的合振动振幅 A 与两个分振动的相位差 $\Delta\varphi=\varphi_2-\varphi_1-2\pi\,\frac{r_2-r_1}{\lambda}$ 有关。在距模型体与装置体交界面一定距离的位置，存在着满足 $r_1=r_2$ 条件的无穷多的点，对于这些点来说，Q_2 点合振动振幅 A 与 $\Delta\varphi=\varphi_2-\varphi_1$ 有关。若 $\Delta\varphi=\varphi_2-\varphi_1=(2k+1)\pi,k=0,\pm1,\pm2,\cdots$，则 Q_2 点合振动振幅 A 最小，为 $A=|A_1-A_2|$。

当模型装置为模型体提供的界面为固定界面时，该处模型体界面点的振动及其波的相位与爆点的相位差是 π；当模型装置为模型体提供的界面为自由界面时，该处模型体界面点的振动及其波的相位与爆点的相位相同。因此,如果模型装置能够为模型体提供密集的固定边界和自由边界,则在模型体与模型装置交界面附近的材料中,同时传播的频率相同,振动方向相同,相位差恒定的由边界点振动引起的波满足波的相干条件,其相位差为 π,这些波相互干涉相消,可以达到最理想的消波效果。

按照上述理论,在新研制的"岩土工程抗爆结构模型实验装置"上设置了消波板。

2.2 消波措施

该装置是由 4 个侧限挡墙组成,其横断面为梯形,侧限挡墙除顶面外,其余各面均为钢板,在钢板围成的空间内浇注钢纤维混凝土。4 个侧限挡墙下部均有轨道,可前后自由移动。装置就位后,在四角部位,用刚性连接块将 4 个侧限装置连接起来,连同下部的消波坑一起,形成夯实模型材料的净空间。

为了消除爆炸波在侧墙的反射,在每个迎爆面侧墙上设置了孔隙率达 50%的消波板,板材料为木质高密度板,消波板厚约 1.0cm。消波板上均匀分布的格栅圆形消波孔直径为 5.3cm,两孔孔心间距为 7.0cm,如图 2 所示。

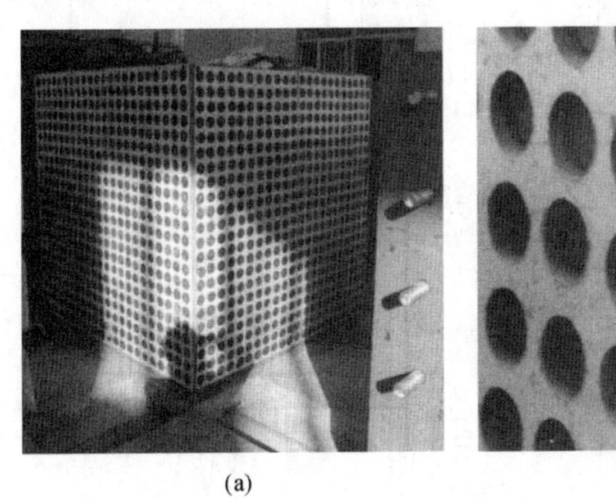

(a)

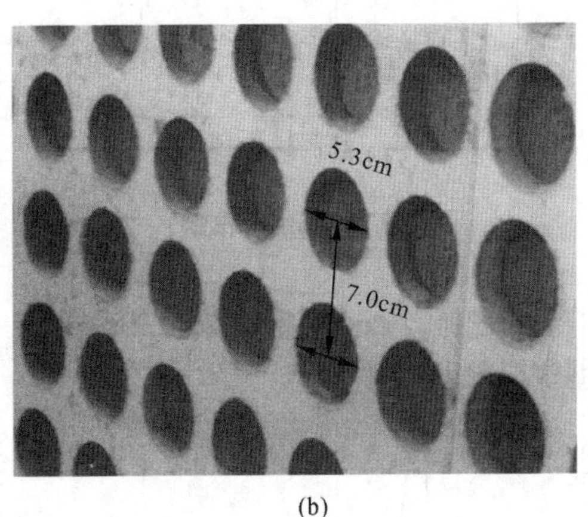

(b)

图 2 消波板及其上部消波孔的布置

(a)消波板;(b)消波孔的布置

3 消波效果检验

3.1 实验检验

出于节约实验经费的目的,选用自然状态下的洛阳黄土作为模型材料,在模型中没有开挖洞室,进行了消波检验。

实验爆炸药量为 100g 块状 TNT,埋深 50cm。为了便于对比,在两相对的模型侧墙上设置了消波板,在另外两相对的模型侧墙上没有设置消波板。测点放置在爆点到侧壁的垂直线上。P_1、P_3 压应力测点埋放在消波板的后面,埋置深度与炸药埋深一样,均距模型上表面 50cm,距离消波板 20cm;P_2、P_4 压应力测点埋放在没有消波板的模型侧墙后面,距离侧墙 20cm。消波实验简图见图 3。

放炮后,选取了 P_1、P_2 点的测试曲线来进行消波效果分析。P_1、P_2 的测试曲线见图 4。从测试曲线上可以看出:

(1)不管有无消波板,模型体测点内的压力峰值基本上没有变化,P_1 点为 0.68MPa,P_2 点为 0.67MPa。

(2)测试曲线的第二个峰值即是反射波引起的。P_1 点曲线的第二个峰值为 0.173MPa;P_2 点曲线的第二个峰值为 0.446MPa。这说明消波板的消波效果良好。消波板后测点的反射波峰值比无消波板后测点的反射波峰值减少了 61%。

(3)有消波板的 P_1 点,其第二个峰值是第一个峰值的 25%,而没有消波板的 P_2 点,其比例为 67%。这说明,采用消波板后压应力曲线更趋于顺滑,接近于边界无限远的情况。

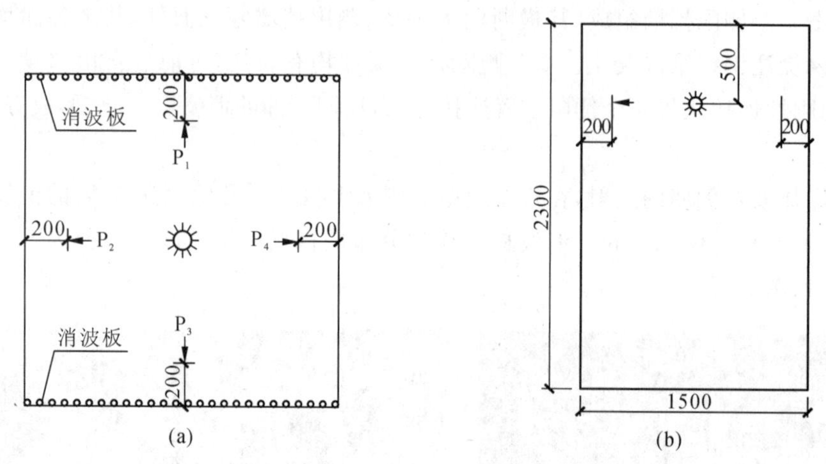

图 3 消波实验简图

(a)测点布置平面图;(b)测点布置立面图

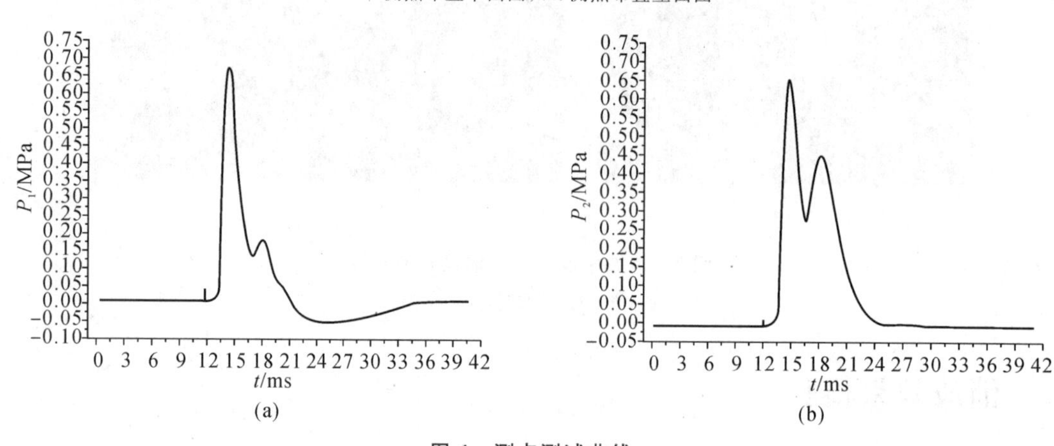

图 4 测点测试曲线

(a)P_1 测点曲线;(b)P_2 测点曲线

3.2 数值计算检验

消波实验检验完成后,选取水泥砂浆作为模型材料,在装置上进行多组加固洞室的抗爆模型实验,均取得了好的实验结果。为验证消波措施对内含洞室的水泥砂浆模型体同样有效,选用莫尔-库仑计算模型,利用实测出的模型材料物理力学参数,从采用消波措施及不采用消波措施的应力波传播方面证明所研制的消波措施的有效性[9-10]。

3.2.1 无消波措施应力波传播过程

图 5 中的系列图片形象地表示消波板上没有消波格栅时,爆炸波水平向应力(竖向应力与此相同)在材料体内传播,然后在材料与消波板界面处发生反射,随后反射波在材料体内传播的过程。

3.2.2 有消波措施应力波传播过程

图6中的系列图片形象地表示消波板上有消波格栅时，爆炸波水平向应力在材料体内传播，在材料与消波板界面处不发生反射，而是相互抵消（竖向应力与此相同）的过程。

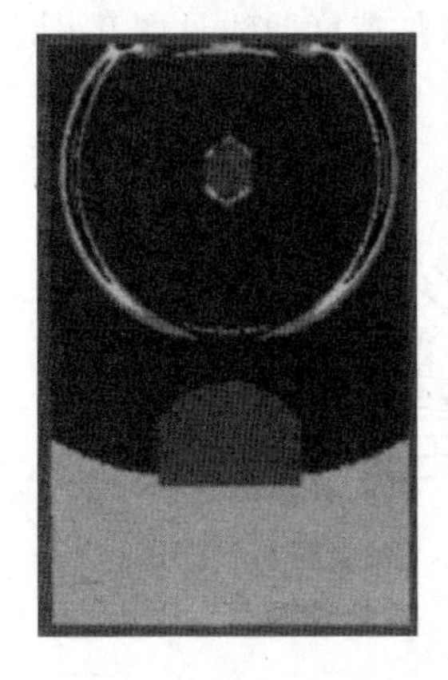
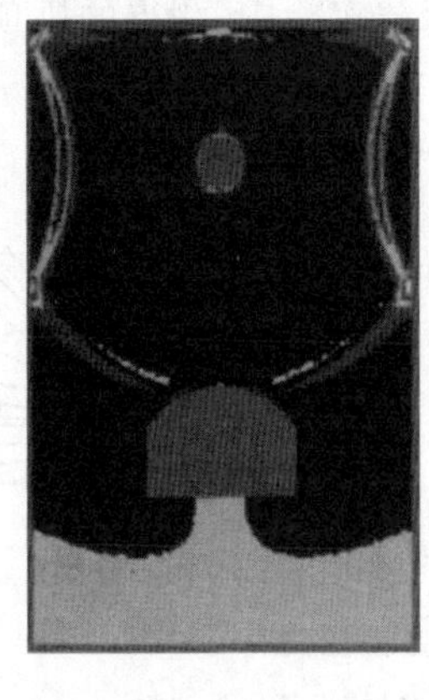

图5 水平应力波在边界发生反射（无消波措施）

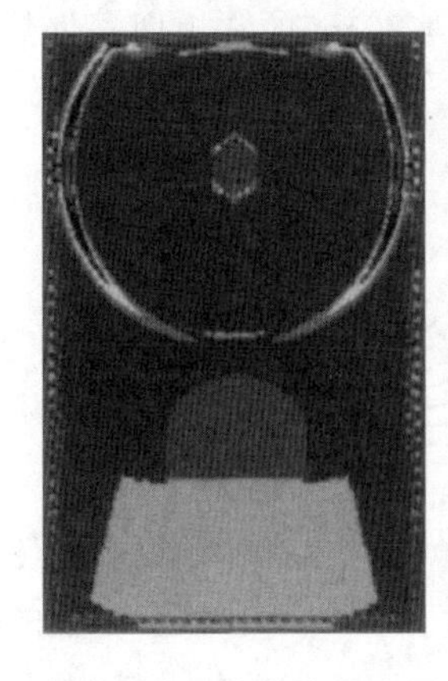
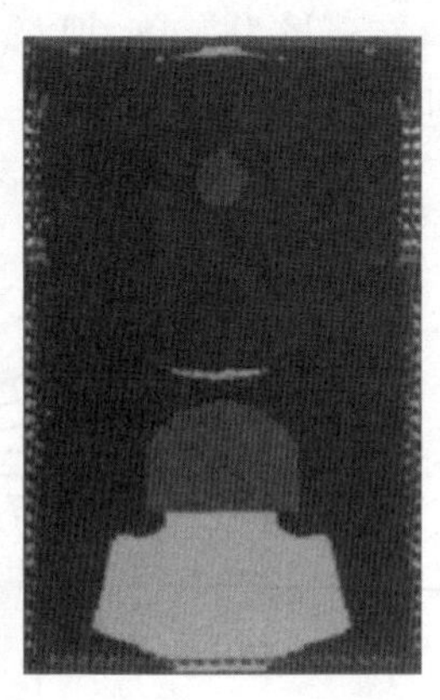

图6 水平应力波在边界不发生反射（有消波措施）

4 具有消波措施的装置在模型实验中的应用

为了研究采用普通长密锚杆加固洞室与采用锚杆根部加强加固洞室的抗爆性能，在具备消波措施的“岩土工程抗爆结构模型实验装置”上进行了相关的模型化爆实验。模型实验的洞室段布置见图7。

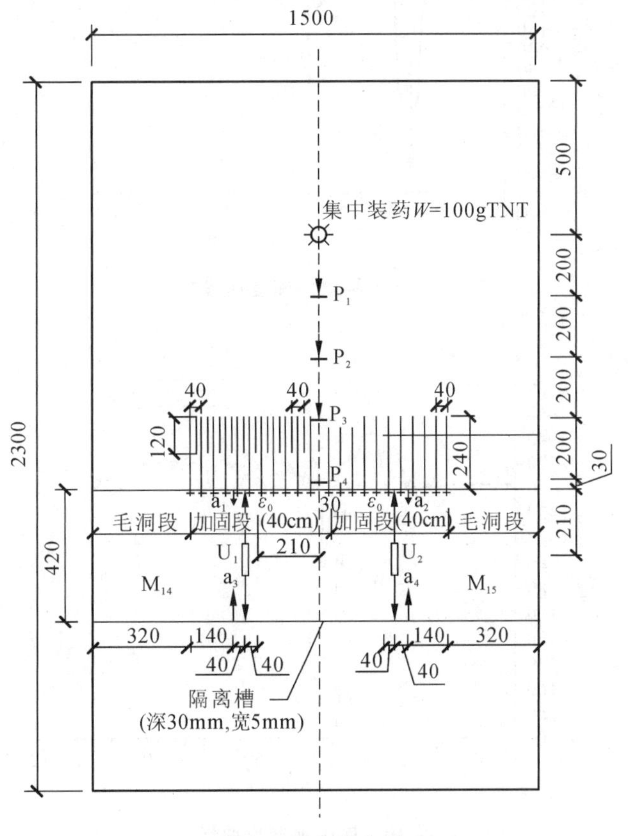

图7 洞室段布置

普通长密锚杆加固洞室横截面及锚杆根部加强加固洞室横截面见图 8。

锚杆孔注浆材料为石膏浆。对于两种加固形式，均采用通长注浆，然后插入锚杆。锚杆模拟材料为 ϕ1.84mm 的铝丝。

在药量为 100g，埋深为 70cm 的常规埋深爆炸荷载实验中，测得的拱顶加速度曲线见图 9。底板加速度曲线见图 10。

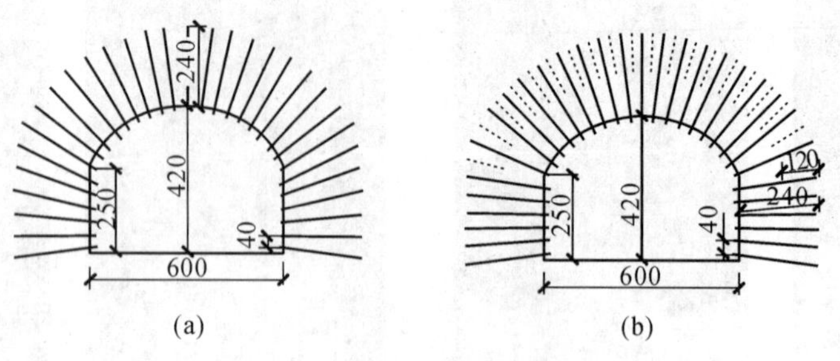

图 8　加固洞室横截面

(a)普通长密锚杆加固；(b)锚杆根部加强加固

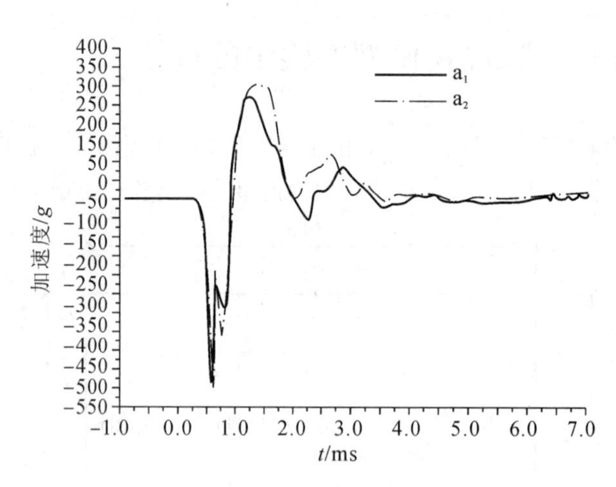

图 9　拱顶加速度曲线

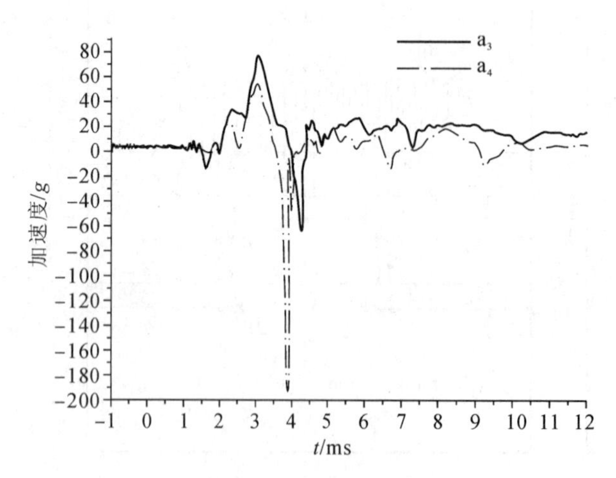

图 10　底板加速度曲线

从上述曲线可以看出：

(1)模型实验中，锚杆之间的间距为4cm，长度为24cm，间距与长度的比例为1/6，而地下坑道常规加固设计方案中锚杆间距和长度的比例一般为1/2，实验洞室围岩锚杆布置密度是常规加固设计方案中的锚杆布置密度的3倍。洞室围岩在高密度锚杆的加固下，岩体性质发生了变化，其整体弹性更明显，表现在拱顶加速度曲线上就是其向下的峰值与向上的峰值的比值在减小，呈现等幅值振荡的态势。

(2)密锚杆的加固使岩体性质发生改变，也表现为拱顶加速度峰值与底板的加速度峰值的比值在减小。尽管洞室底板下面围岩没有锚杆加固，相对于拱部岩体来说，其受力条件较好，承受的爆炸荷载也小，但拱部经密锚杆加固后，弥补了相对于底板来说的不利受力条件和较大的爆炸力荷载，相当于提高了拱部岩体的刚度，使洞室周边围岩形成了一个似等弹性的岩体圈，降低了拱顶与底板加速度峰值的比值。如在装置上进行的相关试验表明，洞室常规锚杆加固后，其拱顶与底板加速度向下、向上运动峰值比一般为42、16.5。而在本次试验中，两个试验段的锚杆布置密度提高了50%，锚杆根部加强加固洞室和普通长密锚杆加固洞室拱顶与底板向下、向上加速度峰值的比值分别为7.1、3.9和2.7、6.3。比值降低了大约80%。通过上述两点比较，可以知道，与锚索结构形式相比，锚杆之间的间距更能显著提高加固洞室的抗爆效果。

(3)锚杆根部加强加固与普通长密锚杆加固洞室拱顶加速度相比，向下运动峰值降低了7.6%，向上运动峰值降低了11%。根据相关判别标准，可以得出：在正常爆炸荷载作用下，锚杆根部加强加固洞室的抗爆效果要优于普通长密锚杆加固洞室的抗爆效果。

在药量为100g，埋深为85cm的超埋深爆炸试验中，两加固洞室破坏的相同点是：在距离爆心同样距离的洞室横截面上，洞室拱顶均产生了竖向的裂缝。这种破坏情况类似于岩体试件的劈裂破坏，属于拉破坏。对于两种锚杆加固措施，在拱顶部位基本上是沿着竖向垂直于洞轴线的方向对拱顶部位岩体进行加固，增强了岩体在该方向上的抗拉能力；而在拱顶部位沿水平向垂直于洞轴线方向上，岩体的抗拉能力基本上没有改变。因此，尽管采用了不同的加固措施，拱顶产生竖向裂缝破坏情况基本上是一致的。另外，两个试验段均在左、右半拱中间部位(具体位于自拱顶锚杆排起，第六根、第七根锚杆之间)产生与洞轴线平行的连通裂缝，见图11。说明，尽管对洞室围岩采取了不同的加固方法，其存在的两个最危险截面的位置没有改变。

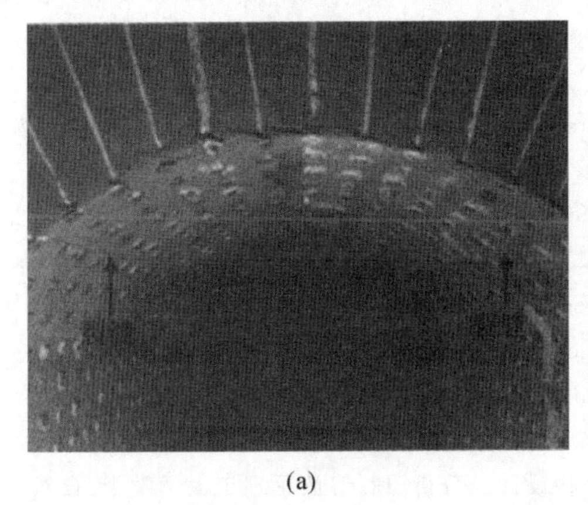
(a)

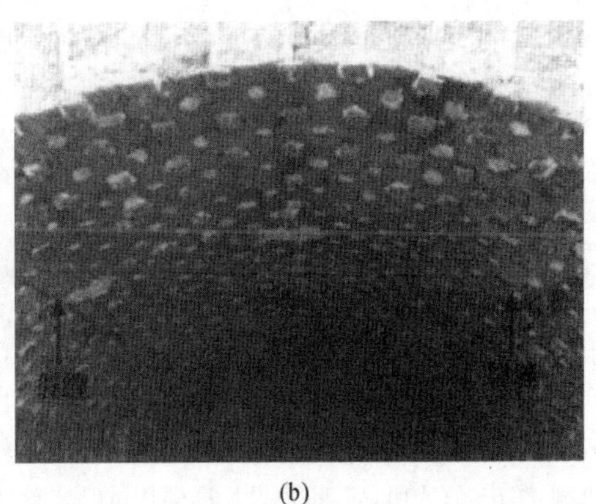
(b)

图11　两加固洞室破坏相同点

(a)普通长密锚杆加固；(b)锚杆根部加强加固

两加固洞室破坏的不同点是在普通长密锚杆加固试验区拱顶部位产生了掉块破坏，拱脚部位产生了裂缝；而在锚杆根部加强加固试验区拱顶部位仅产生了裂缝，拱脚部位没有裂缝(见图12)。这说明在相同的爆炸条件下，锚杆根部加强加固洞室的抗爆能力优于普通长密锚杆加固洞室的抗爆能力。

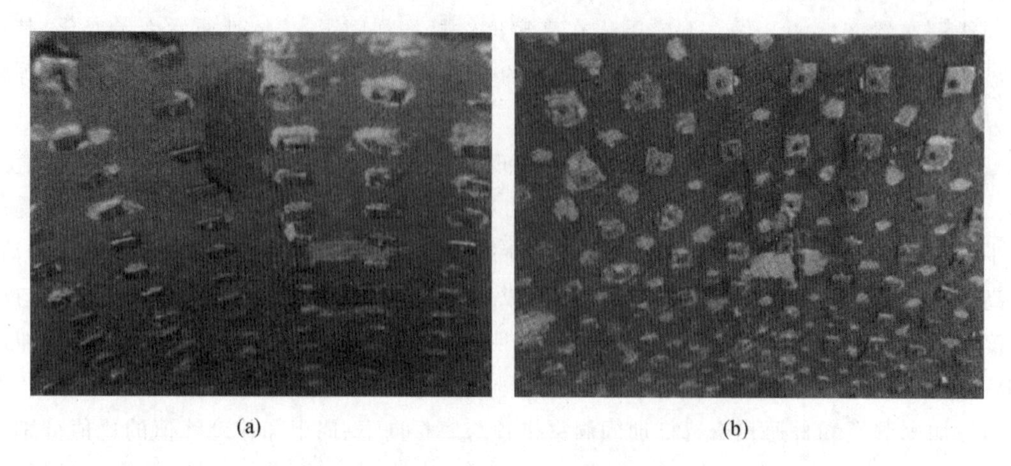

(a)　　(b)

图 12　两加固洞室破坏不同点

(a)普通长密锚杆加固洞室拱顶掉块；(b)锚杆根部加强加固洞室拱顶裂缝

5　结论

在模型边界上设置消波格栅，较大幅度削减了爆炸应力波在边界上的反射强度，使爆炸波在模型体内的传播曲线更顺滑，接近于无限边界的情况，减弱了反射波和入射波在模型体内的相互作用，降低了反射波对模型实验结果的影响。采取该消波措施后，可以在模型装置上进行科学、合理、结果可信的室内模拟化爆试验，为开展地下工程抗爆性能研究提供可靠、强有力的手段。

参考文献

[1] ZAHRAK T F, MERKLE D H, AULD H E. Gravity effects in small-scale structural modeling. Engineering & services laboratory, Airforce engineering & services center, Tyndall air force bass, Florida, 1988: 3-10.

[2] JAMES A M. Simulation devices for use in studies of protective construction. Technical report No. AF-WL-TR-65-224, 1966: 5-15.

[3] ROBER K T. The application of similitude to protective construction research. Army engineer Waterways Experiment Station, 1964: 4-10.

[4] DONALD A S. Dynamic tensile failure in rocks. Stanford research institute, 1972: 10-23.

[5] CHARLES E J, CEORGE S. Rubin de la Borbolla. Brick model tests of shallow underground magazines. Departiment of the army Waterways Experiment Station Corps of Engineers, 1992: 6-14.

[6] AUTONIO S. Geotechnical & mining engineering services. Southwest Research Institute, 2006: 5-8.

[7] BUYS B J. Rock bolt condition monitoring using ultrasonic guided waves. Department of Mechanical and Aeronautical Engineering, 2008: 10-14.

[8] 张志刚，李庆，官光明，等. 室内大尺度爆炸试验装置结构设计及分析[J]. 解放军理工大学学报(自然科学版)，2007，8(5)：542-545.

[9] 沈俊，岩土工程抗爆结构模型试验装置的研制及其应用. 北京：中国矿业大学博士后研究工作报告，2009：3-8.

[10] 张向阳，顾金才，沈俊，等. 室内爆炸模型试验研究//中国土木工程学会防护工程分会第十次学术年会，2006：857-864.

压力分散型锚索剪应变分布实验研究

马海春　顾金才　夏元友

内容提要：压力分散型锚索已经投入使用到很多工程中，但相关的实验内容还没有完善，特别是关于其剪应变分布的实验在认识上和理论上都有待完善。结合具体的工程实践，本文阐述了压力分散型锚索实验所得的结果，该结果与现有大多数关于剪应变分布的认识是存在一定差别的。

1　前言

近年来，压力分散型锚索在锚固工程中有着广泛的应用，其结构如图 1 所示。其锚索体采用的是无黏结钢绞线，其结构是在钢绞线末端套上承压板和挤压套，当锚索体被注浆体固结后，以一定的荷载张拉对应于承载体的钢绞线使锚索拉力传给承载体，承载体又把锚索拉力转变成对注浆体端部承载面上的压力，这种压力又引起注浆体与孔壁之间产生剪切阻力，这样一个系统被称为一个受力单元，一根锚索根据需要可以设置一个到多个单元[1-2]。

压力分散型锚索工程应用时间较短，尚处于发展完善阶段，对其作用机理及工程设计计算方法研究得较少，目前，一些学者对压力分散型锚索进行的研究多采用数值模拟方法和弹性理论分析[3-5]，也给出了一些可借鉴的成果，但由于数值模拟不可避免地采用了一些假设或简化处理，导致其研究结果存在不同程度的局限性。

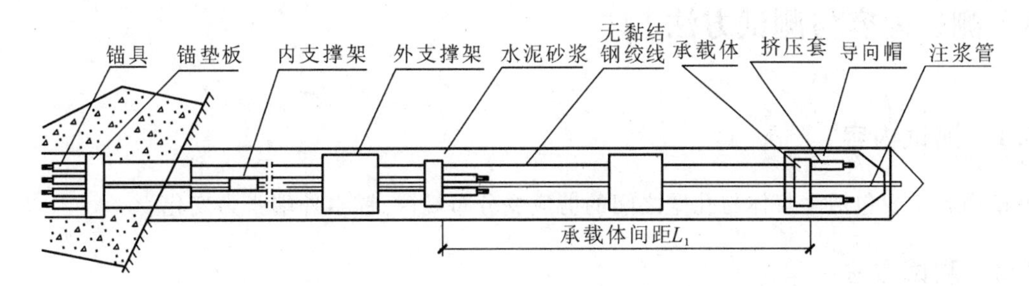

图 1　压力分散型锚索结构

2　实验介绍

压力分散型锚索实验现场位于二广高速公路怀集至三水段第十一标段（分布于 ZK42＋829～ZK42＋905 段，高 40.5m 的高边坡上）。试验共设 2 根测量锚索，位于第五级坡段上、下两处。A 锚索位于下部，B 锚索位于上部，如图 2 所示，二者高差约 7m。边坡段（ZK42＋872～ZK42＋890 段）锚索体采用 4 根 1860K 级，ϕ15.24mm 的高强度、低松弛无黏结钢绞线编制，锚具用 OVM15-4 型。

刊于《防护工程》2010 年第 6 期。

锚索总长度为26m，其中锚固段长度为10m，分为两个等长为5m的锚固单元，安装角为坡面反向下倾20°，锚索孔径为ϕ130mm。采用B型锚斜托结构作为张拉承压结构，锚斜托钢垫板尺寸为25cm×25cm×2cm。

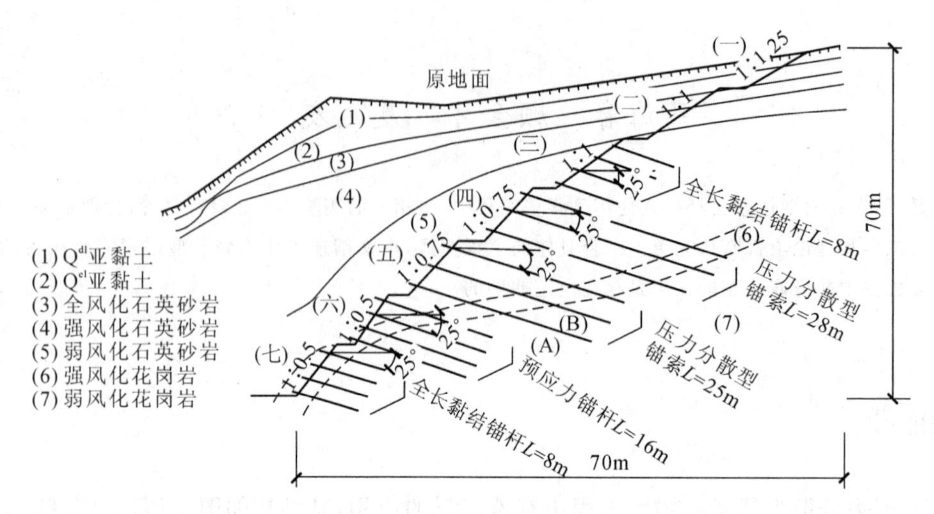

图2 边坡锚索分布剖面图

试验锚索有两个承载体，相距5m。第一个承载体钢绞线长$L_1=25$m，第二个承载体钢绞线长$L_2=20$m。格梁截面尺寸为0.5m×0.5m，矩形布置，纵梁间距为3.5m，横梁间距为3.75m。

注浆体采用水泥砂浆，注浆体材料的力学参数见表1。

表1 注浆体材料力学参数

注浆材料	重度γ/(kN/m^3)	弹性模量E/GPa	泊松比ν	单轴抗压强度R_c/MPa
水泥砂浆	19000	28.1	0.175	20

3 测试内容与测试方法

3.1 测试内容

测试内容主要包括注浆体与孔壁之间的剪应变分布规律、锚索外端张力变化。

3.2 测试方法

每根锚索布置了12个测点，采用应变花直接测量剪应变变化情况，测量位置分布见图3，测得的应变单位为10^{-6}。锚索外端张力的测试采用总参工程兵科研三所研制的锚索测力计。该测力计是应变式的，性能稳定，使用方便，测试可靠。张拉时先整体预张拉，张拉荷载为设计荷载($P_0=400$kN)的10%，然后卸载。分级荷载时，每级的荷载分别为30%、50%、75%、100%和110%，最后锁定。每级荷载分3次读数，每次间隔5min。应变测量设备见图4。

图3 剪应变测量位置分布图

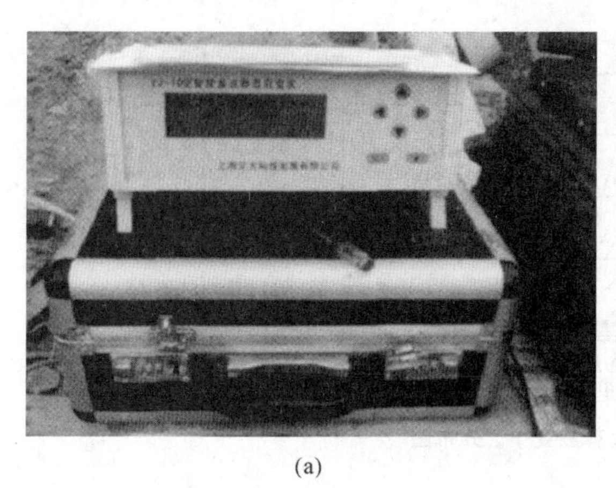

(a)

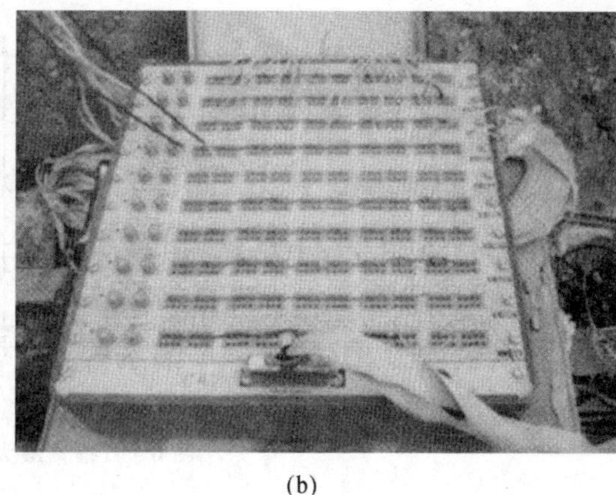

(b)

图 4 应变仪和平衡箱

(a)应变仪;(b)平衡箱

4 实验结果

利用应变花测试的数据 ε_u、ε_x、ε_y,按照应变花三方向夹角 $\alpha=\beta=45°$,以公式 $\gamma_{max}=\varepsilon_1-\varepsilon_2=\sqrt{2[(\varepsilon_x-\varepsilon_u)^2+(\varepsilon_u+\varepsilon_y)^2]}$和 $\gamma_{xy}=2\varepsilon_u-(\varepsilon_x+\varepsilon_y)$分别计算最大剪应变 γ_{max}和常规剪应变 γ_{xy}。其中,γ_{max}是数值上的解,其方向并没有比较;γ_{xy}是有方向的解,其正负值表示相反的方向。

4.1 内锚固段最大剪应变 γ_{max}分布规律

从内锚固段最大剪应变 γ_{max}分布图,即图 5 和图 6,可以看出:

(1)最大剪应变峰值都发生在承载体与注浆体接触面上。

(2)最大剪应变值随锚索轴线呈负指数规律迅速衰减。

(3)最大剪应变分布有效范围均为 1.5~2.0m,即距承载体的距离为 11.5D~15.4D(D 为锚索孔直径)。

(4)最大剪应变值都随锚索张力的增加而增大,但作用范围变化不大。

(5)4 个承载体的最大剪应变峰值差别不大,可以近似认为是彼此相等的。

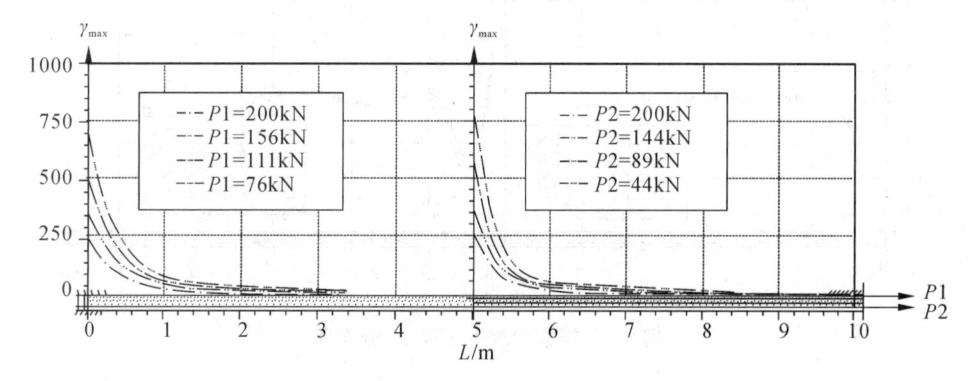

图 5 A 锚索最大剪应变 γ_{max}分布图

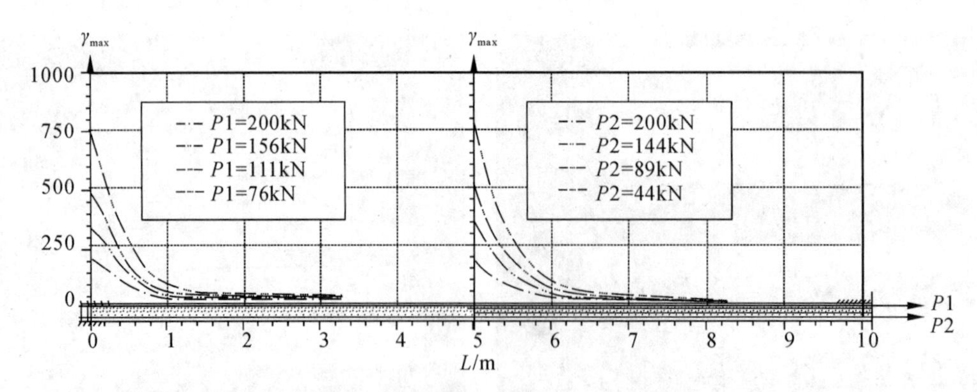

图 6　B 锚索最大剪应变 γ_{max} 分布图

4.2　内锚固段常规剪应变 γ_{xy} 分布规律

内锚固段上的常规剪应变 γ_{xy} 与最大剪应变 γ_{max} 的分布规律存在很大区别。剪应变 γ_{xy} 的最大值也发生在承载体与注浆体的接触面上，但在它随锚索轴线衰减的过程中，在承载体附近(A 锚索 0.8m，B 锚索 0.5m 处)，剪应变数值迅速减小(A 锚索)，甚至变号(B 锚索)，使剪应变分布曲线出现下凹，见图 7 和图 8，这表明此处注浆体发生弯曲或鼓胀。目前，多篇弹性理论解都未考虑上述现象的存在。

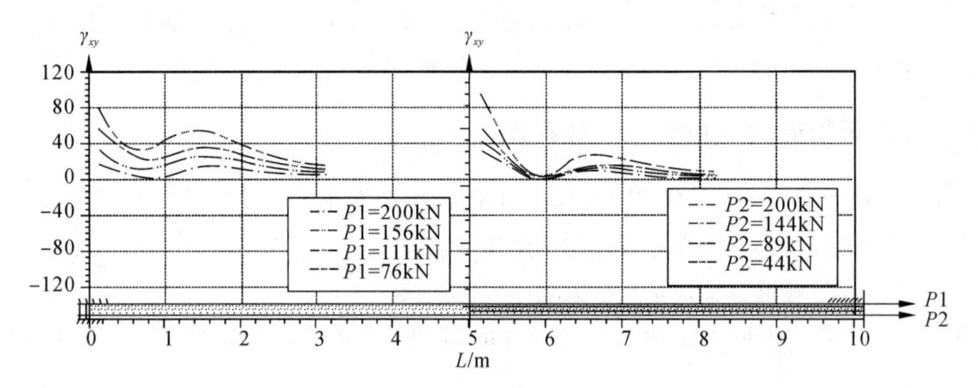

图 7　A 锚索常规剪应变 γ_{xy} 分布图

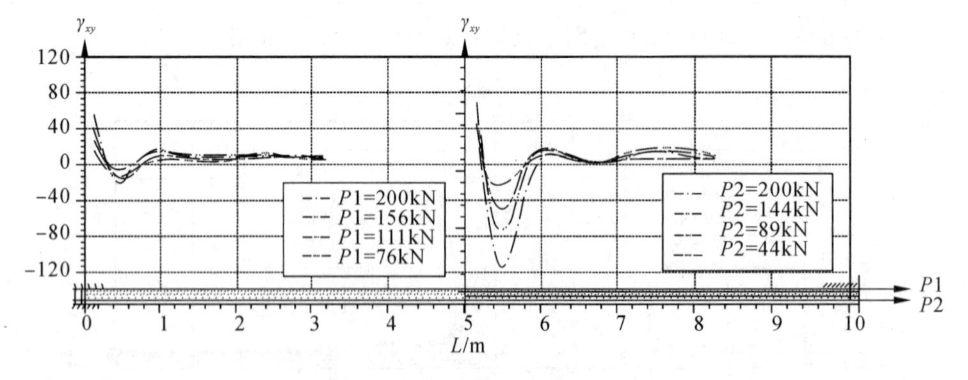

图 8　B 锚索常规剪应变 γ_{xy} 分布图

5　结论

(1)压力分散型锚索沿其轴线方向最大剪应变发生在各承载体与注浆体的接触面上。在承载体与承载体之间剪应力与轴应力数值很小，甚至为零。

(2)各承载体的剪应变特点是最大剪应变峰值发生在各承载体与注浆体的接触面上，随后，各峰值应变随锚索轴线呈负指数规律迅速减小，其有效分布范围均为1.5～2.0m(11.5D～15.4D处)。

(3)内锚固段上的常规剪应变与最大剪应变分布规律不同，最大剪应变分布曲线为一条光滑下降曲线；常规剪应变分布曲线在靠近承载体0.5～0.8m处发生向下凹的弯曲，甚至发生变号。这表明那里的注浆材料可能发生了弯曲或鼓胀。目前有关压力分散型锚索计算理论中，均未考虑上述可能的弯曲或鼓胀，从而给出一条连续光滑的γ_{xy}下降分布曲线，这与实际情况有区别。

参考文献

[1] 程良奎，范景伦，韩军，等. 岩土锚固. 北京：中国建筑工业出版社，2003.

[2] 水利部水利水电规划设计总院. 预应力锚固技术. 北京：中国水利水电出版社，2001.

[3] 尤春安，战宝玉. 预应力锚索锚固段的应力分布规律及分析. 岩石力学与工程学报，2005，24(6)：925-928.

[4] 尤春安. 压力型锚索锚固段的受力分析. 岩土工程学报，2004，26(6)：828-831.

[5] 徐前卫，尤春安，朱合华. 预应力锚索的三维数值模拟及其应用研究. 岩石力学与工程学报，2005(6)：278-282.

平面装药条件下洞室受力特征试验研究

陈安敏　顾金才　徐景茂　孔福利　明治清

内容提要：通过抗爆结构模型试验，研究了洞室围岩与衬砌结构受力变形特征。介绍了模型试验原理及平面装药爆炸模型试验方法，根据试验实测结果分析了设计爆炸荷载和超载条件下毛洞与衬砌洞室的洞周应力峰值分布特点，给出了两种工况条件下洞室围岩变形特征，从拱顶-底板相对位移、洞壁应变峰值、洞壁应变随时间变化等方面进行了对比分析。试验结果表明，衬砌支护措施可有效提高洞室的抗爆能力，是提高工程抗力等级的重要技术手段。

1　引言

地下防护工程是抵御外敌入侵、保障国家安全的有效盾牌，是国防实力的重要组成部分。构建适应未来高技术战争需求的防护工程体系，对于保障国家安全和发展，增强国防实力具有十分重要的战略意义。开展地下工程加固技术研究，进一步提高防护工程抗力等级是应对高技术武器打击的根本途径。Charles、Joachim 等[1]通过几何比尺为 1∶25 的模型试验，对地下炸药库偶然爆炸产生的爆炸荷载密度和岩体防护层厚度及强度对洞室外部破坏程度的影响、爆炸引起的空气冲击波和碎片的危害程度进行了研究。Rajmeny 等[2]通过爆破试验研究了临近采场高应力区洞室围岩破坏的预测方法，并得到爆破导致洞室围岩产生剥离和崩塌的现象。Singh[3]对地下煤矿洞室破坏问题进行了研究，指出决定洞室围岩产生裂缝和剥离程度的主要因素是爆炸造成围岩振动幅值增加。曾宪明等[4]对黄土洞室喷锚支护的抗爆性能和土钉抗动载性能进行研究，取得黄土洞室喷锚支护的受力特性及围压分布形态以及土钉支护的临界抗力。王承树[5]在诸多试验基础上，根据洞室锚喷支护受力破坏特点，将其从受力机制上划分为 5 种类型，即“结构力学型”破坏、受压破坏、剪切破坏、拉伸剥离破坏和横向断裂破坏，并指出在准静态效应下，洞室支护破坏形态与静态下的相仿，而拉伸剥离破坏和横向断裂破坏是动态效应特有破坏类型。一些学者[6-8]还通过模型试验和数值模拟研究了爆炸荷载作用下洞室锚索的受力和变形特征、锚杆对洞室围岩的加固效果等。从上述研究情况看，多数学者较为关注爆破震动对洞室的宏观破坏特征的影响，但对爆炸荷载下洞室的受力和变形特征研究较少。受工程设计部门委托，笔者开展了平面装药爆炸条件下洞室围岩稳定性模型试验研究工作。课题组经过一年多的努力，解决了一系列模拟试验技术难题，包括介质和支护相似模拟技术、平面波加载技术、模型边界的消波技术、喷锚与衬砌支护模拟技术等，分别对毛洞与衬砌洞室进行了抗爆结构模型试验，测得了模拟平面装药爆炸条件下岩体自由场应力、加速度，毛洞及衬砌（喷锚衬砌）洞室的相对位移、洞壁应变、加速度、围岩应力等大量波形数据；给出了模型自由场中峰值应力波衰减规律、设计荷载和超载条件下毛洞与衬砌洞室的抗爆性能对比试验成果。在此基础上，给出了洞室的设计安全系数，为实际工程设计提供参考依据。限于篇幅，本文主要介绍洞室在模拟平面应力波荷

刊于《岩土力学》2011 年第 9 期。

载作用下的围岩受力变形特点。

2 试验方案设计

2.1 试验目的、内容

采用模型试验研究方法，对平面装药爆炸条件下的洞室围岩的稳定性进行对比研究，给出洞室围岩受力变形状态，为工程设计提供依据。共完成3个模型试验，详见表1。

表1 试验模型概况

模型编号	模型名称	原型特点	模型特点	测量内容
M_1	自由场模型	均匀介质，无洞室，钻地爆炸	均匀介质，无洞室，埋置爆炸	自由场中应力、加速度分布及洞室拱顶所在部位应力场均匀性
M_2	毛洞模型	原型洞室净跨 $D=5.5$m，覆盖层厚度 $H=100$m	模型洞室净跨 $D=16$cm，拱顶至爆心距离 $H=138$cm	洞壁应变、相对位移、加速度及洞室破坏形态
M_3	衬砌洞室模型	原型洞室净跨 $D=5.5$m，覆盖层厚度 $H=100$m，衬砌厚度 $\delta=1.0$m	模型洞室净跨 $D=16$cm，拱顶至爆心距离 $H=138$cm，衬砌厚度 $\delta=2.91$cm	洞壁应变、相对位移、加速度及洞室破坏形态

2.2 岩类及洞室几何尺寸

(1)岩体特征：岩体条件按Ⅲ类均质围岩考虑；

(2)洞室型式及几何尺寸：原型洞室为直墙拱顶型，毛洞净跨度 $D=5.5$m，C30钢筋混凝土衬砌。覆盖层厚度 $H=100$m。

2.3 相似原理

本试验要求在模型洞室顶部产生平面应力波荷载作用。做法是：首先按现有的规范[9]计算出实际工程受到爆炸荷载时在洞室部位产生的应力波参数，其中包括应力峰值、上升时间、作用时间等；然后按Froude相似理论确定的应力比尺、时间比尺换算出模型洞室部位的应力波峰值、上升时间、作用时间等；最后，选择合适的爆炸方式和炸药量在模型介质内爆炸，使其在洞室部位产生所需要的应力波参数。

由Froude相似理论可知，在同一个试验中要同时满足冲量和应力比尺的要求是不可能的。一般地，如果系统的最大反应发生较早，则峰值应力应完全满足相似比尺关系；如果系统的最大反应在超压已经充分衰减之后出现，则冲量应完全满足相似比尺关系[10]。本次试验以洞室拱顶-底板相对位移最大值作为系统最大反应的判断指标，实测结果表明，拱顶-底板相对位移最大值发生在压应力充分衰减之前，即系统的最大反应发生较早。因此，本试验是按峰值应力满足相似要求来考虑的。在Froude比例法中，进行模型试验需要满足的重要比尺因数关系是 $K_\sigma=K_\rho K_L$，由于 σ、ρ 都是材料本身的性质，因而几何比尺 K_L 不能任意选取，应由模型材料和原型介质性质来决定。最后确定各变量及比例因数值，见表2。

表 2　各变量及比例因数

变量	Froude 因数	变量	Froude 因数
长度	$K_L=0.029$	摩擦角	$K_\phi=1$
密度	$K_\rho=0.857$	速度	$K_V=\sqrt{K_L}=0.170$
加速度	$K_a=1$	力	$K_F=K_\rho K_L^3=2.09\times10^{-5}$
时间	$K_t=\sqrt{K_L}=0.170$	重度	$K_\gamma=K_\rho=0.857$
应力	$K_\sigma=K_\rho K_L=0.025$	冲量	$K_i=K_\rho\sqrt{K_L^3}=4.23\times10^{-3}$
应变	$K_\varepsilon=1$	能量	$K_W=K_\rho K_L^4=6.06\times10^{-7}$
泊松比	$K_\nu=1$		

2.4　模型材料选择

(1)介质材料

本试验是在我部研制的“岩土工程抗爆结构模型试验装置”上进行的[11]，模型尺寸为 2400cm×1500cm×2300cm。由于模型几何尺寸较大，所需模拟材料较多，故模型材料的选择应在满足相似比尺 $K_\sigma=K_\rho K_L$ 的前提下，尽量选择造价较低、制作工艺简单，且能重复使用的材料为宜。本课题模拟的工程岩体类型为Ⅲ类岩体，经过多种材料的比较，最终确定模拟材料为型砂掺入 30％的河砂及其他材料的混合料。模型介质与原型介质的物理力学参数见表 3，由该表可见，模型材料基本满足相似比尺要求。

表 3　模型介质和原型介质物理力学参数

介质	抗压强度 R_c/MPa	抗拉强度 R_t/MPa	黏聚力 c/MPa	内摩擦角 φ/(°)	变形模量 E_m/GPa	泊松比 ν	密度 ρ/(g/cm³)
原型Ⅲ类岩体	15～25	0.83～1.40	0.40～1.20	35～45	4.0～15	0.25～0.30	2.30～2.60
要求模型材料	0.375～0.625	0.021～0.035	0.01～0.030	35～45	0.100～0.375	0.25～0.30	1.97～2.23
实际模型材料	0.51	0.04	0.03	44.3	0.26	0.28	2.02

(2)钢筋混凝土衬砌模拟材料

原型洞室中 C30 钢筋混凝土衬砌采用石膏配铜丝网模拟，原型材料和模型材料物理力学参数见表 4。这里喷层网的模拟是按变形相似考虑的，即原型中钢筋的应变等于模型中铜丝的应变($K_\varepsilon=1$)，可根据相似比尺与原型中的配筋率算出模型中铜丝的面积，从而确定铜丝网的布置。这样处理，可基本保证模型洞室的受力及变形特征与原型相似，模拟精度符合工程要求。

表 4　洞室衬砌原型材料和模型材料物理力学参数

洞室衬砌材料	抗压强度 R_c/MPa	抗拉强度 R_t/MPa	变形模量 E_m/GPa	泊松比 ν
C30 混凝土(原型)	20.1	2.01	30	0.18
石膏(模型)	0.49	0.06	0.78	0.20

2.5　测量内容

(1)自由场中地冲击应力场测量，测点为 P_1～P_{16}，其中 P_1～P_{12} 为垂直应力测点，P_{13}～P_{16} 为水平

应力测点，测点布置见图 1；

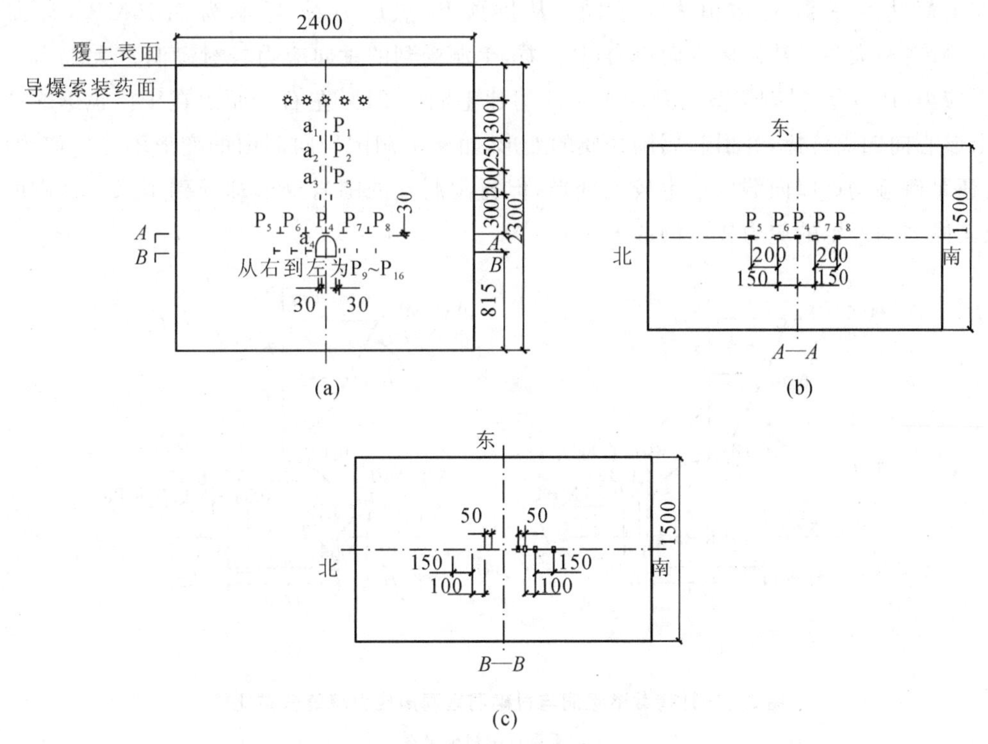

图 1　模型介质自由场参数测量测点布置(单位:mm)

(a)模型测点布置立面图;(b)A—A 剖面图;(c)B—B 剖面图

(2)加速度测量，包括自由场加速度测量(测点为 $a_1 \sim a_4$，见图 1)和洞壁加速度测量(测点为 $a_5 \sim a_8$，见图 2)；

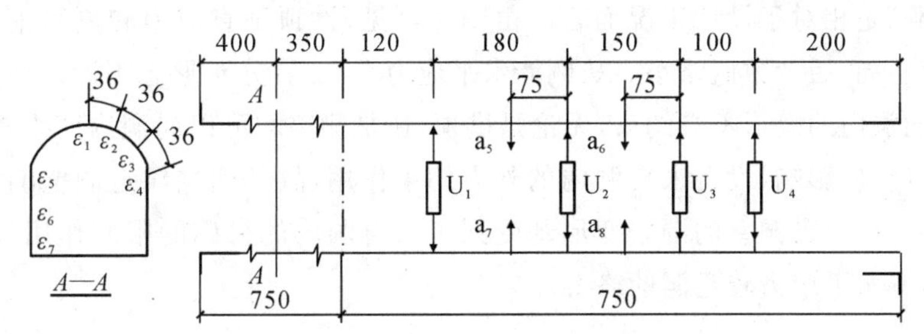

图 2　洞室拱顶加速度、位移、洞壁应变测点布置(单位:mm)

(3)洞壁应变测量：毛洞和衬砌洞室洞壁应变测点为 $\varepsilon_1 \sim \varepsilon_7$，见图 2；

(4)洞壁位移测量：测量拱顶与底板间相对位移，测点为 $U_1 \sim U_4$，见图 2；

(5)对毛洞和衬砌洞室破坏形态进行宏观描述。

3　毛洞与衬砌洞室的受力特点

3.1　设计荷载下毛洞与衬砌洞室的受力特点

根据试验结果绘出在设计荷载下(装药量 $W_m = 184.8 g/m^2$ TNT，拱顶至爆心距离 $R = 138$cm，下同)毛洞与衬砌洞室洞周的应力峰值分布情况，见图 3(图中 r 表示测点至洞壁表面的距离，D 为毛洞跨度)。由该图中的两种洞室洞周应力分布形态可知,无论是拱顶垂向应力、侧墙垂向应力,还是侧墙水平应力都基本一致,但数值大小不同。从拱顶 P_4 点应力看,毛洞为 0.10MPa,衬砌洞室为 0.13MPa,后者略大些。从侧墙垂向应力(P_{12})看,毛洞受到的垂向应力较衬砌洞室大 17%左右。从侧墙水平应力(P_{15})看,衬砌洞室受到的水平应力比毛洞大 21%左右。原因在于拱顶爆炸产生的压应力波由爆心向四周传播,并引起周围介质的变形,由于毛洞围岩向洞内的变形不受任何约束,无论是拱顶,还是侧墙均可以向洞内产生较大变形,但衬砌洞室的围岩变形却受到了来自衬砌的限制作用,导致其围岩内产生的应力较毛洞的大。

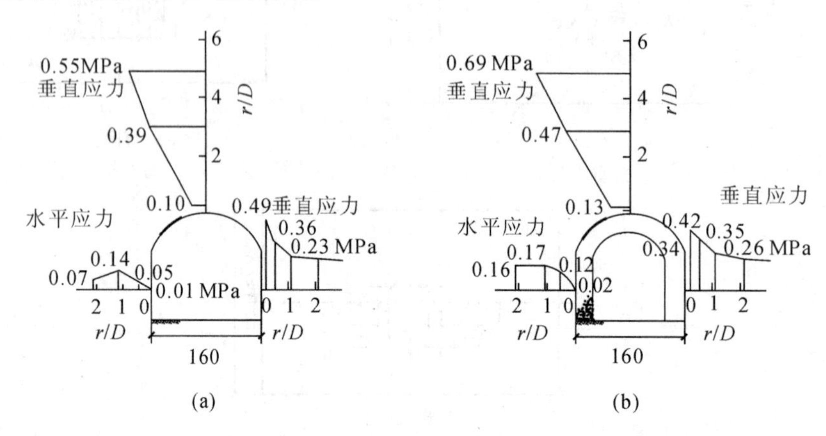

图 3 设计荷载下毛洞与衬砌洞室洞周应力峰值分布比较

(a)毛洞;(b)衬砌洞室

3.2 超载条件下毛洞与衬砌洞室围岩的受力特点

图 4 给出了超载条件下($W_m=368.3g/m^2$ TNT,$R=88$cm),毛洞与衬砌洞室洞周应力峰值分布情况。这里,"超载"是相对于设计工况而言。由图 4 可见,拱顶垂直应力和侧墙垂直应力二者分布形态相似,但数值不同,后者数值略小。从侧墙水平应力看,二者分布形态不同。造成上述差别的原因在于毛洞围岩向洞内的变形不受约束,无论是拱顶,还是侧墙均可以向洞内产生较大变形,其变形大小仅受材料自身性质影响,没有来自洞内的外力约束作用,故其侧墙靠近洞壁的测点水平变形较大,应力相应较小。但衬砌洞室的围岩变形却受到了来自洞内的衬砌的限制作用,因洞壁围岩变形受侧墙衬砌制约,其水平应力较毛洞的略大。

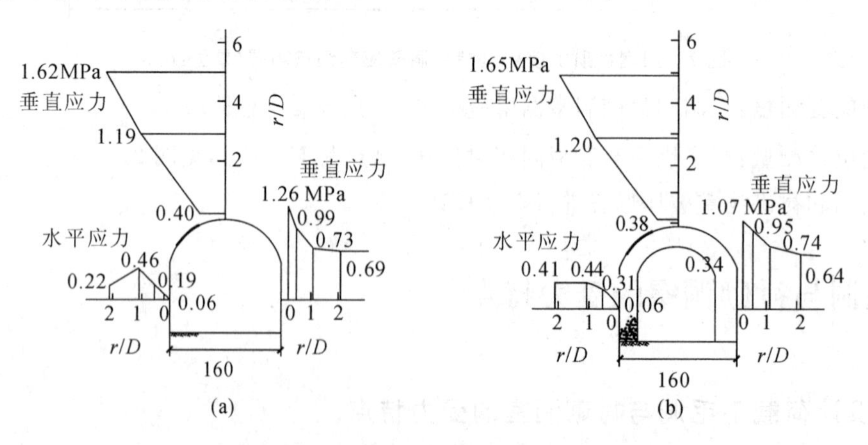

图 4 超载条件下毛洞与衬砌洞室洞周应力峰值分布比较

(a)毛洞;(b)衬砌洞室

另外，对比图 3 和图 4 可见，超载条件下的洞室围岩应力要比设计荷载下的洞室围岩应力大 2 倍以上，这是由于二者装药量和比例距离不同，产生的动荷载也不同所致。

4 毛洞与衬砌洞室的变形特征

4.1 拱顶-底板相对位移比较

由表 5、表 6 可知，在设计荷载条件下，实测毛洞与衬砌洞室的拱顶-底板相对位移分别为 1.07mm和 0.51mm，可见毛洞的相对位移值是衬砌洞室的 2 倍多。

表 5 设计荷载下毛洞拱顶-底板相对位移特征值

测点号	峰值位移/mm	到达时间 t_a/ms	上升时间 t_r/ms
U_1	0.97	2.56	6.20
U_2	1.10	2.56	6.48
U_3	1.07	2.64	6.80
U_4	1.13	2.64	6.08
平均值	1.07	2.60	6.39

表 6 设计荷载下衬砌洞室拱顶-底板相对位移特征值

测点号	峰值位移/mm	到达时间 t_a/ms	上升时间 t_r/ms
U_1	0.55	2.72	5.72
U_2	0.46	2.72	5.68
U_3	0.53	2.64	5.44
U_4	0.60	2.64	5.48
平均值	0.51	2.68	5.58

在超载条件下实测毛洞和衬砌洞室的拱顶-底板相对位移平均值分别为 3.61mm 和 2.68mm，前者是后者的近 1.35 倍。毛洞残余变形平均值为 0.58mm，而衬砌洞室的残余变形平均值为 0.39mm，前者是后者的近 1.5 倍。

4.2 洞壁应变比较

(1)设计工况条件下

在设计工况(W_m＝184.8g/m^2 TNT，R＝138cm)时，毛洞与衬砌洞室洞壁各点应变峰值变化如图 5 所示。图中“＋”表示拉应变，“－”表示压应变。显而易见，二者在形态上迥然不同，且从数值上看，衬砌洞室洞壁应变峰值要比毛洞小得多。毛洞拱脚应变达 4054×10^{-6}，已超出弹性范围。

毛洞和衬砌洞室在设计工况时洞壁应变随时间变化见图 6。由图 6 可知，在设计工况下，毛洞与衬砌洞室洞壁各点应变随时间变化情况是不同的。从数值上看，毛洞洞壁应变要比衬砌洞室大得多，在 6ms 时，毛洞拱脚测点 ε_4 的应变为 -3211.4×10^{-6}，而衬砌洞室拱脚测点 ε_4 的应变为 -67.0×10^{-6}，前者是后者的近 48 倍。从洞壁环向变形看，毛洞洞壁应变均为负值，表明洞壁环向受压，而衬砌洞室除拱顶、拱脚及边墙环向应变为负值受压外，在拱部测点 ε_3 处还出现了应变为正的情形，表明此处洞壁环向受拉。

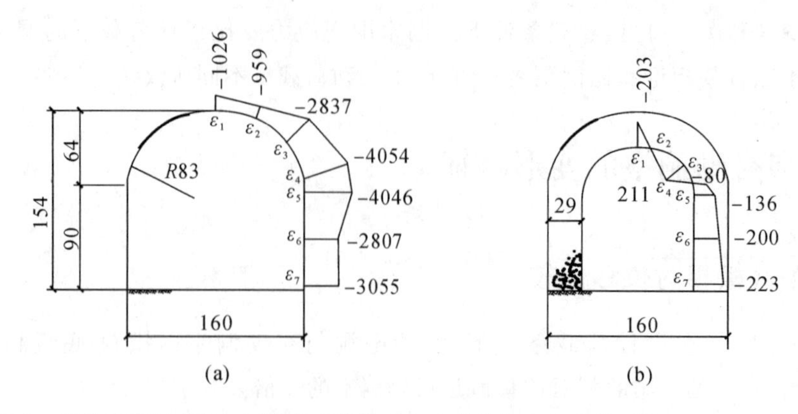

图 5　设计荷载下毛洞与衬砌洞室洞壁各点应变峰值变化比较(单位:mm)

(a)毛洞;(b)衬砌洞室

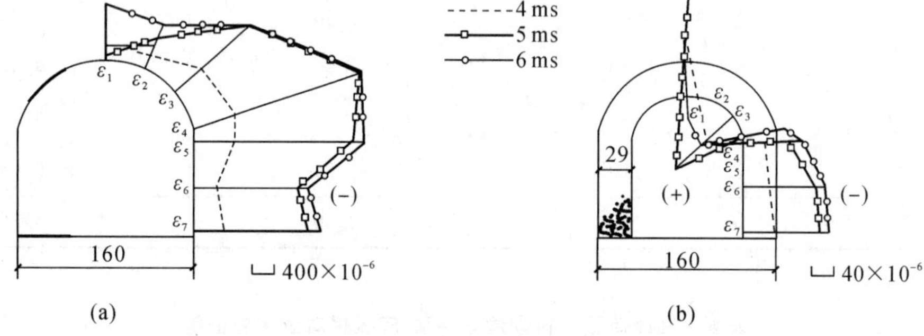
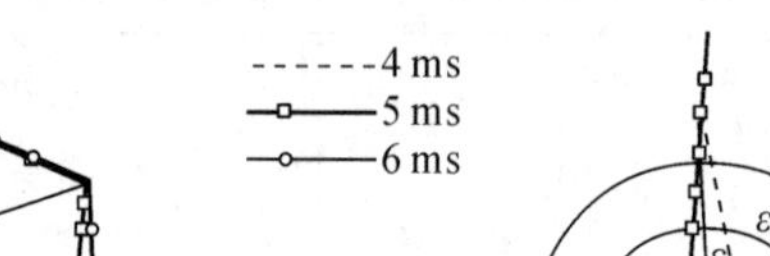

图 6　设计荷载下毛洞与衬砌洞室洞壁应变随时间变化比较(单位:mm)

(a)毛洞;(b)衬砌洞室

(2)超载条件下

在超载条件下(W_m=368.3g/m^2 TNT,R=88cm),毛洞与衬砌洞室洞壁各点应变峰值变化情况见图 7。由图 7 可以看出,在超载条件下,毛洞洞壁应变已相当大,拱顶压应变达到-5085×10^{-6},拱脚压应变达到-13618×10^{-6},侧墙顶和侧墙脚处压应变也在-10000×10^{-6}以上,均已进入材料塑性阶段。而衬砌洞室拱顶压应变也有-1612×10^{-6},侧墙上压应变也在1900×10^{-6}左右,已超过弹性应变峰值[12]。由此可知,钢筋混凝土衬砌对洞室围岩具有相当强的加固作用,可大大提高洞室的承载力,但在超载工况下,衬砌洞室也已接近破坏状态。

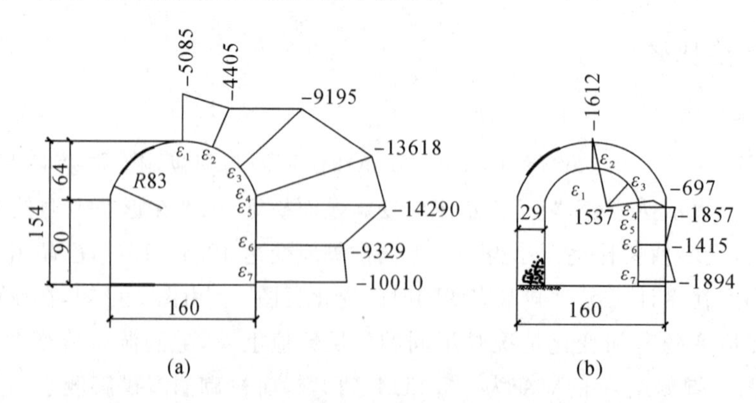

图 7　超载条件下毛洞与衬砌洞室洞壁各点应变峰值变化比较(单位:mm)

(a)毛洞;(b)衬砌洞室

在超载条件下,毛洞和衬砌洞室的洞壁应变随时间变化见图 8。由图 8 可以看出,在超载条件下，毛洞与衬砌洞室洞壁各点应变随时间变化情况明显不同。从数值上看，毛洞洞壁应变要比衬砌洞室大得多，在 3ms 时，毛洞拱脚测点 ε_4 的应变为 -10908.0×10^{-6}，而衬砌洞室拱脚测点 ε_4 的应变为 147.0×10^{-6}，前者为压应变，后者为拉应变，且从绝对数值看前者是后者的近 74 倍。从洞壁环向受力看，毛洞洞壁应变均为负值，表明洞壁环向均受压，而衬砌洞室在拱部测点 ε_3 处还出现了应变为正的情形，表明此处洞壁环向受拉。另外，比较设计工况和超载工况的洞壁应变值可知，无论是毛洞，还是衬砌洞室，后者均比前者大得多，这也是由于二者装药量不同，产生的动荷载也不同造成的。

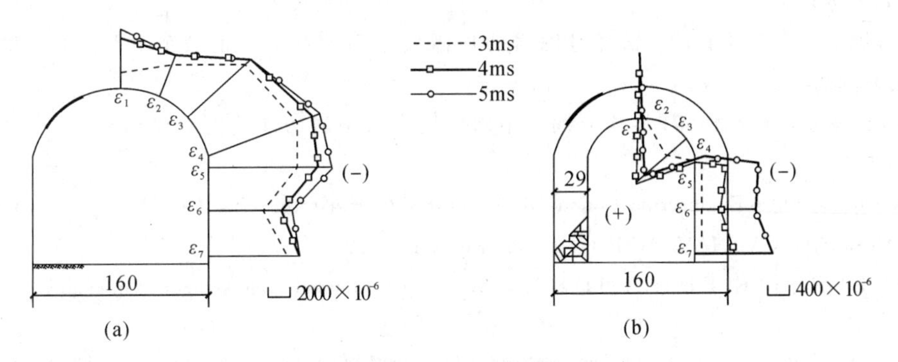

图 8 超载条件下毛洞和衬砌洞室洞壁应变随时间变化比较(单位：mm)

(a)毛洞；(b)衬砌洞室

5 结论

(1)在设计荷载下，毛洞拱顶受到的垂向应力较小，约为衬砌洞室的 80%，而毛洞直墙受到的垂向应力较衬砌洞室大 44%左右；毛洞的拱顶-底板相对位移是衬砌洞室的 2 倍多；毛洞的拱脚部位洞壁应变已超出了材料的弹性阶段，而衬砌洞室的洞壁压应变最大只有 -223×10^{-6}，尚在弹性范围内。由此可见，即便在设计荷载下，毛洞也会发生破坏，也就是说原型洞室在设计当量爆炸荷载作用下，毛洞将发生破坏，而经过钢筋混凝土衬砌支护的洞室，则是比较安全的。

(2)在超载条件下，毛洞洞周应力、拱顶-底板相对位移、洞壁应变数值均有显著增加。从宏观上看，毛洞拱脚有裂纹发生，且有挤压带出现，说明此时洞室已发生严重破坏。而衬砌洞室的上述几个参数数值也有较大增加，虽从宏观上看不到有裂纹或掉块等破坏现象发生，但从衬砌洞室洞壁应变值看，已接近或超过了混凝土静载条件下弹性极限应变值，由此可知，在超载条件下毛洞已发生严重破坏，而衬砌洞室也已处于初始破坏状态。因此，可把这一工况视作衬砌洞室的初始破坏荷载工况。

(3)从实测洞室围岩应力、毛洞和衬砌洞室洞壁位移及应变变化分析结果来看，采取可靠的支护措施可有效提高洞室的抗爆能力。试验结果对改进工程设计、提高工程抗力等级具有一定的参考价值。

参考文献

[1] JOACHIM C E, BORBOLLA G S. Brick model tests of shallow underground magazines. [S. l.]: Department of the Army Waterways Experiment Station Corps of Engineers, 1992.

[2] RAJMENY P K, SINGHB U K, SINHA B K P. Predicting rock failure around boreholes and drives adjacent to stopes in Indian mines in high stress regions. International Journal of Rock Mechanics & Mining Sciences, 2002, 39(2): 151-164.

[3] SINGH P K. Blast vibration damage to underground coal mines from adjacent open-pit blasting. International Journal of Rock Mechanics & Mining Sciences,2002,39(8):959-973.

[4] 曾宪明,杜云鹤,李世民.土钉支护抗动载原型与模型对比试验研究.岩石力学与工程学报,2003,22(11):1892-1897.

[5] 王承树.爆炸荷载作用下坑道喷锚支护的破坏形态.岩石力学与工程学报,1989,8(1):72-91.

[6] 杨苏杭,梁斌,顾金才,等.锚固洞室抗爆模型试验锚索预应力变化特性研究.岩石力学与工程学报,2006,25(2):3749-3756.

[7] 杨自友,顾金才,杨本水,等.锚杆对围岩的加固效果和动载响应的数值分析.岩土力学,2009,30(9):2805-2809.

[8] 杨自友,杨本水,顾金才,等.爆炸荷载下不同锚固参数围岩的加速度响应分析.岩土力学,2011,32(1):146-150.

[9] U. S. Naval Facilities Engineering Command. Structures to resist the effects of accidental explosions(TM5-1300). Alexandria,VA: NAVFAC P-397 Design Manual,1991.

[10] ZAHRAH T F,MERKLE D H,AULD H E. Gravity effect in small-scale structural modeling. [S. l.]:[s. n.]:1988.

[11] 沈俊,顾金才,陈安敏,等.岩土工程抗爆结构模型试验装置研制及应用.地下空间与工程学报,2007,3(6):1077-1080.

[12] 中华人民共和国住房和城乡建设部,国家质量监督检验检疫总局. GB 50010—2002 混凝土结构设计规范.北京:中国建筑工业出版社,2002.

锚固洞室抗爆能力试验研究

顾金才

内容提要：通过物理模型和现场试验，对比研究了多种不同类型锚杆加固洞室（以下简称锚固洞室）的抗爆能力。文中简要介绍了由模型试验给出的不同类型锚固洞室的破坏形态，以及由现场试验给出的3种不同类型锚固洞室的洞壁位移特征，锚杆轴应变分布特征和锚固洞室的宏观破坏形态。从中可以比较直观、形象地得出各锚固洞室在爆炸荷载作用下的受力特点和破坏规律，研究结果表明：常规锚固洞室的抗爆能力是偏低的，要想大幅度地提高锚固洞室抗力，必须采取超常的锚固方式，其中最重要的一点认识就是，锚杆间距是控制锚固洞室抗爆能力的关键参数，要想大幅度地提高锚固洞室的抗力只增加锚杆长度不行，必须使锚杆间距减小到一定程度（一般情况下，要小到30～50cm），锚杆长度不起主要控制作用。研究成果对于地下防护工程动荷段围岩加固设计具有重要参考价值。

1 前言

在高技术战争条件下，精确制导武器，特别是大当量深钻地武器对地下防护工程的安全构成了严重威胁[1]，为了地下防护工程在战争条件下的安全稳定，必须大力提高防护工程坑道动荷段抗力。已有的试验已经表明，常规的锚杆加固方法对坑道围岩抗力的提高是有限的，要想大幅度地提高坑道围岩的抗力，必须采取超常的加固方法。为此，我部近年来开展了系统的研究工作，旨在研究提出一种合理的加固技术手段，对地下防护工程动荷段围岩进行有效加固。

要解决这一问题单纯地依靠现场试验和理论分析是比较困难的。因为现场试验需要耗费大量的人力、物力和时间，不可能通过大量的现场试验寻找客观规律。理论分析对岩土工程来说又很难做到准确精细。而采用模型试验，寻找出基本规律，然后再用现场试验加以验证，用数值计算和理论分析加以补充可能是一种行之有效的方法[2-8]。

我部为了开展这项工作，专门研制了一台岩土工程抗爆结构模型试验装置[9-10]，并利用该装置对不同类型的锚固洞室进行了抗爆模型试验。由试验给出了众多的结构反应信息，如爆心下自由场中的压应力、加速度、洞室周边的应变、拱顶底板的位移、锚杆上的应变，等等。

同时，还通过一次较大规模的现场试验对由室内模型试验得出的重要成果进行了验证和补充。当然，除此之外还通过现场试验探讨了不同类型锚固洞室的极限抗力、锚杆垫板型式对锚固洞室抗力的影响等。试验取得了预想的效果，达到了试验的目的。

因研究内容较多，本文仅简要介绍部分研究成果，包括：由模型试验给出的不同类型锚固洞室的破坏形态；由现场试验给出的不同类型锚固洞室的洞壁位移特征、锚杆轴应变分布特征和锚固洞室的宏观破坏形态。从中可以比较直观、形象地得出各锚固洞室在爆炸荷载作用下的受力特点和破坏规律，为选择合理有效的洞室加固方案提供依据。其他内容将作另文发表。

本文收录于《地下交通工程与环境安全——第五届中国国际隧道工程研讨会文集》。

2　锚固洞室抗爆模型试验研究

2.1　抗爆模型试验原理

试验中的相似条件是按 Froude 比例定律确定的，该比例定律是取几何变量 L、材料密度 ρ、加速度 a 为基本变量，其他为导出变量。在取定重力加速度比例系数 $K_g=1$ 的条件下，可以导出应力比例系数 $K_\sigma=K_\rho K_g K_L=K_\rho K_L$。根据试验条件(洞室跨度 6m 左右，岩体强度中等偏上)进行综合考虑之后，选定 $K_L=0.1$，$K_\rho=0.7$，$K_\sigma=0.07$，并据此进一步求得其他各导出量的比例系数。试验中的爆炸药量是按立方根比例定律确定的，即原形的比例距离$(R/W^{1/3})_p$与模型的比例距离$(R/W^{1/3})_m$相等。

2.2　抗爆模型试验装置与方法

2.2.1　模型试验装置

本试验是在我部研制的岩土工程抗爆结构模型试验装置上完成的，如图 1 所示。该装置是由四个箱壁与一个基坑组成。四个箱壁围在基坑周围。基坑尺寸为 2.4m×1.5m×0.5m。四个箱壁可以沿轨道前后移动(由设在箱壁背后的水平张拉千斤顶实现)。移动到一起用螺杆连接起来，便形成一个上部开口的试验箱体[图 1(a)]，用以制作模型和进行爆炸试验。爆炸试验后可将箱壁拉开[图 1(b)]，以便对试验模型进行观察和处理。为了满足试验箱体的刚度和强度要求，箱壁材料采用 30 号槽钢＋钢纤维混凝土制作；断面为梯形，上顶宽 0.4m，下底宽 0.8m，高 1.8m。箱壁外包 10mm 厚的钢板。

试验模型结构尺寸如图 2 所示。长×宽×高＝2.4m×1.5m×2.3m。洞室轴线沿 1.5m 长度方向。

(a)

(b)

图 1　岩土工程抗爆结构模型试验装置

(a)组合状态；(b)分解状态

2.2.2　爆炸方式

试验中爆炸方式有两种：集中装药和平面装药。集中装药采用块状 TNT，平面装药采用沿洞室轴向平行布置的几根导爆索。两种爆炸方式均将炸药埋置在拱顶上方一定深度的介质内。

2.2.3　测试内容

试验测试内容包括介质内压力、洞壁位移、拱顶和垫板加速度、围岩或衬砌应变、锚杆应变等。

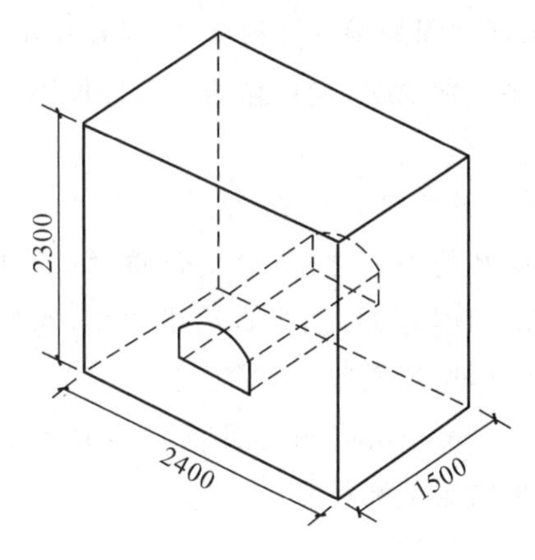

图 2 试验模型结构尺寸

2.3 抗爆模型试验研究成果与分析

2.3.1 在平面装药条件下模型洞室破坏形态

在平面装药条件下各锚固洞室的试验条件是：模型洞室均为直墙拱顶型，跨度 60cm，高度 42cm，墙高 25cm，拱高 17cm。介质材料为水泥砂浆，产状为层状块体。爆炸药量均相同($W=391\text{g/m}^2$)，埋深相等($H=59\text{cm}$)，爆心至拱顶距离也相等($R=122\text{cm}$)。

(1)毛洞

毛洞模型破坏形态见图 3(a)，毛洞模型洞室拱部表层有大块材料脱落，但两侧拱脚部位未见明显错动裂缝。

(a)

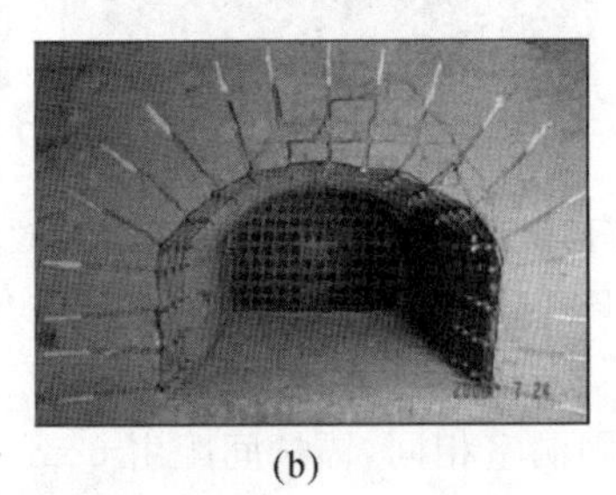
(b)

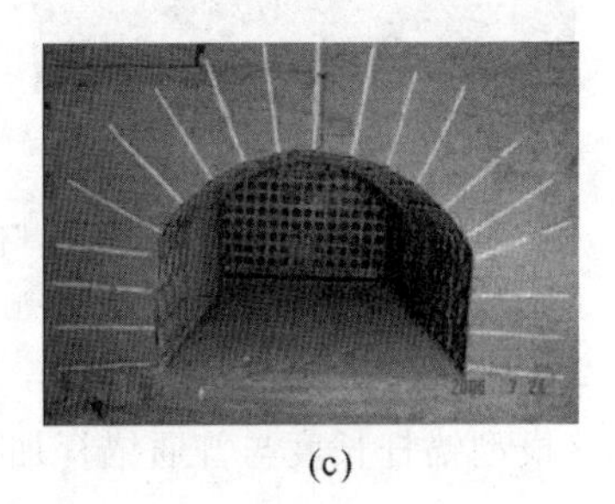
(c)

图 3 在平面装药条件下模型洞室破坏形态

(a)毛洞；(b)自由式锚杆加固洞室；(c)全长黏结式锚杆加固洞室

(2)自由式锚杆加固的洞室

该模型介质条件与爆炸条件均与毛洞模型相同。只是洞室周围布置了模拟锚杆，直径为 $\phi=2.1\text{mm}$的铝丝，长度 $L=20\text{cm}$(自由段长度 $L_0=13\text{cm}$，锚固段长 $L_a=7\text{cm}$)，间距 $a\times b=6.7\text{cm}\times6.7\text{cm}$，垫板为 2mm×12mm×12mm 的铝块。垫板外安装上 M2 的螺母。另外，为了增加锚杆与锚杆之间的联系，在相邻锚杆的外锚头上沿纵横两个方向设置了加固板，材料为铍青铜，厚 0.3mm、宽 10mm。在上述条件下，该模型洞室的拱部有大块岩体松动，但没有发生掉落，见图 3(b)，松动范围与毛洞的拱部脱落范围相当，说明“锚杆-垫板-加固板系统”对防止岩块的脱落发挥了明显作用。在该模型中也未发现拱脚部位产生错动裂缝。

(3)全长黏结式锚杆加固的洞室

该模型试验条件除锚杆为全长黏结式以外，其余条件均与自由式锚杆加固的洞室模型相同。在上述条件下，该模型洞室破坏特征见图 3(c)。从图中看到，在同样的爆炸条件下，全长黏结式锚杆加固的洞室，其破坏程度比自由式锚杆加固的洞室轻得多，它只在拱顶上方产生了几条细微裂缝，未见块体脱落。这种破坏程度上的明显差别说明，全长黏结式锚杆加固的洞室比自由式锚杆加固的洞室抗爆能力高得多。

2.3.2 在集中装药爆炸条件下模型洞室破坏形态

该组模型除了爆炸条件与平面装药不同之外，模型介质材料为均匀的水泥砂浆，不再为层状块体，但洞室截面形状、尺寸与平面装药时相同，仍为直墙拱顶型，跨度60cm，高度42cm，墙高25cm，拱高17cm。锚杆加固参数也有不同，见各模型具体布置情况。为了便于相互比较，该组模型药量均为$W=100$gTNT，埋深均为$H=133$cm，爆心至拱顶距离均为$R=48$cm。

(1)不同间距、不同长度锚杆加固洞室破坏形态

①普通锚杆加固洞室

该模型锚杆加固参数：长度$L=18$cm，间距$d=6$cm。锚杆材料为铝丝，直径$\phi=1.84$mm。该模型洞室破坏形态见图4(a)。从图中看到，该模型的破坏特征是，在洞室拱部两侧拱脚上方介质内产生一条或多条斜向剪切裂缝，裂缝由爆心向下呈“八”字状。有的裂缝直接穿过锚杆，有的裂缝发生在锚固区锚杆外端。上述现象说明普通锚杆加固不能阻止围岩裂缝进入锚固区，裂缝可以跨过锚杆发展。

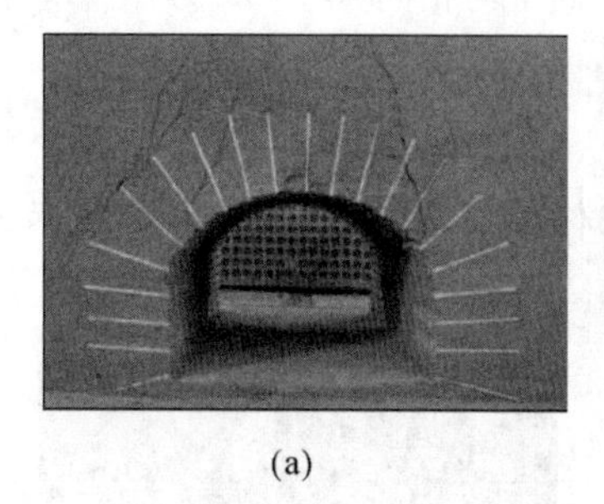
(a)

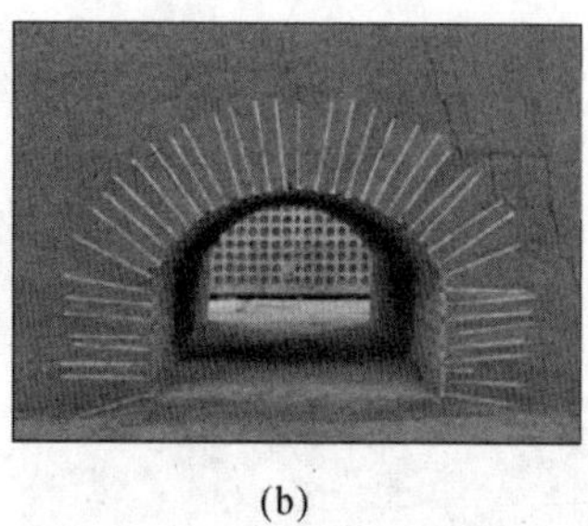
(b)

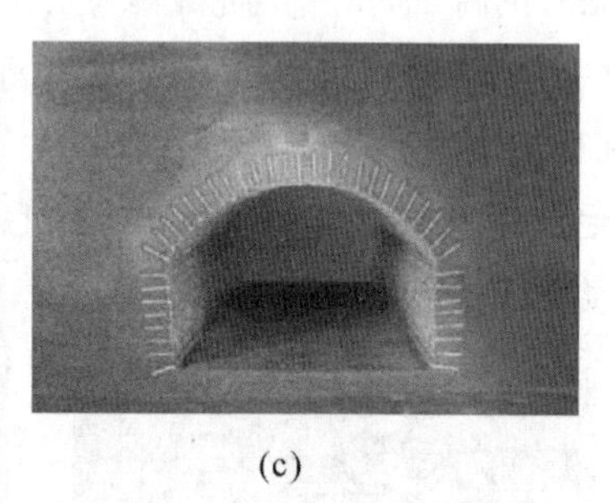
(c)

图4 不同间距、不同长度锚杆加固洞室破坏形态

(a)普通锚杆加固洞室；(b)长密锚杆加固洞室；(c)短密锚杆加固洞室

②长密锚杆加固洞室

该模型锚杆长度与普通锚杆加固洞室相同，锚杆间距由6cm减小为3cm。爆炸条件也与普通锚杆加固洞室相同。该模型洞室破坏特征见图4(b)，从图中看到，它与普通锚杆加固洞室相比，虽然二者均在洞室拱脚部位产生多条斜向裂缝，但该模型裂缝均发生在锚杆长度范围之外，锚固区内部未见裂缝。这说明锚杆密度加大可以阻止裂缝的穿入。这对寻找提高锚固洞室抗力的技术措施具有重要启迪。

③短密锚杆加固洞室

该模型锚杆参数除锚杆长度由18cm缩短为6cm外，其余与长密锚杆加固洞室相同。该模型洞室破坏特征见图4(c)，从图中看到，它也是在洞室拱部两侧拱脚部位产生一条或多条斜向裂缝，并且裂缝也是只发生在锚固区之外，但裂缝部位与长密锚杆加固洞室相比更靠近洞壁，因而危险程度也相应较大。

(2)局部加强的锚固洞室破坏形态

①长短相间的锚杆加固洞室

该模型锚杆参数与短密锚杆加固洞室基本相同，只是在三根短锚杆之间设置一根长锚杆，即原来的$L=6$cm改为$L=18$cm。该模型洞室破坏特征见图5(a)。从图中看到，与图4(c)相比，在短密

锚杆加固的基础上，相间增加了几根长锚杆，就阻止围岩裂缝的产生与发展来说，没有起明显作用，围岩裂缝毫无改变地穿过了长锚杆。

②拱脚局部加长的长密锚杆加固洞室

鉴于长密锚杆加固洞室围岩裂缝发生在拱脚锚固区外，由此笔者设想，如果把拱脚部位的锚杆再加长，裂缝会发生什么变化呢？为此，笔者作了一个对比模型试验。在该模型中锚杆参数与长密锚杆加固洞室基本相同，只是把拱脚部位的6排锚杆加长到$L=30$cm（原为$L=18$cm）。该模型洞室破坏形态见图5(b)。从图中看到，拱脚局部加长的锚杆有效地阻止了围岩断裂缝的延伸，裂缝遇到拱脚部位的长密锚杆就被阻断。从裂缝的数量和裂缝的开裂程度上看，也比普通长密锚杆加固洞室[图4(b)]少而轻，说明这种锚杆加固方案有利于提高洞室抗力。

③拱脚局部加长的短密锚杆加固洞室

进行这个模型试验的理由与拱脚局部加长的长密锚杆加固洞室基本相同。只是该模型是在短密锚杆加固的基础上把拱脚部位的6根短锚杆(6cm)换成了长锚杆(18cm)。该模型洞室破坏形态见图5(c)。从图中看到，拱脚局部加长的短密锚杆加固洞室围岩中的断裂缝有的被阻断，但在拱脚长锚杆的外端仍有裂缝发生，围岩中的裂缝开裂程度也明显较轻。说明这种加固方案也有利于提高洞室的抗力。

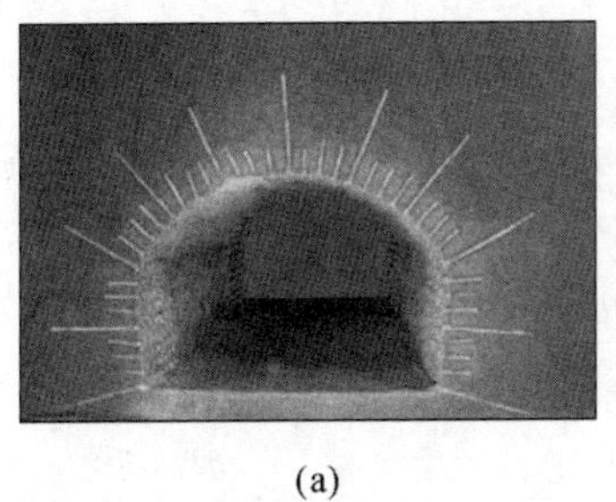
(a)

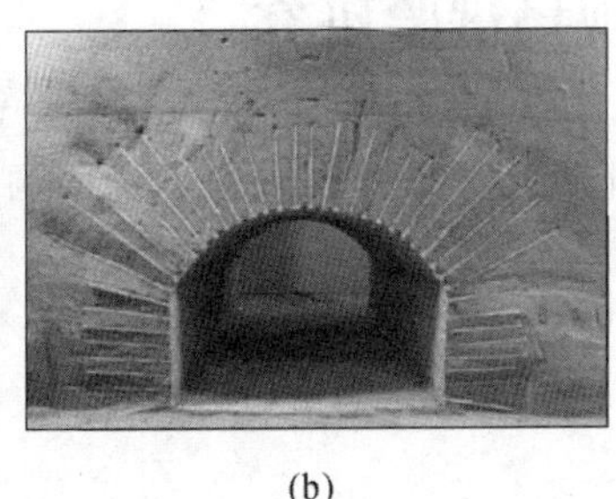
(b)

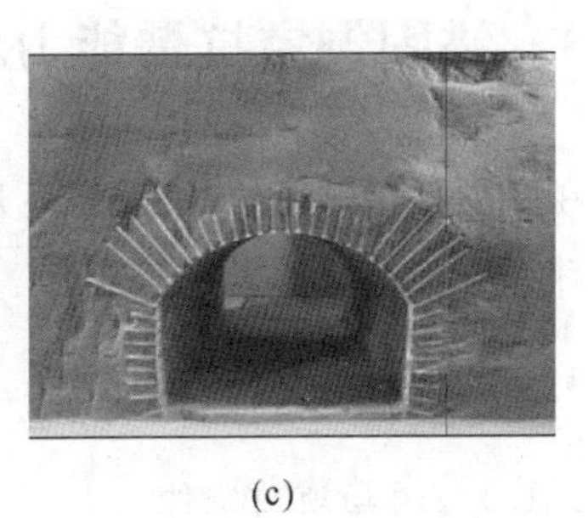
(c)

图5 局部加强的锚固洞室破坏形态

(a)长短相间的锚杆加固洞室；(b)拱脚局部加长的长密锚杆加固洞室；(c)拱脚局部加长的短密锚杆加固洞室

(3)不同装药位置条件下锚固洞室破坏形态

三块模型爆心都位于模型洞室轴线的中垂面内。1/4拱部侧爆爆心位于拱部圆心与迎爆侧半拱中点连线方向。边墙侧爆爆心位于与洞室底板垂直距离为21cm的水平面上。第三块模型由于预先已估计出同样药量和爆心距情况下，洞室会发生较前两者更严重的破坏，故其药量小于前两者，爆心距大于前两者。洞室在超载破坏后，将模型沿横向从中部剖开，剖面如图6所示，图中W表示TNT炸药量，R表示爆心距。

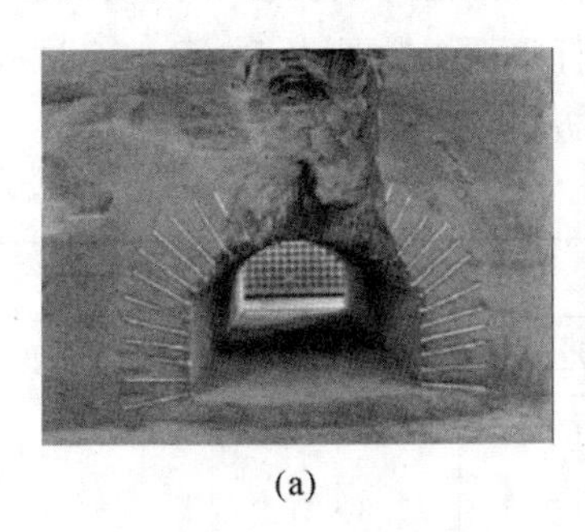
(a)

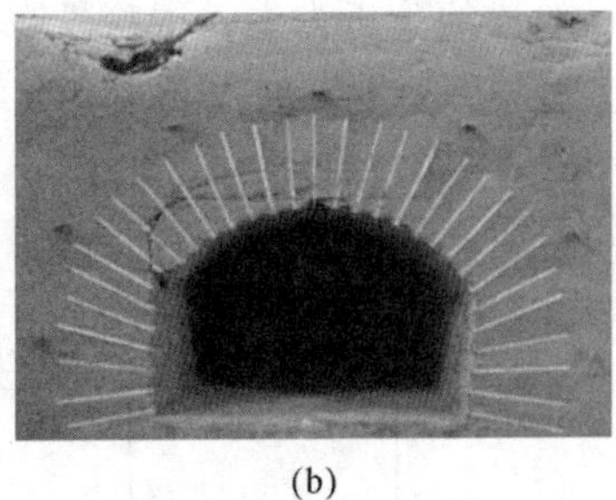
(b)

(c)

图6 不同装药位置条件下锚固洞室破坏形态

(a)拱部顶爆($W=160$g，$R=40$cm)；(b)1/4拱部侧爆($W=160$g，$R=40$cm)；(c)边墙侧爆($W=60$g，$R=50$cm)

①拱部顶爆

顶爆洞室围岩剪切破碎，形成洞室堵塞，堵塞高度为 18cm，占原洞室高度的 43%。破坏后洞室高度为 56cm，是原洞室高度的 1.3 倍。拱顶破坏区锚杆大部分被剪断，破坏边缘锚杆垫块脱落。破坏面两侧有多条“八”字形裂缝，破坏面及裂缝沿拱顶对称分布。

②1/4 拱部侧爆

拱部侧爆洞室迎爆侧半拱中部出现宽 0.8mm 的环向和水平拉伸裂缝，拱脚出现竖向 2mm 的竖向剪切裂缝。洞室表面出现厚度 10mm 浅层脱落，脱落部位主要发生在拱顶和迎爆侧拱脚。从图中可以看出，此时破坏处围岩已被拉裂，但由于锚杆有较大的抗拉和抗剪强度而未发生脱落。

③边墙侧爆

边墙侧爆洞室围岩受挤压剪切破坏，边墙崩塌，形成全断面堵塞。堵塞高度为 25cm，占原洞室高度的 60%。塌落物块体多见，最大厚度达 12cm。破坏锚杆大部分被剪断，破坏边缘锚杆垫块脱落。

从洞室破坏程度上看，破坏程度由重至轻依次为边墙侧爆、拱部顶爆和 1/4 拱部侧爆。不难看出，通过改变洞室的断面形状（如采用曲墙或圆形断面）可以提高坑道抗侧爆能力。

3 锚固洞室抗爆能力现场试验研究

在室内模型试验的基础上，还开展了一次较大规模的锚固洞室抗力对比现场化爆试验，以此验证和补充室内试验成果。

3.1 现场试验概况

3.1.1 现场地质条件

试验场地位于洛阳市某山区。岩性为燕山期第二次侵入的粗粒花岗岩体。因受次级构造影响，场区岩体比较破碎，裂隙发育，但岩体内不含大的断层，比较均匀。表层岩体风化严重，整体强度较低，在洞室扩挖时不用爆破，只用锹镐等简易工具就可成形。现场实测纵波速度为 2300m/s，属于中等偏下的岩体。但岩样抗压强度较高，$R_c=121.8$MPa，弹性模量 $E=33.7$GPa，泊松比 $\nu=0.2$，密度 $\rho=2705\text{kg/m}^3$。

3.1.2 试验内容和方法步骤

(1)试验内容

这次试验共设四个试验段：常规锚杆试验段、短密锚杆试验段、长密锚杆试验段和网喷试验段。各段均设喷网支护。本文以前三个试验段的分析为主。试验段锚杆喷层参数见表 1。每一个试验段又分成前后两部分，前面部分锚杆用碗状垫板，后面部分锚杆用平板垫板。

表 1 试验段锚杆喷层参数

试验段	锚杆参数			网喷参数		
	直径 ϕ	长度 L	间距 $a\times b$	直径 ϕ	网格 $a\times b$	喷层厚度 δ
常规锚杆试验段	2.5	150(D/2)	70×70	0.65	18×18	7
短密锚杆试验段	2.5	100(D/3)	35×35	0.65	18×18	7
长密锚杆试验段	2.5	150(D/2)	35×35	0.65	18×18	7

注：尺寸单位为 cm，D 为洞室跨度。

(2)试验段布置

四个试验段布置在一条坑道内,见图 7。试验段长度均为 4.0m。各试验段之间留有 0.3m 的间隔,以消除或减弱相邻段爆炸对本段的影响。试验段洞室尺寸均相同:跨度 3.0m,高 2.5m,侧墙高 1.6m。

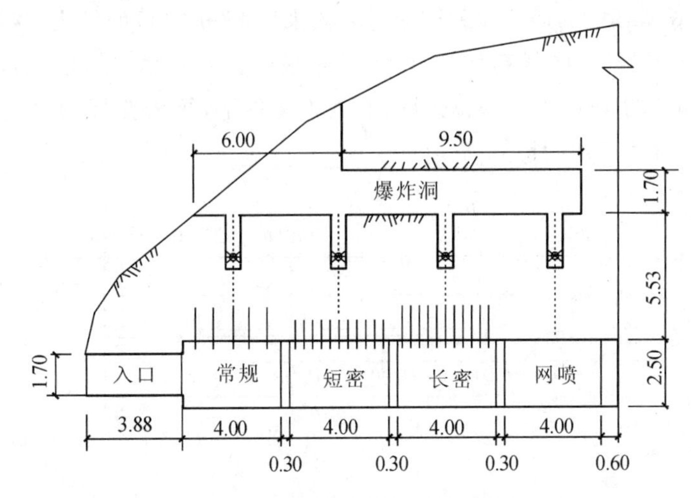

图 7 试验段布置与爆炸方案

(3)爆炸方案

为研究各段抗爆能力大小,将同样药量的炸药(TNT)埋置在各段拱顶上方同样深度的介质内爆炸,观察其各段拱顶位移大小及洞室破坏程度。为使各段受力条件相同,在试验段上方挖了一条爆炸洞,再从爆炸洞底板向下挖爆炸孔。爆炸孔的位置设在各试验段长度中间,见图 7。每个孔内分 5～6次爆炸。每次爆炸均按完全填塞条件设置回填材料深度。各炮次药量及相关参数见表 2。

表 2 各炮次药量及相关参数

炮次	药量 /kg	药包尺寸 /(cm×cm×cm)	药包中心埋深 /m	距洞顶距离 /m
第一炮	0.4	10×5×5	0.527	5.0
第二炮	0.8	10×10×5	0.89	4.11
第三炮	2.4	10×10×15	1.28	3.72
第四炮	7.2	15×15×20	1.85	3.15
第五炮	14.4	20×20×22.5	2.33	2.67
第六炮	20.0	25×25×20	2.60	2.40

(4)测试内容

试验中测试内容有洞壁位移、加速度,锚杆应变和钢筋网应变。

3.2 现场试验成果与分析

因为试验数据较多,不可能也没必要把所有试验数据都拿来进行分析。下面均以第五炮($n=5$)的试验结果为例进行介绍。

3.2.1 洞壁位移特征

爆炸后,绘制了各段各炮次下的洞壁位移-时程曲线。图 8 是第五炮的各段爆心下拱顶位移-时程曲线。第五炮药量 $W=14.4\text{kg}$，埋深 $H=2.33\text{m}$，至拱顶距离 $R=2.67\text{m}$。比例距离 $R/W^{1/3}=1.10\text{m/kg}^{1/3}$。

从图 8 中可以看到：

(1)各段拱顶位移变化规律基本相同，只是数值大小不等。从最大峰值位移看，短密锚杆的最小，常规锚杆的最大，长密锚杆的居中。就同一试验段来看，平板垫板的较大，碗状垫板的较小，具体比较见表 3。从表 3 中看到，在同样爆炸条件下，拱顶最大位移峰值，常规锚杆是短密锚杆的 3.41 倍，长密锚杆是短密锚杆的 1.77 倍。这说明在本试验条件下，短密锚杆加固比长密锚杆加固抗力高，长密锚杆加固比常规锚杆加固抗力高。

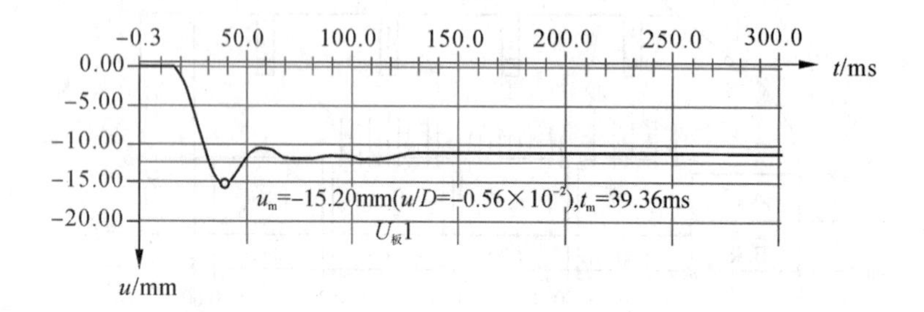

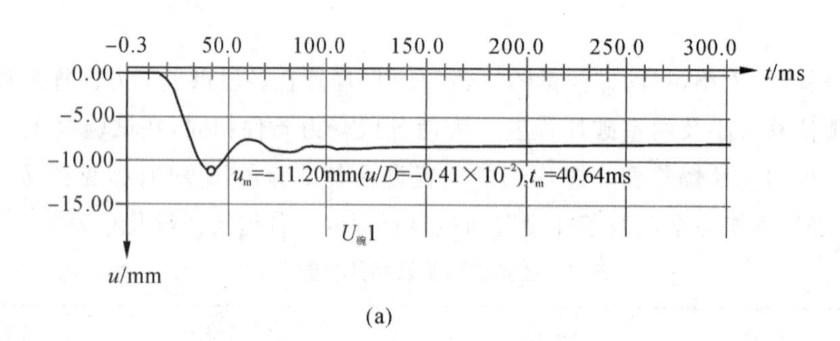

(a)

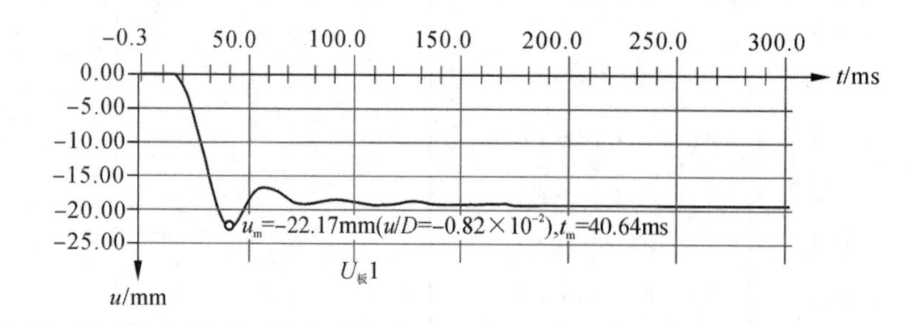

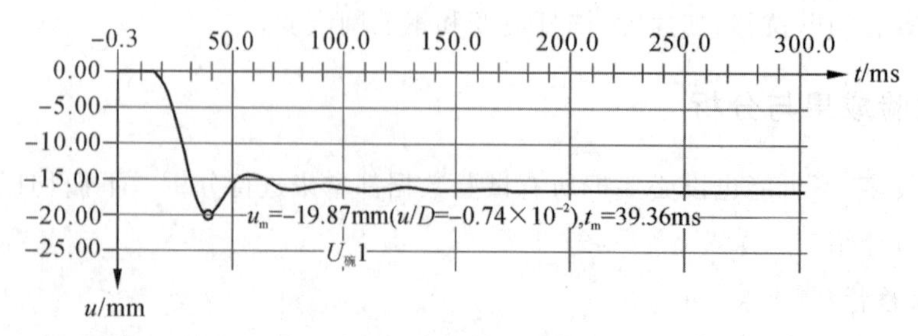

(b)

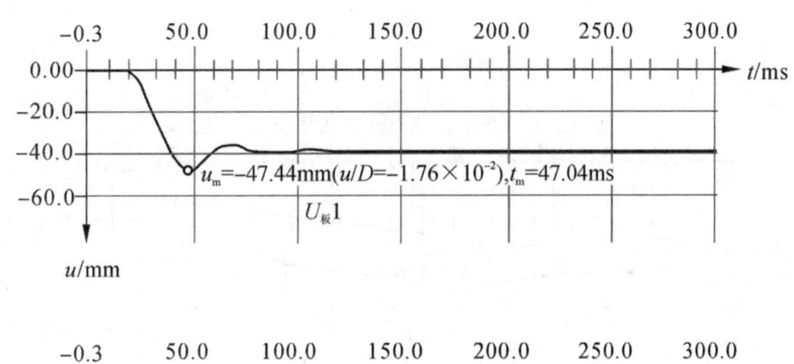

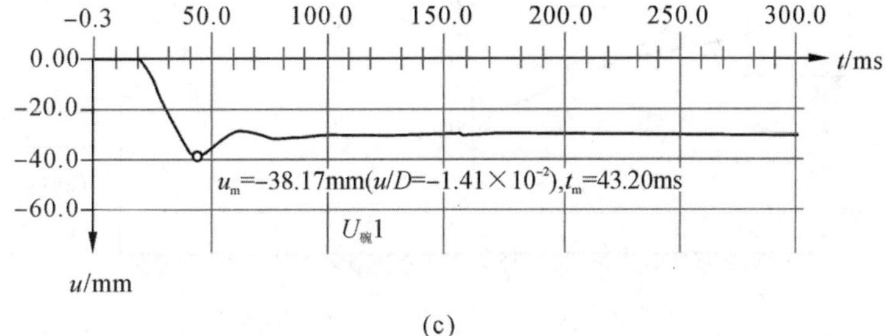

(c)

图 8　第五炮各试验段拱顶 1# 测点位移-时程曲线

(a)短密锚杆加固段($L=1$m,$a=35$cm);(b)长密锚杆加固段($L=1.5$m,$a=35$cm);(c)常规锚杆加固段($L=1.5$m,$a=70$cm)

注:图中给出了位移峰值 u_m、相对值 u/D 和位移峰值上升时间 t_m。

表 3　爆心下拱顶最大峰值位移比较

试验段	碗状垫板 $u_{碗}$/mm	平板垫板 $u_{板}$/mm	$u_{碗}/u_{板}$
常规锚杆试验段	38.17(3.41)	47.44(3.12)	0.80
短密锚杆试验段	11.20(1)	15.20(1)	0.74
长密锚杆试验段	19.87(1.77)	22.17(1.46)	0.90

注:表中括弧内的数值是以短密锚杆加固试验段位移为标准归一化后的数值。

短密锚杆加固为什么比长密锚杆加固位移小、抗力高,有点不好理解,但这种现象似乎又不是偶然。现在可以解释的原因之一就是,在本试验条件下,锚杆越长,被加固的岩体范围越大,锚杆内端距爆心越近,锚杆受到的爆炸压力就越大,爆炸压力的增强破坏效应超过了锚杆长度增加对锚固体强度的增强效应。

需要说明的是,这里"短密锚杆""长密锚杆"不是指可以无限的短、无限的长的锚杆,而是指在这次试验中所用的两种相对长短不同的锚杆。

从表 3 中还看到,锚杆垫板形状对锚固洞室抗力具有明显影响,表现为同一试验段的拱顶最大位移峰值碗状垫板仅为平板垫板的 74%～90%。

(2)爆炸后各段拱顶都产生了残余位移,但加固参数不同,产生的残余位移数值大小不等。常规锚杆段的最大,30(40)mm 左右(括弧内数值是平板垫板的,括弧外数值是碗状垫板的,下同);短密锚杆段的最小,8(12)mm 左右;长密锚杆段的居中,17(18)mm 左右。常规锚杆段是短密锚杆段的 3.33(3.75)倍,长密锚杆段是短密锚杆段的 1.50(2.25)倍。

上述现象不仅出现在正对爆心下的拱顶,在离爆心下较远处的拱顶也是这样(见图 9)。三个试验段拱顶各点峰值位移都是短密锚杆加固的最小,常规锚杆加固的最大,长密锚杆加固的居中。对同一试验段来说,都是碗状垫板区的位移较小,平板垫板区的位移较大。

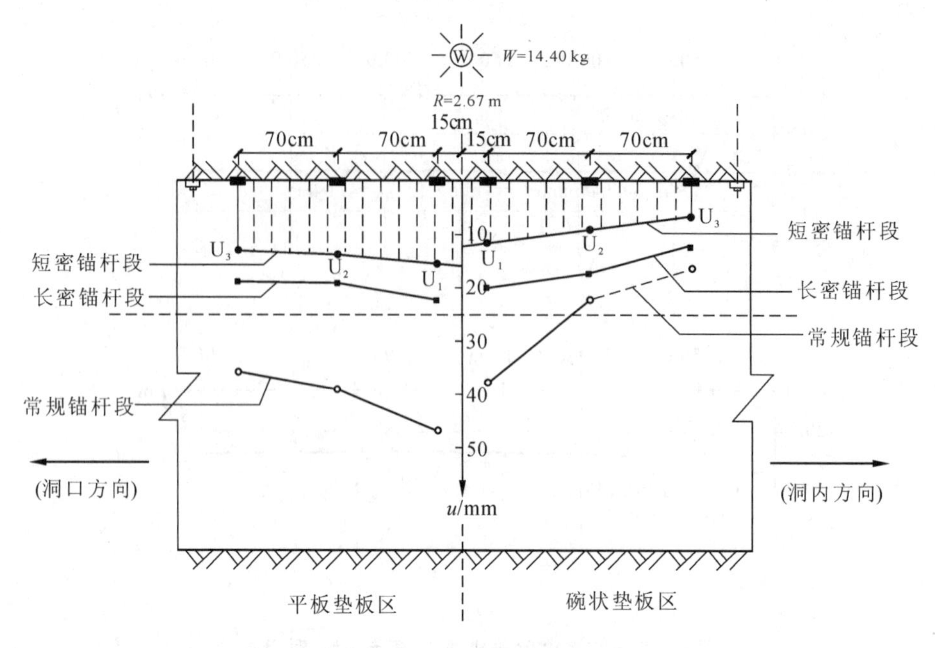

图 9 爆心周围拱顶峰值位移

3.2.2 锚杆轴应变分布特征

试验中测量了各炮次下洞周锚杆各点的轴应变。限于篇幅，下面也仅给出在第五炮作用下，各试验段爆心下拱顶锚杆轴应变随时间的变化特征（图 10）和洞周各锚杆峰值轴应变分布特征（图 11）。从图中可以看到：

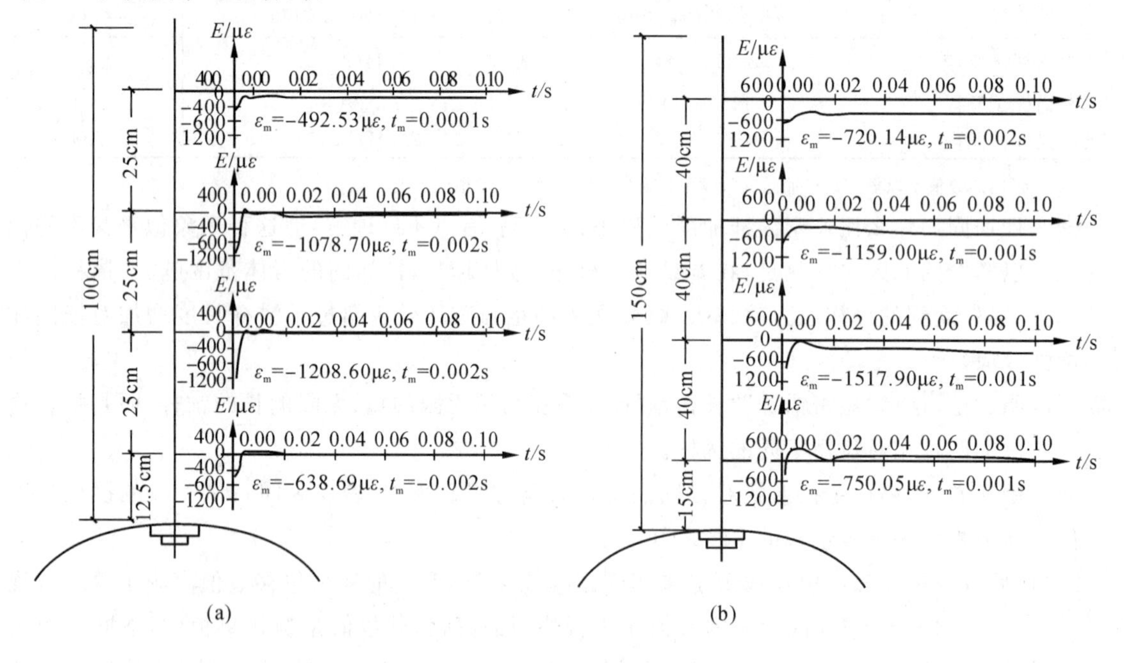

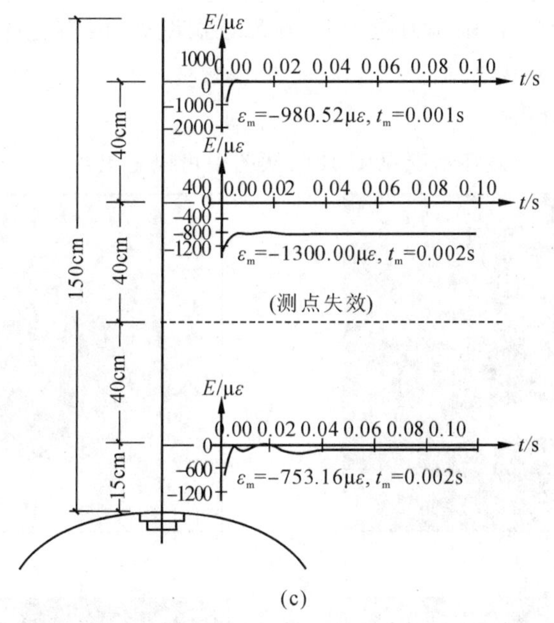

(c)

图 10 各试验段爆心下拱顶锚杆轴应变随时间变化特征

(a)短密锚杆试验段;(b)长密锚杆试验段;(c)常规锚杆试验段

(1)各段爆心下拱顶锚杆轴应变随时间变化特征基本相同,在开始阶段都有一个应变峰值,然后应变数值逐渐减小,有的减小到零,有的产生一个较小的残余应变。应变峰值到达时间均为 2.0ms 左右。峰值作用时间约为 4~5ms。但不同试验段,不同部位上的锚杆,应变峰值大小不同,所对应的时间也不完全相同。这反映出洞周锚杆的受力有先有后,有大有小,整个受力是一个过程。

(2)从洞周锚杆峰值应变分布来看,各段都是拱部锚杆(尤其是拱顶锚杆)轴应变值最大,边墙部位的较小,这反映了拱顶上方爆炸洞室的受力特点。从峰值应变数值上看,短密锚杆加固的最小,长密锚杆加固和常规锚杆加固的都较大,这再一次表明,在本次试验中,短密锚杆加固洞室抗力较高。

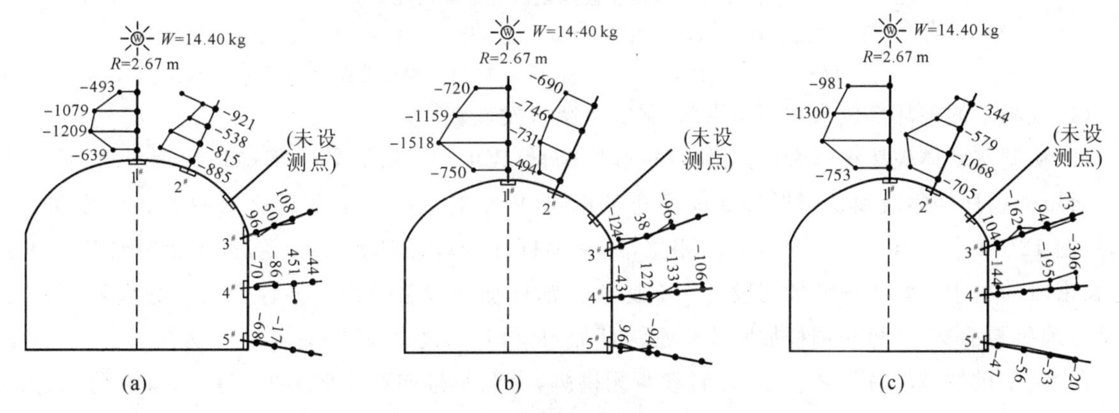

图 11 洞周各锚杆峰值轴应变分布特征

(a)短密锚杆试验段;(b)长密锚杆试验段;(c)常规锚杆试验段

(3)从拱部锚杆峰值应变性质看,各段锚杆峰值应变都受压,这与通常情况下拱部锚杆主要承担洞壁反射拉伸波的作用是不一致的。这种现象的产生可能与本次试验爆心离洞壁较近,径向距离2.67m(0.89D,D 为洞室跨度),比例距离 1.10,爆炸对洞室拱部产生了严重的地层直接冲击运动有关。

(4)拱顶锚杆峰值压力分布规律相同,各段都是两头小、中间靠下部较大,峰值分布曲线类似于压杆弯曲形状。这种现象的产生,可能是因为杆体周围的剪应力对杆体轴应力的影响与剪应力的积分大小有关,锚杆外端附近(靠近爆心处)因剪应力积分较小,造成其轴应力也较小;离锚杆外端越远，剪应力积分值越大，因而杆体轴应力越大，但在靠近洞壁处，因临近自由面，杆体周围剪应力减小，因而锚杆的轴应力也相应减小。

3.2.3　洞室宏观破坏特征

爆炸后各试验段洞室宏观破坏情况见图 12。从图中可以看出：

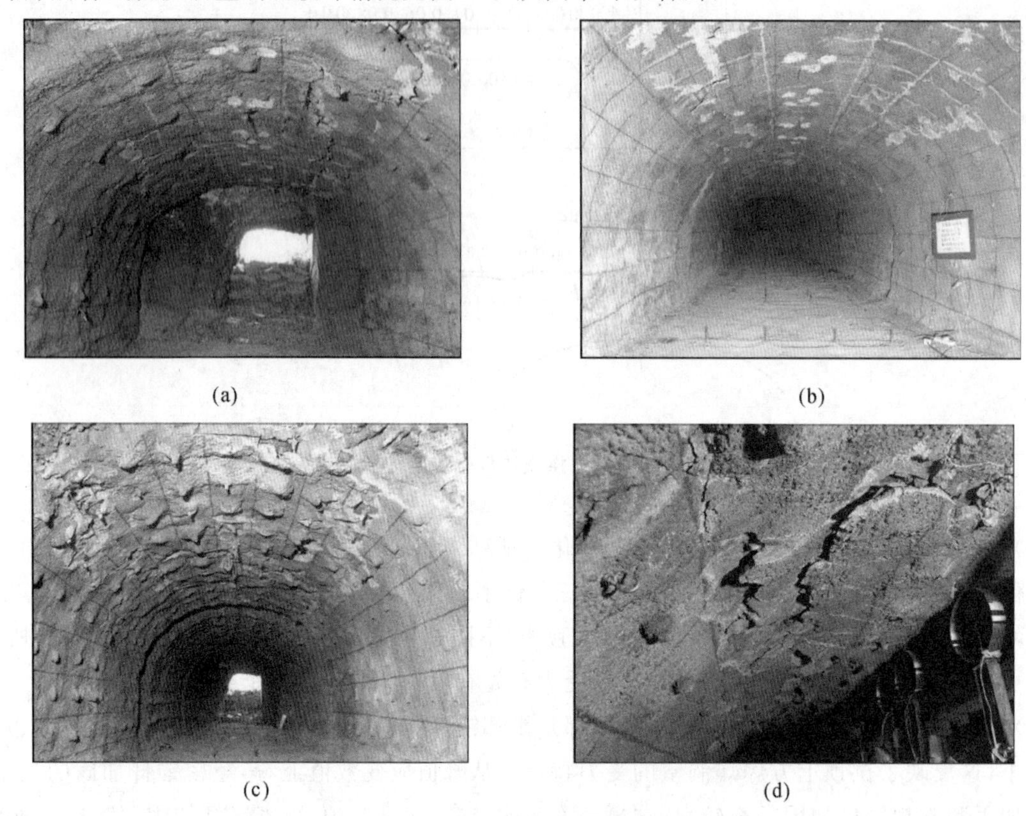

(a)　　(b)　　(c)　　(d)

图 12　各试验段洞室宏观破坏情况

(a)常规锚杆试验段(W=14.4kg)；(b)短密锚杆试验段(W=20.0kg)；
(c)长密锚杆试验段(W=20.0kg)；(d)拱脚上方喷层错动裂缝

(1)各洞室的破坏部位只在洞室拱部，洞室边墙未发现破坏。

(2)从洞室整体破坏程度看，常规锚杆试验段药量(W=14.4kg)虽小，但破坏程度最重，见图 12(a)，而短密锚杆加固段和长密锚杆加固段药量相同(W=20.0kg)，但前者比后者破坏程度明显较轻，见图 12(b)、图 12(c)。三个试验段相比，短密锚杆加固段破坏程度最轻，常规锚杆加固段的最重，长密段的居中。短密锚杆加固段为什么比长密锚杆加固段破坏程度还轻有点不好理解，初步认为这一现象与前文中“短密锚杆加固比长密锚杆加固位移小、抗力高”的原因是一致的。

(3)洞室拱部破坏特征之一是：在洞室两侧拱脚，沿洞室轴向产生明显的剪切错动裂缝，放大形态见图 12(d)。这种剪切破坏形态的产生是因爆炸引起整个拱部岩体产生整体下沉，下沉的拱部岩体受到两侧边墙岩体的支撑作用，使二者之间变形不协调，产生剪切裂缝。

(4)洞室拱部破坏另一特征是：在洞室拱部爆心下，有多根锚杆外端和垫板处混凝土喷层局部震落或开裂，见图 13。这种破坏现象是以往喷锚支护洞室抗爆试验所没见到的。产生这种破坏现象的原因，可能与这次试验爆心离锚杆内端较近(拱顶锚杆内端距爆心仅为 1.27～1.67m)，爆炸对锚杆内端产生了较大的直接冲击压力，地层强度又较低，周围岩体对锚杆的约束力较小，使杆体产生整体运动，对锚杆外端和垫板处的混凝土喷层产生了较大的冲击震塌作用有关。

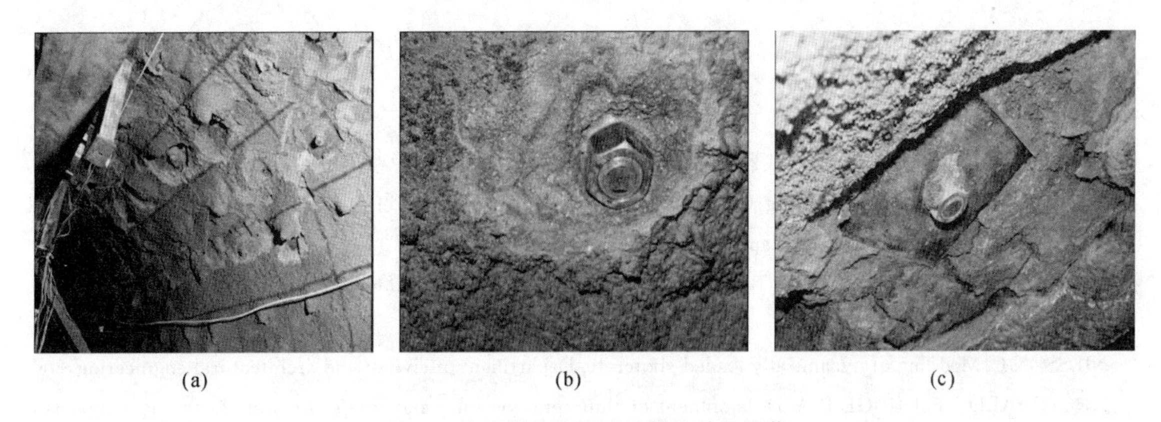

图 13　多根锚杆外端或垫板处喷层震落

(a)拱部锚杆处喷层震落；(b)锚杆外端喷层震落；(c)锚杆垫板处喷层震落

4　结论

通过前面对锚固洞室抗爆能力的室内、外研究，可以得出如下几点结论：

(1)常规锚固洞室的抗爆能力是偏低的，要想大幅度地提高锚固洞室抗力，必须采取超常的锚固方式，其中最重要的一点就是，锚杆间距是控制锚固洞室抗爆能力的关键参数，要想大幅度地提高锚固洞室的抗力只增加锚杆长度不行，必须使锚杆间距减小到一定程度(一般情况下，要小到30～50cm)，锚杆长度不起主要控制作用。

(2)平面装药与集中装药条件下锚固洞室的破坏形态上有明显区别，平面装药在拱脚部位几乎没有产生较大的剪切裂缝，只在拱部有岩块脱落；集中装药会使锚固洞室两侧拱脚上方介质内产生斜向裂缝，但在拱部未见岩块脱落，这说明爆炸方式对锚固洞室的破坏形态特征有重要影响。

(3)在本试验条件下，全长黏结式锚杆对洞室的加固效果比自由式锚杆的加固效果好，因而在抗爆工程中应该采用全长黏结式锚杆加固，不宜采用自由式锚杆加固。

(4)拱脚局部加长的密锚杆加固洞室可以阻断拱脚部位围岩裂缝的发展或使围岩裂缝发生在加长锚杆的外端部位，这种锚固方案还可明显减轻围岩断裂缝的开裂程度，因而它可使锚固洞室抗力获得一定提高。

(5)装药位置对洞室破坏形态有较大影响，边墙侧爆破坏程度最重，拱部顶爆破坏程度较重，1/4拱部侧爆破坏程度最轻。

(6)在现场试验条件下，短密锚杆加固洞室与长密锚杆加固洞室和常规锚杆加固洞室相比，拱顶位移小，围岩裂缝少，短密锚杆加固洞室抗力最高，长密锚杆加固洞室抗力次之，常规锚杆加固洞室抗力最小。

(7)在现场试验条件下，垫板形式对锚固洞室抗力有显著影响，碗状垫板比平板垫板加固效果好。

(8)在现场试验条件下，当锚杆内端离爆心较近时，杆体会受到爆炸压力的直接冲击作用，造成锚杆垫板外混凝土喷层震落，在锚固洞室抗爆试验中首次发现这种现象，对工程设计具有重要的启示作用。

参考文献

[1] 李晓军,张殿臣,李清现,等.常规武器破坏效应与工程防护技术.洛阳:总参工程兵科研三所,2001.

[2] U. S. Naval Facilities Engineering Command. Structures to resist the effects of accidental explosions(TM5-1300). NAVFAC P-397 Design Manual, Alexandria, VA, 1991.

[3] JOACHIM C E, BORBOLLA G S. Brick model tests of shallow underground magazines. Army Engineer Waterways Experiment Station, 1992.

[4] NILSSON C. Modeling of dynamically loaded shotcrete. Department of civil of and architectural engineering, 2009.

[5] ARCHIBALD J F, DIRIGE P A. Development of thin spray-on liner and composite superliner area supports for damage mitigation in blast and rock burst-induced rock failure events . Department of Mining Engineering, Queen's University, Canada, 2006.

[6] STACEY T R, ORTLEPP W D, KIRSTEN H A D. Energy-absorbing capacity of reinforced shotcrete with reference to the containment of rockburst damage . The Journal of The South African Institute of Mining and Metallurgy, 1995.

[7] JOUGHIN W C, HUMAN J L, TERBRUGGE P J. Underground verification of the large deflection performance of fiber reinforced shotcrete subjected to high stresses and convergence and to dynamic loading. Safety in mines research advisory committee final project report, 2002.

[8] MALMGREN L. Interaction between shotcrete and rock experimental and numerical study[R]. Department of Civil and Environmental Engineering, Sweden, 2005.

[9] 杨苏杭,梁斌,顾金才,等.锚固洞室抗爆模型试验锚索预应力变化特性研究.岩石力学与工程学报,2006,25(2):3749-3756.

[10] 沈俊,顾金才,陈安敏,等.岩土工程抗爆结构模型试验装置研制及应用.地下空间与工程学报,2007,3(6):1077-1080.

锚固洞室模型与原型抗爆试验结果对比

张向阳　顾金才　沈　俊　徐景茂　陈安敏　明治清

内容提要：通过对比室内模型和现场试验结果，研究了锚固洞室在相近爆炸比例距离下的动态反应，其中包括：洞壁位移、锚杆应变及洞室破坏形态等。测试结果对比表明：拱顶位移峰值与对应洞室跨度的比值相差不大，原型洞室拱顶位移与模型洞室拱顶位移之比与原型洞室和模型洞室跨度之比最接近，并稍小于原型洞室和模型洞室跨度之比；由于现场岩体整体性较差，锚杆受力大，因此现场试验短密段中拱顶锚杆应变峰值比模型试验正拱顶锚杆对应点的应变峰值稍大；模型试验中，模型材料材性均匀，基本上是均质体，整体性要好于现场试验条件，拱顶加速度稍大于现场洞室拱顶加速度；现场洞室和模型洞室在拱脚上方沿洞室轴向产生的剪切错动裂缝的试验结果是一致的。由于试验条件的不同，造成了模型试验中测得的洞壁位移峰值、锚杆应变峰值、加速度峰值与现场试验中测得的对应峰值不尽相同，但是其趋势及规律性基本相同，反映了在顶爆条件下洞室及锚杆的真实受力状态，相对于现场试验条件的不可控性和高昂费用，采用模型试验的方法进行机理性研究是可行的，试验结果是可信的。

1　引言

随着常规武器的快速发展，国内外对常规武器爆炸作用下的防护工程破坏及防护技术进行了广泛研究。鉴于爆炸破坏效应的复杂性，大多数学者采用试验研究的手段。尽管原型现场试验比较直接，可信度高，但是由于现场干扰因素众多、费用昂贵、可重复性差等原因，目前国内外广泛开展的是缩尺爆炸试验研究[1-4]。但对于应用性较强的研究成果，需采用现场试验的方法对模型试验成果进行检验，以证明模型试验技术的可行性和成果的可信性、科学性和合理性。

在进行地下洞库动荷段围岩加固技术研究中，我们对不同锚杆支护洞室的抗爆能力进行了大量的模型试验研究，并进行了一次大规模的现场化爆试验。本文从拱顶位移、拱顶锚杆应变、拱顶加速度、洞室破坏形态等四个方面，对现场试验结果和模型试验结果进行了对比。

2　试验条件

2.1　模型试验条件

2.1.1　模拟岩体

模型试验所模拟的是跨度为3.0m的直墙拱形洞室，洞室围岩按Ⅲ级中等强度岩体考虑。模型试验按Froude相似系数[5]进行设计，其中几何比尺 $K_L=0.2$，密度比尺 $K_\rho=0.7$，应力比尺 $K_\sigma=K_L\cdot K_\rho=0.14$，选用配比为砂∶水泥∶水∶速凝剂＝15∶1∶16∶0.0166(质量比)的水泥砂浆作为模拟岩体，Ⅲ级围岩及模型材料的物理力学参数见表1。

刊于《防护工程》2012年第1期。

表 1　Ⅲ类围岩及模型材料物理力学参数

力学参数	ρ/(kg/m^3)	E/GPa	ν	R_c/MPa	R_t/MPa
Ⅲ类岩体	2450～2650	6～20	0.25～0.3	15～30	0.83～1.4
要求模型材料	1715～1855	0.84～2.8	0.25～0.3	2.1～4.2	0.12～0.2
实际模型材料	1797	1.83	0.16	1.83	0.18

模型材料抗压强度与抗拉强度之比为 10.17，属于脆性材料[6]，其宏观特性与原型岩体材料宏观特性相同。

2.1.2　模拟锚杆

在实际工程中，洞室围岩加固一般采用直径为 $\phi20\sim\phi25$ 的Ⅱ级螺纹钢筋作为锚杆杆体材料，其弹性模量 $E=210\text{GPa}$，抗拉强度极限 $\sigma_b=350\text{MPa}$；选用配比为水泥：砂：水＝2：1：0.8 的水泥砂浆作为注浆材料，其弹性模量 $E=15\text{GPa}$，抗压强度 $R_c=40\text{MPa}$，泊松比为 0.13，锚杆孔孔径为 50mm 左右。

按照原型试验与模型试验锚杆抗拉力相似的原则来选取锚杆。

原型试验锚杆抗拉力 $f_p=\sigma_p\cdot A_p$。

模型试验锚杆轴向抗拉力 $f_m=\sigma_m\cdot A_m$。

原型锚杆和模拟锚杆抗拉力相似条件：

$$\frac{f_m}{f_p}=K_p=K_\sigma\cdot K_L^2=0.14\times0.2^2=5.6\times10^{-3}。$$

当选取弹性模量 $E_{铝丝}=50\text{GPa}$，抗拉强度 $\sigma_{铝丝}=120\text{MPa}$ 的软铝丝作为模拟锚杆材料时，其面积大小为

$$A_m=K_p\cdot A_p\times\frac{\sigma_p}{\sigma_m}=5.6\times10^{-3}\times3.14\times11^2\times\frac{350}{120}=6.21\text{mm}^2。$$

模拟锚杆的直径为 2.8mm。经过选取，采用 $\phi1.84$ 铝丝作为锚杆模拟材料。其内锚固段制成枣核形。锚杆孔孔径约 6mm。注浆体选用石膏浆，其配比为石膏：水：柠檬酸＝1：0.65：0.003，石膏浆注浆体的物理力学参数见表 2。

表 2　石膏浆注浆体物理力学参数

R_c/MPa	R_t/MPa	E/GPa	ν	c/MPa	φ/(°)
3.80	0.34	2.58	0.21	0.87	35

锚杆头部安装 2mm 厚的薄铝板作为垫墩材料。

本次模型试验的主要目的是对围岩变形及锚杆受力特点进行研究，而不是对洞室围岩及锚杆进行破坏性试验研究。在一定荷载作用下，只要模拟的岩体不产生大的破坏，对于线弹性较好的铝丝和其周围的注浆体，其变形规律及周围岩体在其约束下的变形规律不会因模拟材料参数不完全符合相似要求而发生大的改变。

2.1.3　锚杆布置

在进行不同锚固方式加固洞室抗爆模型试验研究中，普通锚杆加固洞室 M_{16} 的洞室跨度为 60cm，高 42cm，锚杆间距为 4cm，长度为 18cm，见图 1。

模型试验在“岩土工程抗爆结构模型试验装置”上进行。

为了在同等条件下比较采用不同锚固方式加固洞室的抗爆能力，在一块模型体内沿 2.4m 长方向布置了 3 个不同加固措施的试验段，每个试验段的长度为 0.4m。其中普通锚杆加固洞室(M_{16})布

置在正中间，锚杆根部加强措施加固洞室(M_{17})布置在其左侧，锚杆根部削弱措施加固洞室(M_{18})布置在 M_{16} 试验段的右侧。TNT 药包埋放于每个试验段中间部位的正上方，为了避免相邻试验段的相互影响，在每相邻试验段之间设置了隔离区(长度 0.4m)，开挖的洞室沿 2.4m 方向通长分布，隔离区内的洞室段不采取任何加固措施。试验段布置见图 2。因篇幅限制，本文仅对采用图 1 加固措施洞室(M_{16})试验段的试验结果进行分析。

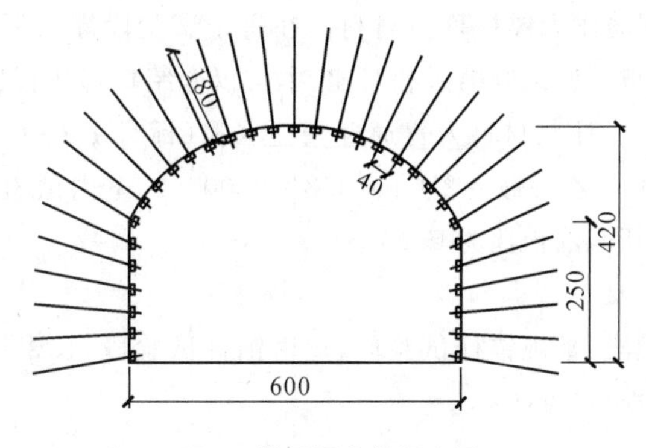

图 1　模拟洞室锚杆布置

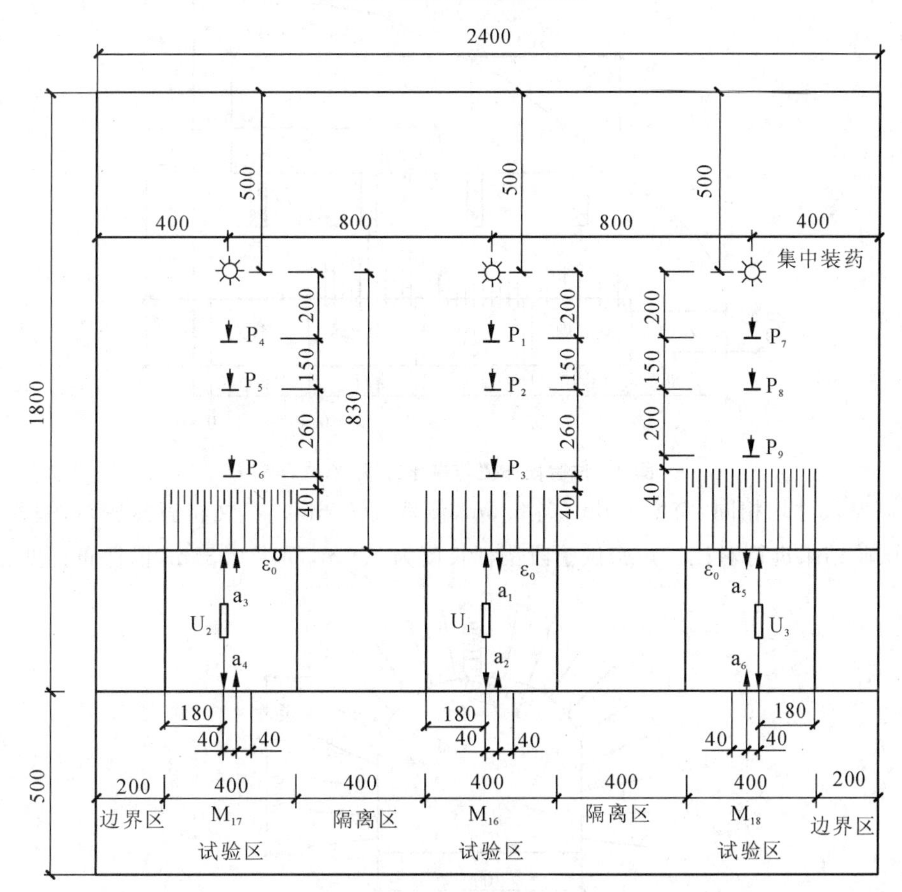

图 2　试验段布置

2.2　现场试验条件

2.2.1　岩体条件

试验场地位于洛阳市某山区。试验洞室是对原废弃矿洞扩挖而成，原矿洞表面风化严重。岩性为燕山期第二次侵入的粗粒花岗岩体，场区岩体比较破碎，裂隙发育，但岩体内不含大的断层，比较均匀，裂隙内含泥量不大，局部地方含硬度高的岩块，该岩块所含矿物质呈黑色，斑点状分布。现场实测纵波速度为2300m/s，岩样抗压强度 $R_c=121.8\text{MPa}$，弹性模量 $E=33.7\text{GPa}$，泊松比 $\nu=0.2$，密度 $\rho=2705\text{kg/m}^3$。

2.2.2 锚杆

采用 $\phi25$ 的Ⅱ级螺纹钢筋作为锚杆杆体材料。在每个试验段爆点下方两侧的锚杆头部分别安装板形垫板和碗形垫板，为与模型试验结果相对比，本文仅介绍板形垫板试验段的测试内容。

锚杆孔径为50mm左右。注浆材料为普通硅酸盐水泥(标号P·O 32.5)、细砂、水、三乙醇胺，其配合比为水泥：砂：水：三乙醇胺=2：1：0.8：0.0005。室内试验测得注浆体的弹性模量为14.75GPa，抗压强度为40MPa，泊松比为0.13。

2.2.3 锚杆布置

这次试验共设4个试验段：常规锚杆试验段、短密锚杆试验段、长密锚杆试验段和网喷试验段。各段均设喷网支护。试验段布置见图3。

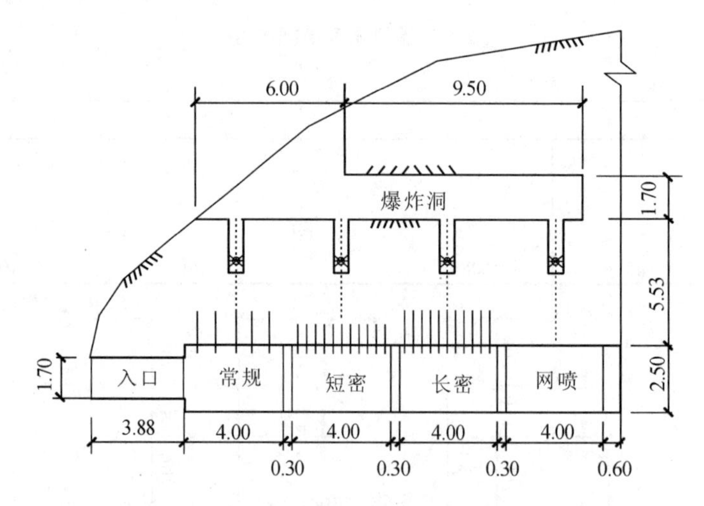

图3 试验段布置与爆炸方案(单位：m)

试验段洞室尺寸均相同：跨度3.0m，高2.5m，侧墙高1.6m。本文将就短密试验段的试验结果与 M_{16} 模型试验结果进行对比。短密试验段锚杆长度为1.0m，间距0.35m，锚杆布置见图4。

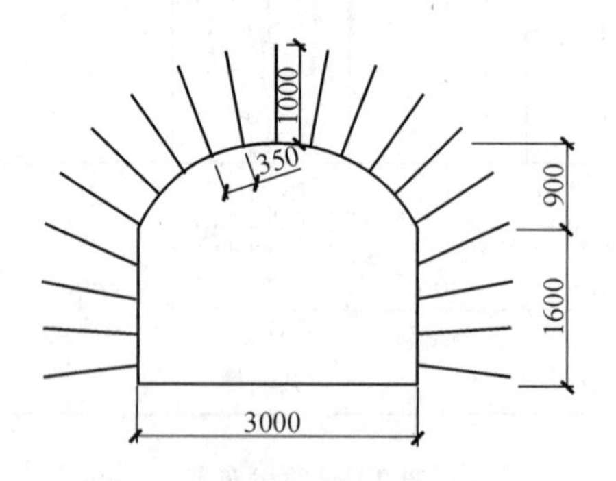

图4 现场试验短密段锚杆布置

2.3 模型试验与现场试验之间的相似关系

2.3.1 几何相似条件

模拟洞室的跨度为600mm，高度为420mm；现场试验洞室的跨度为3000mm，高度为2500mm。

模拟洞室与现场试验洞室尺寸确定的几何相似系数是：$K_L=0.2$。

2.3.2 应力相似条件

现场岩体的弹性模量为33.7GPa，模型试验中模拟材料的弹性模量为1.83GPa。岩体弹性模量确定的应力相似系数为：$K_\sigma=0.05$。在现场试验中，岩体的弹性模量是通过岩块抗压试验测得的，岩块的强度较高，因此，确定的应力相似系数较小。

2.3.3 边界相似条件

现场试验中，炸弹是在半无限空间内爆炸的，洞室围岩在理论上是没有边界的，爆炸应力波在岩体内是一直向外传播，不存在反射问题。模型试验中，采用的抗爆试验装置人为地为模型体提供了一个边界条件，由于在该装置的箱壁上采用了消波措施，较大幅度削减了爆炸应力波在边界上的反射强度，并能使爆炸应力波透射出去，接近于无限边界条件[7]，最大限度地保证了模型试验与现场试验的边界相似。

3 对比结果

3.1 爆点下拱顶位移对比

在M_{16}模型体上共进行了4炮试验，见表3。

表3 M_{16}各炮次药量及埋深情况

炮次	药量/kg	埋深/m	距拱顶距离/m	爆点距拱顶比例距离/(m/kg$^{1/3}$)
第1炮	0.025	0.5	0.83	2.839
第2炮	0.039	0.58	0.75	2.216
第3炮	0.065	0.69	0.64	1.592
第4炮	0.118	0.84	0.49	0.999

短密锚杆试验段共进行了6炮试验，见表4。

表4 短密锚杆试验段各炮次药量及埋深情况

炮次	药量/kg	埋深/m	距拱顶距离/m	爆点距拱顶比例距离/(m/kg$^{1/3}$)
第1炮	0.4	0.527	5.0	6.786
第2炮	0.8	0.89	4.11	4.4272
第3炮	2.4	1.28	3.72	2.778
第4炮	7.2	1.85	3.15	1.631
第5炮	14.4	2.33	2.67	1.097
第6炮	20.0	2.60	2.40	0.884

选取比例距离相近的炮次试验结果进行对比，见表5。

表 5 拱顶位移对比

对比试验段	炮次	比例距离	拱顶位移峰值/mm	峰值到达时刻/ms	拱顶位移峰值比值($U_{现场}/U_{模型}$)
M_{16}	1	2.839	0.13	4.8	3.5
短密段	3	2.778	0.45	34.24	
M_{16}	3	1.592	1.23	−15.52	4.2
短密段	4	1.631	5.22	35.52	
M_{16}	4	0.999	4.15	5.28	3.7
短密段	5	1.097	15.2	39.36	

拱顶典型位移曲线见图 5。

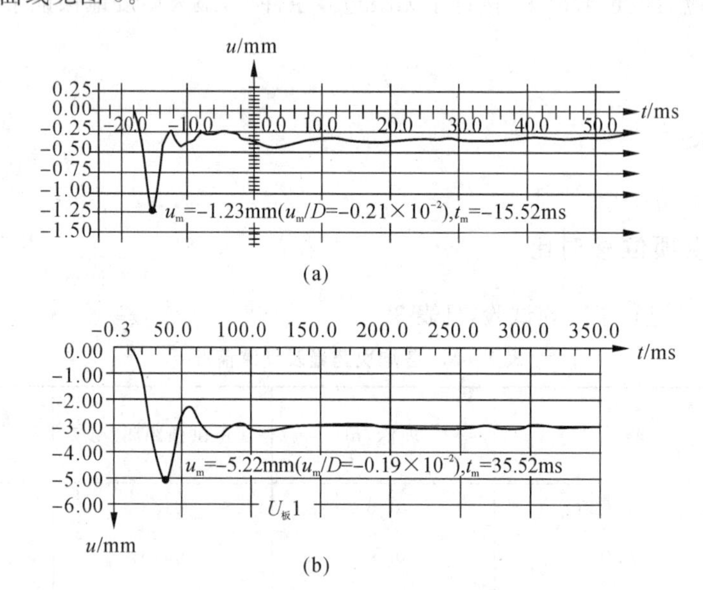

图 5 模型试验和现场试验拱顶典型位移曲线

(a)M_{16}比例距离为 1.1592 时的拱顶位移曲线;(b)短密试验段比例距离为 1.631 时的拱顶位移曲线

从图 5 位移曲线上可以看到:

(1)各位移波形规律性很好:都有一个向下的最大位移峰值和一个较小的向回弹跳的较小位移峰值,然后是残余位移;随着爆点距拱顶比例距离的减小,位移峰值明显增大。

(2)由于爆点距拱顶距离不同,模型材料与现场试验中岩体的弹性模量等物理力学参数不同,因此,模型试验中拱顶位移峰值到达时刻及持续时间与现场试验中拱顶位移峰值到达时刻及持续时间不同,两者之间不具备可比性。

(3)当模型试验与现场试验爆点距拱顶比例距离相近时,两者拱顶位移峰值与对应洞室跨度的比值也基本相等。如在 M_{16} 中,当比例距离为 2.839 时,其 $u_m/D=0.02\times10^{-2}$,在现场试验中,当比例距离为 2.778 时,$u_m/D=0.02\times10^{-2}$;在 M_{16} 中,当比例距离为 1.592 时,其 $u_m/D=0.21\times10^{-2}$,在现场试验中,当比例距离为 1.631 时,$u_m/D=0.19\times10^{-2}$;在 M_{16} 中,当比例距离为 0.999 时,其 $u_m/D=0.69\times10^{-2}$,在现场试验中,当比例距离为 1.097 时,$u_m/D=0.56\times10^{-2}$。

(4)现场试验测得的拱顶位移峰值与对应的比例距离相近的模型试验中测得的拱顶位移峰值的比值在 3.5~4.2 之间,稍小于现场试验洞室与模型试验洞室的跨度之比 5.0、高度之比 6.0、锚杆间距之比 8.8 和锚杆长度之比 5.6。这说明,在爆炸荷载作用下,当锚固参数确定下来后,原型洞室和模型洞室拱顶位移之比与原型洞室和模型洞室跨度之比最接近。

3.2 爆点下锚杆轴向应变对比

模型试验中，模型体 M_{16} 拱顶锚杆测点布置见图 6(a)；现场试验中，短密锚杆试验段拱顶锚杆测点布置见图 6(b)。

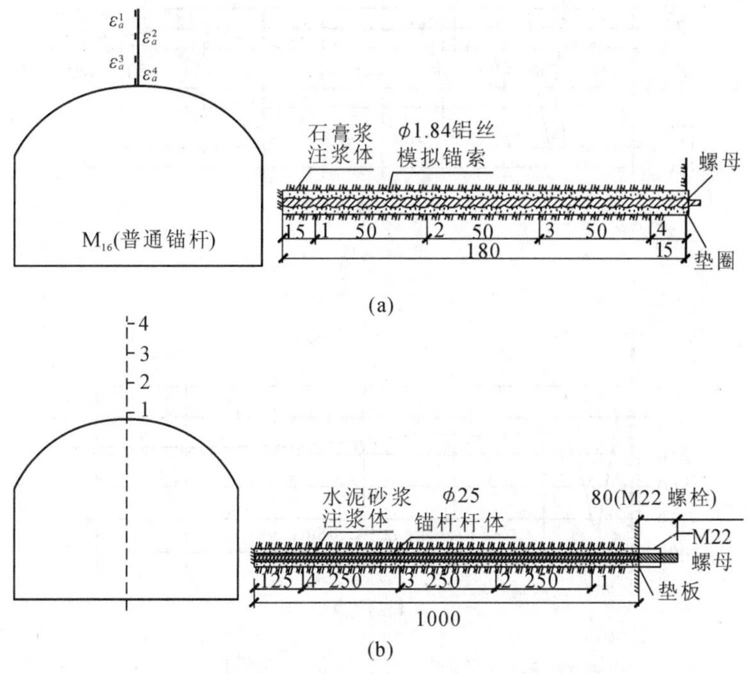

图 6 模型试验和现场试验拱顶锚杆测点布置

(a) M_{16} 模型体拱顶锚杆；(b) 现场试验短密段拱顶锚杆

选取 M_{16} 第 3 炮与短密段第 4 炮测得的正拱顶下方锚杆应变曲线进行对比，见图 7(M_{16} 4 号测点未测得)。

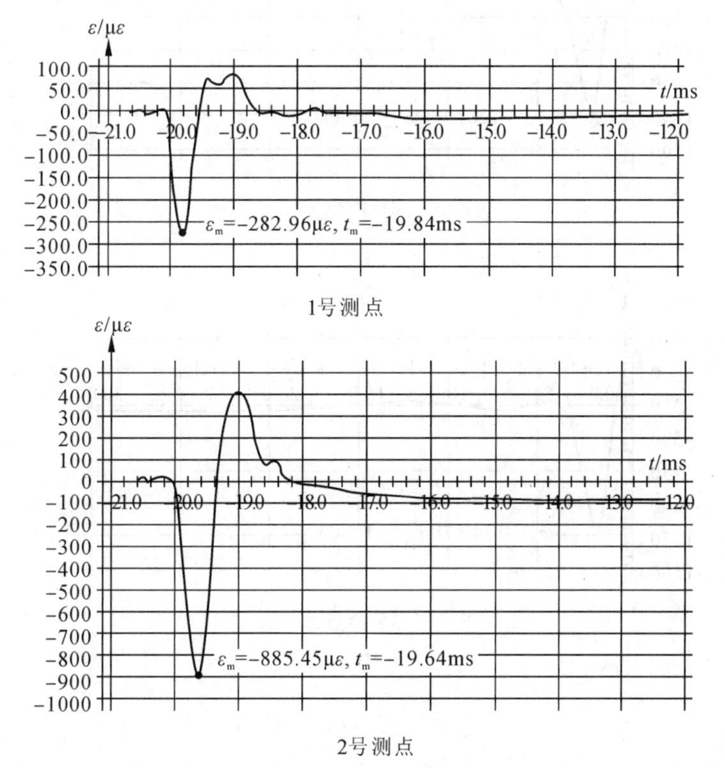

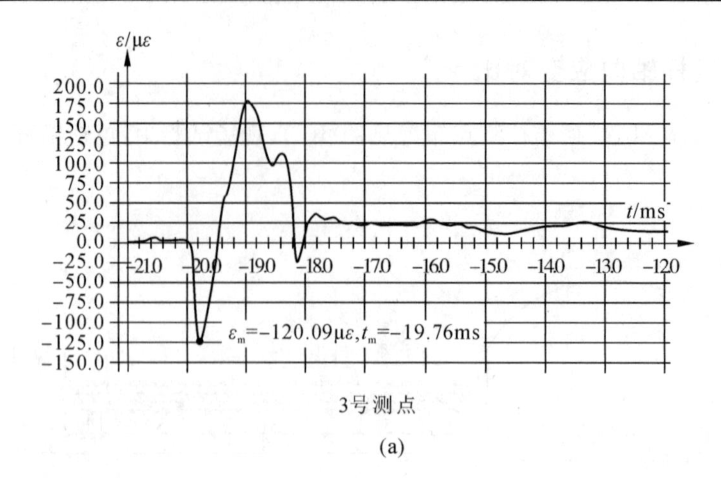

3号测点

(a)

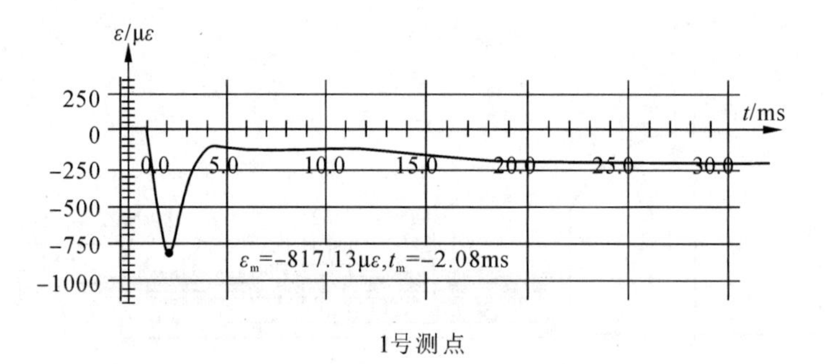

1号测点

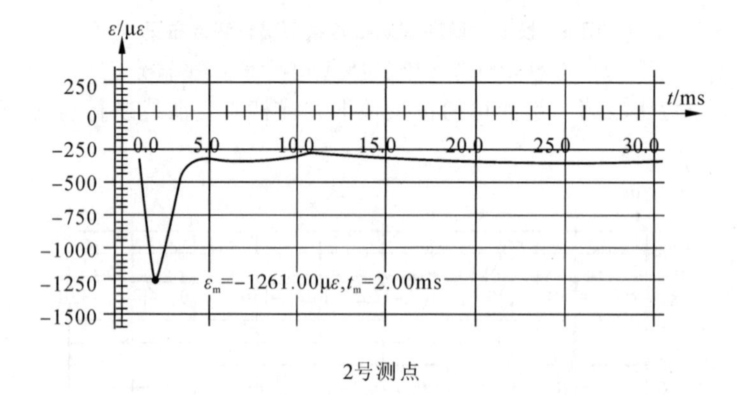

2号测点

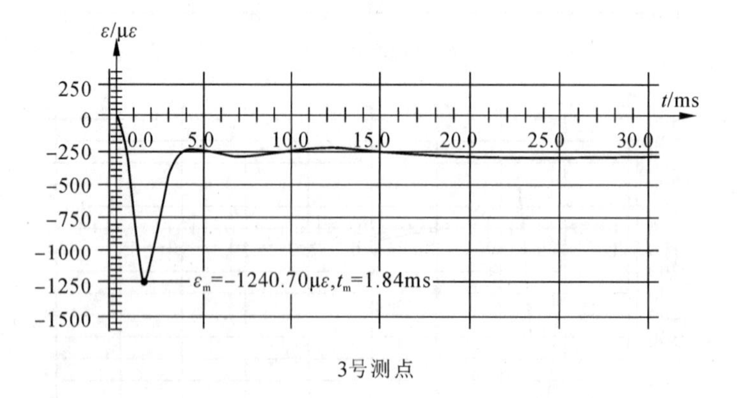

3号测点

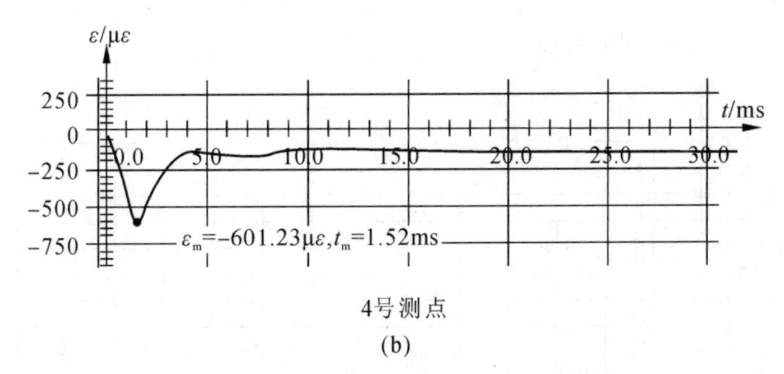

4号测点

(b)

图 7 模型试验与现场试验锚杆应变曲线对比

(a)M_{16}拱顶锚杆典型轴向应变曲线(距拱顶比例距离 1.592);(b)短密段正拱顶锚杆典型应变曲线(距拱顶比例距离 1.631)

从图 7 应变曲线上可以看到:

(1)各锚杆应变波形规律性很好:都有一个向下的最大应变峰值和一个向回弹跳的较小应变峰值,然后是残余应变。

(2)在室内模型试验中,模型体的整体性较好,爆炸压力波传至拱顶表面后反射形成的拉伸波会在岩体及锚杆体内传播,并且逐渐衰减,拉应变峰值逐渐减小;而在现场试验中,由于岩体条件较差,反射拉伸波很快被衰减掉,从而在锚杆应变曲线上没有体现出拉应变峰值。

(3)尽管在模型试验中,锚杆应变曲线显示在某一时刻受拉,但除锚杆头部点外(4 号点),其拉应变值远小于压应变峰值且杆体最终受压。这说明,在顶爆条件下无论是模型试验还是现场试验,正拱顶锚杆的受力状态都是以受压为主。

(4)锚杆的最大受压位置不是在锚杆头部,也不是在锚杆根部,而是在锚杆中间部位。如在模型试验中,最大受压点为 2 号测点位置;在现场试验中,最大受压点也为 2 号测点位置。

(5)整体上看,现场试验短密段中拱顶锚杆应变峰值比模型试验中拱顶锚杆对应点的应变峰值大。

锚杆杆体为弹性体,根据 $\sigma=E\cdot\varepsilon$ 可知,锚杆轴向应力与测得的轴向应变曲线及其规律相同,只是数值不同而已。

3.3 拱顶加速度对比

当炸药在正拱顶上方爆炸时,拱顶加速度最大,因此仅对两个试验段的拱顶加速度进行对比。选取 M_{16}第 3 炮与短密段第 4 炮测得的正拱顶下方加速度曲线进行对比,见图 8。图中加速度以拱顶向下运动为正。

从图 8 曲线可以看出:

(1)拱顶加速度波形规律性很好:都有一个向下的最大加速度峰值和一个向回弹跳的较小加速度峰值,然后迅速收敛,停止振动。

(2)模型试验中测得的向下加速度峰值和向上加速度峰值明显大于现场试验中测得的拱顶对应加速度峰值。一方面是由于在模型试验中爆点距拱顶的比例距离较小(1.592),而现场试验中爆点距拱顶的比例距离较大(1.631);另一方面是由于模型试验中模型材料材性均匀,基本上是均质体,整体性要好于现场试验条件。

(3)模型试验中拱顶加速度从向下运动峰值至向上运动峰值经历的时间为 0.6ms(19.68ms-19.08ms=0.6ms);现场试验中,拱顶加速度从向下运动峰值至向上运动峰值经历的时间为 1.44ms(4.8ms-3.36ms=1.44ms),两者时间比值为 $a=\frac{t_{原型}}{t_{模型}}=\frac{1.44}{0.6}=2.4$,与 Froude 相似条件要求的时间

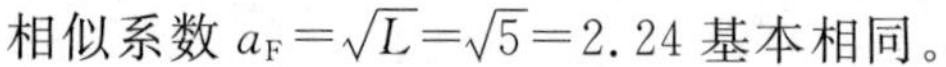
相似系数 $a_F=\sqrt{L}=\sqrt{5}=2.24$ 基本相同。

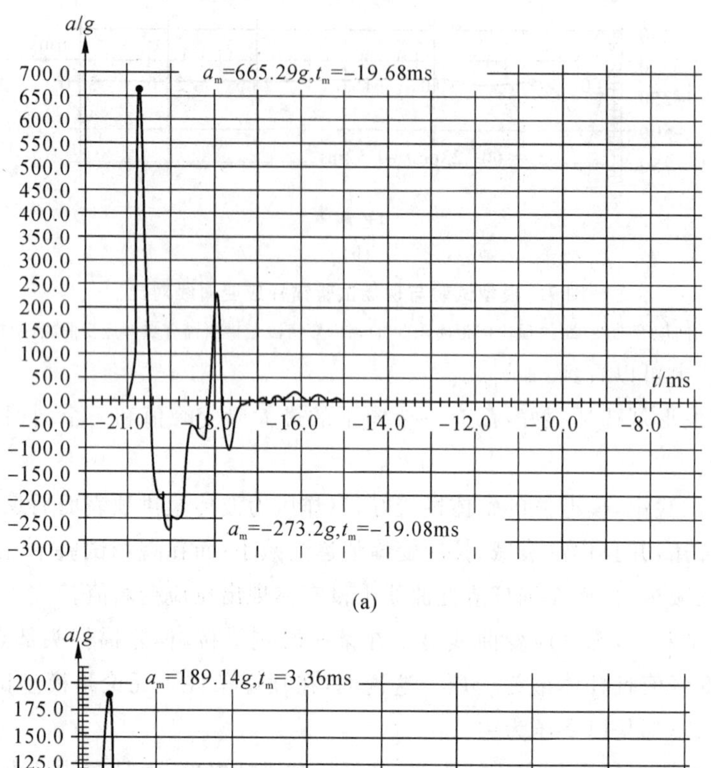

(a)

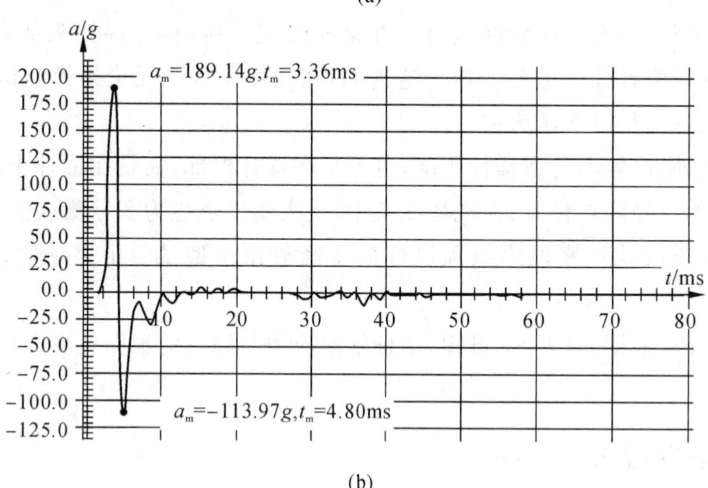

(b)

图 8　模型试验与现场试验洞壁加速度曲线对比

(a)M_{16}拱顶加速度曲线；(b)短密段拱顶加速度曲线

3.4　破坏形态对比

在模型试验中，当试验药量为 118g，埋深为 84cm，距离拱顶 49cm，爆点距拱顶的比例距离为1.0($R/W^{1/3}=0.49/0.118^{1/3}=1.0$)爆炸时，$M_{16}$锚固洞室拱顶产生裂缝，并伴有岩块掉落；拱脚附近产生裂缝，见图 9。

在现场试验中，当试验药量为 20kg，埋深为 2.6m，距离拱顶 2.4m，爆点距拱顶的比例距离为0.884($R/W^{1/3}=2.4/20^{1/3}=0.884$)爆炸时，短密锚杆锚固洞室的破坏情况见图 10。

从图 9 和图 10 中看到：

(1)无论是模型试验，还是现场试验，在顶爆条件下洞室的破坏部位仅在洞室拱部，洞室边墙基本完好。

(2)洞室拱部破坏基本上分布在爆心下方及洞室拱脚上方。爆心下方的破坏范围较大，破坏样式表现为多处混凝土喷层局部震落或开裂，而两侧拱脚上方的破坏形式则为沿洞室轴向产生明显的剪切错动裂缝。

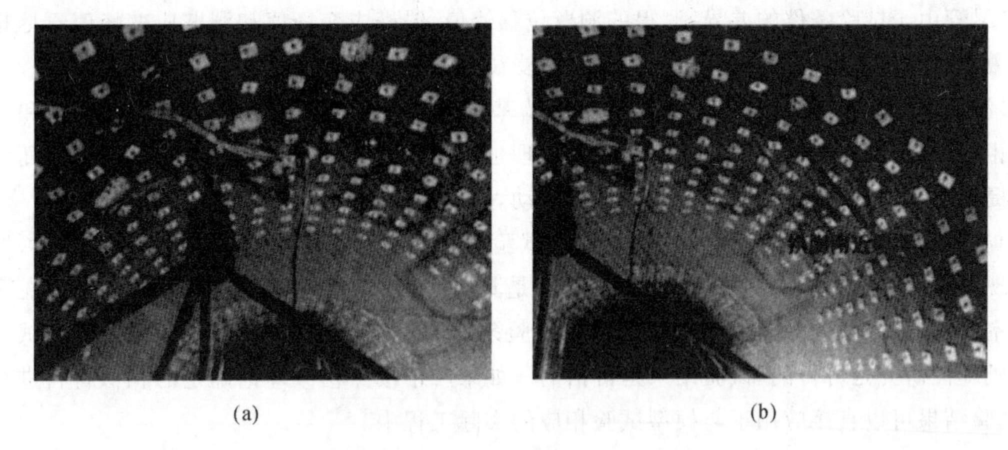

(a)　　　　(b)

图 9　M_{16} 模型洞室破坏($R/W^{1/3}=1.0$)

(a)正拱顶裂缝；(b)拱顶附近裂缝

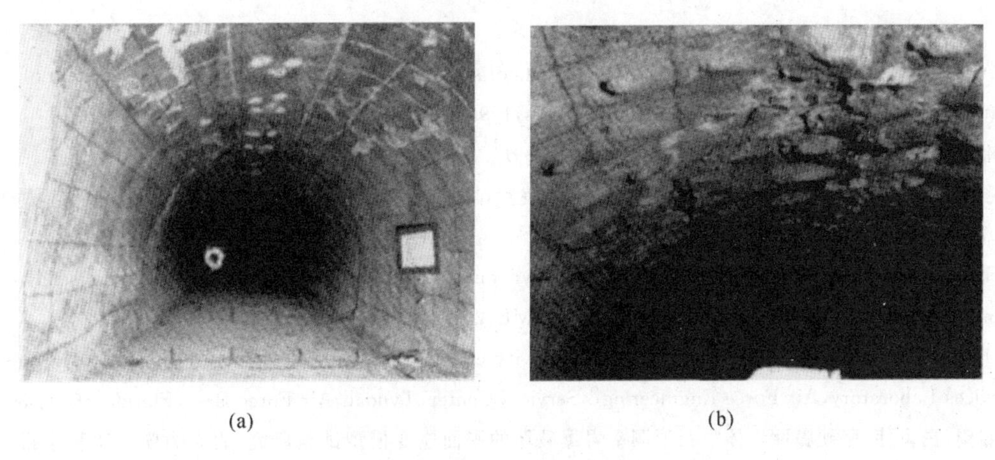

(a)　　　　(b)

图 10　短密段加固洞室破坏($R/W^{1/3}=0.884$)

(a)洞室破坏全景；(b)洞室拱顶破坏形态

(3)现场洞室和模型洞室在拱脚上方沿洞室轴向产生的剪切错动裂缝的试验结果是一致的。这是由于爆炸压力使洞室拱部下沉，而洞室两侧边墙提供了支撑约束，在二者之间必然引起剪切错动，形成剪切裂缝。

在模型试验中还测量了爆点下模拟岩体内的爆炸应力。由于在现场试验中没有测量岩体内的爆炸应力，无法进行对比。因此，此处不对模型试验测得的爆炸应力进行介绍。

4　结论

当试验炸药位于洞室正拱顶上方爆炸时，尽管模型试验和现场试验的洞室形状、炸药埋置情况、岩体条件等试验条件不尽相同，但通过比较模型试验和现场试验结果，可以发现如下规律：

(1)各位移波形都有一个向下的最大位移峰值和一个较小的向回弹跳的位移峰值，随着爆点距拱顶比例距离的减小，位移峰值明显增大。

(2)在顶爆条件下，正拱顶锚杆的受力状态以受压为主，且最大受压位置不是在锚杆头部，也不是在锚杆根部，而是在锚杆中间部位。

(3)在顶爆条件下，仅有正拱顶一小部分区域处于受拉状态且峰值较小，大部分区域处于受压状态，且拱脚部位压应变较大。

(4)尽管由于试验条件的差异，测得的洞壁位移峰值、锚杆应变峰值和洞壁应变峰值不尽相同或不完全遵守相似关系，但测得的洞壁加速度峰值受试验条件的影响最大。

(5)洞室的破坏部位仅在洞室拱部，洞室边墙基本完好。两拱脚上方的破坏裂缝位置和破坏程度基本相同，拱脚部位破坏最为严重。其破坏机理也相同：由于爆炸压力使洞室拱部下沉，而洞室两侧边墙提供了支撑约束，在二者之间引起剪切错动，从而在拱脚部位形成剪切裂缝。

(6)尽管由于试验条件的不同，造成了模型试验中测得的洞壁位移峰值、锚杆应变峰值、加速度峰值与现场试验中测得的对应峰值不尽相同，但是其曲线形状及规律性基本相同，反映了在顶爆条件下洞室及锚杆的真实受力状态，相对于现场试验条件的不可控性和高昂费用，采用模型试验的方法进行机理性研究是可行的，试验结果是可信的。如果严格按照相似理论确定的相似材料进行模型试验，试验结果可以直接应用于与模型试验相应的实际工程中。

参考文献

[1] JOACHIM C E,BORBOLLA G S. Brick model tests of shallow underground magazines. Department of the Army Waterways Experiment Station Corps of Engineers,1992.

[2] 周维恒.高等岩石力学.北京：水利电力出版社，1989.

[3] 张志刚，李庆，宫光明，等.室内大尺度爆炸试验装置结构设计及分析.解放军理工大学学报(自然科学版)，2007，8(5)：542-545.

[4] WEI Z,HE M Y,EVANS A G. Application of a dynamic constitutive law to multilayer metallic sandwich panels subject to impulsive loads. Transactions of the ASME,2007,24:636-644.

[5] ZAHRAH T F,MERKLE D H,AULD H E. Gravity effects in small-scale structural modeling. Engineering & Services Laboratory,Air Force Engineering& Services Center,Tyndall Air Force Base,Florida,1988: 3-10.

[6] 陈陆望，白世伟.坚硬脆性岩体中圆形洞室岩爆破坏的平面应变模型试验研究.岩石力学与工程学报，2007，26(12)：2504-2505.

[7] 沈俊，顾金才，张向阳.爆炸模型试验装置削波措施及应用.防护工程，2010，32(6)：1-6.

不同锚杆参数锚固洞室抗爆性能对比研究

张向阳　顾金才　沈俊　陈安敏　徐景茂　明治清

内容提要：通过现场对比试验和数值计算的方法，研究了3种不同锚固洞室在拱顶正上方爆炸荷载作用下的动态反应，其中包括洞壁位移特征、洞壁速度特征、拱顶围岩拉伸破坏形态，以及拱顶围岩剪切破坏形态等。结果表明：在相同的爆炸条件下，短密锚杆支护洞室的洞壁位移和洞壁速度均小于常规锚杆、常规加长锚杆支护洞室洞壁的对应值；短密锚杆支护洞室拱顶围岩拉伸破坏区和剪切破坏区最小，破坏程度最轻；在锚杆总长度保持不变的条件下，缩小锚杆间距比增加锚杆长度更能减小拱顶位移峰值和速度峰值以及拱顶岩体的拉伸破坏区和剪切破坏区，更能够显著增加其对洞室岩体的加固效果，提高其抗力。

1　引言

锚杆支护发展至今，其静载条件下的加固机理及技术已经得到比较透彻、完善的研究并应用于工程实际中。相比之下，对动载条件下锚杆支护的受力机理的研究还不很充分。实际上，随着工程建设大规模的开展，地下设施需要扩建或新建，就面临着现有地下工程因附近爆破施工而承受动载的问题；随着矿产资源需求的不断扩大，地下矿洞深度不断增大，岩爆现象屡见不鲜。为了解决上述动载条件下地下洞室的稳定问题，应对现有相关规范（如《铁路隧道设计规范》[1]，《公路隧道设计规范》[2]等）规定的锚杆参数的加固效果进行验证，并结合爆炸动载条件下地下洞室的破坏特征，对非常规锚杆支护锚固洞室的抗爆性能进行研究。为此，本文在现场试验的基础上结合数值计算的方法，对常规锚杆加固洞室、短密锚杆加固洞室、常规加长锚杆加固洞室的抗爆能力进行了对比试验研究。

2　试验设计

2.1　试验场地及岩体条件

试验洞室所在山体属中、低山侵蚀地貌特征，岩石受次级构造影响，构造裂隙发育，岩石比较破碎，岩性为燕山期第二次侵入的粗粒花岗岩体，岩体内不含大的断层和裂隙，岩体较为均匀，裂隙内含泥量不大，属于Ⅲ类岩体。现场试验测得岩体的纵波波速为2300m/s，岩样室内力学性能试验测得岩块抗压强度为121.8MPa，弹性模量为33.7GPa，泊松比为0.2，密度为2705kg/m^3。

2.2　试验段布置

全长为17.5m的试验坑道分为3个长度均为4.0m的锚杆加固试验区，将常规锚杆、短密锚杆、

刊于《防护工程》2012年第2期。

长密锚杆等不同加固方案布置在每个试验区内。试验洞室截面尺寸为:跨度 3.0m,高 2.5m,侧墙高 1.6m。所有试验段均挂网喷射混凝土(网格参数 ϕ6.5@180mm×180mm,喷层厚 7cm)。在每个试验段正中位置上方设置 1 个爆点,见图 1。

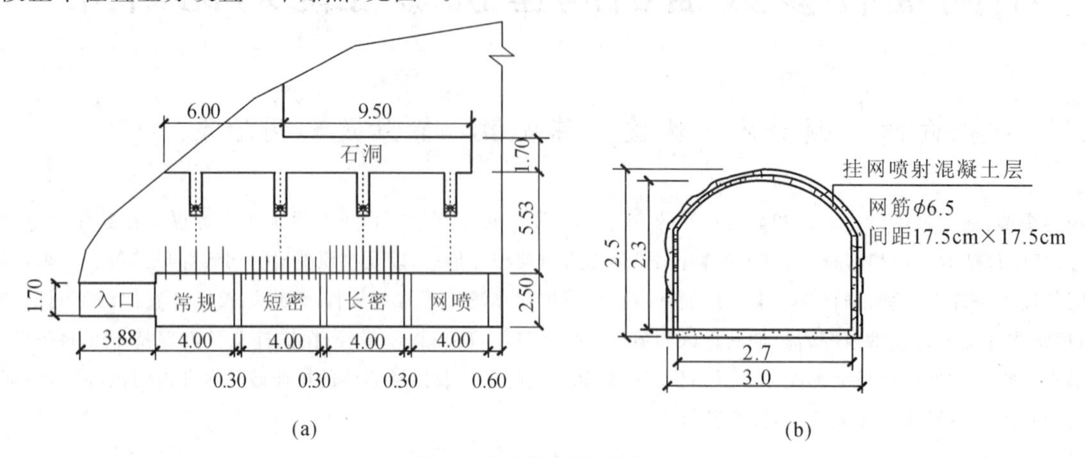

图 1　试验段布置(单位:m)

(a)纵剖面;(b)断面图

本次试验将常规锚杆加固试验段作为各试验段抗爆效果的比较标准。限于篇幅,本文仅对常规锚杆试验段、短密锚杆试验段的试验及计算结果进行分析对比,不对长密锚杆试验段和网喷试验段的试验内容及结果进行介绍。

此外,还制定了一个常规加长锚杆计算方案,目的是在总的锚杆长度相等的情况下,对加大锚杆长度和缩小锚杆间距加固洞室的抗爆效果进行对比。

2.3　锚杆参数

2.3.1　常规锚杆试验段锚杆长度及间距

在《铁路工程施工技术手册》[3]中,对于隧道内设置在非层状岩体内的锚杆长度要求:

$$L \geqslant \left(\frac{1}{2} \sim \frac{1}{4}\right) \cdot B$$

其中,B 为隧道跨度,并规定常用锚杆的长度为 1.4~1.8m;锚杆间距不宜大于其长度的 1/2,一般为 0.5~1.2m,并不得大于 1.25m。

对于本次试验洞室,$B=3.0$m,故需 $L \geqslant 0.75 \sim 1.5$m。

当洞室顶部按加固拱原理进行设计时,锚杆长度[4]为 $L=N \cdot (1+B/10)$。其中 N 为围岩影响系数,对于Ⅲ类围岩,取 1.1;B 为巷道跨度。

因此,本次试验 $L=1.1 \cdot (1+3/10)=1.43$m。

根据其他相关锚杆设计规范,得到的参数值基本上也在上述范围之内。本文中的常规锚杆加固即是指按照现有静载条件下锚杆的相关设计规范,确定锚杆锚固参数,对地下洞室进行的锚杆加固。

综合上述两种设计方法,本次现场试验常规试验段的锚杆参数为:长度 $L=1.5$m,间距 $a=0.7$m,见图 2(a)。

这样,在该试验段 1.0m 的轴线上布置的锚杆总长度为 $L_{常规总}=\dfrac{1.0\text{m}}{0.7\text{m}} \times (11 \times 1.5\text{m})=23.57$m。

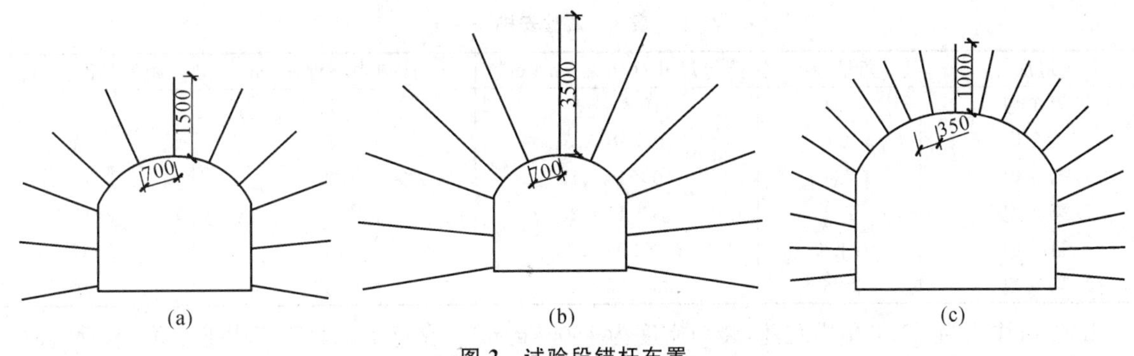

图 2　试验段锚杆布置

(a)常规试验段；(b)常规加长计算段；(c)短密试验段

2.3.2　短密锚杆试验段锚杆长度及间距

在室内进行的 1∶10 的室内模型化爆试验及相应的数值计算表明，减小锚杆间距可以明显提高洞室的抗爆效果；但当间距减小至 3cm 时，再减小其间距并不能显著提高抗爆效果。因此，在短密锚杆现场试验中，锚杆间距 $a=0.35\text{m}$，长度 $L=1.0\text{m}$，见图 2(c)。

这样，在该试验段 1.0m 的轴线上布置的锚杆总长度为 $L_{短密总}=\dfrac{1.0\text{m}}{0.35\text{m}}\times(19\times1.0\text{m})=54.29\text{m}$。

2.3.3　常规加长锚杆计算段锚杆长度及间距

锚杆间距 $a=0.7\text{m}$，长度 $L=3.5\text{m}$，见图 2(b)。

在该计算段 1.0m 的轴线上布置的锚杆总长度为 $L_{常规加长总}=\dfrac{1.0\text{m}}{0.7\text{m}}\times(11\times3.5\text{m})=55.0\text{m}$。

该值基本上与短密锚杆加固段的锚杆总长度相等，这样可以在锚杆总长度相等的条件下，以常规锚杆加固段为标准，在爆炸动载作用下针对锚杆长度、间距对洞室抗爆能力的影响进行研究。

2.3.4　注浆参数

注浆材料为普通硅酸盐水泥(标号 P·O 32.5)、细砂、水、三乙醇胺，其配合比为水泥∶砂∶水∶三乙醇胺=2∶1∶0.8∶0.0005。室内试验测得注浆体的弹性模量为 14.75GPa，抗压强度为 40MPa，泊松比为 0.13。

选用Ⅱ级 $\phi25$ 螺纹钢筋作为锚杆杆体材料。在每个试验段爆点正下方沿洞室轴线方向两侧锚杆头部垫板不同，一侧为板形垫板，另一侧为碗形垫板，尺寸均为 10mm×150mm×150mm，材料为 A3 钢；垫板中心均留 $\phi=30\text{mm}$ 的螺栓孔。碗形垫板碗口高 30mm。由于现有程序还不能够对碗形垫板的作用进行模拟，因此，只对板形垫板加固区的测试数据和计算数据进行对比。

2.3.5　炸药药量、爆距及其设置方法

在进行每一段正式试验前，进行一次药量为 0.4kg 的预备试验，用以检验测试系统的稳定性。在正式试验阶段，按照药量依次为 0.8kg、2.4kg、7.2kg、14.4kg、20kg，填塞深度依次为 0.89m、1.28m、1.85m、2.33m、2.60m 的条件进行试验。试验安排如表 1 所示。由于破坏严重，没有进行常规锚杆试验段第 6 炮试验。限于篇幅，本文仅对第 5 炮的试验结果及计算结果进行分析对比。

表 1　试验安排

炮次	药量/kg	药包尺寸/(cm×cm×cm)	药包中心埋深/m	距洞顶距离/m
第 1 炮	0.4	10×5×5	0.527	5.0
第 2 炮	0.8	10×10×5	0.89	4.11
第 3 炮	2.4	10×10×15	1.28	3.72
第 4 炮	7.2	15×15×20	1.85	3.15
第 5 炮	14.4	20×20×22.5	2.33	2.67
第 6 炮	20.0	25×25×20	2.60	2.40

试验用炸药为 TNT 集中装药，装药密度为 1600kg/m^3。在每个试验段正中上方位置，垂直向下用风铲铲出药孔，药块放置至孔底后用封孔材料（当地黄黏土）将钻孔封堵，其余空间用爆炸产生的碎石屑充填并夯实。

2.3.6　计算参数选取

在实际工程中，很少发生锚杆杆体从注浆体中拔出而失效的现象，因此本文将锚杆及其周围注浆体作为锚柱来进行处理[5]，应用 LS-DYNA 及 FLAC 等程序进行数值计算。由于计算中涉及到锚杆与注浆体，而注浆体与孔壁之间较多的力学参数在现场试验中没有进行量测，测得的岩块力学参数值较高，计算中如果作为岩体参数，其误差较大。因此，本文计算是以常规锚杆试验段测得的相关数据及宏观破坏现象为标准，不断调试计算参数，使其计算结果与常规试验段的试验结果能够拟合，然后采用该参数对常规加长计算段、短密试验段进行计算。

3　试验及计算结果

3.1　爆点下拱顶位移对比

试验及计算得到的常规试验段和短密试验段拱顶位移峰值见图 3～图 4。常规加长段拱顶位移曲线见图 5。图中曲线以拱顶向下位移为负。

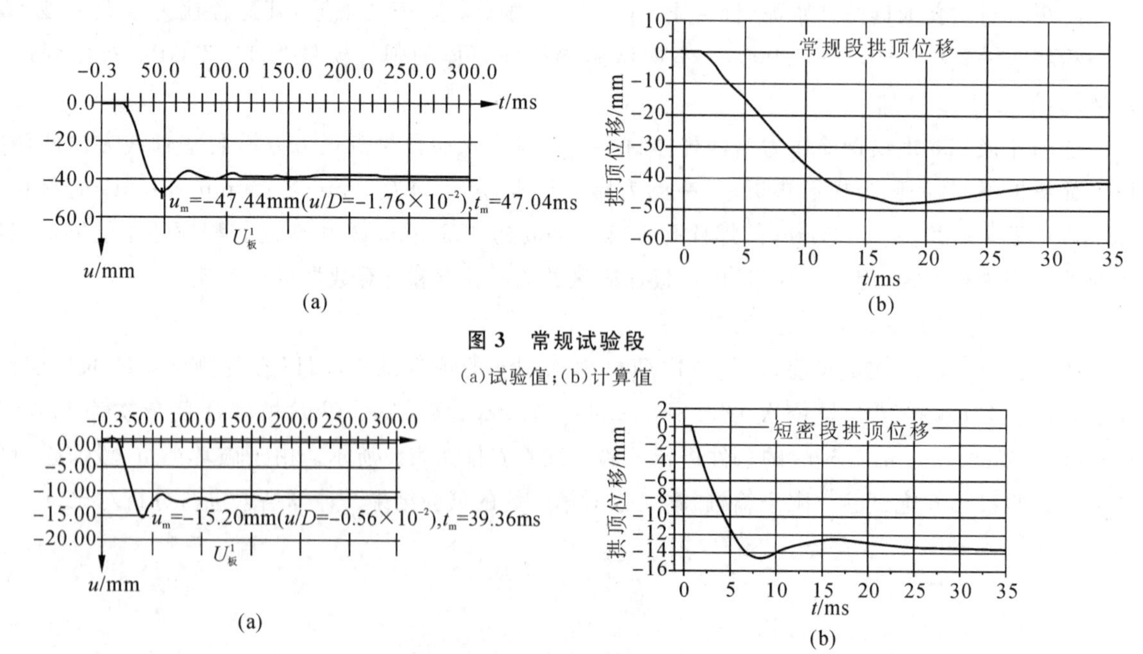

图 3　常规试验段

(a)试验值；(b)计算值

图 4　短密试验段

(a)试验值；(b)计算值

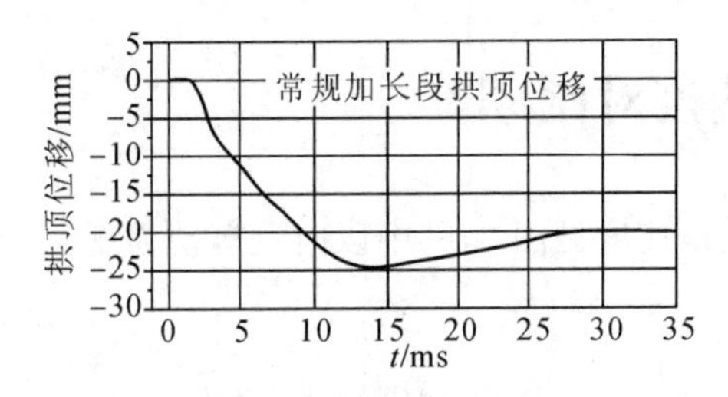

图 5 拱顶位移曲线图

为便于对比，将各段拱顶位移曲线特征值统计，见表 2。

表 2 拱顶位移曲线特征值统计

试验段	试验值		计算值	
	位移峰值/mm	到达时刻/ms	位移峰值/mm	到达时刻/ms
常规段	−47.44	47.04	−48.17	18.71
常规加长段	—	—	−24.53	13.66
短密段	−15.2	39.36	−14.77	8.46

从上述试验波形中及表 2 中可以看出：

(1)各位移波形规律性很好，都有一个向下的最大位移峰值和一个向回弹跳的较小峰值，然后是残余位移。

(2)从最大峰值位移所对应的时间看，常规锚杆试验段的大，为 47ms 左右；短密锚杆试验的小，为 39ms 左右。

(3)从最大峰值位移看，短密锚杆的小，为 15mm 左右；常规锚杆的大，为 47mm 左右。

(4)现场测得的岩体波速为 2300m/s，第 5 炮爆点与拱顶距离为 2.67m，因此爆炸应力波到达拱顶的时间应为 1.16ms 左右。从上述位移曲线可以看出，拱顶围岩经过近 40ms 左右的变形才达到最大位移峰值，经过 60ms 左右变形才逐渐稳定。这充分说明了在动载条件下围岩变形呈现明显的滞后现象。

计算得出的拱顶位移曲线表明：

(1)常规段拱顶位移峰值计算值为−48.17mm，与试验值相差 0.73mm；短密锚杆段拱顶位移峰值计算值为−14.77mm，与试验值相差 0.43mm。计算值与试验值基本相等，可以说明，数值计算的模拟结果是可信的，可以对常规加长计算段进行计算，并参与加固洞室抗爆效果的对比。

(2)计算求出的拱顶位移峰值到达时刻明显小于对应的试验测得的对应时刻，如常规段试验测得的时刻为 47.04ms，计算得出的时刻为 18.71ms；短密锚杆试验段试验测得的时刻为 39.36ms，计算得出的时刻为 8.46ms。这是由于在实际工程中，岩体内含有的大量裂隙内充填着泥质风化物及水，岩体内这些物质对爆炸波的传播速度具有显著的阻碍作用，使其速度明显降低，增加了波到达拱顶的时间；而在数值计算中，上述因素由于计算模型本构关系的限制，目前在计算过程中无法考虑，因此，造成了计算得到的时间明显小于试验测得的时间。

(3)无论是试验测得的时刻还是计算得到的时刻，均是短密锚杆试验段拱顶先开始向下产生位移并最早到达极限位移。这表明，在短密锚杆试验段，爆炸波最先到达拱顶洞壁，爆炸波在该试验段岩体内的传播速度最快，洞室围岩经短密锚杆加固后整体性最好，弹性模量等物理力学参数提高最多。

3.2 爆点下拱顶速度对比

计算出的 3 个加固洞室拱顶速度见图 6,其中以向上运动为正。

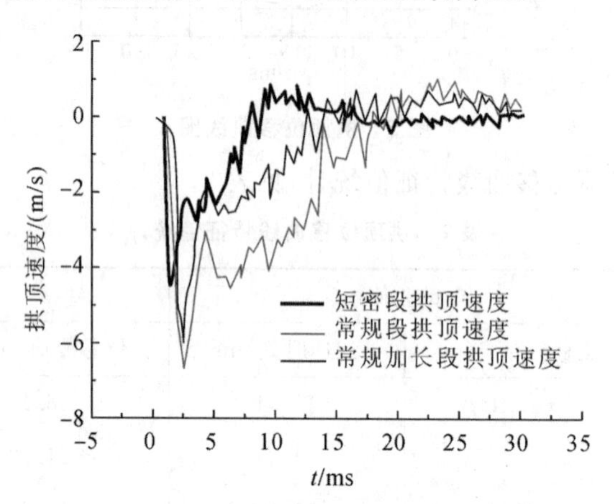

图 6 加固洞室拱顶速度对比

为便于对比,将各段拱顶速度曲线特征值统计,见表 3。

表 3 拱顶速度曲线特征值统计

试验段	计算值		
	速度峰值/(m/s)	到达时刻/ms	速度为零时刻/ms
常规段	−6.721	2.3	17.7
常规加长段	−5.797	2.265	13.62
短密段	−4.512	1.146	8.097

从图 6 和表 3 中可以看出:

(1)常规段拱顶速度峰值最大,短密段拱顶速度峰值最小,其中,常规段的速度峰值比常规加长段高 16%,比短密段速度峰值高 49%。如果以速度峰值作为爆炸对洞室造成破坏烈度的物理标准,则在相同的药量、相同的爆炸距离作用下,常规锚杆加固洞室的烈度最高,破坏最严重,抗力最低;常规加长锚杆加固洞室的次之;而短密锚杆试验段的烈度最小,破坏最轻,抗力最高。

(2)根据有关资料,集团装药爆炸引起的岩体表面径向的最大运动速度由下式表示:

$$V_{\max}=K\cdot\sqrt{\frac{g}{\rho\cdot\tau\cdot C}}\cdot r^{-1.5}$$

其中,K 为与爆炸场地等因素有关的经验系数;ρ 为岩体密度;τ 为拱顶震动运动周期;C 为爆炸波在岩体内传播的纵波波速;r 为集团装药距岩体表面的比例距离,$r=\frac{R}{\sqrt[3]{W}}$。可见,在爆炸条件相等的情况下,短密锚杆加固洞室拱顶的速度最小,常规加长计算段拱顶速度次之,常规试验段拱顶速度最大,原因是爆炸波在岩体内传播的纵波波速最大,常规加长锚杆加固洞室围岩的纵波波速次之,常规锚杆加固洞室围岩的纵波波速最小。由于岩体纵波波速的大小是评价岩体质量好坏、弹性模量高低的重要参数,因此,洞室经短密锚杆加固后,极大地提高了弹性模量等物理力学参数,围岩质量得到最大限度的改善,加固效果最好。

(3)短密锚杆加固洞室拱顶震动速度收敛至零所需的时间最短,常规锚杆加固洞室拱顶速度达到零所需的时间最长。这说明，经短密锚杆加固后的洞室结构的爆炸震动运动周期最短，常规加长加固洞室的次之，而常规锚杆加固洞室的最长。在爆炸荷载作用周期相同的情况下，短密锚杆加固洞室的破坏逐渐由常规锚杆加固洞室的整体破坏向局部破坏转变。

3.3 拱顶破坏区对比

当爆炸应力波传至拱顶临空自由面时，会产生反射拉伸波，在邻近自由面的拱顶岩体内产生拉伸破坏区。计算出的 3 个加固洞室拱顶拉伸破坏区如图 7 所示。图中拱顶上方深色区域即为拉伸破坏区。

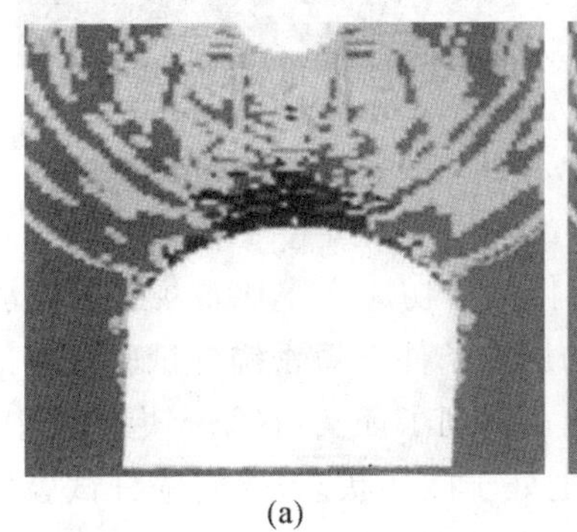
(a)

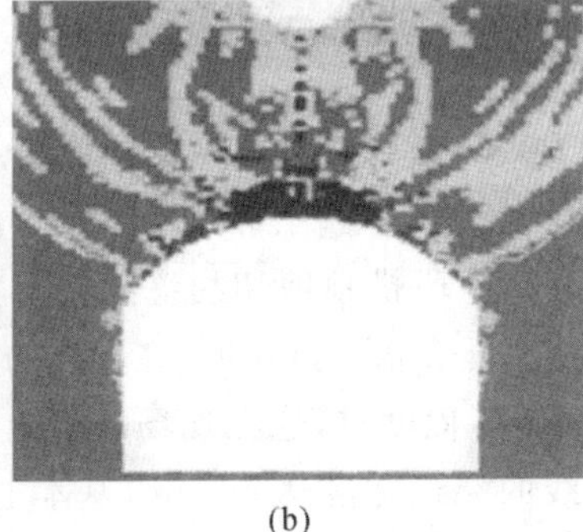
(b)

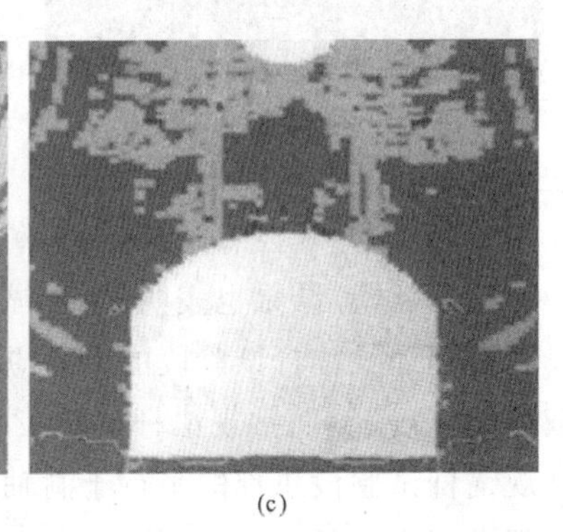
(c)

图 7 3 个加固洞室拱顶拉伸破坏区

(a)常规锚杆段拉伸破坏区；(b)常规加长锚杆段拉伸破坏区；(c)短密锚杆段拉伸破坏区

从图 7 中可以看出：

(1)常规锚杆加固洞室与常规加长锚杆加固洞室在相同的爆炸条件下，其拱顶的拉伸破坏区的范围基本相同，而短密锚杆加固洞室拱顶的拉伸破坏区明显减小。这说明，仅靠增加锚杆长度而不减小锚杆间距并不能显著减小洞室拱顶的拉伸破坏区；减小锚杆间距可显著提高拱顶岩体的抗拉强度；对于拉伸破坏区而言，在锚杆总长度保持不变的条件下，缩小锚杆间距比增加锚杆长度更能减小拱顶岩体的拉伸破坏区。

(2)当爆点在拱顶近距离爆炸时，强爆炸压应力波会自上而下传播，拱顶岩体在高爆炸压力作用下，在拱顶岩体内自爆点至拱顶产生剪切裂缝，在拱顶形成平行于洞轴线的剪切破坏线，见图 8。

图 8 拱部剪切裂缝带

计算结果表明，洞室经3种加固方案加固后，在相同的试验条件下，均在拱顶岩体内形成竖向剪切裂缝，图9中爆心下方至拱顶上方的浅色区域即为剪切裂缝。

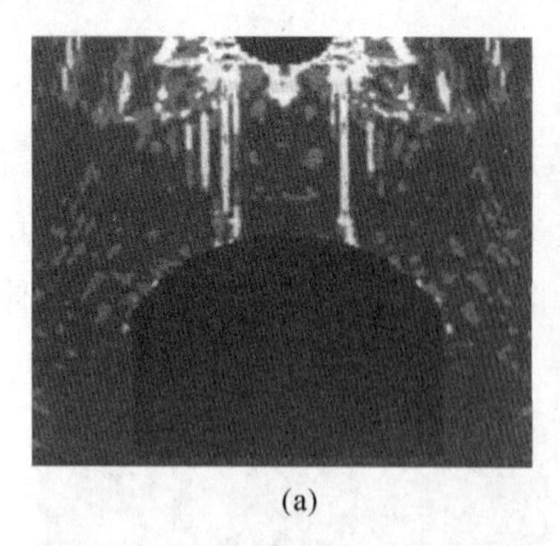

(a)

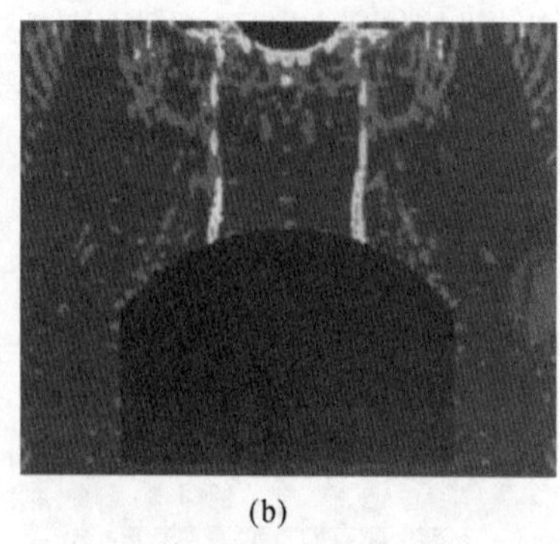

(b)

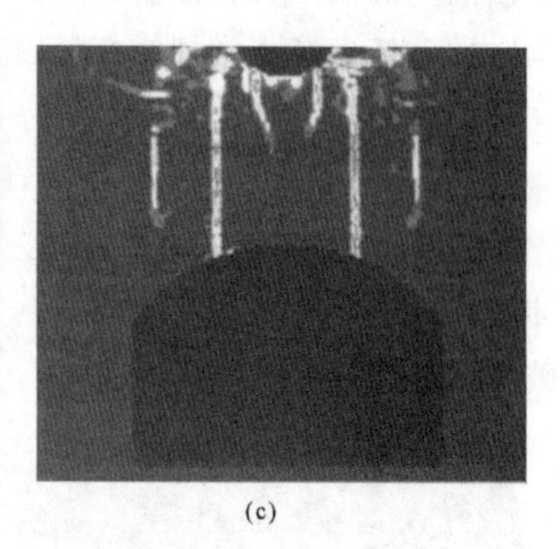

(c)

图9　加固洞室拱部剪切裂缝

(a)常规试验段剪切裂缝；(b)常规加长试验段剪切裂缝；(c)短密锚杆试验段剪切裂缝

但是，计算结果也表明，短密锚杆试验段拱顶剪切裂缝附近岩体的剪切应变率比常规锚杆试验段及常规加长锚杆试验段的剪切应变率低2倍。这说明，在同样的爆炸条件下短密锚杆试验段拱部破坏的程度轻，而常规锚杆试验段的破坏程度重，这在现场试验中也得到了证实：在第5炮试验中，常规锚杆试验段拱部的平行于洞轴线的裂缝宽度达到2cm，基本上处于破坏状态；短密锚杆试验段拱部没有产生裂缝，还具备抗爆炸的能力，在第6炮中才在拱部产生细小的裂缝。这证明，短密锚杆加固洞室的抗力比常规锚杆洞室和常规加长锚杆洞室的抗力高。

4　结论

(1)在动载条件下，围岩变形呈明显的滞后现象。

(2)洞室围岩经短密锚杆加固后，拱顶位移最小，整体性最好，弹性模量等物理力学参数提高最多。

(3)在相同的爆炸条件下，常规锚杆加固洞室的破坏最严重，抗力最低，常规加长锚杆加固洞室的次之，而短密锚杆试验段的破坏最轻，抗力最高。

(4)在锚杆总长度保持不变的条件下，缩小锚杆间距比增加锚杆长度更能减小拱顶岩体的拉伸破坏区；短密锚杆试验段拱部剪切破坏程度最轻。

(5)在本试验条件下，增加锚杆长度和减小锚杆间距均可提高锚固洞室的抗爆效果；在锚杆总长度相等的条件下，缩小锚杆间距而非增加锚杆长度更能够显著增加其对洞室岩体的加固效果，提高其抗力。

参考文献

[1]　TB 10003—2005 铁路隧道设计规范. 北京：中国铁道工业出版社，2005：229.

[2]　JTG D70—2004 公路隧道设计规范. 北京：人民交通出版社，2004：174.

[3]　铁道部第二工程局. 铁路工程施工技术手册：隧道. 北京：中国铁道出版社，1995

[4]　付文龙，王新生. 煤巷锚杆支护间排距的合理选用. 煤，2006，15(6)：8-10.

[5]　杨松林. 锚杆抗拔机理及其在节理岩体中的加固作用. 武汉：武汉大学，2001.

喷锚支护洞室抗爆现场试验洞顶位移研究

马海春　顾金才　张向阳　徐景茂　高光发

内容提要：地下工程设施的稳定性是岩土工程重要研究内容，如何提高爆炸荷载下洞室的抗爆能力对国防和民用工程都有重要的意义。因此，开展洞室抗爆现场试验研究有着重要的战略意义。从喷锚支护洞室抗爆现场试验角度，介绍不同的支护条件，即长密锚杆、短密锚杆、常规锚杆三种不同条件下洞顶部位在上部爆炸时洞顶位移的特征。另外，对使用两种不同垫板的锚杆支护下洞顶位移做了对比，分析得到碗形垫板支护效果好于板形垫板支护效果的结论。文中还分析了洞顶与洞室跨度相对位移和爆炸比例距离的关系。通过本次试验以寻找最好的锚固效果，为实际工程提供借鉴。

1　引言

现代战争中，地下洞室将面临各种钻地武器的直接打击，提高洞室的抗爆能力有着重要的战略意义。在这方面国内外学者已经做了很多的相关研究[1-10]。利用锚杆提高洞室的稳定性是一种切实可行的支护技术类型，但是不同的锚杆支护形式有不同的支护效果，要取得最好的支护效果，必须进行合理的实验和理论研究。因此，开展爆炸荷载条件下不同锚杆支护形式的洞室位移研究，对于研究洞室锚固效果，提高地下各种工程设施抗爆能力有着重要的意义。

2　试验介绍

现场试验内容共有常规锚杆试验类型、短密锚杆试验类型和长密锚杆试验类型 3 种支护类型。其中，常规锚杆和短密锚杆试验的分布图分别见图 1、图 2，长密锚杆的分布位置与短密锚杆相同，仅长度不同，其中短密锚杆长度为 1m，而长密锚杆和常规锚杆的锚杆长度为 1.5m。试验洞室跨度 3.0m，高 2.5m。锚杆均为直径 ϕ25mm 的螺纹钢筋，全长注浆，其中注浆孔的大小是 5mm。

注浆材料配比为水泥：砂：水：三乙醇胺＝2：1：0.8：0.0005。室内测得该注浆材料弹性模量为 14.75GPa，抗压强度为 40MPa，泊松比为 0.13。试验采用板形垫板和碗形垫板，见图 3。两种锚杆垫板试验区分界均以爆心为准，爆心前方（即靠近洞口一方）为板形垫板区，爆心后方为碗形垫板区。

刊于《岩土工程学报》2012 年第 2 期。

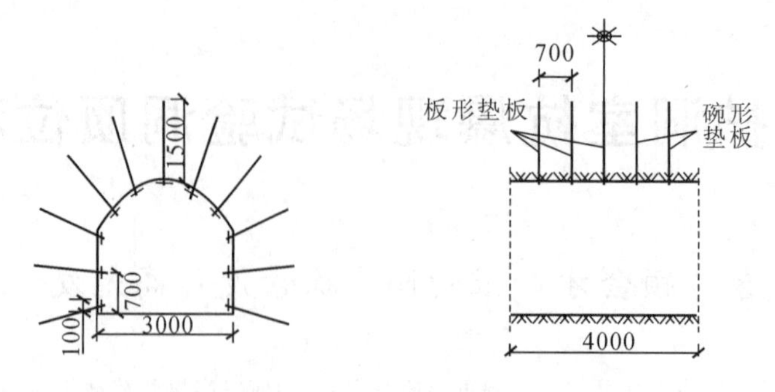

图 1 常规锚杆网喷试验类型锚杆布置(单位:mm)

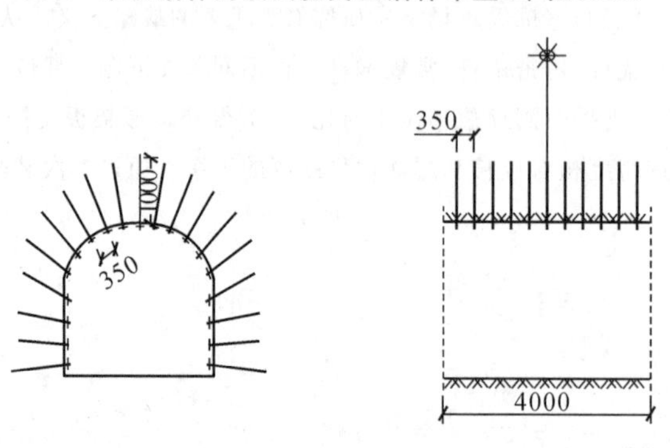

图 2 短密锚杆网喷试验类型锚杆布置(单位:mm)

图 3 板形垫板和碗形垫板

(a)板形垫板;(b)碗形垫板

喷层喷射混凝土的施工采用干喷法,材料质量配比为水泥∶水∶砂=1∶1∶2。试验山体岩性以粗粒花岗岩为主。岩石矿物成分以正长岩、石英岩、斜长石为主,实测岩体纵波波速为2300m/s,说明岩体整体强度偏低。岩块抗压强度较高,约为121.8MPa,弹性模量为33.7GPa,泊松比为0.2,密度为2.71t/m^3。

爆炸方案均按完全埋置爆炸条件公式 $h=mk_p\sqrt[3]{W}=1.65\times0.58\times\sqrt[3]{W}$ 确定埋深。其中,h 是埋深深度(m),k_p 是相关常数,W 是炸药药量。对同一试验类型进行 6 次爆炸。第 1 炮为预备试验,最后 1 炮为破坏试验。对于常规锚杆试验类型和网喷试验类型,只进行前 5 次爆炸,最大药量为14.4kg。各炮次药量及埋深情况见表 1。

表1 各炮次药量及埋深情况

炮次	药量/kg	药包尺寸(长×宽×高)/cm	药包中心埋深/m	距洞顶距离/m
1	0.4	10×5×5	0.527	5.00
2	0.8	10×10×5	0.890	4.11
3	2.4	10×10×15	1.280	3.72
4	7.2	15×15×20	1.85	3.15
5	14.4	20×20×22.5	2.330	2.67
6	20.0	25×25×20	2.600	2.40

每个试验类型共有8个拱顶位移测点，其中6个布置在爆心两侧，分别测量板形垫板区和碗形垫板区的拱顶位移，另外2个分别布置在左右侧墙中间位置，测量边墙水平位移。每个位移测点均安装两套位移测试系统，测点布置见图4。

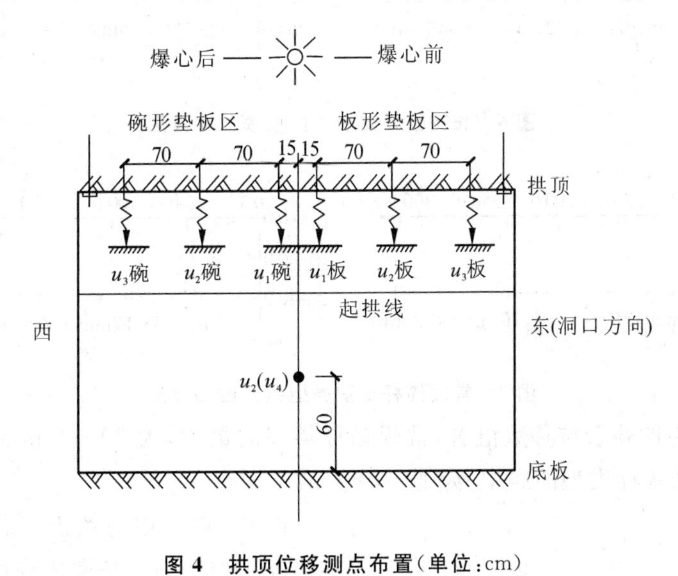

图4 拱顶位移测点布置(单位:cm)

3 结果分析

图5～图7分别是短密、长密和常规锚杆支护类型下的洞室在炸药质量$W=14.4\text{kg}$，洞室顶部距爆炸中心距离$R=2.67\text{m}$，$R'=(R/W^{1/3})=1.10$条件下，爆心下的拱顶位移波形图(位移以向上为正)。从图5～图7中可以看出：

(1)各位移波形规律性很好，都有一个向下的最大位移峰值和一个向回弹跳的较小峰值，然后是残余位移。

(2)从最大峰值位移所对应的时间看，常规锚杆的最大，为43～47ms；短密锚杆和长密锚杆的较小，为39～40ms。

(3)从最大峰值位移看，短密锚杆的最小，为11～15mm；常规锚杆的最大，为38～47mm；长密锚杆的居中，为20～22mm。

(4)从同一个试验类型来看，碗形垫板的拱顶位移比板形垫板的拱顶位移普遍偏小：短密锚杆类型为11～15mm，长密锚杆类型为20～22mm，常规锚杆类型为38～47mm。

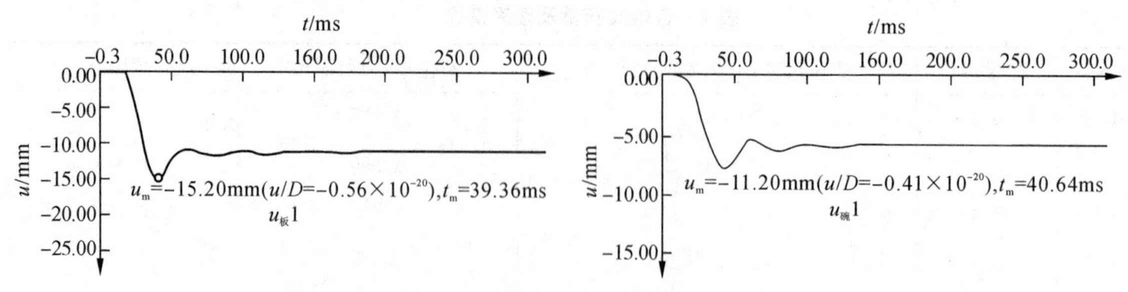

图 5　短密锚杆支护类型拱顶位移波形

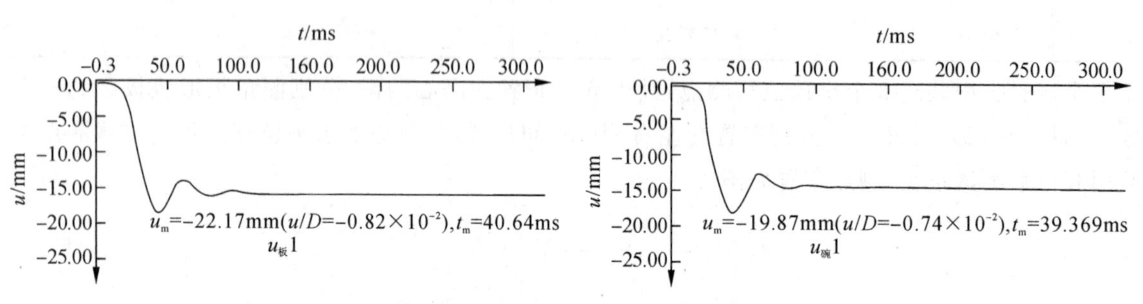

图 6　长密锚杆支护类型拱顶位移波形

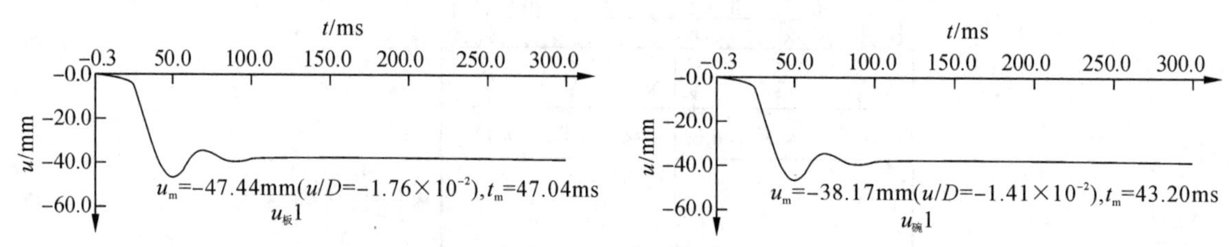

图 7　常规锚杆支护类型拱顶位移波形

(5)从各类型产生的残余位移数值看，常规锚杆类型的最大，为 30～40mm；短密锚杆类型的最小，为 8～12mm；长密锚杆类型的居中，为 17～18mm。

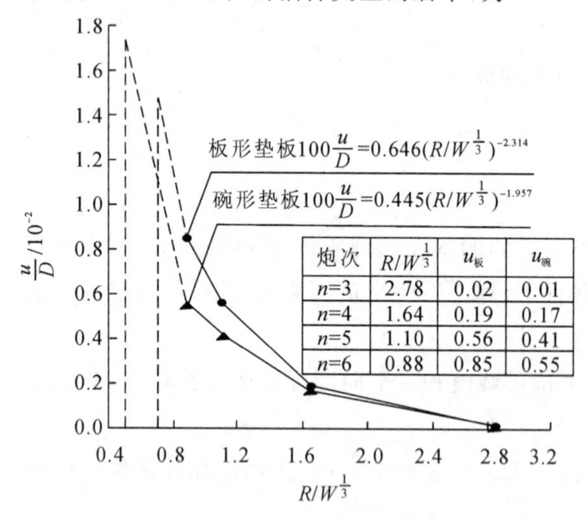

图 8　短密锚杆网喷支护类型拱顶相对位移与比例距离之间的关系

图 5～图 7 中还给出了各试验类型的相对位移值 $u/D(10^{-2})$。长密锚杆拱顶位移比短密锚杆拱顶位移大，是由于长密锚杆末端更接近爆心，从而受到的爆炸压力更大所致；常规锚杆的拱顶位移最大，除了锚杆较长，受到的爆炸压力更大之外，主要是由于锚杆密度不够，对岩体提供的抗剪抗拉能力较小所致。

综上所述，短密锚杆支护类型抗力最高，长密锚杆支护类型抗力次之，常规锚杆支护类型抗力最小。

各试验类型拱顶位移 u 与洞室跨度 D 的相对位移 u/D 与比例距离 $R/W^{1/3}$ 之间的关系见图 8～图 10。从图 8～图 10 中可以看出：

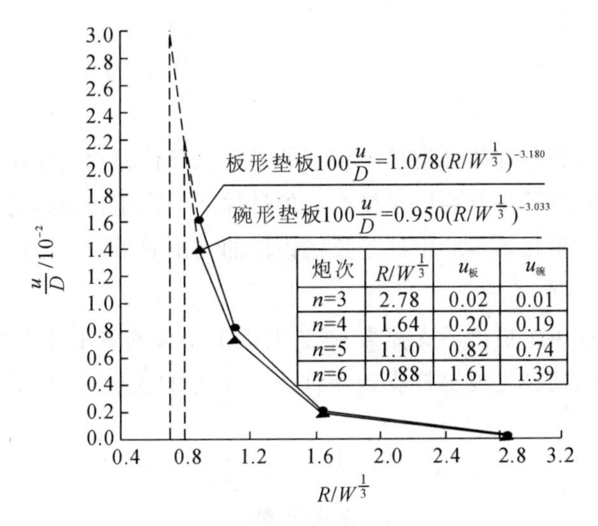

炮次	$R/W^{\frac{1}{3}}$	$u_板$	$u_碗$
n=3	2.78	0.02	0.01
n=4	1.64	0.20	0.19
n=5	1.10	0.82	0.74
n=6	0.88	1.61	1.39

图 9 长密锚杆网喷支护类型拱顶相对位移与比例距离之间的关系

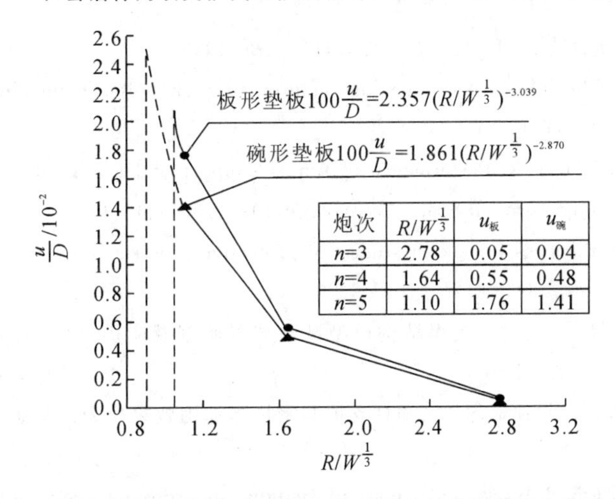

炮次	$R/W^{\frac{1}{3}}$	$u_板$	$u_碗$
n=3	2.78	0.05	0.04
n=4	1.64	0.55	0.48
n=5	1.10	1.76	1.41

图 10 常规锚杆网喷支护类型拱顶相对位移与比例距离之间的关系

(1)试验拱顶相对位移与比例距离之间关系均呈负指数关系,即 $u/D=a(R/W^{1/3})^{-b}$,只是对于不同的实验类型,a、b 的数值不等。

(2)在小药量及爆点距拱顶距离较远时(如第 3 炮),不同垫板形式的 3 个锚杆试验类型的拱顶相对位移与比例距离的曲线比较接近,说明此时垫板形式对加固效果的影响较小;随着药量的增大及爆点距拱顶距离的减小,垫板形式对加固效果的影响开始显现出来,体现在不同垫板形式试验类型的拱顶相对位移与比例距离的曲线逐渐分离。

(3)整体上看,长密锚杆拱顶相对位移与比例距离的关系曲线斜率较短密锚杆拱顶相对位移与比例距离的关系曲线斜率大,这说明长密锚杆加固洞室拱顶相对位移对爆炸药量及爆点距拱顶距离更敏感,更早到达极限抗力点。

(4)从 u/D 与 $R/W^{1/3}$ 的关系曲线上可以近似地看出各试验类型的极限抗力,即 u/D 与 $R/W^{1/3}$ 的关系曲线近似与竖直线相切时的比例距离 $R/W^{1/3}$,它们大约是:①短密锚杆支护类型,板形垫板区 0.7 左右,碗形垫板区 0.5 左右;②长密锚杆支护类型,板形垫板区 0.8 左右,碗形垫板区 0.7 左右;③常规锚杆支护类型,板形垫板区 1.1 左右,碗形垫板区 0.9 左右。

4 结论

本文结合现场试验，分析不同锚杆支护类型下的洞室拱顶位移变化情况，可以得到以下结论：

(1)锚杆支护下的洞室拱顶位移要好于没有支护条件下的洞室拱顶位移，这说明锚固的必要性；

(2)短密锚杆的支护效果在本试验中好于长密锚杆的支护效果，这说明并非锚杆越长，支护效果越好；

(3)碗形垫板对围岩提供了更大的支撑力，这说明碗形垫板的效果好于板形垫板。

对于何种长度的锚杆、何种密度锚杆支护条件下有最好的支护效果，需要开展更多的相关分析研究。

参考文献

[1] 高永莉.防护工程国外研究进展.洛阳：总参工程兵科研三所，1989.

[2] GISLE S, ARNE M. The influence of blasting on grouted rock bolts. Tunnelling and Underground Space Technology, 1998, 13(1): 65-70.

[3] ORTLEPP W D, STACEY T R. Performance of tunnel support under large deformation static and dynamic loading. Tunnelling and Underground Space Technology, 1998, 13(1): 15-21.

[4] JAMES A M. Simulation devices for use in studies of protective construction. Air Force Weapons Lab Kirtland AFB NM, 1966.

[5] 沈俊，顾金才，陈安敏，等.岩土工程抗爆结构模型试验装置研制及应用.地下空间与工程学报，2007，3(6)：1077-1080.

[6] 王光勇，顾金才，陈安敏，等.拱顶端部加密锚杆支护洞室抗爆加固效果模型试验研究.岩土工程学报，2009，31(3)：378-383.

[7] CHARLES E J, GEORGE S. Brick model tests of shallow underground magazines. Department of the Army Waterways Experiment Station Corps of Engineers, 1992.

[8] 易长平，卢文波，张建华.爆破振动作用下地下洞室临界振速的研究.爆破，2005，22(4)：4-8.

[9] 陈建功，张永兴.完整锚杆纵向振动问题的求解与分析.地下空间，2003，23(3)：268-271.

[10] 陈剑杰.深埋岩石洞室在爆炸应力波荷载作用下的破坏效应.上海：同济大学，2000.

拉力型和压力型自由式锚索现场拉拔试验研究

沈　俊　顾金才　张向阳　陈安敏　明治清

内容提要：通过现场拉拔试验的方法，给出岩质边坡体内拉力型和压力型自由式锚索注浆体与孔壁间的剪应力分布曲线及拉力型锚索钢绞线与注浆体间剪应力分布曲线，获得剪应力沿锚固段长度的分布规律。试验结果表明，对于拉力型锚索，注浆体与孔壁间的剪应力峰值要小于注浆体与钢绞线间的峰值，但剪应力分布长度要长，峰值剪应力出现点后移；无论是何种自由式锚索，剪应力在注浆体与孔壁间的分布都是很不均匀的，峰值剪应力在锚固段出现的部位不同。在相同的荷载作用下，压力型锚索的剪应力峰值大，分布长度短，衰减快。随着锚索荷载的增大，拉力型锚索锚固段的有效长度增加明显，而压力型锚索剪应力峰值增加明显。拉力型锚索的承载力是一定的，当需要提供较小的锚固力时，常采用该种形式的锚索，其施工关键是要保证注浆体的长度；压力型锚索的承载力与承压锚固段分级的数量成正比，当需要提供较大的锚固力时，需采用压力分散型的锚索，其施工关键是要保证注浆体的饱满程度，避免注浆体的收缩。

1　引言

预应力锚索以其良好的锚固性能在岩土工程加固领域得到广泛应用。为适应不同的地质条件和受力环境，目前科研技术人员开发出了近百余种预应力锚索结构（有学者统计出有 600 余种[1]）。但是自由式预应力锚索作为最早出现的锚索形式之一，在当前边坡和地下洞室岩体稳定性治理中仍然得到普遍应用，并不断得到改进。如常规拉力型自由式锚索，当锚索受力较大时，内锚固段头部附近易受拉破坏而造成锚索失效，为了提高该种锚索的承载力，充分利用内锚固段水泥砂浆注浆体的抗压强度远大于其抗拉强度的特点，研制了压力分散型自由式锚索。这种新型锚索将受到的拉力通过内锚固段根部垫板传至内锚固段顶部，使内锚固段注浆体受压。但是不管是拉力型还是压力型自由式锚索，其锚固效果最终都要通过注浆体与孔壁和注浆体与钢绞线之间的相互作用来实现。为了研究荷载在这 2 种锚索锚固体内的传递规律和加固机制，国内外学者进行了较多的试验、理论和数值计算研究，但多是针对某一种形式的自由式锚索开展工作的。本文通过现场拉拔试验分别研究这 2 种不同形式自由式锚索内锚固段注浆体与钢绞线和孔壁之间的剪应力的分布规律。试验结果表明，在相同的拉拔力作用下，不但剪应力峰值大小和产生部位不同，而且分布形态和传递规律也不同。在进行边坡和地下洞库岩体预应力锚索加固设计时，应根据锚索体所需提供的锚固力的大小，选择合适的锚索结构形式和注浆材料。

2　拉力型自由式锚索现场拉拔试验

试验锚索设置在洛阳某山体边坡内，该边坡岩体为Ⅲ级石灰岩，基本不含大的节理、裂隙及软弱夹层，岩体较为完整、均匀。试验锚索一共有 3 根，均为内锚固段长 4m、自由段长 6m 的自由式锚索，

刊于《岩石力学与工程学报》2012 年增刊。

索体材料规格均为 6×7ϕ5mm 的钢绞线，设计张力为 1000kN，内锚固段为枣核形式[2]。锚索编号及主要特征见表 1。

表 1 试验锚索编号及主要特征

锚索编号	注浆材料	钻孔角度/(°)	钻孔直径/cm
Ⅰ#	水泥砂浆	0	16.5
Ⅱ#	纯水泥浆	−15	16.5

试验锚索钢绞线抗拉强度 1860MPa，弹性模量 $E=1.96\times10^5$MPa。由于Ⅲ#锚索与Ⅱ#锚索的主要特征是一致的，且只是作为备用锚索，限于篇幅，本文仅介绍Ⅰ#、Ⅱ#锚索的试验情况。锚索结构形式如图 1 所示。

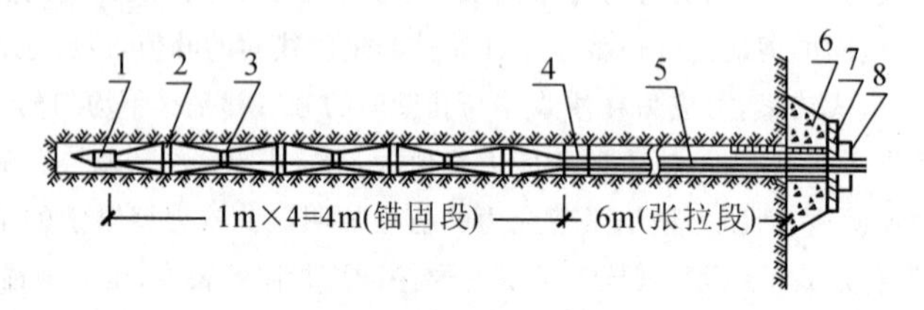

图 1 试验锚索结构形式

1—导向帽；2—隔离架子；3—束线环；4—止浆环；5—钢绞线；6—混凝土垫墩；7—钢垫板；8—锚具

2 种注浆材料质量配比为：(1)水泥砂浆为水泥∶膨胀剂∶砂∶水=0.9∶0.1∶1∶0.6；(2)纯水泥浆为水泥∶膨胀剂∶水=0.9∶0.1∶0.5。在上述 2 种注浆体中，均添加占水泥与膨胀剂质量 0.5‰的三乙醇胺，以提高注浆体的早期强度。注浆材料的主要力学指标见表 2。

表 2 注浆材料主要力学指标

注浆材料	$E/(10^4\text{MPa})$	ν	$G/(10^4\text{MPa})$	σ_c/MPa
水泥砂浆	2.63	0.19	1.11	20
纯水泥浆	3.81	0.24	1.54	16

2.1 测点布置

试验测试内容有：注浆体与孔壁和注浆体与钢绞线之间的剪应变分布、内锚固段注浆体口部断裂范围以及张拉过程中锚索体的伸长量等。剪应变测点布置见图 2。在图 2 中，靠近枣核形锚索索体的应变片用来测量钢绞线与注浆体之间的剪应变，靠近孔壁的应变片用来测量注浆体与孔壁之间的剪应变。

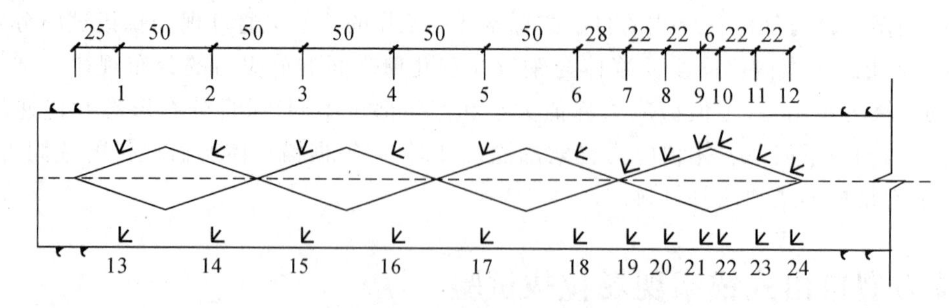

图 2 锚索体上剪应变测点布置(单位：cm)

2.2 测试成果分析

(1)注浆体与孔壁间剪应力分布

将实测的注浆体与孔壁之间的剪应变 γ_g，按公式 $\tau_g=G\gamma_g$ 换算成剪应力 τ_g，然后画出 τ_g 沿内锚固段长度的分布状态，如图 3 所示。

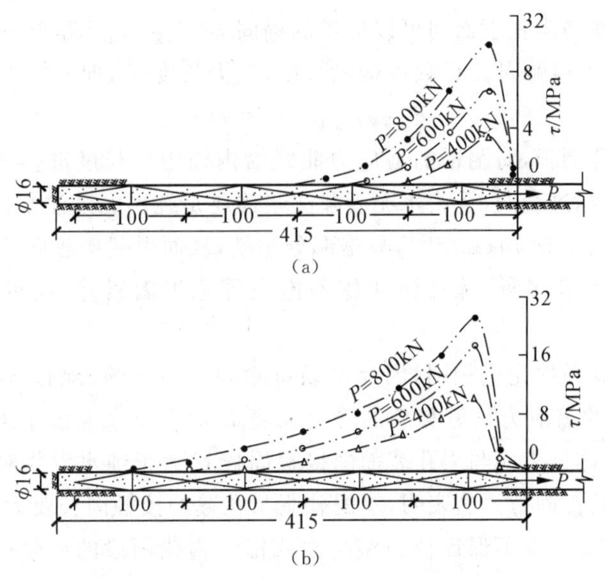

图 3　注浆体与孔壁间剪应力沿内锚固段长度分布(单位：cm)

(a) Ⅰ#锚索；(b) Ⅱ#锚索

图 3 中 3 条曲线分别对应于 $P=400$kN、600kN 和 800kN 的拉拔荷载情况。从图 3 中可以看出，自注浆体外端自由面开始沿着内锚固段长度，剪应力分布可以分为 2 种形态。第一种形态是在内锚固段外端自由面至 25～50cm 这一长度上，剪应力由 0 迅速增大到最大值；第二种形态是在 25～50cm 处至锚索内锚固段根部这一长度上，剪应力随长度增加迅速衰减，其衰减可以用下式表达：

$$\tau=\tau_0 e^{-K\frac{Z}{D}} \tag{1}$$

其中，τ 为注浆体与孔壁之间的剪应力；Z 为从峰值点起算的沿内锚固段的轴向长度；D 为锚索钻孔直径；K 为回归常数，其值随着张拉荷载而变化。如在本试验中，与 400kN、600kN、800kN 拉拔荷载相对应，回归常数依次为 0.54、0.42、0.35。

拉力型自由式锚索现场试验得到的注浆体外表面与锚索孔壁表面之间剪应力分布规律为：

①在距内锚固段外端自由面很短距离的长度内，剪应力集中现象比较明显，剪应力最大值是沿整个锚同段长度上平均值的 4～8 倍，该最大值大小与锚索注浆体所用材料有关。如同样为 400kN 荷载，水泥砂浆注浆体表面的最大剪应力值较小，为 4.0MPa 左右；纯水泥浆注浆体表面的最大剪应力值较大，为 8.0MPa 左右。此外，剪应力最大值随着所受荷载的增大而增大，如对于试验中的 2 种注浆材料的锚索，当拉力由 400kN 增大到 800kN 时，剪应力最大值也相应地增大为原来的 2 倍。尽管剪应力最大值与注浆体所用材料和所承受的荷载有关，但是剪应力最大值在内锚固段上产生的位置几乎不变，均是在距内锚固段外端自由面 25～50cm 的位置处。

②在距内锚固段根部较长距离的长度内，剪应力衰减至很小，基本上不受力，当荷载较小时，受力长度占整个内锚固段长度的较少部分。实测数据表明，锚索注浆材料不同，内锚固段的受力长度也不同，如在同样的 600kN 荷载作用下，水泥砂浆注浆体受力长度为 1.5m 左右，占整个内锚固段的 38%；纯水泥浆注浆体的受力长度为 3.0m 左右，占整个内锚固段的 75%。这说明，荷载相同时，水泥砂浆注浆体的受力长度短，纯水泥浆注浆体的受力长度长。在锚索设计荷载和设计长度相同的情况下，采用水泥砂浆作为注浆材料的锚索，其安全储备较高，安全系数大。另外，受力长度随荷载的增大而增长，如对于水泥砂浆锚索，荷载由 400kN 增大到 800kN 时，受力长度增大为原来的 2 倍，而对于纯水泥浆锚索，其对应的受力长度增大 40%。

③纯水泥浆注浆体表面与岩孔表面剪应力不但最大值较大，内锚固段受力长度长，而且荷载相

同时，内锚固段每一点的剪应力值也要大于水泥砂浆锚固段对应点处的剪应力值。

④锚索注浆体外表面与岩孔表面间可以提供的锚固力 $F_{注浆体与岩孔}$ 等于内锚固段剪应力 τ 值乘以接触面积 S，接触面积等于接触周长 C 乘以接触长度（受力长度）L，即

$$F_{注浆体与岩孔}=\tau S=\tau LC \tag{2}$$

按接触周长等于岩孔周长，对测得的剪应力曲线沿内锚固段长度进行积分，得到的锚固力远大于施加在锚索头部的荷载，这表明，无论水泥砂浆注浆体还是纯水泥浆注浆体，注浆体外表面与锚索岩孔表面之间都没有达到100%的黏结[3]，只是部分黏结，从而引起接触周长的减小。造成注浆体与岩孔接触周长减小的因素有多种，除了注浆体不饱满等施工因素外，还有自然因素，如注浆体收缩等。

现场试验锚索的试验条件完全相同，因此可以排除施工因素的影响。在相同的荷载作用下，纯水泥浆内锚固段每一点的剪应力 τ 值和总的受力长度 L 均大于水泥砂浆内锚固段上的对应值，因此，只有当水泥砂浆注浆体外表面与岩孔表面的接触周长 C 大于纯水泥浆对应的接触周长 C 时，才能提供与外加荷载相等的锚固力。这表明，水泥砂浆与孔壁的接触周长要大于纯水泥浆对应的接触周长，与锚索孔的黏结要好。为了保证拉力型自由式锚索内锚固段的注浆质量，提高注浆体与孔壁间的有效周长，避免因注浆材料硬化收缩而造成有效周长的减少，在锚索注浆施工中，要采用收缩率小的注浆材料，如水泥砂浆注浆材料等。

（2）注浆体与钢绞线之间剪应力分布

将实测的注浆体与钢绞线之间的剪应变 γ_s，按公式 $\tau_s=G\gamma_s$ 换算成剪应力 τ_s，然后画出 τ_s 沿内锚固段长度的分布状态，如图4所示。

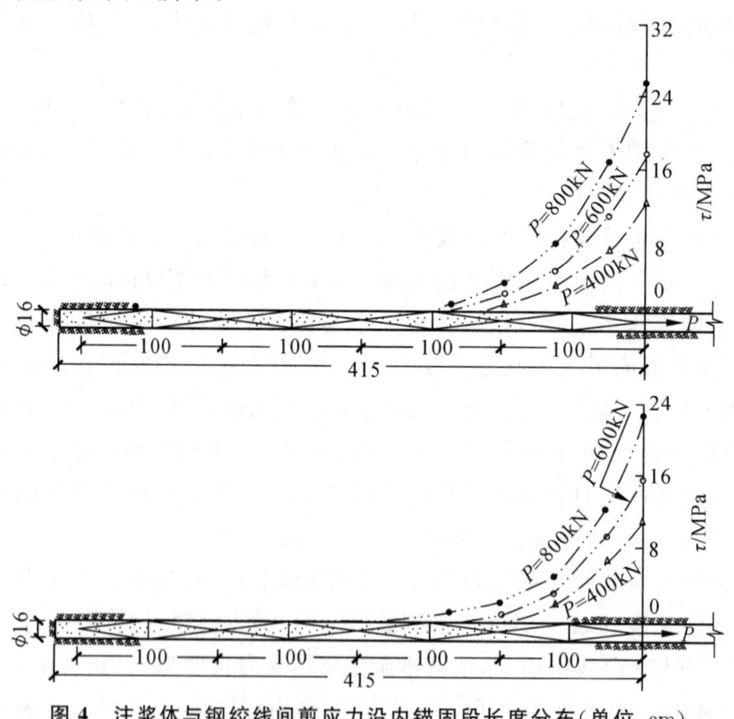

图4　注浆体与钢绞线间剪应力沿内锚固段长度分布（单位：cm）

(a) Ⅰ#锚索；(b) Ⅱ#锚索

注浆体与孔壁和注浆体与钢绞线间剪应力分布的共同点是它们都是非均布的，其中注浆体与钢绞线间剪应力在内锚固段外端自由面附近的剪应力集中系数高达7～10。尽管目前按照剪应力均布的设计计算给出的承载力满足要求，但没有考虑到内锚固段外端附近会因该部位的剪应力最大值有可能超过注浆体的极限抗剪力而发生破坏，从而加速钢绞线的锈蚀，就有可能造成工程事故。

2 种剪应力分布的不同点为：

①剪应力集中系数不同。在同样的锚索荷载作用下，注浆体内表面与钢绞线表面间的剪应力集中系数大于注浆体外表面与锚索岩孔表面间的剪应力集中系数。

②剪应力最大值在内锚固段上产生的位置不同。注浆体内表面与钢绞线表面间的剪应力最大值产生位置就在内锚固段外端自由面处，没有内移；而注浆体外表面与锚索岩孔表面间的剪应力最大值产生在离外端自由面一定距离(25～50cm)处。

③剪应力分布长度和衰减幅度不同。注浆体与钢绞线间剪应力随距内锚固段外端自由面距离的增大，衰减更快，内锚固段的受力长度更小。这说明注浆材料与钢绞线间剪应力所能提供的锚固力较大，锚索杆体、注浆体、岩孔附近岩体三者形成的锚固体的锚固力是由注浆体外表面与岩孔表面之间的剪应力控制的。

众多锚索失效工程事故也表明，锚索的破坏主要有 2 种形式：锚索被拉断和从锚索孔内被拉出。很少发生钢绞线从注浆体内被拔出的破坏形式。因此，在下面的压力型锚索现场试验中，不再布置注浆体与钢绞线之间的应变测点，只比较剪应力在 2 种形式锚索注浆体与孔壁间的分布。

3 压力型自由式锚索现场拉拔试验

二连浩特—广州(简称“二广”)高速公路怀集至三水段边坡高度为 40.5m，坡体岩体为强风化砂岩[4]。为防止表层土体塌方和边坡沿内部潜在滑移面产生滑移，采用预应力锚索＋格梁的支护方案对该边坡进行加固，以确保其稳定。边坡加固设计见图 5[5]。

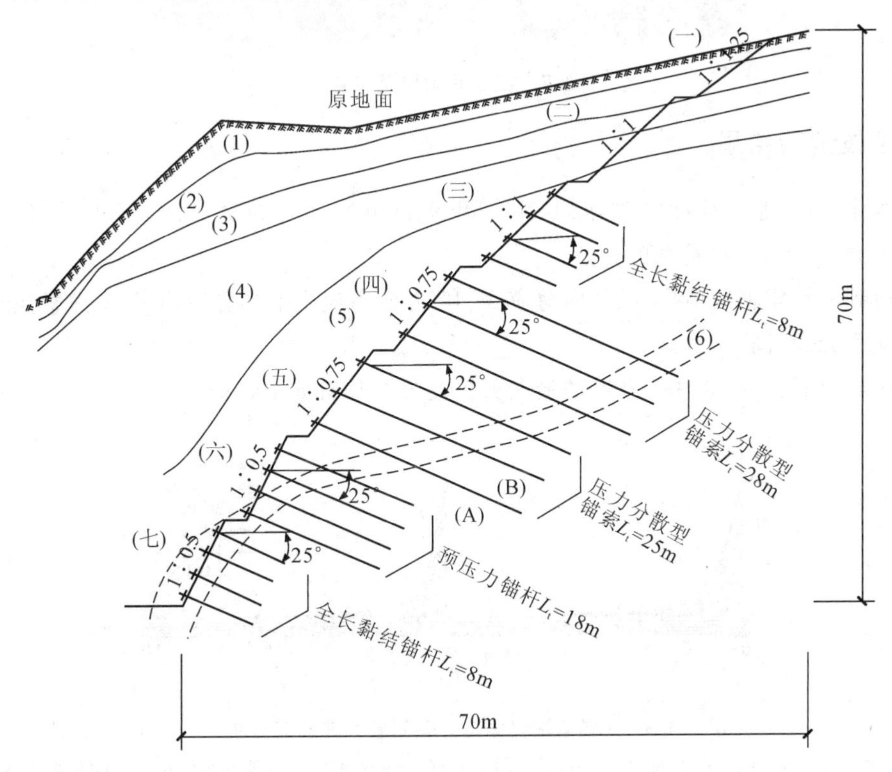

图 5 边坡加固设计

(1)Q^{dl}亚黏土；(2)Q^{el}亚黏土；(3)全风化石英砂岩；(4)强风化石英砂岩；(5)弱风化石英砂岩；(6)强风化花岗岩；(7)弱风化花岗岩

现场试验中，在该边坡岩体内施工 A、B 两根测量锚索，二者高差约 7m。锚索孔径 130mm，间距 3.50m×3.75m。锚索孔下倾 25°，锚索总长度 25m，其中内锚固段长度为 10m，分为 2 个等长为 5m

的承压锚固段。锚索杆体采用4ϕ15.24mm高强度、低松弛无黏结钢绞线编制，钢绞线抗拉强度1860MPa。格梁方形布置，间距3.50m×3.75m，梁截面宽0.5m，高0.5m。

3.1 测点布置

在每个锚固段上布置6个剪应变测点，每根锚索2个锚固段，共有12个剪应变测点。锚索测点布置见图6，2根测量锚索应变测点布置相同。

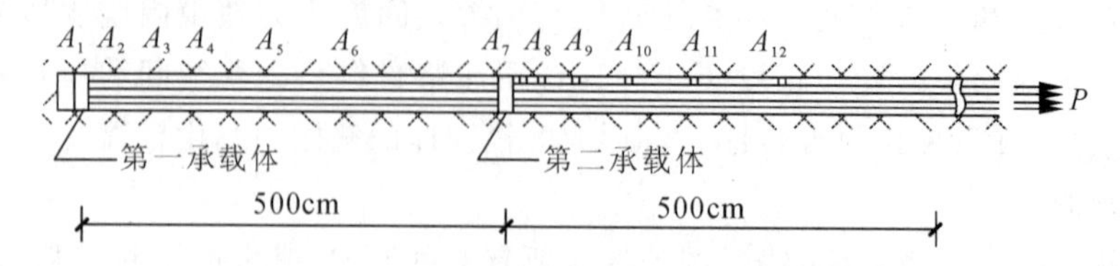

图6 压力分散型锚索注浆体上剪应变测点布置

通过设置在两片环氧树脂片之间的45°应变花测得的应变值来求得注浆体在孔壁处的最大剪应变。应变花黏结在其中一个环氧树脂片的里面，再用另一个环氧树脂片覆盖胶合后，在距孔壁1～3cm处用铝合金条将其固定于钢绞线上，然后注浆(图7)。

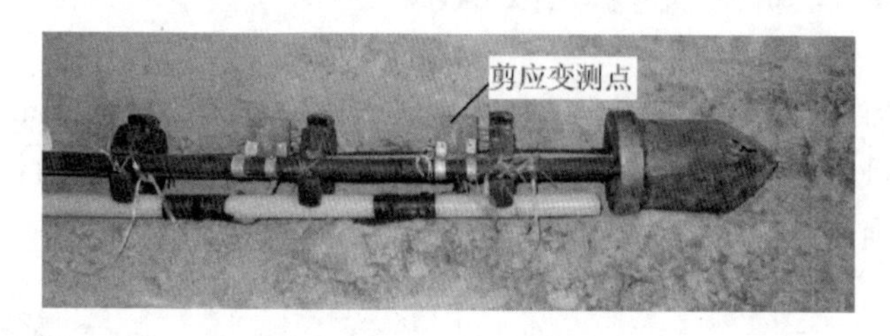

图7 应变砖制作及布置

3.2 拉拔试验结果

锚索分级张拉时，张拉荷载依次为40kN、120kN、200kN、300kN、400kN、440kN。每级荷载张拉稳定约10min再开始下一级荷载的张拉。

由实测得到的锚索轴向剪应变、径向剪应变、45°方向剪应变值换算得出了A锚索注浆体与孔壁间的最大剪应变分布(图8)。

从图8中可以看到，注浆体与孔壁的最大剪应变分布具有如下特征：

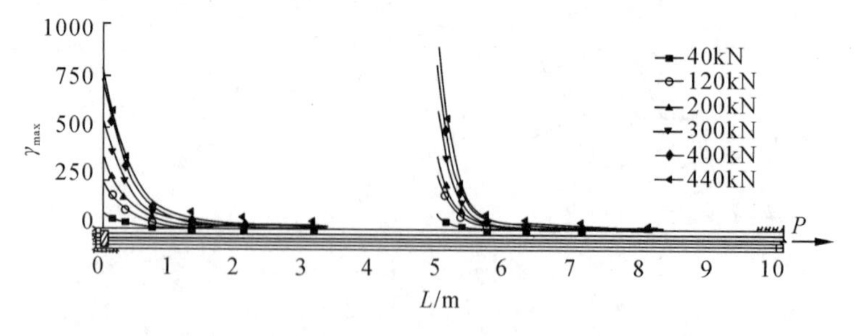

图8 A锚索注浆体与孔壁间最大剪应变分布

(1)注浆体与孔壁的最大剪应变分布是不均匀的，峰值均在锚索索体底部承压板与注浆体根部接触处出现，注浆体根部处剪应力高度集中。这一点与拉力型锚索注浆体内表面与钢绞线外表面间剪应力分布规律较为相似，只是产生位置相反：一个产生在注浆体外端自由面处，另一个产生在注浆体根部。

(2)只在距锚索底部承压板一定距离内的注浆体的有限长度上分布有最大剪应变,且随与承压板距离的增大,最大剪应变值迅速减小。在距承压板稍远的注浆体上,没有分布最大剪应变。如当P=440kN时,2根锚索第一承载体的平均受力长度为1.5m(2根锚索第一承载体受力长度分别为1.6m和1.4m),受力长度占该段锚固体总长度的30%;而第二承载体的平均受力长度为1.7m(2根锚索第二承载体受力长度分别为1.4m和2.0m),受力长度占该段锚固体总长度的34%。

(3)对于每一个承载体,随着荷载的增大,受力长度内锚固段各点的最大剪应变值也增大。同时,各点最大剪应变值沿着承载体长度自承载板开始衰减的幅度也逐渐增大。当荷载较小时,衰减较为平缓;当荷载较大时,衰减陡峭,甚至是直线式衰减。

(4)随着荷载的增加,注浆体受力长度缓慢增长,但是最大剪应变峰值迅速增大。这说明,对于压力型锚索,当承压注浆体承受的最大剪应变没有达到极限剪应变时,基本上是通过承压段注浆体与孔壁间最大剪应变峰值的增大来实现锚固力的增加。

(5)同一根压力型锚索,在相同的荷载作用下,不同部位承载体对应点处最大剪应变值不同。对于本试验中的锚索,在相同级别的拉拔荷载作用下,距离锚索孔口较远的第一承载体,锚固段受力长度上每一点的最大剪应变值基本上都小于距孔口较近的第二承载体锚固段上对应点处的最大剪应变值。这是由于第一承载体距孔口较远,锚索自由段较长,在孔口处施加的荷载因摩擦作用,传递到该段承压板上的有效压力减小的缘故,此外,这也造成了在相同的荷载作用下,第二承载体最大剪应变值衰减得更快。因此,在进行压力型锚索的设计和施工时,为了使每个承载体受力一致,需要考虑荷载在传递过程中的损失问题。

4 2种形式自由式锚索受力对比分析

对比图3(a)和图3(b)可以发现,2种结构形式的内锚固段与孔壁之间的剪应力分布均是不均匀的,分布长度仅占内锚固段长度的很少一部分,两者之间的不同点是:

(1)最大剪应力产生的部位不相同。对于拉力型预应力锚索,其最大剪应力产生在内锚固段孔口外端,在口部附近剪应力为0,然后随深度增加迅速增大至最大值;对于压力型锚索,其最大剪应力产生在内锚固段注浆体根部,在与承压板接触部位即产生最大剪应力。

(2)剪应力形态和传递规律不同。对于拉力型自由式锚索,孔口至峰值点之前剪应力基本上呈三角形分布,在很短的距离内,剪应力迅速升至峰值;在峰值点之后按照负指数函数规律分布。对于压力型锚索,在承压段顶端产生峰值剪应力,而后按负指数函数规律分布。但是在相同的拉拔荷载作用下,拉力型锚索的负指数函数的回归常数K要小于压力型锚索的回归常数,即在相同的作用力下,压力型锚索内锚固段剪应力衰减得更快。

(3)在相同的拉拔力作用下,峰值剪应变大小不同。如拉力型Ⅰ#锚索,其注浆体剪切模量为1.11×10^4MPa,当拉拔力为400kN时,其峰值剪应力为4MPa,则对应的峰值剪应变为360$\mu\varepsilon$左右;而对于压力型锚索,当拉拔力为440kN时,峰值剪应变为750$\mu\varepsilon$左右,拉拔力比拉力型锚索增大了10%,而剪应变峰值增大了108%。这表明,在相同的拉拔力作用下,压力型锚索的峰值剪应变较大。

(4)随着锚索承受拉力的增大,最大剪应力峰值也增大,但增大的比率不同。对于压力型锚索,当拉力增大时,由底部承压板传至注浆体底部顶端的压力也增大,该部位注浆体因径向变形受限而受到孔壁传来的径向压力,因此,最大剪应力峰值增加迅速,相比较而言,其增大比率要大于拉力型锚索的增大比率。

(5)随着锚索承受拉力的增大，内锚固段有效长度增加比率不同。相对而言，拉力型锚索内锚固段有效长度增加得比较明显，而对于压力型锚索，内锚固段有效长度增加不明显，它主要是依靠迅速增大的注浆体与孔壁间的最大剪切力来平衡增大的拉力值。

(6)对于拉力型锚索，确保承载力的关键是要保证注浆体的长度，尤其是有效长度。这是由于当注浆体不饱满，即锚固段有效周长不足时，锚索体可以通过增加剪应力的有效长度来满足承载力的要求。而对于压力型锚索，确保承载力的关键是要保证注浆体的饱满，即锚固段的有效周长，尤其是与承压板接触的注浆体部分。这是由于注浆体不饱满，当锚固段注浆体受到承压段传来的压力时，其周围没有受到孔壁岩体的约束，径向呈自由变形状态，这样，注浆体在单向压缩状态下极易被压碎，与孔壁间的峰值剪应力提高不上来，而其有效长度又增加不明显，这样，很难达到承载力要求。为避免这种情况的出现，工程上一方面采用水泥砂浆作为注浆体，以降低锚固体的收缩率；另一方面，当承载力要求较高时，宜采用多级压力型锚索，以将作用在注浆体上的压力分散开。

(7)岩体条件、孔径大小、注浆材料等确定了拉力型自由式锚索的承载力，当内锚固段长度达到有效长度后，该承载力并不会随锚索内锚固段长度的增加而增加。由于拉力型自由式锚索施工简单，受力明确，当需要锚固体提供的锚固力在拉力型自由式锚索承载力范围以内时，工程上一般采用这种常用的拉力型自由式锚索；当需要锚固体提供的锚固力较大时，一般采用多级压力分散型自由式预应力锚索。如二广高速公路怀集至三水段高边坡，就采用二级压力分散型自由式预应力锚索对其进行了加固，确保了高速公路高边坡的安全。该高速公路于 2010 年 12 月 10 日正式通车，目前已成为国家高速公路网中的重要组成部分，是广州通向大西南腹地的一条重要通道。

5 结论

2 种形式自由式锚索现场拉拔试验结果表明：

(1)对于拉力型锚索，注浆体与钢绞线之间的最大剪应力值在内锚固段外端自由面处产生，没有向内移，然后各点剪应力值沿锚固段长度衰减；注浆体与孔壁间的最大剪应力值在距外端自由面一定距离处产生，然后各点剪应力值也随锚固段长度衰减；注浆体与钢绞线间最大剪应力值大，随锚固段长度的衰减更快，分布范围也更小。

(2)无论是拉力型还是压力型自由式预应力锚索，在轴向拉力作用下，注浆体与孔壁间的剪应力分布也是很不均匀的，剪应力达到峰值点后，随锚固长度的增大基本上是呈负指数函数关系衰减：对于拉力型锚索，峰值剪应力出现在距内锚固段孔口外端(内锚固段头部)很近的距离内，然后衰减；对于压力型锚索，最大剪应力产生在承压板与内锚固段根部接触部位，然后衰减。

(3)随着拉拔力的增大，拉力型锚索注浆体与孔壁间的峰值剪应力及有效长度均增大，压力型锚索注浆体与孔壁间的峰值剪应力增加明显。相对而言，随着拉拔力的增大，压力型锚索注浆体与孔壁间的峰值剪应力增加比率较大，拉力型锚索有效长度增加比率较大。

(4)对于拉力型锚索，施工关键是要确保锚固体的有效长度；对于压力型锚索，施工关键是要确保注浆体的饱满度，即锚固段的有效周长。

(5)对于给定的加固工程，当需要提供的锚固力在拉力型自由式锚索的承载力范围之内时，一般采用这种施工较为简便的拉力型自由式锚索对岩体进行加固；当需要提供的锚固力较大时，需采用压力分散型自由式锚索，且这种锚索的承载力与承压锚固段分级的数量成正比。

(6)为了保证内锚固段的注浆质量，提高注浆体与孔壁间的有效周长，在锚索注浆施工中，要采用收缩率小的注浆材料。

(7)在相同的荷载作用下,压力型锚索的剪应力峰值大,分布长度短,衰减快。因此,当选取压力型锚索作为加固锚索形式时,要选用高强度的注浆材料,以防止内锚固段失效。

参考文献

[1] 卢灿东.柔性注压锚杆结构参数与锚固性能分析研究.青岛:青岛科技大学,2007.

[2] 顾金才,明治清,沈俊,等.预应力锚索内锚固段受力特点现场试验研究.岩石力学与工程学报,1998,17(增):788-792.

[3] 沈俊.预应力锚索加固机制与设计计算方法研究.合肥:中国科技大学,2005.

[4] 陈安敏,沈俊,冯进技,等.压力分散型锚索锚固性能现场试验研究.铁道建筑技术,2011(9):29-33.

[5] 夏元友,陈泽松,顾金才,等.压力分散型锚索受力特点的室内足尺模型试验.武汉理工大学学报,2010,32(3):33-37.

锚杆垫板形式对洞室抗爆效果的影响试验研究

明治清　顾金才　张向阳　陈安敏　徐景茂　孔福利

内容提要:为了研究爆炸条件下不同垫板形式锚杆对洞室加固效果的影响,现场试验中选择了平板和碗形两种不同的垫板形式。通过抗爆试验,对锚固洞室宏观破坏形态、洞壁位移特征、拱顶位移与比例距离之间的关系以及爆心两侧拱顶各点位移进行了对比,分析了两种垫板形式在爆炸条件下对洞室加固效果的影响。试验结果表明:在爆炸条件下,碗形垫板可以充分发挥锚杆抗拉能力高的特点,拱部围岩经碗形垫板加固后,整体性得到较大提高,对岩体的加固效果较好。

1　引言

大量的工程实践证明,以锚杆、锚索为代表的岩土锚固技术已经成为岩土工程领域的重要分支。不断研究新型岩土锚杆结构形式已成为当前和今后岩土锚固技术的发展趋势[1],国内外学者在研究锚杆结构形式和作用机制方面也一直在进行着不懈的探索[2-4]。

锚杆垫板是锚杆支护系统中的一个重要部件,其力学性能直接影响到整个锚杆的支护效果,如何使锚杆垫板的承载能力与锚杆杆体的承载能力相匹配,是正确选择锚杆垫板的重要原则。平板垫板具有制作简单、安装方便的特点,在水电、交通等领域的岩土工程中应用比较普遍,而碗形垫板(又称托板或托盘)具有较高的承载力和较好的变形特性,在煤矿巷道支护中应用较多[5-7]。但这些都是在静载条件下的应用,在实际应用及理论研究中,对锚杆垫板的承载能力、变形特性,以及同岩体、锚杆的特性的匹配和相互影响等问题的研究[8]还比较少。

近年来,针对爆炸条件下的锚固技术试验研究不断深入[9-13],对开展新型锚杆结构抗爆性能研究、改进地下抗爆结构加固措施和提高其抗爆能力具有重要参考价值。这些研究主要分析了不同锚杆类型、不同长度、不同间距以及不同爆炸部位对洞室抗爆能力的影响,而对不同垫板形式对洞室加固效果的影响尚未进行系统的分析和研究。

本文通过现场试验研究两种不同形式锚杆垫板在爆炸条件下对洞室的加固效果,分析了其对洞室破坏形态、洞壁位移特征以及锚杆受力特点的影响。研究得出的结论对设计爆炸条件下的锚固洞室加固方案和确定锚杆结构形式具有重要的应用价值。

2　试验概况

2.1　现场条件

试验山体岩性以粗粒花岗岩为主,岩体比较破碎,节理裂隙发育,均质性较好,无断层。实测岩

刊于《岩土力学》2012年第10期。

体纵波波速为2300m/s，岩块抗压强度约为121.8MPa，弹性模量为33.7GPa，泊松比为0.2，密度为2.71g/cm^3。

2.2 试验方案

现场试验分常规锚杆试验段、短密锚杆试验段、长密锚杆试验段（间距a分别为0.7m、0.35m和0.35m，长度L分别为1.5m、1.0m和1.5m）和无锚杆试验段，各段均带有网喷结构。每个试验段长为4.0m，相邻试验段间设置0.3m宽的间隔段，网喷试验段末端向内延长0.6m。试验洞室跨度为3.0m，高为2.5m，轴线长为17.5m。试验洞室断面如图1所示。

试验采用平板垫板和碗形垫板进行对比。垫板尺寸均为10mm×150mm×150mm，材料为Q235，垫板中心均留$\phi=30$mm的螺栓孔，碗形垫板碗口高30mm。

两种锚杆垫板试验区分界均以爆心为准，爆心前方（即靠近洞口）为平板垫板区，爆心后方为碗形垫板区。布置好的锚杆垫板见图2。

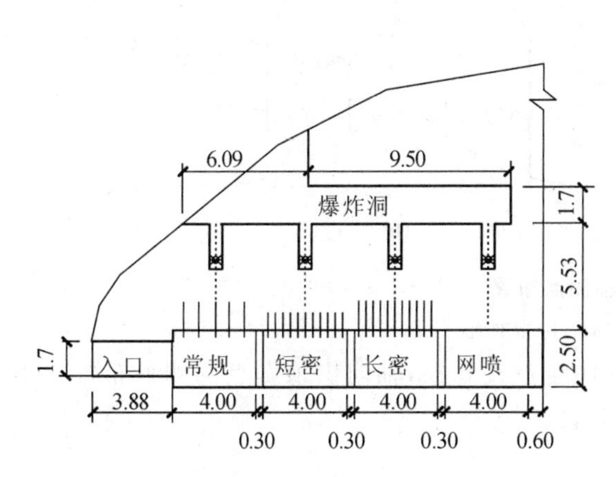

图1 试验段布置（单位：m）

图2 锚杆垫板布置

2.3 施工工艺

锚杆杆体是直径为ϕ25mm的螺纹钢筋，锚杆外端加工成M22×2.5的丝杆，丝杆长为8cm。清除锚杆头部的丝杆上的水泥砂浆等污物后，安装垫板，上紧螺母。

所有锚杆均采用全长注浆，注浆材料配比为水泥：砂：水：三乙醇胺＝2：1：0.8：0.0005，水泥标号为P·O 32.5。该注浆材料弹性模量为14.75GPa，泊松比为0.13，抗压强度为40MPa。

钢筋网材料选用ϕ6.5mm的圆钢，网孔间距为17.5cm×17.5cm。为保证钢筋网与锚杆共同受力，在纵、横交叉点处，隔点绑扎，钢筋网紧贴岩面，分别用两种锚杆垫板压紧。

喷射混凝土材料配比为水泥：水：砂＝1：1：2，喷层厚度为7～8cm。

2.4 爆炸方案

在试验洞上方5.5m处，挖一条水平爆炸洞，跨度为1.0m左右，高度为1.7m左右。由爆炸洞底板向下开挖爆炸孔，每个孔位均处于试验段中心，炸药放在孔底埋置爆炸，每次爆炸均按完全埋置爆炸条件确定埋深。

$$h=mk_{\mathrm{p}}\sqrt[3]{W}=1.65\times0.58\times\sqrt[3]{W} \tag{1}$$

其中，h 为装药埋置深度（m）；m 为填塞系数；k_p 为材料常数；W 为装药量（kg）。试验所用炸药为 TNT，集团装药，装药密度 $\rho=1.6\mathrm{g/cm^3}$。

2.5　量测内容

试验中的量测内容有洞壁位移、洞壁加速度、锚杆应变和钢筋网应变。限于篇幅，本文仅对洞壁位移和锚杆应变量测内容进行分析。

每个试验段设 8 个位移测点，其中 6 个布置在爆心两侧，分别测量平板垫板区和碗形垫板区的拱顶位移，另外 2 个分别布置在左右侧墙中间位置，测量边墙水平位移。测点布置见图 3。

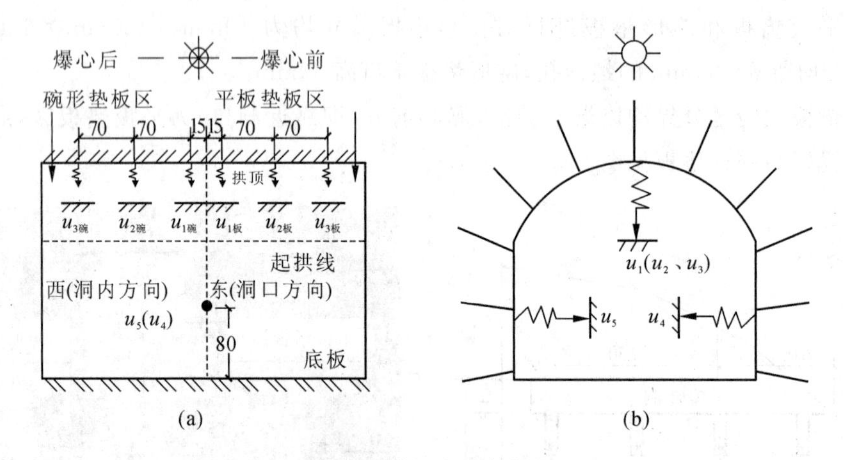

图 3　洞壁位移测点布置

(a)纵剖面(单位:cm)；(b)横剖面

在每个试验段爆点下布置 7 根测量锚杆。其中环向布置 5 根，轴向拱顶爆点两侧各布置 1 根，每根锚杆上分布 4 个测点，共计 28 个应变测点，见图 4。

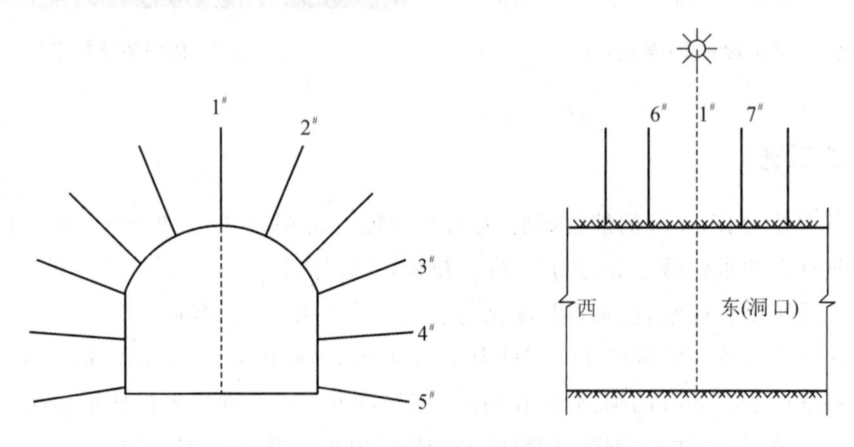

图 4　测量锚杆布置

锚杆编号分别为 1# ～7#，其中 6#、7# 测量锚杆分别布置在爆心下左右两侧，以测量平板垫板和碗形垫板试验区锚杆的不同受力状态。

3 试验结果及分析

3.1 洞室宏观破坏形态

在集团装药爆炸条件下，各试验段洞室的破坏部位仅限于洞室拱部，洞室边墙基本完好。

由于锚杆内端离爆心较近，爆炸使其内端产生很大的冲击压力，通过杆体运动直接传给锚杆外端的混凝土喷层，同时爆炸在锚杆体内产生很大的冲击压应力波在锚杆体内传递，当压应力波传到锚杆外端混凝土喷层表面时便产生反射拉伸波，致使混凝土喷层内产生反射拉伸应力。所以，在各锚杆支护段，均有多处拱部锚杆在其外端和垫板上发生混凝土喷层局部震落。其中平板垫板区喷射混凝土层破坏块体和开裂程度比碗形垫板区略大一些，平板垫板外喷层全部脱落，而碗形垫板外只有局部钢筋网外露，见图5。

(a)

(b)

图5 不同垫板外喷层破坏形态

(a)平板垫板；(b)碗形垫板

3.2 洞壁位移特征

试验表明，拱顶部位的向下位移峰值远远大于侧墙中部的位移峰值。当爆炸点在正拱顶上方时，拱顶位移对洞室的破坏起关键作用。而侧墙中部位移很小，对洞室的破坏形态和过程基本上没有影响。文献[14]给出了各试验段爆心下拱顶位移波形。

从位移波形来看，对同一个试验段而言，碗形垫板区的拱顶位移均小于平板垫板区的拱顶位移。这说明碗形垫板比平板垫板对围岩提供了更大的支撑力。

为了便于对比，将3个锚杆加固段的爆心下拱顶位移峰值列于表1，并将短密锚杆试验段的碗形垫板和平板垫板的拱顶位移值作为一个位移单位，进行抗爆效果对比（即短密锚杆括号内的数字为1，常规锚杆和长密锚杆括号内的数字是与之对比的比值）。

表1 爆心下拱-顶最大位移峰值比较 单位：mm

支护形式	碗形垫板 $u_{碗}$	平板垫板 $u_{板}$	碗形/平板 $u_{碗}/u_{板}$
常规锚杆	38.17(3.41)	47.44(3.12)	0.80
短密锚杆	11.20(1.00)	15.20(1.00)	0.74
长密锚杆	19.87(1.77)	22.17(1.46)	0.90

从表 1 可以看出，不同的试验段其爆心下拱顶最大位移峰值也不相同。在常规锚杆试验段中，碗形垫板比平板垫板的位移峰值小 20%，在短密锚杆试验段中小 26%，在长密锚杆试验段中小 10%。

3.3　爆心两侧拱顶各点位移对比

图 6 是现场试验第 5 炮次锚杆加固试验段爆心两侧拱顶位移峰值曲线。

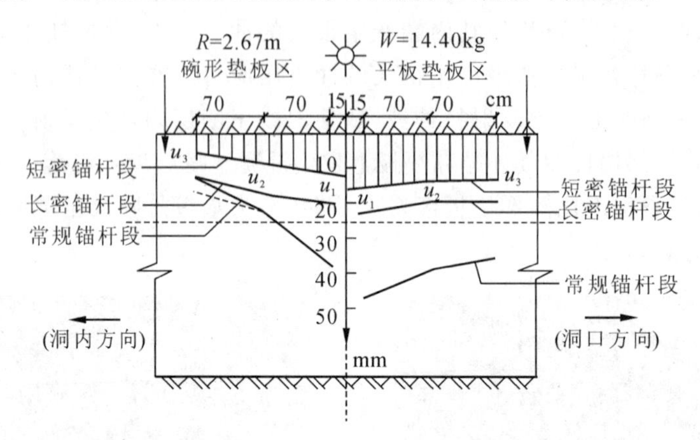

图 6　第 5 炮次拱顶位移峰值曲线

从各试验段对比来看，短密锚杆的拱顶各点位移最小，长密锚杆的次之，常规锚杆的最大。就同一试验段来说，越靠近爆心，拱顶位移峰值越大，离爆心越远，拱顶位移峰值越小。从爆心两侧对应点的拱顶位移来看，平板垫板的较大，碗形垫板的较小，后者比前者平均小 18.7%，这是因为碗形垫板具有比平板垫板变形刚度大、在同等荷载条件下产生的变形小的特点。

3.4　拱顶位移与比例距离之间的关系

当装药量较小及爆点距离拱顶较远时，垫板形式对抗爆效果的影响较小，随着装药量加大及爆点到拱顶距离的缩小，垫板形式对抗爆效果的影响逐渐加大。整体上看，锚杆越长，其加固洞室的拱顶位移对装药量和爆距的反应越明显，说明更早到达极限抗力点。试验结果表明，各试验段拱顶位移与比例距离之间的关系均呈负指数关系，可用下列函数式来表示：

$$u/D = a(R/W^{1/3})^{-b} \tag{2}$$

其中，u 为拱顶位移(m)；D 为洞室跨度(m)；a、b 为拟合参数；R 为爆距(m)；W 为药量(kg)。

为便于对比平板垫板和碗形垫板加固段的差别，将各试验段的极限抗力比值列于表 2，并将短密锚杆试验段的碗形垫板和平板垫板的极限抗力比值作为一个位移单位，进行抗爆效果对比（即短密锚杆括号内的数字为 1，常规锚杆和长密锚杆括号内的数字是与之对比的比值）。

表 2　各试验段极限抗力比值

支护形式	碗形垫板	平板垫板	碗形/平板
常规锚杆	0.9(1.80)	1.1(1.57)	0.818
短密锚杆	0.5(1.00)	0.7(1.00)	0.714
长密锚杆	0.7(1.40)	0.8(1.14)	0.875

从表 2 中数据可以看出，短密锚杆支护段极限比例距离较小，极限抗力最高，比长密锚杆支护段高 30%左右，比常规锚杆支护段高 70%左右；各个试验段的碗形垫板比例距离较平板垫板小 13%～29%，说明经碗形垫板锚杆加固的洞室，其极限抗力较高。

3.5 锚杆应变特征

在本次现场试验中，锚杆大部分处于受压状态，仅在破坏阶段部分锚杆才出现拉应变状态。从爆点两侧拱顶锚杆应变来看，对于平板垫板加固区，常规锚杆受拉点多于长密锚杆和短密锚杆，当常规锚杆平板垫板加固区已经处于破坏状态时，其他两个加固区还没有显现出破坏状态。对于碗形垫板加固区，短密锚杆不论是头部、根部还是中间部位，均是先受压，然后反弹；长密锚杆头部、根部和中间部位均是一直受压；常规锚杆头部和根部及中间部位是先受压，后反弹，最终处于受压状态。

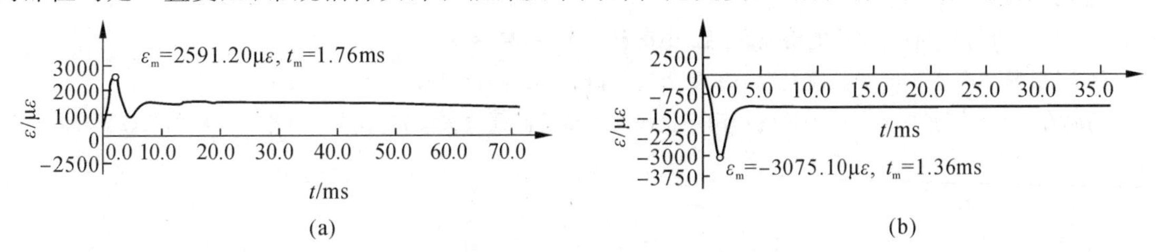

图7 短密锚杆支护段拱顶锚杆应变波形

(a)平板垫板拱顶锚杆4#测点应变波形；(b)碗形垫板拱顶锚杆4#测点应变波形

通过现场试验数据分析和图7两个波形对比可以看出，平板垫板区与碗形垫板区的爆点两侧拱顶锚杆对应测点的应变状态明显不同，差别较大。同一个试验段中，平板垫板区拱顶锚杆先受拉点也比碗形垫板要多。这说明锚杆头部垫板形状对锚杆的受力状态有较大的影响，碗形垫板区锚杆充分发挥了锚杆抗拉能力高的特点。

4 结论

(1)在爆炸荷载条件下，无论是常规锚杆、短密锚杆还是长密锚杆试验段，碗形垫板都比平板垫板对岩体的支撑效果好，尤其是在短密锚杆条件下，碗形垫板的加固效应更为明显。

(2)在小药量及爆点距离拱顶较远时，垫板形式对加固效果的影响较小。随着药量的增大及爆点距拱顶距离的减小，垫板形式对加固效果的影响逐渐加大。

(3)锚杆头部垫板形状对锚杆的受力状态有较大影响。使用碗形垫板可以充分发挥锚杆抗拉能力高的特点。

(4)在爆炸荷载作用下，经碗形垫板加固后，拱部围岩整体性得到较大提高。

参考文献

[1] 陈安敏，沈俊，顾金才，等. 岩土锚固技术研究现状、成就与展望. 防护工程，2010，32(3)：66-73.

[2] OSGOUI R R，UNAL E. An empirical method for design of grouted bolts in rock tunnels based on the geological strength index(GSI). Engineering Geology，2009，107(3-4)：154-166.

[3] ORESTE P. Distinct analysis of fully grouted bolts around a circular tunnel considering the congruence of displacements between the bar and the rock. International Journal of Rock Mechanics and Mining Sciences，2008，45(7)：1052-1067.

[4] 王祥厚，蔡长安. 锚杆垫板与围岩间的解析解. 采矿与工程学报，1996(1)：34-37.

[5] 康红普，王金华，林建. 煤矿巷道锚杆支护应用实例分析. 岩石力学与工程学报，2010，29(4)：649-664.

[6] 张强勇，王建洪，费大军，等. 大岗山水电站坝区岩体的刚性承压板试验研究. 岩石力学与工程学报，2008，27(7)：1417-1422.

[7] 李志民,冯连.现场岩体变形试验刚性承压板法的影响因素.吉林水利,2005(10):19-22.
[8] 袁溢,漆泰岳.全锚锚杆托板效应的数值模拟分析.矿业工程,2006,4(5):65-67.
[9] 顾金才,陈安敏,徐景茂,等.在爆炸荷载条件下锚固洞室破坏形态对比试验研究.岩石力学与工程学报,2008,27(7):1315-1320.
[10] 曾宪明,王振宇,李世民,等.新型优化弱化复合锚固结构抗爆宏观效应试验研究.岩石力学与工程学报,2010,29(10):2069-2075.
[11] 王光勇,顾金才,陈安敏,等.顶爆作用下锚杆破坏形式及破坏机制模型试验研究.岩石力学与工程学报,2012,31(1):27-31.
[12] 杨自友.锚固洞室的抗爆性能研究.合肥:中国科技大学,2008.
[13] 张亮亮.抗爆洞室不同部位预应力锚索受力特征研究.武汉:武汉理工大学,2009.
[14] 马海春,顾金才,张向阳,等.喷锚支护洞室抗爆现场试验洞顶位移研究.岩土工程学报,2012,34(2):369-372.

锚杆长度和间距对洞室抗爆性能影响研究

徐景茂　顾金才　陈安敏　张向阳　明治清

内容提要：根据 Froude 相似理论，通过模型试验，对普通锚杆、中密锚杆、长密锚杆、短密锚杆、长短相间密锚杆加固洞室的抗爆性能进行了研究，分析了不同长度、间距的全长黏结式锚杆加固洞室在围岩应力、洞壁加速度、洞室拱顶底板相对位移、洞壁环向应变、洞室破坏形态等方面的不同特点。采用 FLAC 3D 对模型试验进行了模拟，并利用参数化建模方法分析了洞顶位移随锚杆长度、间距的变化规律。研究结果表明：减小锚杆间距比增加锚杆长度更能有效地提高洞室抗爆能力，且锚杆间距必须达到一定密度时才可以阻止围岩裂缝进入锚固区；在锚杆长度相同的情况下，密锚杆能明显减小洞室拱顶加速度峰值、拱顶底板相对位移峰值、残余值和拱脚部位压应变峰值、残余值；当锚杆长度增加到一定程度后，加固的效果并不明显，而且带来了底板加速度峰值、拱顶拉应变峰值的增加；锚杆的最佳长度可取为 1/3 洞室跨度，锚杆的最佳间距可取为 1/15 洞室跨度。

1　引言

锚杆加固作为一种有效的、主动的岩体加固方式[1-3]，被广泛应用于民用工程和国防工程中，如地下厂房、煤矿巷道、地下机库、导弹发射井等，众多学者通过大量的研究，已基本弄清了锚杆在静载作用下的加固机制和设计计算方法[4-6]，但随着现代精确制导钻地武器的发展[7-9]，地下锚固洞室将受到爆炸荷载的威胁，然而锚杆的动态力学性能，特别是其对围岩的抗爆加固效果等方面的研究却相对较少。Tannant 等[10]通过现场试验，研究了端头锚固锚杆在爆炸载荷作用下的动力特性，测量了锚杆的动态应变和岩体表面质点速度，指出爆炸荷载对锚杆预应力的影响主要有爆炸脉冲振幅、持续作用时间和荷载循环 3 个因素。Ortlepp 等[11]研究了静载和动载条件下大变形坑道的加固形式，指出屈服锚杆可以吸收大量能量而使坑道不发生破坏。杨苏杭等[12]用模型试验研究了爆炸过程中锚杆预应力的变化情况。易长平等[13]通过理论分析，研究了爆破振动对砂浆锚杆的影响。Zhang 等[14]、薛亚东等[15]、荣耀等[16]分别利用数值模拟，研究了锚杆在应力波作用下的力学响应。杨湖等[17]通过理论分析研究了波在锚杆体内波动能量的外泄特征以及弹性波在锚杆、岩土介质及其耦合体系中的传播规律，得到了波在锚固体系中的衰减规律及传播机制。

本文根据 Froude 相似理论，通过集中装药下的模型试验，对普通锚杆、中密锚杆、长密锚杆、短密锚杆及长短相间密锚杆加固洞室的抗爆性能进行了研究，分析了不同长度、间距的全长黏结式锚杆加固洞室在围岩应力、洞壁加速度、洞室拱顶底板相对位移、洞壁环向应变、洞室破坏形态等方面的不同特点。本文还采用 FLAC 3D 对模型试验进行了模拟，并利用参数化建模方法分析了洞顶位移随锚杆长度、间距的变化规律。

刊于《岩土力学》2012 年第 11 期。

2　模型试验研究

2.1　相似理论

目前模型试验中广泛采用的两种相似理论为复制相似理论和 Froude 相似理论。两种相似理论的相似比例系数见表 1。

表 1　相似比例系数

变量	比例系数	Froude 比例系数	复制比例系数
长度	l	l	l
质量密度	ρ	ρ	$\rho=1$
加速度	a	$a=1$	$a=1/l$
时间	$t=(l/a)^{1/2}$	$t=l^{1/2}$	$t=l$
应力	$\sigma=\rho al$	$\sigma=\rho l$	$\sigma=1$
速度	$v=(al)^{1/2}$	$v=l^{1/2}$	$v=1$
力	$f=\rho al^3$	$f=\rho l^3$	$f=l^2$
重度	$\gamma=\rho a$	$\gamma=\rho$	$\gamma=1/l$
应力冲量	$i=\rho(al^3)^{1/2}$	$i=\rho l^{3/2}$	$i=l$
能量	$W=\rho al^4$	$W=\rho l^4$	$W=l^3$

注：表中各个字母不代表变量，而是代表相应变量的比例系数，如 l，是由 l_m/l_p 给出的，其中 m、p 分别表示模型和原型，其余类推；无量纲变量的比例系数均为 1。

复制相似理论中试验模型通常由与原型一样的材料构成，其比例定律表明，加速度比例系数应该是长度比例系数的倒数，这一要求可用离心机来满足；Froude 相似理论中基本变量由长度、质量密度和加速度组成，加速度被选作基本变量并且指定它的比例系数为单位 1，因而不需要采用离心机进行试验，但其比例定律表明，原型材料不能用来制作小比尺模型，而应该用相似材料代替原型材料，它要求应力比例系数 K_σ、密度比例系数 K_ρ 和几何比例系数 K_L 之间满足关系：$K_\sigma=K_\rho K_L$。因为密度比例系数与几何比例系数的乘积通常小于 1，所以相似材料必须比原型材料更软。本次模型试验根据 Froude 相似理论，采用相似材料来开展。

2.2　模型设计

试验原型洞室为直墙拱顶型，跨度为 5m，Ⅲ类围岩，完全埋置爆炸 TNT 当量 500kg。

Ⅲ类围岩采用低标号水泥砂浆模拟，其力学参数见表 2。

表 2　模型介质材料力学参数

抗压强度 R_c/MPa	抗拉强度 R_t/MPa	弹性模量 E/MPa	泊松比 ν	黏聚力 c/MPa	内摩擦角 φ/(°)	密度 ρ /(g/cm³)	含水率 w/%
1.827	0.176	1832	0.156	0.573	47.6	1.797	5.82

模型洞室跨度 D 为 60cm，相似比例系数可确定为：几何比例系数 $K_L=0.12$，密度比例系数 K_ρ

$=0.70$，应力比例系数 $K_\sigma=0.084$。ϕ25mm 的螺纹钢筋锚杆采用 ϕ1.84mm 的铝棒模拟，近似满足抗拉变形刚度相似。模型中锚杆孔直径为 6mm，注浆材料采用石膏浆模拟，其力学参数如表 3 所示。

表 3　石膏浆材料力学参数

R_c/MPa	R_t/MPa	E/MPa	ν	c/MPa	φ/(°)
3.80	0.34	2580	0.21	0.87	35

试验中装药量按爆炸应力波峰值相似来确定，爆炸应力波峰值计算公式[18]为

$$P=160f\rho C(\overline{R})^{-n} \tag{1}$$

其中，P 为应力波峰值；ρ 为介质密度；C 为应力波波速；f 为耦合系数；n 为衰减系数；$\overline{R}$为比例距离，$\overline{R}=R/W^{1/3}$，R 为所求点至爆心距离，W 为装药量。根据相似理论，装药量的立方根相似比例系数为

$$K_{W^{1/3}}=(K_f)^{-1/n}(K_L)^{1+\frac{1}{2n}} \tag{2}$$

试验中取 $K_f=1.3$，$n=1.8718$，从而求得模型中装药量 $W_m\approx103.7$g，试验中取为 100g。

模型试验在总参工程兵科研三所“岩土工程抗爆结构模型试验装置”[19]上进行，每块模型尺寸均为长×宽×高=240cm×150cm×230cm。沿着模型的长度方向开挖直墙拱顶型毛洞，其跨度为 60cm，直墙高 25cm，拱高 17cm，圆拱半径 35cm。为了尽可能地创造相同的对比试验条件和减少试验工作量，将每个毛洞分为两个试验段，每段长 120cm，在试验段的中间部位采用不同类型的锚杆对毛洞进行加固，加固长度为 60cm，加固范围以外仍为毛洞，从而形成两个加固试验段。加固试验段之间用一宽 1cm、深 5cm 的槽隔开，以保证各加固形式的边界条件相同。各加固洞室参数如表 4 和图 1 所示。爆心在各加固段中部正上方，每个加固段进行 3 次爆炸试验，爆心距洞室拱顶的距离 R 分别为 83cm、63cm、48cm，装药对应的埋深 H_e 分别为 50cm、70cm、85cm，洞室埋深 $H=R+H_e=133$cm 保持不变。试验时在爆心正下方围岩中布置了垂直应力测点，在洞室拱顶和底板布置了加速度测点，在洞室拱顶和底板之间布置了相对位移测点，在洞壁环向布置了应变测点，如图 2 所示。试验完成后对模型进行解剖，分析洞室破坏形态。

表 4　模型试验概况

模型编号	加固洞室	锚杆长度 l/cm	锚杆间距 d/cm
TEST1	M_1（普通）	18	9
	M_2（长密）	18	3
TEST2	M_3（中密）	18	6
	M_4（长密）	18	3
TEST3	M_5（长短相间密）	18、6	12、3
	M_6（短密）	6	3

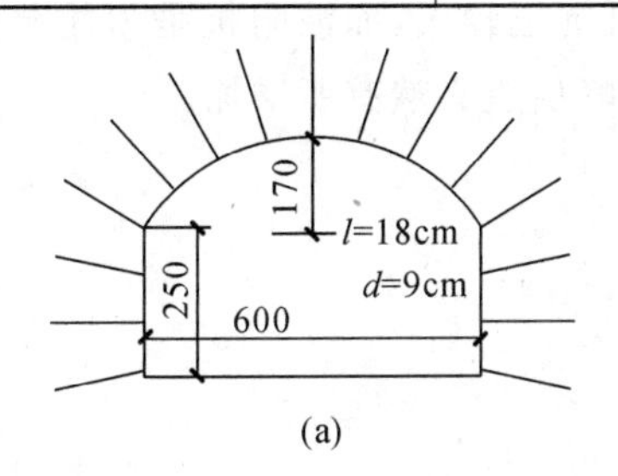

(a)

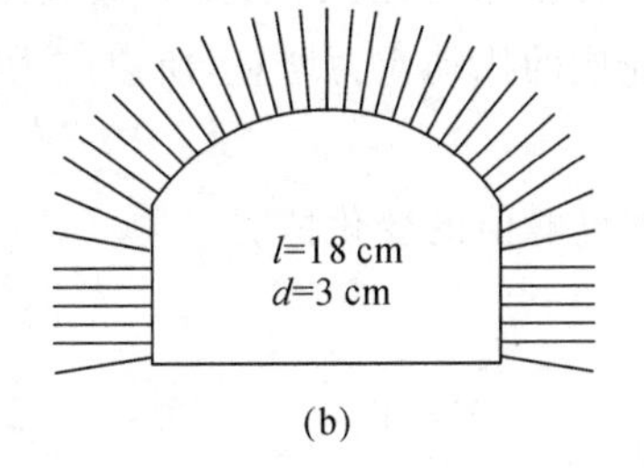

(b)

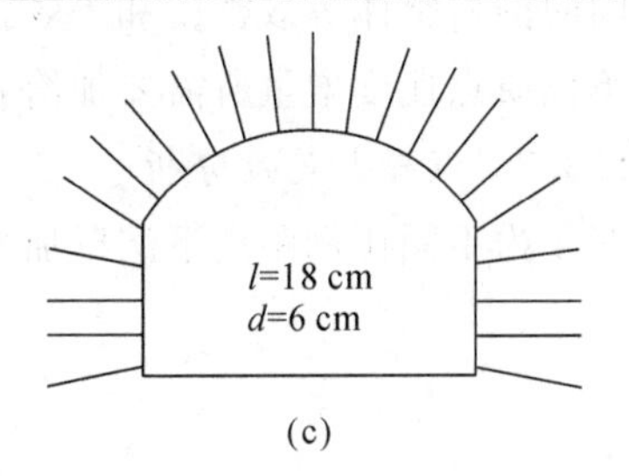

(c)

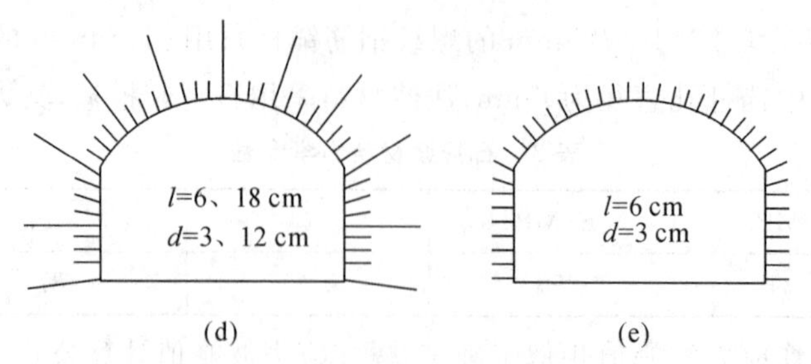

图1　各洞室加固形式(单位:mm)

(a)洞室 M_1;(b)洞室 M_2、M_4;(c)洞室 M_3;(d)洞室 M_5;(e)洞室 M_6

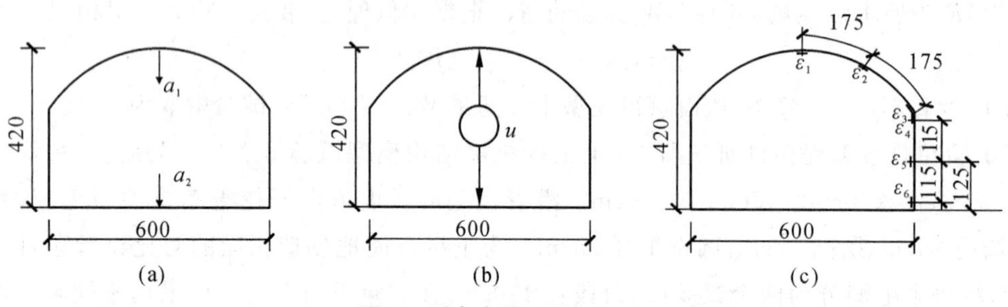

图2　测点布置(单位:mm)

(a)加速度测点;(b)位移测点;(c)应变测点

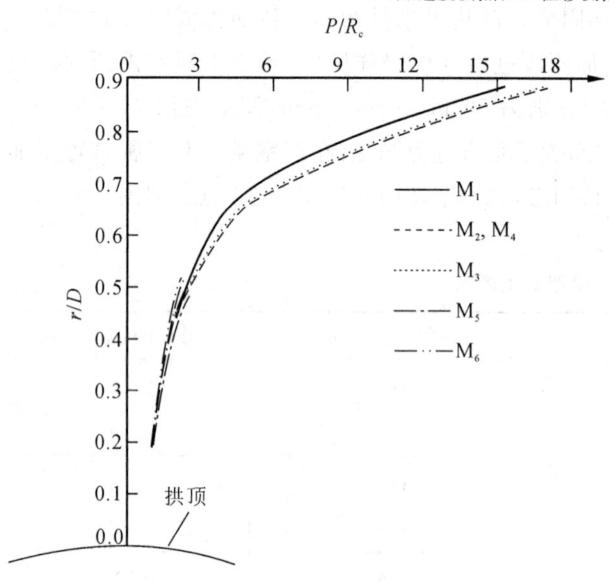

图3　围岩垂直应力峰值实测结果($R/W^{1/3}=1.3573\mathrm{m/kg^{1/3}}$)

2.3　试验结果分析

2.3.1　围岩应力分析

以第2炮($R=63$cm)为例,爆心正下方洞室拱顶正上方围岩垂直应力峰值 P 实测结果如图3所示,图中 r 为测点至拱顶的距离,R_c 为模型介质抗压强度,$R/W^{1/3}$ 为比例爆距($\mathrm{m/kg^{1/3}}$)。比较 M_1、M_2、M_3 可以看出,锚杆长度相同时,随锚杆间距的减小,围岩垂直应力峰值略有增大($M_1<M_3<M_2$);比较 M_4、M_5、M_6 可以看出,锚杆间距相同时,随锚杆长度的增加及长锚杆数量的增多,围岩垂直应力峰值也略大($M_6<M_5<M_4$)。这是因为间距小、长度大的锚杆加固的围岩整体等效密度和等效弹性模量都略大,从而等效波阻抗也较大,而波阻抗是为使介质产生单位质点速度增量所需要加给介质的扰动应力增量,所以应力峰值也必然有所增加。

2.3.2　洞壁加速度分析

图4为不同比例距离下洞壁加速度峰值的变化情况。

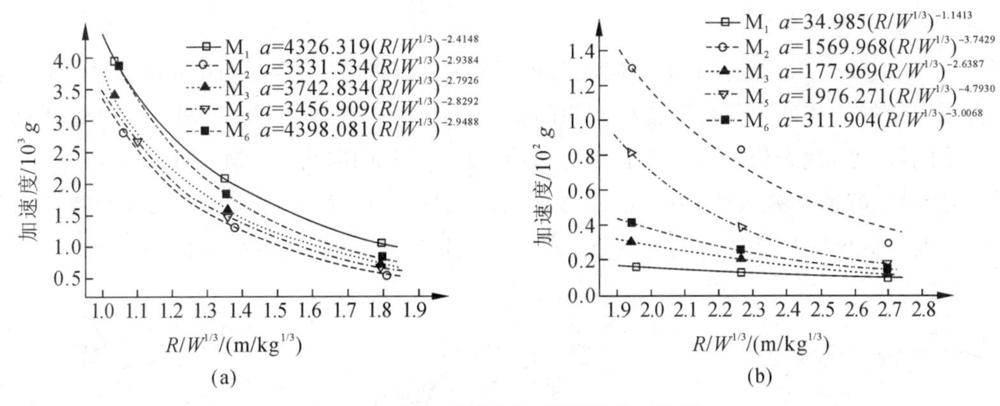

图 4　加速度峰值与比例距离关系曲线

(a)拱顶加速度;(b)底板加速度

比较 M_1、M_2、M_3 可以看出,锚杆长度相同时,随锚杆间距的减小,拱顶加速度峰值明显减小($M_1>M_3>M_2$),而底板加速度峰值则明显增加($M_1<M_3<M_2$),如 M_2 拱顶加速度峰值比 M_1 小 29%～40%,M_2 底板加速度峰值比 M_1 大 2～7 倍。比较 M_2(M_4)、M_5、M_6 可以看出,锚杆间距相同时,随锚杆长度的增加及长锚杆数量的增多,拱顶加速度峰值明显减小($M_6>M_5>M_2$),而底板加速度峰值则明显增加($M_6<M_5<M_2$),如 M_2 拱顶加速度峰值比 M_6 小 25%～29%,M_2 底板加速度峰值比 M_6 大 1～2 倍。从图 4(b)还可看出,当锚杆间距减小、锚杆长度增加及长锚杆数量增多时,底板加速度峰值随比例距离减小而增加的速度也更快。其原因是小间距的密锚杆加固围岩的整体性较好,长锚杆加固围岩的范围较大,在洞室上方形成的高强拱圈能承受更大的荷载,并将荷载通过围岩传至侧墙及底板,从而使底板加速度峰值随比例距离减小而迅速增大;相对而言,大间距锚杆加固围岩的整体性较差,短锚杆加固围岩的范围较小,使得洞室上方加固区以外的围岩容易破坏,并产生卸荷作用,导致传至底板的荷载相对较小,底板加速度峰值增速相对不明显。

2.3.3　洞壁位移分析

图 5 为不同比例距离下拱顶底板相对位移峰值及位移残余值的变化情况。从图中可看出,在锚杆长度相同时,无论是位移峰值还是位移残余值,均随锚杆间距的减小而大幅度减小($M_1>M_3>M_2$),如 M_2 位移峰值和残余值分别比 M_1 小 63%～81%和 65%～86%。在锚杆间距相同时,随锚杆长度的增加及长锚杆数量的增多,位移峰值和残余值也有一定程度的减小($M_6>M_5>M_2$),如 M_2 位移峰值和残余值分别比 M_6 小 42%～67%和 19%～69%。

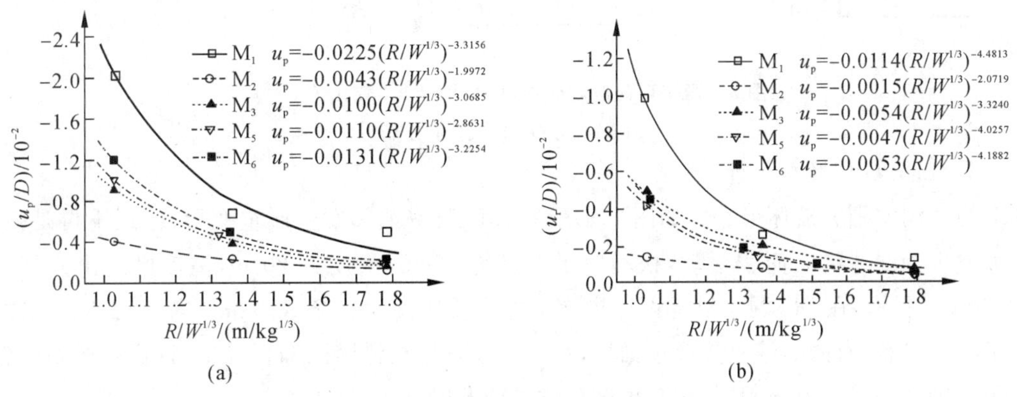

图 5　拱顶底板相对位移峰值及位移残余值与比例距离关系曲线

(a)位移峰值;(b)位移残余值

2.3.4　洞壁应变分析

图 6 为第 2 炮(R=63cm)时洞壁环向应变峰值和残余值的分布。从图中可看出,在锚杆长度相同时,拱脚压应变峰值和残余值均随锚杆间距的减小而明显减小($M_1>M_3>M_2$),如 M_2 拱脚压应变峰值比 M_1 约小 31%,残余值比 M_1 约小 46%;在锚杆间距相同时,比较 M_2、M_5、M_6 可知,长锚杆虽能减小拱脚压应变峰值和残余值,但并不如锚杆间距那样明显,而且使得拱顶拉应变峰值明显增大($M_5>M_2>M_6$),局部增长锚杆时尤为严重,如 M_5,约为 M_6 拱顶拉应变峰值的 4.5 倍。

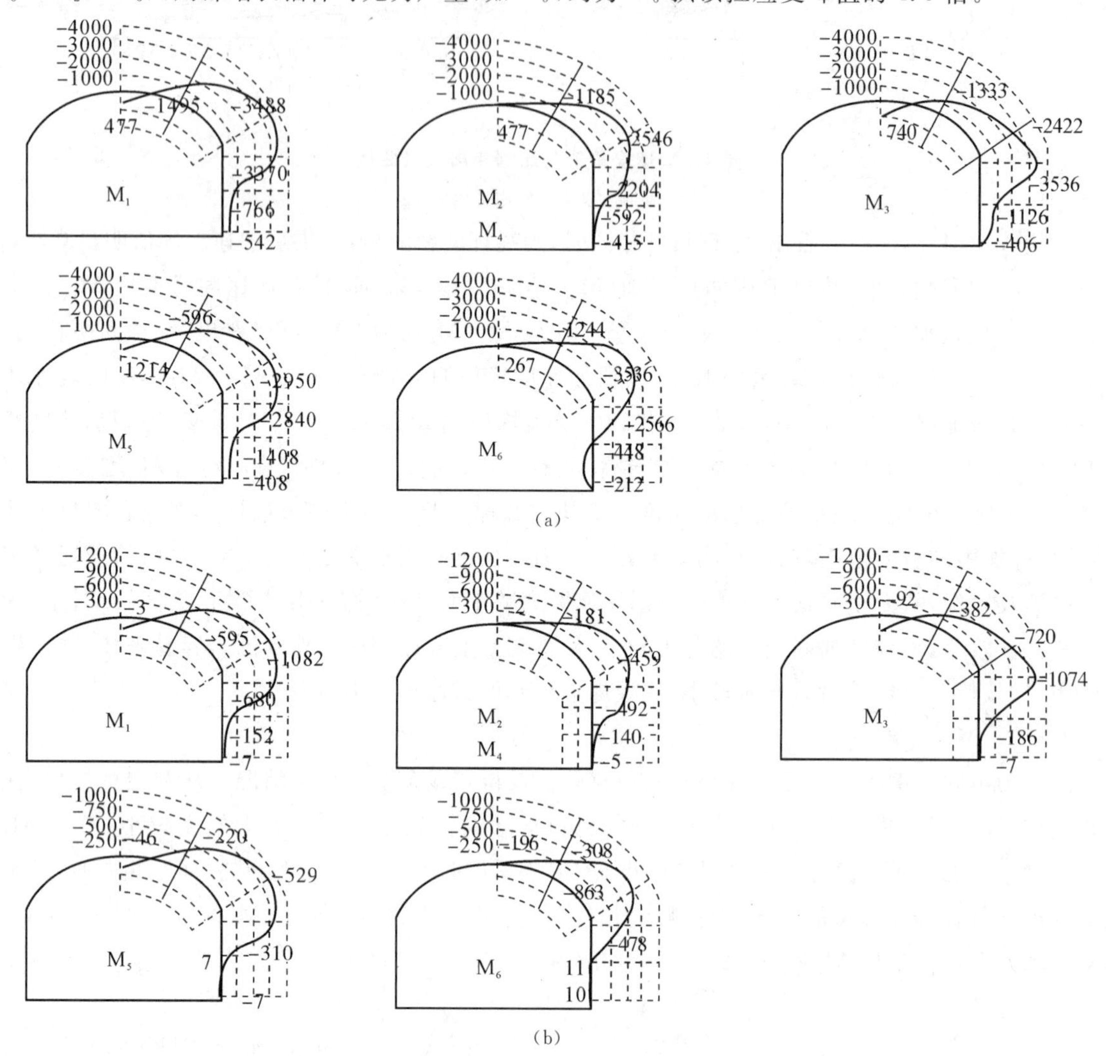

图 6　洞壁环向应变分布($R/W^{1/3}$=1.3573m/kg$^{1/3}$)

(a)峰值分布;(b)残余值分布

2.3.5　围岩破坏形态分析

图 7 为各洞室围岩破坏形态。如图 7(a)所示,M_1 洞室拱部发生严重变形,已经不再是弧形,且拱顶上方发生倒漏斗状大面积松动,松动范围宽度为 42cm,高度为 20cm,高度已超出锚杆加固区域。如图 7(c)所示,在 M_3 洞室拱部两侧拱脚上方介质内产生一条或多条斜向剪切裂缝,裂缝由爆心向下呈喇叭口状,有的裂缝直接穿过锚杆,有的裂缝发生在锚固区锚杆外端,这说明较稀的锚杆支护不能阻止围岩裂缝进入锚固区,裂缝可以跨过锚杆发展。

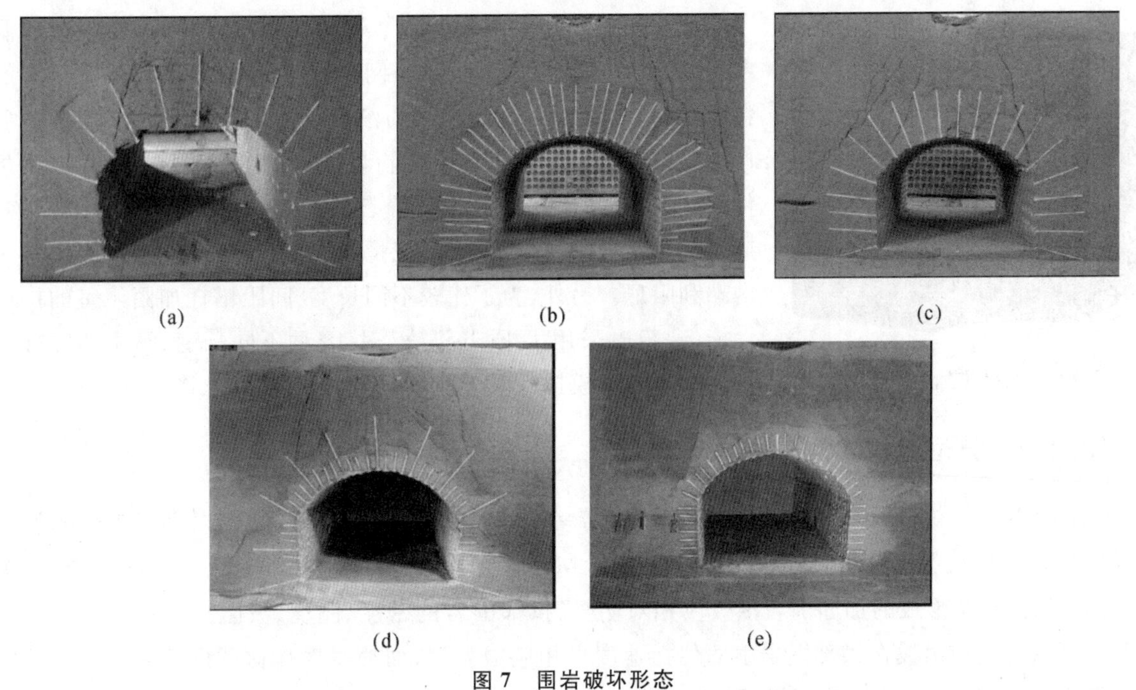

图 7　围岩破坏形态

(a)洞室 M_1；(b)洞室 M_2；(c)洞室 M_3；(d)洞室 M_5；(e)洞室 M_6

如图 7(b)所示，M_2 洞室与 M_3 洞室相比，虽然二者均在洞室拱脚部位产生多条斜向裂缝，但 M_2 洞室围岩裂缝均发生在锚杆长度范围之外，锚杆内部未见裂缝，这说明加大锚杆密度可以阻止裂缝的穿入。如图 7(e)所示，M_6 也是在洞室拱部两侧拱脚部位产生一条或多条斜向裂缝，并且裂缝也是只发生在锚杆长度之外，没有穿入锚固区内，但裂缝部位与长密锚杆支护洞室 M_2 相比更靠近洞壁，因而危险程度也相应较大。如图 7(d)所示，M_5 与 M_6 相比，在短密锚杆支护的基础上，相间增加了几根长锚杆，就阻止围岩裂缝的产生与发展来说，没有起明显作用，围岩裂缝毫无改变地穿过了长锚杆。

3　数值模拟分析

3.1　计算模型

采用 FLAC 3D 对模型试验进行模拟，材料模型采用 Mohr-Coulomb 弹塑性本构模型。FLAC 3D 程序中缺少模拟炸药爆炸的药包单元，爆炸荷载动力源需要人工输入。试验中实测 100g TNT 集团装药形成的爆腔半径为 15cm 左右。根据实测压力波形及其衰减规律的分析，得到爆腔处的压力曲线，如图 8 所示。

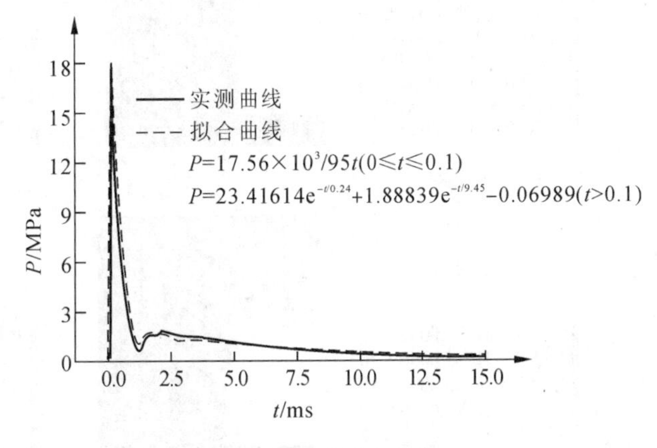

图 8　爆腔处压力曲线

将上述拟合曲线施加到 FLAC 3D模型体内与模型试验爆点深度一样、半径一样的球腔(爆腔)内壁上，如图 9 所示，即可模拟爆炸荷载。

图 9　爆腔处施加的动压力荷载

根据试验模型的对称性取 1/4 模型进行建模，爆腔附近和洞室周围网格划分较细，其他部分网格较疏，这样既可以保证计算的精度，又不至于造成计算时间的浪费。为了避免应力波传至边界产生反射波，从而影响计算结果，在模型中引入了非反射边界条件，本次计算采用软件自带的静态黏滞边界。实际岩体的阻尼效应是非常明显的，它使得爆炸能量散失而耗损，计算中采用了常用的瑞利阻尼。另外，为了比较不同长度、间距锚杆加固洞室的抗爆性能，建模时采用了 Fish 语言，对 48 种不同长度、间距的锚杆支护方案进行了模拟。限于篇幅，这里只对计算位移进行分析。

3.2　计算位移与实测位移的比较

图 10 为第 1 炮（R=83cm）时各加固洞室在 t=10ms 时的计算位移云图，可以看到未加固洞室 M_0 的拱顶位移集中现象最明显，其次是 M_1、M_6、M_3，而 M_2、M_5 的拱部位移趋于均匀化，这是因为 M_2、M_5 加固方案形成的加固围岩拱效应相对明显，拱部围岩的密度、刚度、波阻抗在更大范围内得到较大的提高，应力波在拱部围岩中的传播速度也相应增大，从而使得爆炸荷载迅速转移至侧墙外围[图 10(c)、图 10(e)]，减小了拱部荷载的集中程度。

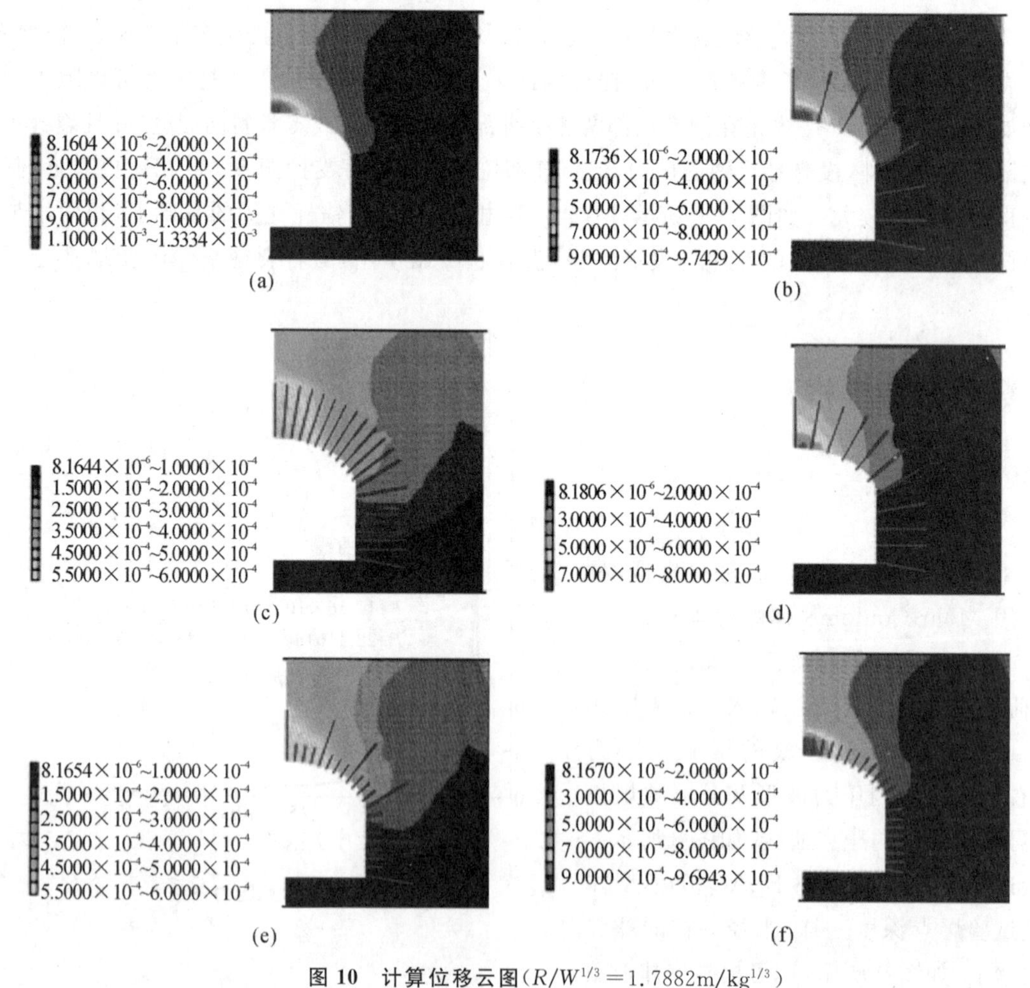

图 10　计算位移云图($R/W^{1/3}$=1.7882m/kg$^{1/3}$)

(a)洞室 M_0；(b)洞室 M_1；(c)洞室 M_2(M_4)；(d)洞室 M_3；(e)洞室 M_5；(f)洞室 M_6

图 11 为第 2 炮(R=63cm)时各加固洞室拱顶位移计算波形与实测波形。为了便于比较,各图中增加了未加固洞室 M_0 的计算值。从图中可以看到:①计算波形和实测波形的形状基本相似,都是先向下到达负峰值后再反弹,实测波形的反弹幅度较大;②计算峰值略小于实测峰值,计算残余值大于实测残余值;③计算波形的上升时间较短,但作用时间与实测波形相差不大;④普通锚杆(M_1)减小洞室拱顶位移的效果不明显,而长密锚杆(M_2、M_4)减小洞室拱顶位移的效果显著。

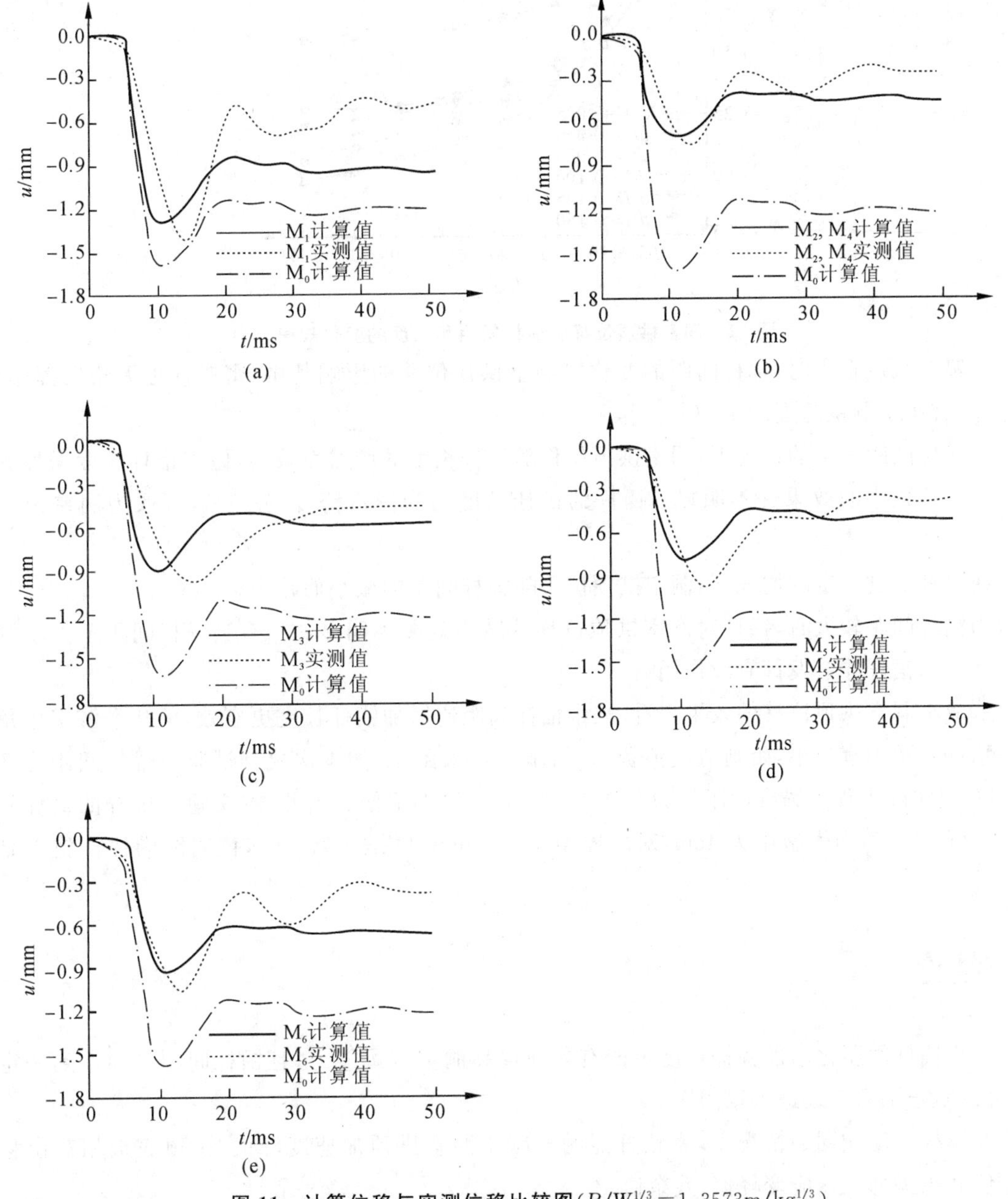

图 11 计算位移与实测位移比较图($R/W^{1/3}$=1.3573m/kg$^{1/3}$)

(a)洞室 M_1 与 M_0 对比;(b)洞室 M_2(M_4)与 M_0 对比;

(c)洞室 M_3 与 M_0 对比;(d)洞室 M_5 与 M_0 对比;(e)洞室 M_6 与 M_0 对比

可见,计算位移与实测位移一致性较好,能够正确反映出各加固洞室抗爆性能的差异。

3.3 位移随锚杆间距长度的变化规律

通过参数化设计计算方法改变锚杆间距和长度,分析了间距 d 为 1.5cm、3cm、4.5cm、6cm、

7.5cm、9cm 和长度 l 为 3cm、6cm、9cm、12cm、15cm、18cm、21cm、24cm 相互组合的 48 种加固洞室的抗爆效果，得到第 1 炮（R=83cm）时洞室拱顶位移随锚杆间距、长度的变化规律，如图 12 所示。

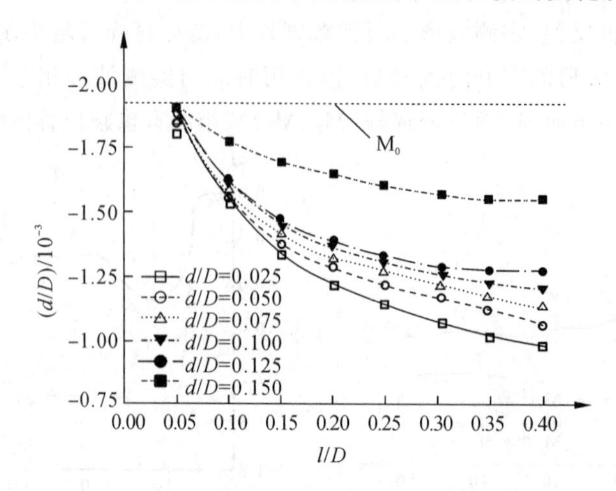

图 12 洞室拱顶位移随锚杆间距和长度的变化规律

(1)当锚杆长度很小时，锚杆间距的变化对洞室拱顶位移的影响甚微，密锚杆也无法发挥作用。锚杆长度不宜小于洞室跨度的 1/10。

(2)在锚杆间距一定的情况下，洞室拱顶位移随锚杆长度的增加而减小，但当锚杆长度增加到一定程度后，位移减小的效果并不明显。锚杆的最佳长度约为洞室跨度的 35%，可取为洞室跨度的 1/3。

(3)在锚杆长度一定的情况下，洞室拱顶位移随锚杆间距的减小而减小。

(4)当锚杆间距较大时，锚杆对洞室拱顶位移的减小效果不明显。只有当锚杆间距不大于洞室跨度的 1/8 时，锚杆才会发挥有效作用。

(5)从减小洞室拱顶位移的效果来看，减小锚杆间距比增加锚杆长度更有效，但从经济实用角度来考虑，锚杆间距不宜过小，否则造成浪费，且给施工带来困难，如本次模型试验中锚杆间距为 3cm（D/20），对应实际工程中锚杆间距仅为 3/0.12=25cm，施工不便。因此，本文建议锚杆的最佳间距为洞室跨度的 1/15，即模型中为 4cm，对应原型中为 33cm，根据文献[20]，该间距的锚杆施工是可行的。

4 结论

(1)减小锚杆间距比增加锚杆长度更能有效地提高洞室抗爆能力，且锚杆间距必须达到一定密度时才可以阻止围岩裂缝进入锚固区。

(2)在锚杆长度相同的情况下，密锚杆能明显减小洞室拱顶加速度峰值，拱顶底板相对位移峰值、残余值和拱脚部位压应变峰值、残余值。

(3)当锚杆长度增加到一定程度后，加固的效果并不明显，而且带来了底板加速度峰值、拱顶拉应变峰值的增加。

(4)锚杆的最佳长度可取为洞室跨度的 1/3，锚杆的最佳间距可取为洞室跨度的 1/15。

参考文献

[1] T. H 汉纳. 锚固技术在岩土工程中的应用. 胡定,邱作中,刘浩吾,译. 北京:中国建筑工业出版社,1987.

[2] 程良奎. 岩土锚固的现状与发展. 土木工程学报,2001,34(3):7-12.

[3] 顾金才,陈安敏. 岩体加固技术研究之展望. 隧道建设,2004,24(1):1-2,5.

[4] 中国岩石力学与工程学会岩石锚固与注浆委员会. 锚固与注浆技术手册[S]. 北京:中国电力出版社,1999.

[5] 赵长海. 预应力锚固技术. 北京:中国水利水电出版社,2001.

[6] 闫莫明,徐祯祥,苏自约. 岩土锚固技术手册. 北京:人民交通出版社,2004.

[7] 金丰年,刘黎,张丽萍,等. 深钻地武器的发展及其侵彻. 解放军理工大学学报(自然科学版),2002,3(2):34-40.

[8] 王涛,余文力,王少龙,等. 国外钻地武器的现状与发展趋势. 导弹与航天运载技术,2005(5):51-56.

[9] 吴静,邓堃,柳世考. 美军精确制导武器及其对抗技术的分析. 飞航导弹,2007,6:12-16.

[10] TANNANT D D, BRUMMER R K, YI X. Rockbolt behaviour under dynamic loading: Field tests and modelling. International Journal of Rock Mechanics and Mining Sciences and Geomechanics Abstracts,1995,32(6):537-550.

[11] ORTLEPP W D, STACEY T R. Performance of tunnel support under large deformation, static and dynamic loading. Tunnelling and Underground Space Technology,1998,13(1):15-21.

[12] 杨苏杭,梁斌,顾金才,等. 锚固洞室抗爆模型试验锚索预应力变化特性研究. 岩石力学与工程学报,2006,25(增刊2):3750-3756.

[13] 易长平,卢文波. 爆破振动对砂浆锚杆的影响研究. 岩土力学,2006,27(8):1312-1316.

[14] ZHANG C S, ZOU D H, MADENGA V. Numerical simulation of wave propagation in grouted rock bolts and the effects of mesh density and wave frequency. International Journal of Rock Mechanics and Mining Sciences, 2006,43(4):634-639.

[15] 薛亚东,张世平,康天合. 回采巷道锚杆动载响应的数值分析. 岩石力学与工程学报,2003,22(11):1903-1906.

[16] 荣耀,许锡宾,赵明阶,等. 锚杆对应力波传播影响的有限元分析. 地下空间与工程学报,2006,2(1):115-119.

[17] 杨湖,王成. 弹性波在锚杆锚固体系中传播规律的研究. 测试技术学报,2003,17(2):145-149.

[18] Waterway Experimental Station, Corps of Engineers. Fundamentals of protective design for conventional weapons. [S. l.]: Department of The Army,1986.

[19] 沈俊,顾金才,陈安敏,等. 岩土工程抗爆结构模型试验装置研制及应用. 地下空间与工程学报,2007,3(6):1077-1080.

[20] 马海春,顾金才,张向阳,等. 喷锚支护洞室抗爆现场试验洞顶位移研究. 岩土工程学报,2012,34(2):369-372.

拱脚局部加长锚杆锚固洞室抗爆模型试验研究

徐景茂　顾金才　陈安敏　张向阳　明治清　夏世友

内容提要：根据 Froude 相似理论，开展拱脚局部加长锚杆和等长锚杆加固洞室抗爆对比模型试验，分析各洞室受力变形特性和围岩破坏形态。研究结果表明：与等长锚杆相比，在爆心离洞室很近的极端情况下，拱脚局部加长锚杆起到"密闭"爆炸荷载的作用，增大洞室拱部的爆炸荷载，带来洞室拱顶底板相对位移的快速增长；在爆心离洞室较远的一般情况下，拱脚局部加长锚杆具有承担或转移较多爆炸荷载的作用，不仅能明显减小洞室附近的爆炸压力、洞室拱顶底板相对位移、拱脚压应变峰值和残余值，而且还能明显减少和减轻围岩裂缝数量和开裂程度，有效阻断裂缝的发展和延伸，有利于提高洞室的抗爆能力。

1　引言

随着现代精确制导钻地武器的发展[1-3]，地下防护工程已受到严重威胁，必须大力提高其防护能力，为此众多学者开展了大量不同类型锚固洞室抗爆性能研究。如 W. D. Ortlepp 和 T. R. Stacey[4] 研究了静载和动载条件下大变形坑道的加固形式，指出屈服锚杆可以吸收大量能量而使坑道不发生破坏；肖峰等[5-7]对黄土坑道喷锚支护的抗爆性能和土钉抗动载性能进行了研究，获得了黄土坑道喷锚支护的受力特性、围压分布形态以及土钉支护的临界抗力；王光勇等[8]对端部消波和加密锚杆支护洞室的抗爆能力进行了研究，结果表明 2 种支护洞室在拱顶方向断裂缝明显减少，破坏程度明显减轻；H. Hagedorn[9]采用 UDEC 程序评估了喷锚支护洞室在 2 次相继冲击作用后的稳定性。根据顾金才等[10-12]的研究，地下直墙拱顶形洞室在钻地武器爆炸作用下，洞壁最大压应变峰值发生在拱脚部位，且爆心下方洞室围岩会出现八字形裂缝，密锚杆可以将裂缝阻止在锚固区之外。因此，设想在拱脚部位增加锚杆长度，局部加强拱脚，以期减小拱脚压应变峰值，并使裂缝远离洞室，从而提高洞室的抗爆能力，笔者基于该设想开展了拱脚局部加长锚杆锚固洞室抗爆模型试验研究。

2　试验概况

2.1　相似关系

本试验采用 Froude 相似理论来开展。T. F. Zahrah 等[13]采用该相似理论对常规武器爆炸作用下浅埋拱的动态响应进行了 1/5、1/18、1/50 的模型试验，证实了利用 Froude 相似理论进行小比尺爆炸模型试验的有效性；张向阳等[14]也采用 Froude 相似理论开展了爆炸模型试验，并与原型化爆试验进行了比较，模型与原型中洞壁位移、加速度、锚杆应变以及洞室破坏形态的规律性基本相同，充

刊于《岩石力学与工程学报》2012 年第 11 期。

分证明了利用Froude相似理论开展小比尺爆炸模型试验是可行的，试验结果是可信的。Froude相似比例系数见表1，由表1可知，加速度比例系数为1，因而不需要采用离心机进行试验，但要求应力比例系数K_σ、密度比例系数K_ρ和几何比例系数K_L之间满足关系：$K_\sigma=K_\rho K_L$。

表1 Froude相似比例系数

变量名称	比例系数	Froude相似比例系数
长度	l	l
密度	ρ	ρ
加速度	a	$a=1$
时间	$t=(l/a)^{1/2}$	$t=l^{1/2}$
应力	$\sigma=\rho al$	$\sigma=\rho l$
速度	$v=(al)^{1/2}$	$v=l^{1/2}$
力	$f=\rho al^3$	$f=\rho l^3$
重度	$\gamma=\rho a$	$\gamma=\rho$
应力冲量	$i=\rho(al^3)^{1/2}$	$i=\rho l^{3/2}$
能量	$W=\rho al^4$	$W=\rho l^4$

注：(1)表中各个字母不代表变量，而是代表相应变量的比例系数，如l，是由l_m/l_p给出的，其中m、p分别表示模型和原型；(2)量纲为一的变量的比例系数均为1。

试验原型洞室为直墙拱顶形，跨度5m，Ⅲ类围岩，完全埋置爆炸TNT当量500kg。Ⅲ类围岩采用低标号水泥砂浆模拟，其力学参数如表2所示。模型洞室跨度$D=60$cm，相似比例系数可确定为：几何比例系数$K_L=0.12$，密度比例系数$K_\rho=0.70$，应力比例系数$K_\sigma=0.084$。锚杆均为全长黏结式，ϕ25mm的螺纹钢筋锚杆采用ϕ1.84mm的铝棒模拟，近似满足抗拉变形刚度相似。

表2 模型介质材料力学参数

抗压强度 R_c/MPa	抗拉强度 R_t/MPa	弹性模量 E/MPa	泊松比 ν	黏聚力 c/MPa	内摩擦角 φ/(°)	密度 ρ/(kg/m³)	含水量 w/%
1.827	0.176	1832	0.156	0.573	47.6	1797	5.82

试验中装药量按爆炸应力波峰值相似来确定，爆炸应力波峰值计算公式[15]为

$$P=160f\rho C(\overline{R})^{-n} \tag{1}$$

其中，P为应力波峰值；C为应力波波速；f为耦合系数；n为衰减系数；$\overline{R}$为比例距离（$\overline{R}=R/W^{1/3}$，R为所求点至爆心距离，W为装药量）。根据相似理论，装药量的立方根相似比例系数为

$$K_{W^{1/3}}=(K_f)^{-1/n}(K_L)^{1+\frac{1}{2n}} \tag{2}$$

试验中取$K_f=1.3$，$n=1.8718$，从而求得模型中装药量$W_m\approx103.7$g，试验中取为100g。

2.2 模型布置及测试内容

模型试验在总参工程兵科研三所“岩土工程抗爆结构模型试验装置”[16]上进行，2块对比模型尺寸均为240cm×150cm×230cm（长×宽×高）。沿着模型的长度方向开挖直墙拱顶型毛洞，其跨度为60cm，直墙高25cm，拱高17cm，圆拱半径35cm，在中间段分别采用如图1所示的锚杆加固，M_1为等长锚杆，锚杆长度$l=18$cm，间距$d=3$cm；M_2为拱脚局部加长锚杆，加长锚杆长度为30cm，间距不变。爆心在各加固段中部正上方，每个加固段进行3次爆炸试验，爆心距洞室拱顶的距离R（即爆

距)分别为 83cm、63cm、48cm,对应比例爆距 $R/W^{1/3}$ (m/kg$^{1/3}$)分别为 1.7882、1.3573、1.0341,装药对应的埋深 H_e 分别为 50cm、70cm、85cm,洞室埋深 $H=R+H_e=133$cm 保持不变。试验时在爆心正下方围岩中布置了垂直应力测点(见图 1),在洞室拱顶和底板之间布置了相对位移测点,在洞壁环向布置了应变测点,如图 2 所示。应力传感器为 PVDF 压电传感器,在模型夯筑过程中埋入;位移传感器为自制的铍青铜位移环,在洞室开挖支护完成后安装于拱顶和底板之间;应变传感器为 1mm×2mm 应变片。测试系统由成都泰斯特电子信息有限责任公司生产的 TST3000 瞬态采集仪和总参工程兵科研三所研制的 YBF-3 宽频应变放大器、DHF-3 电荷放大器组成。试验完成后对模型进行解剖,分析洞室破坏形态。

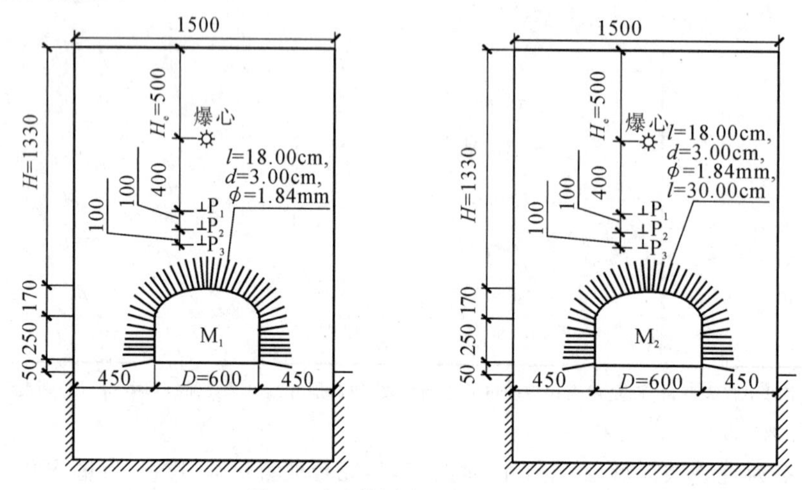

图 1　试验模型布置(单位:mm)

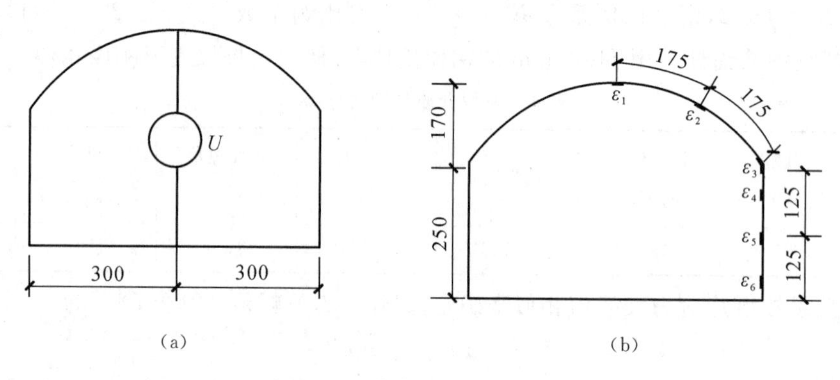

图 2　测点布置(单位:mm)

3　试验成果分析

3.1　围岩应力分析

图 3 为第一炮($H_e=50$cm,$R=83$cm)时围岩垂直应力实测波形,可以看到,虽然 M_1 的起爆时刻较晚,M_2 的起爆时刻较早,但应力波的形态几乎没有差别。2 种加固方案相比,M_2 中 P_1 峰值较大,而 P_2、P_3 的峰值却较小,这说明拱脚局部加长锚杆增大了爆心较近区域的压力,但减小了爆心较远区域的压力。其原因是拱脚局部加长锚杆形成的拱圈较大、拱脚较强,先期承担了或向洞室两侧转移了较多的爆炸荷载,从而减少了传到洞室附近的爆炸荷载,这对洞室的安全是有利的。第二、三炮

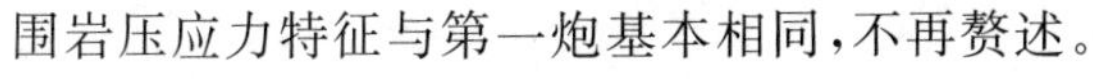

围岩压应力特征与第一炮基本相同，不再赘述。

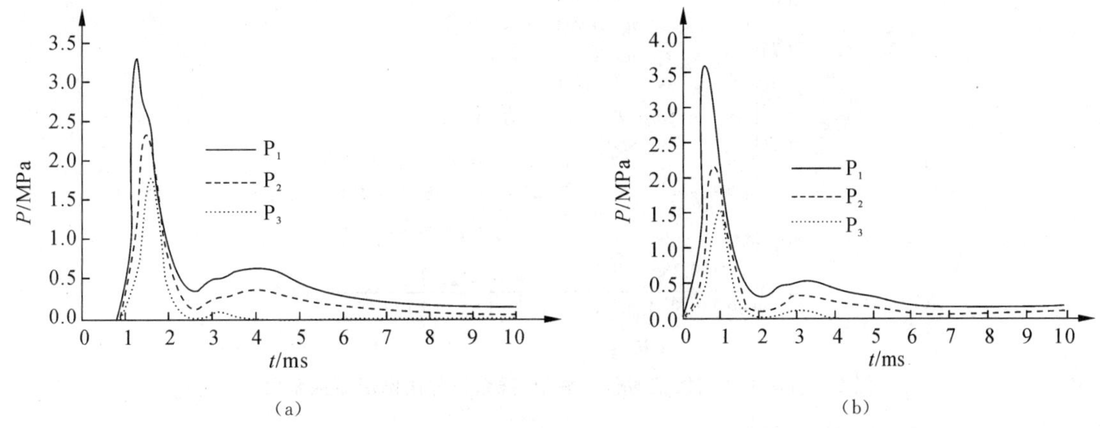

图 3　围岩垂直应力实测波形（$R/W^{1/3}=1.7882\text{m/kg}^{1/3}$）

(a)M_1；(b)M_2

3.2　洞室拱顶底板相对位移分析

图 4 给出了第三炮（$H_e=85\text{cm}$，$R=48\text{cm}$）时洞室拱顶底板相对位移实测波形，同样可以看到，虽然起爆时刻不同，但位移波形的形态差别不大，上升时间在 7ms 左右，到达峰值后，略有振荡，在 70ms 后基本到达位移残余值。第一、二炮位移波形在形态上与第三炮相似，这里不再给出。

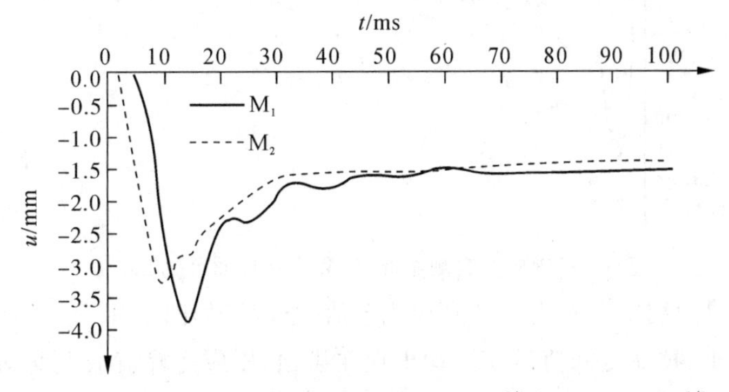

图 4　洞室拱顶底板相对位移实测波形（$R/W^{1/3}=1.0341\text{m/kg}^{1/3}$）

根据各炮次下实测的位移峰值 u_p 和残余值 u_r，通过幂函数拟合得到如图 5 所示的关系曲线，该曲线反映了 u_p、u_r 随比例爆距 $R/W^{1/3}$ 的变化规律。从图 5 中可明显看出，在相同比例爆距下，M_2 的 u_p、u_r 实测值均小于 M_1，u_p 平均约小 13%，u_r 平均约小 32%，这表明拱脚局部加长锚杆可减小洞室拱顶底板相对位移。但同时也应注意到这一结论是有条件的，因为各曲线的衰减系数不同，说明随着比例爆距 $R/W^{1/3}$ 的减小，u_p 和 u_r 的增长速度也是不同的。而 M_2 中 u_p、u_r 的衰减系数绝对值分别为 2.382 和 3.918，均大于 M_1 中相应的 u_p、u_r 的衰减系数绝对值（2.135，2.414），即 M_2 的 u_p、u_r 随比例爆距 $R/W^{1/3}$ 的减小而增长的速度大于 M_1。可以预见，在爆心非常靠近洞室的极端情况（$R/W^{1/3}<0.6131\text{m/kg}^{1/3}$）下，$M_2$ 的 u_p、u_r 将大于 M_1，这是由于该情况下，爆心处在拱脚局部加长锚杆形成的拱圈内部，拱脚局部加长锚杆起到了“密闭”爆炸荷载的作用，反而增大了洞室拱部的爆炸荷载。

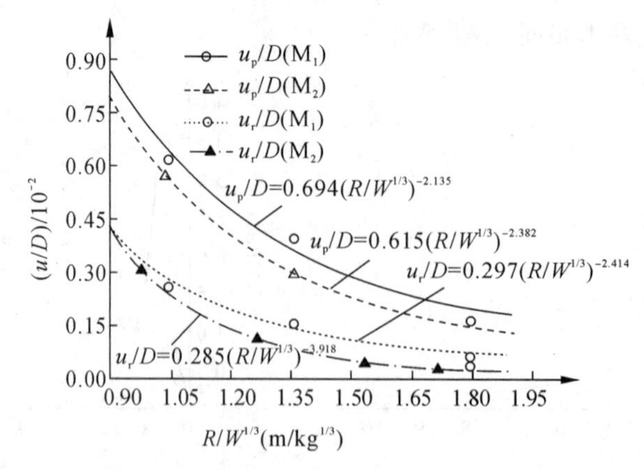

图 5　洞室拱顶底板相对位移峰值、残余值与比例爆距关系曲线

3.3　洞壁应变分析

图 6 为第三炮时 M_2 拱脚处应变测点 ε_4 实测波形，可见拱脚在爆炸过程中始终受压，压应变峰值上升时间在 4ms 左右，到达峰值后，略有振荡，在 40ms 后基本到达残余值。

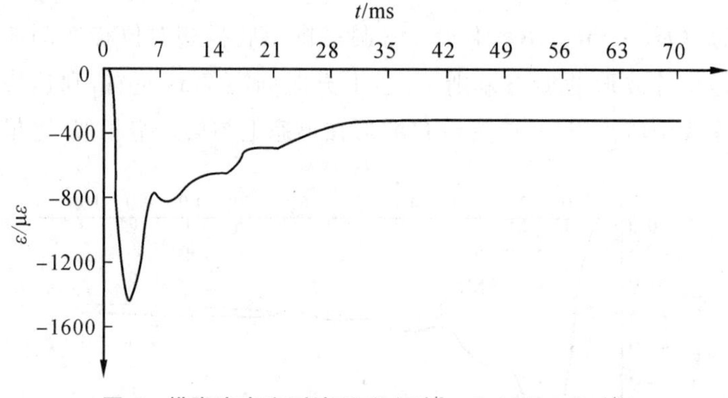

图 6　拱脚应变实测波形($R/W^{1/3}=1.0341\text{m/kg}^{1/3}$)

根据第三炮时测得的洞壁环向应变峰值和残余值，绘制了如图 7 所示的洞壁应变分布图。由图可知，无论 M_1，还是 M_2，拉应变峰值最大值均出现在拱顶，压应变峰值最大值均出现在拱脚，压应变残余值最大值一般也出现在拱脚。从图 7(a)可看出，M_2 洞壁环向应变峰值明显小于 M_1，拱脚处(ε_3，ε_4)压应变峰值比 M_1 平均约小 48%；从图 7(b)可看出，M_2 洞壁环向应变残余值也明显小于 M_1，拱脚处(ε_3，ε_4)压应变残余值比 M_1 平均约小 43%，M_2 的侧墙中部以下基本没有残余变形。由此可见，拱脚局部加长锚杆对减小洞室拱脚压应变峰值和残余值有显著作用。

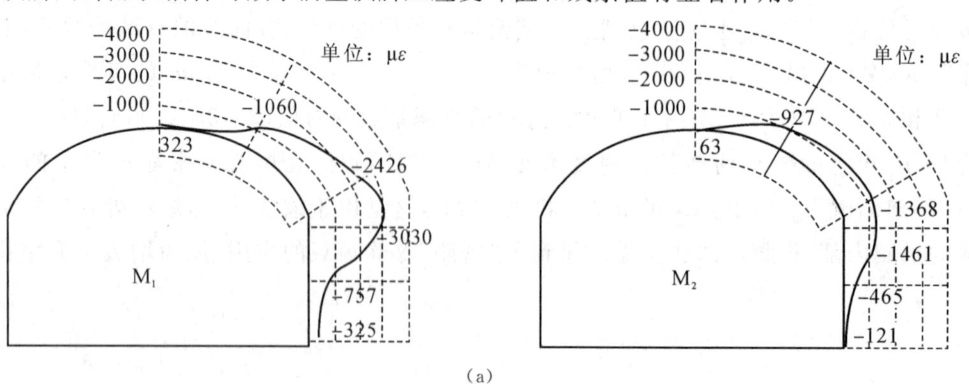

(a)

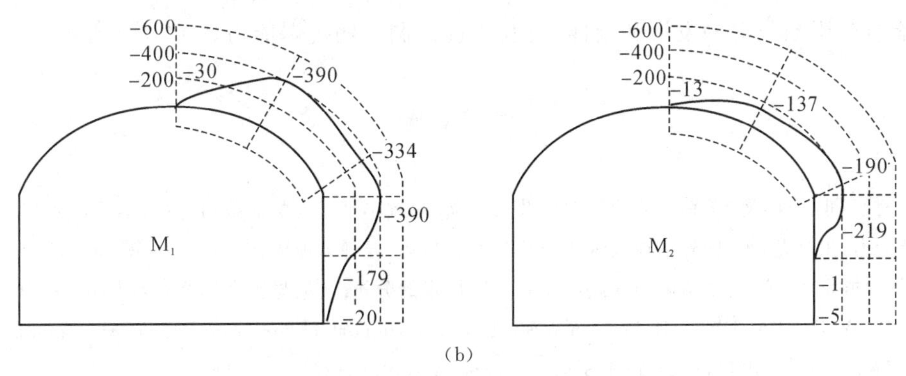

(b)

图 7 洞壁环向应变分布($R/W^{1/3}=1.0341\text{m/kg}^{1/3}$)

(a)应变峰值;(b)应变残余值

3.4 破坏形态分析

爆炸试验完成后对模型进行解剖,图 8 为爆心正下方洞室断面解剖后的状态。

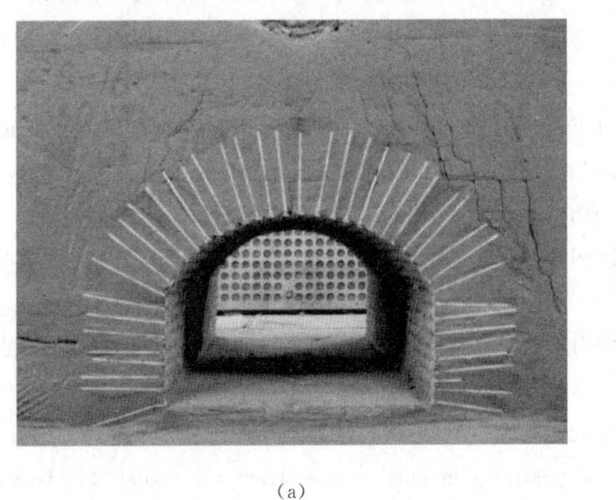

(a)

(b)

图 8 洞室围岩破坏形态($R/W^{1/3}=1.0341\text{m/kg}^{1/3}$)

(a)M_1;(b)M_2

由图 8(a)可见,在 M_1 洞室拱部两侧拱脚上方介质内产生 1 条或多条斜向剪切裂缝(八字形裂缝),裂缝由爆心向下呈喇叭口状,裂缝均发生在锚杆长度范围之外,锚杆内部未见裂缝。由图 8(b)可见,在 M_2 洞室拱部两侧拱脚上方介质内也产生了 1 条或 2 条八字形裂缝,但裂缝数量和开裂程度明显比 M_1 少且轻,且裂缝终止于拱脚局部加长锚杆。这说明拱脚局部加长锚杆阻断了裂缝的延伸,提高了洞室的抗爆能力。

4 结论

通过拱脚局部加长锚杆和等长锚杆加固洞室抗爆对比模型试验,得到以下结论:

(1)在爆心离洞室较远的一般情况下,拱脚局部加长锚杆具有承担或转移较多爆炸荷载的作用,可减小洞室附近的爆炸压力、洞室拱顶底板相对位移,对洞室的安全是有利的。

(2)在爆心离洞室很近的极端情况下,拱脚局部加长锚杆起到“密闭”爆炸荷载的作用,增大了洞室拱部的爆炸荷载,带来洞室拱顶底板相对位移的快速增长。

(3)拱脚局部加长锚杆能明显减小洞室拱脚压应变峰值和残余值,减少和减轻围岩裂缝数量和开裂程度，能有效阻断裂缝的发展和延伸，有利于提高洞室的抗爆能力。

参考文献

[1] 金丰年，刘黎，张丽萍，等．深钻地武器的发展及其侵彻．解放军理工大学学报：自然科学版，2002，3(2)：34-40．

[2] 王涛，余文力，王少龙，等．国外钻地武器的现状与发展趋势．导弹与航天运载技术，2005(5)：51-56．

[3] 吴静，邓堃，柳世考，等．美军精确制导武器及其对抗技术的分析．飞航导弹，2007(6)：12-16．

[4] ORTLEPP W D，STACEY T R．Performance of tunnel support under large deformation，static and dynamic loading．Tunnelling and Underground Space Technology，1998，13(1)：15-21．

[5] 肖峰，曾宪明．黄土坑道喷锚支护的抗爆性能：Ⅱ．围压分布形态．防护工程，1991(4)：37-45．

[6] 曹长林，曾宪明．黄土坑道喷锚支护的抗爆性能：Ⅲ．支护受力变形特性：临界承载能力．防护工程，1992(1)：46-55．

[7] 曾宪明，杜云鹤，李世民．土钉支护抗动载原型与模型对比试验研究．岩石力学与工程学报，2003，22(11)：1892-1897．

[8] 王光勇，顾金才，陈安敏，等．端部消波和加密锚杆支护洞室抗爆能力模型试验研究．岩石力学与工程学报，2010，29(1)：51-58．

[9] HAGEDORN H．Dynamic rock bolt test and UDEC simulation for a large carven under shock load//Proceedings of International UDEC/3DEC Symposium on Numerical Modeling of Discrete Materials in Geotechnical Engineering，Civil Engineering，and Earth Sciences．Bochum，Germany：[s．n．]，2004：191-197．

[10] 顾金才，陈安敏，徐景茂，等．在爆炸荷载条件下锚固洞室破坏形态对比试验研究．岩石力学与工程学报，2008，27(7)：1315-1320．

[11] 杨自友，顾金才，陈安敏，等．爆炸波作用下锚杆间距对围岩加固效果影响的模型试验研究．岩石力学与工程学报，2008，27(4)：757-764．

[12] 杨自友，顾金才，陈安敏，等．锚杆长度对洞室抗爆性能影响的模型试验研究．振动与冲击，2009，28(1)：24-27．

[13] ZAHRAH T F，MERKLE D H，AULD H E．Gravity effects in small scale structural modeling，AD-A209 252．Florida：US Air Force Engineering Services Center，1988．

[14] 张向阳，顾金才，沈俊，等．锚固洞室模型与原型抗爆试验结果对比．防护工程，2012(1)：6-12．

[15] 美国陆军水道试验站．常规武器防护设计原理．方秦，吴平安，张育林，等译．南京：工程学院，1997：57-59．

[16] 沈俊，顾金才，陈安敏，等．岩土工程抗爆结构模型试验装置研制及应用．地下空间与工程学报，2007，3(6)：1077-1080．

爆炸平面波作用下大跨度洞室稳定性模型试验研究

徐景茂　顾金才　陈安敏　汪　涛　张向阳

内容提要：通过抗爆模型试验，研究了爆炸平面波作用下大跨度毛洞和锚喷衬砌支护洞室的受力变形和稳定状态，介绍了模型试验原理及方法，根据试验实测数据分析了洞室围岩的受力特征、洞壁的运动变形特征、洞室的破坏形态及承载能力等。研究表明：设计工况和超载工况下，锚喷衬砌支护洞室侧墙部位垂直应力、拱顶加速度正峰值、拱顶位移峰值及残余值、洞壁环向应变峰值均明显小于毛洞；超载试验后，毛洞破坏严重，丧失了承载能力，而锚喷衬砌支护洞室破坏明显轻微，承载能力可提高约60%。

1　引言

面对高技术侦察手段和精确制导武器[1-3]，大型武器装备、重要战略物资等的防护问题日益突出，地下防护工程向深地下和大跨度发展是必然趋势。开展地下大跨度工程加固技术研究，提高防护工程抗力等级是应对现代战争的根本途径。Lee[4-5]和Davis[6]等采用波函数展开法给出了半空间中无衬砌洞室对平面P波和SV波散射的解析解。尤红兵等[7]利用间接边界元法，在频域内求解了层状弹性半空间中洞室对入射平面SV波的散射问题，比较了层状半空间和均匀半空间中洞室对入射平面SV波的放大作用，指出层状半空间情况有可能导致较大的地表位移幅值。李刚等[8]利用波函数展开法，研究平面SH波入射下深埋圆形组合衬砌洞室的动力反应，讨论了入射波频率、组合衬砌结构的厚度比、弹性模量、泊松比、密度等因素对围岩和衬砌结构动应力集中系数的影响。Ortlepp等[9]研究了静载和动载条件下大变形坑道的加固形式，指出屈服锚杆可以吸收大量能量而使坑道不发生破坏。杨湖等[10]通过理论分析研究了波在锚杆体内波动能量的外泄特征以及弹性波在锚杆、岩土介质及其耦合体系中的传播规律，得到了波在锚固体系中的衰减规律及传播机制。顾金才等[11]通过物理模型试验，研究了洞室在平面装药和集中装药爆炸荷载作用下不同加固方案的对比抗爆效果，指出平面装药爆炸试验中洞室拱部材料均发生脱落，集中装药爆炸试验中洞室拱脚均产生剪切错动裂缝。从上述研究情况看，关于弹性状态下圆形(无)衬砌洞室对平面波的散射问题、平面波作用下洞室的动力响应和波在锚固体系中的传播机制等方面的理论研究较多，但试验研究较少，对平面波作用下喷锚洞室的破坏特征研究极少。受工程设计部门委托，我部开展了爆炸平面波作用下大跨度洞室稳定性模型试验研究，经过一年多的努力，解决了一系列模拟试验技术难题，如岩体模拟技术、锚喷与衬砌支护模拟技术、平面波加载技术、模型边界消波技术等，分别对毛洞与锚喷衬砌支护洞室进行了抗爆模型试验，测得了洞室围岩应力，洞壁应变、位移、加速度等大量波形数据，得到了洞室破坏形态，给出了洞室的设计安全系数，为实际工程设计提供了参考依据。限于篇

刊于《岩土力学》2013年增刊。

幅，本文主要介绍爆炸平面波作用下大跨度洞室的受力变形特征及稳定状态。

2 试验方案设计

2.1 试验概况

试验原型岩体为Ⅲ级，洞室为直墙拱顶形，毛洞净跨度 $D=22.8\text{m}$，防护层厚度 $H=350\text{m}$。外层沿全断面采用喷锚支护加固，喷射混凝土为 C20，拱顶、侧墙、底板均采用 $\phi25\text{mm}$ 锚杆加固；里层为 C30 钢筋混凝土衬砌，配有环向、轴向钢筋，在洞室拱脚部位还进行了局部加强配筋。

针对原型共完成了 2 块模型的试验，每块模型包括 1 次设计工况试验和 3 次超载工况试验，详见表 1。

表 1 模型试验概况

模型编号	模型名称	设计工况		超载工况					
				工况 1		工况 2		工况 3	
		$W/(\text{g/m}^2)$	R/cm	$W/(\text{g/m}^2)$	R/cm	$W/(\text{g/m}^2)$	R/cm	$W/(\text{g/m}^2)$	R/cm
M_1	毛洞	29.7	139.2	59.4	139.2	89.1	129.2	151.2	129.2
M_2	锚喷衬砌支护洞室	29.7	139.2	59.4	109.2	89.1	109.2	151.2	109.2

注：W 为模型试验中平面 TNT 装药量，R 为装药位置距洞室拱顶的距离。

2.2 设计思路及相似原理

本试验要求在模型洞室顶部产生平面波以模拟核触地爆对原型洞室的破坏效应。设计思路是：首先按现有规范[12]计算出原型洞室部位的应力波参数，如应力波峰值、上升时间、作用时间等；然后按 Froude 相似理论确定应力比尺、时间比尺，换算出模型洞室部位的应力波峰值、上升时间、作用时间等；最后，选择合适的爆炸方式、装药量和装药位置，在模型介质中进行爆炸试验。

文献[13]指出：采用 Froude 相似理论时，在同一个试验中很难同时满足冲量和应力的相似；一般地，如果系统的最大反应发生较早，则峰值应力应完全满足相似要求；如果系统的最大反应在超压已经充分衰减之后出现，则冲量应完全满足相似要求。本试验以洞室拱顶-底板相对位移最大值作为系统最大反应的判断指标，实测结果表明，拱顶-底板相对位移最大值发生在压应力充分衰减之前，即系统的最大反应发生较早。因此，本试验是按峰值应力满足相似要求来考虑的。

Froude 相似理论中基本变量由长度、密度和加速度组成，并指定加速度比尺 $K_a=1$，因而不需要采用离心机进行试验，但要求应力比尺 K_σ、密度比尺 K_ρ 和几何比尺 K_L 之间满足关系：$K_\sigma=K_\rho K_L$。由于 σ、ρ 都是材料本身的性质，因而几何比尺 K_L 不能任意选取，应由模型和原型材料性质来决定。最终确定基本变量的比尺为：$K_L=0.029$，$K_\rho=0.857$，则 $K_\sigma=0.025$。

2.3 模拟材料的选取

2.3.1 岩体模拟材料

本试验是在总参工程兵科研三所研制的岩土工程抗爆结构模型试验装置[14]上开展的，模型尺寸为 240cm×150cm×230cm。由于尺寸较大，所需模拟材料较多，故应尽量选择造价较低且能重复使用的材料为宜。经过多种材料的比较，最终确定岩体的模拟材料为型砂掺入30%的河砂及其他材料的混合料，其物理力学参数见表2，可见该材料基本满足相似要求。

表2 原型和模型岩体物理力学参数

介 质	抗压强度 R_c/MPa	抗拉强度 R_t/MPa	黏聚力 c/MPa	内摩擦角 φ/(°)	变形模量 E_m/GPa	泊松比 ν	密度 ρ/(kg/m³)
原型Ⅲ级岩体	15.0～25.0	0.83～1.4	0.40～1.2	35.0～45.0	4.00～15.0	0.25～0.30	2300～2600
要求模拟岩体	0.375～0.625	0.021～0.035	0.010～0.030	35.0～45.0	0.100～0.375	0.25～0.30	1971～2228
实际模拟岩体	0.510	0.040	0.030	44.3	0.260	0.28	2020

2.3.2 锚杆模拟材料

锚杆长度、间距按几何相似考虑，截面按抗拉变形刚度相似考虑，材料选用$\phi2$ PVC塑料焊条，其延伸率与钢材接近，屈服强度为14.1MPa，弹性模量为1.37GPa。

2.3.3 钢筋混凝土衬砌模拟材料

C30钢筋混凝土衬砌采用石膏配铜丝网模拟，原型和模型衬砌的力学参数见表3。这里配筋的模拟是按变形相似考虑的，即原型中钢筋的应变等于模型中铜丝的应变($K_\varepsilon=1$)。铜丝网布置为环向ϕ0.33mm@19mm，轴向ϕ0.23mm@23mm，洞室拱脚加强部位环向ϕ0.33mm@30mm，轴向ϕ0.23mm@46mm。模型洞室断面如图1所示。

表3 原型和模型洞室衬砌材料力学参数

洞室衬砌材料	抗压强度 R_c/MPa	抗拉强度 R_t/MPa	变形模量 E_m/GPa	泊松比 ν
C30混凝土(原型)	20.10	2.01	30.00	0.18
石膏(模型)	0.49	0.06	0.78	0.20

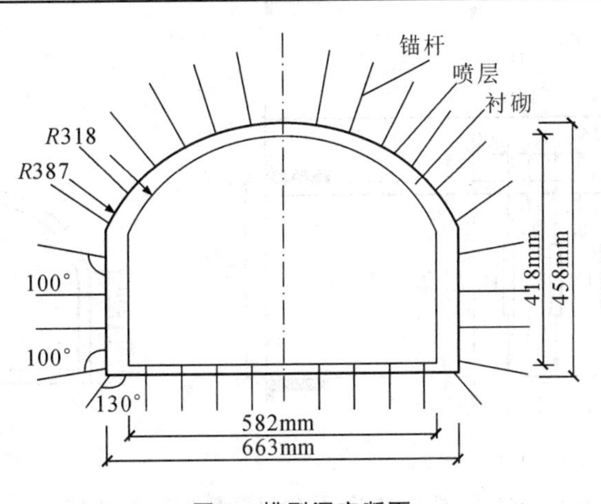

图1 模型洞室断面

2.4 测量内容及测点布置

试验中对爆炸地冲击应力场、洞壁加速度、洞壁位移、洞壁环向应变进行了测量。

(1)应力场测量：在2块模型洞室轴向中截面均布置了垂直应力测点P_1～P_{11}、水平应力测点P_{12}～P_{14}，如图2所示。

(2)洞壁运动变形参数测量：在2块模型洞室拱顶纵向截面均布置了洞壁加速度测点a_1、a_2，洞壁位移测点U_1～U_4，在偏离洞室轴向中截面10cm处截面A—A上均布置了洞壁环向应变测点ε_1～ε_7，如图3所示。

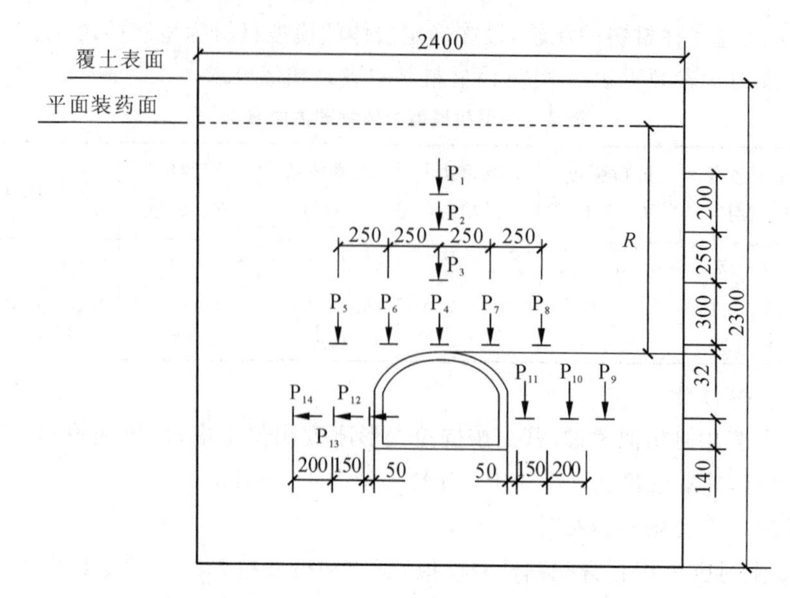

图 2　应力场测点布置(单位:mm)

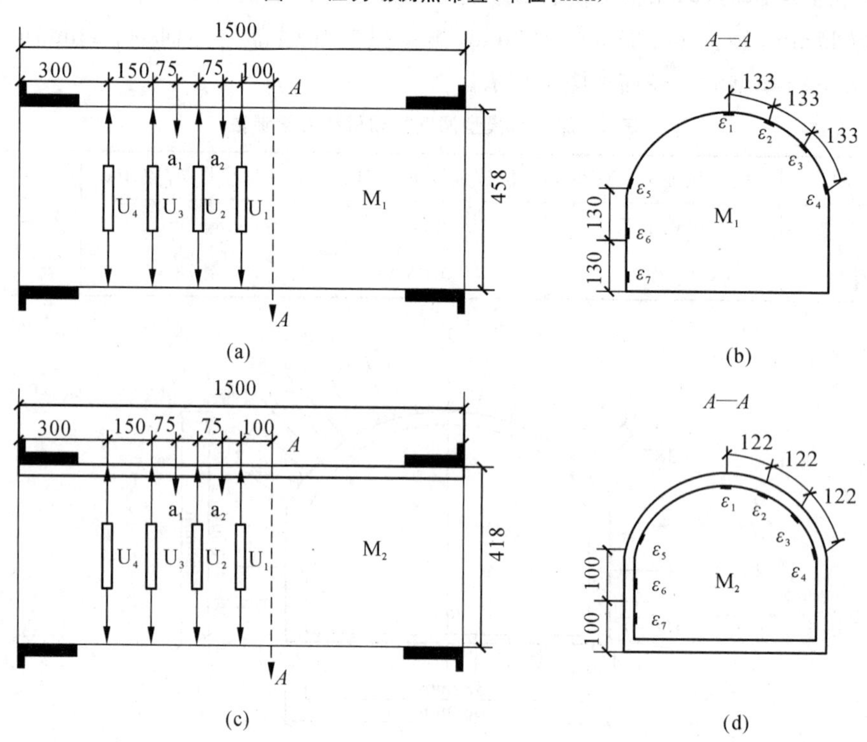

图 3　洞壁加速度、位移、环向应变测点布置(单位:mm)

(a)M_1 纵断面图;(b)M_1 横断面图;(c)M_2 纵断面图;(d)M_2 横断面图

3　洞室围岩的受力特征

3.1　设计工况下洞室围岩的受力特征

根据实测应力波形,绘出了设计工况下($W=29.7\text{g/m}^2$,$R=139.2\text{cm}$)洞室围岩应力峰值分布,如图 4 所示，图中 r 为测点至洞壁表面的垂直距离，D 为毛洞净跨，距拱顶最近一点（记为 P_4'）数值为三点（P_4、P_6、P_7）的平均值。由图可知，两种洞室围岩应力峰值分布形态无论是拱顶垂直应力、侧墙垂直应力，还是侧墙水平应力都基本一致；从数值大小来看，锚喷衬砌支护洞室 M_2 的拱顶垂直应力比毛洞 M_1 略大 12%左右，而侧墙垂直应力明显比 M_1 小，两者侧墙水平应力均很小且比较接近。这是因为经锚喷衬砌支护后洞室 M_2 的拱部围岩波阻抗比毛洞 M_1 要大，爆炸波随距离的衰减相对较慢，另一方面由于锚杆衬砌的支护作用，限制了围岩向洞内的自由变形，从而使得支护洞室拱顶垂直应力较大；支护洞室拱部具有较大的承载能力，爆炸过程中承受了更多荷载，从而减小了侧墙垂直应力。

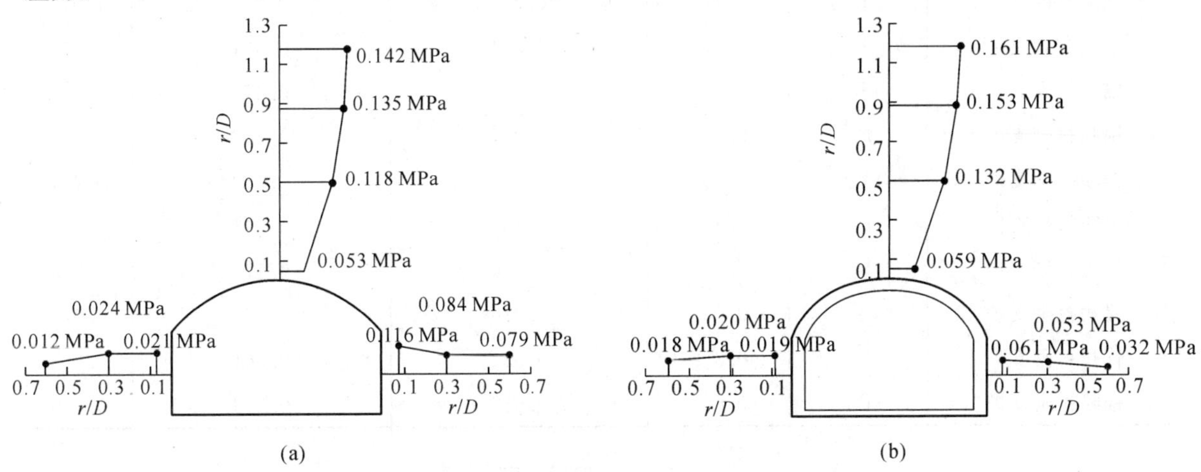

图 4 设计工况下洞室围岩应力峰值分布图

（a）毛洞 M_1；（b）锚喷衬砌支护洞室 M_2

3.2 超载工况下洞室围岩的受力特征

超载试验时，两洞室对应工况平面装药量 W 相同，但毛洞 M_1 的爆距 R 较大，这是因为 M_1 的承载能力较低，R 较小时破坏将非常严重，难以确定其临界破坏荷载。表 4 为超载工况下洞室围岩应力峰值实测数据，图 5 是根据该数据绘制的应力峰值分布图。从图中可以看出，两种洞室围岩垂直应力峰值分布形态基本一致，而侧墙水平应力峰值分布形态明显不同；锚喷衬砌支护洞室 M_2 的拱顶垂直应力、侧墙水平应力较大，但侧墙垂直应力较小。原因在于，M_2 的爆距 R 较小，必然导致其拱部垂直方向、侧墙水平方向所受爆炸荷载较大，且侧墙水平应力波受边界反射波影响也较大，形态发生改变；侧墙垂直应力则由于 M_2 拱部承受载荷更大分担能力反而较小。

表 4 超载工况下洞室围岩应力峰值

洞室	测点	r/D	超载工况应力峰值/MPa		
			工况 1	工况 2	工况 3
毛洞	P_1	1.179	0.223	0.581	0.725
毛洞	P_2	0.878	0.208	0.502	0.621
毛洞	P_3	0.501	0.171	0.331	0.452
毛洞	P_4'	0.048	0.086	0.142	0.273
毛洞	P_9	0.603	0.191	0.252	0.331
毛洞	P_{10}	0.302	0.114	0.153	0.204

续表 4

洞室	测点	r/D	超载工况应力峰值/MPa		
			工况 1	工况 2	工况 3
毛洞	P_{11}	0.075	0.147	0.211	0.303
毛洞	P_{12}	0.075	0.014	0.031	0.043
毛洞	P_{13}	0.302	0.037	0.039	0.065
毛洞	P_{14}	0.603	0.021	0.027	0.034
锚喷衬砌支护	P_1	1.179	0.377	0.628	1.068
锚喷衬砌支护	P_2	0.878	0.314	0.564	0.824
锚喷衬砌支护	P_3	0.501	0.282	0.472	0.621
锚喷衬砌支护	P_4'	0.048	0.097	0.207	0.303
锚喷衬砌支护	P_9	0.603	0.095	0.182	0.234
锚喷衬砌支护	P_{10}	0.302	0.089	0.143	0.204
锚喷衬砌支护	P_{11}	0.075	0.104	0.171	0.228
锚喷衬砌支护	P_{12}	0.075	0.028	0.056	0.071
锚喷衬砌支护	P_{13}	0.302	0.034	0.061	0.083
锚喷衬砌支护	P_{14}	0.603	0.067	0.088	0.149

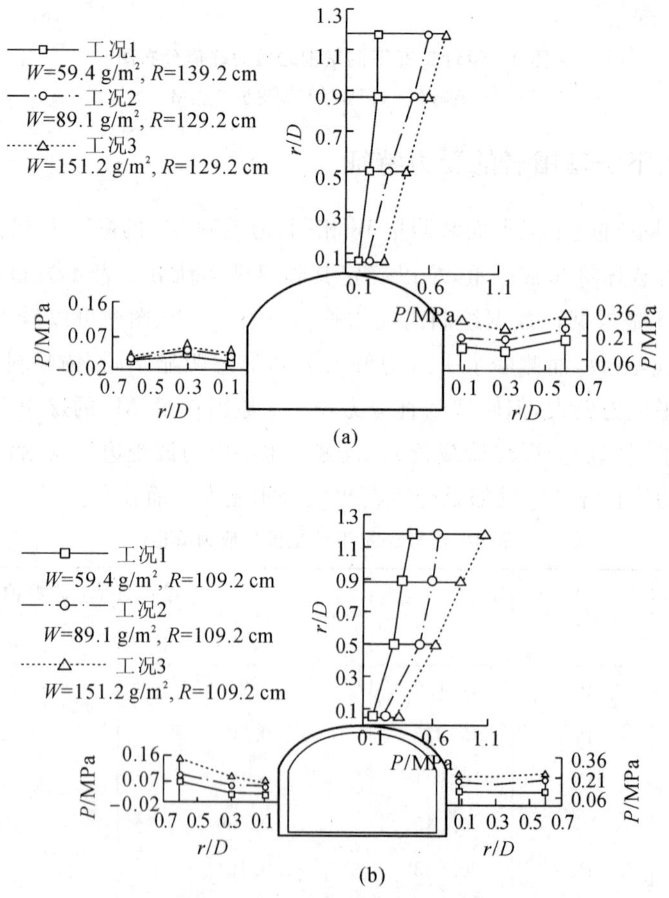

图 5 超载工况下洞室围岩应力峰值分布图

(a)毛洞 M_1；(b)锚喷衬砌支护洞室 M_2

4 洞壁的运动变形特征

4.1 洞壁加速度

洞壁加速度的典型实测波形如图6所示，正值表示加速度 a 方向向下。由图可知，两洞室拱顶运动规律基本相同，洞壁的主要振动发生在20ms以内，40ms后基本停止振动。表5为各工况下洞壁加速度正峰值实测数据。从表中可以看出，设计工况下支护洞室 M_2 的洞壁加速度正峰值比毛洞 M_1 平均约小23%；超载工况下，虽然 M_2 的爆距较小，但其洞壁加速度正峰值除超载工况1时比 M_1 略大外，超载工况2、3时均明显小于 M_1，这说明超载工况下虽然锚喷衬砌支护洞室 M_2 所受爆炸荷载较大，但其洞壁振动剧烈程度并不比毛洞大，可见 M_2 的抗力得到了较大的提高。

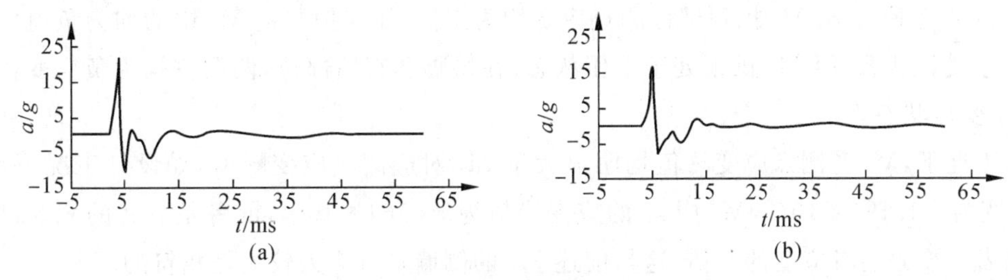

图6 设计工况下洞壁加速度实测波形

(a)M_1；(b)M_2

表5 洞壁加速度正峰值

测点	洞室	设计工况加速度峰值/g	加速度峰值/g		
			工况1	工况2	工况3
a_1	毛洞	22.46	41.73	112.03	257.35
a_1	支护洞室	16.21	49.30	98.41	182.24
a_2	毛洞	21.63	37.63	130.19	233.22
a_2	支护洞室	17.82	41.74	71.17	175.62

4.2 洞壁位移

洞壁位移 u 的典型实测波形如图7所示，负值表示拱顶位移向下。

由该图可知，两洞室拱顶运动规律基本相同，在10ms左右时，拱顶到达最大向下位移；40ms后基本停止运动，到达残余位移，这与图6是吻合的。表6为各工况下实测洞壁位移峰值和残余值（由 $U_1 \sim U_4$ 平均得到），由该表可知，各工况下支护洞室 M_2 洞壁位移峰值 u_z 和残余值 u_{zr} 均小于毛洞 M_1 洞壁位移峰值 u_m 和残余值 u_{mr}，设计工况下峰值约小31%，残余值约小65%，超载工况下峰值小12%～28%，残余值小58%～72%。可见，支护效果非常明显。

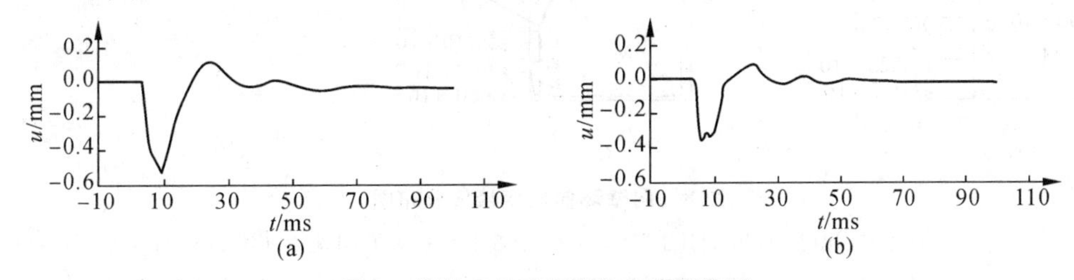

图7 设计工况下洞壁位移实测波形

(a)毛洞 M_1 的 U_1 处；(b)支护洞壁 M_2 的 U_2 处

表 6　洞壁位移峰值、残余值比较

工况条件	毛洞 M_1		支护洞室 M_2		u_z/u_m	u_{zr}/u_{mr}
	位移峰值 u_m/mm	位移残余值 u_{mr}/mm	位移峰值 u_z/mm	位移残余值 u_{zr}/mm		
设计工况	0.51	0.043	0.35	0.015	0.69	0.35
工况 1	0.87	0.062	0.63	0.026	0.72	0.42
工况 2	1.35	0.134	1.19	0.038	0.88	0.28
工况 3	2.54	0.232	1.95	0.097	0.77	0.42

4.3　洞壁环向应变

各工况下洞壁环向应变峰值分布见图 8，从图中可以看到：

(1)在各工况下，毛洞 M_1 拱顶部位测点应变均为正值，而支护洞室 M_2 中的均为负值。这说明，M_1 拱顶处于受拉状态，而 M_2 拱顶处于受压状态；在拱脚和直墙部位，两洞室均为负应变，说明这些部位均处于受压状态。

(2)各工况下，M_1 各测点应变峰值均明显大于 M_2 对应测点应变峰值，如设计工况下，M_1 拱脚处 ε_4 的应变为 -1.194×10^{-3}，M_2 中 ε_4 的应变峰值为 -4.64×10^{-4}，前者是后者的 2.5 倍多，对于墙中 ε_6，前者应变是后者应变的 5 倍，这与前述 M_1 的侧墙垂直应力较大是相符的。

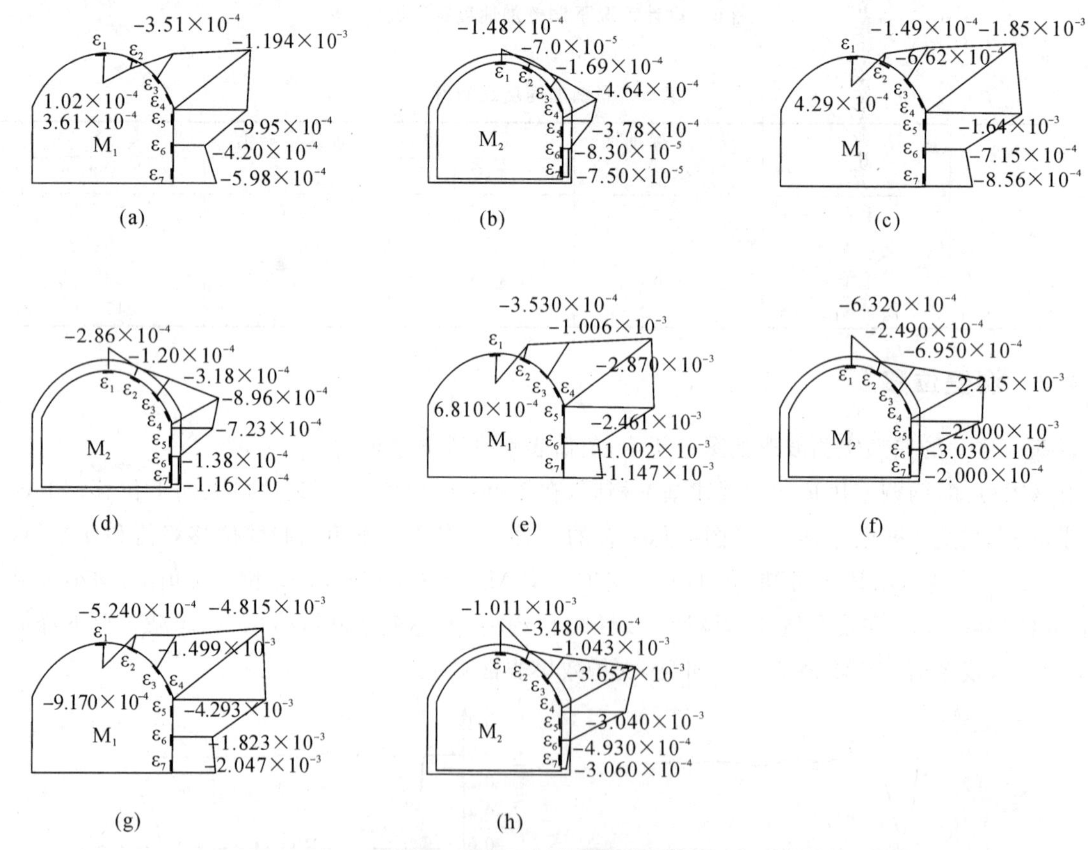

图 8　洞壁环向应变峰值分布图

(a)设计工况(M_1)；(b)设计工况(M_2)；(c)超载工况 1(M_1)；(d)超载工况 1(M_2)；
(e)超载工况 2(M_1)；(f)超载工况 2(M_2)；(g)超载工况 3(M_1)；(h)超载工况 3(M_2)

(3)根据表2,Ⅲ级岩体的弹性压应变极限值可近似取为 $25/15000=1.667\times10^{-3}$,根据《混凝土结构设计规范》[15],C30混凝土弹性压应变极限值可取为 1.640×10^{-3},由此可认为毛洞 M_1 在超载工况1时已进入塑性破坏阶段,而支护洞室 M_2 的临界破坏荷载则介于超载工况1和超载工况2之间。

5 洞室的破坏形态及承载能力分析

5.1 洞室破坏形态

超载工况3后洞室的破坏照片见图9。由图9(a)、图9(b)可以看到,毛洞 M_1 已发生严重破坏,拱部出现大量轴向和环向裂缝,拱脚沿轴向出现较宽的挤压破碎带,并有大面积剥离;从解剖断面来看,M_1 拱顶不仅有较深(约8cm)的纵向裂纹产生,且在拱部上方已形成一个较大面积的塌落区,拱脚部位的挤压破碎带深约5cm,底板上沿轴向裂缝深度约6cm。这些现象表明,毛洞 M_1 已完全破坏,丧失了承载能力。从图9(c)可以看到,锚喷衬砌支护洞室 M_2 的破坏较轻微,只在洞壁拱顶、拱脚出现少量裂缝,伴有少量剥离发生,但断面围岩完整,未出现裂缝。

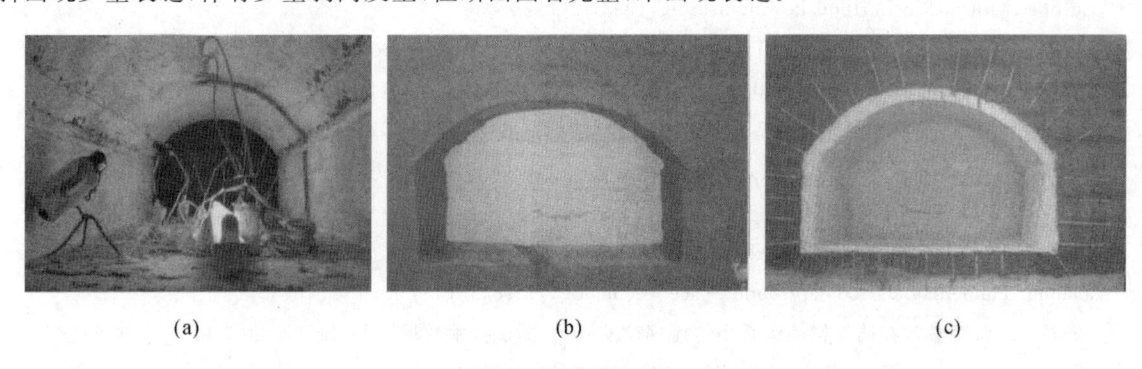

(a) (b) (c)

图9 洞室破坏形态

(a)毛洞 M_1 洞壁破坏形态;(b)毛洞 M_1 断面破坏形态;(c)支护洞室 M_2 断面破坏形态

5.2 洞室承载能力分析

根据4.3节可知,毛洞 M_1 的临界破坏荷载为超载工况1,锚喷衬砌支护洞室 M_2 的临界破坏荷载介于超载工况1和超载工况2之间。若定义比例药量 $Q=W^{1/2}/R$,用它来衡量洞室的承载能力,则设计工况下,$Q_0=29.7^{1/2}/1.392=3.915\text{g}^{\frac{1}{2}}/\text{m}^2$;$M_1$ 临界破坏工况下,$Q_1=59.4^{1/2}/1.392=5.537\text{g}^{\frac{1}{2}}/\text{m}^2$;$M_2$ 临界破坏工况下,$Q_2=[(59.4+89.1)/2)]^{1/2}/1.092=7.891\text{g}^{\frac{1}{2}}/\text{m}^2$,于是得到安全系数 $Q_1/Q_0=1.41$,$Q_2/Q_0=2.01$。可见锚喷衬砌支护洞室承载能力比毛洞约高60%。

6 结论

(1)在设计工况下,锚喷衬砌支护洞室拱顶垂直应力比毛洞大12%左右,而侧墙垂直应力明显比毛洞小,两者侧墙水平应力均很小且比较接近;锚喷衬砌支护洞室洞壁加速度正峰值比毛洞约小23%,洞壁位移峰值约小31%,残余值约小65%,拱脚压应变峰值约小61%。

(2)在超载工况下,虽然锚喷衬砌支护洞室的比例药量均较大,承受爆炸荷载较大,但由于其拱部承担了更多荷载，其侧墙垂直应力、洞壁加速度正峰值、洞壁位移峰值及残余值、洞壁环向应变峰值均明显小于毛洞，且超载工况3后，毛洞破坏严重，丧失了承载能力，而锚喷衬砌支护洞室破坏明显轻微。可见，锚喷衬砌支护效果显著。

(3)两洞室在设计工况下均处于稳定状态，但毛洞安全系数较低，接近初始破坏状态；毛洞在超载工况1时已进入破坏阶段，而锚喷衬砌支护洞室的临界破坏荷载介于超载工况1和超载工况2之间，承载能力比毛洞约高60%。

参考文献

[1] 金丰年，刘黎，张丽萍，等. 深钻地武器的发展及其侵彻. 解放军理工大学学报(自然科学版)，2002，3(2)：34-40.

[2] 王涛，余文力，王少龙，等. 国外钻地武器的现状与发展趋势. 导弹与航天运载技术，2005(5)：51-56.

[3] 吴静，邓笙，柳世考，等. 美军精确制导武器及其对抗技术的分析. 飞航导弹，2007(6)：12-16.

[4] LEE V W，KARL J. Diffraction of SV waves by underground，circular，cylindrical cavities. Soil Dynamics and Earthquake Engineering，1992，11(8)：445-456.

[5] LEE V W，KARL J. On deformations of near a circular underground cavity subjected to incident plane P waves. European Journal of Earthquake Engineering，1993，7(1)：29-36.

[6] DAVIS C A，LEE V W，BARDET J P. Transverse response of underground cavities and pipes to incident SV waves. Earthquake Engineering and Structural Dynamics，2001，30(3)：383-410.

[7] 尤红兵，梁建文. 层状半空间中洞室对入射平面SV波的散射. 岩土力学，2006，27(3)：383-388.

[8] 李刚，钟启凯，尚守平. 平面SH波入射下深埋圆形组合衬砌洞室的动力反应分析. 湖南大学学报(自然科学版)，2010，37(1)：17-22.

[9] ORTLEPP W D，STACEY T R. Performance of tunnel support under large deformation，static and dynamic loading. Tunnelling and Underground Space Technology，1998，13(1)：15 -21.

[10] 扬湖，王成. 弹性波在锚杆锚固体系中传播规律的研究. 测试技术学报，2003，17(2)：145-149.

[11] 顾金才，陈安敏，徐景茂，等. 在爆炸荷载条件下锚固洞室破坏形态对比试验研究. 岩石力学与工程学报，2008，27(7)：1315-1320.

[12] U. S. Naval Facilities Engineering Command. Structures to resist the effects of accidental explosions (TM5-1300). Alexandria：NAVFAC P-397 Design Manual，1991.

[13] ZAHRAH T F，MERKLE D H，AULD H E. AD-A209252. Gravity effects in small scale structural modeling. Florida：US Air Force Engineering Services Center，1988.

[14] 沈俊，顾金才，陈安敏，等. 岩土工程抗爆结构模型试验装置研制及应用. 地下空间与工程学报，2007，3(6)：1077-1080.

[15] 中华人民共和国住房和城乡建设部，国家质量监督检验检疫总局. GB 50010—2002 混凝土结构设计规范. 北京：中国建筑工业出版社，2002.

用交叉锚索加固表层岩体洞室的抗爆能力研究

顾金才　徐干成　张向阳　孔福利

内容提要:采用交叉锚索加固洞室表层岩体的目的是提高已建洞室的抗爆能力。试验采用3种不同类型的岩体模拟材料,对同一洞室在同样的爆炸条件下进行抗爆试验。由试验给出了各类洞室围岩塌落程度和介质内围岩破裂状态,以此来对比交叉锚索对各类围岩洞室产生的不同加固效果。试验结果表明:交叉锚索对不同类型的围岩洞室产生的加固效果各不相同:对于密度较大的均匀介质和块状岩体,加固效果最为明显,表现为洞壁脱落的材料或介质内开裂的范围大量减少;对于密度较小、黏结力相对较高的岩体,拱部围岩基本上不发生脱落,但在拱脚附近沿轴线有大块材料脱落,未加固的模型脱落的材料较多,加固的模型脱落的材料较少。此外,未加固的模型洞室拱部围岩发生开裂,加固的模型未见开裂。采用交叉锚索加固洞室表层岩体,可有效提高各类岩体中洞室的抗爆能力,值得深入研究。

1　引言

为应对大当量深钻地武器对指挥工程和重要战备洞库工程构成的严重威胁,必须利用现代信息技术,采取多种防护手段,如拦截、诱偏、遮弹、伪装等,大力提高防护工程的防护能力,以确保重要防护工程在未来信息化战争条件下的安全稳定。从防护工程角度考虑,最基本、最可靠的手段还是要大力加强防护工程自身的抗爆能力。

对于新建的防护工程,自然可以选择较厚的防护层以保障其具有较高的抗爆能力;但对于已建的重要战备洞库工程,由于修建时抗力要求较低,防护层一般较薄,要抵抗大当量深钻地武器的侵彻爆炸作用就必须对其进行加固。

加固的重点部位是坑道口部,即通常所说的动荷段,因为坑道动荷段围岩防护层更薄,抗力更低。加固方法有多种形式可以选择,但总体而言分内加固和外加固2种。内加固就是从坑道里面采取措施,如打锚杆、贴钢板[1]、贴碳纤维布等[2]。由于已建工程内部净空尺寸有限,原有的钢筋混凝土衬砌结构也不允许破坏,因此,从洞内加固受到很强的限制。外加固也有多种方案可供选择,如在表层岩体设置遮弹层[3-6],将表层部分岩体掀掉后,用高强钢纤维混凝土代替等。

上述方法虽然有一定效果,但存在2个问题:一是破坏植被,不利于工程伪装;二是造价较高,经济上不合算。为此,提出一种新的加固技术措施,即用交叉锚索加固坑道上方一定厚度的岩体,以提高洞室抗爆能力,见图1。

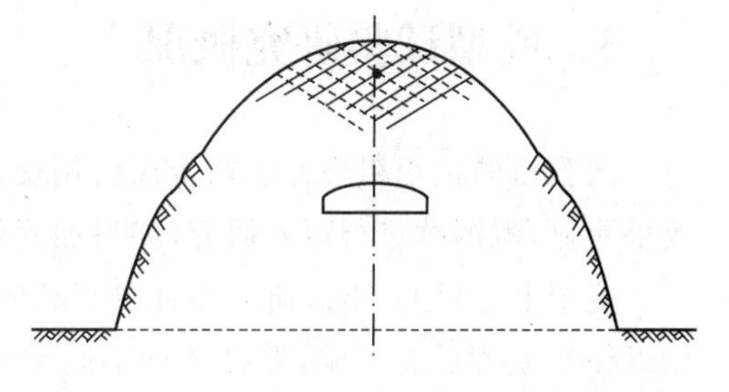

图1　交叉锚索加固坑道上部表层岩体示意图

为验证该方法是否有效,首先从机理上做了粗略分析,随后又用简易模型开展了试验研究。初步结果表明,用交叉锚索加固各类洞室上部表层岩体,可显著提高洞

刊于《防护工程》2013年第4期。

室抗爆能力，这种方法值得深入研究。

2　交叉锚索加固表层岩体抗爆机理分析

由爆炸力学可知，均匀介质内点爆炸将在介质内产生球面应力波，并由爆心向外传播，如图 2 所示。

在应力波的波阵面上，材料将产生径向压应力 σ_r 和环向拉应为 σ_θ，并引起材料产生径向压缩和环向拉伸变形，见图 3。

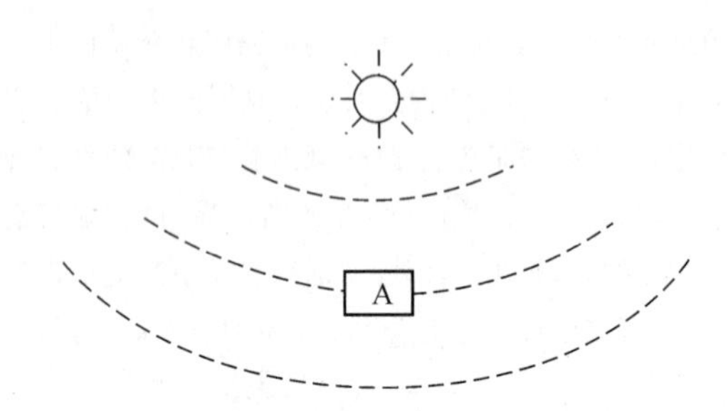

图 2　均匀介质内点爆炸产生的应力波

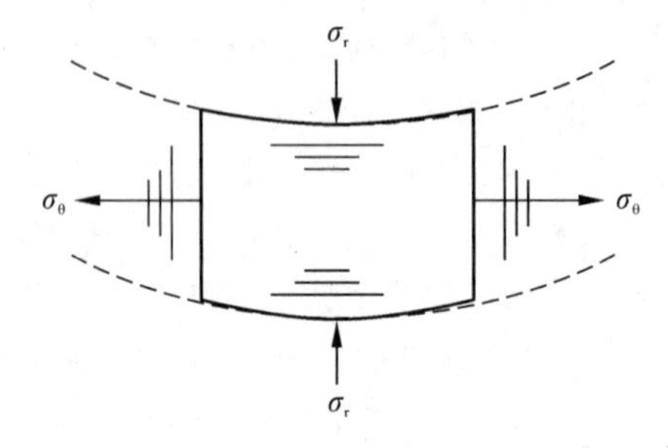

图 3　应力波的波阵面上 A 点处应力变形状态

在介质内设置的交叉锚索，因其轴线与径向和环向均成一定角度，故锚索轴力将在径向和环向上同时发挥加固作用。在径向上，由于岩体产生压缩变形，将使 2 根交叉锚索承受拉力 N，从而可使应力波的径向压应力减小，见图 4。

在环向上，材料产生环向拉伸变形，使交叉点处 2 根锚索受拉（见图 5），对材料环向拉伸变形可起约束作用。当然，所起作用的大小将与交叉锚索的具体参数密切相关。

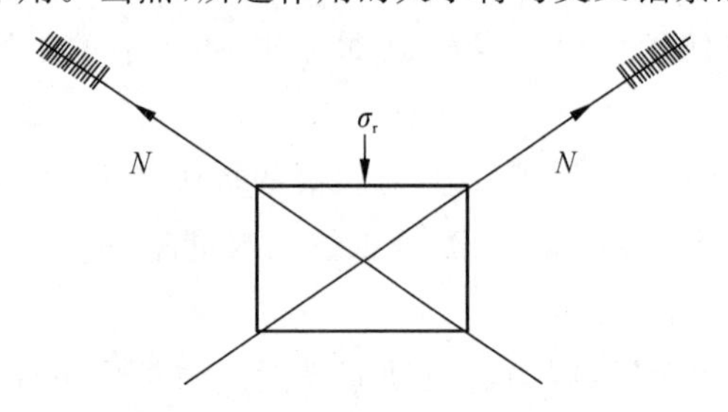

图 4　交叉锚索对径向应力的影响

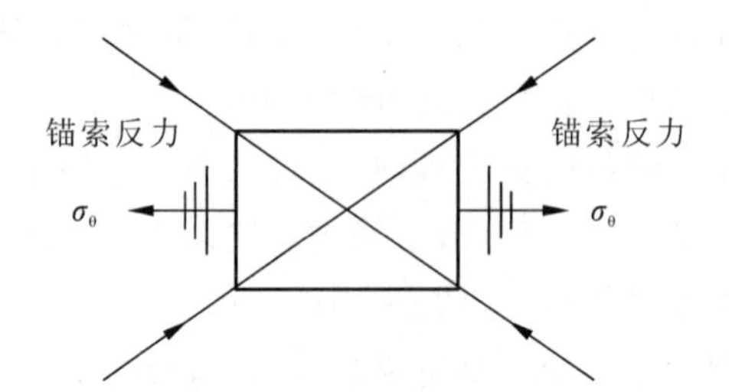

图 5　交叉锚索对环向变形的影响

根据以上分析可知，交叉锚索可对洞室围岩起一定的加固作用，但加固作用大小必须由试验确定。

3　模型试验研究概况

试验目的是用粗略方法初步探讨用交叉锚索加固表层岩体对洞室抗爆能力的影响。如果加固效果明显，就继续进行深入研究；如果加固效果不明显，就没有必要再研究了。

鉴于上述目的，本次研究不针对某具体工程进行，也不严格按照相似条件选取模型材料，而是根据以往的模型试验经验，选择 3 种不同类型的岩体模拟材料，用 3 组模型进行对比试验。试验模型编号及模拟材料参数见表 1。

表 1 试验模型编号及模拟材料参数

模型组号	模型编号	加固特征	材料质量配比	物理力学参数	模拟锚索材料
第 1 组	$M_{1\text{-}1}$ $M_{1\text{-}2}$	未加固 加固	重晶石∶水 =100∶3.1	密度 2960kg/m³，抗压强度 0.33MPa,抗拉强度 0.036MPa,黏聚力 0.079MPa,内摩擦角 59.3°,弹性模量0.05GPa	单根 ϕ1.5mm 纯铝丝
第 2 组	$M_{2\text{-}1}$ $M_{2\text{-}2}$	未加固 加固	铁矿石∶黄土∶水 =1.5∶1∶0.4	密度 2330kg/m³，抗压强度 0.25MPa,抗拉强度 0.025MPa	单根 ϕ1.5mm 纯铝丝
第 3 组	$M_{3\text{-}1}$ $M_{3\text{-}2}$	未加固 加固	砂∶水泥∶水 =25∶1∶2.2	密度 1670kg/m³，抗压强度 0.15MPa,抗拉强度 0.017MPa	单根 ϕ1.5mm 纯铝丝

模型块体尺寸(长×宽×高)为 50cm×50cm×25cm。洞室尺寸:跨度 25cm,墙高 4.2cm,拱高 3.2cm,属于扁平形洞室。洞室位于模型中间,底板距模型底面约 22cm。交叉锚索长度 22cm,设置在洞室拱部正上方岩体内,双斜布置,锚索轴线与铅垂向夹角 $\theta=45°$。每排锚索垂直间距 $a=3$cm,水平间距 4.2cm。排与排间距 $b=6$cm,布置方案如图 6 所示。

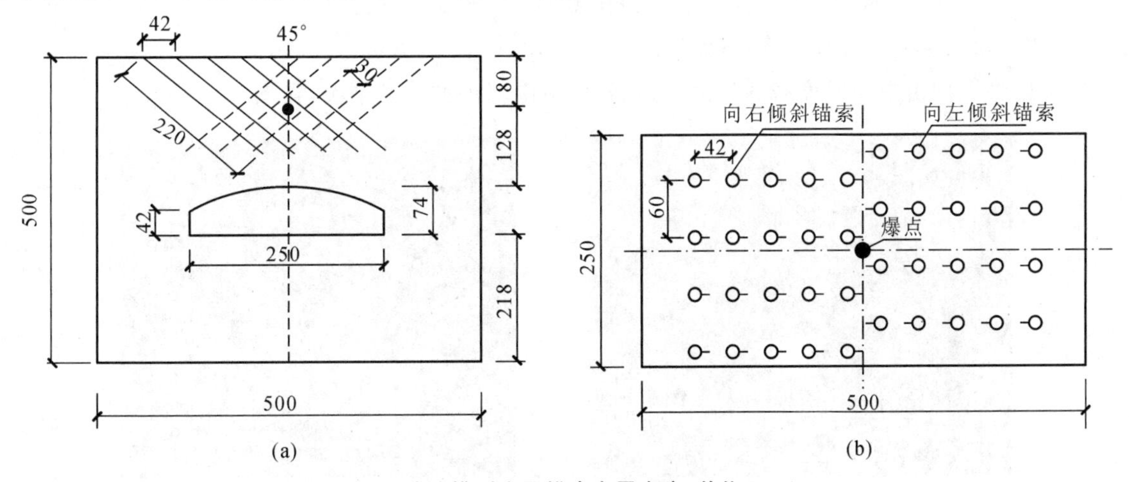

图 6 试验模型交叉锚索布置方案(单位:mm)

(a)剖面图;(b)顶视图

锚索模拟材料选用直径为 1.5mm 的纯铝丝,其抗拉强度为 162MPa,弹性模量为 55GPa。

注浆材料用纯石膏浆,其质量配比为:石膏∶水∶柠檬酸=1.0∶0.8∶0.003。

炸药用 2 枚 8# 电雷管模拟,爆炸当量约为 5gTNT,置于交叉锚索中部,距模型顶面 8cm。模型块体用夯实法成型。成型 3d 后有一定强度时再在模型上部设置交叉锚索。6d 后开挖洞室并进行放炮试验。加固与未加固模型块体用同一批材料,同时制作,同时养护,同时放炮,以便在相同条件下进行对比。

4 试验结果分析

4.1 第 1 组对比试验结果

第 1 组对比试验模型材料采用重晶石+水的混合物,该模型材料的特点是均质、密度较大。试验结果如下。

4.1.1　洞室表层围岩脱落情况

爆后未加固模型洞室表层有大量材料脱落[图 7(a)]，脱落材料质量约为 2685g，而加固模型洞室表层脱落材料较少[图 7(b)]，质量仅为 53g。脱落材料质量，前者为后者的 51 倍，这清楚地表明交叉锚索对洞室具有明显的加固效果。

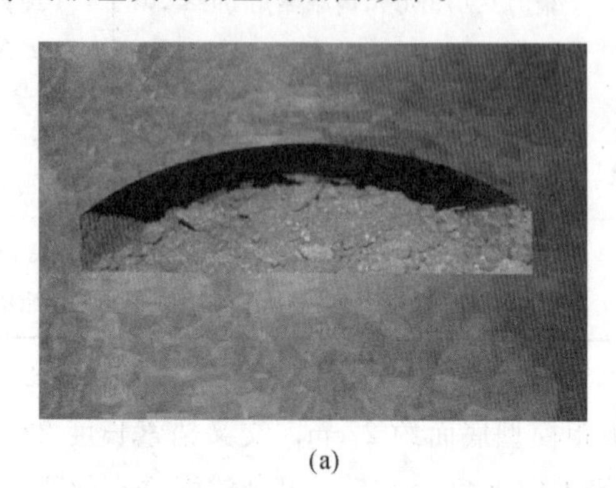

(a)

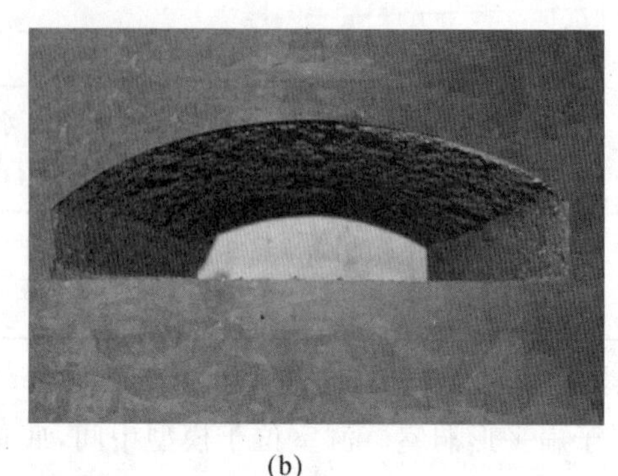

(b)

图 7　第 1 组模型洞室表层材料脱落情况对比

(a) $M_{1\text{-}1}$ 未加固模型；(b) $M_{1\text{-}2}$ 加固模型

4.1.2　模型剖面洞室围岩开裂情况

试验后将模型由中间厚度截面处剖开，观察洞室围墙内的开裂情况，见图 8。

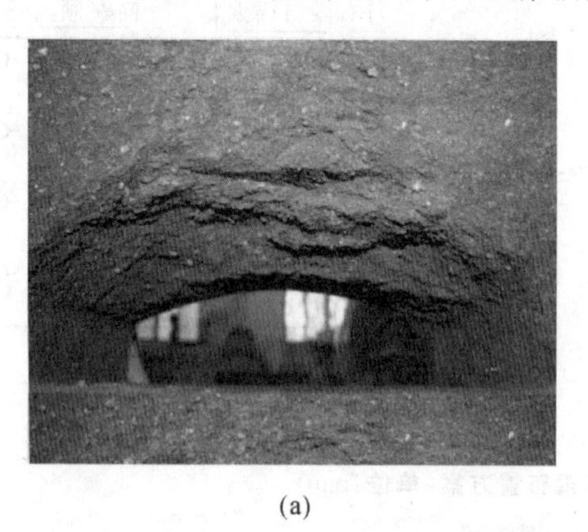

(a)

(b)

图 8　第 1 组模型洞室剖面破坏情况对比

(a) $M_{1\text{-}1}$ 未加固模型；(b) $M_{1\text{-}2}$ 加固模型

加固与未加固模型在爆心附近都形成了“V”字形弹坑，但未加固模型上的弹坑开口较大，加固模型上的弹坑开口宽度较小，并且有少数交叉锚索外露，但没有被拉断。在拱顶上方介质内，未加固洞室拱顶上方有大范围材料发生疏松，疏松范围深度约 3cm，并有一条近似为三角形的裂缝，而加固洞室上方介质内没有发现明显的裂缝，见图 8。

4.2　第 2 组对比试验结果

第 2 组对比试验模型材料采用铁矿石＋黄土的混合物，该材料的特点是铁矿石密度较大，块与块之间黏结较弱，材料破坏只能发生在块与块之间的黏土介质内。爆后洞室的破坏特点是：

(1)加固模型与未加固模型洞室拱部均发生大范围材料脱落，但加固模型脱落的材料更多(质量 1.6kg)；未加固模型脱落的材料较少(质量 0.49kg)，见图 9。

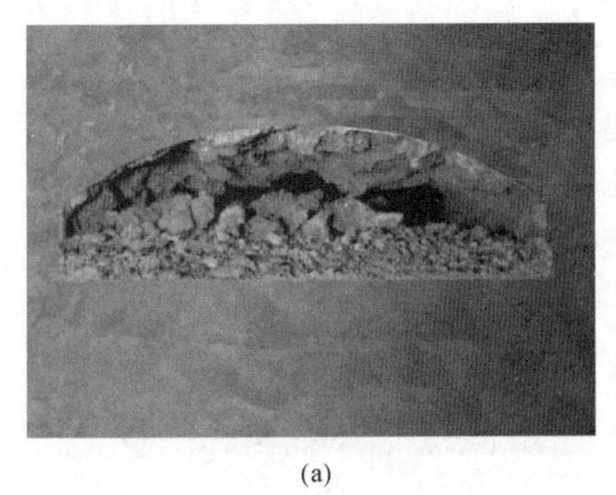

(a)

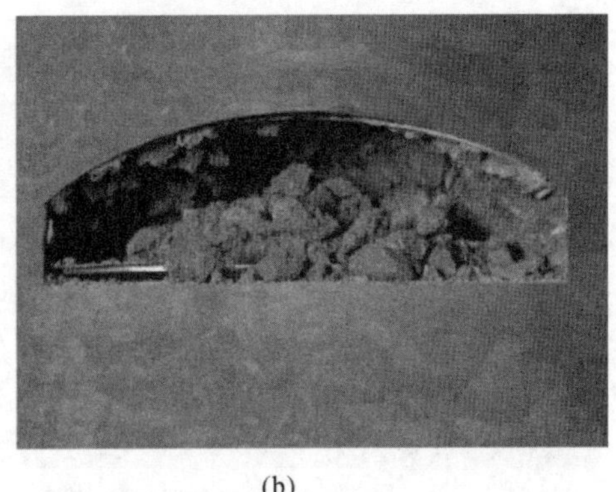

(b)

图 9 第 2 组模型洞室表层材料脱落情况对比

(a)M_{2-1}未加固模型；(b)M_{2-2}加固模型

(2)将模型剖开后发现未加固的模型洞室上方有大范围的材料发生松脱(深度约 7.6cm)，并可发现介质深部有一条近似为三角形的裂缝，由拱顶向两侧拱脚延伸[图 10(a)]；加固的模型洞室上方材料松脱范围较小(约 3cm)，也未见明显的裂缝存在，见图 10(b)。这说明交叉锚索对块状岩体中的洞室也有明显的加固效果。

(a)

(b)

图 10 第 2 组模型洞室剖面破坏情况对比

(a)M_{2-1}未加固模型；(b)M_{2-2}加固模型

4.3 第 3 组对比试验结果

第 3 组对比试验模型材料采用水泥砂浆。该材料与前 2 组相对比，其最大特点是密度小，黏结力相对较高。爆后该模型洞室的破坏特点是：

(1)洞室拱部较大范围内的表层岩体都是完整的，未见材料发生脱落。但在加固与未加固模型洞室的拱脚部位，沿其轴向都有块状材料发生脱落。从材料脱落状态看，加固模型脱落的少，脱落质量约为 102.5g；未加固模型脱落的多，脱落质量约为 116.7g。材料脱落部位沿环向宽度约为 20mm，径向深度约为 5mm。脱落长度：未加固模型沿轴向是通长的，加固模型只在洞室中间部位出现脱落，见图 11。

(2)模型剖开后发现，未加固模型洞室拱部表层有部分材料出现开裂(深度约 4cm，宽度 12cm 左右)，在距拱顶 6cm 处还有一条环向裂缝；加固模型洞室拱部材料未出现开裂，但拱部整体下沉约 4mm，拱部介质具有完整性，见图 12。

(a)　　(b)

图 11　第 3 组模型洞室表层材料脱落情况对比

(a) M_{3-1} 未加固模型；(b) M_{3-2} 加固模型

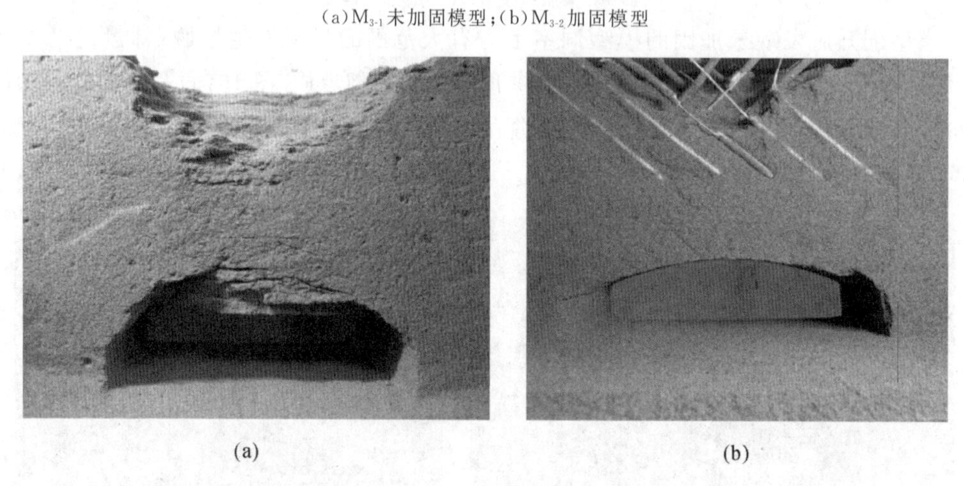

(a)　　(b)

图 12　第 3 组模型洞室剖面破坏情况对比

(a) M_{3-1} 未加固模型；(b) M_{3-2} 加固模型

上述现象说明，交叉锚索对密度较小及黏结力相对较高的岩体洞室也有明显的加固效果，只是加固特点与上述 2 种材料表现得不相同。这可能是由于本组材料密度较小，爆炸在洞室拱部表面产生的反射拉伸应力减小，故没有使那里的材料发生拉伸破坏，而把拱部的拉应力转移到了拱脚，使那里产生了较大的环向压应力，并引起材料发生了压剪破坏。上述事实说明密度大小对洞室的破坏形态有重要影响。

4.4　试验结论

通过上述 3 组对比试验可以清楚看出，用交叉锚索加固洞室上方不同类型的表层岩体，都可有效地提高洞室抗爆能力，其主要表现是，经加固的洞室拱部围岩一般脱落材料少，开裂程度轻。对不同类型的岩体，交叉锚索对洞室所起的加固作用表现形态不完全一致：一般而言，对于密度较大的材料，拱部脱落的材料数量多，范围大；对于密度较小的材料，拱部脱落的材料数量少，范围小，拱部的作用力要向拱脚转移，引起拱脚介质产生剪切破坏；对于密度大、块度大、黏结性弱的材料，除了洞室拱部有大量材料发生脱落外，在洞室拱部介质内还有较大范围的材料发生松脱开裂现象。

上述事实说明，用交叉锚索加固洞室表层岩体，无论对哪类岩体都有明显的加固效果。因此，用这种方法来提高现有洞室的抗爆能力是很有前途的，值得深入研究。

5 结语

我们的工作还是初步的，用交叉锚索加固洞室表层岩体，对洞室抗爆能力的提高效果需要做大量的深入研究后才能给出，这些工作我们正在进行中。

由于对这一问题的研究要涉及许多因素，如交叉锚索的角度、间距、截面面积、预应力大小、岩体结构特征等，工作量相当大，因此，需要较长的研究时间。此外，室内试验完成后还须进行现场验证对比试验才能给出结论。但通过初步试验，我们有信心使此项研究最终取得成功。

参考文献

[1] 美国陆军工程兵水道试验站．常规武器防护设计原理：TM5-855-1．方秦，吴平安，张育林，等译．南京：工程兵工程学院，1997：30-35．

[2] 陆态，邹同彬，陆渝生，等．碳纤维布加固机理的动态焦散线法试验．解放军理工大学学报：自然科学版，2006，7(6)：569-573．

[3] 王起帆，郭志昆，田强，等．含高强 RPC 球柱的复合遮弹层偏航试验研究．地下空间与工程学报，2009，5(5)：972-975．

[4] 郭志昆，陈万祥，袁正如，等．新型偏航遮弹层选型分析与试验．解放军理工大学学报：自然科学版，2007，8(5)：505-512．

[5] 刘瑞朝．新型层状遮弹结构抗侵彻机理研究．徐州：中国矿业大学，2001．

[6] 高光发，李永池，李平，等．防护工程复合遮弹层结构探讨．弹箭与制导学报，2011，31(5)：99-101．

爆炸条件下预应力锚索锚固洞室变形及破坏特征模型试验研究

沈　俊　顾金才　张向阳　陈安敏　徐景茂

内容提要：针对深钻地武器爆炸对地下洞室造成的威胁，采用模型试验的方法对全长黏结式锚索与自由式锚索锚固洞室的抗爆性能进行了研究，获得了不同锚固洞室在爆炸动荷载作用下的拱顶变形规律，测量了其宏观破坏尺寸。试验结果表明：随着爆炸荷载的增大，锚固段与自由段之间岩体的变形逐渐增大；与其他形式锚索加固作用相比，自由式锚索的锚固作用越来越弱，加固洞室的破坏程度趋于严重；当爆炸荷载较大时，全长黏结式锚索的锚固效果发挥出来，其抗爆效果明显优于自由式锚索加固洞室的抗爆效果。

1　引言

在岩土工程加固领域，锚索加固技术已得到广泛应用。国内外研究人员对静荷载条件下锚索加固性能的研究已经比较系统，相关研究成果已经在工程实践中得到应用[1-2]。随着我国基础设施建设的大规模开展，爆炸动载作用下岩体的响应及工程安全成为当前工程界必须面对的问题[3]。岩土锚固是解决岩土工程稳定性问题的经济有效的方法之一[4]，因此，爆炸动载条件下锚固体的受力状态及对锚固体的影响是值得重视的研究课题。关于爆炸对边坡锚索的影响已有较多的研究成果，如：宋茂信[5]进行了大吨位预应力锚索对边坡爆破开挖适应性的现场试验研究；张云等[6]对由近区爆炸造成的水电站边坡预应力锚索动态响应进行了研究；苏华友等[7]针对高陡边坡爆破开挖对锚索预应力造成的影响进行了研究等。相比之下，针对爆炸动载作用下预应力锚索加固地下洞室的抗爆效果的研究还较少，其抗爆加固机理、设计计算方法以及优化设计方法方面很多问题仍然是研究空白，限制了爆炸荷载条件下锚索在地下洞库加固工程中的推广应用。本文采用模型试验的方法，对目前工程上常用的自由式和全长黏结式预应力锚索锚固洞室在爆炸动载作用下的受力、破坏特征进行了研究。

2　模型试验设计

2.1　模型洞室及岩体模拟材料的选取

洞室设为跨度 3～5m，高 4m 的直墙拱顶形，岩体为Ⅲ级左右的中等强度岩体，力学参数见表 1。依据模型试验装置及原型洞室尺寸，选定几何相似比尺系数为 $K_L=\frac{L_{模型}}{L_{原型}}=0.1$，选用水泥砂浆作为

刊于《防护工程》2013 年第 3 期。

围岩的模型材料，其密度比尺系数为 $K_\rho=\frac{\rho_{模型}}{\rho_{原型}}=\frac{1800}{2400}=0.75$，根据 Froude 相似准则要求，$K_\sigma=K_\rho\cdot K_L$，则应力相似比例为 $K_\sigma=0.075$。模拟洞室截面形式也为直墙拱顶形，跨度为 28cm，侧墙高 20cm，拱高 14cm。

表 1　Ⅲ级岩体及相似准则要求的模型材料力学参数

材料	ρ/(kg/m³)	R_c/MPa	R_t/MPa	E/GPa
原型材料	2200～2400	15～30	0.75～3.00	20～30
要求材料	1650～1800	1.125～2.25	0.06～0.23	1.50～2.25
模型材料	1800	1.80	0.17	2.00

经过材料试验，选取配比为砂：水泥：水：速凝剂＝13：1：1.4：0.0166（质量比），初始含水量为 10％的混合物作为模型材料，其 14d 的材料力学参数见表 1。从表中可以看出，模型材料的力学参数基本上符合 Froude 相似准则要求的模型材料的力学参数。

2.2　试验药量、爆点位置的选择

根据《常规武器防护设计原理》[8]中给出的应力波峰值计算公式，对于装药 500kg 左右的某型钻地弹，按模型洞室拱顶爆炸压应力相似的要求，可以求出模型试验中需用块状 TNT 药量为 $W=91.2$g，取 100g。

整个模型试验在"岩土工程抗爆结构模型试验装置"上进行[9]。该装置围成的内部空间尺寸为（长×宽×高）为 1.5m×1.5m×1.8m，该尺寸也为模型体的外部尺寸，见图 1(a)。

某型钻地弹的钻岩体深度为 6.0m 左右，根据相似比尺，块状装药埋深为 60cm，见图 1(b)。

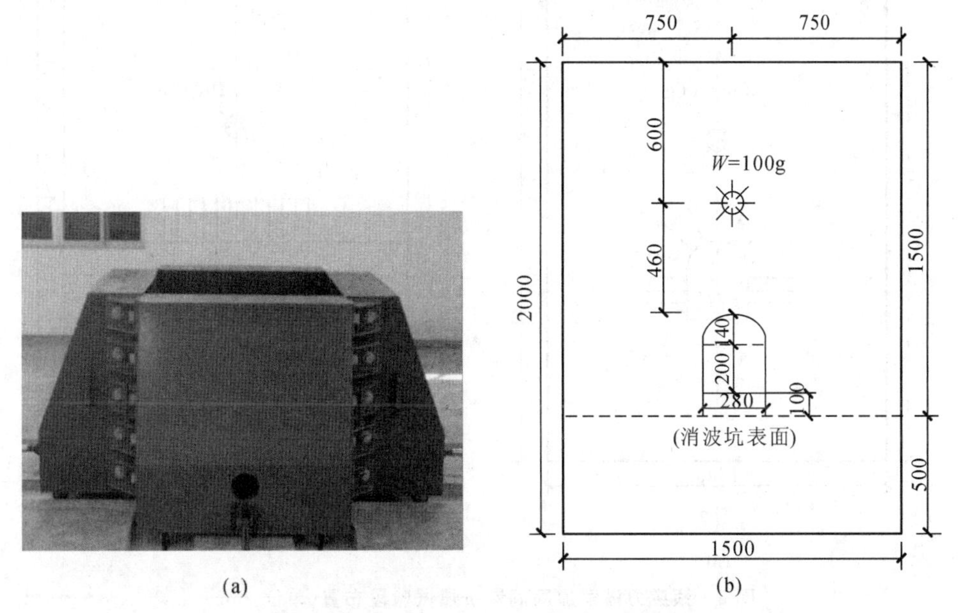

图 1　模型试验装置及模型体内洞室和药包布置（单位：mm）

(a)模型试验装置；(b)洞室及药包布置

2.3　模拟锚索

模型试验中用 $\phi3.5$mm 的塑料杆模拟锚索，其抗拉强度为 5.84MPa，弹性模量为 3.61GPa。对于自由式锚索，其锚固段长度为 7cm，自由段长度为 13cm，自由段长度范围内抹上黄油并套一薄壁塑料管，使杆体在塑料管内可以自由滑动，在内锚固段部位不套塑料管让其裸露，同时在自由段与内锚固段交界处把塑料管的开口用黄油密封，见图 2(a)；对于全长黏结式锚索，其整根杆体上不套塑料管，见图 2(b)。

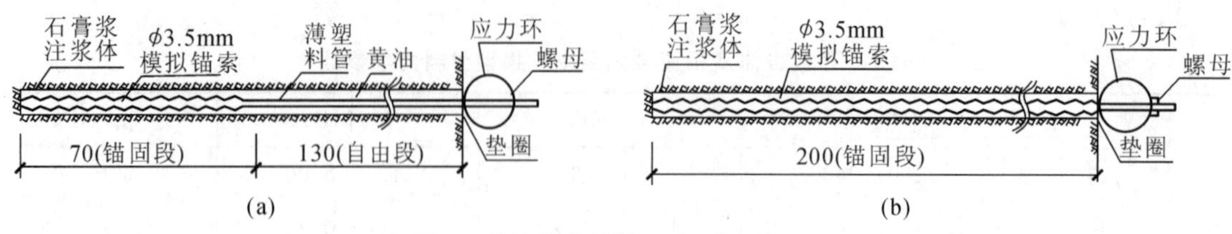

图 2 模拟锚索结构形式(单位：mm)

(a)自由式锚索；(b)全长黏结式锚索

实际工程中单根锚索钻孔孔径一般为 75mm 左右[10]，按照相似要求，模拟孔径为 7.5mm，模型试验中模拟锚索成孔直径为 8.0mm 左右，基本满足相似要求。选用配比为 1∶0.8 的石膏浆作为注浆材料。试验中，2 种锚索均施加 50N 的预应力。

2.4 试验段布置

为使试验结果具有可比性，要确保试验在相同的条件下进行，须将自由式与全长黏结式预应力锚索锚固洞室布置在同一个模型试验体内，药包在 2 个试验段的上方正中处爆炸。在爆点两侧试验段，模拟锚索沿轴线方向的分布长度为 370mm，见图 3、图 4。

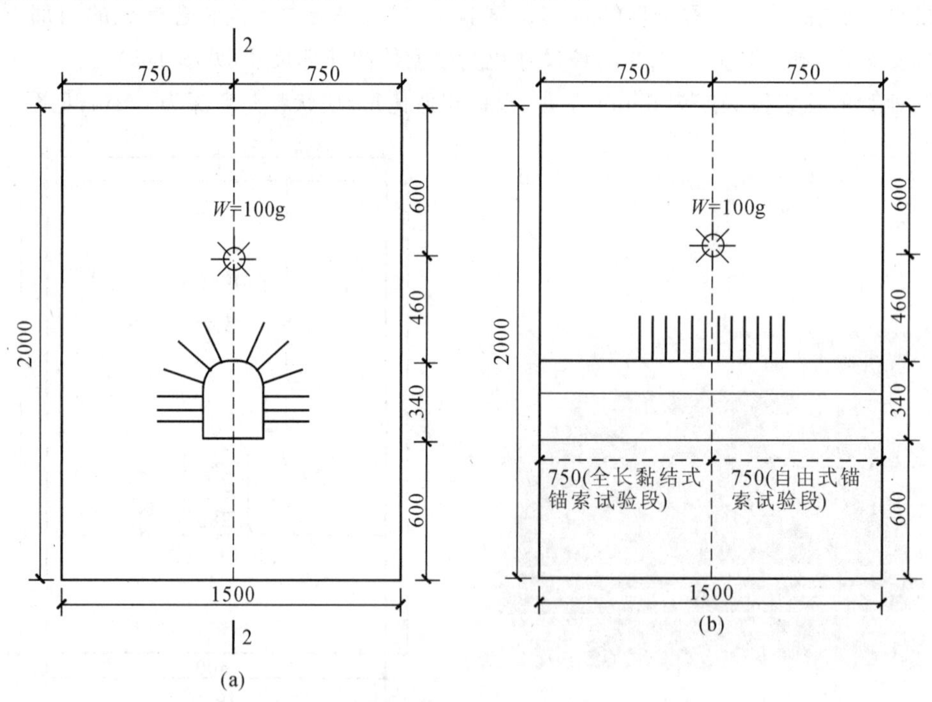

图 3 预应力锚索加固洞室抗爆试验段布置(单位：mm)

(a)断面；(b)2—2 剖面

在模型试验中，测量了模型体内不同测点处爆炸应力波曲线，模拟锚索轴向应变、洞壁加速度和拱顶与底板的相对位移等。限于篇幅，本文仅对测得的拱顶与底板的相对位移进行分析。位移测量采用铍青铜制的位移环，环的直径为 3cm，厚为 1cm。环上有 2 个连线成直径的圆孔，用以连接竖向钢杆，试验时该钢杆顶部预埋在拱顶和与该拱顶点对应的底板中点处。在与该连线垂直方向且连线也成直径的 2 点的内、外壁上贴应变片，形成全桥测量电路，并进行标定。拱顶与底板相对位移测点布置见图 4。

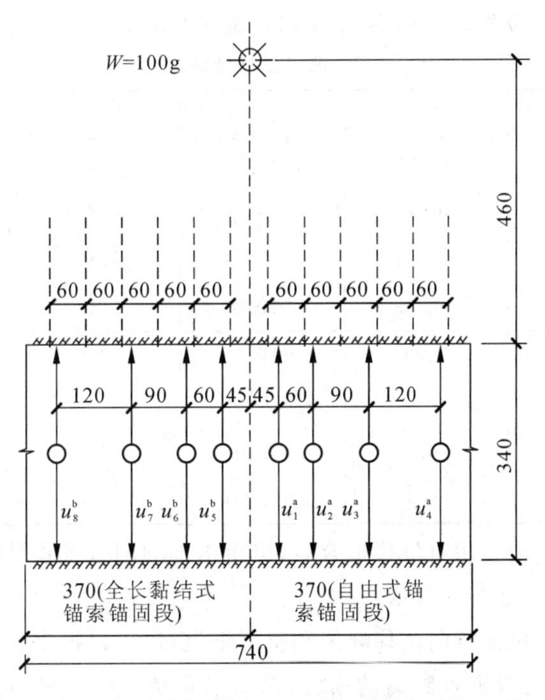

图 4　洞壁加速度和拱顶与底板相对位移测点布置(单位:mm)

虽然测量的是洞室正拱顶与洞室底板之间的相对位移,但根据与相关数值计算得到的洞壁位移矢量图对比发现,当药包在洞室正拱顶上方爆炸时,洞室拱部的位移要远大于洞室底板的位移。因此,本试验测量得到的位移曲线可以认为是正拱顶的位移曲线。

3　试验结果与分析

3.1　正常埋深爆炸试验结果

当药包埋深为 60cm 时,锚固洞室没有进入破坏状态,锚固洞室的抗爆能力以拱顶与底板相对位移峰值为判别标准[11]。测得的典型位移曲线见图 5,以向上为正。

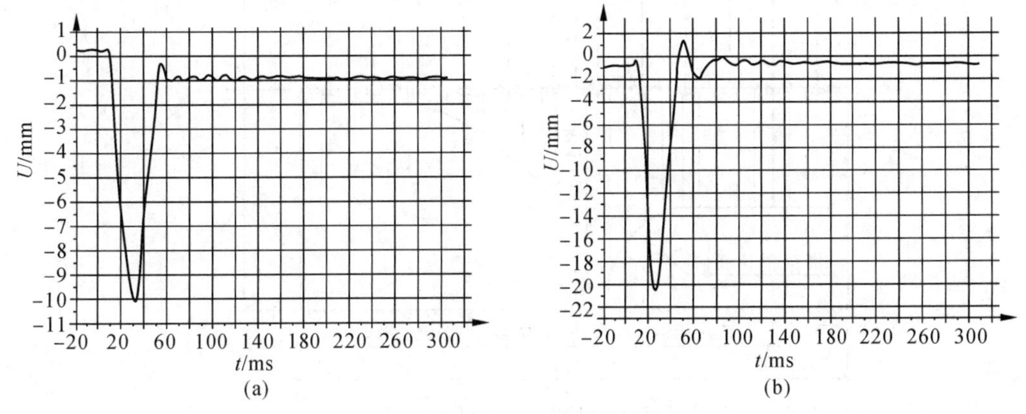

图 5　2 个锚固洞室典型位移曲线

(a)1 号位移测点;(b)2 号位移测点

表 2 列出测点位移特征值,包括相对位移曲线初始位移 U_0、向洞内位移负向位移峰值 U^-、向洞外位移正向位移峰值 U^+,以及稳定位移 $U_{稳定}$ 和相对位移 $U_{相对}$ 等。

表 2 测点位移特征值 单位:mm

加固分段	测点	U_0	U^-	U^+	$U_{稳定}$	$U_{相对}$
全长黏结式锚索	8	0.06	−16.56	2.78	−0.52	−0.58
	7	0.02	−14.08	0.32	−0.83	−0.85
	6	−0.01	−13.71	1.87	−1.13	−1.11
	5	−0.08	−20.81	1.47	−2.04	−1.98
自由式锚索	1	0.00	−10.11	−0.21	−1.11	−1.11
	2	0.00	−12.06	0.00	−0.73	−0.73
	3	−0.04	−1.008	−0.30	−0.40	−0.36
	4	−0.17	−1.231	−0.61	−0.70	−0.53

将上述测点位移峰值和最终相对位移拟合后,可得出加固洞室拱顶沿轴线方向的位移峰值曲线和洞室拱顶的最终下沉曲线,如图 6 所示。

分析以上曲线和爆点下拱顶负向位移峰值和整体下沉量,可以得出如下结论:

(1)随着洞室拱顶与爆心投影点距离的增大,洞室拱顶负向位移峰值逐渐减小。在全长黏结式锚索加固区,距离投影点 4.5cm 的 U_5 点与距离投影点 31.5cm 的 U_8 点相比,U_5 点的负向位移峰值是 U_8 点的 1.3 倍;在自由式锚索加固区,距离投影点 4.5cm 的 U_1 点与距离投影点 31.5cm 的 U_4 点相比,U_1 点的负向位移峰值是 U_4 点的 8.2 倍。全长黏结式锚索加固区负向位移峰值随距离增大而减小的幅度,小于自由式锚索加固区负向位移峰值随距离增大而减小的幅度,说明在同样的常规武器爆炸荷载作用下,全长黏结式锚索加固区受爆炸影响的区域较大。

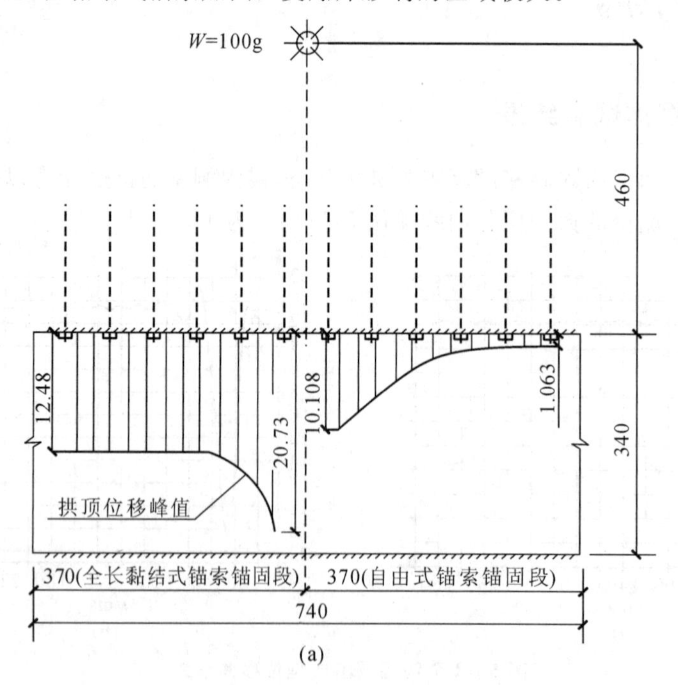

(a)

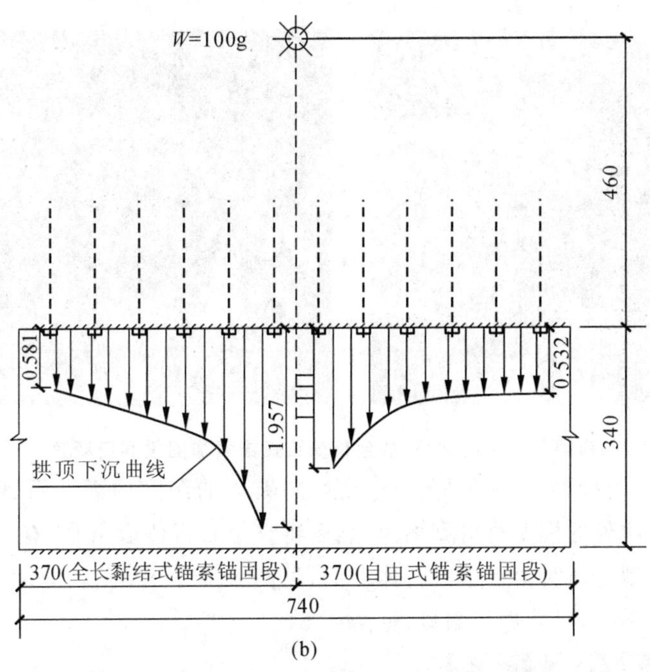

图 6 拱顶位移峰值曲线和拱顶下沉曲线(单位:mm)

(a)拱顶位移峰值曲线;(b)拱顶下沉曲线

(2)随着洞室拱顶与爆心投影点距离的增大,洞室拱顶最终下沉量逐渐减小。在全长黏结式锚索加固区,距离投影点 4.5cm 的 U_5 点与距离投影点 31.5cm 的 U_8 点相比,U_5 点的最终下沉量是 U_8 点的 3.4 倍;在自由式锚索加固区,距离投影点 4.5cm 的 U_1 点与距离投影点 31.5cm 的 U_4 点相比,U_1 点的最终下沉量是 U_4 点的 1.4 倍。自由式锚索加固区拱顶最终下沉量随距离增大而减小的幅度,小于全长黏结式锚索加固区拱顶最终下沉量随距离增大而减小的幅度,说明全长黏结式锚索锚固洞室在爆炸荷载作用下,局部受力较大,引起局部下沉量增大,其整体加固效果在常规武器爆炸荷载条件下,不如自由式锚索的加固效果。

(3)采用不同的锚索形式对洞室进行加固,洞室拱顶负向位移峰值的比值及最终下沉量的比值不同。如对于同样距离爆心投影点 4.5cm 的拱顶,自由式锚索加固洞室拱顶负向位移峰值是全长黏结式锚索加固洞室的 50%,最终下沉量是 60%。

测得的拱顶位移曲线表明,在常规武器正常埋深爆炸动载作用下,自由式锚索锚固洞室抗爆能力要高于全长黏结式锚索锚固洞室的抗爆能力。

3.2 超埋深爆炸试验结果

3.2.1 洞室宏观破坏情况

正常埋深爆炸试验完成后,移开侧限装置,观察洞室发现洞室没有破坏。为获得洞室的破坏形态,保持爆炸药量不变化(100g),将炸药埋深由 60cm 加大到 80cm,进行超埋深超载破坏试验。

将正常埋深试验破坏的模型体表面材料挖掉,并清理干净,用同样配比的模型材料充填并夯实,待模型材料达到强度后,进行超埋深超载破坏试验。为保护传感器,将位移传感器等移出洞外,不再对上述量进行测量,通过宏观破坏现象来评判锚固洞室的抗爆能力。洞室的宏观破坏现象见图 7。

图7 锚固洞室宏观破坏(从全长黏结式锚索加固段洞口观察)

将塌落在洞室底板上的模型材料清理干净,然后向破坏的洞室内灌注石膏浆。待石膏浆硬化1d,小心地将凝固的石膏体外的模型材料剥离掉,然后将整个石膏体取出来,有些锚索头部与石膏体黏结得比较紧,在剥离模型材料时留在了石膏体上面,见图8(a)。该石膏体外形代表了锚固洞室破坏后的情形。对该石膏体外形尺寸进行测量,见图8(b)。

(a)

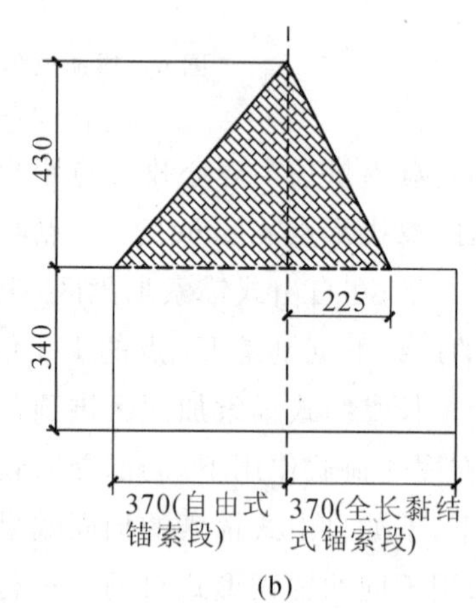

(b)

图8 锚固洞室破坏对比(单位:mm)

(a)从破坏洞室内剥离出的石膏体;(b)石膏体外形尺寸

从图8可以看出:全长黏结式锚索加固洞室拱顶脱落面积随着离爆心投影点距离的增大迅速减小,沿洞室轴线方向的脱落长度也迅速减小;全长黏结式锚索加固洞室沿洞室轴线方向脱落长度为225mm,而自由式锚索加固段破坏沿洞室轴线方向脱落长度为370mm,是自由式锚索锚固洞室的60%,减小的幅度要远大于自由式锚索加固洞室。每个加固段的破坏自爆心下截面起呈半圆锥体状,全长黏结式锚索加固洞室拱顶脱落体积是自由式锚索加固洞室拱顶脱落体积的40%。这表明在破坏荷载作用下,全长黏结式锚索加固洞室的整体性好于自由式锚索加固洞室,抗爆性能优于自由式锚索。

3.2.2 锚索破坏情况

试验过程中,发生了模拟锚索端部的垫墩脱落、锚索头部折断或锚索杆体被拉断等情况。破坏情况统计见图9。

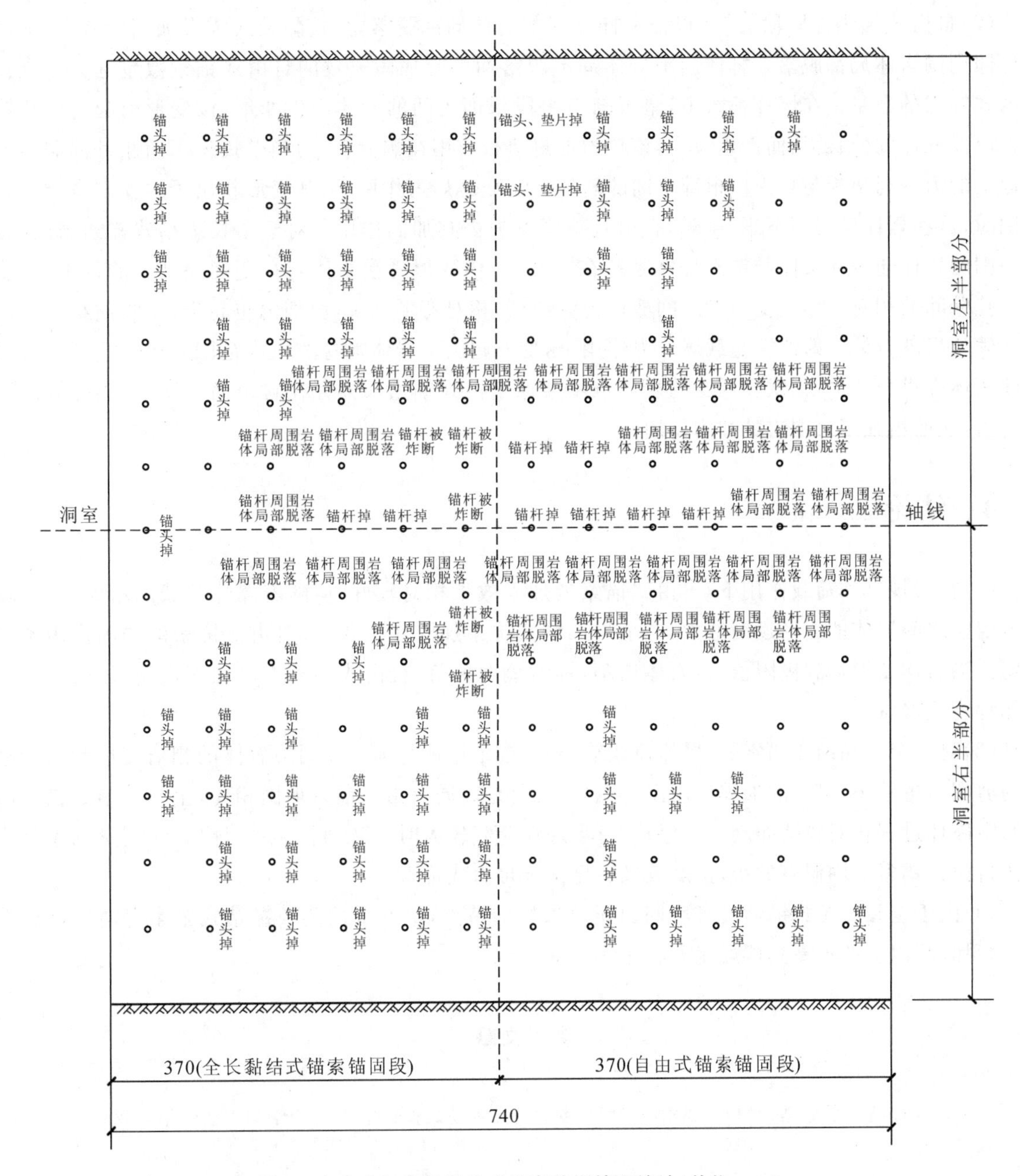

图 9　自由式与全长黏结式锚索破坏情况统计(单位:mm)

从图 9 统计的锚索破坏类型及数量可以看出:

(1)全长黏结式锚索加固段有 49 根锚索锚头被炸掉,自由式锚索加固段有 20 根锚索锚头被炸掉,全长黏结式锚索锚头被炸掉的数量远大于自由式锚索锚头被炸掉的数量,这些锚头均是在与垫板接触的地方断掉。当洞室拱顶被炸穿后,爆炸波在洞室内传播。对于全长黏结式锚索,锚索杆体在孔口部位也被浆体包裹,相当于在锚索头部给锚头提供了一个侧向固定支撑点;当爆炸波传播到锚头时,不能如自由式锚索那样能够在爆炸力作用下为锚头提供一个微小位移,从而消耗了爆炸波作用在锚头上的能量。因此,全长黏结式锚索锚头更易断掉。全长黏结式锚索主要是通过注浆体与孔壁之间的黏结力来加固围岩的,锚头断掉后并不减弱其加固效果。相反,自由式锚索虽然通过锚头根部与孔口岩体的微小位移来消耗作用在其上的爆炸能量,但该微小位移也会引起自由段锚索杆体内轴力值的损失,降低其加固效果。

(2)自由式锚索加固段有20根锚索杆体周围岩体局部脱落,全长黏结式锚索加固段有10根锚索杆体周围岩体局部脱落。杆体周围岩体局部脱落而引起加固失效的自由式锚索数量远大于全长黏结式锚索的数量。在爆炸荷载下,垫板与自由段根部之间的岩体产生变形,该变形引起自由式锚索自由段杆体的伸长,从而产生拉力,该拉力通过垫板作用在洞壁上,为洞壁提供了阻止其向洞内方向运动的力。当垫板与自由段根部之间的岩体在超载爆炸力作用下,其变形超出了岩体本身的允许范围时,这些岩体就塌落下来,这时,自由式锚索就失去其加固作用。对于全长黏结式锚索来说,孔壁周围的岩体通过注浆体与锚索杆体黏结在一起,岩体变形受注浆体与孔壁间黏结力的约束,注浆体与孔壁间的相对变形也受两者之间剪切力的约束,相对变形越大,剪切力也越大,全长黏结式锚索的加固效果就越好。即使在超载爆炸力作用下,变形超出了岩体本身的允许范围。由于孔周围岩体有注浆体提供剪切力,锚索孔周围的岩体也不会像自由式锚索那样存在自由面,不易发生孔周围岩体脱落,从而增强了对围岩的加固作用。

4 结论

(1)在常规爆炸荷载作用下,自由式锚索的加固效果相对较好;但随着爆炸荷载的增大,锚固段与自由段之间岩体的变形逐渐增大,与全长黏结式锚索加固作用相比,自由式锚索的锚固作用越来越弱。当岩体变形达到极限值后,岩体塌落,锚索垫墩掉落,自由式锚索失去加固作用,加固洞室的破坏程度很严重。

(2)对于全长黏结式锚索,当爆炸荷载较小时,锚索杆体与锚索孔周边岩体的相对变形和两者之间的剪切力也较小,锚索的加固作用没有充分发挥出来,同自由式锚索加固相比,全长黏结式锚索加固洞室破坏过程相对较缓而动态反应较大;当爆炸荷载较大时,其锚固效果发挥出来,洞室的塌落范围比自由式锚索加固洞室的小,抗爆效果明显优于自由式锚索。

(3)由于全长黏结式锚索具有后期加固效果好的特点,最好采用全长黏结式锚索对防护坑道岩体进行加固,以有效提高其抗爆能力。

参考文献

[1] 顾金才,明治清,沈俊,等.预应力锚索内锚固段受力特点现场试验研究.岩石力学与工程学报,1998,17(增刊):788-792.

[2] 沈俊.预应力锚索加固机理与设计计算方法研究.合肥:中国科技大学,2005:90-95.

[3] 李海波,蒋会军,赵坚,等.动载作用下岩体工程安全的几个问题.岩石力学与工程学报,2003,22(11):1891-1897.

[4] 张乐天,李术才.岩土锚固的现状与发展.岩石力学与工程学报,2003,22(增1):2214-2221.

[5] 宋茂信.岩体边坡开挖爆破对预应力锚索锚固性能影响的现场观测.防护工程,1998,20(3):74-77.

[6] 张云,刘开运.近区爆破对锚固设施的影响研究.水利发电,1996(8):23-26.

[7] 苏华友,张继春.紫坪铺高陡边坡抗爆破振动分析.岩石力学与工程学报,2003,22(11):1916-1918.

[8] 美国陆军水道试验站.常规武器防护设计原理.方秦,译.南京:工程兵工程学院,1997.

[9] 沈俊,顾金才,张向阳.爆炸模型实验装置消波措施及应用.防护工程,2010,32(6):1-6.

[10] 王冲.预应力锚索的施工.北京:水利电力出版社,1987.

[11] 张雪亮,黄树棠.爆破地震效应.北京:地震出版社,1981.

高地应力环境洞室内部突然卸载时围岩受力性能模型试验研究

张向阳　顾金才　沈　俊　贺永胜　明治清

内容提要：采用模型试验的方法，对高地应力环境下洞室内部突然卸载时围岩的受力变形和破坏情况进行了研究。研究结果表明：突然卸掉作用在圆形洞室洞壁上的荷载，不会对洞壁造成冲击，围岩内未产生拉伸波动现象，没有产生应力波在介质中传播的现象；洞室围岩不会产生破坏，也没有产生明显的内缩变形，但会引起径向应变和环向应变的急剧变化，并迅速趋于平稳。测得的动态环向应变值为压应变，动态径向应变值为拉应变。随着距洞壁距离的增大，环向压应变绝对值和径向拉应变值快速减小，但拉应变值衰减速度快于压应变值的。

1　引言

对于深埋隧道，由于其高地应力的存在，突然卸掉作用在洞壁上的荷载易产生动静耦合效应，以致引发其他不可预知的工程破坏现象。目前，国内较多学者对其进行了研究，如陈文亮等[1]对深埋隧道开挖岩爆进行了数值模拟与预测；祝启虎[2]研究了地应力瞬态卸荷对围岩损伤特征的影响；杨建华等[3]对深部岩体应力瞬态释放激发微地震机制与识别进行了研究；罗忆等[4]对高地应力条件下地下厂房开挖动态卸荷引起的变形突变机制进行了研究；卢文波等[5]对高地应力条件下隧道开挖诱发围岩振动进行了研究。本文对处于高地应力条件下的隧道，采用模型试验的方法，向圆形洞室充入较高压力的内水压后突然卸掉，以研究洞壁瞬时卸载是否会产生卸载应力波及其在岩体内的传播过程，以及突然卸载后洞室周围岩体的破坏形态。

2　模型试验设计

针对本项目模型试验的相似问题，依据 Froude 相似理论[6]，主要考虑了几何相似条件和应力相似条件。

2.1　深部岩体地质条件及洞室尺寸

按照国家标准围岩分类法，岩体类型选为Ⅱ类岩体，其单轴抗压强度 R_c＝30～60MPa，本试验选定为 40MPa。地下工程常用圆形洞室跨度 D＝3.0～5.0m，本试验选定为 3.0m。

2.2　模型洞室尺寸

试验模型体尺寸为 1000mm×1000mm×400mm（长×宽×高），垂直于洞室轴向方向为平面应

本文曾在中国土木工程学会防护工程分会第十四次学术年会交流，经修改刊于《防护工程》2014 年第 5 期。

变截面。试验几何相似系数为1∶15，模型洞室的跨度取为200mm，则模型体的长度和宽度是洞室跨度的5倍，基本上可以避免边界对洞室受力的影响。

2.3　模型材料选取

选取应力相似系数为1∶20。选用质量配比为水泥∶砂∶水＝1∶14∶1.4的低强度等级水泥砂浆作为岩体模拟材料，采用夯实法成型。模型材料的抗压强度为2.28MPa。原岩、要求选用的模拟材料及选定的模拟材料的具体物理力学参数见表1。

表1　原岩及模拟材料物理力学参数

围岩类别	抗压强度 R_c/MPa	抗拉强度 R_t/MPa	黏聚力 c/MPa	内摩擦角 φ/(°)	变形模量 E_m/GPa	泊松比 ν	密度 ρ/(kg/m³)
原岩	40.00	2.70	2.0	50	20.00	0.25	2400.0
要求选用的模拟材料	2.00	0.14	0.1	50	1.00	0.25	1.8
选定的模拟材料	2.28	0.30	0.8	54	0.63	0.25	1.8

从表1可以看出，选定的模拟材料的抗拉强度和黏聚力偏大，这在一定程度上提高了当洞室破坏时作用在模型体边界上的最大荷载，减轻了洞室的破坏程度，但不会影响洞室围岩的基本破坏形式和破坏规律。

2.4　试验测点布置

由于对称，在洞室右侧墙模型体内布置了断裂丝。

在拱顶上方，底板下方及左侧墙岩体内各布置了2条应变测量线，其中一条测试静态应变信号，另一条测试突然卸载时的动态应变信号。模型体内应变片及断裂丝的布置见图1。上述测点均布置在模型体的中间水平面上(垂直于洞室轴线的中间截面)。为了监测到裂缝发生时的应变值，在洞壁附近布置的应变片间距较小。

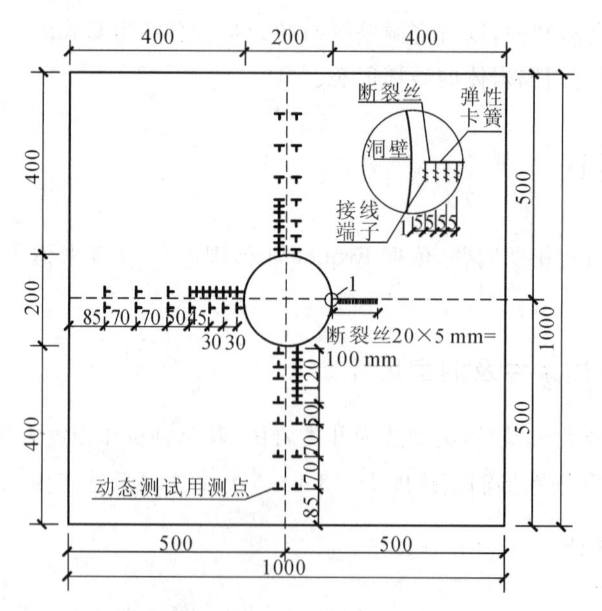

图1　模型体内应变片及断裂丝布置(单位：mm)

2.5　试验步骤

(1)圆形洞室开挖。圆形洞室的突然卸载是通过试验时设置在洞室内部的水囊突然放水卸压来实现的,因此,在加载试验前需将圆形洞室提前开挖好。为便于定位,加载前将模型体放置在深部洞室围岩破坏机理模拟试验系统内,见图 2(a),然后开挖圆形洞室,见图 2(b)。

(a)　　(b)

图 2　试验装置及开挖好的圆形洞室

(a)深部洞室围岩破坏机理模拟试验系统;(b)开挖好的圆形洞室

(2)将水囊放入圆形洞室,并试验边界荷载。将水囊放入圆形洞室内,盖上盖扳,并连接上卸压系统。卸压系统的作用是在极短的时间内(1s 以内)释放水压,形成突然卸载。其原理是当模型体的边界荷载达到要求后,向上扳动设置在出水口上的阀门,使水自出水口喷射而出,达到突然卸载的目的。在卸压阀门扳手上同时设置有动态测试系统触发信号线,以在卸压的同时触发动态采集系统,完成对动态应变信号的采集。卸压系统见图 3。

图 3　卸压系统

(3)施加模型体边界荷载。在保证洞室轴线方向为平面应变,侧压系数为 1 的条件下,施加在模型体拱顶方向和侧墙方向的边界荷载为 $P_V = P_H = 5.77$MPa,共分 14 次均匀施加完毕。模型材料的单轴抗压强度为 $R_c = 2.28$MPa,其边界荷载 P_V 是其强度的 2.53 倍,说明模型体处于高应力环境下。每一次施加模型体边界荷载,模型体中心部位对应的边界应施加的内水压见表 2。

表 2　模型体施加内水压与边界荷载对应关系

加载次数	模型边界实际荷载/MPa	施加内水压/MPa
1	0.41	0.24
2	0.82	0.44
3	1.24	0.79
4	1.65	1.26
5	2.06	1.77
6	2.47	2.31
7	2.89	2.85
8	3.30	3.42
9	3.71	4.02
10	4.12	4.68
11	4.54	5.34
12	4.94	6.02
13	5.36	6.71
14	5.77	7.46

(4)快速开启卸水阀,完成对洞壁岩体的突然卸载。

3　试验结果

3.1　动态测试系统测得的应变曲线

由于对称,仅对侧墙附近介质内的动态应变进行分析。在开启卸水阀的同时触发应变动态采集系统,完成对动态应变信号的采集,对于每个应变测点,每 5μs 采集一个数据。

测得的侧墙附近介质内动态径向应变曲线见图 4。

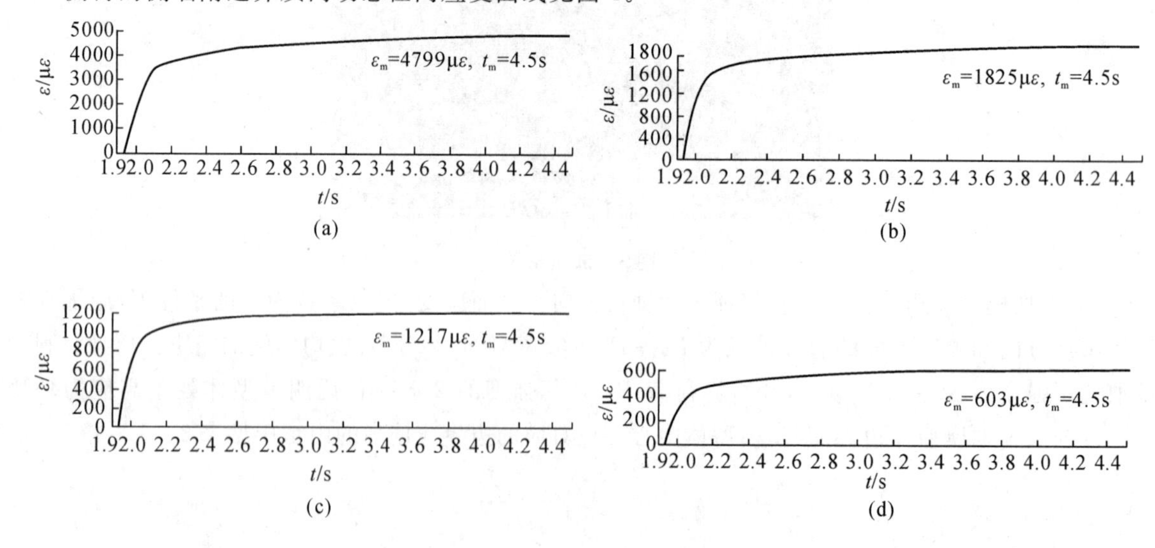

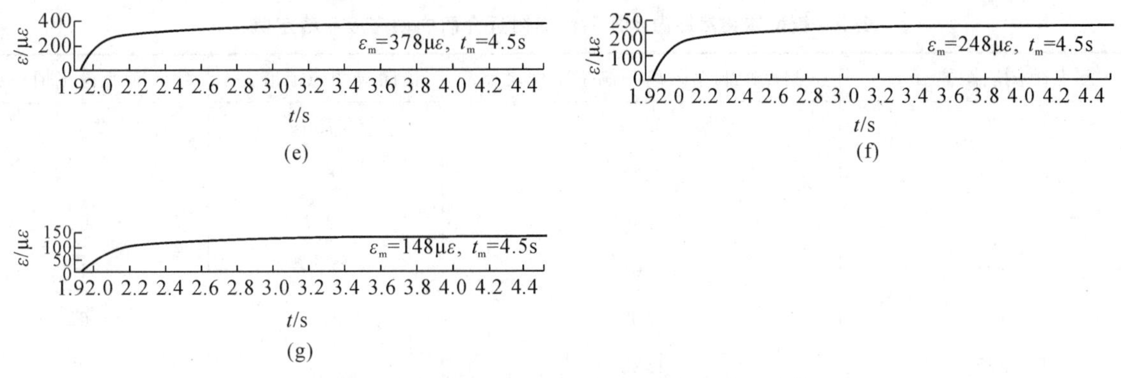

图 4 模型体侧墙附近介质内动态径向应变曲线

(a)距侧墙 20mm 径向应变与时间关系；(b)距侧墙 50mm 径向应变与时间关系；

(c)距侧墙 80mm 径向应变与时间关系；(d)距侧墙 125mm 径向应变与时间关系；

(e)距侧墙 175mm 径向应变与时间关系；(f)距侧墙 245mm 径向应变与时间关系；

(g)距侧墙 315mm 径向应变与时间关系

测得的侧墙附近介质内动态环向应变曲线见图 5。

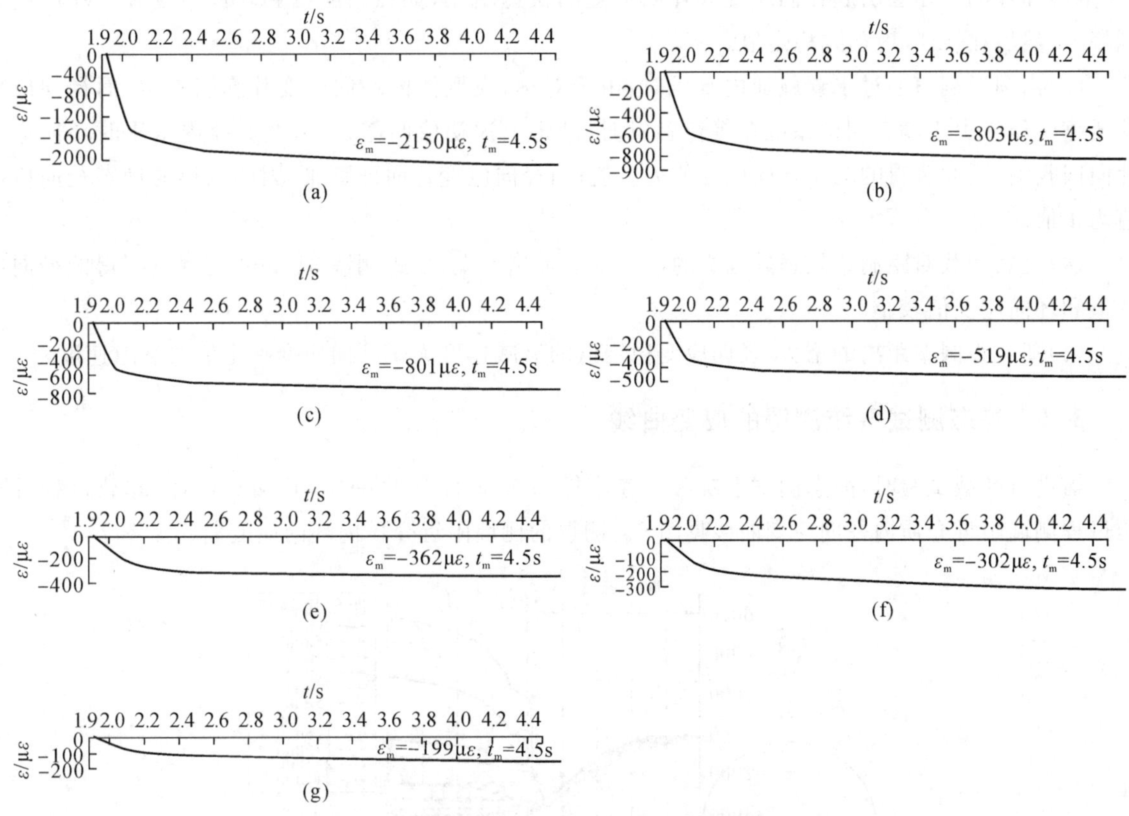

图 5 模型体侧墙附近介质内动态环向应变曲线

(a)距侧墙 20mm 环向应变与时间关系；(b)距侧墙 50mm 环向应变与时间关系；

(c)距侧墙 80mm 环向应变与时间关系；(d)距侧墙 125mm 环向应变与时间关系；

(e)距侧墙 175mm 环向应变与时间关系；(f)距侧墙 245mm 环向应变与时间关系；

(g)距侧墙 315mm 环向应变与时间关系

侧墙附近介质内动态应变稳定值见表 3。

表 3　模型体突然卸内水压后侧墙附近介质内动态应变稳定值

测点距侧墙距离/mm	测点距洞壁距离与洞室跨度之比	径向应变稳定值/$\mu\varepsilon$	环向应变稳定值/$\mu\varepsilon$
20	0.10	4799	−2150
50	0.25	1825	−803
80	0.40	1217	−801
125	0.63	603	−519
175	0.88	378	−362
245	1.23	248	−302
315	1.58	148	−199

从图 4、图 5 及表 3 中数据可以看出：

(1)突然卸掉通过水囊施加的内水压，不会对洞壁造成冲击，没有产生应力冲击波在模型体传播的现象。

(2)卸掉内水压会引起径向应变和环向应变的快速增大，如径向应变和环向应变在 0.15s 内达到峰值，然后在 2.4s 内达到稳定值。

(3)当圆形洞室通过水囊施加内水压时，由于对称，模型体内环向应变片膨胀受拉，而径向应变片压缩受压。由于动态测试系统在等待触发时，已将上述初值归零，当突然卸掉内水压时环向应变片向回收缩，因此测得的动态环向应变值为负值；而径向应变片向外膨胀，因此测得的动态径向应变值为正值。

(4)突然卸载对距洞壁较远处围岩的受力变形影响不大，如距侧墙 315mm 处测点测得的径向应变值和环向应变值较小。

(5)随着距洞壁距离的增大，径向应变稳定值的衰减速度大于环向应变稳定值的衰减速度。

3.2　静态测试系统测得的应变曲线

当进行卸载试验时，静态测试系统采集速率提高至每 1s 采集一次，其加载过程、卸载过程及稳压过程侧墙附近介质内径向应变曲线见图 6。测得的侧墙附近介质内环向应变曲线见图 7。

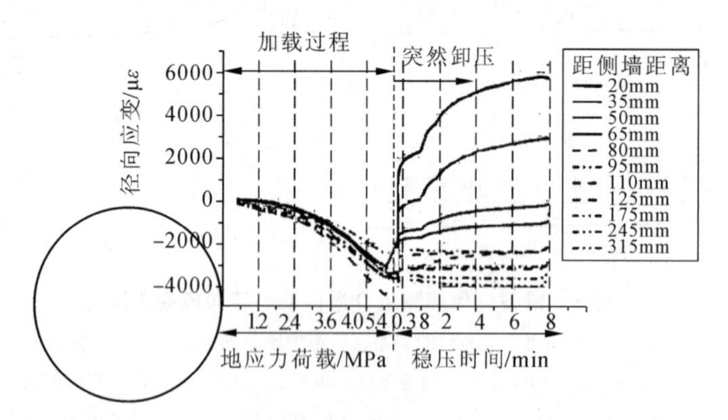

图 6　模型体加载过程、卸载过程及稳压过程侧墙附近介质内径向应变曲线

从图 6、图 7 中可以看出：

(1)在边界荷载施加过程中，侧墙部位径向应变和环向应变均为压应变，且随着施加在模型体边界荷载的增大，2 个方向的压应变也增大。

(2)突然卸掉内水压后，因为径向应变片伸长，测得的径向应变会增大，在曲线上表现为在卸压

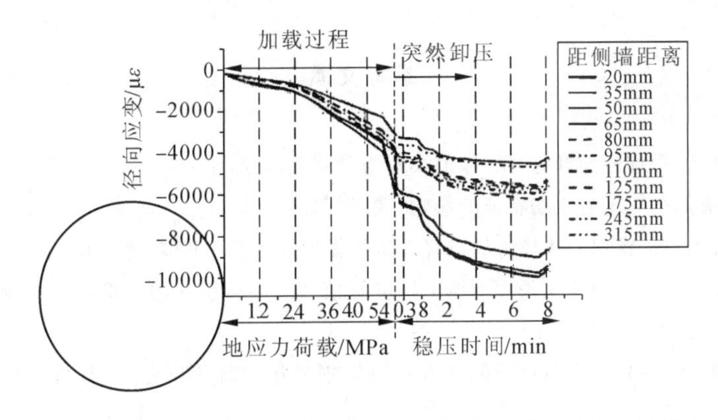

图7 模型体加载过程、卸载过程及稳压过程侧墙附近介质内环向应变曲线

瞬间径向应变曲线突然向上，并进入受拉状态。在稳压过程中，径向应变曲线继续缓慢向上，直至趋于稳定。

(3)突然卸掉内水压，因为环向应变片回缩，测得的压应变绝对值更大，在曲线上表现为在卸压瞬间环向应变曲线突然向下，并一直处于受压状态。在稳压过程中，环向应变曲线继续缓慢向下变形，直至趋于稳定。随着距侧墙距离的增大，其环向压应变绝对值快速减小，但其衰减速度慢于径向拉应变的衰减速度。

3.3 洞室宏观情况

试验完毕对模型体进行解剖，发现洞室没有破坏，断裂丝均没有产生破坏，洞室也没有产生明显变形，见图8。

由于施加在洞壁上的内水压较大，$P=7.46\text{MPa}$，是其强度的3.27倍，洞壁附近介质材料被压密，但没有造成洞室破坏。为了比较内水压较高或较低条件下模型体的破坏情况，还进行了低内水压试验，限于篇幅，本文不再介绍。

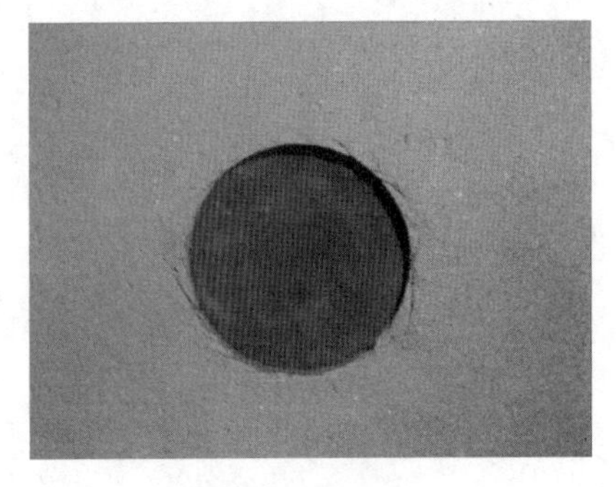

图8 洞室宏观情况

4 结论

(1)突然卸掉作用在圆形洞室洞壁上的较大荷载，不会对洞壁造成冲击，围岩内未产生拉伸波动现象，没有产生应力冲击波在模型体传播的现象；洞室围岩不会产生破坏，也没有产生明显的内缩变形。

(2)卸掉该压力会引起径向应变和环向应变的动态快速变化，其径向和环向拉、压应变上升时间为卸载后0～0.15s，以后趋于平稳；测得的动态环向应变值为压应变，动态径向应变值为拉应变。

(3)在地应力施加过程中，侧墙部位径向应变和环向应变均为压应变，且随着施加在模型体边界荷载的增大，2个方向的压应变也增大。突然卸掉洞壁压力后，径向应变曲线突然向上，在稳压过程中径向应变曲线继续缓慢向上，直至处于稳定受拉状态；环向应变曲线突然向下，在稳压过程中环向应变曲线继续缓慢向下，直至处于稳定受压状态。随着距侧墙距离的增大，环向压应变绝对值和径向拉应变值快速减小，但拉应变值衰减速度快于压应变绝对值的衰减速度。

参考文献

[1] 陈文亮,章青,刘仲秋.深埋隧洞开挖岩爆数值模拟与预测.长江科学院院报,2012,29(5):40-44.

[2] 祝启虎.地应力瞬态卸荷对围岩损伤特征的影响.武汉:武汉大学,2010.

[3] 杨建华,卢文波,陈明,等.深部岩体应力瞬态释放激发微地震机制与识别.地震学报,2012,34(5):581-592.

[4] 罗忆,卢文波,周创兵,等.高地应力条件下地下厂房开挖动态卸荷引起的变形突变机制研究.岩土力学,2011,32(5):277-284.

[5] 卢文波,陈明,严鹏,等.高地应力条件下隧洞开挖诱发围岩振动特征研究.岩石力学与工程学报,2007,26(增1):3329-3334.

[6] ZAHRAH T F, MERKLE D H, AULD H E. Gravity effects in small-scale structural modeling. Florida: Engineering & Services Laboratory, Air Force Engineering & Services Center, Tyndall Air Force Base, 1988.

抛掷型岩爆机制与模拟试验技术

顾金才　范俊奇　孔福利　王康太　徐景茂　汪　涛

内容提要:为探讨高地应力隧洞岩爆机制,在岩爆试件试验的基础上,对抛掷型岩爆机制提出4点新的认识,即围岩中要发生抛掷型岩爆,单靠岩爆体本身积蓄的能量还不够,必须要有周围岩体对其破坏过程进行能量补充;工程中发生岩爆时,洞壁围岩会对岩爆体产生能量汇聚,这是抛掷型岩爆发生的重要前提;在抛掷型岩爆发生过程中,动、静状态转化是由洞壁围岩对岩爆体释放的能量有剩余造成的;在岩爆应力判据中,围岩在 $\sigma_\theta/R_c=0.3\sim0.7$ 的条件下就可能发生岩爆,甚至可能发生强烈岩爆,这是因为围岩不是均质体,围岩内存在应力集中区和软弱结构区。现有的岩爆模拟试验采用油压控制系统加载无法实现抛掷型岩爆,这是因为油路供油速度缓慢所致。本文对抛掷型岩爆模拟试验技术,提出新的试验方案,研发新的试验装置,开展新的岩爆模拟试验。实践证明提出的试验技术和试验装置均能较好地模拟抛掷型岩爆现象,可供岩爆机制研究、教学及相关工程建设参考。

1　引言

岩爆是在高地应力地区硬岩隧洞施工中经常发生的一种动力地质灾害。因为岩爆发生时会有大量岩块飞向开挖空间,往往会给施工人员、设备造成重大灾害,影响工程进度,所以岩爆问题倍受人们关注。

自1738年在英国南史塔福煤田的莱比锡煤矿记录并报道有岩爆发生以来,世界各国相继有关于岩爆的报道[1],如南非、德国、日本、波兰、美国、加拿大、瑞典、智利等。我国最早记录的岩爆发生在1933年抚顺胜利煤矿,据不完全统计,从1949年到1973年,我国有33个煤矿发生了2000多次岩爆事件,造成了重大损失[1]。我国还有多个大型水电和公路工程,如天生桥水电站、瀑布沟水电站、锦屏二级水电站、二郎山隧道、秦岭隧道、陆家岭隧道等都曾发生过岩爆,有些是强烈岩爆。

对岩爆问题的研究,国内外都很重视,并已取得了不少成果。相关报道较多:张镜剑等[1-5]对国内外岩爆研究概况进行了综述;唐绍辉等[6-14]介绍了实际工程中的岩爆现象和现场研究成果;宫凤强等[15-17]提出了判断岩爆发生与否及烈度大小的方法;王元汉等[16-23]介绍了我国在岩爆物理模拟试验领域的部分研究成果。从上述文献资料中可以看到:

(1)目前分析岩爆的理论有多种[5]:强度理论、能量理论、刚度理论、断裂损伤理论、突变理论等。

(2)对岩爆机制的认识主要从应力和能量2个角度考虑:从应力角度考虑,有人认为岩爆是由"开挖卸载"引起的,有人认为岩爆是由应力集中即"加载"引起的;从能量角度考虑,一般认为岩爆是由于洞室开挖后储存于岩体中的弹性应变能突然释放引起的。上述2种思路给出的岩爆判据多以 σ_1/R_c、σ_θ/R_c、R_c/R_t、W_{et}、K_v 为参数。其中,σ_1 为最大地应力,σ_θ 为最大环向应力,R_c 和 R_t 分别为岩石的单轴抗压强度和单轴抗拉强度,W_{et} 为弹性能量指数,K_v 为岩体完整性系数。值得指出的是,在

刊于《岩石力学与工程学报》2014年第6期。

岩爆应力判据中 $\sigma_1/R_c>0.40$，$\sigma_\theta/R_c>0.55$ 时就可以发生强烈岩爆[2]。

(3)从现场报道的岩爆特征来看，岩爆的发生具有突然性、猛烈性，并伴有较大声响。岩爆发生时洞壁会有大量岩块以极高的速度飞向开挖空间。岩爆主要发生在高地应力地区的硬脆性岩体中。谭以安[7]认为，"岩爆既不发生在很完整的岩体段，也不发生在节理发育的破碎段，而是发生在节理不多也不少的岩体段，而且干燥无水"，"岩体结构对岩爆的有无和强弱起控制作用"。

(4)从岩爆的物理模拟试验中看到：谭以安[7]按"加载"方法进行试验，何满潮等[21-22]按"卸载"方法进行试验。试件一般为 ϕ50mm×100mm 的圆柱试件或方试件。对洞室岩爆模型的试验，洞室尺寸都偏小，李天斌等[23]的研究中洞室直径 D=84mm；陈陆望和白世伟[20]的研究中洞室直径 D=160mm；费鸿禄等[18]的研究中洞室直径 D=18mm。试验中所采用的加载系统都是伺服控制的液压系统。试验取得了不少成果，但从破坏形态上看，真正产生抛掷型岩爆的不多，至多是脆性破坏。采用卸载方法实现了岩爆现象的模拟[22]，但其具体做法是在卸载前就在试件某个方向上施加了超过材料单轴抗压强度的应力，这种做法是否符合工程实际是值得商榷的。

综上所述，目前对岩爆问题的研究，无论在理论、试验或是现场监测上，虽然已取得了不少成果，但"由于岩爆现象的复杂性，岩爆问题至今仍是岩石力学世界性难题之一"[2]，目前还有许多问题需要研究解决。本文以探讨岩爆机制和物理模拟试验技术为主，所以更侧重以下两个方面存在的主要问题：

(1)目前对岩爆机制的认识还不完全到位，现有的岩爆应力条件和能量条件只是岩爆发生的必要条件，而不是充分条件。试验研究表明仅满足已给出的岩爆条件很难产生抛掷型岩爆现象，一般只能产生静力破坏，至多产生脆性破坏。

(2)目前试验中采用的油压控制系统很难实现抛掷型岩爆，因其油路供油缓慢，在试件达到强度峰值后会造成千斤顶瞬间卸载。

本文在岩爆机制认识的基础上，经过认真分析，提出了新的认识，并研发了新的试验装置，开展了模拟试验，成功模拟了抛掷型岩爆现象。

2 对抛掷型岩爆机制的新认识

工程中的岩爆类型很多，不同类型的岩爆发生机制及其试验技术也不完全相同。抛掷型岩爆具有岩爆的典型特征，有声响，有抛掷，产生的灾害往往也较大。对抛掷型岩爆机制的新认识共有4点：

(1)围岩中要发生抛掷型岩爆，单靠岩爆体本身积蓄的能量还不够，必须要有周围岩体对其破坏过程进行能量补充。

这里"岩爆体"是指岩爆发生部位的岩体。当应力状态给定后，对于不全被约束的结构(或称不全封闭体系)，如试件或洞室模型，其吸收的内能总量是固定的，它的最大值应该等于材料变形达到极限时外力所做的有效功，在这个极限值之内，材料是不会破坏的。达到这个极限值再加载，即对材料再做功，材料就会发生破坏，用破坏来消耗新增加的外力功。这就像用水桶装水一样，水桶装满了再加水，水就要流出来。反之，材料破坏需要外力再做功，对其破坏过程进行能量补充。

岩爆体也是一个不封闭的受力体系。岩爆体吸收的能量(周围岩体挤压变形所做的功)也有一个极限值，在这个极限值之内它不会破坏，达到这个极限值之后，周围岩体继续对其进行挤压，岩爆体才会发生破坏。而此时岩爆是否发生，取决于周围岩体对岩爆体产生的挤压应力的大小和挤压力的施加速度。只有对岩爆体提供快速挤压力才能产生抛掷型岩爆。

因此，材料不会自身破坏，要破坏必须有外部因素作用。材料抵抗外部因素的作用，一是要忍耐，二是忍耐不住才破坏。上述观点的启示是，在岩爆模拟试验中对试件破坏过程必须进行迅速能量补充，否则岩爆不会发生。

(2)工程中发生岩爆时，洞壁围岩会对岩爆体产生能量汇聚，这是抛掷型岩爆发生的重要前提。

在实际工程中，尤其在高地应力地区开挖隧洞时，洞壁围岩会产生很大的收敛变形，甚至会把洞内的支护、衬砌都压垮，见图 1、图 2，可见围岩变形产生的压力之大。此外，从围岩弹塑性理论分析[24]中也可看出，在洞室开挖后洞壁围岩会产生径向位移，要控制这种位移的发展，需要对洞壁提供很大的支护抗力。洞壁位移与围岩压力关系曲线如图 3 所示，图中，P_i 为围岩压力，P_{imin} 为最小围岩压力，u_{r_0} 为洞壁径向位移，r_0 为圆洞半径。

图 1 隧洞变形对洞内支护挤压变形情况

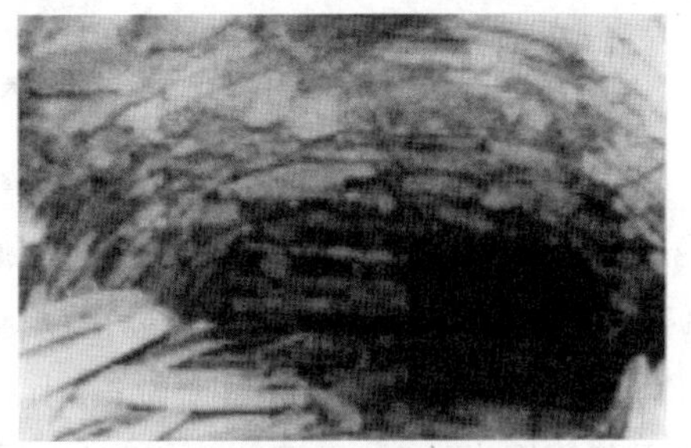

图 2 洞室收敛变形挤压状态

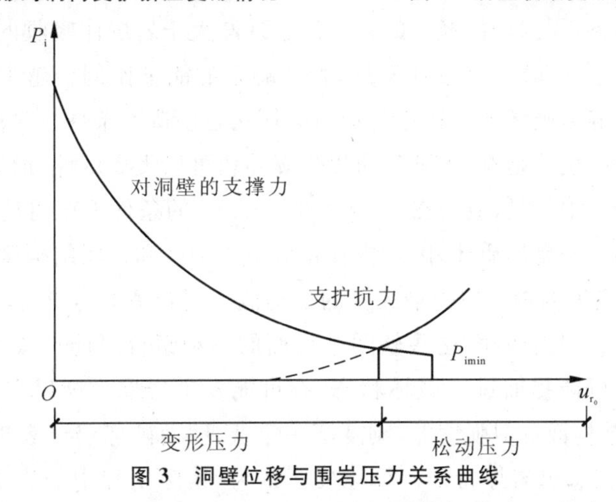

图 3 洞壁位移与围岩压力关系曲线

围岩中岩爆体的受力与上述现象有相似之处。因岩爆体部位有二次应力集中(第一次是开挖洞室时边墙上产生的应力集中，第二次是岩爆体本身周围岩体对其产生的压应力集中)，可见岩爆体周围所受压力比洞壁围岩压力还大，围岩对岩爆体产生的挤压变形更大，释放的能量更多。

为简单起见，把围岩对岩爆体释放能量的过程称为能量汇聚。能量汇聚是抛掷型岩爆发生的重要前提，也是岩爆模拟试验中对试件进行能量补充的重要依据。

(3)在抛掷型岩爆发生过程中，动、静状态转化是因洞壁围岩对岩爆体释放能量有剩余造成的。

抛掷型岩爆发生是由静态到动态的转化过程。对这个转化过程机制分析如下：根据岩爆应力判据，围岩应力在 $\sigma_\theta/R_c=0.3\sim0.7$ 的条件下就可能发生岩爆，甚至可能发生强烈岩爆。这表明岩爆发生时洞壁围岩整体上仍处于弹性状态，只有岩爆体进入塑性或破坏状态。因此可用被压缩的弹簧近似代替围岩对岩爆体的挤压作用。洞壁围岩与岩爆体的相互作用简化模型如图 4 所示。

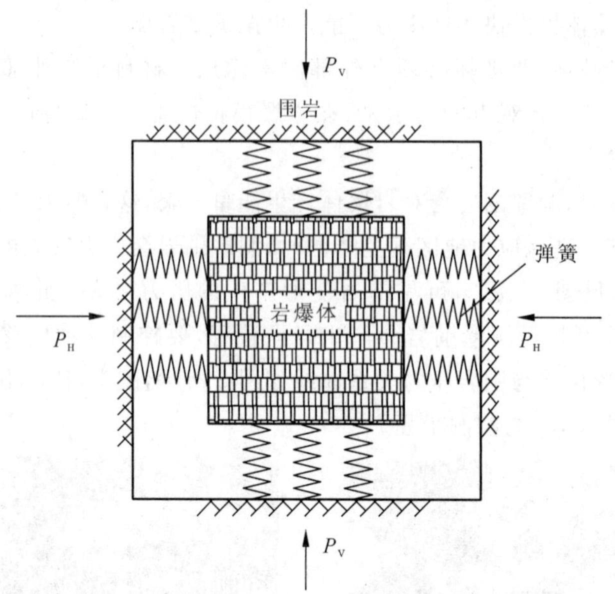

图 4　洞壁围岩与岩爆体的相互作用简化模型

从图 4 中看出:在岩爆发生前,弹簧被挤压,弹簧(围岩)与岩爆体是处于应力平衡状态的。在岩爆发生时,因岩爆体材料进入峰值后期阶段,其抗压刚度逐渐降低,承载能力逐渐减小,变形逐渐加大。由此会引起周围岩体(被压缩的弹簧)对岩爆体释放弹性能。因为岩爆体与周围岩体变形是协调的,在相同的变形条件下,周围岩体释放的弹性能会逐渐大于岩爆体吸收的变形能,多余能量将消耗在岩爆体材料的破裂上。随着岩爆过程发展,弹簧剩余的能量比例会越来越大,这就为岩爆体破坏过程加剧,最终从初始静力破坏状态转化为动力破坏状态创造了条件。又因为岩爆体在破坏过程中破坏材料自身有了速度,也就是有了动能,所以岩爆碎块可以飞离试件,形成抛掷型岩爆。

(4)在岩爆应力判据[2]中,围岩应力在 $\sigma_\theta/R_c=0.3\sim0.7$ 的条件下就可能发生岩爆,甚至可能发生强烈岩爆,这是因为围岩不是均质体,围岩内存在应力集中区和软弱结构区。

笔者认为 σ_θ 指的是隧道内围岩应力最大值的平均值。围岩是不均匀的,其内部不可避免地存在层理、节理、裂隙、断层等软弱结构面,这些软弱结构面的不利组合可能形成软弱结构区。因为软弱结构区强度低于完好区,可能提前进入破坏状态,有可能发生岩爆。这里需要说明的是"软弱结构区"不等于软岩,它只是结构面抗剪强度低,刚度不一定低,因而破坏仍可表现为脆性。李天斌等[23]专门介绍了应变-结构面滑移型岩爆特征。谭以安[7]认为"实际工程中的岩爆既不发生在很完整的岩体中,也不发生在很破碎的岩体中,而是发生在节理不多也不少的岩体中"。何满潮等[21]也谈到"当在开采空间附近存在着破碎带和软弱带等地质弱面构造时,由于在能量积蓄和释放的空间分布上存在着明显的不均匀性,在软弱面处能量释放梯度和速率均较大,从而很容易产生突然、猛烈的冲击失稳破坏"。此外,在隧洞围岩内不可避免地存在应力集中区。整体上围岩应力还在 $\sigma_\theta/R_c=0.3\sim0.7$ 的受力范围内,但应力集中区可能提前达到破坏标准,有可能发生岩爆。从实际工程中也可看到,即使发生岩爆的隧洞也不是整体破坏,多数都是局部破坏。

因此,实践已经证明在岩爆模拟试验中,不能期望在对试件施加 30%～70%的材料单轴强度的荷载值时试件就会发生岩爆。

3 对抛掷型岩爆模拟试验技术的分析与建议

3.1 对普通油压控制系统加载性能的分析

采用普通油压控制系统加载，无法使岩爆试件和岩爆洞室模型产生抛掷型岩爆。这是因为采用普通油压控制系统对岩爆试件或岩爆洞室模型加载时，材料荷载-变形曲线达到峰值后材料强度降低，变形加大，会造成千斤顶瞬间卸载（因油路供油过程缓慢），使材料破坏停止在某一个阶段。油压控制系统加载条件下静力型破坏特征如图5所示。由于在材料破坏过程中不能及时得到由外力继续做功对试件提供的破坏能，故材料不能产生抛掷型岩爆。因此，要开展岩爆模拟试验不能采用现有的油压控制系统加载，必须对其进行改进。

(a)

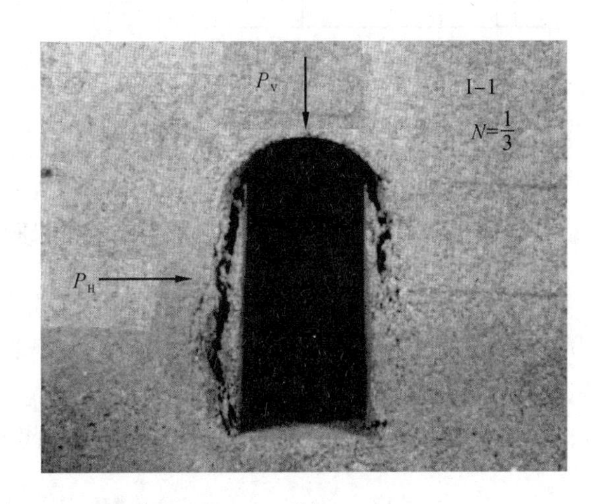

(b)

图5 油压控制系统加载条件下静力型破坏特征

(a)试件的开裂破坏；(b)洞室模型的开裂破坏

3.2 对抛掷型岩爆模拟试验技术的建议

根据以上对抛掷型岩爆机制及模拟试验技术的分析与认识，本文对抛掷型岩爆模拟试验技术提出如下建议：(1)试件材料要有硬脆性的特征；(2)在试件上要产生应力集中现象（模拟洞壁围岩的应力集中现象）；(3)在加载过程中要有能量补充。

改进的岩爆试件模拟试验方案如图6所示，图中弹簧的作用就是当试件荷载位移靠近峰值后，在千斤顶瞬间卸载时，继续对试件施加一个弹性力，使其产生快速破坏，即发生岩爆。对弹簧的要求是：变形刚度要小于试件的刚度，最大恢复力要等于材料荷载位移曲线达到峰值后某点的承载力。弹簧弹性力释放位置如图7所示。

为了模拟岩爆体上的应力集中状态，在试件的上下表面左右两边各垫1条钢垫板（实际工程中只在洞壁一侧产生应力集中状态，试验中垫2块钢板是为了平衡试验装置）。

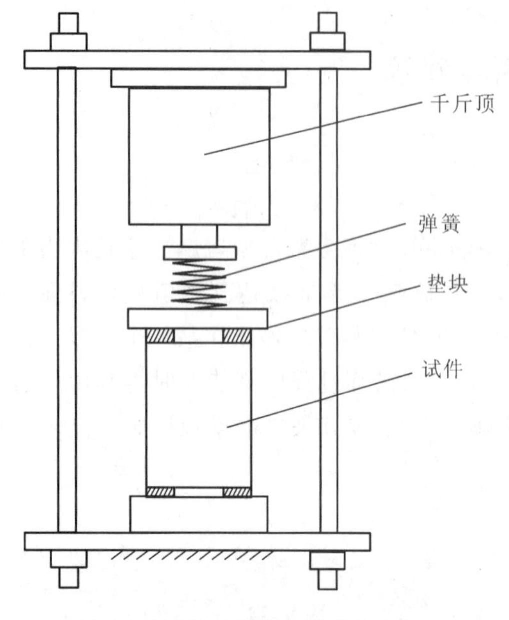

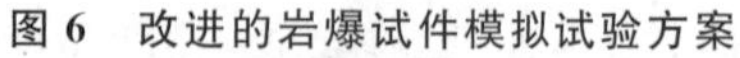
图 6　改进的岩爆试件模拟试验方案

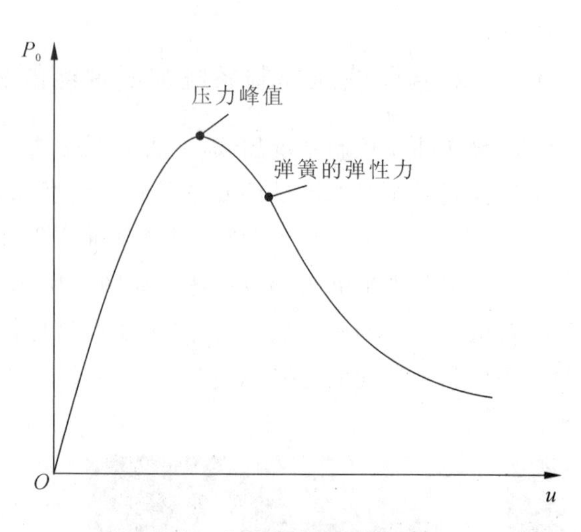

图 7　弹簧弹性力释放位置

3.3　对抛掷型岩爆模拟试验装置的研制

根据 3.2 节中对抛掷型岩爆模拟试验技术的建议，研制了 2 套岩爆模拟试验装置：第一套装置为普通油压加载器-弹簧系统，如图 8 所示，加载器最大出力为 500kN。在加载器压头与试件表面之间设置一个 80kN 的弹簧（吨位大小可灵活确定）。第二套装置为油-气复合加载器系统，如图 9 所示，该加载器是专门为岩爆模拟试验研制的，其气体压力大小及释放时间可以控制。

图 8　普通油压加载器-弹簧系统岩爆模拟试验装置

图 9　油-气复合加载器系统岩爆模拟试验装置

4　岩爆试件模拟试验概况

为了验证2套试验装置和试验技术的使用效果，采用多块水泥砂浆试件进行岩爆模拟试验。试件尺寸均为150mm×150mm×200mm(长×宽×高)，材料单轴抗压强度为20MPa左右。试验中，在试件的上下表面两边各垫一块150mm×50mm×10mm的钢板，以便在试件两边产生应力集中。试验结果表明，2套装置均可使试件产生抛掷型岩爆现象。

4.1　岩爆试件受力过程分析

以第一套试验装置为例，岩爆试件受力过程大体可分为3个阶段：第1阶段，试件、弹簧被压缩；第2阶段，试件被压缩，弹簧被压实；第3阶段，试件荷载超过峰值，材料进入峰值后期受力阶段，弹簧相继伸长，释放弹性力，试件破坏，产生岩爆。

4.2　岩爆试件宏观破坏现象

不同试验条件下的岩爆破坏程度对比如图10所示。岩爆的宏观破坏现象是：岩爆发生时，均有较大声响，并有大量碎片飞离试件，岩爆烈度越高，飞离的碎片越多，碎片飞离的距离越远，表现出典型的抛掷型岩爆特征。

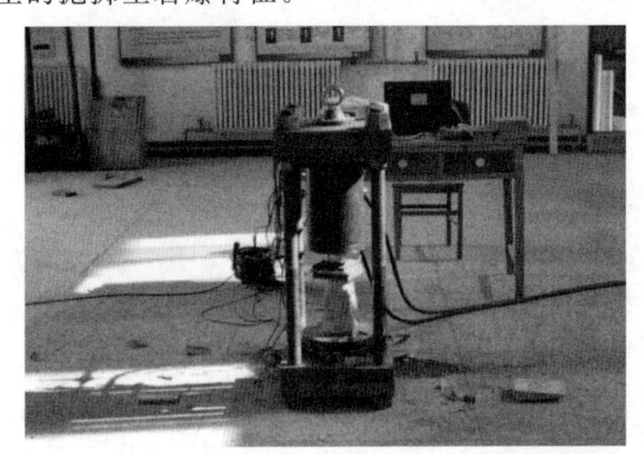

(a)

(b)

(c)

图10　不同试验条件下的岩爆破坏程度对比

(a)轻度岩爆；(b)中度岩爆；(c)强烈岩爆

4.3 岩爆碎片飞离状态的统计规律

如果把岩爆碎片飞离距离分成几个区间进行统计，把每个区间内的碎片质量之和(用试件质量的百分比表示)作为该区间中点的质量 M，可求得不同距离上的岩爆碎片质量分布。如再用该区间中点至试件表面的距离作为抛掷水平距离 S，用试件的高度中点至地面的距离作为降落高度 H，按平抛运动计算公式，就可求出各区间内岩爆碎片的平均动能。对这些动能求和，便可计算出整个试件产生的总动能。表 1 为岩爆模拟试件飞离碎片各项指标统计结果。为了更清楚地描述不同距离上碎片质量分布状态，将表 1 中有关质量分布数据绘制成柱状图，得到岩爆碎片质量随距离分布柱状图，如图 11 所示。

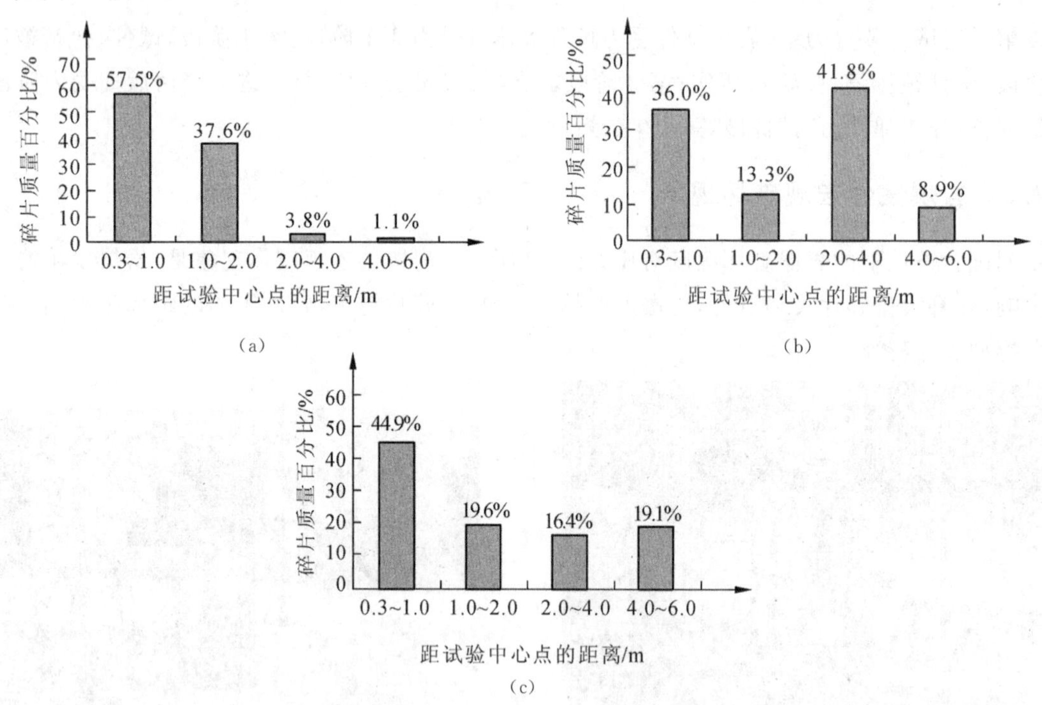

图 11 岩爆碎片质量随距离分布柱状图

(a)轻度岩爆；(b)中度岩爆；(c)强烈岩爆

从表 1 及图 11 中可以看出，岩爆烈度与试件动能、碎块质量和碎块的飞离距离均成正比，这与人们的常规理解是一致的。从图 11 中还可以看出，一般情况下，大部分碎块质量都分布在试件附近，即 0.3～1.0m 范围内(碎块质量占 50%左右)。但也有例外，如图 11(b)中，飞离碎块最多是在 2.0～4.0m范围内，而不是 0.3～1.0m 范围内，产生这种现象的原因尚待分析。

表 1 岩爆模拟试件飞离碎片各项指标统计结果

试验序号	岩爆烈度	试件总质量/g	岩爆质量百分比/%	岩爆碎片在不同区间质量分布/g				岩爆动能/J
				0.3～1.0m	1.0～2.0m	2.0～4.0m	4.0～6.0m	
1	轻度岩爆	8130	40.1	2055.1	1345.2	137.0	39	38.90
2	中度岩爆	8590	44.0	1355.6	502.5	1574.4	337	154.96
3	强烈岩爆	8400	63.5	2395.9	1043.6	874.8	1018	268.04

4.4 岩爆碎片质量大小分布

为了比较岩爆碎片质量大小分布状态，绘制了不同岩爆烈度的岩爆碎片质量大小分布柱状图，如图 12 所示。从图 12 中看到，岩爆烈度低，则大质量的碎片所占比例较高，反之则较低。如图 12(a)中，轻度岩爆，大于 300g 碎片所占比例达到 70％以上；图 12(c)中，强烈岩爆，50g 以下的碎片占 56％以上；而对于中度的岩爆[图 12(b)]，小质量的岩片占 45％，大质量的岩片占 33％，中等质量的岩片仅占 22％。产生这种现象的原因也尚待分析。

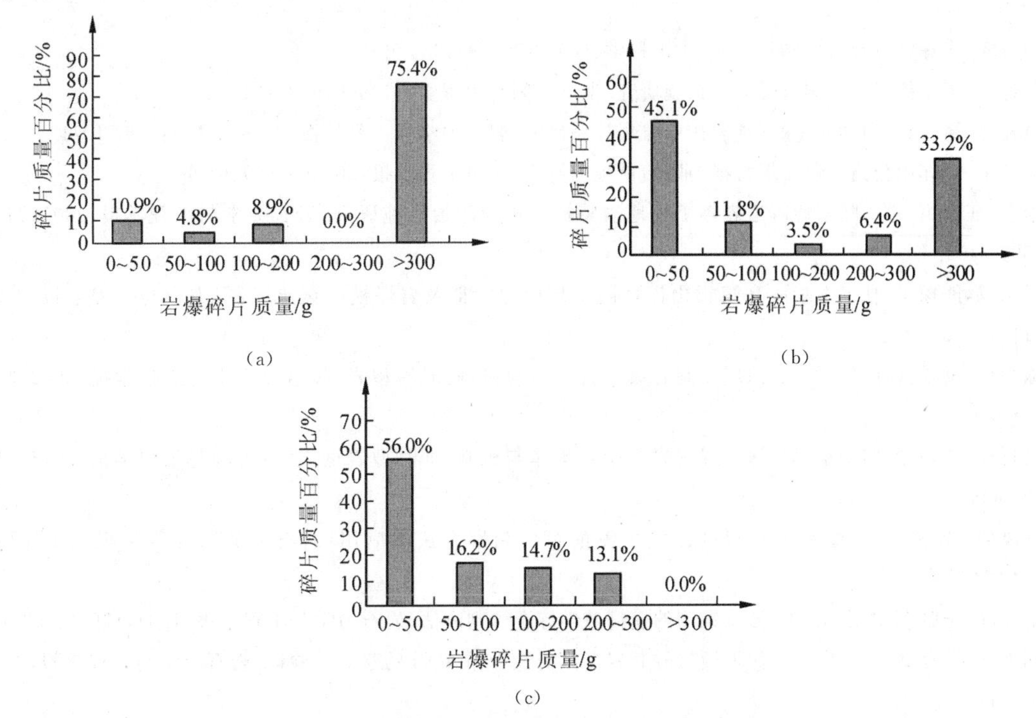

图 12 不同岩爆烈度的岩爆碎片质量大小分布柱状图

(a)轻度岩爆；(b)中度岩爆；(c)强烈岩爆

5 结论

本文对抛掷型岩爆机制和试验技术进行分析探讨，提出了 4 点新认识：(1)围岩中要发生抛掷型岩爆，单靠岩爆体本身积蓄的能量还不够，必须要有周围岩体对其破坏过程进行能量补充；(2)工程中发生岩爆时，洞壁围岩会对岩爆体产生能量汇聚，这是抛掷型岩爆发生的重要前提；(3)在抛掷型岩爆发生过程中，动、静状态转化是因洞壁围岩对岩爆体释放的能量有剩余造成的；(4)在岩爆应力判据中，围岩在应力 $\sigma_\theta/R_c=0.3\sim0.7$ 的条件下就可能发生岩爆，甚至可能发生强烈岩爆，这是因为围岩不是均质体，围岩内存在应力集中区和软弱结构区。

对于岩爆模拟试验技术，指出由于油路供油速度缓慢，采用现有的普通油压控制系统进行试验不能产生抛掷型岩爆现象，提出了新的岩爆模拟试验方案，自主研发了 2 套试验装置，开展了相应的试验工作。从试验结果来看，新研发的岩爆模拟试验装置和试验技术都能较好地满足抛掷型岩爆模拟试验要求。本文对抛掷型岩爆机制及试验技术的探讨为今后开展类似工作提供了一条新途径。

参考文献

[1] 张镜剑，傅冰骏．岩爆及其判据和防治．岩石力学与工程学报，2008，27(10)：2034-2042.

[2] 张镜剑，傅冰骏，李仲奎，等．应变型岩爆五因素综合判据及其分级．岩石力学与工程动态，2011(1)：27-39.

[3] 徐林生,王兰生,李天斌.国内外岩爆研究现状综述.长江科学院院报,1999,16(4):24-27.
[4] 徐成光.岩爆预测及防治方法综述.现代隧道技术,2005,42(6):81-85.
[5] 郭雷,李夕兵,岩小明.岩爆研究进展及发展趋势.采矿工程,2007,6(1):16-20.
[6] 唐绍辉,吴壮军,陈向华.地下深井矿山岩爆发生规律及形成机制研究.岩石力学与工程学报,2003,22(8):1250-1254.
[7] 谭以安.岩爆特征及岩体结构效应.中国科学:B辑,1991(9):985-991.
[8] 黄运飞.天生桥引水隧洞岩爆防治措施研究.地下空间与工程学报,1989,9(2):31-34.
[9] 唐礼忠,潘长良,谢学斌.深埋硬岩矿床岩爆控制研究.岩石力学与工程学报,2003,22(7):1067-1071.
[10] 徐林生.二郎山公路隧道岩爆特征与防治措施的研究.土木工程学报,2004,37(1):61-64.
[11] 李忠,汪俊民.重庆陆家岭隧道岩爆工程地质特征分析与防治措施研究.岩石力学与工程学报,2005,24(18):3398-3402.
[12] 张永双,熊探宇,杜宇本,等.高黎贡山深埋隧道地应力特征及岩爆模拟试验.岩石力学与工程学报,2009,28(11):2286-2294.
[13] 陈炳瑞,冯夏庭,明华军,等.深埋隧洞岩爆孕育规律与机制:时滞型岩爆.岩石力学与工程学报,2012,31(3):561-569.
[14] 冯夏庭,陈炳瑞,明华军,等.深埋隧洞岩爆孕育规律与机制:即时型岩爆.岩石力学与工程学报,2012,31(3):433-444.
[15] 宫凤强,李夕兵.岩爆发生和烈度分级预测的距离判别方法及应用.岩石力学与工程学报,2007,26(5):1012-1018.
[16] 王元汉,李卧东,李启光,等.岩爆预测的模糊数学综合评判方法.岩石力学与工程学报,1998,17(5):493-501.
[17] 邱士利,冯夏庭,张传庆,等.深埋硬岩隧洞岩爆倾向性指标 RVI 的建立及验证.岩石力学与工程学报,2011,30(6):1126-1141.
[18] 费鸿禄,徐小荷,唐春安.岩爆的物理模拟及其机制的研究.中国矿业,2000,9(6):35-37.
[19] 祝方才,宋锦泉.岩爆的力学模型及物理数值模拟评述.中国工程科学,2003,5(3):83-89.
[20] 陈陆望,白世伟.坚硬脆性岩体中圆形洞室岩爆破坏的平面应变模型试验研究.岩石力学与工程学报,2007,26(12):2505-2509.
[21] 何满潮,苗金丽,李德建,等.深部花岗岩试样岩爆过程实验研究.岩石力学与工程学报,2007,26(5):865-876.
[22] 张军,杨仁树.深部脆性岩石三轴卸荷实验研究.中国矿业,2009,18(7):91-93.
[23] 李天斌,王湘锋,孟陆波.岩爆的相似材料物理模拟研究.岩石力学与工程学报,2011,30(1):2610-2616.
[24] 徐干成,郑颖人,乔春生,等.地下工程支护结构与设计.北京:中国水利水电出版社,2012.

在顶爆作用下锚杆轴力分布规律研究

王光勇　顾金才　张向阳　单芙蓉　周建伟

内容提要：为能设计出新型抗爆锚杆，提高锚固洞室的抗爆能力，利用相似模型试验和数值分析方法，研究锚杆在顶爆作用下的轴力分布规律。通过相似模型试验，发现拱顶锚杆先受压后受拉，锚杆受压峰值和受拉峰值从锚端到锚头先增加后减小，最大受压峰值靠近锚端，而最大受拉峰值靠近锚头。采用数值分析得到：3种模型拱顶锚杆所受压力除了锚端和锚头附近比较小外，其他部位的压力相差比较小；从锚端至锚头拱顶锚杆拉力先增加后减小，最大拉力为靠近锚头处的拉力，其他部位的锚杆从锚端至锚头变化比较小，且其值明显小于拱顶锚杆。

1　引言

近年来，随着国民经济的迅速发展，为了满足人们不断扩展生存空间和开发地下资源的需求，越来越多的地下工程，如巷道、管道、隧道、人防工程及地下军事设施等，已成为国民经济、人民生活和国防建设的重要组成部分[1]。为了保持地下工程的稳定，防止地下工程出现坍塌等事故，必须对地下工程采取相应的加固措施，在众多的支护措施中，锚杆支护应用非常普遍。目前，经过加固的地下工程，经常会受到再次动载冲击而受损破坏，故如何避免因二次爆破受到破坏，已经成为地下工程中亟待解决的难题。

目前，国内外学者对锚固洞室抗爆能力做了大量的理论与试验研究，取得了一些有价值的成果[2-14]。虽然试验能够得到可信的结果，但是由于费用昂贵，得到的测试数据有限，并且无法全面得到应力波作用的整个过程，故有必要在试验的基础上，结合数值分析，从而更全面研究锚杆与围岩的相互作用。本文主要在相似模型试验的基础上，结合数值分析软件FLAC 3D，研究了锚杆在爆炸应力波作用下动态响应全过程，从而为新型抗爆锚杆设计提供参考。

2　相似模型试验

2.1　试验概况

本次模型试验不针对某一具体工程进行，而按一般工程条件考虑，为了使模拟更具工程实用性，岩体条件按Ⅲ类均质围岩考虑。Ⅲ类围岩和模型材料物理力学参数见表1。

表1　Ⅲ类围岩和模型材料物理力学参数

介质	密度ρ /(kg/m^3)	黏聚力c /MPa	内摩擦角φ /(°)	变形模量 E_m/GPa	泊松比ν	抗压强度 R_c/MPa	抗拉强度 R_t/MPa
Ⅲ类围岩	2450～2650	0.70～1.50	39～50	6.00～20.00	0.25～0.30	15.0～30.0	0.83～1.40
模型材料	1600～1800	0.06～0.12	39～50	0.48～1.60	0.25～0.30	1.5～2.0	0.07～0.11

刊于《岩石力学与工程学报》2014年增刊。

根据 Froude 重力相似准则，经量纲分析取密度比尺 $K_\rho=0.67$，应力比尺 $K_\sigma=0.06$，几何比尺 $K_L=0.09$。由相似比尺确定模型试验材料为砂、水泥、水、速凝剂，其配合比为 $m_{砂}:m_{水泥}:m_{水}:m_{速凝剂}=15:1:1.6:0.0166$。加固围岩的锚杆用 ϕ1.84mm 的铝棒来模拟。

如图 1 所示，试验所建模型尺寸为 2.4m×1.5m×2.3m(长×宽×高)，沿着模型的长度方向开挖跨度 60cm、高 42cm、圆拱半径为 35cm 的直墙圆拱形孔洞。此次试验针对 3 种模型的拱顶锚杆进行测试，分别是普通长密锚杆加固模型(M_3)、普通长密锚杆加固＋深部短锚杆增强加固(即端部加密锚杆支护洞室模型，M_4)、普通长密锚杆加固＋深部岩体削弱(即端部消波锚杆支护洞室模型，M_5)。

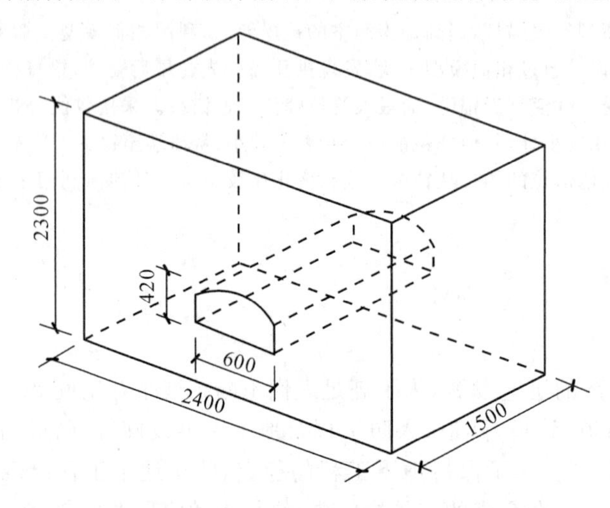

图 1　试验模型尺寸(单位：mm)

试验中装药方式采用集中装药，炸药量为 40g，埋在洞室的正上方距自由面 50cm 处。由于在顶爆的作用下，离爆心最近的地方受到的动载最强烈，故此次试验分别监测 M_3、M_4 和 M_5 试验区爆心正下方拱顶锚杆，每根锚杆上布置 4 个应变测点，共 12 个，依次为 $\varepsilon_a^1\sim\varepsilon_a^4$，$\varepsilon_b^1\sim\varepsilon_b^4$，$\varepsilon_c^1\sim\varepsilon_c^4$。应变测点布置见图 2。

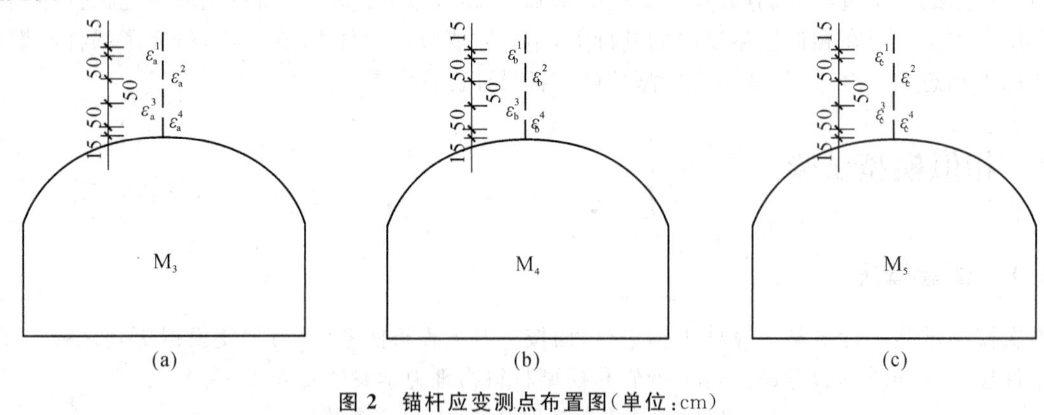

图 2　锚杆应变测点布置图(单位：cm)

2.2　结果分析

为了更好地进行分析比较，将 3 个洞室的拱顶锚杆的 4 个测点轴向应变线进行基线对齐，见图 3。从图 3 可以得出：锚杆的 4 个测点随着测点距爆心的距离越大，起跳的时间越晚，规律性比较合理；每条波形曲线都是当波传到时起跳先向下运动达到负向峰值点，然后向上运动逐渐逼近零点，并通过零点继续向上运动达到正向峰值点，最后继续向下运动达到零点附近稍微振动达到平衡。洞室的拱顶锚杆都是先受压，后受拉，这是由于锚杆一开始是受到爆炸压应力波的作用，当波到达洞室的表面，应力波将会产生波的反射受拉，所以拱顶锚杆是先压后拉。

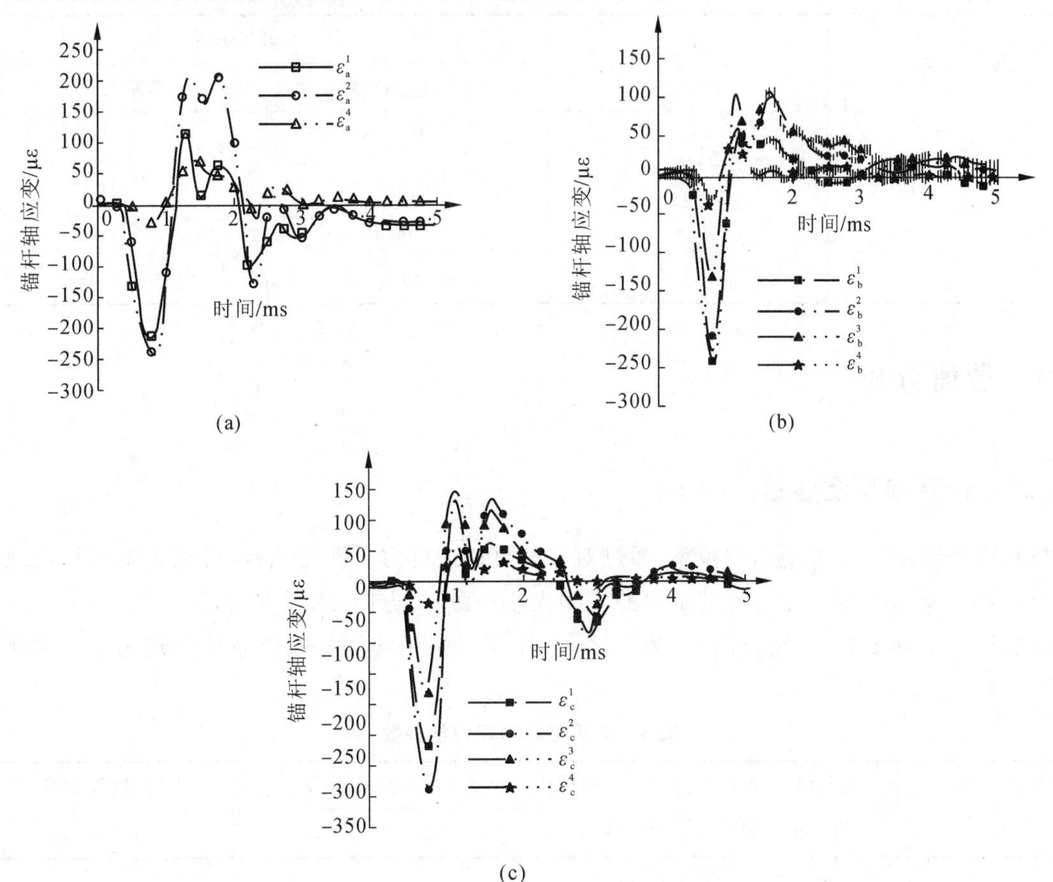

图 3 拱顶锚杆基线对齐应变波形曲线

(a)M_3；(b)M_4；(c)M_5

取锚杆轴向波形曲线的受压峰值和受拉峰值制成表 2，表中正代表受拉，负代表受压。3 个洞室拱顶每根锚杆都是受压峰值大于受拉峰值，这与波的传播及反射是一致的。通过分析表中 3 个洞室受压峰值和受拉峰值可以得出：锚杆受压峰值靠近锚端（第一个测点）部位较大，第一个测点和第二个测点之间峰值大小差距很小，第二个测点到第四个测点受压峰值是逐渐减小的，最大峰值偏向锚端；第一个测点到第四个测点受拉峰值是先增大再减小，最大受拉峰值在第三个测点附近。

表 2 洞室拱顶锚杆轴向应变 （单位：$\mu\varepsilon$）

洞室编号	测点编号	第二炮	
		压应变峰值	拉应变峰值
M_3	ε_a^1	−220.71	121.58
	ε_a^2	−246.04	209.54
	ε_a^3	—	—
	ε_a^4	−39.46	69.92
M_4	ε_b^1	−256.72	58.72
	ε_b^2	−230.75	102.27
	ε_b^3	−144.93	112.40
	ε_b^4	−42.94	52.28

续表 2

洞室编号	测点编号	第二炮	
		压应变峰值	拉应变峰值
M_5	ε_c^1	−250.98	68.36
	ε_c^2	−311.28	131.59
	ε_c^3	−168.95	141.12
	ε_c^4	−33.84	40.38

3 数值分析

3.1 计算模型及参数

材料模型选用莫尔-库仑材料模型，通过对模型材料进行力学性能试验，得到介质材料物理力学参数，见表 3。计算模型大小与模型试验的模型大小一致：x 方向（水平方向）为 1.5m，y 方向（垂直于纸面向里）1.5m，z 方向（竖直向上）为 2.3m。计算中采用的锚杆及注浆体物理力学参数如表 4 所示。

表 3　介质材料物理力学参数

密度/(kg/m³)	变形模量/MPa	泊松比	黏聚力/Pa	抗拉强度/Pa
18	2.03×10^3	0.16	5.7×10^5	1.77×10^5

表 4　计算中锚杆及注浆体物理力学参数

弹性模量/Pa	屈服拉力/N	浆体剪切刚度/m⁻¹	浆体黏聚力/(N/m)	浆体内摩擦角/°	注浆孔直径/mm
81×10^8	3.0×10^3	7.2×10^9	7.6×10^9	30	6

由于该程序不能模拟爆炸源，因此，在爆点位置用作用于半径为 10cm 的球腔内壁上的压力来模拟爆炸，见图 4。该压力为一动载，动载曲线见图 5。

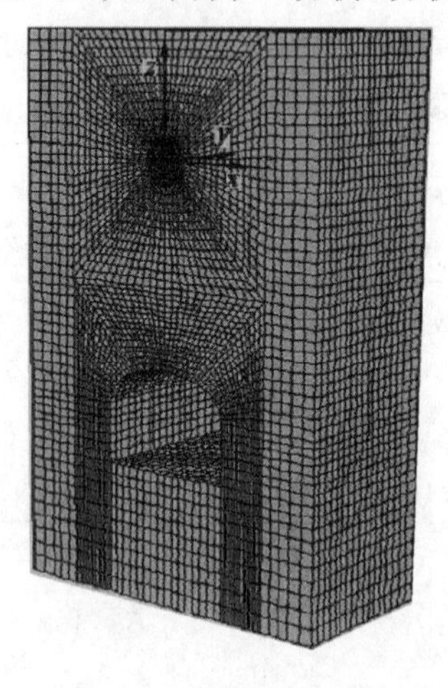

图 4　拱顶上方的爆炸腔

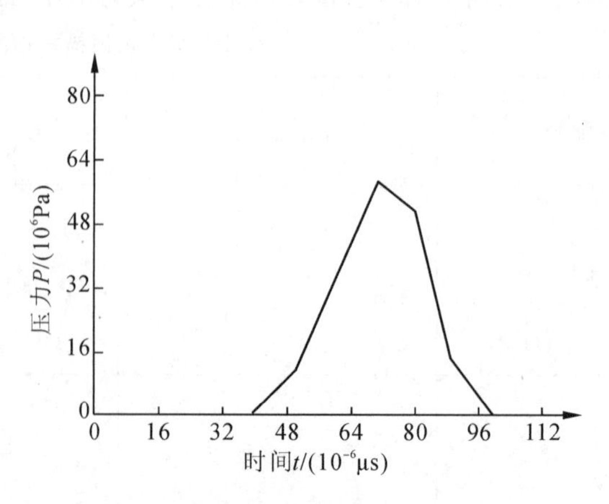

图 5　作用在球腔壁上的模拟动载曲线

3.2 数值结果分析

图6为数值分析锚杆轴力分布图，从图中分析可得：当应力波开始作用于锚固洞室时，拱部锚杆先受压后受拉；当应力已传播过洞室，最后达到稳定时，所有洞室锚杆几乎受拉，这说明锚杆最终起到抗爆作用，与试验的结果比较一致。洞室侧墙锚杆在受应力波作用期间主要受压，因此在该部位有可能产生受压破坏。拱顶3根锚杆在数值分析的每个时刻所受压力除了锚端和锚头附近比较小外，其他部位的压力相差比较小；拉力从锚端至锚头先增大后减小，最大拉力为靠近锚头，这与试验轴力峰值分布规律一致；其他部位的锚杆从锚端至锚头变化比较小，并且其值明显小于拱顶锚杆。由此可见，在爆炸荷载作用下拱顶全长黏结式锚杆和静载作用下预应力锚杆对洞室的加固作用一致；杆体内部一定范围内的杆体起到了抗爆作用，而外锚头部位的杆体起到的作用不大。

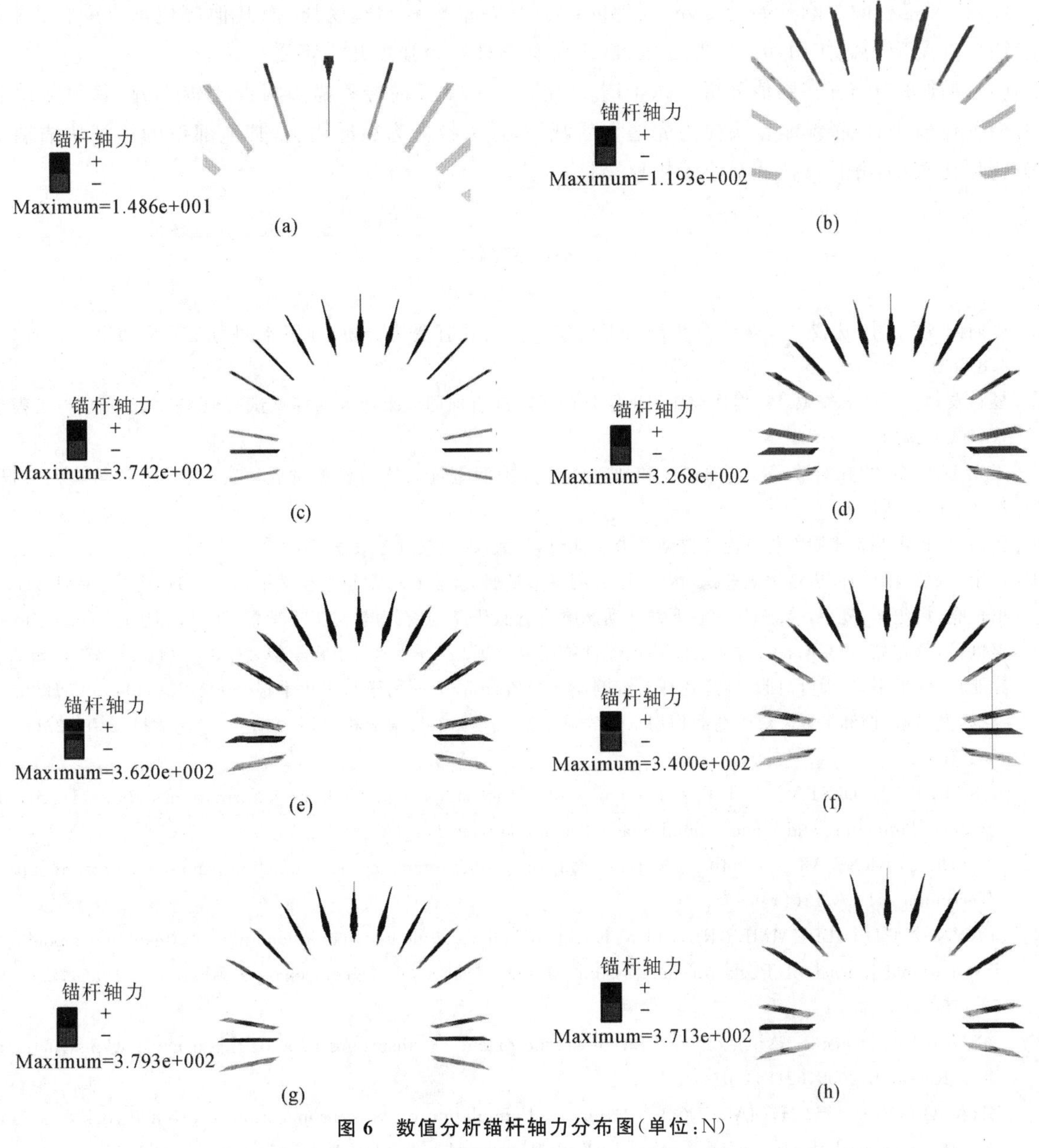

图6 数值分析锚杆轴力分布图（单位：N）

(a)0.5ms；(b)0.8ms；(c)1.0ms；(d)1.5ms；(e)2.0ms；(f)2.5ms；(g)3.0ms；(h)7.0ms

4 结论

利用相似模型试验和数值分析方法研究了在爆炸应力波作用下的锚杆轴力全程分布规律，主要得出以下结论：

(1)采用相似模型试验，锚杆受压峰值靠近锚端(第一个测点)部位较大，第二个测点到第四个测点受压峰值逐渐减小；从锚端(第一个测点)至锚头(第四个测点)受拉峰值是先增大后减小，最大受拉峰值在第三个测点附近。

(2)利用数值分析方法发现，当应力波开始作用于锚杆时，拱部锚杆先受压后受拉；当应力已传播过洞室，最后达到稳定时，所有洞室锚杆几乎受拉，与试验结果比较一致。

(3)拱部锚杆除了刚开始受压外，其他时间只是在锚头和锚端受压，而其他部位都是受拉；洞室侧墙锚杆在受应力波作用期间主要受压；最终所有锚杆残余强度几乎都受拉。

(4)拱顶 3 根锚杆在数值分析的每个时刻所受压力除了锚端和锚头附近比较小外，其他部位的压力相差比较小；从锚端至锚头拉力先增大后减小，最大拉力为靠近锚头，其他部位的锚杆从锚端至锚头变化比较小，并且其值明显小于拱顶锚杆。

参考文献

[1] 张向阳，顾金才，沈俊，等．爆炸荷载作用下洞室变形与锚杆受力分析．地下空间与工程学报，2012，8(4)：678-684.

[2] 杨自友，顾金才，陈安敏，等．爆炸波作用下锚杆间距对围岩加固效果影响的模型试验研究．岩石力学与工程学报，2008，27(4)：757-764.

[3] 王光勇，顾金才，陈安敏，等．端部消波和加密锚杆支护洞室抗爆能力模型试验研究．岩石力学与工程学报，2010，29(1)：51-58.

[4] 张亮亮．抗爆洞室不同部位预应力锚索受力特征研究．武汉：武汉理工大学，2009.

[5] 李宁，张承客，周钟．边坡爆破开挖对邻近已有洞室影响研究．岩石力学与工程学报，2012，31(增 2)：3471-3477.

[6] 单仁亮，周纪军，夏宇，等．爆炸荷载下锚杆动态响应试验研究．岩石力学与工程学报，2011，30(8)：1540-1546.

[7] 李世民，韩省亮，曾宪明，等．锚固类结构抗爆性能研究进展．岩石力学与工程学报，2008，27(增 2)：3553-3562.

[8] 薛亚东，张世平，康天合．回采巷道锚杆动载响应的数值分析．岩石力学与工程学报，2003，22(11)：1903-1906.

[9] 鞠杨，夏昌敬，谢和平，等．爆炸荷载作用下煤岩巷道底板破坏的数值分析．岩石力学与工程学报，2004，23(21)：3664-3668.

[10] ORTLEPP W D，STACEY T R. Performance of tunnel support under large deformation static and dynamic loading. Tunnelling and Underground Space Technology，1998，13(1)：15-21.

[11] GISLE S，ARNE M. The influence of blasting on grouted rock bolts. Tunnelling and Underground Space Technology，1998，13(1)：65-70.

[12] TANNANT D D，BRUMMER R K，YI X. Rockbolt behavior under dynamic loading field tests and modeling. International Journal of Rock Mechanics and Mining Science and Geomechanics Abstracts，1995，32(6)：537-550.

[13] ANDERS A. Dynamic testing of steel for new type of energy absorbing rock bolt. Journal of Constructional Steel Research，2006，62(5)：501-512.

[14] ZHANG C S，ZOU D H，MADENGA V. Numerical simulation of wave propagation in grouted rock bolts and the effects of mesh density and wave frequency. International Journal of Rock Mechanics and Mining Sciences，2006，43(4)：634-639.

深部高地应力条件下直墙拱形洞室受力破坏规律研究

张向阳　顾金才　徐景茂　贺永胜

内容提要：对处于高地应力环境中直墙拱形洞室在开挖和超载过程中的受力变形和破坏规律进行了研究。研究表明，深埋洞室拱部和侧墙部位围岩体内的径向应变均为拉应变，洞周环向应变基本上为压应变，洞周介质进入塑性状态，应变不断调整，其值呈跳跃性锯齿状发展。围岩体的体积应变均为压应变，侧墙墙脚处剪应变最大。在拱脚、侧墙及墙角这一区域产生深度较浅的压剪型滑移线状破坏，随着边界荷载的增大，围岩破坏随着墙脚的最大剪切迹线斜向上发展，并最终在拱脚附近与洞壁相交。围岩内的每一条裂缝均对应着一个特定的增大的边界荷载值。

1　引言

世界范围内深部地下空间建设方兴未艾，向地球深部寻求发展和生存空间已经成为岩土工程建设和开发的共同趋势[1]。例如：随着浅部煤炭资源的逐渐减少甚至枯竭，地下开采的深度越来越大，越来越多的矿井将面临严峻的深部开采问题[2]；随着国民经济的飞速发展，与交通建设及水力资源开发等有关的隧道工程及其他地下工程逐渐向深埋、长程方向发展[3]。随着深部工程的不断增加，一些新的岩石力学现象不断显现。自 2003 年，中国学者开始关注并展开了分区破裂化现象的研究[4-5]，深部岩石力学与工程问题逐渐成为研究热点，包括深部岩石力学性质及其在大陆构造变形过程中水力劈裂、岩爆、岩石高温破裂与可钻性、深部开采等关键问题，如从 2003 年到 2013 年，“973 项目”涉及深部瓦斯、突水等动力灾害机制的研究有 4 项，以及深井、深部重大工程、地下库群、深长隧道等的研究有 7 项[6]。体现深部工程的高水平研究成果主要集中在以下方面：陈万忠[7]对秦岭深埋特长隧道建设过程中的地质灾害预测预报及防治技术等进行了研究；杨春和等[8]建立了有效的深层盐膏岩蠕动变形的三维计算模型，并系统开展了地下工程开挖诱发灾害防控的关键技术研究；冯夏庭等[9]自主研发了硬岩微破裂信息实时有效捕获技术，研究了硬岩高应力灾害孕育过程的机制、预警与动态调控关键技术；刘泉声等[10]针对深部巷道围岩“三高”和“软弱”特点提出稳定性分析方法与“分布联合控制”理论，创新发展和系统集成了千米深部岩巷稳定性分布联合控制成套技术；谢广祥等[11]对中国东部煤矿深井巷道松软围岩失稳安全控制关键技术与应用进行了研究，首次提出了控制围岩最小变形的时空耦合支护方法；顾金才等[12]首次对高地应力荷载作用下深部洞室围岩的受力变形和破坏形态进行了系统研究，提出了深部围岩分区破裂化破坏是有条件产生的，为深部防护工程的开挖和支护设计奠定了理论基础。本文采用以模型试验为主，数值模拟计算为辅的方法，对处于深部高地应力环境中的直墙拱顶形洞室的受力变形和破坏规律进行了研究。

刊于《防护工程》2017 年第 3 期。

2　模型试验设计

2.1　深部洞室地质条件及洞室尺寸

原型洞室埋深 $H=1000\text{m}$ 左右，岩体密度 $\rho=2.4\times10^3\text{kg/m}^3$，由岩体自重产生的竖向初始地应力荷载 $P_\text{V}^0=24.0\text{MPa}$(垂直于洞室拱顶方向)，侧压系数 $N=1/3$，故由岩体自重产生的水平向地应力荷载 $P_\text{H}^0=8.0\text{MPa}$(垂直于洞室侧墙方向)。按照国家标准围岩分类法，岩体类型选为Ⅲ类岩体(软质岩)，其单轴抗压强度取为 $R_\text{c}=10\sim30\text{MPa}$(依据饱和岩石单轴抗压强度来划分岩石坚硬程度，10～30MPa 属于软质Ⅲ类岩体)，本试验选定为 20MPa。直墙拱顶洞室侧墙高度 1.5m，拱高为 1.5m，跨度 3.0m。

2.2　相似比例系数

本次模型试验按照 Froude 相似准则确定相似比例系数。

理论上讲，模型体尺寸越大、洞室尺寸越小，加载边界对洞室围岩的受力影响就越小。但是，如果模型体尺寸太大，则试验工作量大，周期长；如果洞室尺寸太小，就会造成模拟施工的困难，对测试技术和开挖技术等提出更高要求。根据加载装置大小[13]和设备的加载能力及精度，将本次模型试验的相似比尺系数取为 1∶15(模型洞室尺寸与原型洞室尺寸之比)，应力相似系数取为 1∶10。

本试验模型体尺寸为 1000mm×1000mm×400mm(长×宽×高)，垂直于洞室轴向方向(模型体厚度方向)保持平面应变条件，模型洞室的跨度取为 200mm，即模型体的长度和宽度是洞室跨度的 5 倍，基本上可以避免模型体边界对围岩受力的影响。模型体尺寸见图 1。

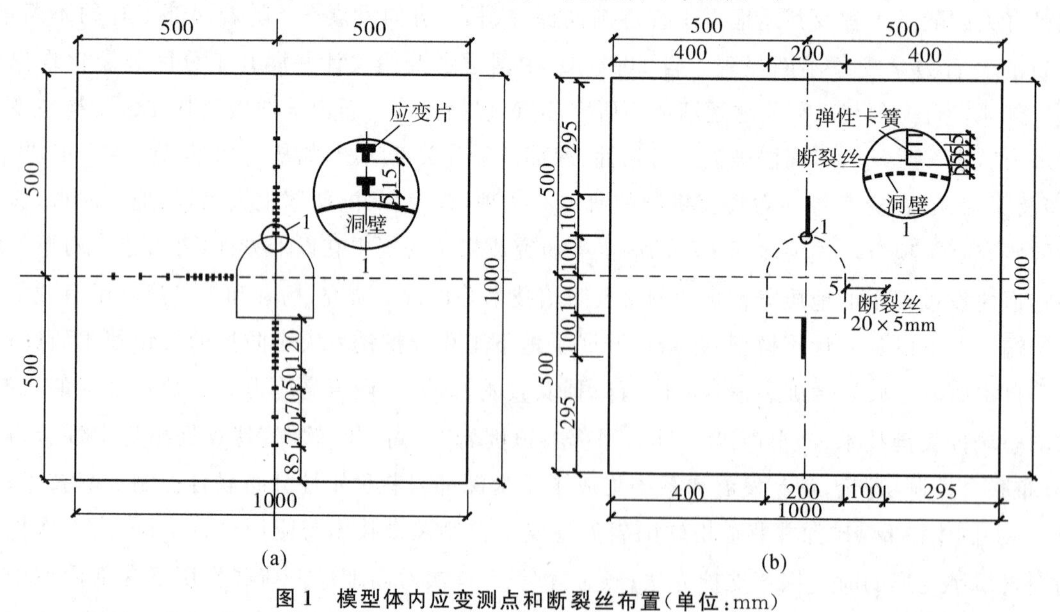

图 1　模型体内应变测点和断裂丝布置(单位:mm)

(a)应变测点布置；(b)断裂丝布置

2.3　模型材料选取

选用质量配比为水泥∶砂∶水＝1∶14∶1.4 的低标号水泥砂浆作为岩体模拟材料，采用夯实法成型。模型材料的抗压强度为 2.28MPa，弹性模量为 0.63GPa，泊松比为 0.25，密度为

1800kg/m³。

2.4 模型体内测点布置

(1)应变测点布置。整个模型体分上、下两部分,同时夯筑,在其下部模型体上表面布置应变测点,见图1(a)。

(2)断裂丝布置。在布置应变测点的模型体上表面同时布置断裂丝,以监测裂缝发生时的荷载值及裂缝的发展过程,见图1(b)。

在进行模型试验的同时,进行数值模拟分析。数值计算采用PLAXIS有限元软件。PLAXIS是由荷兰代尔夫特技术大学研发的用于进行岩土工程变形和稳定性分析的有限元程序。该程序使用图形化界面,可以快速创建几何模型并得到有限元网格。本文围岩采用莫尔-库仑模型模拟,模型体内高应力场由预加在计算模型体上的边界位移产生。

模型试验共进行2项内容:①在高地应力场中开挖洞室,获得洞周围岩的受力变形特征;②对已开挖洞室模型继续加载,进行破坏性试验,获得围岩的破坏特征。

3 高地应力场中洞周围岩受力变形特征

3.1 高地应力场中洞周开挖引起的围岩应变场

在保证洞室轴线方向(模型体厚度方向)为平面应变条件下,在拟开挖洞室拱顶方向的模型体边界上分步施加荷载至$P_V^0=2.28$MPa,按照侧压系数为1/3同步施加侧墙方向的水平荷载。施加荷载情况见图2。

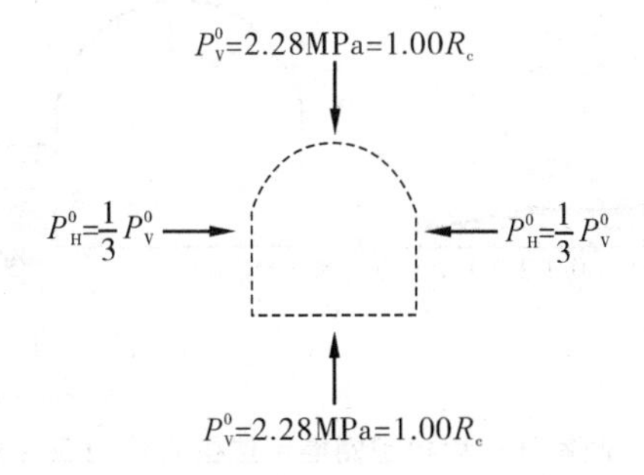

图2 施加荷载简图(垂直洞室轴线方向保持平面应变条件)

3.1.1 拱顶上部围岩体内应变

待模型体边界荷载施加完成并稳压一段时间后,对洞室进行开挖。洞室开挖后,拱顶上方围岩体内的应变曲线见图3。图3中实线为测点测量值连线,虚线为拟合曲线。r/D表示测点距洞壁的距离r与洞室跨度D的比值;ε_r为径向应变,ε_θ为环向应变,下同。

从图3可以看出:

(1)对于拱顶径向应变,洞壁附近为拉应变,较远处为压应变。

(2)拱顶环向应变均为压应变。

(3)在距拱顶1/5洞室跨度位置,应变开始进入受拉状态,在洞壁附近拉应变达到最大。

(4)在较大开洞荷载作用下,洞室开挖后洞周介质进入塑性状态;而开挖时为分步开挖,每次开挖后均稳压10min左右。

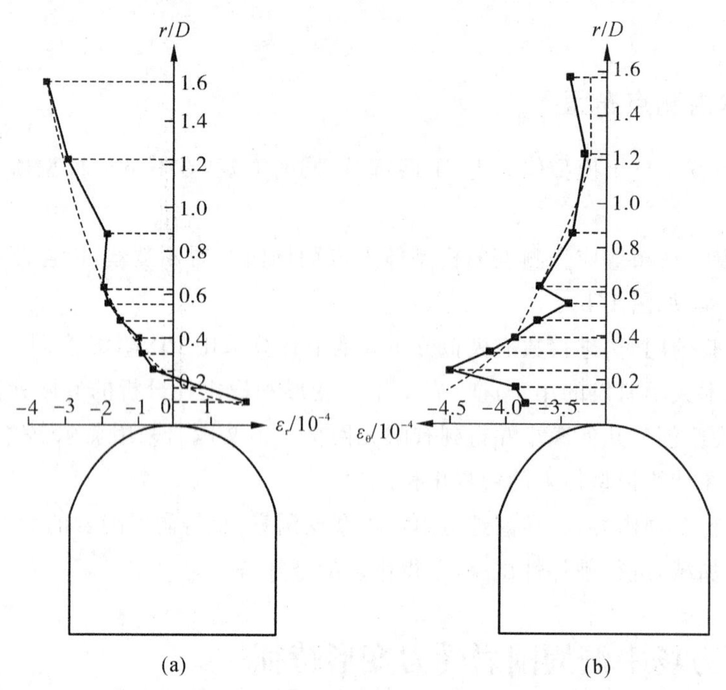

图 3　洞室开挖后模型拱顶上方围岩体内应变曲线

(a)拱顶径向应变；(b)拱顶环向应变

在此过程中，进入塑性状态的介质的应变也在不断调整中，因此，造成了测得的应变值呈跳跃性锯齿状发展，在破坏性试验过程中也可观察到此现象。

3.1.2　侧墙部位围岩体内应变

侧墙部位围岩体内应变曲线见图 4。

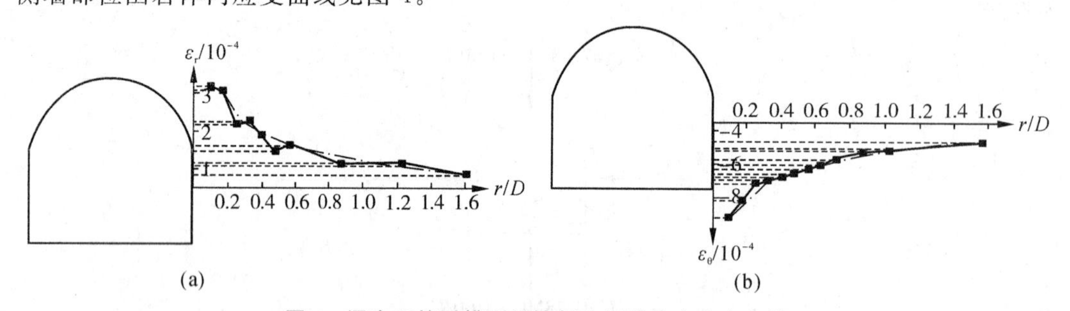

图 4　洞室开挖后模型侧墙部位围岩体内应变曲线

(a)侧墙径向应变；(b)侧墙环向应变

从图 4 中数值可以看出：

(1)墙中部位径向应变均为拉应变，环向应变均为压应变。

(2)墙中部位径向拉应变值是距洞壁最远处测点拉应变值的 3.6 倍。墙中部位环向压应变值是距洞壁最远处测点压应变值的 2.0 倍。这说明在侧墙部位，随着距洞壁距离的减小，径向拉应变值变化幅度大于环向压应变值的变化幅度。

3.1.3　底板部位围岩体内应变

底板部位围岩体内应变曲线见图 5。

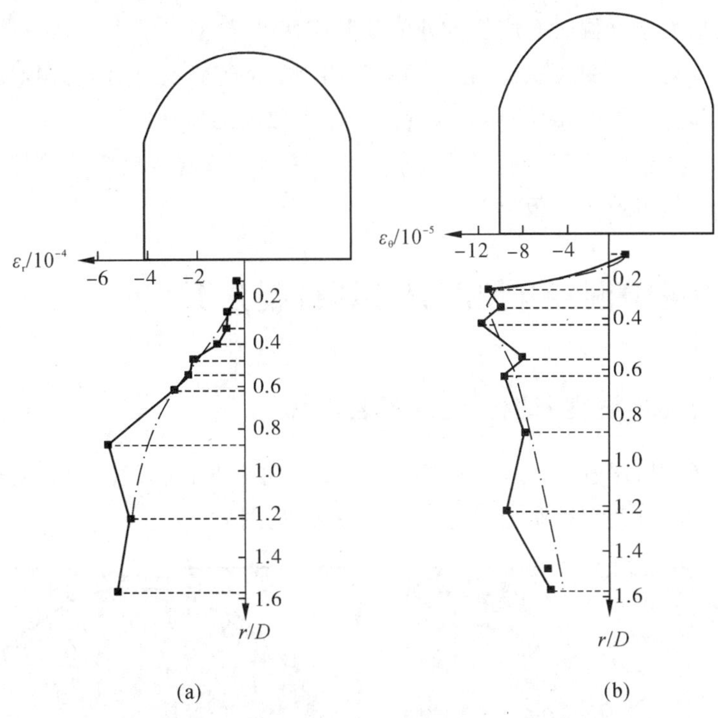

图 5 洞室开挖后 M_1 模型底板部位围岩体内应变曲线

(a)底板下径向应变;(b)底板下环向应变

由图 5 可以看出:

(1)底板下部模型体内的径向应变绝大部分为压应变(拉应变值较小,分布范围较小),距底板最远处测点径向压应变值是距底板最近处测点径向压应变值的 12.2 倍。这说明,此时底板的支撑作用已经很小。

(2)底板下部模型体内的环向应变基本上也为压应变,距底板较近处测点环向压应变值是距底板最远处测点环向压应变值的 2.1 倍。

(3)在距底板较近距离处,环向应变开始改变变化规律,由受压状态改变为受拉状态。

从上述不同部位围岩体内的应变曲线可以看出:

(1)洞室处于高地应力环境中,洞室开挖后由于应力集中效应,围岩体内的应力远大于材料的强度,处于塑性状态,洞周岩体内的应力分布已不是弹性解情况下的应力分布。

(2)侧墙部位径向拉应变范围大且数值大,而岩土类材料的抗拉强度低,因此,该部位破坏范围大且严重,拱顶部位径向拉应变范围稍大于底板部位径向拉应变范围。

(3)开挖引起的侧墙部位的环向压应变变化范围最大,应变值也最大,拱顶的环向压应变值稍小,底板的环向压应变值最小。

3.2 洞周开挖后继续加载引起的围岩应变场

洞室开挖完成后,在保证洞室轴线方向(模型体厚度方向)为平面应变的条件下,在已开挖洞室的模型体边界上继续分步加载,拱顶方向由 $P_V^0=2.28$MPa 加载至 $P_V^m=5.91\text{MPa}=2.59R_c$(破坏荷载),同时按照侧压系数为 1/3 同步施加侧墙方向的水平荷载,直至洞室破坏。

与开挖洞室后的围岩应变场相比,最大荷载时围岩应变场的特点是:

(1)拱顶上方模型体径向压应变值与开洞时相比有较大幅度的增加;拱顶上方模型体环向应变

均处于受压状态，其值大于开洞时对应位置处的环向应变。

(2)侧墙径向应变均处于受拉状态，且与开挖时相比，径向应变值有较大幅度的增加；侧墙环向应变均处于受压状态，与开挖时相比，环向应变值有较大幅度的增加。

(3)底板附近模型体径向应变由受压状态转变为受拉状态；底板附近模型体环向应变处于受拉状态的范围有所扩大，但仍位于底板附近。

4　高地应力场中洞室开挖围岩破坏机制分析

4.1　高地应力场中洞室开挖引起的围岩破坏

计算表明，洞室开挖后尽管其拱顶径向应变、侧墙径向应变、底板径向和环向应变为拉应变，但其体积应变均为压应变，且侧墙墙脚处体积压应变最大，见图6。

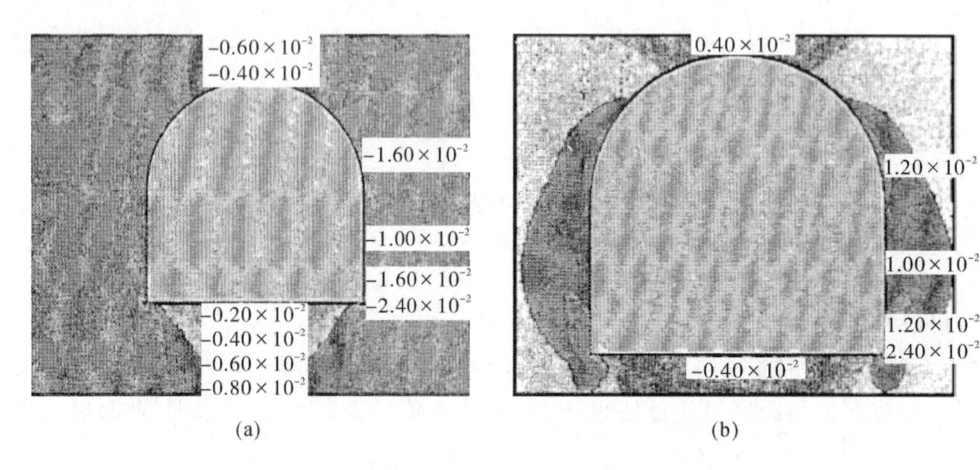

图6　深部洞室开挖后围岩体内体积应变和剪切应变云图

(a)体积应变云图；(b)剪切应变云图

从图6(a)可以看出，在邻近拱顶、侧墙和底板洞壁处会有拉应变产生，因此，在邻近洞壁处体积压应变较小，随着距洞壁距离的增大，体积应变也逐渐增大。但是，墙脚的体积压应变最大，并向上逐渐减小；其次是拱脚部位，并向下逐渐减小；再次是侧墙部位。在这些部位剪切应变也最大，见图6(b)。

开洞荷载较大会造成墙脚等部位剪切应变超过极限应变值，开挖后洞室会在拱脚、侧墙及墙角区域产生压剪型的滑移线状破坏。可见，在平面应变条件下，当侧压系数为1/3时，直墙拱顶形洞室在高地应力环境中，其破坏形式属于压剪型的滑移线状破坏，并会最先从墙脚开始破坏，侧墙部位破坏最为严重。但是，这种破坏的程度较小，仅分布在侧墙洞壁附近，见图7。

4.2　洞室开挖后继续加载引起的围岩破坏

洞室开挖后，随着边界荷载的增大，墙脚的体积压应变值和剪切应变值在不断增大，其范围也在不断向墙中深部发展，见图8。

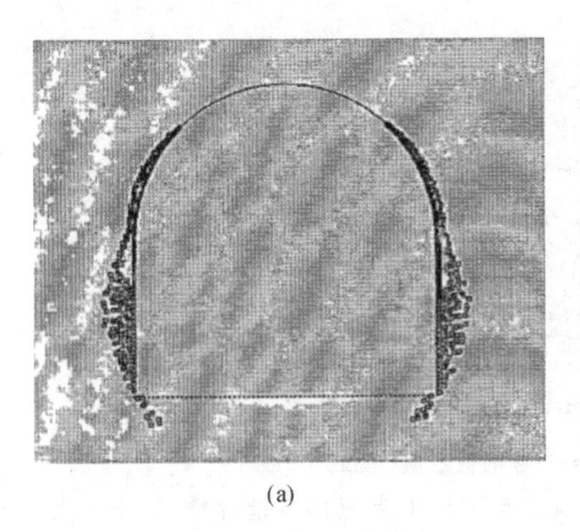

(a)

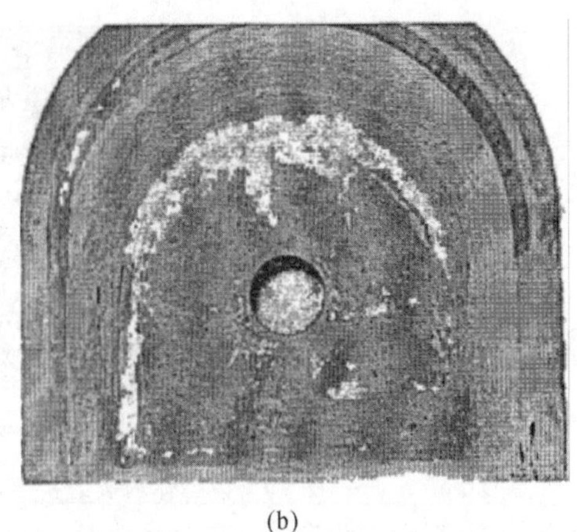

(b)

图 7　洞室开挖后洞壁破坏形态

(a)计算结果;(b)破坏照片

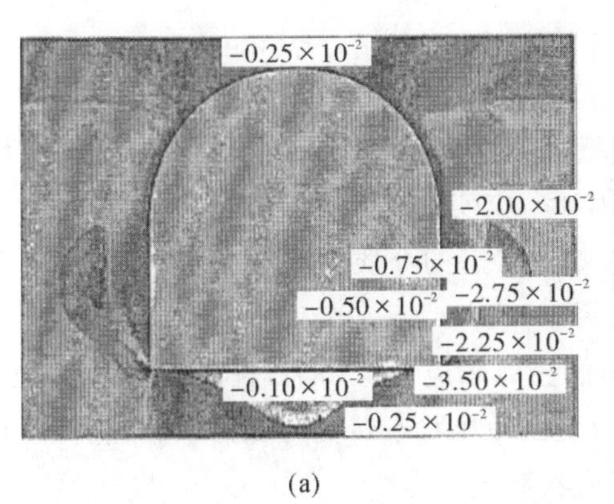

(a)

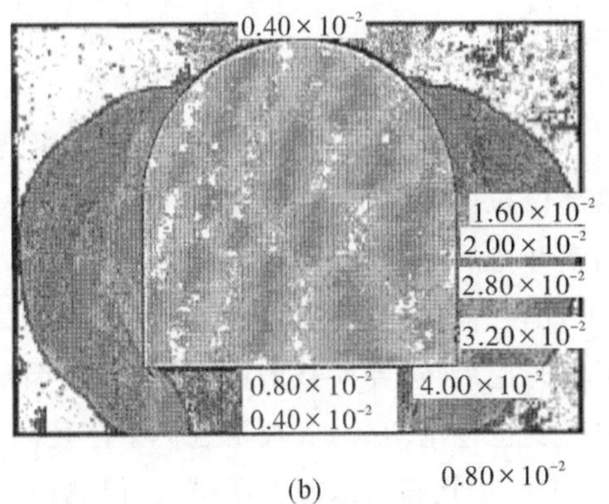

(b)

图 8　破坏荷载增大时洞室围岩体内的体积应变和剪切应变

(a)体积应变;(b)剪切应变

该破坏会随着最大剪切迹线斜向上发展,并最终在拱脚附近与洞壁相交。由于侧墙壁上的体积压应变和剪切应变值并不是最大,因此,破坏不会发生在侧墙壁上,而是发生在距侧墙壁一定距离的围岩内部,并在墙脚和拱脚处产生可见的平行于洞轴线的裂缝,见图 9。

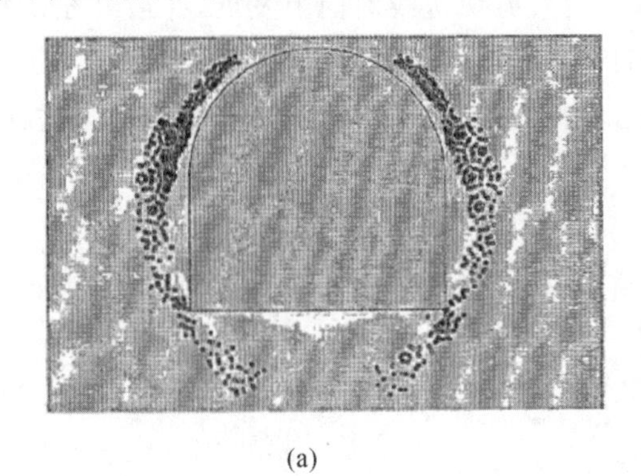

(a)

(b)

图 9　最大荷载时洞室破坏形态

(a)计算结果;(b)破坏照片

当在距侧墙一定距离处发生破坏并产生裂缝后,相当于洞室跨度增大,形成了新的洞室;新的洞室在继续增大的边界荷载作用下,发生同样性质的破坏。这样,围岩内的每一条裂缝均对应一个特定边界荷载值,见图 10。

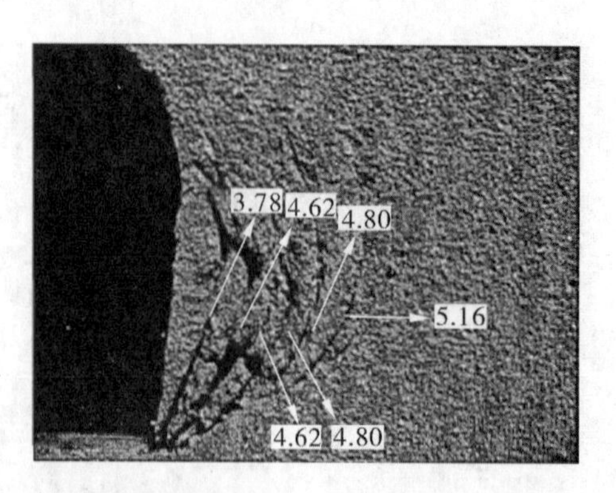

图 10　模型体内裂缝扩展与对应的荷载值(单位:MPa)

研究上述洞室围岩的破坏形态对采取合理的围岩支护技术措施具有指导作用,下一步待进行有效的围岩加固技术研究,以减小在高地应力条件下洞室围岩的破坏程度。

5　结论

(1)当在高地应力环境中开挖洞室,拱部和侧墙部位、邻近洞壁围岩体内的径向应变均为拉应变,且侧墙部位拉应变值最大,分布范围最大。洞周环向应变基本上为压应变。

(2)洞室开挖后,洞周介质进入塑性状态;进入塑性状态的介质在高地应力作用下,处于应变的不断调整中,围岩体内的应变值呈跳跃性锯齿状发展。

(3)洞室开挖后,边界荷载增大,拱部和侧墙部位径向压应变值增大,且侧墙部位拉应变值增大最多,环向应变也逐渐增大;底板附近模型体径向应变由受压状态转变为受拉状态;底板附近模型体环向应变处于受拉状态的范围有所扩大,但仍位于底板附近。

(4)洞室开挖后围岩体的体积应变均为压应变,且侧墙墙脚体积压应变最大,其次是拱脚部位,再次是侧墙部位。侧墙墙脚处剪应变也最大。当在高地应力场中开挖洞室,墙脚等部位的剪切应变会超过材料的极限应变值,会在拱脚、侧墙及墙角这些区域产生压剪型的滑移线状破坏,但这种破坏的深度较浅,并且仅分布在侧墙洞壁附近。

(5)洞室开挖后,边界荷载增大,围岩破坏随着最大剪切迹线斜向上发展,并最终在拱脚附近与洞壁相交。这种破坏在距侧墙壁一定距离的围岩内部产生。围岩体内产生裂缝后,相当于洞室跨度增大,形成了新的洞室;新的洞室在继续增大的边界荷载作用下发生同样性质的破坏,这样,围岩内的每一条裂缝均对应一个特定边界荷载值。

参考文献

[1]　赵生才.深部地下空间开发利用——香山科学会议第 230 次学术讨论会侧记.地球科学进展,2005,20(1):115-118.

[2]　谢和平,周宏伟,薛东杰,等.煤炭深部开采与极限开采深度的研究与思考.煤炭学报,2012,37(4):536-542.

[3]　黄润秋,王贤能,唐胜传,等.深埋长隧道工程开挖的主要地质灾害问题研究.地质灾害与环境保护,1997,8(1):50-68.

[4]　陈建功,周陶陶,张永兴.深部洞室围岩分区破裂化的冲击破坏机制研究.岩土力学,2011,32(9):2629-2634.

[5]　余诗刚,董陇军.从文献统计分析看中国岩石力学进展.岩石力学与工程学报,2013,32(3):442-464.

[6]　余诗刚,林鹏.中国岩石工程若干进展与挑战.岩石力学与工程学报,2014,33(3):433-457.

[7] 陈万忠.秦岭终南山特长公路隧道施工技术研究.成都:西南交通大学,2006.
[8] 杨春和,曾义金,邓金根,等.深层盐膏岩蠕变规律及其在石油工程中的应用.中国科技奖励,2006(7):49-50.
[9] 冯夏庭,陈炳瑞,明华军,等.深埋隧洞岩爆孕育规律与机制:即时型岩爆.岩石力学与工程学报,2012,31(3):433-444.
[10] 刘泉声,卢兴利.煤矿深部巷道破裂围岩非线性大变形及支护对策研究.岩土力学,2010,31(10):3273-3279.
[11] 谢广祥,常聚才.深井巷道控制围岩最小变形时空耦合一体化支护.中国矿业大学学报,2013,42(2):183-187.
[12] 顾金才,顾雷雨,陈安敏,等.深部开挖洞室围岩分层断裂破坏机制模型试验研究.岩石力学与工程学报,2008,27(3):433-438.
[13] 明治清,张向阳,贺永胜,等.深部工程围岩破坏机制模拟试验系统研制及应用.防护工程,2014,36(6):20-27.

Experimental Study on the Effect of Bolt Length and Plate Type on the Anti-explosion Impact Performance of Rock Bolts

Xu Jingmao　GU Jincai　Zhang Xiangyang
Wang Tao　Chen An-min

Abstract: The stress characteristics of rock bolts under explosion load are obviously different from those under static load, so the key to the design of anti-explosion reinforcement of underground cavern is to determine the reasonable bolt parameters. At present, there are few researches on how the bolt parameters affect the anti-explosion impact performance of bolts, which needs to be further studied. In this paper, through field explosion test, the anti-explosion performance of anchorage caverns with two kinds of bolt length and two types of bolt plates (that is, flat plate and bowl plate) was studied; the failure patterns of caverns, the displacement of vaults and the stress characteristics of bolots were compared; and the effects of bolt length and plate type on explosion impact resistance of bolts were obtained. The results show that the short bolts with bowl plates, due to the advantages of withstanding smaller explosion impact pressure, larger iigidity of plates and stronger constraint on the wall, have better anti-explosion impact performance, which can obviously reduce the displacement of the vault of the anti-explosion cavern, improve the stress state of the surrounding rock, and greatly increase the ultimate resistance of the cavern. This study provides and important basis for reasonably determining the structure type of the bolt and scientifically designing the anti-explosion reinforcement scheme of the cavern, and has good application value.

1　Introduction

Since the first application of anchor bolt reinforcement technology in the open shale mine of North Wales in England in 1872, it has a history of more than 100 years [1]. During this period, anchor bolt reinforcement technology has been widely used in various fields of geotechnical engineering due to its remarkable technical and economic advantages. Currently, the research on the stress characteristics and reinforcement mechanism of bolt under static load has been systemic, and a complete set of theory and design calculation methods, such as suspension theory, composite beam theory, combined arch theory and their corresponding design calculation methods, have been put forward. However, there are few studies on the force and deformation of bolt and its anti-explosion reinforcement effect on surrounding rock under explosion shock loading. Through field tests, Tannant D. D. [2] studied the dynamic characteristics of end anchoring bolt under blast loading, as well as the dynamic strain of bolts and the velocity of rock surface, and pointed out that the influence factors of blast loading on the prestressed bolt are explosion pulse amplitude, duration and load cycle. Ortlepp W. D. and Stacey T. R. [3] conducted a research on reinforcement measures of

本文收录于《2018年国际国防技术会议录》。

large-deformation tunnel under static and dynamic loading, and pointed out that the yielding bolt can absorb large amounts of energy without causing damage to the tunnel. Hagedorn H.[4] used UDEC program to evaluate the stability of the shotcrete-bolt supporting cavern under two successive impacts. Ren H. Q.[5] analyzed and compared the measured stress responses, shock effects, and the macroscopic failure phenomena of the tunnels under top and side explosion loads, and pointed out the difference of anti-explosion performance of spray-anchor supporting tunnels in sandy gravel stratum under the two different explosion loads. Zeng X. M.[6], Xiao F.[7], Cao C. L.[8] studied the anti-explosion performance of spray-anchor support and soil nailing support in the loess tunnel. The mechanical characteristics of spray-anchor support, the pressure distribution of surrounding rock and the critical resistance of soil nailing support were investigated. Yang H. and Wang C.[9] performed a theoretical research on the leakage characteristics of wave energy in the bolt, and the elastic wave propagation in the bolt, rock and their coupling system. The attenuation property and propagation mechanism of the wave in the anchorage system were gained. Xue Y. D.[10], Zhang C. S.[11], Rong Y.[12], respectively used numerical simulation method to study the mechanical response of the anchor under blasting stress wave. Yang S. H. et al [13] studied the change of anchor prestress in the course of explosion by model test. Yi C. P. and Lu W. B.[14] analyzed the influence of blasting vibration on cement mortar bolt through theoretical research. Wang G. Y., Gu J. C. et al [15] carried out the model tests to study the anti-explosion capacity of two tunnels reinforced by wave absorbing bolts and dense bolts set up at inner anchoring sections, respectively. Test results showed that the fractures in the vault were obviously decreased and the damage degree of tunnels was obviously reduced. Yang Z. Y., Gu J. C., et al.[16] studied the anti-explosion reinforcement effect of different spacing bolts on the cavern under concentrated charge explosion load by model test and numerical simulation, and pointed out that it is appropriate to use small spacing bolts to resist explosion load. Therefore, it is necessary to carry out further research on the effects of bolt parameters on explosion resistance of bolts.

This paper, based on the field test, studied the anti-explosion performance of anchorage caverns with two kinds of bolt length and two types of bolt plates, and compared the failure patterns of caverns, the displacement of vaults and the stress characteristics of bolts. The effects of bolt length and plate type on explosion impact resistance of bolts were obtained. It is of great significance to reasonably determine the structure type of bolts and to scientifically design the reinforcement scheme of anchorage caverns under explosive load.

2 Field test profile

2.1 Field rock mass condition

The location of field test is sited in a steep mountain with a 40 degrees slope. The rock mass is influenced by the secondary structure, the tectonic fissures are developed, the rock mass is relatively broken, and the lithology is the Yanshanian second intrusive coarse granite, which occurs in the form of large batholith. The rock minerals are rich, mainly composed of orthoclase, quartz and plagioclase. During the excavation of the cavern, it is found that although the rock mass is broken, there are no large faults and fractures in the rock mass, and there are high hardness rocks in the local area, as shown in Fig. 1. The measured longitudinal wave velocity of rock mass is 2300m/s, the compressive strength of rock block is about 121.8MPa, the elastic modulus is 33.7GPa, the Poisson ratio is 0.2, and the density is 2705kg/m^3.

2.2 Experiment scheme

2.2.1 Test sections layout

The field test cavern is a straight wall arch, as shown in Fig. 2. The cross section size is 3.0m wide and 2.5m high (1.6m high for the side wall and 0.9m high for the arch).

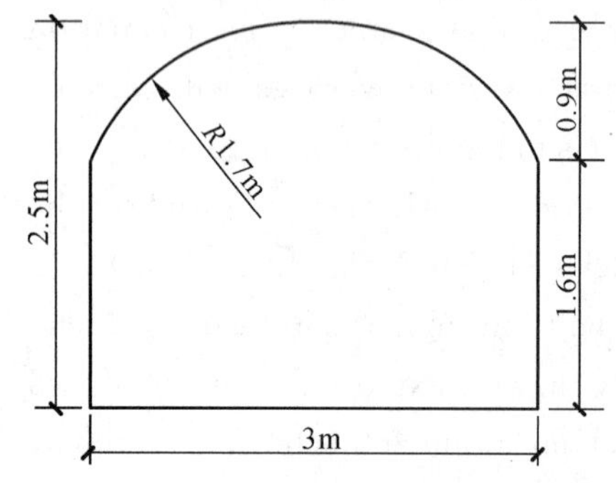

Fig. 2 Cross section size of the cavern

The axis of the cavern is long 17.5m, and the cavern is divided into four test sections along the axial direction (see Fig. 3), respectively, conventional bolts test section (bolt spacing $a = 0.7$m, bolt length $L = 1.5$m), short-dense bolts test section ($a = 0.35$m, $L = 0.35$m), long-dense bolts test section ($a=0.35$m, $L=0.35$m) and non-bolt test section, each section has a same shotcrete structure.

The experiment compared the flat plate with the bowl plate (see Fig. 4). The dimensions of the plates are all 10mm×150mm×150mm, their materials are Q235, and there is a bolt hole of diameter 30mm in their centers. The height of the bowl mouth of bowl plate is 30mm. The boundary between the two kinds of bolt plates is determined by the center of explosion in each test section. The area vertically below the center of explosion (including) pointing to the entrance of the cavern is the flat plate area, and the area vertically below the center of explosion (excluding) pointing to the inside of the cavern is the bowl plate area.

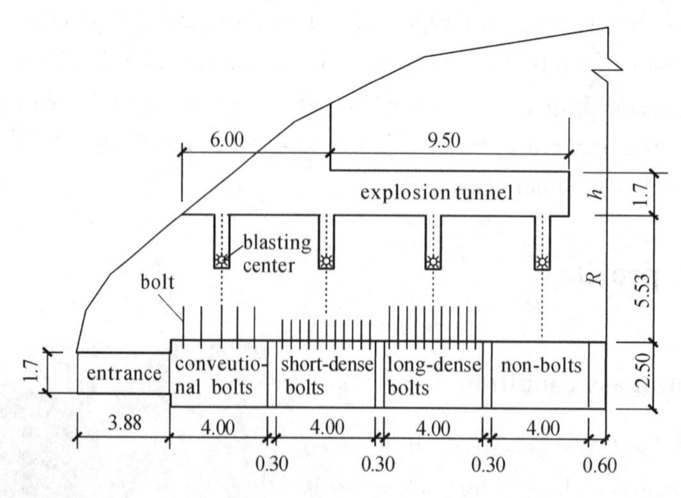

Fig. 3 Layout of test sections (unit: m)

The bolt body is a rebar with diameter of 25mm, and the outer end of the bolt is processed into M22×2.5 screw rod with a length of 8cm. All bolts are full-length grouting. The ratio of grouting material is cement : sand : water : triethanolamine = 2 : 1 : 0.8 : 0.0005, and the cement grade is

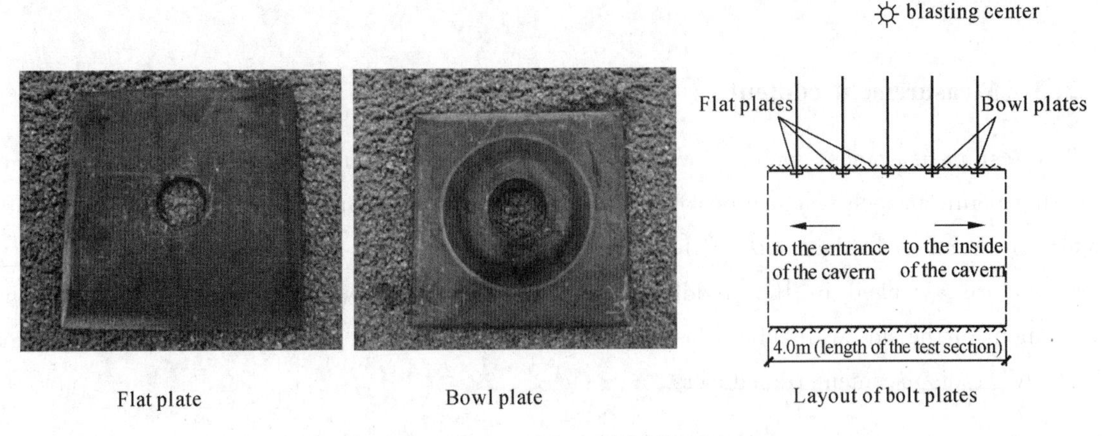

Fig. 4 Types and layout of bolt plates

P. O. 32. 5. The elastic modulus, Poisson ratio and compressive strength of the grouting material are 14. 75GPa, 0. 13 and 40MPa, respectively.

The steel mesh material is round steel with diameter of 6. 5mm, and the mesh spacing is 17. 5cm × 17. 5cm. The ratio of shotcrete material is cement ∶ water ∶ sand = 1 ∶ 1 ∶ 2, and the thickness of shotcrete layer is 7～8cm.

2. 2. 2 Explosion modes

At 5. 5m above the test cavern, a horizontal explosion guide cave was dug (see Fig. 3), with a span of about 1. 0m and a height of about 1. 7m. The blasting holes were excavated down from the bottom of the explosion guide cave, each hole was located directly above the center of each test section, the explosive was buried at the bottom of the hole to explode, and the buried depth was determined according to the condition of completely buried explosion.

$$h \geqslant m \cdot K_p \cdot \sqrt[3]{W} = 1.65 \times 0.58 \times \sqrt[3]{W}$$

Where h is the buried depth of explosives, m; m is the tamping coefficient; K_p is the material constant; W is the charge quantity, kg. The explosives of concentrated charge used in the test were TNT, and the charge density $\rho = 1.6 g/cm^3$.

Under the condition of completely buried explosion, the charge quantity W and the buried depth h were increased step by step, and the proportional explosion distance $R/W^{1/3}$ was reduced. Five or six explosion tests have been completed in each test section. The parameters, such as the charge quantity and the buried depth are shown in Tab. 1.

Tab. 1 Test parameters of TNT concentrated charge explosion

NOB	W/kg	h/m	R/m	$R/W^{1/3}$/(m/kg$^{1/3}$)
1	0. 4	0. 71	4. 82	6. 542
2	0. 8	1. 42	4. 11	4. 427
3	2. 4	1. 81	3. 72	2. 778
4	7. 2	2. 38	3. 15	1. 631
5	14. 4	2. 86	2. 67	1. 097
6	20. 0	3. 13	2. 40	0. 884

Note: NOB is the number of bursts. Five explosion tests were carried out in conventional bolts test section and non-bolt test section, respectively. Six explosion tests were carried out in short-dense bolts test section and long-dense bolts test section, respectively.

2.3　Measurement content

The test measurement includes wall displacement and bolt strain. There are 8 displacement measuring points in each test section, of which 6 are arranged on both sides of the blasting center to measure the vertical displacement of the vault in the flat plate area and the bowl plate area, and the other two are arranged in the middle of the left and right wall to measure the horizontal displacement of the side wall. The measuring point layout is shown in Fig. 5, and the sensors are all AC-ACLVDT displacement transducers.

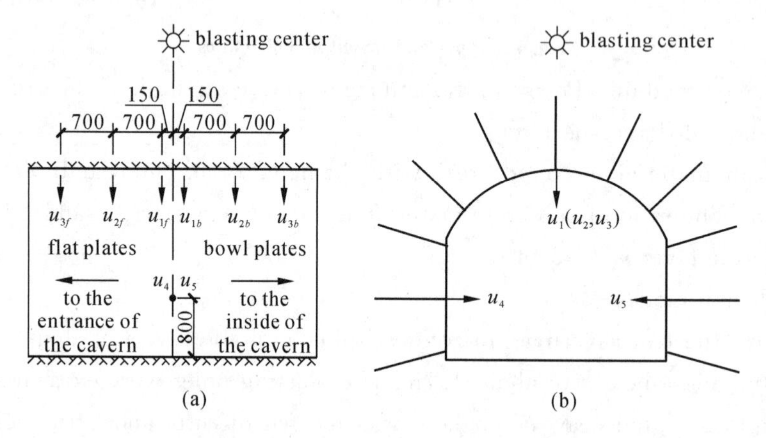

Fig. 5　Layout of wall displacement measuring points(unit: mm)

(a) Longitudinal section; (b) Cross section

Seven measuring bolts are arranged below the blasting center of each test section, of which 5 are arranged in the circumferential direction and the other two are arranged on the vaults on both sides of the blasting center. Four measuring points are distributed on each bolt, and a total of 28 strain measuring points are arranged(see Fig. 6). The bolt numbers are 1#, 2#, 3#, 4#, 5#, 6#, and 7#, in which 6# and 7# are arranged on the left and right sides of the blasting center respectively to measure the different stress states of the bolts in the flat plate area and the bowl plate area.

Four strain measuring points are arranged on each measuring bolt, as shown in Fig. 7. The strain gauge is made of a 2mm×10mm glue substrate, which is attached to the bolt in advance and treated with moisture-proof, anti-corrosion and insulation.

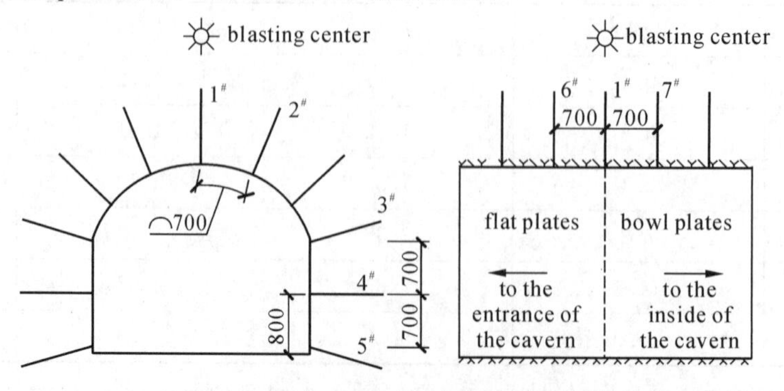

Fig. 6　Layout of measuring bolts(unit: mm)

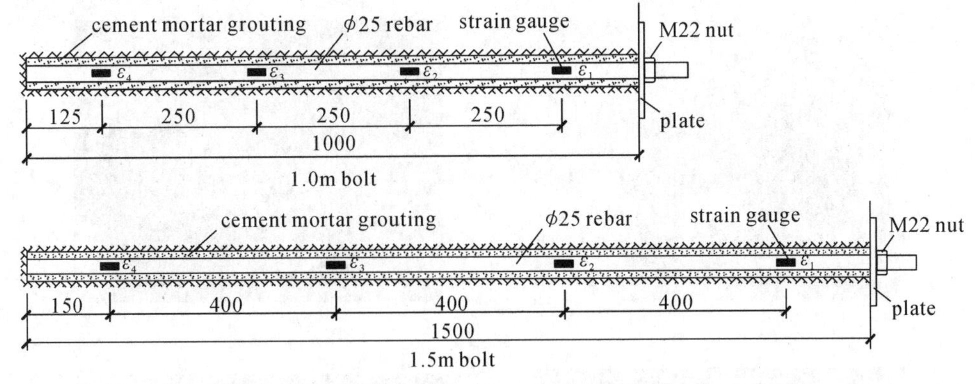

Fig. 7 Layout of bolt strain measuring points(unit:mm)

3 Result analysis and discussion

Because the purpose is to study the anti-explosion impact performance of bolts, the experimental results of three test sections of conventional bolts, short-dense bolts and long-dense bolts are mainly given in this paper, and that of non-bolt test section is no longer described.

3.1 Macroscopic failure patterns of the cavern

Under the condition of concentrated charge explosion, the damage site of each test section is confined to the vault of the cavern, and the side wall is basically intact. After the fifth explosion test ($R/W^{1/3}=1.097\text{m/kg}^{1/3}$) of the conventional bolts section, the failure pattern of the cavern is shown in Fig. 8. The shear dislocation cracks are produced at the arch foots of the cavern along the axial direction, and the width of the cracks is about 4cm. The shotcrete at bolt plates collapse, and some bolt plates are partly exposed.

After the 6th explosion test ($R/W^{1/3}=0.884\text{m/kg}^{1/3}$) of the short-dense bolts section, the failure pattern of the cavern is shown in Fig. 9. There is no obvious shear dislocation crack at the arch of the cavern. The shotcrete collapse in both the flat plate area and the bowl plate area, and all the shotcrete at some flat plates fall down, the plate are completely exposed, but no steel mesh is exposed.

After the 6th explosion test ($R/W^{1/3}=0.884\text{m/kg}^{1/3}$) of the long-dense bolts section, the failure pattern of the cavern is shown in Fig. 10. Similar to the short-dense bolts section, there is also no obvious shear dislocation crack at the arch of the cavern, the shotcrete at bolt plates collapse, and the individual flat plate is completely exposed. The difference is that there is a local exposure of the steel mesh.

View from the failure degree, when the proportional explosion distance $R/W^{1/3}$ is larger(1.097 $\text{m/kg}^{1/3}$), serious damage occurs in the conventional bolts test section, while the short-dense bolts test section and the long-dense bolts test section appear lighter failure only when $R/W^{1/3}$ is smaller ($0.884\text{m/kg}^{1/3}$). Compared with the long-dense bolts test section, the failure degree of the short-dense bolts test section is slightly lighter.

Fig. 8　Failure pattern of conventional bolts test section($R/W^{1/3}=1.097\text{m/kg}^{1/3}$)

Fig. 9　Failure pattern of short-dense bolts test section($R/W^{1/3}=0.884\text{m/kg}^{1/3}$)

Fig. 10 Failure pattern of long-dense bolts test section($R/W^{1/3}=0.884\mathrm{m/kg^{1/3}}$)

3.2 Wall displacement

The side walls of each test section are not damaged, and the deformations are small. Therefore, the horizontal displacement monitoring points u_4 and u_5 of the side walls are not analyzed. Fig. 11 is the measured waveform of the vertical displacement monitoring point u_1 of the vault at the fifth explosion test($R/W^{1/3}=1.097\mathrm{m/kg^{1/3}}$). It can be seen that the vault firstly moves downward, after about 15ms, the peak value of the displacement appears, and then a small amplitude bounces back, lastly, the displacement stabilizes at the residual value u_r.

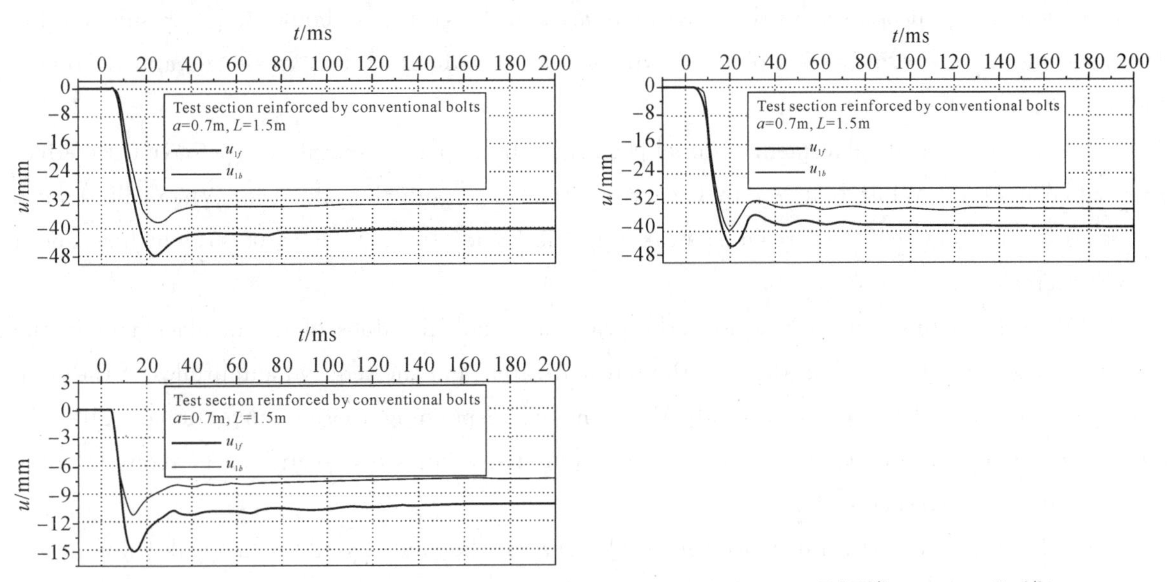

Fig. 11 Measured waveforms of the vertical displacement of the vault($R/W^{1/3}=1.097\mathrm{m/kg^{1/3}}$)

Tab. 2 compared peak values and residual values of u_1 of each test section. The values of the brackets are the ratios of the corresponding displacement values of other test sections to that of short-dense bolts test section obtained by assuming the peak value and the residual value of short-dense bolts test section to standard 1.

As can be seen from this table:

(1) In the bowl plate area, the displacement peak and residual values of the conventional bolts test section is 1.92 times and 1.93 times of that of the long-dense bolts test section, respectively; In the flat plate area, it is 2.14 times and 2.08 times respectively. This shows that when the bolt spacing is reduced from 0.7m to 0.35m, vertical displacement peak and residual values of the vault are significantly decreased, in the bowl plate area, peak decreases about 47.9%, residual value decreases about 48.2%; in the flat plate area, peak decreases about 53.3%, residual value decreases about 51.9%.

Tab. 2 Comparison of peak and residual values of vertical displacement of the vault

Supporting form	u_{1b} (bowl plate area)			u_{1f} (flat plate area)			u_{1fp}/u_{1bp}	u_{1fr}/u_{1br}
	u_{1bp}/mm	u_{1br}/mm	u_{1br}/u_{1bp}	u_{1fp}/mm	u_{1fr}/mm	u_{1fr}/u_{1fp}		
conventional bolts	−38.17 (3.14)	−32.84 (4.47)	0.86	−47.44 (3.12)	−39.82 (3.98)	0.84	1.24	1.21
short-dense bolts	−11.20(1)	−7.35(1)	0.66	−15.20(1)	−10.01(1)	0.66	1.36	1.36
long-dense bolts	−19.87 (1.77)	−16.99 (2.31)	0.86	−22.17 (1.46)	−19.17 (1.92)	0.86	1.12	1.13

Note: The subscripts p and r refer to peak value and residual value, respectively.

(2) In the bowl plate area, the displacement peak and residual values of the long-dense bolts test section is 1.77 times and 2.31 times of that of the short-dense bolts test section, respectively; In the flat plate area, it is 1.46 times and 1.92 times respectively. This shows that when the bolt length is reduced from 1.5m to 1.0 m, vertical displacement peak and residual values of the vault are also significantly decreased, in the bowl plate area, peak decreases about 43.5%, residual value decreases about 56.7%; in the flat plate area, peak decreases about 31.5 %, residual value decreases about 47.9%.

(3) View from the displacement residual peak ratio, bolt spacing and plate type have little effect on residual peak ratio, but bolt length has great effect on residual peak ratio. When bolt length decreases from 1.5m to 1.0m, residual peak ratio decreases from 0.86 to 0.66, which is about 23.3% decrease.

(4) View from the same test section, the peak and residual values of the displacement in the bowl plate area are smaller than those of the flat plate area, and the reduced amplitudes of the peak value and the residual value are basically the same, corresponding to the conventional bolts test section, the short-dense bolts test section and the long-dense bolts test section, it is about 18.4%, 26.5% and 11.1%, respectively.

Fig. 12 shows the vertical displacement peak curve of the vault based on the peak value of u_1, u_2 and u_3 at the fifth explosion test ($R/W^{1/3}=1.097\text{m/kg}^{1/3}$). It can be seen that the closer to the blasting center, the greater the vertical displacement peak of the vault is, the farther from the blasting center, the smaller the vertical displacement peak of the vault is. The displacement peak of the conventional bolts test section is the largest, followed by the long-dense bolts test section, and the short-dense bolts test section is the smallest. View from the vertical displacement of the corresponding vault points on both sides of the blasting center, the vertical displacement peak in the flat plate area is larger, that in the bowl plate area is smaller, and the latter is about 18.7% smaller than the former.

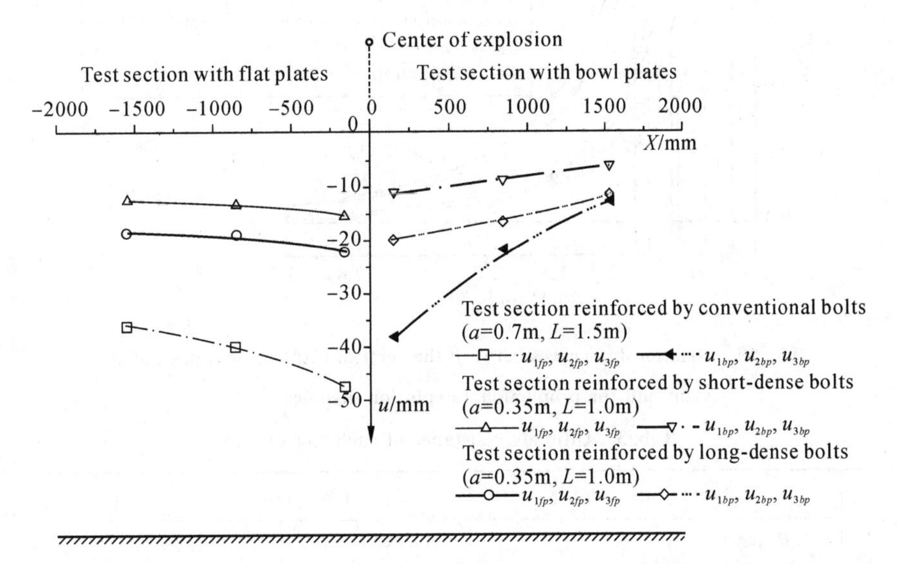

Fig. 12 Peak curves of vertical displacements of the vault($R/W^{1/3}=1.097\text{m/kg}^{1/3}$)

According to the displacement monitoring data, the relationship between the vertical displacement peak of the vault and the proportional explosion distance is negative exponential relationship, that is, $u/D = \alpha(R/W^{1/3})^{-b}$, where D is the span of the cavern. Fig. 13 shows this relationship based on the displacement monitoring point u_i. As can be seen: the relationship curves of the three test sections with different plate types are close when the charge quantity W is small and the distance R between the blasting center and the vault is far, showing that the bolt parameters have less effect on the reinforcement effect; With the increase of the charge quantity W and the decrease of the distance R between the blasting center and the vault, the influences of the length, spacing and plate type of bolts on the reinforcement effect begin to appear, and the relationship curves are gradually separated.

According to the damage phenomenon and monitoring data, initial damage occurs when $u/D \geqslant 0.5$, and serious damage occurs when $u/D \geqslant 1.5$. Therefore, the reciprocal of the proportional explosion distance (i. e., the ultimate proportional explosion distance) corresponding to the $u/D = 1.5\%$ is used as the measure standard of ultimate resistance of the cavern, denoted as R_u.

According to Fig. 13, the ultimate resistance of each test section can be obtained, as shown in Tab. 3. It can be seen from the data in the table that:

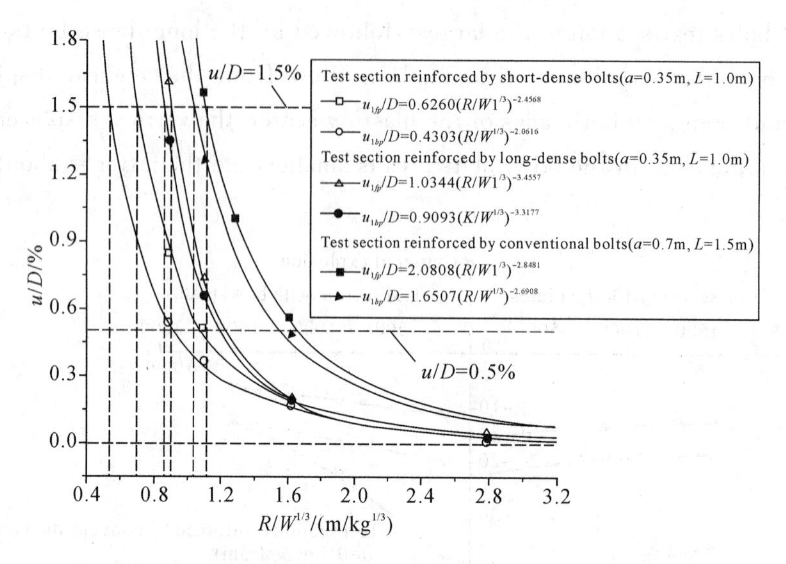

Fig. 13　Relationship curves between the vertical displacement peak of the vault and the proportional explosion distance

Tab. 3　Ultimate resistance of each test section

Supporting form	Bowl plate area		Flat plate area		R_{ub}/R_{uf}
	$(R/W^{1/3})_{ub}$	R_{ub}	$(R/W^{1/3})_{uf}$	R_{uf}	
conventional bolts	1.036	0.965	1.122	0.891	1.083
short-dense bolts	0.546	1.832	0.701	1.427	1.284
long-dense bolts	0.860	1.163	0.898	1.114	1.044

(1) The ultimate proportional explosion distance of short-dense bolts test section is the smallest, and the ultimate resistance is the highest, which is 28% ~ 57% higher than that of long-dense bolts test section, and 60% ~ 90% higher than that of conventional bolts test section.

(2) The bowl plate area is higher than that of the flat plate area in each test section. When the bolt is longer ($L=1.5$m), the increase amplitude is smaller, only 4% ~ 8%. When the bolt is shorter ($L=1.0$m), the increase amplitude is larger, up to 28%.

3.3　Bolt strain

The test monitoring data show that most of the bolts are under compression, and only in the failure stage of the cavern, some of the bolts appear tensile strain state. In view of the large amount of monitoring data of bolt strain and that the bolts with the greatest force are located at the vault of the cavern under the blasting center, only the bolt strain data of 1#, 6# and 7# are analyzed in this paper.

Fig. 14 shows the measured bolt strains of the two 1# bolts of long-dense bolts test section and short-dense bolts test section at the fifth explosion test. It can be seen from the measured waveforms that each strain has a small fluctuation at the arrival of the explosion wave, then under compression, quickly reaches the peak value of the compressive strain, then bounces back, ε_2 and ε_3 of the long bolt show tensile strain, ε_1 and ε_2 of the short bolt show tensile strain, other measuring points are always under compression.

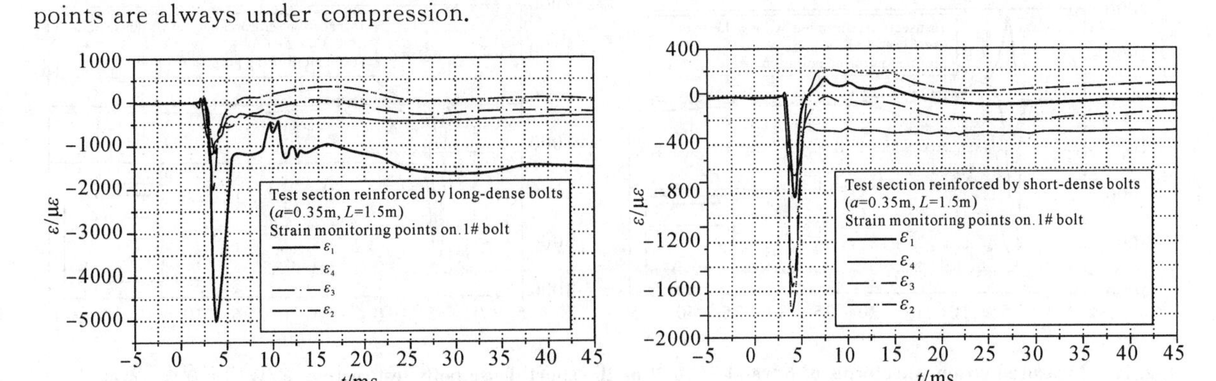

Fig. 14 Measured bolt strain waveforms of 1# bolt($R/W^{1/3}=1.097m/kg^{1/3}$)

Tab. 4 shows the characteristic values of the strain of 1# bolt. It can be seen that the peak values of the compressive strain of the long bolt are obviously larger, and the maximum peak value of the compressive strain appears on the point ε_1 which is near the vault, reaching to $-5116\mu\varepsilon$, while in the short bolt, the maximum compressive strain peak appears on the point ε_2 which is a little far from the vault, only $-1808\mu\varepsilon$. After the rebound, the maximum tensile strain peaks all appear on the measuring point ε_2, and the maximum tensile strain peaks of the long bolt and the short bolt are $377\mu\varepsilon$ and $235\mu\varepsilon$ respectively.

It can be seen that, because the inner end of the long bolt is closer to the blasting center, it is subjected to higher explosion shock pressure, the explosion load transmitted by the long bolt is obviously greater than that of the short bolt, which is bound to cause the surrounding rock of the cavern reinforced by the long bolts to be subjected to the relatively high explosion shock pressure.

Tab. 4 Characteristic values of the strain of 1# bolt($R/W^{1/3}=1.097m/kg^{1/3}$)

Monitoring bolt number	Strain monitoring point	Distance from the vault x/cm	Compressive strain peak	Tensile strain peak
1# bolt of long-dense bolts test section	ε_1	15	−5116	—
	ε_2	55	−2130	377
	ε_3	95	−2306	72
	ε_4	135	−1175	—
1# bolt of short-dense bolts test section	ε_1	12.5	−834	150
	ε_2	37.5	−1808	235
	ε_3	62.5	−1486	—
	ε_4	87.5	−650	—

Fig. 15 shows the measured strain waveforms of 6# and 7# bolt of the short-dense bolts test section at the 6th explosion test, and Tab. 5 shows the corresponding characteristic values of bolt strain. As can be seen from the Fig. and Tab. :

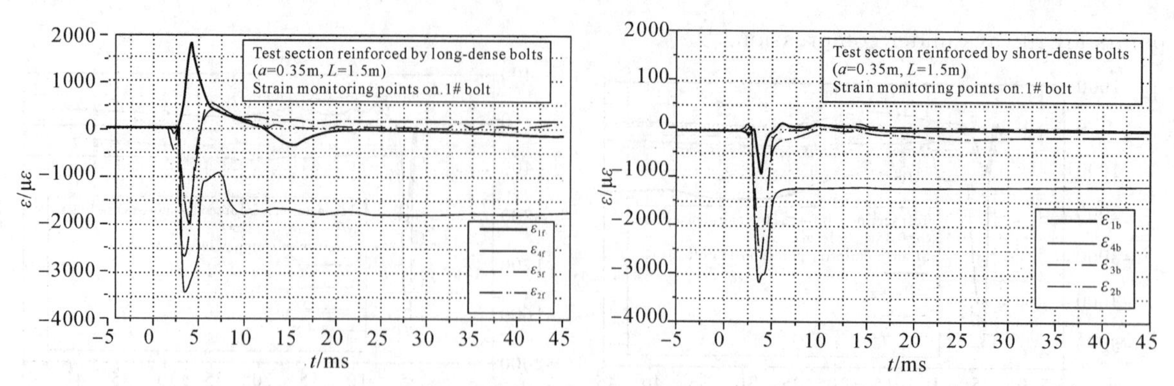

Fig. 15 Measured strain waveforms of 6# and 7# bolt of the short-dense bolts test section($R/W^{1/3}=0.884\text{m/kg}^{1/3}$)

(1)The measuring point ε_{1f} of 6# bolt in the flat plate area is pulled first, and the tensile strain peak is 1778$\mu\varepsilon$, then rebounds, and the compressive strain peak value is small ($-331\mu\varepsilon$). The other three measuring points are subjected to compression first and then bounce back. The measuring points ε_{2f} and ε_{3f} also appear larger tensile strain peaks, are 523$\mu\varepsilon$ and 445$\mu\varepsilon$.

(2)The measured points of 7# bolt in the bowl plate area are subjected to compression first and then rebound. The measured points ε_{1b} and ε_{3b} show smaller tensile strain peaks of 170$\mu\varepsilon$ and 154$\mu\varepsilon$, which are only 1/10～1/3 of those in the flat plate area. The other two measuring points are always under compression.

(3)The compressive strain peaks of the measuring points of 7# bolt in the bowl plate area, which are near the wall, are larger than that of the corresponding points of 6# bolt in the flat plate area, while the compressive strain peaks of the measuring points far away from the wall are smaller in the bowl plate area, which is about 6% decrease.

Table 5 Bolt strain characteristic values of 6# and 7# bolt of the short-dense bolts test section
($R/W^{1/3}=0.884\text{m/kg}^{1/3}$)

Monitoring bolt number	Strain monitoring point	Compressive strain peak	Tensile strain peak
6# bolt in the flat plate area	ε_{1f}	−331	1778
	ε_{2f}	−2002	523
	ε_{3f}	−2833	445
	ε_{4f}	−3530	—
7# bolt in the bowl plate area	ε_{1b}	−902	170
	ε_{2b}	−2752	—
	ε_{3b}	−2783	154
	ε_{4b}	−3164	—

4 Conclusions

Through the field explosion test, the failure patterns of the cavern, the displacement rules of the vault and the stress characteristics of the bolts are analyzed and compared under different bolt lengths and plate types, and the following main conclusions are obtained:

(1)When the proportional explosion distance is small,the inner end of the long bolt is closer to the blasting center, it is subjected to higher explosion shock pressure, the explosion load transmitted by the long bolt is obviously greater than that of the short bolt,which results in the relatively high explosion impact pressure on the surrounding rock of the cavern reinforced by the long bolts.

(2)Compared with the flat plate,the bowl plate has more rigidity and stronger restraint on the wall of the cavern, which can obviously improve the stress state of the bolt, and make the compressive stress of the bolt body away from the wall slightly decrease,and the tensile stress of the bolt body near the wall decrease significantly.

(3)The short bolts with bowl plates have better anti-explosion impact performance,which can obviously reduce the displacement of the vault of the anti-explosion cavern,improve the stress state of the surrounding rock,and greatly increase the ultimate resistance of the cavern.

In a word,this paper provides an important basis for reasonably determining the structure type of the bolt and scientifically designing the anti-explosion reinforcement scheme of the cavern,and has good application value.

References

[1] CHENG L K. Present status and development of ground anchorages. Civil Engineering Journal,2001,34(3):7-12.

[2] TANNANT D D,BRUMMER R K,YI X. Rockbolt behaviour under dynamic loading field tests and modeling. International Journal of Rock Mechanics and Mining Sciences and Geomechanics Abstracts, 1995, 32(6):537-550.

[3] ORTLEPP W D,STACEY T R. Performance of tunnel support under large deformation, static and dynamic loading. Tunnelling and Underground Space Technology,1998, 13(1):15-21.

[4] HAGEDORN H. Dynamic rock bolt test and UDEC simulation for a large carven under shock load. In: Proceeding of International UDEC/3DEC Symposium on Numerical Modeling of Discrete Materials in Geotechnical Engineering,Civil Engineering,and Earth Sciences,Bochum,Germany,2004:191-197.

[5] REN H Q. Study on anti-explosion performance of spray-anchor supporting tunnels in sandy gravel stratum under top and side explosion loads. Protective Engineering, 1986,8(1):12-18.

[6] ZENG X M,DU Y H,LI S M. Testing study of comparison between prototype and model on resisting dynamical load with soil nail supporting. Chinese Journal of Rock Mechanics and Engineering,2003,22(11):1892-1897.

[7] XIAO F, ZENG X M. Study on blast-resistant performance of loess tunnel with shotcrete-bolt support-Ⅱ Distributional pattern of ambient pressure. Protective Engineering,1991,13(4):37-45.

[8] CAO CHANG-L,ZENG X M. Study on blast-resistant performance of loess tunnel with shotcrete-bolt support-Ⅲ Mechanical and deformation characteristics of support; Critical bearing capacity. Protective Engineering, 1992,14(1):46-55.

[9] YANG H, WANG C. Study on propagation law of Elastic wave in anchorage system. Journal of test and measurement technology,2003,17(2):145-149.

[10] XUE Y D, ZHANG S P, KANG T H. Numerical analysis of dynamic response of rock bolts in mining roadways. Chinese Journal of Rock Mechanics and Engineering, 2003,22(11):1903-1906.

[11] ZHANG C S,ZOU D H,MADENGA V. Numerical simulation of wave propagation in grouted rock bolts and the effects of mesh density and wave frequency. International Journal of Rock Mechanics and Mining Sciences, 2006,43(4):634-639.

[12] RONG Y,XU X B,ZHAO M J,et al. Numerical simulating propagation of stress waves in the country rock with bolting. Chinese Journal of Underground Space and Engineering,2006,2(1):115-119.

[13] YANG S H,LIANG B,GU J C,et al. Research on characteristics of prestress change of anchorage cable in anti-explosion model test of anchored cavern. Chinese Journal of Rock Mechanics and Engineering,2006,25(S2):3750- 3756.

[14] YI C P,LU W B. Research on influence of blasting vibration on grouted rock bolts. Rock and Soil Mechanics, 2006,27(8):1312-1316.

[15] WANG G Y,GU J C,CHEN A M,et al. Model test research on anti-explosion capacity of underground openings with end wave-decay by holes and reinforced by dense rock bolts. Chinese Journal of Rock Mechanics and Engineering,2010,29(1):51-58.

[16] YANG Z Y,GU J C,CHEN A M,et al. Model experiment study on influences of reinforcement on intervals of rock bolts in surrounding rock under explosive waves. Chinese Journal of Rock Mechanics and Engineering, 2008,27(4):757-764.